Ökosystemleistungen

Karsten Grunewald · Olaf Bastian
(Hrsg.)

Ökosystemleistungen

Konzept, Methoden, Bewertungs- und Steuerungsansätze

2., überarbeitete Auflage 2023

Hrsg.
Karsten Grunewald
Leibniz-Institut für ökologische Raumentwicklung
Dresden, Deutschland

Olaf Bastian
Moritzburg, Deutschland

Grunewald, K., Bastian, O. (Hrsg.) (2023) Ökosystemleistungen - Konzept, Methoden, Bewertungs- und Steuerungsansätze. 2. aktualisierte und stark erweiterte Auflage, Springer-Spektrum, Heidelberg

ISBN 978-3-662-65915-1 ISBN 978-3-662-65916-8 (eBook)
https://doi.org/10.1007/978-3-662-65916-8

Die Deutsche Nationalbibliothek verzeichnet diese Publikation in der Deutschen Nationalbibliografie; detaillierte bibliografische Daten sind im Internet über http://dnb.d-nb.de abrufbar.

Covermotiv: Biene: © Oleksiy Ilyashenko – Fotolia.com
Schild: © DOC RABE Media – Fotolia.com (adaptiert)
Covergestaltung: deblik, Berlin

Planung/Lektorat: Stefanie Wolf
Springer Spektrum ist ein Imprint der eingetragenen Gesellschaft Springer-Verlag GmbH, DE und ist ein Teil von Springer Nature.
Die Anschrift der Gesellschaft ist: Heidelberger Platz 3, 14197 Berlin, Germany

Vorwort zur 2., aktualisierten und erweiterten Auflage

Aufgrund der wohlwollenden Aufnahme durch die Leser sowie guter Kritiken bat uns der Springer-Spektrum Verlag um eine Neuauflage des Fachbuches „Ökosystemdienstleistungen“. Diese machte sich auch zwingend erforderlich, da sich Kenntnisstand und gesellschaftliche Rahmenbedingungen bezüglich des äußerst komplexen Themenfelds in der letzten Dekade sehr dynamisch entwickelt haben.

Festmachen kann man dies an der Vielfalt der wissenschaftlichen Veröffentlichungen, Projekte und Fallstudien weltweit, die facettenreich und kaum noch überschaubar ist und deren Fülle im Buch aus Platzgründen nicht vollumfänglich gewürdigt werden kann. Uns war stattdessen wichtig, den Lesern einen Überblick zu geben und auf Wesentliches zu fokussieren. Außerdem haben jüngere internationale, europäische und deutsche Initiativen die Arbeiten zu Ökosystemen und ihren Leistungen im Zusammenhang mit Biodiversitätsschutz und Erhalt des Naturkapitals maßgeblich vorangetrieben. Vor allem in Kap. 1 werden diese Initiativen und Strategien thematisiert.

Auch wenn Intention und Aufbau des Buches im Grunde beibehalten wurden, ist doch vieles neu. Der Titel wurde auf Ökosystemleistungen (ÖSL) verkürzt – dies wird in Kap. 2 begründet. Der konzeptionelle Rahmen und die methodischen Ansätze zur Analyse und Bewertung von ÖSL haben sich trotz weiterer Ausdifferenzierung insgesamt konsolidiert (Kap. 3 und 4). Wurden für die 1. Auflage des Buches Fallbeispiele aus der Gesamtmenge für Deutschland ausgewählt, ist seitdem das systematische Wissen auf lokaler, regionaler und nationaler Ebene stark erweitert worden. Repräsentative Aspekte mit Bedeutung für die Bundesebene werden, geordnet nach den Schwerpunkten (Lebensräumen) Agrar, Wald, Urban und Gewässer/Auen/Moore sowie Naturschutz- und Gesamtlandschaftsbezug, in Kap. 5 abgehandelt.

Damit stellen sich die Grundlagen (Konzept, Daten, Indikatoren, Anwendungsbeispiele) für die Anwendung des ÖSL-Ansatzes in Politik, Wirtschaft und Finanzen, Raum- und Landschaftsplanung, aber auch in Erziehung, Bildung und Kommunikation, wesentlich verbessert dar. Dies wird in den Kap. 6 und 7 untersetzt, indem neue Aspekte der Steuerung zum Schutz und zur ökologisch nachhaltigen Nutzung von ÖSL und Biodiversität erläutert werden. Dazu gehört u. a. auch die Integration von ÖSL in Accounting- und Berichtssysteme.

Unser Dank gilt in erster Linie den Autorinnen und Autoren, die sich den Mühen der Überarbeitung, teils sogar der Neufassung der Abschnitte, gerne gestellt haben. Schließlich hat uns der Springer-Spektrum Verlag wieder hervorragend betreut und es ermöglicht, dass in der 2. Auflage alle Abbildungen farbig gedruckt werden können.

Dresden
2023

Karsten Grunewald
Olaf Bastian

Vorwort zur 1. Auflage

Der Mensch ist Teil der Natur und in seinem Dasein, seinem Wohlbefinden und in seiner wirtschaftlichen Tätigkeit auf sie angewiesen sowie auf vielfältige Weise mit ihr verknüpft. Die Natur bietet Nahrungsmittel und Trinkwasser für den täglichen Lebensunterhalt, Rohstoffe für Handwerk und Industrie sowie Heilpflanzen für medizinische Zwecke. Wälder liefern nicht nur Holz, Beeren, Pilze und Wild, sondern schützen vor Bodenabtrag und Hochwasser, spenden Sauerstoff und binden klimaschädliche Treibhausgase. Naturnahe Ökosysteme wirken als Wasserfilter, beherbergen eine Fülle an Pflanzen- und Tierarten, nicht zuletzt die für die Bestäubung unserer Kulturpflanzen so wichtigen Wildbienen. Menschen finden in der Natur geistige Inspiration und Erfüllung, ästhetischen Genuss, Ruhe und Erholung.

Für all diese dem Menschen dienlichen Leistungen der Natur hat sich seit einigen Jahren der Begriff Ökosystemdienstleistungen (engl. *ecosystem services*) eingebürgert. Die Natur hält viele effektive, kostengünstige und nachhaltige Lösungen im Hinblick auf die Bedürfnisse des Menschen bereit. Vielfach ist man sich jedoch der Rolle von Naturressourcen und Ökosystemdienstleistungen gar nicht bewusst oder glaubt, die Natur sei eine unerschöpflich sprudelnde, nie zur Neige gehende Quelle menschlichen Wohlstands. Sorgsamer Umgang mit der Natur und Investitionen in eine intakte natürliche Umwelt gelten häufig als Luxus, der Naturschutz fristet eher ein Schattendasein. Kein Wunder, dass weltweit – und auch in Deutschland – die biologische Vielfalt rasant schwindet und die Leistungsfähigkeit der Ökosysteme in besorgniserregendem Maße abnimmt.

In der Regel zieht eine wachsende wirtschaftliche Inanspruchnahme der Natur eine Verminderung ihrer regulierenden und sozio-kulturellen Leistungen nach sich. Ein Anliegen des Ökosystemdienstleistungs-Konzepts ist es, diese Zusammenhänge noch besser aufzuzeigen und ins öffentliche Bewusstsein zu rücken. Dafür gilt es, durch Verbesserung des Verständnisses der Systemzusammenhänge und Dynamik zwischen Ökosystemeigenschaften, -funktionen und -dienstleistungen, Naturkapital und Wohlfahrtswirkungen in verschiedenen räumlichen und zeitlichen Maßstäben sowie im Kontext multipler Triebkräfte den Stellenwert nicht-marktnaher Leistungen der Natur zu erkennen und zu verbessern. Die Leistungen der Ökosysteme und Landschaften ökonomisch in Wert zu setzen, entspricht einem verbreiteten Trend unserer

Zeit. Argumentiert wird dazu vielfach mit der Notwendigkeit, „greifbare" Argumente für Politiker und für eine breite Akzeptanz seitens Wirtschaft und Gesellschaft zu entwickeln. Sind doch Geldwerte und vermeintlich „harte" Zahlen eine Sprache, die auch außerhalb der Sphäre des Naturschutzes (leichter) verstanden wird. Doch können und dürfen wir die Natur in ihrer Komplexität und kaum zu ermessenden Bedeutung für uns Menschen tatsächlich auf monetäre Größen reduzieren?

Die vielfältigen Bezüge zwischen Ökonomie, Ökologie und Ethik theoretisch fundiert darzustellen und praktische Empfehlungen zur Analyse, Bewertung, Steuerung und Kommunikation von Ökosystemdienstleistungen zu geben, war Anlass und Anliegen der vorliegenden ersten umfassenderen deutschsprachigen Darstellung zum Thema. Wir möchten damit alle ansprechen, die an Brückenschlägen und Grenzgängen zwischen den Disziplinen interessiert sind: Wissenschaftler wie Praktiker aus dem behördlichen, ehrenamtlichen und freiberuflichen Bereich (vor allem aus dem Umwelt- und Naturschutz sowie der Regional- und Flächennutzungsplanung), Fachleute aus der Wirtschaft, auf politischen Bühnen Tätige, Studenten sowie alle, die sich für ökologische, ökonomische, ethische und umweltpolitische Grundsatzfragen sowie Belange von Ökosystemen und Landschaften interessieren.

Wir danken den zahlreichen Mitautorinnen und Mitautoren – von Dresden bis Bonn bzw. Freiburg bis Greifswald – für ihre Beiträge und bitten die Kollegen, die an gleichen oder ähnlichen Fragestellungen arbeiten, aber hier aus Kapazitätsgründen nicht zu Wort kommen konnten, um Nachsicht. Hoffentlich fühlen sie sich durch die Abhandlung zu konstruktiver Diskussion angeregt. Die Seitenzahl des Buches war eng begrenzt, sodass nach unserer Ansicht wesentliche, nicht jedoch alle Aspekte dieser hochkomplexen Thematik berücksichtigt werden konnten.

Unser herzlicher Dank gilt den Kolleginnen und Kollegen des Leibniz-Instituts für ökologische Raumentwicklung für die vielseitige Unterstützung, sei es hinsichtlich wertvoller Hinweise zu vielen Buchabschnitten, der Erstellung und Bearbeitung der zahlreichen Abbildungen oder der Formatierung der Literaturverzeichnisse. Die Betreuung und Zusammenarbeit mit Springer Spektrum verlief in erwähnenswert angenehmer Atmosphäre.

Dresden
2012

Karsten Grunewald
Olaf Bastian

Inhaltsverzeichnis

Ökosystemleistungen – Blick auf den Nutzen der Natur

1

Karsten Grunewald und Olaf Bastian

„Die heutige Zivilisation ist die Vereinigung von ausgesucht raffinierten Spitzenleistungen und angestrengtem, sinnlos verschwenderischem Verbrauch“ (Peter Høeg: *Fräulein Smillas Gespür für Schnee*).

Zusammenfassung

Das Buch behandelt aus deutscher Perspektive, wie Ökosystemleistungen (ÖSL) gesichert, weiterentwickelt und vor Beeinträchtigungen geschützt werden können. Kapitel 1 führt in die Thematik ein: Warum wurde das ÖSL-Konzept entwickelt? Was waren wichtige Meilensteine und Initiativen weltweit? Was sind die Nutzungsansprüche der Menschen bezüglich der Leistungen, die die Natur erbringen kann, und wie können diese Ansprüche offengelegt und in rationales Handeln integriert werden? Wird es mit dem ÖSL-Konzept besser gelingen, die Bedeutung der Natur für den Menschen zu kommunizieren und in der Abwägung mit anderen Zielen entsprechend besser zu berücksichtigen?

Vor dem Hintergrund zunehmender Ansprüche des Menschen an die begrenzten Ressourcen der Erde sowie angesichts wachsender Belastungen des Naturhaushalts, die sich u. a. im Verlust biologischer Vielfalt und in der Energie- und Klimaproblematik

K. Grunewald (✉)
Leibniz-Institut für ökologische Raumentwicklung, Dresden, Deutschland
E-Mail: k.grunewald@ioer.de

O. Bastian
Moritzburg, Deutschland
E-Mail: Olaf.Bastian@web.de

K. Grunewald und O. Bastian (Hrsg.), *Ökosystemleistungen*,
https://doi.org/10.1007/978-3-662-65916-8_1

manifestieren, hielt das Konzept der Ökosystemleistungen (ÖSL) im Laufe der 1990er-Jahre Einzug in die internationale Umweltdiskussion. Neben viel beachteten Publikationen, vor allem de Groot (1992), Daily (1997) und Costanza et al. (1997), waren u. a. das Millennium Ecosystem Assessment (MEA 2005), die TEEB-Studie – The Economics of Ecosystems and Biodiversity (TEEB 2009, 2010) sowie der zur 10. Vertragsstaatenkonferenz der Biodiversitätskonvention (CBD 2010) in Nagoya (18.–29.10.2010) beschlossene Strategische Plan 2011–2020, der den Begriff *ecosystem services* etwa 200-mal erwähnt, wichtige Meilensteine.

Sinn des ÖSL-Konzepts ist es, ökologische Leistungen (Gratis-Naturkräfte) besser in Entscheidungsprozessen zu berücksichtigen und eine nachhaltige Landnutzung zu gewährleisten, um der Überbeanspruchung und Degradation der natürlichen Lebensbedingungen entgegenzuwirken. Die Attraktivität des ÖSL-Konzepts fußt auf seinem integrativen, inter- und transdisziplinären Charakter sowie auf der Verbindung von ökologischen und sozioökonomischen Konzepten (Müller und Burkhard 2007; Grunewald und Bastian 2010). Forschungsansätze zu Ökosystemfunktionen und Biodiversität mit dem menschlichen Wohlbefinden zu verknüpfen, bietet die Möglichkeit, Brücken zwischen wissenschaftlichen Fachdisziplinen und politischen Sektoren zu bilden.

Vollkommen neu ist das ÖSL-Konzept indes nicht, vielmehr hat u. a. die Ökologie bereits früher bewährte Fundamente gelegt (z. B. Ehrlich und Ehrlich 1974; Westman 1977). Dass die Natur bzw. die Ökosysteme Gratisdienste für den Menschen erbringen (z. B. Stoffabbau, Wasserabflussausgleich und Sauerstoffbildung), ist seit Langem bekannt (Graf 1984). Erinnert sei an den von Bobek und Schmithüsen (1949) eingeführten Potenzialbegriff (Kap. 2), als „räumliche Anordnung naturgegebener Entwicklungsmöglichkeiten“, analog zur Vegetationskunde, wo die Tüxen'sche potenzielle natürliche Vegetation als Integral die Gesamtheit der Wuchsbedingungen an einem Standort kennzeichnet (Tüxen 1956).

Vom bereits früher etablierten und vor allem im deutschsprachigen Raum präsenten, stark landschaftsökologisch geprägten Konzept der Naturraumpotenziale und Landschaftsfunktionen unterscheidet sich der ÖSL-Ansatz vor allem in zwei Punkten (Grunewald und Bastian 2010):

- Erstens versteht sich die Bewertung ausdrücklich anthropozentrisch, also im Hinblick auf die menschliche Lebensqualität. Innerhalb des Wechselverhältnisses von Angebot und Nachfrage thematisiert das ÖSL-Konzept neben der Angebotsseite (nutzenstiftende Eigenschaften der Natur für das menschliche Wohlbefinden), die auch vom Potenzial- und Funktionsbegriff bedient wird, mehr die Nachfrageseite und differenziert Akteure/Nutznießer von Leistungen sowie Verursacher von Belastungen.
- Zweitens sollten die sehr unterschiedlichen Funktionen, Güter und Dienstleistungen der Natur, welche vielfach „öffentliche Güter“ darstellen, mithilfe eines einheitlichen Maßstabs gemessen werden, der ökologische, ökonomische und soziale Nachhaltigkeitsbelange integriert. Dazu wird vor allem eine monetäre Bewertung angestrebt, welche mit einem Methodenmix aus direkter und indirekter Marktevaluation erreicht

werden soll. Allerdings bestehen nach wie vor ernsthafte Kritikpunkte an einer marktnahen Bewertung marktferner Sachverhalte, wodurch man von der Vorstellung, ÖSL vorrangig oder gar ausschließlich monetär zu bewerten, wieder abrückt und auf ein breiteres Indikatorenspektrum bzw. Wertekonzept zurückgreift.

Auch in der Privatwirtschaft bricht sich immer mehr die Erkenntnis Bahn, dass die Verknappung natürlicher Ressourcen, der Rückgang der biologischen Vielfalt und die Verschlechterung von ÖSL für Investoren, Banken und Versicherer zwar in wachsendem Maße Risiken, die Bewältigung dieser Probleme jedoch auch Chancen von erheblicher finanzieller Bedeutung bergen. Führende Unternehmen erkennen zunehmend, dass Erhalt und Schutz der Natur keineswegs nur als Randthema oder gar als gemeinnütziges Engagement behandelt werden dürfen. Eine feste Verankerung von Biodiversität und ÖSL in den Geschäftsmodellen und Kernstrategien ist entscheidende Voraussetzung für die Sicherung nachhaltigen Wachstums und Erfolgs (BESWS 2010; WEF 2019; Swiss Re 2020).

Die Natur als Produktivkraft – neben Kapital und Arbeit – zu sehen, macht den Ansatz der ÖSL für Öffentlichkeit, Politik und Verwaltung relevant. Entsprechend wurden seitens der Wirtschaftswissenschaften seit Jahren Anstrengungen unternommen, Methoden zu entwickeln, die es erlauben, Ökosysteme und ihre Veränderungen ökonomisch zu bewerten (Abb. 1.1). Die Ressourcenökonomie hat dazu vor allem die Konzepte der „externen Effekte" und des „ökonomischen Gesamtwerts" geschaffen (Abschn. 2.3 und 4.2).

Ökosystemleistungen (ÖSL)

Der Begriff „Ökosystemleistungen" beschreibt Güter und Leistungen, die von der Natur erbracht und vom Menschen genutzt werden. Nach dem Millennium Ecosystem Assessment (MEA 2005) sind dies Versorgungsleistungen (z. B. Bereitstellung von Nahrung), Regulationsleistungen (z. B. Erosionsschutz) und kulturelle Leistungen (z. B. für den Tourismus). Außerdem bilden Basisleistungen (wie Bodenbildung) die Grundlage für diese ÖSL-Kategorien. Auf diesen Leistungen basieren lebensnotwendige Wohlfahrtswirkungen für den Menschen wie Versorgungssicherheit mit Nahrungsmitteln und sauberem Wasser oder Schutz vor Naturgefahren, d. h., sie erbringen einen direkten oder indirekten wirtschaftlichen, materiellen, gesundheitlichen oder psychischen Nutzen. Innerhalb des Wechselverhältnisses von Angebot und Nachfrage thematisiert das ÖSL-Konzept neben der Angebotsseite (nutzenstiftende Eigenschaften der Natur für das menschliche Wohlbefinden), die auch vom Potenzial- und Funktionsbegriff bedient wird, mehr die Nachfrageseite und differenziert Akteure, Nutznießer von Leistungen sowie Verursacher von Belastungen (Syrbe und Grunewald 2017; Hermes et al. 2020). Die gesellschaftliche Wertschöpfung soll über das ÖSL-Konzept gewichtet und auch, aber nicht nur, monetär bewertet werden (Kosten-Nutzen-Kalkül), um sich auch aus wirtschaftlichen Gründen für den Erhalt der Natur einzusetzen (Grunewald und Bastian 2018).

Abb. 1.1 Neuausrichtung des Naturschutzes über ÖSL – ökonomische Argumente für die Erhaltung des Naturkapitals ergänzen ethische und ökologische Begründungen

Der ÖSL-Begriff in Wissenschaft und Politik

Der ÖSL-Begriff hat in Wissenschaft und Politik große Beachtung gefunden und ist inzwischen weit mehr als ein Modewort. Nichtsdestotrotz ist der Begriff sperrig und Praktikern „vor Ort" ist nicht sofort klar, was er genau beinhaltet. Die Verkürzung auf „Ökonomisierung des Naturschutzes" oder „Verbesserung der Lebensqualität" ist zu kurz gefasst. Der nicht einfache Umgang mit komplexen, mehrdeutigen Begriffen wie Ökosystem, Leistung, Kapital, Landschaft, Umwelt, Funktion, Raum, Zeit oder Wert wird uns aus unterschiedlicher Perspektive im Rahmen der Thematik immer wieder beschäftigen.

Fakt ist, seit Entstehen des ÖSL-Konzepts haben rasche Entwicklungen von einem ursprünglich theoretischen und konzeptionellen Rahmen hin zu einem quantifizierenden, bewertenden und politikunterstützenden Werkzeug stattgefunden. ÖSL können von der Betrachtung als natürliche Ressource bis hin zu einer Bereicherung des Lebens und „Harmonie mit der Natur" verortet und bewertet werden.

Spätestens seit der Studie von Costanza et al. (1997) zur Kalkulation von ÖSL weltweit steht deren Bedeutung für den Menschen heute außer Frage. Einen Eindruck für das Ausmaß der Abhängigkeit des Menschen von ÖSL vermittelt das Beispiel der Bestäubung durch Insekten, die ca. 35 % der weltweiten Kulturpflanzenproduktion gewährleistet und beeinflusst (Klein et al. 2007). Sie spielt folglich eine wichtige Rolle in der Sicherstellung der Ernährung. Viele Gartenpflanzen, Kräuter und Gewürze sowie

Arzneipflanzen sind blütenbestäubt (Klein et al. 2007; van der Sluijs und Vaage 2016). Der weltweite ökonomische Wert der ÖSL durch die Blütenbestäubung wird auf 235–577 Mrd. US$/Jahr geschätzt (Lautenbach et al. 2012; Potts et al. 2016), für Deutschland beläuft sich die Schätzung auf durchschnittlich 1,1 Mrd. €/Jahr (Leonhardt et al. 2013).

Allerdings stellen die Erfassung von ÖSL und die gesellschaftliche Aushandlung ihres Stellenwerts (bis hin zur ökonomischen Bewertung) nach wie vor eine große Herausforderung dar. Zahlreiche ÖSL, beispielsweise an die biologische Vielfalt geknüpfte Wohlfahrtswirkungen, sind noch wenig erforscht (Mosbrugger und Hofer 2008; Paul et al. 2020). Insbesondere fehlt es an einem quantitativen Systemverständnis, d. h. an einer umfassenden Kenntnis der Prozesszusammenhänge. Das Bundesministerium für Bildung und Forschung (BMBF) hat deshalb im Jahr 2020 eine Forschungsinitiative zum Erhalt der Artenvielfalt (FEdA, https://www.feda.bio/de/) ins Leben gerufen, welche die wissenschaftlichen Grundlagen dafür schaffen soll, durch konkrete und umfassende Lösungen eine Trendwende beim Verlust der Artenvielfalt einzuleiten.

ÖSL ist ein derartig aktuelles, spannendes, komplexes, ergebnisoffenes und integratives Thema, dass sich zahlreiche Wissenschaftler und Praktiker weltweit damit befassen (McDonough et al. 2017; Zhang et al. 2019; Gangahagedara et al. 2021; Wang et al. 2021). Vielerorts wird versucht, ÖSL zu indizieren, zu quantifizieren und kartografisch darzustellen. Die – zumeist englischsprachige – Literatur zum Thema ist inzwischen sehr umfangreich. Enthielten im Jahr 1997 nur sieben wissenschaftliche Aufsätze den Begriff *ecosystem services*, waren es 2019 über 4000 (Ruhl et al. 2021). Im Jahr 2012 wurde das Journal „Ecosystem Services“ im Elsevier-Verlag etabliert, das sich rasch zu einer hochrangigen Zeitschrift entwickelte.

Forderungen nach einer ÖSL-Bewertung (Beispiele)

„Wir brauchen ein stärkeres Bewusstsein für den Wert der Ökosysteme und ihrer Leistungen. Moralappelle und Alarmismus bringen im Naturschutz wenig. Gegen den Artenverlust helfen ein effektives Management von gut vernetzten Schutzgebieten und neue Landnutzungsmodelle mit Synergieeffekten. Vor allem muss auch der ökonomische Wert der Grünen Infrastruktur endlich anerkannt werden“ (Beate Jessel, damalige Präsidentin des Bundesamtes für Naturschutz, in: umwelt aktuell, April 2010).

„Der Verlust des Naturkapitals wie Ökosysteme, Biodiversität und natürliche Ressourcen hat unmittelbare und weit reichende Folgen für die Finanzperformance. Klimawandel und Finanzkrise legen nahe, dass erhebliche systemische Risiken koordiniertes Eingreifen erfordern. Die Finanzmärkte berücksichtigen noch nicht, dass viele Unternehmen spezifischen Risiken ausgesetzt sind, da ihre Lieferketten lebenswichtige Ökosysteme schädigen und sie Vorkehrungen treffen müssen, um schon bald strengeren gesetzlichen Auflagen zu genügen“ (Colin Melvin, Hermes Equity Ownership Services Ltd., in: Mythos Naturkapital? Die Integration von Biodiversität und Ökosystemleistungen als feste Größe im Finanzwesen, UNEP-CEObriefing, Oktober 2010).

„Vielleicht sollte die Ökobewegung nicht immer nur an das Gewissen appellieren, sondern die Problematik unter marktwirtschaftlichen Gesichtspunkten betrachten" (Ebert 2011).

„Der Wert von Ökosystemen und ihr Beitrag zum menschlichen Wohlbefinden wird zunehmend auch weit über den Bereich des Umweltschutzes im traditionellen Sinne hinaus anerkannt, bspw. in Initiativen zur stärkeren ökologischen Ausrichtung (*Greening*) der Wirtschaft, in Diskussionen über eine Transformation hin zu nachhaltiger gesellschaftlicher Entwicklung, in Bestrebungen zum Biodiversitätsschutz sowie in vielfältigen Forschungsaktivitäten. Trotz einer zunehmenden Zahl wissenschaftlicher Arbeiten zu diesem Thema liegt bisher jedoch kein umfassendes und integriertes Wissen zum Zustand und zur Entwicklung von Ökosystemleistungen in Deutschland vor" (Sondierungsstudie für ein „Nationales Assessment von Ökosystemen und ihren Leistungen für Wirtschaft und Gesellschaft in Deutschland", Albert et al. 2014).

„Zur Erfassung von Zielen und Strategien auf verschiedenen Governance-Ebenen sollten bestehende Systeme aus Nachhaltigkeitsindikatoren ergänzt und verbessert werden (z. B. zu Biodiversität, Ökosystemleistungen und Ressourcenverbrauch)" (WBGU 2020).

Wie gefährdet sind unsere Ökosysteme? Warum werden ÖSL und Biodiversität oft in einem Atemzug genannt?

Experten schätzen die gegenwärtige Entwicklung unserer Lebensräume überwiegend negativ ein. Die globale Ökonomie nutzt jedes Jahr 1,6-mal mehr Naturressourcen als unser Planet produziert (Lin et al. 2020; Dasgupta 2021). Durch die Nutzung der Natur durch den Menschen ist z. B. die Quote des Artensterbens 100- bis 1000-mal höher als der natürliche Verlust (Rockström et al. 2009). Die rund 1300 Beteiligten der internationalen Studie „Millennium Ecosystem Assessment" (2001–2005) sind zu dem Ergebnis gekommen, dass eine ausreichende Bereitstellung von ÖSL für zukünftige Generationen nicht mehr gewährleistet werden kann, weil Ökosysteme verändert, bedrängt und umgewandelt werden (MEA 2005).

Keines der 20 weltweiten „Aichi Biodiversity Targets to 2020" der CBD wurde erreicht (SCBD 2020). Auch in der Europäischen Union und in Deutschland wurde das Ziel, den Rückgang der biologischen Vielfalt zu stoppen, bisher verfehlt, was sich auch negativ auf die Leistungen der Ökosysteme auswirkt (z. B. auf die Bestäubungsleistung). Ohne neue Politikansätze wird sich der Verlust an biologischer Vielfalt weiter fortsetzen. Allen ist klar, dass „in einer prosperierenden Welt mit ca. 7 Mrd. Menschen (2011) ein gewaltiger Innovationsschub in Gang gesetzt werden muss, um Ökosystemleistungen zu sichern und eine ressourcenschonende Entwicklung zu ermöglichen" (WBGU 2011).

Nur eine Dekade später leben bereits rund 8 Mrd. Menschen auf der Erde und nehmen Ressourcen in Anspruch. Das Erreichen der Ziele, den dramatischen Verlust von Arten und natürlichen Lebensraum aufzuhalten, wird weiterhin verfehlt (Lin et al. 2020; SCBD 2020). Nunmehr wird angestrebt, dass sich die Trends beim Verlust der Biodiversität bis 2030 zumindest nicht mehr verstärken, so die Leiterin des CBD-Sekretariats, Elizabeth Maruma Mrema. In den folgenden zwei Jahrzehnten müsse dann eine Erholung der Ökosysteme ermöglicht werden, um bis 2050 unterm Strich Verbesserungen zu erreichen. Zudem ist mit Covid-19 ein neues Themenfeld hinzugekommen: Wie kann das Risiko von Pandemien auch durch Naturschutz und den Erhalt der biologischen Vielfalt verringert werden?

Ökosystem
ist seit Mitte des 20. Jahrhunderts ein forschungsleitender Begriff zur pragmatischen Betrachtung ökologischer Einheiten (Jax 2016). Ein Ökosystem umfasst das Beziehungsgefüge der Lebewesen untereinander und deren anorganische Umwelt. Im weniger abstrakten Sinn wird ein Ökosystem durch seine Lebensgemeinschaft (Biozönose) und deren Lebensraum (Biotop) gekennzeichnet (Ellenberg et al. 1992). In der deutschen Rechts- und Planungspraxis ist insbesondere der Biotopbegriff maßgeblich (§ 30 BNatSchG „Gesetzlich geschützte Biotope").

Ökosystemforschung ist ein konzeptioneller Ansatz, mit dem sich insbesondere Naturwissenschaftler identifizieren, da analytische Modellvorstellungen zur Struktur und Dynamik von Raumausschnitten bearbeitet werden können. Das Ökosystemkonzept umfasst mehrere hierarchische Ebenen, nicht nur in theoretischer Hinsicht, sondern auch aus operativer Sicht (Blasi et al. 2017). Somit kann prinzipiell eine breite Palette von Ökosystemen identifiziert und kartiert werden, von kleinmaßstäbigen Biomen und Ökoregionen bis zu großmaßstäbigen Lebensräumen und Biotopen (Klijn und Udo de Haes 1994; EEA 2013, 2014).

Biodiversität (biologische Vielfalt)
Der Begriff bezeichnet gemäß dem Übereinkommen über biologische Vielfalt (CBD) „die Variabilität unter lebenden Organismen jeglicher Herkunft, darunter Land-, Meeres- und sonstige aquatische Ökosysteme und die ökologischen Komplexe, zu denen sie gehören. Dies umfasst die Vielfalt innerhalb der Arten und zwischen den Arten und die Vielfalt der Ökosysteme" (CBD 2010). Nach dieser völkerrechtlich verbindlichen Definition besteht die Biodiversität also neben der Artenvielfalt aus der genetischen Vielfalt und der Vielfalt an Ökosystemen.

Da die Vielfalt an Ökosystemen, Lebensgemeinschaften und Landschaften Teil der Biodiversität ist, werden ÖSL und Biodiversität oft in einem Atemzug genannt (z. B. The Economics of Ecosystems and Biodiversity, TEEB 2009). Die biologische Vielfalt unterstützt insbesondere das „Funktionieren der Ökosysteme", kann aber auch als eigenständige ÖSL definiert werden (Leistungen des Ökosystems, Biodiversität bereitzustellen), die zum Wohlbefinden der Menschen beiträgt (Methorst et al. 2021). Beide Konzepte weisen zwar eine große, gemeinsame Schnittmenge auf, sind aber keinesfalls identisch. Es ist zwar unbestritten, dass der anhaltende Verlust an biologischer Vielfalt auch Konsequenzen für die ÖSL hat, jedoch können im Regelfall keine einfachen, linearen Beziehungen angenommen werden (Giller und O'Donovan 2002; IEEP 2009; Trepl 2012; Köllner et al. 2018). Für viele ÖSL, die bewertet werden, ist eine größtmögliche Biodiversität nicht unbedingt nötig, sondern manchmal ist eine niedrige

Artenzahl günstig oder ausreichend, manchmal eine höhere. „Eine planerische Leitplanke für den Verlust an biologischer Vielfalt ist wegen der Vielfalt der Arten, ihrer extrem unterschiedlichen Bedeutung für das Funktionieren der Ökosysteme sowie wegen der riesigen Wissenslücken besonders schwer zu definieren" (WBGU 2011). Bei aller Aktualität des Begriffs „biologische Vielfalt" sollte das andere tragende Prinzip der Ökonomie der Natur nicht vernachlässigt werden, nämlich die Lebens- oder Biomasse (Haber 2011).

Obwohl der Mensch Leistungen der Ökosysteme und Landschaften seit jeher in Anspruch nimmt und Fachleute sich des Werts der natürlichen Abläufe in Ökosystemen immer besser bewusst werden, ist die Gesellschaft von einer allgemeinen Akzeptanz dieser Tatsachen und daraus abzuleitender Handlungskonsequenzen noch weit entfernt (WBGU 2020). Der ökologische Fußabdruck des Konsums und der Produktion muss in Deutschland und weltweit deutlich reduziert werden. Die Transformation zu nachhaltigen Wirtschafts- und Finanzsystemen ist nötig, denn wenn weiter im großen Stil in die Zerstörung der Natur investiert wird, werden auch ambitionierte Flächenschutzziele nichts helfen (Kap. 7). Nach Dasgupta (2021) zahlen die Länder der Welt rund 500 Mrd. US$ pro Jahr an Subventionen in den Bereichen Landwirtschaft, fossile Kraftstoffe, Fischerei oder Düngemittel, um die Natur zu nutzen, sie aber dabei auszubeuten und zu zerstören. Hingegen gibt die Menschheit für den Schutz der natürlichen Lebensgrundlagen nur zwischen 78 und 143 Mrd. US$ jährlich aus, das sind 0,1 % der globalen Wirtschaftsleistung (Dasgupta 2021). Viele der globalen Nachhaltigkeitsziele (*sustainable development goals*, SDGs) sind bei der Verlustdynamik an ÖSL und Biodiversität nicht erreichbar (IPBES 2019).

Ein in den letzten Jahrzehnten weltweit erheblich ausgeweitetes Netz an Schutzgebieten hat sicher positive Effekte auf ÖSL und Biodiversität. Wie Abb. 1.2 veranschaulicht, wurde die Fläche der terrestrischen Schutzgebiete einschließlich Binnengewässer seit 1990 kontinuierlich vergrößert, wodurch das im Protected Planet Report (2020) genannte Ziel von 17 % Flächenanteil immerhin fast erreicht wurde (Aichi Biodiversity Target 11 der CBD, SCBD 2020). Bei den Küsten- und Meeresgewässern wurde der Schutzgebietsanteil seit 2005 stark erweitert und lag 2020 bei knapp 8 %. In Deutschland beträgt der Anteil „Gebiete Natur- und Artenschutz" 16,2 % im Jahr 2020 (Flächen der Naturschutzgebiete, Nationalparks und Natura-2000-Gebiete, s. auch Kap. 5). Der WBGU (2020) forderte, die terrestrischen Schutzgebietssysteme unter konsequenter Anwendung international vereinbarter Qualitätskriterien auf 30 % der Erdoberfläche auszuweiten, was der Vision der CBD entsprach (Mace et al. 2018): *„By 2050, biodiversity is valued, conserved, restored and wisely used, maintaining ecosystem services, sustaining a healthy planet and delivering benefits essential for all people."* Das Ziel „30×30" (mindestens 30 % der weltweiten Land- und Meeresfläche soll bis 2030 unter effektiven Schutz gestellt werden) ist im Dezember 2022 durch die Vertragsparteien der CBD verabschiedet worden. Das sogenannte „Kunming-Montreal Global biodiversity framework" sieht zudem vor, 30 % der geschädigten Ökosysteme an Land und im Meer bis 2030 zu renaturieren und die Verschmutzung durch Düngemittelüberschüsse, Pestizide und gefährliche Chemikalien zu halbieren (CBD 2022).

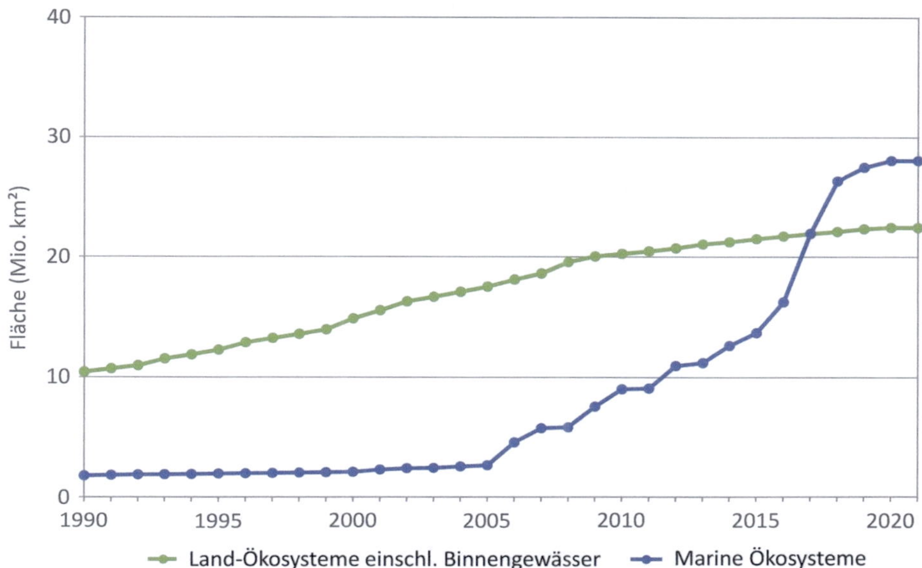

Abb. 1.2 Globaler Trend im Flächenanteil von Schutzgebieten im Zeitraum 1990–2020. (Adaptiert nach UNEP-WCMC and IUCN 2022)

Zweifellos bilden effektive, vernetzte Schutzgebietssysteme das Rückgrat des Ökosystemschutzes. Trotzdem konnte bzw. kann die Verlustrate hinsichtlich der meisten Biodiversitätsparameter (vor allem Artenvielfalt und Habitatzustand) bisher nicht gestoppt oder gar umgekehrt werden. Der globale Living Planet Index (WWF 2020), der weltweite Populationstrends terrestrischer, limnischer und mariner Arten abbildet, zeigt zwischen 1970 und 2018 einen durchschnittlichen Rückgang der erfassten Bestände von Säugetieren, Vögeln, Amphibien, Reptilien und Fischen um 69 % (Abb. 1.3).

Auch deshalb stehen künftig verstärkt Fragen zum nachhaltigen Landnutzungsmanagement auf den mehr oder weniger intensiv bewirtschafteten Flächen im Blickpunkt. So gilt es beispielsweise zu klären, was mit den restlichen 70 % der Landesfläche geschieht, wenn 30 % unter Schutz stehen, und wo sich Synergien oder auch Zielkonflikte mit anderen Nachhaltigkeitszielen ergeben.

Jetzt und in naher Zukunft werden insbesondere Strategien zur Freiraumsicherung, für den Boden- und Klimaschutz, die Klimaanpassung sowie den Schutz der Biodiversität einschließlich der Sicherung des vielfältigen Erscheinungsbilds und des Erholungswerts von Landschaften benötigt. Hinzu kommen geeignete Rahmenbedingungen für den Ausbau erneuerbarer Energien sowie den Kohleausstieg in mehreren Regionen. Es kommt darauf an, dass strategische Entscheidungen zur Landnutzung stärker mit Aspekten des Natur- und Landschaftsschutzes und insbesondere der Biodiversität als Grundlage für funktionierende Ökosysteme verbunden werden (WBGU 2020).

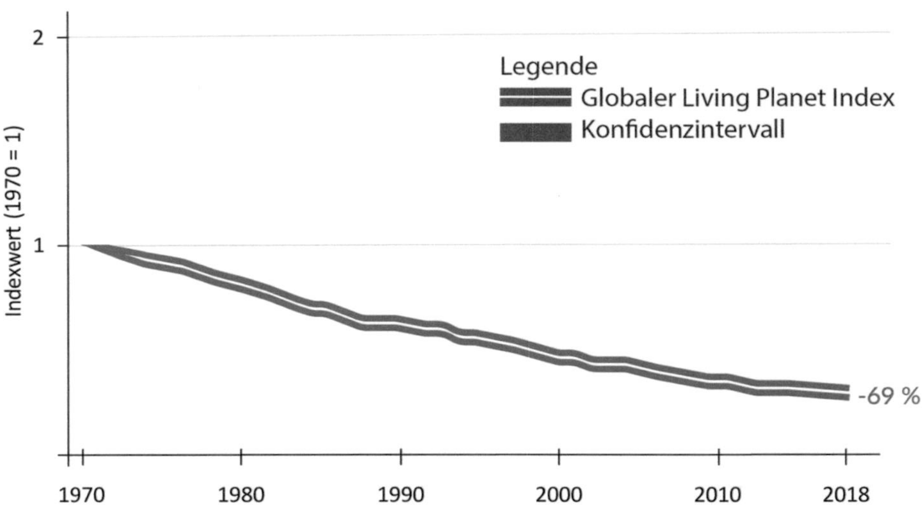

Abb. 1.3 Living Planet Index als Gradmesser des ökologischen Zustands der Erde zwischen 1970 und 2018. (Adaptiert nach WWF 2022)

Wir gehen von der Annahme aus, dass das ÖSL-Konzept künftig stärker in raum- und landschaftsplanerische Konzepte, auch in die Nationale Strategie zur biologischen Vielfalt (NBS, auch als Nationale Biodiversitätsstrategie bezeichnet; Abb. 1.4), Eingang finden wird. Dies geht einher mit dem zunehmenden Angebot an detaillierten, harmonisierten, raumrelevanten Umweltinformationen aufgrund der Weiterentwicklung von Fernerkundungstechnologien und GIS-Systemen (Grunewald et al. 2022a). Treiber sind zudem nationale und europäische/globale Initiativen, Richtlinien und Standards. Ein Meilenstein ist die Einbeziehung von Ökosystemzustand und Ökosystemleistungen in die umweltökonomischen Gesamtrechnungen aufgrund der nun verabschiedeten internationalen statistischen Richtlinie SEEA EA (UN 2021). Diese unterstützt ein disziplinübergreifendes Verständnis von ÖSL, relevanten Methoden der Erfassung sowie eine fachliche Interpretation von Ergebnissen zur Leistungsfähigkeit wichtiger Ökosystemzustände.

Wie Hartmann et al. (2021) am Beispiel des Volksbegehrens „Artenvielfalt und Naturschönheit in Bayern“ aufzeigten, können Gesetzesänderungen die Artenvielfalt positiv beeinflussen und ÖSL in Agrarlandschaften stärken. Im Bundesnaturschutzgesetz werden Ökosystemdienstleistungen seit Kurzem – durch die Europäisierung des Naturschutzrechts respektive Umsetzung der Regelungen zu den invasiven Arten – direkt genannt (§ 54 BNatSchG, Bundesgesetzblatt 2017). Zu vermuten ist, dass der Begriff bei künftigen Rechtsänderungen häufiger Eingang in Gesetzesbestimmungen finden wird, auch in § 1 BNatSchG (Köllner et al. 2018). Auch in der EU-Wasserrahmenrichtlinie (WRRL) ist von sogenannten Wasserdienstleistungen (vgl. Art. 2 Nr. 38 WRRL) die Rede. Dieser Begriff wurde in § 3 Nr. 16 WHG sowie § 6a WHG übernommen.

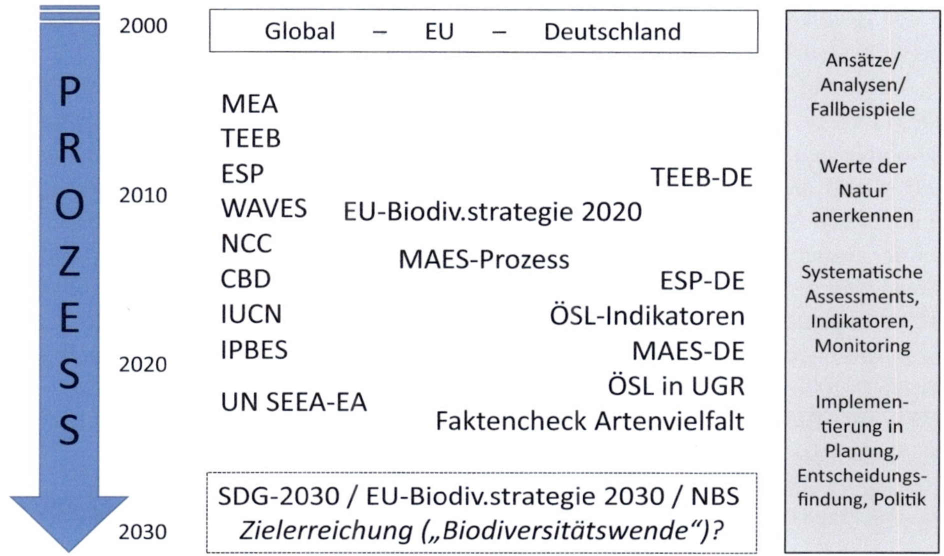

Abb. 1.4 Skizzierung wichtiger Prozessetappen der Erfassung und Bewertung von Ökosystemen und deren Leistungen (Abkürzungen/Initiativen s. Text). (© K. Grunewald)

Auf politischer Ebene ist ein Antrag im Deutschen Bundestag von April 2020 bemerkenswert, der die Bundesregierung auffordert, ein dauerhaftes Honorierungssystem für ÖSL auszuarbeiten, an wissenschaftliche Standards zu knüpfen und – so die Annahme – zu naturnahen und klimastabilen Wäldern beizutragen (Deutscher Bundestag 2021). Das Bundesland Thüringen hat im Mai 2021 als erstes Bundesland die Entscheidung getroffen, die Ökosystemleistung von Wäldern mit 15 Mio. € zu fördern, und hat hierbei insbesondere die CO_2-Bindungswirkung herausgestellt (SZ 2021). Aus einer wechselseitigen Verstärkung von wissenschaftlichen Informationen zu ÖSL und deren Nutzung im politischen wie wirtschaftlichen Raum ergeben sich somit neue Potenziale zur Erweiterung und Verbesserung der Landschaftsplanungen (Kap. 6 und 7).

Der Biodiversitätskrise durch Ökosystemschutz begegnen

Durch die Erhaltung und Verbesserung von ÖSL und Biodiversität würden nicht nur die Ziele der EU für nachhaltiges Wachstum sowie Klimaschutz und Klimaanpassung, sondern auch der wirtschaftliche, räumliche und soziale Zusammenhalt gefördert und das kulturelle Erbe Europas geschützt (EC 2020). Die hohe Politikrelevanz von Ökosystemleistungen zeigt sich z. B. darin, dass die UNO im Juni 2010, analog zum Weltklimarat (IPCC), eine zwischenstaatliche Wissenschaftspolitikplattform für Biodiversität und Ökosystemleistungen (IPBES) ins Leben gerufen hat. Erste Assessments wurden erstellt und der Politik und Öffentlichkeit zur Verfügung gestellt (IPBES 2019), konnten in der Bevölkerung und Politik aber noch nicht die gleiche alarmierende Wirkung wie die Klimaberichte des IPCC erreichen.

Aufbauend auf dem bereits erwähnten Millennium Ecosystem Assessment (MEA 2005) förderte die Europäische Kommission das internationale Projekt „Abschätzung des ökonomischen Wertes von Ökosystemen und biologischer Vielfalt" (The Economics of Ecosystems and Biodiversity, TEEB 2009), das empfiehlt, den ökonomischen Wert der biologischen Vielfalt in Beschlussfassungsprozessen, bei der Rechnungsführung und bei der Berichterstattung mit zu berücksichtigen, um die nachhaltige Nutzung und die Bewahrung der Ökosystemleistungen zu gewährleisten. Diese Empfehlung wurde auf der 10. Vertragsstaatenkonferenz des Übereinkommens über die biologische Vielfalt (CBD) im japanischen Nagoya (im Herbst 2010) zu einem zentralen Punkt des Strategieplans für 2010–2020 erklärt.

Die EU-Biodiversitätsstrategie 2020 rief in Maßnahme 5 explizit zur Verbesserung der Kenntnisse über Ökosysteme und Ökosystemleistungen auf:

> „Die Mitgliedstaaten werden mit Unterstützung der Kommission den Zustand der Ökosysteme und Ökosystemleistungen in ihrem nationalen Hoheitsgebiet bis 2014 kartieren und bewerten, den wirtschaftlichen Wert derartiger Dienstleistungen prüfen und die Einbeziehung dieser Werte in die Rechnungslegungs- und Berichterstattungssysteme auf EU- und nationaler Ebene bis 2020 fördern" (EU 2011).

Diese Vorgabe hatte enorme Aktivitäten hinsichtlich der Erfassung und Kartierung der ÖSL in den EU-Staaten ausgelöst, koordiniert durch die MAES-Arbeitsgruppe (MAES für The Working Group on Mapping and Assessment on Ecosystems and their Services) und das ESMERALDA-Projekt (www.esmeralda-project.eu), unterstützt durch die Europäische Umweltagentur (EEA). Das Wissen und das methodische Instrumentarium haben sich in der letzten Dekade erheblich erweitert (z. B. Burkhard und Maes 2017, Kap. 4 und 5).

Das von einer breiten Community getragene Projekt „Naturkapital Deutschland – TEEB-DE" (http://www.naturkapitalteeb.de) hatte zum Ziel, die Leistungen und Werte der Natur für Deutschland sichtbarer zu machen und Vorschläge zu erarbeiten, wie Naturkapital besser in private und öffentliche Entscheidungsprozesse integriert werden kann. Dazu sind u. a. Berichte zu den Themen „Biologische Vielfalt und Klimapolitik", „ÖSL und Entwicklung ländlicher Räume", „Naturleistungen in der Stadt" sowie ein Synthesebericht mit Handlungsoptionen erarbeitet worden. Aufbauend darauf versuchte die Deutsche Umwelthilfe durch das Vorhaben „Mainstreaming Naturkapital Deutschland" den Wert der Natur und die Bedeutung von Ökosystemleistungen in Deutschland für Entscheidungsträger der Politik und Verwaltung sowie Interessengruppen sichtbarer zu machen (https://www.natur-ist-unser-kapital.de/). In Sektoren und Politikbereichen jenseits des Umwelt- und Naturschutzes, beispielsweise in den Bereichen Land-, Forst-, Wasser- und Bauwirtschaft sowie Klimapolitik, Gesundheit, Lieferketten und Finanzen, können sich Synergien ergeben, um das Naturkapital zu erhalten, denn diese Bereiche hängen direkt von Ökosystemleistungen ab.

In diesem Zusammenhang ist zuletzt ein gestiegenes Interesse aus dem Agrar- und Forstwirtschaftssektor festzustellen (s. oben), ausgelöst durch Ernteausfälle und massive Waldschäden infolge des Klimawandels mit Dürreperioden, Stürmen und Starkregenereignissen. Passgenau ist eine Studie aus dem Thünen-Institut für internationale Waldwirtschaft und Forstökonomie erschienen (Elsasser et al. 2020, Abschn. 5.4). Sie unternimmt erstmals den Versuch, Wald-ÖSL in Deutschland regional zu bewerten, indem außer der Holzproduktion auch die CO_2-Bindung berechnet wird: Hier ergibt sich eine zusätzliche Leistung für den Klimaschutz im Wert von 2,1 Mrd. € pro Jahr. Die Erholungsleistung wird mit 2,4 Mrd. € und der Beitrag für den Naturschutz zusätzlich mit ca. 1 Mrd. € jährlich veranschlagt.

Gemäß Ziel 2, Maßnahme 5 der EU-Biodiversitätsstrategie 2020 (s. oben) haben die deutschen Umweltbehörden (BfN/BMBU/UBA) weitere Forschungsvorhaben zur systematischen, flächendeckenden Erfassung, Bewertung und Kartierung von ÖSL (quantitativ, wiederholbar) auf nationaler Ebene auf den Weg gebracht (s. unter anderem Grunewald et al. 2015, 2017, 2021). Neben der europäischen Zielsetzung ist dabei auch an eine Unterstützung der Umsetzung der Nationalen Biodiversitätsstrategie gedacht worden. Auch § 1 BNatSchG (2009), der die Erhaltung der Leistungsfähigkeit des Naturhaushalts fordert, sollte dadurch eine neue Bedeutung und Aktualität erfahren.

Als ein wesentliches Instrument der Operationalisierung dieser Ziele sowie zur Erfolgskontrolle bedarf es ÖSL-Indikatoren (Abschn. 4.1, Kap. 5). Sie sollen als ausgewählte, gut verständliche Kenngrößen Auskunft über den Bestand an ÖSL einschließlich Angebot und Nachfrage sowie Entwicklungstrends geben. Zu vielen Bereichen des Umwelt- und Naturschutzes liegen in Deutschland umfangreiche Erfahrungen hinsichtlich Indikatorensystemen vor, insbesondere Umwelt-, Naturschutz-, Biodiversitäts-, Nachhaltigkeitsindikatoren (http://www.bfn.de/0315_indikator-naturschutz.html). Diese gilt es einerseits bei der Entwicklung von ÖSL-Indikatoren zu nutzen, andererseits sind sie aber auch davon abzugrenzen. Hinsichtlich der Interpretation der zu entwickelnden Indikatoren ist zu beachten, dass ÖSL als Elemente der Beziehung Natur-Mensch/Gesellschaft Eigenschaften besitzen, die nicht allein naturwissenschaftlich zu beschreiben sind, sondern eine subjektive Komponente beinhalten (Grunewald et al. 2015; Schönbächler 2022).

Bei den ÖSL-Indikatoren, die für die nationale Ebene entwickelt werden, handelt es sich um Indizes, d. h., sie sollen einen hohen Aggregationsgrad aufweisen und vorwiegend der Strategieebene dienen. Dafür leitet sich ein allgemeines Profil für ÖSL-Indikatoren ab:

- Sie sollten Relevanz für die Naturschutzpolitik und weitere sektorale Politiken besitzen, d. h., es sollen neue Zahlen und Karten präsentiert und neue Formen und Inhalte für die Sichtbarmachung der Bedeutung der Leistungen der Natur für den Menschen generiert werden.
- Sie sollen analytisch sauber und entsprechend dem aktuellen theoretischen, wissenschaftlich-technischen Wissen und von internationalen Standards abgesichert, aber

auch einfach, messbar (auch wiederholt), praktikabel, leicht zu interpretieren sowie flächenscharf für Deutschland sein und Trends über die Zeit anzeigen.

- Sie sollen eine Basis für internationale Vergleiche darstellen und eine auf die EU-Biodiversitätsstrategie bezogene Umsetzung des ÖSL-Ansatzes ermöglichen.

Angesichts der Anforderungen und der Komplexität des Themas „ÖSL und Biodiversität" ergibt sich ein Spannungsfeld zwischen wissenschaftlicher Exaktheit und politischer Nutzbarkeit. Dies zu bewältigen, stellt eine enorme Herausforderung dar, sodass sich inzwischen eine breite Initiative bzw. ein Expertennetzwerk zur Unterstützung des Prozesses der Erfassung und Bewertung von ÖSL in Deutschland gebildet hat (https://www.esp-de.de/).

Im Hinblick auf die Tatsache, dass die Leistungen der Natur nicht zum Nulltarif zu haben sind – sie aber bislang häufig noch so kalkuliert werden –, sind dringend aktualisierte Regelungen, Verfahren und Bewertungsinstrumente notwendig, so etwa die Integration des ÖSL-Konzepts in das praktische Handeln möglichst aller raumrelevanten Planungsprozesse (von Haaren et al. 2020, Abschn. 6.3). Durch die Hervorhebung der Beiträge der Natur zum menschlichen Wohlbefinden besteht die Möglichkeit, die Ziele und Inhalte der Landschaftsplanung besser zu vermitteln. ÖSL können wichtige zusätzliche Argumente für den Schutz und die nachhaltige Nutzung von Landschaften liefern, die Abwägung bei konkurrierenden Zielen bzw. Konflikten unterstützen sowie die Ableitung, Kommunikation und Umsetzung von Maßnahmen verbessern. Eine Erweiterung des etablierten Rahmens der Landschaftsplanung um den ÖSL-Ansatz wird sowohl von der Wissenschaft als auch von Teilen der Planungspraxis befürwortet und auch von politischer Seite immer mehr gefordert (Grunewald et al. 2022a).

Inzwischen geht die EU-Biodiversitätsstrategie für 2030 sogar davon aus, dass Investitionen in Naturkapital einschließlich der Wiederherstellung wertvoller ökologischer Lebensräume (z. B. natürlicher Wälder) zu den fünf wichtigsten Konjunkturmaßnahmen gehören, welche große wirtschaftliche Effekte und positive Auswirkungen auf das Klima zeitigen (Green Deal, EC 2020). Nur so ist auch ein nachhaltiges Angebot an ÖSL gewährleistet, welche bislang oft unterschätzt worden sind, aber in hohem Maße zum Nutzen und Wohlergehen eines Landes beitragen. Problematisch ist, dass Abwägungen unterschiedlicher Ziele und Interessen oftmals zugunsten der ökonomischen Nutzungen ausgehen und Ökosysteme degradiert werden. Der SRU hat bereits 2012 in seinem „Umweltgutachten 2012 – Verantwortung in einer begrenzten Welt" den zweiten Band mit der Überschrift „Ökosystemleistungen aufwerten" versehen (SRU 2012), ein Befund, der umso mehr den aktuellen Handlungsbedarf verdeutlicht.

Es gilt deshalb, die Tragfähigkeit des ÖSL-Konzepts als Säule der Politik zu eruieren und Belege für die Vorteile der Integration von ÖSL-Bewertungen in Entscheidungen zu liefern (Abschn. 6.1). Oft fehlt es noch an breit umsetzbaren, auf nationaler und regionaler Ebene anwendbaren Indikatoren, Standards und Instrumenten zur Integration von ÖSL, wodurch es schwierig ist, diese in politischen Entscheidungen angemessen zu berücksichtigen. Allerdings wird das Ziel, die Rolle von Ökosystemen und ÖSL künftig bei allen Entscheidungen zu berücksichtigen, auch kritisch gesehen, da befürchtet wird, dass sich dies nicht mit den Zielen von Deregulierung und Entscheidungsvereinfachungen vereinbaren lässt. So wünschen bestimmte Interessengruppen keine zusätzlichen Restriktionen für wirtschafts- und verkehrspolitische Infrastrukturmaßnahmen, z. B. im Hinblick auf den Ausbau von Stromtrassen für erneuerbare Energien. Der Bundesrat bat deshalb darum, die Grundsätze des Gleichklangs von Ökologie, Ökonomie und sozialen Belangen im Sinne der weltweit anerkannten Ziele der Nachhaltigkeitsstrategie nicht infrage zu stellen (Bundesrat 2011), also die ökologischen Aspekte nicht überzugewichten.

Natur als „produktiver Faktor"

Die Natur als „produktiver Faktor" wird oft unterschätzt oder übersehen. Bodenfruchtbarkeit, saubere Luft und trinkbares Wasser sind nur drei Beispiele für die Beiträge intakter Ökosysteme und es sei daran erinnert, dass sich weder ein Apfel noch eine Pflanzen- oder Tierart künstlich herstellen lassen. ÖSL sollen deshalb künftig in die gesellschaftlichen Berichtssysteme integriert werden (u. a. CBD 2010, Stichwort „Aichi-Targets"; EU 2011; Abschn. 7.2.4). Hierzu gehört die Entwicklung einer Sichtweise, die anerkennt, dass sich gesellschaftlicher Wohlstand nicht nur auf die Leistungen menschlicher Arbeit und menschlichen Kapitals stützt, sondern umfassender ist als das Bruttoinlandsprodukt (BIP, Abschn. 2.3). Um die Wahrnehmung des „Naturkapitals" in der Gesellschaft zu stärken, müssten auch die Systeme der volkswirtschaftlichen Gesamtrechnungen (VGR) „inklusiver" werden und die ÖSL und die damit verbundene biologische Vielfalt für die Menschen und die Gesellschaft angemessen erfassen. Die Integration dieser Werte in die VGR und insbesondere in die umweltökonomischen Gesamtrechnungen (UGR) soll dazu beitragen, Politik und Wirtschaft bei Entscheidungen, die das Naturkapital betreffen, über Finanzierungsmechanismen für die Erhaltung der natürlichen Lebensgrundlagen zu unterstützen. Vor diesem Hintergrund wurde vom Bundesamt für Naturschutz (BfN) das Pilotprojekt „Integration von Ökosystemen und Ökosystemleistungen in die Umweltökonomische Gesamtrechnung" initiiert (Grunewald et al. 2019). Deutschland beabsichtigt grundsätzlich, Ökosysteme und ÖSL künftig stärker in die Systeme der UGR/VGR zu integrieren (Deutscher Bundestag 2019) und das Statistische Bundesamt hat sich dieser Aufgabe inzwischen auch angenommen (https://www.destatis.de/DE/Themen/Gesellschaft-Umwelt/Umwelt/UGR/ueberblick/_inhalt.html).

Eine zentrale Rolle bei der Entwicklung standardisierter methodischer Ansätze zur Einbeziehung von Naturkapital, ÖSL und Biodiversität in staatliche Rechensysteme spielt das „System of Environmental Economic Accounting" (SEEA) der Vereinten Nationen (UN 2021). Die Arbeiten erfolgten in Zusammenarbeit mit der Initiative „Wealth Accounting and the Valuation of Ecosystem Services" (WAVES) der Weltbank und dem Natural Capital Accounting and Valuation of Ecosystem Services (NCAVES) der EU. WAVES (https://www.wavespartnership.org) ist eine von der Weltbank geleitete globale Partnerschaft, die darauf abzielt, eine nachhaltige Entwicklung zu fördern, indem sie sicherstellt, dass die natürlichen Ressourcen in die Entwicklungsplanung und die volkswirtschaftlichen Gesamtrechnungen einbezogen werden. Eine wichtige Institution ist in diesem Zusammenhang auch die Natural Capital Coalition (NCC, https://capitalscoalition.org/), eine globale Multi-Stakeholder-Organisation, die sich zum Ziel gesetzt hat, die Wirtschaft dabei zu unterstützen, ÖSL und ihre Werte in ihre Tätigkeiten und Geschäfte einzubeziehen. Die Organisation hat beispielsweise das Natural Capital Protocol veröffentlicht, ein Rahmenwerk zur Unterstützung von Unternehmen bei der Entscheidungsfindung in Bezug auf ihre Auswirkungen auf die Umwelt.

Inzwischen wurde ein international vereinbarter statistischer Standard beschlossen, nach dem die Bewertung der Zustände und Leistungen der Ökosysteme erfolgen soll. Die Statistische Abteilung der Vereinten Nationen hat nach mehrjährigen Konsultationen nunmehr im Sinne des SEEA EA (System of Environmental-Economic Accounting – Ecosystem Accounting) entsprechende Vorgaben verabschiedet (Kap. 1–7 als internationaler statistischer Standard, Kap. 8–11 als international anerkannte statistische Grundsätze und Empfehlungen für die Bewertung von ÖSL, s. UN 2021). Die Vereinten Nationen empfehlen nun ihren Mitgliedsstaaten, künftig bei der Berechnung des Bruttoinlandsprodukts (BIP) die natürlichen Ressourcen eines Landes einzubeziehen. Bei der Berechnung des BIP – dem Gesamtwert aller Güter, Waren und Dienstleistungen, die während eines Jahres innerhalb einer Volkswirtschaft hergestellt werden – sollen die Beiträge natürlicher Ressourcen wie Wälder oder naturnahe Ökosysteme für Wohlstand und das gesellschaftliche Wohlergehen berücksichtigt werden, ähnlich wie wirtschaftliche Ressourcen. Inzwischen liegen Erfahrungen aus über 34 Ländern vor, die mit dem SEEA EA arbeiten (Zieschank et al. 2021). Die Umsetzung in Deutschland, insbesondere die Integration in die UGR, wurde im Rahmen des Projekts „Ökosystemleistungen und Umweltökonomische Gesamtrechnung – Digitales Assessment" in Kooperation mit dem Statistischen Bundesamt und weiteren Partnern diskutiert und begonnen (Grunewald et al. 2022b).

All dies zeigt – es ist ein gesamtgesellschaftliches Umdenken in Gange. Seit den sich mehrenden Anzeichen des Klimawandels und einer spürbaren Artenverarmung wächst bei der großen Mehrheit der Bevölkerung das Bewusstsein für die Notwendigkeit nachhaltigen Handelns (Kap. 7). Nicht nur die Entscheidungen von Politikern, sondern auch die Geschäftspolitik von Unternehmen wird zunehmend kritisch hinterfragt, wenn es um die Wahrnehmung ökologischer Verantwortung geht. Wirtschaftsunternehmen, die in ihren Produktionsprozessen ökologische Belange berücksichtigen und Umweltbewusstsein dokumentieren, können mit einem Imagegewinn bei Verbrauchern rechnen und damit auch mit einem wirtschaftlichen Vorteil bei ihren Kunden, Kooperationspartnern und auf dem Finanzmarkt.

Die kurze Einführung in die Problematik zeigt, dass das komplexe Thema ÖSL von Wissenschaftlern sehr unterschiedlicher Disziplinen bearbeitet wird. Herangehensweise, Begriffs- und Methodenverständnis sind entsprechend vielfältig, manchmal sogar missverständlich. Ein Beispiel: Was ist mit „Leistungsfähigkeit der Natur" oder mit „Naturkapital" gemeint? Was ist die Landschaftsebene? Worin unterscheiden sich Potenzial-, Funktions- und Dienstleistungsansatz? Welche Leistungen der Natur sollten analysiert werden und wie bewertet man sie? Lassen sich wirklich alle ÖSL quantifizieren oder gar monetarisieren?

In den folgenden Buchkapiteln werden die dargestellten Probleme aufgegriffen und diskutiert. Es sollen das Konzept der ÖSL erläutert, Begriffserklärungen gegeben, Kategorien dargestellt, der methodische Rahmen zur Analyse und Bewertung von ÖSL in seinen Facetten aufgezeigt und anhand von Fallbeispielen in der Anwendbarkeit dargestellt werden. Letztere sollen vor allem die intensiven Arbeiten zur Erfassung und Bewertung von ÖSL in den Hauptökosystemtypen Deutschlands verdeutlichen (Kap. 5).

Dabei geht es vor allem darum, die Systemzusammenhänge und Dynamik zwischen Naturkapital, Ökosystemstrukturen und -prozessen einschließlich Biodiversität, Ökosystemleistungen/Wohlfahrtswirkungen in verschiedenen Maßstäben sowie im Kontext multipler Triebkräfte besser zu verstehen (Chan et al. 2020). Dafür werden Ansätze der Komplexitätsforschung sowie die Annäherung aus verschiedenen Perspektiven genutzt. Abb. 1.5 verdeutlicht die unterschiedlichen Ebenen, die in den folgenden Kapiteln aufgegriffen und diskutiert werden. Die konzeptionellen Überlegungen werden in Abschn. 4.5 in einer Rahmenanleitung (Leitfaden) zur Analyse und Bewertung von ÖSL zusammengefasst.

Der Fokus wird dabei auf den mitteleuropäischen Raum und das bestehende System der ökologischen Raumplanung in Deutschland gelegt. Daraus ergibt sich u. a. die Frage, wie der gesellschaftliche bzw. volkswirtschaftliche Nutzen von Maßnahmen zur Verbesserung von quantifizierbaren ÖSL räumlich konkretisiert und in regionale und überregionale Planungsprozesse eingebracht werden kann. Analog werden Brückenkonzepte für Politik und Finanzwesen thematisiert (Kap. 6).

Für die praktische Integration und Kommunikation von ÖSL können vier verschiedene Perspektiven gewählt werden – die ökosystembezogene, die leistungsbezogene sowie die raum- und akteurbezogene –, wobei die raum- und akteurbezogene Sichtweise die für politische Entscheidungen eher typische Perspektive ist (Haines-Young und Potschin 2010). Eine Planung, die ÖSL aus den benannten Perspektiven beinhaltet, befasst sich vorwiegend mit folgenden Schlüsselfragen:

- Welche ÖSL im Gebiet sind für das menschliche Wohlbefinden wichtig?
- Von wo gehen die ÖSL aus (lokal oder außerhalb des Plangebiets)?
- Welche Akteure sind auf diese Leistungen angewiesen (lokal oder auch außerhalb des Plangebiets)?
- Welchen Wert und welche Priorität hat jede der Leistungen (Ersatz oder Austausch möglich, Bezug der Leistung von anderer Stelle)?
- Wie können Management und andere Handlungen die Leistungen verbessern (insbesondere positive oder negative Auswirkungen auf andere Leistungen)?
- Wer sind die Adressaten von Management- und Handlungsoptionen sowie Maßnahmen?

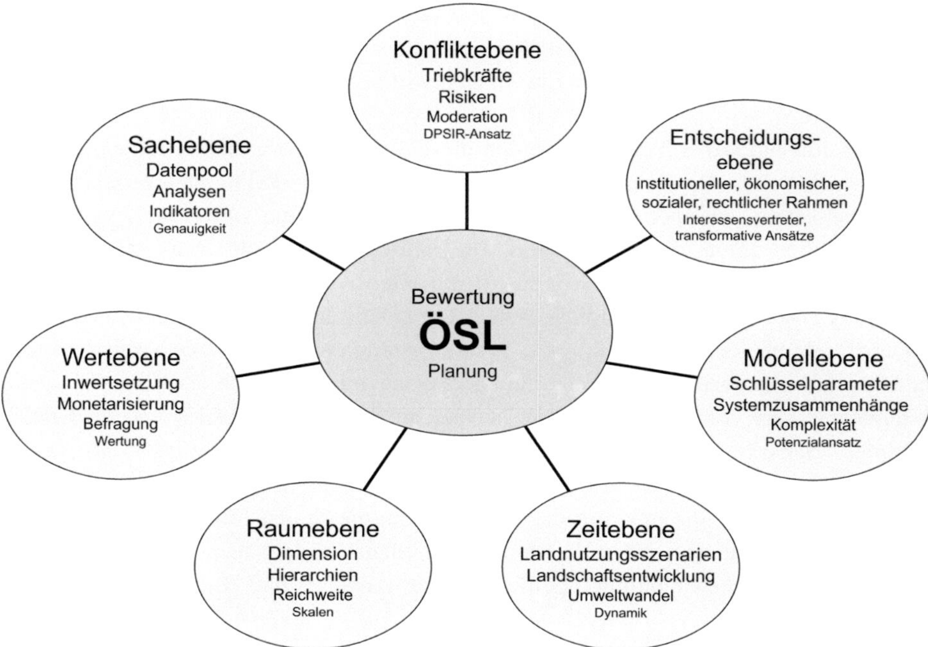

Abb. 1.5 Schema des Zugangs zu ÖSL (Mehr-Ebenen-Ansatz), der neben vielschichtigen sozioökonomischen und naturwissenschaftlichen Methoden zahlreiche fach- wie interdisziplinär verwendete Begriffe enthält (unvollständige Auswahl). (© K. Grunewald)

Fazit

Das Konzept der Ökosystemleistungen (ÖSL) bestimmt zunehmend die Debatte zu den Problemfeldern „Biodiversität" und „Nachhaltiges Landnutzungsmanagement", denn es rückt die Bedeutung von Natur sowie die Zusammenhänge und Abhängigkeiten zwischen Natur und Mensch stärker in den Mittelpunkt und somit auch in den Fokus planerischer und politischer Entscheidungsprozesse (WBGU 2020; Schulz und Warner 2021). Es unterstreicht die zentrale Bedeutung der Leistungen der Natur für unsere Existenz und weist auf die massiven Auswirkungen der Beeinträchtigung von Ökosystemen und Biodiversität für Gesellschaft und Wirtschaft hin. Das ÖSL-Konzept erhöht das gesellschaftliche und politische Bewusstsein für den Wert der Natur und ermöglicht neue Narrative (http://www.naturkapitalteeb.de).

Es geht darum, den traditionsreichen, aber häufig zu wirkungslosen Naturschutz mit Argumenten zu unterstützen, welche (besser) Eingang in die ökonomisch dominierten Entscheidungsprozesse der Ressourcen- und Landnutzung finden. Mithilfe des ÖSL-Konzepts kann die Produktivität der Natur auch als ökonomisch wirksame Leistung sichtbar und (bedingt) messbar gemacht werden und damit als eine Basis für ein anderes Wirtschaftsverständnis im Sinne der Nachhaltigkeit dienen.

Für die Bearbeitung der ÖSL-Problematik ist ein fundierter und weithin akzeptierter konzeptioneller Rahmen notwendig. Besonderer Wert ist auf eine klare Terminologie zu legen. Nachdem es zunächst insbesondere darum ging, Methoden zur Erfassung und Bewertung der Gefährdung sowie Verfahren zur Erhaltung/Wiederherstellung von ÖSL zu erarbeiten sowie die „Gesellschaftsfähigkeit" des ÖSL-Konzepts mit seinen Möglichkeiten und Grenzen aufzuzeigen, muss nunmehr die Integration von ÖSL in Planungs- und Entscheidungsprozesse bewältigt werden.

Literatur

Albert C, Neßhöver C, Wittmer H, Hinzmann M, Görg C, Grunewald K (Mitarb.), Bastian O (Mitarb.) (2014) Sondierungsstudie für ein Nationales Assessment von Ökosystemen und ihren Leistungen für Wirtschaft und Gesellschaft in Deutschland. UFZ, Leipzig, 64 S.

BESWS – Biodiversity and Ecosystem Service Work Stream (2010) Demystifying materiality: hardwiring biodiversity and ecosystem services into finance. UNEP FI CEO Briefing, Genève

Blasi C, Capotortiaet G et al (2017) Ecosystem mapping for the implementation of the European Biodiversity Strategy at the national level: the case of Italy. Environ Sci Policy 78:173–184

Bobek H, Schmithüsen J (1949) Die Landschaft im logischen System der Geographie. Erdkunde 3:112–120

Bundesrat (2011) Lebensversicherung und Naturkapital: Eine Biodiversitätsstrategie der EU für das Jahr 2020. Drucksache 309/11 vom 25.05.11, Berlin

Burkhard B, Maes J (Hrsg) (2017) Mapping ecosystem services. Pensoft Publishers, Sofia, S. 374

Bundesgesetzblatt (2017) Bundesgesetzblatt Jahrgang 2017 Teil I Nr. 62, ausgegeben zu Bonn am 15. September 2017 (https://www.bgbl.de/xaver/bgbl/start.xav?startbk=Bundesanzeiger_BGBl&jumpTo=bgbl117s3370.pdf#__bgbl__%2F%2F*%5B%40attr_id%3D%27bgbl117s3370.pdf%27%5D__1517303530721. Zugegriffen: 26. Aug. 2021

CBD – Convention on Biological Biodiversity (2010) Global biodiversity outlook 3. CBD Secretariat, Montreal

CBD (2022) Kunming-Montreal Global biodiversity framework. https://www.cbd.int/doc/decisions/cop-15/cop-15-dec-04-en.pdf. Zugegriffen: 27. Jan. 2023

Chan KMA et al (2020) Levers and leverage points for pathways to sustainability. People and Nature 2(3):693–717

Costanza R, d'Arge R, de Groot R, Farber S, Grasso M, Hannon B, Limburg K, Naeem S, O'Neill R, Paruelo J et al. (1997) The value of the world's ecosystem services and natural capital. Nature 387:253–260

Daily G (Hrsg) (1997) Nature's Services: Societal dependence on natural ecosystems. Island Press, Washington DC

Dasgupta P (2021) The economics of biodiversity: The Dasgupta Review. London (HM Treasury)

Deutscher Bundestag (2019) Antwort der Bundesregierung auf die Kleine Anfrage der Abgeordneten Oliver Krischer, Kerstin Andreae, Lisa Badum, weiterer Abgeordneter und der Fraktion BÜNDNIS 90/DIE GRÜNEN. Zum Stand der Erfassung des Wertes der Natur in gesellschaftlichen Berichtssystemen. Drucksache 19/7393, 21. 02. 2019. Berlin, S. 16. http://dip21.bundestag.de/dip21/btd/19/079/1907971.pdf. Zugegriffen: 10. Apr. 2019

Deutscher Bundestag (2021) Antrag der Fraktionen der CDU/CSU und SPD: Ein vitaler, klimastabiler Wald nutzt allen – Ökosystemleistungen ausreichend honorieren. Drucksache 19/28789 v. 20.4.2021. https://dserver.bundestag.de/btd/19/287/1928789.pdf. Zugegriffen: 24. Apr. 2023

de Groot RS (1992) Functions of nature: evaluation of nature in environmental planning, management and decision making. Wolters-Noordhoff, Groningen

Ebert V (2011) Machen Sie sich frei. Rowohlt Taschenbuch, Reinbek

EC – European Commission (2020) EU Biodiversity Strategy for 2030. COM(2020) 380 final. https://ec.europa.eu/info/law/better-regulation/have-your-say/initiatives/12096-EU-2030-Biodiversity-Strategy. Zugegriffen: 30. März 2021

EEA – European Environment Agency (2013) Available data for mapping and assessing ecosystems in Europe. ETCSIA-Universidad de Malaga [Final Report-task 5.2.5_3_Ecosystem assessment: Identification of thematic datasets]. EEA (European Environment Agency), Malaga, Spain

EEA – European Environment Agency (2014) Terrestrial habitat mapping in Europe: an overview. Joint MNHN-EEA Report [Technical Report 1/2014]. EEA (European Environment Agency), Copenhagen, Denmark

Ehrlich PR, Ehrlich AH (1974) The End of Affluence. Ballantine Books, New York

Ellenberg H, Weber HE, Düll R, Wirth V, Werner W, Paulißen D (1992) Zeigerwerte von Pflanzen in Mitteleuropa. 3. Aufl. Scripta Geobotanica 18, Göttingen

Elsasser P, Altenbrunn K, Köthke M, Lorenz M, Meyerhoff J (2020) Regionalisierte Bewertung der Waldleistungen in Deutschland. Braunschweig: Johann Heinrich von Thünen-Institut, Thünen Rep 79, https://doi.org/10.3220/REP1598274305000

EU – Europäische Kommission (2011) Mitteilung der Kommission an das Europäische Parlament, den Rat, den Europäischen Wirtschafts- und Sozialausschuss und den Ausschuss der Regionen: Lebensversicherung und Naturkapital: Eine Biodiversitätsstrategie der EU für das Jahr 2020

Gangahagedara R, Subasinghe S, Lankathilake M, Athukorala W, Gamage I (2021) Ecosystem Services Research Trends: A Bibliometric Analysis from 2000–2020. Ecologies 2:366–379. https://doi.org/10.3390/ecologies2040021

Giller PS, O'Donovan G (2002) Biodiversity and ecosystem function: do species matter? Biology and Environment: Proceedings of the Royal Irish Academy 102B:128–138

Graf D (1984) Gratisleistungen und Gratiseffekte. In: Graf D (Hrsg) Ökonomie und Ökologie der Naturnutzung. Gustav Fischer, Jena, S 42–45

Grunewald K, Bastian O (2010) Ökosystemdienstleistungen analysieren – begrifflicher und konzeptioneller Rahmen aus landschaftsökologischer Sicht. GEOÖKO 31:50–82

Grunewald K, Walz U et al. (2015) Erfassung von Ökosystemleistungen auf nationaler Ebene in Deutschland. Naturschutz und Landschaftsplanung 47(10):305–310

Grunewald K, Syrbe R-U, Walz U, Richter B, Meinel G, Herold H, Marzelli S (2017) Ökosystemleistungen Deutschlands – Stand der Indikatorenentwicklung für ein bundesweites Assessment und Monitoring. Natur und Landschaft 92(11):485–492

Grunewald K, Bastian O (2018) Ökosystemdienstleistungen. In: Handwörterbuch der Stadt- und Raumentwicklung, Band 3. Hannover: ARL, S. 1677–1686

Grunewald K, Pekker R, Zieschank R, Hirschfeld J, Schweppe-Kraft B, Syrbe RU (2019) Grundlagen einer Integration von Ökosystemen und Ökosystemleistungen in die Umweltökonomische Gesamtrechnung in Deutschland. Natur und Landschaft 94(8):330–338

Grunewald K, Meier S, Syrbe R-U, Walz U et al. (2021) Ökosysteme Deutschlands – Klassifizierung und Kartierung der Ökosystemtypen sowie Indikatoren für ein bundesweites Assessment und Monitoring des Ökosystemzustands und der Ökosystemleistungen. Leibniz-Institut für ökologische Raumentwicklung, Dresden

Grunewald K, Syrbe RU, Walz U, Wende W, Meier S, Bastian O, Zieschank R (2022a) Nationale Indikatoren zur Bewertung von Ökosystemen und deren Leistungen – Bundesweiter Orientierungsrahmen für Landschaftsplanungen und Informationsgrundlage für die Bundespolitik. Naturschutz und Landschaftsplanung 54(2):12–25. https://doi.org/10.1399/NuL.2022.02.01

Grunewald K, Zieschank R, Ekinci B (2022b) Neue Perspektiven für die wirtschaftliche Berichterstattung in Deutschland: Einbeziehung von Ökosystemen und deren Leistungen. Ergebnisse der zweiten Nationalen Konferenz für ein Ecosystem Accounting in Deutschland. Natur und Landschaft 97/12, S. 568-573, DOI: 10.19217/NuL2022-12-04

Haber W (2011) Die unbequemen Wahrheiten der Ökologie. Eine Nachhaltigkeitsperspektive für das 21. Jahrhundert, 2. Aufl. Oekom, München

Haines-Young R, Potschin M (2010) Proposal for a Common International Classification of Ecosystem Goods and Services (CICES) for Integrated Environmental and Economic Accounting (V1). Report to the European Environment Agency

Hartmann H, Hänsel M, Riebl R, Lohse EJ, Köllner T (2021) Volksbegehren Artenvielfalt: Gesetzesänderungen können auch Ökosystemdienstleistungen in Bayerns Agrarlandschaften stärken. GAIA 30(2):106–113, https://doi.org/10.14512/gaia.30.2.8

Hermes J, Albert C, von Haaren C (2020) Erfassung und Bewertung der kulturellen Ökosystemleistung Naherholung in Deutschland. UVP-report 34(2):61–70 http://dx.doi.org/10.17442

Høeg P (1994) Fräulein Smillas Gespür für Schnee. Hanser-Verlag, München und Wien, 479 S

IEEP – Institute for European Environmental Policy, Alterra, Ecologic, PBL – Netherland Environmental Assessment Agency und UNEP-WCMC (2009) Scenarios and models for exploring future trends of biodiversity and ecosystem services change. Final report to the European Commission, DG Environment on Contract ENV.G.1/ETU/2008/0090r

IPBES (2019) Global assessment report on biodiversity and ecosystem services of the Intergovernmental Science-Policy Platform on Biodiversity and Ecosystem Services. IPBES secretariat, Bonn, Germany

Jax K (2016) Biozönose, Biotop und Ökosystem. Schlüsselbegriffe der Ökologie und des Naturschutzes. NuL 91(9/10):417–422

Klein AM, Vaissière BE, Cane JH, Steffan-Dewenter I, Cunningham SA, Kremen C, Tscharntke T (2007) Importance of pollinators in changing landscapes for world crops. Proceedings of the Royal Society B: Biological Sciences 274(1608):303–313

Klijn F, Udo de Haes HA (1994) A hierarchical approach to ecosystems and its implications for ecological land classification. Landscape Ecol 9:89–104

Köllner T, Stefan AM, Wolff HA (2018) Zur Einführung des Begriffs der Ökosystemdienstleistung in das Bundesnaturschutzgesetz. Zeitschrift für Umweltrecht 7–8:387–392

Lautenbach S, Seppelt R, Liebscher J, Dormann CF (2012) Spatial and temporal trends of global pollination benefit. PLoS ONE 7(4):e35954

Leonhardt SD, Gallai N, Garibaldi LA, Kuhlmann M, Klein AM (2013) Economic gain, stability of pollination and bee diversity decrease from southern to northern Europe. Basic Appl Ecol 14(6):461–471

Lin D, Wambersie L, Wackernagel M, Hanscom P (2020) Calculating Earth Overshoot Day 2020: Estimates Point to August 22nd. https://www.overshootday.org/content/uploads/2020/06/Earth-Overshoot-Day-2020-Calculation-Research-Report.pdf

Mace GM, Barrett M, Burgess ND et al (2018) Aiming higher to bend the curve of biodiversity loss. Nat Sustain 1:448–451. https://doi.org/10.1038/s41893-018-0130-0

McDonough K, Hutchinson S, Moore T, Hutchinson JMS (2017) Analysis of publication trends in ecosystem services research. Ecosyst Serv 25:82–88

MEA – Millennium Ecosystem Assessment (2005) Ecosystem and human well-being: Scenarios, Bd 2. Island Press, Washington

Methorst J, Rehdanz K, Mueller T, Hansjürgens B, Bonn A, Böhning-Gaese K (2021) The importance of species diversity for human well-being in Europe. Ecol. Economics 181:106917. https://doi.org/10.1016/j.ecolecon.2020.106917

Mosbrugger V, Hofer H (Hrsg) (2008) Biodiversitätsforschung in der Leibniz-Gemeinschaft: Eine nationale Aufgabe. Leibniz-Gemeinschaft, Bonn, 48 S

Müller F, Burkhard B (2007) An ecosystem based framework to link landscape structures, functions and services. In: Mander Ü, Wiggering H, Helming K (Hrsg) Multifunctional Land Use – Meeting Future Demands for Landscape Goods and Services. Springer, Berlin, Heidelberg, New York, S 37–64

Paul C, Hanley W, Meyer ST, Fürst C, Weisser WW, Knoke T (2020) On the functional relationship between biodiversity and economic value. Science Advances, 6(5), eaax7712. https://doi.org/10.1126/sciadv.aax7712

Potts SG, Imperatriz-Fonseca V, Ngo HT, Aizen MA, Biesmeijer JC, Breeze TD, Dicks LV, Garibaldi LA, Hill R, Settele J, Vanbergen AJ (2016) Safeguarding pollinators and their values to human well-being. Nature 540(7632):220–229

Protected Planet Report (2020) UN Environment. https://policycommons.net/artifacts/1529388/protected-planet-report-2020/2219081/on 14 Nov 2021. CID: 20.500.12592/dg4nfn

Rockström J, Steffen W, Noone K, Persson Å, Chapin FS III, Lambin E, Lenton TM, Scheffer M, Folke C, Schellnhuber H, Nykvist B, De Wit CA, Hughes T, van der Leeuw S, Rodhe H, Sörlin S, Snyder PK, Costanza R, Svedin U, Falkenmark M, Karlberg L, Corell RW, Fabry VJ, Hansen J, Walker BH, Liverman D, Richardson K, Crutzen C, Foley J (2009) A safe operating space for humanity. Nature 461:472–475

Ruhl JB, Salzman J et al. (2021) Connecting ecosystem services science and policy in the field. Front Ecol Environ. https://doi.org/10.1002/fee.2390

Schulz H-D, Warner B (2021) Zur (Neu-)Ausrichtung der Raumentwicklung für eine auf Nachhaltigkeit zielende Transformation. In: Hofmeister S, Warner B, Ott Z (Hrsg.) Nachhaltige Raumentwicklung für die große Transformation. Herausforderungen, Barrieren und Perspektiven für Raumwissenschaften und Raumplanung. Forschungsbericht der ARL Bd. 15. Hannover:45–75

Schönbächler M (2022) Grundprinzipien für das Erstellen und Kommunizieren von Indikatoren. scnat 46, S. 15. https://scnat.ch/de/uuid/i/dc57b51a-8656-520d-ae77-027b442abb50-HOTSPOT_4622_Biodiversit%C3%A4t_%C3%BCberwachen Zugriff: 27. Dez. 2022

SCBD – Secretariat of the Convention on Biological Diversity (2020) Global Biodiversity Outlook 5 – Summary for Policy Makers. Montréal. https://www.cbd.int/gbo/gbo5/publication/gbo-5-spm-en.pdf

SRU – Sachverständigenrat für Umweltfragen (2012) Umweltgutachten 2012 – Verantwortung in einer begrenzten Welt. Berlin. https://umweltrat.de/SharedDocs/Downloads/DE/01_Umweltgutachten/2012_2016/2012_06_04_Umweltgutachten_HD.pdf?__blob=publicationFile. Zugegriffen: 22. Dez. 2020

Swiss Re (2020) Biodiversity and Ecosystem Services: A business case for re/insurance. https://www.swissre.com/institute/research/topics-and-risk-dialogues/climate-and-natural-catastrophe-risk/expertise-publication-biodiversity-and-ecosystems-services

Syrbe RU, Grunewald K (2017) Ecosystem service supply and demand – the challenge to balance spatial mismatches. International Journal of Biodiversity Science, Ecosystem Services & Management 13(2):148–161. https://doi.org/10.1080/21513732.2017.1407362

SZ – Süddeutsche Zeitung v. 25.5.2021: „15 Millionen CO2-Prämie für Thüringens Wälder". https://www.sueddeutsche.de/wirtschaft/forstwirtschaft-erfurt-15-millionen-co2-praemie-fuer-thueringens-waelder-dpa.urn-newsml-dpa-com-20090101-210525-99-735563

TEEB – The Economics of Ecosystems and Biodiversity (2009) An interim report. Europ. Comm., Brussels. www.teebweb.org

TEEB (2010) The Economics of Ecosystems and Biodiversity: Mainstreaming the Economics of Nature: A Synthesis of the Approach, Conclusions and Recommendations of TEEB

Trepl L (2012) Biodiversitätsbasierte Ökosystemdienstleistungen. www.scilogs.de/chrono/blog/landschaft-oekologie/biodiversitat-und-aussterben/2012-02-20/biodiversit-tsbasierte-kosystemdienstleitungen. Zugegriffen: 22. Febr. 2012

Tüxen R (1956) Die heutige potentielle natürliche Vegetation als Gegenstand der Vegetationskartierung. Angewandte Pflanzensoziologie 13:5–42

UNEP-WCM and IUCN (2022) Protected Planet Report. https://livereport.protectedplanet.net/. Zugegriffen: 27. Dez. 2022

UN – United Nations (2021) System of environmental-economic accounting –Ecosystem accounting (SEEA EA): Final draft. UN: 350 S. https://seea.un.org/ecosystem-accounting

van der Sluijs JP, Vaage NS (2016) Pollinators and Global Food Security: the Need for Holistic Global Stewardship. Food Ethics 1(1):75–91

von Haaren C, Lovett AA, Albert C (2020) Landscape Planning with Ecosystem Services. Springer

Wang B, Zhang Q, Cui F (2021) Scientific research on ecosystem services and human well-being: A bibliometric analysis. Ecol Indic 125. https://doi.org/10.1016/J.ECOLIND.2021.107449

WBGU – Wissenschaftlicher Beirat der Bundesregierung. Globale Umweltveränderungen (2011) Welt im Wandel: Gesellschaftsvertrag für eine Große Transformation, Berlin

WBGU – Wissenschaftlicher Beirat der Bundesregierung Globale Umweltveränderungen (2020) Landwende im Anthropozän: Von der Konkurrenz zur Integration, Berlin

Westman W (1977) How much are nature's services worth? Science 197:960–964

WEF – World Economic Forum (2019) The Global Risks Report 2019, 14th Edition. World Economic Forum (WEF)

WWF (2020) Living Planet Report 2020 – Bending the curve of biodiversity loss. Almond, R.E.A., Grooten M. and Petersen, T. (Eds). WWF, Gland, Switzerland

WWF (2022) Living Planet Report 2022 – Building a nature-positive society. Almond, R.E.A., Grooten, M., Juffe Bignoli, D. & Petersen, T. (Eds). WWF, Gland, Switzerland

Zhang X, Estoque R, Xie H, Murayama Y, Ranagalage M (2019) Bibliometric analysis of highly cited articles on ecosystem services. PLoS ONE 14(2):e0210707. https://doi.org/10.1371/journal.pone.0210707

Zieschank R, Diefenbacher H, Held B, Rodenhäuser D (2021) Jahreswohlstandsbericht 2021 – Die Pandemie als Katalysator. Studie im Auftrag der Bundestagsfraktion Bündnis 90/Die Grünen. Berlin. https://www.gruene-bundestag.de/fileadmin/media/gruenebundestag_de/publikationen/reader/19-86-ONLINE-JWB-Gesamtbericht_final_2021.pdf

Entwicklung und Grundlagen des Ökosystemleistungsansatzes

2

Karsten Grunewald, Olaf Bastian, Karl Mannsfeld und Roland Zieschank

Inhaltsverzeichnis

Die Reihenfolge der Autoren entspricht nicht der Reihenfolge der Gewichtung zum Beitrag. Die Autorennamen sind in der Reihenfolge ihres Erscheinens im Kapitel aufgeführt. Die Autoren der einzelnen Abschnitte finden Sie im jeweiligen Abschnitt innerhalb des Kapitels. Korrespondierende Autoren der jeweiligen Abschnitte sind mit * gekennzeichnet.

K. Grunewald (✉)
Leibniz-Institut für ökologische Raumentwicklung, Dresden, Deutschland
E-Mail: k.grunewald@ioer.de

O. Bastian
Moritzburg, Deutschland
E-Mail: Olaf.Bastian@web.de

K. Mannsfeld
Dresden, Deutschland
E-Mail: Karl.Mannsfeld@gmail.com

R. Zieschank
IZT – Institut für Zukunftsstudien und Technologiebewertung gemeinnützige GmbH, Berlin, Deutschland
E-Mail: r.zieschank@izt.de

K. Grunewald und O. Bastian (Hrsg.), *Ökosystemleistungen*,
https://doi.org/10.1007/978-3-662-65916-8_2

Zusammenfassung

Wichtige Begriffe im Zusammenhang mit Ökosystemleistungen (ÖSL) werden definiert und erläutert. Es erfolgt ein Rückblick auf frühere methodische Ansätze und Vorläuferkonzepte, insbesondere aus der ostdeutschen Landschaftsforschung. Zudem werden Wertesysteme und Konzepte der Wohlfahrts- und Nachhaltigkeitsmessung im Zusammenhang mit ÖSL thematisiert.

2.1 Schlüsselbegriffe

Karsten Grunewald* und Olaf Bastian

„Wir kennen von allen Dingen den Preis und von nichts den Wert“ (Oscar Wilde).

Im Zusammenhang mit dem integrativen ÖSL-Konzept ist es wichtig, ein von Ökonomie, Ökologie und Soziologie, von Wissenschaftlern, Praktikern und Politikern gleichermaßen verstandenes und akzeptiertes Begriffssystem zu schaffen. Dass dies bisher nur ansatzweise gelungen ist, liegt einerseits an den ausgeprägt fachspezifischen Bezeichnungen (Abgrenzung eines Wissensgebiets durch Fachbegriffe). Andererseits gibt es Unterschiede zwischen regional gebräuchlichen Definitionen und deren Inhalten. Ein Beispiel dafür ist der Funktionsbegriff, der im Deutschen eher die Leistung des Ökosystems für den Menschen beschreibt (Bastian und Schreiber 1994), im englischsprachigen Verständnis jedoch meist als „Funktionieren“ des Ökosystems gebraucht wird (s. unten).

2.1.1 Ökosystemleistungen (ÖSL)

So wie die Umweltdebatte heute in Mitteleuropa stark von den Themen „Klimawandel“ und „Energiewende“ bestimmt ist, wird der Begriff der nachhaltigen Entwicklung vom Wort „Ökosystemleistung“ überlagert (Definition, Kap. 1, Synonym „Ökosystemdienstleistung“ [s. unten]). Leistungen oder Güter erfüllen immer einen bestimmten Zweck, in der Regel zur Deckung eines bestimmten Bedarfs. Dabei ist zu beachten, dass die Natur für uns Menschen durchaus auch negative Wirkungen hat *(disservices),* die z. B. in Vulkanausbrüchen, Erdbeben, Fluten oder Lawinen zum Ausdruck kommen; auch

Zecken- oder Mückenstiche oder allergieauslösende Pollen zählen dazu (Ala-Hulkko et al. 2019).

Eingeführt wurde der Begriff *ecosystem services* von Ehrlich und Ehrlich (1981) bzw. Ehrlich und Mooney (1983). Vermutlich in Kenntnis des u. a. von Neef (1966) und Haase (1978) entwickelten Naturraumpotenzialansatzes konzipierten van der Maarel und Kollegen in den Niederlanden ein „global-ökologisches Modell" (van der Maarel und Dauvellier 1978), welches später von de Groot (1992) sowie Arbeitsgruppen in den USA (Daily 1997) zum ÖSL-Konzept weiterentwickelt wurde (Albert et al. 2012).

Der Begriff *service* wird im Deutschen mit „Dienst" und nicht nur mit „Leistung" übersetzt. Die Verwendung des Begriffs „Ökosystemdienstleistung" (ÖSD) bringt die Vorstellung einer – wenn auch metaphorischen – „Dienstleistung" der Natur am Menschen deutlicher zum Ausdruck (Grunewald und Bastian 2018). Er ist inzwischen zu einem Rechtsbegriff geworden, wie in einigen Rechtsakten (Richtlinien) der EU und – folgerichtig – im nationalen Recht nachzulesen ist (Hartmann et al. 2021; Grunewald et al. 2022a).

Im deutschen Sprachgebrauch hat sich jedoch im letzten Jahrzehnt der um sechs Buchstaben kürzere **Terminus „Ökosystemleistung" (ÖSL) als wissenschaftliches Konstrukt** durchgesetzt, denn es besteht eine gewisse gesellschaftliche Sensibilität, oder auch ein Vorbehalt, die Natur in einem Dienstleistungskonzept zu verorten, u. a. weil damit die Gefahr eines primär utilitaristischen Verständnisses von (oft einzigarten) Ökosystemen einhergeht. „Dienstleistung" ist eher an Personen und Einrichtungen gebunden – diese Intention kann man den Ökosystemen nicht unterstellen. Die Natur gehört auch nicht zum ökonomischen Dienstleistungssektor. Insofern haben wir uns entschieden, in dieser 2. Auflage des Fachbuches einheitlich auf „ÖSL" umzustellen.

In der aktuellen wissenschaftlichen Literatur werden überwiegend folgende Definitionen von ÖSL zitiert: ÖSL sind die Zustände und Prozesse, durch welche natürliche Ökosysteme und die Arten, die sie ausmachen, das menschliche Leben erhalten und ausfüllen (Daily 1997). Sie beschreiben den Vorteil oder Nutzen *(benefit)* von ökologischen Systemen für die Menschen (Costanza et al. 1997b; MEA 2005) bzw. direkte und indirekte Beiträge von Ökosystemen zum menschlichen Wohlergehen (de Groot et al. 2010).

Andere Autoren differenzieren ausdrücklich zwischen ÖSL und dem Nutzen, den diese stiften (z. B. Boyd und Banzhaf 2007: *„Benefits = the welfare the services generate"*). Nach Boyd und Banzhaf (2007) sind ÖSL in physischen Größen (nicht monetär messbare) „ökologische Komponenten", womit die Autoren Dinge oder Merkmale sowie Endprodukte der Natur meinen (d. h. eigentlich „Güter" bzw. *„goods"*), die direkt konsumiert werden oder an denen man sich erfreuen kann und die menschliches Wohlbefinden hervorbringen. Sie bemängeln, dass viele der Services bei Daily (1997) oder im Millennium Ecosystem Assessment (MEA 2005) eigentlich Ökosystemprozesse seien.

Im angelsächsischen Raum findet sich inzwischen häufiger die Sprachregelung von *„contribution to society"*, was etwas umfassender klingt als *„ecosystem services"*. Diaz et al. (2018) führten den Terminus *„nature's contributions to people (NCP)"* als innovativen Ansatz für die Information von Politikern und Entscheidungsträgern ein, der auch den Zugang der IPBES-Assessments leitet (Diaz et al. 2015). Dies geht jedoch nicht über den etablierten ÖSL-Ansatz hinaus und ist konzeptionell nicht inklusiver oder interdisziplinärer, wie Maes et al. (2018) entgegnen. Zudem besteht die Gefahr, dass man sich mit einem noch weiteren Verständnis des Begriffs *„contribution“* – inklusive negativer Einflüsse auf die Gesellschaft – neue Probleme in das konzeptionelle Gebäude holt.

Gemeinsam ist den Definitionen, dass ÖSL immer durch den gesellschaftlichen Blick auf ökosystemare, biophysische Prozesse und Funktionen definiert werden (Fisher et al. 2009). Doch vertreten die Autoren unterschiedliche Auffassungen darüber, wie sich Funktionen und ÖSL analytisch abgrenzen lassen und wie heuristisch zwischen ÖSL und dem Nutzen bzw. dem Wert von ÖSL unterschieden werden kann (Wallace 2007; Boyd und Banzhaf 2007; Costanza 2008; Fisher et al. 2009; Loft und Lux 2010; Costanza et al. 2017; McDonough et al. 2017).

2.1.2 Ökosystem, Landschaft, Ressourcen, Naturkapital

In der internationalen Debatte hat sich mit Blick auf die „Natur“ der Begriff **„Ökosystem“** etabliert (Definition, Kap. 1). Die Bezeichnung „Natur-Dienstleistungen“, von Westman (1977) vorgeschlagen, konnte sich ebenso wie „Umweltleistungen“ (Matzdorf und Lorenz 2010) nicht durchsetzen. Auch Begriffe aus verwandten Konzepten wie „Grüne Infrastruktur“ oder „naturbasierte Lösungen“ bezeichnen letztendlich Eigenschaften, Funktionen oder Leistungen, die durch geeignete Ökosysteme bereitgestellt werden und zum Schutz der biologischen Vielfalt, zu einer erhöhten Widerstandsfähigkeit und zur Bereitstellung von ÖSL beitragen.

Für das Ökosystemkonzept wurde in den 1960er-Jahren im Rahmen eines bedeutenden internationalen Projekts in der Bundesrepublik Deutschland eine wichtige Grundlage gelegt: Das unter Leitung von Ellenberg (1973) realisierte Solling-Projekt untersuchte Strukturen, Funktionen und Prozesse eines mitteleuropäischen Buchenwalds. Das Ökosystem wird seitdem als ein Wirkungsgefüge zwischen Organismen und Umwelt verstanden, das offen gegenüber anderen Systemen ist, sich jedoch durch eigene Strukturen und eine eigene Zusammensetzung von diesen unterscheidet (Nentwig et al. 2004; Steinhardt et al. 2011). Beim Ökosystemansatz spielen demzufolge Strukturen und Prozesse der Natur auf unterschiedlichen Maßstabsebenen die Hauptrolle.

Was gehört zu Ökosystemen?

Da das ÖSL-Konzept nicht an bestimmte Definitionen des Begriffs „Ökosystem“ gebunden ist, sondern sich auf biophysische Strukturen und Prozesse bezieht, können ÖSL nicht nur von natürlichen, sondern auch von gemanagten, be- oder gar überbauten Systemen (z. B. Gründächer) erbracht werden (Beichler et al. 2017). Nach strenger ökologisch-wissenschaftlicher Definition ist ein Weizen- oder Rapsfeld kein Ökosystem, bestenfalls ein „Rumpf- bzw. Anthropoökosystem“ (Abb. 2.1). Es hat kein Vorbild in der Natur und könnte ohne menschliche Eingriffe auch nicht existieren. Ein Acker ist also ein künstliches System, auch wenn dieses aus natürlichen Bestandteilen zusammengesetzt ist (Haber 2014). Der Anteil der natürlichen Bestandteile des Ackers oder des Gründachs ist für die Erbringung der ÖSL maßgeblich.

Aus der Landschaftsökologie und Landschaftsplanung wurde der Terminus „Landschaftsdienstleistungen“ *(landscape services)* in die Diskussion eingebracht (Termorshuizen und Opdam 2009; Grunewald und Bastian 2010; Kienast 2010; Hermann et al. 2011; Albert et al. 2012; Bastian et al. 2014), u. a., um Raumbezüge von ÖSL oder Kulturlandschaften besser bewerten zu können (Abschn. 3.4). Diesbezüglich ist die Frage nach der Sinnhaftigkeit eines weiteren Begriffs nicht ganz unberechtigt, zumal die jahrzehntelangen und bisweilen sehr kontrovers verlaufenden Diskussionen zum Thema Landschaft nicht übersehen werden können und auch heute keine Einhelligkeit bezüglich Inhalt und Anwendung des Landschaftsbegriffs besteht, sondern es ganz verschiedene Deutungsmuster gibt. So wird Landschaft als eine territoriale Größe, ein „überschaubarer Raum“ aufgefasst, der positivistisch (Landschaft als Ökosystemkomplex; z. B. Neef 1967), konstruktivistisch (als ästhetisches Phänomen oder

Abb. 2.1 „Natur pur – Frühling in Dalberg bei Schwerin, Mecklenburg-Vorpommern“ – so der Titel dieser Ansichtskarte (Bruckmann Verlag, München, 2006). Auch wenn der Landschaftsausschnitt schön aussieht, unbestritten sind blühende Rapsfelder oder geschnittene Kopfweiden keine „reine Natur“

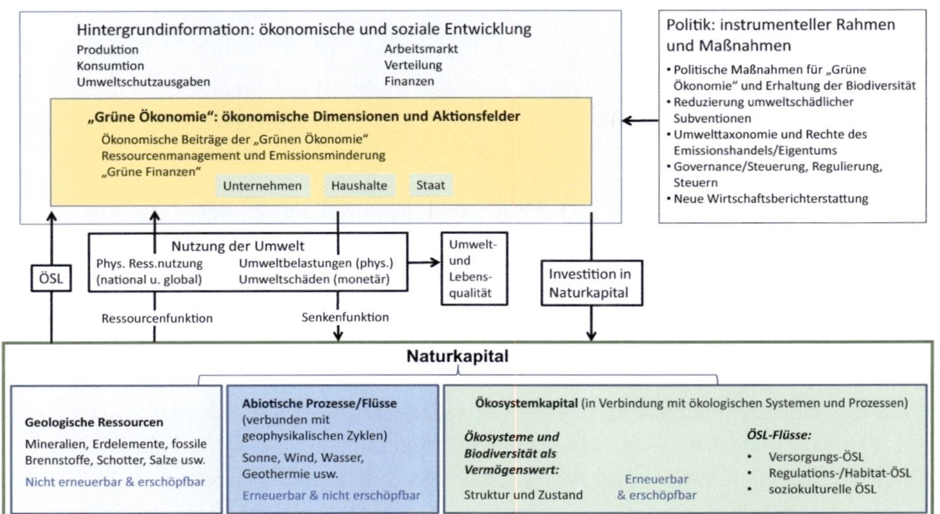

Abb. 2.2 Link zwischen Naturkapital und Wirtschaft (nach Lutz et al. 2015 und EEA 2015). (© R. Zieschank und K. Grunewald)

gar gedankliches Konstrukt; Leibenath und Gailing 2012) oder auch als Handlungsraum gesehen werden kann (vgl. auch Blotevogel 1995; Kirchhoff et al. 2012).

Laut Millennium Ecosystem Assessment (MEA 2005) ist eine Landschaft typischerweise aus einer Anzahl unterschiedlicher Ökosysteme zusammengesetzt, die jeweils ein ganzes Bündel verschiedener ÖSL generieren. Insofern ist es durchaus gerechtfertigt, Landschaftsräume mit gleichartigem oder ähnlichem Gesamtcharakter auszuweisen (bzw. als Bezugseinheiten zu verwenden), um deren Gegebenheiten für eine effektive und zugleich schonende Nutzung durch die Gesellschaft zu interpretieren (Bernhardt et al. 1986; Hein et al. 2006; TEEB 2010).

Der Begriff „Ressource“ umfasst im engeren Sinne Rohstoffe und Energieträger, im weiteren Sinne allerdings auch die natürlichen Lebensgrundlagen des Menschen wie Luft, Wasser, Boden, Flora und Fauna und deren Wechselwirkungen untereinander. Letztere entsprechen den (Umwelt-)Schutzgütern des Naturschutzes nach §§ 1 und 10 BNatSchG (2009). Natürliche Ressourcen werden in erneuerbare und nichterneuerbare eingeteilt. Auch hier liegt eine Abgrenzung zum ÖSL-Konzept vor, das in der Regel nur erneuerbare Ressourcen thematisiert (MEA 2005; Kap. 1).

Als Metapher für biotische und abiotische Bestandteile der Erde wird der Begriff „Naturkapital“ *(natural capital)* gebraucht. Im weiteren Sinne werden Ökosysteme, Biodiversität und natürliche Ressourcen darin eingeschlossen (BESWS 2010, Abb. 2.2). Es sollen die Verbindung zwischen Natur und Wirtschaft bzw. die Schaffung von Werten für die menschliche Gesellschaft aufgrund des Zustands und der Prozesse der Natur zum Ausdruck gebracht werden. Wie das Sachkapital erbringt das Naturkapital als

Bestandsgröße Leistungen (s. oben) für Menschen und Wirtschaft (Common und Stagl 2005; Kumar 2010; Lutz et al. 2015; Meya et al. 2018). Das Statistische Bundesamt verwendet den Begriff „Naturvermögen" im Kontext der umweltökonomischen Gesamtrechnungen (UGR). Naturvermögen und ÖSL ermöglichen zumindest die Assoziation an die eigenständigen Kräfte bzw. das Vermögen der Natur, das Netz des Lebens aufrechtzuerhalten. „Grüne Ökonomie" *(green economy)* bezeichnet eine Wirtschaft, die zu einem größeren Wohlstand der Menschheit und zu mehr sozialer Gerechtigkeit führt und gleichzeitig ökologische Risiken und Ressourcenknappheiten zu verringern beziehungsweise nachhaltig zu bewirtschaften hilft (Lutz et al. 2015). Mit „Grüne Finanzen" (*green finance,* auch *sustainable finance*) werden Finanzierungsformen umschrieben, die dazu dienen sollen, Nachhaltigkeit zu fördern (GSK Update 2019).

2.1.3 Indikatoren, Assessments und Accounting

Indikatoren für ÖSL können auf unterschiedliche Größen gerichtet sein: z. B. auf den aktuellen Fluss von ÖSL, auf das Potenzial der Natur zur Erbringung von ÖSL oder auf die Nachfrage bzw. den Bedarf an ÖSL. Wesentlich ist die Operationalisierung, die das Ziel hat, messbare Einheiten zu definieren. Was gemessen bzw. erfasst werden soll, muss konkretisiert und spezifiziert werden. Leitfragen dafür sind (Staub et al. 2011; Grunewald et al. 2015):

- Welche Komponente der Natur erbringt welche Leistung? Meist können für eine finale ÖSL mehrere solcher Leistungserbringer identifiziert werden.
- Soll das Angebot (Potenzial, z. B. vorhandene Mengen/Qualitäten) oder die Nutzung (Nachfrage, z. B. Anzahl der Nutzer, genutzte Mengen/Qualitäten) gemessen werden?
- Wurde bei der Erstellung der Indikatoren darauf geachtet, dass ein Wohlfahrtsbezug bzw. eine neue Ressourcenperspektive besteht?
- Gilt „mehr ist besser"? Ist der Indikator also eindeutig interpretierbar?
- Auf welcher Ebene kann geografisch differenziert werden?
- Handelt es sich bei dem Indikator um eine Flussgröße (Nutzenbeitrag pro Jahr) oder eine Bestandsgröße (Vorrat/Potenzial an Leistungen)? Nach Möglichkeit misst ein Indikator für ÖSL den Fluss der Leistung. Wo dies nicht möglich ist, sollten Bestandsgrößen als Proxy (Stellvertreter- bzw. indirekte Variable) verwendet werden.

Die Erfassung von Änderungen der ÖSL kann das Ziel haben, Wohlfahrtsverluste oder -gewinne der Gesellschaft zu messen oder im Sinne eines Frühwarnsystems auf mögliche Risiken durch einen nichtnachhaltigen Umgang mit der Natur hinzuweisen. Wohlfahrtsänderungen haben allerdings auch eine subjektive Komponente[1], d. h., sie sind auch von Rahmenbedingungen, z. B. Knappheiten, abhängig.

[1] Die subjektive, individuelle Wahrnehmung Einzelner kann ein enormes Störungspotenzial entwickeln. In individuellen Gesellschaften wird anders gewertet als in kollektiven.

Der Mensch als Faktor ist entsprechend als Stör- oder Wechselwirkungsgröße einzubeziehen. Es geht bei einem **Assessment** von ÖSL immer um eine Darstellung und Abwägung von gesellschaftlichen und individuellen Präferenzen. Für welche und für wie viele Menschen sollen ÖSL bereitgestellt werden? Welcher Lebensstandard wird als Basis genommen und welche Dynamiken zeigen sich dazu? Welche ÖSL sind ausgewogen und wo sind sie bereits aus dem Gleichgewicht geraten? Weitere Ausführungen zur Bewertung von ÖSL erfolgen in Abschn. 3.1.2.

Die UGR bildet die deutsche Umsetzung des Systems umweltökonomischer Gesamtrechnungen der Vereinten Nationen (System of Environmental-Economic Accounting, SEEA). Unter **„Accounting"** kann im Deutschen ein Rechen- bzw. Kontensystem verstanden werden, eine Zusammenstellung von Indikatoren und Daten. Die Wahl der Indikatoren und Methoden kann sich zwischen *„national accounts"* (nationale Berichterstattung) und *„corporate accounts"* (Unternehmensbilanzierung) unterscheiden (Grunewald et al. 2019).

Die von Menschen genutzten ÖSL werden im Accounting als jährliche Flussgrößen *(flows)* verstanden und können mehr oder weniger gut auch monetär bewertet werden. Aber unbestritten kann ein Ökosystem-Accounting bzw. eine Berichterstattung zu Werten der Natur nicht alle Aspekte abbilden, denn ÖSL können die Qualitäten von Natur und Landschaft, beispielsweise kulturhistorische Besonderheiten, nicht vollumfänglich erfassen. Die Potenziale, die existieren, um durch Investitionen in Naturkapital zusätzliche ÖSL zu generieren, sind jedoch eine wichtige Information im Rahmen eines Ökosystem-Assessments bzw. Accountings.

2.1.4 Potenziale des Naturraums bzw. von Ökosystemen

Bereits 1949 wurde der Potenzialbegriff von Bobek und Schmithüsen (1949) in die deutschsprachige Literatur eingeführt, zunächst als „räumliche Anordnung naturgegebener Entwicklungsmöglichkeiten". Ellenberg und Zeller (1951) sprachen von „natürlichen Standortskräften". In der Fachliteratur finden sich ferner die Begriffe „Naturpotenzial" (Langer 1970; Buchwald 1973) und „natürliche Leistungskraft" (Buchwald 1973). Lüttig und Pfeiffer (1974) fertigten „Karten des Naturraumpotenzials" an (vgl. Durwen 1995; Leser 1997). In der Vegetationskunde tauchte der Potenzialbegriff in Gestalt der potenziellen natürlichen Vegetation auf, die als Integral die Gesamtheit der Wuchsbedingungen an einem Standort kennzeichnet (Tüxen 1956).

Beim Potenzialkonzept wird das Naturdargebot mit dem Blick des potenziellen Nutzers mittels primär naturwissenschaftlicher Arbeitsweise taxiert. Es geht darum, das Leistungsvermögen eines Naturraums als den für die Gesellschaft verfügbaren Spielraum in der Nutzung sichtbar zu machen und auch Kategorien wie Risiken, Belastbarkeit, Empfindlichkeit und Tragfähigkeit (heute zunehmend im Begriff „Resilienz" zusammengefasst) zu berücksichtigen, die bestimmte Nutzungsabsichten begrenzen oder gar ausschließen können (Grunewald und Bastian 2010). Indem Naturraumpotenziale

Kategorien der Naturwissenschaft sind und nach naturgesetzlich bestimmten Parametern erfasst werden, unterscheiden sie sich von Naturressourcen, die eine ökonomische Kategorie darstellen (Mannsfeld 1981, 1983).

Parallel dazu befassten sich van der Maarel (1978) und Lahaye et al. (1979) in den Niederlanden mit „landschaftlichen Potenzen", die zur Erfüllung bestimmter gesellschaftlicher Bedürfnisse beitragen können(!). Der Potenzialbegriff findet sich u. a. auch bei Bierhals (1978), Finke (1994) und Durwen (1995), während z. B. Marks et al. (1992) und Leser (1997) bevorzugt vom Leistungsvermögen (bzw. der Leistungsfähigkeit) des Landschaftshaushalts sprechen. International verwendet man eher den Begriff „capacity" eines Ökosystems (*to sustain a specific function;* z. B. Führer 2000; Burkhard et al. 2012).

Bei der „Nutzungseignung" *(land use suitability)* steht stärker ein bestimmter Nutzungsanspruch im Vordergrund, der vor allem aus gesellschaftlicher und weniger aus naturwissenschaftlicher Sicht betrachtet wird. Um die Nutzungseignung zu bestimmen, ist der Bezug zur Landnutzung zwingend erforderlich (Niemann 1982). Nach Messerli (1986) stellt diese eine „entscheidende Scharnierstelle zwischen gesellschaftlichen und natürlichen Prozessen" dar, „indem sie als Bindeglied zwischen Vorgängen im sozioökonomischen und natürlichen System vermittelt. Sie ermöglicht, die nach Sachdimensionen beschreibbaren Prozesse wirtschaftlicher, sozialer und kultureller Art in räumliche und damit ökologisch erst relevante Dimensionen zu übertragen und in umgekehrter Richtung ökologische, ästhetische und emotionale Informationen an die Gesellschaft zu übermitteln". Die Nutzungseignung kann „potenziell" gesehen werden („Nutzungsmöglichkeit"), z. B. die Eignung einer Fläche oder einer Landschaft für den Maisanbau (ohne dass aktuell tatsächlich Mais angebaut wird), oder es kann ein vorhandener Maisacker beurteilt werden, ob er für diese Nutzung wirklich geeignet ist (beispielsweise könnte der Maisanbau mit nichttolerierbaren Risiken verbunden sein).

2.1.5 Funktionen

Während Potenziale die Möglichkeit der Naturnutzung beschreiben, drückt sich die Wirklichkeit einer Naturnutzung im Funktionsbegriff aus. Entsprechend dieser funktionsräumlichen Betrachtungsweise erfüllt jeder Ausschnitt der Erdoberfläche gesellschaftliche Funktionen. Allgemein steht der vom lateinischen *fungi* bzw. *functio* stammende Begriff „Funktion" für „verrichten", „verwalten" bzw. für „Aufgabe", „Tätigkeit" (Brockhaus Enzyklopädie 1996).

So beschrieb Speidel (1966) die mannigfaltigen, dem Menschen zugutekommenden Funktionen des Walds, die über die Holzproduktion weit hinausgehen. Später entwarf Niemann (1977, 1982) eine Methodik zur Ermittlung der Funktionsleistungsgrade von Landschaftselementen und -einheiten. Preobraženskij (1980) sprach von Naturfunktionen der Landschaft, de Groot (1992) allgemein von Naturfunktionen *(functions of nature).* In Raumordnung und Landesplanung werden Funktionen definiert als „Aufgaben, die ein Raum für die Lebensmöglichkeiten der Menschen erfüllen soll" (ARL 1995). Nach

Wiggering et al. (2003) ist die Bestimmung der vielfältigen ökologischen, sozialen und ökonomischen Funktionen der Landschaft (Multifunktionalität) in ihrer regionalen Differenzierung Voraussetzung für eine nachhaltige Landnutzung. Der Funktionsbegriff findet auch im Bundesnaturschutzgesetz und im Bundesbodenschutzgesetz seinen Niederschlag.

In der Fachliteratur wird der Funktionsbegriff allerdings nicht einheitlich verwendet, was häufig zu terminologischen Unsicherheiten und Missverständnissen führt (Jax 2005). So ist eine rein ökologische Auslegung verbreitet, im Sinne des ökosystemaren „Funktionierens" bzw. der „Funktionsweise" als naturwissenschaftlich determinierte Organisation strukturell-prozessualer Zusammenhänge (z. B. Nahrungsketten und Nährstoffkreisläufe; vgl. Forman und Godron [1986]: *function* = „*the interactions among the spatial elements, that is, the flows of energy, materials, and species among the component ecosystems*"). In der TEEB-Studie (de Groot et al. 2010) werden Funktionen ebenfalls als rein ökologische Phänomene betrachtet. Gemäß Costanza et al. (1997b) und im Millennium Ecosystem Assessment (MEA 2005) können Funktionen ÖSL unterstützen. Nach Albert et al. (2012) stellen Ökosystemfunktionen diejenigen Untergruppen von biophysikalischen Prozessen und Strukturen dar, die Dienstleistungen erbringen. Bei Boyd und Banzhaf (2007) sind Funktionen „Zwischenprodukte von ÖSL". Eliáš (1983) unterscheidet zwei grundlegende Funktionsgruppen: ökologische Funktionen (wichtig für die Existenz der Ökosysteme, unabhängig von den konkreten gesellschaftlichen Nutzungsansprüchen) und soziale Funktionen (spiegeln gesellschaftliche Bedürfnisse wider).

Weitere definitorische Unschärfen offenbaren sich in der verbreitet festzustellenden Verwischung des Unterschieds von Funktion und Potenzial. So sprechen Marks et al. (1992) von „Funktionen und Potenzialen des Landschaftshaushaltes", ohne eine konsistente, logisch schlüssige Differenzierung vorzunehmen. De Groot et al. (2002) verstehen unter Ökosystemfunktionen *(ecosystem functions)* „das Vermögen *(the capacity)* natürlicher Prozesse und Komponenten, Güter und Leistungen *(goods and services)* bereitzustellen, die menschliche Bedürfnisse direkt und/oder indirekt befriedigen".

Petry (2001) hält die Unterscheidung in Funktionen und Potenziale für eine Diskussion der deutschsprachigen, geografisch geprägten Landschaftsökologie, die theoretische Bedeutungsunterschiede deutlich mache, auf internationaler Ebene und unter Anwendungsgesichtspunkten aber eher Verwirrung als Klarheit mit sich bringe. Auch Mannsfeld (in Bastian und Schreiber 1994) fand: „Stellt man das Konzept der Naturraumpotenziale als Strukturaspekt der im Naturdargebot begründeten Leistungsmöglichkeiten der ökosystemar-funktionalen Betrachtungsweise gegenüber, … so wird deutlich, dass eine scharfe Trennung beider Ansätze weder zweckmäßig noch sinnvoll ist." Dem muss jedoch entgegengehalten werden, dass es keineswegs belanglos ist, ob man vom Vermögen bzw. der Fähigkeit spricht, gesellschaftlich nutzbare Leistungen zu erbringen (Potenzialbegriff), oder von einer tatsächlichen Realisierung bzw. einer wirklichen Leistung (gesellschaftliche Funktion).

Der Unterschied zwischen Potenzial und Funktion/Leistung lässt sich anhand eines Beispiels wie folgt veranschaulichen: Eine unerschlossene Südseeinsel kann ein hohes

Abb. 2.3 Zahlreiche Besucher nutzen das Erholungspotenzial am Ostseestrand von Kühlungsborn – aus dem Potenzial wird eine Funktion bzw. ÖSL. Die Besucher haben einen Nutzen (Erholung, Gesundheit). Das Potenzial bleibt in Abhängigkeit der Ökosystemstrukturen und Prozesse erhalten. (© K. Grunewald)

Erholungspotenzial besitzen, eine Erholungsfunktion erfüllt sie aber erst dann, wenn sie tatsächlich von Touristen aufgesucht bzw. in Anspruch genommen wird.

Abb. 2.3 zeigt einen Küstenabschnitt in Kühlungsborn (Ökosystem und Landschaft) in Mecklenburg-Vorpommern. Das Erholungspotenzial (Möglichkeit) wird von vielen Touristen wahrgenommen (Realisierung der Erholungsfunktion, das Potenzial wird abgerufen) und trägt zum Wohlbefinden der Besucher (Wohlfahrtsrelevanz von ÖSL) bei.

Ein weiteres Beispiel verdeutlicht Abb. 2.4: Infolge jahrhundertelanger Entnahme der abgefallenen Koniferennadeln als Einstreu für die Viehställe (Streunutzung = Funktion und ÖSL) wurden die betreffenden Waldböden degradiert, was Schwach- und Krüppelwuchs begünstigte und das biotische Ertragspotenzial verminderte. Solche Waldformen sind mittlerweile sehr selten geworden und stellen nicht nur einen Lebensraum für im Rückgang befindliche Pflanzen- und Tierarten dar, sondern auch ein kulturhistorisch wertvolles Relikt vergangener Bewirtschaftungsweisen mit einem – bislang kaum genutzten, d. h. noch nicht in eine gesellschaftliche Funktion bzw. ÖSL umgewandelten – Potenzial für Umweltbildung und Tourismus.

Abb. 2.4 Bizarre Kiefern im Naturschutzgebiet Königsbrücker Heide in Sachsen. Streunutzung hat die Böden ausgehagert und das biotische Ertragspotenzial vermindert, aber ein Potenzial für Umweltbildung und Tourismus geschaffen. (© O. Bastian)

2.1.6 Governance von ÖSL

Ökosysteme und ihre Leistungen sind als globale Gemeingüter auf die breite und solidarische Verantwortungsübernahme durch alle Akteure angewiesen (WBGU 2020). Governance (Steuerung) umfasst das Gesamtsystem von Institutionen, öffentlichen wie privaten Akteuren, formellen wie informellen Steuerungsprozessen sowie verbindlichen und freiwilligen Regelungsinstrumente zum Umgang mit Nachhaltigkeitsproblemen (Pattberg und Widerberg 2015).

Im Sinne des ÖSL-Ansatzes sind hinsichtlich der Leistungen und Wohlfahrtswirkungen der Ökosysteme insbesondere räumliche Verteilungen und sozioökonomische Aspekte von Interesse. Ein Schlüssel dafür sind Änderungen der Landnutzung und Anreizstrukturen, die von der gesellschaftlichen Seite ausgehen (WBGU 2020). Begrifflich und konzeptionell sind die Ökosystemstrukturen und -prozesse der Ökologie zuzuordnen, die Nutzen und Werte hingegen den Sozial- und Wirtschaftswissenschaften.

ÖSL sollen dabei konzeptionell eine Klammerfunktion einnehmen (ausführlicher in Abschn. 3.1).

Governance des gekoppelten sozioökonomischen und ökologischen Systems ist ein zentraler Bestandteil des ÖSL-Rahmenkonzepts (Sarkki et al. 2017). Institutionen, Interessenträger (Stakeholder) und Nutzer (Akteure) von ÖSL beeinflussen Ökosysteme durch direkte und indirekte Triebkräfte. Governance umfasst den Aufbau und die Ablauforganisation von Staat, Verwaltung und Gemeinde, aber auch von privaten oder öffentlichen Organisationen (Ostrom 2011). Governance-Prozesse laufen auf mehreren Ebenen ab, müssen aufeinander abgestimmt werden und die Institutionen sollten nach den Prinzipien (1) Rechenschaftspflicht, (2) Verantwortlichkeit, (3) Offenheit und Transparenz von Strukturen und Prozessen sowie (4) Fairness handeln (Ostrom 2011; Abschn. 5.4). Dies erfordert Aushandlungsprozesse (Abschn. 4.3, Kap. 6) und Kommunikation im Zusammenhang mit ÖSL (Abschn. 6.4).

Ökosystemleistungen (ÖSL, *ecosystem services*)

ÖSL hat sich als begrifflicher und konzeptioneller Rahmen international etabliert. Im deutschsprachigen Raum existiert noch ein stärker auf Funktionen und Schutzgüter der Natur ausgerichtetes Begriffssystem (BNatSchG 2009), das jedoch im Sinne der ÖSL abgeglichen und weiterentwickelt wird. Obwohl die Unterscheidung zwischen Funktionen, Leistungen und Nutzen vor allem für die ökonomische Bewertung als sehr wichtig anzusehen ist, sind konsistente Begriffsabgrenzungen schwierig, da fließende Übergänge, Überschneidungen und unterschiedliche Deutungen dieser Termini bestehen. Letztere beruhen teilweise auf Übersetzungsproblemen (i. d. R. Englisch – Deutsch), aber auch auf dem unterschiedlichen Fachverständnis (z. B. Ökonomie – Biologie). Um Anschluss zu finden, orientiert sich die Terminologie an traditionellen umweltökonomischen Begriffen wie „Naturkapital", „Ressourcen" oder „Nutzen". Aber Begriffsverständnis und -verwendung sollen über das ÖSL-Konzept weiter gefasst und neu ausgerichtet werden, um ein neues, innovatives Denken zu befördern.

ÖSL erzeugen in Verbindung mit Produktionsmitteln und Humankapital menschliches Wohlbefinden. Sie sind keine „kostenfreien Geschenke der Natur", sondern resultieren aus sozialen, politischen und ökonomischen Prozessen. Aus dem optimalen Zusammenspiel ergibt sich die größte Wohlfahrtswirkung. Einzelne ÖSL können bis zu einem gewissen Grad durch Technik und Arbeitsleistung ersetzt werden. Bei vollständigem Verlust ist die Wohlfahrtswirkung gleich null und die Existenz des Menschen kann nicht aufrechterhalten werden. Änderungen des natürlichen Kapitals jedweder Art ändern die Kosten oder den Nutzen für die Sicherung des menschlichen Wohlbefindens.

2.2 Ökosystemleistungen in der Retrospektive

Karl Mannsfeld und Karsten Grunewald*

2.2.1 Wissenschaftsgeschichtliche Wurzeln

In der wissenschaftlichen wie auch umweltpolitischen Diskussion über das Ziel der Erhaltung unserer Naturreichtümer besitzt gegenwärtig hinsichtlich konkreter Handlungsansätze der Begriff „Ökosystem(dienst)leistungen" einen zentralen Stellenwert. Wenn darunter, wie im Vorhergehenden bereits dargelegt, die Vorteile verstanden werden sollen, welche die Gesellschaft aus der Funktions- und Leistungsfähigkeit der Ökosysteme zieht, dann ist der Hinweis angebracht, dass hinter dieser aktuellen Begrifflichkeit für ein existenzielles gesellschaftliches Ziel ein längerer Prozess der Herausbildung damit verbundener Grundvorstellungen steht und zahlreiche Etappen bis zum heutigen Denk- und Handlungsmodell zu berücksichtigen sind. Zunächst empirisch, dann zunehmend systematisch, hat die Menschheit Vorzüge, Potenziale sowie Risiken und Gefahren bei der Nutzung des Naturdargebots erfahren und mit dem wachsenden Wissen begonnen, sich diese Einsichten im Nutzungsprozess dienstbar zu machen.

Den möglichen Beginn einer für den genannten Zusammenhang unverzichtbar ganzheitlichen Sicht auf die uns umgebenden Raumstrukturen als Synthese aus natürlichen und gesellschaftlichen Prozessen markieren wir gern mit Alexander von Humboldt (1769–1859), der durch Beobachtung und Messung den „Totaleindruck" einer Erdgegend erfassen wollte und dabei in seinem Spätwerk erkennen ließ, dass die Erforschung des Gleichgewichts zwischen Spezialisierung und Integration im Naturganzen allein die Garantie dafür gibt, die Lebensbedingungen der Menschheit hinreichend zu sichern. Insofern ist die Grundvorstellung Humboldts vom Charakter des Naturganzen in Bezug auf gesellschaftliche und naturwissenschaftliche Aspekte auch noch immer eine Grundfrage der Gegenwart (Neef 1971).

Für dieses „Zusammenwirken" von belebter und unbelebter Natur hat nur kurz darauf Ernst Haeckel (1866) – vom biotischen Aspekt her – den Begriff der Ökologie geprägt, der später in Gestalt der Landschaftsökologie nach Troll (1939) ganz bewusst die untrennbare Verbindung bio- und geowissenschaftlicher Komponenten unserer Umwelt durch Einbeziehung anthropogener Einflussfaktoren jenen Systemzusammenhang beschrieben und hervorgehoben hat, den die Theorie vom Landschaftsökosystem im Wirkungsverbund Natur – Technik – Gesellschaft (Neef 1967, S. 41) sah. Neef beschrieb diesen Komplex mit den Worten:

> „So muss die Landschaftsökologie – obwohl auf naturgesetzlicher Ordnung der Materie gerichtet – alle Tatsachen einbeziehen, die der Arbeit des Menschen entstammen und in den Naturhaushalt eingreifen."

Auch wenn erste Wurzeln für den ÖSL-Begriff somit angedeutet wurden, geschah in den Jahrzehnten nach Humboldt die Analyse und Interpretation seines „Totaleindrucks" räumlicher Erscheinungen an der Erdoberfläche zunehmend, wenn auch zögerlich, unter Einschluss des Wirkens und Gestaltens durch den Menschen und im Umkehrschluss unter Anerkennung positiver wie nachteiliger Auswirkungen der Naturgrundlage auf die Nutzungswünsche des Menschen. Aber es war ein langer Weg, speziell in den Geo- und Biowissenschaften, bis zur Überwindung jener forschungsgeschichtlichen Einseitigkeit, die dem Menschenwerk in der Landschaft nur dann Interesse zubilligte, wenn es eindeutig vom Naturhaushalt abhängig ist. Ein Meilenstein in der Überwindung deterministischer Auffassungen hinsichtlich der anthropogenen Komponente in der realen Umwelt war daher in der zweiten Hälfte des 19. Jahrhunderts der Einfluss von Ökonomen auf das theoretische Konzept zur Einwirkung des Menschen auf Natur und Umwelt. Sie wiesen auf eine Fehlstelle in diesem Verhältnis hin und müssen somit als „Mitbeteiligte" an den heutigen Vorstellungen benannt werden. Von ihnen wurde nämlich bei der Wechselwirkung von Mensch und Natur der Arbeitsprozess als entscheidender Faktor betont, wenn aus den natürlichen Grundlagen die Voraussetzungen für das menschliche Dasein erzeugt und gewonnen wurden. Neben A. Smith oder J. H. von Thünen und anderen ist, vielleicht unerwartet, auch auf Karl Marx zu verweisen.

Karl Marx stellte die Rolle des Menschen, welcher der Landschaft jene Stoffe entnimmt, die er für seine Wirtschaft braucht, um seine Lebensbedürfnisse zu befriedigen, unter das Motto des „Stoffwechsels zwischen Gesellschaft und Natur". Er schrieb (1867):

> „Die Arbeit ist zunächst ein Prozess zwischen Mensch und Natur, ein Prozess, worin der Mensch seinen Stoffwechsel mit der Natur durch seine eigene Tat vermittelt, regelt und kontrolliert. Er tritt dem Naturstoff selbst als eine Naturmacht gegenüber" (1867, Marx 1968).

In diesem Zusammenhang machte er auch auf sogenannte „Gratisdienste" der Natur aufmerksam, welche den Stoffwechselprozess positiv beeinflussen, weil allein durch das Wirken der Naturkräfte – also ohne Arbeitsaufwand – Leistungen der Natur (zu erinnern wäre an Photosynthese, Bestäubung, Grundwasserneubildung u. a.) den Stoffaustauschprozess positiv begleiten und dem Menschen zugutekommen.

Es war das Verdienst von Carl Ritter (1779–1859, zit. bei Leser und Schneider-Sliwa 1999), der die überwiegend betriebene Spezialforschung geografischer Disziplinen ermahnte, die praktischen Interessen ihrer Ergebnisse nicht zu vernachlässigen. Später hat Alfred Hettner (1859–1941) das Postulat einer „Praktischen Geographie" (Hettner 1927) erhoben, dessen Kernaussage darin bestand, aus der Kenntnis ursächlicher Zusammenhänge natürlicher Prozesse die Folgen vom Menschen verursachter Eingriffe und Veränderungen zu beurteilen und vorherzusagen. Daraus zog er den Schluss, die Wertung von Eingriffen vor allem von dem gegebenen Zustand des Natursystems in der Kulturlandschaft abzuleiten und wissenschaftlich begründete Vorschläge zur Verbesserung der Nutzungstätigkeit, im Sinne einer Schonung und Bewahrung der Naturkräfte, zu machen (die gedankliche Nähe zu dem heute praktizierten Instrument der Eingriffs-/Ausgleichsregelung oder einer Umweltverträglichkeitsprüfung ist nicht zu übersehen).

Als zentrale Erkenntnis liegt dieser eher wissenschaftshistorischen Reflexion aber zugrunde, dass bei Verschärfung dieses Stoffwechsels, die in der Gegenwart von der lokalen bis zur globalen Ebene in teils bedrohlicher Weise erfolgt, die von den Nutzungsprozessen ausgehenden Folgewirkungen systematisch und in verschiedenen Maßstabsbereichen zu erfassen sind, weil sonst bei fortschreitender Überforderung der Gratisleistungen eine störungsarme Entwicklung der Ökosysteme nicht mehr garantiert werden kann. Insofern ist es kein Zufall, dass das ÖSL-Konzept und zahlreiche Vorläufer (s. unten) die Erhaltung dieser Naturkräfte in den Mittelpunkt ihrer Überlegungen stellen.

Unter Bezug auf den globalen Charakter der im Verhältnis von Naturausstattung und Nutzungsfolgen eingetretenen Veränderungen und Zerstörung von Landschaftsstrukturen und ihren Ökosystemen hat dann Ende des 20. Jahrhunderts der Bericht einer Weltkommission für Umwelt und Entwicklung wieder einen starken Impuls für den Umgang des Menschen mit der Natur aus wirtschaftlicher, sozialer und ökologischer Sicht vermittelt. Die Kernaussage des Brundtland-Berichts (WCED 1987) lautete: Nachhaltige Entwicklung ist eine solche, die den Bedürfnissen der Gegenwart entspricht, ohne die Fähigkeit künftiger Generationen zu gefährden, ihre eigenen Bedürfnisse zu decken.

Diese Grundformel einer nachhaltigen Entwicklung *(sustainable development)* erweist sich hinsichtlich der Zielstellung einer dauerhaft umweltgerechten Wirtschafts- und Sozialordnung von hoher Relevanz. Allerdings folgte der Nachhaltigkeitstrias bis heute kein umsetzungsfähiges Methodenkonzept, es ist zunächst eine regulative Idee, ein vom ethischen Prinzip der Generationengerechtigkeit geprägter Leitgedanke. Dennoch bleibt der Terminus eine starke Klammer, wenn in Politik, Wirtschaft und Wissenschaft als ein Hauptziel zukunftsorientierter Gesellschaftspolitik genannt wird, die wirtschaftliche Entwicklung mit der ökologischen Tragfähigkeit zu verbinden, um so künftigen Generationen eine lebenswerte und nutzbare Umwelt zu hinterlassen. Es ist unbestritten, dass der aktuell viel diskutierte ÖSL-Ansatz als ein grundsätzlich geeignetes Leitbild zur Umsetzung der Nachhaltigkeitsidee angesehen werden kann.

2.2.2 Inhaltliche und methodische Vorläufer für ÖSL

In mehreren Teilschritten hat man sich speziell in der deutschen Geographie der Frage genähert, inwieweit es notwendig und möglich ist, auf das Leistungsvermögen des im Sinne eines Ökosystems funktionierenden natürlichen Dargebots (Naturhaushalt) hinzuweisen (Abschn. 2.1). Eine frühe Fundstelle dafür ist u. a. ein Aufsatz von Schmithüsen (1942) zur ökologischen Standortlehre in ihrer Bedeutung für die Kulturlandschaft, in welchem er darlegt, dass der Mensch die im Naturplan der Landschaft vorhandenen Leistungsmöglichkeiten für seine Existenz heranzieht, indem er aus Natur- und Arbeitsprozessen einen „kulturellen Leistungsplan" für abgrenzbare Raumstrukturen entwirft. Einige Jahre später haben Bobek und Schmithüsen (1949) die Landesnatur (Bezeichnung für die Gesamtheit des naturgegebenen Wirkungszusammenhangs) in der Kulturlandschaft als ein Potenzialgefüge und somit ein räumliches Anordnungsmuster für naturgegebene Entwicklungsmöglichkeiten (gesellschaftliche Nutzungswünsche) bezeichnet. Schultze (1957) definierte die Eignung eines bestimmten Erdraums für Nutzungszwecke noch konkreter und schlug vor, diese Eignungsfeststellung umzuformulieren in eine Bestimmung des kulturgeografischen Potenzials eines Gebiets.

Die steigende Inanspruchnahme natürlicher Ressourcen mit den bekannten Folgen für den Zustand der, wie wir heute sagen würden, „Schutzgüter" stellte die Gesellschaft und damit auch verschiedene Wissenschaftsdisziplinen vor die Aufgabe, Antworten zu suchen und Lösungsvorschläge abzuleiten, wie das Leistungsvermögen im Natursystem zu erfassen und was für seine Erhaltung und dauerhafte Sicherung zu tun ist. Innerhalb der Geographie, die es bekanntlich mit hybriden Stoffsystemen in der uns umgebenden Kulturlandschaft (ein Ensemble abiotischer, biotischer, gesellschaftlicher/kultureller Komponenten) zu tun hat, legte Neef (1966) eine erste Studie zur Bewertung der Potenziale des Natursystems vor, deren Kern in der Überlegung bestand, alle Aspekte natürlicher Faktoren mit den Schöpfungen des Menschen in der Kulturlandschaft dadurch bewertbar und vergleichbar zu machen, indem man die verschiedenen Teilglieder über Energieinhalte definiert. Dieser Vorstellung für die Aufklärung der Beziehungen zwischen naturbezogenen und ökonomischen Anteilen gesellschaftlicher Aktivitäten im Naturdargebot gab er die Überschrift, dass es sich hierbei um „Fragen des gebietswirtschaftlichen Potenzials" handele. Darin eingeschlossen sah er die unumstößliche Notwendigkeit, naturwissenschaftliche Befunde in gesellschaftlich nutzbare, also vorrangig ökonomische Kategorien, zu überführen, damit Nutzbarkeit, Tragfähigkeit, Belastbarkeit oder der Ressourcenschutz im gesellschaftlichen Handeln überhaupt Berücksichtigung finden können.

Das von ihm als „Transformationsproblem" beschriebene erkenntnistheoretische Phänomen gehörte zu den anwendungsorientierten Grundlagen der ostdeutschen Landschaftsforschung. In seinem Denkanstoß sah Neef eine wichtige Brücke, die verschiedenartigen Prozesse aus Natur und Gesellschaft, den Übergang von einem Kausalbereich in einen anderen, zu objektivieren und den bis dahin nur als recht allgemeines Phänomen beschriebenen Stoffwechsel zwischen Mensch und Natur (z. B. für Abwägungsentscheidungen) praktikabel zu machen (Neef 1969).

Da mit dem alleinigen Energiemaßstab (Neef 1966) im Hinblick auf die spezifischen Nutzungsanforderungen der Gesellschaft an das naturräumliche Leistungsvermögen methodische Umsetzungsschwierigkeiten verbunden waren, bot später der Vorschlag von Haase (1973, 1978) einen Ausweg, statt eines Energiemaßstabs für das Leistungsvermögen eine Eigenschaftsbetrachtung des Naturkapitals zur Beurteilung der Erfüllung gesellschaftlicher Grundfunktionen zu verfolgen. Erst unter dem Blickwinkel wirtschaftlicher und sozialer Zielstellungen wurden die stofflichen und energetischen Eigenschaften im Naturdargebot zum Potenzial und, weil sie auf die differenzierte Verbreitung solcher Leistungsmöglichkeiten im räumlichen Verbund bezogen wurden, zum „Naturraumpotenzial" (Abschn. 2.1). Bei Anwendung dieser Vorstellung sollte der für die Gesellschaft verfügbare Spielraum für eine Nutzung und die Belastbarkeit der Naturgüter, speziell unter den Bedingungen der reellen Mehrfachnutzung, sichtbar gemacht werden. Als Naturraumpotenzial wurde demnach das räumlich differenzierte Leistungsvermögen der Natur definiert, das sich für den gesellschaftlichen Entwicklungsprozess eignet. Infolge der unterschiedlichen Anforderungen der Gesellschaft an dieses Vermögen erfolgte aus methodischen Gründen eine Gliederung in mehrere Teilpotenziale (partielle Naturraumpotenziale), von denen einige beispielhaft genannt seien:

- das biotische Ertragspotenzial als das Vermögen, organische Substanz zu erzeugen und die Bedingungen dazu zu regenerieren (Standortfruchtbarkeit),
- das biotische Regulationspotenzial als Vermögen, biologische Prozesse aufrechtzuerhalten und nach Störungen wieder zu regulieren (Biodiversitätsaspekt),
- das Rekreationspotenzial als Vermögen der Natur, durch psychische und physische Wirkungen zur Erholung und Gesundung des Menschen beizutragen.

Diese exemplarische Kurzkennzeichnung von einigen Potenzialeigenschaften zeigt wohl, dass das Konzept des Naturraumpotenzials nicht nur naturwissenschaftlich geprägt, sondern auch auf soziale oder wirtschaftliche Belange bezogen ist. Eine breite Palette methodischer Verfahren, welche es gestatten, aus den zunächst wertneutralen Raumanalysen Vor- und Nachteile für potenzielle Nutzungsinteressen sichtbar zu machen, wurden u. a. von Haase (1991), Jäger et al. (1977) und Mannsfeld (1983) erarbeitet. Der Potenzialansatz fand frühzeitig Eingang in die Landschaftspflege und Landschaftsplanung (Langer 1970; Buchwald 1973; Lüttig und Pfeiffer 1974).

Komplementär zur Ableitung der potenziell im Naturdargebot begründeten Nutzungseignung entwickelte sich eine funktionsräumliche Betrachtungsweise, wonach die Landschaftsräume gesellschaftliche Funktionen erfüllen. Dabei ging es weniger um das ökosystemare Funktionieren als um die naturwissenschaftlich determinierte Organisation strukturell-prozessualer Zusammenhänge (Forman und Godron 1986). Insofern wird ein ermitteltes Potenzial zur Landschaftsfunktion, wenn es im Nutzungsvorgang tatsächlich in Anspruch genommen wird. Die Schlussfolgerung daraus ist die Einsicht, dass eine scharfe Trennung beider Ansätze nicht zweckmäßig ist. Eine Einsicht, die inzwischen auch das Bundesnaturschutzgesetz in § 1 Ziffer 5 (BNatschG 2009) betont und die Erhaltung der Leistungs- und Funktionsfähigkeit von Landschaften einfordert.

Besonders Niemann (1977), aber auch van der Maarel (1978), Bastian (1991), de Groot (1992), Marks et al. (1992), Durwen (1995), Willemen et al. (2008) und andere haben sich mit diesem Funktionsansatz eingehend auseinandergesetzt. Im Ergebnis fanden diese und andere Autoren eine vielfach übereinstimmende Unterscheidung nach Haupt- und Teilfunktionen, etwa nach Produktionsfunktionen (ökonomische F.), Regulationsfunktionen (ökologische F.) sowie Lebensraumfunktionen (soziale F.) – eine Einteilung, welche die Nähe zu den später begründeten drei Säulen des Nachhaltigkeitsgedankens gut erkennen lässt. Die nachfolgend in die Diskussion eingebrachten Überlegungen, ein transparentes Handlungskonzept zur Sicherung von ÖSL an der Schnittstelle zwischen Naturerhaltung und gesellschaftlich-ökonomischen Zielen zu verfolgen, geht, sehr eng angelehnt an das Landschaftsfunktionskonzept, von ökonomischen, ökologischen sowie soziokulturellen Leistungen der Ökosysteme aus und belegt auch mit dieser pragmatischen Unterteilung eine gedankliche Nähe zu Handlungskonzepten, die vom Grundverständnis schon zwei bis drei Jahrzehnte vorher entworfen worden waren.

Der Begriff „Landschaftsfunktionen" setzte sich seit den 1980er-Jahren zunehmend in der westdeutschen Landschaftsplanung durch (z. B. Langer et al. 1985), da sich diese Bezeichnung als vorteilhaft für die Kommunikation mit politischen Entscheidungsträgern erwiesen hatte (Albert et al. 2012). Landschaftsfunktionen betrachten in der Regel allerdings nur diejenigen Aspekte (der Landschaft), die in den kommerziellen Märkten unberücksichtigt bleiben und daher durch öffentliche Planung abgedeckt werden müssen (von Haaren 2004; Albert et al. 2012).

Die mit landschaftsökologischen Studien erworbenen Kenntnisse über Naturprozesse sind in der Regel nicht zum Einbau in ökonomische Berechnungen geeignet, weshalb sie bei raumrelevanten Entscheidungen zumeist unberücksichtigt bleiben, sodass die richtige Handhabung der Überführung von Naturgrößen in wirtschaftliche Kennziffern (Transformationsproblem) unverzichtbar ist. In einem Aufsatz von 1969 hatte Neef dazu formuliert:

> „Die Rolle der natürlichen Faktoren im ökonomischen Zusammenhang und die Rückwirkung von gesellschaftlichen Eingriffen in den Haushalt der Natur lassen sich nur klarlegen, wenn beide zueinander in Beziehung gesetzt werden. Um eine Grundlage für die Bewertung des naturgegebenen Potenzials abzuleiten, ist es erforderlich, die Potenzialgrößen dem Aufwand an zu leistender gesellschaftlicher Arbeit gegenüberzustellen" (Neef 1969).

Mit den Ergebnissen einer großmaßstäbigen Bearbeitung von Beispielen im Norden von Dresden (Mannsfeld 1971) sollte zur damaligen Zeit versucht werden, einen ökonomischen Maßstab zu finden, um diese Grundvorstellung umsatzfähig zu machen. Es wurde eine Methode entwickelt, die Gunst eines Naturraums (im Sinne von Leistungs- und Funktionsfähigkeit) für eine landwirtschaftliche Nutzung über seine Ungunst zu ermitteln. Dazu sind die Agrarstandorte nach ihren Defiziten von einem definierten Optimum (z. B. fruchtbares Lössgebiet) beurteilt und die Kosten ermittelt worden, die zur Hinführung in ein höheres Ertragsniveau erforderlich wären. Durch Multiplikation der theoretischen Aufwendungen für Ent- oder Bewässerung, Entsteinung, Düngung, Tieflockerung, Humusanreicherung und andere Maßnahmen mit den Flächenanteilen der jeweiligen Standorte konnte ein monetär untersetzter Vergleichsmaßstab gewonnen werden. Wenn auch aufwendig zu ermitteln, durfte der Ansatz aber als reelles Denkmodell dafür gelten, dass man „Wohlfahrtsleistungen" des Naturpotenzials über Geldwerte sichtbar machen kann. Allerdings zeigt das Beispiel auch, dass technologische und Arbeitsaufwendungen des Menschen zur Optimierung von ÖSL eingesetzt werden und methodisch abzugrenzen sind (im Sinne von „Umweltleistungen"; Abschn. 2.1 und 4.2). Haber (2011a) bemerkt dazu:

> „Ein Weizenfeld, und das gilt für alle anderen Felder, auf denen Getreide, Kartoffeln oder Rüben angebaut werden, ist aus ‚natur-ökologischer' Sicht gar kein Ökosystem, denn so etwas gibt es in der Natur nicht. Es ist ein vom Menschen geschaffenes, also ‚künstliches' Nahrungs-Erzeugungs-System, das ohne ihn gar nicht existieren würde oder könnte, und passt eigentlich nicht in die Vorstellung der Ökosystemdienstleistungen. Freilich ist es aus natürlichen Bestandteilen zusammengesetzt ... ."

Letztlich beansprucht die ökologische Ökonomik, den ÖSL-Ansatz entscheidend entwickelt zu haben (Røpke 2004, 2005), mit Wurzeln vor allem in der US-amerikanischen Diskussion, was bezüglich des kulturhistorischen Entwicklungsrahmens und der Anwendbarkeit in Mitteleuropa stärker Beachtung finden sollte. Die Fehlentwicklung der Ausdifferenzierung von Ökologie und Ökonomie in zwei spezielle und eigenständige Wissenschaften soll überwunden werden (*„‚Full World' Model of the Ecological Economic System"* nach Costanza 1997a) und die Ökonomie muss von der Ökologie lernen, welche Beschränkungen menschliches Wirtschaften in einer nichtwachsenden biophysischen Welt zu berücksichtigen hat. Jetzkowitz (2011) stellt diesbezüglich klar, dass die ökologische Ökonomik, die Natur als äußeres Begrenzungsmerkmal für Wirtschaftsprozesse in den Blick nimmt, von der neoklassischen Umweltökonomik zu unterscheiden ist. Letztere, meint er, setze zwar auch auf das ÖSL-Konzept, versuche jedoch, Natur so weit als möglich zu ökonomisieren.

Den Weg in das internationale (vor allem politische) Rampenlicht fand das ÖSL-Konzept insbesondere mit dem Millennium Ecosystem Assessment (Synthesis Report, MEA 2005). Der Report wurde zwischen 2001 und 2005 unter der Federführung der Vereinten Nationen (UN) und koordiniert vom Umweltprogramm der UN erarbeitet. Er verfolgte das Ziel, die sich aus der Veränderung der Ökosysteme für das menschliche Wohlbefinden ergebenden Konsequenzen aufzuzeigen und so eine wissenschaftliche Basis für notwendige Handlungen zur nachhaltigen Nutzung von Ökosystemen zu schaffen. Dabei wurde kein primäres Wissen erarbeitet, sondern auf vorhandene wissenschaftliche Literatur, relevante Daten und Modelle sowie Wissen aus dem privaten Sektor, lokalen Gemeinschaften und der indigenen Bevölkerung zurückgegriffen. Der akute Rückgang von bereits 15 der 24 weltweit untersuchten ÖSL und die sich daraus ergebenden negativen Auswirkungen auf das zukünftige menschliche Wohlbefinden waren eine zentrale Botschaft des Berichts.

Ausgehend von der Tatsache, dass sich die Wahrnehmung und Wertschätzung von Natur ändert, wenn sie auch aus ökonomischer Sicht betrachtet wird, ergeben sich neue, bislang zu wenig genutzte Argumentationsmuster und konzeptionelle Ansätze im Umwelt- und Naturschutz. Diesbezügliche Aspekte werden insbesondere in Abschn. 4.2 und Kap. 6 thematisiert. In diesem Zusammenhang sei auf die vom deutschen Bundesumweltministerium seit 2007 unterstützte Studie „The Economics of Ecosystems and Biodiversity", kurz als TEEB bezeichnet, verwiesen. Dabei handelt es sich um eine bedeutende internationale Initiative, die zum Ziel hat, die Aufmerksamkeit auf den globalen Nutzen von Ökosystemen zu lenken und die wachsenden Kosten, die durch den Verlust von Biodiversität und ÖSL entstehen, zu verdeutlichen. In den Berichten wurde Expertenwissen aus Wissenschaft, Wirtschaft und Politik zusammengebracht, um zukunftsfähige Lösungsansätze zu erarbeiten (Berichte und Informationen unter https://www.teebweb.org).

Selbst wenn man unterstellt, dass der aktuelle ÖSL-Ansatz besondere Akzente auf den Erhalt der Biodiversität und die ökonomische Bewertung von Leistungen der Ökosysteme legt, sind in den einschlägigen Literaturbeiträgen zum Verfahrensgrundsatz (u. a. Costanza 1991; de Groot 1992; Daily 1997) keine Hinweise auf Denkmodelle wie die der Naturraumpotenziale oder Landschaftsfunktionen zu finden. Gomez-Baggethun et al. (2010) haben ausgeführt, dass die Ursprünge zum Konzept der ÖSL in den späten 1970er-Jahren liegen, und berufen sich dabei vorrangig auf niederländische, US-amerikanische oder spanische Autoren. Es erscheint angebracht, auf weitere gedankliche wie auch methodologische Vorarbeiten hinzuweisen (s. oben). Das Credo dieser Forschungen war, dass die intensivierte Nutzung der regenerierbaren, natürlichen Ressourcen vielfach so nachteilige Folgen hat, dass man sie nicht mehr – verhältnismäßig sorglos – als Gratisleistungen ansehen kann, sondern nur als Naturreichtümer, deren Selbstregeneration limitiert ist. Eben diese Erkenntnis hat den Weg zur systematischen Betrachtung des Leistungsvermögens der Natur geöffnet, um daraus eine nachhaltige und optimierte Nutzung von ÖSL anzustreben und umzusetzen.

Für das ÖSL-Konzept unserer Tage und seine Umsetzungsprobleme (Schritt von der Sach- zur Wertebene und Ähnliches) vermag der Rückblick auf frühere methodische Ansätze einige notwendige Hinweise zu vermitteln. Ökosysteme und ihre Leistungen für die Gesellschaft bestehen nicht nur aus Elementen (Speicher, Regler, Prozesse), die als System funktionieren, sondern haben immer auch Raumbezug. Die ausreichende Berücksichtigung dieses Faktors („Theorie der geographischen Dimensionen“ nach Neef 1963) in Gestalt der Maßstäbigkeit scheint nicht gegeben, denn kleinmaßstäbige Übersichten sind geeignet, um das Problembewusstsein zu wecken, aber wenig tauglich für den konkreten Nachweis räumlicher Leistungsangebote. Eine methodische Differenzierung des ÖSL-Ansatzes in lokale/regionale und globale Maßstabsbereiche war zunächst kaum erkennbar, ist aber z. B. für Kategorien der ökologischen Planung erforderlich. Auch die in den dargelegten Konzepten Naturraumpotenziale/Landschaftsfunktionen vorhandenen „Stellschrauben“ für die Berücksichtigung von kontinuierlich stattfindenden nutzungs- oder auch naturabhängigen (z. B. Klimawandel) Änderungen in der Ökosystemqualität fehlten oft. Das ÖSL-Konzept, auch in seiner internationalen Ausstrahlung, wird zur Verhinderung weiterer Überbeanspruchung oder gar Zerstörung von Gratisleistungen der Natur nur dann erfolgreich sein, wenn solche und ähnliche methodologische Grundfragen geklärt und berücksichtigt werden.

Fazit

Die dem Konzept der Ökosystemleistungen zugrundeliegende Idee, dass Menschen auf die Natur angewiesen sind und in vielfältiger Weise einen Nutzen aus ihr ziehen, ist bereits sehr alt. Zunächst empirisch, dann zunehmend systematisch, hat die

Menschheit Vorzüge, Potenziale sowie Risiken und Gefahren bei der Nutzung des Naturdargebots erkannt. Formalisiert im Sinne eines wissenschaftlichen Begriffs und eines Ökosystemleistungskonzepts wurde der Ansatz in den späten 1970er-Jahren, insbesondere auf Basis (ost)deutscher, niederländischer und US-amerikanischer Arbeiten. Das Credo dieser Forschungen war, dass die intensivierte Nutzung der regenerierbaren, natürlichen Ressourcen vielfach so nachteilige Folgen hat, dass man sie nicht mehr – verhältnismäßig sorglos – als Gratisleistungen betrachten kann, sondern nur als Naturreichtümer, deren Selbstregeneration limitiert ist. Diese Erkenntnis hat den Weg zur systematischen Betrachtung des Leistungsvermögens der Natur aus unterschiedlicher Perspektive geöffnet, um daraus eine nachhaltige und optimierte Nutzung von ÖSL anzustreben und umzusetzen.

Die Inanspruchnahme bzw. Inwertsetzung der Leistungen manifestiert sich insbesondere in der Art und Intensität der Landnutzung und wirkt auf die Strukturen und Prozesse der Ökosysteme zurück, was wiederum deren potenzielle Leistungsfähigkeit beeinflusst. Dieses komplexe Wechselspiel soll in seinen Ursachen, Wirkungen und Folgen sichtbar gemacht und „richtig" gesteuert werden. Aus sozial-ökologischer Sicht wird zunehmend eine „große Transformation" gefordert, um Krisen wie dem Biodiversitätsverlust oder dem Klimawandel zu begegnen (Brand 2021). Der Diskurs um einen konsequenten gesellschaftlichen Wandel zur Begrenzung der kapitalistisch-industriellen Produktions- und Lebensweise wird damit – zumindest semantisch – deutlich radikaler geführt, als jener der nachhaltigen Entwicklung.

2.3 Werte der Natur und ihr Beitrag zum gesellschaftlichen Wohlstand

Karsten Grunewald*, Olaf Bastian und Roland Zieschank

Der Beitrag der Natur für den Wohlstand von Gesellschaften wird zumindest in Industrieländern oft unterschätzt. Erst wenn bestimmte Güter knapp werden – wie in den jetzigen Zeiten nicht gesicherter Lieferketten bei Energieträgern, seltenen Erden und auch landwirtschaftlichen Produkten – zeigt sich zugleich die Abhängigkeit von im wahrsten Sinne des Wortes irdischen Grundlagen, wenn auch nur vermittelt über steigende Preise. Darüber hinaus tragen Biodiversität und intakte Ökosysteme mehr für das persönliche sowie gesellschaftliche Wohlergehen und auch die Gesundheit bei, als sich aus wirtschaftlichen Bilanzierungen erkennen lässt, welche hier drastische Lücken aufweisen.

Der richtige Umgang mit dem „Naturvermögen" heute entscheidet somit erstens über den zukünftigen Wohlstand von morgen und wäre zweitens ein essenzieller Bestandteil einer „Grünen Ökonomie", welche den Entwicklungspfad dahin gewährleisten kann (Lutz et al. 2015).

Das Naturvermögen bzw. das Naturkapital umfasst die abiotischen, „klassischen" Ressourcen wie fossile Rohstoffe, Erze oder Gesteine, aber auch den Umfang und die

Qualität von Ökosystemen sowie die Biodiversität (Abschn. 2.1). Der „Externalisierung" von Natur in den Volkswirtschaftlichen Gesamtrechnungen und vielen ökonomischen Modellen – erkennbar auch an der Reduktion von Land-, Forst- und Fischereiwirtschaft auf Beiträge zum Bruttoinlandsprodukt (BIP) – wurde zumindest durch die Berücksichtigung des Ressourcenverbrauchs in den Umweltökonomischen Gesamtrechnungen teilweise begegnet. Jedoch zeichnet sich in Deutschland und vielen anderen Industriestaaten erst langsam ein ganzheitlicheres Verständnis ab, welches auch Ökosysteme und deren Leistungen als natürliche Lebensgrundlage und Quelle eines nicht nur materiellen Wohlstands versteht (Jessel et al. 2009; Europäische Kommission 2019; Zieschank 2021).

Somit geht das ÖSL-Konzept über den klassischen Ressourcenbegriff hinaus, insbesondere wenn es um soziokulturelle Leistungen der Natur und um Wertschätzung von Biodiversität als Grundlage von/für ÖSL geht. Zwar wird hier auch der monetäre „Nutzen" betrachtet, den Individuen bzw. die Gesellschaft aus einer Vielzahl indirekter und direkter Leistungen der Natur gewinnen: Erhalt der Bodenfruchtbarkeit, biologische Vielfalt, saubere Luft, Fixierung von Kohlenstoff durch Photosynthese, Grundwasserneubildung, Stickstoffbindung, ästhetisch ansprechende Landschaften und das Innovationspotenzial der Natur für technische Neuerungen oder Arzneimittelentwicklungen. Aber diese sprachliche Annäherung erfolgt im Kontext einer Orientierung an Natur- und Biodiversitätsschutz, um den gesellschaftlichen „Beitrag" der Natur im Sinne eines **ökonomisch-ökologischen Gesamtsystems** sichtbarer zu machen. Zum Wohlstand eines Landes tragen hier folglich ökologische wie ökonomische Werte bei.

2.3.1 Werte und Wertewandel

Seit Beginn der Neuzeit dominieren auf individuelle Nutzenmaximierung ausgelegte Haltungen und Kalküle das wirtschaftliche Handeln. Sie bilden zugleich eine der mentalgesellschaftlichen Grundlagen einer nichtnachhaltigen Wirtschaftsweise (Isham et al. 2022).

Dank technischer und gewaltiger wirtschaftlicher Fortschritte erscheint die Sicherung der elementaren Lebensgrundlagen, also die tägliche Versorgung mit Nahrung, Wasser und allen zivilisatorischen Notwendigkeiten, zur Selbstverständlichkeit geworden zu sind (Haber 2011a). Mit dem Aufkommen der industriellen Massenproduktion wurde „gutes Leben" zunehmend mit materiellem Wohlstand gleichgesetzt (WBGU 2011). Rationale Kosten-Nutzen-Kalküle stellten in Industriegesellschaften wie Deutschland handlungsprägende Deutungsmuster dar.[2] So erhalten Geld und monetäre Werte in einer ökonomisch bestimmten Welt ein herausragendes Gewicht. Geld ist darüber hinaus u. a. ein symbolisches Medium, auch für den Naturschutz.

---

[2] Im Zuge der Covid-19-Pandemie wurde dieses Kalkül durchbrochen, indem die Gesundheit des Menschen über ökonomischen Erwägungen stand.

Ein Aspekt der umweltethischen Wertebene ist, dass „Natur voller Werte“ ist, die von wertenden Personen nachträglich entdeckt, beigemessen und anerkannt werden (Ott 2010). Demnach handelt es sich bei Grundwerten um solche Werte, die von der überwiegenden Mehrheit der Bevölkerung geteilt werden. Dazu gehören prinzipiell auch die Nutzenstiftungen der Ökosystemleistungen (Gesundheit, Nahrungsbereitstellung, Sicherheit und andere).

Werte

Werte (von lat. *valor* = Geltung, Bedeutung, Wichtigkeit) sind im kantschen Sinne das, was man hoch schätzt, was man achtet, was uns teuer ist. Gesellschaften sind stets auch Wertegemeinschaften, d. h., eine Gesellschaft ohne Wertsetzungen ist nicht denkbar. Menschen fühlen sich von Werten und an Werte gebunden, sind aber zugleich nicht unfrei zu handeln oder ihre Werthaltungen zu transformieren (anscheinendes Paradoxon nach Joas 1997). Werte beeinflussen Wünsche, Interessen und Präferenzen. Ein Wert ist jedoch keine Norm oder Regel. Werthaltungen beschreiben die relativ stabilen Präferenzen bezüglich verschiedener Werte bei einzelnen Personen (Häcker und Stapf 1994). Sie sind stets kulturell und sozial kontextgebunden und werden in pluralistischen Gesellschaften „strittig ausgehandelt“.

Banzhaf und Boyd (2012) verweisen auf den Unterschied zwischen ÖSL (an sich) und den Werten, die sie verkörpern (Abschn. 3.1). ÖSL können zunächst in biophysikalischen Qualitäten und Quantitäten ausgedrückt und (normativ) bewertet werden. Stehen ÖSL direkt mit Marktgütern in Beziehung oder werden sie in Bezug zu einem Nutzen betrachtet, können sie auch monetär bewertet werden. Letzteres wird durchaus kritisch gesehen (z. B. Unmüßig 2014). Ein monetärer Ansatz kann aber die Ökonomie zwingen, über eine Naturkapitalbetrachtung vernachlässigte externe Effekte der wirtschaftlichen Aktivitäten aufzudecken und einzupreisen.

Externe Effekte

Als **externen Effekt** bezeichnet man in der Volkswirtschaftslehre die unkompensierten Auswirkungen ökonomischer Entscheidungen auf unbeteiligte Marktteilnehmer (Betroffene können auch nicht-Markteilnehmer sein, bspw. Kinder oder angrenzende Staaten). „Extern“ heißt dabei, dass die Effekte (Nebenwirkungen) eines Verhaltens nicht ausreichend im Markt berücksichtigt werden. Sie werden nicht in das Entscheidungskalkül des Verursachers einbezogen. Volkswirtschaftlich gesehen sind sie eine Ursache für Marktversagen und können staatliche Interventionen notwendig werden lassen. Negative externe Effekte werden auch als externe oder soziale Kosten, positive externe Effekte als externer Nutzen oder sozialer Ertrag bezeichnet (Mankiw 2004).

Mit Bezug zur Biodiversität sind folgende Wertbegriffe zu unterscheiden (Potthast 2007):

- Tauschwert: ökonomisch; misst den Wert eines Objekts daran, wogegen man es auf dem Markt tauschen kann; Messgröße ist in der Regel der Preis, der jedoch nicht unbedingt etwas über den „wirklichen" Wert aussagt.
- Nutzwert: instrumentell; „nützlich für etwas …"; Biodiversität ist wertvoll aufgrund ihrer Funktion, als Ressource für menschliche wirtschaftliche Zwecke; monetarisierte Nutzwerte sind gewichtige Argumente, aber entscheidender als ihre absolute Höhe ist ihre Verteilung.
- Eigenwert: inhärent; biologische Vielfalt hat einen Eigenwert für mich, wenn ich sie um ihrer selbst willen schätze, nicht um ihrer Nutzung willen, also einfach, weil es sie gibt (Existenzwert), weil sie eine biografische oder kulturelle Bedeutung für mich hat (Erinnerungswert, Heimat), weil sie einmalig und besonders ist (Eigenart), weil sie mir Erfahrungen ermöglicht (z. B. Wildnis), weil sie für die Nachwelt („Erbe") erhalten werden soll (Vermächtniswert); Eigenwerte entziehen sich prinzipiell einer Monetarisierung, sind aber kommunizierbar, d. h. für andere nachvollziehbar; sie müssen untereinander und gegeneinander abgewogen werden; der Wert liegt in der spezifischen Beziehung.

Wie man Nutzwert *(value in use)* und Tauschwert *(value in exchange)* unterscheidet, verdeutlicht ein Vergleich (Naturkapital Deutschland – TEEB DE 2012): Wasser hat in der Regel einen geringen Preis, aber einen hohen Nutzwert, denn ohne Wasser ist kein Leben möglich. Diamanten haben hingegen einen sehr hohen Preis, aber einen geringen Nutzwert. Zum Eigenwert fragt Haber (2011b, S. 44), ob „wir Menschen – mehrheitlich oder gar als Gesamtheit – wirklich den Eigenwert einer Anzahl von Pilzen und Mikroorganismen respektieren (können), die unser Leben und Gedeihen oder das für uns wichtiger Pflanzen und Tieren gefährden oder tödlich bedrohen?" Zudem führt er an, dass „die Evolution des eigenwertigen Lebens über 98 Prozent aller Arten" wieder hat aussterben lassen (Haber 2011b, S. 44).

Während sich einer anthropozentrischen Grundposition zufolge überzeugende Umwelt- und Naturschutzbegründungen letztlich immer auf menschliche Interessen, Bedürfnisse usw. beziehen müssen („Naturschutz ist Menschenschutz"), vertritt eine natur- bzw. physiozentrische Position die Auffassung, dass einige oder alle Naturwesen um ihrer selbst willen zu schützen sind (ethischer Naturalismus, nach dem die verschiedenen Naturobjekte bzw. im Sinne dieser Position „Natursubjekte" einen Eigenwert haben, der im Zweifelsfall auch unabhängig von menschlichen Interessen Geltung besitzt). Dabei erkennt die Pathozentrik (Teutsch 1985) nur schmerzempfindlichen Wesen (Menschen und höheren Tieren) diesen Eigenwert zu, die Biozentrik hingegen allen Lebewesen, während der Holismus die gesamte Natur (auch Unbelebtes und Systemganzheiten) einbezieht, also auch Ökosysteme und Landschaften. Das Bundesnaturschutzgesetz (BNatSchG 2009, § 1) verweist ausdrücklich auf den „Schutz von Natur und Landschaft aufgrund ihres eigenen Wertes und für kommende Generationen".

Eine Verabsolutierung einer der beiden Grundpositionen ist nicht hilfreich, denn das eine wäre ein „naturvergessener Anthropozentrismus", das andere ein „menschenvergessener Ökologismus". Aus welchen Quellen die moralische Begründung für den Schutz von Natur (und Landschaft) gespeist wird, ob aus mehr religiösen oder weltlichen, ist letztlich zweitrangig, denn „eine ernsthafte Achtung anthropozentrischer Naturschutzpflichten hätte in etwa dieselben Ergebnisse wie die strikteste Befolgung biozentrischer oder theologischer Regeln – die Natur würde ebenso gut geschützt" (Ott 2010).

Ott (2010) schlägt pragmatische Lösungen zum „Selbstwertproblem" vor. Er plädiert letztlich dafür, sich nicht zu sehr mit der Frage, „ob alle Sandkörner, alle Wassertropfen, alle Grashalme, alle Bodenbakterien, alle Heidelbeeren, alle Tintenfische usw. einen Selbstwert haben", zu befassen, da dies von den eigentlichen umweltpolitischen Herausforderungen (Klimawandel, Wasserversorgung, Landwirtschaft und Fischerei, Schutz der Wälder und Feuchtgebiete, Artenschutz, ökologischer Stadtumbau) ablenkt.

Eine Weiterführung der Diskussion um einen modernen Naturschutz sowie die Neuordnung der ethischen Begründungen unter dem Dreiklang „Klugheit, Glück, Gerechtigkeit" unternehmen Eser et al. (2011) in einer differenzierten Darstellung zentraler ethisch fundierter Naturschutzargumente.

Wert, insbesondere im Hinblick auf kulturelle ÖSL, entsteht in vielfältigen Beziehungen und Interaktionen zwischen Menschen und Natur, was in einer technisierten und zunehmend urbanen Welt immer weniger gelingt. Nicht alle diese Beziehungen und Interaktionen sind als „Nutzung" adäquat adressiert. Subjektive, qualitative Werturteile sind manchmal aussagekräftiger als (oft nur vermeintlich) objektive, quantitative Werte (Hirschfeld et al. 2019; Brenck et al. 2021). Und nicht alles muss einen Zweck haben bzw. einem Zweck dienen. Biologische Vielfalt stellt aus umweltethischem Verständnis immer einen Wert an sich dar.

Beispiele für gesellschaftliche Werte der Natur

Vom Wert der Stadtbäume: Auch wenn sie von Menschen angepflanzt werden und ihre Standorte wenig naturnah sind – Stadtbäume erbringen zahlreiche Leistungen. Sie binden CO_2 und erzeugen O_2, verbessern das Stadtklima, erzeugen Biomasse, dienen wild lebenden Tieren (z. B. Vögeln, Fledermäusen, Insekten) als Lebensraum und verschönern das Stadtbild. Stadtviertel mit vielen Bäumen erhöhen den Wert des Wohneigentums. Bäume tragen zur Naturerfahrung der Stadtbevölkerung bei und erzeugen Emotionen, beispielsweise durch Blüten und sprießendes Laub im Frühling oder durch bunte Herbstfärbung. Manche Leistungen können quantifiziert werden. Beispielsweise lagern die 53.000 Stadtbäume Dresdens jährlich 662 t Kohlenstoff ein, reduzieren 2429 t CO_2 und setzen 1767 t Sauerstoff frei (Grunewald et al. 2020). Die gesundheitlichen Wirkungen von Stadtbäumen haben Wolf et al. (2020) in einem Review von Tausenden Artikeln ausgewertet. Sie heben die Reduktion von Schädigungen durch Luftverschmutzung, UV-Strahlung sowie der Wärme- und Pollenbelastung, die

Wiederherstellung von Funktionen wie Aufmerksamkeit, psychische Gesundheit und Stressabbau, aber auch Zusammenhänge mit Lebensaktivität, Körpergewicht oder gar Geburtsereignissen hervor.

Wert einer Ökosystemfläche am Beispiel des Tempelhofer Felds in Berlin: Brenck et al. (2021) beschreiben in einer Studie die gesellschaftliche Wertigkeit des Tempelhofer Felds, ein in seiner Dimension, Geschichte und Vielfalt der Möglichkeiten sowie der Bedeutung für Erholung und Naturschutz einzigartiges urbanes Ökosystem. Verständlicherweise kommen die Autoren zum Ergebnis, dass diese 303 ha große öffentliche Freifläche in ihrer gegenwärtigen Nutzung einen „sehr hohen Wert" aufweist, da sie viele Vorteile für die Menschen erbringt. Die Erfassung und Darstellung ist komplex und verbal-argumentativ angelegt, kaum aber mit Zahlen oder gar monetären Werten unterlegt – wie es manche Politiker sicher bevorzugen würden.

Wesentlich wird die Mensch-Natur-Beziehung über den ÖSL-Ansatz analysiert und der Beitrag zu ökologischen Leistungen und zur Sicherung der Biodiversität herausgestellt. Auch die Weite und Offenheit der Fläche wird betont. Allerdings handelt es sich um eine urbane Freifläche mit Rasen und Randbegrünung, auf der naturschutzfachliche Aspekte nicht ausschlaggebend sind. Das Tempelhofer Feld ist Naturort, Bildungsstätte, Sportplatz, Lernort, Entspannungsraum, Ausprobierfeld und vieles mehr. Werte für die Stadtgesellschaft und die Individuen entstehen aber auch aus den Mensch-Mensch-Beziehungen, die diese Fläche ermöglicht. Letztlich, so das Fazit, ergibt sich die Wertigkeit des Tempelhofer Felds aus dem Gesamtbild.

Wertschätzungen für Ökosystemleistungen (Ott 2010)

- können über Umfragen erhoben werden (z. B. zur Akzeptanz des Naturschutzes),
- artikulieren sich in Werturteilen („Ich mag Berge lieber als das Meer.") und
- sind unterschiedlich intensiv (z. B. unterschiedliche Gefühle beim Anblick eines Sonnenuntergangs oder einer Spinne – abgestufte Freude, Glück, Abneigung, Gleichgültigkeit usw.).

Eine interdisziplinäre Diskussion zu Werten der Natur kann sehr verschieden in den Verortungen ausfallen. Abb. 2.5 zeigt eine Matrix mit zwei Ebenen, die für die Kommunikation und praktische Arbeit in diesem Zusammenhang sehr hilfreich sein kann, denn Keith et al. (2020) betrachten hier ein Spektrum von Zwecken für Ökosystemzustandskonten und stellen es durch ein Kontinuum im zweidimensionalen Raum dar, von intrinsischen zu instrumentellen Werten und von anthropozentrischen zu ökozentrischen Weltbildern. Der Grund für die Beschreibung des Mehrzweckansatzes in Form eines zweidimensionalen Raums ist, dass es verschiedene Arten von Faktoren

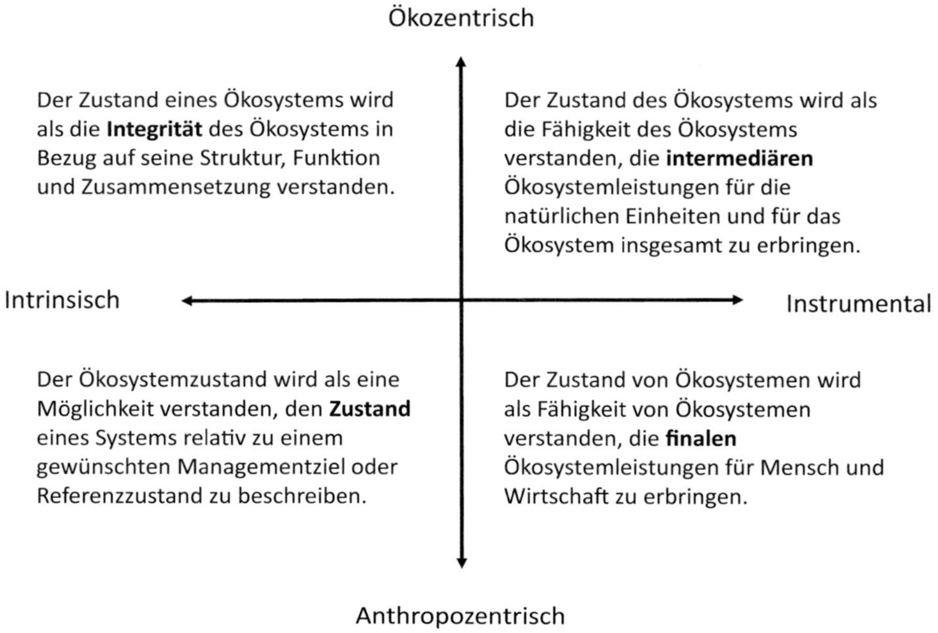

Ökozentrisch

Der Zustand eines Ökosystems wird als die **Integrität** des Ökosystems in Bezug auf seine Struktur, Funktion und Zusammensetzung verstanden.	Der Zustand des Ökosystems wird als die Fähigkeit des Ökosystems verstanden, die **intermediären** Ökosystemleistungen für die natürlichen Einheiten und für das Ökosystem insgesamt zu erbringen.
Der Ökosystemzustand wird als eine Möglichkeit verstanden, den **Zustand** eines Systems relativ zu einem gewünschten Managementziel oder Referenzzustand zu beschreiben.	Der Zustand von Ökosystemen wird als Fähigkeit von Ökosystemen verstanden, die **finalen** Ökosystemleistungen für Mensch und Wirtschaft zu erbringen.

Intrinsisch ← → Instrumental

Anthropozentrisch

Abb. 2.5 Ein allgemeiner Werterahmen in zwei Dimensionen, die den Bereich von intrinsischen zu instrumentellen Werten und von ökozentrischen zu anthropozentrischen Weltanschauungen darstellen (nach Keith et al. 2020, angepasst an die Konzepte von Turner (2001) und unter Einbeziehung von Konzepten aus IPBES 2019). (© K. Grunewald)

gibt, die bestimmen, wo ein „Zweck" innerhalb dieses Raums liegt. „Werte", die von intrinsisch bis instrumentell reichen, können in Bezug auf ziemlich spezifische Zwecke definiert werden. „Weltanschauungen" sind allgemeinere Konzepte oder Perspektiven über Präferenzen für einen bestimmten Zustand der Welt und reichen hier von ökozentrisch (mit dem Schwerpunkt auf dem Umweltschutz) bis anthropozentrisch (mit dem Schwerpunkt auf dem Menschen). Die Veranschaulichung dieses Spektrums von Zielen in Form von Achsen in zwei Dimensionen bedeutet nicht, dass die „Werte" und „Weltanschauungen" linear oder unabhängig sind.

In Teilbereichen der Wirtschaftswissenschaften wird seit Jahren an Methoden zur ökonomischen Bewertung von Ökosystemen und ihren Veränderungen gearbeitet. Die Umweltökonomie hat dazu vor allem die Konzepte der „externen Effekte" und des „ökonomischen Gesamtwerts" geschaffen. Die ökonomische Bewertung der Ökosystemleistungen, einschließlich Existenz-, Options- und Vermächtniswerten, ermöglicht konzeptionell die umfassende Evaluierung der Wirkungen von Flächennutzungs- und Ökosystemveränderungen auf die gesellschaftliche Wohlfahrt – zumindest im Prinzip (Abschn. 4.2).

Kritische Stimmen warnen davor, unter dem Deckmantel der „grünen Ökonomie" der weiteren Kommerzialisierung der Natur Vorschub zu leisten,[3] deren Rolle auf die Bereitstellung von Dienstleistungen zu reduzieren und außerökonomische Dimensionen zu negieren. Das Konzept der ÖSL vermag durchaus die Abhängigkeit des Menschen von der Natur deutlich aufzuzeigen. Da es im Vergleich zu bisherigen Ansätzen stärker die Nachfrageseite bzw. Wünsche und Ansprüche der Menschen betrachtet, eröffnen sich neue Chancen für eine höhere Wertschätzung der Natur. Das Konzept als alleinige Grundlage für Entscheidungen zu betrachten, wäre allerdings nicht zielführend, da es den gesellschaftlichen Diskurs und die ganze Vielfalt umweltethischer Argumente keineswegs ersetzen kann.

Eine rein auf wirtschaftliche Leistungsfähigkeit ausgerichtete Politik scheint an Attraktivität und Plausibilität zu verlieren (Reiermann 2022). Allerdings führt die Wahrnehmung des Problems nicht automatisch zu „richtigem", beispielsweise umweltgerechtem Verhalten und Handeln der Menschen (Kuckartz 2010). Dies ist einerseits durch fehlende Langfristorientierung und Verlustängste bedingt (WBGU 2011), andererseits sind Güter und Leistungen der Natur überwiegend „öffentliche Güter", die Eigenschaften wie Nichtausschließbarkeit und Nichtrivalität aufweisen (Tab. 3.4).

Beispiele für öffentliche Güter im Sinne des ÖSL-Konzepts sind die Erholungswirkung einer Landschaft, die Biodiversität als Genpool oder als „Eigenwert". Bei solchen Gütern und Leistungen ist es für den Einzelnen (kurzfristig und vermeintlich) am günstigsten, wenn er profitiert, sich aber an der Bereitstellung nicht beteiligt. Diejenigen, die sich an der Bereitstellung grundsätzlich beteiligen wollen, müssen befürchten, dass aufgrund sogenannter Trittbrettfahrer nur ein minimales Versorgungsniveau bei hohen individuellen Kosten zustande kommt, es sich also nicht lohnt, sich an der Bereitstellung zu beteiligen („die Realisten"). Außerdem will man nicht der Dumme sein, der sich an der Bereitstellung beteiligt, während die anderen umsonst profitieren („diejenigen, die sich nicht ausnutzen lassen wollen").

Gemeingüter sind nicht, sie werden gemacht

Elinor Ostrom (2011), Trägerin des Wirtschaftsnobelpreises, schrieb dazu:

„Ressourcen sind frei. Sie kennen kein Eigentum und keine Staatsgrenze. Ressourcen wissen nicht, ob wir sie zum Leben brauchen oder nicht. Wir hingegen sind in der einen oder anderen Weise an diese Dinge gebunden: an Grenzen, an Eigentum und – vor allem – an die Ressourcen selbst. Das alte Wort für Gemeingüter, ‚Allmende', hat diese Bindung für uns bewahrt, denn ‚Allmende' setzt sich zusammen aus all(e) + gemeinde, so glauben die Sprachhistoriker. Der Begriff umfasst damit den Kern der Auseinandersetzung mit Gemeingütern: Alle, die zu einer bestimmten Gemeinschaft gehören und Ressourcen gemeinsam nutzen, müssen sich darüber verständigen, wie sie das tun. Regeln der Ressourcennutzung zu vereinbaren und deren Einhaltung zu kontrollieren, ist alles andere als ein Kinderspiel."

[3] Kapitalistisch orientierte Gesellschaften werden dies treiben, sowie an irgendeiner Stelle Profit erkennbar wird (K. Marx: „Das Kapital", 1867, Marx 1968).

2.3.2 Inwertsetzung von Biodiversität und ÖSL

Leistungen der Natur sollen über das ÖSL-Konzept gewichtet und insbesondere monetär bewertet werden (s. oben), um sich auch aus wirtschaftlichen Gründen für den Erhalt der Natur einzusetzen (Jessel et al. 2009). So attraktiv dieser Ansatz auch sein mag, er muss durch den im Bundesnaturschutzgesetz verankerten ethischen Auftrag des Schutzes der Natur um ihrer selbst willen (BNatSchG 2009, § 1) ergänzt werden.

ÖSL werden von Märkten unterstützt, wenn auf ihrer Grundlage Marktprodukte hergestellt werden (freier Markt, z. B. rein landwirtschaftliche Produkte). Viele öffentliche Güter und Leistungen werden hingegen ausgebeutet, übernutzt und zerstört, weil Marktmechanismen nicht greifen („Marktversagen"). Hier können marktbasierte Instrumente – wenn sie richtig gesetzt werden – helfen, Anreize für Verhaltensregeln zu schaffen. Gegenwärtig gibt es im Wesentlichen zwei ökonomische Instrumente der Umweltpolitik, um ÖSL und damit auch Biodiversität in Wert zu setzen:

- positive Anreize, die darauf abzielen, den Natur- und Umweltschutz in finanzieller Hinsicht lukrativ zu machen (Beispiel: Honorierung besonderer Umweltleistungen durch die Landwirtschaft)
- negative Preissignale in Form von Preissteuerung (Nutzungsgebühren, Umweltsteuern, Ausgleichszahlungen) oder Mengensteuerung (Beispiel: CO_2-Emissionszertifikate), die umweltschädigendes Verhalten verteuern

Im Idealfall entwickelt sich ein „Gemeinwohlmarkt", z. B. für die Landschaftspflege. Hier ist die institutionelle Seite wichtig. In der Regel muss der Staat als Nachfrager der Gemeinwohlleistungen auftreten und es muss auch einen „Anbieter" der Leistung geben, beispielsweise einen Landwirtschaftsbetrieb (Abschn. 5.7.5).

Biodiversität und viele ÖSL sind bisher bei konventionellen ökonomischen Bewertungen gar nicht berücksichtigt und in der Regel als kostenlos angenommen worden. Diese Leistungen besitzen jedoch einen hohen Wert, der sich aber oft nur indirekt ermitteln lässt, da er sich nur unzureichend in Märkten und Preisen widerspiegelt.

Wissenschaftler bemühen sich zunehmend, das Naturkapital in Wert zu setzen. In den Studien zu TEEB-DE findet man anschauliche Beispiele dafür (https://www.ufz.de/teebde/). Bei allen methodischen Problemen dieser Bewertungsansätze ist der Versuch anzuerkennen, ÖSL nicht nur zu thematisieren, sondern sie zu quantifizieren und zu bewerten, sodass sie mit ökonomischen Gütern vergleichbar sind.

Zur Bestimmung des ökonomischen Werts von Ökosystemen und Biodiversität wird in Teilbereichen der Wirtschaftswissenschaften das Konzept des „ökonomischen Gesamtwerts" (*total economic value;* Abschn. 4.2.2) verwendet. Er beinhaltet sowohl die potenziellen und realen Gebrauchswerte als auch die sogenannten Nichtgebrauchswerte. Das bedeutet, dass die ökonomische Naturbewertung nicht allein den direkten Nutzen der Natur erfasst. Der ökonomische Wert eines Guts oder einer Leistung ergibt sich aus der Wertschätzung durch Individuen und der Knappheit der Ressource und muss nicht notwendig rein monetär sein. Empirische Studien zeigen, dass die Nichtgebrauchswerte häufig den größten Teil der menschlichen Wertschätzung für bedrohte Ökosysteme ausmachen. Dafür wird aber in der Regel kein Preis entrichtet, d. h., Nutzer der Natur werden nicht adäquat an der Deckung von Kosten beteiligt.

Von Warenwerten und wahren Werten

Natur und Landschaft sind öffentliche Güter, die sich vielfach herkömmlichen Marktmechanismen entziehen (Allokation öffentlicher Güter, Marktversagen). Der Erhalt einer Steinrückenlandschaft im Erzgebirge oder der alten Weinkulturlandschaft im Dresdner Elbtal ist arbeits- und kostenintensiv (Abb. 2.6). Wer die Steillagen maschinell und effektiv bearbeiten wollte, müsste die Steinrücken und Trockenmauern zerstören. Dann wäre aber auch der Reiz der Landschaft verloren. Eine simple Gewinn- und Verlustrechnung weist fast immer ein Minus aus. Es ist die Pflicht der Gesellschaft wie auch des Staates, ein solches Erbe weitgehend zu bewahren. Die Rendite ist eine identitätsstiftende Landschaft mit hohem Wohlfühlfaktor für Einheimische und Gäste. Dazu bedarf es einer intersubjektiven Verständigung über Zukunftsentwürfe, die Resilienz von Ökosystemen, aber auch über die Kosten.

Abb. 2.6 Lößnitz-Weinberge in Radebeul bei Dresden. Die kleinteilige, terrassierte, noch heute überwiegend in Handarbeit bewirtschaftete Weinberglandschaft ist Träger vielfältiger versorgender, regulierender und insbesondere kultureller Ökosystemleistungen. (© O. Bastian)

2.3.3 Wohlstand auf Kosten der Natur?

Bisherige Nachhaltigkeitsbemühungen, Schutzgebietssysteme und Biodiversitätsstrategien haben nicht zu einer Trendumkehr beim Verlust von Arten und Lebensräumen geführt (Kap. 1). Eine der wesentlichen Ursachen ist das strukturelle Versagen ökonomischer Berichtssysteme und Bewertungsverfahren sowohl auf der nationalen als auch der Unternehmensebene. Viele Leistungen von Ökosystemen und die Bedeutung von Biodiversität spielen bislang meist keine oder nur eine eher untergeordnete Rolle. Erst mit dem gewachsenen Verständnis ökologischer Zusammenhänge und somit der zentralen Rolle von Biodiversität für intakte Ökosysteme gewinnt der „Faktor Natur" an Bedeutung, sowohl für den gegenwärtigen als auch für den künftigen Wohlstand. Diese Erkenntnis wird auf internationaler Ebene bereits seitens der UN, der EU-Kommission und sogar der Weltbank unterstützt (Zieschank et al. 2021).

Bisher gilt das Bruttoinlandsprodukt (BIP) als zentraler Wirtschaftsindikator. Das BIP pro Kopf ist ein Maß für auf Märkten und in monetären Größen abgewickelte, wirtschaftliche Aktivitäten. Güter und Dienstleistungen, die keine Marktpreise besitzen oder real getauscht werden, wie die meisten ÖSL, werden im BIP nicht erfasst. Zudem führt ein steigendes BIP keineswegs automatisch zu einer Steigerung des subjektiven Wohlbefindens (Inglehart 2008).

Es wäre deshalb wichtig, deutlich zu machen, wie stark wir von den Leistungen der Natur abhängen, dass unser gesellschaftlicher Wohlstand die Natur aber auch zum Teil überbeansprucht und letztlich zur Degradierung unserer Lebensgrundlagen und zum Verlust an Biodiversität führen kann. Insofern sind die Aussagen der Bundesregierung im Koalitionsvertrag 2021–2025 ermutigend: „Wir wollen im Jahreswirtschaftsbericht eine Wohlstandsberichterstattung integrieren, die neben ökonomischen auch ökologische, soziale und gesellschaftliche Dimensionen des Wohlstands erfasst." (Koalitionsvertrag zwischen SPD, BÜNDNIS 90/DIE GRÜNEN und FDP 2021, S. 32).

Es besteht die Chance, dass eine solche neue Berichtsform zu einer höheren Wertschätzung von Biodiversität in Deutschland beiträgt. Die Argumente des fachlichen Naturschutzes verlieren indessen dadurch nicht an Bedeutung, sie sollen jedoch um ökonomisch werthaltige Argumente ergänzt werden. Naturschutzpolitik entwickelt sich dann weiter von einer **Schutzstrategie** zu einer **Investitionsstrategie** in Naturgüter als Teil des gesellschaftlichen Wohlstands und Wohlergehens (Grunewald et al. 2022b).

2.3.4 Modernisierung der Wirtschaftsberichtserstattung

Bisher korreliert das Wirtschaftswachstum fast immer negativ zu Biodiversität und Landschaftsqualität. Folgewirkungen des wirtschaftlichen Wachstums werden nach wie vor meist externalisiert, d. h., sie sind nicht genuin Teil der Wirtschaftsberichtserstattung in Deutschland. Selbst die UN-Agenda der *Sustainable Development Goals* (SDGs) enthält ein letztlich zu unkritisches Verständnis für das ökologisch destruktive Potenzial permanent steigender Wachstumsraten (Seidl und Zahrnt 2015).

Vor diesem Hintergrund wird nach Alternativen bzw. ergänzenden Kenngrößen zum BIP als Wohlfahrtsindikator gesucht. In Tab. 2.1 sind derartige Konzepte dargestellt, wobei jeweils die Nachhaltigkeitsdimensionen zugeordnet sind. In diesem Zusammenhang sei insbesondere auf den Nationalen Wohlfahrtsindex (National Welfare Index, NWI) hingewiesen (Zieschank et al. 2021; Held et al. 2022).

Aktuelle internationale und nationale Trends der Erfassung des Wohlergehens eines Landes und seiner Bevölkerung erläutern Zieschank et al. (2021) im Jahreswohlstandsbericht. Beispielsweise stellt die OECD ein neues Konzept wirtschaftlichen Fortschritts in den Mittelpunkt, das von einem tieferen Zusammenhang zwischen menschlichen Wohlergehen, nachhaltigem Wachstum, einer Verminderung von Ungleichheit sowie ökologischer Nachhaltigkeit ausgeht (OECD 2020). Die EU hat 2019 das Ziel einer Sustainable Wellbeing Economy vereinbart, die das Wohlergehen der Menschen in das Zentrum der politischen Entscheidungen rückt (Council of the European Union 2019). Um dies zu gewährleisten, soll die EU neue Indikatoren der wirtschaftlichen Leistungsfähigkeit und des sozialen Fortschritts – jenseits der bisherigen Orientierung am BIP – erstellen. Auch Deutschland stellt sich dieser Herausforderung (Reiermann 2022).

Fazit

Die Natur erbringt vielfältige Leistungen (ÖSL) für uns bzw. die Gesellschaft, beispielsweise die Versorgung mit Nahrung und Trinkwasser, die Erholung oder die Regulation des Klimas. Entscheidungen zur Landnutzung, nicht zuletzt auch im Zusammenhang mit der Energiewende in Deutschland, mit all ihren normativen Fragen betreffen genuin ethische und rechtliche Dimensionen und bestimmen wesentlich über künftige Strukturen und Funktionen von Ökosystemen, die Existenz und Verbreitung von Tier- und Pflanzenarten sowie die Lebenschancen von Menschen. Dies alles stellt große Herausforderungen an die Analyse von ÖSL und deren komplexe, integrative Bewertung.

Wirtschaftliche Begründungen sollen die klassischen ethischen Argumente für den Naturschutz ergänzen, aber nicht ersetzen. Neben ökonomischen Werten (basierend auf Effizienz und Kosteneffektivität) sind immer auch ökologische Werte (basierend auf ökologischer Nachhaltigkeit/Tragfähigkeit) und soziokulturelle Werte (basierend auf Gerechtigkeit und Wahrnehmung sowie ethischen Abwägungen) nötig. Folglich ist der Wert eines Ökosystems nicht mit einem Preis gleichzusetzen, sondern der Wertbegriff wird weiter gefasst im Sinne von Geltung, Bedeutung oder Wichtigkeit. Zu beachten ist auch, wer welche Wertvorstellungen artikuliert.

Die Messung und Berichterstattung des Wohlergehens einer Gesellschaft sollte künftig über das BIP hinausgehen und externe ökologische Effekte des Wirtschaftswachstums einbeziehen. Das bedeutet auch, Naturkapital und ÖSL in volkswirtschaftliche Berechnungen zu integrieren.

Tab. 2.1 Übersicht über Konzepte zur Wohlfahrts- und Nachhaltigkeitsmessung. (WBGU 2011)

Art des Messkonzepts	Bezeichnung des Index/Indikators	Ökonomische Dimension	Soziale Dimension	Ökologische Dimension
Erweiterungen des BIP: monetarisierte Indikatoren/Indizes	*Measure of Economic Welfare*	+	+	+
	Index of Sustainable Economic Welfare (ISEW)	+	+	+
	Genuine Progress Indicator (GPI)	+	+	+
	Full Costs of Goods and Services (FCGS)	+	–	+
	National Welfare Index (NWI)	+	+	+
Erweiterungen des BIP: umweltökonomische Gesamtrechnung/Satellitensysteme	Umweltökonomische Gesamtrechnungen/*UN System of Environmental-Economic Accounting* (SEEA)	+	–	+
Nichtmonetarisierte Indikatoren/Indizes	*Ecological Footprint*	–	–	+
	Living Planet Index	–	–	+
Zusammengesetzte Indikatoren/Indizes (Integration monetarisierter und nichtmonetarisierter Größen)	*Human Development Index* (HDI)	+	+	–
	Index of Economic Wellbeing	+	+	+
	*Happy Planet Index**	–	+	+
	KfW-Nachhaltigkeitsindikator	+	+	+
	Sustainable Development Indicators (Eurostat)	+	+	+
	Index of Economic Freedom	+	+	–
	Environmental Sustainability Index (ESI)	+	–	+
	Environmental Performance Index (EPI)	–	–	–
	*Gross National Happiness** (GNH, Bhutan)	+	+	+
	*Canadian Index of Wellbeing** (CIW)	–	–	–
	Corruption Perception Index (CPI)	–	+	–
	*National Accounts of Wellbeing**	–	+	–

* Index enthält subjektive Indikatoren

Literatur

Ala-Hulkko T, Kotavaara O, Alahuhta J, Kesälä M, Hjort J (2019) Accessibility analysis in evaluating exposure risk to an ecosystem disservice. Appl Geogr 113. https://doi.org/10.1016/j.apgeog.2019.102098

Albert C, von Haaren C, Galler C (2012) Ökosystemdienstleistungen. Alter Wein in neuen Schläuchen oder ein Impuls für die Landschaftsplanung? Naturschutz und Landschaftsplanung 44: 142–148

ARL – Akademie für Raumforschung und Landesplanung (Hrsg) (1995) Handbuch der Raumordnung. Hannover

Banzhaf HS, Boyd J (2012) The architecture and measurement of an ecosystem services index. Sustainability 4:430–461

Bastian O (1991) Biotische Komponenten in der Landschaftsforschung und -planung. Probleme ihrer Erfassung und Bewertung. Habilitationsschrift Martin-Luther-Universität Halle/Wittenberg, 214 S

Bastian O, Schreiber KF (Hrsg) (1994) Analyse und ökologische Bewertung der Landschaft. G Fischer, Jena. (2., erheblich veränderte Aufl. 1999). Spektrum Akademischer Verlag, Heidelberg

Bastian O, Grunewald K, Syrbe RU, Walz U, Wende W (2014) Landscape services: the concept and its practical relevance. Landscape Ecol 29(9):1463–1478. https://doi.org/10.1007/s10980-014-0064-5

Beichler SA, Bastian O, Haase D, Heiland S, Kabisch N, Müller F (2017) Does the ecosystem service concept reach its limits in urban environments? Landscape Online. 51:1–21

Bernhardt A, Haase G, Mannsfeld K, Richter H, Schmidt R (1986) Naturräume der sächsischen Bezirke. Sächsische Heimatblätter 4/5 (Sonderheft)

BESWS – Biodiversity and Ecosystem Service Work Stream (2010) Demystifying materiality: hardwiring biodiversity and ecosystem services into finance. UNEP FI CEO Briefing, Genf

Bierhals E (1978) Ökologischer Datenbedarf für die Landschaftsplanung. Landsch Stadt 10:30–36

Blotevogel HH (1995) Raum. In: Akademie für Raumforschung und Landesplanung (Hrsg) Handwörterbuch der Raumordnung. ARL, Hannover, S 733–740

BNatSchG – Bundesnaturschutzgesetz (2009) Gesetz über Naturschutz und Landschaftspflege. BGBl. I, S 2542

Bobek H, Schmithüsen J (1949) Die Landschaft im logischen System der Geographie. Erdkunde 3:112–120

Boyd J, Banzhaf S (2007) What are ecosystem services? The need for standardized environmental accounting units. Ecol Econ 63:616–626

Brand U (2021) Wider die Fixierung auf die Politik! Anmerkungen zur aktuellen Transformationsdebatte. GAIA 30(4):227–230

Brenck M, Hansjürgens B, Schröter-Schlaack C, Tröger U, Wessner A, Wittmer H (2021) Gesellschaftliche Wertigkeit des Tempelhofer Feldes – Qualitäten erfassen und sichtbar machen. Helmholtz-Zentrum für Umweltforschung – UFZ, Leipzig

Brockhaus Enzyklopädie (1996) 20., neubearb. Aufl., Gütersloh

Buchwald K (1973) Landschaftsplanung und Ausführung landschaftspflegerischer Maßnahmen. In: Buchwald K, Engelhardt W (Hrsg) Landschaftspflege und Naturschutz in der Praxis. BLV-Buchverlag, München

Burkhard B, Kroll F, Nedkov S, Müller F (2012) Mapping supply, demand and budgets of ecosystem services. Ecol Indic 21:17–29

Common M, Stagl S (2005) Ecological economics. An introduction. University Press, Cambridge

Costanza R (Hrsg) (1991) Ecological economics: the science and management of sustainability. Columbia University Press, New York

Costanza R (2008) Ecosystem services: multiple classification systems are needed. Biol Conserv 141:350–352

Costanza R, Cumberland JC, Daly HE, Goodland R, Norgaard R (1997a) An introduction to ecological economics. St. Lucie Press, Boca Raton

Costanza R, d'Arge R, de Groot RS, Farber S, Grasso M, Hannon B, Limburg K, Naeem S, O'Neill R, Paruelo J et al (1997b) The value of the world's ecosystem services and natural capital. Nature 387:253–260

Costanza R, de Groot R, Braat L, Kubiszewski I, Fioramonti L, Sutton P, Farber S, Grasso M (2017) Twenty years of ecosystem services: how far have we come and how far do we still need to go? Ecosyst Serv 28:1–16

Council of the European Union (Ed) (2019) Council Conclusions: The Economy of Wellbeing. Doc. 13171/19, 17.10.2019. https://data.consilium.europa.eu/doc/document/ST-13171-2019-INIT/en/pdf

Daily G (Hrsg) (1997) Nature's services: societal dependence on natural ecosystems. Island Press, Washington DC

Díaz S, Demissew S, Carabias J, 83 other, (2015) The IPBES conceptual framework – connecting nature and people. Curr Opin Environ Sustain 14:1–16

Díaz S, Pascual U, Stenseke M, Martín-López B, Watson RT, Molnár Z, Hill R, Chan KMA, Baste IA, Brauman KA, Polasky S, Church A, Lonsdale M, Larigauderie A, Leadley PW, van Oudenhoven APE, van der Plaat F, Schröter M, Lavorel S, Aumeeruddy-Thomas Y, Bukvareva E, Davies K, Demissew S, Erpul G, Failler P, Guerra CA, Hewitt CL, Keune H, Lindley S, Shirayama Y (2018) Assessing nature's contributions to people. Science (New York, N.Y.) 359(6373):270–272. https://doi.org/10.1126/science.aap8826

Durwen KJ (1995) Naturraum-Potential und Landschaftsplanung. (Landschaftsökologie und Vegetationskunde als Grundlage der Landnutzung). Nürtinger Hochschulschriften 13:45–82

EEA – European Environment Agency (2015) European ecosystem assessment – concept, data, and implementation Contribution to Target 2 Action 5 Mapping and Assessment of Ecosystems and their Services (MAES) of the EU Biodiversity Strategy to 2020. https://doi.org/10.2800/629258

Ehrlich PR, Ehrlich AH (1981) Extinction: the causes and consequences of the disappearance of species. Random House, New York

Ehrlich PR, Mooney HA (1983) Extinction, substitution, and the ecosystem services. Bioscience 33:248–254

Eliáš P (1983) Ecological and social functions of vegetation. Ekológia (ČSSR) 2:93–104

Ellenberg H (1973) Die Ökosysteme der Erde: Versuch einer Klassifikation der Ökosysteme nach funktionalen Gesichtspunkten. In: Ellenberg H (Hrsg) Ökosystemforschung. Springer, Berlin, S 235–265

Ellenberg H, Zeller O (1951) Die Pflanzenstandortkarte am Beispiel des Kreises Leonberg. Forschungs- u. Sitzungsbericht der Akademie für Raumforschung u. Landesplanung II, Hannover, S 11–49

Eser U, Neureuther A, Müller A (2011) Klugheit, Glück, Gerechtigkeit. Ethische Argumentationslinien in der Nationalen Strategie zur biologischen Vielfalt. In: Naturschutz und Biologische Vielfalt Heft 107, Bonn Bad-Godesberg

Europäische Kommission (2019) Der europäische Grüne Deal. COM(2019) 640 final, Brüssel. https://ec.europa.eu/info/sites/default/files/european-green-deal-communication_de.pdf

Finke L (1994) Landschaftsökologie. Das geographische Seminar, Braunschweig

Fisher B, Turner RK, Morlin P (2009) Defining and classifying ecosystem services for decision making. Ecol Econ 68:643–653

Forman RTT, Godron M (1986) Landscape ecology. Wiley, New York

Führer E (2000) Forest functions, ecosystem stability and management. For Ecol Manage 132:29–38

Gomez-Baggethun E, de Groot R, Lomas PL, Montes C (2010) The history of ecosystem services in economic theory and practice: from early notions to markets and payment schemes. Ecol Econ 69:1209–1218

de Groot, RS (1992) Functions of nature: evaluation of nature in environmental planning, management and decision making. Wolters-Noordhoff, Groningen

de Groot RS, Wilson M, Boumans R (2002) A typology for description, classification and valuation of ecosystem functions, goods and services. Ecol Econ 41:393–408

de Groot R, Fisher B, Christie M, Aronson J, Braat L, Gowdy J, Haines-Young R, Maltby E, Neuville A, Polasky S, Portela R, Ring I (2010) Integrating the ecological and economic dimensions in biodiversity and ecosystem service valuation. In: Kumar P (Hrsg) The economics of ecosystems and biodiversity: ecological and economic foundations. Earthscan, London, S 9–40

Grunewald K, Bastian O (2010) Ökosystemdienstleistungen analysieren – begrifflicher und konzeptioneller Rahmen aus landschaftsökologischer Sicht. GEOÖKO 31:50–82

Grunewald K, Walz U, Herold H, Syrbe RU (2015) Erfassung von Ökosystemleistungen auf nationaler Ebene in Deutschland. Natursch Landschaftsplan 47(10):305–310

Grunewald K, Bastian O (2018) Ökosystemdienstleistungen. In: Handwörterbuch der Stadt- und Raumentwicklung, Band 3. ARL, Hannover, S 1677–1686

Grunewald K, Pekker R, Zieschank R, Hirschfeld J, Schweppe-Kraft B, Syrbe RU (2019) Grundlagen einer Integration von Ökosystemen und Ökosystemleistungen in die Umweltökonomische Gesamtrechnung in Deutschland. Natur und Landschaft 94(8):330–338

Grunewald K, Bastian O, Brzoska P, Kochan B, Neumann I, Syrbe RU (2020) Natur in der Stadt Dresden: Was sie leistet, wie sie nützt. IÖR, Dresden, 48 S. https://www.ioer.de/fileadmin/internet/IOER_Projekte/PDF/FB_L/Bidelin_Gesamt_14.1.20_web.pdf

Grunewald K, Syrbe RU, Walz U, Wende W, Meier S, Bastian O, Zieschank R (2022a) Nationale Indikatoren zur Bewertung von Ökosystemen und deren Leistungen – bundesweiter Orientierungsrahmen für Landschaftsplanungen und Informationsgrundlage für die Bundespolitik. Natursch Landschaftsplan 54(02):12–25. https://doi.org/10.1399/NuL.2022.02.01

Grunewald K, Zieschank R, Ekinci B (2022b) Neue Perspektiven für die wirtschaftliche Berichterstattung in Deutschland: Einbeziehung von Ökosystemen und deren Leistungen. Ergebnisse der zweiten Nationalen Konferenz für ein Ecosystem Accounting in Deutschland. Natur und Landschaft 97/12:568-573, DOI: 10.19217/NuL2022-12-04

GSK Update (2019) Sustainable Finance – Die Grüne Revolution (nicht nur) des Finanzsektors. https://www.gsk.de/wp-content/uploads/2019/08/GSK_Update_Sustainable_Finance_DE.pdf. Zugegriffen: 23. März 2022

Haase G (1973) Zur Ausgliederung von Raumeinheiten der chorischen und der regionischen Dimension – dargestellt an Beispielen aus der Bodengeographie. Petermanns Geogr Mitt 117:81–90

Haase G (1978) Zur Ableitung und Kennzeichnung von Naturraumpotentialen. Petermanns Geogr Mitt 22:113–125

Haase G (1991) Naturraumerkundung und Bewertung des Naturraumpotentials. Schriftenreihe des dt. Rates für Landespflege 59, Hannover, S 923–940

Haaren C von (Hrsg) (2004) Landschaftsplanung. UTB, Eugen Ulmer, Stuttgart

Haber W (2011a) Umweltpolitikberatung – eine persönliche Bilanz. Studienarchiv Umweltgeschichte 16:15–25, www.iugr.net

Haber W (2011b) Die unbequemen Wahrheiten der Ökologie. Eine Nachhaltigkeitsperspektive für das 21. Jahrhundert, 2. Aufl. Oekom, München

Haber W (2014) Landwirtschaft und Naturschutz. Wiley-VCH Verlag, Weinheim

Haeckel E (1866) Generelle Morphologie der Organismen. G. Reimer, Berlin, 2 Bde (Anatomie der Organismen und Entwicklungsgeschichte der Organismen)

Häcker H, Stapf KH (1994) Dorsch: Psychologisches Wörterbuch. Huber, Bern

Hartmann H, Hänsel M, Riebl R, Lohse EJ, Köllner T (2021) Volksbegehren Artenvielfalt: Gesetzesänderungen können auch Ökosystemdienstleistungen in Bayerns Agrarlandschaften stärken. GAIA 30/2:106–113. https://doi.org/10.14512/gaia.30.2.8

Hein L, van Koppen K, de Groot RS, van Ierland EC (2006) Spatial scales, stakeholders and the valuation of ecosystem services. Ecol Econ 57:209–228

Held B, Rodenhäuser D, Diefenbacher H (2022) NWI 2021 – Rückgang der Wohlfahrt in der Corona-Pandemie. In: IMK Policy Brief Nr. 115, Januar 2022

Hermann A, Schleifer S, Wrbka T (2011) The concept of ecosystem services regarding landscape research: a review. Living Rev Landscape Res 5. http://landscaperesearch.livingreviews.org/Articles/lrlr-2011-1/. Zugegriffen: 01. Apr. 2011

Hettner A (1927) Die Geographie – ihre Geschichte, ihr Wesen, ihre Methoden. Hirt-Verlag, Breslau, 466 S

Hirschfeld J, Mohaupt F, Müller R, Klein M, Riousset P, Welling M (2019) Stadtgrün wertschätzen! GAIA 28, 392–393. https://doi.org/10.14512/gaia.28.4.14

Inglehart R (2008) Changing values among western publics from 1970 to 2006. West Eur Polit 31:130–146

IPBES (2019) Global assessment report on biodiversity and ecosystem services. In: Brondizio ES, Settele J, Diaz S, Ngo HT (Hrsg) Intergovernmental Science-Policy Platform on Biodiversity and Ecosystem Services. IPBES Secretariat, Bonn, Germany

Isham A, Verfuerth C, Armstrong A, Elf P, Gatersleben B, Jackson T (2022) The problematic role of materialistic values in the pursuit of sustainable well-being. Int J Environ Res Public Health 19:3673. https://doi.org/10.3390/ijerph19063673

Jax K (2005) Function and "functioning" in ecology: what does it mean? Oikos 111:641–648

Jäger KD, Mannsfeld K, Haase G (1977) Bestimmung von partiellen und komplexen Potentialeigenschaften für chorische Naturräume. (Methoden und Beispielsuntersuchungen). F/E-Bericht, Institut f. Geographie u. Geoökologie, Leipzig, Sächsische Akademie der Wissenschaften, Leipzig, 125 S

Jessel B, Tschimpke O, Waiser M (2009) Produktivkraft Natur. Hoffmann und Campe, Hamburg

Jetzkowitz J (2011) Ökosystemdienstleistungen in soziologischer Perspektive. In: Groß M (Hrsg) Handbuch Umweltsoziologie. VS Verlag, Wiesbaden, S 303–324

Joas H (1997) Die Entstehung der Werte. Suhrkamp, Frankfurt (Main)

Keith H, Maes J, Czúcz B, Jackson B, Driver A, Nicholson E (2020) The purpose, role and reporting of ecosystem condition accounts. One Ecosyst 5:e58216. https://doi.org/10.3897/oneeco.5.e58216

Kienast F (2010) Landschaftsdienstleistungen: ein taugliches Konzept für Forschung und Praxis? Forum für Wissen: 7–12

Kirchhoff T, Trepl L, Vicenzotti V (2012) What is landscape ecology? An analysis and evaluation of six different conceptions. Landscape Res. https://doi.org/10.1080/01426397.2011.640751

Koalitionsvertrag zwischen SPD, BÜNDNIS 90/DIE GRÜNEN und FDP (2021) Mehr Fortschritt wagen. Bündnis für Freiheit, Gerechtigkeit und Nachhaltigkeit. https://www.bundesregierung.de/breg-de/service/gesetzesvorhaben/koalitionsvertrag-2021-1990800. Zugegriffen: 06. Febr. 2022

Kuckartz U (2010) Nicht hier, nicht jetzt, nicht ich – Über die symbolische Bearbeitung eines ernsten Problems. In: Welzer H (Hrsg) KlimaKulturen: soziale Wirklichkeiten im Klimawandel. Campus, Frankfurt (Main), S 144–160

Kumar P (Hrsg) (2010) The economics of ecosystems and biodiversity: ecological and economic foundations. Routledge, London

Lahaye P, Harms B, Stortelder A, Vos W (1979) Grundlagen für die Anwendung landschaftsökologischer Erkenntnisse in der Raumplanung. Verh Ges Ökol 7:79–84

Langer H (1970) Zum Problem der ökologischen Landschaftsgliederung. Quaest Geobiol 7:77–95

Langer H, von Haaren C, Hoppenstedt A (1985) Ökologische Landschaftsfunktionen als Planungsgrundlage – ein Verfahrensansatz zur räumlichen Erfassung. Landsch Stadt 17:1–9

Leibenath M, Gailing L (2012) Semantische Annäherung an die Worte „Landschaft" und „Kulturlandschaft". In: Schenk W, Kühn M, Leibenath M, Tzschaschel S (Hrsg) Suburbane Räume als Kulturlandschaften. ARL, Hannover, S 58–79

Leser H (1997) Landschaftsökologie, 4. Aufl. Eugen Ulmer, Stuttgart, 644 S

Leser H, Schneider-Sliwa R (1999) Geographie: Eine Einführung. Westermann, Braunschweig

Loft L, Lux A (2010) Ecosystem Services – Ökonomische Analyse ihres Verlusts, ihre Bewertung und Steuerung. BiK-F Knowledge Flow Paper 10

Lüttig G, Pfeiffer D (1974) Die Karte des Naturraumpotentials. Ein neues Ausdrucksmittel geowissenschaftlicher Forschung für Landesplanung und Raumordnung. N Arch f Nds 23:3–13

Lutz C, Zieschank R, Drosdowski T (2015) Measuring transformation towards a Green economy in Germany – Conference-Paper: ESEE 2015 Conference in Leeds, UK. https://www.researchgate.net/publication/280574500_Measuring_transformation_towards_a_green_economy_in_Germany

Maarel E van der (1978) Ecological principles for physical planning. In: Holdgate W, Woodman MJ (Hrsg) The breakdown and restoration of ecosystems. Conf. Ser. I Ecology 3, Plenum Press, New York, London, S 413–450

Maarel E van der, Dauvellier PJ (1978) Naar een globaal ecologisch model voor de ruimlijke entwikkeling van Niederland. Studierapp. Rijksplanologische Dienst, Den Haag, 9

Maes J, Burkhard B, Geneletti D (2018) Ecosystem services are inclusive and deliver multiple values. A comment on the concept of nature's contributions to people. One Ecosyst 3:e24720. https://doi.org/10.3897/oneeco.3.e24720

Mankiw NG (2004) Grundzüge der Volkswirtschaftslehre, 3. Aufl. Schäffer Poeschel, Stuttgart

Mannsfeld K (1971) Landschaftsökologie und ökonomische Wertung der Westlausitzer Platte. Dissertation, TU Dresden, Fakultät Bau-, Wasser-und Forstwesen, Dresden

Mannsfeld K (1981) Landeskulturelle Auswirkungen moderner Agrarproduktion an Beispielen aus dem Westlausitzer Hügelland. Wiss. Abhandl. Geogr. Gesellschaft DDR 15

Mannsfeld K (1983) Landschaftsanalyse und Ableitung von Naturraumpotentialen. Abhandl. Sächsische Akademie der Wissenschaften, Leipzig, math.-nat. Kl., Bd 35, Akademie-Verlag, Berlin

Marks R, Müller MJ, Leser H, Klink HJ (Hrsg) (1992) Anleitung zur Bewertung des Leistungsvermögens des Landschaftshaushaltes, 2. Aufl. Forsch. zur Deutschen Landeskunde, Bd 229, Trier

Marx K (1968) Das Kapital. Zit. nach Ausgabe Dietz Verlag, Berlin, Bd 1, 3. Abschnitt, S 192–213

Matzdorf B, Lorenz J (2010) How cost-effective are result-oriented agri-environmental measures? An empirical analysis in Germany. Land Use Policy 27:535–544

McDonough K, Hutchinson S, Moore T, Hutchinson JMS (2017) Analysis of publication trends in ecosystem services research. Ecosyst Serv 25:82–88

MEA – Millennium Ecosystem Assessment (2005) Ecosystem and human well-being: Scenarios, Bd 2. Island Press, Washington

Messerli P (1986) Modelle und Methoden zur Analyse der Mensch-Umwelt-Beziehungen im alpinen Lebens- und Erholungsraum. Erkenntnisse und Folgerungen aus dem schweizerischen MAB-Programm Nr. 25, Bern

Meya J, Drupp M, Baumgärtner S, Quaas M (2018) Inter- and Intragenerational Distribution and the Valuation of Natural Capital. WCERE 2018 conference paper. http://fleximeets.com/wcere2018/getpaper.php?fid=3377

Naturkapital Deutschland – TEEB DE (2012) Der Wert der Natur für Wirtschaft und Gesellschaft – Eine Einführung. München, ifuplan; Leipzig, Helmholtz-Zentrum für Umweltforschung – UFZ; Bonn, Bundesamt für Naturschutz

Neef E (1963) Dimensionen geographischer Betrachtung. Forsch Fortschr 37:361–363

Neef E (1966) Zur Frage des gebietswirtschaftlichen Potentials. Forsch Fortschr 40:65–70

Neef E (1967) Die theoretischen Grundlagen der Landschaftslehre. Haack, Gotha

Neef E (1969) Der Stoffwechsel zwischen Gesellschaft und Natur als geographisches Problem. Geogr Rundsch 21:453–459

Neef E (1971) Über das Weiterwirken der Ideen Alexander von Humboldt in der Geographie. Acta Hist Leopoldina 6:17–29

Nentwig W, Bacher S, Brandl R (2004) Ökologie kompakt, 3. Aufl, 2011. Spektrum Akademischer Verlag, Heidelberg

Niemann E (1977) Eine Methode zur Erarbeitung der Funktionsleistungsgrade von Landschaftselementen. Arch Natursch Landsch 17:119–158

Niemann E (1982) Methodik zur Bestimmung der Eignung, Leistung und Belastbarkeit von Landschaftselementen und Landschaftseinheiten. Wissenschaftliche Mitteilung d. Instituts f. Geographie u. Geoökologie, Akademie der Wissenschaften der DDR, Leipzig, Sonderheft 2

OECD (2020) Beyhond Growth: Towards a new economic approach. new approaches to economic challenges. https://doi.org/10.1787/33a25ba3-en

Ostrom E (2011) Was mehr wird, wenn wir teilen. Vom gesellschaftlichen Wert der Gemeingüter. Oekom, München

Ott K (2010) Umweltethik zur Einführung. Junius, Hamburg

Pattberg P, Widerberg O (2015) Global environmental governance. In: Pattberg P, Zelli F (Hrsg) Encyplopedia of global environmental governance and politics. Elgar, Cheltenham, S 28–35

Petry D (2001) Landschaftsfunktionen und planerische Umweltvorsorge auf regionaler Ebene. Eine landschaftsökologische Verfahrensentwicklung am Beispiel des Regierungsbezirkes Dessau. UFZ-Bericht Nr. 10/2001, UFZ-Umweltforschungszentrum Leipzig-Halle

Potthast T (2007) Biodiversität – Schlüsselbegriff des Naturschutzes im 21. Jahrhundert? Naturschutz und Biologische Vielfalt 48, Bundesamt für Naturschutz, Bonn

Preobraženskij VS (1980) Issledovanie landšaftnyh system dlja celej ochrany prirody – struktura, dinamika i razvitie landšaftov. Inst. Geografii AN SSSR (Akadademie der Wissenschaften der UdSSR), Moskau

Reiermann C (2022) Erster Jahreswirtschaftsbericht. Habeck beendet den Traum vom ewigen Wachstum. Der Spiegel Nr. 2. https://www.spiegel.de/wirtschaft/robert-habeck-gruene-faerbt-den-jahreswirtschaftsbericht-gruen-ist-das-wachstum-am-ende-a-eb1fada8-84c6-48a4-b762-9daa1bd01f77?context=issue. Zugegriffen: 06. Febr. 2022

Røpke I (2004) The early history of modern ecological economics. Ecol Econ 50:293–314

Røpke I (2005) Trends in the development of ecological economics from the late 1980s to the early 2000s. Ecol Econ 55:262–290

Sarkki S, Ficko A, Wielgolaski FE, Abraham EM, Bratanova S, Grunewald K, Hofgaard A, Holtmeier FK, Kyriazopoulos AP, Broll G, Nijnik M, Sutinen ML (2017) Assessing the resilient provision of ecosystem services by social-ecological systems: introduction and theory. Climate Res 73:7–15. https://doi.org/10.3354/cr01437

Schmithüsen J (1942) Vegetationsforschung und ökologische Standortslehre in ihrer Bedeutung für die Geographie in der Kulturlandschaft. Z Ges Erdkunde, Berlin, S 113–157

Schultze HJ (1957) Die wissenschaftliche Erfassung und Bewertung von Erdräumen als Problem der Geographie. Erde 88:241–298

Seidl I, Zahrnt A (2015) SDGs: Steht Nachhaltigkeit unter Wachstumsvorbehalt? Blog Postwachstum, https://www.postwachstum.de/sustainable-development-goals-steht-nachhaltigkeit-global-unter-dem-vorbehalt-von-wachstum-20150928#:~:text=Das%20SDG-Ziel%20%E2%80%9Edauerhaftes-%2C%20inklusives%20und%20nachhaltiges%20Wachstum%E2%80%9C%20suggeriert,%28positiver%29%20Bezugspunkt%20f%C3%BCr%20mehr%20Nachhaltigkeit%20weltweit%20sein%20werden

Speidel G (1966) Zur Bewertung von Wohlfahrtswirkungen des Waldes. Allg Forstzeitschr 21:383–386

Staub C, Ott W, Heusi F, Klingler G, Jenny A, Häcki M, Hauser A (2011) Indikatoren für Ökosystemdienstleistungen: Systematik, Methodik und Umsetzungsempfehlung für eine wohlfahrtsbezogene Umweltberichterstattung. Bundesamt für Umwelt, Bern. Umwelt-Wissen Nr. 1102

Steinhardt U, Blumenstein O, Barsch H (2011) Lehrbuch der Landschaftsökologie, 2. Aufl. Elsevier, Spektrum Akademischer Verlag, Heidelberg

TEEB – The Economics of Ecosystems and Biodiversity (2010) The Economics of ecosystems and biodiversity: ecological and economic foundations. Kumar P (Hrsg), Earthscan, London, Washington

Termorshuizen JW, Opdam P (2009) Landscape services as a bridge between landscape ecology and sustainable development. Ecol Soc 16(4):17. https://doi.org/10.5751/ES-04191-160417

Teutsch GM (1985) Lexikon der Umweltethik. Vandenhoeck und Ruprecht, Düsseldorf

Troll C (1939) Luftbildplan und ökologische Bodenforschung. Z Ges Erdkunde, Berlin 7(8):241–298

Tüxen R (1956) Die heutige potentielle natürliche Vegetation als Gegenstand der Vegetationskartierung. Angew Pflanzensoziol (Stolzenau) 13:5–42

Turner RK (2001) The place of economic values in environmental valuation. In: Bateman IJ, Willis KG (Eds) Valuing environmental preferences: theory and practice of the contingent valuation method in the US, EU, and developing countries. Oxford Scholarship Online. https://doi.org/10.1093/0199248915.003.0002

Unmüßig B (2014) Vom Wert der Natur. Sinn und Unsinn einer Neuen Ökonomie der Natur. Heinrich Böll-Stiftung, E-paper. https://www.boell.de/de/2014/02/25/vom-wert-der-natur?dimension1=ds_oekonomie_natur_de. Zugegriffen: 01. Nov. 2020

Wallace KJ (2007) Classification of ecosystem services: problems and solutions. Biol Conserv 139:235–246

WBGU – Wissenschaftlicher Beirat der Bundesregierung. Globale Umweltveränderungen (2011) Welt im Wandel: Gesellschaftsvertrag für eine Große Transformation. Berlin

WBGU – Wissenschaftlicher Beirat der Bundesregierung Globale Umweltveränderungen (2020) Landwende im Anthropozän: Von der Konkurrenz zur Integration. Berlin

WCED – World Commission on Environment and Development (1987) Our common future. University Press, Oxford

Westman W (1977) How much are nature's services worth. Science 197:960–964

Wiggering H, Müller K, Werner A, Helming K (2003) The concept of multifunctionality in sustainable land development. In: Helming K, Wiggering H (Hrsg) Sustainable development of multifunctional landscapes. Springer, Berlin, Heidelberg, S 3–18

Willemen L, Verburg PH, Hein L, van Mensvoort MEF (2008) Spatial characterization of landscape functions. Landscape Urban Plan 88:34–43

Wolf KL, Lam ST, McKeen JK, Richardson GRA, van den Bosch M, Bardekjian AC (2020) Urban trees and human health: A scoping review. Int J Environ Res Public Health 17:4371. https://doi.org/10.3390/ijerph17124371

Zieschank R, Diefenbacher H, Held B, Rodenhäuser D (2021) Jahreswohlstandsbericht 2021 – Die Pandemie als Katalysator. Studie im Auftrag der Bundestagsfraktion Bündnis 90/Die Grünen. Berlin. https://www.gruene-bundestag.de/fileadmin/media/gruenebundestag_de/publikationen/reader/19-86-ONLINE-JWB-Gesamtbericht_final_2021.pdf

Konzeptionelle Rahmensetzung 3

Karsten Grunewald, Olaf Bastian, Ralf-Uwe Syrbe,
Ulrich Walz und Wolfgang Wende

Inhaltsverzeichnis

Die Reihenfolge der Autoren entspricht nicht der Reihenfolge der Gewichtung zum Beitrag. Die Autorennamen sind in der Reihenfolge ihres Erscheinens im Kapitel aufgeführt. Die Autoren der einzelnen Abschnitte finden Sie im jeweiligen Abschnitt innerhalb des Kapitels. Korrespondierende Autoren der jeweiligen Abschnitte sind mit * gekennzeichnet.

K. Grunewald (✉) · R.-U. Syrbe · W. Wende
Leibniz-Institut für ökologische Raumentwicklung, Dresden, Deutschland
E-Mail: k.grunewald@ioer.de

R.-U. Syrbe
E-Mail: r.syrbe@ioer.de

W. Wende
E-Mail: w.wende@ioer.de

O. Bastian
Moritzburg, Deutschland
E-Mail: Olaf.Bastian@web.de

U. Walz
Hochschule für Technik und Wirtschaft Dresden, Dresden, Deutschland
E-Mail: Ulrich.Walz@htw-dresden.de

K. Grunewald und O. Bastian (Hrsg.), *Ökosystemleistungen*,
https://doi.org/10.1007/978-3-662-65916-8_3

Zusammenfassung

Mit dem Ökosystemleistungskonzept ist eine ganzheitliche Betrachtung der komplexen Verflechtungen zwischen Ökosystemen und der Gesellschaft möglich. Rahmenmethodiken wie EPPS fokussieren auf die Säulen Ökosystemeigenschaften, Potenziale zur Bereitstellung von ÖSL und Nachfrage nach ÖSL (Nutzen, Nutznießer). Über Klassifikationssysteme wird operationalisiert, in welchen Bereichen die Ökosysteme versorgende, regulierende und kulturelle Leistungen für die Gesellschaft erbringen. Entscheidend ist zudem, ÖSL in Raum und Zeit adäquat zu erfassen. Um Raumbezüge sowie planerische und praktische Aspekte zu betonen, erfolgt eine Verknüpfung mit dem Landschaftsansatz einschließlich einer Definition von Landschaftsdienstleistungen.

3.1 Vom Ökosystem zu ökosystemaren Leistungen

Karsten Grunewald*, Olaf Bastian, Ralf-Uwe Syrbe

Will man Ökosystemleistungen (ÖSL) erfassen bzw. bewerten, so steht man zwangsläufig vor der Frage nach der hierfür geeigneten Methodik. Bedingt durch die Vielschichtigkeit des Gegenstandsbereichs „Leistungen der Natur für die Gesellschaft" ist es mit einfachen „Kochrezepten" nicht getan. Allgemeingültige methodische Anforderungen beziehen sich auf fachliche Fundierung, intersubjektive Nachprüfbarkeit und Kommunizierbarkeit. Die interdisziplinäre Herausforderung besteht nicht nur im begrifflichen Zugang, sondern vor allem in der Methodenvielfalt und den unterschiedlichen Perspektiven und Herangehensweisen (Abb. 1.5), die sich an den jeweiligen konkreten Fragestellungen orientieren müssen. Dabei wird zwischen allgemeinen Prinzipien bzw. Konzepten einerseits und spezifisch-konkreten Untersuchungsverfahren andererseits unterschieden (Potschin et al. 2018). Wir betrachten den ÖSL-Ansatz als Ganzheit aus Theorie und Methodik.

Angesichts der Komplexität und Multidisziplinarität des Problemfelds ÖSL verwundert es nicht, dass sich im Laufe der Zeit unterschiedliche wissenschaftstheoretische Ansätze und praktische Verfahrensweisen herausgebildet haben, die einander ergänzen, in Teilbereichen übereinstimmen, partiell aber auch divergieren. Dies spiegelt sich in der Klassifikation der ÖSL (Abschn. 3.2), aber auch in den verschiedenen theoretisch-methodischen Konzepten wider.

3.1.1 Das Kaskadenmodell in der TEEB-Studie

Ein grundlegender und häufig zitierter Untersuchungsrahmen ist das Kaskadensystem von Haines-Young und Potschin (2009) sowie Maltby (2009), das auch in TEEB (2010) übernommen wurde (Abb. 3.1). Die Grafik stellt den Weg vom Ökosystem zum menschlichen Wohlbefinden dar. Demnach vermitteln die ÖSL zwischen den Strukturen,

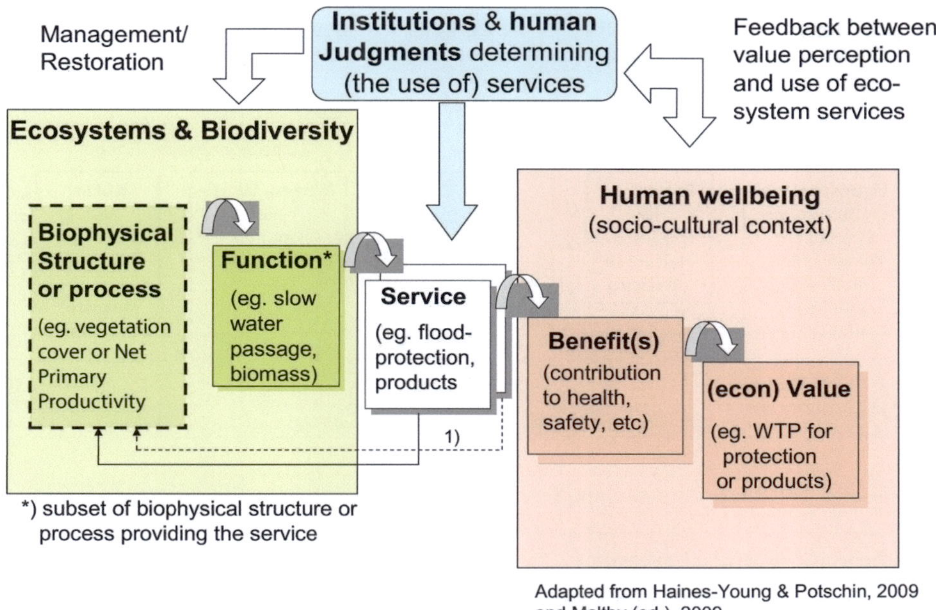

Abb. 3.1 Der Weg von Ökosystemstrukturen und -prozessen zum menschlichen Wohlbefinden. (englische Originalabbildung aus www.teebweb.org/EcologicalandEconomicFoundationDraftChapters/tabid/29426/Default.aspx, Chap. 1, S. 11)

Prozessen und Funktionen (Funktionsweise) des Ökosystems und den zum menschlichen Wohlbefinden zählenden Nutzen und Werten, d. h., ökologische und gesellschaftliche Aspekte werden systematisch verbunden. Die Kaskade versinnbildlicht eine Wertschöpfungskette. Allerdings sind in der realen Welt die Beziehungen nicht so simpel und linear, wie sie das Diagramm vermitteln mag. Dennoch wird die allgemeine Struktur, wie sie das Schema vorschlägt, in Fachkreisen weithin akzeptiert (Heink und Jax 2019).

3.1.2 Die fünf Säulen der EPPS-Rahmenmethodik

Aufbauend auf dem Schema in Abb. 3.1 und unter Beachtung der Erkenntnisse verschiedener Schulen der Landschaftsökologie sowie der internationalen fachspezifischen Diskussionen halten wir den in Abb. 3.2 dargestellten Modellrahmen für die Bearbeitung von ÖSL für zielführend. Demnach sind die „Funktionen" im Sinne der Ökosystemintegrität der linken Säule („Eigenschaften von Ökosystemen") direkt zugeordnet, während die gesellschaftlichen Funktionen in den ÖSL aufgehen. Dies

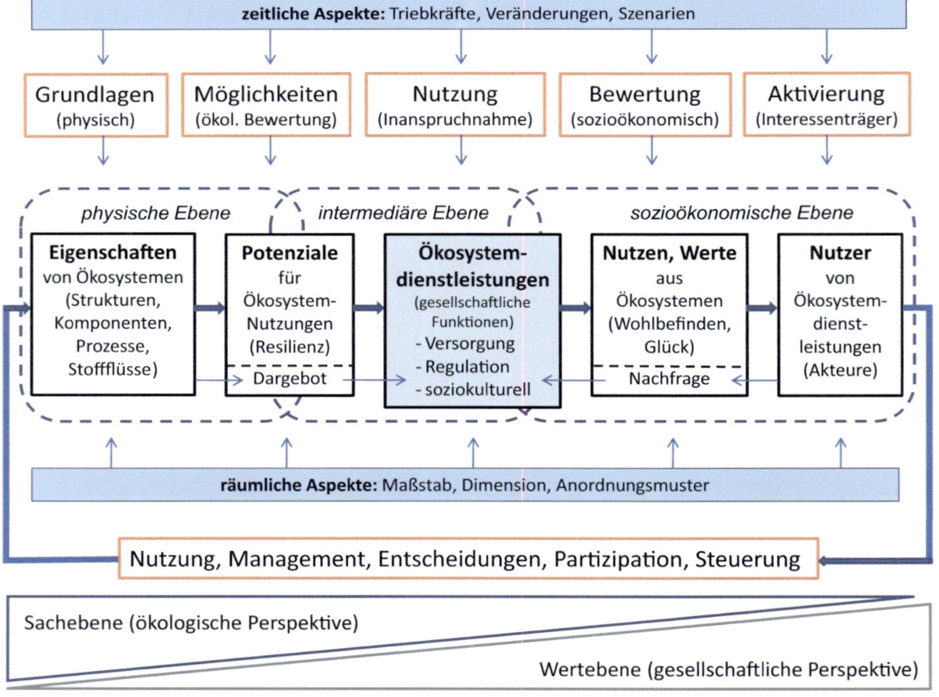

Abb. 3.2 Konzeptioneller Rahmen zur Analyse von Ökosystemen und deren Leistungen (ÖSL) unter besonderer Berücksichtigung von Raum- und Zeitaspekten. (Adaptiert nach Grunewald und Bastian 2010)

korrespondiert besser mit dem deutschsprachigen Verständnis des Funktionsbegriffs (Abschn. 2.1). Im Kaskadenmodell von Haines-Young und Potschin (2009) (Abb. 3.1) bilden die Funktionen einen eigenständigen Zwischenschritt zwischen den Strukturen und Prozessen einerseits und den ÖSL andererseits. Es handelt sich um diejenige Untergruppe von Ökosystemprozessen, die unmittelbar zur Generierung von ÖSL beitragen (Albert et al. 2012). Die Potenziale eines Ökosystems (oder einer Landschaft) zeigen deren Leistungsfähigkeit sowie die möglichen Nutzungen und sind somit als logischer Zwischenschritt zwischen den Eigenschaften (Prozesse und Strukturen) und den eigentlichen ÖSL als tatsächlich nutzenstiftender Beitrag eines Ökosystems angesiedelt. Dieses theoretisch-methodische Konzept wird EPPS-Rahmenmethodik genannt (abgeleitet von Ecosystem Properties, Potentials and Services; vgl. Grunewald und Bastian 2010; Bastian et al. 2012b, 2013).

Die Grundbausteine (fünf Säulen) des EPPS-Ansatzes werden im Folgenden näher erläutert. Für eine beispielhafte Anwendung der EPPS-Rahmenmethodik auf urbane bzw. Agrarökosysteme sei auf Bastian et al. (2012b bzw. 2013) verwiesen. Auch die ÖSL-Bewertung am Beispiel des Flusseinzugsgebiets der Jahna in Sachsen (Abschn. 5.6.3) erfolgte nach der EPPS-Rahmenmethodik.

3.1.2.1 Eigenschaften, Zustand und Leistungsfähigkeit von Ökosystemen

Auf der linken Seite des Schemas (Abb. 3.2, Säule 1) stehend, bilden Ökosysteme mit ihren Strukturen und Prozessen (z. B. Bodeneigenschaften, biologische Vielfalt, biotische Stoffproduktion, Nährstoffkreisläufe) die Grundlage der Existenz der Gesellschaft und jedweder vom Menschen nutzbarer Leistungen überhaupt. Diese (ökologische) Ausstattung (Ökosystemeigenschaften, *ecosystem properties*) ist vorrangig der Sachebene zuzuordnen, wohl wissend, dass die (vom Menschen vorgenommene) Abgrenzung und Einteilung von Ökosystemen nicht frei von normativen Entscheidungen ist. Als erster Analyseschritt erfolgt zunächst die Abgrenzung des Ökosystems, die Beschreibung charakteristischer Merkmale (Größe, Lage usw.) sowie die abiotische und biotische Ausstattung. Aus naturwissenschaftlicher Sicht stellt die Erfassung der Strukturen und Prozesse des Ökosystems die Grundlage aller Arbeiten dar.

Es handelt sich um die Leistungsbasis, d. h. um diejenigen Komponenten der Natur, welche die Leistung erbringen, z. B. die jeweiligen Bestandteile bzw. Ausprägungen von Ökosystemen, die für die Primärproduktion, die Vermeidung von Hochwasser oder die ästhetischen Werte sorgen. Als Komponente der Natur ist die Leistungsbasis materiell manifest und messbar (Staub et al. 2011).

Um die relevanten Eigenschaften der Ökosysteme zu erfassen, müssen geeignete, aussagekräftige Indikatoren ausgewählt werden, denn es erweist sich ansonsten als nahezu ausgeschlossen, mit vertretbarem Aufwand das komplizierte Beziehungsgefüge von Ökosystemen (und Landschaften) weitestgehend aufzuhellen. Indikatoren sind vergleichsweise leicht zu erfassen und besitzen zugleich überdurchschnittlichen Erklärungsgehalt in Bezug auf das vorliegende Problem (Durwen et al. 1980; Walz 2011;

Oudenhoven et al. 2018). Zu den Indikatoren zählen beispielsweise die Bioindikatoren: Das sind Organismen, deren Lebensfunktionen sich so eng mit bestimmten Umweltfaktoren korrelieren lassen, dass sie als Zeiger dafür verwendet werden können. Indem Indikatoren Informationen vereinfachen und verständlich darstellen, versetzen sie Entscheidungsträger in die Lage, ihre Entscheidungen nachvollziehbar zu begründen.

Mit der Analyse von Ökosystemen befassen sich seit Langem ganze Wissenschaftsdisziplinen, vor allem die Ökologie. Folglich liegen zu ihren Strukturen, Prozessen und Veränderungen umfangreiche Untersuchungen (z. B. im Rahmen der Ökosystemforschung Deutschland; Fränzle 1998) und Fachliteratur vor (z. B. Leser und Klink 1988; Radermacher et al. 1998; Bastian und Schreiber 1999). Mit der ÖSL-Forschung werden diese systematisch vorangetrieben.

Ökosystemzustand

Unter Ökosystemzustand *(ecosystem condition)* kann in diesem Kontext die „Gesamtqualität einer Ökosystemeinheit in Bezug auf ihre Hauptmerkmale (Ökosystemkomponenten und -prozesse), die ihre Fähigkeit zur Erbringung von Ökosystemleistungen unterstützen“, verstanden werden (Keith et al. 2020). Nach MEA (2005) wird der Ökosystemzustand als die effektive Kapazität eines Ökosystems, Leistungen in Relation zur potenziellen Kapazität bereitzustellen, definiert. Diese hängt von den physikalischen, chemischen und biologischen Faktoren des Ökosystems ab und wird durch natürliche (wie Boden, Höhenlage, Klima) und anthropogene Bedingungen (Änderung des Biotops, Stoffeinträge usw.) bestimmt.

Eine vollständige Bilanzierung des Zustands und der Leistungen der Ökosysteme benötigt als gemeinsame Basis Informationen über die Änderung der Fläche der unterschiedliche Ökosysteme (Ecosystem Extent Account). Dabei müssen die Ökosysteme so klassifiziert sein, dass sie den zum Teil sehr unterschiedlichen Anforderungen an die nachfolgende Zustands- und Leistungsbilanzierung genügen können. Grunewald et al. (2020) unterbreiteten einen konkreten Vorschlag, wie bundesweit einheitlich erfasste, lagegenaue GIS-Daten über Landnutzungen und Ökosysteme, die kompatibel mit EU-weiten Ansätzen sind, mit anderen regelmäßig erhobenen Datenquellen (u. a. aus Stichprobenerhebungen) so kombiniert und verschnitten werden können, dass ein möglichst vollständiges, fortschreibungsfähiges Bild über den Zustand der Ökosysteme Deutschlands generiert werden kann (ausführlicher in Abschn. 5.2).

Viele Daten und Zustandsindikatoren in Deutschland werden im Rahmen der sektoralen Umweltbeobachtung von Institutionen wie UBA, BfN, BfG, BGR und Thünen-Institute regelmäßig erhoben. Im Rahmen eines Monitorings der Ökosystemzustände sind diejenigen Parameter primär relevant, die sich auf die potenzielle Leistungsfähigkeit der einzelnen Ökosysteme auswirken, bezogen auf deren finale Leistungen (Grunewald et al. 2021). Indikatoren sollten zudem ergänzende

Hintergrundinformationen und Daten zu Verursachern und Belastungen von Ökosystemen einbeziehen, um eine fundierte Interpretation zu ermöglichen, was die Beschreibung sowohl des aktuellen Zustands als auch der weiteren Entwicklung der Ökosysteme anbelangt.

Funktionelle Merkmale *(functional traits)*

Manchmal sind nur bestimmte Teile von Ökosystemen, einzelne Arten, Individuen oder Teile von ihnen (Wurzeln oder Blätter von Pflanzen) für ÖSL relevant. So dienen etwa einzelne Pflanzenarten, nicht die ganze Wiese, als Nahrungsquelle für Honigbienen (Bestäubungsleistung) oder nur einzelne Pflanzenteile wie das Wurzelsystem halten den Bodenabtrag auf.

Dass funktionelle Gruppen, Populationen oder Biozönosen und verschiedene Genotypen oder Arten in unterschiedlichem Maße zu unterschiedlichen Zeiten oder an verschiedenen Orten zu ÖSL beitragen, wird seit mehreren Jahren diskutiert (de Bello et al. 2010). Ausdruck dessen sind die Konzepte der „funktionellen Merkmale" (*functional traits;* Lavorel et al. 1997) und „servicebereitstellenden Einheiten" (*service providing units*, SPU; Luck et al. 2003; Harrington et al. 2010; Haslett et al. 2010): Eine *service providing unit* ist ein Ensemble von Organismen und ihren Merkmalen, die notwendig sind, um eine bestimmte ÖSL auf der von ÖSL-Nutzern geforderten Ebene zu generieren. Dieses Konzept ist jedoch nicht zu verwechseln mit den räumlichen Einheiten, in denen ÖSL entweder erbracht oder nachgefragt werden (Abschn. 3.3.1). Kremen (2005) hob die Bedeutung von Schlüssel-ÖSL-Anbietern (*ecosystem service providers*, ESP) und funktionellen Gruppen von Arten für die Bereitstellung von ÖSL hervor. Später wurde das SPU-Konzept mit dem ESP-Konzept kombiniert (SPU-ESP-Kontinuum; Luck et al. 2009) und durch Rounsevell et al. (2010) zum *service provider*-(SP-)Konzept vereinfacht.

Trotz ihrer Bedeutung für ÖSL ist nicht allzu viel über die Rolle der einzelnen funktionellen, strukturellen und genetischen Komponenten der Biodiversität bekannt (Díaz et al. 2007). Genannt seien einige Beispiele: So tragen funktionelle Gruppen von Pflanzenarten wie etwa luftstickstofffixierende Leguminosen oder tiefwurzelnde Pflanzen, die zur Nährstoffverlagerung aus den unteren in obere Bodenschichten in der Lage sind, zur Bodenbildung bei. Die Regulation von Schaderregern in Ackerkulturen kann durch verschiedene unspezifische, aber auch stark spezialisierte Prädatoren (Räuber) und Parasiten erfolgen. Bienen sind die für Bestäubungsleistungen wichtigste Tiergruppe, aber auch Vögel, Fledermäuse, Schmetterlinge und Schwebfliegen übernehmen solche Aufgaben. Eine einzelne Vogelart, der Eichelhäher, sorgt durch die Verbreitung von Eicheln für die Regeneration von Eichenwäldern. Einige Erholungsleistungen (wie die Vogelbeobachtung) sind an ganz bestimmte taxonomische Gruppen gebunden. Das Vorhandensein spezieller Flaggschiffarten (z. B. Orchideen, Wildkatze, Wolf,

Birkhuhn) vermag den Naturtourismus zu stimulieren (Vandewalle et al. 2008; Haines-Young und Potschin 2009). Der Verlust einer wichtigen funktionellen Gruppe kann drastische Veränderungen der Funktionsweise von Ökosystemen verursachen.

Als normatives Leitbild gilt in der Regel ein „guter ökologischer Zustand" (Beispiel: Gewässerzustand) bzw. ein „guter Erhaltungszustand" (FFH-Lebensraumtypen). Zudem sollte sich der Zustand über die Zeit (Trendbetrachtung) nicht verschlechtern.

In die Rubrik „Ökosystemeigenschaften und -zustände" gehören auch relativ wertfreie ökologische Kategorien wie Komplexität, Diversität und Seltenheit, Ökosystemintegrität, Ökosystemgesundheit, Widerstandsfähigkeit, Resilienz (Elastizität) (de Groot et al. 2002; Czúcz et al. 2021). An dem Konzept der ökologischen Integrität als eine Voraussetzung für die Bereitstellung von Ökosystemleistungen orientiert sich – unter Erweiterung der bei ÖSL ansonsten üblichen, rein anthropozentrischen Blickrichtung – die Bewertungsmethode von Müller und Burkhard (2007) und Burkhard et al. (2009) (Abschn. 4.1). Nach Barkmann (2001) beschreibt der Begriff „ökologische Integrität" die Bewahrung jener Strukturen und Prozesse, die notwendige Voraussetzungen für die Fähigkeit von Ökosystemen zur Selbstregulation darstellen. Die ökologische Integrität fußt hauptsächlich auf Variablen des Energie- und Stoffhaushalts sowie auf strukturellen Eigenschaften ganzer Ökosysteme. Diese Komponenten ähneln denjenigen, die in anderen ÖSL-Studien als „unterstützende Services" *(supporting services)* bezeichnet werden (z. B. in MEA 2005).

3.1.2.2 Potenziale von Ökosystemen – die Kapazitäts- bzw. Angebotsseite

In Abhängigkeit von ihren Eigenschaften (Strukturen und Prozesse) haben Ökosysteme die Fähigkeit (Potenzial, Kapazität), bestimmte Leistungen für die menschliche Gesellschaft zu erbringen (Angebot, *supply*), wobei verschiedene Voraussetzungen (z. B. Resilienz) beachtet werden müssen. Das bloße Angebot einer Leistung, ohne dass eine Nachfrage besteht, bedeutet allerdings noch keinen (ökonomischen) Nutzen und gilt nicht als ÖSL.

Die Potenziale (Kap. 2) wurden als Zwischenschritt (Abb. 3.2, Säule 2) bewusst eingeschaltet, um die Möglichkeit von der tatsächlichen Inanspruchnahme (Leistungsfähigkeit → Leistung) zu trennen. Einerseits können auf diese Weise (noch) nicht nachgefragte Nutzungsmöglichkeiten und Spielräume für künftige Nutzungen aufgezeigt werden, andererseits lassen sich unangemessene Nutzungen, die die Belastbarkeit bzw. Tragfähigkeit der Ökosysteme überschreiten, identifizieren.

Ein Beispiel ist die Modellierung des Bestäubungspotenzials von Wildbienen auf Bundesebene (Meier et al. 2021). Es werden Bereiche aufgezeigt (Landschafts-/Ökosystem-/Nutzungstypen), in denen eine gute Ausstattung mit Nahrungs- und Nisthabitaten vorliegt, aber auch Bereiche, in denen Handlungsbedarf besteht.

Zur Beachtung der **Resilienz** im Rahmen der Potenzialbetrachtung sind noch einige Ausführungen erforderlich: Unter Resilienz versteht man die Fähigkeit eines Ökosystems, Störungen zu überstehen, ohne sich dauerhaft qualitativ zu verändern und seine funktionell wichtigen Eigenschaften einzubüßen (vgl. die Originaldefinition von Holling in Ring et al. [2010]: *„the capacity of a system to absorb and utilise or even benefit from perturbations and changes that attain it, and so to persist without a qualitative change in the system"*).

Dies steht in engem Zusammenhang zur **ökologischen Stabilität**, „dem Bestehenbleiben eines ökologischen Systems und seine Fähigkeit, nach Veränderung in die Ausgangslage zurückzukehren". Innerhalb der Stabilität kann zwischen Konstanz und Zyklizität (ohne Fremdfaktoren) differenziert werden sowie zwischen Resistenz und Elastizität (mit Fremdfaktor). Hier sei auch auf die ökologische Tragfähigkeit hingewiesen, den Spielraum für eine mögliche Inanspruchnahme. Sie gibt an, bis zu welchem Umfang bestimmte Nutzungen toleriert werden können. So lässt eine hohe (natürliche) Bodenfruchtbarkeit ein großes Potenzial für die ackerbauliche Nutzung vermuten; das allein ist aber noch nicht ausreichend, wenn z. B. Risikofaktoren wie eine hohe Erosionsdisposition über kurz oder lang zu einer Schädigung der Bodenkrume und letztlich zum Verlust der landwirtschaftlichen Nutzbarkeit führen würden.

3.1.2.3 Ökosystemleistungen (ÖSL)

Im mittleren Teil des EPPS-Schemas (Abb. 3.2, Säule 3), und eine stärker gesellschaftliche bzw. anthropogene Perspektive (Wertebene) widerspiegelnd, beschreiben die eigentlichen ÖSL jene Leistungen, die tatsächlich von der Gesellschaft nachgefragt *(demand)* oder in Anspruch genommen werden, um einen spezifischen Nutzen *(benefit)* für einen Leistungsempfänger *(beneficiary)* zu erfüllen. Zusammengefasst bilden Leistungen den gesamten Ökosystembestand *(stock)* und die Ökosystemflüsse *(flows),* die direkt zum menschlichen Nutzen beitragen (Potschin et al. 2018). Leistungen und (gesellschaftliche) Funktionen werden hier als Synonyme betrachtet. Der Funktionsbegriff steht dabei für eine nutzungsorientierte Betrachtungsweise, nicht für das Funktionieren (die Funktionsweise) von Ökosystemen im Sinne von Prozessen, Kreisläufen usw. Wir bevorzugen eine dreigliedrige Klassifikation von Funktionen (Bastian und Schreiber 1999) bzw. ÖSL (Grunewald und Bastian 2010): Versorgungs-, Regulations- sowie soziokulturelle Leistungen (Abschn. 3.2).

Intakte Ökosysteme bringen vielfältige ÖSL hervor und diese stehen in komplexen Wechselwirkungen (Trade-offs, s. unten). Manche ÖSL sind miteinander verknüpft oder gebündelt und werden demzufolge positiv oder negativ beeinflusst, wenn eine bestimmte ÖSL wächst bzw. einseitig erhöht wird (z. B. die Maximierung der Ertragsleistung eines Ackers zulasten von Regulations-ÖSL wie Treibhausgasbindung, Biodiversität).

Die EPPS-Rahmenmethodik kann auch negative Wirkungen abbilden, sogenannte *disservices.* Das sind für das menschliche Wohlbefinden negative soziale oder ökonomische Effekte von Ökosystemen (Lyytimäki und Sipilä 2009; Dunn 2010; Ala-Hulkko et al. 2019b).

Status und Wertigkeit der einzelnen ÖSL werden durch die Nachfrage in Abhängigkeit von den gesellschaftlichen Rahmenbedingungen bestimmt. Die aktuelle Landnutzung spiegelt eine solche Nachfrage wider. Auch stellt die Nachfrage nach Leistungen die Basis für eine bedarfsorientierte räumliche Planung dar (Grunewald et al. 2022). Zur Erfassung der Nachfrage werden Informationen zur aktuellen, beabsichtigten oder erwünschten Nutzung von ÖSL benötigt, z. B. aus sozioökonomischen Modellierungen, Statistiken oder Befragungen (Burkhard et al. 2012). Geeignete Daten stehen oftmals nur eingeschränkt zur Verfügung. Muss man sie extra erfassen, ist das meist mit einem hohen Aufwand verbunden.

Einen Überblick über gängige Verfahrensansätze zur Erfassung/Bewertung von ÖSL geben Kap. 4 sowie die Fallstudien in Kap. 5.

3.1.2.4 Nutzen, Werte und Bewertung von ÖSL

Über das Bindeglied ÖSL ziehen Menschen Nutzen aus Ökosystemen, d. h., die ÖSL stiften Nutzen bzw. Werte, von denen die jeweiligen Nutzer profitieren. Insofern verkörpern die beiden im rechten Teil des EPPS-Schemas (Abb. 3.2, Säulen 4 und 5) stehenden Kategorien eine noch stärker anthropogene Perspektive und sind der sozioökonomischen Betrachtungsebene zuzuordnen. Ein Nutzen *(benefit)* trägt direkt zur Wohlfahrt von Menschen bei (Fisher und Turner 2008). Vielfach wird versucht, einem Nutzen einen ökonomischen bzw. monetären Wert zuzuordnen (Abschn. 4.2 und 6.2).

Als zentrale Faktoren für das Wohlergehen der Menschen gelten z. B. Gesundheit, Vermeidung physischer Schäden, Freude, ästhetischer Genuss, Erholung, Versorgung mit Nahrung und wirtschaftliche Prosperität, die positiv von ÖSL beeinflusst werden. Das Millennium Ecosystem Assessment (MEA 2005) und mehrere andere Autoren (z. B. Costanza et al. 1997; Wallace 2007) halten allerdings ÖSL und Nutzen für identisch.

Werteklassifikation

Werte von Ökosystemleistungen können in zwei Kategorien eingeteilt werden: nutzenabhängige *(use values)* und nutzenunabhängige Werte *(non-use values).* Nutzenabhängige Werte werden der aktuellen, zukünftigen oder potenziellen Nutzung einer ÖSL zugeordnet (Abschn. 2.3 und 4.2). Sie umfassen direkte und indirekte nutzenabhängige Werte (*direct* und *indirect use values*), Optionswerte *(option values)* und Quasi-Optionswerte *(quasi-option values).*

Beispiele für direkte nutzenabhängige Werte sind die Werte für Jagd, Fischfang und Heilpflanzen. Alle Versorgungs-ÖSL und einige soziokulturelle ÖSL (z. B. Erholung) bringen direkte nutzenabhängige Werte hervor. Indirekte nutzenabhängige Werte beziehen sich vor allem auf die positiven Wirkungen, die Ökosysteme entfalten. Beispiele sind die Werte für die Blütenbestäubung und den Schadstoffabbau.

Optionswerte und Quasi-Optionswerte hängen mit Information und Unsicherheit zusammen. Weil Menschen im Unklaren über ihre künftigen Ansprüche,

Lebensumstände und die dann verfügbaren Informationen sind, schließen sie die Option einer möglichen Inanspruchnahme in der Zukunft ein und bewerten den bis dahin erwarteten Informationszuwachs. Optionswerte können allen ÖSL zugeordnet werden.

Quasi-Optionswerte repräsentieren den Wert irreversibler Entscheidungen, ehe nicht neue Informationen zur Verfügung stehen, die auf mögliche, bislang unbekannte Werte von Ökosystemen hinweisen. Auch Quasi-Optionswerte sind unter Praxisbedingungen schwer zu erfassen (Hein et al. 2006). Sie korrespondieren stark mit dem Potenzialansatz.

Nutzenunabhängige Werte misst die Gesellschaft der bloßen Existenz eines Ökosystems bei, unabhängig von der Nutzung seiner Funktionen und Services (Existenzwerte). In diese Rubrik gehören auch die altruistischen Werte (Nützlichkeit von Ökosystemen für andere Menschen) und die Vermächtnis-Werte (Nutzen, den zukünftige Generationen für ihr Wohlbefinden ziehen können). Die einzelnen Kategorien der nutzenunabhängigen Werte sind oft schwer zu differenzieren, sowohl konzeptionell als auch empirisch (Hein et al. 2006).

Um Nutzen bzw. Werte zu bemessen, bedarf es der Bewertung. Bei einer Bewertung handelt es sich allgemein um eine Relation zwischen einem wertenden Subjekt und einem gewerteten Objekt (Wertträger) bzw. um die Einschätzung des Erfüllungsgrads eines Sachverhalts anhand vorgegebener Zielstellungen. Diese Relation hat zwei Dimensionen:

- Sachdimension: Sachinformationen über das zu bewertende Objekt bzw. Abbildung der Wirklichkeit
- Wertdimension: Wertsystem bzw. Grundwerte als normative Basis für das auszusprechende Werturteil (Bechmann 1989, 1995)

Die Bewertung stellt dar, inwieweit der heutige Zustand vom gewünschten bzw. geplanten Zustand abweicht (Auhagen 1998). In der Literatur wird der Bewertungsbegriff mehrdeutig gebraucht (Wiegleb 1997), d. h. im Sinne von Auswertung (Skalierung), Beurteilung, Reihung (relativer Vergleich), Soll-Ist-Zustandsvergleich (Bewertung im engeren Sinne).

Eine Bewertung im eigentlichen Sinne gibt die Ausrichtung dafür an, wie, in welchem Umfang und in welcher Form gehandelt werden soll. Sie liefert die Normen und Orientierungen, nach denen die konkrete Handlung, die stets eine Entscheidung zwischen mehreren Handlungsoptionen ist, gestaltet werden kann (Bechmann 1995). Die Bewertung stellt also den entscheidenden Schritt dar, um einen vorgefundenen (objektiven) Sachverhalt entscheidungs- und handlungsbezogen zu interpretieren. Dabei können je nach Inhalt bzw. Komplexität mehrere Bewertungsebenen unterschieden werden: fachspezifische Bewertung(en) (monosektorale Betrachtungsweise), Abgleich (politische Interessenabwägung) mit anderen Nutzungsansprüchen bzw. Politikfeldern (multisektorale Betrachtungsweise) als Grundlage für die Entscheidungsfindung und schließlich die handlungsorientierte Bewertung. Erst wenn die Beurteilung der vorgefundenen Zustände von Ökosystemen (und Landschaften) anhand vorgegebener Wertmaßstäbe, Zielstellungen (Leitbilder) bzw. Handlungsaufforderungen erfolgt, werden die für eine Bewertung im eigentlichen Sinne maßgeblichen Kriterien erfüllt (Bastian und Schreiber 1999).

Es gibt ganz unterschiedliche Motive, ÖSL bestimmte Werte beizumessen. Diese Motive hängen in starkem Maße von ökonomischen, aber auch moralischen, ästhetischen und anderen kulturellen Perspektiven ab (Hein et al. 2006).

Häufig wird das Postulat prinzipieller Wertfreiheit ökologischer Erkenntnisse als Resultat naturwissenschaftlicher Forschung übersehen. Das heißt, ausgehend vom „Sein" (Ist-Zustand, deskriptive Aussage) ergibt sich kein logischer Schluss auf den Soll-Zustand (normative Aussage). Mit anderen Worten: Es ist nicht möglich, aus ökologischen Erkenntnissen Werturteile abzuleiten oder entsprechende Fragen zu beantworten, wie etwa: „Welche Natur wollen wir schützen?" oder „Wie soll die Natur geschützt werden?" Dinge sind nicht an sich wertvoll, sondern weil wir sie wertschätzen (Abschn. 2.3).

Auf das Problem der Sein-Sollen-Dichotomie wies Hume bereits 1740 in seinem *Traktat über die menschliche Natur* hin (Erdmann et al. 2002). Als Terminus für das Ableiten von Normen aus der Natur führte Moore in seiner *Prinicipa Ethica* 1903 den Begriff „naturalistischer Fehlschluss" ein (Erdmann et al. 2002). Begriffe wie „Natürlichkeit", „Seltenheit" usw. nehmen nicht unbedingt eine Wertentscheidung vorweg. Man muss also den Schutz seltener Arten begründen, da nicht alles Seltene *per se* schützenswert ist. Auch ein naturnaher Vegetationsbestand gilt nicht generell als erstrebenswert, so aus der Sicht des Landwirts, wenn dieser seinen „verunkrauteten" Acker betrachtet, aber auch nicht immer vonseiten des Naturschutzes, wenn es z. B. darum geht, durch menschliche Tätigkeit entstandene blumenbunte, artenreiche Mähwiesen zu erhalten und keine natürliche Entwicklung (Sukzession) in Form von Verbrachung, Verbuschung und Bewaldung zuzulassen.

Bewertungsverfahren strukturieren und reglementieren Bewertungsvorgänge sowohl formal als auch inhaltlich. In ökologischen Planungen sollen sie den Planungsprozess rationalisieren und die Akzeptanz der Planungsergebnisse durch die Gesellschaft verbessern.

Um Nutzen bzw. Werte im ÖSL-Kontext zu erfassen, gilt vielfach eine monetäre Bewertung als Mittel der Wahl. Eine alleinige Fokussierung auf monetäre Bewertungen von ÖSL wird allerdings kritisch betrachtet (Spangenberg und Settele 2010). Es müssen nicht zwingend Geldwerte zugrunde gelegt werden. Jedoch haben Studien, vor allem jene, die sich mit der konkreten Umsetzung von Maßnahmen und den daraus entstehenden finanziellen Konsequenzen beschäftigten (z. B. Lütz und Bastian 2000; von

Haaren und Bathke 2008; Grossmann et al. 2010; Bastian et al. 2013), gezeigt, wie mit der Ermittlung der Geldwerte der betrachteten Leistungen Anreize für eine Umstellung von Bewirtschaftungsweisen oder Entscheidungshilfen für bestimmte Problemlösungen gegeben wurden. In diese Richtung geht beispielsweise auch die Ausrichtung künftiger Agrarpolitik, Landwirte für die Bereitstellung öffentlicher Güter im Rahmen der GAP (Gemeinsame Agrarpolitik der EU) zu honorieren (BUND 2021). Zahlungen für ÖSL werden in Abschn. 6.2 näher erläutert.

Monetäre Werte dienen dazu, sogenannte Externalitäten (äußere Einflüsse, Wirkungen) in ökonomischen Bewertungsverfahren zu internalisieren, damit sie in Entscheidungsprozessen auf allen Ebenen stärkere Berücksichtigung finden (Abschn. 2.3 und 4.2). Zusätzlich zur ökonomischen Bewertung sind jedenfalls auch andere Ansätze zu beachten, um die Bedeutung von ÖSL aufzuzeigen und auch andere Dimensionen des menschlichen Wohlbefindens zu integrieren, die nicht in Geldwerten ausgedrückt werden können oder sollten, z. B. kulturelle und spirituelle Werte. Ein hoher Stellenwert kommt partizipativen Verfahren zu, also der Beteiligung von Interessenträgern. Die Präferenzen für bestimmte ÖSL und die daran gebundenen Managementmaßnahmen werden gesellschaftlich ausgehandelt. Als Grundlage ist aber entsprechendes Hintergrundwissen unverzichtbar, welches sowohl ökologische als auch ökonomische Informationen umfasst (Abschn. 4.3).

Grundsätzlich unterscheiden wir bei der Bewertung von ÖSL drei Verfahrenstypen (Abschn. 4.1, 4.2 und 4.3): expertengestützte, quantitative Verfahren (vorwiegend ökologisch bzw. biophysisch basiert), ökonomisch/monetär basierte Verfahren und partizipative, szenariobasierte Verfahren. Komplexe Bewertungsverfahren als Kombination aus den drei Ansätzen werden in Abschn. 4.4 diskutiert.

3.1.2.5 Nutzer und Nutznießer von ÖSL/Akteure

Von ÖSL und den durch sie erzeugten mannigfaltigen Nutzen und Werten profitieren jeweils bestimmte Nutzer (Nutznießer, *beneficiaries*): entweder Einzelpersonen, Personengruppen, Unternehmen oder die Gesellschaft insgesamt. Die Nutzer von ÖSL wirken aber durch Nutzungsprozesse, Management, Entscheidungen, Steuerungsinstrumente usw. auch auf die Ökosysteme zurück (Kap. 6).

Die Identifikation der Nutznießer von ÖSL hilft, gezielt umweltpolitische Steuerungsinstrumente zu entwickeln, um Anreize für einen schonenden Umgang mit Ökosystemen und ihren Leistungen zu setzen. Die Schlüsselfrage ist: Wer profitiert wo von welchen ÖSL? Folgende Fälle können unterschieden werden (Kettunen et al. 2009):

- lokaler öffentlicher Nutzen *(local public benefit):* nicht auf überörtlichen Märkten handelbare Produkte und Leistungen, z. B. Stärkung der lokalen Identität, Naherholung
- lokaler privater Nutzen *(local private benefit):* natürliche Wasserreinigung, wodurch das örtliche Wasserwerk Kosten spart

- lokale Nutzen des öffentlichen Sektors *(local public sector benefits):* Vermeidung von Hochwasser hilft, öffentliche Investitionen in die Hochwasserbekämpfung und -schadensbeseitigung zu sparen
- regionale und grenzübergreifende Nutzen *(regional and cross-border benefits):* Regulation von Klima und Hochwasser, Bereitstellung und Reinigung von Wasser in transnationalen Fließgewässereinzugsgebieten
- internationale/globale öffentliche Nutzen *(international/global public benefits):* Habitate für wandernde Arten, Regulation des Klimas (Kohlenstoffabscheidung und -speicherung), Erhaltung der globalen Biodiversität
- internationale private Nutzen *(international private benefits):* Entwicklung neuer pharmazeutischer oder medizinischer Produkte aus wild wachsenden Pflanzenarten

3.1.2.6 Trade-offs, Grenzwerte, Triebkräfte und Szenarien

Weitere im Zusammenhang mit ÖSL äußerst wichtige Gesichtspunkte betreffen z. B. die Trade-offs. Dieser vom englischen *to trade off* abgeleitete Begriff bedeutet im deutschen Sprachgebrauch „Abwägung", „Abtausch", „Kompromiss" oder „Ausgleich", wird jedoch unterschiedlich verwendet. Wir nutzen ihn, um die vielfältigen Wechselwirkungen und Verbindungen zwischen ÖSL zu beschreiben. Manche ÖSL sind positiv korreliert, andere negativ oder indifferent. So kann die einseitige Erhöhung von Versorgungs-ÖSL viele Regulations-ÖSL reduzieren, z. B. kann die Steigerung der Agrarproduktion die Speicherung von Kohlenstoff im Boden über eine verschlechterte Humusbilanz oder den Grünlandumbruch herabsetzen oder die Biodiversität vermindern. In der TEEB-Studie (TEEB 2009) wird zwischen folgenden Trade-offs unterschieden: (1) zeitliche Trade-offs: Nutzen jetzt – Kosten später; (2) räumliche Trade-offs: Nutzen hier – Kosten dort; (3) Nutznießer-Trade-offs: einige gewinnen – andere verlieren; (4) Service-Trade-offs: Eine ÖSL wird gefördert, andere leiden darunter.

Alle Säulen bzw. Kategorien der ÖSL-Bewertung lassen sich hinsichtlich räumlicher (z. B. Maßstab, Dimension, Anordnungsmuster) und zeitlicher Aspekte (z. B. Triebkräfte, Veränderungen, Szenarien) untersuchen und differenzieren (Abschn. 3.3).

Ökosysteme können starken Veränderungen unterliegen. Werden diese kritischen **Schwellen- bzw. Grenzwerte** (Tragfähigkeit und Ähnliches, s. oben) überschritten, sind gravierende strukturelle Veränderungen nicht ausgeschlossen, z. B. die Eutrophierung von Seen, die Degradation von Agrarland, das Absterben von Fischbeständen und Korallenriffen.

Als Auslöser von Ökosystemveränderungen treten verschiedene, teilweise sich auch überlagernde **Triebkräfte** in Erscheinung. Artner et al. (2005) unterscheiden zwischen fixen Faktoren bzw. Triebkräften, z. B. die fortschreitende Globalisierung, Klimawandel, demografischer Wandel, und variablen Faktoren, z. B. Wirtschaftsentwicklung, gesellschaftliche Steuerung, Freizeitverhalten, Verkehrsaufkommen, Ressourcenverbrauch und Strukturentwicklung.

Zustände von ÖSL können prognostiziert oder unter Annahme verschiedener **Szenarien** untersucht werden. Im Gegensatz zu einer Prognose ist ein Szenario keine

Vorhersage und nicht mit einer Aussage über die Eintrittswahrscheinlichkeit verbunden, sondern stellt eine unter definierten Bedingungen absehbare Entwicklungsmöglichkeit dar. Ein Szenariensatz kann verwendet werden, um mögliche Langzeitwirkungen bzw. -folgen von Entscheidungen zu simulieren (Dunlop et al. 2002) (Abschn. 4.3). Szenarien informieren die Entscheidungsfinder über mögliche Wohlfahrtsgewinne und -verluste. Nicht nur die Veränderung von Ökosystemen und ÖSL ist zu berücksichtigen, sondern auch die **Veränderlichkeit von Werten**. Werthaltungen unterliegen Zyklen und Trends (bestes Beispiel sind die Moden). Die zukünftige Entwicklung der gesellschaftlichen Werte hängt von sehr vielfältigen Faktoren ab. Da sich die Wertmaßstäbe, u. a. der Wert des Geldes, ändern können, sind monetäre Bewertungen künftiger Zustände mit besonders großen Unsicherheiten behaftet (s. Diskontierung von ÖSL, Abschn. 4.2).

3.1.3 Das MAES-Rahmenkonzept zum Ökosystem-Assessment

Seitens der Europäischen Union, Generaldirektion Umwelt, wurde eine Arbeitsgruppe zum „Mapping and Assessment on Ecosystems and their Services“ (MAES) ins Leben gerufen, mit dem Auftrag, Aktion 5 der EU-Biodiversitätsstrategie 2020 EU-weit zu koordinieren. Im Rahmen dieser Arbeitsgruppe wurden Vorschläge für einen analytischen Rahmen und für Indikatoren unterbreitet, um ein abgestimmtes Herangehen an die Bewältigung der Aufgabe zu fördern (Maes et al. 2013, 2014). Dieser baut auf der durch die Europäische Umweltagentur unterstützten CICES-Klassifikation (CICES für Common International Classification of Ecosystem Services) für ÖSL auf und verwendet zur Systematisierung der Ökosysteme die Unterscheidung von Landnutzungstypen nach Daten aus dem CORINE Land Cover (CLC 2006).

Das MAES-Konzept stellt die Biodiversität ins Zentrum der Betrachtung. Der angedeutete Schmetterling in Abb. 3.3 veranschaulicht sechs Dimensionen der Biodiversität, die mit dem Funktionieren von Ökosystemen sowie mit der Bereitstellung von ÖSL in Verbindung stehen. Explizit wird der Zustand von Ökosystemen adressiert (Abb. 3.3, links unten). Die Nutzung und das Management von Ökosystemen sowie weitere Kapitaleinsätze (Abb. 3.3, rechts oben) bedeuten, dass der Einsatz von Arbeit, Kapital oder Energie nötig ist, um einen bestimmten Nutzen zu erzielen (z. B. Feldernte einbringen oder Wanderwege für die Erholung errichten und pflegen). Solche Maßnahmen beeinflussen Ökosysteme auf eine Weise, die die Erbringung bestimmter Leistungen verbessern (z. B. Nahrungsmittelproduktion, Genuss schöner Landschaften). Dies geschieht allerdings häufig auf Kosten anderer Leistungen, welche die betreffenden Ökosysteme liefern könnten (z. B. Regulierungsleistungen) oder aber auf Kosten des Zustands der Ökosysteme (z. B. Verringerung der Biodiversität, Maes et al. 2013).

Der MAES-Bericht aus dem Jahr 2014 thematisiert die Indikatoren des Ökosystem-Assessments (Maes et al. 2014). Es wird betont, dass qualitativ hochwertige und konsistente Informationen zum Ökosystemzustand und zu ÖSL benötigt werden, um Prioritäten für die Aktionen 6a, 6b und 7b der EU-Biodiversitätsstrategie 2020

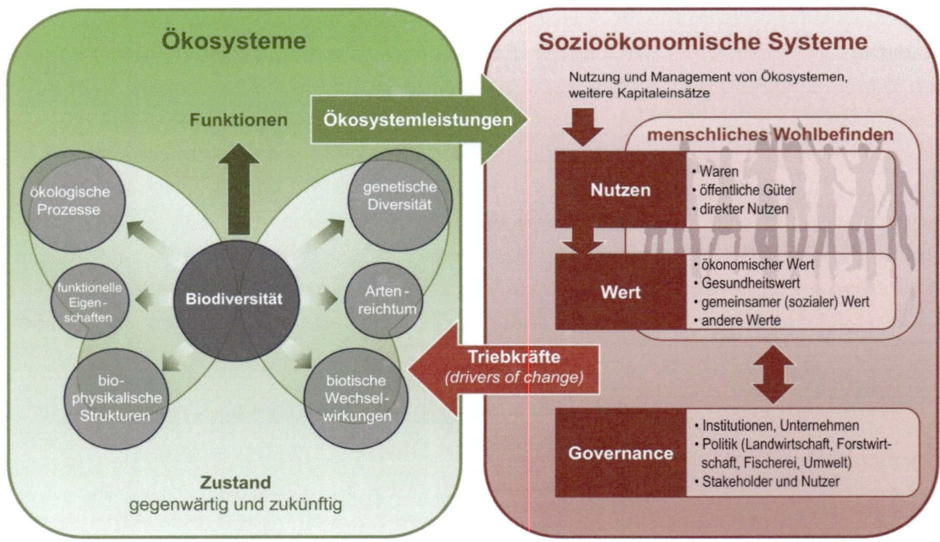

Abb. 3.3 MAES-Rahmenkonzept. (Nach Maes et al. 2013, übersetzt und leicht verändert)

(Restoration, Grüne Infrastruktur und No-Net-Loss-Initiative, EU 2011) zu entwickeln. Die starke Ausrichtung auf die Biodiversität wird von der MAES-Arbeitsgruppe dadurch begründet, dass diese die Basis für ÖSL darstellt. Boden, Wasser, Klima und Luft als Geokomponenten werden hingegen nur im Rahmen der Ökosysteme – als eine Komponente der Biodiversität – betrachtet.

Aus den MAES-Ansätzen resümierten Grunewald et al. (2015) im Hinblick auf die Entwicklung von ÖSL-Indikatoren, dass

- Konzepte nicht schablonenhaft angewendet werden können, sondern dass immer die spezifische Situation/Problemlage berücksichtigt werden muss und entsprechende Modifizierungen und Schwerpunktsetzungen vorzunehmen sind,
- die Ziele, die insbesondere die Bewertung von Ökosystemen und deren Leistungen, die Überprüfung der Relevanz/des Nutzens für Mensch und Natur sowie die Erhaltung der Biodiversität beinhalten, die ÖSL und damit den Prozess der Entwicklung der Indikatorensets prägen,
- es für die Darstellung und Kommunikation der Leistungen der Ökosphäre entscheidend ist, dass nicht die Belastung der Umwelt, sondern die Leistung mit einem Indikator gemessen wird und die Indikatoren für ÖSL von anderen Indikatoren – z. B. der Nachhaltigkeit – klar zu trennen sind, und dass
- bei der Beschreibung der Indikatoren die Informationsdichte nicht zu hoch ist und eine über alle Indikatoren einheitliche Darstellung gewählt wird.

Zudem wurden in diesem Zusammenhang grundsätzliche Defizite im Rahmen der ÖSL-Erfassung und -Bewertung benannt:

- ÖSL-Indikatoren zielen in erster Linie auf die Sichtbarmachung des Beitrags der Ökosysteme zur menschlichen Wohlfahrt. Die Rückkopplung von der Nutzung zum Zustand und zur Entwicklung der Ökosysteme wird hingegen kaum deutlich gemacht.
- Für die Sensibilisierung von Politik und Gesellschaft genügt es in der Regel aufzuzeigen, was ein bestimmter ÖSL-Indikator für die Wohlfahrt der Gesellschaft beiträgt. Es müssen jedoch Wechselwirkungen (Trade-offs) sichtbar gemacht und wenn möglich quantifiziert werden, wenn basierend auf dem ÖSL-Ansatz konkrete Entscheidungen, z. B. im Rahmen von Regulierungsfolgeabschätzungen, getroffen werden sollen (Wichtung zwischen ÖSL und Indikatoren auf Basis von physikalischen Einheiten, Geldwerten oder aber Experteneinschätzungen).
- Bisher erfolgen kaum adäquate Erfassungen von Handels- und Investitionsströmen (Import/Export von ÖSL auf zwischenstaatlicher oder interregionaler Ebene) und deren Auswirkungen auf den Zustand der Ökosysteme bzw. die Landschaftsqualität.

3.1.4 Das Rahmenkonzept des Weltbiodiversitätsrats IPBES

Der internationale Biodiversitätsrat IPBES (Intergovernmental Platform on Biodiversity and Ecosystem Services) mit dem Sekretariat in Bonn wurde im Jahr 2012 ins Leben gerufen, um dem zunehmenden weltweiten Verlust von Biodiversität sowie der Degradierung von Ökosystemleistungen durch die Bereitstellung einer guten, wissenschaftlich fundierten Informationsbasis entgegenzuwirken. IPBES hat das Mandat, politische Entscheidungsträger über den Zustand und die Entwicklung der Biodiversität sowie ihrer ÖSL zu beraten. Dafür werden keine eigenen Forschungsarbeiten durchgeführt, sondern es wird weltweit vorhandenes Wissen gesammelt und bewertet (https://www.de-ipbes.de).

Der konzeptionelle Rahmen (Abb. 3.4) veranschaulicht in einem stark vereinfachten Modell sechs wesentliche Elemente des sozial-ökologischen Systems und ihre Interaktionen, die für die Umsetzung der Ziele des zwischenstaatlichen Gremiums IPBES zentral sind. Er stellt ein Werkzeug dar, um ein gemeinsames Arbeitsverständnis zwischen verschiedenen Disziplinen, Wissensformen und Akteuren auf globaler Ebene zu ermöglichen. Das IPBES-Rahmenkonzept legt besonderes Augenmerk auf eine ganzheitliche Betrachtung und kulturell verankerte, pluralistische Wertesysteme einschließlich der indigenen und lokalen Wertvorstellungen. Dies kommt in Abb. 3.4 in den Bezeichnungen „Natur“, „Beiträge der Natur für die Menschen“ und „gute Lebensqualität“ zum Ausdruck (schwarze Überschriften in den Kästen). Grüner Text beschreibt die wissenschaftlichen Konzepte, blauer Text die Konzepte anderer Wissenssysteme. Die durchgezogenen Pfeile im Hauptfeld kennzeichnen den Einfluss der Elemente aufeinander, die gestrichelten Pfeile die Verbindungen, die als wichtig anerkannt sind, doch nicht im Hauptfokus von IPBES liegen (IPBES 2019).

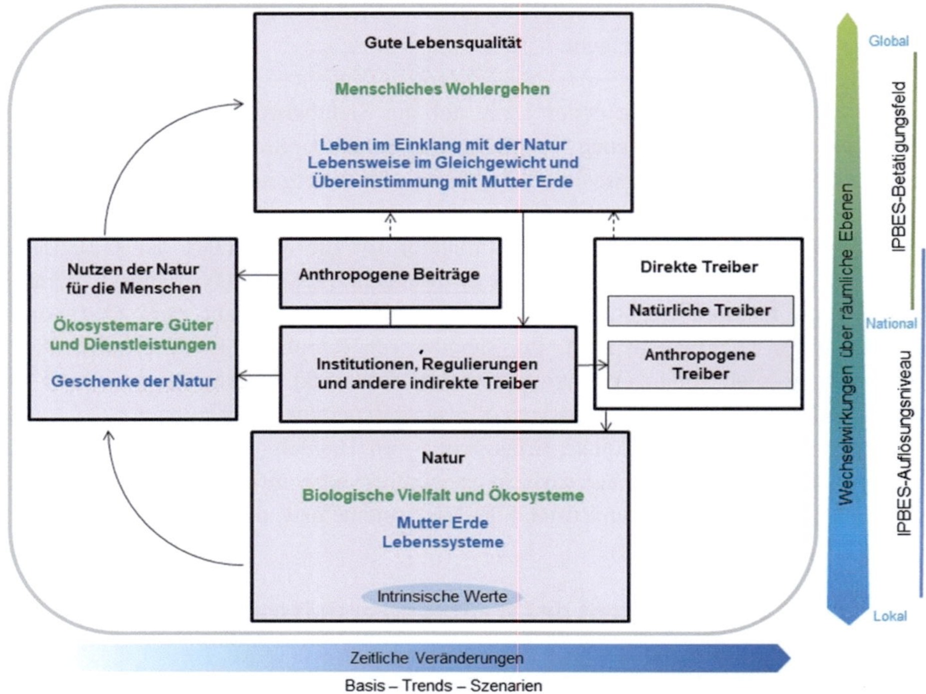

Abb. 3.4 Der konzeptionelle Rahmen von IPBES. (Nach Díaz et al. 2015, aus IPBES 2019)

Die IPBES-Rahmenmethodik soll nicht nur zur konzeptionellen Diskussion beitragen, sondern eine Grundlage für aktives Handeln *(basis for actions)* darstellen, indem die Ökosystembewertung als sozialer Prozess verstanden wird (Fish et al. 2016; Potschin und Haines-Young 2017).

3.1.5 SEEA EA – Rahmen für die statistische Erfassung von ÖSL

Ökosysteme und deren Leistungen systematisch zu erfassen, und zwar international möglichst einheitlich, ist Ziel des Ökosystem-Accountings (*ecosystem accounting*, EA), einer Rechnungslegung zu Ökosystemen. 2014 wurde zunächst seitens der UN, der Europäischen Kommission, der Nahrungs- und Landwirtschaftsorganisation der UN, der OECD sowie der Weltbank das System of Environmental-Economic Accounting 2012 – Experimental Ecosystem Accounting (SEEA EEA) veröffentlicht (UN et al. 2014). Die Publikation enthält Kapitel zur Darstellung von ÖSL (Flussgrößen) und Ökosystemen (Bestände, Kapital) sowie deren Bewertung, Integration und Verknüpfung mit den Größen des volkswirtschaftlichen Rechnungswesens.

Während das vorherige SEEA-Rahmenwerk aus der Perspektive der Ökonomie heraus bilanziert und dann umweltbezogene Informationen zu natürlichen Ressourcen und Umweltbelastungen mit ökonomischen Akteuren bzw. Sektoren in Beziehung setzt, liegt der Fokus des SEEA-EEA bei Ökosystemen und deren Verknüpfung mit wirtschaftlichen und anderen menschlichen Aktivitäten. Natur wird nicht in Form einzelner unverknüpfter Bestände betrachtet (Böden, Holz, Fisch usw.), sondern in Form von Ökosystemen (Seen, Wälder, Stadtgebiete usw.). Dahinter steht das übergreifende Verständnis, dass das ökologische System und das ökonomische System als eine zusammengehörende Einheit zu betrachten sind (Grunewald et al. 2019).

Mit Naturkapital sind zum einen die Bestände natürlicher Ressourcen gemeint (die abiotischen und biotischen Rohstoffe), die genetische Vielfalt und die Arten- und Landschaftsvielfalt (Biodiversität) einschließlich der verschiedenen Ökosysteme eines Landes. Im Deutschen wird auch der Begriff „Naturvermögen" anstelle des Terminus „Naturkapital" verwendet – insbesondere im Zusammenhang mit der offiziellen Statistik. Diese physischen Bestände *(stocks)* können auch monetär bewertet werden. Zum anderen schließt das Naturkapital ÖSL ein, welche der Gesellschaft zur Verfügung stehen und zum materiellen wie immateriellen Wohlergehen beitragen (Kap. 2). Die von Menschen genutzten ÖSL werden im Accounting als jährliche Flussgrößen *(flows)* verstanden und können mehr oder weniger gut ebenfalls monetär bewertet werden.

Die zentralen Kategorien und Zusammenhänge der international vereinbarten statistischen Erfassung und Rechnungslegung für ÖSL können Abb. 3.5 entnommen werden – ausgehend von den Ökosystemen und deren Prozessen bis hin zum individuellen und gesellschaftlichen Wohlergehen, basierend auf den materiellen und immateriellen Vorteilen der Nutzung von ÖSL. Bei einer vollständigen Umsetzung wären letztlich alle Aspekte eines Umwelt-Wirtschaft-Modells durchgehend zu erfassen: von der Einbeziehung der Natur als Bestand bzw. Kapital über die von ihr ausgehenden ÖSL sowie (mit ihnen) produzierte Güter bis hin zu Emissionen, Abfallströmen und der Degradierung oder auch der Neuschaffung von Naturkapital durch die Gesellschaft (Wiederaufforstung, Ausgleichsmaßnahmen nach dem Bundesnaturschutzgesetz usw.).

Das Thema hat seit März 2021 international an Fahrt aufgenommen, als die Statistikkommission der Vereinten Nationen ein Erfassungssystem im Rahmen des SEEA EA in großen Teilen zum internationalen Standard erklärte und damit den *experimental*-Status der Vorstudie für beendet erklärte (UN 2021).

Das SEEA EA besteht aus fünf „Konten" (Accounts, *accounts*). Bei dem ersten Konto geht es um das Ausmaß eines Ökosystems (*ecosystem extent*). Dort wird die Gesamtfläche eines jeden Ökosystems nach unterschiedlichen Typen klassifiziert. Das zweite Konto bezeichnet den Zustand des Ökosystems (*ecosystem condition*). Im dritten und vierten Konto (*ecosystem services*) geht es um die Leistungen eines Ökosystems und wie gut es durch die Wirtschaft nutzbar ist. Das fünfte Konto bezieht sich auf das monetäre Vermögen des Ökosystems (*monetary ecosystem asset*), wozu auch die Bilanzierung von Ökosystemveränderungen gehört. Faktisch werden damit in einem Tabellensystem des Ökosystem-Accountings nur die erste und dritte Säule der EPPS-Rahmenmethodik betrachtet (Abschn. 3.1.2).

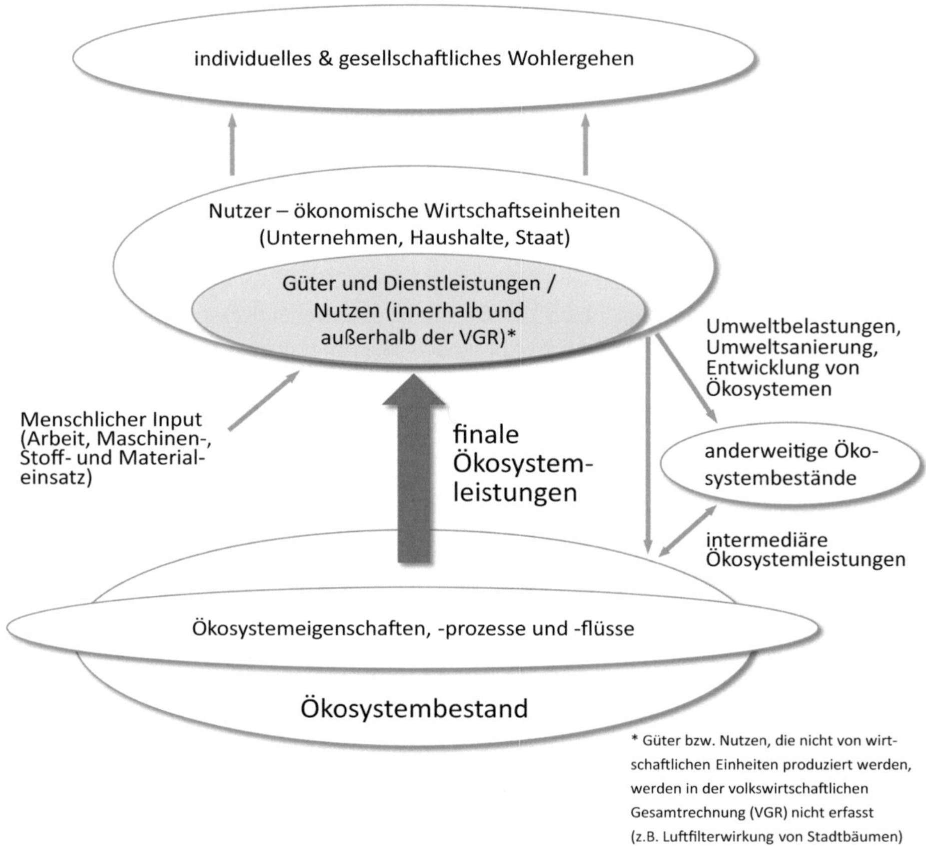

Abb. 3.5 Rahmen für die Bilanzierung von Ökosystemen und ÖSL im Ökosystem-Accounting. (Aus Grunewald et al. 2019)

3.1.6 Synthese: Was sollte erfasst und kartiert werden?

Die vorgestellten Rahmenkonzepte bieten die Möglichkeit, fallspezifisch ÖSL zu identifizieren und zu bewerten. Alle Ansätze fokussieren auf Grundbausteine, die in Abb. 3.1 und 3.2, aber auch in Abb. 3.3 bis 3.5, dargestellt sowie anhand des EPPS-Ansatzes näher erläutert wurden (Abschn. 3.1.2) und die separat erfasst werden können (s. auch Syrbe et al. 2017):

Analyse der Ökosystemeigenschaften hinsichtlich Fläche und Zustand mit überwiegend naturwissenschaftlichen Methoden: Dieser Grundbaustein umfasst einerseits räumliche und zeitliche Aspekte (Landschaftsstruktur, Interaktion von Elementen, Dynamik und Änderungen von Ökosystemen), andererseits auch die Typisierungen und

Ausdehnung von Ökosystemen und Landschaften unterschiedlichster Qualität (für die Bundesebene siehe Grunewald et al. 2021). Mit dem Zustand der Ökosysteme werden vor allem Variationen innerhalb bestimmter Typen beschrieben, die sich u. a. durch Schutzstatus, Nutzungsintensität, Beeinträchtigungen, Entwicklungsstadium oder durch ihre Biodiversität unterscheiden.

Ermittlung des Leistungspotenzials bzw. der Kapazität der Ökosysteme, ÖSL bereitzustellen (= Angebot): Durch die Analyse ist es möglich, die natürliche Eignung des Ökosystems oder einer Landschaft für verschiedene Formen der Landnutzung zu beurteilen sowie deren Tragfähigkeit und Risiken abzuschätzen. Die Ermittlung des Potenzials erlaubt es, die Möglichkeiten und Grenzen einer (auch zukünftigen) Nutzung zu bestimmen und Leistungseigenschaften zu identifizieren, die aktuell nicht beansprucht werden. Beispiele sind der Aufwuchs von Holz im Wald (Grunewald et al. 2016), auch wenn kein Einschlag stattfindet, oder das Bestäuberpotenzial im Sinne der Verfügbarkeit von Wildbienenhabitaten (Meier et al. 2021), das die tatsächliche Inanspruchnahme durch landwirtschaftliche Kulturen übersteigen kann.

Erfassung der Bereitstellung von Ökosystemleistungen (Kap. 4; bereitgestellte oder in Anspruch genommene bzw. konsumierte Leistungen, d. h. ÖSL im engeren Sinne, Bukvareva et al. 2017): Die ÖSL-Bereitstellung erfasst dabei Bestände und Werte von Ökosystemen, Funktionen und Produkten, die genutzt werden können und in einem gewissen Maße von menschlicher „Koproduktion" abhängen. Häufig müssen zuvor Bearbeitungen und Pflegemaßnahmen erfolgen; umgekehrt können sich menschliche Einwirkungen nachteilig auswirken. Bereitstellung ist also das Pendant zur Nachfrage nach ÖSL (s. unten).

ÖSL-Flussgrößen beschreiben die Menge an ÖSL, die aktuell mobilisiert werden in bzw. aus einer spezifischen Fläche (Ökosystem) und in einer bestimmten Zeit (Abschn. 3.3). Hier liegt der Schwerpunkt auf ÖSL, die entweder passiv über biophysikalische Prozesse (z. B. Luftströmungen) oder aktiv durch menschliches Zutun (z. B. über Wasserleitungen, Nahrungsmitteltransporte usw.) zugeführt oder zugänglich gemacht werden (Ala-Hulkko et al. 2019a). Einzelne Akteure können auch hier eine wichtige Rolle in der Dynamik der ÖSL-Flüsse spielen, indem sie Ernte, Transport oder den Zugang zu ÖSL überhaupt erst leisten, ermöglichen oder einschränken (La Notte und Dalmazzone 2018). Dies hat Auswirkungen darauf, wo welche Menschen tatsächlich von den jeweiligen ÖSL profitieren können (Dworczyk und Burkhard 2021).

Ermittlung der Nachfrage nach ÖSL, d. h. des Bedarfs der Gesellschaft, bestimmter Interessengruppen oder Einzelpersonen an bestimmten ÖSL: Dieser hängt von verschiedenen Faktoren ab, z. B. von kulturell bedingten Wünschen und Bedürfnissen, der Verfügbarkeit von Alternativen oder den Mitteln zur Erfüllung dieser Bedürfnisse. Die Nachfrage umfasst auch Präferenzen für bestimmte Attribute einer ÖSL. Die Bedürfnisse oder Wünsche nach ÖSL variieren stark. Sie hängen beispielsweise ab von der Verfügbarkeit natürlicher Ressourcen, der Verwundbarkeit durch Naturgefahren, dem soziokulturellen Hintergrund und den (finanziellen) Möglichkeiten, diese Bedürfnisse zu erfüllen oder sich selbst zu schützen. Die Nachfrage kann geringer sein als die Bereitstellung von ÖSL, diese aber umgekehrt auch erheblich übersteigen, in diesem Fall muss man von einer nichtnachhaltigen Nutzung der Ökosysteme oder von Belastungen anderer Ökosysteme (durch Ex- oder Importe) ausgehen. Aus diesem Grund ist es mitunter sinnvoll, Nachfrage und Angebot von ÖSL getrennt zu untersuchen (Syrbe et al. 2017).

Wolff et al. (2015) schlagen vor, verschiedene Arten von Nachfragebegründungen zu verwenden. Die Nachfrage nach ÖSL kann ausgedrückt und bewertet werden: (1) als Ausdruck von Wünschen, Werten und Normen; (2) abgeleitet aus den verschiedenen Formen der Nutzung und/oder (3) des Verbrauchs von ÖSL und (4) als das Bedürfnis nach Risikominderung/-prävention und erhöhter Sicherheit. Die Ausdrucksform hängt also davon ab, was der Bewerter hervorheben möchte, sei es die Abhängigkeit von funktionierenden (lokalen) Ökosystemen, der daraus gezogene Nutzen oder die unterschiedlichen Präferenzen und Nutzungsmuster innerhalb einer Gesellschaft (Wolff et al. 2017). Ein Beispiel für eine Nachfragebewertung ist die Umfrage unter Besuchern urbaner Grünflächen nach der empfundenen Erholungs- und Gesundheitswirkung der Grünen Infrastruktur. Syrbe et al. (2021) zeigten, dass dadurch nicht nur die Leistungsfähigkeit und Wertschätzung der Grünflächen in der Stadt erkannt, sondern auch Möglichkeiten ihrer Verbesserung aufgezeigt werden können.

Nutzen-/Nutznießerbewertung bedeutet das Erfassen der Nutzenstiftungen, d. h. wie die Erbringung von ÖSL das menschliche Wohlbefinden beeinflussen. Darzustellen sind die Werte von ÖSL (ökonomische Werte, Gesundheitswerte, soziale Werte, Erhaltungswert und andere), indem die wissenschaftlichen Erkenntnisse in anthropozentrische Wertkategorien überführt werden. Dieser Schritt ist bedeutsam, um über ÖSL zu kommunizieren und aufzuklären, politische und ökonomische Entscheidungen im Sinne des Erhalts von Ökosystemen und deren Leistungen zu beeinflussen oder Honorierungsmechanismen zu etablieren, um die Bereitstellung von ÖSL zu sichern oder Ökosysteme zu renaturieren. Tückisch ist nämlich, dass sich manche Nutznießer ihres Bedarfs nach bestimmten ÖSL oft nicht bewusst sind: Wer in einen Überflutungsgebiet wohnt oder auf steilen Hängen Ski fährt, weiß mitunter nicht, wie groß seine Abhängigkeit von der Schutzwirkung der Ökosysteme gegen Hochwasser oder Lawinen ist oder man merkt es erst, nachdem ein Schaden eingetreten ist. Deshalb gehört neben der Erfassung von Wertvorstellungen und Wünschen auch Aufklärung zu einem angemessenen Umgang mit ÖSL. Entsprechende Methoden werden in Kap. 4 und 6 beschrieben, Anwendungen in Kap. 5 aufgezeigt.

Um die relevanten Eigenschaften der Ökosysteme zu analysieren und um verlässliche Ergebnisse bei der Erfassung und Bewertung von ÖSL zu erzielen, sind geeignete Informationen (Daten) unabdingbar. Dazu sind **ÖSL-Indikatoren** erforderlich, die quantifizierbar, sensitiv gegenüber Landnutzungsveränderungen, zeitlich und räumlich explizit und skalierbar sein müssen, sodass sie im räumlichen und zeitlichen

Vergleich tatsächliche Änderungen anzeigen und nicht etwa durch die Ungenauigkeit oder Uneinheitlichkeit der Daten verfälscht werden (van Oudenhoven et al. 2012, 2018; Grunewald et al. 2015, 2017).

Indikatoren für ÖSL können auf unterschiedliche Größen gerichtet sein wie das Potenzial bzw. die Kapazität der Natur zur Erbringung von ÖSL oder auf die Nachfrage bzw. den Bedarf an ÖSL (Syrbe et al. 2017). Die Erfassung von Änderungen kann das Ziel haben, Wohlfahrtsverluste oder -gewinne der Gesellschaft zu messen oder im Sinne eines Frühwarnsystems auf mögliche Gefahren durch einen nichtnachhaltigen Umgang mit der Natur hinzuweisen. Auch die Potenziale, die existieren, um durch Investitionen in Naturkapital zusätzliche ÖSL zu generieren, sind eine wichtige Information im Rahmen eines Ökosystem-Assessments (Albert et al. 2015, 2017; Grunewald et al. 2017).

Was gemessen bzw. erfasst werden soll, muss konkretisiert und spezifiziert werden. Zu diesem Zweck werden jeweils Indikatorenprofile erstellt. Staub et al. (2011) formulierten grundlegende Leitfragen dafür:

- Welche Komponente der Natur erbringt welche Leistung? Die Leistungsbasis ist materiell und damit grundsätzlich messbar. Meist können für eine finale ÖSL mehrere solcher Leistungserbringer identifiziert werden.
- Soll das Angebot (Potenzial, z. B. vorhandene Mengen/Qualitäten) oder die Nutzung (Nachfrage, z. B. Anzahl der Nutzer, genutzte Mengen/Qualitäten) gemessen werden?
- Wurde bei der Erstellung der Indikatoren darauf geachtet, dass ein Wohlfahrtsbezug bzw. eine neue Ressourcenperspektive besteht?
- Gilt „mehr ist besser"? Ist der Indikator also eindeutig interpretierbar?
- Auf welcher Ebene kann geografisch differenziert werden?
- Handelt es sich bei dem Indikator um eine Flussgröße (Nutzenbeitrag pro Jahr) oder eine Bestandsgröße (Vorrat/Potenzial an Leistungen)? Nach Möglichkeit misst ein Indikator für ÖSL den Fluss der Leistung (vgl. auch Schröter et al. 2014). Wo dies nicht möglich ist, sollten Bestandsgrößen als Proxy verwendet werden.

Handlungsrelevante Bewertungsfragen in Bezug auf ÖSL stellen sich erst im Hinblick auf spezifische Probleme. Wohlfahrtsänderungen haben allerdings auch eine subjektive Komponente, d. h., sie sind auch von Rahmenbedingungen, z. B. Knappheiten, abhängig. Angesichts der Anforderungen und der Komplexität des Themas ÖSL und Biodiversität ergibt sich ein Spannungsfeld zwischen wissenschaftlicher Exaktheit und politischer Nutzbarkeit. Dies zu bewältigen, stellt eine enorme Herausforderung dar, sodass sich inzwischen eine breite Initiative bzw. ein Expertennetzwerk zur Unterstützung des Prozesses der Erfassung und Bewertung von ÖSL international und auch in Deutschland gebildet hat (*Ecosystem Services Partnership*, https://www.esp-de.de).

3.2 Klassifikation von Ökosystemleistungen

Olaf Bastian*, Karsten Grunewald und Ralf-Uwe Syrbe

„Eine der wichtigsten Denkmethoden ist das Denken in Kästchen, es verstärkt vorhandene Strukturen und betont Unterschiede“ (Symader 2004).

3.2.1 Einleitung

Angesichts der Vielfalt und Komplexität der Ökosysteme und der von ihnen ausgehenden Leistungen fällt es schwer, eine Klassifikation von ÖSL vorzunehmen, die weithin akzeptiert wird, vielen Ansprüchen genügt oder gar Allgemeingültigkeit beanspruchen kann. Mittlerweile gibt es eine ganze Reihe von Typologien, die sich mehr oder weniger voneinander unterscheiden und die in Abhängigkeit von der Zielstellung der Untersuchung, der räumlichen Betrachtungsebene und dem spezifischen Entscheidungskontext jeweils Stärken und Schwächen aufweisen.

Das Klassifikationsproblem in Bezug auf Ökosystemfunktionen beschäftigt die Wissenschaft seit Langem. So unterschied Niemann (1977) vier Funktionsgruppen: Produktionsfunktionen, landeskulturelle Funktionen, humanökologische Funktionen sowie ethische und ästhetische Funktionen. Van der Maarel und Dauvellier (1978) erklärten Produktions-, Träger-, Informations-, Regulations- und Reservoirfunktionen zu gesellschaftlichen Funktionen des Naturraums. Bastian und Schreiber (1999) teilten Landschaftsfunktionen in drei Gruppen ein: Produktionsfunktionen (ökonomische Funktionen), Regulationsfunktionen (ökologische Funktionen) und Lebensraumfunktionen (kulturelle Funktionen). Jede dieser Funktionsgruppen untergliederten sie weiter in Haupt- und Teilfunktionen.

De Groot (1992) definierte Regulations-, Produktions-, Standort- und Informationsfunktionen (bzw. -leistungen), verzichtete später aber auf die Standortfunktionen zugunsten von Habitatfunktionen (de Groot et al. 2002). Auch in der TEEB-Studie wurden die *habitat services* zu einer eigenständigen Kategorie erklärt, um die Bedeutung der Ökosysteme für die biologische Vielfalt zu betonen (TEEB 2010).

Fußend auf der Studie von Costanza et al. (1997) hat das Millennium Ecosystem Assessment (MEA 2005) ÖSL vier verschiedenen Klassen zugeordnet, eine Einteilung, an der sich daraufhin zahlreiche Arbeiten orientierten:

- Versorgungsleistungen *(provisioning services),* z. B. Essen, Trinkwasser, Holz
- Regulationsleistungen *(regulating services),* z. B. Hochwasserschutz und Luftreinhaltung
- kulturelle Leistungen *(cultural services),* z. B. Erholungsleistungen
- unterstützende Leistungen *(supporting services),* d. h. sämtliche Prozesse, welche die notwendigen Bedingungen für die Existenz aller Ökosysteme sicherstellen, wie etwa den Nährstoffkreislauf

Ferner schlüsselte das Millennium Ecosystem Assessment die Wirkungen der ÖSL auf das menschliche Wohlergehen in folgende Kategorien auf: Sicherheit, Gesundheit, materielle Grundlagen für ein gutes Leben, gute soziale Bindungen, Wahl- und Handlungsfreiheit (MEA 2005).

Die skizzierten Klassifikationssysteme zu ÖSL weisen inhaltliche Gemeinsamkeiten überwiegend bei den drei Klassen „Versorgungsleistungen“, „Regulationsleistungen“ und „kulturelle Leistungen“ auf. Uneinigkeit gibt es hinsichtlich der Einordnung von Phänomenen, die der Bereitstellung der Leistungen aus den drei anderen Klassen zugrunde liegen. Das betrifft die unterstützenden Leistungen (die u. a. von Müller und Burkhard (2007) mit Ökosystemintegrität bzw. Basisleistungen gleichgesetzt werden), die aber gemäß einigen Autoren nur Zwischenschritte *(intermediate services)* zur eigentlichen Leistung darstellen und somit Bestandteil dieser sind (Lamothe und Sutherland 2018). Darüber hinaus sind sie ökonomisch schwer fassbar und einzeln kaum marktfähig.

Biophysische Strukturen, Ökosystemprozesse, intermediäre und finale Leistungen werden häufig unterschiedlich definiert, was bei der Klassifikation leicht zu uneinheitlichen Interpretationen – insbesondere bei der Unterscheidung von intermediären und finalen Leistungen – führen kann (La Notte et al. 2017). Wird eine derartige Differenzierung nicht vorgenommen, kommt es bei der Bewertung zu einer Doppelzählung der Leistungen (Boyd und Banzhaf 2007; Rathmann et al. 2021).

Neuere, von der Europäischen Umweltagentur (EEA) vorangetriebene Bestrebungen zu einem international vereinheitlichten Klassifikationssystem führten zum „Allgemeinen und Internationalen Klassifikationsschema von Ökosystemleistungen“ (Common International Classification of Ecosystem Services, kurz: CICES). Mit CICES sollte, ausgehend vom Millennium Ecosystem Assessment, ein neues, besonders für Europa geeignetes Klassifikationssystem entwickelt werden, das mit den bereits etablierten Konten der Volkswirtschaftlichen Gesamtrechnungen (VGR) kompatibel ist (Haines-Young und Potschin 2010).

CICES entstand im Rahmen ökologischer Untersuchungen durch das System of Environmental-Economic Accounting (SEEA) – eine unter der Führung der Vereinten Nationen (UN) entwickelte Richtlinie zur Umwelt- und Wirtschaftserfassung (Abschn. 3.1.5).

Die CICES-Klassifikation fokussiert stark auf Endleistungen *(final ecosystem services)*. Folglich existiert die Gruppe der unterstützenden Leistungen bei CICES nicht. Der Begriff *„final“* ist gleichbedeutend mit dem letztendlichen Output von Ökosystemen; diese können natürlichen, halbnatürlichen oder modifizierten Ursprungs sein und bedingen einen direkten Einfluss auf gesellschaftliche Zustände. Die finalen Leistungen münden unmittelbar in Güter und Nutzen, welche durch die Menschen eine Wertigkeit *(value)* erhalten (Haines-Young und Potschin 2018). Was in der Realität einer finalen Leistung entspricht, setzt jedoch der Kontext voraus (Abschn. 3.2.5). Diese Kontextabhängigkeit erschwert in der Praxis die Einteilung der finalen Leistungen (Haines-Young und Potschin 2018).

CICES unterteilt die Ökosystemleistungen in die drei Sektionen: Versorgungs- *(provisioning),* regulierende und erhaltende *(regulation and maintenance)* sowie kulturelle *(cultural)* Leistungen. Diese drei Hauptgruppen, die Sektionen *(sections),* werden weiter in untergeordnete Ebenen unterteilt. Eine Sektion von CICES ist wie folgt hierarchisch strukturiert:

- Eine Sektion setzt sich aus verschiedenen Bereichen *(divisions)* zusammen.
- Bereiche bestehen aus mehreren Gruppen *(groups).*
- Gruppen beinhalten verschiedene Klassen *(classes).*
- Eine Klasse wiederum besteht aus verschiedenen Unterklassen *(class types).*

Die hierarchischen Ebenen ermöglichen Anwendern, den notwendigen Detailgrad abhängig von den Rahmenbedingungen selbst zu wählen. Auf diese Weise sollen zudem vergleichbare Ergebnisse generiert werden (Haines-Young und Potschin 2018; Rathmann et al. 2021).

Letztlich hängt die Einteilung der Kategorien maßgeblich vom jeweiligen Bearbeiter ab. In der Regel werden drei oder vier Gruppen und insgesamt ca. 15–30 Funktionen bzw. Ökosystemleistungen unterschieden. Für sinnvolle Aussagen müssen diese hinreichend spezifiziert werden. Des Weiteren sind Hinweise zu Indikatoren, die diese beschreiben, erforderlich (Abschn. 3.1.6).

Nachfolgend geben wir entsprechend dem gegenwärtigen Kenntnisstand und unter Einbeziehung unserer eigenen Erfahrungen und Überlegungen eine Übersicht über ÖSL. Wir klassifizieren wichtige ÖSL in drei Hauptklassen: 12 Versorgungs-, 11 Regulations- und 7 soziokulturelle Leistungen, jeweils mit Untergliederungen, und liefern eine kurze Definition bzw. Beschreibung, nennen Beispiele sowie ausgewählte Indikatoren (zur Erfassung bzw. Bewertung der ÖSL), ohne dabei Anspruch auf Vollständigkeit zu erheben.

3.2.2 Versorgungsleistungen und Güter

Ökosysteme, insbesondere wenn sie natürlich oder naturnah sind, stellen viele Güter bereit, angefangen von Sauerstoff und Wasser bis hin zu Nahrung und Energie, medizinischen und genetischen Ressourcen, Materialien für Kleidung und Bauen. In der Regel beziehen sich diese Leistungen auf erneuerbare, biotische Ressourcen (d. h. Produkte aus lebenden Pflanzen und Tieren). Abiotische Ressourcen (oberflächennahe, mineralische Stoffe), Wind- und Sonnenenergie können nicht bestimmten Ökosystemen zugeordnet und demzufolge auch nicht als ÖSL angesehen werden. Dennoch werden solche abiotischen Leistungen bei CICES als separate Kategorie aufgeführt, um sie ggf. bei Planungsarbeiten zu berücksichtigen. De Groot et al. (2002) differenzieren zwischen

Produkten, die direkt aus der Natur entnommen werden (Fisch, Tropenhölzer, Wildfrüchte), und Produkten von kultivierten bzw. gezüchteten Pflanzen und Tieren. Letztere erfordern zumeist einen höheren Aufwand an Arbeitskraft, Zeit und Energie (Tab. 3.1).

3.2.3 Regulationsleistungen und Güter

Die Biosphäre und ihre Ökosysteme sind für die menschliche Existenz Grundvoraussetzung. Prozesse wie die Energieumwandlung, vorwiegend aus der Sonnenstrahlung in Biomasse, die Speicherung und der Transfer von Mineralstoffen und Energie in Nahrungsketten, biogeochemische Kreisläufe, die Mineralisierung organischer Substanzen in Böden oder die Klimaregulation sind für das Leben auf der Erde essenziell. Umgekehrt werden diese Prozesse durch das Zusammenspiel abiotischer Faktoren mit lebenden Organismen beeinflusst und ermöglicht. Damit der Mensch auch weiterhin von diesen Prozessen profitieren kann, müssen die Existenz und Funktionsfähigkeit der Ökosysteme sichergestellt werden. Aufgrund der („nur") indirekten Nutzen der Regulationsleistungen (Tab. 3.2) werden diese oftmals nicht beachtet, bis sie Schaden nehmen oder verloren gehen, obwohl sie für die Existenz des Menschen auf der Erde die Grundlage bilden (de Groot et al. 2002).

3.2.4 Soziokulturelle Leistungen und Güter

Insbesondere natürliche und naturnahe Ökosysteme bieten vielfältige Möglichkeiten zur Erbauung, Inspiration und geistigen Bereicherung, zur Erholung und zu ästhetischem Genuss. Diese sogenannten psychologisch-sozialen ÖSL sind für den Menschen nicht minder wichtig als Regulations- und Versorgungs-ÖSL, werden aber häufig übersehen oder nicht ausreichend gewürdigt, nicht zuletzt, weil sie für Bewertungen, insbesondere monetärer Art, nur schwer zugänglich sind. Eine zweite Teilklasse umfasst die Informations-ÖSL, also die Beiträge von Ökosystemen zum Erkenntnisgewinn, zu Bildung und Inspiration (Tab. 3.3).

Die dargestellte und von uns favorisierte Unterteilung in Versorgungs- (ökonomische), Regulations- (ökologische) und soziokulturelle Leistungen hat den Vorteil, dass sie sich gut in das Konzept der Nachhaltigkeit mit den etablierten ökologischen, ökonomischen und sozialen Entwicklungskategorien einbinden lässt. Die „unterstützenden" ÖSL stellen wir – je nach konkretem Sachverhalt – zu den Regulationsleistungen oder zu den ökologischen Prozessen (z. B. Nährstoffkreisläufe, Nahrungsketten). Auch andere Autoren bzw. Klassifikationssysteme (z. B. Pfisterer et al. 2005; Hein et al. 2006; Burkhard et al. 2009; Haines-Young und Potschin 2010) unterscheiden nur zwischen drei Klassen von ÖSL und verzichten auf die unterstützenden ÖSL als eigenständige Kategorie.

Tab. 3.1 Versorgungsleistungen und Güter

Code/Name der ÖSL	Definition/Beschreibung	Beispiele	ausgewählte Indikatoren
I Nahrung (Bereitstellung von pflanzlichen und tierischen Rohstoffen/Produkten)			
V.1 Nahrungs- und Futterpflanzen	Angebaute Pflanzen oder Erntegut zur Ernährung von Menschen oder Tieren	Getreide, Gemüse, Obst, Speiseöl, Heu	Ernteerträge (dt ha^{-1}), Deckungsbeiträge (€ ha^{-1})
V.2 Nutzvieh	Nutz- und Schlachttiere	Rinder, Schweine, Pferde, Geflügel	Viehbesatz (GVE ha^{-1}), Deckungsbeiträge (€ ha^{-1})
V.3 Wildfrüchte und Wildbret	Essbare Tiere oder Pflanzen aus der Wildnis	Beeren, Pilze, Wildbret	Abschusszahlen (Tiere je ha), Erlöse (€ ha^{-1})
V.4 Wildfisch	Fische und Meeresfrüchte, die nicht gezüchtet, sondern im Freiwasser gefangen wurden	Aale, Heringe, Krabben, Muscheln	Fangquoten und -zahlen, Erntemengen (t ha^{-1}), Erlöse (€ ha^{-1})
V.5 Aquakultur	Fische, Muscheln oder Algen, die in Teichen oder Zuchtanlagen wachsen	Karpfen, Shrimps, Austern	Produktionsmengen (t ha^{-1}), Erlöse (€ ha^{-1})
II Nachwachsende Rohstoffe			
V.6 Holz und Baumprodukte	Rohstoffe, die von Bäumen in Wäldern, Forsten, Plantagen und Agroforst-Systemen stammen	Bauholz, Cellulose, Harz, Latex	Bestand, Zuwachs, Erträge (FM ha^{-1}, t ha^{-1}), Erlöse (€ ha^{-1})
V.7 Fasern von Nicht-Holzpflanzen	Fasern aus krautigen Pflanzen – aus dem Anbau und aus der Natur	Baumwolle, Hanf, Lein, Sisal	Erträge, Erntemengen (t ha^{-1}), Erlöse (€ ha^{-1})
V.8 Nachwachsende Energieträger	Biomasse aus Energiepflanzen, natürliche Düngestoffe	Feuerholz, Holzkohle, Mais, Raps, Dung, Gülle	Erntemengen (t ha^{-1}), Energieertrag (MJ ha^{-1})

(Fortsetzung)

Tab. 3.1 (Fortsetzung)

Code/Name der ÖSL	Definition/Beschreibung	Beispiele	ausgewählte Indikatoren
V.9 Sonstige Naturmaterialien	Materialien für Industrie, Handwerk, Dekoration und Kunst, Souvenirs	Leder, Aromen, Perlen, Federn, Zierpflanzen, Zierfische	Verkaufte Einheiten (z. B. Pelze pro a), Erlöse (€ ha^{-1})
III Sonstige erneuerbare Naturressourcen			
V.10 Genetische Ressourcen	Gene und genetische Informationen für Zucht und Biotechnologie	Saatgut, *Bacillus thuringiensis*-Gen, Resistenzgene	Anzahl der Arten
V.11 Biochemikalien, Naturmedizin, Arzneigrundstoffe	Medizinisch, kosmetisch oder rituell nutzbare Stoffe für Gesundheit und Wohlbefinden	Ätherische Öle, Tees, *Echinacea,* Knoblauch, Blutegel, Nahrungsergänzungsmittel, natürlicher Pflanzenschutz	Ernte-/Wirkstoffmengen (kg ha^{-1}), Erlöse (€ ha^{-1})
V.12 Süßwasser	Sauberes Wasser in Grund- und Oberflächengewässern, Niederschlag und im Untergrund für Haushalts-, Industrie- und landwirtschaftliche Nutzung	Regen, Quell- und Brunnenschüttung, Uferfiltrate	Rohwasser, Trinkwasser (Tm^3 a^{-1}), Erlöse (€ ha^{-1})

GVE - Großvieheinheiten
FM - Festmeter

Tab. 3.2 Regulationsleistungen und Güter

Code/Name der ÖSL	Definition/Beschreibung	Beispiele	Ausgewählte Indikatoren
I Klimatologische und lufthygienische Leistungen			
R.1 Luftqualitätsregulation	Reinigung der Luft und Gasaustausch	Filterwirkung (Feinstaub, Aerosole), Sauerstoffbildung	Waldanteil (%), Blattflächenindex
R.2 Klimaregulation	Einflüsse auf die Erhaltung natürlicher klimatischer Abläufe und auf die Verminderung von Witterungsextremen	Kaltluftbildung, Befeuchtung, Temperatursenkung durch Vegetation und Gewässer, Abschwächung von Extremtemperaturen, Stürmen	Anteile von Wald, Freiflächen und Gewässern (%), Hangneigung (°), Albedo, Bauhöhen
R.3 Kohlenstofffixierung	Entfernung von Kohlendioxid aus der Atmosphäre und Verlagerung in Senken	Fotosynthese, Fixierung in Pflanzendecke, Böden, Ozean	Vegetationsflächenanteile (%), Bodenformen (Moore)
R.4 Lärmschutzwirkung	Verminderung der Lärmimmission durch Vegetation und Oberflächenformen	Lärmschutzwirkung von Pflanzenbeständen	Vitalität, Schichtung und Dichte der Vegetation
II Hydrologische Leistungen			
R.5 Wasserregulation	Ausgleichende Einflüsse auf den Wasserstand von Flüssen und Seen sowie auf Höhe, Dauer, Verzögerung bzw. Vermeidung von Hochwasser, Dürren und (Wald-)Bränden, Schutz vor Sturmfluten (z. B. durch Korallenriffe, Mangroven), Wasser als Transportmedium, Wasserkraft	Natürliche Bewässerung, Bodenspeicher, Versickerung/Grundwasserneubildung	Hangneigung (°), Flächennutzung (Landbedeckung) (%), Bodenarten

(Fortsetzung)

Tab. 3.2 (Fortsetzung)

Code/Name der ÖSL	Definition/Beschreibung	Beispiele	Ausgewählte Indikatoren
R.6 Wasserreinigung	Filtration, Nähr- und Schadstoffbindung in Grund- und Oberflächenwasserkörpern	Selbstreinigung von Flüssen und Seen	Flächennutzung (%), Bodenarten, Gewässerstruktur, -schutzstreifen (%)
III Pedologische Leistungen			
R.7 Erosionsschutz	Vermeidungswirkung der Vegetation auf Bodenabtrag, Wind- und Wassererosion, Sedimentation, Verschlämmung	Schutz vor Erdrutschen, Lawinen, Windbremsung	Hangneigung (°), Flächennutzung, permanente Bodenbedeckung, Hangschutzwälder Kulturarten-Spektrum, Bodenarten
R.8 Erhaltung der Bodenfruchtbarkeit	Regeneration der Bodenqualität durch Bodenleben, Bodenbildung und Nährstoffkreislauf	Stickstoffbindung, Schadstoffabbau, Humusbildung/-akkumulation	Kulturarten-Diversität, Bodenarten, Entnahme bzw. Verbleib von Ernteresten und Leseholz
IV Biologische Leistungen (Habitatfunktionen)			
R.9 Schädlings- und Krankheitsregulation	Mildernde Einflüsse auf die Wirksamkeit von Schadorganismen sowie die Ausbreitung von Epidemien	Singvögel, Marienkäfer, Schlupfwespen, *Anopheles*-Mücke (Malaria), Zecken (Enzephalitis)	Biozid-Applikation, Natürlichkeit und Vitalität der Vegetation, Anteile (halb-)natürlicher Vegetationsflächen (%), Artenspektrum (Parasiten, Prädatoren, Schaderreger)
R.10 Bestäubung	Verbreitung von Pollen und Samen von Wild- und Kulturpflanzen	Honig- und Wildbienen, Hummeln, Schmetterlinge, Schwebfliegen	Anteile naturnaher Vegetationsflächen (%), Biozid-Applikation, Blütenpflanzenanteil, Anteil GVO (Genveränderte Organismen)
R.11 Erhaltung der biologischen Vielfalt (Biodiversität)	Erhaltung wild lebender Arten, Nutzpflanzen- und Zuchttierrassen	Lebensräume (Habitate), Teilhabitate wandernder Arten, Fortpflanzungsräume (z. B. Fischlaichplätze), Vogelarten, Rinderrassen	Natürliche/halbnatürliche Vegetation (Flächenanteil [%]), Natürlichkeitsgrad, Strukturvielfalt, Biotopverbund, Artenzahl, Seltenheit, Gefährdung

Tab. 3.3 Soziokulturelle Leistungen und Güter

Code/Name der ÖSL	Definition/Beschreibung	Beispiele	Ausgewählte Indikatoren
I Psychologisch-soziale Güter und Leistungen			
C.1 Ethische, spirituelle, religiöse Werte	Ermöglichung eines Lebens im Einklang mit der Natur, Bewahrung der Schöpfung, Entscheidungsfreiheit, Fairness, Generationengerechtigkeit	Bioprodukte, „heilige" Plätze	Natürliche/halbnatürliche Vegetation (%), ausgestorbene/gefährdete Arten, genveränderte Organismen (GVO), Biozid-Applikation
C.2 Ästhetische Werte	Vielfalt, Eigenart, Schönheit, Natürlichkeit von Natur und Landschaft	Bunt blühende Bergwiesen, harmonische Kulturlandschaft	Flächennutzung, Vegetationstypen, Vielfalt der Anbaukulturen, Reliefvielfalt/Hangneigung
C.3 Identifikation	Möglichkeit der persönlichen Bindung und zur Entwicklung von Heimatgefühl in einer Landschaft	Natürliches und kulturelles Erbe, Orte der Erinnerung, traditionelles Wissen	Natur- und Kulturdenkmale, historische Kulturlandschaftselemente, Bauformen, Persistenz/Kontinuität der Landschaft
C.4 Gelegenheiten für Erholung und (Öko-)Tourismus	Möglichkeiten zur Ausübung von Sport-, Freizeit- und Erholungsaktivitäten in Natur und Landschaft	Zugänglichkeit, Sicherheit, Reize	Erschließungsgrad, Belastbarkeit, touristische Infrastruktur, Gewässer, Schneedecke, attraktive Arten, Zahl der Besucher
II Informationsleistungen			
C.5 Bildungs- und Erziehungswerte, wissenschaftliche Erkenntnisse	Möglichkeiten zum Erkenntnisgewinn über natürliche Zusammenhänge, Prozesse und Genese, wissenschaftliche Forschung und technische Neuerungen	Natürliche Bodenprofile, funktionsfähige Ökosysteme, seltene Arten	Natur- und Kulturdenkmale, Landnutzungsformen, Natürlichkeitsgrad

(Fortsetzung)

Tab. 3.3 (Fortsetzung)

Code/Name der ÖSL	Definition/Beschreibung	Beispiele	Ausgewählte Indikatoren
C.6 Geistige und künstlerische Inspiration	Anregung von Fantasie und Erfindergeist, Inspiration zu Architektur, Malerei, Fotografie, Musik, Tanz, Mode, Folklore	Eindrucksvolle Landschaft, Berge, Steilküsten, Flussauen, alte Bäume	Natur- und Kulturdenkmale, Reliefvielfalt
C.7 Indikation von Umweltzuständen	Erkennen von Umweltbedingungen, -veränderungen und -belastungen durch visuell wahrnehmbare Strukturen, Prozesse und Arten	Flechtenindikation (Luftgüte), Zeigerpflanzen (Standortverhältnisse)	Artenspektrum (ökologische Artengruppen), Zahl der Flechtenarten, Testorganismen, Natürlichkeitsgrad

3.2.5 Weitere Klassifikationsaspekte

Klassifikationssysteme, die sowohl Ökosystemprozesse als auch die Resultate dieser Prozesse vermischen, erzeugen Redundanz (s. Box „Das Problem der Doppelzählung"). Es sollte daher strikt getrennt werden zwischen den „finalen" Leistungen, die unmittelbar zu einem Nutzen führen, und den Mechanismen bzw. Zwischenschritten, die auf dem Weg dorthin erforderlich sind (intermediäre Leistungen).

Das Problem der Doppelzählung

Insbesondere wenn man die verschiedenen Leistungen von Ökosystemen als Gesamtheit betrachten bzw. „aufsummieren" möchte (z. B. zum ökonomischen Gesamtwert, *total economic value*), ist eine klare Trennung zwischen den ökologischen Phänomenen einerseits sowie ihren direkten und indirekten Beiträgen zum menschlichen Wohlbefinden andererseits wichtig, um Doppelzählungen zu vermeiden. Diese können dadurch entstehen, dass bestimmte ÖSL als Voraussetzung für andere ÖSL dienen und in diese eingehen (Boyd und Banzhaf 2007; Balmford et al. 2008; Wallace 2008).

Intermediäre ÖSL fußen auf komplexen Interaktionen zwischen Ökosystemstrukturen und -prozessen und tragen zu finalen ÖSL bei, aus denen Menschen Nutzen ziehen und ihr Wohlergehen steigern (Fisher et al. 2009). So wird das saubere Trinkwasser, z. B. aus einem See, auf Märkten gehandelt und als Produkt bei der Wohlfahrtsmessung mit einbezogen, nicht aber der vorgelagerte Prozess der natürlichen Wasserfiltrierung. Diesen kann man aber als intermediäre Dienstleistung beschreiben, deren indirekter Wert im Trinkwasser enthalten ist (Wallace 2007). Die Fokussierung der ÖSL-Klassifikation auf finale ÖSL bedeutet jedoch nicht, auf eine umfassende Betrachtung und Wertschätzung von Ökosystemstrukturen, -prozessen und Wirkungszusammenhängen zu verzichten.

Auch die Regulationsleistungen sind oft in anderen ÖSL enthalten, z. B. die Bestäubung, die u. a. für die Aufrechterhaltung des Obstbaus wichtig ist, in der ÖSL „Produktion von Nahrung". Mäler et al. (2008) ordneten nur Versorgungs- und kulturelle ÖSL den finalen ÖSL zu und stellten die Regulationsleistungen ebenso wie die unterstützenden Leistungen zu den intermediären ÖSL, denn sowohl Versorgungs- als auch kulturelle ÖSL beeinflussen das menschliche Wohlergehen direkt, während die beiden anderen dies nur indirekt tun.

Laut Costanza (2008) sind alle ÖSL lediglich Mittel zur Erreichung des menschlichen Wohlergehens. Ökosystemprozesse können auch als ÖSL in Erscheinung treten (die Rollen als Prozess oder Leistung schließen sich nicht gegenseitig aus), wodurch die gleichen ÖSL von Fall zu Fall intermediär und final sind. So gilt der oben genannte See mit Trinkwasserqualität als ein Endprodukt der Natur, dem direkt ein gesellschaftlicher Nutzen (Wert) beigemessen wird, wenn er als Trinkwasserreservoir dient (finale ÖSL). Derselbe See mit Trinkwasserqualität kann in einem anderen Kontext jedoch einer intermediären ÖSL zugeordnet werden, nämlich dann, wenn der unmittelbare Nutzen im Freizeitangeln besteht und die besondere Wasserqualität lediglich dazu führt, dass in dem See der nötige Fischbestand vorhanden ist, der das Angeln ermöglicht. Der mittelbare Nutzen der besonderen Wasserqualität ist in diesem Fall in dem unmittelbaren Nutzen enthalten, den der Fischbestand dem Angler stiftet (Boyd und Banzhaf 2007; Loft und Lux 2010).

Generell gehen die Meinungen der Experten bezüglich einer eindeutigen Klassifikation von intermediären und finalen ÖSL weit auseinander und Einheitlichkeit wird kaum zu erreichen sein. Letztlich spielen der jeweilige Kontext und pragmatische Gesichtspunkte eine wichtige Rolle.

In der Literatur wird auch die Frage diskutiert, ob ÖSL nur von naturbelassenen und halbnatürlichen oder auch von bewirtschafteten Ökosystemen erbracht werden können (Cowling et al. 2008). Dies mag Verwunderung hervorrufen, denn selbst ein intensiv bewirtschafteter Acker dient einzelnen Pflanzen- und Tierarten als Lebensraum (Habitatfunktion) und auf Äckern ist die Versickerungsrate und damit die Grundwasserneubildung – etwa im Vergleich zu Wäldern – hoch! Städte weisen eine hohe Biodiversität auf. Sicher müssen die ÖSL stark veränderter oder naturferner Ökosysteme spezifisch betrachtet werden (beispielsweise uÖSL [ÖSL urbaner Gebiete], Abschn. 5.5).

Hermann et al. (2011) thematisieren eine Klassifikation, die zwischen aktiven und passiven Funktionen unterscheidet. Während sich die passiven Funktionen auf die unabhängig vom Menschen hervorgebrachten Leistungen beziehen, insbesondere die „Regulations- und lebenserhaltenden Funktionen" des natürlichen Systems, sind die aktiven Funktionen Dienstleistungen, die durch menschliche Aktivitäten und auf anthropogenen Flächen (Siedlungen, Infrastruktur, Erholungs- und Landwirtschaftsflächen) bereitgestellt werden. Abgesehen davon, dass es in der Praxis schwierig ist, zwischen bewirtschafteten und natürlichen Ökosystemen eine scharfe Trennlinie zu ziehen, würden die meisten ÖSL der Kulturlandschaften Mitteleuropas von einem so engen ÖSL-Begriff ausgeschlossen. Es sollte daher einer weiten Definition von ÖSL gefolgt werden, die keine Unterscheidung zwischen natürlichen und bewirtschafteten Ökosystemen trifft (Loft und Lux 2010).

Nicht von der Hand zu weisen ist aber das Problem, dass bestimmte ÖSL nicht ausschließlich auf die Wirkungen der Ökosysteme zurückgehen, sondern dass sich diese oftmals mit menschlichen Einflüssen überlagern. So wiesen Boyd und Banzhaf (2007) darauf hin, dass die konventionelle Landwirtschaft den Einsatz unterschiedlicher Eingangsgrößen (Bodengüte, Düngereinsatz, Arbeit) erfordere, die sich auf das Ergebnis der Ernte niederschlagen, was eine Messung bzw. Bewertung der ÖSL erschwere, da zu viele unnatürliche Faktoren wirksam seien. Im Gegensatz dazu könne die Menge an erntbaren Endprodukten in nicht aktiv bewirtschafteten Ökosystemen ein Maßstab für die Bewertung der ÖSL darstellen. Auch das oben angeführte Beispiel des Angelsports zeigt diese Schwierigkeit bei der Analyse und Bewertung von ÖSL. Diese können häufig ihren Nutzen erst im Zusammenwirken mit anderen Gütern oder Leistungen entfalten, denn der Erholungswert, der durch Freizeitangeln entsteht, setzt sich aus den natürlichen Gegebenheiten (Landschaftsumgebung, See, Fische) und den konventionellen Gütern (Angel, Boot usw.) zusammen. Mit anderen Worten: Ohne die technischen Hilfsmittel wie die Angel kommt die Erholungsleistung nicht zum Tragen (Boyd und Banzhaf 2007; Loft und Lux 2010).

Fälle, in denen für die Bereitstellung des Nutzens für den Menschen nicht nur ökosystemare Prozesse, sondern auch menschliche Leistungen notwendig sind, werden von Matzdorf et al. (2010) als Umweltleistungen bezeichnet. Um eine solche handelt es sich beispielsweise, wenn der an regelmäßig gemähte, halbnatürliche Wiesengesellschaften gebundenen Biodiversität Existenzmöglichkeiten geschaffen werden. Darüber hinaus wird als menschliche Leistung in diesem Zusammenhang auch der bewusste Verzicht einer erlaubten Handlung (z. B. Düngung) gewertet. Artenreiches Grünland kann somit als finales Umweltgut bezeichnet werden, zu dessen Produktion menschliche und ökosystemare Leistungen notwendig sind. Von daher muss bei der Bewertung, insbesondere der Monetarisierung der ÖSL, der anthropogene Anteil (menschliche Dienstleistungen = private Kosten) abgezogen werden. Das bedeutet: Die Landwirtschaft erbringt Umweltleistungen, aber eigentlich keine ÖSL, sondern sie nutzt diese für die Produktion nachgefragter Umweltgüter (Abschn. 5.3).

Die für die Umweltberichterstattung der Schweiz durch eine wohlfahrtsorientierte Perspektive entwickelte Methodik definiert insgesamt 23 finale ÖSL (Final Ecosystem Goods and Services, FEGS) in den Nutzenkategorien Gesundheit, Sicherheit, natürliche Vielfalt und wirtschaftliche Leistungen (BAFU 2011). Die Eigenschaft „Leistungsart“ gibt für jede ÖSL an, ob die durch sie erbrachte Leistung

1. eine direkt nutzbare ÖSL ist,
2. einen Inputfaktor für die Produktion von Marktgütern durch die Wirtschaft darstellt,
3. durch einen natürlichen/gesunden Lebensraum zur Verfügung gestellt wird oder
4. ob sie als intermediäre ÖSL zu finalen ÖSL beiträgt.

Direkt nutzbare ÖSL (1) werden unmittelbar von Menschen genutzt oder wertgeschätzt (z. B. Erholungsleistungen). Bei den Inputfaktoren (2) handelt es sich um finale Leistungen der ökologischen Sphäre, welche in ein Marktgut eingehen (z. B. Holzzuwachs); sie zählen zur Nutzenkategorie „wirtschaftliche Leistungen.“ Die Leistungsart natürlicher/gesunder Lebensraum (3) enthält Wohlfahrtsbeiträge der Umwelt, die – im Gegensatz zu den klassischen ÖSL – nicht von Ökosystemen „produziert“ werden, sondern eher Qualitäten des Lebensraums sind, die Menschen ein gesundes Leben erst ermöglichen (z. B. Luftqualität). Die intermediären ÖSL (4) werden nur im Ausnahmefall (Speicherung von CO_2) gesondert berücksichtigt, nämlich wenn die daraus entstehenden finalen ÖSL erst mit großer zeitlicher Verzögerung auftreten und so momentan noch nicht gemessen werden können.

Eine andere Möglichkeit, ÖSL zu klassifizieren, ist die Einteilung nach ihren räumlichen Charakteristika. Dies ist beispielsweise dann sinnvoll, wenn sie als Grundlage für Entscheidungen auf verschiedenen Maßstabsebenen dienen oder wenn der Entstehungsort der Leistungen und die Bereiche, in denen der Nutzen konsumiert wird, nicht deckungsgleich sind (Fisher et al. 2009).

Ein weiterer Ansatz zur Klassifikation von ÖSL beruht auf dem Ausschluss- und Konkurrenzprinzip bei der Güternutzung (*excludability and rivalness*; Costanza 2008). So können Individuen von der Nutzung bestimmter Güter und ÖSL ausgeschlossen werden (Tab. 3.4). Die meisten in Privatbesitz befindlichen, marktfähigen Güter und ÖSL sind relativ leicht auszuschließen. Man kann verhindern, dass andere Leute ohne zu bezahlen die Tomaten essen, die man selbst angebaut hat. Aber es ist schwierig oder gar unmöglich, Menschen vom Genuss vieler öffentlicher Güter auszuschließen, z. B. von günstigen Klimabedingungen, vom Fisch im Meer oder von der Schönheit eines Waldes. Güter und ÖSL gelten als konkurrierend *(rival)*, wenn es bei der Inanspruchnahme zur Konkurrenz zwischen mehreren Personen oder Gruppen kommt. Wenn man selbst die Tomate oder den Fisch isst, kann dies nicht gleichzeitig ein anderer tun. Wenn man aber von günstigen Klimabedingungen profitiert, so kommen diese auch anderen zugute. Es gibt kulturelle und institutionelle Mechanismen, um das Ausschlussprinzip durchzusetzen, Konkurrenz hingegen ist eine Funktion der Nachfrage (Wie hängt der Nutzen von anderen Nutzern ab?) (Tab. 3.4).

Fazit

Sämtliche Versuche, ein **allgemeingültiges Klassifikationssystem** zu entwickeln, sind mit Vorsicht zu betrachten und nur bedingt hilfreich. ÖSL entstehen durch ein komplexes Zusammenwirken zwischen der biotischen und abiotischen Umwelt, Nutzungsansprüchen und Erwartungen der Nutzer. Ein unangemessenes Klassifikationssystem als Grundlage für Bewertungen führt daher zu kaum belastbaren Ergebnissen. Ist beispielsweise eine wirtschaftliche Bewertung der ÖSL Grundlage für eine Entscheidung, so erscheint die Klassifikation nach dem Millennium Ecosystem Assessment (MEA 2005) als weniger sinnvoll, da es zu Mehrfachzählungen

Tab. 3.4 ÖSL-Klassifikation nach dem Ausschluss- und Konkurrenzprinzip. (Nach Costanza 2008)

	Ausschließbar *(excludable)*	Nicht ausschließbar *(non-excludable)*
Rivalisierend	Am Markt gehandelte Güter und Dienstleistungen (meist Versorgungs-ÖSL)	Frei zugängliche Ressourcen (einige Versorgungs-ÖSL)
Nicht rivalisierend	Klubgüter (einige Erholungsleistungen)	Öffentliche Güter und ÖSL (die meisten Regulations- und kulturellen ÖSL)

kommen kann. Eine Klassifikation zu diesem Zweck sollte die Unterscheidung von ÖSL in intermediäre Leistungen, finale Leistungen und Nutzen verfolgen. Dennoch bestehen Bestrebungen zu einem international vereinheitlichten Klassifikationssystem. Standard ist hier das Common International Classification of Ecosystem Services (CICES, Czúcz et al. 2018).

3.3 Raum-Zeit-Aspekte von Ökosystemleistungen

Ralf-Uwe Syrbe, Karsten Grunewald* und Olaf Bastian

> „Es gibt keine Zeit und keinen Raum, sondern nur die Verbindung der beiden“ (A. Einstein).

Ökosysteme und ihre Leistungen sind stets an den Raum gebunden. Gleichartige Ökosysteme können sehr unterschiedliche Leistungen erbringen, nur weil sie sich in einer anderen Lage oder einem anderen räumlichen Kontext befinden. Dies gilt u. a. in klimatischer Hinsicht, bezüglich der Nachbarschaft zu anderen Landschaften (Industrie-, Stadtnähe, periphere Lage), der Entfernung oder Erreichbarkeit für die Nutzer der ÖSL oder für die Konfiguration der Ökosystem bezüglich Form, Zerschneidung, Randeffekte (Walz et al. 2017).

Dieser Sachverhalt wurde in der Literatur zwar immer wieder angesprochen, bislang allerdings relativ wenig unter begrifflich-inhaltlichen und methodischen Aspekten systematisiert und operationalisiert (z. B. Hein et al. 2006; Bastian et al. 2012a). Es gibt allerdings international immer mehr Publikationen, die räumlich explizit arbeiten (siehe z. B. die Ergebnisse des PRESS-Projekts, *PEER Research on EcoSystem Services,* https://www.peer.eu/projects/press-project).

Der Raumbegriff wird, wie kaum ein anderer Begriff, in einer Vielzahl wissenschaftlicher Disziplinen benutzt bzw. dort als konstitutiv angesehen, so z. B. traditionell in der Philosophie, der Mathematik und der Physik, aber auch in der Geschichtswissenschaft, der Medizin, der Theologie, der Archäologie, der Pädagogik und der Soziologie. Besondere Bedeutung hat der Raumbegriff in den inter- bzw. multidisziplinär angelegten Geowissenschaften und in den sie strukturierenden, raumbezogenen wissenschaftlichen Disziplinen, insbesondere der Geografie, den Umweltwissenschaften, dem Städtebau und der Architektur, der Raumordnung, der Verkehrswissenschaft, aber auch in der Soziologie und der Ökonomie (Müller 2005).

Unter „Raum“ verstehen wir in Anlehnung an Blotevogel (1995)

- den physischen Raum (Gefüge unterschiedlicher Volumen und Flächen; objektiv beschreibbar und subjektiv wahrnehmbar),
- die natürliche Umwelt des Menschen (Wirkungs- und Prozessgefüge der Komponenten des Landschaftsraums),

- den gesellschaftlichen Raum (soziale Konstruktion von Wirklichkeit, Handlungs- und Ordnungsraum).

Obwohl die Problematik räumlicher Beziehungen von ÖSL in ihrer Vielschichtigkeit erkannt ist, wird immer wieder auf Forschungsdefizite hingewiesen, beispielsweise: Wie können ÖSL räumlich definiert und visualisiert werden? Wie ist der Flächenbezug? Welche Einflüsse haben räumliche Maßstäbe auf den Wert von ÖSL (de Groot et al. 2010)? So wird bemängelt, dass Anordnungsmuster, Maßstabsabhängigkeiten und weitere räumliche Beziehungen bei der Erfassung bzw. Bewertung von ÖSL kaum beachtet und stattdessen häufig lediglich statistische Angaben, etwa zur Landnutzung *(land cover),* einbezogen werden (Blaschke 2006). In TEEB (2010, Report for Business, S. 6) wird ausgeführt: *„Spatial and temporal dimensions of ecosystem service production, use, and value are not well understood"*. Wenn die Raum-Zeit-Dimensionen des ÖSL-Ansatzes nicht richtig erfasst sind, dann können die Leistungen der Natur auch nicht adäquat in politische Entscheidungsprozesse, insbesondere in Verteilungsoptionen, integriert werden. Es ist daher notwendig, ÖSL auch im Hinblick auf ihre Produzenten und Empfänger genau zu adressieren: Von wem und für wen wird die „Leistung erbracht"? Innerhalb welcher Raumkategorie ist sie relevant und wo wird sie abgerufen?

Innerhalb der EPPS-Rahmenmethodik (Abschn. 3.1.2) sollen Prinziplösungen für die Erfassung raumrelevanter Aspekte angeboten werden, Tab. 3.5 gibt dafür eine Orientierung. Zu berücksichtigen sind auch zweckmäßige Darstellungen bzw. Visualisierungen räumlicher Aspekte bei ÖSL.

Tab. 3.5 Physische und gesellschaftliche Raumperspektive und EPPS-Ansatz als Rahmenmethodik

Raum	Säule 1: Ökosystemeigenschaften	Säule 2: Ökosystempotenziale	Säule 3: Ökosystemleistungen
Begriffe/Typen/ Bezugseinheiten	Definition, Zuordnung und Abgrenzung von Raumeinheiten Maßstäbe/Skalen, Hierarchie, Homogenität/Heterogenität		
Wirkungszusammenhänge	Stoff-/Energieflüsse zwischen Ökosystemen, Nachbarschaftseffekte, Funktionsweise	Eignungs-, Risikoräume	Trade-offs (z. B. Wertflüsse) zwischen ÖSL, Überlagerungen, Angebot und Nachfrage
Komplementäre Raumansätze, Landschaftsperspektive	Erweiterte Perspektive, z. B. durch ethisch-ästhetische Aspekte	Landschaftsräumliche Besonderheiten, Planungsvarianten	Benefit-Transfer, Kosten von Planungsvarianten, kulturlandschaftliche Bewertungsansätze, komplexe und integrative Ansätze

In engem Zusammenhang mit den räumlichen sind auch zeitliche Aspekte relevant. ÖSL unterliegen einer differenzierten zeitlichen Dynamik. Von besonderer Bedeutung sind dabei die unterschiedlichen, für die Ausbildung der jeweiligen Leistungen nötigen Zeiträume, die Ungleichzeitigkeit bei der multifunktionalen Nutzung und die zeitlichen Differenzen zwischen Bereitstellung und Nutzung von Leistungen bzw. Gütern (Fisher et al. 2009). Die Veränderungen einzelner ÖSL im Laufe der Zeit sind praktisch äußerst relevant, weil damit funktionelle Auswirkungen von Eingriffen, Planungen und anderen politischen Maßnahmen entweder im Nachhinein beurteilt oder im Voraus (Szenarien und Prognosen) abgeschätzt werden können. Ein weiterer Gesichtspunkt ist die Veränderlichkeit individueller und gesellschaftlicher Werthaltungen.

3.3.1 Raumaspekte der Ökosysteme

Der Raumbezug von ÖSL zeigt sich auf vielerlei Weise: So sind diese innerhalb eines bestimmten Gebiets unterschiedlich ausgeprägt, d. h., es liegt in der Regel ein charakteristisches Raummuster vor. Damit eine ÖSL hervorgebracht werden kann, bestehen **spezifische Flächenanforderungen** (Minimalareale für ÖSL). Zum Beispiel benötigt eine Tierpopulation für ihre Stabilität und Regeneration eine gewisse Fläche angemessener Qualität (Habitateigenschaften), ein Wald muss eine Größe von einigen Hektar aufweisen, um das Lokalklima positiv beeinflussen zu können, oder ein Grundwasserkörper muss eine Mindestgröße besitzen, um eine nutzbare Menge an Trinkwasser zu reproduzieren. Manchmal genügen für ÖSL auch einzelne Teile des Ökosystems, einzelne Arten, Individuen oder Organismen oder Teile davon (z. B. Wurzeln oder Pflanzenblätter), um ÖSL zu generieren (Abschn. 3.1.2).

Häufig ist für ÖSL eine spezifische Raumstruktur von Ökosystemen notwendig. Damit sind Lagebeziehungen gemeint, die sich in der räumlichen Kongruenz bzw. Divergenz von ÖSL (z. B. Anderson et al. 2009) sowie in der gegenseitigen Beeinflussung und gesellschaftlichen Aushandlung räumlicher Zielkonflikte manifestieren. Einige ÖSL korrelieren positiv: Beispielsweise kann die Erhaltung der Bodenqualität den Nährstoffkreislauf und die Primärproduktion fördern, die Speicherung von Kohlenstoff erhöhen und somit zur Klimaregulierung beitragen. Gleichzeitig verbessern sich die meisten Versorgungs-ÖSL, vor allem Nahrung, Fasern und andere (Ring et al. 2010). Andere ÖSL korrelieren hingegen negativ (Absch. 3.1.2).

Darüber hinaus können verschiedene ÖSL miteinander verknüpft oder gebündelt werden (*„bundles“*, MEA 2005). Willemen (2010) verweist in diesem Zusammenhang auf die Wechselwirkungen zwischen Landschaftsfunktionen, die in drei Klassen eingeteilt werden können, was sich auch auf ÖSL übertragen lässt:

- Konflikte: Die Kombination mehrerer Funktionen der Landschaft reduziert die Erbringung von Leistungen für die Gesellschaft durch eine bestimmte Landschaftsfunktion.

- Synergien: Die Kombination von Funktionen begünstigt eine oder mehrere Funktionen (bzw. ÖSL).
- Kompatibilität: Landschaftsfunktionen koexistieren, ohne ihre Funktionalität gegenseitig zu reduzieren oder zu erhöhen.

Ob unterschiedliche ÖSL positiv oder negativ korrelieren, hängt häufig von der **Raumkonfiguration** der Ökosysteme oder Landschaftselemente in einem bestimmten Maßstab ab (z. B. räumliche Strukturen, Formen). Produktive Nutzungen verlangen Kompensationsbereiche für die Aufrechterhaltung der wichtigsten Ökosystemprozesse. Im Gegensatz dazu benötigen sensible Ökosysteme Puffer, um sie vor Beeinträchtigungen zu schützen. Wo es nicht genügend Raum gibt, alle gewünschten ÖSL in einer Landschaft gleichermaßen zu erfüllen, müssen Raumstrukturen und -konfigurationen von Ökosystemen entwickelt werden, die in der Lage sind, möglichst viele ÖSL zu gewährleisten. In der Praxis wird versucht, dies auf lokal-regionaler Ebene über strukturelle Umweltqualitätsstandards wie Pufferstreifen, Biotopverbundstrukturen oder Wildtierkorridore zu etablieren. Ein bekanntes Beispiel ist die Zonierung innerhalb von Großschutzgebieten (Nationalparks, Biosphärenreservate), wo Kernzonen (Wildnis) durch gemanagte, naturnahe Zonen gepuffert werden, die wiederum eine Abstufung zu umgebenden, intensiver genutzten Flächen bieten.

3.3.2 Raumaspekte von ÖSL-Anbietern und -Begünstigten (funktionelle Verknüpfungen)

Bezüglich der räumlichen Analyse von ÖSL ist nicht nur der „Quellbereich" einer Leistung von Interesse, sondern auch der „Nachfrageort", d. h. die Bereiche, in denen Nutzen und Bedarf realisiert werden. Daher müssen sowohl Anbieter als auch Empfänger von ÖSL adressiert werden: Wer bietet die ÖSL an? Für wen sind sie vorgesehen und wer profitiert von ihnen? Innerhalb welcher räumlichen Position wird die ÖSL generiert und angeboten und wo wird sie genutzt? Auch räumliche Kosten-Nutzen-Beziehungen müssen beachtet werden. Dem entspricht das Verhältnis von ÖSL-Anbieter (bzw. eines Verantwortungsträgers für eine ÖSL *[environmental responsibility]*) und ÖSL-Nutznießer bzw. von Gewinnern und Verlierern (Ring et al. 2010).

Oft besteht eine räumliche Trennung von solchen Gebieten, in denen die Ökosysteme ÖSL generieren, genannt SPA *(service providing areas),* und jenen Gebieten, in denen Nutznießer von den ÖSL profitieren, die als SBA *(service benefiting areas)* bezeichnet werden. Beide haben nichts mit den oben genannten SPU zu tun, denn SPU sind keine Raumeinheiten, sondern Populationen oder Biozönosen (Abschn. 3.1.2). Hingegen führten Dworczyk und Burkhard (2021) den zusätzlichen Raumbegriff SDA *(services demanding area)* ein als jenes Gebiet, in dem die Nutznießer von ÖSL wohnen und einen Bedarf repräsentieren (SDA sind oft identisch mit den SBA, Abweichungen ergeben sich nur dann, wenn der Nutzeffekt nicht am Wohnort der Menschen entsteht).

Wenn die SPA und SBA nicht aneinandergrenzen, existieren zwangsläufig Zwischenräume, die SCA *(service connecting areas),* deren Struktur die räumlichen Flüsse von ÖSL beeinflussen, z. B. indem sie als Barrieren wirken und den Fluss bremsen oder bestimmte Prozesse sogar verstärken können (Syrbe und Walz 2012).

Hochwasserschutz wird beispielsweise in Berggebieten durch waldreiche Einzugsgebiete als ÖSL gewährleistet (und muss anderenfalls durch Rückhaltebecken technisch realisiert werden), wovon die Bevölkerung in Ortschaften im Mittel- bzw. Unterlauf der Flüsse profitiert. Dazwischen gibt es allerdings Bereiche, die eine Abflusswelle durch die Ausprägung der Flussaue erheblich modifizieren können (Größe und Bebauungsgrad der Überschwemmungsflächen, Ein- oder Ausdeichungen usw.). Damit sind auch weitere Akteure an der Realisierung einer ÖSL beteiligt, nämlich neben den Nutzern, Pflegern und Flächeneigentümern in den SPA und den Nutznießern in den SBA auch diejenigen, welche in den SCA für positive oder negative Einflüsse auf die ÖSL-Flüsse Verantwortung tragen. Die über solche Flächenbilanzen mögliche Identifikation von Anbietern und Empfängern der Leistungen hilft, sogenannte Trittbrettfahrer zu erkennen (s. Abschn. 4.2).

Costanza (2008), Fisher et al. (2009) und Syrbe und Grunewald (2017) schlugen Klassifikationsschemata vor, um die Beziehungen zwischen dem Entstehungsort der Leistungen und den Bereichen, in denen der Nutzen konsumiert wird, zu beschreiben. Insgesamt existieren sechs solcher räumlichen Beziehungstypen, die in Abb. 3.6 dargestellt sind (Syrbe und Grunewald 2017).

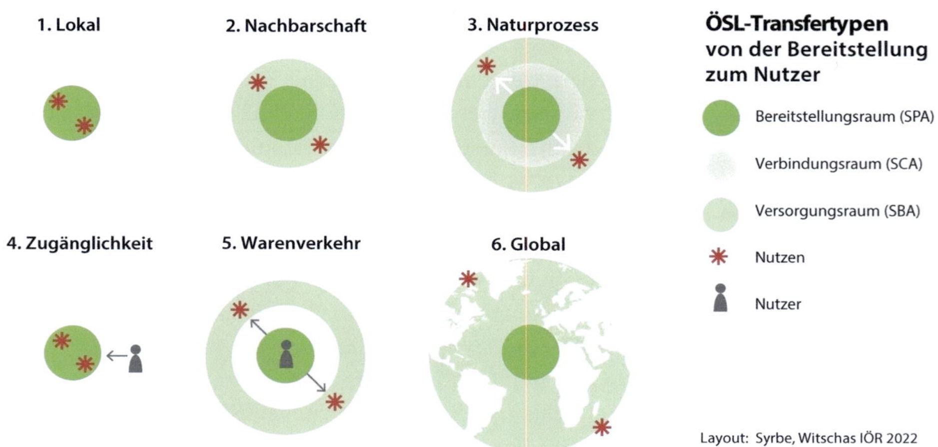

Abb. 3.6 Räumliche Beziehungstypen zwischen Bereitstellung und Nutzung von ÖSL. (Syrbe und Grunewald 2017)

1. Lokal: Erbringung von ÖSL und Nutzen erfolgen am selben Ort (SPA = SBA, z. B. Bodenbildung, Schattenwurf zur lokalen Klimaregulation). Die Flächen müssen also gleichermaßen Eigenschaften von SPA *und* SBA aufweisen. Sollte eine davon eingeschränkt werden, wirkt sich das Fehlen der ÖSL an Ort und Stelle aus.
2. Nachbarschaft: Bereitstellung und Inanspruchnahme von ÖSL werden nicht auf derselben Fläche erbracht, der Transfer ist jedoch nur über geringe Distanzen möglich. Hierbei ist oft kritisch, dass die SPA sehr klein sein können und die ÖSL bei ihrem Verschwinden auf großen Flächen praktisch ausfällt. Ein Beispiel ist die Bestäubung von Nutzpflanzen durch Wildbienen, deren Flugdistanz meist unter 2 km liegt.
3. Naturprozess: Zwischen Bereitstellungsraum (SPA) und dem Gebiet der Nutznießer (SBA) liegt eine Distanz und der Transfer der ÖSL ist an (manchmal auch gerichtet ablaufende) Naturprozesse gebunden, die sensibel von den Eigenschaften des Zwischenraums (SCA) abhängig sein können. Ein Beispiel ist hier wieder der Hochwasserschutz, dessen Wirkung sich über die Abflusseigenschaften modifiziert.
4. Zugänglichkeit: In diesem Fall können Nutznießer eine ÖSL nur dann in Anspruch nehmen, wenn sie die Möglichkeit haben, in das bereitstellende Ökosystem hinein (oder zumindest nahe heran) zu kommen. Die Zugänglichkeit und auch der Weg dahin sind also kritische Größen für die Nutzung und den Wert der ÖSL. Klassisches Beispiel ist die Erholung in der Natur.
5. Warenverkehr: In diesem Fall müssen die Güter oder Nutzeffekte vom bereitstellenden Ökosystem (SPA) erst durch Akteure zum Nutznießer (in die SBA, manchmal auch über größere Entfernungen) transportiert werden. Dies gilt u. a. für forstliche und agrarische Produkte, die nach der Ernte zum Verbraucher transportiert werden oder für die Verteilung von Trinkwasser durch Netze bzw. über Fernwasserleitungen.
6. Global: Einige ÖSL werden zwar in bestimmten Ökosystemen (SPA) bereitgestellt, aber weltweit benötigt. Man kann dann keine SBA abgrenzen, eine Schädigung der SPA wirkt sich in diesem Fall weltweit aus. Dieser Fall tritt z. B. bei der Klimaregulation durch Kohlenstoffspeicherung auf, wobei besonders leistungsfähige Naturwaldökosysteme (Regenwald, Mangroven) wichtig für das Wohlergehen der ganzen Menschheit sind.

Die Fälle 3–6 führen zwangsläufig zum Skalentransfer (Abschn. 3.3.4). Räumliche Beziehungen mit Austausch von ÖSL können über sehr große Entfernungen bestehen. Solche Fernbeziehungen *(telecoupling)* sind wichtig für die globale Nachhaltigkeit, weil durch die überregionale Bereitstellung, die Nachfrage und den Austausch von ÖSL auch Abhängigkeiten und Probleme mit der internationalen Gerechtigkeit entstehen können (Koellner et al. 2019). Damit sich solche ÖSL-Fernbeziehungen erfassen lassen, unterscheiden Schröter et al. (2018) vier Typen: (a) Austausch durch internationalen Handel, die dem oben genannten Typ 5 entsprechen; (b) Wanderung und Migration von Organismen; (c) Beziehungen durch biophysikalische Prozesse wie Luftmassen- oder Meeresströmungen (beide entsprechen dem oben genannten Typ 3); (d) Austausch durch informationelle ÖSL z. B. der Kenntnisse über Arten anderer Länder. Koellner et al. (2019) identifizierten insgesamt 18 ÖSL, bei denen solche Fernbeziehungen auftreten können, und geben eine Methodik zu ihrer Erfassung vor, um die damit verbundenen weltweiten Nachhaltigkeitsaspekte nicht zu übersehen.

3.3.3 Zeitaspekte

Ökosysteme brauchen nicht nur bestimmte Zeitspannen für ihre Regeneration, sie unterliegen auch natürlichen Schwankungen und Trends, die ihre Funktionalität und Leistungsfähigkeit (zur Bereitstellung von ÖSL) periodisch, episodisch oder permanent beeinflussen. Das Millennium Ecosystem Assessment (MEA 2005) prognostiziert eine Verschlechterung vieler ÖSL weltweit. Die Landnutzung (Intensivierung) ist ein wichtiger Grund dafür (EASAC 2009). In zunehmendem Maße werden Veränderungen der Ökosysteme und der ÖSL, die sie bereitstellen, vom Menschen ausgelöst. Die Kenntnis der zeitabhängigen Änderungen von ÖSL ist von großer praktischer Bedeutung, da sie hilft, die praktischen Folgen der Auswirkungen zu beurteilen, Pläne und Richtlinien für den Menschen und die Gesellschaft entweder *ex post* oder *ex ante* zu bewerten. Nicht nur Ökosysteme oder ökologische Eigenschaften können sich ändern, sondern auch wirtschaftliche Werte sowie jene Werte, die verschiedene Interessengruppen den ÖSL beimessen. So genießen Moore heute in Deutschland einen hohen Schutzstatus. Goethe schrieb seinerzeit hingegen: „Den faulen Pfuhl auch abzuziehen, das letzte wär das Höchsterrungene. Schaffe Räume für Millionen, nicht sicher zwar, doch frei zu wohnen“ (Faust, 2. Teil). Moore trockenlegen und Flussauen eindeichen, um Kulturland zu schaffen, war lange eine Wertmaxime.

Andererseits können sich Infrastruktur- und Transportkosten ändern, was zu neuen räumlichen und wirtschaftlichen Beziehungen zwischen Dienstleistungsanbietern und Nutznießern führt. Die wenigen Beispiele bestätigen, dass Methoden benötigt werden, um natürliche Schwankungen oder Veränderungen der Ökosysteme im Detail aufzuzeigen und um in der Lage zu sein, Anpassungen an die Auswirkungen von menschlichen Nutzungen vorzunehmen.

Systematisch betrachtet sind die folgenden Zeitaspekte von ÖSL wichtig:

- **Mindestzeitanforderungen** für die Generierung der jeweiligen ÖSL, d. h., wie viel Zeit hinsichtlich der zugrundeliegenden ökologischen Prozesse sowie der Management- und Flächennutzungsaktivitäten nötig ist, um eine ausreichende Regeneration der betroffenen Ökosysteme zu gewährleisten.
- Durchdachte **zeitliche Abläufe** bei der Nutzung von ÖSL, um bei einem möglichst großen Nutzen Risiken und Schäden zu vermeiden (z. B. Fruchtfolgen im Ackerbau, Grünlandschnitt erst nach dem Brüten von Wiesenvögeln, Nutzung der Nährstoffregulationskapazität des Bodens zu geeigneten Zeiten – z. B. Gülleausbringung nur in der Vegetationsperiode und nicht auf unbedecktem Boden).

- **Ungleichzeitigkeiten** zwischen Angebot und Nachfrage bzw. der Nutzung von Gütern und ÖSL, d. h. sogenannte Zeitverzögerungen (z. B. zwischen Wasserentnahme aus einem Gewässer und dem Wasserverbrauch oder zwischen Wasserrücklage in Form von Schnee und Eis in Bergregionen und dem Nutzungsbedarf in Tälern und Becken; z. B. Grunewald et al. 2007).

Im Rahmen der Entwicklung von ÖSL-Konzepten ist es unabdingbar, die Kapazität der Ökosysteme, ÖSL nachhaltig bereitzustellen, zu beachten und methodisch umzusetzen. Somit ist es besonders wichtig, die Abfolge der verschiedenen Landnutzungen auf intelligente Weise zu gestalten, um unerwünschte Auswirkungen zu minimieren. Zum Beispiel kann die Fruchtfolge der Ackerbewirtschaftung nicht nur den Ertrag, sondern auch den Abfluss, die Infiltration und letztlich im Falle von Hochwasser das Gefährdungspotenzial beeinflussen. Eine enge Fruchtfolge, Zwischenfruchtanbau oder konservierende Bodenbearbeitung tragen dazu bei, die Zeiträume ohne Vegetationsbedeckung und somit Oberflächenabfluss bzw. Erosion zu reduzieren.

Eine der wichtigsten Fragen bezieht sich auf die manchmal großen Unterschiede zwischen Zeitabschnitten, in denen natürliche Entwicklungen ablaufen (z. B. Klimawandel), und die Zeiträume für deren Reflexion durch soziale Prozesse (wie Sensibilisierung der Öffentlichkeit, politische Meinungsbildung, parlamentarische Beschlüsse, die menschliche Lebenszeit). Ring et al. (2010) unterstreichen die Frage der zeitlichen Bezüge hinsichtlich der ÖSL: Nutzen jetzt – Kosten später. Solche Abwägungen stellen den zentralen Grundsatz der nachhaltigen Entwicklung dar (Abschn. 2.2). Sie sind auch bei der Diskontierung zukünftiger Kosten und Nutzen zu beachten (s. Abschn. 4.2.1).

Zeitunterschiede zwischen der Bereitstellung von Gütern und ÖSL und ihrer Nutzung können sinnvollerweise durch das Konzept der Naturraumpotenziale ausgedrückt werden (Kap. 2). Es zielt darauf ab, die ÖSL-Kapazitäten eines Raums als Nutzungsmöglichkeit für die Gesellschaft aufzuzeigen. Dabei werden Kategorien wie Risiko, Tragfähigkeit und Stress (heute zunehmend zusammengefasst in dem Begriff „Resilienz") von Ökosystemen und ÖSL beachtet, um bestimmte Nutzungen zu begrenzen oder sogar auszuschließen (Neef 1966; Haase 1978; Mannsfeld 1979; Bastian und Steinhardt 2002; Burkhard et al. 2009; Grunewald und Bastian 2010; Bastian et al. 2012b). Im Millennium Ecosystem Assessment (MEA 2005) wird dies wie folgt beschrieben: *„the capacity of the natural system to sustain the flow of economic, ecological, social, and cultural benefits in the future"* (s. auch „Optionswerte", Abschn. 4.2).

Der Ansatz der Naturraumpotenziale bildet eine wichtige Planungsgrundlage (Abschn. 6.3). Planungsrelevante Fragen sind beispielsweise: Wo liegen ungenutzte Möglichkeiten der Landnutzung? Wann und wo sind Nutzungen realisiert, die nicht dem Potenzial der Natur (ökologische Tragfähigkeit, Belastbarkeit, Resilienz) entsprechen?

3.3.4 Maßstäbe (Skalen) und Dimensionen

Der Maßstab ist Ausdruck von Größe und Detailgenauigkeit einer Betrachtung: Im großen Maßstab werden kleine Gebiete sehr detailliert untersucht, während sich eine kleinmaßstäbige Betrachtung auf gröbere Darstellungen ausgedehnterer Gebiete bezieht. Reziprok zum Maßstab ist der aus dem Englischen übertragene Begriff der (Raum-) Skale zu verstehen: Mikroskalig (kleinskalig) analysiert man kleine Areale mit großer Genauigkeit. Die Makroskale betrifft Übersichtsbetrachtungen großer Räume und die Mesoskale vermittelt zwischen beiden Ebenen.

Ein weiterer Gesichtspunkt ist die Maßstabsabhängigkeit von ÖSL, die ebenfalls noch relativ wenig untersucht worden ist (MEA 2005; Hein et al. 2006). Neuere Forschungen betonen, dass sowohl die Art und Weise, wie wir unsere Realität gliedern, als auch der Untersuchungsmaßstab das Ergebnis wesentlich beeinflussen (Blaschke 2006). Ökologische Strukturen und Prozesse sowie ÖSL manifestieren sich auf verschiedenen Ebenen und auf ganz unterschiedliche Weise in lokaler, regionaler und globaler Dimension (Abb. 3.7).

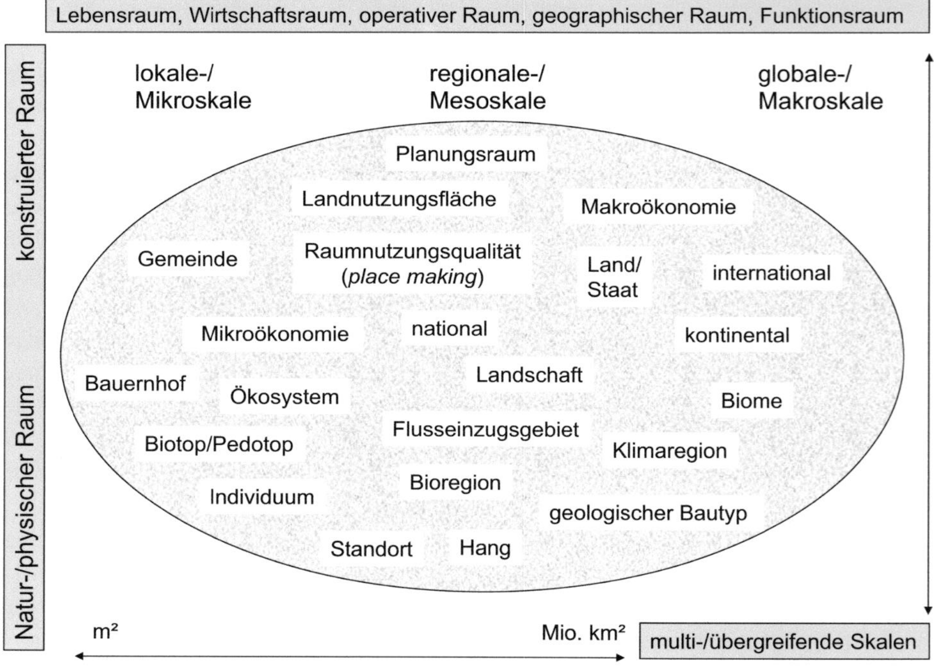

Abb. 3.7 Ausgewählte raumrelevante Phänomene reflektieren unterschiedliche Maßstabsbereiche bzw. Skalen. (© Karsten Grunewald)

Entsprechend der ursprünglichen Definition (Tansley 1935) können Ökosysteme innerhalb eines breiten Maßstabspektrums beschrieben werden, von der Ebene eines kleinen, flüchtig von der Sonne beschienenen Flecks auf dem Waldboden bis zu einem für Jahrzehnte oder Jahrhunderte bestehenden Wald von mehreren Tausend Quadratkilometern (Forman und Godron 1986). Die Bereitstellung von ÖSL hängt vom „Funktionieren" der Ökosysteme ab, welche wiederum durch ökologische Prozesse in verschiedenen Skalen angetrieben werden (MEA 2003; Hein et al. 2006).

ÖSL werden in ganz bestimmten Maßstabsebenen erzeugt (Hein et al. 2006; Costanza 2008; Bastian et al. 2012a). Als Beispiel können Kohlenstoffbindung und Klimaregulierung genannt werden. Beide ÖSL sind besonders auf der globalen Ebene relevant, trotz der Tatsache, dass das globale Gleichgewicht durch eine Vielzahl von lokalen Maßnahmen beeinflusst wird. Demgegenüber erfordert die ÖSL „Schutz vor Hochwasser in Küsten- oder Feuchtgebieten" oder die ÖSL „Erosionsschutz" verschiedene Skalenansätze. Die Bestäubung (für die meisten Pflanzen) und die Regulierung von Schädlingen und Krankheitserregern beziehen sich hingegen auf die Ökosystem- oder die lokale Ebene (Hein et al. 2006).

Der **Dimensionsbegriff** (Neef 1963) verbindet den Maßstab mit inhaltlichen Zuordnungen: Auf jeder **Maßstabsebene** sind andere Indikatoren und Zusammenhänge relevant. Ökologische Strukturen und Prozesse sowie ÖSL wirken bzw. manifestieren sich in verschiedenen Dimensionsstufen von der lokalen über die regionale bis zur globalen Maßstabsebene auf sehr unterschiedliche Weise. So lassen sich gegebenenfalls die auf lokaler und regionaler Ebene entwickelten Ansätze auf den überregionalen und eventuell sogar globalen Kontext übertragen, anpassen, anwenden und überprüfen (*bottom up*-Strategie). Aber auch die umgekehrte Herangehensweise (*top down*-Strategie) ist denkbar. So wird z. B. gefordert, die für die globale Ebene ermittelten Ergebnisse des Millennium Ecosystem Assessments durch Fallstudien auf lokaler bis regionaler Ebene zu untersetzen (Neßhöver et al. 2007; Kap. 5).

Es ist notwendig, zwischen Skalen mit sozioökonomischen und ökologischen Bezügen zu unterscheiden:

- Ökologische und institutionelle Grenzen stimmen nur selten überein und Akteure bezüglich der ÖSL überschneiden sich in verschiedenen institutionellen Zonen und Skalen (de Groot et al. 2010). ÖSL, die auf einer bestimmten ökologischen Ebene generiert werden, können einerseits von Akteuren unterschiedlicher Zuordnung in Anspruch genommen werden – von einzelnen Individuen und Haushalten über lokale, kommunale, regionale, landesweite bis hin zu nationalen, internationalen und globalen Gemeinschaften. Andererseits können Akteure auf einer spezifischen administrativen Ebene von ÖSL profitieren, die auf sehr unterschiedlichen ökologischen Ebenen generiert werden (Hein et al. 2006; de Groot et al. 2010).
- Die Tatsache, dass ÖSL in verschiedenen räumlichen Dimensionsstufen/Maßstabsebenen generiert werden, hat einen wesentlichen Einfluss auf den Wert, den Akteure und Gruppen von Akteuren den Leistungen beimessen, weil der Raum,

in dem die ÖSL bereitgestellt wird, bestimmt, welche Individuen bzw. Gruppen gegebenenfalls davon profitieren und welche Interessen damit verbunden sind.

- Räumliche Wechselwirkungen in Bezug zu den lokalen Kosten und regionalen oder globalen Nutzen und umgekehrt (z. B. von Wasserreinigung, Kohlenstoffbindung, Biodiversität, Naturschutz), sogenannte räumliche Externalitäten (Ring et al. 2010), sind auch eine Frage des Maßstabs. Die Kosten zur Erhaltung der Ökosysteme und der Biodiversität fallen meist für lokale Landnutzer und Kommunen an, während die Nutznießer auch weit darüber hinaus profitieren können: auf regionaler, nationaler bis zur globalen Ebene.
- Auch die Entscheidungen über Naturressourcen und ÖSL werden in verschiedenen Maßstabsbereichen getroffen. Die Identifikation der relevanten Maßstäbe und Interessengruppen ermöglicht die Analyse potenzieller Konfliktfelder im Umweltmanagement, insbesondere zwischen lokalen Akteuren und den überregionalen Interessen. Die Beachtung der Maßstabsproblematik stellt eine wichtige Grundlage des Landschaftsmanagements dar, u. a. für die Ermittlung von Ausgleichszahlungen an lokale Akteure, für die Opportunitätskosten zur Erhaltung der Ökosysteme anfallen (Hein et al. 2006).

Die möglichen **Skalenübergänge** von ÖSL und die relevanten Merkmale müssen genau untersucht werden. Gerade die Trade-offs (Abschn. 3.1.2) sind sehr schwierig zu handhaben, weil sie sowohl in Raum und Zeit Verschiebungen von Kosten und Vorteilen auf allen Ebenen, im großen wie kleinen Maßstab sowie kurz- und langfristig, transzendieren. Veränderungen der Biodiversität und des Klimas, Entwaldung oder Wüstenbildung bedeuten nicht nur die Übertragung von Kosten von einem Gebiet zu anderen Regionen oder Kontinenten, sondern auch Transfers in spätere Perioden und zukünftige Generationen. Das Problem kann Zahlungssysteme für ÖSL sowie unmittelbare politische Reaktionen erschweren oder sogar unmöglich machen. In Bezug auf die Zeitskalen ist es wichtig, dass die Analyse der Dynamik der ÖSL-Bereitstellung die wesentlichen Triebkräfte und Prozesse berücksichtigt (de Groot et al. 2010). Aufgrund des Trade-off-Problems (s. oben), die Übertragung von ÖSL-Bewertungen über verschiedene Skalen betreffend, müssen die spezifischen Einheiten und Maßstäbe der SPA *(service providing areas)* und SBA *(service benefiting areas)* analysiert werden (Abschn. 3.3.2).

Die Skalenproblematik führt zu der Frage nach den geeigneten Referenzeinheiten. Angemessene räumliche Bezugseinheiten sind notwendig für Stichprobenbefragungen, die Analyse und Zuordnung von Daten sowie für die Bewertung und Modellierung von ÖSL (Bastian et al. 2006). Die Referenzeinheiten sollten auf die Skalen, die ökologisch sinnvoll und politisch relevant sind, bezogen werden, und sie sollten die Komplexität der Sachverhalte und Zusammenhänge zum Ausdruck bringen. Beispiele für ökologische Einheiten sind Ökosysteme, Wassereinzugsgebiete, Landschaften und Naturräume wie Geochoren (Haase und Mannsfeld 2002; Bastian et al. 2006; Blaschke 2006). So kann die Bereitstellung von hydrologischen Leistungen von einer Reihe ökologischer

Prozesse abhängig sein, die von der Größe des Einzugsgebiets bestimmt wird (de Groot et al. 2010). Beispiele für sozioökonomische Bezugsgrößen sind Verwaltungseinheiten (Gemeinde, Landkreis, Regierungsbezirk, Bundesland, Land) und Landnutzungseinheiten. Das Missverhältnis von Verwaltungs-/sozioökonomischen und ökologischen Einheiten und Daten stellt ein Problem dar (z. B. passt die Bevölkerungsstatistik über administrative Einheiten nicht zu den Grenzen von Wassereinzugsgebieten), das besondere Aufmerksamkeit verlangt.

Ökologische Bezugseinheiten lassen sich für einen Transfer von Nutzgrößen (Nutzen- oder Benefit-Transfer, Abschn. 4.2) verwenden (z. B. Plummer 2009): Ökologische Daten und Analysen von einer bestimmten Bezugseinheit können in einem gewissen Maße auf ökologisch ähnliche und damit vergleichbare Einheiten übertragen werden (einschließlich der Fähigkeit, Güter und ÖSL bereitzustellen).

3.3.5 Kontrollschema für Raum- und Zeitaspekte von ÖSL

In Tab. 3.6 ist ein Kontrollschema zusammengestellt, das helfen soll zu überprüfen, ob bei der Analyse und Bewertung von ÖSL jeweils die wesentlichen Raum- und Zeitaspekte beachtet werden. Die relevanten Aspekte bezüglich Raum, Zeit und Maßstab wurden oben beschrieben. Die Anwendung des Kontrollschemas wird in Abschn. 5.6.2 am Beispiel der EU-Wasserrahmenrichtlinie (WRRL 2000) demonstriert, die viele Raum- und Zeitaspekte von ÖSL thematisiert. Auch wenn dort ÖSL-Begriffe und -Konzept nicht explizit erwähnt werden, zielt die WRRL darauf ab, ÖSL zu erhalten und zu verbessern.

Diskussion und Fazit

Ökosystemleistungen zeigen eine breite Palette von raum-, zeit- und maßstabsabhängigen Beziehungen. Dies gilt nicht nur für die ökologischen Aspekte, sondern auch für sozioökonomische und kulturelle, sowohl im Hinblick auf die Analyse- und Auswertungsschritte als auch bezüglich der Angebots- und Nachfrageperspektive. Bisher wurden Raum- und Skaleneffekte oft in erster Linie auf ökologische Phänomene bezogen. Diese Raumvorstellung haben wir versucht zu erweitern. Die Verknüpfung mit institutionellen Mechanismen über räumliche Skalen bietet bessere Möglichkeiten der Einbindung und Aktivierung von Interessengruppen und eine bessere Zusammenarbeit zwischen den Akteuren.

Perspektiven- und Skalenwechsel sind nötig: Ökologische Strukturen und Prozesse sowie ÖSL wirken bzw. manifestieren sich in verschiedenen Dimensionsstufen von der lokalen über die regionale bis zur globalen Maßstabsebene auf sehr unterschiedliche Weise. Das bedeutet u. a., dass die Erfassung bzw. Bewertung von ÖSL ein räumlich differenziertes, methodisches Herangehen erfordert.

Tab. 3.6 Prüfliste für Raum- und Zeitaspekte von ÖSL. (Nach Bastian et al. 2012a)

Pos	Aspekt	Kriterien, Beispiele
1 Raumaspekte		
1.1	Flächenanforderungen	Mindestfläche (für die Generierung von ÖSL) mit spezifischer Qualität (Struktur, abiotische Charakteristik, Biodiversität)
1.2	Raumausstattung	Ausstattung der Lebensräume, Landnutzungsdiversität, relevante ÖSL
1.3	Raumkonfiguration	Form, Zonen und Zonierung (Kern-/Pufferzone), Landnutzungsgradient, Nachbarschaftseffekte/-beziehungen
1.4	funktionale Verknüpfungen	Anbieter-Transfer-Nachfrager-Beziehung, ökologische Abhängigkeiten (z. B. Biotopverbund, Fluss-Aue-Wechselwirkungen)
2 Zeitaspekte		
2.1	Zeitanforderungen	Minimale Prozesszeiten, Regenerationszeit (eines Ökosystems bzw. einer ÖSL)
2.2	Zeitabläufe (Sequenzen)	Natürliche Oszillation, Zeitmuster der Landnutzung und Interferenzen, Speicherkapazität der Ökosysteme
2.3	Ungleichzeitigkeiten	Vorsorgemaßnahmen, Risiken, Optionswerte, intergenerationale Zeitdifferenzen (Nutzen für die jetzige Generation, die nächste Generation zahlt ggf. dafür)
3 Skalen und Dimensionen		
3.1	Adäquate Dimensionen und Maßstäbe	Adäquate Bezugseinheiten für ÖSL, Kompatibilität von Skalen und Maßnahmen, passende Raum- und Zeitauflösungen
3.2	Skalenübergänge	Skalenübergänge *(up-scaling, down-scaling)*, Analyse von Resilienz und Kipp-Punkten *(tipping points)*

Physischen und gesellschaftlichen Raum betrachten: Für die Erfassung und Bewertung von ÖSL sind – abgesehen von geeigneten Maßstabsbereichen – auch adäquate Bezugseinheiten erforderlich. Diese sollen wissenschaftlich begründet (plausibel) und politikrelevant sein und die Komplexität der Sachverhalte zum Ausdruck bringen. Bezugseinheiten können Ökosysteme, geometrische Einheiten, administrative Einheiten, aber auch verschiedenartig definierte Landschaftsräume sein. Aus dem Blickwinkel einer ökologischen Raumentwicklung ist das ÖSL-Konzept von besonderer Bedeutung, weil die Mensch-Umwelt-Beziehung thematisiert wird und dabei der gesellschaftliche Raumbegriff (Wahrnehmungsraum, Handlungsraum) mit dem physischen Raumbegriff (Ordnungsraum, Standorte, Lagebeziehungen, Distanzen, Raumgrenzen) verknüpft werden kann. Der Schwierigkeiten des Umgangs mit hybriden Begriffen sollte man sich dabei bewusst sein und einen pragmatischen Zugang wählen.

Die WRRL zeigt darüber hinaus die praktische Relevanz von ÖSL, z. B. hinsichtlich der räumlichen und zeitlichen Verteilung der Kosten und Nutzen oder des Zeitrahmens für das Erreichen bestimmter Ziele im Kontext der ökologischen (z. B. die Regenerationskapazität der Gewässer) und auch der wirtschaftlichen Bedingungen (wirtschaftliche Tragfähigkeit, Verteilung von Zahlungen über ausreichend große Zeiträume). Die WRRL beachtet ökologische Zeitkategorien (Entwicklung, Saisonalität, Regeneration, Stoffumsatz und -transfer) und gibt eine klare Orientierung in Bezug auf Zeithorizonte zur Zielerreichung, was für die Nutzer und andere Interessengruppen wichtig ist, um sich darauf einstellen zu können. In der WRRL sind solche Probleme besser gelöst worden als etwa in der EU-Fauna-Flora-Habitat-Richtlinie (s. Abschn. 5.6.2 und 5.7.4).

3.4 Landschaftsdienstleistungen

Olaf Bastian*, Karsten Grunewald, Ralf-Uwe Syrbe, Ulrich Walz und Wolfgang Wende

Wie in Abschn. 3.3 dargelegt, sind Entstehung und Nutzung von ÖSL stets an konkrete Räume gebunden. Sie manifestieren sich in räumlicher Differenzierung und in verschiedenen Größenordnungen bzw. Maßstabsbereichen. Kritische Stimmen bemängeln eine bisher unzureichende bzw. fehlende Verortung, d. h., dass die Anordnungsmuster und Beziehungen von ÖSL im Raum kaum beachtet (Syrbe und Walz 2012) und stattdessen häufig lediglich statistische Angaben, z. B. zur Landnutzung *(land cover),* einbezogen werden (Blaschke 2006). Auch seien die praktische Anwendbarkeit und der planerische Bezug von ÖSL unzureichend (Termorshuizen und Opdam 2009).

Ein vielversprechender Weg, diese Defizite zu beheben, ist die Verknüpfung von ÖSL mit einem Landschaftsansatz und die Definition von Landschaftsdienstleistungen (LDL), um einerseits den Raumbezug zu betonen und andererseits zu planerisch bzw. praktisch besser verwertbaren Aussagen zu gelangen (Burkhard et al. 2009; Termorshuizen und Opdam 2009; Frank et al. 2012; Schenk und Overbeck 2012).

Dies gilt trotz der Tatsache, dass der Landschaftsbegriff in der wissenschaftlichen Diskussion heftig umstritten war und noch ist und je nach Bildungsstand, Sozialisation und beruflichem Hintergrund, aber auch in Abhängigkeit von Sprache und Kulturkreis ein breites Spektrum an Deutungen und Sinngehalten besteht. „Landschaft“ ist Gegenstand zahlreicher Wissenschaften und Lebensbereiche, darunter der Ästhetik, Malerei, Literatur, Philosophie, Geografie, des Naturschutzes und der Landschaftspflege, der Land- und Forstwirtschaft usw. Ein Landwirt, ein Geologe, ein Forstwirt, ein Erholungssuchender – jeder wird Landschaft anders, mit anderen Schwerpunkten sehen (Jessel 1998).

Gemeinverständlich wird Landschaft häufig als ein Stück Land aufgefasst, welches das Auge auf einmal wahrnehmen kann. Landschaft stammt vom altgermanischen *lantscaf* ab, *scaf* entwickelte sich zu (englisch) *shape* und (deutsch) „schaffen“ (Haber 2002). Somit ist Landschaft das vom Menschen gestaltete Land. Landschaft als visuell erlebbare Dimension war über Jahrhunderte aber weniger ein bewusst geschaffenes Objekt, sondern ein Produkt der im Vordergrund stehenden Versorgung mit Nahrungsmitteln. Trotzdem wurde Landschaft schon früher häufig so gestaltet, dass verschiedenartige positive Nebeneffekte zum Tragen kamen. Beispiele sind Obstbaumreihen auf ansonsten wenig nutzbringenden Böschungen, um Obst als Nahrung zu erzeugen und gleichzeitig noch Schatten für die langen Fußwege zur Arbeit auf den Feldern zu spenden, oder um in Hof- oder Siedlungsnähe als Windschutz zu dienen wie auch für ein günstiges Mikroklima angepflanzte Gehölze. Auch ästhetische Aspekte mögen eine Rolle gespielt haben. Die bewusst gestaltete und später auch touristisch vermarktete Landschaft hatte dagegen ihren Anfang in der Aufklärung (Ideal des englischen Landschaftsgartens), kulminierte in den Parkgestaltungen der Großstädte des 19. Jahrhunderts (z. B. Central Park in New York) und ist heute ein fester Bestandteil der Landschafts- und Raumplanung (Kienast 2010).

Nach Leibenath und Gailing (2012) lässt sich Landschaft auf vierfache Weise deuten: (i) Landschaft als physischer Raum oder Ökosystemkomplex, (ii) (Kultur-)Landschaft im Kontext der Mensch-Umwelt-Beziehung, (iii) (Kultur-)Landschaft als Metapher und (iv) (Kultur-)Landschaft als soziales Konstrukt oder als Kommunikationsgegenstand. Backhaus und Stremlow (2010) unterscheiden folgende vier grundsätzliche disziplinäre Landschaftszugänge: (1) ökosystemare und geomorphologische, (2) psychologische und phänomenologische, (3) konstruktivistische und kulturwissenschaftliche sowie (4) politologische und sozialwissenschaftliche Zugänge.

Das Verständnis von Landschaft als intermediäre Erscheinung zwischen (natur-) wissenschaftlich erfassbarer objektiver Realität und gedanklichem Konstrukt bringt Definitionen wie die des Europarats in der Europäischen Landschaftskonvention (Artikel 1; Czybulka 2007) zum Ausdruck: „ein Gebiet, wie es vom Menschen wahrgenommen wird, dessen Charakter das Ergebnis der Wirkungen und Wechselwirkungen von natürlichen und/oder menschlichen Faktoren ist“ oder von Fry (2000): „physische und mentale Reflexion der Wechselwirkungen zwischen Gesellschaften und Kulturen mit ihrer natürlichen Umwelt". In diesem Sinne kann Landschaft auch gesehen werden als „ein von den Naturbedingungen vorgezeichneter, von menschlicher Tätigkeit in unterschiedlichem Maße überprägter, von Menschen als charakteristisch wahrgenommener bzw. empfundener und nach vorzugebenden Regeln abgrenzbarer Ausschnitt aus der Erdhülle unterschiedlicher Größenordnung" (Bastian 2008).

Laut Millennium Ecosystem Assessment (MEA 2005) ist eine Landschaft typischerweise aus einer Anzahl unterschiedlicher Ökosysteme zusammengesetzt, die jeweils ein ganzes Bündel verschiedener ÖSL generieren. Insofern ist es durchaus gerechtfertigt, Landschaftsräume mit gleichartigem oder ähnlichem Gesamtcharakter auszuweisen (bzw. als Bezugseinheiten zu verwenden), um deren Gegebenheiten für eine effektive und zugleich schonende Nutzung durch die Gesellschaft zu interpretieren (Bernhardt et al. 1986; Hein et al. 2006; TEEB 2009).

Die meisten Landschaftsdefinitionen erfüllen den Anspruch des räumlichen Bezugs bzw. der räumlichen Ausdehnung sowie der Ganzheitlichkeit im Sinne Alexander von Humboldts „Totaleindrucks einer Gegend" bzw. „des Landschaftlichen" (Humboldt 1847, S. 92, 97). Bisweilen werden Landschaft und Mensch als zwei sich gegenüberstehende Pole aufgefasst, wozu übrigens schon die Sprachregelung „Mensch und Natur" verführt. Dabei gerät leicht aus dem Blick, dass der Mensch immer auch Teil der Natur ist (Oldemeyer 1983 in Gebhard 2000). Zunehmend werden aber materielle und geistige Gesichtspunkte ausgewogener berücksichtigt sowie der Mensch unmittelbar einbezogen.

Für das ÖSL-Konzept halten wir die Definition von Landschaft als physischer Raum oder Ökosystemkomplex für besonders hilfreich. Viele ÖSL werden von der Landschaftsstruktur und vom geografischen Kontext beeinflusst, so von der Anordnung von Landschaftselementen oder Landnutzungseinheiten. Die Landschaftsstruktur bestimmt maßgeblich die Flüsse und Kreisläufe von Wasser, Nährstoffen und Organismen. Die räumliche Beziehung zwischen biotischen (Vegetation) und abiotischen Faktoren (Boden) ist für die Ausprägung vieler ÖSL entscheidend, deshalb ist das Ganze (die Landschaft und das an sie geknüpfte ökologische Mosaik) bedeutender als die Summe seiner Einzelteile (Odum 1971; Haber 2004). Die Landschaftsmatrix bestimmt die Rolle und Wirksamkeit der einzelnen biotischen Komponenten in weitaus stärkerem Maße, als wenn man nur die einzelnen Komponenten addiert (Frank et al. 2012; Syrbe und Walz 2012).

Die Bereitstellung von ÖSL hängt nicht nur von den Eigenschaften des einzelnen Ökosystems ab, sondern auch von den räumlichen Wechselwirkungen zwischen mehreren Ökosystemen sowie zwischen diesen und anthropogenen Elementen wie Straßen, Bauwerke usw. Ein Beispiel ist die natürliche Schaderregerregulation in der Agrarlandschaft durch Vögel und räuberische und parasitische Insekten, die eine spezifische Struktur bzw. Anordnung von Landschaftselementen (Sommer-/Winterlebensräume, Nahrungs- und Bruthabitate) erfordert. Für die Nutzung von ÖSL sind ebenfalls räumliche Beziehungen und landschaftliche Besonderheiten zu beachten (Abschn. 3.3).

Landschaft vs. Ökosystem

Angesichts der Bedeutungsvielfalt des Landschaftsbegriffs und der schwierigen Abgrenzbarkeit konkreter Landschaftsräume mag das Landschaftskonzept im Vergleich zum Ökosystemkonzept als zu unkonkret, schwammig und unwissenschaftlich angesehen werden. Doch ist im Vergleich hierzu das Ökosystemparadigma tatsächlich völlig unproblematisch? Das ist es eben nicht, denn auch dieses steht in der Kritik, es sei diffus und widersprüchlich (O'Neill et al. 1986) und es leide unter methodischen Defiziten bei seiner Anwendung in Forschung und Praxis. Naveh und Lieberman (1994) stellten die Frage, ob Ökosysteme tatsächlich als real existierende Phänomene angesehen werden können oder ob sie nicht lediglich konzeptionelle Hilfsmittel zur Analyse von Energie-, Stoff- und Informationsflüssen in ökologischen Systemen seien.

Noss (2001) betrachtet Ökosysteme als funktionelle Systeme mit räumlich nicht oder eher willkürlich definierten Grenzen. Es handle sich um offene Systeme, zwischen denen der Austausch von Stoffen, Energie und Organismen stattfinde.

Ernsthafte Probleme des Ökosystemparadigmas stellt Naveh (2010) im Hinblick auf räumliche Aspekte fest: Erstens handele es sich um die Annahme, Wechselwirkungen und Rückkopplungsschleifen bestünden innerhalb von Ökosystemgrenzen. In Wirklichkeit aber könne die räumliche Verbreitung der beteiligten Organismenpopulationen viel größer sein. Zweitens würde häufig räumliche Homogenität unterstellt. Diese Simplifizierung übersehe einige der wesentlichen Eigenschaften des Systems, denn gerade die Heterogenität sei Voraussetzung für das Leben dieser Organismen. Ein anderer wesentlicher Mangel des Paradigmas vom „natürlichen" Ökosystem sei die übliche Einstufung menschlicher Aktivitäten als externe Störungen (Naveh 2010).

Der Begriff Landschaftsdienstleistungen *(landscape services)* wird erstmals um die Jahrtausendwende dokumentiert. Als eine wissenschaftliche Schlüsselpublikation zu diesem Thema gilt die Abhandlung von Termorshuizen und Opdam (2009). Seitdem begannen Wissenschaftler, die Einbeziehung des Konzepts der Landschaftsdienstleistungen (LDL) in die Umweltpolitik zu erforschen, so die Verknüpfung naturwissenschaftlicher Erkenntnisse mit gesellschaftlicher Praxis. So untersuchten Willemen (2010) den Einfluss regionaler Entwicklungsstrategien auf die zukünftige Bereitstellung von LDL. Immer größere Aufmerksamkeit wurde der Einbeziehung von Partizipationsprozessen zuteil (Fagerholm et al. 2012). Gleichzeitig erfolgten Forschungsarbeiten zu Maßstabsfragen, dynamischen Modellen, Identifikation von Landschaftsfunktionen, Analysen von Trade-offs, monetären Aspekten (Zahlungsbereitschaft usw.) (Willemen et al. 2012; Grammatikopoulou et al. 2013; Wu et al. 2013; Bastian et al. 2014). Studien zu LDL gewannen immer mehr an Bedeutung (Fang et al. 2015).

Landschaftsdienstleistungen bilden das Verbindungsglied zwischen Landschaft und menschlichem Wohlergehen. Sie implizieren eine starke räumliche Orientierung und regionale Differenzierung sowie Akteurs-, Planungs- und Entscheidungsbezug. Das LDL-Konzept ist auch insofern von besonderer Bedeutung, weil es die Mensch-Umwelt-Beziehung und anthropogene Überprägungen (z. B. Landnutzung) stärker thematisiert und dabei den gesellschaftlichen Raumbegriff (Wahrnehmungsraum, Handlungsraum) mit dem physischen Raumbegriff verknüpft.

Die Einbeziehung von LDL als Spezialform des ÖSL-Ansatzes hat folgende Vorteile:

- Landschaften als Bezugseinheiten erweitern die Perspektive über die von Ökosystemen erbrachten Leistungen hinaus und betonen stärker ästhetische, ethische und soziokulturelle Aspekte sowie anthropogene Überprägungen (z. B. Landnutzung) und den Gesamtcharakter eines Gebiets (Eigenart der Landschaft).
- Es werden räumliche Aspekte stärker zum Ausdruck gebracht, so die Anordnung von Ökosystemen und Landnutzungseinheiten im Raum, struktur- und prozessbedingte Wechselwirkungen, die räumliche Unterscheidung von Angebot und Nachfrage (in Form sogenannter *service providing areas* und *service benefiting areas*) und der Bezug auf unterschiedliche Dimensionsstufen bzw. Maßstabsbereiche (Abschn. 3.3). Wechselwirkungen zwischen Räumen und ÖSL können an vielen praxisrelevanten, funktionellen Aspekten aufgezeigt werden: Ober-/Unterliegerproblematik in Flusseinzugsgebieten, Stadt-Umland-Beziehungen, Beziehungen zwischen Wirtschaftsräumen, Eingriffsraum und Orte für Ausgleichs- und Ersatzmaßnahmen und viele andere. Teilweise sind auch an bestimmten Orten entstehende ÖSL nur über besondere Räume in die Gebiete der Nachfrage zu transferieren (*service connecting areas,* z. B. Kaltluft über Kaltluftabflussgebiete in Städte hinein; Abschn. 3.3).
- Die Betonung des Landschaftsbezugs verbessert das Zusammenwirken (die Integration) verschiedener Fachdisziplinen, da Natur-, Kultur- und Nutzungsaspekte gleichermaßen angesprochen werden (wenn auch die in den einzelnen Wissenschaftsdisziplinen gebräuchlichen Landschaftsdefinitionen voneinander abweichen). Insbesondere der physische Landschaftsansatz erhöht die Relevanz für praktische räumliche Planungen (u. a. Landschaftsplanung) und für Landschaftsentwicklung wie auch -management und begünstigt partizipative Ansätze (Landschaft als identitätsstiftendes Element und als Handlungsraum, Akteursbezug).

Ein weiterer Pluspunkt für den Bezug auf Landschaften ergibt sich aus der Tatsache, dass trotz des strittigen wissenschaftlichen Diskurses zur Definition von Landschaften ihre nachhaltige Nutzung und ihr Schutz weltweit wachsende Aufmerksamkeit erfahren, u. a. 1995 im „Aktionsplan für Europäische Landschaften“ der EU und 2000 in der „Europäischen Landschaftskonvention“ des Europarats. Gefordert wird u. a., Visionen (Leitbilder) für europäische Landschaften aufzustellen und den Landschaftsschutz in die sektorale Politik zu integrieren, so in die Gemeinsame Agrarpolitik und die Regionalpolitik der EU, um regionale Identitäten und landschaftliche Eigenarten zu unterstützen

(Czybulka 2007). Diesem Anliegen diente auch das Forschungs- und Entwicklungsvorhaben (F+E) des Bundesamtes für Naturschutz (BfN) zur Identifikation und Auswahl von für Natur- und Kulturerbe „bedeutsamen Landschaften in Deutschland“ (Schwarzer et al. 2018; Bastian 2019).

Kulturlandschaften werden in der „Territorialen Agenda der Europäischen Union“ von 2007 als „Grundlage einer natur- und kulturwirtschaftlich orientierten Entwicklung“ bezeichnet, „die besonders strukturschwachen bzw. vom Strukturwandel betroffenen Regionen Entwicklungsperspektiven ermöglicht“ (Territoriale Agenda der Europäischen Union 2007). Fürst et al. (2008) sprechen sich dafür aus, Kulturlandschaftsentwicklung (wieder) verstärkt als Katalysator und Vehikel, d. h. als „wesentliches Element neuer Problemlösungen in der Regionalentwicklung“, zu betrachten. In alle diesbezüglich relevanten Politikbereiche müsse das Landschaftskonzept integriert werden, z. B. im Zusammenhang mit der Gemeinsamen Agrarpolitik der EU nach 2013, bei Natura 2000 sowie bei Fragen der Bioenergie.

Definition von Landschaftsdienstleistungen

Wir halten Landschaftsdienstleistungen (LDL) einerseits für einen Spezialfall innerhalb des Gesamtkonzepts der ÖSL (analog Kienast 2010; Hermann et al. 2011). Andererseits ist der Landschaftsansatz breiter und komplexer, da er zusätzlich zu ökologischen in besonderem Maße auch ästhetische, kulturelle, psychologische und andere Aspekte einschließt. Werden Leistungen betrachtet, die einen spezifischen Landschaftsbezug aufweisen, z. B. im Zusammenhang mit Landschaftsplanung, Landschaftspflege, Kulturlandschafts- und Landschaftsbildbewertung (vgl. Abschn. 6.3 und insbesondere Abschn. 5.7), dann ist der LDL-Ansatz gerechtfertigt.

In der Fachliteratur sind präzise Definitionen von LDL nicht sehr präsent, mit Ausnahme etwa von Termorshuizen und Opdam (2009), Willemen (2010), Syrbe und Walz (2012) und Wu (2013). Wir definieren LDL als „die Beiträge von Landschaften und Landschaftselementen zum menschlichen Wohlbefinden“ (Bastian et al. 2014).

Der Landschaftsbegriff weist darüber hinaus einen stärkeren Planungsbezug auf und ist Raumplanern besonders vertraut. Auch die breite Öffentlichkeit kann sich unter „Landschaft“ mehr vorstellen als unter „Ökosystem“. Nach Termorshuizen und Opdam (2009) betrachtet die Landschaftsplanung bereits seit Jahrzehnten Landschaft als human-ökologisches Konzept und befasst sich mit ihren ökonomischen, kulturellen und ökologischen Werten.

Gerade in der Landschaftsplanung ist es ein ureigenes Anliegen, die Komplexität ihres Betrachtungsgegenstands zu berücksichtigen und nicht die Einzelkomponenten bzw. Schutzgüter isoliert voneinander zu behandeln. Schon die Landschafts- und

Raumplanung der 1970er- und 1980er-Jahre wies der Landschaft verschiedene (potenzielle) Funktionen zu, die meist kartografisch festgehalten wurden. Damit war die Landschafts- und Raumplanung eigentlich bereits sehr nahe am Konzept der Landschaftsdienstleistungen, auch wenn sie die landschaftsspezifischen Funktionen noch nicht als Dienstleistungen benannte (Abschn. 2.2).

Der gewählte Landschaftsansatz (s. oben) erhöht nicht nur die Relevanz für praktische räumliche Planungen (u. a. Landschaftsplanung; Abschn. 6.3) sowie für Landschaftsentwicklung und -management (Abschn. 5.7), sondern er begünstigt auch partizipative Ansätze (Landschaft als identitätsstiftendes Element und als Handlungsraum; Abschn. 4.3; Fürst und Scholles 2008). „Landschaft", nicht das Ökosystem, ist der Bezugsraum für öffentliche Beteiligung. Sie erlaubt es einer Vielzahl von lokalen Interessenträgern, sich mit der Landschaft, in der sie leben, arbeiten und an der sie sich erfreuen, zu identifizieren und auf sie Einfluss zu nehmen, sich für sie verantwortlich zu fühlen und sie zu gestalten. Demgegenüber werden mit „Ökosystem" oftmals naturnahe, mehr oder weniger unberührte Gebiete, häufig mit Schutzstatus assoziiert, mit Erholungsfunktion, mit Artenvielfalt und ungestört verlaufenden natürlichen Prozessen (Termorshuizen und Opdam 2009). Landschaft ist auch ein Werbeträger, sie lässt sich „verkaufen" als ein guter Platz, an dem man leben, arbeiten und sich erholen kann (Wascher 2005).

Im Vergleich zu ÖSL zeichnen sich Landschaftsdienstleistungen besonders durch folgende Charakteristika aus (Bastian et al. 2014): Sie

- sind enger an Landschaften und Landschaftselemente als an Ökosysteme gebunden (s. Box „Anwendung des LDL-Ansatzes am Beispiel einer archäologischen Fundstätte"),
- verbreitern die Perspektive über Ökosysteme hinaus und legen größeres Gewicht auf ästhetische, ethische und andere soziokulturelle Aspekte als dies ÖSL tun,
- bringen einen stärkeren Bezug auf räumliche Charakteristika zum Ausdruck, z. B. die Anordnung von Ökosystemen und Landnutzungseinheiten in räumlichen, strukturellen und prozessbezogenen Interaktionen (Struktur-Prozess-Beziehungen), die Beachtung von Nachbarschaftseffekten und die räumliche Position von Angebot und Nachfrage nach ÖSL,
- sind stärker auf anthropogene Effekte (z. B. Landnutzung) fokussiert, da der Begriff „Landschaft" explizit das Wechselspiel zwischen Menschen und ihrer Umwelt enthält, während „Ökosystem" die Wechselbeziehungen zwischen einer Biozönose (Lebensgemeinschaft) und ihrem Lebensraum bzw. ihrer Umwelt repräsentiert,
- unterstützen eine mehr integrative Sichtweise, z. B. die Verbindung eines sozialen Raumkonzepts (Wahrnehmungs- und Handlungsraum) mit einem physischen (naturwissenschaftlichen) Raumkonzept (z. B. Ökosystemkomplex), und betonen den „Totalcharakter" eines Gebiets (landschaftliche Eigenart),
- nutzen Landschaften als räumliche Bezugseinheiten, die das Verständnis komplexer Wechselwirkungen charakteristischer Bedingungen in verschiedenen Gebieten erleichtern,

- bringen verschiedenartige wissenschaftliche Disziplinen zusammen, weil Aspekte von Natur, Kultur und Landnutzung gleichermaßen adressiert werden, obwohl die einzelnen Wissenschaftsdisziplinen jeweils spezifische Definitionen verwenden,
- sind mehr für die Praxis von Landschaftsplanung und -pflege relevant und begünstigen die Kommunikation und Partizipation.

Anwendung des LDL-Ansatzes am Beispiel einer archäologischen Fundstätte

Oft können Nutzungseignung/-möglichkeiten (Multifunktionalität) einer Fläche sinnvollerweise nur im Landschaftskontext betrachtet werden. Dies wird anhand von Abb. 3.8 exemplarisch veranschaulicht. Dank der fruchtbaren Lössböden wird in der Lommatzscher Pflege (Sachsen) seit Langem ertragreicher Ackerbau betrieben. Die zunehmende Intensivierung, insbesondere die Ausweitung des Raps- und Maisanbaus, rief allerdings Konflikte hervor, z. B. mit dem Boden- und Gewässerschutz (Erosion, Eutrophierung), dem Arten- und Biotopschutz (Rückgang der Biodiversität) und mit dem Erlebniswert der Landschaft (Monotonie). Der inmitten der Lommatzscher Pflege befindliche, bereits in der frühen Eisenzeit (800–500 v. Chr.) besiedelte und im 10. Jahrhundert n. Chr. erneut mit Befestigungen (Burgwällen) versehene Burgberg Zschaitz birgt eine überregional bedeutsame archäologische Fundstätte. Da die Fläche jahrzehntelang ackerbaulich genutzt wurde, kam es zu massivem Bodenabtrag und zu schweren Schäden für die archäologische Substanz. Die alleinige Fokussierung auf das landwirtschaftliche Ertragspotenzial bzw. entsprechende ÖSL ließ andere Aspekte außer Acht: Abgesehen vom fortschreitenden Bodenabtrag und der damit verbundenen Verminderung der Bodenfruchtbarkeit wurden an die frühgeschichtlichen Objekte gebundene und mehr im Landschaftszusammenhang als im ökologischen Kontext bedeutsame Leistungen ignoriert, wie etwa Archivfunktion, Regionalgeschichte, Erkenntnisgewinn bzw. Bildung. Nach jahrelangen, zähen Verhandlungen gelang es, diese Werte bzw. Leistungen gegenüber der Versorgungs-ÖSL (Bereitstellung von Agrarprodukten) stärker zu gewichten und die ackerbauliche Nutzung dieser empfindlichen Fläche zu ersetzen.

Es mag trivial klingen, doch der entscheidende Unterschied zwischen ÖSL und LDL ist das Objekt, auf das sie sich beziehen. Wir unterscheiden drei Fälle (Bastian et al. 2014):

- Die Leistung (Service) wird von Ökosystemen bereitgestellt, Landschaftsaspekte spielen kaum eine Rolle. Es besteht somit keine Notwendigkeit, den Terminus „Landschaftsdienstleistung“ zu benutzen.
- Die Leistung (Service) wird von Ökosystemen bereitgestellt, aber auch Landschaftsaspekte sind wichtig (z. B. Landschaftscharakter, Landschaftseinheiten). Die Begriffe ÖSL und LDL können gleichermaßen verwendet werden.

Abb. 3.8 Plateau des Burgberges Zschaitz in Sachsen mit verschiedenen Strukturelementen der Kulturlandschaft statt der bisherigen Ackernutzung: unterschiedliche Grünlandansaaten, Obstbaumpflanzungen, Steinrücken sowie Schutzpflanzung zwischen Grünland und Hangkante mit lokalen Wildsträuchern. © Christof Schubert, Landesamt für Archäologie Sachsen, 8/2022

- Die Leistung wird nicht von einem Ökosystem, sondern von einem (sonstigen) Landschaftselement bereitgestellt. Hier wäre der Terminus ÖSL obsolet und anstelle von ÖSL sollte der Terminus LDL gebraucht werden.

Die Notwendigkeit bzw. Sinnhaftigkeit der Verwendung des Terminus LDL anstelle von ÖSL kann außerdem folgendermaßen differenziert werden (Bastian et al. 2014):

- Niedrig oder fehlend: Die Leistung (Service) bezieht sich nicht bzw. nur in geringem Maße auf räumliche Aspekte (z. B. Größe oder Anordnung von Ökosystemen oder Landschaftselementen), den spezifischen Landschaftscharakter oder sie wird von realen Ökosystemen bereitgestellt und nicht von solchen Landschaftselementen, die keine Ökosysteme sind.
- Mittel: Räumliche Aspekte oder der Landschaftscharakter spielen eine mittlere Rolle für die Leistung. Diese kann sowohl von Ökosystemen als auch von Landschaftselementen bereitgestellt werden. Die Relevanz des LDL-Begriffs für die Landschaftsplanung ist mittel oder fallspezifisch.

- Hoch: Die Leistung hängt in hohem Maße von räumlichen Aspekten oder dem Landschaftscharakter ab. Sie bezieht sich mehr auf Landschaftselemente, die nicht notwendigerweise Ökosysteme sein müssen, oder die Relevanz für die Landschaftsplanung ist hoch.

Die Konzepte ÖSL und LDL überschneiden sich zu einem bestimmten Grad, aber sie sind nicht identisch (Miklós et al. 2020). Wir befürworten nicht einen Ersatz des einen Begriffs durch den anderen, sondern eine situationsgerechte Verwendung beider Begriffe. Wir sind der Meinung, dass nahezu alle ÖSL auch als LDL betrachtet werden können, wenn räumliche Aspekte und der Kontext von Landschaftsplanung und -pflege im Vordergrund stehen und wenn sie sich explizit auf Landschaftselemente, Landschaftseinheiten oder den Landschaftscharakter beziehen. Bezüglich der Klassifikation gibt es kaum Unterschiede, sowohl Ökosysteme als auch Landschaften können Versorgungs-, Regulations- und soziokulturelle Leistungen bereitstellen (Zoeller et al. 2022).

Vallés-Planells et al. (2014) entwickelten ein Klassifikationssystem für LDL auf der Basis des Common International Classification of Ecosystem Services (CICES, Abschn. 3.2) und unter kritischer Sichtung vorhandener Literatur. Sie definierten drei Themenfelder für LDL, jedes untergliedert in jeweils mehrere Gruppen: Versorgungsleistungen, Regulation und Erhaltung, kulturelle und soziale Erfüllung des Lebens – Letzteres mit besonderem Fokus auf Gesundheit, körperliche und geistige Inspiration, Vertrautheit und Identifikation, Freude sowie persönliche und soziale Erfüllung. Vallés-Planells et al. (2014) beschreiben auch zusätzliche Leistungen, so die Bereitstellung von Raum und die Regulation von ökologischen und Wahrnehmungsprozessen auf der Grundlage der räumlichen Konfigurierung von Landschaft. Sie argumentieren, dass dieses Klassifikationssystem besonders gut für die Anwendung in der Landschaftsplanung geeignet sei, weil LDL einen höheren Aussagewert als einfache Landnutzungstypen hätten und eine stärkere Anwendung von Partizipationstechniken zur Einbeziehung von Interessenträgern erforderlich sei (Vallés-Planells et al. 2014).

Von Interesse ist die Frage nach dem Vorhandensein spezieller Instrumente bzw. Verfahren zur Erfassung und Bewertung von LDL. Es zeigt sich, dass diese mit ÖSL-Ansätzen teilweise ähnlich oder gar identisch sind. Durch den breiteren multidisziplinären Ansatz der LDL sind allerdings ein umfangreicheres methodisches Spektrum und entsprechende wissenschaftliche Expertise nötig. Die Methoden zur Erfassung von LDL (Angebotsseite) leiten sich wesentlich aus der Landschaftsökologie ab, insbesondere wenn es sich um physische Landschaften handelt. Die Nachfrageseite und die Kombination von Angebot und Nachfrage sind jedoch bislang kaum erforscht worden. Demzufolge besteht auch ein Mangel an vollständigen, konsistenten Rahmenmethodiken für LDL. Ein solcher Rahmen sollte Kenntnisse und Komponenten aller beteiligter Fachdisziplinen einbeziehen, sowohl von naturwissenschaftlichen (z. B. Geografie, Landschaftsökologie) als auch von anwendungsorientierten Disziplinen (z. B. Landschaftsplanung). Syrbe und Walz (2012) haben einige methodische Schritte eines landschaftsbezogenen Erfassungs- und Bewertungsrahmens benannt:

- Bestimmung der räumlichen und zeitlichen Struktur der Landschaft, z. B. räumliche Anordnung der funktionellen Einheiten. Sie hängt ab von den nachgefragten Leistungen, speziell der Differenzierung von SBA *(service providing areas),* SBA *(service benefiting areas)* und SCA *(service connecting areas).*
- Bestimmung der potenziellen Leistungen unabhängig von der aktuellen Nutzung (in Anlehnung an das Konzept der Naturraumpotenziale, Abschn. 2.2).
- Bestimmung der Interessenträger, Akteure und Nutznießer, insbesondere zum Zweck der Bewertung in der Landschaftsplanung und in Landschafts-Governance-Kontexten.

Fazit

Ökosystem- und Landschaftsdienstleistungen unterscheiden sich nicht grundsätzlich voneinander. Letztere stellen räumliche Aspekte stärker in den Vordergrund und fokussieren sich durch ihren Bezug auf die Schnittstelle von ökologischen, ökonomischen und sozialen Aspekten stärker auf eine komplexere Herangehensweise. Außerdem sind sie mehr auf die räumliche Planung, die Kommunikation und die Beteiligung von Akteuren und Interessenträgern bzw. der Menschen „vor Ort“ ausgerichtet. Die Methoden der Erfassung und Bewertung ähneln sich zum großen Teil oder sind identisch, bei LDL ist aber infolge des breiteren, multidisziplinären Ansatzes ein umfangreicheres Methodenspektrum in Betracht zu ziehen.

Literatur

Ala-Hulkko T, Kotavaara O, Alahuhta J, Hjort J (2019a) Mapping supply and demand of a provisioning ecosystem service across Europe. Ecol Ind 103:520–529. https://doi.org/10.1016/j.ecolind.2019.04.049

Ala-Hulkko T, Kotavaara O, Alahuhta J, Kesälä M, Hjort J (2019b) Accessibility analysis in evaluating exposure risk to an ecosystem disservice. Appl Geogr 113. https://doi.org/10.1016/j.apgeog.2019.102098

Albert C, von Haaren C, Galler C (2012) Ökosystemdienstleistungen. Alter Wein in neuen Schläuchen oder ein Impuls für die Landschaftsplanung? Naturschutz und Landschaftsplanung 44:142–148

Albert C, Burkhard B et al. (2015) Empfehlungen zur Entwicklung eines ersten nationalen Indikatorsets zur Erfassung von ÖSL. BfN-Skripten 410. Bonn

Albert C, Hinzmann M, Neßhöver C, Wittmer H, Bonn A, Burkhard B, Dauber J, Döring R, Fürst C, Grunewald K, Haase D, Hansjürgens B, Hauck J, Köllner T, Plieninger T, Rabe SE, Ring I, Schröter M, Spangenberg JH, Stachov U, Wüstemann H, Görg C (2017) Towards a National ecosystem assessment in Germany: a plea for a comprehensive approach. GAIA 26(1):27–33. https://doi.org/10.14512/gaia.26.1.8

Anderson BJ, Armsworth PR, Eigenbrod F, Thomas CD, Gillings S, Heinemeyer A, Roy DB, Gaston KJ (2009) Spatial covariance between biodiversity and other ecosystem service priorities. J Appl Ecol 46:888–896

Artner A, Frohnmeyer U, Matzdorf B, Rudolph I, Rother J, Stark G (2005) Future Landscapes. Perspektiven der Kulturlandschaft. Bundesamt für Bauwesen und Raumordnung, Bonn

Auhagen (1998) Verbal-Argumentation oder Punkte-Ökologie – Bewertungsverfahren unter der Lupe des Planers. Sächsische Akademie für Natur und Umwelt im Sächsischen Staatsministerium für Umwelt und Landesentwicklung in Zusammenarbeit mit dem Lehr- und Forschungsgebiet Landschaftsplanung der Technischer Universität Dresden (Hrsg.): Dresdner Planergespräche – Vom Leitbild zur Quantifizierung – Bewertungsprobleme und ihre Lösung in der Landschafts- und Grünordnungsplanung. Bericht zur wissenschaftlichen Arbeitstagung am 14. und 15. November 1997. Dresden, 137 S

Backhaus N, Stremlow M (2010) Handlungsraum Landschaft: Wege zur Förderung transdisziplinärer Zusammenarbeit. Nat Landsch 85:345–349

BAFU – Bundesamt für Umwelt (2011) Indikatoren für Ökosystemleistungen. Systematik, Methodik und Umsetzungsempfehlungen für eine wohlfahrtsbezogene Umweltberichterstattung. Herausgegeben vom Bundesamt für Umwelt BAFU, Bern

Balmford A, Rodrigues ASL, Walpole M, ten Brink P, Kettunen M, Braat L, de Groot R (2008) The economics of biodiversity and ecosystems: scoping the science. European Commission, Cambridge

Barkmann J (2001) Angewandte Ökosystemforschung zwischen Biodiversitäts-, Landschafts- und Ressourcenschutz. Petermanns Geogr Mitt 145:16–23

Bastian O (2008) Landscape classification – between fact and fiction. In: Lechnio J, Kulczyk S, Malinowska E, Szumacher I (Hrsg) Landscape classification. Theory and practice. Warsaw, S 13–20

Bastian O (2019) Bedeutsame Landschaften in Sachsen. – Mitteilungen des Landesvereins Sächsischer Heimatschutz e.V., (2/3):62–74

Bastian O, Grunewald K, Syrbe RU (2012a) Space and time aspects of ecosystem services, using the example of the European Water Framework Directive. International Journal of Biodiversity Science, Ecosystem Services Management. Special issue. doi: https://doi.org/10.1080/21513732.2011.631941

Bastian O, Haase D, Grunewald K (2012b) Ecosystem properties, potentials and services – the EPPS conceptual framework and an urban application example. Ecol Indic 21:7–16

Bastian O, Grunewald K, Syrbe RU, Walz U, Wende W (2014) Landscape services: the concept and its practical relevance. Landscape Ecol 29(9):1463–1478. https://doi.org/10.1007/s10980-014-0064-5

Bastian O, Krönert R, Lipský Z (2006) Landscape diagnosis on different space and time scales – a challenge for landscape planning. Landscape Ecol 21:359–374

Bastian O, Schreiber KF (Hrsg) (1999) Analyse und ökologische Bewertung der Landschaft. 2. Aufl. Spektrum Akademischer Verlag, Heidelberg, 564 S

Bastian O, Steinhardt U (Hrsg) (2002) Development and perspectives of landscape ecology. Kluwer, Dordrecht, S 498

Bastian O, Syrbe RU, Rosenberg M, Rahe D, Grunewald K (2013) The five pillar EPPS framework for quantifying, mapping and managing ecosystem services. J Ecosyst Serv 4:15–24. https://doi.org/10.1016/j.ecoser.2013.04.003.

Bechmann A (1989) Die Nutzwertanalyse. In: Storm P-C, Bunge T (Hrsg) Handbuch der Umweltverträglichkeitsprüfung. Schmidt, Berlin, S 1–31

Bechmann A (1995) Anforderungen an Bewertungsverfahren im Umweltmanagement – Dargestellt am Beispiel der Bewertung für die UVP-Dokumentation zu den 11. Pillnitzer Planergesprächen am 29./30.9.1995, S 6–39

de Bello F, Lavorel S, Diaz S, Harrington R, Cornelissen JHC, Bardgett RD, Berg MP, Cipriotti P, Feld CK, Hering D, da Silva PM, Potts SG, Sandin L, Sousa JP, Storkey J, Wardle DA, Harrison PA (2010) Towards an assessment of multiple ecosystem processes and services via functional traits. Biodivers Conserv. 19(10) https://doi.org/10.1007/s10531-010-9850-9

Bernhardt A, Haase G, Mannsfeld K, Richter H, Schmidt R (1986) Naturräume der sächsischen Bezirke. Sächsische Heimatblätter 4/5 (Sonderheft)

Blaschke T (2006) The role of the spatial dimension within the framework of sustainable landscapes and natural capital. Landscape Urban Plan 75:198–226

Blotevogel HH (1995) Raum. In: Akademie für Raumforschung und Landesplanung (Hrsg) Handwörterbuch der Raumordnung, Hannover, S 733–740

Boyd J, Banzhaf S (2007) What are ecosystem services? The need for standardized environmental accounting units. Ecol Econ 63:616–626

Bukvareva E, Zamolodchikov D, Kraev G, Grunewald K, Narykov A (2017) Supplied, demanded and consumed ecosystem services: prospects for national assessment in Russia. Ecological Indicators 78:351–360. https://doi.org/10.1016/j.ecolind.2017.03.034.

BUND (2021) BUND-Stellungnahme zu den Referentenentwürfen des Bundesministeriums für Ernährung und Landwirtschaft zur Ausgestaltung der EU-Agrarpolitik in Deutschland nach 2023. https://www.bund.net/fileadmin/user_upload_bund/publikationen/landwirtschaft/bund_Stellungnahme_drei_GAP_gesetze.pdf

Burkhard B, Kroll F, Müller F, Windhorst W (2009) Landscapes‘ capacities to provide ecosystem services – a concept for land-cover based assessments. Landscape Online 15:1–22

Burkhard B, Kroll F, Nedkov S, Müller F (2012) Mapping ecosystem service supply, demand and budgets. Ecol Indic 21:17–29

CLC 2006 CLC – CORINE Land Cover (2006) http://www.eea.europa.eu/data-and-maps/data#c12=corine+land+cover+version+13. Zugegriffen: 1. März 2015

Costanza R (2008) Ecosystem services: multiple classification systems are needed. Biol Conserv 141:350–352

Costanza R, d'Arge R, de Groot R, Farber S, Grasso M, Hannon B, Limburg K, Naeem S, O'Neill R, Paruelo J et al (1997) The value of the world's ecosystem services and natural capital. Nature 387:253–260

Cowling RM, Egoh B, Knight AT, O'Farrell PJ, Reyers B, Rouget M, Roux DJ, Welz A, Wilhelm-Rechman A (2008) An operational model for mainstreaming ecosystem services for implementation. Proc Natl Acad Sci USA 105:9483–9488

Czúcz B, Ildikó A, Potschin-Young M, Bereczki K, Kertész M, Kiss M, Aszalós R, Haines-Young R (2018) Where concepts meet the real world: A systematic review of ecosystem service indicators and their classification using CICES. Ecosyst Serv 29(A):145–157

Czúcz B, Keith H, Driver A, Jackson B, Nicholson E, Maes J (2021) A common typology for ecosystem characteristics and ecosystem condition variables. One Ecosyst 6:e58218. https://doi.org/10.3897/oneeco.6.e58218

Czybulka D (2007) Die Europäische Landschaftskonvention. Z Europäisches Umwelt-Planungsrecht (EurUP) 6:250–258

Díaz S, Fargione J, Chapin FS, Tilman D (2007) Biodiversity loss threatens human well-being. PLoS Biol 4:e277. https://doi.org/10.1371/journal.pbio.0040277

Díaz S, Demissew S, Carabias J, Joly C, Lonsdale M, Ash N, Larigauderie A, Adhikari JR, Arico S, Zlatanova D (2015) The IPBES Conceptual Framework – connecting nature and people. Curr Opin Environ Sustain 14:1–16. https://doi.org/10.1016/j.cosust.2014.11.002

Dunlop M, Turner G, Foran B, Poldy F (2002) Decision points for land and water futures. Resource Futures Program Working Document 2002/08, CSIRO Sustainaible Ecosystems, Canberra, Australia

Dunn RR (2010) Global mapping of ecosystem disservices: the unspoken reality that nature sometimes kills us. Biotropica 42:555–557

Durwen KJ, Schreiber KF, Thöle R (1980) Ein pragmatischer Ansatz zur Aufbereitung ökologischer Determinanten für die Raumplanung. Arb -Ber Landschaftsökologie, Münster 2:3–12

Dworczyk C, Burkhard B (2021) Conceptualising the demand for ecosystem services – an adapted spatial-structural approach. One Ecosyst 6:e65966. https://doi.org/10.3897/oneeco.6.e65966

EASAC – European Academies Science Advisory Council (2009) Ecosystem services and biodiversity in Europe. EASAC policy report 09, London

Erdmann KH, Shell C, Todt A, Küchle-Krischun J (2002) Natur und Gesellschaft: Humanwissenschaftliche Aspekte zum Naturschutz. Nat Landsch 77:101–104

EU – Europäische Kommission (2011) Mitteilung der Kommission an das Europäische Parlament, den Rat, den Europäischen Wirtschafts- und Sozialausschuss und den Ausschuss der Regionen: Lebensversicherung und Naturkapital: Eine Biodiversitätsstrategie der EU für das Jahr 2020

Fang X, Zhao W, Fu B, Ding J (2015) Landscape service capability, landscape service flow and landscape service demand: A new framework for landscape services and its use for landscape sustainability assessment. Prog Phys Geogr Earth Environ 39(6):817–836. https://doi.org/10.1177/0309133315613019

Fagerholm N, Käyhköa N, Ndumbaro F, Khamisc M (2012) Community stakeholder's knowledge in landscape assessments - Mapping indicators fpr landscape services. Ecol. Indic. 18:421-433

Fish R, Saratsi E, Reed M, Keune H (2016) Stakeholder participation in ecosystem service decision making. In: Potschin M, Haines-Young R, Fish R, Turner RK (Hrsg.) Routledge handbook of ecosystem services. Routledge, London, S 256-270

Fisher B, Turner RK (2008) Ecosystem services: classification for valuation. Biol Conserv 141:1167–1169

Fisher B, Turner RK, Morlin P (2009) Defining and classifying ecosystem services for decision-making. Ecol Econ 68:643–653

Forman RTT, Godron M (1986) Landscape ecology. Wiley, New York

Frank S, Fürst C, Koschke L, Makeschin F (2012) A contribution towards a transfer of the ecosystem service concept to landscape planning using landscape metrics. Ecol Indic 21:30–38

Fränzle O (1998) Grundlagen und Entwicklung der Ökosystemforschung. Handbuch der Umweltwissenschaften, 3. Erg. Lfg. 12/98, S 1–24

Fry G (2000) The landscape character of Norway – landscape values today and tomorrow. In: Pedroli B (Hrsg) Landscape our Home/Lebensraum Landschaft. Indigo Publishers, Zeist, S 93–100

Fürst D, Gailing L, Pollermann K, Röhring A (Hrsg) (2008) Kulturlandschaft als Handlungsraum – Institutionen und Governance im Umgang mit dem regionalen Gemeinschaftsgut Kulturlandschaft. Rohn, Dortmund, 328 S

Fürst D, Scholles F (Hrsg) (2008) Handbuch Theorien und Methoden der Raum- und Umweltplanung, 3. Aufl. Rohn, Dortmund

Gebhard U (2000) Naturschutz, Naturbeziehung und psychische Entwicklung. Naturschutz und Landschaftsplanung 32:45–48

Grammatikopoulou I, Pouta E, Salmiovirta M (2013) A locally designed payment scheme for agricultural landscape services. Land Use Policy. https://doi.org/10.1016/j.landusepol.2012.10.010

de Groot RS (1992) Functions of nature: evaluation of nature in environmental planning, management and decision making. Wolters-Noordhoff, Groningen

de Groot RS, Wilson M, Boumans R (2002) A typology for description, classification and valuation of ecosystem functions, goods and services. Ecol Econ 41:393–408

de Groot RS, Alkemade R, Braat L, Hein L, Willemen L (2010) Challenges in integrating the concept of ecosystem services and values in landscape planning, management and decision making. Ecol Complexity 7:260–272

Grossmann M, Hartje V, Meyerhoff J (2010) Ökonomische Bewertung naturverträglicher Hochwasservorsorge an der Elbe, Abschlussbericht des F+E-Vorhabens „Naturverträgliche Hochwasservorsorge an der Elbe und Nebenflüssen und ihr volkswirtschaftlicher Nutzen. Teil: Ökonomische Bewertung naturverträglicher Hochwasservorsorge an der Elbe und ihren Nebenflüssen", BfN 89

Grunewald K, Scheithauer J, Monget JM, Nikolova N (2007) Mountain water tower and ecological risk estimation of the Mesta-Nestos transboundary river basin (Bulgaria-Greece). J Mt Sci 4:209–220

Grunewald K, Bastian O (2010) Ökosystemdienstleistungen analysieren – begrifflicher und konzeptioneller Rahmen aus landschaftsökologischer Sicht. GEOÖKO 31:50–82

Grunewald K, Walz U et al (2015) Erfassung von Ökosystemleistungen auf nationaler Ebene in Deutschland. Natursch Landschaftsplan 47(10):305–310

Grunewald K, Herold H, Marzelli S, Meinel G, Syrbe RU, Walz U (2016) Konzept nationale Ökosystemleistungs-Indikatoren Deutschland – Weiterentwicklung, Klassentypen und Indikatorenkennblatt. Natursch Landschaftsplan 48(5):141–152

Grunewald K, Syrbe R-U, Walz U, Richter B, Meinel G, Herold H, Marzelli S (2017) Ökosystemleistungen Deutschlands – Stand der Indikatorenentwicklung für ein bundesweites Assessment und Monitoring. Nat Landsch 92(11):485–492

Grunewald K, Pekker R, Zieschank R, Hirschfeld J, Schweppe-Kraft B, Syrbe RU (2019) Grundlagen einer Integration von Ökosystemen und Ökosystemleistungen in die Umweltökonomische Gesamtrechnung in Deutschland. Nat Landsch 94(8):330–338

Grunewald K, Schweppe-Kraft B, Syrbe R-U, Meier S, Michel C, Richter B, Schorcht M, Walz U (2020) Hierarchisches Klassifikationssystem der Ökosysteme Deutschlands als Grundlage einer übergreifenden Ökosystem-Bilanzierung. Nat Landsch 95(3):118–128

Grunewald K, Meier S, Syrbe R-U, Walz U et al. (2021) Ökosysteme Deutschlands – Klassifizierung und Kartierung der Ökosystemtypen sowie Indikatoren für ein bundesweites Assessment und Monitoring des Ökosystemzustands und der Ökosystemleistungen. Leibniz-Institut für ökologische Raumentwicklung, Dresden

Grunewald K, Syrbe RU, Walz U, Wende W, Meier S, Bastian O, Zieschank R (2022) Nationale Indikatoren zur Bewertung von Ökosystemen und deren Leistungen - Bundesweiter Orientierungsrahmen für Landschaftsplanungen und Informationsgrundlage für die Bundespolitik. Natursch Landschaftsplan 54(02):12–25. https://doi.org/10.1399/NuL.2022.02.01

von Haaren C, Bathke M (2008) Integrated landscape planning and remuneration of agri-environmental services, Results of a case study in the Fuhrberg region of Germany. J Environ Manage 89:209–221. https://doi.org/10.1016/j.jenvman.2007.01.058

Haase G (1978) Zur Ableitung und Kennzeichnung von Naturraumpotenzialen. Petermanns Geogr Mitt 22:113–125

Haase G, Mannsfeld K (2002) Naturraumeinheiten, Landschaftsfunktionen und Leitbilder am Beispiel von Sachsen. Deutsche Akademie für Landeskunde, Flensburg

Haber W (2002) Kulturlandschaft zwischen Bild und Wirklichkeit. In: Schweizerische Akademie der Geistes- und Sozialwissenschaften, Bern, Akademievorträge, Heft IX, 19 S

Haber W (2004) Über den Umgang mit Biodiversität. In: Bayerische Akademie für Naturschutz und Landschaftspflege (ANL): Schwerpunkte: Leitbilddiskussion: Traditionen und Trends/Biodiversität als Aufgabe/Biografie: Alwin Seifert. Berichte der ANL, 28: 25–43; Laufen/Salzach (Bayerische Akademie für Naturschutz und Landschaftspflege)

Haines-Young RH, Potschin MB (2009) Methodologies for defining and assessing ecosystem services. Final Report, JNCC, Project Code C08–0170–0062, 69 S

Haines-Young RH, Potschin MB (2010) Proposal for a Common International Classification of Ecosystem Goods and Services (CICES) for Integrated Environmental and Economic Accounting (V1). Report to the European Environment Agency

Haines-Young RH, Potschin MB (2018) Common International Classification of Ecosystem Services (CICES) V5.1 and Guidance on the Application of the Revised Structure. Nottingham

Harrington R, Anton C, Dawson TP, de Bello F, Feld CK, Haslett JR, Kluvánkova-Oravská T, Kontogianni A, Lavorel S, Luck GW, Rounsevell MDA, Samways MJ, Settele J, Skourtos M, Spangenberg JH, Vandewalle M, Zobel M, Harrison PA (2010) Ecosystem services and biodiversity conservation: concepts and a glossary. Biodiv Conserv. https://doi.org/10.1007/s10531-010-9834-9

Haslett J, Berry P, Bela G, Jongman RG, Pataki G, Samways M, Zobel M (2010) Changing conservation strategies in Europe: a framework integrating ecosystem services and dynamics. Biodivers Conserv 19:2963–2977. https://doi.org/10.1007/s10531-009-9743-y

Hein L, van Koppen K, de Groot RS, van Ierland EC (2006) Spatial scales, stakeholders and the valuation of ecosystem services. Ecol Econ 57:209–228

Heink U, Jax K (2019) Going Upstream - How the Purpose of a Conceptual Framework for Ecosystem Services Determines its Structure. Ecol Econ 156(C):264–271. https://doi.org/10.1016/j.ecolecon.2018.10.009

Hermann A, Schleifer S, Wrbka T (2011) The Concept of Ecosystem Services Regarding Landscape Research: A Review. Living Rev Landscape Res 5 .http://landscaperesearch.livingreviews.org/Articles/lrlr-2011-1/. Zugegriffen: 01. Apr. 2011

Humboldt A von (Hrsg) (1847) Kosmos. Entwurf einer physischen Weltbeschreibung, Bd 2, Cotta, Stuttgart, Tübingen, 544 S

IPBES (2019) Summary for policymakers of the global assessment report on biodiversity and ecosystem services of the Intergovernmental Science-Policy Platform on Biodiversity and Ecosystem Services. In: Díaz S, Settele J, Brondízio ES, Ngo HT, Guèze M, Agard J, Arneth A, Balvanera P, Brauman KA, Butchart SHM, Chan KMA, Garibaldi LA, Ichii K, Liu J, Subramanian SM, Midgley GF, Miloslavich P, Molnár Z, Obura D, Pfaff A, Polasky S, Purvis A, Razzaque J, Reyers B, Roy Chowdhury R, Shin YJ, Visseren-Hamakers IJ, Willis KJ, Zayas CN (Hrsg) IPBES secretariat, Bonn, Germany, 56 S

Jessel B (1998) Landschaften als Gegenstand von Planung. Schmidt, Berlin

Keith H, Maes J, Czúcz B, Jackson B, Driver A, Nicholson E (2020) The purpose, role and reporting of ecosystem condition accounts. One Ecosyst 5:e58216. https://doi.org/10.3897/oneeco.5.e58216

Kettunen M, Bassi S, Gantioler S, ten Brink P (2009) Assessing socioeconomic benefits of Natura 2000 – a toolkit for practitioners. Institute for European Environmental Policy, London, Brussels

Kienast F (2010) Landschaftsdienstleistungen: ein taugliches Konzept für Forschung und Praxis? Forum Wissen: 7–12

Koellner T, Bonn A, Arnold S, Bagstad KJ, Fridman D, Guerra CA, Kastner T, Kissinger M, Kleemann J, Kuhlicke C, Liu J, López-Hoffmann L, Marques A, Martín-López B, Schulp CJE, Wolff S, Schröter M (2019) Guidance for assessing interregional ecosystem services flows. Ecol Ind 105:92–106

Kremen C (2005) Managing ecosystem services: what do we need to know about their ecology? Ecol Lett 8:468–479

Lamothe KA, Sutherland IJ (2018) Intermediate ecosystem services: the origin and meanings behind an unsettled concept. Int J Biodivers Sci Ecosyst Serv Manage 14(1):179–187. https://doi.org/10.1080/21513732.2018.1524399

La Notte A, D'Amato D, Mäkinen H, Paracchini ML, Liquete C, Egoh B (2017) Ecosystem services classification: A systems ecology perspective of the cascade framework. Ecol Ind 74:392–402

La Notte A, Dalmazzone S (2018) Sustainability assessment and causality nexus through ecosystem service accounting: The case of water purification in Europe. J Environ Manage 223:964–974. https://doi.org/10.1016/j.jenvman.2018.06.072

Lavorel S, McIntyre S, Landsberg J, Forbes TDA (1997) Plant functional classifications: from general groups to specific groups based on response to disturbance. Trends Ecol Evol 12:474–478

Leibenath M, Gailing L (2012) Semantische Annäherung an die Worte „Landschaft" und „Kulturlandschaft". In: Schenk W, Kühn M, Leibenath M, Tzschaschel S (Hrsg) Suburbane Räume als Kulturlandschaften. ARL, Hannover, S 58–79

Leser H, Klink HJ (Hrsg) (1988) Handbuch und Kartieranleitung Geoökologische Karte 1 : 25000 (KA GÖK 25). Forsch z. dt. Landeskunde 228

Loft L, Lux A (2010) Ecosystem Services – eine Einführung. BiKF – Biodiversität und Klima. Knowledge Flow Paper 6

Luck GW, Daily GC, Ehrlich PR (2003) Population diversity and ecosystem services. Trends Ecol Evol 18:331–336

Luck GW, Harrington R, Harrison PA, Kremen C, Berry PM, Bugter R, Dawson TP, de Bello F, Diaz S, Feld CK, Haslett JR, Hering D, Kontogianni A, Lavorel S, Rounsevell M, Samways MJ, Sandin L, Settele J, Sykes MT, van den Hove S, Vandewalle M, Zobel M (2009) Quantifying the contribution of organisms to the provision of ecosystem services. Bioscience 59:223–235

Lütz M, Bastian O (2000) Vom Landschaftsplan zum Bewirtschaftungsentwurf. Z Kulturtech Landesentwickl 41:259–266

Lyytimäki J, Sipilä M (2009) Hopping on one leg – The challenge of ecosystem disservices for urban green management. Urban For Urban Gree 8:309–315

Maarel E van der, Dauvellier PJ (1978) Naar een globaal ecologisch model voor de ruimlijke entwikkeling van Niederland. Studierapp. Rijksplanologische Dienst, Den Haag, 9

Mäler KG, Aniyar S, Jansson A (2008) Accounting for ecosystem services as a way to understand the requirements for sustainable development. Proc Natl Acad Sci USA 105:9501–9506

Maes J, Teller A et al. (2013) Mapping and Assessment of Ecosystems and their Services. An analytical framework for ecosystem assessments under action 5 of the EU biodiversity strategy to 2020. Technical Report - 2013 – 067, Publications office of the European Union, Luxembourg. http://ec.europa.eu/environment/nature/knowledge/ecosystem_assessment/pdf/MAESWorkingPaper2013.pdf. Zugriff: 20. Jan. 2015.

Maes J, Teller A et al. (2014) Mapping and Assessment of Ecosystems and their Services. Indicators for ecosystem assessments under Action 5 of the EU Biodiversity Strategy to 2020. 2nd Report – Final, February 2014. European Commission, Publications Office, Technical Report 2014 – 080. http://ec.europa.eu/environment/nature/knowledge/ecosystem_assessment/pdf/2ndMAESWorkingPaper.pdf

Maltby E (Hrsg) (2009) Functional assessment of wetlands: Towards evaluation of ecosystem services. Woodhead Publishing, Cambridge

Mannsfeld K (1979) Die Beurteilung von Naturraumpotentialen als Aufgabe der geographischen Landschaftsforschung. Petermanns Geogr Mitt 123:2–6

Matzdorf B, Reutter M, Hübner C (2010) Gutachten-Vorstudie: Bewertung der Ökosystemdienstleistungen von HNV-Grünland (High Nature Value Grassland) – Abschlussbericht im Auftrag des Bundesamtes für Naturschutz, Bonn (z2.zalf.de/oa/46452aad-17c1–45ed-82b6-fd9ba62fc9c2.pdf)

MEA – Millennium Ecosystem Assessment (2003) Ecosystems and human well-being: a framework for assessment. Island Press, Washington DC

MEA – Millennium Ecosystem Assessment (2005) Ecosystems and human well-being. Island Press, Washington DC, Synthesis

Meier S, Walz U, Syrbe RU, Grunewald K (2021) Das bundesweite Habitatpotenzial für Wildbienen. Ein Indikator für die Bestäubungsleistung. Natursch Landschaftsplan 53(06):12–19. https://doi.org/10.1399/NuL.2021.06.01

Miklós L, Špinerová A, Belčáková I, Offertálerová M, Miklósová V (2020) Ecosystem services: the landscape-ecological base and examples. Sustainability 12(10167). https://doi.org/10.3390/su122310167

Müller B (2005) Stichwort „Raumwissenschaft". In: Handwörterbuch der Raumordnung, 4. Aufl. ARL, Hannover, S 906–911

Müller F, Burkhard B (2007) An ecosystem based framework to link landscape structures, functions and services. In: Mander Ü, Wiggering H, Helming K (Hrsg) Multifunctional land use – meeting future demands for landscape goods and services. Springer, Berlin, Heidelberg, S 37–64

Naveh Z (2010) Ecosystem and landscapes – a critical comparative appraisal. J Landscape Ecol 3:64–81

Naveh Z, Lieberman AS (1994) Landscape ecology. Theory and application, 2. Aufl. Springer, Berlin

Neef E (1963) Dimensionen geographischer Betrachtungen. Forsch Fortschr 37:361–363

Neef E (1966) Zur Frage des gebietswirtschaftlichen Potentials. Forsch Fortschr 40:65–70

Neßhöver C, Beck S, Born W, Dziock S, Görg C, Hansjürgens B, Jax K, Köck W, Rauschmeyer F, Ring I, Schmidt-Loske K, Unnerstall H, Wittmer H, Henle K (2007) Das Millennium Ecosystem Assessment – eine deutsche Perspektive. Nat Landsch 82:262–267

Niemann E (1977) Eine Methode zur Erarbeitung der Funktionsleistungsgrade von Landschaftselementen. Arch Nat Schutz Landsch Forsch 17:119–158

Noss RF (2001) Beyond Kyoto: Forest management in a time of rapid climate change. Conserv Biol 15:578–590

Odum EP (1971) Fundamentals of ecology, 3. Aufl. Saunders, Philadelphia, 574 S

O'Neill RV, DeAngelis DL, Waide JB, Allen TFH (1986) A hierarchical concept of ecosystems. Princeton University Press, Princeton

Oudenhoven A, Petz K et al (2012) Framework for systematic indicator selection to assess effects of land management on ecosystem services. Ecol Ind 21:110–122

Oudenhoven A, Schröter M, Drakou EG, Geijzendorffer IR, Jacobs S, van Bodegom PM, Chazee L, Czúcz B, Grunewald K, Lillebø AI, Mononen L, Nogueira AJA, Pacheco-Romero M, Perennou C, Remme RP, Rova S, Syrbe RZ, Tratalos JA, Vallejos M, Albert C (2018) Key criteria for developing ecosystem service indicators to inform decision making. Ecol. Indic 95:417–426. https://doi.org/10.1016/j.ecolind.2018.06.020

Pfisterer AB, Balvanera P, Buchmann N, He JS, Nakashizuka T, Raffaelli D, Schmid B (2005) The role of biodiversity for ecosystem services: current knowledge. Institute of Environmental Sciences, University of Zurich

Plummer M (2009) Assessing benefit transfer for the valuation of ecosystem services. Front Ecol Environ 7:38–45

Potschin M, Haines-Young R (2017) From nature to society. Linking people and nature: Socio-ecological systems. In: Burkhard B, Maes J (Hrsg) Mapping ecosystem services. Sofia, S 39–41

Potschin M, Haines-Young R, Görg C, Heink U, Jax K, Schleyer C (2018) Understanding the role of conceptional frameworks: Reading the ecosystem service cascade. Ecosyst Serv 29:428–440

Radermacher W, Zieschank R, Hoffmann-Kroll R, van Nouhuys J, Schäfer D, Seibel S (1998) Entwicklung eines Indikatorensystems für den Zustand der Umwelt in der Bundesrepublik Deutschland mit Praxistest für ausgewählte Bezugsräume und Indikatoren, Bd 5. der Schriftenreihe zu den Umweltökonomischen Gesamtrechnungen, Wiesbaden

Rathmann J, Dubrow C, Eberhardt A (2021) Naturkapital Bayern: Machbarkeitsstudie zur ökonomischen Bewertung von Naturkapital und Ökosystemleistungen in Bayern – Ein landnutzungsbasierter Bewertungsansatz am Beispiel des bayerischen Vertragsnaturschutzprogramms. Forschungsbericht im Auftrag des Bayerisches Landesamt für Umwelt (LfU) im Auftrag des Bayerischen Staatsministeriums für Umwelt und Verbraucherschutz (StMUV). https://www.lfu.bayern.de/natur/oekosystemleistungen/machbarkeitsstudie/doc/projektschlussbericht_naturkapital.pdf

Ring I, Hansjürgens B, Elmqvist T, Wittmer H, Sukhdev P (2010) Challenges in framing the economics of ecosystems and biodiversity: the TEEB initiative. ScienceDirect. Curr Opin Environ Sustain 2:15–26

Rounsevell DA, Dawson TP, Harrison PA (2010) A conceptual framework to assess the effects of environmental change on ecosystem services. Biodivers Conserv 19:2823–2842

Schenk W, Overbeck G (2012) Suburbane Räume als Kulturlandschaften – Einführung. In: Schenk W, Kühn M, Leibenath M, Tzschaschel S (Hrsg) Suburbane Räume als Kulturlandschaften. ARL, Hannover, S 1–12

Schröter M, Barton DN, Remme RP, Hein L (2014) Accounting for capacity and flow of ecosystem services: A conceptual model and a case study for Telemark, Norway. Ecol Indic 36:539–551

Schröter M, Koellner T, Alkemade R, Arnhold S, Bagstad KJ, Erb K-H, Frank K, Kastner T, Kissinger M, Liu J, López-Hoffmann L, Maes J, Marques A, Martín-López B, Meyer C, Schulp CJE, Wolff S, Bonn A (2018) Interregional flows of ecosystem services: concepts, typology and four cases. Ecosyst Serv 31:231–241

Schwarzer M, Mengel A, Konold W, Reppin N, Mertelmeyer L, Jansen M, Gaudry KH, Oelke M (2018) Bedeutsame Landschaften in Deutschland: Gutachtliche Empfehlungen für eine Raumauswahl, Band 1 und 2, BfN-Schriften 516 und 517, Bonn

Spangenberg JH, Settele J (2010) Precisely incorrect? Monetising the value of ecosystem services. Ecol Complexity 7:327–337

Staub C, Ott W et al. (2011) Indikatoren für Ökosystemleistungen: Systematik, Methodik und Umsetzungsempfehlungen für eine wohlfahrtsbezogene Umweltberichterstattung. Bundesamt für Umwelt, Bern. Umwelt-Wissen 1102, 106 S

Symader W (2004) Was passiert, wenn der Regen fällt? Einführung in die Hydrologie. Ulmer UTB, Stuttgart, 256 S

Syrbe R-U, Walz U (2012) Spatial relations and structural indicators for ecosystem services. Ecol Indic 21:80–88

Syrbe R-U, Grunewald K (2017) Ecosystem service supply and demand – the challenge to balance spatial mismatches. Int J Biodivers Sci Eco Serv Manage 13(2):148–161

Syrbe R-U, Schröder M, Grunewald K, Walz U, Burkhardt B (2017) 5.1. What to map? In: Burkhard B, Maes J (Hrsg) Mapping ecosystem services. Pensoft Publishers, Sofia, S 151–158

Syrbe RU, Neumann I, Grunewald K, Brzoska P, Louda J, Kochan B, Macháč J, Dubová L, Meyer P, Brabec J, Bastian O (2021) The value of urban nature in terms of providing ecosystem services related to health and well-being: an empirical comparative pilot study of cities in Germany and the Czech Republic. Land 10:341. https://doi.org/10.3390/land10040341

Tansley AG (1935) The use and abuse of vegetational concepts and terms. Ecology 16:284–307

TEEB – The Economics of Ecosystems and Biodiversity (2009) An interim report. Europ. Comm., Brussels (www.teebweb.org)

TEEB (2010) The economics of ecosystems and biodiversity: ecological and economic foundations. In: Kumar P (Hrsg) Earthscan, London, Washington

Termorshuizen JW, Opdam P (2009) Landscape services as a bridge between landscape ecology and sustainable development. Ecol Soc 16(4):17. https://doi.org/10.5751/ES-04191-160417

Territoriale Agenda der Europäischen Union (2007) Für ein wettbewerbsfähigeres nachhaltiges Europa der vielfältigen Regionen. Angenommen anlässlich des Informellen Ministertreffens zur Stadtentwicklung und zum territorialen Zusammenhalt in Leipzig am 24./25. Mai 2007 (http://www.bmvbs.de/SharedDocs/DE/Artikel/SW/territoriale-agenda-der-europaeischen-union.html, 10.07.2012)

UN – United Nations, EU – European Union et al. (2014) System of Environmental-Economic Accounting 2012 – Experimental Ecosystem Accounting. UN/EU/FAO/OECD/WBG. New York: 198 S

UN – United Nations (2021) System of environmental-economic accounting –Ecosystem accounting: Final draft. UN: 350 S. https://seea.un.org/ecosystem-accounting

Vallés-Planells M, Galiana F, van Eetvelde V (2014) A classification of landscape services to support local landscape planning. Ecol Soc 19(1):44. https://doi.org/10.5751/ES-06251-190144

Vandewalle M, Sykes MT, Harrison PA, Luck GW, Berry P, Bugter R, Dawson TP, Feld CK, Harrington R, Haslett JR, Hering D, Jones KB, Jongman R, Lavorel S, Martins da Silva P, Moora M, Paterson J, Rounsevell MDA, Sandin L, Settele J, Sousa JP, Zobel M (2008) Review paper on concepts of dynamic ecosystems and their services. RUBICODE Deliverable D2.1. www.rubicode.net/rubicode/RUBICODE_e-conference_report.pdf. Zugegriffen: 05. Febr. 2009

Wallace KJ (2007) Classification of ecosystem services: problems and solutions. Biol Conserv 139:235–246

Wallace KJ (2008) Ecosystem services: multiple classifications or confusion? Biol Conserv 141:353–354

Walz U (2011) Landscape structure, landscape metrics and biodiversity. Living Rev Landscape Res 5:3–23

Walz U, Syrbe RU, Grunewald K (2017) Where to map? In: Burkhard B, Maes J (Hrsg) Ecosystem services mapping. Pensoft, Sofia, S 159–165

Wascher DM (Hrsg) (2005) European Landscape Character Areas – Typologies, Cartography and Indicators for the Assessment of Sustainable Landscapes. Final Project Report. Alterra Report 1254

Wiegleb G (1997) Leitbildmethode und naturschutzfachliche Bewertung. Z Ökol Nat Schutz 6: 43–62

Willemen L (2010) Mapping and modeling multifunctional landscapes. Ph.D. Thesis, Wageningen, 152 S

Willemen L, Veldkamp A, Verburg PH, Hein L, Leemans R (2012) A multi-scape modelling approach for analysing landscape service dynamics. J Environ Manage 100:86–95

Wolff S, Schulp CJ, Verburg PH (2015) Mapping ecosystem services demand: A review of current research and future perspectives. Ecol Ind 55:159–171. https://doi.org/10.1016/j.ecolind.2015.03.016

Wolff S, Schulp CJ, Kastner T, Verburg PH (2017) Quantifying spatial variation in ecosystem services demand: a global mapping approach. Ecol Econ 136:14–29. https://doi.org/10.1016/j.ecolecon.2017.02.005

WRRL (2000) Richtlinie 2000/60/EG des Europäischen Parlaments und des Rates vom 23. Oktober 2000 zur Schaffung eines Ordnungsrahmens für Maßnahmen der Gemeinschaft im Bereich der Wasserpolitik. Amtsblatt der Europäischen Gemeinschaft vom 22.12.2000 L 327/1

Wu J (2013) Key concepts and research topics in landscape ecology revisited: 30 years after the Allerton Park workshop. Landscape Ecol 28:1–11

Zoeller KC, Gurney GG, Cumming GS (2022) The influence of landscape context on the production of cultural ecosystem services. Landscape Ecol 37(3):1–12. https://doi.org/10.1007/s10980-022-01412-0

Methoden der Erfassung und Bewertung von Ökosystemleistungen

4

Benjamin Burkhard, Sabine Lange, Felix Müller, Burkhard Schweppe-Kraft, Karsten Grunewald, Ralf-Uwe Syrbe, Gerd Lupp, Olaf Bastian und Michael Holfeld

Inhaltsverzeichnis

Die Reihenfolge der Autoren entspricht nicht der Reihenfolge der Gewichtung zum Beitrag. Die Autorennamen sind in der Reihenfolge ihres Erscheinens im Kapitel aufgeführt. Die Autoren der einzelnen Abschnitte finden Sie im jeweiligen Abschnitt innerhalb des Kapitels. Korrespondierende Autoren der jeweiligen Abschnitte sind mit * gekennzeichnet.

K. Grunewald (✉) · R.-U. Syrbe
Leibniz-Institut für ökologische Raumentwicklung, Dresden, Deutschland
E-Mail: k.grunewald@ioer.de

R.-U. Syrbe
E-Mail: r.syrbe@ioer.de

B. Burkhard · S. Lange
Institut für Physische Geographie und Landschaftsökologie, Leibniz Universität Hannover, Hannover, Deutschland
E-Mail: burkhard@phygeo.uni-hannover.de

K. Grunewald und O. Bastian (Hrsg.), *Ökosystemleistungen*,
https://doi.org/10.1007/978-3-662-65916-8_4

Zusammenfassung

Der Bewertung von Ökosystemleistungen geht stets eine Erfassung und Quantifizierung der entsprechenden Leistungen voraus. Entsprechende Grundlagen hinsichtlich biophysikalischer und ökonomischer Methoden werden erläutert und anhand von Beispielen veranschaulicht. Szenariotechniken und partizipative Verfahren sowie Kopplungen mit dynamischen Modellen werden aufgezeigt, um Auswirkungen zukünftiger Entwicklungen abzubilden, Akteure einzubinden und die Komplexität der Erfassung und Bewertung von ÖSL zu fassen.

S. Lange
E-Mail: lange@phygeo.uni-hannover.de

F. Müller
Institut für Natur- und Ressourcenschutz, Christian-Albrechts-Universität Kiel, Kiel, Deutschland
E-Mail: fmueller@ecology.uni-kiel.de

B. Schweppe-Kraft
Bundesamt für Naturschutz (i. R.), Bonn, Deutschland
E-Mail: Burkhard.Schweppe-Kraft@web.de

G. Lupp
Lehrstuhl für Strategie und Management der Landschaftsentwicklung, Technische Universität München, Freising, Deutschland
E-Mail: gerd.lupp@tum.de luppg@gmx.de

O. Bastian
Moritzburg, Deutschland
E-Mail: Olaf.Bastian@web.de

M. Holfeld
Dresden, Deutschland
E-Mail: michael-holfeld@gmx.de

4.1 Indikatoren und Quantifizierungsansätze

Benjamin Burkhard*, Sabine Lange und Felix Müller

4.1.1 Grundlagen der Erfassung von Ökosystemen, ihren Zuständen und Leistungen

Ökosysteme sind komplexe Systeme, in denen biotische und abiotische Komponenten miteinander interagieren, dabei charakteristische Funktionen erfüllen und zur Selbstorganisation fähig sind (Odum 1998). Die Erfassung des Zustands von Ökosystemen muss daher die für den jeweiligen Ökosystemtyp (z. B. Wald, Agrarland, Stadt, See) relevanten Komponenten berücksichtigen und sie mit geeigneten Indikatoren messbar machen. Eine besondere Rolle kommt hierbei der biologischen Vielfalt zu, da die Funktionsfähigkeit von Ökosystemen durch das Vorkommen bzw. die Abwesenheit von Arten erweitert oder eingeschränkt wird. Neben der Biodiversität ist die Bereitstellung von ÖSL von den vorherrschenden geophysikalischen Strukturen und Prozessen abhängig. Diese wandeln sich stetig in ihrer räumlichen und zeitlichen Verteilung sowie in ihrer Intensität aufgrund natürlicher und anthropogen bedingter Veränderungen, vor allem durch Änderungen der Landnutzungsstrukturen und der klimatischen Rahmenbedingungen.

Insbesondere in den letzten Jahren wurden zahlreiche Methoden und Techniken entwickelt, um Ökosystemzustände, -funktionen und -leistungen in der Landschaft zu charakterisieren und zu quantifizieren (Burkhard und Maes 2017; Harrison et al. 2018; Santos-Martín et al. 2019). Im Gegensatz zu ökonomischen Bewertungen, bei denen die letztendliche Bewertung einer monetären Inwertsetzung nahekommt, bildet bei der biophysikalischen Bewertung die möglichst realistische Abbildung natürlicher Strukturen und Prozesse wie der Energie-, Stoff- und Wasserflüsse die zentrale Grundlage. Monetäre Ansätze wie Kosten-Nutzen-Analysen oder Zahlungsbereitschaftserfassungen sind anwendbare und etablierte Konzepte (Farber et al. 2002; Abschn. 4.2), die Ergebnisse sind jedoch oftmals enttäuschend, vor allem bei nichtvermarktbaren Gütern und Leistungen, wozu z. B. viele Regulationsleistungen und die Biodiversität zählen (Ludwig 2000; Spangenberg und Settele 2010).

Für alle Quantifizierungsverfahren sind entsprechend geeignete ÖSL-Indikatoren erforderlich. Diese müssen sensitiv gegenüber Landnutzungsveränderungen, zeitlich und räumlich explizit und skalierbar sein (van Oudenhoven et al. 2012, Abschn. 3.1.2). Indikatoren sind Kommunikationswerkzeuge, welche die Reduktion von Informationen über hochkomplexe Mensch-Umwelt-Systeme erleichtern. Nach Wiggering und Müller (2004) sind Indikatoren im Allgemeinen Variablen, die aggregierte Informationen über bestimmte Phänomene liefern. Sie werden ausgewählt, um spezifische Managementzwecke durch die Bereitstellung integrierender, synoptischer Werte, die nicht direkt zugängliche Qualitäten, Quantitäten, Zustände oder Interaktionen darstellen, zu unterstützen (Dale und Beyeler 2001; Turnhout et al. 2007; Niemeijer und de Groot 2008).

Indikatoren zur ÖSL-Bewertung können einzelnen Wertedomänen zugeordnet werden. Hierzu gehören biophysikalische, soziokulturelle und ökonomische/monetäre Werte. Für jede der drei Wertedomänen gibt es entsprechende Erfassungs- und Quantifizierungsmethoden (Santos-Martín et al. 2019).

Ein immer wiederkehrendes Problem bei ÖSL-Quantifizierungen ist es, neben den schwierigen und umfangreichen Datenerfassungen, die für die jeweilige Fragestellung und das entsprechende Gebiet geeignete ÖSL-Kategorisierung zu finden (Abschn. 3.2).

4.1.2 Methodische Ansätze auf unterschiedlichen Skalen

Unterschiedliche Landschaften verfügen einerseits, abhängig sowohl von natürlichen Gegebenheiten als auch von menschlichen Handlungen (in erster Linie Landnutzungen), über unterschiedliche Ökosystemstrukturen und -prozesse und somit über abweichende Kapazitäten zur Bereitstellung von ÖSL (Burkhard et al. 2009). Andererseits kommt es aufgrund verschiedener Landnutzungsmuster, Bevölkerungsverteilungen und weiterer ökologischer sowie sozioökonomischer Rahmenbedingungen auch zu unterschiedlichen Nachfragen nach ÖSL (Kap. 3). Zur Bewertung der vorliegenden Angebots- und Nachfragemuster sowie der damit verbundenen Stoffflüsse sind wiederum entsprechende Erfassungen und Quantifizierungen notwendig. Derartige Informationen können genutzt werden, um ÖSL-Bilanzen auf unterschiedlichen räumlichen Skalen, von lokal und regional bis national, kontinental und global, zu erstellen und die ÖSL-bezogenen Selbstversorgungsgrade der jeweiligen Räume zu bestimmen.

Räumliche Landnutzungsmuster und Veränderungen in der Bodenbedeckung können großräumig erfasst und bewertet werden, liefern direkte Rückschlüsse auf menschliche Aktivitäten (Riitters et al. 2000) und zeigen deutliche Zusammenhänge mit dem Angebot von ÖSL und der Nachfrage nach ihnen (Burkhard et al. 2012a). Hierfür stehen mittlerweile etablierte moderne Methoden der Fernerkundung (über Satelliten, Flugzeuge oder Drohnen) und geeignete Auswertungsalgorithmen des maschinellen Lernens zur Verfügung (Kentsch et al. 2021). Entsprechende Datensätze werden – teilweise frei zugänglich – für verschiedene Regionen (wie die europäischen CORINE-Landnutzungsdaten, EEA 1994) und auch global (z. B. ESA GlobCover; Arino et al. 2008) angeboten. Hinzu kommen zahlreiche bereits existierende Verfahren und Datenerfassungen auf regional-lokalen Skalen, die sich aufgrund der thematischen Breite des ÖSL-Konzepts leicht integrieren lassen (z. B. Langzeitmessungen im Rahmen der ökologischen Langzeitbeobachtung, LTER; Müller et al. 2010). Hierzu zählen Messungen, Monitoringaktivitäten, Kartierungen, Experteninterviews, statistische Auswertungen, Modellanwendungen oder Transferfunktionen (de Groot et al. 2010). Insbesondere prozessbasierte Modelle haben sich für die Quantifizierung und flächenhafte Darstellung von ÖSL etabliert (Burkhard und Maes 2017).

Die Vielfältigkeit an Ökosystemtypen, angebotenen und nachgefragten ÖSL sowie zu untersuchenden Problemstellungen erfordert eine entsprechend hohe Anzahl an geeigneten Quantifizierungsmethoden. Um aus der Vielzahl an verfügbaren Methoden die am besten geeignete herauszufinden, wurden genestete Ansätze (*tiered approach;*

Grêt-Regamey 2015), Entscheidungsbäume (Harrison et al. 2018) und Methodendatenbanken mit entsprechenden Abfragefunktionen (Reichel und Klug 2018; Santos-Martin et al. 2018) entwickelt. So können aus den verfügbaren Methoden, Daten, Kenntnissen und Bearbeitungskapazitäten, abhängig von der Fragestellung, die geeigneten Verfahren ausgewählt werden. Für vergleichsweise einfache Quantifizierungen für Übersichten über ÖSL ist es oftmals nicht notwendig, ressourcenaufwendige, hochkomplexe Methoden anzuwenden (Burkhard und Maes 2017). Oftmals ist auch eine Kombination von eher einfachen *(tier 1-)*Ansätzen mit komplexeren statistik- oder modellbasierten Ansätzen *(tier 2–3)* geeignet, um die Zwecke der ÖSL-Bewertung zu erfüllen.

Die räumlich explizite Erfassung und Kartierung von ÖSL-Verteilungen und die Analyse ihrer raumzeitlichen Veränderungen ermöglichen die Aggregation von äußerst komplexen Informationen. Derartige ÖSL-Visualisierungen können von Entscheidungsträgern im Umweltbereich als nützliche Werkzeuge zur nachhaltigen Landnutzungsplanung und für entsprechende Bewertungen von Zielkonflikten (Trade-offs) genutzt werden (Swetnam et al. 2010). Die räumlich konkrete Quantifizierung und Kartierung von ÖSL wurde als eine der Hauptanforderungen zur Implementierung des ÖSL-Konzepts in Umweltinstitutionen und Entscheidungsfindungsverfahren benannt (Daily und Matson 2008). Die Europäische Union hat ihre Mitgliedsstaaten im Rahmen ihrer Biodiversitätsstrategien 2020 und 2030 dazu aufgefordert, ihre Ökosysteme und deren Leistungen zu erfassen (EC 2011). Im Rahmen der darauf gestarteten MAES-Initiative (Mapping and Assessment of Ecosystems and their Services) wurde eine entsprechende Daten- und Wissensbasis geschaffen, die es ermöglicht, ÖSL europaweit zu erfassen und zu bewerten (Maes et al. 2020).

4.1.3 Beispielbewertungsmethode für ÖSL-Angebot und -Nachfrage: die ÖSL-Matrix

In diesem Abschnitt soll eine weit verbreitete und vergleichsweise einfach anzuwendende Methode zur Erfassung und Bewertung von Ökosystemfunktionen (hier bewertet anhand des Konzepts der ökologischen Integrität und entsprechender Indikatoren; Müller 2005; Burkhard et al. 2009, 2012a, b) sowie zu Angebot und Nachfrage unterschiedlicher ÖSL kurz vorgestellt werden. Die Methode wurde bereits in vielen Regionen der Erde erfolgreich in verschiedenen Fallstudien angewendet (entsprechender Überblick in Campagne et al. 2020), z. B. in borealen Waldlandschaften in Nordfinnland (Vihervaara et al. 2010), in Stadt-Umland-Gebieten in Mitteldeutschland (Kroll et al. 2012) sowie zur Abschätzung von Flutregulationskapazitäten in Bulgarien (Nedkov und Burkhard 2012).

Der Ansatz beruht auf einer **Bewertungsmatrix**, in der relative und in erster Linie nichtmonetäre Ökosystemzustands-, ÖSL-Angebots- und ÖSL-Nachfragebewertungen in verschiedenen georäumlichen Einheiten (z. B. Landnutzungstypen) zueinander in Bezug gesetzt werden. Auf der Grundlage dieser Interaktionsanalyse können die resultierenden Werte anschaulich in Karten visualisiert werden. Zu unterscheiden ist hierbei zwischen

Ökosystemfunktionen, ÖSL-Potenzialen, tatsächlichen ÖSL-Nutzungen (ÖSL-Fluss [*flow*] von der Natur zur Gesellschaft) und ÖSL-Nachfragen. Angebot und Nachfrage nach einzelnen Gütern und Leistungen sind in der globalisierten Welt von heute durch Transport, Handel und langfristige Lagermöglichkeiten oftmals räumlich und zeitlich weit voneinander entkoppelt. Dennoch kann eine Bewertung dieser beiden Variablen wichtige Informationen zu Bilanzen in bestimmten Raum- und Zeiteinheiten und damit zur Abschätzung des Selbstversorgungsgrads bzw. der Stoffflüsse innerhalb einer Region liefern (Dworczyk und Burkhard 2021). Ausnahmen bilden in der Regel viele der Regulationsleistungen wie Nährstoffregulierung, Erosions- oder Naturkatastrophenkontrolle. Diese sind im Normalfall nicht transportabel. Daher muss eine physikalische Verbindung zwischen Leistungsangebots- und -nachfrageregion bestehen (Bicking et al. 2020; Nedkov und Burkhard 2012; Syrbe und Walz 2012).

Für das Umwelt- und Ressourcenmanagement sowie für eine ÖSL-bezogene Landschaftsplanung sind derartige Informationen, vor allem solche mit räumlichem Bezug (Abschn. 3.3), von höchster Relevanz und die Nachfrage nach geeigneten Werkzeugen ist entsprechend groß (Kienast et al. 2009). Bei der Bewertung oder Abschätzung des **Potenzials einer Landschaft** (Abschn. 2.1 und 3.4), eines Landnutzungstyps oder eines Ökosystemtyps wird in der Regel die (hypothetische) maximale Leistungsbereitstellung unter den gegebenen Bedingungen bewertet. Dabei spielt es zunächst keine Rolle, ob die Menschen diese Leistungen auch tatsächlich nutzen. Der ÖSL-Fluss beschreibt die Fähigkeit einer abgrenzbaren Raumeinheit (z. B. Ökosystem), ein spezifisches Angebot an ÖSL, das in einem bestimmten Zeitabschnitt von den Menschen genutzt wird, bereitzustellen (Burkhard et al. 2012a). Bei bestimmten ÖSL wird diese Unterscheidung – etwa bei der Bewertung von geschützten Ökosystemen – relevant. Diese Systeme stellen eine Vielzahl an Gütern und Leistungen bereit, die potenziell von den Menschen genutzt werden können. Jedoch können beispielsweise im Falle von Kernzonen in Nationalparks, in denen jegliche Art der menschlichen Aktivität untersagt ist, viele der Leistungen (z. B. Holz, Wildprodukte) nicht direkt verwendet werden. Ökosystemprozesse wie Nährstoffkreislauf oder biologische Aktivität finden selbstverständlich weiterhin statt und haben in der Regel positive Auswirkungen auf den Ökosystemzustand im geschützten Gebiet selbst, aber auch auf umliegende Ökosysteme. Generell gilt bei vielen der Regulations-ÖSL, dass die Höhe des Leistungspotenzials mit der tatsächlichen Nutzung vergleichbar ist (Abschn. 2.1).

Als Grundlage für dieses Kapitel werden im Folgenden ÖSL-Angebot, -Nachfrage und -Fußabdruck nach Burkhard et al. (2012a) definiert

- **ÖSL-Angebot** bezieht sich auf die Kapazität eines bestimmten Gebiets innerhalb einer festgelegten Zeitperiode, spezifische ÖSL bereitzustellen. Dabei bezieht sich die Kapazität hier auf die Bereitstellung von aktuell genutzten, natürlichen Ressourcen und ÖSL („ÖSL-Fluss“). Daher unterscheidet sich das ÖSL-Angebot vom ÖSL-Potenzial, das dem maximalen hypothetischen Ertrag ausgewählter, optimierter ÖSL entspricht.

- **ÖSL-Nachfrage** ist die Summe aller aktuell in einem bestimmten Gebiet in einem bestimmten Zeitraum genutzten ÖSL. Derzeit wird die Nachfrage in der Regel ohne Berücksichtigung des tatsächlichen Orts der eigentlichen Bereitstellung bewertet.
- Derartige detaillierte Bereitstellungsmuster wären Teil des **ÖSL-Fußabdrucks**, der (in enger Anlehnung an das Konzept des ökologischen Fußabdrucks; Rees 1992) die Flächen berechnet, die in einem bestimmten Gebiet in einem festgelegten Zeitraum zur Produktion ausgewählter, durch den Menschen genutzter ÖSL benötigt werden. Hierbei müssen verschiedene Aspekte der ÖSL-Bereitstellung berücksichtigt werden (Bereitstellungskapazitäten, Abfallentsorgung usw.).

Die Bewertung der Ökosystemstrukturen und -prozesse der einzelnen Landnutzungstypen sowie deren Kapazitäten und Nachfragen in Bezug auf ÖSL erfolgt bei der hier vorgestellten Methode in einer Matrix, bei der die einzelnen Indikatoren des Ökosystemzustands und die ÖSL auf der x-Achse und die Landnutzungstypen (hier z. B. nach der CORINE-Nomenklatur der Europäischen Umweltagentur; EEA 1994) auf der y-Achse eingetragen sind (nach Burkhard et al. 2009, 2012a). An den Schnittstellen werden alle relevanten Potenziale, Flüsse und Nachfragen auf einer relativen Skala von 0 (nicht relevant) über 1 (gering relevant), 2 (relevant), 3 (mittel relevant), 4 (hoch relevant) bis 5 (maximal) bewertet. Da die CORINE-Landnutzungstypen 44 Klassen beinhalten und die hier verwendete Liste der Ökosystemzustands/ÖSL-Komponenten 39 Kategorien enthält, sind insgesamt 1716 Kapazitätsbewertungen vorzunehmen (Abb. 4.1). Aufgrund der hohen Anzahl der erforderlichen Bewertungen und des damit verbundenen Aufwands zum Ausfüllen der gesamten Matrix muss auf verschiedene Methoden der einzelnen *tier*-Ebenen (Abschn. 4.1.2), einschließlich existierender Datenquellen und Expertenabschätzungen, zurückgegriffen werden. Diese können anschließend schrittweise mit Modellierungs-, Mess- und Monitoringdaten verglichen und gegebenenfalls ersetzt werden (Burkhard et al. 2009). In konkreten Fallstudien werden außerdem vorab, am besten unter Beteiligung von Stakeholdern mit entsprechenden Ortskenntnissen, die relevanten Raumeinheiten und ÖSL ausgewählt. Somit kann die Matrix auf eine entsprechend handhabbare Größe reduziert werden.

In der Matrix in Abb. 4.1 erscheinen eindeutige Muster des ÖSL-Angebots zwischen den unterschiedlichen Landnutzungstypen. So zeigen auf der einen Seite vor allem die verschiedenen Waldlandnutzungstypen (Laub-, Nadel- und Mischwälder) hohe Werte für eine Vielzahl von ÖSL, was die hohe Multifunktionalität von Wäldern deutlich ausdrückt. Auch die anderen naturnahen Landnutzungstypen wie Wiesen und Weiden, Feuchtgebiete oder Wasserflächen sind durch hohe ÖSL-Angebote gekennzeichnet. Auf der anderen Seite stehen die stark anthropogen geprägten Ökosysteme wie Siedlungsflächen, Industrie- und Gewerbeflächen sowie Infrastruktureinrichtungen in der oberen Hälfte der Matrix, die allesamt niedrige bis nicht relevante Ökosystemfunktionen und -leistungen aufweisen.

	Ökologische Integrität: 1 Exergieaufnahme	2 Entropieproduktion	3 Speicherkapazität	4 Stoffkreislauf & Stoffverlustreduzierung	5 Biotische Wasserflüsse	6 Metabolische Effizienz	7 Heterogenität	8 Biodiversität	Regulationsleistungen: 9 Globale Klimaregulierung	10 Lokale Klimaregulierung	11 Luftreinhaltung	12 Wasserkreislaufregulierung	13 Wasserreinigung	14 Nährstoffregulierung	15 Erosionskontrolle	16 Naturkatastrophenkontrolle	17 Bestäubung *	18 Schädlings- und Krankheitskontrolle *	19 Abfallregulierung *
1 Durchgängig städtische Prägung	0	0	0	0	0	0	0	0	0	0	0	0	0	0	0	0	0	0	0
2 Nicht durchgängig städtische Prägung	1	1	1	1	1	1	1	1	0	0	0	0	0	0	0	0	0	0	0
3 Industrie- und Gewerbeflächen	0	0	0	0	0	0	1	1	0	0	0	0	0	0	0	0	0	0	0
4 Straßen, Eisenbahn	0	0	0	0	0	0	2	2	0	0	0	0	0	0	0	0	0	0	0
5 Hafengebiete	0	0	0	0	0	0	1	1	0	0	0	0	0	0	0	3	0	0	0
6 Flughäfen	1	1	0	2	1	1	1	1	0	0	0	0	0	0	0	0	0	0	0
7 Abbauflächen	0	0	0	0	0	0	2	2	0	0	0	0	0	0	0	0	0	0	0
8 Deponien und Abraumhalden	0	0	5	0	0	0	2	1	0	0	0	0	0	0	0	0	0	0	0
9 Baustellen	0	0	0	0	0	0	2	1	0	0	0	0	0	0	0	0	0	0	0
10 Städtische Grünflächen	4	3	2	3	2	1	3	3	1	2	1	2	1	1	2	0	1	1	1
11 Sport- und Freizeitanlagen	4	3	2	3	2	1	2	2	1	1	1	2	1	1	1	0	1	1	1
12 Nicht bewässertes Ackerland	5	4	4	1	3	4	3	2	1	2	0	1	0	0	0	1	0	2	2
13 Permanent bewässertes Ackerland	5	4	3	1	5	2	3	2	1	3	0	0	0	0	0	1	0	1	2
14 Reisfelder	5	4	3	1	5	1	3	2	0	2	0	2	0	0	0	0	0	1	1
15 Weinbauflächen	3	2	2	0	3	1	3	2	1	1	0	1	0	0	0	0	0	1	1
16 Obst- und Beerenobstbäume	3	2	3	2	4	2	4	3	2	2	2	2	1	1	2	2	5	3	2
17 Olivenhaine	3	2	3	1	3	2	3	2	1	1	1	1	1	1	1	0	0	3	2
18 Wiesen und Weiden	5	5	4	2	4	5	2	2	1	1	0	1	0	0	4	1	0	2	4
19 Jährliche und permanente Pflanzen	4	3	3	2	3	2	2	2	1	2	1	1	0	0	1	1	0	2	2
20 Komplexe Parzellenstruktur	4	3	3	1	3	2	4	3	1	2	0	1	0	0	0	1	0	3	2
21 Landwirtschaft & natürl. Bodenbed.	3	2	3	2	3	2	3	3	2	3	1	2	1	0	3	1	0	3	2
22 Agro-Forstflächen	4	3	4	4	4	3	4	4	1	2	1	1	1	1	2	1	3	3	3
23 Laubwälder	5	4	5	5	5	4	3	4	4	5	5	2	5	5	5	3	5	4	4
24 Nadelwälder	5	4	5	5	4	4	3	4	4	5	5	2	5	5	5	3	5	4	4
25 Mischwälder	5	4	5	5	5	4	3	5	4	5	5	2	5	5	5	3	5	5	5
26 Natürliches Grünland	4	3	5	5	4	4	3	5	3	2	0	1	5	5	5	1	0	1	2
27 Heiden und Moorheiden	4	3	5	5	4	5	3	4	3	4	0	2	4	3	0	2	2	2	3
28 Hartlaubvegetation	3	2	2	4	2	3	3	4	1	2	0	1	0	0	0	1	2	2	3
29 Wald-Strauch-Übergangsstadien	3	2	2	4	2	3	3	4	0	1	0	0	0	0	0	0	2	2	3
30 Strände, Dünen, Sandflächen	1	0	1	0	1	1	3	3	0	0	0	1	0	0	0	5	0	1	1
31 Felsflächen ohne Vegetation	0	0	0	0	0	0	3	3	0	0	0	1	1	0	0	1	0	0	0
32 Flächen mit spärlicher Vegetation	1	1	1	1	1	0	2	3	0	1	0	1	0	0	0	1	0	1	1
33 Brandflächen	0	0	3	0	0	0	2	1	0	1	0	0	0	0	0	0	0	0	1
34 Gletscher und Dauerschneegebiete	0	0	0	0	0	0	2	1	3	3	0	4	0	0	0	0	0	1	1
35 Sümpfe	4	3	5	3	4	4	3	2	2	2	0	2	0	4	0	4	0	2	3
36 Torfmoore	4	3	5	5	4	4	3	4	5	4	0	3	4	3	0	3	2	3	4
37 Salzwiesen	3	2	5	3	4	3	2	3	0	1	0	0	0	2	0	5	0	2	2
38 Salinen	0	0	0	0	0	0	1	1	0	2	0	0	0	0	0	0	0	1	1
39 In der Gezeitenzone liegende Flächen	1	1	1	4	0	2	2	3	0	1	0	0	0	1	0	5	0	2	3
40 Gewässerläufe	3	1	1	3	0	3	4	4	0	1	0	1	3	3	0	2	0	3	5
41 Wasserflächen	4	2	4	3	0	4	4	4	1	2	0	2	0	1	0	1	0	3	5
42 Lagunen	5	4	4	3	0	5	4	4	0	1	0	0	0	0	0	4	0	3	5
43 Mündungsgebiete	5	4	2	3	0	5	3	3	0	0	0	0	3	3	0	3	0	4	5
44 Meere und Ozeane	3	2	1	4	0	3	2	2	5	3	0	0	0	5	0	0	0	3	5

	Versorgungsleistungen: 20 Pflanzen	21 Biomasse zur Energiegewinnung	22 Futter **	23 Tierhaltung	24 Fasern	25 Holz	26 Brennholz	27 Fisch, Meeresfrüchte & essbare Algen	28 Aquakultur	29 Wildprodukte	30 Biochemikalien & Medizin	31 Frischwasser	32 Mineralien ***	33 Abiotische Energieressourcen ***	Kulturelle Leistungen: 34 Erholung & Tourismus	35 Landschaftsästhetik & Inspiration	36 Wissenssysteme	37 Religiöse & spirituelle Erfahrungen	38 Kulturelles Erbe & kulturelle Diversität	39 Naturerbe & Biodiversität
1 Durchgängig städtische Prägung	0	1	0	0	0	0	0	0	0	0	0	0	0	1	3	3	1	5	1	0
2 Nicht durchgängig städtische Prägung	1	1	1	0	0	0	0	0	0	1	0	0	0	1	3	2	1	5	1	0
3 Industrie- und Gewerbeflächen	0	1	0	0	0	0	0	0	0	0	0	0	0	1	0	1	0	0	1	0
4 Straßen, Eisenbahn	0	0	0	0	0	0	0	0	0	0	0	0	0	0	0	0	0	0	1	0
5 Hafengebiete	0	0	0	0	0	0	0	0	0	0	0	0	0	0	1	2	0	0	1	0
6 Flughäfen	0	0	1	0	0	0	0	0	0	0	0	0	0	0	0	0	0	0	1	0
7 Abbauflächen	0	0	0	0	0	0	0	0	0	0	0	0	5	5	0	0	1	0	0	0
8 Deponien und Abraumhalden	0	1	0	0	0	0	0	0	0	0	0	0	0	0	0	0	0	0	0	0
9 Baustellen	0	0	0	0	0	0	0	0	0	0	0	0	1	0	0	0	0	0	0	0
10 Städtische Grünflächen	0	0	0	0	0	0	1	0	0	1	0	0	0	0	3	3	1	0	2	0
11 Sport- und Freizeitanlagen	0	0	0	0	0	0	0	0	0	0	0	0	0	0	5	1	0	0	1	0
12 Nicht bewässertes Ackerland	5	2	3	0	5	0	0	0	0	0	1	0	0	0	1	1	2	0	3	0
13 Permanent bewässertes Ackerland	5	1	2	0	2	0	0	0	0	0	1	0	0	0	1	1	2	0	3	0
14 Reisfelder	5	0	2	0	0	0	0	0	0	0	0	0	0	0	1	1	2	0	4	0
15 Weinbauflächen	4	1	0	0	0	0	1	0	0	0	0	0	0	0	5	2	2	0	5	0
16 Obst- und Beerenobstbäume	5	1	0	0	0	4	4	0	0	0	0	0	0	0	5	2	2	0	4	0
17 Olivenhaine	4	1	0	0	0	4	4	0	0	0	0	0	0	0	5	2	2	0	4	0
18 Wiesen und Weiden	0	1	5	5	0	0	0	0	0	0	0	0	0	0	3	2	2	0	3	0
19 Jährliche und permanente Pflanzen	5	1	5	5	5	0	0	0	0	0	1	0	0	0	1	1	2	0	2	0
20 Komplexe Parzellenstruktur	4	1	3	0	4	0	0	0	0	0	2	0	0	0	2	2	2	0	3	0
21 Landwirtschaft & natürl. Bodenbed.	3	2	2	3	4	3	3	0	0	3	1	0	0	1	2	2	3	0	2	3
22 Agro-Forstflächen	3	2	2	3	2	3	3	0	0	0	0	0	0	0	3	2	2	0	3	0
23 Laubwälder	0	1	1	0	0	5	5	0	0	5	5	0	0	0	5	5	5	3	3	5
24 Nadelwälder	0	1	1	0	0	5	5	0	0	5	5	0	0	0	5	5	5	3	4	5
25 Mischwälder	0	1	1	0	0	5	5	0	0	5	5	0	0	0	5	5	5	3	4	5
26 Natürliches Grünland	0	0	1	3	0	0	0	0	0	5	0	0	0	0	3	4	5	1	4	3
27 Heiden und Moorheiden	0	2	0	2	0	0	2	0	0	1	0	0	0	0	5	4	5	1	2	5
28 Hartlaubvegetation	0	0	0	2	0	0	2	0	0	1	3	0	0	0	2	3	4	1	2	4
29 Wald-Strauch-Übergangsstadien	0	1	0	2	1	0	2	0	0	1	0	0	0	0	2	3	4	1	2	2
30 Strände, Dünen, Sandflächen	0	1	0	0	0	0	0	0	0	0	0	0	1	0	5	4	4	0	2	2
31 Felsflächen ohne Vegetation	0	0	0	0	0	0	0	0	0	0	0	0	1	0	4	3	4	0	2	0
32 Flächen mit spärlicher Vegetation	0	0	0	0	0	0	0	0	0	0	0	0	0	0	0	1	4	0	2	0
33 Brandflächen	0	0	0	0	0	0	0	0	0	0	0	0	0	0	0	0	5	0	0	0
34 Gletscher und Dauerschneegebiete	0	0	0	0	0	0	0	0	0	0	0	5	0	0	5	5	3	2	0	0
35 Sümpfe	0	0	5	2	0	0	0	0	0	0	0	0	0	0	0	2	4	0	2	0
36 Torfmoore	0	2	0	0	0	0	0	0	0	0	0	0	0	0	4	2	3	0	2	4
37 Salzwiesen	0	0	0	2	0	0	0	0	0	0	0	0	0	0	3	2	3	0	2	0
38 Salinen	0	0	0	0	0	0	0	0	0	0	0	0	0	0	2	2	3	0	2	0
39 In der Gezeitenzone liegende Flächen	0	1	0	0	0	0	0	0	0	0	0	0	0	0	4	2	3	0	2	0
40 Gewässerläufe	0	3	0	0	0	0	0	3	0	4	0	5	0	5	4	4	4	0	3	5
41 Wasserflächen	0	0	0	0	0	0	0	3	5	4	0	5	0	5	5	4	4	0	3	4
42 Lagunen	0	1	0	0	0	0	0	4	5	4	0	0	0	0	4	4	4	0	2	4
43 Mündungsgebiete	0	2	0	0	0	0	0	5	5	4	0	0	0	0	4	5	4	0	2	3
44 Meere und Ozeane	0	3	1	0	0	0	0	5	5	0	0	0	1	3	4	5	4	0	4	2

* Diese Ökosystemleistungen wurden aufgrund ihrer teilweise großen Bedeutung in einigen Ökosystemen miteinbezogen; es besteht jedoch die Gefahr der Doppelbewertung (double-counting) mit anderen Leistungen.

** Doppelbewertung möglich, wenn das erzeugte Futter auf demselben Hof verfüttert wird.

*** Diese Leistungen werden oft nicht als Ökosystemleistungen bezeichnet, sie haben jedoch große Bedeutung für das Landschaftsmanagement.

Abb. 4.1 Landnutzungstypen (y-Achse) und Ökosystemfunktionen/ÖSL (x-Achse) mit Bewertungen der einzelnen Landnutzungstypen zur Unterstützung der Ökosystemfunktionen bzw. zur Bereitstellung von ÖSL auf einer Skala von 0 (keine relevante Kapazität) bis 5 (maximale relevante Kapazität), exemplarisch für mitteleuropäische „Normallandschaften" bewertet. Adaptiert nach Burkhard et al. (2009, 2012a)

Selbstverständlich stellen diese Bereiche ebenfalls ÖSL bereit, im Vergleich zu den übrigen Landnutzungstypen fallen diese jedoch sehr gering aus oder die dort gelisteten Leistungen beziehen sich auf andere (Dienst)Leistungen (Abschn. 5.5).

Aufgrund des stark anthropozentrischen Charakters des gesamten ÖSL-Konzepts und der einschränkenden Definition durch Fisher et al. (2009), nach der es sich nur dann um eine ÖSL handelt, wenn aus der jeweiligen Leistung ein Nutzen für den Menschen entsteht, werden Leistungen ohne diesen (direkten) anthropogenen Nutzen den Ökosystemfunktionen (ökologische Integrität) zugeordnet. Das heißt, von ÖSL kann man nur sprechen, wenn eine gesellschaftliche Nachfrage für diese Leistungen besteht. Um diese ÖSL-Nachfragen bewerten zu können, sind Daten über die aktuellen Nutzungen

	Regulationsleistungen											Versorgungsleistungen														Kulturelle Leistungen					
	9 Globale Klimaregulierung	10 Lokale Klimaregulierung	11 Luftreinhaltung	12 Wasserkreislaufregulierung	13 Wasserreinigung	14 Nährstoffregulierung	15 Erosionskontrolle	16 Naturkatastrophenkontrolle	17 Bestäubung	18 Schädlings- und Krankheitskontrolle	19 Abfallregulierung	20 Pflanzen	21 Biomasse zur Energiegewinnung	22 Futter	23 Tierhaltung	24 Fasern	25 Holz	26 Brennholz	27 Fisch, Meeresfrüchte & essbare Algen	28 Aquakultur	29 Wildprodukte	30 Biochemikalien & Medizin	31 Frischwasser	32 Mineralien	33 Abiotische Energieressourcen	34 Erholung & Tourismus	35 Landschaftsästhetik & Inspiration	36 Wissenssysteme	37 Religiöse & spirituelle Erfahrungen	38 Kulturelles Erbe & kulturelle Diversität	39 Naturerbe & Biodiversität
1 Durchgängig städtische Prägung	3	5	5	4	1	1	1	5	3	5	3	5	5	1	5	3	3	2	5	5	5	5	5	4	2	4	4	3	4	4	2
2 Nicht durchgängig städtische Prägung	3	5	5	5	2	2	1	4	4	4	2	4	4	2	4	3	3	3	4	4	4	5	5	3	3	4	4	3	3	2	3
3 Industrie- und Gewerbeflächen	5	1	5	4	3	3	1	5	4	3	4	5	5	5	5	5	5	5	4	4	4	5	5	5	5	1	1	4	1	3	1
4 Straßen, Eisenbahn	4	2	4	4	0	0	3	4	1	2	0	0	4	0	0	0	2	0	0	0	0	0	1	2	0	2	2	1	1	1	0
5 Hafengebiete	3	2	2	5	3	0	4	5	1	4	3	2	5	2	2	2	5	2	2	2	1	1	3	3	1	2	2	2	1	2	1
6 Flughäfen	5	2	4	1	2	1	1	5	0	5	1	2	5	0	2	1	1	0	1	1	1	1	3	2	0	1	1	1	1	1	0
7 Abbauflächen	0	0	0	2	0	0	4	3	0	0	3	0	3	0	0	1	2	0	0	0	0	0	2	1	0	0	0	0	0	0	0
8 Deponien und Abraumhalden	2	2	3	0	2	0	0	5	0	3	5	0	1	0	0	0	0	0	0	0	0	0	2	0	0	0	0	0	0	0	0
9 Baustellen	0	2	1	2	2	2	2	3	0	1	2	0	4	0	0	4	4	0	0	0	0	0	2	4	0	0	0	0	0	0	0
10 Städtische Grünflächen	0	2	1	0	0	0	0	2	2	3	0	1	1	0	1	0	0	0	0	0	0	0	2	0	0	4	4	2	0	2	1
11 Sport- und Freizeitanlagen	0	2	3	0	1	0	0	3	0	3	0	2	3	1	2	1	1	1	2	2	2	3	3	1	1	3	3	1	0	2	0
12 Nicht bewässertes Ackerland	2	2	1	2	0	3	2	3	3	3	2	1	1	0	0	0	0	0	0	0	0	1	0	0	1	0	0	1	0	1	0
13 Permanent bewässertes Ackerland	2	2	1	2	5	3	2	3	3	3	2	1	2	0	0	0	0	0	0	0	0	1	5	0	1	0	0	1	0	1	0
14 Reisfelder	4	3	1	5	5	3	5	3	1	3	2	1	2	0	0	0	0	0	0	0	0	1	5	0	0	0	0	2	0	3	0
15 Weinbauflächen	2	5	1	0	4	3	5	3	2	3	1	1	2	0	0	1	1	0	0	0	0	2	4	0	0	0	0	2	0	3	0
16 Obst- und Beerenobstbäume	1	2	1	0	2	3	1	3	5	3	1	1	2	0	0	1	1	0	0	0	0	2	3	0	0	0	0	2	0	2	0
17 Olivenhaine	1	2	1	0	2	2	0	3	2	3	1	1	1	0	0	1	0	0	0	0	0	2	1	0	0	0	0	2	0	2	0
18 Wiesen und Weiden	3	1	0	1	2	1	0	2	0	1	3	0	1	3	1	0	1	0	0	0	0	1	2	0	2	0	0	1	0	1	0
19 Jährliche und permanente Pflanzen	1	1	1	1	2	5	1	2	2	3	1	1	2	0	0	0	0	0	0	0	0	1	1	0	1	0	0	1	0	1	0
20 Komplexe Parzellenstruktur	1	1	1	1	2	5	1	2	3	3	2	1	2	0	0	0	0	0	0	0	0	1	1	0	0	0	0	1	0	1	0
21 Landwirtschaft & natürl. Bodenbed.	2	1	1	0	2	3	1	1	2	3	1	1	2	0	0	0	0	0	0	0	0	1	2	0	2	0	0	1	0	0	0
22 Agro-Forstflächen	1	1	1	0	2	3	0	1	2	1	0	1	1	0	0	0	0	0	0	0	0	1	2	0	0	0	0	0	0	0	0
23 Laubwälder	0	0	0	0	0	0	0	0	0	0	0	0	0	0	0	0	1	1	0	0	1	0	0	0	0	0	0	0	0	0	0
24 Nadelwälder	0	0	0	0	0	0	0	0	0	0	0	0	0	0	0	0	1	1	0	0	1	0	0	0	0	0	0	0	0	0	0
25 Mischwälder	0	0	0	0	0	0	0	0	0	0	0	0	0	0	0	0	1	1	0	0	1	0	0	0	0	0	0	0	0	0	0
26 Natürliches Grünland	0	0	0	0	0	0	0	0	0	0	0	0	0	0	0	0	0	0	0	0	0	0	0	0	2	0	0	0	0	0	0
27 Heiden und Moorheiden	0	0	0	0	0	0	0	0	0	0	0	0	0	0	0	0	0	0	0	0	0	0	0	0	2	0	0	0	0	0	0
28 Hartlaubvegetation	0	0	0	0	0	0	0	0	0	0	0	0	0	0	0	0	0	0	0	0	0	0	0	0	1	0	0	0	0	0	0
29 Wald-Strauch-Übergangsstadien	0	0	0	0	0	0	0	0	0	0	0	0	0	0	0	0	0	0	0	0	0	0	0	0	0	0	0	0	0	0	0
30 Strände, Dünen, Sandflächen	0	0	0	0	0	0	0	0	0	0	0	0	0	0	0	0	0	0	0	0	0	0	0	0	0	1	1	0	0	0	1
31 Felsflächen ohne Vegetation	0	0	0	0	0	0	0	0	0	0	0	0	0	0	0	0	0	0	0	0	0	0	0	0	0	0	0	0	0	0	0
32 Flächen mit spärlicher Vegetation	0	0	0	0	0	0	0	0	0	0	0	0	0	0	0	0	0	0	0	0	0	0	0	0	1	0	0	0	0	0	0
33 Brandflächen	0	0	0	0	0	0	0	0	0	0	0	0	0	0	0	0	0	0	0	0	0	0	0	0	0	0	0	0	0	0	0
34 Gletscher und Dauerschneegebiete	0	0	0	0	0	0	0	0	0	0	0	0	0	0	0	0	0	0	0	0	0	0	0	0	0	0	0	0	0	0	0
35 Sümpfe	0	0	0	0	0	0	0	0	0	0	0	0	0	0	0	0	0	0	0	0	0	0	0	0	0	0	0	0	0	0	0
36 Torfmoore	0	0	0	0	0	0	0	0	0	0	0	0	0	0	0	0	0	0	0	0	0	0	0	0	0	0	0	0	0	0	0
37 Salzwiesen	0	0	0	0	0	0	0	0	0	0	0	0	0	0	0	0	0	0	0	0	0	0	0	0	0	0	0	0	0	0	0
38 Salinen	0	0	0	0	0	0	0	0	0	0	0	0	0	0	0	0	0	0	0	0	0	0	0	0	0	0	0	1	0	1	0
39 In der Gezeitenzone liegende Flächen	0	0	0	0	0	0	0	0	0	0	0	0	0	0	0	0	0	0	0	0	0	0	0	0	0	0	0	0	0	0	0
40 Gewässerläufe	0	0	0	0	0	0	0	0	0	0	0	0	0	0	0	0	0	0	1	0	0	0	0	0	3	0	0	0	0	0	0
41 Wasserflächen	0	0	0	0	0	0	0	0	0	0	0	0	0	0	0	0	0	0	1	0	0	0	0	0	0	0	0	0	0	0	0
42 Lagunen	0	0	0	0	0	0	0	0	0	0	0	0	0	0	0	0	0	0	1	0	0	0	0	0	0	0	0	0	0	0	0
43 Mündungsgebiete	0	0	0	0	0	0	0	0	0	0	0	0	0	0	0	0	0	0	1	0	0	0	0	0	0	0	0	0	0	0	0
44 Meere und Ozeane	0	0	0	0	0	0	0	0	0	0	0	0	0	0	0	0	0	0	1	0	0	0	0	0	4	0	0	0	0	0	0

Abb. 4.2 Gesellschaftliche Nachfrage nach ÖSL auf einer Skala von 0 (keine relevante Nachfrage) bis 5 (maximale Nachfrage), abgeleitet aus der Landnutzung und bezogen auf ÖSL (x-Achse) in den einzelnen Landnutzungstypen (y-Achse); exemplarisch für mitteleuropäische „Normallandschaften" bewertet. Adaptiert nach Burkhard et al. (2012a)

der einzelnen ÖSL erforderlich (s. oben). Viele dieser Informationen können ebenfalls im Rahmen von genesteten Ansätzen aus Statistiken und Modellen, sozioökonomischem Monitoring oder aus Interviews abgeleitet werden. Abb. 4.2 zeigt eine entsprechende Matrix, die ähnlich wie die ÖSL-Angebotsmatrix (Abb. 4.1), exemplarische Angaben zu Nachfragen nach ÖSL in den einzelnen CORINE-Landnutzungstypen (y-Achse) bewertet. Auf der x-Achse sind die Regulations-, Versorgungs- und die soziokulturellen ÖSL aufgetragen. Die Integritätsvariablen (Ökosystemfunktionen) spielen bei der Nachfrage keine Rolle, da aus ihnen (laut Definition) kein direkter Nutzen (und damit keine direkte ÖSL-Nachfrage) für den Menschen erwächst. Die Bewertungen in der ÖSL-Nachfragematrix wurden nach einem ähnlichen Prinzip wie beim ÖSL-Angebot vergeben, wobei hier 0 keiner relevanten Nachfrage durch den Menschen in dem jeweiligen Landnutzungstyp und 5 der maximalen Nachfrage entspricht.

Die Matrix in Abb. 4.2 zeigt deutlich, dass die Nachfrage nach ÖSL in den stark anthropogen geprägten Landnutzungstypen im oberen Teil der Matrix am stärksten ausfällt. So befinden sich die höchsten Nachfragewerte in den städtisch geprägten Bereichen sowie in den Industrie- und Gewerbeflächen. Auffällig ist weiterhin, dass es in den naturnahen Landnutzungstypen (untere Hälfte der Matrix) allgemein geringere Nachfragen nach ÖSL gibt, was natürlich durch die geringeren Bevölkerungszahlen und die damit verbundenen geringer ausfallenden Konsumraten zu begründen ist. Die agrarisch geprägten Bereiche zeigen eine hohe Nachfrage nach Regulationsleistungen (z. B. Nährstoffregulierung, Wasserreinigung, Erosionskontrolle). Wie bereits bei der ÖSL-Angebotsmatrix, lassen sich auch aus der Nachfragematrix entsprechende Nachfragekarten erstellen.

Basierend auf den Informationen in den Angebots- und Nachfragematrizen können entsprechende Quellen und Senken für die einzelnen Leistungen identifiziert werden. Da beide Komponenten – Angebot und Nachfrage – auf dieselben relativen Einheiten (0–5) normalisiert wurden, lassen sich durch Subtraktion der Nachfragewerte von den Angebotswerten ÖSL-Budgets errechnen, die dann wiederum in einer entsprechenden Matrix und einer darauf aufbauenden ÖSL-Budgetkarte dargestellt werden können. Abb. 4.3 zeigt die entsprechende ÖSL-Budgetmatrix für die einzelnen CORINE-Landnutzungstypen. Jedes Feld in der Matrix wurde basierend auf den entsprechenden Feldern in der Angebotsmatrix (Abb. 4.1) und der Nachfragematrix (Abb. 4.2) errechnet. Die Bewertungsskala reicht daher von −5 (die Nachfrage übersteigt das Angebot deutlich, Unterversorgung) über 0 (Nachfrage = Angebot, neutrales Budget) bis 5 (das Angebot übersteigt die Nachfrage deutlich, Überversorgung). Leere Felder zeigen an, dass es weder ein relevantes Angebot für die jeweilige ÖSL noch eine relevante Nachfrage danach gibt. Um genauere Informationen zum eigentlichen Ort des ÖSL-Angebots und zu entsprechenden Stoffflüssen zwischen Angebots- und Nachfrageregionen einzubeziehen, könnte ein ÖSL-Fußabdruck berechnet werden (s. Box „Konzeptioneller Hintergrund zu ÖSL-Angebot und -Nachfrage"). Hierzu liegen allerdings noch keine Erfahrungen vor, weil sehr komplexe Import- und Exportbilanzen zu erstellen sind, für die auf vielen Skalen keine Daten zugänglich sind.

Das in Abb. 4.3 auftretende Muster zeigt, dass es in den anthropogen geprägten Landnutzungstypen, insbesondere in den städtisch geprägten Bereichen sowie in den Industrie- und Gewerbegebieten, eine deutliche Unterversorgung mit ÖSL gibt. Die eher naturnahen Landnutzungstypen, vor allem die Wälder, zeigen ein charakteristisches Muster, in dem das Angebot die aktuelle Nachfrage oftmals übersteigt.

Die folgenden **Beispielanwendungen** aus der mitteldeutschen Region Leipzig-Halle zeigen, wie empirische ÖSL-Quantifizierungen in die relative 0–5-Skala übertragen und anschließend räumlich explizit dargestellt werden können. Die Arbeiten sind im

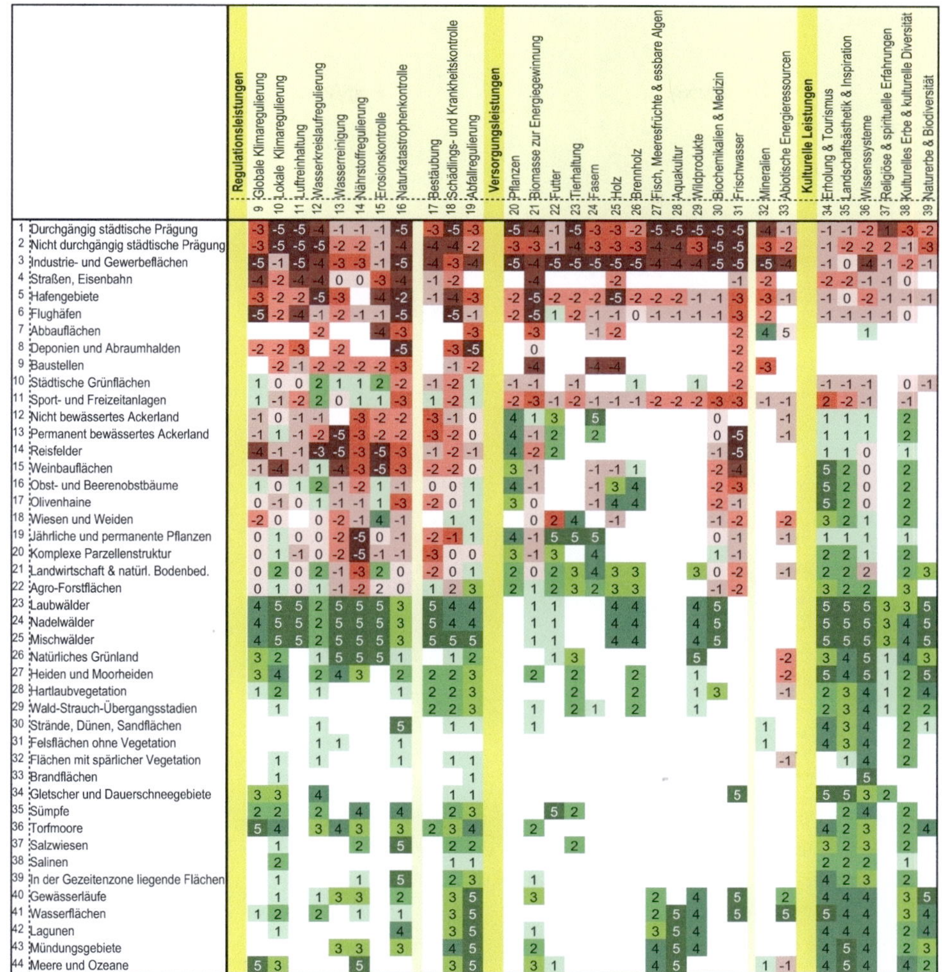

	Regulationsleistungen											Versorgungsleistungen														Kulturelle Leistungen					
	9 Globale Klimaregulierung	10 Lokale Klimaregulierung	11 Luftreinhaltung	12 Wasserkreislaufregulierung	13 Wasserreinigung	14 Nährstoffregulierung	15 Erosionskontrolle	16 Naturkatastrophenkontrolle	17 Bestäubung	18 Schädlings- und Krankheitskontrolle	19 Abfallregulierung	20 Pflanzen	21 Biomasse zur Energiegewinnung	22 Futter	23 Tierhaltung	24 Fasern	25 Holz	26 Brennholz	27 Fisch, Meeresfrüchte & essbare Algen	28 Aquakultur	29 Wildprodukte	30 Biochemikalien & Medizin	31 Frischwasser	32 Mineralien	33 Abiotische Energieressourcen	34 Erholung & Tourismus	35 Landschaftsästhetik & Inspiration	36 Wissenssysteme	37 Religiöse & spirituelle Erfahrungen	38 Kulturelles Erbe & kulturelle Diversität	39 Naturerbe & Biodiversität
1 Durchgängig städtische Prägung	-3	-5	-5	-4	-1	-1	-1	-5	-3	-5	-3	-5	-4	-1	-5	-3	-3	-2	-5	-5	-5	-5	-5	-4	-1	-1	-1	-2	1	-3	-2
2 Nicht durchgängig städtische Prägung	-3	-5	-5	-5	-2	-2	-1	-4	-4	-4	-2	-3	-3	-1	-4	-3	-3	-3	-4	-4	-3	-5	-5	-3	-2	-1	-2	-2	2	-1	-3
3 Industrie- und Gewerbeflächen	-5	-1	-5	-4	-3	-3	-1	-5	-4	-3	-4	-5	-4	-5	-5	-5	-5	-5	-4	-4	-4	-5	-5	-5	-4	-1	0	-4	-1	-2	-1
4 Straßen, Eisenbahn	-4	-2	-4	-4	0	0	-3	-4	-1	-2			-4				-2						-1	-2		-2	-2	-1	-1	0	
5 Hafengebiete	-3	-2	-2	-5	-3		-4	-2	-1	-4	-3	-2	-5	-2	-2	-2	-5	-2	-2	-2	-1	-1	-3	-3	-1	-1	0	-2	-1	-1	-1
6 Flughäfen	-5	-2	-4	-1	-2	-1	-1	-5		-5	-1	-2	-5	1	-2	-1	-1	0	-1	-1	-1	-1	-3	-2		-1	-1	-1	-1	0	
7 Abbauflächen				-2			-4	-3			-3		-3			-1	-2						-2	4	5			1			
8 Deponien und Abraumhalden	-2	-2	-3		-2			-5		-3	-5		0										-2								
9 Baustellen		-2	-1	-2	-2	-2	-2	-3		-1	-2		-4			-4	-4						-2	-3							
10 Städtische Grünflächen	1	0	0	2	1	1	2	-2	-1	-2	1	-1	-1		-1			1			1		-2			-1	-1	-1		0	-1
11 Sport- und Freizeitanlagen	1	-1	-2	2	0	1	1	-3	1	-2	1	-2	-3	-1	-2	-1	-1	-1	-2	-2	-2	-3	-3	-1	-1	2	-2	-1		-1	
12 Nicht bewässertes Ackerland	-1	0	-1	-1		-3	-2	-2	-3	-1	0	4	1	3		5						0			-1	1	1	1		2	
13 Permanent bewässertes Ackerland	-1	1	-1	-2	-5	-3	-2	-2	-3	-2	0	4	-1	2		2						0	-5		-1	1	1	1		2	
14 Reisfelder	-4	-1	-1	-3	-5	-3	-5	-3	-1	-2	-1	4	-2	2								-1	-5			1	1	0		1	
15 Weinbauflächen	-1	-4	-1	1	-4	-3	-5	-3	-2	-2	0	3	-1			-1	-1	1				-2	-4			5	2	0		2	
16 Obst- und Beerenobstbäume	1	0	1	2	-1	-2	1	-1	0	0	1	4	-1			-1	3	4				-2	-3			5	2	0		2	
17 Olivenhaine	0	-1	0	1	-1	-1	1	-3	-2	0	1	3	0			-1	4	4				-2	-1			5	2	0		2	
18 Wiesen und Weiden	-2	0		0	-2	-1	4	-1		1	1		0	2	4		-1					-1	-2		-2	3	2	1		2	
19 Jährliche und permanente Pflanzen	0	1	0	0	-2	-5	0	-1	-2	-1	1	4	-1	5	5	5						0	-1		-1	1	1	1		1	
20 Komplexe Parzellenstruktur	0	1	-1	0	-2	-5	-1	-1	-3	0	0	3	-1	3		4						1	-1			2	2	1		2	
21 Landwirtschaft & natürl. Bodenbed.	0	2	0	2	-1	-3	2	0	-2	0	1	2	0	2	3	4	3	3			3	0	-2		-1	2	2	2		2	3
22 Agro-Forstflächen	0	1	0	1	-1	-2	2	0	1	2	3	2	1	2	3	2	3	3				-1	-2			3	2	2		3	
23 Laubwälder	4	5	5	2	5	5	5	3	5	4	4		1	1			4	4			4	5				5	5	5	3	3	5
24 Nadelwälder	4	5	5	2	5	5	5	3	5	4	4		1	1			4	4			4	5				5	5	5	3	4	5
25 Mischwälder	4	5	5	2	5	5	5	3	5	5	5		1	1			4	4			4	5				5	5	5	3	4	5
26 Natürliches Grünland	3	2		1	5	5	5	1		1	2			1	3						5				-2	3	4	5	1	4	3
27 Heiden und Moorheiden	3	4		2	4	3		2	2	2	3		2		2			2			1				-2	5	4	5	1	2	5
28 Hartlaubvegetation	1	2		1				1	2	2	3				2			2			1	3			-1	2	3	4	1	2	4
29 Wald-Strauch-Übergangsstadien		1							2	2	3		1		2	1		2			1					2	3	4	1	2	2
30 Strände, Dünen, Sandflächen				1				5		1	1		1											1		4	3	4		2	1
31 Felsflächen ohne Vegetation				1	1			1																1		4	3	4		2	
32 Flächen mit spärlicher Vegetation		1		1				1		1	1														-1		1	4		2	
33 Brandflächen		1									1																	5			
34 Gletscher und Dauerschneegebiete	3	3		4						1	1												5			5	5	3	2		
35 Sümpfe	2	2		2		4		4		2	3			5	2												2	4		2	
36 Torfmoore	5	4		3	4	3		3	2	3	4		2													4	2	3		2	4
37 Salzwiesen		1				2		5		2	2				2											3	2	3		2	
38 Salinen		2								1	1															2	2	2		1	
39 In der Gezeitenzone liegende Flächen		1				1		5		2	3		1													4	2	3		2	
40 Gewässerläufe		1		1	3	3		2		3	5		3						2		4		5		2	4	4	4		3	5
41 Wasserflächen	1	2		2		1		1		3	5								2	5	4		5		5	5	4	4		3	4
42 Lagunen		1						4		3	5		1						3	5	4					4	4	4		2	4
43 Mündungsgebiete					3	3		3		4	5		2						4	5	4					4	5	4		2	3
44 Meere und Ozeane	5	3				5				3	5		3	1					4	5				1	-1	4	5	4		4	2

Abb. 4.3 Matrix mit dem Vergleich von ÖSL-Angebot und -Nachfrage in den verschiedenen Landnutzungstypen, basierend auf den Matrizen in Abb. 4.1 und 4.2. Die Werte indizieren Vergleiche von −5 (Nachfrage überschreitet das Angebot deutlich, Unterversorgung) über 0 (Nachfrage = Angebot, neutrales Budget) bis 5 (Angebot übersteigt Nachfrage deutlich, Überangebot). Leere Felder zeigen an, dass für die entsprechende ÖSL weder ein relevantes Angebot noch eine relevante Nachfrage besteht. Adaptiert nach Burkhard et al. 2012a

Rahmen des EU-Projekts PLUREL (Peri-urban Land Use Relationships, https://cordis.europa.eu/project/id/36921) entstanden; ausführlichere Informationen zu den einzelnen Methoden der ÖSL-Quantifizierung und zur Erstellung der Karten sind in Kroll et al. (2012) sowie in Burkhard et al. (2009, 2012a) zu finden. Die Karten der Fallstudienregion Leipzig-Halle zeigen CORINE-Landnutzungskarten aus den Jahren 1990 und 2006 sowie die räumlichen Verteilungen der Versorgungs-ÖSL „Energie“, deren Angebot,

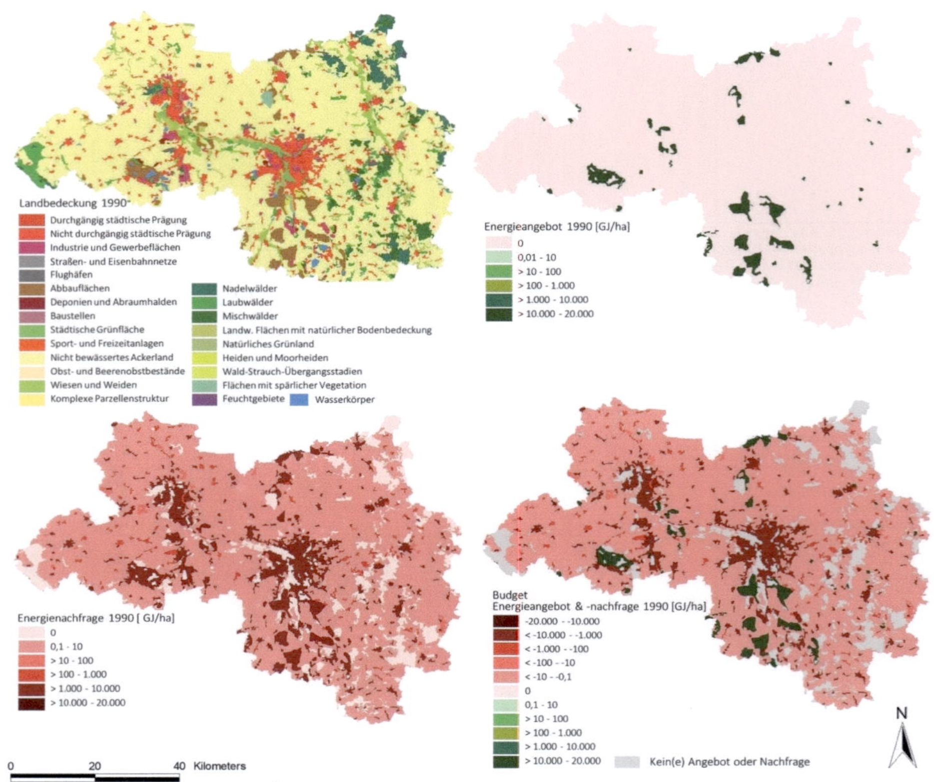

Abb. 4.4 CORINE-Landnutzungskarte 1990 (links) sowie Energieangebotskarte (oben rechts) und Energienachfragekarte (unten rechts) für die Region Leipzig-Halle im Jahr 1990 (Energiedaten in GJ ha^{-1} a^{-1}). Adaptiert nach Burkhard et al. (2012a)

Nachfrage und die Angebot-Nachfrage-Budgets (Abb. 4.4 und 4.5). Die Einheiten in den sechs ÖSL-Karten beziehen sich jeweils auf Endenergien in Gigajoule (GJ) pro Hektar pro Jahr. In diesen Darstellungen werden Bodenschätze (Braunkohle) – abweichend zur Definition in Kap. 2 – ausdrücklich in die Klasse der Versorgungs-ÖSL einbezogen. Einige Autoren halten diese Integration für kritisch, weil aktuelle Ökosystemfunktionen nicht direkt an der Bereitstellung der Leistung beteiligt sind. Allerdings lässt sich feststellen, dass die Kohlegewinnung erheblichen Einfluss auf die Strukturen und Prozesse in den Ökosystemen der Förderlandschaft nimmt, sodass eine Vernachlässigung die Realität nur unzureichend widerspiegeln würde. Außerdem ist es für Zwecke der Landschaftsplanung und für die Entscheidungsfindung zur Landnutzungsstrategie sehr wichtig, diese Informationen über entscheidende Komponenten des Naturkapitals zu berücksichtigen.

Die Energieangebotskarte aus dem Jahr 1990 (Abb. 4.4, oben rechts) zeigt, dass die großen Braunkohletagebaue die einzige genutzte regionale Energiequelle zu dieser Zeit

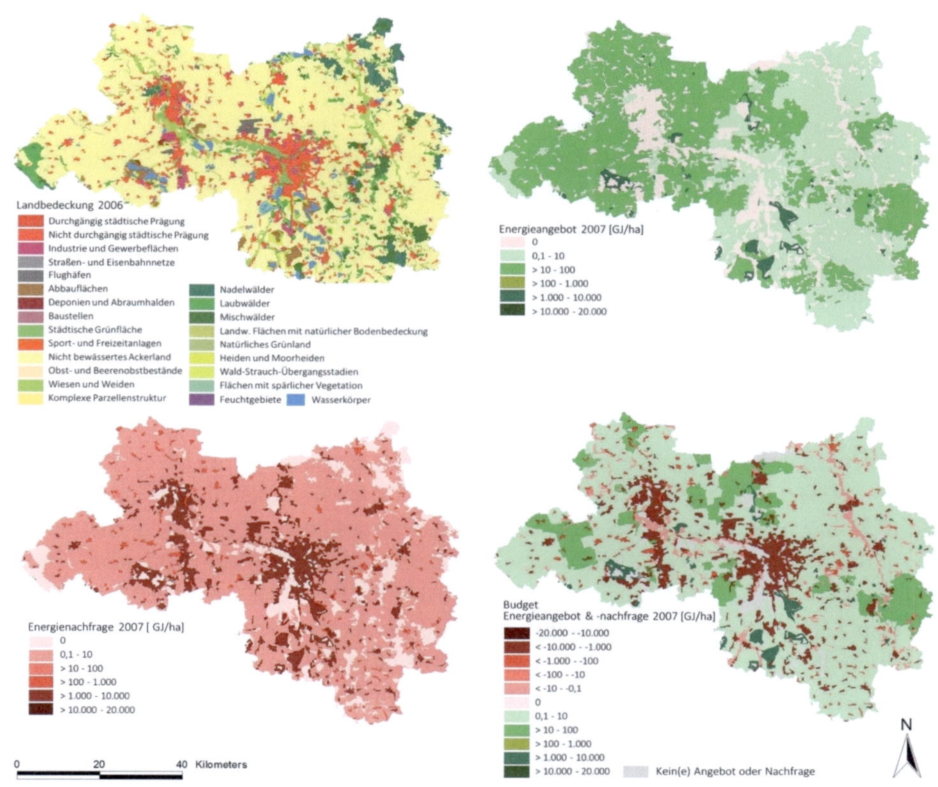

Abb. 4.5 CORINE-Landnutzungskarte 2006 (links) sowie Energieangebotskarte (oben rechts) und Energienachfragekarte (unten rechts) für die Region Leipzig-Halle im Jahr 2007 (Energiedaten in GJ ha^{-1} a^{-1}). Adaptiert nach Burkhard et al. (2012a)

mit einem Endenergiebeitrag von 20.000 GJ ha^{-1} a^{-1} waren. Im Jahr 2007 (Abb. 4.5, oben rechts) ist eine deutliche Reduktion der Tagebauflächen sowie der energetischen Erträge erkennbar. Zusätzlich wurden erneuerbare Energiequellen wie Windkraft, Biomasse, Solarenergie und Wasserkraft erschlossen, was sich in einer deutlich gleichmäßigeren Verteilung des Energieangebots in der Region widerspiegelt.

Die Nachfrage nach Energieversorgungs-ÖSL (Abb. 4.4 und 4.5, jeweils unten rechts) zeigt eine klare Senkenfunktion der Industrie- und Gewerbeflächen sowie der städtisch geprägten Flächen. Auch die Tagebaue haben eine hohe Nachfrage nach Energie für ihre Aktivitäten. Allgemein nahm der Energiebedarf der Region als Folge des Rückgangs energieintensiver Industrien und Energiesparmaßnahmen zwischen 1990 und 2007 um 20 % ab. Die Angebot-Nachfrage-Budgetkarten machen die oben genannten Quelle-Senke-Funktionen von den ländlichen Regionen hin zu den städtischen Bereichen deutlich. Hieraus lassen sich wichtige Informationen sowohl für die regionale Versorgung als auch für die Landschaftsplanung ableiten.

4.1.4 Weitere Ansätze zur Bewertung und räumlichen Analyse von ÖSL-Potenzialen

Wie in Abschn. 4.1.2 beschrieben, gibt es neben der (genesteten) ÖSL-Matrix viele weitere Möglichkeiten, ÖSL zu bewerten und räumlich darzustellen. Darunter fallen explizit im Rahmen des ÖSL-Konzepts entwickelte Methoden, aber auch etablierte Verfahren und Modelle aus klassischen Forschungsgebieten wie Landschaftsökologie, Hydrologie oder Bodenkunde. Durch die Integration dieser existierenden Verfahren und Datenerfassungen wird eine effiziente Nutzung von Wissen und eine Bündelung wissenschaftlicher Tatkraft sichergestellt. Im Folgenden werden zwei Beispiele für eine räumlich explizite Erfassung und Kartierung von ÖSL-Potenzialen beschrieben.

Als Grundlage für die Bewertung des ÖSL-Potenzials für die Versorgungsleistung „Trink- und Brauchwasser“ kann beispielsweise in Schleswig-Holstein die Grundwasserneubildung genutzt werden. Mit Ausnahme der Entsalzung von Meer- und Brackwasser auf Helgoland wird das Trinkwasser in Schleswig-Holstein fast gänzlich aus dem regionalen Grundwasser gewonnen. Die Bundesanstalt für Geowissenschaften und Rohstoffe (BGR) nutzt ein mehrstufiges Regressionsverfahren nach Neumann (2005), in dem u. a. der Basis- und Gesamtabfluss in Abhängigkeit von Parametern wie Hangneigung, Gewässernetzdichte, Bodenbedeckung, nutzbarere Feldkapazität und Grundwasserflurabstand ermittelt wird (BGR 2019). In Schleswig-Holstein ergibt sich dadurch ein interessantes räumliches Verteilungsmuster der mittleren jährlichen Grundwasserneubildung (Abb. 4.6). Entlang der Nordsee- sowie der Ostseeküste (vor allem im Bereich von Fehmarn) werden eher niedrigere Werte angetroffen, wohingegen im Zentrum des Bundeslands, im Bereich der sandigen Geest, höhere Werte zu finden sind.

Ein weiteres Beispiel in diesem Zusammenhang ist die Bewertung des Potenzials der ÖSL „Pflanzenproduktion“, basierend auf der Ertragsfähigkeit der Böden. Als Grundlage für die Ertragsfähigkeit der Böden werden vielmals die Boden- und Grünlandzahlen genutzt, welche u. a. Informationen zu Boden- und Torfart, Humusgehalt, Verfestigungsgrad, Durchwurzelungstiefe, Jahrestemperatur und Daten zum Niederschlag mit einbeziehen (LLUR 2015). Basierend auf den Boden- und Grünlandzahlen in Schleswig-Holstein kann für die Ertragsfähigkeit im Vergleich zur Grundwasserneubildung ein umgekehrtes räumliches Verteilungsmuster identifiziert werden (Abb. 4.7). Das heißt, im Bereich der Marsch entlang der Nordseeküste sowie an der Ostseeküste, insbesondere im Umkreis von Fehmarn im östlichen Hügelland, können extrem ertragsfähige Böden angetroffen werden. Entsprechend gering fällt die Ertragsfähigkeit und somit das natürliche ÖSL-Potenzial für die Pflanzenproduktion auf den sandigen Böden der Geest aus.

4.1.5 Schlussfolgerungen und Ausblick

Nach der relativ lange andauernden Phase der theoretischen ÖSL-Konzept-Erarbeitung und nach zahlreichen vielversprechenden Methodenentwicklungen ist der Bedarf an praktischen Anwendungen des ÖSL-Konzepts in den letzten Jahren immer deut-

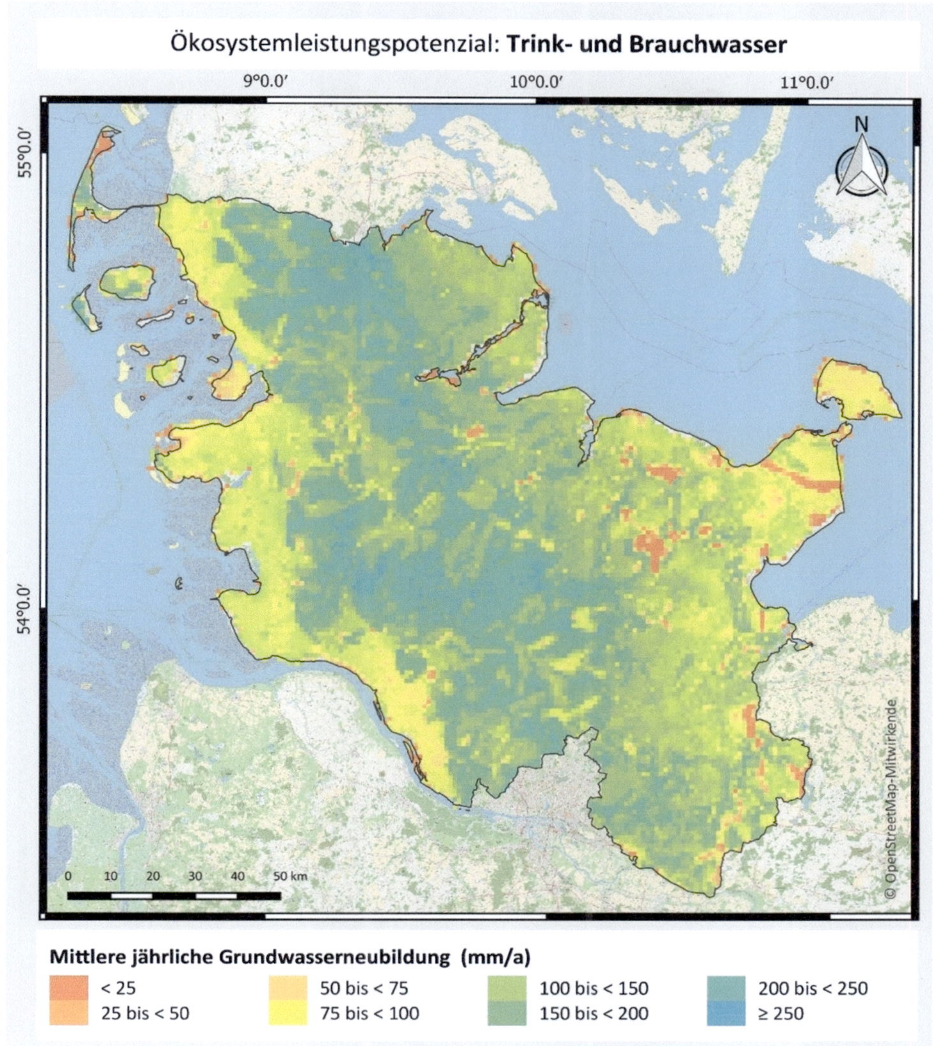

Abb. 4.6 Mittlere jährliche Grundwasserneubildung für das Bundesland Schleswig-Holstein (in mm a^{-1}). Datenquelle: GWN1000 © Bundesanstalt für Geowissenschaften und Rohstoffe (BGR) Hannover 2019

licher geworden (Daily et al. 2009; Hauck et al. 2013; WBGU 2020). Anwendungsbezogene Umsetzungen sind einerseits notwendig, um das ÖSL-Konzept konstruktiv und nutzungsorientiert weiterzuentwickeln, und andererseits, um ÖSL als Werkzeuge für das Umwelt- und Ressourcenmanagement, u. a. im Zusammenhang mit den Umsetzungen der EU-Biodiversitätsstrategien in den EU-Mitgliedsstaaten, fortschreitend zu etablieren (Kienast et al. 2009). Der Bewertung von ÖSL geht stets eine Erfassung und Quanti-

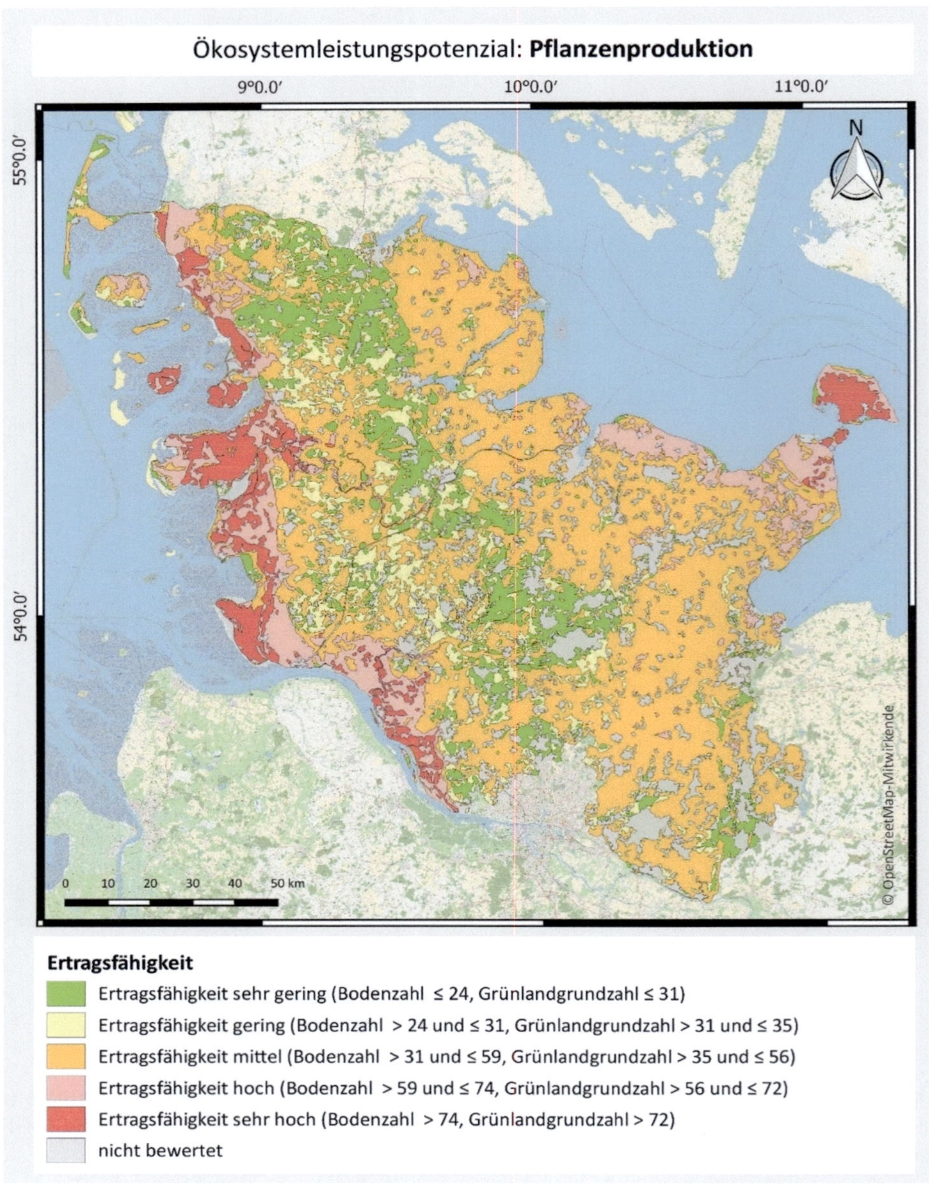

Abb. 4.7 Ertragsfähigkeit basierend auf den Boden- und Grünlandzahlen. Datenquelle: Landesamt für Landwirtschaft, Umwelt und ländliche Räume (LLUR) (2015) Bodenschätzung und bodenkundliche Landesaufnahme des Landesamtes für Landwirtschaft, Umwelt und ländliche Räume Schleswig-Holstein

fizierung der entsprechenden Leistungen voraus. Diese Arbeitsschritte stellen eine der größten Herausforderungen für die moderne Ökosystemforschung dar (Wallace 2007). Hier wurden vielversprechende Ansätze im Rahmen des System of Environmental-Economic Accounting – Ecosystem Accounting der Vereinten Nationen entwickelt (UN-SEEA 2021) und in vielen Staaten der Welt bereits umgesetzt (Vallecillo et al. 2019; Grunewald et al. 2022).

Die wichtigste Stärke des vorgestellten Matrixansatzes liegt in der Veranschaulichung und Vergleichbarkeit der Effekte unterschiedlicher Land- und Raumnutzungen auf Ökosystemfunktionen (ökologische Integrität) und die ÖSL-Bereitstellung und -Nachfrage (s. auch Müller et al. 2020). Erst hierdurch wird die Bewertung von Trade-offs zwischen den einzelnen Landnutzungstypen ermöglicht. So kann einerseits eine große Bandbreite an ÖSL abgebildet werden, andererseits bestehen große Potenziale für die Integration von Expertenabschätzungen, Statistiken, Mess- und Modellierungsergebnissen. Durch die Normierung auf die relative 0–5-Skala lassen sich verschiedenste biophysikalische Dimensionen (Joule, Tonnen, Diversitätsindices usw.), aber auch ökonomische Einheiten (Euro, Dollar und andere) integrieren und werden dadurch bis zu einem gewissen Grad vergleichbar.

Die Verwendung frei verfügbarer Raumdaten, wie sie etwa vom CORINE-System bereitgestellt werden, ermöglicht die Abdeckung unterschiedlich großer Raumeinheiten mit einheitlicher Landnutzungstypenklassifikation in fast allen europäischen Ländern, wobei Klassifikations- und Generalisierungskonflikte sowie räumliche Ungenauigkeiten unvermeidbar sind. Durch die Verfügbarkeit der CORINE-Daten zu verschiedenen Zeitpunkten (Daten sind derzeit für die Jahre 1990, 2000, 2006, 2012 und 2018 verfügbar) lassen sich auch zeitliche Dynamiken abbilden. Ähnlich wie bei den ÖSL-Bewertungen, können hier ebenfalls weitere Daten, gegebenenfalls mit höherer raumzeitlicher oder thematischer Auflösung, integriert werden.

Die gesamte Methode ist, vor allem wenn ein Großteil der Bewertungen auf Expertenabschätzungen basiert, mit technischen und thematischen Unsicherheiten verbunden. Dies umfasst die Auswahl geeigneter Untersuchungsgebiete und deren Repräsentativität, die Festlegung der relevanten Landnutzungstypen (y-Achse der Matrix), die Zusammenstellung der räumlichen und geobiophysikalischen Daten, die Auswahl der relevanten ÖSL (x-Achse der Matrix) und der entsprechenden Indikatoren, des Weiteren die Quantifizierung der entsprechenden Indikatoren in den Bewertungsmatrizen anhand der relativen 0–5-Skala, die Verbindung der Bewertungszahlen mit räumlichen, biophysikalischen Einheiten (Kartenerstellung) sowie die Interpretation der Ergebnisse. Eine ausführliche Diskussion der einzelnen Unsicherheiten befindet sich in Hou et al. (2013).

Um diesen Problemfeldern zu begegnen, müssen weitere Entwicklungsschritte gegangen werden. Vor allem gilt es, die quantitative Klassifikation – wie an den Beispielen Energiehaushalt, Trink- und Brauchwasser und Pflanzenproduktion dargestellt – auf weitere ÖSL auszuweiten. Dies kann durch direkte Messungen, Nutzung amtlicher Statistiken, Modellrechnungen und zusätzliche Erhebungen, etwa im Bereich der kulturellen Leistungen, geschehen.

Weiterhin verändern sich ÖSL-Potenziale und deren tatsächliche Nutzungen unter Umständen stark durch die regionalen geologischen, geomorphologischen, bodenkundlichen und geobotanischen Standortgegebenheiten. Diese sind als weitere Einflussgrößen neben der Landbedeckung und der Landnutzungsintensität in Zukunft stärker einzubeziehen, um die Unsicherheiten der getroffenen Aussagen weiter zu minimieren. Dadurch können den Akteuren von partizipativen Prozessen exaktere Klassifikationen (0–5) der ökologischen Charakteristika bereitgestellt werden.

Diese Optimierung der Intersubjektivität hat allerdings Grenzen: Aufgrund der vielen Interaktionen in den unterschiedlichen Matrizentypen wird es wahrscheinlich nicht möglich sein, kurzfristig gänzlich auf die Einbeziehung von Expertenurteilen zu verzichten. Diese Einschränkung kann sicher noch mittelfristig als Kritikpunkt gewertet werden, sie kann aber auch nützlich sein, denn in anwendungsbezogenen Verfahren bietet der Ansatz den Vorteil einer sehr schnellen Umsetzbarkeit, die mit einer zielgerichteten, problemorientierten Bewertung der Schnittstellen und ihrer Bedeutung einhergehen kann.

Da in der Umweltplanung immer wieder nach den Auswirkungen möglicher zukünftiger Entwicklungen gefragt wird, muss ein weiterer Entwicklungsschritt der Quantifizierungsansätze in einer Kopplung mit dynamischen Modellen bestehen (Abschn. 4.4.3). Hierdurch wird es ermöglicht, auch Entwicklungsszenarien in ihren räumlichen Ausprägungen in Bezug auf die Bereitstellung von ÖSL und der Nachfrage nach ihnen abzubilden. Damit wäre ein sehr wichtiger Schritt zur verbesserten Anwendbarkeit des ÖSL-Konzepts getan, der allerdings von einer solch enormen Komplexität geprägt ist, dass nur gemeinsame, interdisziplinäre und überregionale Anstrengungen und bei entsprechender politischer und gesellschaftlicher Unterstützung zu einem positiven Ergebnis führen können.

4.2 Ansätze zur ökonomischen Bewertung von Natur

Burkhard Schweppe-Kraft* und Karsten Grunewald

4.2.1 Grundlagen

> In Wirklichkeit werden Dinge nicht mit Geld gekauft („*Originalzitat: It is not with money that things are really purchased*“; Mill 1848).

Die Ökonomie ist, kurz gesagt, die Kunst des vernünftigen und sparsamen Umgangs mit knappen Ressourcen zur Erfüllung menschlicher Werte und Bedürfnisse. Da ÖSL begrenzt sind und sich ihre Nutzung häufig zumindest teilweise gegenseitig ausschließt (Trade-offs), bedarf es Entscheidungsregeln, um zwischen Alternativen, die ÖSL mehr oder weniger stark beeinflussen, wählen zu können. Nach diesen Regeln sucht die Ökonomie aus Sicht der allgemeinen Wohlfahrt und unter Beachtung intergenerationeller Verteilungen sowie konsensfähiger ethischer Regeln.

ÖSL werden zu einem ökonomischen Gut bzw. weisen einen ökonomischen Wert auf, indem sie Nutzen stiften und knapp sind. Nutzen stiften nicht nur Konsumgüter wie Lebensmittel, Trinkwasser oder Erholung. Auch immaterielle Werte sind Teil der menschlichen Präferenzen und damit nutzenrelevant. Der Wert, den wir einem Existenzrecht von Arten unabhängig von deren sonstigen Funktionen bzw. Leistungen zuerkennen, ist – ökonomisch gesehen – eine Komponente der Natur, die Nutzen stiftet; die Lebensraumfunktion eines Ökosystems für wild lebende Arten ist in diesem Sinne eine soziokulturelle ÖSL.

Knappheit bedeutet, dass die Bereitstellung bzw. Erhaltung von ÖSL mit Kosten verbunden ist (Baumgärtner 2002). Als Beispiel können die Aufwendungen für Maßnahmen der Landschaftspflege genannt werden (ausführlicher in Abschn. 5.7). Fast 50 % der biologischen Vielfalt in Deutschland ist auf traditionelle oder extensive Bewirtschaftungsformen angewiesen, die im Weltmarkt ökonomisch nicht wettbewerbsfähig sind. Die Mittel für den Erhalt solcher anthropogenen Biotope und Lebensräume sind knapp. Kosten und damit Knappheit entstehen auch dann, wenn vordergründig kein Geld fließt, z. B. bei der Einschränkung der Land- und Forstwirtschaft in Schutzgebieten. Man spricht dann von Opportunitätskosten. Das sind Leistungen, auf die die Gesellschaft oder der Einzelne verzichten müssen, wenn sie andere Ziele (Nutzen) für sich realisieren wollen.

Ökosysteme stellen kontinuierlich Leistungen für die Gesellschaft zur Verfügung. Sie sind in dieser Hinsicht mit dem Sach- und Produktivvermögen vergleichbar, auf dessen Basis unsere Gesellschaft Güter und Waren produziert. Damit ein Vermögen nachhaltig Wohlfahrt sichern kann, darf es nicht verbraucht oder zerstört werden. Für natürliches Kapital gilt dasselbe wie für menschengemachtes: „Wir müssen von den Zinsen leben und dürfen es nicht verzehren" (Hampicke und Wätzold 2009). Zerstörte oder degradierte Ökosysteme sind kaum oder nur langfristig wiederherstellbar. Die Kosten der Wiederherstellung übersteigen die Kosten der Erhaltung meist um ein Vielfaches. Die genetischen Informationen ausgestorbener Arten sind unwiederbringlich verloren. Der ökonomische Wertverlust von Naturkapital ist allerdings – wenn überhaupt – nicht einfach zu ermitteln.

Anders als bei Gebäuden, Industrieanlagen oder Maschinen stiftet natürliches Kapital in der Regel gleichzeitig eine Vielzahl unterschiedlicher Nutzenkomponenten, die einzeln bewertet werden müssen. Dazu gehören in aller Regel auch öffentliche Güter (Luftqualitätsregulation, Erholung in der freien Landschaft usw.). Sie sind dadurch gekennzeichnet, dass sie nicht privat angeeignet werden können. Deshalb gibt es für sie keine funktionierenden Märkte, innerhalb derer sich durch Nachfrage und Angebot ein gesellschaftlich akzeptables „Versorgungsniveau" ergeben könnte und bei denen die sich ergebenden Preise als Werte, im Sinne einer subjektiven Zahlungsbereitschaft und gleichzeitig als Knappheitsindikator im Sinne einer Kostengröße, genutzt werden können.

Das einzelne Ökosystem steht darüber hinaus in einem engen ökologischen Wirkungsgeflecht mit anderen Naturkomponenten, sodass allein schon die Wirkungsabschätzung zum Problem werden kann. Überdies hat man es häufig mit schleichenden Auswirkungen zu tun, die erst spät (Problem der Diskontierung zukünftiger Größen) und dann teilweise auch noch sprunghaft deutlich werden (Problem nichtmarginaler Änderungen).

Wenn Ökonomen einer Leistung oder einem Gut einen Wert zuschreiben, meinen sie in der Regel einen instrumentellen Wert, d. h., es handelt sich um ein nützliches Instrument zur Erreichung eines bestimmten Ziels. Damit sind der ökonomische Wertbegriff wie der ÖSL-Begriff vom Ansatz anthropozentrisch (Hampicke 1991). Ökonomische Bewertungen beruhen zudem auf einem „methodologischen Subjektivismus" (Baumgärtner 2002), gehen also von den individuellen Präferenzen des einzelnen Bürgers aus (zumindest sollten sie dies, s. unten).

Ökonomische Bewertungen sind immer auf Wahlhandlungen bzw. Entscheidungsalternativen gerichtet. ÖSL (und auch alle anderen, eventuell zusätzlich im Rahmen einer Kosten-Nutzen-Analyse zu bewertenden Güter und Leistungen) werden nicht absolut bewertet, sondern im Hinblick auf ihre relative Vorzüglichkeit im Vergleich zu anderen Gütern, auf die – wegen der genannten Knappheit der Ressourcen – gegebenenfalls verzichtet werden muss. Die relative Vorzüglichkeit eines Guts im Vergleich zu anderen wird in der ökonomischen Bewertung praktischerweise nicht in konkreten Gütern ausgedrückt (wie viele Gläser Bier ist mir etwas wert), sondern im (maximalen) Einkommensverzicht bzw. der maximalen Zahlungs- (oder minimalen Verkaufs-)bereitschaft des Einzelnen. Alle Methoden der ökonomischen Bewertung – auch die marktbasierten und kostenorientierten – versuchen letztendlich, Einkommensverluste und Zahlungsbereitschaften mehr oder weniger genau zu bestimmen oder zumindest plausible Hilfsgrößen für sie zu finden.

Ökonomische Bewertungen müssen, um den methodischen Ansprüchen zu genügen, immer auf konkrete Alternativen gerichtet sein (z. B. ein Projekt zur Auenrenaturierung durchführen oder nicht, Grünland erhalten oder in Acker umwandeln, ein Wohnumfeld mit oder ohne Parkanlage bewerten; abweichend hiervon s. Abschn. 4.2.4 zur Bewertung im Rahmen der umweltökonomischen Gesamtrechnung).

Ökonomische Bewertungen von ÖSL sind häufig Teil einer Kosten-Nutzen-Analyse, mit der – so weit wie möglich – versucht wird, alle ökonomischen Auswirkungen der Umsetzung und Nichtumsetzung eines Projekts oder Programms oder verschiedener Projekt- und Programmvarianten zu bewerten. Hierzu müssen zunächst alle relevanten Wirkungen eines Projekts prognostiziert werden. Was öffentliche Güter wie Erholung, Wohnumfeldqualität oder Stadtklima anbelangt, muss zusätzlich prognostiziert werden, wie viele Personen betroffen sind. Anschließend sind alle Kosten, Kosteneinsparungen, Einkommenszuwächse und Einkommensabnahmen zu ermitteln; hierzu gehören auch alle Kosten und Nutzen gemessen in Einkommensäquivalenten, die sich aus den Änderungen der öffentlichen Güter ergeben.

Der letzte Schritt einer Kosten-Nutzen-Analyse und jeder ökonomischen Bewertung ist die Aggregation der Einzelwerte zu einem Gesamtwert. Sie erfolgt durch Addition aller positiven und negativen Einkommenseffekte (Kosten und Nutzen) einschließlich der gemessenen Einkommensäquivalente (Zahlungsbereitschaften). Das heißt u. a., dass der gesellschaftliche Wert, beispielsweise der Erhaltung der Erholungsfunktion eines Landschaftsausschnitts und der Lebensraumfunktion seiner Ökosysteme für Pflanzen und Tiere, bei der ökonomischen Bewertung nichts anderes ist als die Summe der individuellen Bereitschaften, zugunsten des Erhalts dieser Funktionen bzw. Leistungen auf Einkommen zu verzichten. Der gesellschaftliche Wert eines Projekts zum Bau eines Industriebetriebs auf den betreffenden Flächen ergäbe sich aus den Nettoeinkommenszuwächsen, die der Industriebetrieb mit sich bringen würde, abzüglich der Zahlungsbereitschaften zur Erhaltung des Erholungs- und Artenschutzwerts, der entgangenen Bodenrente, die in der Regel im Kaufpreis der Fläche enthalten ist, sowie weiteren, nicht im Preis enthaltenen Kosten, z. B. durch Versiegelung steigende Hochwasserschäden bzw. -schadensvermeidungskosten.

Diskontierung zukünftiger Kosten und Nutzen

Die zukünftigen Verläufe von Kosten und Nutzen können in Abhängigkeit von den Entscheidungsalternativen zum Teil sehr unterschiedlich ausfallen. Ein Deichrückbau führt heute einmalig zu hohen Kosten, die Nutzen in Form vermiedener Hochwasserschäden, einer verringerten Nährstofffracht im Gewässer und der Entwicklung neuer Lebensräume fallen in der Zukunft an. Ein Verzicht auf den Rückbau bedeutet dagegen heute mehr Spielraum für konsumtive Ausgaben, in den Folgejahren dagegen höhere Schadenskosten und höhere Ausgaben für die Vermeidung von Nährstoffbelastungen sowie geringeren Nutzen aus zusätzlicher Artenvielfalt.

Um unterschiedliche zeitliche Kosten-Nutzen-Verteilungen vergleichbar zu machen, werden in der Kosten-Nutzen-Analyse zukünftige Werte abgezinst und alle Werte auf den heutigen Zeitpunkt aufsummiert (Barwertmethode, erläutert am Beispiel Naturschutz; Herrmann et al. 2012).

Die Abzinsung zukünftiger Werte rechtfertigt sich aus der Überlegung heraus, dass Investitionen uns helfen, zukünftig mehr zu produzieren, und dass wir bereit sind, heute im Rahmen von Sparen und Investieren auf Güter zu verzichten, um in Zukunft ein höheres Versorgungsniveau zu erlangen. Das Modell der Abzinsung baut damit im Prinzip auf der Vorstellung weiteren Wachstums auf. Wenn wir zukünftig insgesamt mehr zur Verfügung haben, ist es durchaus sinnvoll, dasselbe Gut heute, falls die Versorgungssituation schlechter ist, höher zu bewerten als in Zukunft, wenn sich das Versorgungsniveau durch Investitionen und Wachstum insgesamt verbessert hat. Sofern insgesamt kein Wachstum mehr zu erwarten ist, heißt das nicht, dass jede Berechnung, die auf Abzinsung beruht, von vornherein falsch ist. Es sind dann aber zusätzliche Nachhaltigkeitskriterien für die jeweiligen Perioden zu berücksichtigen. Eine allgemein anerkannte Methode hierfür existiert noch nicht.

Die Wahl der Höhe des in Kosten-Nutzen-Analysen zu verwendenden Zinssatzes ist davon abhängig, mit welcher Art von Investitionen man sich vergleichen will. Private Investitionen in die Produktion innovativer Güter können eine sehr hohe Kapitalverzinsung erreichen. Als unteres Level könnte man aus dem privaten Bereich die Verzinsung von Spareinlagen ansetzen. Die gesamten Aktivitäten der privaten Wirtschaft sind darüber hinaus nur dadurch möglich, dass der staatliche Sektor „Vorprodukte" und komplementäre Produkte etwa in Form von Infrastruktur, Bildung, Rechtswesen oder sozialen Sicherungssystemen zur Verfügung stellt. Rechnet man deren Kosten den privaten Aktivitäten zu, so verringert sich die volkswirtschaftliche Rentabilität privater Investitionen entsprechend.

Für die konkrete Anwendung in Kosten-Nutzen-Analysen schlägt das Umweltbundesamt (UBA 2007) Zinssätze zwischen 3 und 1,5 % vor (Letztere für generationenübergreifende Betrachtungen von über 20 Jahren).

Einige Autoren (Baumgärtner et al. 2015) schlagen zusätzlich vor, mit unterschiedlichen Zinssätzen zu arbeiten. Umweltgüter bzw. Ökosystemleistungen sollen mit geringeren Zinssätzen abgezinst werden als andere Güter. Dahinter steht die Annahme, dass sich die Versorgung mit Umweltgütern und ÖSL in Zukunft verschlechtert, sodass sie pro Einheit wertvoller werden, oder dass die Konsumentenpräferenzen so strukturiert sind, dass Umweltgüter mit zunehmendem Einkommen vermehrt nachgefragt werden.

Generell sei darauf verwiesen, dass die aus Umweltsicht und aufgrund von Wachstumskritik festzustellende Tendenz, eher niedrige Zinssätze vorzuschlagen, für Umwelt- und Naturgüter bei der konkreten Bewertung auch negative Auswirkungen haben kann. Je geringer der Abzinsungssatz ist, desto höher ist zwar der Wert eines langfristigen zusätzlichen Nutzenstroms durch ÖSL, wie er sich etwa im oben genannten Beispiel des Deichrückbaus ergeben würde. Gleichzeitig wird aber auch der Zeitpunkt des Beginns des Nutzenstroms für seinen Wert immer weniger relevant. Der Gesamtwert (Barwert) eines unendlichen konstanten Nutzenstroms ist bei einer Abzinsungsrate von 3 % bei sofortigem Beginn um 80 % höher als bei einem Beginn in 20 Jahren. Bei einer Verzinsung von 1 % wäre der Gesamtwert des Nutzenstroms, wenn er bereits heute beginnen würde, nur noch 20 % mehr wert, als wenn er erst in 20 Jahren beginnen würde. Eine geringe Verzinsung kann also auch als Grund genommen werden, mit einem Projekt erst später zu beginnen.

Fazit: Man sollte immer Alternativrechnungen mit unterschiedlichen Zinsen und Betrachtungshorizonten durchführen und ihre Ergebnisse kritisch gegenüberstellen.

Das Verfahren der Bewertung und Aggregation ähnelt in gewisser Weise dem Prinzip einer Wahl (Osborne und Turner 2007), allerdings mit einigen Unterschieden:

- Der Einzelne kann nur entsprechend seiner Betroffenheit votieren (Wie häufig nutzt er das Erholungsgebiet? Wie stark ist er am Einkommenszuwachs beteiligt?).
- Das Votum kann nach Intensität differieren (Höhe der positiven oder negativen Veränderung des realen Einkommens bzw. der Einkommensäquivalente/Zahlungsbereitschaften).
- Der Einzelne wird nicht direkt nach seinem Votum befragt, sondern sein Votum wird in Höhe seines Nettoeinkommenseffekts (positiv oder negativ) ermittelt.
- Der Nettoeffekt muss nicht für jeden im Einzelnen ermittelt werden, sondern es reicht, wenn die Summe bekannt ist.
- Zur Ermittlung des Nutzens öffentlicher Güter werden in der Regel repräsentative Methoden angewendet (Abschn. 4.2.3).

Anders als bei der Regel *one man one vote* („jeder Bürger eine Stimme“) wird der Beitrag jedes einzelnen zur Entscheidung über das gewünschte Versorgungsniveau mit einem öffentlichen Gut faktisch durch die Höhe des jeweiligen Einkommens beeinflusst. Ob die gegebene Einkommensverteilung gerecht ist, wird in der Regel im Rahmen einer Kosten-Nutzen-Analyse nicht thematisiert. Für die Bewertung von Umweltgütern sind in Industrieländern Verteilungsfragen im Allgemeinen auch irrelevant. Unterschiedliche Gewichtungen der Zahlungsbereitschaft nach den jeweiligen Einkommen beeinflussen das Gesamtergebnis in der Regel nur unerheblich. Bei weltweiten Bewertungen können sich aber bei Nichtberücksichtigung von Verteilungsunterschieden schnell ethisch unvertretbare Verfahrensansätze ergeben.

Die oben genannten Prinzipien und Grundsätze ökonomischer Bewertung, nämlich

- das Individuum als Grundlage,
- der Wert als relative Vorzüglichkeit, ausgedrückt durch monetäre Verzichtsbereitschaft bzw. Einkommenszu- und -abnahmen, und
- die Bildung des gesellschaftlichen Werts durch einfache Aggregation der individuellen Werte,

bedeuten nicht, dass innerhalb ökonomischer Verfahren keinerlei Platz ist für Werthaltungen, die für den Einzelnen subjektiv außerhalb seiner eigenen Person liegen, wie göttliche Gebote, Rechte von Tieren oder die Vorstellung bindender Regeln für eine harmonische Mensch-Natur-Beziehung. Nur wird die Gültigkeit entsprechender Werte allein auf das jeweilige Individuum beschränkt. Wer z. B. davon ausgeht, dass das Existenzrecht von Arten generell über dem Streben nach mehr Wohlfahrt steht, kann nicht verlangen, dass in einer Kosten-Nutzen-Analyse alle wirtschaftlichen Vorteile, egal bei wem sie auftauchen, zugunsten des Arterhalts auf null gesetzt werden. Er kann aber verlangen, dass seine eigenen, in Zukunft absehbaren Einkommenszuwächse vollständig als Zahlungsbereitschaft gegen das Aussterben von Arten gewertet werden.

Individuelle Präferenzen als Basis ökonomischer Bewertung

Individuen und die Wahlhandlungen, die aus ihren jeweiligen individuellen Präferenzen und Handlungsbeschränkungen resultieren, sind die elementaren Erklärungseinheiten einer ökonomischen Bewertung. Das bedeutet, dass der ökonomische Wert durch repräsentativ erfasste, subjektive Bewertungen der Individuen in einer Gesellschaft bestimmt ist. Expertenurteile sind im strengen Sinne in eine Kosten-Nutzen-Analyse nur einzubeziehen, wenn sie als Annäherungen an die nicht anders erfassbaren Präferenzen der einzelnen Betroffenen interpretiert werden können. Der ökonomische Wert (einer ÖSL) ist in der dargestellten Sichtweise keine Eigenschaft, die einer Sache (z. B. einem Biotop) inhärent ist. Welcher ökonomische Wert letztlich einer Sache (z. B. dem Biotop) zugesprochen wird, hängt vom gesamten, nicht nur ökonomischen Kontext ab.

Betrachtet man beispielsweise die ÖSL „Trinkwasserbereitstellung", können für die Frage, welchen Nutzen sauberes Wasser stiftet, folgende Aspekte bei der Bewertung relevant sein (Baumgärtner 2002): Wie viel sauberes Wasser gibt es insgesamt? Wie ist dieses Vorkommen räumlich und zeitlich verteilt? Wie sind die Zugriffsmöglichkeiten auf die Ressource institutionell geregelt? Welche alternativen Verwendungsmöglichkeiten gibt es neben der Verwendung als Trinkwasser und welche institutionellen Einschränkungen treten auf? Welche Alternativen gibt es zu Wasser in seinen unterschiedlichen Verwendungsmöglichkeiten und was kosten diese jeweils? Wie viel kostet der Transport sauberen Wassers aus anderen Regionen? Wie viel kostet die technische Aufbereitung von Wasser?

Der Anlass für eine ökonomische Bewertung ist im Verständnis der Ökonomie dann gegeben, wenn Märkte, private Produktion und privater Konsum nicht zu gesellschaftlich akzeptablen bzw. optimalen Ergebnissen führen (Marktversagen). Dies ist u. a. der Fall, wenn

- Produktion und Konsum zu Nutzeneinbußen oder Kostenerhöhungen bei Dritten führen (negative Effekte). Beispiele: Einschränkung der Erholungswirkung durch Entfernung von Landschaftselementen im Rahmen von Intensivlandwirtschaft, Erhöhung von Hochwasserschäden stromabwärts durch Eindeichung ehemals überfluteter Auen stromaufwärts;
- öffentliche Güter vorliegen: Dies sind Güter, von denen der Einzelne nicht oder nur teilweise ausgeschlossen werden kann oder soll. Beispiele: Erholungslandschaft, Badegewässer, Existenz von Arten/Artenvielfalt, pharmazeutisches Potenzial von Arten. In solchen Fällen kommt es zu keiner Zahlung von Preisen durch die Nutzer und damit verbunden auch zu keinem aktiven Marktangebot, das Übernutzungstendenzen verhindern oder negative externe Effekte auf diese Güter vermeiden könnte;

- Kosten auftreten, die erst langfristig, zum Teil erst für kommende Generationen, relevant und deshalb von den heutigen Marktteilnehmern nicht ausreichend berücksichtigt werden. Beispiele: Bodenerosion, CO_2-Emissionen durch intensive landwirtschaftliche Nutzung von Moorböden.

Die ökonomische Bewertung hat bei Marktversagen die Funktion, gesamtgesellschaftliche Kosten deutlich zu machen und staatlichen Entscheidungsträgern Informationen darüber zu geben, in welchem Umfang externe Kosten zu mindern und öffentliche Güter zu sichern und bereitzustellen sind, damit unter Berücksichtigung von Nutzen und Bereitstellungskosten ein gesellschaftlich optimales Versorgungsniveau erzielt werden kann. Ähnlich demoskopischen Methoden und Verfahren der Bürgerbeteiligung kann sie damit Wahlen, die in einer parlamentarischen Demokratie den Willen der Wähler immer nur undifferenziert zum Ausdruck bringen können, ergänzen, indem sie Präferenzen der Bürger konkreter zum Ausdruck bringt. Darüber hinaus kann sie Staatsversagen aufdecken, wenn z. B. durch den Einfluss starker Interessengruppen politische Entscheidungen gegen das Wohl der Allgemeinheit getroffen werden (z. B. durch ökologisch kontraproduktive Subventionen; Brown et al. 1993).

Ökonomische Bewertungen müssen nicht zwangsläufig in Geldeinheiten erfolgen (Abeel 2010). Geld kann als Bewertungseinheit sogar hinderlich sein. Es kann etwa die Vorstellung hervorrufen, dass nur die Welt der Waren (Marktproduktion und Konsum) wirklich zählt. Tatsächlich geht es jedoch darum, die Ergebnisse des Markts zu korrigieren, indem z. B. deutlich gemacht wird, dass die Güterproduktion Kosten hervorruft, welche die wahren Preise der verschiedenen Güter verschleiern, dass wir in diesem System Dinge produzieren, auf die wir gerne zugunsten anderer, nicht handelbarer Güter verzichten würden, oder dass offenbar wird, dass das Volkseinkommen zu einem erheblichen Teil aus Reparaturkosten zur Behebung von Schäden an Umwelt und Natur besteht (Leipert 1989).

Geld als Bewertungseinheit kann suggerieren, dass die bewerteten Güter tatsächlich bepreist und danach bezahlt bzw. gehandelt werden sollen. Tatsächlich ist jedoch die Entscheidung ausschlaggebend, wie ein festgestelltes Marktversagen zu korrigieren ist, ob durch staatliche Angebote, Ge- und Verbote, durch Abgaben oder durch die Schaffung marktbasierter Regulierungen unabhängig vom Akt der Bewertung. Ökonomische Bewertungen zielen weder *per se* noch in der Tendenz darauf ab, öffentliche Güter in Waren umwandeln und Angebot und Nachfrage durch Märkte regulieren zu wollen. Ein weiterer Irrtum kann darin bestehen, dass angenommen wird, dass eine an einem bestimmten Ort, unter ganz bestimmten ökologischen und sozioökonomischen Bedingungen getroffene Bewertung universell gilt – so wie auch der Preis vieler Waren an den verschiedensten Orten relativ gleich ist. Hierbei wird jedoch übersehen, dass (viele) ÖSL nicht beliebig transportierbar sind, sodass sich keine gleichmäßige Güterverteilung einstellt, die eine Voraussetzung für relative Preisgleichheit darstellt.

Trotz dieser möglichen Fehlinterpretation ist die Bewertung in Geldeinheiten aber in höchstem Maße praktisch. Sie erlaubt eine Abwägung zwischen Kosten, Einkommen und unterschiedlichen Gütern, einschließlich öffentlichen Gütern, die auf den jeweiligen Einschätzungen einer repräsentativen Auswahl von Bürgern basiert. Andere Bewertungsverfahren wie die Nutzwertanalyse (Zangemeister 1971; Hanke 1981) und vergleichbare Arten der sogenannten Multi-Kriterien-Analyse (Zimmermann und Gutsche 1991) konstruieren zum Teil über Punktesysteme und Gewichtungen ebenfalls Abwägungsmodelle (Abschn. 4.1). Solche Modelle basieren jedoch häufig auf den Meinungen einer begrenzten Auswahl von Experten und/oder „Bürgerexperten" (Dienel 2002). Diese haben zwar im Einzelfall gegebenenfalls eine höhere Problemlösungskompetenz, es fehlt aber die repräsentative Absicherung.

Unterschiedliche Entscheidungsunterstützungsmethoden wie die auf ökonomischen Bewertungen basierende Kosten-Nutzen-Analyse, die expertenbasierte Nutzwertanalyse oder diskursive Verfahren einer aktiven Bürgerbeteiligung sollten entsprechend ihren jeweiligen Stärken und Schwächen genutzt werden. Wenn es z. B. darum geht, ein gegebenes Budget für Maßnahmen der städtischen Grünpflege und Entwicklung in einem Stadtteil optimal einzusetzen, wird wahrscheinlich eine repräsentativ zusammengesetzte Bürgergruppe sehr hilfreiche Beiträge zur Erarbeitung eines Konzepts vorschlagen können, welches den Bürgerwünschen am nächsten kommt. Wenn es um ein möglichst kostensparendes Konzept zur Verringerung der Bodenerosion in einem Landkreis geht (Grunewald und Naumann 2012), dürfte eine expertenbasierte Nutzwertanalyse gute Ergebnisse liefern. Die Kosten-Nutzen-Analyse zeigt ihre besonderen Stärken dann, wenn Fragen zu beantworten sind, die bezüglich Finanzierung und Wirkungen eine Vielzahl von Bürgern in unterschiedlicher Weise betreffen. Ein solcher Fall ist z. B. gegeben, wenn es darum geht zu entscheiden, wie viele Mittel eine Stadt überhaupt für Grüngestaltung ausgeben soll. Ein anderes Beispiel ist eine Bewertung von Maßnahmen zur Reduktion der Bodenerosion, die zusätzlich weitere Wirkungen z. B. auf Artenschutz, Landschaftsbild und Gewässerreinhaltung berücksichtigt und bei der darüber hinaus geprüft werden soll, ob die Maßnahmenkosten insgesamt gerechtfertigt sind.

Beispiel

Grossmann et al. (2010) haben eine Kosten-Nutzen-Analyse naturverträglicher Hochwasservorsorge an der Elbe durchgeführt (Abschn. 5.6.4). Sie berechneten vermiedene Hochwasserschäden wie auch ersparte Kosten für alternative Maßnahmen zur Erreichung der Wirkungen des verbesserten Schadstoffabbaus im Gewässer und sie befragten Bürger nach ihrer Zahlungsbereitschaft für den Beitrag zu Naturschutz und Erholung. Die so bewerteten ÖSL waren dreimal so hoch wie die Kosten für die Maßnahmen. ◀

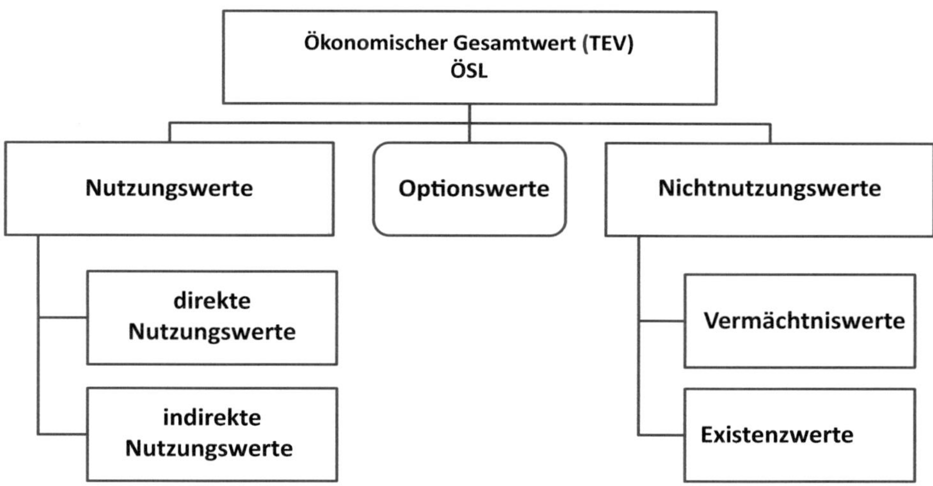

Abb. 4.8 Das Konzept des ökonomischen Gesamtwerts (TEV). Adaptiert nach Pearce und Turner 1990; Bräuer 2002

4.2.2 Das Konzept des ökonomischen Gesamtwerts

Für die ökonomische Bewertung von ÖSL stellt das Konzept des ökonomischen Gesamtwerts (TEV, *total economic value;* Pearce und Turner 1990) die derzeit anerkannteste methodische Basis dar (Abb. 4.8). Die verschiedenen Nutzen von Ökosystemen werden dabei differenziert in Nutzungswerte *(use values)* und Nichtnutzungswerte *(non-use values)*. Bei den Nutzungswerten werden direkte und indirekte Nutzungswerte sowie Optionswerte unterschieden. Die Nichtnutzungswerte differenzieren sich in Existenzwerte *(existence values)* und Vermächtniswerte *(bequest values)*.

Direkte Nutzungswerte *(direct use values)*
Direkte Nutzungswerte ergeben sich durch die unmittelbare Nutzung von ÖSL für Konsum und Produktion (z. B. Nahrung, Brennholz, Medizin, Bauholz, Trinkwasser, Kühlwasser usw.). Auch die Nutzung einer Landschaft zu Erholungszwecken, Freizeitaktivitäten, Tourismus, Wissenschaft und Bildung wird den direkten Nutzungswerten zugeordnet (Baumgärtner 2002). Es wird eine konsumtive (verbrauchende) Nutzung (Beispiel: Brennholz) von einer nichtkonsumtiven Nutzung (Beispiel: Erholung) unterschieden. Direkte Nutzungswerte sind mit Versorgungsleistungen und -gütern und mit einigen soziokulturellen ÖSL (z. B. Erholung, kulturelle Identität, Landschaftsästhetik, Wissensbasis) verknüpft.

Indirekte Nutzungswerte *(indirect use values)*
Indirekte Nutzungswerte ergeben sich, wenn ÖSL direkt oder indirekt auf Nutzungen einwirken (z. B. Hochwasserschutzwirkung von Auen, Selbstreinigungskraft von Gewässern, Wasserfilterkapazität von Böden). Relevant ist dies in erster Linie für die Regulationsleistungen. Der Wert ist dabei auf der Grundlage des Beitrags zu den jeweiligen konkreten Nutzungen zu erfassen (z. B. Minderung von Hochwasserschäden, Veränderung der Nutzung als Badegewässer, verminderte Kosten der Trinkwassergewinnung; vgl. entsprechend auch das Konzept der *final ecosystem services* nach Boyd und Banzhaf (2007) (Abschn. 3.2).

Optionswerte *(option values)*
Der Optionswert drückt aus, dass Menschen eine Zahlungsbereitschaft dafür besitzen, theoretisch nutzbare Dinge zu erhalten, auch wenn eine spätere Nutzung tatsächlich nicht stattfindet (hier bestehen Parallelen zum Potenzialansatz; Kap. 2 und Abschn. 3.1). Der Optionswert wird auch als Versicherungsprämie interpretiert, die man bereit ist, in der Gegenwart zu zahlen, um für den Fall eines künftigen Gebrauchs die Nutzungsmöglichkeit zu erhalten (Weitzman 2000). Optionswerte sind besonders im Zusammenhang mit Landschaften und Ökosystemen bedeutsam, die eine hohe Bekanntheit und Singularität besitzen (Beispiel: der Brocken im Harz) oder bezüglich Arten und ihrem Genom, bei denen eine hohe Unsicherheit über zukünftige Nutzungsmöglichkeiten besteht (z. B. Norton 1988).

Vermächtniswerte *(bequest values)*
Der Vermächtniswert drückt die Bereitschaft der heute lebenden Bürger aus, auf Einkommen zu verzichten, um Dinge für künftige Generationen zu erhalten. Relevant ist dieser Wert insbesondere für soziokulturelle ÖSL, aber auch für Versorgungsleistungen und -güter.

Existenzwerte *(existence values)*
Der Existenzwert umfasst Zahlungsbereitschaften, um Dinge zu erhalten, unabhängig davon, ob sie heute oder in Zukunft jemals genutzt werden. Relevant ist dies insbesondere im Zusammenhang mit Dingen, denen ein Eigenwert zugeordnet wird, z. B. der Eigenwert oder das Existenzrecht von Arten.

Die einzelnen Werttypen des TEV sind in sich abschließend. Die Summe aus allen Wertkategorien des TEV ist der ökonomische Gesamtwert. Allerdings ist es in der Praxis der Bewertung nahezu ausgeschlossen, alle Teilwerte methodisch sauber voneinander zu trennen.

Untersuchungen in Natura-2000-Gebieten ergaben, dass über 50 % des TEV aus indirekten Nutzungswerten und Nichtnutzungswerten (Options-, Vermächtnis- und Existenzwerten) bestehen (Jacobs 2004). Das heißt einerseits, Umfang und Bedeutung dieser Wertekategorien sind aus Naturschutzsicht entscheidend. Auf der anderen Seite nehmen aber die Probleme einer verlässlichen Bewertung von den direkten Nutzungswerten zu den Nicht-Nutzungswerten zu.

4.2.3 Bewertungsmethoden und -techniken (Wertermittlung)

Zur Zeit der Erstellung des Texts war den Autoren noch keine deutschsprachige Publikation mit einer systematischen Darstellung ökonomischer Bewertungsmethoden am Beispiel von ÖSL bekannt. Es wird deshalb zur Vertiefung auf die englischsprachige Webseite https://www.ecosystemvaluation.org verwiesen.

4.2.3.1 Methoden zur Erfassung von Nutzungswerten

Marktpreise

Wenn Güter, die die Natur direkt bereitstellt, in gleicher oder ähnlicher Form auch marktmäßig gehandelt werden (z. B. Pilze, Fische, Wild), kann man sich für ihre Bewertung an Marktpreisen orientieren (Marktpreismethode). Voraussetzung ist u. a., dass die Produkte in vergleichbarer Qualität vorliegen und auf eine vergleichbare Nachfragesituation stoßen. Dies ist nicht immer gewährleistet. Beispielsweise schmecken die Blaubeeren, die im Wald auf einer Wanderung gepflückt werden, erfahrungsgemäß besonders gut. Alleine durch die besondere Art der Aneignung erlangen die Früchte psychologisch eine andere Qualität und könnten deshalb durchaus höher bewertet werden als gekaufte Blaubeeren. Das Pflücken ist aber eine Tätigkeit, die manchmal auch eher nebenher, ohne erheblichen Zusatzaufwand durchgeführt wird. Man würde die Beeren vielleicht auch pflücken, wenn der Wunsch nach Blaubeeren aktuell eher gering ist. Dann müsste man sie eventuell zu einem geringeren Preis als dem Marktpreis bewerten. Ähnliches gilt für selbst geangelten Fisch. Er könnte als aktiv angeeignetes Produkt einen höheren Wert als Marktprodukte haben, er könnte aber auch als ein eher nebensächliches Nebenprodukt des eigentlich gewünschten Angelns gelten. Wenn der Fisch in der Familie des Anglers verwertet wird (bzw. werden muss), ist auch deren vielleicht abweichende Präferenz entscheidend.

Mit der Marktpreismethode lässt sich beispielsweise die Veränderung der Bewirtschaftungsform eines Waldes hinsichtlich des Angebots an Waldfrüchten oder die Auswirkung der verbesserten Wasserqualität eines Sees auf den Fischfang durch Angler (weniger Biomasse, aber höherer Anteil an Edelfischen) bewerten. Zusätzlich zur Änderung des Angebots müsste man in beiden Fällen abschätzen, in welcher Höhe das Angebot auch wirklich genutzt wird. Schließlich sollte man durch Umfragen ermitteln, ob der Wert der Produkte tatsächlich dem Marktpreis entspricht bzw. in welchem Maße er höher oder geringer eingeschätzt wird.

Änderung von Wertschöpfung, Gewinnen, Verkaufserlösen abzüglich Produktionskosten

Der überwiegende Anteil der mithilfe von ÖSL erstellten und auf Märkten gehandelten Produkte wie Trinkwasser, Holzprodukte, Lebensmittel usw. wird in Kombination mit Arbeits- und Kapitaleinsatz produziert. Bei Veränderungen der ÖSL sind für die Bewertung solcher Güter dann nicht die Markterlöse alleine entscheidend, sondern die jeweilige Differenz aus Markterlösen und Kosten für Kapitaleinsatz, Vorprodukte, Betriebsmittel und Arbeitskosten einschließlich einer üblichen Entlohnung des Arbeitseinsatzes des Unternehmers. Das, was bei dieser Rechnung als Differenz übrig bleibt, entspricht in der Tendenz ungefähr den Pachtkosten der bewerteten oder einer vergleichbaren Fläche. Deshalb wird in Bewertungsstudien häufig vereinfachend die Bodenrente (Pacht) als (Netto-)Wert der landwirtschaftlichen Produktionsleistung von Flächen verwendet (Hampicke et al. 1991).

Beispiel

Welcher Wertverlust ergibt sich hinsichtlich der landwirtschaftlichen Produktion bei Aufgabe der Bewirtschaftung dieses Ackers (Abb. 4.9)? Von den entgangenen Markterlösen sind zunächst die variablen Kosten abzuziehen. Darüber hinaus werden Anpassungen hinsichtlich des Arbeits- und Kapitaleinsatzes erfolgen. Auf Dauer bleibt als Wertverlust die entgangene Bodenrente (Pacht). Sie bestimmt sich aufgrund verschiedener Gunst- und Ungunstfaktoren wie Bodenfruchtbarkeit, Wasserversorgung, Klima, Hangneigung usw. Bei der Bewertung großflächiger Bodenverluste in Entwicklungsländern ist bei fehlenden alternativen Beschäftigungsmöglichkeiten von deutlich höheren Einkommensverlusten auszugehen. Auf die Gesamtheit der landwirtschaftlichen Flächen der Erde würden wir um nichts in der Welt verzichten wollen – ihr Verlust hätte einen Wert von „minus unendlich" (Costanza et al. 1998). ◄

Wird beispielsweise aufgrund von Naturschutzmaßnahmen ein Maisacker in eine artenreiche Feuchtwiese umgewandelt, so ist zum Vergleich der beiden unterschiedlichen Versorgungsleistungen (Mais, Wiesenschnitt) jeweils zu berechnen, welche Differenz sich aus Produktverkauf und den oben genannten Produktionskosten ergibt. Beim Mais ist diese Differenz positiv, beim Wiesenschnitt eher neutral oder sogar negativ.

Für einen Vergleich des ökonomischen Gesamtwerts (TEV) von intensiven (Beispiel: Mais) und extensiven (Beispiel: Wiese) Bewirtschaftungsformen kann eine korrekte Bewertung der Versorgungsleistungen (Mais, Wiesenschnitt) entscheidend sein. Die Differenz zwischen den Gewinnen ist häufig deutlich geringer als die Differenz zwischen den Verkaufserlösen, auch deshalb, weil intensive Bewirtschaftungsformen häufig einen höheren Input benötigen. Die unterschiedliche Bewertung von Versorgungsleistungen, einmal auf der Grundlage von Verkaufserlösen, einmal auf der Grundlage von Verkaufserlösen abzüglich Kosten, erklärt, warum in der Studie von Ryffel und Grêt-Regamey (2010) der berechnete Gesamtwert von artenreichem Grünland geringer ist als der von Intensivgrünland, in der Studie von Matzdorf et al. (2010) dagegen das artenreiche Grünland vergleichsweise besser abschneidet als Ackerland.

Würde man Versorgungsleistungen auf der Grundlage von Verkaufserlösen bewerten, bedeutete dies, dass nicht nur ÖSL bewertet werden, sondern zusätzlich auch die Wertschöpfung durch Kapital und Arbeit. Bei korrekter Anwendung der Kosten-Nutzen-Analyse müssen von den geschaffenen Werten immer die Kosten, die zur Erstellung

Abb. 4.9 Acker bei Sulingen in Niedersachsen. Welcher Wertverlust würde sich bei Aufgabe der agrarischen Nutzung ergeben? (© Burkhard Schweppe-Kraft)

erforderlich sind, abgezogen werden, um den Nettoeffekt zu berechnen. Im Falle von Versorgungsleistungen ist dies in der Konsequenz der jeweilige Gewinn abzüglich des Lohns für die Arbeit des Unternehmers zuzüglich der für das Land gezahlten Pachten (s. Umweltleistungen, Abschn. 2.1).

Implizit steht hinter der oben genannten Berechnungsweise von Versorgungsleistungen anhand von Gewinnen bzw. Pachten die Annahme, dass „freigesetzte" Arbeit und – zumindest mittel- bis längerfristig – auch „freigesetztes" Kapital an anderer Stelle wieder Verwendung finden und dort eine Wertschöpfung ermöglichen, die ihren Kosten entspricht. Kosten-Nutzen-Analysen, die in Industrieländern durchgeführt werden, gehen aufgrund der Flexibilität der Märkte für Arbeit und Kapital im Allgemeinen von dieser vereinfachenden Annahme aus. Abweichungen sollten besonders gekennzeichnet und begründet werden. In vielen Regionen in Entwicklungsländern sind die nötigen Alternativangebote insbesondere für den Faktor Arbeit nicht vorhanden. Werden mit der Zerstörung der Versorgungsleistungen eines Ökosystems (z. B. Verlust der Bodenfruchtbarkeit oder Überfischung) auch die auf dieser Basis wirtschaftenden Menschen langfristig arbeitslos, dann sind in einer Kosten-Nutzen-Analyse als Wert der entsprechenden Versorgungsleistung nicht nur die verlorenen Gewinne, sondern die gesamte Wertschöpfung einschließlich der Arbeits- und gegebenenfalls Kapitalkosten anzusetzen. In den Industrieländern wie Deutschland sind eher Anpassungsprobleme und -fristen beim Faktor Kapital zu beachten.

Bei der Ermittlung der Kosten einer Aufgabe bzw. Umwandlung der landwirtschaftlichen Produktion wird deshalb auch häufig in kurz- bis mittelfristiger Perspektive von den Deckungsbeiträgen ausgegangen. Deckungsbeiträge sind Markterlöse abzüglich der variablen Kosten. Der Deckungsbeitrag pro Hektar sagt entsprechend seiner Bezeichnung aus, welchen Beitrag die Produktion auf einem Hektar Fläche zur Deckung der Fixkosten eines Betriebs leistet, also etwa zu den Kreditzinsen, die für Stallungen bezahlt werden müssen. Eine Deckungsbeitragsrechnung geht davon aus, dass ungenutztes Kapital unflexibel ist, also nicht anderweitig ebenso gewinnbringend eingesetzt werden kann. Kurzfristig ist eine solche Berechnungsweise gerechtfertigt. Mittelfristig ist aber von Anpassungsmöglichkeiten auszugehen. Spätestens nach der technischen Abschreibungsdauer der betrachteten Kapitalien sollte man zur Berechnung der Werte von Produktionsverlusten zu Größen wie Pacht oder langfristige Gewinnaussicht übergehen. Für die konkreten Berechnungsergebnisse kann ein korrekter Umgang mit Kapitalkosten entscheidend sein. Röder und Grützmacher (2012) berechnen beispielsweise auf der Grundlage von Deckungsbeiträgen Kosten von 40 € t^{-1} eingesparter CO_2-Emission bei Wiedervernässung und Nutzungsaufgabe vorher landwirtschaftlich genutzter Moorböden. Würde man lediglich Pachtkosten von beispielsweise 250 € ha^{-1} ansetzen, würde sich ein deutlich günstigerer Wert von ca. 9 € t^{-1} eingespartem CO_2 ergeben. Kalkuliert man eine 20-jährige Anpassungszeit mit gleichbleibend hohen Anpassungsraten, ergäben sich bei 3 % Kalkulationszins Kosten von gut 17 €. Für alle drei Berechnungsarten lassen sich in Studien praktische Berechnungsbeispiele finden. Dies macht deutlich, dass man nicht nur bei der Bewertung von ÖSL auf große methodische Unterschiede stoßen kann. Auch bei ganz konventioneller Kostenkalkulation können hohe Spannen auftreten, die auf unterschiedlichen, zum Teil problematischen Annahmen fußen.

Am Beispiel der Pacht als Annäherung für den (langfristigen) Wert der landwirtschaftlichen Produktionsfunktion von Ökosystemen (Versorgungsleistung) lässt sich weiterhin anschaulich zeigen, dass ökonomische Bewertungen in der Regel nur für relativ kleine Änderungen gelten: Der günstigere Gesamtwert von Grünland im Vergleich zu Ackerland, der sich auf der Grundlage der Studie von Matzdorf et al. (2010) errechnen lässt, gilt nur für den Fall der derzeitigen Verteilung zwischen Grün- und Ackerland. Würde man mit dem Hinweis auf den höheren ökonomischen Gesamtwert (TEV) von Grünland immer mehr Acker- in Grünland verwandeln, so würde sich das Angebot der mithilfe dieser Flächen produzierten, unterschiedlichen öffentlichen und privaten Güter nach und nach so stark ändern, dass sich auch die Preise und Zahlungsbereitschaft für diese Güter immer stärker verändern. Der ökonomische Gesamtwert pro umgewandelter Einheit Ackerland könnte sich dem TEV pro zusätzlicher Einheit Grünland angleichen und danach sogar darüber hinausgehen. Dies könnte z. B. im Hinblick auf die Artenschutzfunktion bzw. -leistung schon relativ schnell geschehen. Denn zur Erhaltung der Artenvielfalt ist oftmals, übergreifend gesehen, ein Mix aus Grünland und Ackerland optimal und nicht eine Grünlandmonokultur.

Ebenso wird deutlich, warum sich der Wert der Summe aller ÖSL nicht aus dem Wert errechnen lässt, der für eine relativ kleine zu bewertende Änderung anzusetzen ist. Multipliziert man den Gesamtbestand an landwirtschaftlichen Flächen in den Industrieländern mit den jeweiligen Pachtwerten pro Hektar, so erhält man mitnichten den Wert, den die Gesellschaft zur Erhaltung der landwirtschaftlichen Produktionsleistung dieser Flächen zu zahlen bereit wäre. Der wahre Wert wäre deutlich höher. Denn die Preise würden bei zunehmendem Verlust an Produktionsflächen extrem steigen und die dadurch ausgelösten sozialen Verwerfungen würden unkontrollierbare Folgen haben.

Beispiel

Innerhalb der EU wird die Bestäubungsleistung auf einen Wert von ca. 14 Mrd. € geschätzt (Gallai et al. 2009). Dies ist der Wert der landwirtschaftlichen Produkte, die in starkem Maße von Insektenbestäubung abhängig sind. Für konkrete Bewertungen hilft dieses Wissen wenig. Bei der Bewertung der Veränderungen von Bestäuberpopulationen in konkreten Anbaugebieten ist es nämlich u. a. entscheidend, ob die Populationen dort bereits ein limitierender Faktor für die Produktion oder ob sie noch im Überfluss vorhanden sind. Bisher weiß man noch relativ wenig darüber, wie sich z. B. Blühstreifen innerhalb von Obstbaugebieten auf die Nettoerträge auswirken (Abb. 4.10). ◀

Änderung von Produktionskosten

Die Produktionskostenmethode erfasst ebenfalls die Änderung der Differenz zwischen Verkaufserlösen und Produktionskosten, allerdings für den speziellen Fall, dass Produktmenge und Erlöse konstant bleiben und sich lediglich die Produktionskosten ändern. Das typische Beispiel für diesen Fall ist der verringerte Aufwand zur Bereitstellung von sauberem Trinkwasser, wenn eine belastende Ackernutzung durch Grünland ersetzt wird. Ein anderes Beispiel ist ein erhöhter Einsatz von Düngemitteln, um eine verringerte Bodenfruchtbarkeit zu kompensieren, die sich z. B. durch Intensivnutzung ergeben hat oder die durch eine Bodenerosion im Zuge der Beseitigung von Hecken und anderen Kleinstrukturen ausgelöst wurde.

In den genannten Fällen würde mit der Produktionskostenmethode direkt die Versorgungsleistung von Ökosystemen bewertet (Wasserdargebot, landwirtschaftliche Produktion) und indirekt gleichzeitig die Auswirkung von Regulationsleistungen (Schadstoffminderung, Verminderung von Bodenerosion durch Kleinstrukturen) auf die jeweilige Versorgungsleistung.

Schadenskosten und (Schadens-)Vermeidungskosten, Anpassungs-, Reparatur-, Ersatzkosten

Viele Regulationsleistungen beeinflussen die Wirkungen natürlicher Gefahren (Hochwasser, Lawinen und Muren, Sturmschäden usw.) sowie anthropogen verursachter Risiken (Klimaerwärmung, Luftschadstoffe, stadtklimatische Belastungen). Zur

Abb. 4.10 Obstbauregionen sind in besonderem Maße auf Bestäubungsleistungen angewiesen. Eine Obstplantage ist wie ein Acker (Abb. 4.9) ein Beispiel, bei dem die ÖSL stark von menschlichem Einfluss überlagert wird. (© IÖR/H. Hensel)

Bewertung lassen sich hier zum Teil die Schadens- und Schadensvermeidungskosten sowie die Anpassungs-, Reparatur-, Ersatz- oder Vermeidungskosten ansetzen. Hierbei wird untersucht, inwieweit sich Schäden (einschließlich Krankheitskosten) oder die Kosten für ihre Vermeidung und Reparatur (Rehabilitation) durch die Änderungen von Ökosystemen und ÖSL ändern. Beispiele sind die Vermeidung von Hochwasserschäden durch Renaturierung von Auen oder vermiedene Kosten für die Behandlung von Atemwegserkrankungen durch die Staubfilterwirkung von Stadtgrün.

Generell gilt in der Ökonomie der Grundsatz, dass ein Ziel mit möglichst geringen Kosten erreicht werden sollte. Wenn ein Schaden einen geringeren Wert hat als die Kosten seiner Reparatur, ist es für alle günstiger, die geschädigte Person monetär zu entschädigen, als den Schaden reparieren zu lassen. Dieser Grundsatz gilt nicht nur für die Entschädigung bei Schäden an Personenkraftwagen. Er ist auch bei der volkswirtschaftlichen Bewertung im Rahmen der Ermittlung des ökonomischen Gesamtwerts (TEV) anzuwenden. Entsprechendes gilt, wenn die Schadensvermeidungskosten höher sind als der Schaden. Auch dann ist es günstiger, die geringere Versicherungssumme für den Schadensfall zu zahlen, als stattdessen die höheren Kosten aufzubringen, um den möglichen Schadensfall vollständig zu vermeiden. Man spricht bei solchen Überlegungen auch vom *least cost*-Prinzip (Prinzip der geringsten Kosten).

Häufig lässt sich durch Schadens- oder Reparaturkosten nur ein Teil des Werts einer ÖSL quantifizieren: Krankheitskosten erfassen häufig nur die Kosten der Behandlung, nicht aber die körperlichen oder psychischen Leiden des Kranken. Wenn durch Nutzungsintensivierung in einem Gebiet keine Feldlerchen oder Rebhühner mehr vorkommen, können die Kosten für Wiederansiedlung oder Vermeidung des Verlusts deutlich geringer sein als die ethische und ästhetische Bedeutung des Verlusts. Durch Schadens- oder Vermeidungskostenansätze nicht erfassbare Leistungen oder Leistungsbestandteile sollte man über andere Methoden versuchen zu erfassen, z. B. durch Zahlungsbereitschaftsanalysen.

Beispiel

Pimentel et al. (1995) haben die *on site*- und *off site*-Kosten der Erosion für die USA abgeschätzt und sind Mitte der 1990er-Jahre auf ca. 100 US$ pro Hektar und Jahr gekommen. Stellt man diese Größenordnung der Ersatz- und Schadenskosten den Kosten für Erosionsminderungsmaßnahmen gegenüber, ergibt sich bei hohen Erosionsgefährdungen ein sehr positives Kosten-Nutzen-Verhältnis von 1:5 (dabei reduziert sich die Bodenerosion durch Wasser und Wind von 17 t ha^{-1} a^{-1} auf 1 t ha^{-1} a^{-1}). Grunewald und Naumann (2012) haben mittels analoger Ansätze für ein lössbedecktes, agrarisch dominiertes Gebiet in Sachsen ein Kosten-Nutzen-Verhältnis von ca. 1:2 bestimmt (Abschn. 5.6.3). ◄

Alternativkosten

Mit den oben genannten Methoden inhaltlich eng verbunden ist der Alternativkostenansatz. Bei diesem werden oft nicht faktisch auftretende Kosten bewertet, sondern die Kosten theoretisch möglicher Varianten, um ein Ziel alternativ zu erreichen. Beispiele sind die Bewertung der zusätzlichen Selbstreinigungskraft eines renaturierten Gewässers anhand der alternativ erforderlichen Maßnahmen zur Reduktion des Schadstoffeintrags durch die Landwirtschaft oder durch den Bau zusätzlicher Kläranlagen, um den gleichen Effekt auf die Wasserqualität zu erreichen. Die Erosionsschutzwirkung von Hecken und Kleinstrukturen ließe sich beispielsweise nicht nur, wie oben dargestellt, mit der Produktionskostenmethode, sondern auch anhand alternativer, gleich wirksamer bodenerhaltender Bewirtschaftungsmaßnahmen auf den Produktionsflächen bewerten.

Ob ein entsprechender Alternativkostenansatz zulässig ist, hängt davon ab, ob die gesellschaftlichen Ziele ausreichend bindend formuliert sind. Streng genommen führt der Alternativkostenansatz nur dann zu einem korrekten Ergebnis, wenn die Ziele so verbindlich formuliert sind, dass die nötigen Maßnahmen zur alternativen Zielerreichung (in nicht allzu langer Zukunft) auch tatsächlich umgesetzt würden. Ein Beispiel für ein entsprechend bindendes, gesellschaftliches Ziel ist die EU-Wasserrahmenrichtlinie (WRRL), die die Erreichung einer bestimmten Gewässerqualität vorschreibt (Abschn. 5.6.2). Wandelt man Ackerflächen in Grünland um, verringern sich die Nährstoffeinträge in Grund- und Oberflächengewässer und man kommt den vorgegebenen Zielen der WRRL näher. Einen entsprechenden Beitrag zur Gewässerentlastung kann man auch durch verschiedene Maßnahmen bei der Ackerbewirtschaftung oder durch die Verbesserung von Klärstufen erreichen. Als Wert für die Nährstoffentlastung durch Umwandlung in Grünland ist nach dem *least cost*-Prinzip diejenige Alternativmaßnahme auszuwählen, die eine vergleichbare Entlastung zu den geringsten Kosten erlaubt und gleichzeitig eine realistische Umsetzungschance besitzt. Matzdorf et al. (2010) verwendeten zur Bewertung der verminderten Nährstoffeinträge durch Erhaltung von Grünland einen Wert von 40–120 € ha^{-1}, der auf der Auswertung von Daten über kosteneffiziente Maßnahmen zur Minderung von Stickstoffemissionen von Osterburg et al. (2007) basiert.

Maßnahmen zur Wiedervernässung und Renaturierung ehemals landwirtschaftlich genutzter Moorböden stoppen die Mineralisierung der organischen Bodenbestandteile und führen dadurch in erheblichem Maße zur Reduktion von Treibhausgasemissionen (Abb. 4.11). Die Bewertung dieser Regulationsleistung wiedervernässter Moorböden ist auf der Grundlage sowohl von Schadenskosten als auch von Alternativkosten möglich. Auf der Basis globaler Schadensschätzungen schlug das Umweltbundesamt 2007 einen Kostensatz von 70 € t^{-1} CO_2 vor (UBA 2007). In 2020 lag die Empfehlung bei 195 € (UBA 2020).

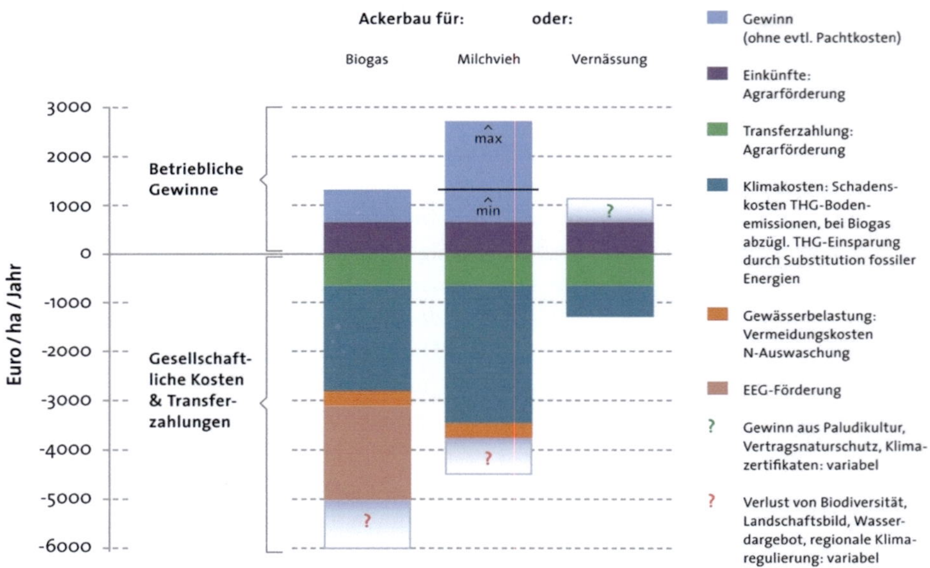

Abb. 4.11 Ein Beispiel für die Nutzung von Schadenskosten zur Bewertung von Ökosystemleistungen: privater Nutzen, gesellschaftliche Kosten und Transferzahlungen bei unterschiedlicher Nutzung entwässerter Niedermoorstandorten in Norddeutschland. Quelle: Berghöfer und Röder in Naturkapital Deutschland (2015: 141). Grundlagen und Erläuterungen zur Berechnung siehe dort. Annahme zur Höhe von Schadenskosten durch Klimagasemissionen: 80 € pro CO_2-Äquivalent; THG, Treibhausgas

Beim Einsatz von Windkraft an Land kostete in den frühen 2010er-Jahren eine Tonne vermiedene CO_2-Emissionen 40–60 €, auf dem europäischen Kohlenstoffmarkt waren es Anfang April 2012 zwischen 6 und 7 €. Die Antwort auf die Frage, welcher der genannten Werte für die Bewertung der durch Wiedervernässung eingesparten CO_2-Emissionen anzusetzen ist, hängt davon ab, wie die zukünftige Entwicklung eingeschätzt wird (Abschn. 5.6.5).

Es ist davon auszugehen, dass die erforderliche Senkung von CO_2-Emissionen nicht allein mit den derzeit günstigen Maßnahmen umgesetzt werden kann, die den aktuell niedrigen Preis am Kohlenstoffmarkt ermöglichen. Die Erreichung des Ziels mit diesen Kosten ist also unrealistisch. Realistischer sind beispielsweise Maßnahmen in der Kostenkategorie von CO_2-Vermeidung durch Windkraft. Wenn man davon ausgeht, dass auch das Ziel einer Begrenzung des Temperaturanstiegs auf maximal 2 °C bei Weitem nicht erreicht wird – was immer wahrscheinlicher wird –, sind sogar die 70 € Schadenskosten zu gering angesetzt. Das Beispiel zeigt, dass es auch unter realistischen Annahmen sehr weit auseinandergehende Bewertungsansätze geben kann. Bewertungen sollten deshalb immer die jeweiligen Annahmen offenlegen und nach Möglichkeit Alternativkalkulationen unter unterschiedlichen Annahmen durchführen.

Beispiel

Die Stadt New York City, die Anfang der 1990er-Jahre die Trinkwasserqualitätsstandards der Behörden nicht mehr erfüllte, musste Maßnahmen ergreifen. Für 6–8 Mio. US$ sollte eine Wasserfiltrations- und -reinigungsanlage gebaut werden und Betriebskosten von rund 300 Mio. US$ pro Jahr wären dazugekommen. Alternativ wurde geprüft, die ökologischen Funktionen der Ökosysteme in den Catskill Mountains, dem Trinkwassereinzugsgebiet der Stadt, zu verbessern. Diese Investition wurde mit einmalig 1–1,5 Mrd. US$ veranschlagt. Es fand eine Abwägung zwischen den Kosten der Verbesserung der Ökosysteme und dem Aufbau künstlicher Reinigungsanlagen als Ersatz für die verminderten ÖSL der degradierten Ökosysteme statt und man entschied sich für die ÖSL-Variante (Chichilnisky und Heal 1998). ◄

Immobilienpreismethode – *hedonic pricing*

Die bisher dargestellten Bewertungsansätze fokussierten sich in der Systematik des MEA (2005a) bzw. der ÖSL-Klassifikation in Abschn. 3.2 in erster Linie auf Versorgungs- und Regulationsleistungen. Die Immobilienpreismethode zielt auf die soziokulturellen Leistungen „Erholung“ und „Ästhetik“ bzw. darüber hinausgehend allgemeiner formuliert auf die subjektiv bewerteten Wohlfahrtsfunktionen von Grünelementen und Grünflächen im Wohnumfeld *(amenity value)*.

Bei der Immobilienpreismethode versucht man, durch statistische Analyse den Einfluss der wohnungsnahen Grünausstattung auf die Immobilienpreise zu erfassen. Hoffmann und Gruehn (2010) kommen zu dem Ergebnis, dass in dicht besiedelten

Innenstadtbezirken die Grünausstattung des Wohnumfelds 36 % des Immobilienwerts erklärt. In weniger dicht besiedelten, kleineren Städten ist der Einfluss geringer.

Life-Satisfaction-Analyse

Die Immobilienpreismethode erfasst nur denjenigen Teil des Nutzens von Stadtgrün, der vom Immobilienbesitzer „abgeschöpft" werden kann. Den Nutzen, der über den „abgeschöpften" Teil hinausgeht, müsste man mit anderen Methoden ermitteln, indem man zusätzlich eine Zahlungsbereitschaftsanalyse durchführt oder aufgrund des Zusammenhangs der selbst eingeschätzten Lebenszufriedenheit mit der Grünversorgung, dem Einkommen und anderen sozialen Kenngrößen eine Nachfragefunktion nach wohnungsnaher Grünversorgung schätzt, wie dies bei der sogenannten Life-Satisfaction-Analyse der Fall ist (Abschn. 4.2.4).

Reisekostenanalyse – *travel cost approach*

Ein ganzer Kanon unterschiedlicher Methodenvarianten verbirgt sich hinter dem Begriff „Reisekostenanalyse", die vor allem zur Bewertung von Erholungsgebieten verwendet wird. Hierbei analysiert man statistisch die Zusammenhänge zwischen der Anzahl an Reisen in ein Gebiet oder in einen bestimmten Gebietstyp, abhängig davon, wie hoch die Erreichungskosten sind und – in den neueren Methodenvarianten – auch welche Qualität das Gebiet für die Erholung besitzt (z. B. Landschaftsbild, Landschaftsvielfalt, Ausstattung mit Erholungsinfrastruktur), und schätzt auf dieser Basis eine Nachfragefunktion für Erholung für das jeweilige Gebiet bzw. den Gebietstyp. Aus dem Vergleich des Verhaltens von Besuchern mit hohen und niedrigen Erreichungskosten lässt sich ableiten, dass man für die ersten Besuche, die man innerhalb eines Betrachtungszeitraums in ein bestimmtes Gebiet oder einen Gebietstyp unternimmt, höhere Kosten zu zahlen bereit ist als für die weiteren Besuche. Besucher mit geringen Erreichungskosten brauchen diese höheren Zahlungsbereitschaften für die ersten Besuche real nicht aufzubringen und realisieren dadurch eine sogenannte Konsumentenrente. Die Summe aller Konsumentenrenten ergibt den Gesamtnutzen der Erholung in den bewerteten Gebieten. Die Konsumentenrente ist die Zahlungsbereitschaft, die der Einzelne für eine Erholungsaktivität hat, abzüglich seiner tatsächlichen Kosten.

In einigen Methodenvorschlägen und Bewertungsstudien (Ewers und Schulz 1982; UBA 2007; zum Teil auch Getzner et al. 2011) werden die tatsächlichen Kosten einer Erholungsaktivität als deren Nutzen angesehen. Zwar muss der Nutzen – bei Annahme rationalen Handelns – in der Regel mindestens so hoch sein, wie die dafür gezahlten Kosten. Wie oben im Zusammenhang mit den Kosten zur Herstellung landwirtschaftlicher Produkte erläutert wurde, zielt die Kosten-Nutzen-Analyse jedoch darauf ab, für jede Alternative die Differenz bzw. das Verhältnis von Kosten und Nutzen zu ermitteln. Bei einer solchen Differenzbildung wäre das Ergebnis einer Erholungsaktivität, deren Nutzen genauso hoch ist wie deren Kosten, vom Ergebnis her immer neutral; der Nettonutzen, die Differenz zwischen Nutzen und Kosten, wäre immer null. Dieses Ergebnis ergäbe sich bei allen untersuchten Alternativen, egal ob die Erholungsgebiete durchschnittlich geeignet sind, sie noch verbessert oder durch Eingriffe in ihrem Wert vermindert werden. Verzichtet man auf das Gegenrechnen der Kosten und stellt die Kosten lediglich in ihrer Indikatorfunktion für den Mindestnutzen dar, kann man beim Vergleich von Varianten zu völlig unsinnigen Bewertungsergebnissen kommen. Wenn z. B. der Bau einer Umgehungsstraße dazu führt, dass der Aufwand der Bewohner für Erholung steigt, würde dies nicht als eine Behinderung der Erholung, sondern als eine Erhöhung des Erholungsnutzens verbucht. Reine Aufwandsberechnungen sind deshalb zur Bewertung des Erholungsnutzens ungeeignet. Ziel muss es sein, die Konsumentenrente zu berechnen, also die Differenz zwischen Nutzen (bzw. Zahlungsbereitschaft) und Kosten.

Bei der Reisekostenmethode, die mit diesem Ansatz arbeitet, wird die Zahlungsbereitschaft aus beobachtetem, faktischem Verhalten einer Vielzahl von unterschiedlichen Erholungssuchenden mit statistischen Methoden abgeleitet. Man zählt sie – ebenso wie die Immobilienpreismethode – zu den *revealed preference*-Methoden, die auf der Untersuchung offenbarter Präferenzen basieren, im Gegensatz zu den *stated preference*-Methoden, bei denen die Präferenzen direkt erfragt werden.

Beispiel

In der Region Eibenstock-Carlsfeld im Westerzgebirge in Sachsen wurde eine Befragung von Besuchern und touristischen Dienstleistern zur Wertschätzung der Landschaft durchgeführt (Grunewald et al. 2012). Erfragt wurden qualitative Landschaftsbildeigenschaften, -präferenzen sowie die Reisegründe, Reisekosten und die Bereitschaft, finanziell zur Erhaltung des Landschaftsbilds beizutragen. Darauf wurden die Monetarisierungsansätze der Reisekostenmethode und Zahlungsbereitschaftsanalyse angewendet. Die Studie umfasste eine *face to face*-Befragung von 105 Sommer- und 95 Wintertouristen, womit die Reisekosten von insgesamt 584 Personen erfasst werden konnten. Das Ziel bestand in der Analyse und monetären Bewertung konkreter soziokultureller ÖSL als Grundlage planerischer und politischer Abwägungen im Landschaftsmanagement. Die ästhetische Landschaftswahrnehmung der Touristen in der Region wird insbesondere von sichtbaren, naturnahen Landschaftselementen (Wald, Gewässer usw.) sowie von deren harmonischem Zusammenspiel beeinflusst. Die Landschaft ist ein wesentliches Anreisemotiv für Besucher, pro Jahr werden dafür rund 5,5 Mio. € an Reisekosten aufgewendet (hochgerechnet auf die Gesamtzahl der Touristen in der betrachteten Region). Darüber hinaus wären die Besucher (hypothetisch) bereit, 170.000 € pro Jahr zusätzlich für Schutz und Entwicklung der Natur zu zahlen. Dies drückt eine hohe Wertschätzung für öffentliche Güter und Leistungen aus, die es in Planungen stärker zu berücksichtigen gilt (Grunewald et al. 2012). ◀

Jagdpachten, Angellizenzen usw.

Für einige Freizeitaktivitäten wie Jagen oder Angeln gibt es Preise etwa in Form von Angelscheinen oder Jagdpachten. Sie sind, anders als etwa die Ausgaben für die Angelausrüstung oder Benzinkosten zur Erreichung der Angelstelle, ein Aufwand, der mit keinen oder nur zu einem gewissen Anteil mit realen Kosten verbunden ist. Vergütungen, hinter denen keine Arbeits- oder Kapitalkosten stehen, werden als Renten bezeichnet. Auch die Pacht für landwirtschaftliche Flächen ist eine solche Rente. Mit der Zahlung einer Jagd- oder Angelpacht zeigt der Pächter, dass sein Nutzen aus der Angel- oder Jagdtätigkeit mindestens dieser Pacht entspricht. Dieser Anteil seines Nutzens fällt – ähnlich wie bei der Immobilienpreismethode – nicht bei ihm selbst (dem Nutzer), sondern bei den Eigentümern (Verpächtern) an. Der Nutzen, der sich aus Angel- oder Jagdpachten berechnen lässt, ist eine Untergrenze des tatsächlichen Nutzens der jeweiligen Aktivität.

Will man auch noch den darüber hinausgehenden Nettonutzen der Angler oder Jäger erfassen, müsste man neben der Berechnung der Pachtpreise noch andere Methoden einsetzen, z. B. die Reisekosten- oder die Zahlungsbereitschaftsanalyse. Wichtig ist es, bei Veränderungen der Bedingungen für Freizeitausübung immer auch die Substitutionsmöglichkeiten zu erfassen. In der Regel gibt es andere Orte, an denen die Freizeitaktivitäten ebenso ausgeübt werden können. In solchen Fällen wäre die Berechnung eines Nutzenverlusts durch erhöhte Reisekosten im Sinne der Erfassung von Anpassungskosten möglich oder, noch besser, die Durchführung einer Reisekostenanalyse, da diese zusätzlich auch die Konsumentenrenten erfasst, also diejenigen Nutzenanteile, die über die Kostenbetrachtung hinausgehen.

Eintrittspreise

Eine insbesondere früher häufiger benutzte Methode, um Freizeit- und Erholungsnutzen zu berechnen, ist die Eintrittspreismethode. Hierbei vergleicht man das zu bewertende Erholungsangebot (von der städtischen Parkanlage bis hin zu Nationalparks) mit ähnlichen Erholungsangeboten, für die Eintrittspreise gezahlt werden müssen. Problematisch an dieser Methode ist u. a., dass Personen, die sich in kostenpflichtigen Freizeiteinrichtungen (z. B. ehemalige Bundes- oder Landesgartenschaugelände, Freizeitparks) aufhalten, möglicherweise andere Präferenzen besitzen als Personen, die kostenlose Freizeitmöglichkeiten nutzen (Stadtwälder, Naturparks), und dass es schwierig ist, wirklich vergleichbare Situationen zu finden. So haben z. B. kostenpflichtige Freibäder und bewachte Badestrände häufig einen deutlich anderen Charakter als freie Bademöglichkeiten. Außerdem kennzeichnet der Eintrittspreis jeweils die geringste Zahlungsbereitschaft unter denen, die das Angebot annehmen. Ein Teil der Besucher würde einen höheren Eintrittspreis zahlen. Aufgrund dieser Probleme sollte man eine Bewertung mithilfe von Eintrittspreisen ebenfalls durch andere, alternative Bewertungsverfahren wie die Reisekosten- oder die Zahlungsbereitschaftsanalyse ergänzen.

Zahlungsbereitschaftsanalyse *(contingent valuation) und Auswahlexperiment (choice experiment)*
Zusätzlich oder alternativ zu den oben genannten Methoden können alle direkten und indirekten Nutzungswerte theoretisch auch auf der Grundlage direkter Befragungen mit der Zahlungsbereitschaftsanalyse *(contingent valuation)* und dem Auswahlexperiment *(choice experiment)* abgeschätzt werden. Diese Bewertungsmethoden sind sowohl für die Erfassung von Nutzungs- als auch Nichtnutzungswerten (s. unten) einsetzbar. Reisekostenanalysen und Zahlungsbereitschaftsanalysen erbringen, angewendet auf dasselbe Bewertungsobjekt, oft relativ nahe beieinander liegende Ergebnisse (Löwenstein 1994; Luttmann und Schröder 1995; Whitehead et al. 2010). In den Fällen, in denen Spezialwissen zur Bewertung erforderlich ist (z. B. Bewertung von Veränderungen der Bodenfruchtbarkeit, Erosion, Wirkungen auf die Wasserqualität, Hochwasserschäden), sollten zusätzlich zu einer Zahlungsbereitschaftsanalyse, bei der – entsprechend dem repräsentativen Ansatz – vor allem Nichtexperten befragt werden, auch ergänzende expertenbasierte Methoden eingesetzt werden.

4.2.3.2 Methoden zur Erfassung von Nichtnutzungswerten

Zahlungsbereitschaftsanalyse *(contingent valuation) und Auswahlexperiment (choice experiment) zur Quantifizierung von Nicht-Nutzungswerten*
Präferenzen für Nichtgebrauchswerte wie der Wunsch, dass Arten und Lebensräume als „Wert an sich" erhalten bleiben sollen (Existenzwert, englischer Begriff für die entsprechende ÖSL nach SEEA EA (UN 2021): *appreciation of ecosystems and species service*) oder von den kommenden Generationen genutzt und erlebt werden können (Vermächtniswert), können ebenso wie Optionswerte derzeit im Wesentlichen nur durch direkte, repräsentative Befragungen ermittelt werden. Die wesentlichen Methoden hierzu sind die Zahlungsbereitschaftsanalyse *(contingent valuation)* und das Auswahlexperiment *(choice experiment)*.

Bei der Zahlungsbereitschaftsanalyse wird gefragt, auf wie viel Geld oder Einkommen der Einzelne etwa in Form einer allgemein verbindlichen Landschaftspflegeabgabe maximal verzichten würde, damit Natur erhalten bleibt oder ein bestimmtes Naturschutzprogramm durchgeführt wird. Beim Auswahlexperiment werden den Befragten unterschiedliche Optionen über die Zukunft vorgelegt, die man mit unterschiedlichen Verfahren befürworten oder ablehnen soll. Jede Option beschreibt dabei verschiedene Zustände bezüglich der natürlichen Umwelt sowie eine einkommensrelevante Größe, z. B. einen Zuschlag oder Abschlag bei der Einkommenssteuer. Mithilfe statistischer Analysen lassen sich aus den verschiedenen Entscheidungen Zahlungsbereitschaften bezüglich der unterschiedlichen Zustandsparameter ableiten.

Zur Validität von direkten Befragungsmethoden *(stated preference*-Methoden) und den Möglichkeiten, ihre Validität zu verbessern und abzusichern, gibt es eine umfangreiche wissenschaftliche Literatur (Marggraf et al. 2005; Hoevenagel 1994).

Anwendungen von Zahlungsbereitschaftsanalysen in Deutschland

Zur Zahlungsbereitschaft für Naturschutzmaßnahmen in Deutschland liegen inzwischen zahlreiche Ergebnisse vor (Abb. 4.12). Sie betreffen umfangreiche Aktivitäten wie nationale Programme zur Erhaltung der biologischen Vielfalt (durchschnittlich 140 € pro Haushalt und Jahr) bis hinunter auf lokale Aktivitäten wie Maßnahmen zur Erhaltung des Ameisenbläulings auf 64 ha in Landau/Pfalz (22 € pro Haushalt und Jahr). Faktisch zahlt heute jeder Haushalt über seine Steuer ca. 16–20 € pro Jahr für den Naturschutz.

Von einigen Autoren wird argumentiert, dass man nach möglichst konkreten, überschaubaren Maßnahmen fragen sollte, weil dadurch eher eine realistische Einschätzung der Zahlungsbereitschaft erreicht würde (Fischer und Menzel 2005). Allerdings ergibt sich bei kleineren, konkreten Maßnahmen immer die unbeantwortete Frage, wie die Gruppe der Zahlungsbereiten abgegrenzt werden soll: nur die Gemeinde, auch der Kreis, das gesamte Land oder die Bundesrepublik. Bei Befragungen auf örtlicher Ebene hat man es mit dem Effekt zu tun, dass Maßnahmen in dünn besiedelten Gebieten aufgrund der geringeren Einwohnerzahl (Zahl der potenziell Zahlungsbereiten) tendenziell immer einen geringeren Wert erhalten als Maßnahmen in dicht besiedelten Gebieten. Für die Bewertung von Natur als „Wert an sich" wäre dies ein vom Inhalt her inakzeptables Ergebnis. Weiterhin wurde nachgewiesen, dass in die Bewertung spezieller Maßnahmen implizite Verteilungsannahmen eingehen (wenn ich für Maßnahme A zahle, gehe ich davon aus, dass andere für Maßnahme B zahlen) (Degenhardt und Gronemann 1998). Wie eine Auswertung von Abb. 4.12 zeigt, werden für spezielle Maßnahmen zwar tendenziell geringere Zahlungsbereitschaften geäußert als für umfassende Maßnahmen, pro Maßnahmeneinheit ist die Zahlungsbereitschaft jedoch auf der lokalen und regionalen Ebene deutlich höher. Im Falle der Erhaltung des Dunklen Wiesenknopf-Ameisenbläulings *(Glaucopsyche nausithous)* in Landau ergibt die Umrechnung der Zahlungsbereitschaft der Bevölkerung auf einen Hektar Maßnahmendurchführung einen Wert von 6656 € pro Hektar und Jahr. Bei dem bundesweiten Programm, das von Meyerhoff et al. (2010) untersucht wurde, ergeben sich dagegen Werte von nur 1000 € pro Hektar Umsetzungsmaßnahme, die tatsächlichen Kosten flächenhafter Naturschutzmaßnahmen liegen üblicherweise deutlich unter diesem Wert.

Für konkrete Entscheidungen über Naturschutzprojekte oder Eingriffe auf Landes- oder Bundesebene sind Einflüsse durch unterschiedliche Bevölkerungsdichten, regionale Präferenzen oder implizite Verteilungsannahmen wenig hilfreich. Solche Entscheidungen sollten deshalb auf Zahlungsbereitschaftsanalysen aufbauen, mit denen umfassende Programme bewertet wurden. Spezielle Zahlungsbereitschaften für Einzelmaßnahmen innerhalb dieser Programme könnte man dann anteilmäßig, z. B. anhand von Flächenanteilen, überschlägig bewerten oder exakter durch genauere expertenbasierte Punktebewertungsverfahren bestimmen (Schweppe-Kraft 1998).

0,58	Ökologischer Waldumbau im Solling und Harz (Meyerhoff, Hartje, Zerbe, 2006)
0,42 – 1,23	Schutz der biologischen Vielfalt durch Auenrenaturierung an Elbe (bzw. Rhein / Weser) (Meyerhoff, 2002)
1,14	Grünlandextensivierung und Landschaftspflegemaßnahmen in Er-Ibach/Vogtland (Degenhardt et al., 1998)
1,60	Grünlandextensivierung und Gewässerrandstreifen in Wangen/Allgäu (kleines Programm) (Degenhardt et al. 1998)
0,83 – 2,52	Landesweites Wiesenschutzprogramm in NRW (Henseleit 2006)
1,80	Erhaltung des Hellen Ameisenbläulings auf 64 ha Flächen in Landau / Pfalz (Lienhoop et al., 2008)
2,16	Erhaltung des Biosphärenreservats Schorfheide Chorin (Rommel 1998)[2]
2,72	Grünlandextensivierung und Gewässerrandstreifen in Wangen/Allgäu (umfang-reiches Programm) (Degenhardt et al., 1998)
4,03	Maßnahmen zur Bewahrung und Erhöhung der Artenvielfalt in Wäldern in Deutschland (Küpker 2007)
4,26	Artenschutz im Allgäu und Kraichgau (Jung, 1996)
5,68	Erhaltung der Artenvielfalt im Lahn-Dill-Bergland (Müller et al., 2001)
7,16	Landschaftspflege im Emsland und Werra-Meißner-Kreis (Zimmer, 1994)
7,20	Arten- und Biotopschutzprogramm für Berlin/West (Schweppe-Kraft et al,. 1989)
8,18	15% der Landesfläche SH für Naturschutz (Alvensleben & Schleyerbac,h 1994)
8,24	Verhinderung des Artensterbens in Deutschland (Holm-Müller et al., 1991)
8,76	Landschaftspflege im Lahn-Dill-Bergland (Corell, 1994)
10,23	Programm Arten- und Naturschutz in Deutschland (Hampicke et al., 1991)
13,19	Landschaftspflege in der Lüneburger Heide (Cordes, 1994)
20,17	Programm für Naturschutz in Deutschland (Angeli, Meyerhoff, Hartje, 2010)

Abb. 4.12 Zahlungsbereitschaften für räumlich und sachlich unterschiedlich umfassende Naturschutzprogramme (Angaben in Euro pro Monat). Beim Vergleich der Daten ist u. a. zu beachten, dass keine Anpassung an die Inflationsrate vorgenommen wurde. Adaptiert und ergänzt nach BfN 2012 (Referenzen siehe dort)

Wiederherstellungskostenmethode

Eine nicht präferenzbasierte Methode zur Bewertung von Existenzwerten ist die Wiederherstellungskostenmethode. Sie wird insbesondere für die Bewertung von Funktionen bzw. Leistungen von Lebensräumen zum Erhalt der Artenvielfalt angewendet. Hierbei wird ermittelt, welche Kosten auftreten würden, wenn man einen Lebensraum zunächst zerstört und danach wieder herstellt.

Ist die Wiederherstellung gesetzlich vorgeschrieben, erfasst man mit dieser Methode lediglich das, was eine Maßnahme, z. B. der Bau einer Straße, zusätzlich in Form der erforderlichen Kompensationsmaßnahmen kostet. Gibt es keine Pflicht zur Wiederherstellung, würde man Kosten erfassen, die entstehen, wenn die Gesellschaft in Zukunft erkennt, dass eine Wiederherstellung nötig oder erwünscht ist. Ökonomietheoretisch ist dieses Vorgehen akzeptabel, da internationale Übereinkommen und politische Willensäußerungen wie die Europäische Biodiversitätsstrategie sich bezüglich der Erhaltung der biologischen Vielfalt zu einem *no net loss* (kein Nettoverlust) verpflichten. Das heißt, dass man (hoffentlich!) mit relativ hoher Wahrscheinlichkeit davon ausgehen kann, dass eine Wiederherstellung erfolgen wird.

Eine besondere Herausforderung besteht beim Wiederherstellungskostenverfahren darin, zwischenzeitliche Funktionsverluste zu monetarisieren. Anders als bei technischer Infrastruktur ist die Wiederherstellung der Artenvielfalt von Ökosystemen nicht mit dem Ende der Wiederherstellung der physischen Ausgangsbedingungen (z. B. Einstellung der Intensivnutzung, Wiedervernässung) abgeschlossen, sondern benötigt darüber hinaus weitere Jahre bis Jahrhunderte. Zur Bewertung der zwischenzeitlichen Funktionsverluste gibt es verschiedene Verfahren (Schweppe-Kraft 1998). In den USA ist ein Abzinsungsverfahren weit verbreitet, das im Rahmen der Habitat Equivalency Analysis seit ca. 1995 zur Quantifizierung von Schadensersatzleistungen verwendet wird. Schon diesem Zeitpunkt wurde dieses Verfahren in Deutschland für die Bewertung von Baumschäden und die Schädigung von Biotopen vorgeschlagen (Buchwald 1988; Schweppe-Kraft 1996). Der Wiederherstellungskostenansatz findet auch in der deutschen Eingriffsregelung Anwendung (Köppel et al. 2004).

Hirschfeld et al. (2020) bewerteten mit diesem Verfahren flächendeckend alle Biotoptypen Deutschlands. Statt Herstellungskosten pro Biotoptyp wurden hierbei Herstellungskosten pro Biotopwertpunkt (gemessen in Anlehnung an die Bundeskompensationsverordnung, BKompV 2020) auf der Grundlage einer Kostenschätzung (LANA 2016) für die Umsetzung von Natura 2000 in Deutschland berechnet. Es ergeben sich Werte zwischen ca. 91.000 € ha^{-1} für intakte Hochmoore und 22.000 € ha^{-1} für Ackerland. Bei 3 % Kalkulationszins lassen sich daraus jährliche Leistungen für die Erhaltung der biologischen Vielfalt zwischen ca. 2700 und 660 € ha^{-1} ableiten (Abb. 4.13). Kosten für Biotopentwicklungsmaßnahmen sind aufgrund von Größenvorteilen häufig günstiger als Kosten im Rahmen der Eingriffsregelung. Deshalb fallen die Werte in Abb. 4.13 im Durchschnitt geringer aus als ähnlich berechnete Werte in Schweppe-Kraft (2009). Der Gesamtwert der ÖSL für die Erhaltung der biologischen Vielfalt bezifferte sich in 2018 auf einen Wert, der über dem Wert des deutschen Produktivkapitals (außer Gebäuden) lag.

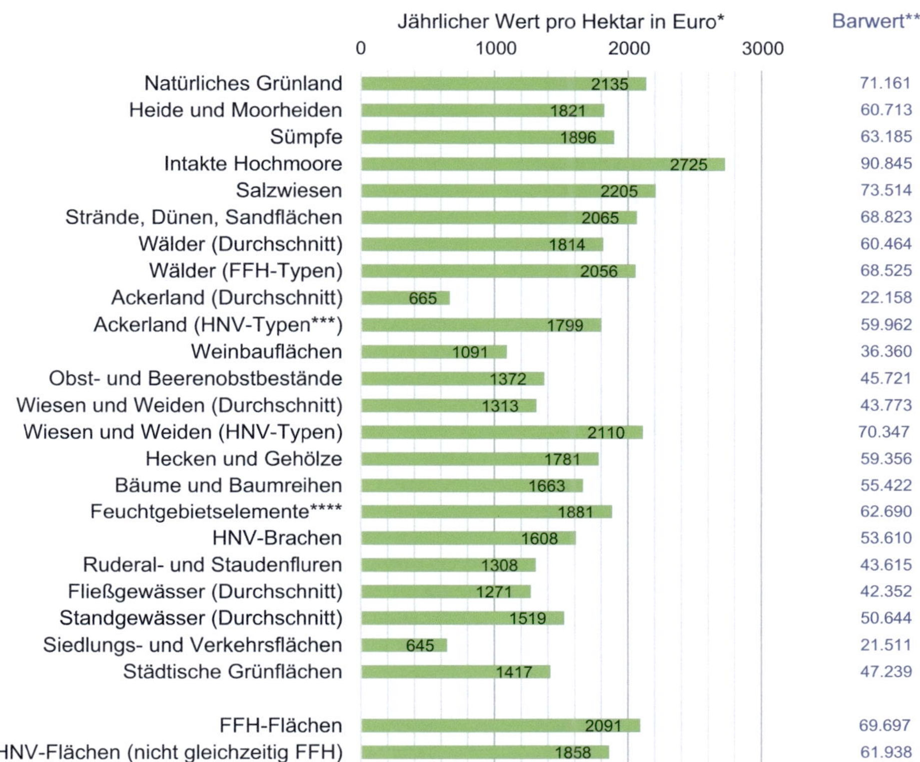

Abb. 4.13 Leistungen und Wert der Ökosysteme für die Erhaltung der biologischen Vielfalt, berechnet auf der Basis von Wiederherstellungskosten und -zeiten pro Biotopwertpunkt. (Daten nach Hirschfeld et al. 2020)

Volkswirtschaftlicher Nutzen oder regionalwirtschaftlicher Effekt

Ökonomische Bewertungsverfahren wie die Kosten-Nutzen-Analyse haben zum Ziel, den volkswirtschaftlichen Nutzen von Maßnahmen zu bewerten. Für die Entscheidung vor Ort sind jedoch häufig andere Größen entscheidend, wie die Wirkung auf regionales Einkommen und Beschäftigung, die von Job et al. (2005, 2009) für ausgewählte Schutzgebiete bewertet wurden (Tab. 4.1).

Tab. 4.1 Wirtschaftliche Effekte des Schutzgebietstourismus. (Aus Job et al. 2005, 2009)

	Nationalpark Berchtesgaden (2002)	Naturpark Altmühltal (2005)
Besucherzahl	114.100	910.000
Ø tägl. Ausgaben pro Kopf	44,27 €	22,80 €
Bruttoumsatz	5,1 Mio. €	20,7 Mio. €
Einkommen 1. und 2. Umsatzstufe	4,4 Mio. €	10,3 Mio. €
Beschäftigungsäquivalent	206 Personen	483 Personen

4.2.3.3 Übertragbarkeit ökonomischer Werte – Nutzentransfer

Hierbei werden Ergebnisse aus anderen Primärstudien, in denen ÖSL-Werte bereits erfasst wurden, auf das Untersuchungsgebiet und die zu untersuchenden Leistungen übertragen. Man unterscheidet vier Stufen des Nutzen- oder Benefit-Transfers (Wronka 2004; TEEB 2010): den direkten Transfer, den korrigierten Transfer, den Transfer von Bewertungsfunktionen und die Metaanalyse. Diese Unterscheidung ist jedoch eher technischer Natur. Ob ein direkter Transfer zu akzeptablen Ergebnissen führt oder der Transfer mit einer Bewertungsfunktion erforderlich ist, hängt von der jeweiligen Fragestellung ab.

Standardwerte und vereinfachte Bewertungsverfahren zur Übertragung des Werts von ÖSL sind relativ einfach zu bestimmen, wenn der Wert der ÖSL unabhängig vom jeweiligen Standort ist. Ein Beispiel hierfür ist der Wert von CO_2-Emissionen und für die Kohlenstofffestlegung. Beides hat globale Auswirkungen, die unabhängig vom Entstehungsort sind. Das Problem liegt in einem solchen Fall eher bei der korrekten Abschätzung der physischen Wirkungen, die beispielsweise bei der Umwandlung von Grünland in Acker vom Umfang und vom Anteil der organischen Substanz im Boden abhängen. Auch Wiederherstellungskosten für die Arten- und Biotopschutzfunktion bzw. -leistung müssen einigermaßen standortunabhängig definiert werden, denn der Ort der Kompensation ist in der Regel immer ein anderer als der Ort der Beeinträchtigung. So belasten Nährstoffe wie Nitrat und Phosphor nicht nur lokale Gewässer, sondern finden sich irgendwann auch in Nord- und Ostsee. Deshalb sind auch hier einheitliche Werte sinnvoll. Ähnliches gilt für Bodenerosion (Abschn. 5.3.4 und 6.3.1). Die langfristige Erhaltung der Sicherheit der Lebensmittelversorgung ist ein globales Problem. Ein langfristiger Minder- oder Mehrertrag kann also global gleich gewertet werden. Das lokal differenzierende Merkmal wäre dann die jeweilige landwirtschaftliche Eignung, einschließlich der Bodenfruchtbarkeit als wesentlicher Eingangsfaktor.

Problematischer ist ein Nutzentransfer, sobald der Wert der jeweiligen Leistung sehr stark vom Standort abhängt. Beispiele sind die Erholungsleistung von Landschaften und die Vermeidung von Hochwasserschäden. Eine vergleichbar attraktive Landschaft wird ganz unterschiedliche Leistungen bezüglich der Erholungsfunktion erbringen, je nachdem, ob sie in der Nähe von Ballungsgebieten liegt, innerhalb bekannter Tourismusregionen oder im dünn besiedelten, ländlichen Raum. Der Wert der Wasserretentionsleistung von Waldgebieten oder Auen ist entscheidend davon abhängig, wie umfangreich und dicht besiedelt die hochwassergefährdeten Flächen im Abflussbereich der jeweiligen Wassereinzugsgebiete sind (Abschn. 5.6.4).

Bei der Bewertung der ÖSL zur Erhaltung der Biodiversität mithilfe einer Zahlungsbereitschaftsanalyse ist die Frage der Übertragbarkeit u. a. davon abhängig, ob die Grundlage des jeweiligen Wertes eine lokale oder eine überregionale Analyse war (s. oben).

4.2.4 Bewertung von ÖSL in der Umweltgesamtrechnung – Wohlfahrts- vs. Marktwerte am Beispiel der Wohnumfeldfunktion von Grünflächen

Die im Rahmen des Konzepts des Total Economic Value angewendeten Bewertungsmethoden sind vorwiegend dafür entwickelt worden, Nutzen und Kosten unterschiedlicher Handlungsalternativen zu vergleichen. Typische Fragestellungen sind etwa: Soll ein zusätzlicher Verkehrsweg zwischen A und B gebaut werden? Sollen Solaranlagen auch auf landwirtschaftlichen Flächen verstärkt gefördert werden? Wo ist der günstigste Standort für ein Projekt? Die Bewertungsgrundlage ist die Wohlfahrtstheorie.

Wie oben am Beispiel der Erholung dargestellt, kann bei höheren Preisen (dort: Erreichungskosten) davon ausgegangen werden, dass weniger von einem Gut nachgefragt wird. Umgekehrt bedeutet dies, dass man für die einzelne Gütereinheit mehr bereit ist zu zahlen bzw. sie wertvoller ist, je knapper die Güter sind. Wenn sich durch ein Projekt Güter wie öffentlich zugängliche Grünflächen oder für Naherholung geeignete Gebiete regional verknappen, bewertet man die Änderung nicht auf der Grundlage der derzeitigen Zahlungsbereitschaft für eine zusätzliche bzw. die „letzte" Einheit (wie den Hektar öffentliches Grün oder der letzte bzw. ein zusätzlicher Besuch im Naherholungsgebiet), sondern man versucht, eine Nachfragefunktion abzuschätzen, die den Verlauf der Zahlungsbereitschaft von der ersten bis zur letzten Einheit deutlich macht. Bei Verlusten oder Zugewinnen bewertet man dann jede einzelne Einheit mit ihrer spezifischen Zahlungsbereitschaft (Abb. 4.14).

Daneben gibt es die Fragestellung, wie ÖSL innerhalb der umweltökonomischen Gesamtrechnung bewertet werden können (Grunewald et al. 2019). Die volkswirtschaftliche Gesamtrechnung (VGR), an deren Systematik sich die umweltökonomische Gesamtrechnung (UGR) und darin auch das Ökosystem-Accounting orientiert, ist darauf angelegt, Änderungen der wirtschaftlichen Aktivität einer Gesellschaft im Ganzen darzustellen. Die wichtigsten Zielgrößen sind über die gesamte Volkswirtschaft aggregierte Größen wie etwa das Bruttoinlandsprodukt (BIP). Darüber hinaus soll die sektorale Struktur einer Volkswirtschaft deutlich werden, beispielsweise um besser auf neue Herausforderungen im Rahmen von technologischer Entwicklung, Nachhaltigkeit und globalem Handel reagieren zu können. Weiterhin dient das Nationaleinkommen als Ganzes auch als Wohlfahrtsindikator – zusammen mit anderen Indikatoren.

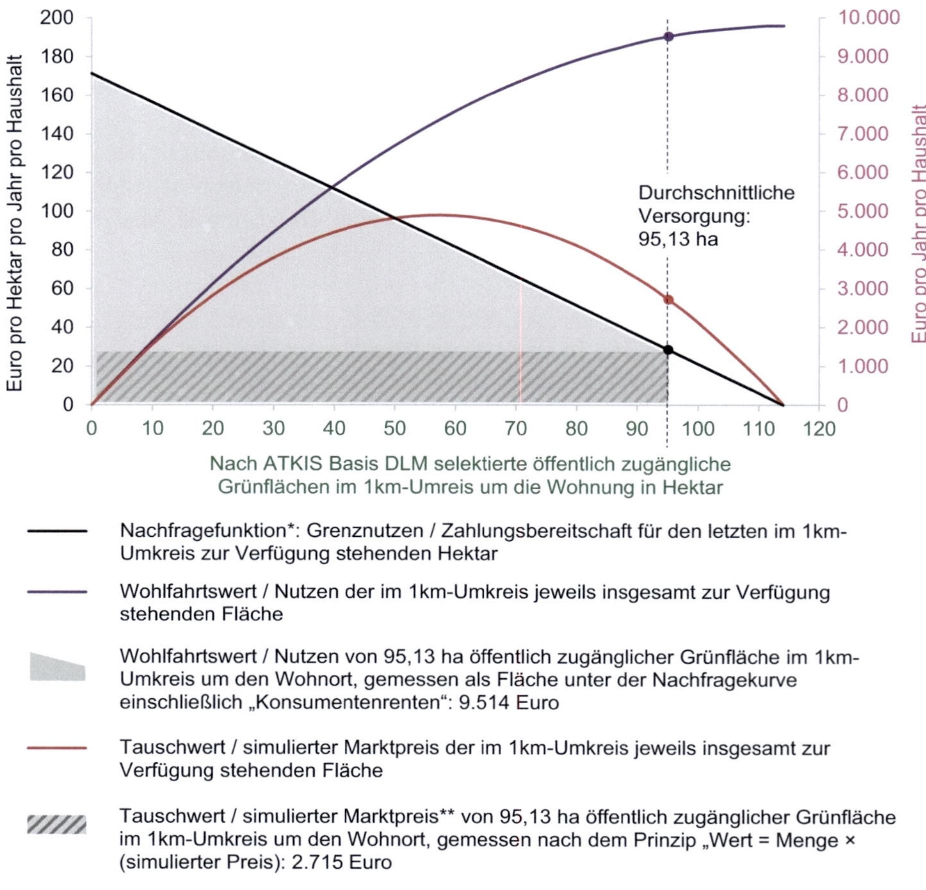

Abb. 4.14 Nachfrage, Nutzen und Tauschwert am Beispiel öffentlich zugänglicher Grünflächen. (Adaptiert nach Hirschfeld et al. 2020)

Für die Ziele der volkswirtschaftlichen Gesamtrechnung ist eine Bewertung aller Güter auf der Grundlage von Nachfragefunktionen weder praktisch noch theoretisch möglich. Für Wasser, Nahrungsmittel und die Wohnung im Winter würden Menschen, wenn die jeweiligen Güter extrem knapp wären, auch für kleine Mengen praktisch ihr ganzes Einkommen geben. Sie hätten eine extrem hohe Zahlungsbereitschaft *(willingness to pay)* und der Preis, für den sie diese Menge an einen anderen verkaufen würden *(willingness to accept/willingness to sell)*, würde gegen unendlich steigen. Ein auf dieser Basis gebildetes Sozialprodukt enthielte also eine große Anzahl sehr hoher Zahlen bis unendlich, die darüber hinaus hoch spekulativ wären.

Stattdessen wird die Menge eines bestimmten Guts immer als „Preis × Menge" (Marktwert, Tauschwert) berechnet, wobei der Preis auch ein simulierter Preis sein kann, im Sinne einer geschätzten Zahlungsbereitschaft für die letzte aktuell in Anspruch genommene Mengeneinheit. Konsumentenrenten, die – wie eben dargestellt – ausdrücken, welcher Preis bei geringerer Menge gegolten hätte, bleiben in VGR und UGR unberücksichtigt.

Dem nach dem Prinzip „Preis × Menge" ermittelten Wert einer Gütermenge oder eines volkswirtschaftlichen Sektors kommt im Rahmen von VGR und UGR nur die Funktion zu, die Höhe der wirtschaftlichen Aktivität in diesem Sektor zu messen. Mit den jeweiligen Werten sind – anders als bei der Berücksichtigung von Konsumentenrenten – keine direkten Aussagen zum Beitrag dieses Sektors zur Wohlfahrt möglich. Wird beispielsweise der Agrarsektor bei gleicher Produktion immer kleiner, weil die Preise ausgelöst durch den technischen Fortschritt fallen, so bedeutet dies nicht, dass der absolute Beitrag dieses Sektors zur Wohlfahrt sinkt. Während Wohlfahrtswerte mit zunehmender Menge bis zu einem gewissen Punkt steigen und dann in der Regel als konstant angenommen werden, steigt der Marktwert zunächst mit zunehmender Gütermenge und fällt danach wieder, bis er schließlich einen Wert von null erreicht, weil dann eine so große Menge des Guts vorhanden ist, dass für eine weitere Verwendung keine Zahlungsbereitschaft mehr besteht (Abb. 4.14).

Trotzdem sind Ergebnisse der volkwirtschaftlichen Gesamtrechnung, wie etwa das Bruttoinlandsprodukt (BIP), mit der Wohlfahrtsrechnung durchaus vergleichbar. Dies gilt aber ausschließlich für die gemessene Änderung etwa des BIP, nicht für die absolute Höhe. Asheim und Weitzman (2001) zeigten auf analytischem Weg, dass die Änderung des Nettonationaleinkommens eine gute Approximation der Wohlfahrtsänderung darstellt, vorausgesetzt, dass alle externen Effekte in den Preisen internalisiert sind oder sich von einem Jahr auf das andere nicht ändern. Schweppe-Kraft und Ekinci (2019) zeigten an einem Zwei-Sektoren-Modell auf numerische Weise, dass es weitgehend egal ist, ob man die Änderung der Versorgung mit einem öffentlichen Gut wie Grünflächen außerhalb der volkswirtschaftlichen Gesamtrechnung nach wohlfahrtstheoretischer Art in der Höhe der Veränderung unterhalb der Nachfragekurve misst (Abb. 4.14) und dieses Ergebnis dann nachträglich rechnerisch zur BIP-Änderung hinzufügt oder ob man die Änderung innerhalb der VGR integriert nach der Methode „Menge × Preis" bewertet. In beiden Fällen ist die berechnete Änderung des BIP schlussendlich weitgehend dieselbe.

Verantwortlich für die weitgehende Äquivalenz, was die Bewertung von Veränderungen angeht, sind in der VGR die Preisindizes, mit denen nominale in reale Änderungen umgerechnet werden. Je besser der Preisindex reale von nominalen Änderungen unterscheiden kann, desto besser ist die Übereinstimmung zwischen den Ergebnissen der VGR-Berechnung und der wohlfahrtstheoretisch basierten Berechnung von Änderungen (Asheim und Weitzman 2001; Schweppe-Kraft und Ekinci 2019). Die weitgehende Übereinstimmung bei der Messung von Änderungen ist insbesondere für die gesellschaftliche Kommunikation des Werts von ÖSL wichtig. Nur wohlfahrtsbasiert gemessene Änderungen von ÖSL können mit Veränderungen des BIP verglichen werden, etwa in dem Sinne, dass ein Zuwachs an ÖSL um einen bestimmten Betrag in seinem Wert für die Gesellschaft einer Erhöhung des BIP um denselben Betrag entspricht. Tauschwerte sind hierzu nicht geeignet.

Welche Unterschiede in der Praxis auftreten, wenn man ÖSL zum einen unter Berücksichtigung von Konsumentenrenten bewertet und auf der anderen Seite lediglich nach der Formel „Menge × (simulierter) aktueller Preis", kann der Vergleich beider Bewertungen bei der deutschlandweiten Bewertung der Wohnumfeldfunktion *(amenity value)* öffentlich zugänglicher Grünflächen verdeutlichen (Abb. 4.15).

Die Bewertung basiert auf der Life-Satisfaction-Methode, da mit der Immobilienpreismethode (vgl. oben) nur ein relativ kleiner Anteil der Nutzen von öffentlichem Grün erfasst wird (Kolbe et al. 2019). Krekel et al. (2016) ermittelten auf der Grundlage von Daten des sozioökonomischen Panels (SOEP, s. DIW 2022) und mithilfe von GIS-Analysen mit einer mehrdimensionalen Regression, welche Einkommenserhöhung denselben Effekt auf die Lebenszufriedenheit hat, wie die Erweiterung von öffentlichen Grünflächen im 1-km-Umkreis um die Wohnung. Die geschätzte Funktion zwischen der Menge an Grünflächen und äquivalentem Einkommen wurde von Kolbe et al. (2019) modifiziert und von Hirschfeld et al. (2020) an die Datengrundlage des ATKIS Basis-DLM (BKG 2019) angepasst.

Bei der Betrachtung der beiden Karten in Abb. 4.15 fällt neben der Tatsache, dass der Wohlfahrtswert immer über dem Tauschwert liegt, u. a. der hohe Anteil von Flächen auf, denen beim Tauschwert ein Wert von null zugeordnet wird. Diese sind, anders als beim Wohlfahrtswert, nicht nur die Raster ohne Bevölkerung und die 0,15 %, in denen keine Grünflächen vorkommen, sondern auch alle Rasterquadrate, in denen die Versorgung besonders gut ist, sodass der Sättigungspunkt (hier gut 95 ha im 1-km-Umkreis) erreicht oder überschritten wird. Dies gilt z. B. auch für die Rasterfläche inmitten von Berlin, die große Teile des zentralen Tiergartens erfasst. Ansonsten wird das Verteilungsbild bei beiden Bewertungen im Wesentlichen durch die Bevölkerungsdichte dominiert.

4.2.5 Fazit

Ökonomische Bewertung sollte als eine entscheidungsunterstützende Methode unter anderen betrachtet werden. Ihr Einsatzschwerpunkt ist dort zu sehen, wo es darum geht, Umweltgüter und Aspekte der langfristigen Nachhaltigkeit (z. B. Erholung, Schutz der Biodiversität, Wohnumfeldqualität, Selbstreinigungskraft der Gewässer, Bodenfruchtbarkeit) gegen kurzfristige Aspekte der Einkommenserzielung abzuwägen. Sie kann sowohl bei der Entscheidung über Projekte und Programme mit negativen Wirkungen auf ÖSL eingesetzt werden als auch bei der Beantwortung der Frage, wie viel Geld man für die Wiederherstellung und Erhaltung von ÖSL investieren will.

Einige Methoden der ökonomischen Bewertung sind wenig kontrovers, so ist es beispielsweise unbestritten hilfreich, wenn für Maßnahmen, welche die Hochwassergefahr

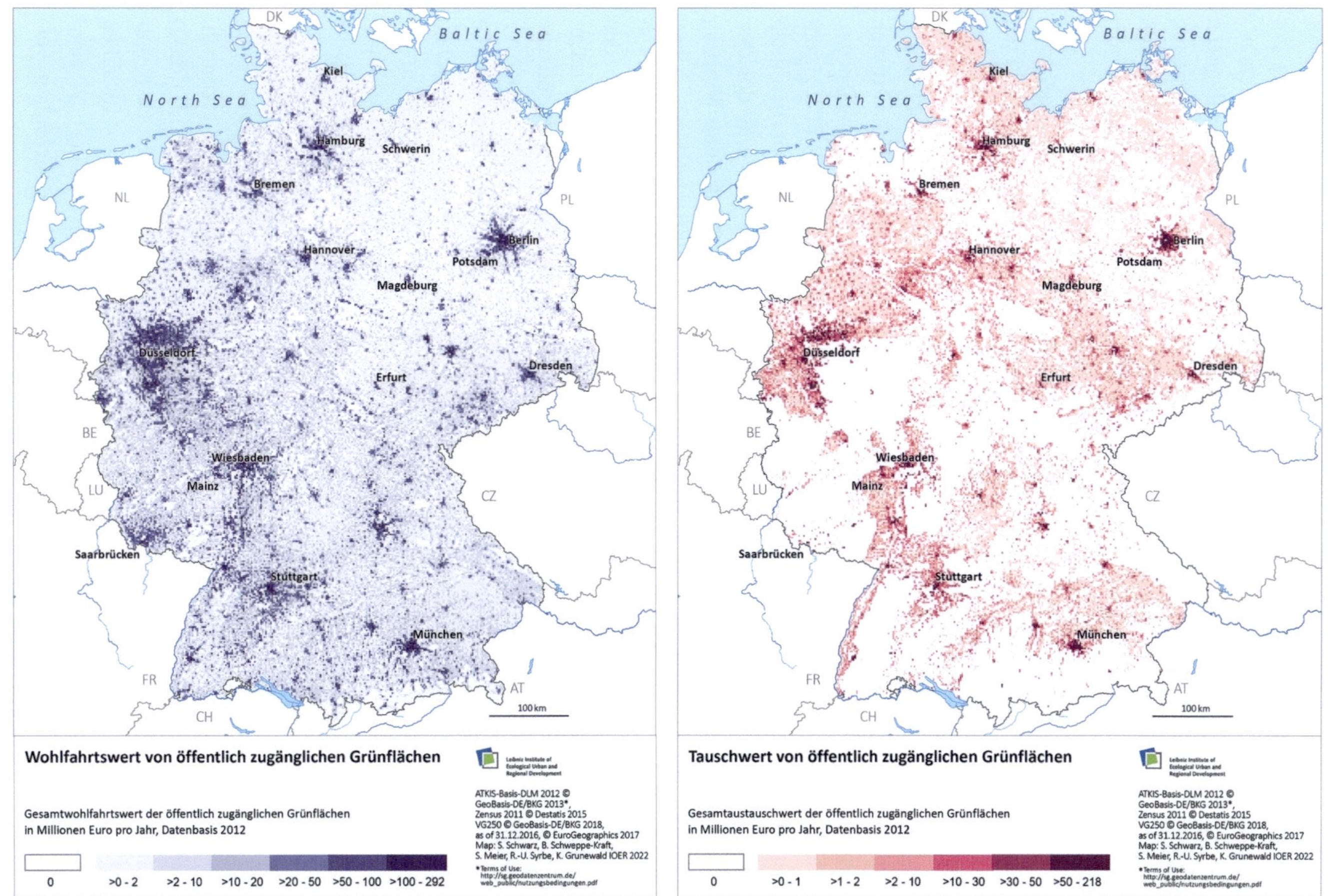

Abb. 4.15 Wert der Wohnumfeldfunktion *(amenity value)* von öffentlichen Grünflächen im Umkreis von 1 km um den Wohnort*. (Adapiert nach Hirschfeld et al. 2020)

beeinflussen, eine monetäre Abschätzung der Schadenskosten vorliegt. Auch gegen den Vergleich von Kosten zur Reduktion von Nährstoffeinträgen in Gewässer im Rahmen der landwirtschaftlichen Bewirtschaftung mit äquivalenten Maßnahmen zur Erhöhung der Selbstreinigungskraft von Gewässern dürften keine grundsätzlichen Einwände bestehen.

Andere Methoden – insbesondere die *stated preference*-Methoden – sind dagegen umstrittener. Können wir tatsächlich davon ausgehen, dass die Aussagen von Befragten über ihre Zahlungsbereitschaft zugunsten öffentlicher Güter ihre wirklichen Präferenzen widerspiegeln? Wie müssen Fragen formuliert sein und nach welchen Gütern sollte man fragen, damit die Ergebnisse sinnvoll in realen Standardentscheidungssituationen verwendet werden können? Hier gibt es sicherlich noch Forschungsbedarf. Nach den derzeitigen Ergebnissen sind die Zahlungsbereitschaften für öffentliche Umweltgüter in der Regel deutlich höher als das, was die Bürger als Einkommensverluste zur Erhaltung oder Bereitstellung dieser Güter zahlen müssten.

Bisher gibt es noch längst nicht für alle ÖSL Bewertungsansätze, die einfach anzuwenden sind. Die Kritik, dass ökonomische Bewertungen nur Teilaspekte von Problemen aufgreifen, hat deshalb oft weniger mit dem Konzept ökonomischer Bewertung zu tun. Der zugrundeliegende ökonomische Gesamtwert (*total economic value,* TEV) geht zwar von den Präferenzen des Einzelnen aus – was in einer Demokratie sicherlich nicht die schlechteste Prämisse ist –, sieht innerhalb dieser Beschränkung aber eine denkbar breite Palette an Bedürfnissen, Wünschen und Motiven bezüglich Schutz und Nutzung von Natur vor, die durchaus auch eine altruistische oder ökozentrische Basis haben können. Wenn häufig nur ein Teil der relevanten Aspekte bewertet wird, hat dies eher mit fehlenden Möglichkeiten oder Ressourcen zu tun, alle Wirkungen der zu bewertenden Alternativen vollständig zu erfassen und zu bewerten. Dabei ist häufig die naturwissenschaftliche/ökologische Wirkungserfassung problematischer als die ökonomische Bewertung (Beispiel: Hochwasserschutz).

Bei der Entwicklung übertragbarer Standardbewertungen oder -bewertungsverfahren steht man noch am Beginn der Entwicklung. Es sind zum einen in vielen Bereichen mehr Primärstudien erforderlich, an denen übertragbare Methoden ansetzen könnten. So sind Reisekostenanalysen, die auch die Qualität von Gebieten erfassen, in Deutschland bisher nur selten eingesetzt worden. Zum anderen ist die Entwicklung von Standards nötig, nach denen Primärstudien auf ihre Validität hin überprüft werden können.

Ökonomische Bewertung ist eine „Kunst", die ein hohes Maß an Wissen im ökologischen und ökonomischen Bereich voraussetzt. Nicht jede ökonomische Bewertung erfüllt die wissenschaftlichen Anforderungen. Für den Laien ist dies selten zu erkennen, was manchmal den Eindruck der Beliebigkeit aufkommen lässt. De Groot et al. (2002) weisen darauf hin, dass die monetären Ergebnisse der Bewertung einzelner ÖSL entsprechend der angewendeten Methoden und räumlichen Ausprägungen stark schwanken (vgl. auch oben zur Bewertung der landwirtschaftlichen Versorgungsleistung). Wissenschaftliche Mindeststandards für Bewertungen könnten (scheinbare) Beliebigkeit verhindern und die Akzeptanz von ökonomischen Bewertungen – gerade auch bei denen, die nicht die Belange von Umwelt und Natur vertreten – erhöhen.

Einer dieser Standards wäre die Forderung nach einer allgemein verständlichen nichttechnischen Zusammenfassung, in der neben dem ökonomischen Gesamtwert bzw. dem Kosten-Nutzen-Verhältnis auch die jeweiligen Teilwerte einschließlich Erläuterung der verwendeten Methoden und ihrer wichtigsten Annahmen dokumentiert sind.

Insgesamt zeigt sich in den inzwischen umfangreich vorliegenden ÖSL-Studien, welche die Kosten und Nutzen von Maßnahmen zum Schutz von Natur und biologischer Vielfalt gegenüberstellen, dass der Nutzen dieser Maßnahmen die damit verbundenen Kosten oft deutlich übersteigt. Mehr Naturschutz und die Sicherung von ÖSL führen demnach zu Wohlfahrtsgewinnen.

Eine kritische Praxis ökonomischer Bewertung, die Annahmen und Methoden offenlegt, könnte Wirtschaft und Gesellschaft dabei helfen, einen nachhaltigeren Umgang mit Natur, ÖSL und biologischer Vielfalt zu finden.

4.3 Szenarioentwicklung und partizipative Verfahren

Ralf-Uwe Syrbe*

4.3.1 Grundlagen und Anwendungsbereich

Landökosysteme unterliegen einem immer schnelleren Wandel (Bernhardt und Jäger 1985; UNCCD 2017; Olsson et al. 2019). Die Gründe dafür sind u. a. in einer Intensivierung der Landnutzung/Landwirtschaft, der verstärkten Nutzung regenerativer Energien, im demografischen Wandel oder der Erweiterung von Siedlungs- und Verkehrsflächen zu suchen. Die Landnutzung und der Umgang mit Ökosystemen muss also entscheidend transformiert werden, um eine nachhaltige Entwicklung zu ermöglichen (WBGU 2020). Anhand von Szenarien kann geklärt werden, was diese Entwicklungen für bestimmte ÖSL bedeuten und wie der Mensch steuernd eingreifen kann (Carpenter et al. 2006).

Die Erstellung von Szenarien ist einer von verschiedenen Ansätzen der sogenannten Foresight-Forschung, der Untersuchung zukünftiger Entwicklungen (Bugdahn et al. 2018). Weitere Methoden sind z. B. Expertengremien, Delphi-Studien (Dörr 2005), Prognosen (Jessel 2000), Trendfortschreibungen (Bork und Müller 2002), Rollenspiele (Armstrong 2002), Roadmapping (Wissenschaftsrat 2017), Methoden der künstlichen Intelligenz wie neuronale Netze (Pijanowski et al. 2002), die Analyse von Planungsdokumenten, Reallabore oder Landschaftsexperimente (Oppermann 2008). Die Erarbeitung von Szenarien gilt als Schlüsselmethode zur Auseinandersetzung mit Fragen der Nachhaltigkeit (Walz et al. 2007). Sie erlaubt eine Entwicklung von in sich konsistenten Zukunftsbildern (Bugdahn et al. 2018) und damit eine umfassende Analyse räumlicher, zeitlicher und dimensionsbezogener Aspekte von ÖSL (Abschn. 3.3), da z. B. die Beurteilung der intergenerationellen Gerechtigkeit einen plausiblen Blick in die Zukunft verlangt und mitunter langfristige Entwicklungen untersucht werden.

Die Erstellung von Szenarien kann zudem als Brückenkonzept für interdisziplinäres Arbeiten in der Mensch-Umwelt-Forschung fungieren (Santelmann et al. 2004; Fish et al. 2016). Es gibt eine Vielzahl weiterer Szenarien, die mittelbar den Umweltbereich betreffen. So müssen Planungen in ihren Umweltprüfungen Alternativen entwickeln und vergleichend bewerten, die dann auf Szenarien beruhen (z. B. der Bundesverkehrswegeplan), ebenso basieren viele Planungen (z. B. die Stromnetzausbauplanung) selbst auf Szenarien (in diesem Fall auf den jährlich neu zu erstellenden Szenariorahmen zum zukünftigen Strombedarf). Eine Übersicht und Erläuterung dazu findet sich in Köppel et al. (2016).

Szenarien sind definiert als „plausible und oft vereinfachte Beschreibungen, wie die Zukunft sich entwickeln kann, basierend auf einem kohärenten und in sich plausiblen Satz an Annahmen über Schlüssel-Triebkräfte und Beziehungen“ (MEA 2005b). „Szenarien sind hypothetische Folgen von Ereignissen, welche konstruiert wurden, um die Aufmerksamkeit auf Folgewirkungen bestimmter Entscheidungen zu richten“ (Rotmans et al. 2000). Ziel eines Szenarios ist es also, Handlungsoptionen erst zu identifizieren und dann vergleichend zu bewerten. Anstatt nur eine bestimmte Zukunftsentwicklung zu analysieren, gilt es, „einen Möglichkeitsraum auszuloten“ (Oppermann 2008), was eine Beurteilung von Wünschbarkeit und Machbarkeit erlaubt.

Durch ihre entscheidungsvorbereitende Funktion sind Szenarien Teil des Handlungsprozesses und damit Managementwerkzeuge, die dabei helfen sollen, dass uns die Zukunft zwar überraschen darf, aber nicht überrumpeln wird, indem sie

- Entwicklungsmöglichkeiten skizzieren, um sich auf künftige Ereignisse vorzubereiten,
- das Risikopotenzial von Strategien beurteilen, um Handlungsbedarf anzumahnen,
- Handlungsoptionen entwerfen und abwägen, um die geeignetsten auszuwählen, und
- Auswirkungen bestimmter Maßnahmen auf andere Handlungsfelder beschreiben, um die Eignung im komplexen Umfeld besser beurteilen zu können.

Je nach Anwendungsbezug kann die Erstellung von Szenarien stärker durch Experten (analytisch) oder partizipativ, d. h. unter Einbeziehung eines größeren Kreises von projektfremden Personen aus Politik, Wirtschaft, Verbänden, Vereinen oder der Bevölkerung, durchgeführt werden. Die Darstellung der Grundmethodik in Abschn. 4.3.2 beschränkt sich auf die analytische Variante; partizipative Techniken sind an einem Fallbeispiel in Abschn. 4.3.3 genauer beschrieben. In beiden Varianten gibt es zwei methodische Grundformen zur Präsentation der Szenarienergebnisse: Einerseits kann diese als Storyline (Rotmans et al. 2000) verbal erzählen, worin auch qualitative Aussagen enthalten sind. Demgegenüber greifen quantitative Ansätze andererseits auf modellgestützte Simulationen zurück. Analytische Szenarien sind meist quantitativ und die partizipativen Ansätze eher qualitativ aufgebaut (ebd.). Zu unterscheiden sind explorative Szenarien, die Auswirkungen bestimmter Triebkräfte untersuchen, von normativen Szenarien, welche gesellschaftliche und politische Ziele aufgreifen, die im Angesicht offener und ungewisser Zukunftsvorstellungen angestrebt werden und den Weg dorthin finden sollen (Bugdahn et al. 2018; Nassauer und Corry 2004).

Bekannte Szenarien zu Umweltthemen

Umweltthemen standen schon oft im Mittelpunkt integrierter Szenarien, wie z. B. die Übersichten von Alcamo (2008) oder Albert (2009) zeigen. Die berühmte Studie „Die Grenzen des Wachstums" vom Club of Rome (1972) begründete vor 50 Jahren den globalen Beginn der umweltorientierten Zukunftsforschung. Erste quantitative Umweltszenarien nutzten hydrologische Modelle (Aurada 1979). Wolf und Appel-Kummer (2005) beschäftigten sich mit den Konsequenzen des demografischen Wandels für den Naturschutz. Mehrere Analysen untersuchten die Auswirkungen von Landnutzungsänderungen in der Agrarlandschaft (Dunlop et al. 2002; Nassauer et al. 2002; Haberl et al. 2004; Bastian et al. 2006; Bolliger et al. 2007; Lütz et al. 2007; Tappeiner 2007; Tötzer et al. 2007). Auch Küsten und Meere waren Gegenstand von Zukunftsszenarien, wie die deutsche Nordsee (Burkhard und Diembeck 2006) oder das Einzugsgebiet des Great Barrier Reef in Australien (Bohnet et al. 2008).

Eine wachsende Zahl von Veröffentlichungen bewertet Umweltszenarien mittels ÖSL. Hierzu zählen Dunlop et al. (2002), Nassauer et al. (2002), Fidalgo und Pinto (2005), Seppelt und Holzkämper (2007). In einer neueren Studie untersuchten Stamel et al. (2020) den Einfluss von Hochwasserschutzszenarien auf 13 ÖSL entlang eines 75 km langen Abschnitts der deutschen Donau. Der vom Intergovernmental Panel on Climate Change (IPCC) vorgelegte Fourth Assessment Report (Pachauri und Reisinger 2008) setzte sich auf globaler Ebene mit den Auswirkungen des klimatischen und sozioökonomischen Wandels bezüglich einer Vielzahl an ÖSL auseinander. Beispiele integrierter Mensch-Umwelt-Forschung mithilfe von Szenarien sind das Millennium Ecosystem Assessment (MEA 2005b) mit Vor- und Rückblicken über jeweils 50 Jahre und die Global Environment Outlooks der UNEP, von denen inzwischen die sechste Generation vorliegt (UNEP 2019). Aktuell ist natürlich der Zusammenhang zwischen Klimawandel, Energiewende und Ökosystemveränderungen ein Hauptthema der Szenarioentwicklung (u. a. Bellard et al. 2015), allerdings finden auch die Auswirkungen der Urbanisierung und des einhergehenden Flächenverbrauchs sowie die Biodiversitätsverluste verstärkte Aufmerksamkeit (IPBES 2016; Leclère et al. 2020; WBGU 2020).

4.3.2 Methodik der Szenarioerstellung

Die hier vorgestellte Methodik wurde speziell für die Erstellung von Szenarien der Landschaftsentwicklung unter Einbeziehung und Bewertung von ÖSL entworfen. Ihre

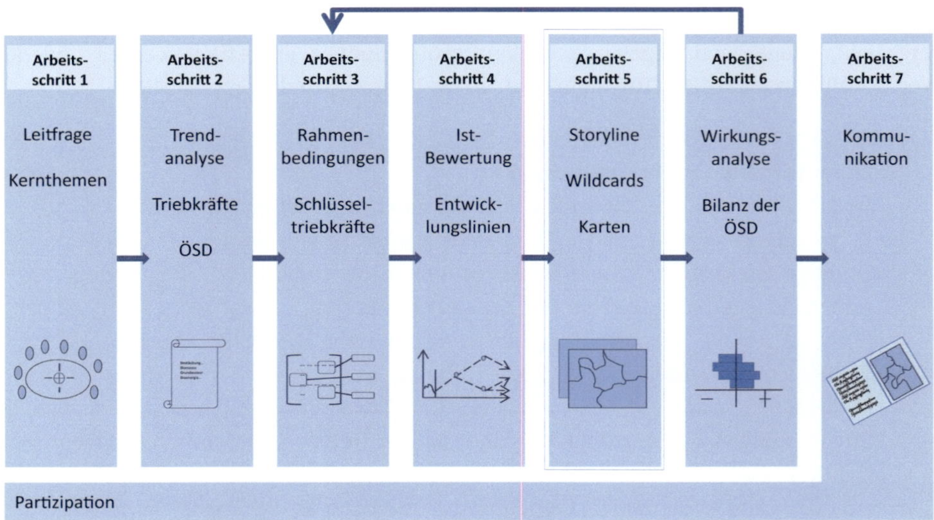

Abb. 4.16 Arbeitsschritte der Szenariomethodik. (© IÖR/Syrbe)

Erprobung erfolgte im Rahmen des Forschungsprojekts „Landschaft Sachsen 2050" (gefördert vom Sächsischen Staatsministerium für Wissenschaft und Kunst, https://www.ioer.de/fileadmin/user_upload/projekte/files/2012/2012_Landschaft_Sachsen_D.pdf). Die Szenariomethodik passt eine Kombination bewährter Methoden an die besonderen Fragestellungen der Landschaftsentwicklung an. Grundlagen sind die Arbeiten von Reibnitz (1991) und Gausemeier et al. (2009) aus der Unternehmenswissenschaft sowie von Alcamo (2008) aus der Umweltwissenschaft.

In dieser Szenariomethodik findet der explorative Forecast-Ansatz Verwendung. Der Ansatz ist ergebnisoffen, d. h., die Richtung und Spannweite der zu betrachtenden Entwicklungen ist nicht begrenzt. Möglich ist ein kombinierter Einsatz von quantitativen und qualitativen Verfahren. Die Methodik besteht aus maximal sieben Arbeitsschritten, die aber je nach Anwendungsfall und Fragestellung nicht alle vollständig durchlaufen werden müssen. Einen Überblick über den schrittweisen Aufbau bietet Abb. 4.16.

In **Arbeitsschritt 1** wird der Szenarioprozess organisatorisch vorbereitet und der Untersuchungsgegenstand durch Formulierung einer Leitfrage definiert sowie (falls nötig) durch Kernthemen fokussiert. Festgelegt werden Randbedingungen wie der Zeithorizont und das Untersuchungsgebiet. Das Beispielprojekt „Landschaft Sachsen 2050" war zunächst so allgemein gefasst, dass die Leitfrage „Wie verändern sich die ÖSL aufgrund des künftigen Landschaftswandels?" erst thematisch eingegrenzt werden musste. Innerhalb dieser Leitfrage wurden die beiden Kernthemen „Biodiversität" und „Erneuerbare Energien" identifiziert, die hohe Relevanz für die zukünftige Entwicklung von ÖSL haben.

Arbeitsschritt 2 umfasst die Auswahl der zu untersuchenden Triebkräfte und der ÖSL. Es ist also zu entscheiden, welche Einflussfaktoren auf die zukünftige Landschaftsentwicklung für die Leitfrage bzw. das Kernthema zu untersuchen sind, weil sie deutliche Wirkungen auf die zu untersuchenden ÖSL haben. Auch die Auswahl der ÖSL (Abschn. 3.2) gehört zu diesem Arbeitsschritt, weil sie und die Triebkräfte einander bedingen. Eine gute Wahl der Triebkräfte entscheidet über den Erfolg der Szenarioentwicklung, denn eine Überzahl erhöht den Arbeitsaufwand und verhindert die Kommunizierbarkeit der Szenarien. Wählt man zu unscharf definierte Triebkräfte, die nicht exakt erfassbar sind, wie z. B. „Energiewirtschaft und Bergbau", so lassen sie sich nicht exakt bearbeiten. Bei sorgfältiger Analyse sind oft über 100 Einflussfaktoren identifizierbar, sodass die Auswahl aufwendig sein kann. Wichtig ist, dass nur eine geringe Anzahl (z. B. <10) übrig bleibt und jede möglichst exakt mit Bezugs- und Maßeinheit, Quelle und Ist-Werten beschreibbar ist. Dafür sind Literaturrecherchen nötig, die jedoch vielfältig genutzt werden können.

Im folgenden **Arbeitsschritt 3** muss entschieden werden, welche der ermittelten Triebkräfte mit verschiedenen Annahmen in das Szenario einfließen sollen. Der Sinn eines Szenarios besteht darin, verschiedene Entwicklungen zu untersuchen, indem man für eine oder mehrere der Triebkräfte abweichende Verläufe annimmt. Diese Unterscheidung ist jedoch nur für sehr wenige Triebkräfte sinnvoll. Für alle anderen Faktoren wird eine einheitliche Entwicklung angenommen und für alle Szenarien exakt beschrieben. Letztere werden als „Rahmenbedingungen" bezeichnet. Die variablen Triebkräfte spannen den Möglichkeitsraum verschiedener Zukünfte auf und werden deswegen als „Schlüsseltriebkräfte" bezeichnet. Die Erfahrungen im Projekt zeigen, dass weniger als vier Schlüsseltriebkräfte zu empfehlen sind, da nur zwei oder höchstens drei wirklich sinnvoll unterschieden und in ihren Kombinationsmöglichkeiten betrachtet werden können.

Im **Arbeitsschritt 4** geht es darum, für die Schlüsseltriebkräfte unterschiedliche Entwicklungsmöglichkeiten festzulegen. Dafür ist die Charakterisierung des Ausgangszustands Voraussetzung. Die ÖSL werden also bewertet, wofür sich die mittlere Säule der EPPS-Rahmenmethodik eignet (Abschn. 3.1.2). Es geht um das Leistungspotenzial der Landschaft für zukünftige Entwicklungen. Darauf aufbauend werden Annahmen für die Veränderung der Schlüsseltriebkräfte gesetzt und diese sogenannten Verlaufstypen qualitativ oder schematisch beschrieben. An dieser Stelle ist auch zu entscheiden, ob die Fortschreibung der bisherigen Trends (als Trendszenario) einbezogen wird. Es können auch nichtlineare Verläufe angenommen werden (d. h. ein Trend schwächt sich ab, verstärkt sich, kehrt sich um oder alterniert). In Tabellen mit kleinen Piktogrammen lässt sich gut veranschaulichen, welche Veränderungen der verschiedenen Faktoren zu betrachten sind und wie sie kombiniert werden können (Abb. 4.17). Nicht jede dieser Kombinationen kann später als Szenario untersucht werden, denn einige Verlaufstypen könnten sich gegenseitig ausschließen, also inkonsistent sein. Nur dort, wo

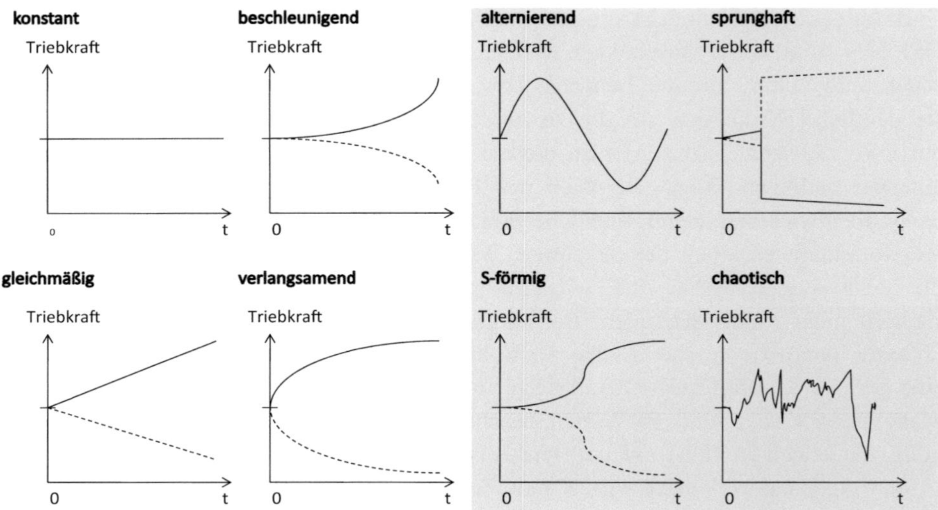

Abb. 4.17 Piktogramme für die Entwicklungslinien von Schlüsseltriebkräften. Durchgezogene Linie: positive Änderung, gestrichelte Linie: negative Änderung; weiß unterlegt: Grundformen, grau unterlegt: kombinierte Formen. (© IÖR/Syrbe)

sich zwischen bestimmten Verlaufstypen *aller* betrachteten Schlüsseltriebkräfte keine logischen Konflikte ergeben, findet man konsistente Bündel. Aus diesen Bündeln müssen die Szenariobearbeiter nun auswählen, welche weiter untersucht werden sollen. An der Konsistenzanalyse zeigt sich die Qualität der bisherigen Arbeiten: Gibt es zu viele Triebkräfte oder sind diese unscharf oder schlecht gewählt, erhält man entweder gar keine, zu viele oder eine triviale Auswahl von konsistenten Bündeln.

Arbeitsschritt 5 ist der Kern der Szenarioentwicklung. Aus den gewählten konsistenten Triebkraftbündeln werden die sogenannten Trajektorien der Szenarien entwickelt. Das Bündel mit den Trendfortschreibungen wird gegebenenfalls als Trendszenario oder *business as usual* (kurz BAU) bezeichnet. Alle anderen Trajektorien erhalten Kurzbezeichnungen, die jeweils eine markante Eigenschaft der Zukunft (einen Archetyp) benennen. Die Szenarien im Projekt „Landschaft Sachsen 2050“ heißen z. B. „Trendszenario“, „Ökologisierung“ (Szenario 1) sowie „Technisierung und Braunkohle“ (Szenario 2, Abb. 4.18). In diesem Arbeitsschritt werden die Wechselwirkungen aller Triebkräfte auf die Landschaftsentwicklung untersucht, was aus pragmatischen Gründen paarweise erfolgt. Diese Cross-Impact-Analyse wird in Form einer Matrix abgearbeitet, wobei jede berücksichtigte Kombination abgehakt werden kann. Komplexere Zusammenhänge lassen sich durch Modelle formalisieren. Die qualitativen Ergebnisse werden gegebenenfalls zusammen mit wichtigen Zahlen als textliche Beschreibung in einer Storyline festgehalten, in der auch die Begründungen nicht fehlen sollten. Zur

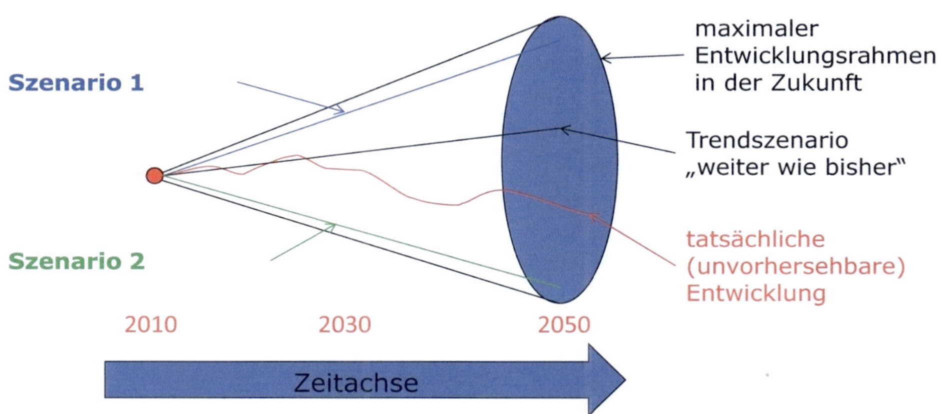

Abb. 4.18 Szenariotrichter mit schematisch angedeuteten Trajektorien. (© IÖR/Syrbe)

Vorbereitung und Übersicht eignen sich auch Tabellen oder Grafiken. Von besonderer Bedeutung für die ÖSL-Bewertung ist die kartografische Abbildung der Szenarien, d. h. Festlegungen, wo sich angenommene Veränderungen räumlich niederschlagen. Somit entstehen Karten möglicher zukünftiger Landschaftszustände, die durch die Zusammenführen von Einzelaussagen einen wichtigen Prüfstein für die Qualität der Szenarien darstellen.

Nichtlineare Entwicklungsphänomene

Bei der Szenarioausarbeitung müssen einige nichtlineare, aber typische Phänomene beachtet werden. So können sich aus bestimmten Entwicklungsstadien Vorfestlegungen für die weitere Zukunft ergeben. Diese Pfadabhängigkeiten entstehen z. B. durch Erschöpfung von (Entwicklungs-, Flächen-, Ressourcen-) Potenzialen. Mitunter setzt sich von konkurrierenden Technologien auch eine einzige durch und erhält später Ausschließlichkeit. Interessant, doch schwierig zu vermitteln, sind die seltenen, aber sehr wirkmächtigen Einzelereignisse, welche einen Zukunftsentwurf gründlich durcheinanderbringen können. Diese sogenannten Wildcards sollte man getrennt von der sonstigen Szenarioentwicklung diskutieren, weil sie zwar zur Vorsorge sehr wichtig sein können, aber aufgrund ihrer geringen Wahrscheinlichkeit von ungeschulten Teilnehmern oft abgelehnt werden.

Im **Arbeitsschritt 6** werden die Storylines, Tabellen und Karten einer vergleichenden Bewertung unterzogen. Je nachdem, wie flächenkonkret die Szenarien dargestellt sind, ist eine kartografische Bewertung möglich. Dieser Schritt soll auch die Wechselwirkungen zwischen Ökosystemleistungen, ihre Trade-offs (Abschn. 3.1) und Synergien offenlegen. Dazu werden u. a. Risiko- und Eignungsgebiete ausgewiesen. Hauptziel dieses Arbeitsschritts ist es, aus der Szenarioentwicklung Schlussfolgerungen für Handlungsoptionen und Managementmaßnahmen zu ziehen. Nicht die Auswahl der besten Storyline steht im Mittelpunkt, sondern es sind Bedingungen zu finden, unter denen die erwünschten Entwicklungen erfolgen, und es ist zu ermitteln, mit welchen Maßnahmen diese erreicht werden können. Wenn in der Diskussion Managementmaßnahmen auf den Prüfstand gestellt werden, kann es erforderlich sein, die Szenarien ab Arbeitsschritt 4 noch einmal erneut zu durchdenken.

Arbeitsschritt 7 fasst alle Maßnahmen zur Kommunikation und Partizipation der Szenarien mit den betroffenen Akteuren (oder den Auftraggebern) zusammen, die im Detail im folgenden Abschnitt erläutert werden. Die Partizipation sollte bereits am Anfang einer Szenarioerarbeitung beginnen und die Methodik wie einen roten Faden durchziehen. Dabei kann es zwischen expertenbetonten Arbeitsschritten und solchen mit sehr starker öffentlicher Beteiligung mehrere Wechsel geben, um die Meinungen zu quantifizieren, Expertenwissen in allgemein verständliche Form zu übersetzen und den Szenarien durch breite öffentliche Beteiligung ein hohes Maß an Geltung zu verschaffen.

4.3.3 Partizipation in der Szenarioentwicklung

Die Einbeziehung von Akteuren, Entscheidungsträgern oder interessierten Personen in eine Szenarioentwicklung oder einen Bewertungsprozess wird als „Partizipation" bezeichnet, entsprechende Methoden nennen wir „partizipativ". Der Hauptgrund für die partizipative Bewertung von ÖSL bzw. für die Entwicklung von Szenarien unter Einbeziehung gesellschaftlicher Entscheidungsträger (Stakeholder) ist die öffentliche Legitimation der Ergebnisse. Für partizipative Ansätze in der ÖSL-Bewertung spricht auch, „dass … Bewertungen sich dann als am hilfreichsten erweisen, wenn die Nutzer selbst am Bewertungsprozess teilhaben" (Carpenter et al. 2006). Partizipative Szenarioübungen leisten zudem Bildungsarbeit für die Beteiligten (Alcamo 2008). Für langfristige Szenarien bedeutet dies, besonders auf junge Menschen zuzugehen und sich deren Sprache und Kommunikationsmittel zu bedienen.

Die Zusammenarbeit mit Nichtfachleuten in methodisch anspruchsvollen Prozessen stellt große Anforderungen an die Qualität der Kommunikation, mit der Teilnehmer angesprochen, interessiert und zur Mitarbeit bewegt werden sollen. Vor allem muss ein möglichst verlustarmer Informationsfluss zwischen wissenschaftlichen Erkenntnissen einerseits und allgemeinsprachlichen Aussagen von bzw. für die Akteure andererseits sichergestellt werden. Hierfür soll eine Reihe von Vorschlägen unterbreitet werden, die jederzeit kreativ erweitert werden dürfen.

Partizipationsformen für die Erstellung von Szenarien oder zur ÖSL-Bewertung

- Workshop (mit Gruppenarbeit, Vorträgen, evtl. Podiumsdiskussion)
- Mini-Werkstatt-Arbeitsformen (z. B. Ideenwerkstatt, Choice-Experimente)

- Interviews (Gespräch mit vorbereiteten Fragen oder Leitfaden)
- Umfragen (mündlich, schriftlich oder computergestützt)
- Fachstände auf Messen, Ausstellungen oder Veranstaltungen
- Exkursionen (erfahrungsgemäß mit hoher Motivationswirkung)
- Kulturveranstaltungen (Filmvorführung, Theater und Ähnliches) mit anschließender Diskussion
- Unterrichtseinheiten in Schulen, anderen Bildungsstätten oder im Gelände
- Diskussionsforen, Blogs und Ähnliches in sozialen Medien

Die partizipative Arbeit an Szenarien in Form eines Workshops bezeichnet man als Szenarioübung. Sie stellt den methodischen Kern der gesamten Szenarioentwicklung dar. Darin werden die wichtigsten Schritte aus Abschn. 4.3.2 abgearbeitet. Die Szenarioübung sollte mit Arbeitsschritten kombiniert werden, die im engeren Kreise von Experten ablaufen, vor allem aber auch mit anderen Partizipationsformen (s. Box „Partizipationsformen..."), um den Zeitaufwand für die Teilnehmer gering zu halten, sie in verschiedene Arbeitsschritte einzubinden und ein hohes Maß an Mitwirkung (auch für die weniger debattierfreudigen) zu ermöglichen.

Elemente einer Szenarioübung

- Einladung der Teilnehmer mit Zusendung von Vorbereitungsmaterial
- Einführung, Ziele, Erläuterung der Methodik und des Ablaufs
- Geistöffner zur Anregung der Kreativität (z. B. Quiz)
- Ideenwerkstatt ohne inhaltliche Vorgaben zur Abschöpfung kreativer Ideen
- Impulsvorträge von Experten
- Abstimmung über alternative Vorschläge (z. B. „mit den Füßen" oder mittels Klebepunkten)
- Plenum mit Diskussion und Festlegung notwendiger Entscheidungen
- Gruppenarbeit zum Entwurf spezifischer Szenarien (textlich, grafisch)
- Pausen mit sozialen Einlagen (auch Matinee)
- Vorstellung der Gruppenarbeitsergebnisse und Generaldiskussion im Plenum
- Zusendung der Protokolle/Ergebnisse nach der Übung an alle Teilnehmer

Die eigentliche Szenarioübung kann aus unterschiedlichen Elementen zusammengebaut werden (s. Box „Elemente einer Szenarioübung"). Wesentliche Vorinformationen, vor allem der zeitliche Rahmen, sollten bereits in der Einladung enthalten sein, denn nichts ist schlimmer als unzufriedene Teilnehmer, die ständig vom Thema abweichen oder den Sinn der Veranstaltung nicht verstehen. Besonders wichtig ist eine Einführung mit klarer Darlegung von Sinn, Ziel und Hintergrund der Veranstaltung, eventuell sogar verbunden mit einer Szenarioschulung. Sogenannte Geistöffner helfen, die Teilnehmer auf eine kreative Arbeit mit Zukunftsentwürfen einzustimmen und von ihren individuellen Problemen, Vorurteilen oder Denkstereotypen zu lösen. Dazu eignet sich eine überraschende Frage, ein Quiz oder ein Vortrag über die Vergangenheit; diese Elemente können aber auch an späterer Stelle zur Auflockerung eingesetzt werden. Spontane Ideen werden zunächst wertfrei nebeneinandergestellt und später erst systematisiert. Regelmäßig müssen Zwischenstände festgehalten werden, um den Diskussionsfortschritt zu sichern. Da eintägige Workshops sehr anstrengend sind und nur bei eingespielten Gruppen funktionieren, empfiehlt Ringland (1997) eher zwei halbtägige Veranstaltungen, die durch eine Nacht (mit informeller Abendveranstaltung) getrennt sind. Zur Erleichterung der Kommunikation werden grafische, textliche, filmische und interaktive Medien eingesetzt, die auf den Teilnehmerkreis zugeschnitten sein sollten.

Nicht unerwähnt bleiben sollen auch vermeidbare Fehler bei Szenarioübungen. Die Irritation der Teilnehmer durch ungenügende Information zu Beginn wurde bereits erwähnt. Hinzu kommt ihre mögliche Frustration durch überlange Vorträge, eintönigen Ablauf oder zu geringe Fortschritte in der Szenariobearbeitung. So empfiehlt es sich, Unterbrechungen einzuplanen, in denen eine Kerngruppe aus Experten die Zwischenergebnisse aufarbeitet und mit fachlichen Informationen (z. B. Modellergebnissen) anreichern kann. Die Erwartung, in einem Workshop von den Teilnehmern quantitative Angaben zu erhalten oder direkt im Partizipationsprozess aushandeln zu können, wird zumeist nicht erfüllt. Abgefragte Daten bleiben lückenhaft und müssen durch Expertenstudien später komplettiert werden. Oft zeigt sich auch, dass ein erfolgreicher Partizipationsprozess mehr Zeit und eine stringentere Vorbereitung benötigt als gedacht (Walz et al. 2007).

Tipps zur Gestaltung von Szenarioübungen

Rechtzeitige Einladung der Teilnehmer:

- Infos zu Ort, Ziel, Dauer und Kosten(-erstattung)
- motivierend, provokativ, witzig, hintergründig oder spannend, je nach Zielgruppe
- Hausaufgabe (Fragebogen) spart einen Arbeitsschritt und führt das Thema ein

Einführung der Teilnehmer durch den Veranstalter:

- Ziel und Ablauf des Gesamtprojekts und der Veranstaltung
- kurz halten, aber organisatorische Infos geben (Pausen, Essen)
- Möglichkeiten der Mitwirkung benennen

Geistöffner zur Aktivierung der Kreativität (Möglichkeiten):

- Wunsch und/oder Albtraum zur Zukunft erfragen
- Wunschszenarien entwickeln (ggf. zeichnen) lassen
- Provokationen auslösen (z. B. mit Thesen oder künstlerischen Darstellungen)
- Frage: „Was würden Sie eine Person fragen, die die Zukunft kennt?"

Ideenwerkstatt zur Abschöpfung der Kreativität vor der Gleichschaltung durch fachliche Inputs:

- Abstimmung über Triebkräfte oder Bewertungskriterien
- unerwartete Ereignisse (Wildcards) definieren oder auswählen
- Risiken und Probleme der Zukunft

Impulsvorträge aus dem Szenarioteam oder von geladenen Experten:

- Teilnehmer erhalten vergleichbare Informationen als Grundlage der Diskussionen
- aktueller Stand des Wissens über Trends der wesentlichen Triebkräfte
- Ergebnisse der Ist-Analyse zum gewählten Untersuchungsgebiet

Gruppenarbeit zum Entwurf spezifischer Szenarien:

- keine stark/schwach-Einteilung für bestimmte Trends (weil die Gruppen zur Bearbeitung schwacher Trends in ihrer Kreativität eingeengt bleiben)
- Gruppenbildung nur nach Interesse der Teilnehmer (keiner wird in eine Gruppe gezwungen)
- jede Gruppe bekommt einen Moderator aus dem Szenarioteam
- Aufgabenstellung für den Moderator und für die Gruppe schriftlich vorgeben
- Referent für Vortrag der Ergebnisse wird zuerst gewählt

Vorstellung Gruppenergebnisse im Plenum und Gesamtdiskussion:

- orientiert am Gesamtziel der Szenarioübung
- abfragen und festhalten kritischer Unsicherheiten
- Feedback der Teilnehmer zum Workshop abfragen

4.4 Komplexe Bewertung und Modellierung von ÖSL

4.4.1 Grundlagen und Modellübersicht

Karsten Grunewald*, Gerd Lupp und Ralf-Uwe Syrbe

> Das Einfache kompliziert zu machen, ist alltäglich; das Komplizierte einfach zu machen, schrecklich einfach, das ist Kreativität (Charles Mingus).

Die Natur, unsere Umwelt und die Gesellschaft stellen komplexe Systeme dar. Allein die Organisation des Lebens in der Natur ist das Komplexeste und Vieldeutigste, was es überhaupt gibt (Haber 2011). Komplexität bedeutet, dass ein System in seinem Gesamtverhalten nicht als Ganzes fassbar ist, selbst wenn weitreichende Erkenntnisse über Einzelprozesse und ihre Wechselwirkungen vorhanden sind. Ein Merkmal von Komplexität ist eine Vielzahl von Einzelelementen, die miteinander interagieren und deren Reaktion nicht eindeutig vorhergesagt werden kann (Riedel 2000; Redondo et al. 2022). Das gilt insbesondere für in der Landschaft gekoppelte soziale und ökologische Subsysteme, weil für diese völlig unterschiedliche Wissenschaften, Theorien und Methoden zutreffend sind, ebenso wie für die Börsen, für Systeme des täglichen Lebens und schließlich auch für ÖSL. Eingriffe in komplexe Systeme können zu schwerwiegenden Veränderungen und irreversiblen Entwicklungen führen (SRU 2007). Das Landmanagement kann man als ein solches komplexes System auffassen. Land- und forstwirtschaftliche Aktivitäten wirken auf vielfältige Weise auf die Natur und beeinflussen beispielsweise den Wasserhaushalt, die Bodenfruchtbarkeit, die Biodiversität und regionale Wertschöpfungsmöglichkeiten (Kap. 5).

Ziel des ÖSL-Konzepts ist es, trotz aller Schwierigkeiten die Komplexität von Ökosystemen und Wirkungszusammenhängen fassbar zu machen und Auswirkungen sowie Konsequenzen für das menschliche Wohlbefinden aufzuzeigen. Eine umfassende Bewertung von ÖSL erfordert einen hohen Aufwand und eignet sich damit zunächst nur bedingt für neue wissenschaftliche Erkenntnisse – umso mehr jedoch als verständliche Grundlage für Entscheidungsträger und gesellschaftliche Gruppen, um in Aushandlungsprozessen zu verbesserten, alle Interessen berücksichtigenden Entscheidungen zu gelangen.

Durch Zerlegen in einzelne Bausteine und Wichtungen sollen Sachverhalte mittels einer Vereinfachung und Abstrahierung nachvollziehbar und verständlich gemacht werden, ähnlich einer Karikatur, die mit einfachen Mitteln prägnant Merkmale und Eigenschaften einer Person oder Situation darstellt. Man kann komplexe Systeme nur durch die Beobachtung von Mustern wahrnehmen. Diese sind in der abiotischen und biotischen Umwelt (z. B. Substratformen oder Pflanzengesellschaften) und in der menschlichen Gesellschaft erkennbar (z. B. Routinen, Verhaltensweisen). ÖSL-Muster wurden u. a. mithilfe der Matrix bezüglich Angebot und Nachfrage hinsichtlich Landnutzungstypen (Abschn. 4.1) und im Rahmen der kontingenten ökonomischen Bewertungsverfahren (Beispiele in Abschn. 4.2) analysiert.

Visionen und Intentionen wie die Nachhaltigkeitsidee und das ÖSL-Konzept können als Schlüssel gesehen werden, um Muster und Typen, z. B. der Landnutzung, zu beeinflussen. Entsteht in dem komplexen System eine neue Ordnung, wurde ein Kipp-Punkt (*tipping point*) überschritten (Abschn. 3.1). Eine Aufgabe der ÖSL-Forschung besteht darin, herauszufinden, wo und wann solche Kipp-Punkte eintreten und wie man diese beeinflussen kann. Dies stellt vor allem eine Herausforderung für die Abschätzung der künftigen Entwicklung der Systeme dar (Szenarien, Alternativen, Abschn. 4.3; Modellierung, Abschn. 4.4.3) und ist Grundlage für die Steuerungsmechanismen (Politik, Anreize, Planung, Governance, Kap. 6).

Der ÖSL-Ansatz soll helfen, insbesondere Methoden und Werkzeuge bereitzustellen, um die Lösung komplexer Probleme sinnvoll aufeinander abzustimmen. Ziel ist eine ganzheitliche, integrierte, alle relevanten Erfordernisse abwägende Herangehensweise der Analyse und Bewertung von ÖSL auf Grundlage geeigneter wissenschaftlicher Methoden, aller verfügbarer Informationen und unter Einbeziehung der Wünsche der Menschen (z. B. Menconi et al. 2021). Dies verlangt nicht zuletzt auch eine Abwägung zwischen einfachen, schnellen und kostengünstigen Bewertungen (grobe Abschätzung mit Orientierungscharakter auf Basis von Schnellbewertungstools) und umfassenden, aufwendigen, langwierigen, teuren Untersuchungen (intensive Bearbeitung aller ÖSL-Gesichtspunkte).

Zur komplexen Kartierung von ÖSL sind im Internet etliche Modelle verfügbar, die heruntergeladen und teilweise in gängige GIS-Software integriert werden können (Kienast und Helfenstein 2016; Dunford et al. 2017; Palomo et al. 2017). Modelle bilden Vorstellungen der Wirklichkeit ab. Es kann sich dabei um Bilder, gedankliche und sprachliche Konstrukte oder auch um mathematische Formeln handeln. Die Modellierung von ÖSL dient zunächst der abstrakten Darstellung der Ökosysteme, der ablaufenden Prozesse und möglicher Veränderungen. Dies wird zwar mit Ökosystemmodellen zum Teil bereits recht gut abgedeckt. Die Herausforderung besteht aber darin, Nachfrage und Nutzen in die Modelle zu integrieren.

Praxisorientierte Projekte stoßen bei der Anwendung von Modellen häufig auf Probleme, weil der Kenntnisstand über die ÖSL sowie die Qualität und die räumlich-zeitliche Auflösung der verfügbaren Daten vor der Auswahl eines Modells oft nicht richtig bewertet werden. Oft wird auch die Art des Inputs sowie die Beteiligung der Interessengruppen nicht klar formuliert, was zu Frustration bei allen am Projekt beteiligten Parteien führen kann (Kienast und Helfenstein 2016). Demzufolge sollten vor der Auswahl eines geeigneten Modellansatzes einige grundlegende Fragen geklärt werden:

- Warum ist die Anwendung eines prozessorientierten, analytischen Modells notwendig und steht das Wissen/Können dafür bereit?
- Sollen einzelne oder multiple ÖSL modelliert werden und auf welcher Raum- bzw. Zeitskale soll dies geschehen?
- Welche Daten stehen mit welcher Auflösung zur Verfügung?

- Werden Stakeholder (Interessensträger) involviert oder genügt eine Expertenbeteiligung?
- Welcher Art – qualitativ, quantitativ, monetär – ist das erwartete Ergebnis/Produkt?

Die Auswahl des Modellansatzes richtet sich nach Faktoren wie (vgl. Sharma et al. 2021):

- Welche ÖSL-Klassen können mit dem Modell abgebildet werden (qualitativ, quantitativ, monetär)?
- Ist das Modell kostenfrei *(open source)* verfügbar, gut dokumentiert, in vielen Fallbeispielen angewendet, muss ggf. spezielle Software angeschafft werden?
- Welcher Dateninput ist notwendig, wie hoch ist der Zeitaufwand, welche Anwenderfähigkeiten werden vorausgesetzt und wie wird der Nutzer unterstützt?
- Ist das Modell räumlich-zeitlich explizit? Wie wird mit Unsicherheiten umgegangen?

Dunford et al. (2017) unterscheiden zwischen konzeptionellen, statistischen, deterministischen, probalistischen und regelbasierten Modellen sowie integrierten Modellansätzen. Viele Tools und Modelle wurden für umwelt- und landnutzungsrelevante Fragestellungen entwickelt (Wainwright und Mulligan 2013). Bekannte Beispiele sind SWAT (Soil and Water Assessment Tool) oder RUSLE (Revised Universal Soil Loss Equation). Erwähnt werden sollten auch Multi-Kriterien-Entscheidungsunterstützungs-Tools (z. B. Brzoska et al. 2021) und partizipative Modellansätze (Abschn. 4.3).

Eine Einführung und kurze Charakteristik von ausgewählten, speziell zur Bewertung und Kartierung von ÖSL geeigneten Modellen geben Kienast und Helfenstein (2016), Dunford et al. (2017), Palomo et al. (2017) oder Sharma et al. (2021). Die bekannteren, gut getesteten Software-Pakete zur Modellierung von ÖSL wie InVEST (Abschn. 4.4.3), ARIES (z. B. Capriolo et al. 2020), ESTIMAP oder Solves sind vor allem auf regionaler Ebene anwendbar (Tab. 4.2).

Auf kontinentaler oder globaler Ebene werden ÖSL-Bewertungen in der Regel mithilfe von Nachschlagetabellen oder einfachen Prozessmodellen realisiert (z. B. IMAGE, Tab. 4.2). So wurden für die Russische Föderation, dem flächengrößten Land der Erde, die Methoden der ÖSL-Bewertung nach Datenverfügbarkeit und methodischer Klarheit ausgewählt (Bukvareva et al. 2019):

- direkte quantitative ÖSL-Bewertung, wenn statistische Daten über bereitgestellte, nachgefragte und genutzte ÖSL aus öffentlichen Datenbanken und statistischen Berichten verfügbar sind;
- indirekte quantitative ÖSL-Bewertung auf der Grundlage einer Kombination anderer statistischer und kartografischer Daten;
- Schätzung der ÖSL-Werte, wenn es keine Daten zur Bewertung der ÖSL selbst gibt und es möglich ist, nur die Faktoren zu schätzen, die die ÖSL beeinflussen;
- verbale Einschätzung zur Rolle der ÖSL, wenn die Daten und die methodologischen Ansätze für die drei oben genannten Methoden nicht ausreichend sind.

Tab. 4.2 Ausgewählte Modellansätze (Tools) zur Bewertung von Ökosystemleistungen

Modell	Basis	Link
InVEST (Integrated Valuation of Ecosystem Services and Tradeoffs)	ArcGIS	https://naturalcapitalproject.stanford.edu/
ARIES (Artificial Intelligence for Ecosystem Services)	Webbasiert	http://aries.integratedmodelling.org/
MIMES (Multiscale Integrated Models of Ecosystem Services)	Simile software	https://toolkit.climate.gov/tool/multiscale-integrated-earth-systems-model-mimes-0
LUCI (Land Utilisation Capability Indicator)	ArcGIS	https://www.lucitools.org/
IMAGE (Integrated Model to Assess the Global Environment)	Modellset	https://www.pbl.nl/en/image/about-image Welcome_to_IMAGE_3.0_Documentation
Co$ting Nature	Webbasiert, Google Earth	http://www.policysupport.org/costingnature
Solves (Social Values for Ecosystem Services)	ArcGIS	https://www.usgs.gov/centers/geosciences-and-environmental-change-science-center/science/social-values-ecosystem
TESSA (Toolkit for Ecosystem Services Site-based Assessment)	PDF	http://tessa.tools/
NatureServe	Webbasiert	https://www.natureserve.org/tools

Auf lokaler Ebene ist beispielsweise das Natural Capital Model (NC-Model, Remme et al. 2018) für komplexere Anwendungen im urbanen Bereich eine Option. Für spezielle Anwendungen stehen spezifische Ansätze zur Verfügung, z. B. i-Tree zur Bewertung von Bäumen und Wäldern (https://www.itreetools.org/) oder Tools zur Bewertung der ÖSL „Klimaregulation/Maßnahmen zur Hitzeanpassung“ (www.hrc-hitzetool.ioer.info).

Im Folgenden soll anhand des Problemfelds „zunehmender Anbau von Biomasse zur energetischen Verwertung“ eine umfassende, komplexe Anwendung des ÖSL-Konzepts aufgezeigt werden. Dabei wird dargestellt, wie eine Vielzahl möglicher ÖSL auszuwählen bzw. zu bearbeiten sind, verschiedene Bewertungsansätze verwendet werden und eine partizipative Einbindung von Akteuren erfolgen kann. Anschließend wird das ÖSL-Modell InVest vorgestellt, in seiner Zweckmäßigkeit beispielhaft demonstriert und hinsichtlich seiner Stärken und Schwächen einzuschätzen versucht.

4.4.2 Anbau nachwachsender Rohstoffe als komplexes ÖSL-Problem

Gerd Lupp, Ralf-Uwe Syrbe* und Olaf Bastian

Die Produktion von Energie aus Biomasse ist ein Beispiel für eine sehr stark politisch gesteuerte Triebkraft (Europäische Kommission 2021), die eine zunehmende Inanspruchnahme von Ökosystemen bedingt. Das aktuelle Erneuerbare-Energien-Gesetz (EEG 2022) sieht eine installierte Leistung der Elektroenergieerzeugung aus Biomasseanlagen bis 2030 von 8400 MW vor. Dies ist ein etwas geringerer Wert als 2020, als die Kapazität 10.344 MW betrug. In diesen Zahlen sind auch schon Überbaukapazitäten im Sinne der Flexibilisierung enthalten, die eine bedarfsgerechtere Stromerzeugung ermöglichen sollen – ein Vorteil der Bioenergie gegenüber anderen erneuerbaren Energieträgern. Während die Erzeugung von Elektroenergie und flüssigen Biokraftstoffen in Umfang und Flächenbedarf also eher stagnieren wird, ist mit verstärkter Nutzung von Biomasse für Heizzwecke und als Rohstoff zu rechnen, wobei die Biomasse u. a. aus Kurzumtriebsplantagen gewonnen wird, aber auch aus Wäldern und Gärten. Im Folgenden wird daher auch die Auswirkung dieser Anbauformen auf die ÖSL näher beleuchtet.

Für eine bessere Einbeziehung von ÖSL und Biodiversität im Sinne eines nachhaltigen Landnutzungsmanagements empfiehlt sich nachfolgend beschriebener und in Abb. 4.19 dargestellter Untersuchungs- und Bewertungsansatz (Lupp et al. 2011). Zunächst sind relevante ökonomische und ökologische Sachverhalte, insbesondere ÖSL, für eine nähere Analyse auszuwählen, im vorliegenden Fall Nahrungs- und Futtermittelproduktion, Energiebereitstellung, Deckungsbeiträge für landwirtschaftliche Betriebe, Biodiversität, CO_2-Fixierung, Bestäubung, Trinkwasserbereitstellung, Abflussregulierung, Erosion und Erholungseignung. Die Vorgehensweise zur Analyse und Bewertung und zur Erarbeitung von Handlungsempfehlungen orientiert sich am **DPSIR**-Ansatz (OECD 2003). Dieser beschreibt ein methodisches Vorgehen für die Analyse von Zusammenhängen zwischen menschlichen Aktivitäten und deren Auswirkungen auf die Umwelt sowie Korrekturmaßnahmen (BAFU/BFS 2007).

Diesem DPSIR-Ansatz folgend sind die Triebkräfte *(driving forces)* eines zunehmenden Anbaus von nachwachsenden Rohstoffen zu ermitteln, d. h. politische, juristische, planerische, ökonomische und klimatische Rahmenbedingungen. Darauf aufbauend werden Landnutzungsszenarien entworfen. Durch die Anwendung der Szenarien lassen sich mögliche künftige Flächennutzungsstrukturen *(states)*, deren Belastungen *(pressures)* für die Ökosysteme und die daraus resultierenden Auswirkungen auf die Bereitstellung von ÖSL *(impacts)* ermitteln. Auf dieser Grundlage kann der für die Aufrechterhaltung bzw. Optimierung von ÖSL notwendige Handlungsbedarf identifiziert und mögliche Steuerungsmaßnahmen *(responses)* können erarbeitet werden (Abb. 4.19).

Um den aufgezeigten Herausforderungen von Veränderungen mit geeigneten Managementkonzepten und -strategien begegnen zu können, eignet sich aufgrund der

Abb. 4.19 Schema des Vorgehens bei der Erfassung und Bewertung ÖSL-bezogener Szenarien. (© G. Lupp)

differenzierten Auswirkungen auf unterschiedliche Standorte besonders eine regionale Betrachtungsweise auf Landschaftsebene (Rode und Kanning 2006). Es sollte daher darauf geachtet werden, möglichst heterogen strukturierte Untersuchungsräume auszuwählen, da unterschiedliche Landschaftsräume trotz des oftmals weltweiten Auftretens bestimmter Faktorenkonstellationen ganz unterschiedlich auf die gleichen (anthropogenen) Einwirkungen reagieren können.

Um dem Problem der Dimensionsstufen (Maßstabsabhängigkeit) zu entsprechen, ist es auch sinnvoll, unterschiedliche Betrachtungsebenen von Regionen bis hinunter zu Feldblöcken oder Forstschlägen einzubeziehen – Letztere insbesondere im Hinblick auf Akteure wie Land- und Forstwirte, die bei der Bewirtschaftung die Belange des Artenschutzes berücksichtigen sollten, etwa durch Belassen von Totholz im Wald oder durch Anlegen von Feldlerchenfenstern (Bereiche extensiver Nutzung als Brutvogelhabitat) auf dem Acker. Unterschiedliche Feldfrüchte bzw. Anbauformen führen zu spezifischen Wirkungen auf ÖSL – einige Beispiele sind in Tab. 4.3 zu finden. Aber auch die jeweiligen Naturraumbedingungen bzw. die landschaftliche Eigenart können einen modifizierenden Einfluss haben.

Tab. 4.3 Auswirkungen des Energiepflanzenanbaus auf ÖSL am Beispiel von Mais, Raps und Getreide sowie von Kurzumtriebsplantagen (KUP). (Nach Lupp et al. 2011, 2015, verändert; aufbauend auf Daten von Kort et al. 1998; McLaughlin und Walsh 1998; Börjesson 1999a, b; Heidmann et al. 2000; Liesebach und Mulsow 2003; Londo et al. 2004; Windhorst et al. 2004¸ Bringezu und Steger 2005; Burger 2005; NABU 2005; Rode et al. 2005; SRU 2007; Bardt 2008; Lee et al. 2008; Ericsson et al. 2009; Hillier et al. 2009; Rowe et al. 2009; Cherubini und Stromman 2010; Greiff et al. 2010, Syrbe und Steinhäußer 2014)

ÖSL	Faktor	Auswirkungen von einjährigen Pflanzen (Mais, Raps oder Getreide)	Auswirkungen von mehrjährigen Kurzumtriebsplantagen (KUP)
Versorgungsleistungen			
Bereitstellung von Anbau-Biomasse (für Heizung, Biogas und Biokraftstoffe)	Landnutzung, Fruchtartenfolge	Steigende Preise für Lebensmittel, steigende Pacht- bzw. Kaufpreise für landwirtschaftliche Flächen; sinkende Vielfalt der angebauten Feldfrüchte, Monokulturen, in einigen Fällen nachweislich Umbruch von Grünland in Ackerland	In einigen Fällen Anbau von KUP auf Grünland
	Einkommen der Landwirte und Pachteinnahmen der Landbesitzer	Zusätzliche Einkommensmöglichkeiten für Landwirte, gesteuert durch Vergütungen aufgrund des EEG (2021); Möglichkeit, sich jährlich neu an der tatsächlichen Nachfrage am Markt zu orientieren	Neue Einkommensmöglichkeiten, teilweise durch Zahlungen aufgrund des EEG (2021) ergänzt; keine Möglichkeit zum Wechsel der Anbauform über mehrere Jahre, geringe Flexibilität am Markt
Wasserbereitstellung	Grundwasserpegel, Feuchtegehalt im Boden	Grundwasserpegel hängt vom Wasserbedarf der angebauten Pflanzen ab, Wasserqualität kann durch Dünger und Agrochemikalien beeinträchtigt werden	Grundwasserspiegel kann aufgrund des höheren Wasserbedarfs von KUP stärker ls bei einjährigen Anbauformen absinken; geringere Grundwasserneubildung als bei einjährigen Anbauformen aufgrund höherer Interzeption; bessere Wasserqualität durch geringere Dünger- und Pestizidgaben

(Fortsetzung)

Tab. 4.3 (Fortsetzung)

ÖSL	Faktor	Auswirkungen von einjährigen Pflanzen (Mais, Raps oder Getreide)	Auswirkungen von mehrjährigen Kurzumtriebsplantagen (KUP)
Regulationsleistungen			
CO_2-Speicherung	Energieeinsatz für Pflanzung, Düngung, Schädlingsbekämpfung und Ernte	Einsparung fossiler Energieträger, jedoch vergleichsweise hoher Energieeinsatz bei der Erzeugung	Einsparung fossiler Energieträger; Energiebedarf steigt, wenn neben dem Häckseln eine weitere Aufbereitung erfolgt
	CO_2-Speicherung, Treibhausgasemission	Freisetzung von Treibhausgasen bei Grünlandumbruch oder bei Anbau auf organischen Böden; zusätzliche Treibhausemission im Falle erhöhter Stickstoffdüngung	Kann als Speicher für Treibhausgase fungieren, wenn Humus und unterirdische Biomasse angereichert werden, allerdings Freisetzung von Treibhausgasen, wenn für KUP Feuchtgebiete entwässert werden oder Wälder in KUP umgewandelt werden
Nährstoff- und Humusregulation	Nährstoffeintrag	Häufig hoher Nährstoffeintrag und starker Einsatz von Pflanzenschutzmitteln bei intensiven Anbauformen	KUP haben im Vergleich zu einjährigen Anbauformen einen geringeren Nährstoffeintrag
	Nährstoffauswaschung	Hoher Nährstoffaustrag bei bestimmten Feldfrüchten und ungeeigneten Bearbeitungstechniken	Geringerer Nährstoffaustrag im Vergleich zu einjährigen Anbauformen
Verminderung der Bodenerosion	Bodenbedeckung	Hohe Erosionsanfälligkeit durch Wasser und Wind, wenn keine Pflanzendecke vorhanden ist, allerdings geringere Erosionsgefahr bei engeren Fruchtfolgen	Dauerhafte Bestockung mit Gehölzen reduziert Wasser- und Winderosion, rasche, intensive Bodendurchwurzelung mindert Bodenerosion, angrenzende landwirtschaftliche Flächen profitieren dabei von KUP
Wasserrückhaltung	Oberflächenabfluss	Starker Oberflächenabfluss in der vegetationsfreien Phase (relevant insbesondere bei Mais)	Geringerer Oberflächenabfluss, Interzeption steigt mit Wachstum der Gehölze

(Fortsetzung)

Tab. 4.3 (Fortsetzung)

ÖSL	Faktor	Auswirkungen von einjährigen Pflanzen (Mais, Raps oder Getreide)	Auswirkungen von mehrjährigen Kurzumtriebsplantagen (KUP)
Wasserreinhaltung	Pestizide im Grundwasser und in Oberflächengewässern, Kosten der Trinkwasseraufbereitung	Hohe Nährstoffauswaschung führt zu Kostensteigerungen bei der Wasseraufbereitung, z. T. erfüllt die Wasserqualität nicht mehr gesetzlichen Mindeststandards – d. h. Bedarf von Rohwasser aus weniger belasteten Gebieten	Geringere Nährstoffauswaschung, bessere Wasserreinigungswirkung als einjährige Kulturen
Grundwasserneubildung	Grundwasserpegel	Höhere Grundwasserneubildungsraten als bei mehrjährigen Kulturen oder Wald	Geringere Grundwasserneubildung, dichterer Pflanzenwuchs und höhere Interzeption als bei einjährigen Pflanzen, höherer Wasserbedarf, Grundwasserspiegel kann dadurch sinken
Schutz vor Schädlingen	Widerstandsfähigkeit, Pestizideinsatz	Höheres Schädlingsrisiko, größere Gefährdung und größeres Verbreitungsrisiko durch Schadinsekten wie Maiszünsler *(Ostrinia nubilalis)* oder Maiswurzelbohrer *(Diabrotica virgifera virgifera)*, erhöhter Spritzmittelbedarf bzw. Einsatz gentechnisch veränderter Sorten	Bessere Widerstandskraft gegenüber Schadinsekten, einjähriger Befall fällt weniger ins Gewicht, Probleme u. a. mit Blattrost *(Melampsora)*, Blattkäferbefall *(Melasoma populi)* und Nagern
Bestäubung	Populationen bestäubender Insekten	Mais und Getreide als Windbestäuber sind nicht auf Insekten angewiesen, kurze Rapsblüte hält nur sehr kurzzeitig Nahrung für Insekten bereit; intensiver Ackerbau dezimiert Begleitflora, wodurch über das Sommerhalbjahr kontinuierliche Nahrung für bestäubende Insekten kaum zur Verfügung steht	Bäume werden z. T. vor der Geschlechtsreife geerntet, wenig Begleitflora, einige Weidenarten könnten als Nektarquelle fungieren

(Fortsetzung)

Tab. 4.3 (Fortsetzung)

ÖSL	Faktor	Auswirkungen von einjährigen Pflanzen (Mais, Raps oder Getreide)	Auswirkungen von mehrjährigen Kurzumtriebsplantagen (KUP)
Biodiversität	Angebaute Arten, Rassen und Provenienzen, Anbaustruktur, Bewirtschaftung	Intensive Bewirtschaftung, wenige angebaute, z. T. genetisch veränderte Sorten, spärliche Begleitflora, z. T. früher Erntezeitpunkt vor der Kornreife	Wenige wuchskräftige (Hybrid-)Sorten, z. T. genetisch verändert, relativ einförmige Struktur innerhalb der KUP, jedoch längere Umtriebszeiten von 2–5 Jahren
	Vogelarten	Intensive Bewirtschaftung lässt sehr wenig Lebensraum für Arten, die an extensive Landnutzungsformen gebunden sind, z. B. Ortolan und Feldlerche; frühe Erntezeitpunkte vor der Kornreife reduzieren die Nahrung für körnerfressende Zugvögel (z. B. Gänse)	Habitate für Vogelarten, die Gehölze und Hecken als Nistplätze benötigen, vor allem jedoch Ubiquisten; Umwandlung von Ackerflächen reduziert Lebensraum von Bodenbrütern
	Begleitflora und -fauna	Artenarme, spärliche Begleitflora sowie schlechte Habitateignung für wild lebende Tierarten (z. B. Insekten) durch intensive Bodenbearbeitung und Pestizideinsatz	Oftmals Zunahme an Begleitfauna und -flora, jedoch vorwiegend Ubiquisten; bei längeren Umtriebszeiten in begrenztem Umfang Beitrag zur Schaffung, Strukturierung und Vernetzung von Lebensräumen; jedoch Lebensraumverluste, wenn KUP extensiv genutzte Ackerflächen, Brachen oder Grünland ersetzen
Soziokulturelle Leistungen			
Ethische Werte	Verhältnis von Nahrungsmittelanbau zu Energiepflanzenanbau	Verwendung von Getreide und anderen Nahrungspflanzen wird aus ethisch-moralischen Gesichtspunkten kritisch gesehen (steigende Lebensmittelpreise und angespannte Ernährungssituation in vielen Entwicklungsländern)	Keine direkten ethischen Probleme, da KUP nicht der Ernährung dienen, jedoch indirekte Effekte: landwirtschaftliche Flächen werden der Nahrungsmittelproduktion entzogen

(Fortsetzung)

Tab. 4.3 (Fortsetzung)

ÖSL	Faktor	Auswirkungen von einjährigen Pflanzen (Mais, Raps oder Getreide)	Auswirkungen von mehrjährigen Kurzumtriebsplantagen (KUP)
Identifikation	Kulturelles Erbe und Aufgreifen/Fortführung von landwirtschaftlichen Traditionen	Rückgang traditioneller Landnutzungsformen und von Sonderkulturen; verstärkter Anbau optimierter Sorten; Erhaltung landwirtschaftlicher Betriebe durch zusätzliches Erwerbsstandbein	Neuartige Landschaftselemente, können z. T. an traditionelle Landnutzungsformen anknüpfen oder diese neu interpretieren, z. B. Anbau von Weide als traditionelles Landschaftselement – einst zum Körbeflechten – heute im Kontext einer modernen, nachhaltigen Energieversorgung
Bildungs- und Erziehungswerte	Energiepflanzen als Forschungsgegenstand	Nur wenige Arten, Forschung vor allem zu Ertragssteigerung	Neuartige Landnutzungsform als multidisziplinärer Forschungsgegenstand
Landschaftsästhetik	Vielfalt der Landschaftsstrukturen	Meist Monotonie großer Schläge und verkürzte Fruchtfolgen, jedoch unterschiedliche Landschaftseindrücke im Jahresverlauf; Rapsblüte im Frühjahr	Kann zur Strukturierung in ausgeräumten Agrarlandschaften beitragen
	Blickbeziehungen, Wahrnehmbarkeit besonderer Landschaftsmerkmale	Eingeschränkte bzw. nicht vorhandene Sichtbeziehungen in den Sommermonaten (z. B. durch hohe Maisbestände), weite Blicke im Winter	Blockieren Sichtbeziehungen bis auf wenige Monate dauerhaft

In einer integrierenden Betrachtung lassen sich – nachdem sie bewertet worden sind – die einzelnen ÖSL miteinander vergleichen. Zur Veranschaulichung eignen sich Spinnennetzdiagramme (Abb. 4.20).

Szenarien

Szenarienanalysen haben das Ziel, künftige Auswirkungen des Biomasseanbaus aufzuzeigen. Unerwünschte Wirkungen (Trade-offs, *disservices)* des Energiepflanzenanbaus sollen ausgeschlossen, zumindest aber minimiert werden. Wie in Abschn. 4.3 dargelegt, eignen sich Szenarien in besonderer Weise dazu, zeitliche, aber auch räumliche Aspekte, Entwicklungsmöglichkeiten sowie verschiedene Handlungsoptionen von ÖSL zu erforschen, aufzuzeigen, zu bewerten und gegeneinander abzuwägen. Zudem bietet die Erstellung von Szenarien breiten Raum für die Einbindung von Akteuren.

Für die nördlich von Dresden gelegene Moritzburger Kleinkuppenlandschaft wurden expertenbasierte Szenarien zu unterschiedlichen Rahmenbedingungen entwickelt, die auf unterschiedlichen politischen Maßnahmen, also Festlegungen durch Gesetze, aber auch Anreize wie Fördermittel oder Zahlungen der EU an die Landwirte basieren (Abschn. 5.3). Diese Annahmen wurden zu verschiedenen Szenarien verarbeitet, die es erlauben, mögliche Auswirkungen verschiedener Entwicklungspfade auf die Landnutzung zu analysieren. Folgende drei Szenarien sind erstellt worden:

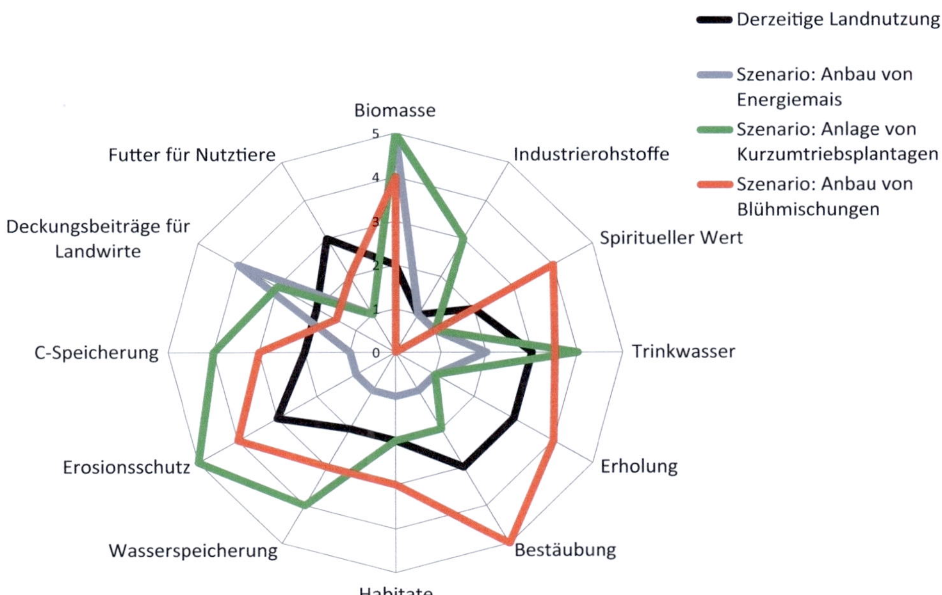

Abb. 4.20 Beispielhafte Darstellung der Änderung von ÖSL durch Anbau von Biomasse zur Energiegewinnung. (© G. Lupp)

- Szenario „Aufgabe der Viehhaltung“
- Szenario „Bioenergie“
- Szenario „Optimierung von ÖSL aus Sicht des Naturschutzes“

Aus den Szenarien resultieren drei unterschiedliche Landnutzungsmuster. Im Falle des Bioenergieszenarios nimmt der Maisanteil auf den Ackerflächen weiter zu. Auf Grünlandstandorten entlang der Gewässerläufe werden vielfach Gehölze bzw. Kurzumtriebsplantagen (KUP) angepflanzt. Dies ist insgesamt mit einer Nutzungsintensivierung verbunden, um den Flächenbedarf für die Bioenergieerzeugung auf den Ackerflächen zu kompensieren. Im Szenario „Optimierung von ÖSL aus Sicht des Naturschutzes“ stellt sich eine sehr vielfältige Nutzung der Landschaft ein.

Biophysische Ansätze

Zur Beurteilung der Folgen eines verstärkten Anbaus von Energiepflanzen für Biodiversität und ÖSL eignen sich expertengestützte Verfahren, so wie sie z. B. in der Landschaftsplanung zum Einsatz kommen und in verschiedenen Methodenhandbüchern beschrieben sind (z. B. Bastian und Schreiber 1999). Dabei erfolgt meist eine halbquantitative Bewertung der Ausprägung einer Landschaftsfunktion, eines Schutzguts, eines Potenzials, Risikos oder – angebotsseitig – einer ÖSL, in der Regel entlang einer fünfstufigen Skala von „sehr guter“ bis „sehr schlechter Zustand“. Das betrifft z. B. die Erosionsanfälligkeit von Böden, das Landschaftsbild oder die biologische Vielfalt, die durch großflächige Monokulturen von Mais und Raps beeinflusst werden können (Tab. 4.3). Ausgewählte, besonders auffällige, breiten Bevölkerungskreisen bekannte und als Sympathieträger geltende Vogelarten wie Feldlerche und Kiebitz eignen sich stellvertretend für bestimmte Artengruppen und Lebensräume, um besser mit verschiedenen Akteursgruppen und Nichtexperten zu kommunizieren und diese für die Gesamtproblematik Biodiversität und ÖSL zu sensibilisieren.

Monetäre Ansätze

Verschiedenen ÖSL können – zumindest in einigen Fällen – auch ökonomische Werte zugeordnet werden, etwa wenn eine tatsächliche Nachfrage besteht oder die Bereitstellung bzw. Erhaltung von ÖSL mit Kosten verbunden ist (Baumgärtner 2002). Für gesamträumliche Betrachtungen in der Landnutzung eignen sich beispielsweise die in Waldwachstumssimulatoren integrierten, ökonomischen Bewertungen (Pretzsch 2001) oder im landwirtschaftlichen Kontext ökonometrische Entscheidungsmodelle (Kächele und Zander 1999). Damit lassen sich Anbauentscheidungen von Landwirten und Förstern unter Berücksichtigung von gesetzlichen und förderpolitischen Rahmensetzungen (z. B. zwingende Einhaltung eines Fruchtfolgenwechsels oder Baumartenmischungen) abbilden, wenn diese nach rein rationalen, begründeten, ökonomischen Kriterien handeln würden.

Ein weiterer geeigneter Ansatz sind Berechnungen von Opportunitätskosten (Abschn. 4.2), also die Bezifferung von Mindererlösen, die für den Erhalt von extensiv genutzten

Strukturen in Feldern als Element zur Sicherung von Biodiversität dienen. Beispielsweise ergeben sich zunächst Mindererlöse, wenn etwa im Ackerland zur Stärkung der Feldlerchenpopulation sogenannte Lerchenfenster angelegt werden, auf denen der Anbau von Feldfrüchten unterbleibt (Brüggemann 2009).

Nachfrageorientierte Ansätze

Eine Möglichkeit zur Ermittlung der Nachfrage nach ÖSL sind Befragungen bzw. die Erhebung von Meinungsbildern in der Bevölkerung. In beispielhaften Untersuchungen wurden von den Autoren an ausgewählten Stichtagen an verschiedenen Orten derartige Analysen durchgeführt. Die Befragungen zeigten interessante Ergebnisse (Lupp et al. 2014): So ergaben die Meinungsbilder, dass die Bereitstellung von sauberem Trinkwasser und ausreichend Lebensraum für wild lebende Tiere und Pflanzen in der Bevölkerung als besonders wichtig angesehen wird, die Erzeugung von erneuerbarer Energie hingegen in der Wahrnehmung und Wertschätzung der Bevölkerung nur eine untergeordnete Rolle einnimmt.

Transdisziplinarität und Partizipation

Transdisziplinäre Forschungsansätze zeichnen sich durch eine enge Zusammenarbeit von Wissenschaft und Praxis aus. Diese soll die Wirksamkeit von Forschungsaktivitäten und die Lösung praktischer Probleme verbessern (Müller et al. 2000). Partizipation mit methodischen Ansätzen wie Reallabore oder Living Labs bedeutet dabei die enge, aktive Einbindung von Akteuren und Interessengruppen in die Entscheidungs- und Willensbildung (Lupp et al. 2020).

Es ist sinnvoll, Schlüsselakteure in die verschiedenen Projektschritte einzubinden, die aktiv mitwirken, beispielsweise bei der Szenarioerstellung und der Auswahl der Schlüsseltriebkräfte (Abschn. 4.3). Um die Akteure aus verschiedenen Bereichen wie Verwaltung oder Interessenvertretern gezielt zu gewinnen, ist eine systematische Erfassung und Kartierung von Akteuren sinnvoll (Zingraff-Hamed et al. 2020). Eine Vielzahl von Methoden und Formaten wie aktivierende Interviews oder Workshops (L.I.S.T. 2011; Fleischer und Syrbe 2013; Coch et al. 2014) ermöglicht, unterschiedliche Standpunkte und Meinungen zu ermitteln und Interesse an einer aktiven Teilnahme an Workshops zu wecken.

Wie eigene Untersuchungen von Stein et al. (2013) in der Oberlausitz und im Erzgebirge (Sachsen) zeigten, treffen Akteure und Landnutzer ihre Entscheidungen in vielen Fällen nicht im Sinne eines maximal erzielbaren Deckungsbeitrags, sondern sie legen ihrem Handeln auch nichtmonetäre Kriterien wie Traditionen, das eigene Selbstverständnis, verschiedene Wertvorstellungen bis hin zu ethischen Aspekten zugrunde und messen der Bereitstellung vielfältiger ÖSL für die Gesellschaft große Bedeutung bei, auch wenn sie diese nicht als solche bezeichnen.

Steuerung des Biomasseanbaus
Im Kontext des Energiepflanzenanbaus erfolgt die Steuerung vor allem über erzielbare Marktpreise, Fördermittel aus der EU-Agrarpolitik und direkte und indirekte Zahlungen über das Erneuerbare-Energien-Gesetz (EEG 2022). Es ist daher nötig, die einzelnen Steuerungsinstrumente zu analysieren und deren Wirkung hinsichtlich der Bereitstellung von ÖSL zu interpretieren. Allerdings ist in Rechnung zu stellen, dass ÖSL bislang meist nur bruchstückhaft in Form einzelner Schutzgüter bzw. Leistungen in der Gesetzgebung und den Anreizsystemen verankert sind. Minimalstandards werden in den bestehenden Instrumenten nicht näher ausformuliert, sondern meist nur in Form von Verschlechterungsverboten benannt, oder es wird die Einhaltung einer nicht näher definierten „guten fachlichen Praxis“ angemahnt, die eher einem Verhaltenskodex gleicht, ohne eindeutige Anforderungen an zu erfüllende Mindeststandards zu stellen (Hafner 2010).

4.4.3 Anwendung von Modulen des ÖSL-Modells InVEST

Michael Holfeld*

Im Folgenden sollen der frei verfügbare Modellansatz InVEST vorgestellt[1] und Erfahrungen der Anwendung an einem Beispiel diskutiert werden. InVEST ist nach Angaben der Entwickler geeignet, integrierte ÖSL-Bewertungen auf lokaler, regionaler und globaler Ebene zu realisieren. Es wurde weltweit schon in zahlreichen lokalen bis nationalen Projekten und Studien sowie bei alltäglichen Entscheidungsprozessen eingesetzt (Daily et al. 2009; Nelson et al. 2009; Tallis und Polasky 2009; Bhagabati et al. 2012). Als Anwendungsbeispiele werden auf der Projekthomepage Modellierungsarbeiten im US-Staat Washington (Hood Canal), in North Kona auf Hawaii, in Kalifornien, in British Columbia (Kanada), dem Amazonasbecken, in Ecuador, Kolumbien und den nördlichen Anden in Südamerika sowie in Kenia, China und Sumatra genannt (https://naturalcapitalproject.stanford.edu/impact/where-we-work). Hierbei stehen die Identifizierung und der Schutz bedeutender Flächen für Biodiversität und ÖSL im Vordergrund, genauso wie die Darstellung der Zusammenhänge zwischen beiden. Bezüglich aktueller internationaler Anwendungen von Modulen des InVEST-Modells im Kontext eines Habitat Risk Assessments oder der Bewertung von ÖSL-Bündeln im urbanen Raum sei beispielhaft auf Caro et al. (2020), Hamel et al. (2021) und Karimi et al. (2021) verwiesen. Diese Arbeiten beinhalten in der Regel auch wissenschaftliche Diskussionen zur Aussagekraft von InVEST bzw. zu den Modulen des Modells.

[1] Wir danken Herrn Malte Hinsch, Hannover, für die Durchsicht und die Hinweise zu diesem Abschnitt.

4.4.3.1 Charakterisierung des Modellansatzes InVEST

InVEST wurde als ein Szenariotool zur Entscheidungsfindung in Planungsprozessen entwickelt. Die Basis für die Bewertung von ÖSL stellen ökologische Eigenschaften und ökonomische Wertbestimmungsmethoden dar (Nelson et al. 2009; Tallis und Polasky 2009). Ursprünglich wurde InVEST in Form einer Toolbox in Kombination mit einem Geoinformationssystem (GIS) der Firma ESRI (ArcGIS) entwickelt, wodurch insbesondere die räumlich-spezifische Berechnung/Modellierung sowie die kartografische Darstellung der ÖSL-Bewertung ermöglicht werden sollte. Mittlerweile existieren alle Module in einer eigenständigen Form, die direkt vom Windows- oder Mac-Betriebssystem ohne andere Softwareabhängigkeiten gestartet werden können (Stand November 2021: Version InVEST 3.9.2). Für die Erstellung der Ausgangsdaten sowie für die Anzeige der Ergebnisse wird jedoch weiterhin eine GIS-Software wie QGIS oder ArcGIS benötigt.

Die Weiterentwicklung und Betreuung des Metamodells erfolgt durch das Natural Capital Project an der Stanford University unter Beteiligung mehrerer namhafter, weltweiter Forschungseinrichtungen sowie dem Nature Conservancy und dem WWF (World Wildlife Fund) (Natural Capital Project 2012). Die verschiedenen Module unterscheiden sich in ihrer Komplexität und folglich auch in den Ansprüchen an den Nutzer bzw. seine Kenntnisse. Sie reichen vom einfachen Nachweis bestehender Zusammenhänge mittels weniger Daten bis hin zum komplexen Modell unter Berücksichtigung von Zeitschritten und Rückkopplungen einer umfassenden ÖSL-Analyse (Nelson et al. 2008; Daily et al. 2009). Bereits in den vereinfachten Verfahren werden im *open source*-Modell InVEST bedeutende Aspekte der Vorgehensweise bei einer flächenhaften ÖSL-Modellierung berücksichtigt. Dazu zählen die räumliche Darstellung, Verortung und teilweise Berechnung von Leistungen und Wohlfahrtswirkungen im GIS, die integrierte Betrachtung von Versorgungs-, Regulations- und soziokulturellen Leistungen (TEEB 2009; Tallis et al. 2011) sowie die Einbindung von abiotischen und biotischen Basisparametern im Bewertungsprozess. Dadurch erfolgt die Quantifizierung der ÖSL in den einzelnen Modulen nicht ausschließlich nach der vorhandenen Landnutzung.

Anhand der 21 in InVEST enthaltenen Module (Stand 11/2021) ist es möglich, eine Auswahl von ÖSL aus den Bereichen terrestrische sowie maritime Systeme biophysikalisch bzw. zum Teil auch ökonomisch zu bewerten. In Tab. 4.4 sind beispielhaft sechs terrestrische Module zur Beschreibung von Leistungen und Produkten des Festlands und des Süßwassers dargestellt und entsprechenden ÖSL-Klassen zugeordnet.

Neben den einzelnen Endergebnissen der Module sind die Teilergebnisse bzw. Zwischenprodukte berücksichtigt. Diese lassen sich jedoch nicht in jedem Fall eindeutig den im Abschn. 3.2 vorgestellten ÖSL zuweisen. Eine Zuordnung der Module gemäß versorgender, regulativer oder soziokultureller ÖSL bzw. Wohlfahrtswirkungen findet nicht statt. In den Erläuterungen der einzelnen Module und deren Hintergründe wird die Bedeutung der jeweiligen ÖSL kurz angeschnitten. Eine Kategorisierung gemäß der Wohlfahrtswirkung ist auch deshalb nicht möglich, da einige der Module keine direkte Leistungsfähigkeit, Produkte oder Prozesse der ÖSL beschreiben, sondern Gefährdungen

Tab. 4.4 Terrestrische InVEST-Module zur Bewertung von ÖSL. (https://storage.googleapis.com/releases.naturalcapitalproject.org/invest-userguide/latest/index.html; Stand 11/2021)

InVEST-Modul	**Ökosystemleistung**	**Indikatoren und Teilergebnisse/Zwischenprodukte**	**ÖSL-Klasse, s. Abschn.** 3.2
Biodiversität	Spezifische Habitatqualität	• Allgemeine Habitatqualität • Beeinträchtigungsgrad der Habitate • Gefährdungsgrad Habitatverlust	R.11
Kohlenstoffspeicher und -fixierung	Ökonomischer Ertrag aus Kohlenstoffspeicherung	• Kohlenstoffspeicher • Differenz aus Kohlenstofffixierungen • Volumen und Biomasse aus Waldbewirtschaftung	V.6; V.8; R.2; R.3
Wasserkraft	Ökonomischer Ertrag durch Stromerzeugung aus Wasserkraft	• Wasserregeneration im Teileinzugsgebiet (m^3) • Wasserertrag im Teileinzugsgebiet ($m^3\ ha^{-1}$) • Energieerzeugung im Einzugsgebiet (kWh)	V.12; R.5
Wasserregeneration: Nährstoffretention	Kostenvermeidung durch Filtration von Nährstoffeinträgen	• Wasserregeneration im Teileinzugsgebiet (m^3) • Aufgenommene Nährstoffeinträge (kg) • Zurückgehaltene Nährstoffe ($kg\ ha^{-1}$)	R.5; R.6
Sedimentrückhalt	Kostenvermeidung bei Erosionsereignissen	• Allgemeiner Bodenabtrag (t) • Zurückgehaltene Sedimente ($t\ ha^{-1}$)	R.7
Bestäubung	Potenzieller Beitrag der Bestäuber für die Landwirtschaft	• Potenzielle Bestäuberhabitate auf Grundlage von Nahrungs- und Nistplatzangeboten • Potenzieller Beitrag der Bestäuber in der Landschaft aufgrund ihres Vorkommens	R.10

aufzeigen – also Auswirkungen auf die Funktionalität eines Raums bei einer bestimmten vorliegenden Nutzung der Landschaft beschreiben (z. B. Sedimentrückhalt). Die Verknüpfung zu ÖSL ist jedoch gegeben (s. Tab. 4.4).

Die Programmiersprache aller aufgeführten Module ist Python. Zwar werden von den Anwendern für die Berechnung mittels InVEST grundsätzlich keine Kenntnisse in der Python-Programmierung gefordert, jedoch verlangt die Erstellung von Modelleingangsdaten sowie der Umgang mit den Ergebnissen der InVEST-Module grundlegende bis fortgeschrittene Kompetenzen im Umgang mit Geoinformationssystemen (Tallis et al. 2011, https://storage.googleapis.com/releases.naturalcapitalproject.org/invest-userguide/latest/getting_started.html#gis-skills). Des Weiteren bestehen Anforderungen an das System des verwendeten Computers. Zum Beispiel ist in der Systemsteuerung die Umstellung der Regions- und Sprachfunktion auf „Englisch (USA)" nötig. Dadurch wird die Abgrenzung der Dezimalstellen mittels Punkt festgelegt. Andernfalls drohen fehlerhafte Ergebnisse oder Abbrüche, weil die Modulskripte die Kommas der Eingangsparameter nicht erfassen und verarbeiten können. Kommas werden bei InVEST als Trennzeichen erkannt. Dies ist für die Datenaufbereitung wichtig. Auf weitere zu beachtende Einstellungen sowie einzelne Modulvorstellungen wird in Kareiva et al. (2011) eingegangen. Zu fast jedem Modul werden Beispieldaten gereicht, welche als formale Vorlage für die Datenaufbereitung genutzt werden können.

Die laufende Fortschreibung der einzelnen Module von InVEST soll zu einer stetigen Verbesserung in der Modellierung führen. In diesem Zusammenhang sind vom Anwender die steigenden Anforderungen an Hard- und Software zu berücksichtigen.

4.4.3.2 Anwendungsbeispiel

Modell InVEST

Zur Anwendung des Szenariotools InVEST ist dieses zunächst beim Natural Capital Project (www.naturalcapitalproject.org) herunterzuladen, zu installieren und die nötige Ordnerstruktur zu entpacken. Hierbei haben Nutzer die Möglichkeit, ausgewählte Übungsdaten sofort mit zu installieren oder nachträglich beim Natural Capital Project für einzelne Module herunterzuladen. Der Unterschied der InVEST-Version 3.9.2 (2021) zu der im Jahr 2012 vorgestellten Version 2.0 besteht insbesondere darin, dass die Modulbeschreibungen und Skripte nur noch Online einsehbar sind (https://storage.googleapis.com/releases.naturalcapitalproject.org/invest-userguide/latest/index.html).

Eine Modifizierung der Module ist somit nur über die Kopie der jeweiligen online bereitgestellten Skripte und der anschließenden Ausführung im GIS möglich. Modifizierungen direkt in der installierten Anwendung wie bei der Version 2.0 sind hingegen nicht mehr möglich, da hierfür der unkomplizierte Zugang über die Python-Skripte fehlt. Dennoch profitieren Neuanwender der Version InVEST 3.9.2 von den umfänglichen Modulen und den bereitgestellten Beispieldaten, da sie das Programm ohne umfassende technische Vorkenntnisse und vertieftes Hintergrundwissen zu GIS sowie notwendige GIS-Lizenzen öffnen und die Module testen können. Um InVEST für eigene Fragestellungen anzuwenden, müssen die Eingangsdaten entsprechend den beschriebenen Anforderungen der einzelnen Module für die jeweilige Untersuchungsregion angepasst werden. Teilweise sind diese Daten in frei verfügbaren Datenbanken unterschiedlicher Landesbehörden bzw. aus einzelnen Studien zu entnehmen. Für diese Daten ist das Format anschließend in Analogie der von InVEST bereitgestellten Beispieldatensätze anzupassen. Dabei gilt es, neben der Beachtung der identischen Bezeichnung von Spaltenköpfen ebenso die Hinweise aus dem Online-Handbuch bezüglich der Bezeichnung von Objekten und die allgemeinen Einschränkungen der Datenverwaltung in der Geoinformatik zu berücksichtigen. Weiterhin ist darauf zu achten, dass die Berechnungsdauer der Module von der Auflösung der Rasterdaten zu Beginn und am Ende der Modellierung abhängig ist. Zur Beschleunigung der Berechnung wird deshalb empfohlen, eine geringere räumliche Auflösung (Rasterzellengröße) zu wählen.

Im Rahmen von Projektarbeiten am Leibniz-Institut für ökologische Raumentwicklung (Projekt „Landschaft Sachsen 2050", https://www.ioer.de/fileadmin/user_upload/projekte/files/2012/2012_Landschaft_Sachsen_D.pdf) wurden fast alle terrestrischen sowie ein maritimes Modul von InVEST 2.0 (2012) ausgewählt und auf ein Untersuchungsgebiet – den Landkreis Görlitz in Ostsachsen – angewendet. Dazu zählen die Wasserkraft, der Sedimentrückhalt, die ästhetische Qualität, die Biodiversität, die Kohlenstoffspeicherung, die Holzproduktion und die Bestäubung. In der Version 3.9.2 (2021) sind nicht mehr alle diese Module enthalten bzw. wurden vom Ansatz her grundlegend überarbeitet.

Die meisten der aufgezählten Module basieren in der einfachsten Komplexitätsstufe von InVEST 2.0 auf einer Matrix, in der den Landnutzungsklassen Parameter der durchschnittlichen Leistungsfähigkeit zugewiesen sind. Die Variablen können sowohl absolute Werte, z. B. Tonnen pro Hektar gespeicherter Kohlenstoff, annehmen, aber ebenso relative Werte (dimensionslose Indizes) abbilden, wobei der höchste Wert in der Regel 1 beträgt und alle übrigen Werte sich an diesem mittels Verhältnisbetrachtung orientieren. Entsprechend der Programmierung der einzelnen Module erfolgen unterschiedlich komplexe Berechnungen. Diese beginnen bei einer Übernahme der in den Matrizen festgeschriebenen Variablen für die Landnutzungsflächen, wie bei der Kohlenstofffixierung, und enden bei aggregierten, gepufferten, überlagerten Berechnungen (Biodiversität) oder Nachbarschaftsanalysen (Ästhetik) mit geringer werdendem Einfluss, der allein auf die Landnutzung zurückzuführen ist. Im Ergebnis stehen entweder relative Werte zwischen 0 und 1, absolute Werte mit Kennwerten und/oder ökonomisierte Bewertungen der bereitgestellten ÖSL in Form von Rasterkarten und Tabellen.

Aus den oben aufgeführten InVEST-Modulen der Version 2.0 zur Bewertung von ÖSL wird im Folgenden auf das Modul „Biodiversität" und deren Berechnung für den Landkreis Görlitz näher eingegangen. Das Modul „Biodiversität" (in Version 3.9.2:

Habitat Quality) wird deshalb hier vorgestellt, da es sich durch eine hohe Komplexität auszeichnet, aber auch durch vielfältige Möglichkeiten, zusätzliche Parameter in der Berechnung zu berücksichtigen, weil der Biodiversität eine hohe Bedeutung zukommt und sie die Möglichkeit bietet, ein umfangreiches Thema in einer stark vereinfachten Form abzubilden.

Mithilfe des Moduls „Biodiversität“ lassen sich zwei Bewertungen durchführen: die Habitatqualität und der Gefährdungsgrad eines Habitatverlusts. Letzterer beschreibt die gegenwärtige Abnahme der Fläche eines Habitats (in der Beispielanwendung einer Landnutzung) gegenüber einem früheren Zeitpunkt innerhalb eines Raums. Das tatsächliche Risiko oder die Folgen eines Habitatverlusts werden nicht bestimmt bzw. aufgezeigt. Um hierzu eine Abschätzung durchzuführen, steht in der aktuellen Version 3.9.2 das Modul „Habitat Risk Assessment“ zur Verfügung (https://storage.googleapis.com/releases.naturalcapitalproject.org/invest-userguide/latest/habitat_risk_assessment.html). Der Einsatz des Moduls ist hinsichtlich der allgemeinen räumlich-zeitlichen Aussagekraft der Ergebnisse als durchaus positiv zu bewerten, jedoch von den individuellen Zielen der Untersuchung, den jeweiligen Wechselwirkungen zu anderen ÖSL sowie den vorgegebenen Rahmenbedingungen abhängig (Caro et al. 2020).

Das gewählte Untersuchungsgebiet mit einer Fläche von ca. 2106 km^2 liegt im Dreiländereck zur Republik Polen und zur Tschechischen Republik. Der Landkreis weist eine große Vielfalt an Naturräumen auf, die sich vom Tiefland bis ins Mittelgebirge erstrecken. Großflächige Veränderungen haben Braunkohletagebaue und Rekultivierungsmaßnahmen gebracht. Bemerkenswert sind kulturhistorische Besonderheiten wie die Volksarchitektur (Umgebindehäuser) und die Kultur der Sorben. Seltene Arten wie Fischotter, Kranich, Seeadler und neuerdings sogar der Wolf finden hier geeignete Lebensräume. Darüber hinaus unterliegt die Region sowohl demografisch als auch wirtschaftlich einem starken Wandel (Abschn. 4.3).

Durch das Aufrufen des ausgewählten Moduls aus der Toolbox von InVEST 2.0 in ArcGIS bzw. in der Version 3.9.2 im Startmenü des jeweiligen Betriebssystems öffnet sich ein Eingabefenster. In diesem werden die Eingangsdaten und die Zielverzeichnisse der Ergebnisse festgelegt. Hierfür müssen die bestehenden Pfade auf die von InVEST 2.0 mitgelieferten Beispieldaten bzw. die leeren Felder bei der aktuellen Version 3.9.2 durch eigene Daten für das Untersuchungsgebiet ersetzt werden. Die Grundlage der Eingangsdaten zur Abgrenzung von Habitaten bilden dabei Karten der Landnutzung bzw. -bedeckung, die auf Biotoptypen- und Landnutzungskartierungen (BTLNK) im Freistaat Sachsen von 1992 und 2005 basieren. Diese spiegeln eine Vielzahl von Nutzungsklassen wider. Zur Vereinfachung der Modellierung wurden deshalb jeweils die Klassen zu einer aggregierten BTLNK mit 25 Klassen (BTLNK_25) zusammengefasst und deren Inhalte in einem Raster mit einer Auflösung von 20 m abschließend bereitgestellt. Des Weiteren musste für jede Landnutzungsklasse ein relativer Habitatwert (Habitat) im Verhältnis zu den übrigen Klassen in einem Tabellenblatt festgelegt werden (Abb. 4.21). Dabei liegen die Werte zwischen 0 (ungeeignet) und 1 (ideale Voraussetzung als Habitat). Als Grundlage für die Habitatwerte wurden im Fallbeispiel nichtartspezifische Angaben nach Bastian und Schreiber (1999) verwendet. Darunter sind Parameter zu verstehen, die keine Habitatqualitäten spezifischer Arten oder Artengruppen (Offenland-, Waldarten oder Arten der Gewässer- und Feuchtstandorte) dokumentieren, sondern einzelnen Biotoptypen allgemeine Bewertungen hinsichtlich ihrer Bedeutung für den Arten- und Flächenschutz zuweisen.

Neben der Festlegung zur allgemeinen Habitatqualität einer jeden Landnutzung wurden landschaftszerschneidende Elemente bestimmt, welche diese Habitatqualität beeinträchtigen können. Im Einzelnen betrifft dies die Autobahnen, Bundes-, Staats-, Kreis- und Gemeindestraßen sowie die Bahntrassen, die für beide Betrachtungsjahre aus dem ATKIS Basis-DLM im Maßstab 1:25.000 extrahiert und in ein Rasterformat überführt wurden. Die flächenhaften Beeinträchtigungen der zusätzlich berücksichtigten urbanen Räume und landwirtschaftlich genutzten Flächen basieren dagegen auf den Grenzen der BTLNK_25. Anhand einer Bewertung des Einflusses der aufgeführten Beeinträchtigungen auf die Habitatqualität der aufgezeigten Landnutzungsklassen wurde der Grad der Verschlechterung, der allein auf die jeweilige Beeinträchtigung zurückzuführen ist, zwischen 0 und 1 festgelegt (Abb. 4.21). Der Wert 1 steht hierbei für die höchste Beeinträchtigung und der Wert 0 für keine oder keine wahrnehmbare Störung. Eine Landnutzung, die nicht als Habitat ausgewiesen ist (Habitat = 0), besitzt dementsprechend auch keine Koeffizienten der Verschlechterung aufgrund von Beeinträchtigungen.

Zuletzt wurden die Beeinträchtigungen anhand ihrer Reichweite in Kilometern, der Bedeutung gegenüber den übrigen Beeinträchtigungen zwischen 0 und 1 sowie dem Verlaufstyp der Beeinträchtigung mit zunehmender Entfernung von der Quelle charakterisiert. Letzterer wird unterschieden in 1 für linear und 0 für exponentiell. Die maximale Reichweite fußt auf den Erkenntnissen von Baier (2000), die übrigen Parameter wurden vom Autor festgelegt.

Nach dem Abschluss und der Bestätigung der Dateneingabe startet die Berechnung. Die einzelnen Schritte werden dabei in einem separaten Prozessfenster protokolliert. Auf Basis der Angaben der Habitatwerte einzelner Landnutzungsklassen aus Abb. 4.21 erfolgt eine Reklassifikation der Landnutzungskarten (H_j als allgemeine Habitatqualität). Parallel dazu findet ein Vergleich der Flächengrößen einzelner Landnutzungsklassen im Untersuchungsgebiet zwischen dem Zeitschnitt 2005 und dem Basisjahr 1992 statt (Gefährdungsgrad Habitatverlust). Dazu wird sich der Gl. 4.1 bedient.

$$R_j = 1 - \frac{N_j}{N_{jBasisjahr}} \tag{4.1}$$

R_j steht für den Grad des Flächenumbruchs der einzelnen Landnutzungen im Untersuchungsgebiet gegenüber dem Basisjahr; N_j definiert die Flächengröße einzelner Landnutzungen im Basisjahr bzw. dem Vergleichsjahr. Ist $N_j \geq N_{j\ Basisjahr}$, dann ist $R_j \leq 0$ und wird als $R_j = 0$ ausgegeben, andernfalls liegt ein Flächenumbruch vor und R_j ist größer 0. Das Ergebnis der Berechnung wird als Raster ausgegeben, wobei die Werte

Attributes of LULC_Habitatwert_u_Sensitivität

OID	LULC	NAME	HABITAT	L_astr	L_bstr	L_sstr	L_kstr	L_gstr	L_urb	L_agra	L_bahn
0	0	unbekannt	0	0	0	0	0	0	0	0	0
1	11	Wohnflächen mit mittleren bis hohen Versiegelungsgrad	0,1	0	0	0	0	0	0	0	0
2	12	Flächen gemischter baulicher Nutzung (sehr hoher Vers.-grad)	0	0	0	0	0	0	0	0	0
3	13	Wohn- und Baugebiet mit geringen Versiegelungsgrad	0,3	0,2	0,2	0,1	0	0	0	0	0,2
4	14	Industrie und Gewerbe	0,1	0,1	0,1	0	0	0	0	0	0,1
5	15	Verkehrs- und Infrastruktur	0	0	0	0	0	0	0	0	0
6	20	Aufschüttung/Abgrabung	0,3	0,2	0,2	0	0	0	0	0	0,2
7	30	Freizeit und Erholung	0,4	0,2	0,2	0,1	0	0	0,2	0	0,2
8	40	Ackerfläche und Sonderkulturen	0,4	0,2	0,2	0,1	0	0	0	0	0,2
9	41	Ackerfläche	0,2	0,2	0,2	0,1	0	0	0	0	0,2
10	42	Sonderkulturen	0,6	0,1	0,1	0	0	0	0	0	0,1
11	43	Ackerbrache	0,4	0,1	0,1	0	0	0	0	0	0,1
12	50	Wiesen und Weiden	0,8	0,3	0,3	0,2	0,1	0,1	0,5	0,2	0,3
13	60	Waldflächen und Gehölze	0,9	0,1	0,1	0	0	0	0,2	0,2	0,1
14	61	Laubwald	0,9	0,1	0,1	0	0	0	0,2	0,1	0,1
15	62	Nadelwald	0,8	0,1	0,1	0	0	0	0,3	0,1	0,1
16	63	Mischwald	0,9	0,1	0,1	0	0	0	0,2	0,1	0,1
17	64	Kahlschläge und Aufforstungsflächen	0,7	0,1	0,1	0	0	0	0,3	0,2	0,1
18	65	Gehölze und Gebüsch	0,8	0,1	0,1	0	0	0	0,2	0,1	0,1
19	70	Wasserflächen	0,9	0,6	0,5	0,4	0,3	0,2	0,5	0,9	0,5
20	81	offene Bauflächen	0	0	0	0	0	0	0	0	0
21	82	Ruderalflur	0,7	0,2	0,2	0,1	0	0	0,2	0,1	0,2
22	91	Feuchtstandorte	0,9	0,5	0,4	0,3	0,2	0,1	0,2	0,5	0,4
23	92	Trockenstandorte	0,9	0,5	0,4	0,3	0,2	0,1	0,2	0,1	0,4
24	99	nicht vorhanden	0	0	0	0	0	0	0	0	0

Record: 1 Show: All Selected Records (0 out of 25 Selected) Options

LULC	Landnutzungskodierung
Habitat	Habitatqualität
L_astr	Beeinträchtigung durch Autobahn
L_bstr	Beeinträchtigung durch Bundesstraßen
L_sstr	Beeinträchtigung durch Staatsstraßen
L_kstr	Beeinträchtigung durch Kreisstraßen
L_gstr	Beeinträchtigung durch Gemeindestraßen
L_urb	Beeinträchtigung durch urbane Räume
L_agra	Beeinträchtigung durch landwirtschaftlich genutzte Flächen
L_bahn	Beeinträchtigung durch Eisenbahnstrecken

Abb. 4.21 Landnutzungsklassen, Habitatwert und Empfindlichkeit gegenüber Beeinträchtigungen. (Screenshot aus der Beispielanwendung von InVEST 2.0 im Landkreis Görlitz)

für R_j auf jeweils alle Landnutzungsflächen der Gegenwart projiziert werden. Als Teilergebnis dieses Berechnungsschritts lässt sich eine Karte der Flächenentwicklung der Landnutzungsklassen (ein sogenannter Gefährdungsgrad für Flächenumbruch) zwischen einem Basisjahr (hier 1992) und einem späteren Zeitschnitt (in der Beispielsanwendung das Jahr 2005) darstellen.

In einem zweiten Schritt wird mithilfe der maximalen Reichweite und des Verlaufstyps für jede Beeinträchtigung und jede Rasterzelle die Auswirkung auf ihre umliegenden Rasterzellen unter Berücksichtigung der Empfindlichkeiten einer jeweils vorliegenden Landnutzung (Abb. 4.21) bestimmt. Die einzelnen Einflüsse einer jeden Beeinträchtigung auf die Rasterzellen werden anschließend zusammengefasst, wodurch sie die potenziellen Gefährdungen der Habitatqualität aufzeigen. Unter Beachtung der Gewichte der einzelnen Beeinträchtigungen (Abb. 4.21) werden zum Schluss die Gefahrenpotenziale aggregiert. Das Ergebnis der summierten Degradation (D_{xj} als Beeinträchtigungsgrad der Habitate) kann in Form einer Rasterkarte für das jeweilige Bezugsjahr dargestellt und verglichen werden.

Im letzten Schritt werden die durch Habitatwerte (H_j) reklassifizierten Landnutzungsklassen sowie die Gesamtdegradation D_{xj} unter Einbindung der Halbwertskonstante k zur spezifischen Habitatqualität (Q_{zj}) als Index zusammengeführt (Gl. 4.2). Die Halbwertskonstante wird dabei als halber Wert aus der maximalen Degradation im Untersuchungsgebiet abgeleitet. Der Exponent z entspricht dem Wert 2,5.

$$Q_{zj} = H_j \left(1 - \left(\frac{D_{zj}^z}{D_{zj}^z + k^z} \right) \right) \tag{4.2}$$

Als erstes Ergebnis aus der Modellierung der Biodiversität mithilfe von InVEST wird der Gefährdungsgrad der Habitate (hier der Landnutzungsklassen) hinsichtlich ihrer Flächengröße ausgewiesen. Im Rahmen der Beispielanwendung für den Landkreis Görlitz zeigte sich, dass zwischen 1992 und 2005 insbesondere die Landnutzungskategorien Aufforstungsgebiete, Ackerbrachen, Tagebau sowie Verkehrs- und Infrastrukturflächen von einer starken Flächenabnahme im Verhältnis zu ihrer jeweiligen Gesamtfläche im Basisjahr betroffen waren. Zudem wurde im Untersuchungsgebiet eine Flächenabnahme für Wiesen und Weiden analysiert.

Des Weiteren wird das aggregierte Degradationspotenzial der Beeinträchtigungen für das Untersuchungsgebiet dargestellt. Die größten negativen Einflüsse werden danach im Randbereich urbaner Räume und entlang bedeutender Verkehrsachsen (Autobahn und Bundesstraßen) festgestellt. Die Gebiete dazwischen zeigen keine oder kaum wahrnehmbare Beeinträchtigungen auf. Gleiches ist für die urbanen Räume festzustellen, die im Untersuchungsgebiet aufgrund der im Modell nicht berücksichtigten Funktion als Habitat von keiner Beeinträchtigung betroffen sein können.

Auf dem Ergebnis der Degradation aufbauend und unter Berücksichtigung des gegebenen Habitatwerts einer jeden Landnutzung wird abschließend die spezifische **Habitatqualität** der einzelnen Rasterzellen abgebildet (Abb. 4.22). Danach lässt sich

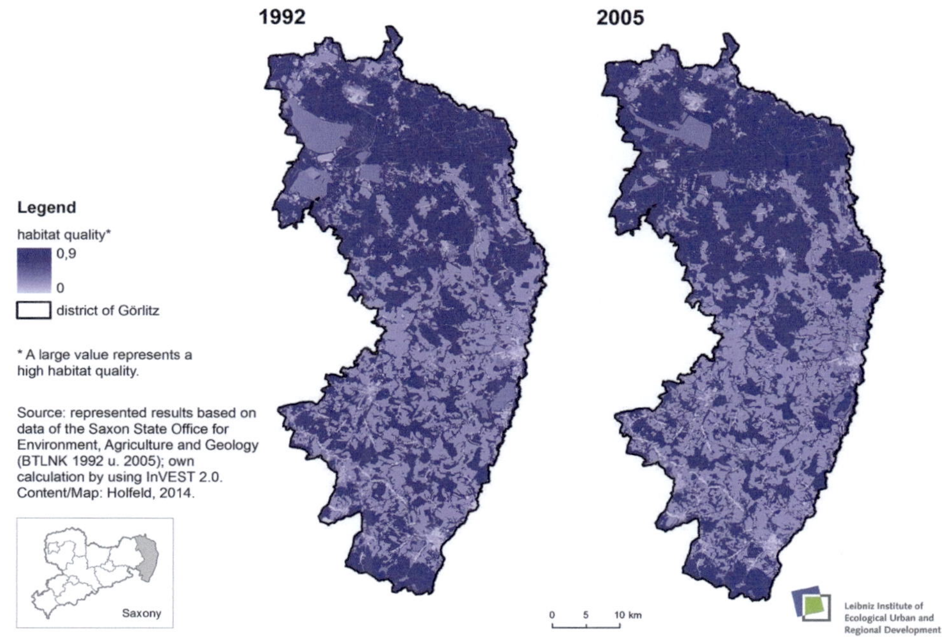

Abb. 4.22 Ergebnis der Bewertung der ÖSL-Habitatqualität für den Landkreis Görlitz mit InVEST 2.0 für die Jahre 1992 (links) und 2005 (rechts). (© IÖR/Holfeld)

festhalten, dass vorwiegend im bewaldeten Norden im Vergleich zum landwirtschaftlich stark geprägten Süden des Landkreises die höchsten Habitatwerte aufzufinden sind. Die geringsten Habitatwerte weisen flächenhaft die großen urbanen Räume sowie linienhaft die Siedlungen entlang der Verkehrsachsen auf. Ein Vergleich zwischen dem Basisjahr 1992 und dem Zeitschnitt 2005 ist anhand der Grauwertabstufung in der Karte (Abb. 4.22, links bzw. rechts) kaum möglich, aber auch nicht gestattet, da sie auf verschiedenen Datengrundlagen basieren. Um die Habitatqualität beider Zeitschnitte vergleichen zu können, muss die Summe über alle Rasterzellen eines Jahres gebildet werden. Die Modellierung führt diese Berechnung automatisch durch und schreibt dessen Ergebnis in eine Log-Datei, in der auch alle Eingangsparameter protokolliert sind. Danach liegt die summierte Qualität für die 5.304.420 Rasterzellen des Basisjahrs 1992 bei 2.857.030. Der Gesamtwert für 2005 wird mit 2.884.710 angegeben. Der Gesamtwert der Habitatqualität im Landkreis Görlitz hat sich somit zwischen den beiden Bewertungsjahren geringfügig verbessert, obwohl räumlich differenziert auch großflächige Verschlechterungen der Habitatqualität, z. B. aufgrund einer veränderten Landnutzung, festzustellen sind. Deren Umfang konnte aber durch andere Teilflächen im Untersuchungsgebiet vollständig kompensiert werden. Diese Herangehensweise gleicht auch den Ansätzen konventioneller Landschaftsplanung.

4.4.3.3 Diskussion

Habitatmodul

Die Ergebnisse der Biodiversitätsanalyse mit InVEST 2.0 bieten ein vereinfachtes Abbild der realen Habitatqualität im Untersuchungsgebiet an. Mit den Eingangsdaten von Bastian und Schreiber (1999) wurde für den Landkreis Görlitz versucht, mittlere Habitatwerte in Abhängigkeit vom Biotoptyp zu berücksichtigen. Das Zwischenprodukt „Degradationspotenzial" (Beeinträchtigungsgrad der Habitate) zeigt die Herabstufung der Habitatqualität infolge ausgewählter infrastruktureller Beeinträchtigungen auf. Grundlegend wird in der Modellierung davon ausgegangen, dass sich die Einflüsse einzelner Beeinträchtigungen addieren. In der Realität kann deren Wirkung jedoch bedeutend höher liegen (Tallis et al. 2011; Karimi et al. 2021). Zudem ist darauf zu verweisen, dass das Ergebnis nur ein Beispiel von vielen potenziellen Habitatqualitäten, in Abhängigkeit von der Auswahl und Berücksichtigung einzelner Beeinträchtigungen sowie der betrachteten Biotope/Arten, darstellt (Nelson et al. 2008, 2009). Den größten Einfluss auf das Ergebnis haben anvisierte Untersuchungsziele und/oder vorgegebene Rahmenbedingungen; alleine durch sie können sich die Ergebnisse der Modellierung signifikant voneinander unterscheiden (Caro et al. 2020).

Den Gefährdungsgrad für einen Habitatverlust zu untersuchen, erscheint aufgrund der Art und Weise der räumlichen Verortung kaum zielführend. Dabei ist die Berücksichtigung der Flächenumbrüche in der Biodiversitätsanalyse als durchaus sinnvoll zu erachten. Dazu würde aber auch eine einfache Übergangsmatrix zwischen den einzelnen Landnutzungen ausreichen. Die Darstellungsform ist jedoch als kritisch anzusehen, denn das Gesamtergebnis des Gefährdungsgrades für eine Landnutzung im Landkreis wird auf allen Teilflächen mit derselben Betroffenheit wiedergegeben. Flächentypen, die keine absolute Flächenabnahme oder einen absoluten Flächenzuwachs für das gesamte Untersuchungsgebiet verzeichnen, weisen danach keinen Gefährdungsgrad auf. Zudem kann der Verlust vieler kleiner Flächen einer Landnutzung möglicherweise durch eine großflächige selbige Landnutzung an anderer Stelle im Landkreis ausgeglichen werden, aber weder der funktionelle Verlust von Inselflächen noch die Schwere des Verlustes in Bezug auf die sonstige Bedeutung der bisherigen Landnutzung für ihre Umgebung kommen in dieser Betrachtung zum Tragen.

Gesamtdiskussion

Wie anhand der Biodiversitätsanalyse aufgezeigt, ist InVEST durch die zum Teil noch geringe Komplexität der einzelnen Module leicht zu bedienen, sofern zumindest Grundkenntnisse im Umgang mit Geoinformationssystemen vorhanden sind. Mittels der Ergebnisse lassen sich erste vereinfachte Zusammenhänge zwischen Landnutzung und Biodiversität bzw. ÖSL darlegen (Polasky et al. 2008; Daily et al. 2009; Nelson et al. 2009; Tallis und Polasky 2009). Dabei ist der Fokus eher auf die ÖSL, kombiniert aus Angebot und Nachfrage, als auf biophysikalische Prozesse gerichtet. Nach aktuellem Entwicklungsstand der Modelle kann im Einzelfall einer produzierten Einheit oder einem spezifischen Prozess ein ökonomischer Wert zugewiesen werden[2], welcher für das Untersuchungsgebiet als Bewertungsgrundlage dient. Somit ist es möglich, die ÖSL trotz räumlich getrennter Orte der Bereitstellung einer Dienstleistung und deren Nachfrage angemessen zu bewerten. Der an der Nachfrage orientierte Ansatz wird jedoch noch nicht für alle in InVEST enthaltenen Modelle angeboten. Ebenso ist zu berücksichtigen, dass beispielsweise bei fehlendem Wasserspeicher auch keine Dienstleistung der Energieerzeugung (Modul „Wasserkraft“) bereitgestellt werden kann. Die Modellierung mittels abgestufter Komplexitätsgrade, die auf bestehenden Ansätzen spezifischer Modellierungen der Landschaftsfunktionen wie SWAT oder USLE basieren (Tallis und Polasky 2009), erlaubt es, sich bei der Wahl der Modellkomplexität an der Datenverfügbarkeit bzw. der Nutzergruppe zu orientieren. Während die einfachen Modelle zu einer besseren Verständlichkeit der Zusammenhänge der ÖSL beitragen, sollen die komplexeren Modelle der Abschätzung der genau bemessenen Dienstleistungen dienen. Einhergehend mit dem angestrebten Ausbau der Module unter Einbeziehung weiterer Parameter erhöht sich der Anspruch an die Bereitstellung von Daten sowie an die Bedienung von InVEST (Tallis und Polasky 2009). Daher wäre die Bereitstellung von Daten bzw. von Datenquellen in einer zentralen Datenbank für unterschiedliche Untersuchungsregionen wünschenswert, um den Aufwand für die Recherche zu minimieren.

Aufgrund des Bezugs von InVEST zu ArcGIS lassen sich die Ergebnisse räumlich in unterschiedlichen Maßstäben abbilden. Die Ergebnisse liegen im Rasterformat vor und können von allen gängigen GIS-Programmen verarbeitet bzw. weiter bearbeitet werden. Entscheidend für alle InVEST-Versionen ist, dass ausreichend spezifische sowie differenzierte Informationen als Eingangsdaten für ein Untersuchungsgebiet vorliegen.

Neben kartografischen Ergebnissen können Resultate auch in Tabellenform ausgegeben werden. Für eine professionelle Nutzung, wie etwa bei der Entwicklung detaillierter Wasser- sowie Landschaftspläne oder für Umweltverträglichkeitsprüfungen, sind die Ergebnisse jedoch nur eingeschränkt geeignet, da zahlreiche Funktionen und Wechselwirkungen noch vernachlässigt werden (Tallis et al. 2011). In der Realität führen spezifische Inanspruchnahmen der Landschaft zu teilweise erheblich unterschiedlichen Auswirkungen bei den ÖSL. Der notwendige Untersuchungsaufwand lässt sich jedoch mittels Faktorenanalyse hinsichtlich der hierfür bedeutendsten ÖSL einschränken und erlaubt darüber hinaus mittels Clusteranalyse eine strukturierte und in der Regel landnutzungsbezogene Zusammenfassung aller Teilflächen mit individuellen Ausprägungen hinsichtlich deren ÖSL (Karimi et al. 2021).

Des Weiteren ist die Abwägung von Kosten und Nutzen verschiedener Module von InVEST selbst in den Reihen der Entwickler umstritten bzw. ÖSL wie „Biodiversität“ lassen sich nicht ökonomisch darstellen. Die Monetarisierung steht auch deswegen in

[2]Ökonomischer Wert im Sinne der ökonomischen Bedeutung, welche an die Landnutzung gekoppelt ist. Hier werden vor der Berechnung für jede Landnutzung spezielle dimensionslose Vergleichswerte definiert und angewendet.

der Kritik, da ihre Bewertung von räumlichen, zeitlichen und soziokulturellen Aspekten abhängt, die in InVEST jedoch noch nicht entsprechend den Erkenntnissen ausreichend differenziert berücksichtigt werden können (Tallis und Polasky 2009). In der Regel werden für jede ÖSL-Bewertung durchschnittliche Parameter verwendet, die je nach inhaltlich zu untersuchendem Aspekt sowie Maßstab des Untersuchungsraums die Aussagekraft des Ergebnisses einschränken.

Das Natural Capital Project bietet mit InVEST ein Bewertungsverfahren mit großem Potenzial, aber aktuell in der Modellierung noch vorhandenen Schwächen. Allgemein gilt als positive Anwendererfahrung festzuhalten, dass InVEST trotz der teilweise hohen Komplexität der Berechnungsalgorithmen als *open source*-Modell angeboten wird. Der offene Umgang erlaubt auch weniger erfahrenen Programmierern, die Berechnungsschritte nachzuvollziehen. Durch die offene Entwicklungsarbeit der einzelnen Module ist gewährleistet, dass jeder Experte aber ebenso Laie Vorschläge zur Verbesserung der Modellierung unterbreiten kann. Gleichzeitig wird durch die kostenfreie Bereitstellung eine schnelle Verbreitung und Weiterentwicklung von InVEST gefördert. Der frühere Nachteil der stetigen Weiterentwicklung der Module, dass sich die Entwickler immer an den neuesten ArcGIS-Versionen von ESRI orientieren mussten, um die neuesten Features aus ArcGIS einbinden zu können, ist durch die geoinformationssystemunabhä ngige Modellierung zwischenzeitlich behoben. Dennoch sind die gesteigerten Systemvoraussetzungen der Hardware durch die fortschreitende Weiterentwicklung von InVEST nicht zu vernachlässigen.

Allgemein ist trotz der aufgezeigten Kritik und der vorhandenen Schwächen zusammenfassend festzuhalten, dass InVEST eine beachtenswerte Methode darstellt, um klein- sowie großräumig ÖSL zu bewerten und unterschiedliche Regionen zu vergleichen, vor allem, weil der Parametrisierungsaufwand in Abhängigkeit von der gewünschten räumlichen und zeitlichen Auflösung gering und die Handhabung der einzelnen Module relativ einfach ist. Allerdings müssen die Modellierungsschritte und -ergebnisse stets kritisch geprüft werden, um nicht zu Fehlschlüssen zu gelangen.

4.4.3.4 Fazit

Modellierungen bieten interessante Möglichkeiten, ÖSL zu analysieren und zu bewerten. Dabei können sowohl der bereits erfolgte Landschaftswandel als auch Szenarien zukünftiger Entwicklungen Gegenstand der Bewertung sein. Auf diese Weise lassen sich den Entscheidungsträgern wie auch der betroffenen Bevölkerung Zusammenhänge und Wechselwirkungen ihres Handelns aufzeigen. Dadurch wird die Wissensvermittlung und Kommunikation – insbesondere auch durch die Bereitstellung von Karten – hinsichtlich der Bedeutung von ÖSL gestärkt. Die bereits in vielfacher Ausführung vorhandenen Ansätze zur Modellierung von ÖSL zielen auf unterschiedliche Fragestellungen inhaltlicher, räumlicher und/oder zeitlicher Art ab (Nelson et al. 2009; Kienast und Helfenstein 2016; Dunford et al. 2017; Palomo et al. 2017; Caro et al. 2020; Hamel et al. 2021; Karimi et al. 2021).

Mit InVEST existiert ein Instrument, das die bestehenden Anforderungen an eine ÖSL-Bewertung durch seine fortlaufende Entwicklung gut erfüllt. Vielfältige Einsätze in Projekten und Studien wie auch bei alltäglichen Entscheidungsprozessen oder auch Diskussionen über die Plausibilität von Modellansätzen zur Bewertung von ÖSL (Daily et al. 2009; Nelson et al. 2009; Tallis und Polasky 2009; Bhagabati et al. 2012; Caro et al. 2020; Karimi et al. 2021) verweisen auf eine wachsende Community von überzeugten Anwendern. Im Unterschied zu Burkhard et al. (2009) und Koschke et al. (2012), die bereits eine ganzheitliche Betrachtung der ÖSL innerhalb abgegrenzter Räume erlauben, werden bei dem InVEST-Ansatz neben der Landnutzung auch weitere biotische und abiotische Parameter beachtet (Nelson et al. 2009).

4.5 Arbeitsschritte zur Analyse und Bewertung von ÖSL

Olaf Bastian* und Karsten Grunewald

> Ob eine Sache gelingt, erfährst du nicht, wenn du darüber nachdenkst, sondern wenn du es ausprobierst.

Für die praktische Anwendung des ÖSL-Konzepts sind methodische Handlungsempfehlungen äußerst hilfreich, etwa in Form eines Leitfadens, der die wichtigsten Arbeitsschritte in ihrer Abfolge benennt und jeweils geeignete Lösungsansätze anbietet und erläutert. Allerdings ist es kaum realistisch, für die Erfassung bzw. Bewertung von ÖSL einen schematischen, allgemeingültigen Ablaufplan, ähnlich einem Kochrezept, vorzugeben. Zu unterschiedlich sind die jeweiligen Fragestellungen sowie inhaltlichen ökologischen, ökonomischen, soziokulturellen und räumlichen Konstellationen bzw. Kontexte. Deshalb soll der hier in Tab. 4.5 vorgestellte, auf der EPPS-Rahmenmethodik (Abschn. 3.1.2) fußende Leitfaden zunächst als eine Orientierungshilfe verstanden werden, der wichtige Arbeitsschritte aufzeigt und auf beachtenswerte Aspekte bzw. Anforderungen aufmerksam macht, ohne auf alle Details eingehen zu können. Auch sollte man beachten, dass nicht stets Vollständigkeit erzielt werden muss, sondern das Untersuchungsprogramm spezifisch auf die jeweiligen Aufgabenstellungen zuzuschneiden, nicht zuletzt um den Arbeitsaufwand in Grenzen zu halten.

Diesem Leitfaden liegen sowohl eigene Erfahrungen der Autoren als auch Auswertungen folgender Literaturquellen zugrunde: Bastian und Schreiber (1999); OECD (2008); Haines-Young und Potschin (2009); Kettunen et al. (2009); Grunewald und Bastian (2010); TEEB (2010); UNEP-WCMC (2011); Bastian et al. (2012); Burkhard et al. (2012b); Seppelt et al. (2012).

1) Klare Formulierung der Aufgabenstellung

Zuallererst müssen der **Zweck der Untersuchung** definiert und die konkrete Aufgabenstellung klar formuliert werden. Es ist die Frage zu beantworten, warum überhaupt ÖSL

Tab. 4.5 Arbeitsschritte zur Analyse und Bewertung von ÖSL (Erläuterungen im Text)

Punkt	Arbeitsschritt
1	Festlegung der Aufgabenstellung
2	Charakteristik des Untersuchungsgebiets
3	Definition der verwendeten Schlüsselbegriffe
4	Auswahl der ÖSL
5	Festlegung geeigneter Bewertungsverfahren und Indikatoren
6	Auswahl und Bearbeitung ökologischer (biophysikalischer) Bewertungsansätze
7	Realisierung monetärer Bewertungen – falls möglich und notwendig
8	Differenzierte Betrachtung von ÖSL und Nutzen/Kosten
9	Beachtung von Gefährdungen, Risiken, Grenzwerten, Trade-offs
10	Berücksichtigung der Raum-Zeit-Aspekte
11	Identifizierung von Interessenträgern (Stakeholder, Akteure) und Institutionen
12	Analyse von Triebkräften und Szenarien
13	Vermittlung von Kenntnissen, Kommunikation über ÖSL
14	Empfehlungen zum Handlungsbedarf und ÖSL-Management
15	Monitoring der ÖSL

Die Ziffern bedeuten keine zwangsläufige Abfolge, jedoch können die Punkte 1–5 der Startphase, die Punkte 6–12 der Hauptbearbeitungsphase und die Punkte 13–15 der Schlussphase zugeordnet werden.

bewertet werden sollen und ob dies Vorteile im Vergleich zu herkömmlichen Ansätzen im konkreten Fall hat und falls ja, welche das sind, denn ohne tieferen Sinn wird man die in der Regel aufwendigen ÖSL-Bewertungen kaum in Angriff nehmen. Besonders aufwendig sind die quantitativen Bewertungen; diese können z. B. für Schutzgebiete sinnvoll sein (Schirpke et al. 2017), etwa wenn den Gebieten eine hohe sozioökonomische Bedeutung oder ein wesentliches Entwicklungspotenzial innewohnt, eine Belastung/Gefährdung durch unangemessene Landnutzungspraktiken vorliegt oder Alternativen gesucht oder Schutzziele formuliert werden sollen (vor allem im Hinblick auf Landnutzungsänderungen, z. B. Waldumbau; Abschn. 5.4). Der Hinweis auf ÖSL bietet sich an, will man Interessenträger für den Schutz gewinnen und Finanzierungsquellen erschließen. Eine klare Zielstellung hilft auch, geeignete Indikatoren zu definieren, um Fehlinterpretationen bezüglich ÖSL weitestgehend zu vermeiden.

2) Charakteristik des Untersuchungsgebiets Zu Beginn verschafft man sich idealerweise einen **Überblick** über das Untersuchungsgebiet: über seine Größe (beispielsweise, um den geeigneten Maßstab für die Erfassungen festzulegen), die natürliche **Ausstattung** wichtiger Ökosysteme, dominierende Flächennutzungen und die sozioökonomische Situation insgesamt, bekannte, von den Ökosystemen ausgehende Nutzen und davon profitierende Nutznießer, bestehende Konflikte, Probleme bzw. Belastungen, abgelaufene oder erwartete Veränderungen bzw. Trends, vorliegende Planungen, ausstehende Entscheidungen.

Grundlegend ist die Kenntnis der **Datenlage**. Wurden im Gebiet schon einmal ÖSL erfasst oder sind ÖSL-relevante Daten vorhanden? Welche Datenquellen stehen zur Verfügung (u. a. Karten, Datenbanken, Fernerkundung, GIS, Landschaftspläne, lokale Kenntnisse, Expertenwissen, Erfassungen von Ressourcen)? Auch sollten vorhandene **Informationslücken** identifiziert werden.

3) Darlegung verwendeter Begriffe/Definitionen/Klassifikationen Um einen eindeutigen und nachvollziehbaren Untersuchungsansatz zu entwickeln, die Ergebnisse richtig zu interpretieren und zu kommunizieren und sich mit den Experten der verschiedenen Fachrichtungen und wissenschaftlichen Schulen sowie den Praktikern auszutauschen, ist die Definition bzw. Erläuterung der verwendeten **Schlüsselbegriffe** unverzichtbar (Abschn. 2.1). Andernfalls kann es zu Missverständnissen kommen, denn bis heute gibt es im ÖSL-Bereich kein in allen Einzelheiten eindeutiges und allgemein akzeptiertes Begriffssystem. Das betrifft den ÖSL-Begriff selbst, aber auch den Terminus „Funktion" und andere. Zudem muss man sich über eine zweckmäßige **Klassifikation** von ÖSL im Klaren sein und möglichst begründen. In Abschn. 3.2 wurden entsprechende Vorschläge unterbreitet.

Kommt es bei den Untersuchungen mehr auf raum- und instrumentenbezogene Probleme bzw. Landschaftszusammenhänge an und stehen soziokulturelle Leistungen stärker im Vordergrund, dann ist zu prüfen, ob der Begriff „**Landschaftsdienstleistung**" im konkreten Fall nicht angemessener ist als ÖSL (Abschn. 3.4), was dann auch im anzuwendenden Methodenspektrum zu berücksichtigen wäre.

4) Ausgewogene Auswahl der ÖSL Innerhalb der Vielzahl möglicher ÖSL sollte eine **repräsentative Auswahl** getroffen werden. Was sind die wichtigsten ÖSL, auf welche die Gesellschaft oder Unternehmen angewiesen sind bzw. von denen sie abhängen? Welche ÖSL sind gefährdet, welche unterliegen bereits jetzt oder in absehbarer Zeit Veränderungen? Es erscheint zwar – allein schon aus Gründen des Arbeitsaufwands – kaum möglich, eine sehr große Zahl, geschweige denn das komplette Spektrum aller möglichen ÖSL zu bearbeiten (s. Fallbeispiele, Kap. 5). Dennoch ist auf eine repräsentative Auswahl an ÖSL Wert zu legen, nicht nur Versorgungs-ÖSL (z. B. Nahrung und Rohstoffe) sollten vertreten sein, sondern auch Regulations- und soziokulturelle ÖSL, darunter solche, die für die Bewahrung der biologischen Vielfalt relevant sind.

Funktionstüchtige Ökosysteme bringen meist ein ganzes **Bündel verschiedener ÖSL** hervor. Deren Anteile variieren von Ökosystem zu Ökosystem, von Ort zu Ort und von Zeit zu Zeit. Die Gesamtheit der ÖSL und ihre Verknüpfungen stets im Auge zu behalten, ist wichtig, z. B. um keine schädlichen finanziellen Anreize zugunsten einzelner ÖSL zu setzen, die zulasten anderer ÖSL gehen, so wie es häufig im Spannungsfeld zwischen Versorgungs-ÖSL und Regulations-ÖSL geschieht (z. B. Energiepflanzenanbau vs. Biodiversität). Die Beachtung eines breiten Spektrums an ÖSL ist auch notwendig, um Aussagen zur Nachhaltigkeit zu treffen.

5) Geeignete Bewertungsverfahren und Indikatoren Bei ÖSL-Erfassungen bzw. -Bewertungen steht man immer wieder vor der Frage, welches die für die konkrete Situation geeignetsten Verfahren sind. Wie in Abschn. 4.2 am Beispiel der Reisekostenmethode erläutert wurde, kann die unsachgemäße Anwendung eines Verfahrens zu unsinnigen Ergebnissen führen.

An Bewertungsverfahren sind bestimmte **Mindestanforderungen** zu stellen:

- logischer Aufbau, Eindeutigkeit und Aussagekraft des Verfahrens als Grundvoraussetzung,
- Äquivalenz des gewählten Verfahrens mit dem betrachteten Raumausschnitt, den Beurteilungskriterien und der geforderten Aussageschärfe,
- Berücksichtigung des modernsten Erkenntnisstands und der aktuellen Wertkriterien,
- weitestgehende wissenschaftliche Absicherung der Eingangsgrößen und ökologischen Zusammenhänge (Validität),
- Erhebbarkeit der notwendigen Grundlagendaten in einer vertretbaren Zeit,
- Transparenz der Datenermittlung und -verarbeitung,
- Nachvollziehbarkeit und Flexibilität des Verfahrens,
- anschauliche und verständliche Darstellbarkeit der Bewertungsergebnisse.

ÖSL-Bewertungen sollten Risiken und Unsicherheiten sowie **Kenntnislücken** bezüglich der Einflüsse des Menschen auf Ökosysteme und ÖSL und deren Bedeutung für das menschliche Wohlbefinden nicht außer Acht lassen.

Einerseits besteht die Notwendigkeit zur **Vereinfachung**, z. B., um mit Politikern oder der breiten Öffentlichkeit zu kommunizieren, andererseits muss man sich vor irreführenden, simplen Lösungen für komplexe Probleme hüten, um mit der Arbeit nicht mehr Schaden als Nutzen anzurichten und beispielsweise die Entscheidungsfindung fehlzuleiten. Am zweckmäßigsten erscheint ein mittleres Maß an Komplexität oder eine Differenzierung nach verschiedenen Komplexitätsstufen (wie im Modell InVEST, Abschn. 4.4).

Als hilfreich erweist sich die Festlegung geeigneter **Indikatoren** (Abschn. 3.1 und 4.1). Diese sollen einen hohen Erklärungsgehalt für das zu lösende Problem haben und auch politikrelevant sein, um die Ergebnisse der Untersuchungen richtig interpretieren und anwenden zu können.

6) Ökologische/biophysische Bewertungsansätze als Grundlage Jede ÖSL-Bewertung beginnt mit der Aufbereitung vorhandenen Wissens, der Erhebung/Messung der notwendigen Grundlagendaten sowie einer qualitativen Einschätzung, an die sich in der Regel, aber nicht zwangsläufig, eine Quantifizierung anschließt. Nicht alle ÖSL lassen sich leicht quantifizieren. Ebenso geeignet können qualitative Maße sein (s. Beispiel

Streuobstwiesen, Abschn. 5.7.6). Wo keine direkten Messungen vorhanden bzw. möglich sind und auch keine exakten Daten vorliegen, muss notfalls mit Schätzwerten gearbeitet werden. Bei all den genannten Schritten liegt noch keine Bewertung im engeren Sinne vor.

Das Prinzip der **Trennung zwischen Messen und Bewerten** bzw. zwischen Sachebene (die in Ökosystemen vorhandenen Strukturen und ablaufenden Prozesse) und Wertebene wird häufig übersehen. Sowohl deskriptive (beschreibende) als auch normative (wertende) Arbeitsschritte sind bei ÖSL-Untersuchungen notwendig und müssen in einen breiten sozial-ökologischen Kontext eingebettet sein.

Die von ten Brink (2008) entworfene Pyramide zu ÖSL-Bewertungsmethoden veranschaulicht die schrittweise Einengung des Untersuchungsquantums von der qualitativen Übersicht bis hin zu der meist sehr aufwendigen und daher nicht immer eingesetzten monetären Bewertung (Abb. 4.23).

Ökologische Erfassungen von Ökosystemstrukturen und -prozessen, z. B. anhand von Daten, Karten, Feldarbeit, Experimenten, durch Messung und Modellierung, werden benötigt, um ein Verständnis dafür herzustellen, wie ÖSL generiert werden, und um einen naturwissenschaftlich fundierten Rahmen anzubieten, in dem die eigentliche Bewertung stattfinden kann.

7) Monetäre Bewertung (falls möglich und notwendig) Das **Für und Wider** ökonomischer (monetärer) Bewertungsmethoden ist bereits angesprochen worden (Abschn. 4.2). Sie erfordern nicht nur ökonomischen Sachverstand, sondern sind meist sehr

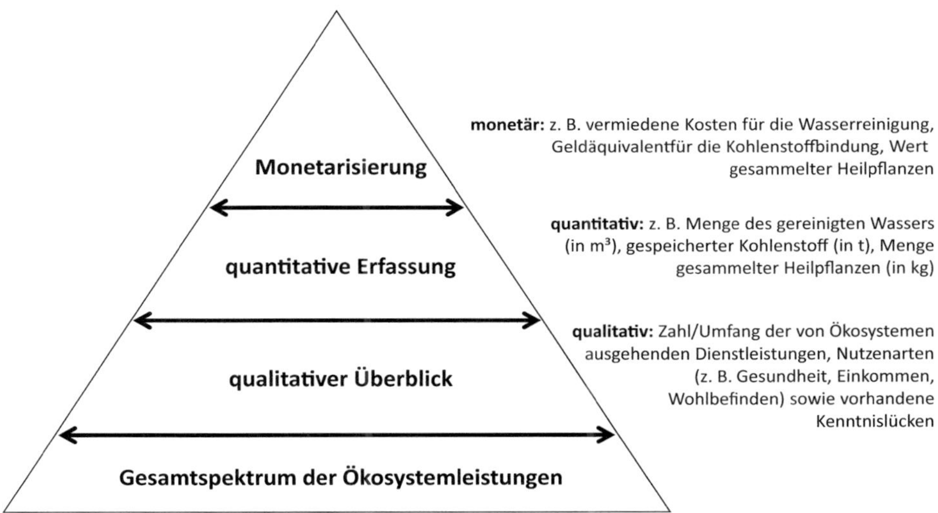

Abb. 4.23 Grundsätzliche Ansätze zur Bewertung von Ökosystemleistungen. Adaptiert nach ten Brink 2008

aufwendig und nur in bestimmten Situationen sinnvoll anzuwenden. Ökonomische Bewertungen können jedoch dazu beitragen, ÖSL in wirtschaftlichen Kalkulationen, Abwägungen und Planungen (so in Kosten-Nutzen-Analysen) stärker zu berücksichtigen und z. B. Umweltbelastungen zu internalisieren.

Wenn bestimmte ÖSL (noch) nicht (genau) bewertet werden können, z. B. in Geldwerten, dann ist es zweckmäßig, dies zu artikulieren. Solche Feststellungen helfen, den Blick auf zukünftige, sinnvolle Bewertungsbemühungen zu richten, und sie heben hervor, dass nicht alle Entscheidungen allein monetären Erwägungen folgen können und sollen.

Bestimmte, den Ökosystemen zugeschriebene Leistungen werden nicht von ihnen allein erbracht, sondern sie bedürfen der Mitwirkung des Menschen. So sind z. B. die auf Äckern gedeihenden Feldfrüchte Produkte der ÖSL in Abhängigkeit von den Standorteigenschaften und -potenziale, sie erbringen einen Nutzen für den Menschen und weisen Werte auf. Sie werden angepflanzt, gepflegt, gedüngt, bewässert usw., um die Erträge zu sichern und zu steigern. Auf derartige **Umweltleistungen** (Abschn. 2.1 und 4.2) muss gegebenenfalls hingewiesen werden.

Generell sollten Bewertungsmethoden – nicht nur ökonomische – als Teil eines **breiteren Spektrums diagnostischer Instrumente Instrumente** und politischer und institutioneller Mechanismen (u. a. rechtliche Regelungen, partizipative Methoden, Governance, Abschn. 4.3, Kap. 6) angesehen werden, die das Verständnis komplexer sozial-ökologischer Systeme erleichtern und Entscheidungsfinder mit dem notwendigen Hintergrundwissen versorgen. ÖSL-Bewertungen brauchen eine starke **interdisziplinäre Perspektive**, die nicht nur Ökologie und Ökonomie integriert, sondern eine Vielzahl an natur-, planungs- und sozialwissenschaftlichen Disziplinen.

8) Von ÖSL zu Nutzen und Werten ÖSL sind das Bindeglied zwischen Ökosystemen bzw. Landschaften und den Nutzen bzw. Werten, die diese für den Menschen stiften. Es ist wichtig zu unterscheiden, ob eine Leistung vom Ökosystem lediglich „angeboten“ wird *(supply)* oder ob die Menschen sie auch tatsächlich nachfragen bzw. in Anspruch nehmen *(demand)*. Im ersten Fall handelt es sich – unabhängig von einer aktuellen Nutzung – um ein **Potenzial** des Ökosystems bzw. der Landschaft (Abschn. 3.1). Für die Bewertung und Planung hilfreich ist die Feststellung, ob eine Nutzung dem Potenzial entspricht, ob eine Übernutzung und damit Belastung des Ökosystems stattfindet oder ob noch Spielräume für eine weitergehende Nutzung bestehen.

Es gibt auch **Werte**, die nicht einer bestimmten ÖSL zugeordnet werden können, aber dennoch nicht vernachlässigt werden dürfen, z. B. das Vorhandensein seltener Tier- und Pflanzenarten, unabhängig von ihrer Rolle bezüglich ÖSL.

Der Einfluss von ÖSL auf das menschliche **Wohlbefinden** ist aufzuzeigen: Wird es durch die Zu- oder Abnahme von ÖSL beeinflusst und welche Möglichkeiten bieten ÖSL, um es zu steigern? Wie erhöht sich z. B. durch die Verbesserung der Versickerungsleistung und des Wasserrückhaltevermögens im Einzugsgebiet eines

Flusses, in dem Hochwässer vermindert oder gar vermieden werden, die Sicherheit der Anwohner?

9) Beachtung von Gefährdungen, Risiken, Grenzwerten, Trade-offs Wichtige Fragen in diesem Zusammenhang sind u. a.:

- Welche Grenz- und Schwellenwerte sind bekannt und müssen beachtet werden?
- Welche kausalen Zusammenhänge gibt es zwischen bestimmten ÖSL?
- Sind einige der festgestellten Nutzen gefährdet oder rückläufig oder ernsten Risiken ausgesetzt? Eine entsprechende Kenntnis kann helfen, geeignete unmittelbare sowie langfristige Maßnahmen festzulegen, um die Aufrechterhaltung dieser ÖSL zu sichern.
- Was sind die möglichen Trade-offs zwischen verschiedenen Nutzen, die in Betracht gezogen werden müssen? Die Fokussierung auf die Erhöhung des Niveaus einer einzigen ÖSL und des zugehörigen Nutzens kann negative Auswirkungen auf andere ÖSL haben. Die Feststellung aktueller und potenzieller Trade-offs dient der Entscheidungsfindung, welche Nutzen bzw. Nutzungen gefördert werden sollten und welche nicht, auch um dem Prinzip der Nachhaltigkeit zu entsprechen.

10) Raum-Zeit-Aspekte Für ÖSL besteht eine hohe Maßstabsrelevanz hinsichtlich Raum, Zeit und Komplexität. Das gilt für die Datenerfassung, für Modelle, Bewertungen, Nutzen und Werte, Institutionen sowie ökonomische und politische Prozesse gleichermaßen. Die Maßstabsabhängigkeit muss stets berücksichtigt werden, einschließlich der Wechselwirkungen zwischen den Maßstäben und den Hierarchien unter ihnen.

Die Maßstabsproblematik schlägt sich z. B. in den Bezugseinheiten für ÖSL und der Kompatibilität von Skalen und Maßnahmen nieder. Zu beachten sind auch Maßstabsübergänge (Skalenübergänge: *up-scaling, down-scaling*) und Kipp-Punkte *(tipping points)*.

Da ÖSL und (ökonomische) Werte kontext-, raum- und zeitspezifisch sind, sollte jede ÖSL-Analyse bzw. -Bewertung räumlich und zeitlich in geeigneten Maßstäben durchgeführt werden, die für die wissenschaftliche Erfassung, aber auch für politische Entscheidungen und Maßnahmen relevant sind.

Wichtige **Raumaspekte** sind z. B. (Abschn. 3.3):

- Flächenanforderungen: Mindestfläche (für die Generierung von ÖSL) mit spezifischer Qualität (abiotische Struktur, Biodiversität, Prozessgefüge)
- Raumausstattung: Ökosystemmosaik, Landnutzungsdiversität
- Raumkonfiguration: Zonierung von Schutzgebieten (Kern-/Pufferzone), Landnutzungsgradienten, Nachbarschaftseffekte/-beziehungen
- funktionelle Verknüpfungen: Anbieter-Transfer-Nachfrager-Beziehung, ökologische Abhängigkeiten (Biotopverbund, Wechselwirkungen zwischen Fluss und Aue usw.)

Viel zu wenige ÖSL-Studien beachten bislang die sogenannten *off site*-Effekte: Die Bereitstellung von ÖSL in einem Gebiet kann von Entscheidungen beeinflusst werden, die in einem anderen Gebiet oder auf anderen Ebenen (regional, national oder global) getroffen werden.

Zeitaspekte beziehen sich u. a. auf:

- Zeitanforderungen: minimale Prozesszeiten, Regenerationszeit eines Ökosystems bzw. einer ÖSL
- Zeitabläufe: Veränderungen von Ökosystemen und ÖSL (Trends)
- Ungleichzeitigkeiten: Vorsorgemaßnahmen, Risiken, Optionswerte, intergenerationelle Zeitdifferenzen (Nutzen für die jetzige Generation, die nächste Generation zahlt gegebenenfalls dafür)

11) Identifikation von Interessenträgern und Institutionen Die Erfassung/Bewertung von ÖSL bleibt typischerweise nicht bei der Analyse naturwissenschaftlicher Sachverhalte oder des Leistungsangebots (Potenziale) stehen, sondern thematisiert auch die – oft komplizierten – Strukturen und Wechselbeziehungen von ÖSL-relevanten Interessenträgern (Stakeholder) und Institutionen (Abschn. 4.3, Abschn. 6.1). Ist der aus ÖSL entspringende Nutzen für Nutznießer bekannt, so können geeignete Optionen ermittelt werden, ÖSL unter Einbindung dieser Nutznießer aufrechtzuerhalten.

Wichtige Fragen sind z. B.:

- Wer hängt von welchen ÖSL ab? Wer profitiert? Wer zahlt bzw. erleidet Nachteile? Wer ist für die Aufrechterhaltung der ÖSL zuständig bzw. verantwortlich? Wer verursacht ihre Verschlechterung?
- Welche Institutionen (Gesetze, Verordnungen, Normen und Regeln, Anreizsysteme, Eigentumsverhältnisse, Traditionen und Bräuche, Entscheidungsstrukturen usw.) beeinflussen den Zustand der Ökosysteme und ÖSL?
- Welche Akteure sind auf den verschiedenen Ebenen der Entscheidungsfindung relevant?
- Wer könnte oder sollte finanziell zur Erhaltung von ÖSL beitragen? Wie lassen sich Interessenträger in das ÖSL-Konzept einbinden, beispielsweise in die Identifikation und Bewertung relevanter ÖSL oder in die Erarbeitung von Managementoptionen und deren praktische Umsetzung?

12) Triebkräfte und Szenarien Veränderungen von Ökosystemen bzw. ÖSL werden durch direkte und indirekte **Triebkräfte** ausgelöst, die aufgezeigt werden sollten. Wichtige Triebkräfte sind z. B. Globalisierung, demografischer Wandel, Klimawandel, aber auch politische Entscheidungen, Anreizmechanismen, Gesetzgebung, Behörden und Institutionen.

ÖSL-Bewertungen sollten in den Kontext kontrastierender **Szenarien** (Abschn. 4.3) gestellt werden, mit deren Hilfe sich u. a. folgende Fragen beantworten lassen:

- Wie könnte die Zukunft der betreffenden Ökosysteme bzw. ÖSL aussehen (Erarbeitung von Storylines)
- Werden ökonomische Entwicklung und Wohlbefinden für verschiedene Interessenträger im Gebiet durch einen Rückgang oder eine Zunahme von ÖSL beeinflusst?
- Wie werden sich verschiedene Politikoptionen auf die ÖSL-relevanten Triebkräfte auswirken? Inwiefern wirken die Veränderungen der Triebkräfte auf die ÖSL?
- Wie könnten sich Wissensstand und Wertschätzung *(values)* für ÖSL zukünftig verändern?

13) Vermittlung von Kenntnissen und Kommunikation über ÖSL Ein limitierender Schlüsselfaktor in der Bewahrung des natürlichen Kapitals ist die vielfach mangelhafte Kenntnis, wie Ökosysteme funktionieren und zum menschlichen Wohlbefinden beitragen. Diese Defizite können durch gezielte und fundierte, kontinuierliche Bildungstätigkeit im Allgemeinen sowie durch eine angemessene Information über das jeweilige Projekt (z. B. Renaturierung, Unterschutzstellung eines Gebiets) und durch vertrauensvolle Zusammenarbeit zwischen den verschiedenen Interessenträgern (Stakeholder) im Besonderen überwunden werden. In Abschn. 6.4 werden diesbezügliche Schwierigkeiten, aber auch Möglichkeiten (Wissenstransfer, Kampagnen, Diskurse usw.) diskutiert.

14) Handlungsbedarf und ÖSL-Management Eines der wichtigsten Ziele von ÖSL-Bewertungen besteht darin, den Zustand von ÖSL in einem Gebiet zu optimieren bzw. zu verbessern. Infrage kommende **Instrumente** hierfür sind z. B.:

- Schaffung geeigneter Gesetze und anderer Regularien
- Zahlungen für die Bewahrung von ÖSL (*payments for ecosystem services*, PES); erwiesene sozioökonomische Nutzen kann Nutznießer dazu bringen, neue Möglichkeiten der finanziellen Unterstützung für den Schutz zu tragen (Abschn. 6.2)
- Beseitigung schädlicher Politiken und Anreizmechanismen, die eine Degradierung von ÖSL begünstigen
- Kompensation von Verlusten (im Sinne der Eingriffs-Ausgleichs-Regelung)
- Dialog mit Interessenträgern
- Einrichtung von Schutzgebieten
- Entwicklung von Kapazitäten (Arbeitsplätze, finanzielle Ausstattung), z. B. in Naturschutz und Landschaftspflege
- Forschungsförderung zur Verbesserung von Erfassungs- und Bewertungsmethoden

Das ÖSL-Management soll bestimmten Kriterien gerecht werden bzw. bestimmte **Prinzipien** berücksichtigen:

- Effektivität und Effizienz, politische und ökonomische Realisierbarkeit
- Risiken in Bezug auf ÖSL, Anwendung des Vorsorgeprinzips

- Möglichst Ausgewogenheit unter den ÖSL oder gegebenenfalls Prioritäten (aber nicht nur Versorgungs-ÖSL berücksichtigen), eventuell Umverteilung von Versorgungs- zu Regulationsleistungen, nachhaltiges Niveau der „Nutzung", Vermeidung von Konflikten zwischen Schutz- und Nutzungsaspekten
- Trade-offs: Gewichtung der Verbesserung einer ÖSL gegenüber der möglichen Verschlechterung einer anderen ÖSL
- Gleichberechtigung unter den Interessenträgern, unterschiedliche Abhängigkeit der Interessenträger von ÖSL sowie ihre Nutzungs- und Eigentumsrechte in Bezug zu ÖSL
- Einbeziehung relevanter Interessenträger auf lokaler, regionaler, nationaler und globaler Ebene in die Formulierung der Managementziele und die Umsetzung der Maßnahmen

15) Monitoring Ein effektives und effizientes Monitoring ist notwendig, um die Veränderungen von Ökosystemen und ÖSL zu beobachten, die Umsetzung und den Erfolg (oder Misserfolg) von Maßnahmen zu verfolgen und gegebenenfalls erforderliche Schlussfolgerungen zu ziehen, z. B. adaptives Management, Modifikation von Steuerungsinstrumenten.

Für das Monitoring von Veränderungen in Bezug zu ÖSL, Biodiversität, ökonomischen und sozialen Zielen und Anforderungen sind geeignete Schlüsselindikatoren erforderlich. Die Frequenz (Häufigkeit) des Monitorings sollte dem jeweiligen Sachverhalt bzw. der Problemstellung entsprechen, hinreichend flexibel sein und bei Bedarf Modifikationen, z. B. von Messungen, gestatten.

Fazit

Abschließend sei nochmals betont, dass dieser Leitfaden eine Übersicht über wichtige Aspekte der ÖSL-Erfassung und -Bewertung vermitteln sollte, ohne Anspruch auf Vollständigkeit zu erheben. Auch sei daran erinnert, dass es keine für alle möglichen Fälle geeignete Bewertungsmethode gibt. Letztlich kommt es auf die spezifische Aufgabenstellung und den jeweiligen Kontext der Untersuchungen an, welche Spezifikationen des Herangehens notwendig und sinnvoll sind.

Literatur

Abeel K (2010) Diverse methods in cost-benefit analysis: searching for adept practices in the face of environmental and economic problems. Glossalia 2(1):13–18

Albert C (2009) Scenarios for sustainable landscape development – a comparative analysis of six case studies. In: Proceedings of the IHDP open meeting, the 7th international science conference on the human dimensions of global environmental change. Bonn, Germany

Alcamo J (2008) Environmental futures: the practice of environmental scenario analysis. Elsevier, Amsterdam

Arino O, Bicheron P, Achard F, Latham J, Witt R, Weber J-L (2008) GlobCover the most detailed portrait of Earth. ESA Bull 136:25–31

Armstrong JS (2002) Principles of forecasting: a handbook for researchers and practitioners. Springer, Netherlands

Asheim GA, Weitzman ML (2001) Does NNP growth indicate welfare improvement? Econ Lett 73:233–239.

Aurada KD (1979) Ergebnisse geowissenschaftlich angewandter Systemtheorie (Vorhersage und Steuerung lang- und kurzfristiger Prozeßabläufe). Petermanns Geogr Mitt 20:409–413

BAFU – Bundesamt für Umwelt, BFS – Bundesamt für Statistik. (Hrsg) (2007) Umwelt Schweiz 2007. Bern, Neuchâtel

Baier H (2000) Die Bedeutung landschaftlicher Freiräume für Naturschutzfachplanungen. In: Bundesamt für Naturschutz (Hrsg) Vorrangflächen, Schutzgebietssysteme und naturschutzfachliche Bewertung großer Räume in Deutschland. Schriftenreihe Landschaftspflege Natursch 63:101–116

Bardt H (2008) Entwicklungen und Nutzungskonkurrenz bei der Verwendung von Biomasse in Deutschland. IW-Trends, Vierteljahresschrift zur empirischen Wirtschaftsforschung, Institut der Deutschen Wirtschaft, Köln, 35 S

Bastian O, Schreiber KF (1999) Analyse und ökologische Bewertung der Landschaft, 2. Aufl., Spektrum Akademischer Verlag, Heidelberg

Bastian O, Lütz M, Röder M, Syrbe RU (2006) The assessment of landscape scenarios with regard to landscape functions. In: Meyer BC (Hrsg) Sustainable land use in intensively used regions. Landscape Europe. Alterra Report 1338:15–22

Bastian O, Grunewald K, Syrbe RU (2012) Space and time aspects of ecosystem services, using the example of the EU Water Framework Directive. Int J Biodivers Sci Ecosyst Serv Manag 8:5–16. https://doi.org/10.1080/21513732.2011.631941

Baumgärtner S (2002) Der ökonomische Wert der biologischen Vielfalt. In: Bayerische Akademie für Naturschutz und Landschaftspflege (Hrsg) Grundlagen zum Verständnis der Artenvielfalt und seiner Bedeutung und der Maßnahmen, dem Artensterben entgegenzuwirken. Laufener Seminarbeiträge 2, Laufen, Salzach, S 73–90

Baumgärtner S, Klein A, Thiel D, Winkler K (2015) Ramsey discounting of ecosystem services. Environmental and Resource Economics 61:273–296

Bellard C, Leclerc C, Courchamp F (2015) Combined impacts of global changes on biodiversity across the USA. Sci Rep 5, 11828. https://doi.org/10.1038/srep11828

Bernhardt A, Jäger K-D (1985) Zur gesellschaftlichen Einflussnahme auf den Landschaftswandel in Mitteleuropa in Vergangenheit und Gegenwart. Sitz Sächs Akad Wiss Leipzig Math-Nat Kl 117(4):5–56

BfN – Bundesamt für Naturschutz (2012) Daten zur Natur. Bundesamt für Naturschutz, Bonn

Bhagabati N, Barano T, Conte M, Ennaanay D, Hadian O, McKenzie E, Olwero N, Rosenthal A, Suparmoko, Shapiro A, Tallis H, Wolny S (2012) A green vision for Sumatra: using ecosystem services information to make recommendations for sustainable land use planning at the province and district level. A Report by The Natural Capital Project, WWF-US, and WWF-Indonesia. www.ncp-dev.stanford.edu/~dataportal/pubs/Sumatra%20InVEST%20report%20combined%20Feb%202012_final.pdf. Zugegriffen: 12. Juli 2012

Bicking S, Steinhoff-Knopp B, Burkhard B, Müller F (2020) Quantification and mapping of the nutrient regulation ecosystem service demand on a local scale. Ecosyst People 16(1):114–134

BKG – Bundesamt für Kartographie und Geodäsie (2019) Dokumentation Digitales Landbedeckungsmodell für Deutschland, LBM-DE 2018. Bundesamt für Kartographie und Geodäsie, Frankfurt (Main), 61 S

BKompV – Bundeskompensationsverordnung vom 14. Mai 2020 (BGBl. I S. 1088). http://www.gesetze-im-internet.de/bkompv/BKompV.pdf. Zugegriffen: 14. Apr. 2021.

Bohnet I, Bohensky E, Waterhouse J (2008) Future scenarios for the great barrier reef catchment. CSIRO water for a healthy country national research flagships.www.clw.csiro.au/publications/waterforahealthycountry/2009/wfhc-future-scenarios-GBR-catchment.pdf. Zugegriffen: 12. Juli 2012.

Bolliger J, Kienast F, Soliva R, Rutherford G (2007) Spatial sensitivity of species habitat patterns to scenarios of land use change (Switzerland). Landscape Ecol 22:773–789

Börjesson P (1999a) Environmental effects of energy crop production – Part I: identification and quantification. Biomass Bioenerg 16:137–154

Börjesson P (1999b) Environmental effects of energy crop production – Part II: economic valuation. Biomass Bioenerg 16:155–170

Bork HR, Müller K (2002) Landschaftswandel von 500 bis 2500 n. Chr. Offenhaltung der Landschaft. Hohenheimer Umwelttagung. Günter Heimbach, Stuttgart, S 11–26

Boyd J, Banzhaf S (2007) What are ecosystem services? The need for standardized environmental accounting units. Ecol Econ 63:616–626

Bräuer I (2002) Artenschutz aus volkswirtschaftlicher Sicht. Die Nutzen-Kosten-Analyse als Entscheidungshilfe. Hochschulschriften, Metropolis, Marbug

Bringezu S, Steger S (2005) Biofuels and competition for global land use. Global Issue Papers 20, Heinrich-Böll-Stiftung, Berlin

Brown K, Pearce D, Perrings C, Swanson T (1993) Economics and the Conservation of Global Biological Diversity. In: The Global Environment Facility: Working Paper Nr 2, Washington

Brüggemann T (2009) Feldlerchenprojekt – 1000 Fenster für die Lerche. In: Landesamt für Natur, Umwelt und Verbraucherschutz Nordrhein-Westfalen (Hrsg) Natur in NRW 3, S 20–21

Brzoska P, Grunewald K, Bastian O (2021) A multi-criteria analysis approach to assess ecosystem service capacities at urban site level exemplified by two German city districts. Ecosyst Serv https://doi.org/10.1016/j.ecoser.2021.101268

Buchwald HH (1988) Wertermittlung von Ziergehölzen – Ein neuer methodischer Vorschlag. Schriftenreihe des Hauptverbandes der landwirtschaftlichen Buchstellen und Sachverständigen e. V., Pflug und Feder, St. Augustin, Heft 122

Bugdahn S, Holtmannspötter D, Ratajczak, A (Red, 2018) Foresight und Roadmapping: Zukunft strategisch gestalten. ITB infoservice, 13. Schwerpunktausgabe 12/18. BMBF, Bonn, 75 S

Bukvareva EN, Zamolodchikov DG, Grunewald K (2019) National assessment of ecosystem services in Russia: Methodology and main problems. Sci Total Environ 655:1181–1196. https://doi.org/10.1016/j.scitotenv.2018.11.286)

Burger F (2005) Energiewälder und Ökologie. LWF aktuell 48:26–27

Burkhard B, Diembeck D (2006) Zukunftsszenarien für die deutsche Nordsee. Forum Geoökologie 17:27–30

Burkhard B, Kroll F, Müller F, Windhorst W (2009) Landscapes´ capacities to provide ecosystem services – a concept for land-cover based assessments. Landscape Online 15:1–22

Burkhard B, Kroll F, Nedkov S, Müller F (2012a) Mapping supply, demand and budgets of ecosystem services. Ecol Indic 21:17–29

Burkhard B, de Groot R, Costanza R, Seppelt R, Jørgensen SE, Potschin M (2012b) Solutions for sustaining natural capital and ecosystem services. Ecol Indic 21:1–6

Burkhard B, Maes J (Hrsg) (2017) Mapping ecosystem services. Pensoft Publishers, Sofia, 374 S

Campagne CS, Roche P, Müller F, Burkhard B (2020) Ten years of ecosystem services matrix: Review of a (r)evolution. One Ecosyst 5:e51103

Caro C, Marques JC, Cunha PP, Teixeira Z (2020) Ecosystem services as a resilience descriptor in habitat risk assessment using the InVEST model. Ecol Ind 115:106426

Capriolo A, Boschetto RG, Macolo RA, Balbi S, Villa F (2020) Biophysical and economic assessment of four ecosystem services for natural capital accounting in Italy. Ecosystem Services 46, 101207. https://doi.org/10.1016/j.ecoser.2020.101207

Carpenter SR, Bennett EM, Peterson GD (2006) Editorial: Special Feature on Scenarios for Ecosystem Services. Ecol Soc 11:32

Cherubini F, Stromman AH (2010) Life cycle assessment of bioenergy systems: state of the art and future challenges. Bioresour Technol 102:437–451

Chichilnisky G, Heal G (1998) Economic returns from the biosphere. Nature 391:629–630

Club fo Rome (1972) Die Grenzen des Wachstums. Deutsche Verlags-Anstalt.

Coch T, Heuchele L, Lupp G, Renner C, Schnick H, Seger B, Syrbe RU, Werth H (2014) Praxisleitfaden Tourismus und biologische Vielfalt in Zeiten des Klimawandels. Dresden, 43 S

Costanza R, d'Arge R, de Groot R, Farber S, Grasso M, Hannon B, Limburg K, Naeem S, O'Neill R, Paruelo J et al (1998) The value of ecosystem services: putting the issues in perspective. Ecol Econ 25:67–72

Daily GC, Matson PA (2008) Ecosystem services: from theory to implementation. Proc Natl Acad Sci USA 105:9455–9456

Daily GC, Polasky S, Goldstein J, Kareiva PM, Mooney HA, Pejchar L, Ricketts TH, Salzman J, Shallenberger R (2009) Ecosystem services in decision making – time to deliver. Front Ecol Environ 7:21–28

Dale VH, Beyeler SC (2001) Challenges in the development and use of ecological indicators. Ecol Indic 1:3–10

Degenhardt S, Gronemann S (1998) Die Zahlungsbereitschaft von Urlaubsgästen für den Naturschutz. Theorie und Empirie des Embedding-Effektes. Peter Lang, Frankfurt/M

Dienel PC (2002) Die Planungszelle. Der Bürger als Chance, 5. Aufl. Westdeutscher Verlag, Wiesbaden

DIW – Deutsches Institut für Wirtschaftsforschung (2022) Forschungsbasierte Infrastruktureinrichtung ‚Sozio-oekonomisches Panel (SOEP)'. Kurzportrait. DIW, Berlin.https://www.diw.de/de/diw_01.c.615551.de/forschungsbasierte_infrastruktureinrichtung__sozio-oekonomisches_panel__soep.html

Dörr H (2005) Die Zukunft der Landschaft in Mitteleuropa – Verantwortung für die Kulturlandschaft im 21. Jahrhundert – Delphi-Umfrage, (2002) Dokumentation und Interpretation/Future Landscape, ein länderübergreifendes Projekt des Forschungsschwerpunktes Kulturlandschaft KLF2 im Auftrag des Österreichischen Wissenschaftsministeriums. Arp-Planning.Consulting. Research, Wien

Dunford RW, Harrison PA, Bagstad KJ (2017) 4.4 Computer modelling for ecosystem assessment. In: Burkhard B, Maes J (Hrsg) Mapping Ecosystem Services. Pensoft Publishers, Sofia, S 126–137

Dunlop M, Turner G, Foran B, Poldy F (2002) Decision points for land and water futures. Resource Futures Program Working Document 2002/08, CSIRO Sustainable Ecosystems, Canberra, Australia

Dworczyk C, Burkhard B (2021) Conceptualising the demand for ecosystem services – an adapted spatial-structural approach. One Ecosyst. 6:e65966

EC (European Commission) (2011) Our life insurance, our natural capital: an EU biodiversity strategy to 2020. Communication from the Commission to the European parliament, the council, the economic and social committee and the committee of the regions. Brussels. 244 S

EEA – European Environment Agency (1994) Corine Land Cover Report – Part 2: Nomenclature. www.eea.europa.eu/publications/COR0-part2. Zugegriffen: 12. März 2012

EEG (2022) Erneuerbare-Energien-Gesetz vom 21. Juli 2014 (BGBl. I S. 1066), das zuletzt durch Artikel 6 des Gesetzes vom 20.Dezember 2022 (BGBl. I S. 2512) geändert worden ist.

Ericsson K, Rosenqvist H, Nilsson LJ (2009) Energy crop production costs in the EU. Biomass Bioenerg 33:1577–1586

Europäische Kommission (2021) Vorschlag für eine Richtlinie des Europäischen Parlaments und des Rates zur Änderung der Richtlinie (EU) 2018/2001 des Europäischen Parlaments und des Rates, der Verordnung (EU) 2018/1999 des Europäischen Parlaments und des Rates und der Richtlinie 98/70/EG des Europäischen Parlaments und des Rates im Hinblick auf die Förderung von Energie aus erneuerbaren Quellen und zur Aufhebung der Richtlinie (EU) 2015/652 des Rates.

Ewers HJ, Schulz W (1982) Die monetären Nutzen gewässerqualitätsverbessernder Maßnahmen, dargestellt am Beispiel des Tegeler Sees in Berlin. Umweltbundesamt, Erich Schmidt Verlag, Berlin, Berichte 3/82

Farber SC, Costanza R, Wilson MA (2002) Economic and ecological concepts for valuing ecosystem services. Ecol Econ 41:375–392

Fidalgo B, Pinto LM (2005) Linking landscape functions and preferences in forest landscapes – a tool for scenario building and evaluation. In: Lange E, Miller D (Hrsg) Proceedings of our shared landscape: integrating ecological socio-economic and aesthetic aspects in landscape planning and management. A contribution from the VisuLands Project: 34–35, Ascona, Switzerland

Fischer A, Menzel S (2005) Die Eignung von Gütern für Zahlungsbereitschaftsanalysen. In: Marggraf R, Bräuer I, Fischer A, Menzel S, Stratmann U, Suhr A (Hrsg) Ökonomische Bewertung bei umweltrelevanten Entscheidungen. Einsatzmöglichkeiten von Zahlungsbereitschaftsanalysen in Politik und Verwaltung. Metropolis, Marburg, S 113–147

Fish R, Saratsi E, Reed M, Keune H (2016) Stakeholder participation in ecosystem service decision making. In: Haines-Young R, Fish R, Turner RK (Hrsg) Potschin M. Routledge Handbook of Ecosystem Services, Routledge, S 256–270

Fisher B, Turner RK, Morling P (2009) Defining and classifying ecosystem services for decision making. Ecol Econ 68:643–653

Fleischer B, Syrbe RU (Hrsg)(2013) Nachhaltige Nutzung von Energiepflanzen für eine regionale Entwicklung im Landkreis Görlitz. Ein Handlungsleitfaden. Ostritz, Dresden, 81 S.

Gallai N, Salles JM, Settele J, Vaissière BE (2009) Economic valuation of the vulnerability of world agriculture confronted with pollinator decline. Ecol Econ 68:810–821

Gausemeier J, Plass C, Wenzelmann C (2009) Zukunftsorientierte Unternehmensplanung – Strategien. Geschäftsprozesse und IT-Systeme für die Produktion von morgen, München

Getzner M, Jungmeier M, Köstl T, Weiglhofer S (2011) Fließstrecken der Mur – Ermittlung der Ökosystemleistungen – Endbericht. Studie im Auftrag von: Landesumweltanwaltschaft Steiermark, Bearbeitung: E.C.O. Institut für Ökologie, Klagenfurt, 86 S

Greiff KB, Weber-Blaschke G, Faulstich M, von Haaren C (2010) Förderung eines umweltschonenden Energiepflanzenanbaus. Natursch Landschaftsplan 42:101–107

Grêt-Regamey A, Weibel B, Kienast F, Rabe S, Zulian G (2015) A tiered approach for mapping ecosystem services. Ecosyst Serv 13:16–27

de Groot RS, Wilson M, Boumans R (2002) A typology for description, classification and valuation of ecosystem functions, goods and services. Environ Econ 41:393–408

de Groot RS, Alkemade R, Braat L, Hein L, Willemen L (2010) Challenges in integrating the concept of ecosystem services and values in landscape planning, management and decision making. Ecol Complex 7:260–272

Grossmann M, Hartje V, Meyerhoff J (2010) Ökonomische Bewertung naturverträglicher Hochwasservorsorge an der Elbe. Bundesamt für Naturschutz, Bonn, Naturschutz und Biologische Vielfalt 89

Grunewald K, Bastian O (2010) Ökosystemdienstleistungen analysieren – begrifflicher und konzeptioneller Rahmen aus landschaftsökologischer Sicht. GEOÖKO 31:50–82

Grunewald K, Naumann S (2012) Bewertung von Ökosystemdienstleistungen im Hinblick auf die Erreichung von Umweltzielen der Wasserrahmenrichtlinie am Beispiel des Flusseinzugsgebietes der Jahna in Sachsen. Nat Landsch 1:17–23

Grunewald K, Syrbe RU, Wachler C (2012) Analyse der ästhetischen und monetären Wertschätzung der Landschaft am Erzgebirgskamm durch den Tourismus. GEOÖKO 33:34–65

Grunewald K, Pekker R, Zieschank R, Hirschfeld J, Schweppe-Kraft B, Syrbe RU (2019) Grundlagen einer Integration von Ökosystemen und Ökosystemleistungen in die Umweltökonomische Gesamtrechnung in Deutschland. Nat Landsch 94(8):330–338

Grunewald K, Syrbe R-U, Walz U, Wende W, Bastian O, Meier S, Zieschank R (2022) Nationale Indikatoren zur Bewertung von Ökosystemen und deren Leistungen. Natursch Landschaftsplan 54(02):12–25

Haber W (2011) Die unbequemen Wahrheiten der Ökologie. Eine Nachhaltigkeitsperspektive für das 21. Jahrhundert, 2. Aufl. Oekom, München

Haberl H, Fischer-Kowalski M, Krausmann F, Weisz H, Winiwarter V (2004) Progress towards sustainability? What the conceptual framework of material and energy flow accounting (MEFA) can offer. Land Use Policy 21:199–213

Hafner S (2010) Rechtliche Rahmenbedingungen für eine an den Klimawandel angepasste Landwirtschaft. UPR (Umwelt- und Planungsrecht) 30:371–377

Haines-Young RH, Potschin MB (2009) Methodologies for defining and assessing ecosystem services. Final Report, JNCC, Project Code C08–0170–0062, 69 S

Hamel P, Guerry AD, Polasky S, Han B, Douglass JA, Hamann M, Janke B, Kuiper JJ, Levrel H, Liu H, Lonsdorf E, McDonald RI, Nootenboom C, Ouyang Z, Remme RP, Sharp RP, Tardieu L, Viguié V, Xu D, Zheng H, Daily GC (2021) Mapping the benefits of nature in cities with the InVEST software. npj Urban Sustainability 25

Hampicke U (1991) Naturschutz-Ökonomie. Ulmer, Stuttgart

Hampicke U, Horlitz T, Kiemstedt H, Tampe K, Timp D, Walters M (1991) Kosten und Wertschätzung des Arten- und Biotopschutzes. Umweltbundesamt, Erich Schmidt Verlag, Berlin, Berichte 3/91, 629 S

Hampicke U, Wätzold F (Sprecher der Initiative) (2009) Memorandum: Ökonomie für den Naturschutz – Wirtschaften im Einklang mit Schutz und Erhalt der biologischen Vielfalt. Greifswald. www.bfn.de/fileadmin/MDB/documents/themen/oekonomie/MemoOekNaturschutz.pdf. Zugegriffen: 12. Juli 2012

Hanke H (Projektleiter), Boese P, Ophoff W, Rauschelbach B, Schier V (1981) Handbuch zur Ökologischen Planung, Bd 1. Umweltbundesamt, Erich Schmidt Verlag, Berlin, Berichte 3/81

Harrison PA, Dunford R, Barton DN, Kelemen E, Martín-López B, Norton L, Termansen M, Saarikoski H, Hendriks K, Gómez-Baggethun E, Czúcz B, García-Llorente M, Howard D, Jacobs S, Karlsen M, Kopperoinen L, Madsen A, Rusch G, van Eupen M, Verweij P, Smith R, Tuomasjukka D, Zulian G (2018) Selecting methods for ecosystem service assessment: A decision tree approach. Ecosyst Serv 29:481–498

Hauck J, Schweppe-Kraft B, Albert C, Görg C, Jax K, Jensen R, Fürst C, Maes J, Ring I, Hönigova I, Burkhard B, Mehring M, Tiefenbach M, Grunewald K, Schwarzer M, Meurer J, Sommerhäuser M, Priess J, Schmidt J, Gret-Regamey A (2013) Integrating Ecosystem Services into Planning and Decision Making – Science meets Practice. GAIA 22(4):232–236

Heidmann T, Thomsen A, Schelde K (2000) Modelling soil water dynamics in winter wheat using different estimates of canopy development. Ecol Model 129:229–243

Herrmann S, Kliebisch C, Schmitt F, Schweppe-Kraft B (2012) Naturschutz – effizient planen, managen und umsetzen. Methodenhandbuch und Ratgeber für Wirtschaftlichkeit im Naturschutz. Bundesamt für Naturschutz/Bundesverband Beruflicher Naturschutz e. V., Bonn, Bad Godesberg

Hillier J, Whittaker C, Dailey G, Aylotts M, Casella E, Richter GM, Riche A, Murphy R, Taylor G, Smith P (2009) Greenhouse gas emissions from four bioenergy crops in England and Wales: integrating spatial estimates of yield and soil carbon balance in life cycle analysis. GCB Bioenergy 1:267–281

Hirschfeld J, Hartje V, Pekker R, Grunewald K, Meier S, Sauer A, Syrbe RU, Zieschank R, Schweppe-Kraft B (2020) Integration von Ökosystemen und Ökosystemleistungen in die Umweltökonomische Gesamtrechnung. Theoretische Rahmenbedingungen und methodische Grundlagen. FuE-Bericht (unveröff.) im Auftrag des Bundesamtes für Naturschutz, Berlin/Dresden/Bonn.

Hoevenagel R (1994) An assessment of the contingent valuation method. In: Pethig R (Hrsg) Valuing the environment: methodological and measurement issues. Kluwer Academic Press, Dordrecht

Hoffmann A, Gruehn D (2010) Bedeutung von Freiräumen und Grünflächen in deutschen Groß- und Mittelstädten für den Wert von Grundstücken und Immobilien. Technische Universität, Lehrstuhl Landschaftsökologie und Landschaftsplanung, Dortmund, LLP-Report

Hou Y, Burkhard B, Müller F (2013) Uncertainties in landscape analysis and ecosystem service assessment. J Environ Manage 127 Suppl:117-31.doi: 10.1016/j.jenvman.2012.12.002.

IPBES (2016) The methodological assessment report on scenarios and models of biodiversity and ecosystem services. S. Ferrier, K. N. Ninan, P. Leadley, R. Alkemade, L. A. Acosta, H. R. Akçakaya, L. Brotons, W. W. L. Cheung, V. Christensen, K. A. Harhash, J. Kabubo-Mariara, C. Lundquist, M. Obersteiner, H. M. Pereira, G. Peterson, R. Pichs-Madruga, N. Ravindranath, C. Rondinini and B. A. Wintle (Hrsg.). Secretariat of the intergovernmental science-policy platform on biodiversity and ecosystem services, Bonn, Germany. 348 S. https://doi.org/10.5281/zenodo.3235428

Jacobs (2004) An Economic assessment of the costs and benefits of Natura 2000 sites in Scotland. Final report www.scotland.gov.uk/resource/doc/47251/0014580.pdf

Jessel B (2000) Von der „Vorhersage" zum Erkenntnisgewinn. Aufgaben und Leistungsfähigkeit von Prognosen in der Umweltplanung. Natursch Landschaftsplan 32: 197–203

Job H, Harrer B, Metzler D, Hajizadeh-Alamdary D (2005) Ökonomische Effekte von Großschutzgebieten. Untersuchung der Bedeutung von Großschutzgebieten für den Tourismus und die wirtschaftliche Entwicklung der Region. Bundesamt für Naturschutz, Bonn, Bad Godesberg, BfN-Skripten 135

Job H, Woltering M, Harrer B (2009) Regionalökonomische Effekte des Tourismus in deutschen Nationalparken. Bundesamt für Naturschutz, Bonn, Bad Godesberg, Naturschutz und Biologische Vielfalt 76

Kächele H, Zander P (1999) Der Einsatz des Entscheidungshilfesystems MODAM zur Reduzierung von Konflikten zwischen Naturschutz und Landwirtschaft am Beispiel des Nationalparks „Unteres Odertal". Schriften der Gesellschaft für Wirtschaft- und Sozialwissenschaften des Landbaus, Agrarwirtschaft in der Informationsgesellschaft, Bd 35, S 191–198, Münster-Hiltrup

Kareiva P, Tallis H, Ricketts TH, Daily GC, Polasky S (2011) Natural capital: theory and practice of mapping ecosystem services. Oxford University Press

Karimi JD, Corstanje R, Harris JA (2021) Bundling ecosystem services at a high resolution in the UK: trade-offs and synergies in urban landscapes. Landscape Ecol 36:1817–1835

Kentsch S, Cabezas M, Tomhave L, Groß J, Burkhard B, Caceres MLL, Waki K, Diez Y (2021) Analysis of UAV-Acquired Wetland Orthomosaics Using GIS, Computer Vision, Computational Topology and Deep Learning. Sensors 21:471

Kettunen M, Bassi S, Gantioler S, ten Brink P (2009) Assessing Socio-economic Benefits of Natura 2000 – a Toolkit for Practitioners (September 2009 Edition). Output of the European Commission project Financing Natura 2000: Cost estimate and benefits of Natura 2000. Institute for European Environmental Policy (IEEP), Brüssel, 191 S

Kienast F, Bolliger J, Potschin M, de Groot RS, Verburg PH, Heller I, Wascher D, Haines-Young R (2009) Assessing landscape functions with broad-scale environmental data: insights gained from a prototype development for Europe. Environ Manage 44:1099–1120

Kienast F, Helfenstein J (2016) Modelling ecosystem services. In: Potschin M, Haines-Young R, Fish R, Turner RK (Hrsg) Routledge Handbook of Ecosystem Services, Routledge, S 144–156

Köppel J, Geißler G, Rehhausen A, Wende W, Albrecht J, Syrbe RU, Magel I, Scholles F, Putschky M, Hoppenstedt A, Stemmer B (2016) Strategische Umweltprüfung und (neuartige) Pläne und Programme auf Bundesebene – Methoden, Verfahren und Rechtsgrundlagen. Technische Universität Berlin, Umweltbundesamt, 272 S. https://www.researchgate.net/publication/336838797_Strategische_Umweltprufung_und_neuartige_Plane_und_Programme_auf_Bundesebene_-_Methoden_Verfahren_und_Rechtsgrundlagen_Abschlussbericht. Zugegriffen: 13. Febr. 2022

Köppel J, Peters W, Wende W (2004) Eingriffsregelung, Umweltverträglichkeitsprüfung, FFH-Verträglichkeitsprüfung. Ulmer, Stuttgart

Kolbe J, Krekel C, Schweppe-Kraft B (2019) Reconciling Experienced-Preference Valuation with Hedonic Pricing: The Case of Green Spaces. Technical University of Berlin, London School of Economics, German Federal Agency for Nature Conservation (BfN). Second Draft, 20th October 2019.

Kort J, Collins M, Ditsch D (1998) A review of soil erosion potential associated with biomass crops. Biomass Bioenerg 14:351–359

Koschke L, Fürst C, Frank S, Makeschin F (2012) A multi-criteria approach for an integrated land-cover-based assessment of ecosystem services provision to support landscape planning. Ecol Indic 21: 54–66)

Krekel C, Kolbe J, Wüstemann H (2016) The greener, the happier? Ecol Econ 121:117–127

Kroll F, Müller F, Haase D, Fohrer N (2012) Rural-urban gradient analysis of ecosystem services supply and demand dynamics. Land Use Policy 29:521–535

LANA – Bund/Länderarbeitsgemeinschaft Naturschutz, Landschaftspflege und Erholung (2016) Wirksamkeit der derzeitigen EU-Naturschutzfinanzierung in Deutschland und Anforderungen für die nächste Förderperiode ab 2020. Positionspapier der LANA-Expertengruppe „EU-Naturschutzfinanzierung/GAP 2020 vom 01.09.2016. http://www.eu-naturschutzfinanzierung.de/images/Inhalte_oeffentlich/LANA_Wirksamkeit_der_derzeitigen_EU_Naturschutzförderung_01-09-2016.pdf. Zugegriffen: 04. Mai 2021.

Landesamt für Landwirtschaft, Umwelt und ländliche Räume (LLUR) (2017) Bodenschätzung und bodenkundliche Landesaufnahme des Landesamtes für Landwirtschaft, Umwelt und ländliche Räume Schleswig-Holstein.

Leclère D, Obersteiner M, Barrett M et al (2020) Bending the curve of terrestrial biodiversity needs an integrated strategy. Nature 585:551–556. https://doi.org/10.1038/s41586-020-2705-y

Lee YH, Bückmann W, Haber W (2008) Bio-Kraftstoff, Nachhaltigkeit, Natur- und Bodenschutz. NuR:821–831

Leipert C (1989) Die heimlichen Kosten des Fortschritts – Wie Umweltzerstörung das Wirtschaftswachstum fördert. Fischer, Frankfurt

Liesebach M, Mulsow H (2003) Der Sommervogelbestand einer Kurzumtriebsplantage, der umgebenden Feldflur und des angrenzenden Fichtenwaldes im Vergleich. Die Holzzucht 54:27–31

L.I.S.T. Stadtentwicklungsgesellschaft mbH (Hrsg) (2011) Handbuch zur Partizipation. Berlin

Londo M, Roose M, Dekker J, de Graaf H (2004) Willow short-rotation coppice in multiple land-use systems: evaluation of four combination options in the Dutch context. Biomass Bioenerg 27:205–221

Löwenstein W (1994) Die Reisekostenmethode und die Bedingte Bewertungsmethode als Instrumente zur monetären Bewertung der Erholungsfunktion des Waldes. Ein ökonomischer und ökonometrischer Vergleich. JD Sauerländer´s, Frankfurt

Ludwig D (2000) Limitations of economic valuation of ecosystems. Ecosystems 3:31–35

Lupp G, Albrecht J, Bastian O, Darbi M, Denner M, Gies M, Grunewald K, Kretschmer A, Lüttich K, Matzdorf B, Neitzel H, Starick A, Steinhäußer R, Syrbe RU, Tröger M, Uckert G, Zander P (2011) Land use management, ecosystem services and biodiversity – Developing regulatory measures for sustainable energy crop production (LOBESTEIN). In: Frantál B (Hrsg) Exploring new landscapes of energies. Collection of extended abstracts of papers from the 8th International Geographical Conference & Workshop CONGEO 1.–5. August, Brno, Czech Republic. Institute of Geonics, Academy of Science of the Czech Republic, S 51–52

Lupp G, Zingraff-Hamed A, Huang JJ, Oen A, Pauleit S (2020) Living Labs - A Concept for Co-Designing Nature-Based Solutions. Sustainability 13, 188. https://dx.doi.org/10.3390/su13010188

Lupp G, Steinhäußer R, Bastian O, Syrbe RU (2015) Impacts of increasing bioenergy use on ecosystem services on nature and society exemplified in the German district of Görlitz. Biomass Bioenerg 83:131–140. https://doi.org/10.1016/j.biombioe.2015.09.006

Lupp G, Syrbe RU, Steinhäußer R, Bastian O (2014) Perception of energy crops by laypersons and farmers using the approach of ecosystem services. Moravian Geographical Reports 22(2):15–25

Luttmann V, Schröder H (1995) Monetäre Bewertung der Fernerholung im Naturschutzgebiet Lüneburger Heide. JD Sauerländer´s, Frankfurt/M

Lütz M, Bastian O, Röder M, Syrbe RU (2007) Szenarienanalyse zur Veränderung von Agrarlandschaften. Natursch Landschaftsplan 39:205–211

Maes J, Teller A, Erhard M et al (2020) Mapping and Assessment of Ecosystems and their Services: An EU ecosystem assessment. Publications Office of the European Union, Ispra

Marggraf R, Bräuer I, Fischer A, Menzel S, Stratmann U, Suhr A (Hrsg) (2005) Ökonomische Bewertung bei umweltrelevanten Entscheidungen. Einsatzmöglichkeiten von Zahlungsbereitschaftsanalysen in Politik und Verwaltung. Ökologie und Wirtschaftsforschung 55, Metropolis, Marburg, 380 S

Matzdorf B, Reutter M, Hübner C (2010) Gutachten-Vorstudie: Bewertung der Ökosystemdienstleistungen von HNV-Grünland (High Nature Value Grassland) – Abschlussbericht im Auftrag des Bundesamtes für Naturschutz, Bonn. www.z2.zalf.de/oa/46452aad-17c1-45ed-82b6-fd9ba62fc9c2.pdf

McLaughlin SB, Walsh ME (1998) Evaluating environmental consequences of producing herbaceous crops for bioenergy. Biomass Bioenerg 14:317–324

MEA – Millennium Ecosystem Assessment (2005a) Ecosystems and Human Well-being. Policy Responses, Bd. 3. Island Press, Washington

MEA – Millennium Ecosystem Assessment (2005b) Our human planet: summary for decision-makers. Island Press, Washington

Menconi ME, Sipone A, Grohmann D (2021) Complex systems thinking approach to urban greenery to provide community-tailored solutions and enhance the provision of cultural ecosystem services. Sustainability 13, 11787. https://doi.org/10.3390/su132111787

Meyerhoff J, Angeli D, Hartje V (2010) Social benefits of implementing a national strategy on biological diversity in Germany. Paper presented to the 12th International BIOECON Conference "From the Wealth of Nations to the Wealth of Nature: Rethinking Economic Growth" Venedig, 27.–28. September. www.bioecon.ucl.ac.uk/12th_2010/Angeli.pdf

Mill JS (1848) The Principles of Political Economy with some of their applications to social philosophy. London, 7th edition 1909 by Longmans, Green and Co.

Müller F (2005) Indicating ecosystem and landscape organisation. Ecol Indic 5:280–294

Müller F, Baesler C, Schubert H, Klotz S (Hrsg) (2010) Long-term ecological research – between theory and application. Springer, Dordrecht

Müller F, Bicking S, Ahrendt K, Bac DK, Blindow I, Fürst C, Haase P, Kruse M, Kruse T, Ma L, Perennes M, Ruljevic I, Schernewski G, Schimming CG, Schneiders A, Schubert H, Schumacher J, Tappeiner U, Wangai P, Windhorst W, Zeleny J (2020) Assessing ecosystem service potentials to evaluate terrestrial, coastal and marine ecosystem types in Northern Germany – An expert-based matrix approach. Ecological Indicators, 112. https://doi.org/10.1016/j.ecolind.2020.106116

Müller K, Bork HR, Dosch A, Hagedorn K, Kern J, Peters J, Petersen HG, Nagel UJ, Schatz T, Schmidt R, Toussaint V, Weith T, Wotke A (Hrsg) (2000) Nachhaltige Landnutzung im Konsens. Ansätze für eine dauerhaft-umweltgerechte Nutzung der Agrarlandschaften in Nordostdeutschland. Focus, Gießen, 190 S

NABU – Naturschutzbund Deutschland e. V. (2005) Nachwachsende Rohstoffe und Naturschutz: Argumente des NABU an einen naturverträglichen Anbau. NABU Positionspapier 04/2005. www.nabu.de/imperia/md/content/nabude/energie/biomasse/1.pdf. Zugegriffen: 07. Juni 2010

Nassauer JI, Corry RC (2004) Using normative scenarios in landscape ecology. Landscape Ecol 19:343–356

Nassauer JI, Corry RC, Cruse RM (2002) The Landscape in 2025: alternative future landscape scenarios: a means to consider agricultural policy. J Soil Water Conserv 57:44A-53A

Natural Capital Project (2012) Startseite. www.naturalcapitalproject.org/. Zugegriffen: 28. März 2012

Naturkapital Deutschland – TEEB DE (2015) Naturkapital und Klimapolitik – Synergien und Konflikte. Hrsg. von Volkmar Hartje, Henry Wüstemann und Aletta Bonn. Technische Universität Berlin, Helmholtz-Zentrum für Umweltforschung – UFZ. Berlin, Leipzig. https://www.ufz.de/export/data/global/190502_TEEB_DE_Bericht1_Klima_Langfassung.pdf

Nedkov S, Burkhard B (2012) Flood regulating ecosystem services – mapping supply and demand in the Etropole Municipality. Bulgaria. Ecol Indic 21:67–79

Nelson E, Mendoza G, Regetz J, Polasky S, Tallis H, Cameron DR, Chan KMA, Daily GC, Goldstein J, Kareiva PM, Lonsdorf E, Naidoo R, Ricketts TH, Shaw MR (2009) Modeling multiple ecosystem services, biodiversity conservation, commodity production, and tradeoffs at landscape scales. Front Ecol Environ 7:4–11

Nelson E, Polasky S, Lewis DJ, Plantinga AJ, Lonsdorf E, White D, Bael D, Lawler JJ (2008) Efficiency of incentives to jointly increase carbon sequestration and species conservation on a landscape. Proc Natl Acad Sci USA 105:9471–9476

Neumann J (2005) Flächendifferenzierte Grundwasserneubildung von Deutschland – Entwicklung und Anwendung des makroskaligen Verfahrens HAD-GWNeu. Dissertation Martin-Luther-Universität Halle-Wittenberg, Halle/Saale

Niemeijer D, de Groot R (2008) A conceptual framework for selecting environmental indicator sets. Ecol Indic 8:14–25

Norton B (1988) Commodity, amenity, and morality: The limits of quantification of valuing biodiversity. In: Wilson EO (Hrsg) Biodiversity. National Academy Press, Washington DC, Kap, S 22

Odum EP (1998) Ökologie: Grundlagen – Standorte – Anwendung, 3. Aufl. Thieme, Stuttgart

OECD (2003) Environmental indicators – development, measurement and use. OECD Environment Directorate, Paris

OECD (2008) Strategic environmental assessment and ecosystem services. DAC Network on Environment and Development Co-operation (ENVIRONET), Paris, 26 S

Olsson L, Barbosa H, Bhadwal S, Cowie A, Delusca K, Flores-Renteria D, Hermans K, Jobbagy E, Kurz W, Li D, Sonwa DH, Stringer L (2019) Chapter 4: Land degradation. In: Shukla PR et al (Hrsg) Climate change and land: an IPCC special report on climate change, desertification, land degradation, sustainable land management, food security, and greenhouse gas fluxes in terrestrial ecosystems. Cambridge University Press, Cambridge, S 345–436

Oppermann B (2008) Zur Kunst der Landschaftsvorhersage. Gedanken anlässlich des FLL-Fachforums zum Thema Zukunftslandschaften. Stadt + Grün: S. 35–38

Osborne JM, Turner MA (2007) Cost benefit analysis vs. referenda. University of Toronto, Department of Economics. Working Paper 286. www.economics.utoronto.ca/index.php/index/research/workingPaperDetails/286

Osterburg B, Rühling I, Runge T, Schmidt TG, Seidel K, Antony F, Gödecke B, Witt-Altfelder P (2007) Kosteneffiziente Maßnahmenkombinationen nach Wasserrahmenrichtlinie zur Nitratreduktion in der Landwirtschaft. In: Osterburg B, Runge T (Hrsg) Maßnahmen zur Reduzierung von Stickstoffeinträgen in die Gewässer – eine wasserschutzorientierte Landwirtschaft zur Umsetzung der Wasserrahmenrichtlinie. Landbauforschung Völkenrode, Sonderheft 307

van Oudenhoven APE, Petz K, Alkemade R, de Groot RS, Hein L (2012) Indicators for assessing effects of management on ecosystem services. Ecol Indic 21:110–122

Pachauri RK, Reisinger A (2008) Contribution of Working Groups I, II and III to the Fourth Assessment Report of the Intergovernmental Panel on Climate Change. IPCC, Geneva

Palomo I, Bagstad KJ, Nedkov S, Klug H, Adamescu M, Cazacu C (2017) 3.4. Tools for mapping ecosystem services. In: Burkhard B, Maes J (Hrsg) Mapping ecosystem services. Pensoft Publishers, Sofia, S 72–76

Pearce DW, Turner RK (1990) Economics of natural resources and the environment. Harvester Wheatsheaf, New York

Pijanowski BC, Brown DG, Shellito BA, Manik GA (2002) Using neural networks and GIS to forecast land use changes: a Land Transformation Model. Comput Environ Urban Syst 26:553–575

Pimentel D, Harvey C, Resoosudarmo P, Sinclair K, Kurz D, McNair M, Crist S, Shpritz L, Fitton L, Saffouri R, Blair R (1995) Environmental and economic costs of soil erosion and conservation benefits. Science 267:1117–1123

Polasky S, Nelson E, Camm J, Csuti B, Fackler P, Lonsdorf E, Montgomery C, White D, Arthur J, Garber-Yonts B, Haight R, Kagan J, Starfield A, Tobalske C (2008) Where to put things? Spatial land management to sustain biodiversity and economic returns. Biol Conserv 141:1505–1524

Pretzsch H (2001) Modellierung des Waldwachstums. Parey, Berlin

Redondo JM, Garcia JS, Bustamante-Zamudio C, Pereira MF, Trujillo HF (2022) Heterogeneity: method and applications for complex system analysis. J Phys Conf Ser 2159:012013. https://doi.org/10.1088/1742-6596/2159/1/012013

Rees WE (1992) Ecological footprints and appropriated carrying capacity: what urban economics leaves out. Environ Urban 4:121–130

Reibnitz U von (1991) Szenariotechnik. Instrumente für die unternehmerische und persönliche Erfolgsplanung. Gabler, Wiesbaden

Reichel S, Klug H (2018) An online method database for mapping and assessing ecosystem services. One Ecosyst 3:e25542

Remme RP, De Nijs T, Paulin M (2018) The Natural Capital Model: Technical documentation of the quantification, mapping and monetary valuation of urban ecosystem services. RIVM Report 2017–0040, National Institute for Public Health and the Environment (RIVM), Bilthoven, https://www.rivm.nl/bibliotheek/rapporten/2017-0040.pdf.

Riedel R (2000) Strukturen der Komplexität – Eine Morphologie des Erkennens und Erklärens. Springer, Heidelberg

Ringland G (1997) Scenario planning. Managing for the future. Wiley, Chichester

Riitters KH, Wickham JD, Vogelmann JE, Jones KB (2000) National land-cover pattern data. Ecology 81:604

Rode M, Kanning H (2006) Beiträge der räumlichen Planung zur Förderung eines natur- und raumverträglichen Ausbaus des energetischen Biomassepfades. Informationen zur Raumentwicklung 1:103–110

Rode M, Schneider C, Ketelhake G, Reißhauer D (2005) Naturschutzverträgliche Erzeugung und Nutzung von Biomasse zur Wärme- und Stromgewinnung. BfN-Skripten 136, Bonn

Röder N, Grützmacher F (2012) Emissionen aus landwirtschaftlich genutzten Mooren – Vermeidungskosten und Anpassungsbedarf. Nat Landsch 87:56–61

Rotmans J, van Asselt M, Anastasi C, Greeuw S, Mellors J, Peters S, Rotman D, Rijkens N (2000) Visions for a sustainable Europe. Futures 32:809–831

Rowe RL, Street NR, Taylor G (2009) Identifying potential environmental impacts of large-scale deployment of dedicated bioenergy crops in the EU. Renew Sust Energ Rev 13:271–290

Ryffel A, Grêt-Regamey A (2010) Bewertung der Ökosystemdienstleistungen von Trockenwiesen und -weiden. Vortrag an der internationalen Naturschutzakademie Insel Vilm. www.bfn.de/0610_v_oekosystemdienstleistunge.html

Santelmann MV, White D, Freemark K, Nassauer JI, Eilers JM, Vaché KB, Danielson BJ, Corry RC, Clark ME, Polasky S, Cruse RM, Sifneos J, Rustigian H, Coiner C, Wu J, Debinski D (2004) Assessing alternative futures for agriculture in Iowa, U.S.A. Landscape Ecol 19:357–374

Santos-Martín F, Geneletti D, Burkhard B (2019) Mapping and assessing ecosystem services: Methods and practical applications. One Ecosyst 4:e35904

Santos-Martin F, Viinikka A, Mononen L, Brander L, Vihervaara P, Liekens I, Potschin-Young M (2018) Creating an operational database for ecosystems services mapping and assessment methods. One Ecosyst 3:e26719

Schirpke U, Marino D, Marucci A, Palmieri M, Scolozzi R (2017) Operationalising ecosystem services fpr effective management of protected areas: Experiences and challenges. Ecosyst Serv 28:105–114. https://doi.org/10.1016/j.ecoser.2017.10.009

Schweppe-Kraft B (1996) Bewertung von Biotopen auf der Basis eines Investitionsmodells – Eine Weiterentwicklung der Methode Koch. Wertermittlungsforum 1

Schweppe-Kraft B (1998) Monetäre Bewertung von Biotopen. Bundesamt für Naturschutz, Bonn

Schweppe-Kraft B (2009) Natural Capital in Germany – State and Valuation; with special reference to Biodiversity. In: Döring R (Hrsg) Sustainability, natural capital and nature conservation. Metropolis, Marburg

Schweppe-Kraft B, Ekinci B (2019) Exchange values, consumer surplus, avoided cost and ecological liabilities – A real income compatible "green-box" would strengthen policy relevance of ecosystem accounting. In: Ekinci B, Interwies E, Matauschek M, Petersen A (eds) Expert Meeting on Ecosystem Valuation in the Context of Natural Capital Accounting. Proceedings. German Federal Agency for Nature Conservation (BfN). Bonn, BfN-Skripten 525, 37–56.

Seppelt R, Fath B, Burkhard B, Fisher JL, Grêt-Regamey A, Lautenbach S, Pert P, Hotes S, Spangenberg J, Verburg PH, Van Oudenhoven APE (2012) Form follows function? Proposing a blueprint for ecosystem service assessments based on reviews and case studies. Ecol Indic 21:145–154

Seppelt R, Holzkämper A (2007) Multifunctional use of landscape services. Applications and results of optimization techniques of land use scenario development. Proceedings 7. IALE World Congress. p. Wageningen

Sharma S, Hussain S, Singh AN (2021) Integrated approaches of ecology and economy for sutainable development with special emphasis on ecosystem services: a review. J Sci Res 65(3):89–110. https://doi.org/10.37398/JSR.2021.650312

Spangenberg JH, Settele J (2010) Precisely incorrect? Monetising the value of ecosystem services. Ecol Complexity 7:327–337

SRU – Sachverständigenrat für Umwelt (2007) Umweltschutz im Zeichen des Klimawandels. Umweltgutachten, Berlin

Stamel B, Fischer C, Cyffka B et al. (2020) Assessing land use and flood management impacts on ecosystem services in a river landscape (Upper Danube, Germany). River Res Applic. https://doi.org/10.1002/rra.3669

Stein C, Bastian O, Lupp G (2013) Besuchermonitoring im Osterzgebirge - Ermittlung der Wertschätzung von Naturschutz und Landschaftspflege und Bestimmung der Nachfrage nach Ökosystemdienstleistungen mit Hilfe von Zahlungsbereitschaftsanalysen. In: Clivaz C, Rupf R, Siegrist D (Hrsg) VISIMAN - Beiträge zu Besuchermonitoring und Besuchermanagement in Pärken und naturnahen Erholungsgebieten. HSR Hochschule für Technik Rapperswil, S.117-129. DOI:https://doi.org/10.13140/2.1.3122.8489

Swetnam RD, Fisher B, Mbilinyi BP, Munishi PKT, Willcock S, Ricketts T, Mwakalila S, Balmford A, Burgess ND, Marshall AR, Lewis SL (2010) Mapping socio-economic scenarios of land cover change: a GIS method to enable ecosystem service modelling. J Environ Manage 92:563–574. https://doi.org/10.1016/j.jenvman.2010.09.007

Syrbe RU, Steinhäußer R (Red, 2014) Schlussbericht für das BMBF-Forschungsvorhaben LÖBESTEIN: Landmanagementsysteme, Ökosystemdienstleistungen und Biodiversität – Entwicklung von Steuerungsinstrumenten am Beispiel des Anbaues nachwachsender Rohstoffe. Leibniz-Institut für ökologische Raumentwicklung, 229 S. http://www.nachhaltiges-landmanagement.de/uploads/tx_t3documents/00100-BMBF-Fkz033L028A-D_%20 Schlussbericht_L%C3%96BESTEIN_TIB.pdf. Zugegriffen: 04. Febr. 2022

Syrbe RU, Walz U (2012) Spatial indicators for the assessment of ecosystem services: providing, benefiting and connecting areas and landscape metrics. Ecol Indic 21:80–88

Tallis H, Polasky S (2009) Mapping and valuing ecosystem services as an approach for conservation and natural-resource management. Year Ecol Conserv Biol 1162:265–283

Tallis H, Ricketts T, Guerry A (2011) InVEST 2.1 Beta User's Guide – Integrated Valuation of Ecosystem Services and Tradeoffs. www.invest.ecoinformatics.org/tool-documentation/InVEST_Documentation_v2.1.pdf/preview_popup/fil.Zugegriffen: 12. Juli 2012

Tappeiner U (2007) Land-use change in the European Alps: effects of historical and future scenarios of landscape development on ecosystem services. Heinz Veit, Universität Bern – Thomas Scheurer, ICAS/ICAR – Günter Köck, Österreichische Akademie der Wissenschaften (Hrsg) Proceedings of the ForumAlpinum 2007, 18.–21. April, ÖAW, Engelberg/Switzerland, S 21–23

TEEB – The Economics of Ecosystems and Biodiversity (2009) TEEB climate issues update. www.teebweb.org/Portals/25/Documents/TEEB-ClimateIssuesUpdate-Sep2009.pdf

TEEB – The Economics of Ecosystems and Biodiversity (2010) Ecological and economic foundations. In: Kumar P (Hrsg) Earthscan, London ten Brink P (2008) Ecological losses to economic losses. Presentation at the Workshop on the Economics of the Global Loss of Biological Diversity, 5.–6. März, Brüssel

Tötzer T, Köstl M, Steinnocher K (2007) Scenarios of land use change in Europe based on socio-economic and demographic driving factors. Schrenk M, Popovich VV, Benedikt J (Hrsg) Real corp: to plan is not enough: strategies, plans, concepts, projects and their successful implementation in urban, regional and real estate development. Proc. Wien, 20.–23.5.2007, S 141–150

Turnhout E, Hisschemöller M, Eijsackers H (2007) Ecological indicators: Between the two fires of science and policy. Ecol Indic 7:215–228

UBA – Umweltbundesamt (2000) Weiterentwicklung und Präzisierung des Leitbildes der nachhaltigen Entwicklung in der Regionalplanung und regionalen Entwicklungskonzepten. Texte 59/00, Berlin

UBA – Umweltbundesamt (2007) Ökonomische Bewertung von Umweltschäden. Methodenkonvention zur Schätzung externer Umweltkosten. Umweltbundesamt, Dessau.www.umweltdaten.de/publikationen/fpdf-l/3193.pdf

UBA - Umweltbundesamt (2020) Methodenkonvention 3.1 zur Ermittlung von Umweltkosten - Kostensätze Stand 12/2020. Umweltbundesamt, Dessau.https://www.umweltbundesamt.de/sites/default/files/medien/1410/publikationen/2020-12-21_methodenkonvention_3_1_kostensaetze.pdf

UNCCD – United Nations Convention to Combat Desertification (2017) Global Land Outlook, 1. Aufl. UNCCD Secretariat, Bonn

UNEP – Umweltprogramm der Vereinten Nationen (2019) Global Environment Outlook 6. 745 S. https://www.unep.org/resources/global-environment-outlook-6. Zugegriffen: 05. Jan. 2022

Vallecillo S, La Notte A, Ferrini S, Maes J (2019) How ecosystem services are changing: an accounting application at the EU level. Ecosyst Serv 40:101044

UNEP-WCMC (2011) Developing ecosystem services indicators: Experiences and lessons learned from sub-global assessments and other initiatives. CBD Technical Series 58

UN- United Nations (2021) System of environmental-economic accounting –Ecosystem accounting: Final draft. UN. New York: 350 S.

Vihervaara P, Kumpula T, Tanskanen A, Burkhard B (2010) Ecosystem services – a tool for sustainable management of human-environment systems. Case study Finnish Forest Lapland. Ecol Complex 7:410–420

Wainwright J, Mulligan M (Hrsg)(2013) Environmental modelling: finding simplicity in complexity, 2. Aufl. Wiley.

Wallace KJ (2007) Classification of ecosystem services: problems and solutions. Biol Conserv 139:235–246

Walz A, Lardelli C, Behrendt H, Grêt-Regamey A, Lundström C, Kytzia S, Bebi P (2007) Participatory scenario analysis for integrated regional modelling. Landscape Urban Plan 81:114–131

WBGU – Wissenschaftlicher Beirat der Bundesregierung Globale Umweltveränderungen (2020) Landwende im Anthropozän: Von der Konkurrenz zur Integration. WBGU, Berlin, 388 S.

Weitzman M (2000) Economic profitability versus ecological entropy. Q J Econ 115:237–263

Whitehead C, Phaneuf D, Dumas CF, Herstine J, Hill J, Buerger B (2010) Convergent validity of revealed and stated recreation behavior with quality change: a comparison of multiple and single site demands. Environ Ressour Econ 45:91–112

Wiggering H, Müller F (Hrsg) (2004) Umweltziele und Indikatoren. Springer, Berlin

Windhorst W, Müller F, Wiggering H (2004) Umweltziele und Indikatoren für den Ökosystemschutz. Geowissen und Umwelt, Springer, Berlin, S 345–373

Wissenschaftsrat (2017) Bericht zur wissenschaftsgeleiteten Bewertung umfangreicher Forschungsinfrastrukturvorhaben für die Nationale Roadmap (Drs. 6410–17), 283 S.Wehrspaun M, Schoembs H (2002) Die Kluft zwischen Umweltbewusstsein und Umweltverhalten als Herausforderung für die Umweltkommunikation. In: Beyer A (Hrsg) Fit für Nachhaltigkeit? Biologisch-anthropologische Grundlagen einer Bildung für nachhaltige Entwicklung. Leske und Budrich, Opladen, S 141–162

Wolf A, Appel-Kummer E (2005) Demografische Entwicklung und Naturschutz. Perspektiven bis 2015. BfN.

Wronka TC (2004) Ökonomische Umweltbewertung. Vergleichende Analysen und neuere Entwicklungen der kontingenten Bewertung am Beispiel der Artenvielfalt und Trinkwasserqualität. Vauk, Kiel

Zangemeister C (1971) Nutzwertanalyse in der Systemtechnik. Eine Methodik zur multidimensionalen Bewertung und Auswahl von Projektalternativen. 4. Aufl. (1976), Dissertation, Technische Universität Berlin, 1970, München, 370 S.

Zimmermann H-J, Gutsche L (1991) Multi-Criteria Analyse. Einführung in die Theorie der Entscheidungen bei Mehrfachzielsetzungen. Springer, Berlin

Zingraff-Hamed A, Hüesker F, Lupp G, Begg C, Huang J, Oen A, Vojinovic Z, Kuhlicke C, Pauleit S (2020) Stakeholder Mapping to Co-Create Nature-Based Solutions: Who is on board? Sustainability 12:8625. https://doi.org/10.3390/su12208625

Bewertung von Ökosystemen und deren Leistungen in Deutschland

5

Karsten Grunewald, Sophie Meier, Olaf Bastian, Ralf-Uwe Syrbe, Ulrich Walz, Burkhard Schweppe-Kraft, Nicolas Lampkin, Peter Elsasser, Kerstin Altenbrunn, Margret Köthke, Martin Lorenz, Jürgen Meyerhoff, Dagmar Haase, Patrycia Gerhard, Birgit Kochan, Ina Neumann, Benjamin Richter, Achim Schäfer, Steffen Schwarz, Bettina Ohnesorge, Claudia Bieling, Christian Schleyer und Tobias Plieninger

Inhaltsverzeichnis

Die Reihenfolge der Autoren entspricht nicht der Reihenfolge der Gewichtung zum Beitrag. Die Autorennamen sind in der Reihenfolge ihres Erscheinens im Kapitel aufgeführt. Die Autoren der einzelnen Abschnitte finden Sie im jeweiligen Abschnitt innerhalb des Kapitels. Korrespondierende Autoren der jeweiligen Abschnitte sind mit * gekennzeichnet.

K. Grunewald (✉) · S. Meier · R.-U. Syrbe · B. Kochan · I. Neumann · S. Schwarz
Leibniz-Institut für ökologische Raumentwicklung, Dresden, Deutschland
E-Mail: k.grunewald@ioer.de

S. Meier
E-Mail: s.meier@ioer.de

R.-U. Syrbe
E-Mail: r.syrbe@ioer.de

K. Grunewald und O. Bastian (Hrsg.), *Ökosystemleistungen*,
https://doi.org/10.1007/978-3-662-65916-8_5

B. Kochan
E-Mail: b.kochan@ioer.de

I. Neumann
E-Mail: i.neumann@ioer.de

S. Schwarz
E-Mail: s.schwarz@ioer.de

O. Bastian
Moritzburg, Deutschland
E-Mail: Olaf.Bastian@web.de

U. Walz
Hochschule für Technik und Wirtschaft Dresden, Dresden, Deutschland
E-Mail: Ulrich.Walz@htw-dresden.de

Zusammenfassung

Vom abstrakten akademischen ÖSL-Konzept zu konkreten Anwendungen im Kontext der Nutzung, der Pflege und des Schutzes von Natur und Landschaft, von Fallbeispielen zu systematischen Bewertungen – darum soll es im Folgenden gehen. Auch wenn es das umfangreichste Kapitel des Buchs ist, können hier leider nicht alle Ökosysteme und Landnutzungstypen Deutschlands allumfassend und tiefgründig abgehandelt werden. Daher beschränken sich die ÖSL-Analysen und -Bewertungen auf ausgewählte, repräsentative Aspekte, geordnet nach den Hauptökosystemtypen Agrar, Wald, Urban und Gewässer/Auen/Moore, sowie dem Naturschutz- und Gesamtlandschaftsbezug (Abb. 5.1). Eine Kernbotschaft dieses Kapitels lautet: Ökosystemleistungen und Landnutzungen stehen in engen Wechselbeziehungen.

B. Schweppe-Kraft
Bundesamt für Naturschutz (i. R.), Bonn, Deutschland
E-Mail: Burkhard.Schweppe-Kraft@web.de

N. Lampkin
Thünen-Institut für Betriebswirtschaft, Braunschweig, Deutschland
E-Mail: n.lampkin@thuenen.de

K. Altenbrunn
Bundesamt für Seeschifffahrt und Hydrographie, Hamburg, Deutschland
E-Mail: kerstin.altenbrunn@bsh.de

P. Elsasser · M. Köthke · M. Lorenz
Thünen-Institut für Waldwirtschaft, Hamburg, Deutschland
E-Mail: peter.elsasser@thuenen.de

M. Köthke
E-Mail: margret.koethke@thuenen.de

M. Lorenz
E-Mail: dr.m.lorenz@t-online.de

J. Meyerhoff
Hochschule für Wirtschaft und Recht Berlin, FB1 Wirtschaftswissenschaften, Berlin, Deutschland
E-Mail: juergen.meyerhoff@tu-berlin.de

D. Haase Institut für Geographie, Humboldt Universität zu Berlin, Berlin, Deutschland
E-Mail: dagmar.haase@geo.hu-berlin.de

P. Gerhard
Bundesamt für Naturschutz, Leipzig, Deutschland
E-Mail: patrycia.gerhard@bfn.de

B. Richter
Kassenärztliche Vereinigung Rheinland-Pfalz (KV-RLP), Mainz, Deutschland
E-Mail: Richter_Benjamin@gmx.net

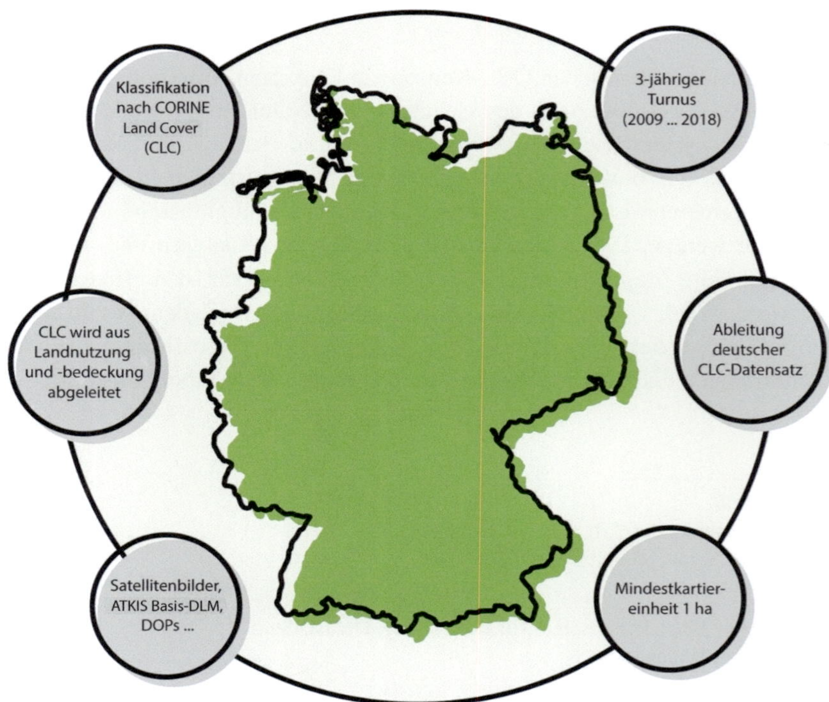

Abb. 5.1 Coverbild der Broschüre „Ökosysteme Deutschlands". (Grunewald et al. 2021b)

A. Schäfer
Lehrstuhl für Allgemeine Volkswirtschaftslehre und Landschaftsökonomie, Universität Greifswald, Greifswald, Deutschland
E-Mail: schaefea@uni-greifswald.de

B. Ohnesorge
Berlin, Deutschland
E-Mail: b.ohnesorge@posteo.de

C. Bieling
Fg. Gesellschaftliche Transformation und Landwirtschaft (430b), Universität Hohenheim, Stuttgart, Deutschland
E-Mail: claudia.bieling@uni-hohenheim.de

C. Schleyer
Fachbereich Ökologische Agrarwissenschaften, Fachgebiet Internationale Agrarpolitik und Umweltgovernance, Universität Kassel, Witzenhausen, Deutschland
E-Mail: schleyer@uni-kassel.de

T. Plieninger
Universität Kassel und Georg-August-Universität Göttingen, Göttingen, Deutschland
E-Mail: plieninger@uni-goettingen.de

5.1 Einleitung

Karsten Grunewald*, Sophie Meier und Olaf Bastian

Das Ökosystemleistungskonzept soll nicht einem Selbstzweck dienen, sondern helfen, bessere Handlungsoptionen für die Nutzung und den Schutz der Natur zu erarbeiten und umzusetzen. Abb. 5.2 veranschaulicht, dass Ökosystemleistungen (ÖSL), Biodiversität, Nachhaltigkeit und Landnutzung einschließlich der Umweltmedien das Spannungsfeld „wachsende Bedürfnisse des Menschen und Naturhaushalt/Naturkapital sichern" von verschiedenen Seiten beschreiben und sich dabei mehr oder weniger überlagern. Es handelt sich um Konzepte, die komplementär und in ihrem Anliegen nicht einfach zu differenzieren sind. Sie bringen unterschiedliche Schwerpunkte und Perspektiven mit sich, die jeweils angepasste Indikatoren und Methoden erfordern.

Was ist eigentlich gemeint, wenn wir die Begriffe „Ökosystemleistung" oder „Biodiversität" verwenden, welche Wechselwirkungen sind relevant, was ist wichtig? Das Nationale Komitee für Global Change Forschung (NKGCF) fordert z. B. eine „*Good Practice Definition* von regional spezifischen Indikatoren und Monitoring-Strategien, inkl. Vergleich von Messgrößen der Biodiversität, Funktion und Dienstleistung von Ökosystemen, Landnutzung und sozioökonomischen Trends" oder „die Entwicklung und Überprüfung von Modellen und Konzepten in der Nachhaltigkeitsforschung mit Blick auf Biodiversität und ökosystemare Leistungen" (NKGCF 2011). Solche Forderungen

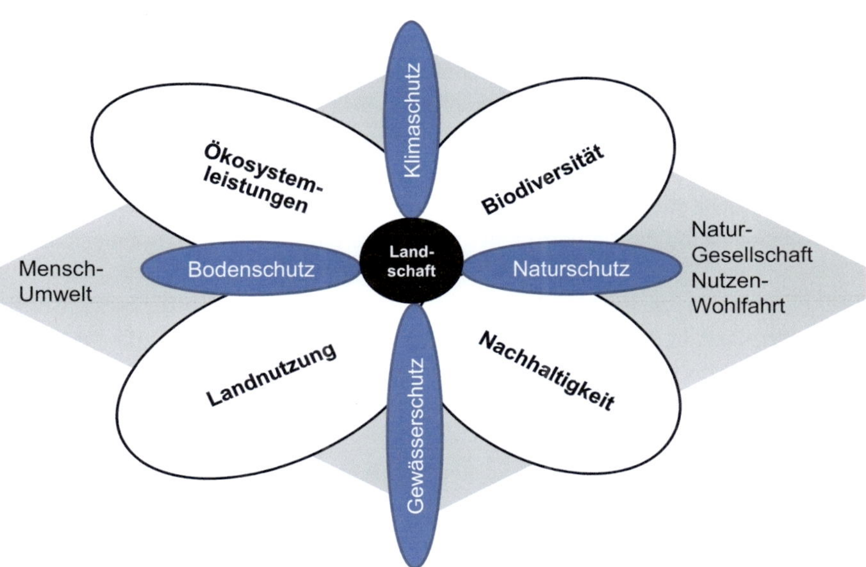

Abb. 5.2 Schema sich überlagernder Begriffe und Konzepte im Mensch-Umwelt-Bereich. (© Karsten Grunewald)

wecken hohe forschungspolitische Erwartungen in einem schwierigen, integrativen Feld, denn die Ziele können durchaus gegensätzlich sein, z. B. wenn Landwirtschaft und Artenschutz zusammentreffen, sodass Grundlagen für Abwägungsprozesse nötig sind.

Auch der Bundesregierung geht es inzwischen darum „aufzuzeigen, auf welche Weise die Wertschöpfung in Deutschland entsteht und welche Ressourcen dabei beansprucht werden. Schließlich sollen die Indikatoren einen Überblick darüber ermöglichen, inwieweit das technologische Wissen, das Humankapital, der Kapitalstock, die Staatsfinanzen sowie das Naturkapital sich entwickeln und auch für künftige Generationen zur Verfügung stehen" (Jahreswirtschaftsbericht der Bundesregierung 2022, S. 80).

Auf EU-Ebene verpflichteten sich die Mitgliedsstaaten im Jahr 2011, für die EU-Biodiversitätsstrategie 2020 den Zustand und die Leistungen ihrer Ökosysteme zu erfassen und die Ergebnisse bis 2020 in europäische und nationale Berichtssysteme zu integrieren. Entsprechende Kartierungen und Bewertungen folgen dabei den grundsätzlichen Empfehlungen europäischer Arbeitsgruppen wie MAES (Mapping and Assessment of Ecosystems and their Services). MAES betont, dass biologische Vielfalt grundlegend und entscheidend ist für funktionierende Ökosysteme, ein großes Angebot von ÖSL und damit auch das menschliche Wohlbefinden (Maes et al. 2013).

Das MAES-Konzept sieht zur Bewertung von Ökosystemen und deren Leistungen vier Module vor (Abschn. 3.1.3): 1) Kartierung der Ökosysteme, 2) Bewertung der Ökosystemzustände, 3) Bewertung der ÖSL, 4) integriertes Ökosystem-Assessment mit Anschluss zur Ökosystembilanzierung innerhalb der volkswirtschaftlichen Umweltgesamtrechnung (Ökosystem-Accounting oder Natural-Capital-Accounting). Für Deutschland wurden dementsprechend die ÖSL erstmalig bundesweit erfasst und bewertet und dafür ein standardisiertes System erarbeitet und abgestimmt. Die Indikatorenentwicklung basierte dabei vorrangig auf Landnutzungs- und Bevölkerungsdaten (Albert et al. 2015; Grunewald et al. 2017, 2021b, 2022) und bezog, insbesondere im Bereich des Ökosystemzustands, auch Aspekte der biologischen Vielfalt mit ein.

Neben der EU-Biodiversitätsstrategie setzen sich noch weitere internationale Übereinkommen und Institutionen mit dem Thema auseinander, wie der Zustand von Ökosystemen, der Zustand der biologischen Vielfalt und die ÖSL in Verbindung stehen:

- CBD (Convention on Biological Diversity/Übereinkommen über die biologische Vielfalt); spezifiziert in den Aichi-Targets (CBD 2010), aktualisiert in CBD (2022)
- TEEB (The Economics of Ecosystems and Biodiversity, TEEB 2010a)
- IPBES (Intergovernmental Science-Policy Platform on Biodiversity and Ecosystem Services, IPBES 2019)
- Ökosystem-Management-Ansätze des IUCN (International Union for Conservation of Nature, IUCN 2019)
- SEEA EA (System of Environmental-Economic Accounting – Ecosystem Accounting/System der umweltökonomischen Gesamtrechnung, UN 2021)

Auch andere EU-Strategien wie „Grüne-Infrastruktur-Strategie“, „Forststrategie“, „Invasive gebietsfremde Arten“, die „Meeres-Rahmenrichtlinie“ und die „Gemeinsame Agrarpolitik (GAP)/ländliche Entwicklung“ beziehen das ÖSL-Konzept mit ein und verwenden die entsprechende Terminologie (Helming et al. 2013).

ÖSL sind, wie der Name schon sagt, an Ökosysteme gebunden und damit auch an Landnutzungen bzw. die Qualität von Ökosystemen. Folglich kommt zur Wahrung unserer Lebensgrundlagen dem nachhaltigen Landmanagement und der Landschaft eine Schlüsselrolle zu (WBGU 2011, 2020, Abb. 5.2). Die Landoberfläche stellt den primären Lebensraum des Menschen dar, den er seit Jahrhunderten beeinflusst und aktiv gestaltet. Aktuelle globale Entwicklungen wie demografische Veränderungen, Klimawandel sowie wirtschaftliche Globalisierung stellen enorme Herausforderungen an den Umgang mit dieser endlichen Ressource dar. Dies betrifft neben dem Bereich der Ernährung auch die Bereitstellung von Energie und Lebensraum oder die Erhaltung von Ökosystemen.

An der Schnittstelle ÖSL–Landnutzung geht es um ein integratives Management, das dazu beiträgt, ein Gleichgewicht zwischen Zielsetzungen des Schutzes, der nachhaltigen Nutzung und der gerechten Aufteilung der Gewinne aus den Nutzungen herzustellen (Jessel 2011). Der Mensch wird dabei als expliziter Teil der Ökosysteme betrachtet (Landschaftsansatz, Abschn. 3.4). Die Landnutzung und Triebkräfte der Landnutzungsänderung bilden in erster Linie eine sozioökonomische Kategorie. Der Mensch ist zum Erhalt seiner Art auf Eingriffe in die Natur, auf Flächennutzungen angewiesen (Ott 2010). Das bedeutet, es geht nicht um das Ob, sondern um das Wie des Eingreifens in die Ökosysteme und um die Bewertung bestimmter Eingriffsarten. Dabei kann das ÖSL-Konzept helfen, Zusammenhänge zu verstehen. Auch hier sind die Bezüge zur Biodiversität relevant, dargelegt vor allem im Rahmen der Nationalen Biodiversitätsstrategie (BMU 2007, die gegenwärtig aktualisiert wird), und im Bundesprogramm Biologische Vielfalt (BfN 2022) bzw. dem nationalen Konzept zur „Grünen Infrastruktur“ (BfN 2017).

Missstände in der natürlichen Umwelt gehen zumeist ursächlich auf Landnutzungen durch den Menschen zurück, wie der Verlust von Tieren und Pflanzen, das Eindringen von Neobiota, erhöhte Schadstoffkonzentrationen in Boden, Wasser und Luft, Bodenerosion, Versiegelung und Zerschneidung von Räumen, Verlust oder Schädigung von Landschaftselementen oder die Verlärmung durch Verkehrswege. Die Umweltforschung thematisiert seit Jahrzehnten diese Veränderungen der Ökosysteme, aber inwieweit beeinträchtigen diese Veränderungen die Art der Nutzung und das menschliche Wohlbefinden? Zwar kann die Wissenschaft Gegebenheiten der Raumnutzung nach naturwissenschaftlichen Kategorien analysieren, systematisieren und darstellen (biophysische Methoden, Abschn. 4.1), für die Problembewertungen und Handlungsentscheidungen ist jedoch die Politik verantwortlich. Gerade hierbei soll das integrative ÖSL-Konzept hilfreich sein und neue Einsichten ermöglichen (Abschn. 4.2–4.4, Kap. 6).

In demokratischen Ländern wie Deutschland regeln rechtlich verbindliche Vorgaben, was im Fall der Landnutzung bzw. beim Verursachen möglicher Missstände (s. oben) zu tun ist. In Deutschland und der EU existiert eine Vielzahl an Vorgaben, denen in der

Regel langwierige gesellschaftliche Aushandlungsprozesse vorausgehen. Diese Prozesse setzen sowohl ökologische Analysen als auch die Wahrnehmung und Abschätzung des Risikos oder der Gefahr für Mensch und Umwelt voraus (konstruktivistischer gesellschaftlicher Prozess). Selbst wenn Landnutzungsprobleme frühzeitig erkannt werden, sodass die Gesellschaft handeln kann, ist dies noch kein Garant dafür, dass das Problem auch gelöst werden kann.

Die nachfolgenden Unterkapitel vertiefen die Analyse, Bewertung und Anwendung des ÖSL-Konzepts. Die Autoren beabsichtigen hier keine systematische Bewertung aller Ökosysteme oder aller ÖSL-Klassen (s. dazu Grunewald et al. 2021b) – dies würde den Rahmen des Buchs sprengen –, sondern setzen den Schwerpunkt auf die ÖSL-Erfassungen. Beschrieben wird das methodische Vorgehen bei Erfassung, Kartierung und Bewertung sowie bei räumlichen Darstellungen (bundesweit, regional und ökosystem-/nutzungstypenspezifisch). Anhand von Beispielen wird dargestellt, wie ÖSL-Ansätze zur nachhaltigeren Landnutzung beitragen können, wie das ÖSL-Konzept neue Sichtweisen, Gestaltungsoptionen und Möglichkeiten generiert, aber auch, wo seine Grenzen liegen.

Will man den Zustand und die Leistungen der Ökosysteme bewerten, sind zunächst Informationen zur Fläche der unterschiedlichen Ökosysteme erforderlich. In Abschn. 5.2 wird erläutert, wie Ökosysteme typisiert und hierarchisch klassifiziert werden können, dass sie den zum Teil sehr unterschiedlichen Anforderungen an die nachfolgende Zustands- und Leistungsbilanzierung genügen. Die Reihenfolge der weiteren Unterkapitel beginnt dann mit den zusammengenommen flächenmäßig größten Hauptnutzungstypen in Deutschland, den Agrarökosystemen, gefolgt von Waldökosystemen und urbanen Ökosystemen. Anschließend werden ÖSL der Binnengewässer, Auensysteme und Moore thematisiert. Meeres-, Küsten- und Hochgebirgsökosysteme sind hingegen nicht Bestandteil einer expliziten Analyse. Alle betrachteten Ökosysteme sind sowohl Produktions- und Lebensräume als auch Regenerationsräume, wenn auch in unterschiedlichem Maße, sodass ÖSL aller drei Kategorien behandelt werden. In Abschn. 5.7 werden Beispiele gezeigt, die spezifische naturschutzfachliche Belange der ÖSL-Bewertung im bundesweiten und regionalen Maßstab demonstrieren.

5.2 Ökosystemtypen und Monitoring der Flächenänderungen in Deutschland

Karsten Grunewald*, Sophie Meier, Ralf-Uwe Syrbe, Ulrich Walz und Burkhard Schweppe-Kraft

Die Vereinten Nationen (UN) haben ein Erfassungssystem für Ökosystemflächen aufgesetzt, damit die Mitgliedstaaten den Verlust von Ökosystemen oder die Verschlechterung des Ökosystemzustands und der -leistungen genauer dokumentieren und entsprechend gegensteuern können. Dieses System wird Ecosystem Extent Account (Ökosystemgesamtrechnung) genannt. Mithilfe des Accounts können die Staaten in regelmäßigen Abständen im Blick behalten, wie sich die Flächen ihrer verschiedenen Ökosysteme im Laufe der Zeit verändern (UN 2021). Im Prinzip ist das System der Erfassung und Beobachtung der Ökosystemflächen in unterschiedlicher Detailschärfe von der lokalen (z. B. Brzoska et al. 2021), über die regionale und nationale (Grunewald et al. 2020c; Bellingen et al. 2021) bis zur kontinentalen Ebene (EUNIS 2019) anwendbar.

5.2.1 Hierarchisches Klassifikationssystem für Ökosystemtypen (ÖST)

Folgende Prinzipien wurden von Grunewald et al. (2020c) für eine Systematik deutscher Ökosystemtypen identifiziert:

- ein klares, in sich geschlossenes Gliederungsprinzip für ÖST,
- aus vorhandenen Datenquellen ableitbar,
- passfähig zu internationalen Systemen (wie MAES/SEEA und zum europäischen Naturinformationssystem EUNIS),
- Klassifikation, die räumlich explizit dargestellt werden kann, damit sie mit örtlich erfassten, statistischen Daten aus anderen Quellen kombiniert werden kann,
- ständig aktualisierte Zeitschnitte müssen verfügbar sein (Monitoringsystem), wodurch die Änderung der Landnutzung und Landbedeckung und damit der Ökosysteme messbar wird,
- aktuelle, deutschlandweit vorhandene, naturschutzrelevante Daten sollten mit einbezogen werden können (Natura-2000-Daten, Biotopkartierungen und andere).

Um die flächenscharf darstellbaren Ökosystemklassen zu definieren, bietet sich das europäische CORINE-Land-Cover-(CLC-)Klassifikationssystem an. Von den 44 für Europa existierenden CLC-Klassen zu Ökosystemen sind für Deutschland 37 relevant (Keil et al. 2015). Entsprechend wurde ein Ansatz erarbeitet (Grunewald et al. 2020c), indem die 37 CLC-Klassen in fünf Hauptökosystemtypen (Haupt-ÖST) gegliedert wurden. Diese Haupt-ÖST sind zusätzlich in 14 Unter-ÖST unterteilt. Damit existiert nun eine flächendeckende und redundanzfreie Beschreibung der Land- und Wasserfläche für Deutschland (Tab. 5.1).

Das vorgeschlagene Klassifikationssystem ist in Abb. 5.3 schematisch dargestellt. Das bedeutet, der Kern des Monitorings der ÖST-Flächen sind die CLC-Klassen, welche zu Unter- bzw. Haupt-ÖST aggregiert werden. Möchte man noch genauere Aussagen treffen, die detaillierter als die CLC-Klassen sind, z. B. was naturschutzfachliche Bewertungen des Zustands der Ökosysteme im Sinne der Biodiversität betrifft, müssen diese CLC-Klassen noch mit Naturschutzfachdaten untersetzt werden. Diese Untersetzung des Systems ist in Abb. 5.3 (rechte Seite) angedeutet und wird unten näher erläutert.

Diese angesprochene Verfeinerung durch Naturschutzfachdaten orientiert sich – soweit es die (Flächennutzungs-)Daten zulassen – am europäischen Naturinformationssystem

Tab. 5.1 Systematik für Ökosystemtypen (ÖST) in Deutschland (Grunewald et al. 2020c)

Haupt-ÖST	Unter-ÖST	CLC-Code	CLC-Name (CLC-ÖST-Typ)
1 Seminatürliches Offenland	11 Naturnahes Grünland und Heiden	321	Naturnahes Grünland
		322	Heiden und Moorheiden (auch Baumreihen und Hecken)
	12 Feuchtflächen	411	Sümpfe
		412	Torfmoore
		421	Salzwiesen
	13 Übergangs- und Extremstandorte	331	Strände, Dünen und Sandflächen
		332	Felsen ohne Vegetation
		333	Flächen mit spärlicher Vegetation
		334	Brandflächen
		335	Gletscher und Dauerschneegebiete
2 Wald und Gehölz	21 Wald	311	Laubwälder
		312	Nadelwälder
		313	Mischwälder
	22 Gehölz	324	Wald-Strauch-Übergangsstadien
3 Agrarland	31 Anbaukulturen	211	Nicht bewässertes Ackerland
		221	Weinbauflächen
		222	Obst- und Beerenobstbestände
	32 Grünland	231	Wiesen und Weiden
	33 Heterogenes Agrarland	242	Komplexe Parzellenstruktur
		243	Landwirtschaftlich genutztes Land mit Flächen natürlicher Bodenbedeckung von signifikanter Größe
4 Gewässer	41 Fließgewässer	511	Gewässerläufe
	42 Standgewässer	512	Wasserflächen
	43 Meeresgewässer	423	Watt
		521	Lagunen
		522	Mündungsgebiete
		523	Meere und Ozeane

(Fortsetzung)

Tab. 5.1 (Fortsetzung)

Haupt-ÖST	Unter-ÖST	CLC-Code	CLC-Name (CLC-ÖST-Typ)
5 Urban, industriell	51 Gebäude und Verkehr	111	Durchgängig städtische Prägung
		112	Nicht durchgängig städtische Prägung
		121	Industrie und Gewerbeflächen, öffentliche Einrichtungen
		122	Straßen-, Eisenbahnnetze und funktionell zugeordnete Flächen (auch Wege)
		123	Hafengebiete
		124	Flughäfen (auch Rollbahnen)
		133	Baustellen
	52 Abbau und Halden	131	Abbauflächen
		132	Deponien und Abraumhalden
	53 Urbane Grün- und Freizeitflächen	141	Städtische Grünfläche
		142	Sport- und Freizeitanlagen

CLC - CORINE Land Cover

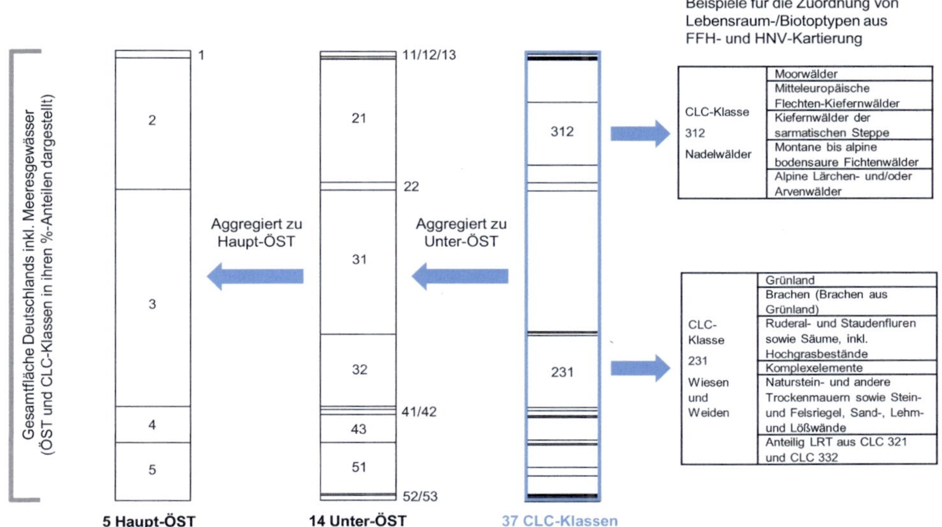

CLC = CORINE Land Cover, FFH = Fauna-Flora-Habitat, HNV = High Nature Value, LRT = Lebensraumtyp
Zahlen der ÖST und CLC-Klassen siehe Tab. 5.1 CLC-Klassen aus Platzgründen hier nicht weiter aufgeführt

Abb. 5.3 Schematische Darstellung des vorgeschlagenen Klassifikationssystems für Ökosystemtypen (ÖST). (© IÖR/Grunewald)

EUNIS. Für die einzelnen Habitattypen definiert der EUNIS-Katalog (EUNIS 2018) Zuordnungen zu anderen Klassifikationssystemen (u. a. zu den FFH-Lebensraumtypen und den oben genannten CLC-Klassen), die weitgehend übernommen wurden, sodass auf dieser Grundlage Verknüpfungen möglich sind. Auf diese Weise erlaubt das hier vorgestellte Klassifikationssystem theoretisch nicht nur für Deutschland, sondern auch für andere europäische Länder, eine konsistente Bilanzierung der Ökosysteme (EEA 2014; Maes et al. 2014; Erhard et al. 2016). Die Zuordnung der ÖST zu den EUNIS-Typen ist in Grunewald et al. (2021b) zu finden.

Die mit der ÖST-Systematik notwendige Gruppierung von Ökosystemen berücksichtigt neben den bereits erwähnten Landnutzungs- und Landbedeckungseigenschaften auch die Aggregationsregeln und die Zuverlässigkeit der Datenquellen. Die Aggregationsregeln besagen, dass kleine Elemente denjenigen ÖST zugeordnet werden müssen, deren räumliche Bestandteile sie sind (Hutewälder, Hecken oder Gebüsche zum Offenland, in dem sie liegen, Quellen zu Feuchtflächen usw.). Außerdem wurden Flächentypen, die in Deutschland sehr selten auftreten, die sehr stark variieren oder die mit Fernerkundungsmethoden oft nur fehlerhaft erfasst werden, Klassen zugeordnet, von denen sie sich mitunter stark unterscheiden. Dies gilt u. a. für Gletscher (extrem selten), Brandflächen (sehr dynamisch) oder bestimmte natürliche Grünlandtypen (selten und schwer erfassbar). Dies geschah, um die Anzahl der ÖST überschaubar zu halten und effizient mit dem Katalog arbeiten zu können. Um Fehler in den Basisdaten abzumildern, wurden vor allem solche CLC-Klassen zu gröberen ÖST zusammengefasst, die sich anhand von Satellitendaten schwer voneinander unterscheiden lassen (z. B. Nadel-, Misch- und Laubwälder, aber auch bewaldete Dünen oder Feuchtgebiete mit den – aus dem All nicht identifizierbaren – Niedermooren).

Auch eine semantische Unsicherheit konnte damit vermieden werden – z. B. die historisch oder fachlich strittige Unterscheidung natürlicher, befestigter, begradigter, verlegter oder kanalisierter Flüsse und ihren (manchmal naturnäheren, aber gleichwohl künstlich angelegten) Mühlgräben und „echten“ Kanälen. Dies ist legitim, weil die Fläche der Fließgewässer gering ist. Letztlich sollte die relativ grobe Typisierung nicht die Unsicherheiten feinerer Klassifikationen übernehmen und damit möglicherweise noch unschärfer werden als nötig.

LBM-DE und ATKIS Basis-DLM als Datengrundlagen für die flächenscharfe Darstellung und Analyse

Das Landbedeckungsmodell LBM-DE vom Bundesamt für Kartographie und Geodäsie (BKG) diente als Grundlage für die Ökosystemklassifikation. Es beinhaltet Geoinformationen aus dem Amtlichen Topographisch-Kartographischen Informationssystem (ATKIS Basis-DLM) sowie aus Satellitendaten, die über mehrere Zeitpunkte innerhalb eines Jahrs ausgewertet wurden, um z. B. Acker- von Grünlandflächen zu unterscheiden. Jede Fläche im LBM-DE ist einer von insgesamt 35 CLC-Klassen zugeordnet. Obwohl es europaweit 37 CLC-Klassen gibt, finden sich nur 35 davon im LBM-DE (Arnold 2012; BKG 2019a). Das LBM-DE wird seit 2009 im Dreijahresrythmus produziert und bezieht sich immer auf ein konkretes Stichjahr (BKG 2019). Für die Ökosystemklassifikation wurden Daten der Jahre 2012, 2015 und 2018 verwendet. Die Daten für 2021 waren bis Ende 2022 noch nicht verfügbar. Die räumliche Auflösung des LBM-DE liegt bei 1 ha (Arnold 2012; Keil et al. 2015).

Wegen der Mindestkartierfläche von 1 ha sind schmale Infrastruktur- und Kleinstrukturelemente nicht im LBM-DE enthalten (BKG 2018). Um solche ökologisch wichtigen Strukturen zu berücksichtigen, wurden diese Elemente zusätzlich aus dem ATKIS Basis-DLM entnommen und in das LBM-DE integriert. Im ATKIS Basis-DLM sind diese Elemente als Linie modelliert. Für die Ökosystemflächenberechnung mussten diese Linien in Flächen umgewandelt werden. Die dazu notwendigen Breitenangaben der Verkehrswege und Fließgewässer sind teilweise im ATKIS Basis-DLM enthalten, teilweise wurden sie aber auch nach Krüger et al. (2013) abgeschätzt. Die Breite der Gehölzelemente wurde auf der Basis von Hecken aus der High-Nature-Value-Kartierung abgeleitet. Für die Felsen wurde ein Erfahrungswert aus Kartierungen im Erzgebirge verwendet (Grunewald et al. 2020c). Um Überlagerungen zu vermeiden, wurden die überlagerten Elemente im LBM-DE durch die neu hinzugekommenen linearen Infrastruktur- und Kleinstrukturelemente ersetzt. Eine tabellarische Auflistung der Breiten und die Zuordnung der ergänzten linearen Infrastruktur- und Kleinstrukturelemente zu den entsprechenden CLC-Kategorien ist Grunewald et al. (2020c) zu entnehmen.

Die verwendeten Datengrundlagen weisen Inkonsistenzen auf, die man bei der Auswertung der Ökosystemflächen beachten muss. Das ATKIS Basis-DLM war die Datenquelle für Hecken und Baumreihen, jedoch erfassen die verschiedenen Bundesländer teilweise ihre Hecken auf unterschiedliche Weise, sodass z. B. für Bayern relativ wenige Hecken und Baumreihen im AKTIS Basis-DLM zu finden sind (vgl. Walz 2012). Im Laufe seiner Entwicklung wurde das LBM-DE immer wieder methodisch angepasst. Damit war es in dieser vorgestellten Untersuchung nicht möglich, sichere Aussagen zur Entwicklung der Ökosystemflächen zu machen (Abschn. 5.2.3). Inzwischen hat das Bundesamt für Kartographie aber die Zeitschnitte 2012, 2015 und 2018 so weit überarbeitet, dass die drei Erhebungen methodisch angeglichen wurden und in Zukunft damit Zeitreihenanalysen besser durchführbar sind.

Untersetzung mit weiteren naturschutzfachlich relevanten Daten

Wie oben erläutert, ist Biodiversität ein konstitutiver Bestandteil der Ökosysteme und kann als Kriterium genutzt werden, um den Zustand der Ökosysteme einzuschätzen (CBD 2010; Maes et al. 2018; Geschke et al. 2019). Deshalb sollen auch relevante, regelmäßig erhobene Daten im Rahmen eines Ökosystem-Accountings ausgewertet werden, mit denen die Biodiversität eingeschätzt werden kann. In das derzeitige Konzept zum Ökosystem-Accounting fließen neben den flächendeckenden CLC-Klassen also noch weitere bundesweit verfügbare Informationen über die Ausdehnung naturschutzfachlich relevanter Biotope ein, die geeignet sind, Zustand und Wert der Ökosysteme aus Naturschutzsicht näher zu spezifizieren. Dies sind zurzeit Daten aus der bundesweiten Berichterstattung zu Umfang und Erhaltungszustand der FFH-Lebensraumtypen nach Anhang I der FFH-Richtlinie (Deutschlands Natur 2018), die regelmäßige Erhebung der HNV-Landwirtschaftsflächen auf mehr als 1000 Stichprobenflächen von 1 km^2

Größe (Hünig und Benzler 2017), die Bundeswaldinventur und die Einstufung des ökologischen Gewässerzustands nach der Wasserrahmenrichtlinie (WRRL).

Die oben genannten Informationen wurden so ausgewählt, dass alle Biotoptypen Deutschlands abgedeckt werden konnten, die in der Liste der „gefährdeten Biotoptypen Deutschlands" aufgeführt sind (Finck et al. 2017). Diese Liste enthält, anders als ihr Name sagt, alle Biotoptypen Deutschlands, nicht nur die gefährdeten, und ist so differenziert, dass sie sich problemlos mit den anderen Ökosystemklassifikationssystemen (EUNIS, CLC) kombinieren lässt. Damit stehen Flächengrundlagen für eine qualitative und monetäre Einschätzung von Biotopwerten zur Verfügung (Abschn. 5.7.3).

Fazit

Die Ökosystemkartierung und -bilanzierung stellt die Grundlage für die Bewertung der Ökosystemzustände und -leistungen dar. Für Deutschland wurde im Rahmen einer Studie (Grunewald et al. 2020c) im Auftrag des Bundesamts für Naturschutz ein System der Ökosystemklassifikation erarbeitet, das hierarchisch aufgebaut ist und als Grundlage für Analysen der Ökosystemflächenveränderungen dienen kann. Die Definition der Ökosysteme folgte der europäischen Ökosystemklassifikation (CORINE Land Cover). Die Ökosystemflächen bilden einerseits große räumliche Einheiten wie Wälder, Seen und Ackerflächen ab. Aber auch schmale Ökosysteme wurden mitberücksichtigt. Dazu gehören Fließgewässer, Hecken, Baumreihen, Felsen und auch Straßen und Wege. In einem Ecosystem Extent Account werden alle räumlichen Objekte in der Landschaft, auch Gebäude und Straßen, als Ökosysteme angesehen.

Das Statistische Bundesamt (Destatis) setzt seit 2021 die internationalen Vorgaben der UN zur Überwachung der Ökosystemzustände und zu den ÖSL offiziell um. Dabei etabliert die Behörde den Ecosystem Extent Account als wichtige Komponente (Bellingen et al. 2021). Das Statistische Bundesamt untersetzte den oben dargestellten Ansatz (Grunewald et al. 2020c) z. T. mit detaillierteren Daten, z. B. für die Meeresökosysteme, Moore und Streuobstwiesen. Wege und Felsen wurden beim Destatis-Ansatz jedoch weggelassen. Da die europäischen Ökosystemdefinitionen und CLC-Klassen teilweise recht allgemein gehalten sind, untergliederte Destatis in weitere Unterkategorien (Ökosystemklassen).

Durch die Integration eines Ecosystem Extent Accounts in das statistische Berichtssystem ist Deutschland künftig in der Lage, Verluste oder Gewinne von wertvollen Ökosystemflächen besser zu überwachen. Die Daten können auf Gemeindeebene und zusammengefasst in Siedlungs- und Verkehrsflächen, Agrarland, Wälder und Gehölz, seminatürliches Offenland, Binnen- und Meeresgewässer abgerufen werden (Ökosystematlas, Destatis 2022).

5.2.2 Ökosystemtypenkarte Deutschlands

Abb. 5.4 zeigt die Flächen der Haupt- und Unterökosystemtypen (ÖST) so aufbereitet, dass nur die jeweils größte Fläche innerhalb einer 1-km^2-Rasterzelle dargestellt wird

Abb. 5.4 Karte der Hauptökosystemtypen Deutschlands

(Dominanzprinzip). In Rasterzellen lassen sich diese Flächen leichter darstellen, Flächenberechnungen sollten damit aber nicht angestellt werden, denn dafür sind die Rasterflächen zu ungenau.

5.2.3 Flächengrößen der Ökosysteme und Monitoring der Veränderungen auf Bundesebene

Flächengrößen der Ökosysteme wurden bisher für die Zeitschnitte 2012, 2015 und 2018 erhoben (Tab. 5.2). Um die Anteile der Ökosysteme zu berechnen, braucht man eine fest definierte Basisfläche, die über die Zeitreihe 2012, 2015 und 2018 gleich bleibt. Die terrestrische Fläche der Bundesrepublik Deutschland (Gemeindegeometrien, ca. 35.767.570 ha) sollte 100 % entsprechen, um die Vergleichbarkeit mit anderen Statistiken zu gewährleisten. Da aber außerhalb dieser Fläche noch weitere wertvolle Biotope zu finden sind, setzt sich die Gesamtfläche der Kartierung aus folgenden Flächen zusammen, die gemeinsam über 100 % ergeben: die terrestrische Gemeindefläche Deutschlands, die deutschen Territorialgewässer, die deutsche ausschließliche Wirtschaftszone auf hoher See, der deutsche Anteil des Bodensees und das gemeinsam verwaltete deutsch-luxemburgische Grenzgebiet. Damit liegt die Gesamtfläche bei 106,6 % der Landfläche.

Veränderungen der Ökosystemflächen auf Bundesebene 2012–2018

Tab. 5.2 zeigt die Ergebnisse für die drei Zeitschnitte 2012, 2015 und 2018 auf Ebene der Haupt-ÖST und am Beispiel einiger untergeordneter CLC-Klassen. Die Änderungen liegen in einem sehr geringen Prozentbereich. Über die Zeit betrachtet sind die Ökosystemflächenänderungen teilweise inkonsistent und weichen von Erhebungen aus anderen Datenquellen ab. Beispielsweise nimmt die Fläche der Laubwälder nach der Bundeswaldinventur (2002–2012) zu (BMEL 2014). Auch in der Ökosystembilanzierung von 2012 nach

Tab. 5.2 Flächenbilanz der Haupt-ÖST und ausgewählter CLC-Klassen aus dem LBM-DE in Deutschland (km^2). (Datenquelle: BKG 2016a,b, 2018, 2019; gesamte Flächenbilanz in Grunewald et al. 2021b)

Haupt-ÖST (H-ÖST) CLC-Klasse (Code)	Bezugsjahr		
	2012	2015	2018
Seminatürliches Offenland	6466	6313	6455
Natürliches Grünland (321)	1810	1701	1826
Wald und Gehölz	113.098	111.144	111.148
Laubwälder (311)	34.981	35.911	35.726
Nadelwälder (312)	54.480	53.467	53.331
Mischwälder (313)	15.462	15.343	15.351
Wald-Strauch-Übergangsstadien (324)	8175	6423	6774
Agrarland	185.779	184.484	184.301
Wiesen und Weiden (231)	62.124	61.424	61.154
Gewässer	30.566	30.554	30.609
Gewässerläufe (511)	2638	2619	2666
Wasserflächen (512)	4312	4315	4296
Urban, industriell	45.510	48.924	48.904

2015 nehmen Laubwälder zu, sie nehmen jedoch seit 2015 wieder ab. Solche Flächenänderungen gehen auf Korrekturen zurück, denn auf neueren Satellitenbildern ließen sich die Waldtypen besser unterscheiden als noch auf den Satellitenbildern von 2012.

Wasserflächen nehmen in unserer Ökosystembilanzierung seit 2015 zu und diese Entwicklung deckt sich auch mit anderen Datenquellen (Grunewald et al. 2020b), die zeigen, dass es in den Bergbaufolgelandschaften von 2008 bis 2018 eine Zunahme der Gewässerflächen gab. Jedoch wurde der LBM-DE-Datensatz 2018 bei der Erstellung offensichtlich dahingehend generalisiert, dass kleine Gewässer wie Teiche aus dem Datensatz entfernt wurden, sodass die Ökosystembilanzierung für die Gewässer kein vollständiges Bild liefern kann (Grunewald et al. 2020b; Meier et al. 2020).

Die kurze Analysezeitspanne unserer Ökosystembilanzierung (drei Zeitschnitte, die sechs Jahre abdecken) erlaubt es noch nicht, zuverlässige Aussagen zur Flächenentwicklung zu treffen, vor allem durch die bereits erwähnten methodischen Anpassungen, die nach und nach im LBM-DE erfolgt sind, wie die Verbesserung der Satellitendaten oder das Löschen von kleinen Gewässern, was die verschiedenen Zeitschnitte des LBM-DE kaum vergleichbar macht. Die inzwischen erfolgte Überarbeitung der drei LBM-DE-Zeitschnitte gemäß einem einheitlichen methodischen Schema könnte solche Probleme für zukünftige Auswertungen verringert haben.

Eine Zeitreihe von 1992 und 2012 auf Basis der Daten von Jungehülsing (2020) zeigt teilweise ähnliche Tendenzen, wie die hier vorgestellte Entwicklung der Hauptökosystemtypen in der Ökosystembilanzierung (Abb. 5.5). Nach Jungehülsing (2020) hat die Landwirtschaftsfläche am stärksten abgenommen, alle anderen Flächennutzungen und vor allem die Siedlungs- und Verkehrsfläche haben zugenommen.

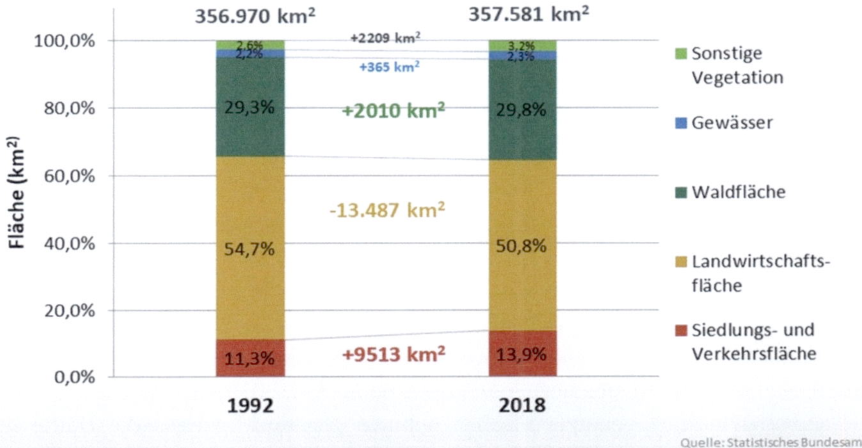

Abb. 5.5 Flächennutzung in Deutschland in den Jahren 1992 und 2018 nach Hauptkategorien. (Aus Jungehülsing 2020, Quelle: siehe Abbildung)

Flächenversiegelung und ÖSL
Die Flächeninanspruchnahme der Siedlungs- und Verkehrsflächen (SuV) in Deutschland wird offiziell im Nachhaltigkeitsindikator „Anstieg der Siedlungs- und Verkehrsfläche (in ha/Tag)“ auf Gemeinde- und Landkreisebene gemessen. Meyer et al. (2021) fassen kritische Punkte zu diesem Indikator zusammen: Dieser stellt eine rein *quantitative* Erfassung dar und vernachlässigt qualitative Aspekte, nämlich inwieweit ÖSL durch Flächenänderungen beeinträchtigt und wie groß die letztendlich versiegelte Fläche tatsächlich ist, denn bisher werden Verkehrsbegleitgrün und Hausgärten zur SuV-Fläche mit hinzugezählt. Zudem misst der Indikator weder die Ausnutzung des Raums als Wohn- und Arbeitsstätte noch die Streuung der bebauten Fläche (Struktur). Zu berücksichtigen wären in diesem Sinne auch die Zersiedelungs- und Zerschneidungseffekte (Schwarzak und Behnisch 2017; Walz et al. 2022).

Um die Kritikpunkte an dem bisher rein quantitativen, offiziellen Flächenmonitoring auszuräumen, entwickelten Meyer et al. (2021) methodische Ansätze als Erweiterungsvorschläge am Beispiel des bayerischen Landkreises Rhön-Grabfeld. Für die ÖSL „Klimaregulation“ rechnen Meyer et al. (2021) vor, wie sich die Nutzungsänderung bei Grünland, in Geldwerten ausgedrückt, auf den Treibhauseffekt auswirkt, denn wird Grünland in Acker umgewandelt, so kann diese Fläche deutlich weniger CO_2 speichern (im Landkreis Rhön-Grabfeld speichert Grünland 393 t CO_2 ha^{-1}, die Ackerflächen 263 t CO_2 ha^{-1}). Eine komplette Versiegelung senkt die CO_2-Speicherung auf null. Würde man das Grünland belassen, lägen die vermiedenen Klimaschäden bei jährlich 72.765 € ha^{-1}, in Ackerland umgewandelt lägen diese immerhin noch jährlich bei 48.641 € ha^{-1}. Weitere Leistungen, die durch Versiegelung unterbunden werden, wie Hochwasserrückhalt und Lebensraum für Tier- und Pflanzenarten, sind hier noch gar nicht berücksichtigt.

5.3 Ökosystemleistungen der Agrarlandschaften

5.3.1 Einleitung

Karsten Grunewald* und Olaf Bastian

Die Landwirtschaft erfüllt die wichtige gesellschaftliche Aufgabe, die Bevölkerung mit Lebensmitteln zu versorgen. Auch trägt sie wesentlich zur Entwicklung des ländlichen Raums und zum Erhalt der Kulturlandschaft bei. Aber die intensive Bewirtschaftung ist auch verantwortlich für negative Umweltwirkungen, u. a. in Form von Rückgang der biologischen Vielfalt, Nährstoffabfluss und Treibhausgasemissionen, wodurch sie der Gesellschaft externe Kosten aufbürdet (Beckmann et al. 2019).

Landwirtschaftlich genutzte Flächen nehmen gegenwärtig etwa die Hälfte des EU-Territoriums und auch in Deutschland rund 50 % der Fläche ein. Die im Laufe einer viele Jahrhunderte währenden Entwicklung vom Menschen hervorgebrachten Agrarlandschaften – ein Mosaik aus Acker- und Grünlandökosystemen, Flächen mit Sonderkulturen sowie Hecken, Säume, Wege, Viehställe usw. – waren und sind teilweise noch Horte der biologischen Vielfalt und Produzenten mannigfaltiger ÖSL. Allerdings haben seit Jahrzehnten die andauernde und ständig zunehmende Intensivierung der Agrarproduktion in Gunstlagen (Flurausräumung, Großflächenwirtschaft, Mechanisierung, Chemisierung) einerseits sowie Nutzungsaufgabe und Aufforstung in benachteiligten Gebieten andererseits zu einem gravierenden Rückgang an Biodiversität und vieler Regulations- und soziokultureller ÖSL geführt – ein Prozess, der weiterhin anhält (BCG 2019).

Die Leopoldina (2019) benennt die direkten Ursachen für den Rückgang der Biodiversität in der Agrarlandschaft wie folgt:

- Änderungen der Landnutzung und der angebauten Kulturen: Abnahme von artenreichen Landnutzungssystemen; Zunahme von intensiv genutzten, ertragreichen Kulturen (z. B. Mais, Raps, Weizen, Wein)
- abwechslungsarme Fruchtfolgen
- Wandel in der Nutztierhaltung
- hohe Effizienz in der Schädlings- und Unkrautbekämpfung
- flächendeckender, hoher Nährstoffgehalt der Böden
- Vergrößerung der Schläge, Verlust der Strukturvielfalt der Landschaft

Um Landwirten und einer breiten Öffentlichkeit die Bedeutung der biologischen Vielfalt und der zahlreichen, von schonend bewirtschafteten Agrarflächen ausgehenden, positiven Wirkungen bzw. Leistungen nahezubringen, ist die Anwendung des ÖSL-Konzepts aus mehreren Gründen sehr sinnvoll (z. B. Plieninger und Schleyer 2010; Tamburini et al. 2020; Bethwell et al. 2021):

- Über kaum ein anderes Ökosystem liegt so gut abgesichertes Wissen darüber vor, wie ÖSL durch bestimmte Bewirtschaftungsmaßnahmen erbracht und langfristig gesichert werden können (z. B. Reduktion des Eintrags von Düngemitteln und Pestiziden in Oberflächengewässer durch Anpflanzung von Gehölzen in der Agrarlandschaft).
- Viele ÖSL werden als Koppelprodukte gemeinsam mit Agrarprodukten bereitgestellt; in den seltensten Fällen ist zur Förderung von ÖSL ein vollständiger Verzicht auf die landwirtschaftliche Produktion erforderlich.
- In der europäischen Landwirtschaft liegen bereits umfangreiche Erfahrungen mit ökonomischen Anreizinstrumenten vor, die zur gezielten Bereitstellung von ÖSL eingesetzt werden können.
- Viele Agrarökosysteme verfügen über hohe Potenziale zur Stärkung von ÖSL. Einerseits greift die Landwirtschaft in hohem Maße auf ÖSL zurück (Regulationsleistungen), andererseits stellt sie Leistungen in erheblichem Umfang bereit (Versorgungsleistungen). Je nach Bewirtschaftungsweise kann sie der Gesellschaft aber auch externe Kosten aufbürden (s. oben).

Wichtige Ökosystemleistungen der Landwirtschaft sind:

- Versorgungs- (ökonomische) Leistungen und Güter wie Nahrung, Trinkwasser, Baumaterialien, Energie, Fasern, genetische und biochemische Ressourcen (Arzneimittel)
- Regulations- (ökologische) Leistungen und Güter wie Bodenfruchtbarkeit, Hochwasserschutz, Klimaschutz und Luftreinhaltung; darunter sind unterstützende Leistungen wie Stickstoff-, Kohlenstoff-, Sauerstoff-, Wasser- und andere Kreisläufe sowie Habitatleistungen
- soziokulturelle Leistungen wie Erholung und Gesundheit, aber auch Bildung; traditionelle Landwirtschaft in der Dorfgemeinschaft fördert den Erhalt lokaler Sprachen/Dialekte und Bräuche; neue Formen urbaner Landwirtschaft wie Gemeinschaftsgärten fördern soziale Begegnungen und Austausch

Aus Platzgründen werden im Folgenden nur ausgewählte Versorgungs- (ackerbauliches Ertragspotenzial) und Regulations-ÖSL (Erosionsschutz und Bestäubung) sowie ÖSL des ökologischen Landbaus tiefgehender abgehandelt.

Stärkung von ÖSL in der Agrarlandschaft über das Volksbegehren Artenvielfalt in Bayern

Mit dem Volksbegehren Artenvielfalt (2018) wurden erhebliche Änderungen im Bayerischen Naturschutzgesetz für besseren Arten- und Biotopschutz ermöglicht (Bayerischer Landtag 2019a, b). Diese beeinflussen – so die Erwartung – nicht nur die Artenvielfalt positiv, sondern stärken auch ÖSL im Agrarraum. Hartmann et al. (2021) haben die Potenziale dieser Änderungen analysiert. Im Folgenden einige Auszüge:

- Ausbau des Ökolandbaus auf 30 % Fläche bis 2030, da dieser „schonender" für die Artenvielfalt ist; eine erhöhte Versorgungsleistung wird in diesem Zusammenhang im Sinne einer Steigerung der natürlichen Ertragsfähigkeit und weiteren ÖSL begründet (Tamburini et al. 2020, s. auch Abschn. 5.3.6).
- Vorgaben im mechanischen Grünlandmanagement: Beispielsweise soll das Nahrungsangebot für Insekten durch spätes Mähen verbessert und durch das Walzverbot sollen bodenbrütende Vögel weniger gestört werden.
- Reduktion des Einsatzes von Pestiziden: Davon sollen insbesondere biodiversitätsbasierte ÖSL profitieren – positiv betroffen sind u. a. Honigbienen und Regenwurmarten.
- Erhalt von Grünland und eingeschränkte Grünlandpflegemaßnahmen: Dieses wird in der Studie von Hartmann et al. (2021) für nahezu alle ÖSL positiv bewertet.
- Keine Grundwasserabsenkung in Feuchtgebieten, da diese Treibhausgassenken darstellen und somit positiv auf die Klimaregulation wirken.
- Erhalt natürlicher Strukturen nach Art. 3 BayNatSchG: Es ist jetzt „verboten, Feldgehölze, Hecken, Säume, Baumreihen, Lesesteinhaufen, Natursteinmauern,

natürliche Totholzansammlungen, Feldraine und Kleingewässer als naturbetonte Strukturelemente der Feldflur zu beeinträchtigen; eine solche Beeinträchtigung ist jede Schädigung oder Minderung der Substanz dieser Elemente, insbesondere das Unterpflügen oder Verfüllen …". Dies ist für viele ÖSL förderlich, so für den Erosionsschutz, die Bestäubungsleistung, die natürliche Schädlingskontrolle und die Landschaftsästhetik/Erholungsleistung.

Agrarökosysteme sind modifizierte Ökosysteme, die in einem guten Zustand sind, wenn sie biologische Vielfalt unterstützen, abiotische Ressourcen (Boden, Wasser, Luft) nicht verarmen/erschöpfen und ein ausgewogenes Angebot an ÖSL (versorgende, regulierende, kulturelle Leistungen) bereitstellen. Dieser Zustand hängt neben natürlichen Gegebenheiten stark von Bewirtschaftungsmethoden und Maßnahmen ab. Im Bodenschutzgesetz der Bundesrepublik ist der „gute Zustand des Bodens" durch „gute fachliche Praxis der Landwirtschaft" definiert. Aber Nachhaltigkeit im Landmanagement ist nur schwer zu definieren und umzusetzen.

Die Bewirtschaftung von Ackerflächen umfasst eine hohe Anzahl komplexer Aktivitäten, sodass die Intensität der Bewirtschaftung von Ackerflächen unter einer Vielzahl von Aspekten charakterisiert werden kann. Es gibt zahlreiche Belege dafür, dass die verschiedenen Aspekte der Bewirtschaftung (Pestizideinsatz, Kulturarten, ökologisches vs. konventionelles System usw.) ein breites Spektrum von ÖSL auch außerhalb der landwirtschaftlichen Felder beeinflussen, aber es gibt relativ wenig Daten über die tatsächlichen Bewirtschaftungsregime, die als Indikatoren verwendet werden könnten.

Laut Nationaler Biodiversitätsstrategie (BMU 2007) sollen die Biodiversität in den Agrarökosystemen erhöht und die Populationen der für Agrarlandschaften typischen Arten gesichert werden. Ebenso soll der Flächenanteil naturschutzfachlich wertvoller Agrarbiotope steigen („hochwertiges Grünland, Streuobstwiesen") und naturnahe Landschaftselemente („zum Beispiel Hecken, Raine, Feldgehölze, Kleingewässer") sollen erhalten oder vermehrt werden. Die Stärkung der Artenvielfalt, der reduzierte Einsatz chemischen Pflanzenschutzes, die Verminderung der Stickstoffüberschüsse und die Förderung des ökologischen Landbaus sind weitere zentrale Ziele. Dabei wird auch die gesellschaftliche Verantwortung angesprochen, Produkte aus regionalem und naturverträglichem Anbau bereitzustellen und zu verwenden.

Gute Zustände für die Erhaltung der biologischen Vielfalt bedeuten in einigen Fällen aber auch schlechte Zustände für die Biomasseproduktion. Produktionsorientierte Kriterien und Biodiversitätskriterien sollten deshalb nebeneinander, ohne Aggregation, dargestellt werden (La Notte 2022).

Fazit

Der Druck auf die Landwirtschaftsbranche ist groß. Die Bevölkerung erwartet Versorgungssicherheit mit Lebensmitteln und hat sich an übervolle Regale und günstige

Preise gewöhnt. Gleichzeitig wird die Dringlichkeit für Deutschland, von fossilen Brennstoffen unabhängiger zu werden, immer größer, was bedeutet, dass Flächen für die Bioenergieerzeugung wie auch Solar- und Windkraftanlagen bereitgestellt werden müssen. Probleme der Tierhaltung müssen gelöst werden, die Treibhausgasemissionen sollen sinken und Belastungen der Gewässer mit Nähr- und Schadstoffen sowie der Insekten mit Pestiziden vermieden werden. Zum Schutz der Artenvielfalt sollen Landwirte 4 % ihrer Ackerflächen als nichtproduktive Flächen vorhalten – so sieht es die GAP 2023 vor (Gemeinsame Agrarpolitik der EU, European Commission 2019; Pe'er et al. 2019).

All diese Herausforderungen stehen in engem Zusammenhang mit dem Zustand und den ÖSL der Agrarökosysteme bzw. -landschaften. Direktzahlungen werden künftig an bestimmte ökologische Bedingungen geknüpft. Dazu wurden Standards für die Erhaltung von Flächen in gutem landwirtschaftlichem und ökologischem Zustand, kurz GLÖZ, definiert[1]. Dazu zählen sieben Standards, mit denen u. a. die Bodenerosion reduziert, die Beseitigung von Landschaftselementen verhindert, aus der Erzeugung genommene Flächen begrünt und Gewässer geschützt werden sollen.

Der Deutsche Verband für Landschaftspflege (DVL) plädiert für eine Entlohnung der Landwirtschaft für ihre ÖSL über den Ansatz der Gemeinwohlprämie, um das Fördersystem der GAP nachhaltiger auszurichten (DVL 2020). Der Vorschlag der bundesweit und auf konventionell wie ökologisch wirtschaftende Betriebe anwendbaren Gemeinwohlprämie beinhaltet einen Katalog von Steckbriefen für 19 Maßnahmen, die gemäß ihrer Wertigkeit für den Biodiversitäts-, Klima- und Gewässerschutz bepunktet würden. Die gesamtbetrieblich tatsächlich erbrachten Leistungen würden honoriert, was hieße, die Bereitstellung von ÖSL der Landwirtschaft mit öffentlichen Mitteln zu entlohnen.

5.3.2 Überblick über Flächen und Zustandsparameter der Agrarökosysteme

Karsten Grunewald*, Sophie Meier, Steffen Schwarz, Ralf-Uwe Syrbe und Ulrich Walz

5.3.2.1 Agrarflächen

Die amtliche Statistik zeigt einen kontinuierlichen Rückgang der landwirtschaftlich genutzten Fläche in Deutschland. Wurden 1990 noch ca. 18 Mio. ha landwirtschaftlich genutzt, waren es 2018 nur noch 16,65 Mio. ha, ein Rückgang von ca. 7 % (Destatis 2019). Die Ausdehnung der Siedlungs- und Verkehrsflächen findet in Deutschland vor allem auf Kosten landwirtschaftlich genutzter Ökosysteme statt (Abschn. 5.2, Abb. 5.5).

[1] https://www.bmel.de/DE/themen/landwirtschaft/eu-agrarpolitik-und-foerderung/direktzahlung/cross-compliance.html

Auch der Ausbau der erneuerbaren Energien geht häufig zulasten der landwirtschaftlichen Nutzflächen, z. B. für Solarfreiflächenanlagen. Dies ist problematisch, da es indirekte Effekte nach sich ziehen kann, u. a. eine Intensivierung der Produktion auf anderen Flächen, auch im Ausland (dort evtl. auch verbunden mit der Vernichtung von Wäldern oder anderen naturnahen Ökosystemen).

Aus Sicht des Biodiversitätsschutzes geht es zudem darum, den Flächenanteil naturschutzfachlich wertvoller Agrarbiotope (hochwertiges Grünland, Streuobstwiesen) zu steigern und naturnahe Landschaftselemente (z. B. Hecken, Raine, Feldgehölze, Kleingewässer) zu erhalten oder zu vermehren. Außerdem kann eine Verkleinerung der Ackerschläge bzw. eine bessere Nutzungsdurchmischung bereits zur Erhöhung der biologischen Vielfalt beitragen (z. B. Martin et al. 2020).

Flächenziele der Agrarpolitik können u. a. mit folgenden Indikatoren gemessen und überwacht werden:

- „Anteil der Landwirtschaftsfläche je km^2": Ein Monitoring des Verlusts agrarisch nutzbarer Fläche ist z. B. mittels Daten des Landbedeckungsmodells LBM-DE im dreijährigen Turnus möglich (Grunewald et al. 2021b).
- „Anteil Grünlandfläche an Gebietsfläche": Indikator des IÖR-Monitors (https://www.ioer-monitor.de/indikatoren/) auf Grundlage von Daten aus dem AKTIS Basis-DLM: Zu beachten ist, dass keine Aussagen über die Qualität des Grünlands getroffen werden können, was gerade im Hinblick auf ÖSL ein großer Nachteil ist, wenn man bedenkt, dass das arten- und blütenreiche Grünland deutlich an Umfang verloren hat (BCG 2019; Leopoldina 2019). Die Gesamtfläche des Dauergrünlands wird auch vom Umweltbundesamt beobachtet (https://www.umweltbundesamt.de/indikator-gruenlandflaeche#die-wichtigsten-fakten).
- Anteil der ökologischen Landwirtschaftsfläche (Umfang der Flächen ökologisch wirtschaftender Betriebe): „Ökologischer Landbau" wird auch als Indikator 2.1b der Deutschen Nachhaltigkeitsstrategie geführt (Die Bundesregierung 2021) und ist Indikator der Biodiversitätsstrategie zum Themenfeld wirtschaftliche Nutzungen (BMU 2007). Auch das Statistische Bundesamt veröffentlicht Informationen zu diesem Indikator (https://www.destatis.de/DE/Themen/Branchen-Unternehmen/Landwirtschaft-Forstwirtschaft-Fischerei/Feldfruechte-Gruenland/Tabellen/oekologisches-dauergruen-ackerland.html). Grunewald et al. (2021b) haben zu dem Thema folgende Teilindikatoren vorgeschlagen, teilweise berechnet und visualisiert:
  - „Anteil ökologischer Landwirtschaftsfläche an Gebietsfläche": Der Indikator beschreibt den Anteil der ökologischen Landwirtschaftsfläche, die bereits auf ökologischen Landbau umgestellt wurde, im Verhältnis zur Gebietsfläche der Bundesländer anhand der jüngsten Agrarstrukturerhebung.
  - „Anteil ökologischer Landbau an Landwirtschaftsfläche"
  - „Anteil ökologischer Landbau an der Ackerfläche"
  - „Anteil der Landwirtschaftsflächen mit hohem Naturwert an der gesamten Landwirtschaftsfläche": Der Indikator bilanziert den Anteil der Landwirtschaftsflächen

mit hohem Naturwert (High-Nature-Value-[HNV-]Landwirtschaftsflächen) an der gesamten Landwirtschaftsfläche. Die Erhebungen erfolgen bundesweit in einer repräsentativen, doppelt geschichteten Stichprobe auf ca. 900 Stichprobenflächen von je einem Quadratkilometer Größe (Grundprogramm) (Ackermann et al. 2020). HNV-Farmland ist auch Indikator der Biodiversitätsstrategie zum Themenfeld „wirtschaftliche Nutzungen“ (https://www.bfn.de/themen/monitoring/monitoring-von-landwirtschaftsflaechen-mit-hohem-naturwert.html).

– „Ausstattung/Versorgung der Agrarlandschaft mit Kleinstrukturen“ (Enzian und Gutsche 2004; Grunewald et al. 2021b).

5.3.2.2 Ausgewählte Indikatoren des Ökosystemzustands in Agrarlandschaften

In Tab. 5.3 sind neben den oben benannten Flächenindikatoren weitere wichtige Indikatoren zusammengestellt, die Auskunft über den Zustand von Agrarökosystemen auf Bundesebene sowie deren Veränderung über die Zeit geben können. Als natürliche Faktoren sind vor allem die Böden (Bodenqualität, Abschn. 5.3.4) und das Klima bzw. die Witterung (Bethwell et al. 2021) hervorzuheben. Zur Methodik, zu Daten sowie zu Interpretationen und Trends sei auf Berichte der Umweltbehörden (BfN, UBA, Thünen-Institute), auf entsprechende Strategien (Die Bundesregierung 2021; NBS-Rechenschaftsbericht 2021) bzw. wissenschaftliche Beschreibungen (z. B. Grunewald et al. 2021b) verwiesen. Insbesondere die Bodenzustandserhebung Landwirtschaft (BMEL 2019a) bietet eine verbesserte Datengrundlage für Berechnungen der C-Vorratsänderung bei Landnutzungsänderung. Für organische Böden wird derzeit ein deutschlandweites Moorbodenmonitoring eingerichtet. Indikatoren zu den Treibhausgasemissionen der Land- und Forstwirtschaft werden jährlich durch die „Nationalen Inventarberichte zum Deutschen Treibhausgasinventar“ bereitgestellt (u. a. UBA 2021).

5.3.3 Indikator „Ackerbauliches Ertragspotenzial“ zur Bewertung der ÖSL „Versorgung mit Feldfrüchten“

Sophie Meier*, Ralf-Uwe Syrbe und Karsten Grunewald

5.3.3.1 Einleitung

Ohne Versorgungs-ÖSL wie Nahrungsmittel und Trinkwasser ist eine menschliche Existenz nicht möglich. Der Großteil unserer Nahrung kommt aber seit dem Ende der Sammler-Jäger-Zeit nicht mehr aus naturnahen Ökosystemen, sondern aus der Landwirtschaft (Agrarökosysteme). Im Zuge der Mechanisierung und Industrialisierung der Landwirtschaft wurden zunehmend „nicht naturgemäße“ Produktionssysteme für Pflanzen und Tiere geschaffen, die ständig vervollkommnet wurden und werden (Haber und Bückmann 2013).

Tab. 5.3 Indikatorenübersicht (Auswahl) zur Charakterisierung des Zustands von Agrarökosystemen auf Bundesebene

Indikatoren (Quelle/Referenz)	Messansatz (Bemerkungen)
Bodenzustandserhebung Landwirtschaft (BZE-LW) • Thünen-Institut für Agrarklimaschutz (BMEL 2019a)	Bundesweite Inventur der Böden bis 1 m Tiefe, 2011–2018; 8×8-km-Raster = 3104 Standorte; Fragebogen zum Anbaumanagement: 10 Jahre vor Probenahme
Viehbesatz pro Gebiets- bzw. Landwirtschaftsfläche (tierischer Stickstoffdünger) • Kennblatt 3.4.2 in Grunewald et al. (2021b) • Statistik zum Viehbestand in Destatis (2021a)	Anzahl der durch Ökosysteme versorgten Viehbestände der wichtigsten Nutztierarten im angepassten Größenverhältnis der Tiere. Zur Berücksichtigung der unterschiedlichen Nahrungs- und Flächenansprüche wird der Indikator in Großvieheinheiten (GVE, eine GVE entspricht 500 kg Lebendgewicht) bezogen auf die jeweilige Gebietseinheit angegeben (ohne Berücksichtigung von Flächen für Futtermittel im Ausland)
Überschuss der Stickstoffflächenbilanz der Landwirtschaft • Der „Stickstoffüberschuss der Landwirtschaft" wird als Indikator 2.1a der Deutschen Nachhaltigkeitsstrategie (Die Bundesregierung 2021) und in der Biodiversitätsstrategie (BMU 2007) als Differenz zwischen Stickstoffflüssen in die Landwirtschaft hinein und Stickstoffflüssen aus der Landwirtschaft heraus (Gesamtsaldo nach dem Prinzip der Hoftor-Bilanz) als gleitendes Fünfjahresmittel geführt (deutschlandweite Bilanz ohne Aussagen zu regionalen Überschüssen)	Stickstoffflächenbilanz (in kg N ha^{-1} a^{-1}) zur Bewertung der Stickstoffbelastung aus landwirtschaftlichen Quellen Grunewald et al. (2021b) haben den Wert der Flächenbilanz der Stickstoffüberschüsse bundesweit berechnet (Ergebnisdarstellung auf Kreisebene)
Artenvielfalt und Landschaftsqualität, Teilindex Agrarland • Indikator 15.1 der Deutschen Nachhaltigkeitsstrategie (Die Bundesregierung 2021) • Indikator der Nationalen Biodiversitätsstrategie (BMU 2007) Aktuell wird der Indikator im Rahmen eines FuE-Vorhabens des BfN überarbeitet. Es werden u. a. die Zielwerte des Indikators sowie die Artenauswahl unter Einbeziehung aktueller Rahmenbedingungen erneuert (https://www.bfn.de/indikator-artenvielfalt-und-landschaftsqualitaet)	Der Berechnung des Indikators liegt die Entwicklung der Bestände von 51 Vogelarten zugrunde, die die wichtigsten Landschafts- und Lebensraumtypen in Deutschland repräsentieren: je zehn Arten für die Teilindikatoren zu Agrarland, Siedlungen, Binnengewässern, Küsten und Meeren sowie elf Arten für Wälder. Die Größe der Bestände (nach Anzahl der Reviere bzw. Brutpaare) spiegelt die Eignung der Landschaft als Lebensraum für die ausgewählten Vogelarten wider. Da neben Vögeln auch andere Arten an eine reichhaltig gegliederte Landschaft mit intakten, nachhaltig genutzten Lebensräumen gebunden sind, bildet der Indikator indirekt auch die Entwicklung zahlreicher weiterer Arten in der Landschaft und die Nachhaltigkeit der Landnutzung ab

(Fortsetzung)

Tab. 5.3 (Fortsetzung)

Indikatoren (Quelle/Referenz)	Messansatz (Bemerkungen)
Genetische Vielfalt in der Landwirtschaft • Indikator der Biodiversitätsstrategie zum Themenfeld „wirtschaftliche Nutzungen" (BMU 2007)	Ausmaß der Gefährdung genetischer Ressourcen in der Landwirtschaft am Beispiel der Nutztiere
Kohlenstoffvorrat in Boden und Vegetation • Kennblatt 3.7.4 in Grunewald et al. (2021b)	Kohlenstoffvorrat in Boden und Vegetation (in t C ha^{-1} a^{-1}) zur Bewertung der gebundenen Kohlenstoffmenge und der damit verbundenen potenziellen Freisetzungsgefahr bei nicht angepasster Landnutzung
Ausstattung mit Landschaftsstruktur-elementen • Indikator des IÖR-Monitors (https://www.ioer-monitor.de/indikatoren/)	Gehölzdominierte Ökotondichte (Hecken, Gehölze und Baumreihen), Gewässerranddichte (Fließgewässer und Ufer von Stillgewässern, s. Walz 2015)
Eutrophierung der Ökosysteme (Critical-Loads-Überschreitungen) • Indikator 15.1 der Deutschen Nachhaltigkeitsstrategie geführt (Die Bundesregierung 2021) • eutrophierende Stickstoffeinträge = NBS-Indikator zum Themenfeld „wirtschaftliche Nutzungen" (BMU 2007) • eutrophierende Stickstoffeinträge: Kennblatt 3.7.5 in Grunewald et al. (2021b)	Der Indikator stellt den Anteil der Fläche empfindlicher Ökosysteme dar, bei dem die ökologischen Belastungsgrenzen (Critical Loads) durch atmosphärische Stickstoffeinträge überschritten wurden, gemessen an der gesamten bewerteten Fläche empfindlicher Ökosysteme (Schaap et al. (2018), https://www.umweltbundesamt.de/sites/default/files/medien/1410/publikationen/2018-10-17_texte_79-2018_pineti3.pdf)
Ökosystemzustandsparameter „Biodiversität" – Indikator „Biotopwert" • Abschn. 3.7.3 und Schweppe-Kraft et al. (2020)	Vergleichende Bewertung des bundesdeutschen Ökosysteminventars in Fläche und Qualität. Der Indikator nutzt kardinale Biotopwertpunkte der Bundeskompensationsverordnung. Aufgrund der Anwendung von Biotopwertpunkten kann auch eine monetäre Bewertung durchgeführt werden, die auf durchschnittlichen Kosten zur Entwicklung von Biotopen

In diesem Kontext ist umstritten, ob ÖSL lediglich die natürlichen Grundlagen (z. B. Bodenfruchtbarkeit, Grundwasserdargebot) für die Entstehung eines nutzbringenden Guts oder einer nutzbringenden Leistung (z. B. Nahrungsmittel oder Holz) bezeichnen oder ob auch menschliche Produktionsinputs (z. B. Anbau, Düngung und Bewässerung) mit eingeschlossen sind. Wir schlagen vor, sich in erster Linie an den direkten Leistungen der Natur zu orientieren – insbesondere an der natürlichen Bodenfruchtbarkeit – und erst danach in Produktgruppen – Rohstoffe, Energierohstoffe, Nahrungsmittel, Raufutter – zu differenzieren. Auf Statistiken zu Anbauflächen, Hektarerträgen und Erntemengen als ÖSL-Güter wird hier nicht weiter eingegangen (s. dazu Destatis 2021b).

Die Erhaltung ökologisch funktioneller, d. h. unversiegelter und unbebauter Böden mit hohem ackerbaulichen Ertragspotenzial ist unverzichtbar, um die dauerhafte Ernährungssicherheit über die Versorgung mit Feldfrüchten sowie die Produktion biogener Rohstoffe und Energie zu gewährleisten (Hurni et al. 2015). Böden sind vor allem durch Versiegelung mit Gebäuden und Verkehrsflächen bedroht (Abschn. 5.2.3 und 5.3.2). Dies zerstört den Boden und verhindert eine künftige agrarische oder forstliche Nutzung (UBA 2019). Werden Landwirtschaftsflächen in Siedlungs- und Verkehrsflächen umgewandelt, stellt dies den Verlust eines wichtigen Bestandteils des begrenzten Naturkapitals dar (Held et al. 2021). In diesem Kontext kann das Aufzeigen physischer und monetärer Werte der Leistungsfähigkeit der Böden Entscheidungsträgern bewusst machen, wie wichtig der Erhalt und der Schutz von Flächen ist, die sich für Ackerbau eignen, allen voran die besonders ertragreichen Standorte.

Allerdings findet agrarische Nutzung nicht automatisch dort statt, wo die Bodenqualität hoch ist. Dies kann vor allem dort, wo die Bodenqualität relativ gering ist, zu erhöhtem Düngereinsatz führen, durch Nitratauswaschung mit negativen Folgen für das Grundwasser (Zelený et al. 2020). Das bedeutet, eine Steigerung des Agrarpotenzials über Dünge- und Pflanzenschutzmittel und die Entfernung von (störenden) Vegetationselementen kann andere ÖSL beeinträchtigen. Dies illustriert, wie der technische Fortschritt zur Entkopplung der natürlichen Leistung der Böden von der auf ihnen produzierten Menge an Ackerkulturen führen kann, wobei die Leistungsfähigkeit der Böden durch zu viel Dünger langfristig verringert wird (Ge et al. 2017).

Eine schonende Nutzung ackerbaulich wertvoller Böden (z. B. Ökolandbau, Direktsaat ohne Pflügen, Anlage von Habitaten wie Hecken) sichert auf lange Sicht den Erhalt der Bodenqualität, die Biodiversität, die Bestäubung durch wild lebende Insekten, ein ästhetischeres Landschaftsbild, sie begünstigt den Erosionsschutz und letztlich die Wettbewerbsfähigkeit der Betriebe (WBGU 2020).

5.3.3.2 Verlust des ackerbaulichen Ertragspotenzials

Die Produktionsleistung des Bodens lässt sich über seine Eignung für den Ackerbau beurteilen, ganz unabhängig von z. B. agrochemischen Produkten. Auch bestimmte Eigenschaften des Agrarlands wie Vegetation, die biologische Vielfalt und sein Vermögen, Kohlenstoff zu speichern, spielen bei der Bewertung der ÖSL „Ackerbauliches Ertragspotenzial" keine direkte Rolle. Sie beschreiben den Zustand des Agrarlands (im Sinne des Ecosystem Condition Accounts).

In Deutschland gibt es verschiedene Ansätze, um die Bodenqualität für die landwirtschaftliche Produktion zu bewerten. Ein Ansatz ist das Müncheberger Soil Quality Rating (SQR), das vom Leibniz-Zentrum für Agrarlandschaftsforschung (ZALF) entwickelt wurde. Es dient der Einschätzung des Potenzials und der Risiken von landwirtschaftlichen Böden (Mueller et al. 2007). Das Schätzverfahren beruht auf einem Punktesystem, das die verschiedenen Parameter der Bodenqualität sowie klimatische und hydrologische Faktoren berücksichtigt, z. B. den Humusgehalt und den Grundwassertiefstand. Zusätzlich beachtet das SQR Risikofaktoren wie Erosion und Trockenheit. Die

SQR-Bewertungen wurden anhand von Getreideerträgen kalibriert, Erträge lassen sich aber dennoch nicht daraus ableiten. Die besten Böden erhalten den Wert 100, die Böden mit geringerer Bodenqualität liegen zwischen 0 und 100.

Ein entsprechender Kartendatensatz mit SQR-Bodenqualitätswerten liegt für alle Ackerflächen Deutschlands vor (BGR 2013). Diesen Datensatz haben wir modifiziert, da die Ausdehnung der Ackerflächen dem Stand von 1990 entsprach und Grünlandflächen darin gar nicht berücksichtigt waren. Daher haben wir aktuellere Acker- und Grünlandflächen aus dem Jahr 2012 und 2015 aus dem Landbedeckungsmodell entnommen und ihnen die Bodenqualitätswerte aus dem Datensatz des BGR (2013) zugewiesen. Teilweise sind von 1990 bis 2012 und 2015 neue Ackerflächen hinzugekommen, diesen wurden Gemeindedurchschnittswerte zugeordnet. Um die Bodenqualität der Grünlandflächen abzuschätzen, haben wir auf Daten aus einer alternativen Bodenschätzmethode, der Reichsbodenschätzung (Bayerisches Landesamt für Steuern 2019), zurückgegriffen. Die genaue Methodik ist in Grunewald et al. (2021b) beschrieben.

Um die Veränderung der ÖSL „Agrarpotenzial" über die Zeit zu beobachten, wurde der Verlust von Ackerflächen zugunsten von Siedlungs- und Verkehrsfläche als Indikandum gewählt. Die Bodenqualität selbst bleibt über lange Zeit stabil (und wird auch nicht regelmäßig neu erfasst) und damit lässt sich darüber die Abnahme oder Zunahme der ÖSL nicht messen.

Um festzustellen, welche Agrarflächen zwischen 2012 und 2018 durch Siedlungs- und Verkehrsflächen ersetzt wurden, überlagerten wir Siedlungs- und Verkehrsflächen aus dem neueren Landbedeckungsmodell (LBM-DE-Zeitschnitt von 2018, BKG 2019) mit den Agrarflächen aus dem älteren LBM-DE-Zeitschnitt von 2012 (BKG 2016b, Abschn. 5.2).

Der jährliche Flächenverlust an Agrarland (durch die Umwandlung in Siedlungs- und Verkehrsfläche) multipliziert mit dem SQR-Bodenwert beschreibt den physischen Verlust der ÖSL „Agrarpotenzial" und kann als Maß für die tatsächlich verlorene Bodengüte und damit verlorene ÖSL angesehen werden.

Abb. 5.6 zeigt die durchschnittlichen SQR-Werte der Agrarflächen in den Gemeinden Deutschlands im Jahr 2012. Hohe Bodenqualitäten (SQR) finden sich in der Magdeburger Börde (ST), dem Thüringer Becken (TH) und der Kölner Bucht (NRW). Die durchschnittliche bundesweite Bodenqualität lag zum Zeitpunkt 2012 bei 57,9 SQR-Punkten. Nach BGR (2014) weisen Agrarflächen auf flachgründigen Böden in den Mittelgebirgen sowie in sandreichen Gebieten des Tieflands eine geringe Bodenqualität auf (s. auch die Anteile der Agrarflächen in den jeweiligen SQR-Bewertungsstufen in Tab. 5.4).

Von 2012 bis 2018 sind nach dem LBM-DE 62.458 ha Agrarland in Siedlungs- und Verkehrsflächen umgewandelt worden. Das macht pro Jahr 10.409 ha und bedeutet einen täglichen Verlust von 28,5 ha. Die Agrarflächen, die innerhalb der sechs Jahre verloren gegangen sind, wiesen im Durchschnitt keine höheren SQR-Werte auf (56,2 SQR-Punkte) als der Gesamt-SQR-Schnitt von ganz Deutschland (57,9 SQR-Punkte). Allerdings war die Datengrundlage, das LBM-DE, auch nicht ausreichend, um solch eine Vermutung präzise genug zu testen. Andere Untersuchungen mit höher aufgelösten

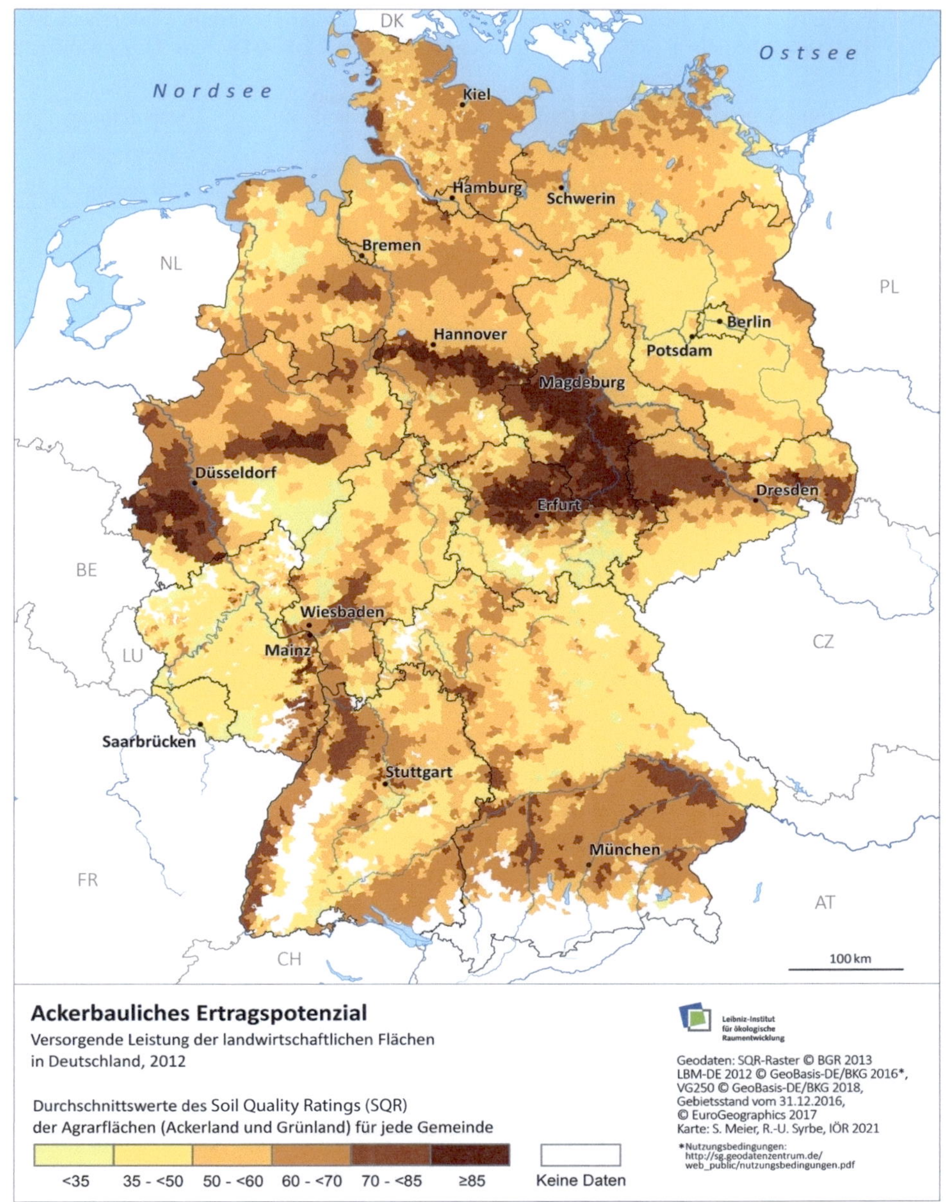

Abb. 5.6 Durchschnittliche Werte für das Soil Quality Rating (SQR) für Ackerland- und Grünlandflächen innerhalb der deutschen Gemeinden für 2012. Datengrundlage: SQR-Raster (BGR 2013), LBM-DE 2012 (2016b), Gemeindegrenzen (VG 25) mit dem Stand 2015 (BKG 2016c)

Tab. 5.4 Die Agrarfläche Deutschlands, kategorisiert in sechs SQR-Bewertungsstufen nach BGR (2014). Die Daten beziehen sich auf den Zeitschnitt 2012 des LBM-DE (aus Grunewald et al. 2021b)

SQR-Bewertungskategorie	Fläche (ha)	Anteil (%)	Beschreibung
<35	947.708,9	5,2	Extrem gering
35 bis <50	5.729.945,8	31,2	Sehr gering
50 bis <60	3.852.300,2	21,0	Gering
60 bis <70	4.184.318,1	22,7	Mittel
70 bis <85	2.450.742,9	13,3	Hoch
≥85	1.214.549,2	6,6	Sehr hoch
	Summe: 18.379.565,1		

Daten als das LBM-DE zeigten, dass 2012–2018 deutlich mehr Agrarfläche umgewandelt worden ist, als es sich aus dem LBM-DE ermitteln lässt (Grunewald et al. 2020b).

Die physische Ökosystemleistung des Agrarpotenzials (SQR-Werte x Hektar/Jahr) lag 2012 deutschlandweit bei 1.064.686.088. Davon sind von 2012 bis 2018 jährlich 606.041 SQR-Werte x Hektar durch den Verlust von Agrarfläche eingebüßt worden (Tab. 5.5).

5.3.3.3 Verlust des agrarisch nutzbaren Flächenpotenzials in Boden-/Pachtpreisen

Für eine ökonomische Bewertung scheint es zunächst naheliegend zu sein, die ökonomische Leistung des Bodens über den Wert der Ackerkulturen zu ermitteln, die auf ihm produziert werden. Wie oben erwähnt, wird die Produktionsmenge aber heutzutage in der intensiven Landwirtschaft stark durch den Einsatz von Dünger und Pflanzenschutzmitteln bestimmt. Dadurch können auch auf ackerbaulich eher wenig geeigneten Flächen hohe Erträge erzielt werden. Damit sind die Erträge als direkte Maßzahl für die Versorgungs-ÖSL bzw. die Leistung des Bodens kaum aussagefähig.

Es ist möglich, die ökonomisch erbrachte ÖSL „Agrarpotenzial" über die Boden- bzw. Pachtpreise der landwirtschaftlichen Flächen (LWF) zu ermitteln. Der Wert der LWF beruht zu einem großen Teil auf ihrer Produktivität zur Erzeugung von Nahrungsmitteln bzw. von Biomasse, aber auch auf ihrer Eignung als Bauland (Grunewald et al. 2021b).

Held et al. (2021) berechnen den Verlust der LWF in einem Jahr in Hektar multipliziert mit dem Preis, den ein Hektar LWF im betreffenden Jahr gekostet hat. Im Jahr 2018 betrugen die Kosten durch den Verlust an LWF in Deutschland – und damit der Wohlfahrtsverlust – knapp 0,7 Mrd. €.

Die Ermittlung der Pachtpreise für LWF ist ein alternativer Ansatz, der im Folgenden kurz erläutert wird.

Die Pachtpreise in Deutschland und der EU werden nicht nur durch die Ertragsfähigkeit des Bodens bestimmt (durch die Produktivität der betroffenen Böden), sondern auch dadurch, wie sich Preisveränderungen auf die Nachfrage nach landwirtschaftlichen

Tab. 5.5 Physischer Verlust (bewertete Ackerflächen) und ökonomischer Verlust (an Pachterträgen) des Agrarpotenzials durch die Umwandlung von Agrarflächen in Siedlungs- und Verkehrsfläche von 2012 bis 2018. Die Agrarflächen wurden aus der Anzahl der Rasterzellen berechnet, die Größe der Rasterzellen liegt bei 5 × 5 m, dies entspricht 25 m^2 oder 0,0025 ha)

	Summe der bewerteten Agrarflächen von 2012 bis 2018 (SQR x ha)	Summe des Verlusts der bewerteten Agrarflächen (pro Jahr in SQR x ha)	Summe des Verlusts an Pachterträgen von 2012 bis 2018 (€)	Summe des Verlusts an Pachterträgen (€ pro Jahr)
Neue Bundesländer	809.220	134.870	1.777.801*	296.300,09
Alte Bundesländer	2.827.028	471.171	10.900.164	1.816.693,95
Deutschland insgesamt	3.636.248	606.041	12.677.964	2.112.994,04
	Anzahl Rasterzellen für Agrarflächen	Umgewandelte Agrarflächen (in ha von 2012 bis 2018)	Umgewandelte Agrarflächen (ha/Tag)	Durchschnittliche SQR-Werte der umgewandelten Fläche
Neue Bundesländer	5.557.387	13.893	6,34	58,24
Alte Bundesländer	19.425.878	48.565	22,18	58,21
Deutschland insgesamt	24.983.265	62.458	28,52	58,22

*Pachtertragsverlust in neuen BL auf Niveau der alten BL: 3.120.883 € von 2012 bis 2018

Produkten auswirken (Preiselastizität der Nachfrage). Des Weiteren haben staatliche Subventionen wie die Direktzahlungen der EU und die Förderung der energetischen Nutzungen von Biomasse einen Einfluss auf die Pachtpreise. Auf der Angebotsseite sind es die verfügbaren Flächen, deren Größe und Zuschnitt, die Lage zum Verbraucher und die Verkehrsanbindung, die sich auf den Preis auswirken (Habermann und Ernst 2010). Zusätzlich hat sich der Bodenmarkt in Ost- und Westdeutschland historisch bedingt unterschiedlich entwickelt. In der Konsequenz lag der Anteil der Pachtflächen in den neuen Bundesländern 2007 bei 78 %, während der Anteil in den alten Bundesländern 57 % betrug. Aber auch auf Landkreisebene variieren die Pachtpreise innerhalb der neuen und alten Bundesländer (Habermann und Ernst 2010). Wie bei den Erträgen, zeigt sich auch bei den Pachtpreisen, dass die eigentliche Leistung der Natur hier nur indirekt abgebildet und der Effekt der Bodenqualität von weiteren Faktoren überlagert wird.

Um aus den Bodenqualitäten (der physischen Leistung) die Pachtpreise (ökonomische Leistung) abzuleiten, wurden Schätzungen von Garvert (2017) verwendet. Diese Schätzungen der Pachtpreise pro Hektar und Ackerzahl (ein Bodenqualitätsindex aus der Reichsbodenschätzung) beruhen auf Daten aus den Jahren 2008–2010. Es handelt sich dabei leider nur um Durchschnittswerte für Ost- und Westdeutschland. Aber sie sind momentan die besten verfügbaren Schätzungen für Gesamtdeutschland.

Auch unter der Einschränkung, dass nicht alle Agrar-, Siedlungs- und Verkehrsflächen ausreichend im Modell erfasst wurden, lässt sich ermitteln, dass in Deutschland 2012 theoretisch 3.493.439.872 € an Pacht hätten eingenommen werden können, wenn alle Agrarflächen verpachtet worden wären. Jedoch gingen durch die Umwandlung in Siedlungs- und Verkehrsfläche im Zeitraum 2012–2018 Pachterträge von 2.677.964 € verloren, das sind 2.112.994 € im Jahr (Tab. 5.5).

Der Indikator kann einen ersten Überblick zur monetären Leistung von Agrarböden geben. Jedoch zeigt sich in dieser Untersuchung, dass man bei der ökonomischen Bewertung über die Pachtpreise an Grenzen stößt. Die marktwirtschaftlichen und historischen Faktoren, die die Pachtpreise beeinflussen, auch Spekulationsaspekte mit Agrarland, verdecken die eigentliche physische Leistung des Bodens. Ein Hauptproblem besteht darin, dass die Pachtpreise nur einen Bruchteil des Gewinns darstellen, der erzielt wird, wenn Ackerland in Bauland umgewandelt wird. Daher halten wir die Pachtpreise in der Reinform für nicht geeignet, um die ÖSL „Agrarpotenzial“ zu berechnen. Über die Identifikation von Faktoren, welche die Pachtpreise bestimmen, müssten die Preise so bereinigt werden, dass der Anteil, der direkt mit der ÖSL „Agrarpotenzial“ zusammenhängt, identifiziert werden kann.

5.3.4 ÖSL „Regulierung der Bodenerosion durch Wasser oder Wind“

Ralf-Uwe Syrbe*, Sophie Meier und Karsten Grunewald

5.3.4.1 Charakteristik der ÖSL

Diese ÖSL entspricht dem Vermögen der Ökosysteme, der bodenabtragenden Wirkung von Wind und Wasser Widerstand zu leisten. Das CICES-System nennt sie „Stabilisierung von Festmassen und Regulierung von Bodenerosion“. Erosion tritt auch unter natürlichen Bedingungen auf. Naturnahe Ökosysteme (Wälder, Strauch- und Krautfluren, Grünländer, wachsende Moore) setzen der Erosion durch Pflanzenbedeckung, Wurzeln, natürliche Bodenstrukturierung und Humusauflagen einen hohen Widerstand entgegen, während auf genutzten Flächen (v. a. Ackerflächen, Abbauflächen, entwässerte Moore) ohne diesen Schutz wesentlich höhere Abtragungsraten auftreten. Diese Abtragungsraten hängen sowohl von natürlichen Parametern als auch von nutzungsbedingten Faktoren ab (s. unten), die sich teilweise gegenseitig beeinflussen und auch zu Rückkopplungen führen können (entstandene Erosionsbahnen kanalisieren z. B. den Abfluss und verstärken damit erosive Folgeereignisse; „Gullyerosion“).

Die Höhe des durchschnittlichen jährlichen Bodenabtrags ist keine Leistung, sondern wirkt negativ. Erosion stellt also einen nutzungsbedingten *disservice* dar; die Leistung der Ökosysteme besteht hingegen in ihrer Schutzwirkung gegenüber dem Bodenverlust. Um diese Schutzwirkung zu bestimmen, muss eine Bezugsgröße bekannt sein, hier die maximale Abtragung als Bezugsgröße, an der sich die entgegengesetzte Schutzwirkung als (positive) Leistung bemessen lässt. Diese Bezugsgröße wird als theoretisch anzunehmende Erosionsrate unbedeckten Bodens (Schwarzbrache) einer Standardfläche definiert. So besteht die schützende Leistung des Ökosystems in der Differenz zwischen maximal möglicher und aktueller Erosion bei gegebener Flächennutzung (Syrbe et al. 2018b).

Bedeutung der ÖSL für die Gesellschaft

Erosionsschutz verhindert sowohl den Bodenverlust auf einer bestimmten Abtragungsfläche (*on site*) als auch Probleme durch die Anschwemmung des abgetragenen Bodens auf anderen Flächen (*off site*), wie etwa Verschmutzungen oder Staubstürme, die entlang des Transportwegs auftreten können. *On site*-Wirkungen tragen zur Einschränkung der Bodenqualität bei, denn mit dem Boden verschwindet sein Nährstoffgehalt, sein Humus, ggf. enthaltene Samen oder Pflanzen und seine Speicherfähigkeit (für Wasser, Nährstoffe usw.). Eine Vermeidung der Bodenerosion erhält demzufolge die Grundlage für Land- und Forstwirtschaft (Grunewald und Naumann 2012). *Off site*-Wirkungen der Bodenerosion führen zu Stoffeinträgen in nährstoffarme Ökosysteme. Die Ablagerung von erodierten Sedimenten füllen die Staubereiche von Talsperren, deren Entschlammung aufwendig und teuer ist. Schlammablagerungen und Staubverwehungen können empfindliche Störungen des Verkehrs zur Folge haben und kostspielige Reinigungsmaßnahmen erforderlich machen (Pimentel et al. 1995; Hiller 2007; Brandhuber 2012).

Das Bodenschutzgesetz fordert, dass „Bodenabträge durch eine standortangepasste Nutzung, insbesondere durch Berücksichtigung der Hangneigung, der Wasser- und Windverhältnisse sowie der Bodenbedeckung, möglichst vermieden werden" sollen (BBodSchG § 17 (2) 4).

Parameter und Faktoren, welche die ÖSL bestimmen

Bodenerosion durch Wind oder Wasser unterliegt unterschiedlichen Prozessen, sodass verschiedene Modelle und Parameter zum Einsatz kommen (u. a. Meyer 2007). Für die Wassererosion wird im Folgenden auf die allgemeine Bodenabtragsgleichung (ABAG, engl. USLE/RUSLE) zurückgegriffen, für die Winderosion gibt es u. a. die Winderosionsgleichung (WEQ/RWEQ) (Fryrear et al. 2001).

Erbracht wird die Leistung von möglichst dichten und ausdauernden Pflanzenbeständen, die den Boden mit ihren Wurzeln festhalten, durch Auflockerung die Versickerungsraten erhöhen und durch die oberirdischen Pflanzenteile die bodenzerstörende Kraft von Wind und Regen abschwächen. Eine angepasste Nutzung, vielfältige Landschaftsstruktur und Schutzmaßnahmen tragen zur ÖSL bei. Hohe Anteile von Grünland und Gehölzen sowie permanenten Ökosystemen mit biomassereichen Beständen, vor allem auf den durch Hangneigung, Trockenheit oder Bodenart gefährdetsten Flächen, wirken leistungssteigernd. Im Ackerland können der Flächenzuschnitt (Verringerung der Hanglänge bzw. Windangriffsfläche) und Gehölze (Wind- und Abflussbremsung), aber auch Verbesserungen der Bodenqualität (im Sinne einer höheren Gefügestabilität) wirksam sein. Deshalb sind Schutzmaßnahmen beim Ackerbau (konservierende Bodenbearbeitung, angepasste Schlagstruktur, Kleinstrukturen, Dauerkulturen, ökologischer Landbau) in Sinne der ÖSL wirksam (Schindewolf und Schmidt 2010).

5.3.4.2 Indikatoren zur Erfassung der ÖSL

Hauptindikator „Vermiedene Wassererosion" (t ha^{-1} a^{-1}) Die vermiedene Wassererosion ist relevant auf allen geneigten Flächen, auf denen Vegetationsbedeckung zu einer Verringerung der modellierten Abtragsraten führt. Die von den Ökosystemen erbrachte Leistung entspricht der Differenz eines hypothetischen Abtrags (ohne Vegetation) und des modellierten Abtrags mit der aktuellen Vegetation. Steile Gebirgshänge mit Wald und Grünland erbringen die höchsten Leistungen. Unbewachsene Flächen (Bergbauhalden) oder zeit- bzw. teilweise unbedeckte Ackerflächen (Hopfen, Hackfrüchte, Mais, Schwarzbrache) erbringen eine geringe Leistung. Der Indikatorwert ist in wenig durch Wassererosion gefährdeten Gebieten im ebenen Gelände, wo kaum Bedarf nach diesem Erosionsschutz besteht, niedrig.

Nebenindikator „Aktuelle Wassererosion" (t ha^{-1} a^{-1}) Die aktuelle Wassererosion entspricht dem oben genannten *disservice* und modelliert den aktuellen Abtrag, der zur Differenzbildung für den Hauptindikator bekannt sein muss. Die aktuelle Wassererosion ist dort am höchsten, wo die Hangneigung hoch, die ÖSL aber am kleinsten ist, nämlich auf erosionsgefährdeten Ackerflächen der Berg- und Hügelländer bzw. auf vegetationsfreien Flächen wie Bergbauhalden. Niedrige Indikatorwerte bedeuten höhere Leistungen und sollten angestrebt werden.

Nebenindikator „Anteil permanenter Vegetation auf winderosionsgefährdeten Flächen" (%) Anstelle einer Modellierung von Abtragsraten wird der erosionsmindernde Anteil dauerhaft vegetationsbedeckter Areale an Flächen mit hoher oder sehr hoher Winderosionsgefährdung bestimmt. Dies entspricht im Verständnis dem Hauptindikator (nur bezogen auf den Erosionsfaktor Wind), zeigt also mit hohen Werten eine größere Leistungsfähigkeit, verbunden mit hoher Biodiversität, an.

5.3.4.3 Methodik zur Berechnung der Indikatoren

Modellierung der aktuellen Wassererosion:
Die Gefährdung des Bodens durch Wassererosion wird mithilfe eines Modells abgeschätzt. Aus einer Vielzahl möglicher Modelle wird hier die allgemeine Bodenabtragsgleichung (ABAG, Schwertmann et al. 1990) ausgewählt. Das Modell umfasst die wichtigsten natürlichen und anthropogenen Faktoren der Bodenerosion und entspricht dem mittleren jährlichen Bodenabtrag pro Hektar durch Wasser und damit zunächst

dem ersten Nebenindikator. Sie ist die an deutsche Verhältnisse angepasste Form der amerikanischen Universal Soil Loss Equation (USLE, Wischmeier und Smith 1978) und besteht aus dem folgenden Produkt:

A = K × R × L S × C × P mit den Faktoren

A mittlerer jährlicher Bodenabtrag
K Erodierbarkeitsfaktor (Boden)
R Regenerosivitätsfaktor (Niederschlag)
L S Topografiefaktor (Hanglänge L, Hangneigung S)
C Bearbeitungsfaktor (Bodenbedeckung)
P Faktor der Erosionsschutzmaßnahmen (Bodenschutz)

Die Berechnung des **R-Faktors** erfolgt nach passenden Formeln aus Klimadaten (als Rasterdaten herunterzuladen unter https://www.dwd.de); eine Möglichkeit ist die Formel von Schwertmann et al. (1990, S. 15): R = 0,141 x NSo – 1,48 (r = 0,961), wobei mit NSo die mittleren Niederschlagssummen der Sommermonate in jedem Rasterfeld eingehen. Die Ad-hoc-AG Boden (2000) hat weitere Formeln für alle Bundesländer ausgewiesen, die ebenso angewendet werden können.

Die Bestimmung des **K-Faktors** erfolgt nach der DIN 19708 (2005) aus den Bodenarten des Oberbodens. Die Bodenartengruppen werden mit mittleren K-Werten belegt, die sich aus den darin vertretenen Bodenarten ergeben. Eine solche Zuordnung zeigt Tab. 5.6, zusammengestellt nach DIN 19708, HLUG (2016), Ad-hoc-AG Boden (2005).

Tab. 5.6 Zuordnung von Bodenarten zu K-Werten (aus Grunewald et al. 2021b)

Bodenartengruppe (BOART1000OB)[a]	Bodenarten (ObÜK1000)[a]	K nach DIN 19708	Mittlerer K-Wert
ss			0,13
ls	St2, Su2, Sl2, Sl3	0,11–0,26	0,2
us	Su3, Su4	0,35–0,45	0,4
sl	Slu, Sl4, St3	0,1–0,4	0,25
ll	Lt2, Ls2, Ls3, Ls4	0,19–0,35	0,27
tl	Lts, Ts3, Ts4	0,06–0,15	0,1
su	Us, Uu	0,63–0,71	Nicht in ObÜK
lu	Ut2, Ut3, Uls	0,5–0,61	0,56
tu	Ut4, Lu	0,41–0,53	0,47
ut	Tu3, Tu4, Lt3	0,21–0,45	0,32
lt	Tt, Tu2, Tl, Ts2	0,02–0,14	0,07
Moore, Gewässer, Abbauland			0

[a]nach Bodenübersichtskarte 1:1 Mio.

Tab. 5.7 C-Werte für die Pflanzenbedeckung der CLC-Klassen (s. Tab. 5.1), aus Grunewald et al. 2021b

Bezeichnung	C-Wert Ref	C-Wert IST	C-Wert ÖSL
Wohngebiet durchgängig (111) bzw. nichtdurchgängig städtisch geprägt (112), Industrie und Gewerbeflächen, öffentliche Einrichtungen (121), Straßen-, Eisenbahnnetze und zugeordnete Flächen (122), Hafengebiete (123), Flughäfen (124), Baustellen (133)	0	0	0
Sport- und Freizeitanlagen (142), städtische Grünflächen (141)	0,4	0,004	0,396
Deponien und Abraumhalden (132), Abbauflächen (131)	0,4	0,4	0
Ackerland (211)*	0,4	Je nach Bundesland*	
Obst- und Beerenobstbestände (222)	0,4	0,03	0,37
Weinbauflächen (221)	0,4	0,31	0,09
Wiesen und Weiden (231), natürliches Grünland (321)	0,4	0,004	0,396
Laubwälder (311), Mischwälder (313), Nadelwälder (312)	0,4	0,004	0,396
Heiden und Moorheiden (322)	0,4	0,2	0,2
Torfmoore (412)	0,4	0	0,4
Sumpf (411), Felsen ohne Vegetation (332), Salzwiesen (421), Strände, Dünen und Sandflächen (331), Brandflächen (334), Gletscher und Dauerschneegebiete (335)	0	0	0

*Speziell für die Ackerflächen wurden länderspezifische C-Werte bestimmt, die sich nach Destatis[2] aus den Anteilen der angebauten Ackerkulturen des jeweiligen Bundeslandes errechnen (resp. für die Stichjahre 2012 und 2015) in Syrbe et al. (2016, Tab. 3)

Die in der DIN 19708 angegebene Differenzierung nach dem Humusgehalt ist hier nicht berücksichtigt.

Zur Bestimmung eines **C-Faktors** für die Schutzwirkung der Pflanzenbedeckung wurden für alle Nutzungsarten mit (über das Jahr) relativ konstanter Flächenbedeckung Werte bestimmt und diese den Klassen des CORINE Land Cover zugeordnet, zusammengestellt nach DIN 19708, HLUG (2016), Ad-hoc-AG Boden (2005) in Tab. 5.7.

Auf der Grundlage der angebauten Kulturen erhalten alle Ackerflächen eines Bundeslandes einen bestimmten Durchschnittswert. Diese Werte liegen für 2015 bundesweit in

[2] https://www.destatis.de/DE/Themen/Branchen-Unternehmen/Landwirtschaft-Forstwirtschaft-Fischerei/Feldfruechte-Gruenland/_inhalt.html (Zugegriffen: 11. Febr. 2021).

einem Bereich zwischen 0,136 in Thüringen und 0,198 in Niedersachsen, wobei sich die Differenzen vor allem aus den unterschiedlichen Mais- und Hackfruchtanteilen ergeben. Bundesweit lag dieser C-Mittelwert im Jahr 2015 bei 0,162 (Syrbe et al. 2016, Tab. 3).

Der **Topografiefaktor LS** wurde mithilfe des LS-Modells von SAGA-GIS berechnet. Eine differenzierte Bestimmung der erosiven Hanglängen (L) erfolgte nur für die Ackerflächen, außerhalb dieser wurde eine pauschale Standardhanglänge (22,1 m) angesetzt (aus Wischmeier und Smith 1978). Für die Bestimmung der erosiven Hanglängen wurden Geometriedaten ausgewählter Kleinstrukturen (Hecken, Baumreihen, Steinrücken) genutzt.

Auf eine Berechnung des P-Faktors wurde verzichtet, weil keine geeigneten Daten vorlagen.

Modellierung der vermiedenen Wassererosion

Zur Berechnung des Hauptindikators wird die Differenz der maximalen hypothetischen Wassererosion (ohne Pflanzendecke) und des Nebenindikators der aktuellen Wassererosion gebildet. In der praktischen Anwendung wird diese Differenz gleich als C-Wert eingesetzt, sodass bei der Modellierung sofort die ÖSL berechnet werden kann. In Tab. 5.7 sieht man den Referenzwert der maximalen Abtragung (C-Wert Ref, zumeist 0,4), den C-Wert der aktuellen Pflanzendecke (C-Wert IST) und in der letzten Spalte die Differenz (C-Wert ÖSL) für die Berechnung der ÖSL.

Winderosion

Die Gefährdung des Bodens durch Winderosion ließe sich auch mithilfe von Modellen abschätzen. Gängige Methoden sind meist nur qualitativ oder aber sehr kompliziert. So bietet die BGR eine Übersichtskarte mit qualitativen Werten an, sodass sich ein Monitoring auf dieser Basis ausschließt (Bug 2014). Eine Möglichkeit ist die Methode nach DIN 19706 (2013) (Bodenbeschaffenheit – Ermittlung der Erosionsgefährdung von Böden durch Wind) sowie die Winderosionsgleichung (WEQ/RWEQ, Fryrear et al. 2001). Die Berechnung einer Abschirmung durch umgebende Nutzungen und Vegetationsbestände ist ebenfalls sehr komplex. Ersatzweise wird der (erosionsmindernde) Anteil dauerhaft vegetationsbedeckter Areale auf den von der BGR ausgewiesenen, winderosionsgefährdeten Flächen als Indikator genutzt.

5.3.4.4 Ergebnisdarstellung und Interpretation der Indikatoren

Der Hauptindikator H („Vermiedene Wassererosion“; Tab. 5.8, Abb. 5.7) wird unter Berücksichtigung der Kleinstrukturen bestimmt. Im Mittel vermeiden die Ökosysteme in Deutschland 16,7 t ha^{-1} jährliche Erosionen für 2015, die sich deutschlandweit auf 0,5 Mrd. t summieren. Die Differenzierung nach Bundesländern zeigt, dass vor allem in Baden-Württemberg, Bayern und Rheinland-Pfalz mit größeren Anteilen Hoch- und Mittelgebirge (durch die dortigen Wälder und Grünland) die höchsten Vermeidungsraten auftreten. Bundesländer im Tiefland haben eine geringe natürliche Erosionsdisposition, sodass auch entsprechend weniger Erosion durch Wasser zu vermeiden ist.

Tab. 5.8 Hauptindikator H („Vermiedene Wassererosion“) mit Kleinstrukturen im Agrarland, Bezugsjahr 2015

Bundesland	Ø t ha^{-1} a^{-1}	gesamt (t a^{-1})
Baden-Württemberg	31,5	100.229.079
Bayern	32,8	208.294.040
Berlin	0,4	14.892
Brandenburg	0,7	1.755.115
Bremen	0,5	10.041
Hamburg	0,9	32.905
Hessen	17,2	32.430.597
Mecklenburg-Vorpommern	1,1	2.234.801
Niedersachsen	4,7	19.806.827
Nordrhein-Westfalen	17,3	47.903.083
Rheinland-Pfalz	30,6	54.824.590
Saarland	21,5	4.606.717
Sachsen	10,7	17.163.214
Sachsen-Anhalt	3,9	7.419.058
Schleswig-Holstein	1,0	1.355.993
Thüringen	18,9	28.400.683
Deutschland	**16,7**	**526.481.634**

Der Nebenindikator „Aktuelle Wassererosion“ (Tab. 5.9) beschreibt die verbleibende Bodenerosion durch Wasser von ca. 66 Mio. t jährlich (2015), die vor allem auf geneigten Ackerflächen, aber auch auf vegetationsarmen Hängen der Gebirge und auf Halden der Bergbaugebiete auftritt. Insgesamt beträgt die aktuelle Wassererosion nur etwa 13 % der vermiedenen, also im Jahresmittel für 2015 2,1 t ha^{-1}. Der Bodenverlust erreicht in steileren Bereichen Abträge über 100 t ha^{-1}, was durch Änderung der Flächennutzung unterbunden werden sollte. Obwohl die Bundesländer mit Gebirgsanteilen auch hier die höchsten Raten aufweisen, treten sie nicht so deutlich heraus wie beim Hauptindikator. Vergleichsweise stärker fallen die intensiv landwirtschaftlich genutzten Bundesländer ins Gewicht.

Der Nebenindikator (Tab. 5.9) zeigt nicht nur die verbleibende Erosion, sondern auch den Beitrag der Kleinstrukturen (u. a. Hecken, Baumreihen, Gehölze) im Ackerland zur Vermeidung der Wassererosion. Diese Wirkung ist großräumig relativ gering. Insgesamt können Kleinstrukturen in Deutschland 0,5 Mio. t Bodenverlust vermeiden, in ausgeräumten und besonders erosionsanfälligen Gebieten Süddeutschlands liegen die höchsten ungenutzten Potenziale.

Abb. 5.7 Vermiedene Wassererosion im Jahr 2015, räumliche Auflösung: 25×25 m. (Aus Syrbe et al. 2018b)

Tab. 5.9 Nebenindikator „aktuelle Wassererosion“ für 2015

Bundesland	Ø t/ha * a	t/Jahr	Ø t/ha * a	t/Jahr
	Mit Kleinstrukturen		Ohne Kleinstrukturen	
Baden-Württemberg	3,4	10.925.858	3,5	11.036.156
Bayern	3,8	24.025.615	3,8	24.080.237
Berlin	0,0	535	0,0	536
Brandenburg	0,2	420.095	0,2	424.160
Bremen	0,1	1.414	0,1	1414
Hamburg	0,1	3.258	0,1	3258
Hessen	1,8	3.432.463	1,8	3.447.148
Mecklenburg-Vorpommern	0,4	723.184	0,4	731.455
Niedersachsen	1,0	4.199.799	1,0	4.221.194
Nordrhein-Westfalen	1,8	5.041.769	1,8	5.079.077
Rheinland-Pfalz	3,8	6.769.067	3,8	6.834.552
Saarland	2,2	480.645	2,3	484.041
Sachsen	2,4	3.914.838	2,5	3.965.254
Sachsen-Anhalt	1,0	1.889.868	1,0	1.924.978
Schleswig-Holstein	0,4	531.307	0,4	559.676
Thüringen	2,6	3.823.020	2,6	3.882.081
Deutschland	**2,1**	**66.182.736**	**2,1**	**66.675.217**

5.3.5 ÖSL „Bestäubungsleistung durch Wildbienen“

Sophie Meier*, Ulrich Walz, Ralf-Uwe Syrbe und Karsten Grunewald

Die vor wenigen Jahren durchgeführte Krefelder Studie zeichnete ein düsteres Bild der Lage von Insekten in Deutschland. Laut dieser Studie ist die Masse der fliegenden Insekten von 1989 bis 2016 um 76 % zurückgegangen (Hallmann et al. 2017). Die Studie war ein entscheidender Auslöser für ein bundesweites Aktionsprogramm, um Insekten und ihre Lebensräume zu schützen und ihre Populationen und Habitate deutschlandweit zu überwachen (BMU 2019). Den rechtlichen Rahmen bildet das Insektenschutzgesetz[3]. Um die ökosystembasierten Maßnahmen für den Insektenschutz zu

[3] Gesetz zum Schutz der Insektenvielfalt: https://www.bgbl.de/xaver/bgbl/start.xav?startbk=Bundesanzeiger_BGBl&start=//*[@attr_id=%27bgbl121s3908.pdf%27]#__bgbl__%2F%2F*%5B%40attr_id%3D%27bgbl121s3908.pdf%27%5D__1649408462496 (Zugegriffen: 08. Apr. 2022).

unterstützen, kann ein Indikator, der die Entwicklung von Wildbienenhabitaten über die Zeit misst, hilfreich sein.

Vor diesem Hintergrund wird in diesem Abschnitt ein Indikator vorgestellt, der potenzielle Wildbienenhabitate in der Landschaft aufzeigt. Bei der Konzeption war es entscheidend, dass Veränderungen, die sich in der Landschaft ergeben und sich damit auch auf die Verfügbarkeit von Habitaten von Wildbienen auswirken, über den Indikator messbar sind. Daher kommen nur solche Landschaftsdaten für den Indikator infrage, die in regelmäßigen Zeitabständen aktualisiert werden. Maßnahmen, die das Habitatangebot von Wildbienen verbessern, z. B. aufgrund von politischen Entscheidungen, könnten so über die Zeit erfasst werden und indizieren eine potenziell bessere Bestäubungsleistung in diesen Regionen.

Parameter/Faktoren, welche die ÖSL bestimmen

Die Bestäubungsleistung ist auch im CICES-Klassifikationssystem für Ökosystemleistungen aufgeführt (Code 2.2.2.1, Haines-Young und Potschin 2018). Die ÖSL wird durch die Qualität des Wildbienenhabitats (Angebot) beeinflusst, z. B. dadurch, wie stark die Habitate durch intensive agrarische Nutzung (wenige Kleinstrukturen, Pestizidverwendung, Monokulturen) und Versiegelung beeinträchtigt sind. Die Nachfrage nach der ÖSL richtet sich nach Kulturarten, die durch Wildbienenbestäubung deutlich höhere Erträge bringen.

Wildbienen sind für die Bestäubung von Kulturpflanzen wie Raps, Obst und Gemüsearten, Gewürzen und Arzneipflanzen von hoher Bedeutung (Klein et al. 2007; van der Sluijs und Vaage 2016). Dabei sind diese Insekten verglichen mit Honigbienen (die häufig extra für die Bestäubung von Kulturpflanzen eingesetzt werden) effizienter und sorgen für höhere Erntemengen (Garibaldi et al. 2013).

Von der weltweiten landwirtschaftlichen Pflanzenproduktion gehen 35 % auf die Bestäubung durch Insekten zurück (Klein et al. 2007). Damit ist diese ÖSL für die Ernährungssicherheit von hoher Wichtigkeit (Klein et al. 2007; van der Sluijs und Vaage 2016). Im globalen Maßstab liegt der wirtschaftliche Wert der ÖSL zwischen 235 und 577 Mrd. US$ pro Jahr (Lautenbach et al. 2012; Potts et al. 2016), für Deutschland sind es im Durchschnitt 1,1 Mrd. € pro Jahr (Leonhardt et al. 2013).

Die mannigfaltigen Spezialisierungen der unterschiedlichen Wildbienenarten auf bestimmte Wildpflanzen sowie die unterschiedlichen Aktivitätszeiträume und Lebensweisen erlauben es, dass die Tiere über das Jahr eine Vielzahl an Wildpflanzen bestäuben und damit auch erhalten können. Sie nehmen daher eine wichtige Rolle beim Schutz der Biodiversität ein (Blüthgen und Klein 2011; Benadi et al. 2013; Senapathi et al. 2015).

Über 570 Wildbienenarten gibt es in Deutschland (Westrich 2019), doch ist die Mehrheit von ihnen gefährdet (Scheuchl und Schwenninger 2015; Westrich et al. 2011). Grund dafür sind häufig fehlende Nistgelegenheiten (z. B. in hohlen Stängeln, Totholz, offenen Bodenstellen usw.). Außerdem ist ein durchgängiges Angebot an unterschiedlichen Blütenpflanzen (mit Nektar und Pollen als Nahrung) während der Flugzeit der Wildbienen oft nicht gewährleistet (vgl. Oertli et al. 2005). Die Situation für Wildbienen hat sich vor allem im Offenland durch die Entwicklung zur intensiven Landwirtschaft verschlechtert. Ein kontinuierlicheres Nahrungsspektrum und mehr Nistmöglichkeiten lägen vor, wenn die monotone Agrarlandschaft mit Gehölzen, extensivem Grünland und offenen Bodenstellen, Waldrändern und Lesesteinhaufen durchsetzt wäre, um den Wildbienenarten Rückzugsflächen für die Nahrungssuche und Reproduktion zu bieten (Le Féon et al. 2010; Roulston und Goodell 2011; Westrich 1996). Auch Agrarflächen können temporär geeignete Blühhabitate darstellen, solange im Umfeld für ein durchgängiges Blüh- und Nistangebot gesorgt ist (vgl. Fussell und Corbet 1992).

Nistbereiche und Futterquellen sollten nicht zu weit auseinander liegen, ca. 150–300 m (Steffan-Dewenter und Tscharntke 1999), was besonders für kleine Wildbienenarten gilt (Gathmann und Tscharntke 2002). Dies fördert die Anzahl der Wildbienen und die Vielfalt der Wildbienenarten (z. B. Carré et al. 2009; Krewenka et al. 2011; Le Féon et al. 2010). Verglichen mit anderen bestäubenden Insekten wie Fliegen, Motten und Käfer sind Wildbienen in besonderem Maße auf vielfältige Habitatstrukturen angewiesen (Rader et al. 2016). Daher eignen sich Wildbienen besonders gut als Indikatorart für den Zustand der Landschaft (Schwenninger 1995). Stark strukturierte Landschaften sind zugleich besser vor Erosion geschützt (Abschn. 5.3.4).

5.3.5.1 Indikator „Habitatpotenzial für Wildbienen"

Als Grundlage für den Indikator diente der Ansatz von Lonsdorf et al. (2009), der von Zulian et al. (2013) weiterentwickelt wurde. Zulian et al. (2013) befragten Experten zur Eignung verschiedener Landschaftstypen (europäische CORINE-Land-Cover-Klassen), inwieweit sich diese als Wildbienenhabitate eignen. Dabei schätzten die Experten sowohl die Verfügbarkeit von Futterpflanzen (BV) als auch die Nistmöglichkeit (NH) ein. Auch Saumhabitate entlang von Wäldern, Gewässern und Gehölzstrukturen wurden bewertet, denn diese Übergangsbereiche (Ökotone) stellen häufig gute Wildbienenhabitate dar. Anschließend ermittelten Zulian et al. (2013), wie gut Nist- und Nahrungshabitate für kleine, solitäre Wildbienen mit einem mittleren Flugradius von 200 m zu erreichen sind. Diese Wildbienenarten sind aufgrund ihrer geringeren Mobilität besonders auf gut vernetzte Nist- und Nahrungshabitate angewiesen. Auf dieser Grundlage berechneten Zulian et al. (2013) das Wildbienenhabitatpotenzial für alle EU-Länder mittels der CORINE-Landnutzungsdaten. Aufgrund der geringen Auflösung dieser Landschaftsdaten konnten in dem Modell schmale Gehölzelemente aus Hecken und Baumreihen nicht ausreichend berücksichtigt werden.

Daher übertrugen wir das Verfahren auf höher aufgelöste, bundesweite Daten, um den Wildbienenhabitatindikator für Deutschland noch einmal neu zu berechnen. Wir verwendeten das Landbedeckungsmodell für Deutschland (LBM-DE) und das Amtliche Topographisch-Kartographische Informationssystem (ATKIS Basis-DLM) (BKG 2016a,, Abschn. 5.2). Abb. 5.8 gibt anhand einer zufällig ausgewählten Beispielfläche einen Überblick, wie die Modellierung im Geoinformationssystem vonstattenging. Die Deutschlandfläche entsprach dem Stand der Gemeindegrenzen von 2016 (BKG 2017).

Weder das europäische noch unser Modell basiert auf Wildbienenfunden. Hierfür müssten bundesweite Wildbienendaten vorliegen, die regelmäßig erhoben werden. Ein solches Monitoring befindet sich noch im Aufbau (BMEL 2022).

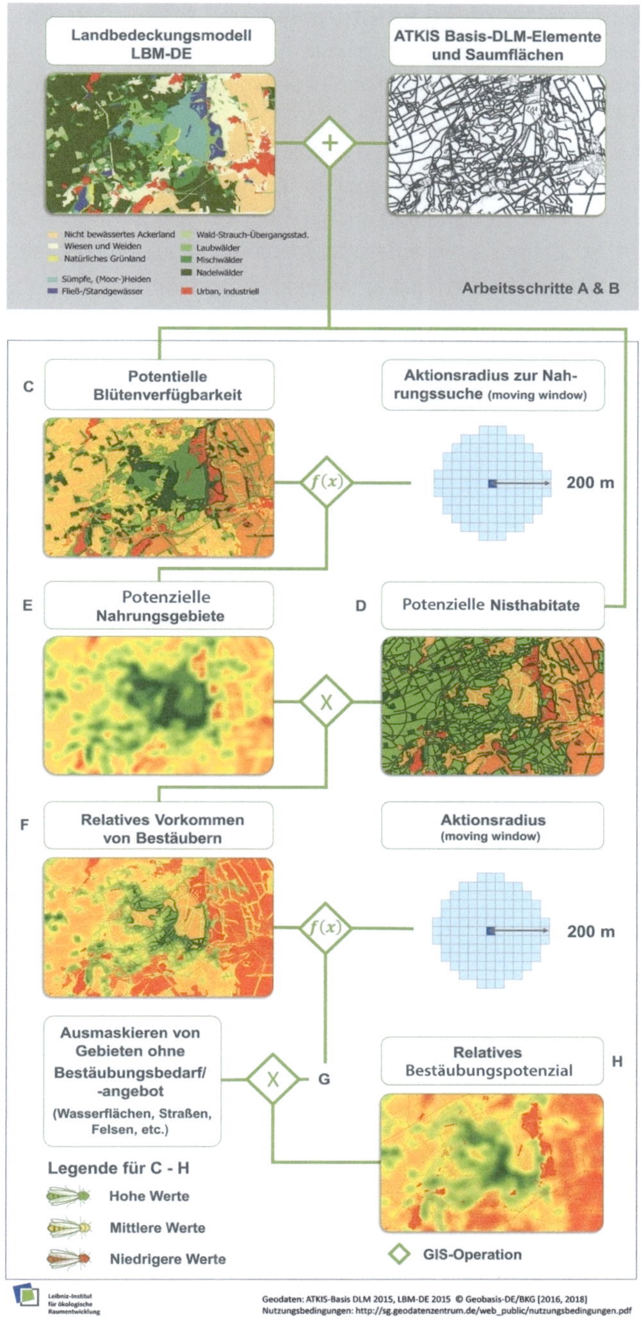

Abb. 5.8 Modellierungsschritte (A–H) des Indikators zum Wildbienenhabitatpotenzial (verändert nach Zulian et al. 2013) am Beispiel des Dubringer Moores (Sachsen), aus Meier et al. 2021

5.3.5.2 Ergebnisdarstellung und Interpretation des Indikators

Abb. 5.9 zeigt das Wildbienenhabitatpotenzial für Solitärwildbienen mit geringem Flugradius, basierend auf der Ausstattung der Landschaft im Jahr 2015. Die Bewertung ist eine dimensionslose Zahl zwischen 0 und 1, wobei Ökosystemtypen mit einer 1 potenziell den höchsten Anteil an Wildbienenhabitaten bereitstellen. Der Durchschnittswert des Wildbienenhabitatpotenzials liegt bei 0,23. Jedoch sagt der Indikator nichts darüber aus, wo in der Realität mehr Wildbienen vorkommen als anderswo, er liefert nur eine Abschätzung, in welchen Regionen die Wildbienendichte und damit auch die Bestäubung tendenziell höher sein könnten als in anderen.

Naturräume in Deutschland, die gute Voraussetzungen für Wildbienen bieten, sind die waldbestandenen Mittel- und Hochgebirge (Alpen), aber auch kleinstrukturierte, offene Landschaften im Tiefland. Besonders der Südwesten von Deutschland zeigt hohe Wildbienenhabitatanteile. Heide- und Moorgebiete sind ebenfalls geeignete Habitate (z. B. Truppenübungsplätze in Sachsen, Sachsen-Anhalt). Nadelwälder sind mittelmäßig gut geeignet (z. B. Bayern und Brandenburg). Niedrige Werte haben in unserem Modell sehr monotone, agrarische Landschaften erhalten (Magdeburger Börde, Thüringer Becken). Stark versiegelte Siedlungsbereiche wurden ebenfalls als geringwertig eingeschätzt (Experteneinschätzung von Zulian et al. 2013). Vermutlich wurden urbane Räume hier bezüglich ihres Potenzials, Wildbienen Lebensraum zu bieten, jedoch deutlich unterschätzt; teilweise finden Wildbienen dort bessere Bedingungen vor als in der angrenzenden Agrarlandschaft, z. B. in Kleingärtenanlagen, Parks, Privatgärten, ungenutzten Bereichen (z. B. Baldock et al. 2019; Langellotto et al. 2018).

Der Indikator zeigt Entscheidern auf, wie Wildbienenhabitate bundesweit räumlich verteilt sind. Daraus lassen sich Regionen identifizieren, auf die ein besonderes Augenmerk zu legen ist, wenn die Landschaften insektenfreundlicher gestaltet werden sollen. Dies kann wichtige Impulse für die Agrarstruktur- und Landschaftsplanung liefern. Wichtige Maßnahmen sind z. B. eine höhere Diversität bei den Anbaukulturen, eine maximale Grenze für die Ackerflächengröße, eine Unterteilung der Ackerflächen durch Gehölze, Saumstreifen usw. (Haber 2014). Obwohl die Bestäubungsleistung vor allem im agrarischen Offenland benötigt wird, entscheidet aber auch die gesamte umliegende Landschaft wie Wälder und ihre Randstrukturen, Siedlungen und Gewässerufer darüber, wie häufig welche Wildbienenarten zu finden sind und damit auch über die ÖSL „Bestäubung" (Hellwig et al. 2022).

Die Ergebnisse verdeutlichen, dass in Deutschland ein großes Defizit hinsichtlich der Verfügbarkeit von Wildbienenhabitaten besteht und damit bei der ÖSL „Bestäubung durch Wildbienen" noch nicht das mögliche Potenzial ausgeschöpft ist. Da alle Landschaftsbereiche zur Lebenssituation der Wildbienen beitragen können, liegt die Verantwortung bei Behörden der Land- und Forstwirtschaft, Kommunen und nicht zuletzt bei jedem privaten Landbesitzer (Meier et al. 2021).

Abb. 5.9 Habitatpotenzial für Wildbienen (ÖSL „Bestäubungspotenzial“) der Landschaften in Deutschland im Jahr 2015 (Meier et al. 2021)

Der Indikator „Habitatpotenzial für Wildbienen“ ist in vielerlei Hinsicht eine starke Vereinfachung davon, welche Faktoren das Vorkommen von Wildbienen bedingen, und soll künftig weiterentwickelt werden. So ist die Temperatur ein wichtiger Faktor, der über das Vorkommen und die Vielfalt von Wildbienen entscheidet (Kammerer et al. 2021), bisher aber nicht in unserem bundesweiten Modell einbezogen ist. Ähnliches gilt für den Einfluss von Pestiziden auf Insekten, der sich nachweislich sogar in den meist kleinflächigen deutschen Naturschutzgebieten feststellen lässt (Brühl et al. 2021). Die ausgebrachte Pestizidmenge liegt jedoch nicht als deutschlandweite, flächenscharfe Information vor. Auch Ackerkulturen wurden in diesem Ansatz bisher nicht explizit berücksichtigt, obwohl viele eine Futterquelle für Wildbienen – zumindest für eine beschränkte Zeit – darstellen (Martins et al. 2018). Wildbienenfunde wären ebenfalls noch eine wichtige Informationsquelle für den Indikator, um die Genauigkeit der Expertenbewertung abschätzen zu können.

5.3.6 Ökosystemleistungen des ökologischen Landbaus

Nicolas Lampkin*

5.3.6.1 Was ist ökologischer Landbau?

Ökologischer Landbau hat zum Ziel, ökologisch und ökonomisch nachhaltige landwirtschaftliche Produktionssysteme zu schaffen, unter Berücksichtigung von Umweltfreundlichkeit, Tierwohl, Ernährungssicherheit, Gesundheit, Qualität, Gerechtigkeit, Produktivität und Rentabilität. Von IFOAM (2005) wurden vier Grundprinzipien definiert: Ökologie, Gesundheit, Gerechtigkeit und Sorgfalt. Diese verdeutlichen den multifunktionalen, ganzheitlichen Systemansatz als eine Stärke des ökologischen Landbaus, der aber wegen seiner Komplexität zu Schwierigkeiten bei der Kommunikation und Bewertung führen kann.

Wie können diese Ziele und Prinzipien in der Praxis erreicht werden? Oft wird das Konzept auf die Vermeidung von Agrochemikalien und GVO (genveränderte Organismen) reduziert. Dieser Fokus, wenn nicht ganz falsch, vernachlässigt jedoch die Bewirtschaftungsmaßnahmen, die umgesetzt werden müssen oder können, um ohne die verbotenen Betriebsmittel klarzukommen. Möglichst geschlossene Kreisläufe, die Nutzung betriebseigener Ressourcen sowie biologische und ökologische Prozesse und Beziehungen sind alle wichtig, um Kulturen und Tieren gut zu ernähren und vor Krankheiten und Schädlingen zu schützen.

Das Konzept des ökologischen Landbaus existiert seit mehr als 100 Jahren und wurde auf unterschiedliche Weise umgesetzt, z. B. als biologisch-dynamischer Landbau (Steiner 1924), *organic farming* (Howard 1940; Balfour 1943) oder organisch-biologische Landwirtschaft (Rusch 1968). Die Ziele und Grundprinzipien des ökologischen Landbaus sind auch eng mit *agroecology* (Altieri 1987) und regenerativer Landwirtschaft (Näser 2021) verbunden, auch wenn Bewirtschaftungsmaßnahmen bei Letzteren nicht durch klare Richtlinien oder Verordnungen definiert sind.

Weltweit wurden im Jahr 2020 etwa 3,4 Mio. Betriebe mit 75 Mio. ha in 190 Ländern als ökologisch wirtschaftend zertifiziert (Willer et al. 2022). Zertifizierte Ökoprodukte hatten im Jahr 2020 einen gesamten Marktwert von 121 Mrd. €, davon jeweils etwa 50 Mrd. € in den USA und Europa. Über den genauen Umfang von Flächen, die nicht zertifiziert sind, aber agrarökologisch oder regenerativ bewirtschaftet werden, gibt es keine genauen Zahlen.

In der Europäischen Union – wie auch in der Bundesrepublik – wurden im Jahr 2020 etwas über 9 % der landwirtschaftlich genutzten Fläche (LN) ökologisch bewirtschaftet. In Deutschland hat im Jahr 2021 jeder siebte Hof (35.716 Betriebe) mit insgesamt 1,784 Mio. ha landwirtschaftlicher Fläche ökologisch gewirtschaftet und Ökoprodukte haben einen Marktwert von fast 16 Mrd. € erzielt (BÖLW 2022). Die neue Bundesregierung hat im Koalitionsvertrag das Ziel gesetzt, dass bis 2030 auf 30 % der LN ökologisch gewirtschaftet wird (Koalitionsvertrag der Bundesregierung 2021). Nach Abb. 5.10 ist der Markt für Ökoprodukte in den letzten 20 Jahren viel schneller gewachsen als die ökologisch bewirtschaftete Fläche oder die Zahl der Ökobetriebe, sodass Nachholbedarf besteht. Die EU-Kommission hat ein Ziel von 25 % der LN bis 2030 in der „Farm to Fork"-Strategie[4] gesetzt.

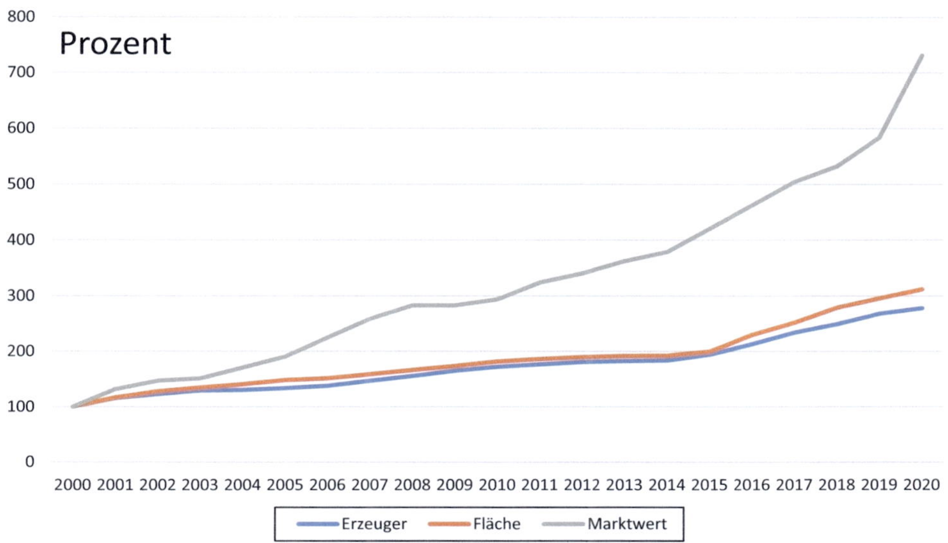

Abb. 5.10 Entwicklung des ökologischen Landbaus in Deutschland, 2000–2020 (Indexwert, Jahr 2000 = 100 %)

[4] https://ec.europa.eu/food/horizontal-topics/farm-fork-strategy_de

Wie ist der ökologische Landbau geregelt? In den meisten europäischen Ländern ist der ökologische Landbau gesetzlich geregelt – und dies schon seit 1992 mit der ersten EU-Öko-Verordnung 2092/91. Die neueste Version der EU-Öko-Verordnung ist im Jahr 2022 in Kraft getreten. Sie umfasst die landwirtschaftliche Produktion, Verarbeitung, Vermarktung, internationales Handeln und vieles mehr.

Wichtig für die Bewertung des ökologischen Landbaus ist die Tatsache, dass die Richtlinien nicht nur aus Verboten (wie dem Verzicht auf synthetische Düngemittel) bestehen, sondern auch aus Empfehlungen (z. B. für diversifizierte Fruchtfolgen) und Anforderungen (z. B. der Verwendung von mindestens 60 % Grünfutter bei der Tierernährung).

ÖSL-Verbesserungen sind nicht nur direkt als Konsequenz der Einhaltung der Richtlinien zu erwarten. Sie können auch indirekt vorkommen, als Folge der angewendeten Praxismaßnahmen (s. unten). So werden beispielsweise für die herbizidfreie Regulierung von Unkräutern, besser Beikräuter oder Ackerwildpflanzen genannt, weniger Winterungen und mehr Sommerungen angebaut, wodurch sich die Keimzeiten der Beikräuter ändern. Diese Maßnahmen haben positive Folgen für Vogelarten auf landwirtschaftlichen Flächen (British Trust for Ornithology 1995).

5.3.6.2 Beispiele relevanter Praxismaßnahmen

In diesem Abschnitt werden die wichtigsten Praxismaßnahmen, die üblicherweise im ökologischen Landbau vorkommen und für ÖSL relevant sind, kurz beschrieben. Diese sollen als Basis für die Bewertungen im nächsten Abschnitt dienen.

Biologische Stickstofffixierung: Stickstoff ist Bestandteil von Eiweiß und deswegen notwendig für alle Lebewesen. Synthetische Stickstoffdüngemittel dürfen im ökologischen Landbau nicht eingesetzt werden. Stattdessen werden unterschiedliche biologische Methoden verwendet, um Stickstoff für Pflanzen verfügbar zu machen.

Am häufigsten werden Leguminosen (Hülsenfrüchtler) verwendet, die symbiotische Beziehungen mit Bakterien eingehen können. Beispiele dafür sind Rot- und Weißklee, oft in Kombination mit Gräsern und Kräutern, Luzerne, Wicke und Körnerleguminosen wie Ackerbohnen und Felderbsen. Einige Futterleguminosen können aber nicht direkt für die menschliche Nahrung dienen. Deswegen werden sie oft von Wiederkäuern wie Rindern und Schafen aufgenommen und die Nährstoffe dann über Mist und Gülle auf den Feldern wieder ausgebracht. Dabei ist es aber wichtig festzuhalten, dass die Tiere nicht die Urquelle der Nährstoffe sind, sondern ein Teil des Nährstoffkreislaufs.

Vermeidung von Pflanzenschutzmitteln (PSM): Alle Herbizide und Wachstumsregulatoren und auch fast alle Pestizide und Fungizide dürfen im ökologischen Landbau nicht eingesetzt werden. Nur bestimmte Grundstoffe wie Pflanzenextrakte und nahrungsmittelbasierte Produkte sowie Produkte mikrobiellen Ursprungs und einige ausgewählte natürliche und chemisch-synthetische Verbindungen sind zugelassen. Die

Gesamtmenge an aktiven Wirkstoffen, die in Deutschland verwendet werden könnten, entspricht weniger als 8 % aller in der Landwirtschaft zugelassenen Produkte (BVL 2021). Die tatsächlich eingesetzten Mengen sind allerdings viel geringer, da die meisten ökologisch bewirtschafteten Flächen, vor allem Grünland, gar nicht behandelt werden und nur einzelne Spezialkulturen wie Obst, Wein und Kartoffeln besondere Behandlungen benötigen. Die Vermeidung von chemischen PSM hat eine direkte positive Wirkung auf Biodiversität, Wasser- und Luftqualität. Ein ökologischer Pflanzenschutz braucht aber auch Diversität und Komplexität in den Anbausystemen. Dies wird durch genetische Vielfalt wie traditionelle Landsorten, Sortenmischungen und *composite cross populations* (CCP, komplexe Kreuzungen mehrerer Sorten) erreicht. Diversifiziertere Fruchtfolgen, welche die zeitliche Aufeinanderfolge ähnlicher Arten derselben Pflanzenfamilie vermeiden, um vor allem bodenbürtige Schädlinge und Krankheiten zu reduzieren, und Pflanzenmischungen (in Reihen oder randomisiert), welche die Verbreitung von Erregern von Pflanze zu Pflanze reduzieren, sind ebenfalls wichtig. Pflanzenmischungen unterschiedlicher Arten können auch helfen, unerwünschte Beikräuter zu unterdrücken. Die Integration von Natur- und Landschaftselementen wie Hecken, Gras- und Blühstreifen ist von Bedeutung, um Nützlinge und Bestäuber zu fördern.

Tierhaltung: Im ökologischen Landbau ist eine extensive, artgerechte und bodengebundene Tierhaltung[5] vorgeschrieben. Wiederkäuer wie Rinder und Schafe müssen mehr als 60 % der Futterration als Grünfutter bekommen. Auslauf und Weidegang müssen für alle Tierarten vorhanden sein. Im Stall muss Stroh oder ähnliches Material für die Einstreu verwendet werden – Spaltenböden sind nicht gestattet. Für die Gesundheit ist die Vorbeugung durch die extensive, artgerechte Bewirtschaftung am wichtigsten sowie die Rotation von Tierarten auf Flächen, um Parasitenvorkommen zu mindern. Die prophylaktische Verwendung von Antibiotika und anderen Medikamenten ist nicht erlaubt. Sind Tiere krank, dann ist jedoch der vorsichtige Einsatz von Tierarzneimitteln gestattet, allerdings dürfen bestimmte Mittel nicht eingesetzt werden und es gelten längere Wartezeiten. Die Auswahl der Tierrassen sollte diesen Zielen angepasst sein, d. h., einige Hochleistungsrassen sind für den ökologischen Landbau nicht oder weniger gut geeignet.

Die Bevorzugung von Grünfutter, vor allem aus Kleegras, Luzernegras oder Dauergrünland, entspricht der evolutionären Entwicklung der Wiederkäuer, dient aber auch der Nutzung der Futterleguminosen, die das System mit wertvollem Stickstoff versorgen. Diversifizierte Grünlandmischungen, z. B. mit Kräutern, und die Vermeidung der Überdüngung mit leicht löslichem Stickstoff oder Kali, können den Mineralgehalt des Futters und damit die Ernährung und Gesundheit verbessern sowie Parasitenzahlen in der Narbe

[5] Siehe auch https://www.thuenen.de/de/themenfelder/oekologischer-landbau/besonderheiten-der-tierhaltung-im-oekolandbau.

und das Infektionsrisiko reduzieren (Lampkin et al. 2015). Die Haltung von Tieren im ökologischen Landbau muss sich an Kreisläufen und Flächenbindung orientieren. Abfallprodukte als Rohstoffe zu verwerten, stellt im Hinblick auf die Fütterung eine Herausforderung dar. Auslaufmöglichkeiten und Weidegang wirken für alle Tierarten physiologisch stärkend und vermindern durch reduzierte Bestandsdichten im Vergleich zur Stallhaltung das Krankheitsrisiko.

5.3.6.3 Einfluss auf den Ökosystemzustand und ausgewählte ÖSL

Inzwischen gibt es zahlreiche Studien über die Umweltfolgen des ökologischen Landbaus. Sanders und Heß (2019) haben eine sehr breite Übersicht der Literatur zum Thema herausgegeben, mit ähnlichen Schlussfolgerungen wie Stockdale et al. (2000), Stolze et al. (2000), Shepherd et al. (2003) und Lampkin et al. (2015). Auch wenn nicht alle Umweltwirkungen direkt mit ÖSL zu vergleichen sind, ist es relevant, hier die Hauptfolgen zusammenzufassen.

Regulationsleistung „Bodenfruchtbarkeit“ Wichtige ÖSL des Bodens sind Versorgungsleistungen wie die Erzeugung von Nahrungsmitteln, Holz, Fasern usw. sowie Regulationsleistungen wie Wasser- und Kohlenstoffspeicherung. Gesunde und fruchtbare Böden sind wichtige Ziele des ökologischen Landbaus und werden durch möglichst geschlossene Kreisläufe für Nährstoffe und organische Substanz unterstützt. Die Vermeidung von leicht löslichen und synthetischen Düngemitteln und die Bevorzugung von organischen Düngern und biologischer Stickstofffixierung sind dabei wichtige Praxismaßnahmen.

Organische Substanz, u. a. von Kleegraswurzeln, Gründüngung, Pflanzenresten wie Stroh, Stallmist und Kompost von Haushaltsabfällen, liefert nicht nur Kohlenstoff und Nährstoffe, sondern ist auch eine Energiequelle für das Bodenleben, um die Ökosysteme im Boden funktionsfähig zu halten. Die dadurch resultierende, höhere biologische Aktivität und Diversität sorgt dank der regulierenden Wechselwirkungen zwischen unterschiedlichen Bodenmikroorganismen (Bakterien, Pilze usw.) für eine bessere Pflanzenernährung, z. B. durch Mykorrhiza, und Pflanzengesundheit. Eine einseitige Düngung mit leicht löslichen Düngemitteln trägt eher zu einer Überversorgung und einseitigen Aufnahme von Nährstoffen sowie auch der Kurzschließung von biologischen Prozessen mit negativen Folgen für das Bodenleben und den Humusabbau durch Bodenmikroben bei, weil Nährstoffe zwar reichlich vorhanden sind, aber ohne eine ausreichende Versorgung an organischer Substanz. Die negativen Folgen für Bodenlebewesen führen auch dazu, dass Bodenstruktur, Aggregatstabilität und Erodierbarkeit nachteilig beeinflusst werden. Langfristig wird die systemimmanente Produktivität des Bodens beeinträchtigt, mit Konsequenzen für die Ernährungssicherheit.

Wissenschaftliche Studien bestätigen, dass der ökologischen Landbau mehr biologische Aktivität im Boden schafft (Mäder et al. 2002; Jung und Schmidtke 2019), einschließlich der für die pflanzliche Phosphaternährung wichtigen Mykorrhiza (Gosling et al. 2006) und Regenwürmer, die wesentlich zur Bodenstruktur, Aggregatstabilität und Wasserinfiltration beitragen (Kuntz et al. 2013; Crittenden et al. 2014). Mehr als 63 % der 23 von Jung und Schmidtke (2019) bewerteten Vergleichsstudien wiesen die Vorteile des ökologischen Landbaus für Regenwurmabundanz und -biomasse nach. Der Mittelwert lag im Vergleich zum konventionellen Anbau doppelt so hoch.

Levin et al. (2019) stellten im Mittel (Median) einen 26 % höheren C_{org}-Gehalt, eine 15 % höhere Aggregatstabilität und 137 % höhere Wasserinfiltration unter einer ökologischen Bewirtschaftung fest. Diese führten im Mittel (Median) zu einem um 22 % niedrigeren Bodenabtrag und um 26 % geringeren Oberflächenabfluss. Dies lag vor allem am Anbau von Klee- und Luzernegras, welcher zu einer deutlich besseren Fruchtfolge (C-Faktor der allgemeinen Bodenabtragsgleichung, ABAG) führen kann (Auerswald et al. 2021), und bestätigt frühere Ergebnisse von Reganold et al. (1987). Bessere Wasserinfiltration und gesättigte hydraulische Leitfähigkeit wurde auch von Williams et al. (2017) und Hathaway-Jenkins et al. (2011) festgestellt. Diese Ergebnisse sind für Dürre und Hochwasserschutz relevant.

Versorgungsleistung „Wasser“ Wasser stellt für Pflanzen, Tiere und den Menschen eine der wichtigsten natürlichen Ressourcen und eine essenzielle Lebensgrundlage dar. Auch wenn der atmosphärische Wasserkreislauf dafür sorgt, dass Wasser wieder verfügbar wird, ist die Verteilung und Qualität des Wassers nicht überall gleich. Die Landwirtschaft beeinflusst auch wesentlich die Qualität und Nutzung des Wassers in vielen Teilen der Welt.

Die Wasserqualität in Oberflächengewässern (einschließlich Nord- und Ostsee) und im Grundwasser wird durch landwirtschaftliche Praxismaßnahmen stark beeinflusst, z. B. durch

- die Auswaschung von Nitrat, vor allem von Düngemitteln aber auch vom Herbstumbruch des Grünlands,
- den Eintrag von Phosphor durch Bodenerosion und Abfluss von Gülle und
- Pflanzenschutz- wie auch Tierarzneimittel.

Nitrat und Phosphor im Überschuss führen zur Eutrophierung von Oberflächengewässern. Durch die Nährstoffanreicherung können sich z. B. giftige Blaualgen (Cyanobakterien) rasch vermehren, die toxische Auswirkungen auf anderen Organismen haben können oder Sauerstoff aufbrauchen, sodass Fische und andere Lebewesen nicht mehr überleben können. Einige Pflanzenschutz- und Tierarzneimittel haben zudem hohe toxische Wirkungen auf aquatische Lebewesen oder können die Qualität des Trinkwassers beeinträchtigen, mit Konsequenzen auch für die menschliche Gesundheit, wie im Fall von Antibiotika.

Im Kontext von Regulations- und unterstützenden ÖSL geht es in diesem Fall darum, eine Kontamination des Wassers zu verhindern bzw. zu reduzieren. Die ökologische Landwirtschaft weist ein hohes Potenzial zum Schutz von Grund- und Oberflächenwasser auf, nachweislich insbesondere im Hinblick auf den Eintrag von Nitrat und Pflanzenschutzmitteln (Kusche et al. 2019). Mehrere wissenschaftliche Studien haben gezeigt, dass weniger Stickstoffüberschüsse und Nitratauswaschung zu erwarten sind, auch wenn es trotzdem Risikosituationen geben kann, z. B. beim Mulchen, bei Umbruch von Kleegras oder bei der Ausbringung von Mist und Gülle, bei der auch ökologische Landwirte vorsichtig sein müssen.

Die Nutzung von Düngemitteln ist für alle Betriebe in Deutschland (konventionell und ökologisch) durch die Düngeverordnung[6] und die Stoffstrombilanzverordnung[7] geregelt. Ökologische Betriebe verpflichten sich, weitere Einschränkungen in Kauf zu nehmen. In einem Vergleich der EU-Öko-Verordnung mit den strengeren deutschen Ökoverbandsrichtlinien wird deutlich, dass auch die wichtigsten zugelassenen Düngemittel im ökologischen Landbau stark eingeschränkt sind (Kusche et al. 2019):

- Die chemisch-synthetischen, leicht löslichen Düngemittel – weit verbreitet in der üblichen Landwirtschaft – sind im ökologischen Landbau nicht erlaubt.
- Einige Düngemittel mineralischer Herkunft sind zugelassen, müssen aber auf einer Positivliste stehen.
- Organische Dünger tierischer Herkunft sind in Mengen bis zu max. 170 kg N ha^{-1} und Jahr (etwa zwei Düngeeinheiten) nach der EU-Öko-Verordnung zugelassen. In den Verbandsrichtlinien sind sie weiter auf nur 1,4 Düngeeinheiten (112 kg N, 40,5 kg P) pro ha und Jahr begrenzt.
- Der Zukauf zugelassener organischer Dünger ist von der EU-Öko-Verordnung nicht eingeschränkt, aber von den Verbandsrichtlinien auf 0,5 Düngeeinheiten (40 kg N) pro ha und Jahr begrenzt.
- Die Ausbringung von Klärschlamm auf Nutzflächen ist nicht zugelassen; Gleiches gilt zusätzlich für einige andere organische Dünger entsprechend den Verbandsrichtlinien.

Kusche et al. (2019) haben 137 Vergleichspaare in 71 Studien analysiert und festgestellt, dass – je nach Methode – bei der Hälfte bis zwei Drittel der Vergleichspaare bessere Ergebnisse hinsichtlich einer Reduktion der Nitratauswaschung bei ökologischen Betrieben vorkommen. Im Mittel werden die Stickstoffausträge um 28 % (Median) vermindert, in besonders anspruchsvollen Studien sogar um 39 % (Median). Die Ergebnisse für Phosphoreinträge in Gewässern waren nicht so eindeutig, auch wegen fehlender Vergleichsstudien. Allerdings ist bekannt, dass Phosphatdünger- und Güllemengen sowie

[6] https://www.gesetze-im-internet.de/d_v_2017/

[7] https://www.gesetze-im-internet.de/stoffbilv/

Bodenerosionsgefährdung auf ökologisch bewirtschaften Flächen niedriger sind. Insofern kann der ökologische Landbau insbesondere zur Bewirtschaftung von Wasserschutzgebieten in Deutschland durchaus empfohlen werden, wie Wasserwerke z. B. in München und Leipzig anerkennen (Stadtwerke München 2016; Leipziger Wasserkraftwerke 2017).

Durch den Verzicht auf chemisch-synthetische Pflanzenschutzmittel und die begrenzte Nutzung von Tierarzneimitteln (TAM) wird der Eintrag von Wirkstoffen mit einer potenziell hohen Umwelttoxizität unterbunden. Einige der früher im ökologischen Landbau verwendete Pestizide (z. B. Rotenon) und TAM (z. B. synthetische Pyrethroide) sind heute nicht mehr zugelassen. Aber es besteht ein gewisses Restrisiko, weil noch erlaubte Pflanzenschutzmittel und TAM negative Folgen haben könnten. Auch die erlaubte Anwendung von Kupfer wurde ständig reduziert. So sind inzwischen nur 28 kg Wirkstoff (WS) pro Hektar über sieben Jahre (Ø 4 kg ha^{-1} a^{-1}) nach der EU-Öko-Verordnung zugelassen und 3 kg WS ha^{-1} a^{-1} nach Verbandsrichtlinien. Kupfer wird auch nur für einige wenige Kulturen wie Kartoffeln, Wein und Obst verwendet.

Nicht nur die Qualität, sondern auch die Quantität des Wassers wird durch die Landwirtschaft stark beeinflusst. In Europa verbraucht sie fast 60 % des Wassers, vor allem zur Bewässerung. Im Vergleich dazu benutzen Haushalte weniger als 10 %. Aus diesem Grund ist der Wasserausbeutungsindex ein wichtiger europäischer Agrarumweltindikator (Abb. 5.11).

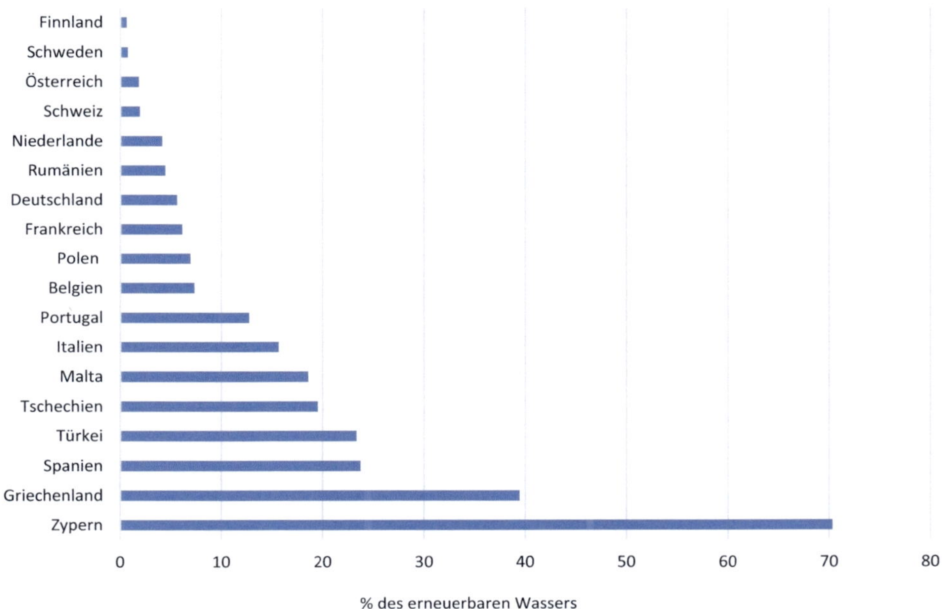

Abb. 5.11 Wasserausbeutungsindex (% des erneuerbaren Wassers, von der Landwirtschaft genutzt) für ausgewählte europäische Länder, EEA 2017.

In Deutschland ist (oder war) die Situation nicht so verheerend wie in den südeuropäischen Ländern. Im Jahr 2017 nutzte die Landwirtschaft weniger als 6 % des erneuerbaren Wassers (Abb. 5.11). Im Jahr 2019 hatten 17.866 Betriebe mit 768.318 ha landwirtschaftlicher Nutzfläche in Deutschland Bewässerungsmöglichkeiten, aber nur 14.888 Betriebe mit 506.482 ha Fläche sind tatsächlich bewässert worden (flächenbezogen 12 % mehr als im Jahr 2015 nach Angaben des Statistischen Bundesamtes). Infolge des Klimawandels kommen Dürreverhältnisse öfter vor und der Wasserverbrauch könnte zumindest auf regionaler Basis ein Thema werden. Im Prinzip können ökologische Maßnahmen auch hier durch längere oder ganzjährige Bodenbedeckung, Mischkulturen einschließlich Agroforst, höhere Humus- und Mykorrhizagehalte und bessere Bodenstruktur einen Beitrag leisten (s. oben), doch wird eine Bewässerung auch von ökologischen Betrieben durchgeführt. Nur wenige Studien (Lotter et al. 2003; Hathaway-Jenkins et al. 2011) haben diese Aspekte bisher untersucht.

Biodiversität

Die biologische Vielfalt in landwirtschaftlichen Systemen wird von genetischer Vielfalt und Artenvielfalt (wildlebende Pflanzen und Tiere) sowie dem Zusammenwirken zwischen (teilweise) natürlichen und kultivierten Biotopen beeinflusst. Es ist nicht nur eine Frage, inwieweit die Landwirtschaft die Natur schützen kann. Die Natur liefert auch für die Landwirtschaft relevante ÖSL, z. B. Bestäuber für die Pflanzenreproduktion und Nützlinge für den Pflanzenschutz. Gesunde landwirtschaftliche Ökosysteme brauchen die Natur, einschließlich natürlicher Biotope und Landschaftselemente, als integrierte Teile des Systems (Tscharntke et al. 2012).

Viele Praxismaßnahmen im ökologischen Landbau tragen dazu bei und fördern Biodiversität durch

- Kulturartenvielfalt (Sánchez et al. 2022): differenzierte Fruchtfolgen, mehr Fruchtarten (wie Dinkel, Emmer und Einkorn), Zwischenfrüchte, besseres Gleichgewicht zwischen Winterungen und Sömmerungen;
- genetische Vielfalt, einschließlich alter, bewährter Sorten, Sortenmischungen, heterogener Pflanzenmaterialen, Landrassen, komplexer Sortenkreuzungen;
- Kleinteiligkeit, mit kleineren oder geteilten Flächen, Grünstreifen usw.;
- Beikräuter im Feld, nicht nur am Saum, vor allem durch das Verbot von Herbiziden;
- Integration von Landschaftselementen wie Hecken, Agroforst, Blühstreifen, um Nützlinge zu fördern;
- blühende Kleegrasmischungen mit zeitweise ungenutzten Teilen, um Bestäuber zu fördern;
- reduzierte Stickstoff- und sonstige Düngung, um N-sensible Pflanzenarten und aquatische Ökosysteme zu schützen;
- sonstige Agrarumweltmaßnahmen, die auf der Basis der ökologischen Bewirtschaftung weitere Vorteile bringen können.

Laut zahlreichen Studien erhöhen diese Maßnahmen die Biodiversität um rund 30 %, in einigen Fällen sogar mehr, vor allem im ökologischen Ackerbau (Bengtsson et al. 2005; Tuck et al. 2014; Stein-Bachinger et al. 2019; Lampkin und Pearce 2021). Laut Stein-Bachinger et al. (2019) gilt dies z. B. für die Bodenmikroben und -fauna, die Ackerwildkrautflora, die oberirdisch lebende Kleintierfauna sowie die Artenzahlen und Siedlungsdichten von Feldvögeln. Sie haben viele von diesen Studien im Detail analysiert und stellten auf den ökologischen Flächen in 86 % der 61 Vergleichspaare mit höherer Signifikanz eine höhere mittlere Artenzahl fest. Im Durchschnitt (Median) lagen die mittleren Artenzahlwerte um 100 % höher. In einer Auswahl von elf Vergleichspaaren lagen die mittleren Artenzahlwerte im Durchschnitt im Feldinneren sogar um 300 % höher, 100 % höher waren sie am Feldrand. Im Dauergrünland gibt es bisher nicht so viele Untersuchungen, aber ähnliche Vorteile sind auch hier zu erwarten, teilweise auch durch die extensive Nutzung durch Wiederkäuer (Lampkin und Pearce 2021).

Für die unterstützenden ÖSL sind in diesem Kontext vor allem die blütenbesuchenden Insekten (einschließlich Bestäuber und Nützlinge) von Interesse. Stein-Bachinger et al. (2019) analysierten insgesamt 21 Studien mit 108 Vergleichspaaren und stellten fest, dass im Durchschnitt (Median) die mittlere Artenzahl und -abundanz für alle blütenbesuchenden Insekten um 23–26 % höher war (ähnlich mit 27–30 % für Bienen allein, für Tagfalter waren es 14 % mehr für mittlere Artenzahlen und 59 % mehr für Abundanz).

Regulationsleistung „Klimaschutz“

Laut Umweltbundesamt sind die Treibhausgas-(THG-)emissionen in Deutschland von 1251 Mt CO_2-Äquivalente im Jahr 1990 um mehr als 40 % auf 729 Mt CO_2-Äq im Jahr 2020 gesunken (UBA 2021). Im Jahr 2020 war die Landwirtschaft für 60,4 Mt CO_2-Äq (8,2 %) dieser THG-Emissionen verantwortlich. Die Werte sanken gegenüber 1990 jedoch nur um rund 21 %. Nicht alle von der Landwirtschaft verursachten Emissionen sind dabei erfasst, wie die Energie für Transport und Maschinen und die Herstellung von Betriebsmitteln wie Stickstoffdünger und Pestizide, die anderen Industriesektoren zugeordnet werden. Die Landwirtschaft ist auch im Vergleich zu anderen Sektoren für mehr Methan- und Lachgasemissionen verantwortlich. Diese sind im Wesentlichen mit der Tierhaltung (Methan) und der Verwendung von Stickstoffdünger (Lachgas) verbunden. Während die Gesamtemissionen im Jahr 2020 zu 87 % aus Kohlendioxid, zu 7 % aus Methan und zu 5 % aus Lachgas bestanden, lagen die Werte für die Landwirtschaft bei 4 %, 50 % und 46 % (Abb. 5.12). Die rasche Senkung zwischen 1990 und 1995 erfolgte aufgrund der Umstrukturierung der Landwirtschaft in den östlichen Bundesländern, vor allem in der Tierhaltung. Seit 1995 waren die Werte stabil oder stiegen leicht; erst seit 2015 gehen die THG-Emissionen der Landwirtschaft eher zurück. Die Landwirtschaft hat noch viel zu tun, um wirklich einen Beitrag zum Klimaschutz zu leisten, und es ist fraglich, ob eine höhere Effizienz in der Nutzung von Dünger und Futtermitteln allein ausreichen wird.

Trotzdem vermag die Landwirtschaft, im Rahmen des Klimaschutzes eine besondere Rolle zu spielen. Erstens geht es in der Landwirtschaft um Kohlenstoffkreisläufe und

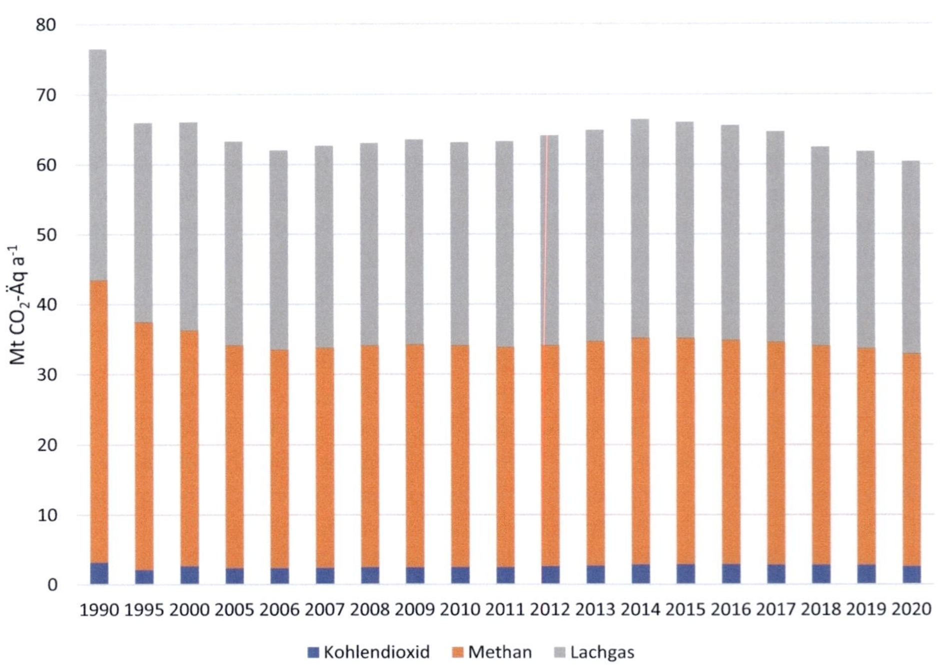

Abb. 5.12 Kohlendioxid-(CO_2-), Methan-(CH_4-) und Lachgas-(N_2O-)emissionen aus der deutschen Landwirtschaft in CO_2-Äquivalenten (Mt/Jahr), 1990–2020 (Datenquelle: UBA 2021)

Solarenergie wird genutzt, um durch Photosynthese CO_2 zu binden. Mithin geht es nicht um eine lineare Verwendung von fossilem Kohlenstoff zur Energiegewinnung, wodurch, wie in anderen Industrien, CO_2 freigesetzt wird. Landwirtschaftliches CO_2 entsteht durch den Verzehr von Pflanzen als Futter und Nahrungsmittel für Tiere und Menschen sowie durch den Abbau von organischen Resten durch Mikroorganismen und andere Lebewesen. Zweitens besteht unter bestimmten Umständen die Möglichkeit, Kohlenstoff im Boden langfristig als Humus zu speichern (s. oben).

Im ökologischen Landbau werden einige Praxismaßnahmen umgesetzt, die dazu besonders beitragen können:

- Die Vermeidung von synthetischem Stickstoffdünger spart etwa 10 kg CO_2-Äq pro kg N, einschließlich Lachgasemissionen aus dem Boden und CO_2-Emissionen bei der Herstellung (Fertilizers Europe 2011). Je nach Kultur und Intensität kann das 1–2 t weniger CO_2-Äq ha^{-1} a^{-1} bedeuten.
- Die biologische Stickstofffixierung ersetzt synthetischen Stickstoff, könnte aber im Prinzip auch Lachgasemissionen verursachen. Jedoch tragen die Stickstoffform und ihre Position im Stickstoffkreislauf sowie der Mischanbau von Stickstoffzehrern wie

Gras und Getreide mit Leguminosen (z. B. Kleegras oder Gerste-Erbsen-Gemenge) dazu bei, dass die Lachgasemissionen sehr niedrig sind (Rochette und Janzen 2005); zudem werden sie seit 2006 in den IPCC-THG-Richtlinien[8] nicht mehr berücksichtigt.
- Mehrjähriger Kleegras- und Luzernegrasanbau hinterlässt bis zu sechsmal so viel Wurzelmasse wie einjährige Kulturen von Getreide, Körnerleguminosen oder Kartoffeln (KTBL-Faustzahlen). Die hohe Wurzelmasse führt zu einer langfristigen Erhöhung des Humusgehalts des Bodens mit der Speicherung von Kohlenstoff. Ökologisch bewirtschaftete Kulturen, z. B. von Getreide, hinterlassen ebenfalls mehr Kohlenstoff über Wurzelbiomasse im Boden, zum Teil, weil mehr Wurzelwachstum notwendig ist, um Nährstoffe aus dem Boden zu holen (Hirte et al. 2021).
- Die Tierhaltung ist für etwa 55 % der THG-Emissionen der deutschen Landwirtschaft verantwortlich. Davon sind 80 % Methan aus der Rinderhaltung (Haenel et al. 2020). Insgesamt werden weniger Tiere pro Hektar in ökologischen Betrieben gehalten, auch wenn mehr Kleegras in der Fruchtfolge angebaut wird, weil Tierbestandsdichten auch auf Dauergrünland reduziert werden (zum Teil durch verminderte Nutzung von zugekauftem Kraftfutter).
- Die Verwendung von organischem Dünger kann Lachgas- und Methanemissionen verursachen sowie Ammoniak als indirekte THG-Quelle freisetzen. Aufgrund reduzierter Tierbestände und eingeschränkter Nutzung des aus konventionellen Quellen stammenden organischen Düngers wird insgesamt weniger organischer Dünger verwendet. Ökologische Betriebe müssen jedoch dafür Sorge tragen, dass Lagerung und Ausbringung möglichst klimafreundlich erfolgen.

Weckenbrock et al. (2019) haben mehrere Studien zum Thema ökologischer Landbau und Klimaschutz analysiert, mit folgenden Ergebnissen:

- 50 % der Vergleichspaare in 103 Studien wiesen über 10 % mehr Bodenkohlenstoffgehalt (C_{org}) auf ökologisch bewirtschafteten Flächen auf und 33 % vergleichbare ($\pm$10 %) Werte. Ähnliche Ergebnisse (51 % und 34 %) wurden für Bodenkohlenstoffreserven (SOC, *soil organic carbon*) festgestellt. 78 % der Vergleichspaare in 17 Studien zeigten zudem höhere C-Speicherungsraten. Zu ähnlichen Schlussfolgerungen kamen auch Gattinger et al. (2012).
- 57 % der Vergleichspaare in 13 Studien zeigten über 10 % geringere Lachgasemissionen. Die Werte von ökologisch bewirtschafteten Flächen lagen zwischen 0,1 und 9,4 kg N_2O-N ha^{-1} a^{-1} und damit im Median 24 % (0,3 kg ha^{-1} a^{-1}) unter dem der konventionellen Landwirtschaft.

[8] https://www.ipcc-nggip.iges.or.jp/public/2006gl/pdf/4_Volume4/V4_11_Ch11_N2O&CO2.pdf

Aus diesen Werten ergibt sich eine kumulierte Klimaschutzleistung des ökologischen Landbaus von über 1000 kg CO_2-Äq pro Hektar und Jahr. Wegen niedrigerer Erträge (s. unten) waren die Ergebnisse pro kg Produkt eher mit konventionellen Werten vergleichbar. Das gilt besonders für Methanemissionen der Rinderhaltung, wo zwar niedrigere Leistungen als bei der konventionellen Haltung zu erwarten sind, aber in Verbindung mit verringerten Lachgasemissionen von Kleegras und Dauergrünland trotzdem vergleichbare oder bessere THG-Ergebnisse gemessen werden. Ähnliche Schlussfolgerungen haben z. B. Rahmann et al. (2008), Frank et al. (2015), Müller et al. (2016), Knudsen et al. (2019) sowie Smith und Lampkin (2019) gezogen.

Versorgungsleistungen „Futter" und „Nahrungsmittel"
Mit der Vermeidung ertragssteigender Betriebsmittel, um Umwelt- und andere Ziele zu erreichen, ist zu erwarten, dass die Erträge im ökologischen Landbau nicht so hoch sind wie in intensiven, konventionellen Systemen. Diese Tatsache kann dazu führen, dass gute Umwelt- oder Ökosystemleistungen pro Hektar landwirtschaftliche Nutzfläche auf produktbezogener Basis weniger gut oder gar nicht zu erkennen sind. Jedoch sind einige ÖSL flächengebunden, z. B. die Zahl der Bestäuber und Nützlinge, weshalb die Leistungen pro Hektar relevant sind. Außerdem könnte eine Intensivierung des ökologischen Landbaus, um die Ertragslücke zu schließen, dazu führen, dass die Umweltvorteile verloren gehen.

Um die tatsächlichen Effekte der Ertragsunterschiede im ökologischen Landbau zu bewerten, sind eine Systembetrachtung und gute Daten notwendig. Eine Systembetrachtung heißt nicht nur, die Erträge einzelner Kulturen zu vergleichen, sondern auch die Nutzung des Produkts.

Allerdings ist die Datengrundlage für die Bewertung der Ertragssituation, egal auf welche Ebene, oft noch unzureichend, auch wenn es statistische Daten gibt, z. B. bei Eurostat oder dem Farm Accountancy Data Network (FADN) auf europäischer Ebene oder Testbetriebsnetzdaten in Deutschland. In vielen Ländern fehlen ökologische Daten für einige Betriebstypen ganz, teils sind die Stichproben für Vergleiche zu klein oder sie sind nicht ausreichend repräsentativ für die Gesamtheit der ökologischen Betriebe. Kontextfaktoren wie die Position in der Fruchtfolge, Niederschlag, Standort und Bodenwert fehlen fast immer. Deswegen müssen Ertragsvergleiche vorsichtig interpretiert werden. Ponisio et al. (2015) haben Daten von 115 Studien untersucht und stellten fest, dass Erträge des ökologischen Landbaus im Durchschnitt für alle Kulturen um 19 % niedriger waren und dass Kulturmischungen und Fruchtfolgen die Ertragslücke nur teilweise reduzieren konnten. Testbetriebsnetzdaten aus Deutschland und England deuten auf bis zu 50 % geringere Erträge für Kulturen wie Weizen und Kartoffel hin, was teilweise mit der Intensität der Stickstoffdüngung im konventionellen Anbau zusammenhängt. Eine ausführliche Diskussion der Ertragssituation ist Lampkin et al. (2015) zu entnehmen.

Wenn wir davon ausgehen, dass eine Ökologisierung des Ernährungssystems nur auf der Produktionsseite stattfinden soll, ohne Nachfrage und Verbrauch zu ändern, dann ist es kein Wunder, dass manche Studien zum Ergebnis kommen, dass die ökologische Landwirtschaft eher klimaschädlich sein könnte (Smith et al. 2019). Eine Ausweitung des ökologischen Landbaus müsste deswegen in Verbindung mit Änderungen in den Ernährungsgewohnheiten (weniger aber besseres Fleisch) und weniger Nahrungsmittelverschwendung stattfinden (BCG 2019). Studien wie die von Müller et al. (2017) und Treu et al. (2017) zeigen, dass eine hinreichende statt eine produktionsorientierte Ernährungsstrategie möglich sein kann, um die Weltbevölkerung zu ernähren und gleichzeitig Umweltziele zu erreichen.

Fazit

Der ökologische Landbau bietet die Möglichkeit, als Systemansatz mehrere Umwelt- und Ökosystemleistungen zu liefern, insbesondere durch die Vermeidung chemisch-synthetischer Dünge- und Pflanzenschutzmittel sowie die Anwendung ökologischer Prinzipien und biologischer Prozesse, um agrarische Bewirtschaftungssysteme zu gestalten, die Pflanzen, Tiere, Menschen und Natur schützen. Solche Systeme müssen aber auch rentabel sein, sodass sie für Landwirte langfristig nachhaltig sind. Deswegen ist der Markt für Ökoprodukte besonders relevant. Dazu kommt die öffentliche Förderung der Umstellung auf eine ökologische Bewirtschaftung bzw. die Beibehaltung dieser als Anerkennung der öffentlichen Leistungen. Hier ist es wichtig, dass Leistungen, die allen Menschen dienen, nicht von einer Minderheit der Verbraucher bezahlt werden müssen, sondern von der Gesellschaft als Ganzes. Die Kombination von Markt und Förderung gleicht die Mindererträge aus und führt dazu, dass ökologische Betriebe ähnliche oder bessere Gewinne erzielen als konventionelle. Leider werden Leistungen solcher Betriebe, die über die Vorgaben für die Zertifizierung hinausgehen, nicht anerkannt. Langfristig ist ein Honorierungssystem der tatsächlichen öffentlichen Leistungen notwendig, was auch in der Zukunftsstrategie des Bundesministeriums für Ernährung und Landwirtschaft (BMEL 2019b) und im Koalitionsprogramm der Bundesregierung (Koalitionsvertrag der Bundesregierung 2021) vorgesehen ist.

5.4 Ökosystemleistungen der Wälder

Peter Elsasser*, Kerstin Altenbrunn, Margret Köthke, Martin Lorenz und Jürgen Meyerhoff

5.4.1 Einleitung

Einkommen aus Forstwirtschaft beruht fast ausschließlich auf der Produktion und Bereitstellung von Rohholz. Gleichwohl gibt es etliche weitere Leistungen aus den Wäldern und den Forstbetrieben, welche die Wälder bewirtschaften: Regulationsleistungen wie beispielsweise den Schutz vor Hochwasser, die Trinkwasserversorgung und den Klimaschutz, kulturelle Leistungen wie die Bereitstellung naturnaher Erholungsmöglichkeiten und eines ästhetisch ansprechenden Landschaftsbilds und viele weitere. Ökonomisch gesehen handelt es sich bei den meisten dieser Leistungen um „öffentliche Güter“, d. h., es fehlen Märkte, welche über die Knappheit dieser Leistungen informieren, den Waldeigentümern ein entsprechendes Einkommen ermöglichen und so auch finanzielle Anreize für den Schutz und die Bereitstellung der Leistungen bieten („Externalitätenproblem“).

Gleichwohl sind auch die öffentlichen Leistungen für Menschen nützlich. Dieser Nutzen lässt sich empirisch ermitteln und mit umweltökonomischen Methoden auch monetär beziffern. Der primäre Zweck solcher empirischen Bewertungen ist die Information über Knappheiten und Werte von ÖSL – auch, um diese im Vergleich zum Wert anderer, marktgängiger Güter (wie Holz) greifbar zu machen. Erst daran anschließend stellt sich die Frage, welche politischen Schlüsse aus dieser Information zu ziehen sind, beispielsweise, ob eine Ausweitung der Waldfläche gesamtwirtschaftlich lohnend sein kann, selbst wenn sie einzelwirtschaftlich defizitär erscheint; ob sich der Schutz gefährdeter Wälder auch wirtschaftlich begründen lässt oder ob die Waldpolitik auf solche Erkenntnisse eher durch finanzielle Anreize oder eher durch Ge- und Verbote reagieren sollte. Je nach Ausgangssituation in einem Land stellen sich derartige Fragen nicht immer mit gleichem Gewicht, wie auch der jeweilige Interpretationskontext unterschiedlich sein kann. So steht für die umweltökonomische Gesamtrechnung im Vordergrund, die Wechselwirkungen zwischen Umwelt und Wirtschaft statistisch möglichst allgemeingültig zu erfassen und zu beschreiben (z. B. UN 2021; Grunewald et al. 2019). Dagegen hat die internationale TEEB-Initiative ausdrücklich zum Ziel, den ökonomischen Wert von ÖSL und Biodiversität fassbar zu machen, um diese effektiver vor Zerstörung und Raubbau zu schützen (Hansjürgens et al. 2018; TEEB 2010b). In anderen Fällen geht es auch darum, die Wirtschaftlichkeit staatlicher Investitionen zu beurteilen. So geht das in Großbritannien umfangreich verfügbare Wissen über Umweltwerte von Wäldern (Binner et al. 2017) teilweise auf Wirtschaftlichkeitsuntersuchungen für die dortigen Aufforstungsprogramme zurück.

Auch in Deutschland wird der monetäre Wert der unterschiedlichen Waldleistungen bereits seit mehr als einem halben Jahrhundert diskutiert (z. B. Speidel 1966; Brabänder

1966). Umweltökonomische Studien über den Wert von Waldleistungen auf empirischer Basis gibt es hier seit etwa 1990; seither sind hier gut fünf Dutzend Fallstudien zur Bewertung einzelner Waldleistungen entstanden, überwiegend mit lokalem oder regionalem Fokus. Eine detailliertere Übersicht über diese Studien bietet eine periodisch aktualisierte Datenbank des Thünen-Instituts (Elsasser et al. 2009, 2016/2021c). Kürzlich wurde auch der Versuch unternommen, das bislang recht fragmentarische Wissen über Werte von ÖSL des Waldes in Deutschland so aufzubereiten und zu ergänzen, dass eine systematische Zusammenschau wesentlicher Waldleistungen möglich wird und sich gleichzeitig abschätzen lässt, wie sich die entsprechenden Werte innerhalb des Landes regional verteilen. Zu diesem Zweck wurde ein multiples Nutzentransfermodell entwickelt (ReWaLe, regionalisierte Bewertung der Waldleistungen in Deutschland). Es kombiniert regional differenzierte Bewertungsdaten mit regionalstatistischen Informationen, um zunächst Bestimmungsgründe des monetären Nutzens der ÖSL zu ermitteln und in allgemein anwendbare Bewertungsfunktionen für jede der untersuchten Leistungen zu übersetzen. Bei diesen Bewertungsfunktionen handelt es sich um Regressionsmodelle, die den Einfluss naturaler Faktoren (z. B. der Baumartenausstattung) wie auch sozioökonomischer Faktoren (z. B. Gemeindegrößen, Transportentfernungen) auf den Wert der jeweiligen ÖSL erklären. Mithilfe dieser Bewertungsfunktionen lässt sich anschließend abbilden, wie sich die jeweiligen Werte räumlich über Deutschland verteilen und wo sie sich konzentrieren. Zudem lassen sich Alternativszenarien unter veränderten Ausgangsbedingungen simulieren. Im Folgenden beschreiben wir zu jeder der bewerteten Leistungen kurz das Vorgehen bei der Bewertung und dann einige Bewertungsergebnisse.[9]

Umweltökonomische Bewertungsansätze

Auch der ökonomische Wert nichtmarktgängiger Umweltgüter lässt sich empirisch oft direkt oder indirekt aus Marktpreisen ableiten, mit denen dann Nachfragekurven nach diesen Gütern konstruiert werden können. Anderenfalls dienen Nutzerbefragungen zur empirischen Ableitung der Nachfragekurven. Für solche Befragungen gibt es im Wesentlichen zwei methodische Ansätze:

1. **„Zahlungsbereitschaftsanalysen"** (*contingent valuation*): Hier wird den Befragten eine Tauschsituation geschildert, in der für das zu bewertende Gut gezahlt werden müsste (in Form von Steuern, direkten Zahlungen, Freizeit, anderen Gütern oder Ähnlichem). Anschließend werden sie mithilfe spezieller

[9] Detailliertere Darstellungen finden sich bei Elsasser et al. (2020, 2021a), technische Details bei Altenbrunn und Elsasser (2021). Kürzere, ergebnisorientierte Darstellungen zu den einzelnen Leistungen bietet die Serie „Thünen à la Carte", auf denen der folgende Text zum Teil basiert (Lorenz et al. 2020; Köthke et al. 2021; Elsasser et al. 2021b; Meyerhoff et al. 2021).

Befragungstechniken nach ihrer maximalen Zahlungsbereitschaft für eine definierte Menge dieses Guts gefragt – entweder direkt oder über eine Serie von Ja/Nein-Fragen zu unterschiedlichen Zahlungsvorschlägen.
Im hier beschriebenen Modell fußt die Bewertung der Erholungsleistung auf dem *contingent valuation*-Ansatz.

2. Bei **Auswahlexperimenten** (*choice experiments*) werden die Befragten gebeten, aus verschiedenen Güterbündeln das von ihnen bevorzugte auszuwählen; die einzelnen Elemente dieser Güterbündel (Attribute) sind dabei unterschiedlich stark ausgeprägt. Liegen etliche solcher Auswahlentscheidungen vor, dann können die zugrundeliegenden Abwägungen mithilfe multipler Logit-Verfahren aufgezeigt und quantifiziert werden. Üblicherweise enthält das Güterbündel auch ein monetäres Attribut (also Kosten bzw. Preise); aus den jeweiligen Abwägungen lässt sich damit die jeweilige Zahlungsbereitschaft für die übrigen Attribute berechnen.
Auswahlexperimente wurden beim hier beschriebenen ReWaLe-Modell zur Bewertung der Leistungen für Naturschutz und Landschaftsbild verwendet.

Nutzentransfer (Benefit-Transfer, Abschn. 4.2) ist keine eigenständige Umweltbewertungsmethode, sondern ein Ansatz zur Schätzung des (im konkreten Anwendungsfall unbekannten) Werts eines Umweltguts mithilfe anderweitig bereits vorliegender Bewertungsstudien als Informationsquellen. Im Allgemeinen wird dazu untersucht, mit welchen Variablen der Wert des Umweltguts korreliert; anhand dieser Korrelationen wird anschließend der Wert des Guts (bzw. die Schätzung dieses Werts) von den Bewertungsstudien auf den konkreten Anwendungsfall übertragen. Das hier beschriebene Modell verwendet den Nutzentransferansatz, um zu schätzen, wie sich für Gesamtdeutschland ermittelte Werte verschiedener Waldleistungen regional verteilen.

5.4.2 Rohholzproduktion

Im Rahmen des ReWaLe-Modells hat die Bewertung der Rohholzproduktion zum Ziel, den Nutzen dieser ÖSL aus gesamtgesellschaftlicher Sicht abzubilden; sie erfolgt also nicht aus forstbetrieblicher Perspektive. Entsprechend wird die Rohholzproduktion anhand des nachhaltigen Bruttoerlöspotenzials bewertet, das sich aus dem nachhaltig nutzbaren Zuwachs ergibt. Im Gegensatz zum Vermarktungserlös umfasst das Erlöspotenzial die gesamte biologische Produktion einschließlich des im Wald verbliebenen Holzes. Es wird mit Bruttoerlösen bewertet (d. h. ohne Abzug von Erntekosten), da auch die Holzernte Einkommen generiert, das der Volkswirtschaft insgesamt zugutekommt und aus der ÖSL „Rohholzproduktion" finanziert wird.

Im Detail geht das Modell dazu von dem baumart- und wuchsgebietsspezifischen Durchschnittszuwachs an Derbholz aus, wie er durch die Bundeswaldinventur (BWI 2012) ermittelt worden ist, und weist ihn den Waldflächen der einzelnen Gemeinden zu. Dabei werden neun Baumartengruppen und 82 Wuchsgebiete unterschieden. Der ermittelte Durchschnittszuwachs kann als nachhaltiges Nutzungspotenzial interpretiert werden. Vom Nutzungspotenzial in den Gemeinden werden Rinden- und Ernteverluste abgezogen. Die verbleibende Menge an nutzbarem Holz wird mit holzartengruppenspezifischen Erlösen bewertet, die aus dem Testbetriebsnetz Forst (TBN des BMEL) stammen. Das Ergebnis ist eine Schätzung des Bruttoerlöspotenzials in den einzelnen Gemeinden. Isoliert betrachtet ist diese Schätzung relativ grob, da sie nicht nur vom Stichprobenfehler der BWI und der Streuung der Erlöse über die unterschiedlichen Holzsortimente, sondern auch von den Abweichungen des Waldaufbaus in einer Gemeinde vom jeweiligen Wuchsgebietsdurchschnitt beeinflusst wird. Das Modell gibt die Ergebnisse daher standardmäßig für Kreise als nächsthöhere Aggregationsebene, nicht aber für einzelne Gemeinden aus. Auch die Ergebnisse aus den jeweiligen Kreisen sollten aber in ihrem regionalen Zusammenhang und im Hinblick auf die sich ergebenden räumlichen Muster interpretiert werden, nicht als isolierte Schätzungen für individuelle Kreise.

Summiert über alle Kreise betrug das Erlöspotenzial im Stichjahr 2016 ca. 7,1 Mrd. € (brutto, also ohne Abzug von Erntekosten).[10] Innerhalb jedes Kreises wird es von dem Anteil der Waldfläche im Kreis, von den Anteilen der verschiedenen Baumarten, ihrem Zuwachs und von den jeweiligen Holzpreisen beeinflusst. Abb. 5.13 zeigt das jährliche Erlöspotenzial pro Quadratkilometer Landkreisfläche. In dieser Darstellungsweise spielt die unterschiedliche Größe der Landkreise keine Rolle. Hier stechen Regionen wie der Bayerische Wald, der Schwarzwald, der Spessart, das Sauerland und das Erzgebirge mit besonders hohen Zahlen hervor, weil diese Gebiete nicht nur dicht bewaldet sind, sondern auch einen großen Anteil ertragreicher Baumarten wie Fichte und Eiche beheimaten. Im kieferngeprägten Nordosten dagegen ist das Erlöspotenzial geringer, obwohl das Gebiet waldreich ist, denn im Vergleich zu Fichte und Eiche liegt der Holzpreis der Kiefer deutlich niedriger.

Seit 2018 haben eine Reihe aufeinanderfolgender Trockenjahre und daran anschließende Borkenkäferkalamitäten zu erheblichen Waldschäden geführt, die Holzvorräte, Zuwachs und auch Preise stark beeinträchtigt haben. Die Schäden häufen sich vor allem in einem Band, das sich von Nordrhein-Westfalen quer über die Mitte Deutschlands bis nach Thüringen und Sachsen spannt, während der Norden und Nordosten der Republik weniger betroffen sind. Diese Entwicklungen sind in den dargestellten Ergebnissen noch nicht berücksichtigt – gezeigt wird die Situation, wie sie sich vor dem Eintritt dieser außergewöhnlichen Bedrohung einer nachhaltigen Holzproduktion (und der Wälder schlechthin) dargestellt hat.

[10] Demgegenüber lag der Vermarktungserlös bei ca. 6 Mrd. € brutto. Es wurde also nicht das gesamte Potenzial vermarktet.

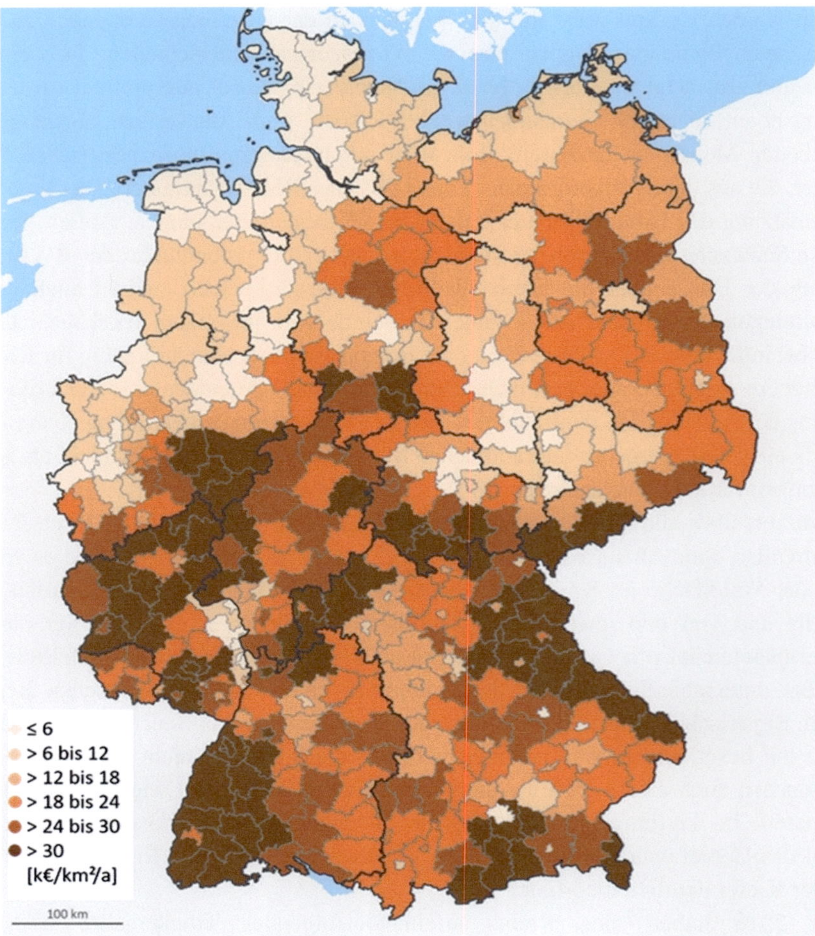

Abb. 5.13 Jährliches Bruttoerlöspotenzial der Rohholzproduktion (in 1000 € pro km² Landkreisfläche). © P. Elsasser

5.4.3 Kohlenstoffspeicherung

Eine wichtige regulierende Leistung der Wälder zum Schutz des globalen Klimas ist ihre Senkenleistung für Kohlenstoff: Durch die Photosynthese wird der Atmosphäre Kohlenstoff entzogen und anschließend längerfristig gespeichert. Diese Speicherung erfolgt primär im Ökosystem, sekundär kann sie nach der Holzernte in Holzprodukten fortgesetzt werden. Je nach Verwendung des Holzes werden dadurch auch emissionsintensivere Produkte und Prozesse ersetzt. Insgesamt reduziert dies den Anteil klimaschädlicher Treibhausgase in der Erdatmosphäre, die ansonsten zu einer weiteren Erwärmung des globalen Klimas beitragen würden.

Ziel der Bewertung mit dem ReWaLe-Modell ist, den Wert dieser primären und sekundären Entlastung der Atmosphäre für die deutsche Gesellschaft darzustellen und den Beitrag der jeweiligen regionalen Wälder dazu aufzuzeigen. Die Bewertung der globalen Klimaschutzleistung setzt an der jährlichen Einbindung von Kohlenstoff an. Diese Leistung wird in der Standardvariante des Modells, welche die derzeitige Situation (d. h. den Status quo) abbildet, über den Waldzuwachs und die tatsächliche Holzernte laut Bundeswaldinventur (BWI 2012) quantifiziert. Dazu wird mit verschiedenen Modellen der Zuwachs an oberirdischer Baumbiomasse hochgerechnet, und die Speicherung in Holzprodukten sowie die Substitutionspotenziale werden abgeschätzt. Summiert über alle Gemeinden in Deutschland ergab sich daraus zum Zeitpunkt der Untersuchung eine physische Klimaschutzleistung der Wälder von 108 Mio. t CO_2 im Jahr.

Ihren monetären Wert empirisch zu bestimmen, ist nur unter großen Unsicherheiten möglich, da Senkenleistungen des Waldes weder dem Europäischen Handelssystem für Emissionszertifikate (EU-ETS) noch dem nationalen Zertifikathandel für Brennstoffemissionen (BEHG) unterliegen und entsprechende Preisinformationen daher fehlen (bzw. nicht unmittelbar auf Wälder anwendbar sind). Die infrage kommenden alternativen Bewertungsansätze – das sind vor allem Zahlungsbereitschaftsanalysen und Kostenschätzungen der durch die Senkenleistung vermiedenen Schäden – erbringen stark schwankende und empirisch wenig belastbare Ergebnisse, die zudem von einer Fülle von teils recht spekulativen Annahmen abhängen. Das Modell ermöglicht, je nach Fragestellung unterschiedliche Wertansätze zu verwenden. Im Endbericht des Projekts (Elsasser et al. 2020) werden daher verschiedene Bewertungsvarianten dargestellt, welche diese Wertespanne abdecken. Eine „mittlere" Variante zieht Preise aus dem EU-ETS zur Bewertung heran, die in der zweiten Jahreshälfte 2018 19,49 € pro t CO_2-Äquivalente betrugen. Daraus ergab sich ein jährlicher Nutzen der Klimaschutzleistung der deutschen Wälder auf Basis des Nettozuwachses von 2,1 Mrd. €. Auf Basis heute gültiger Zertifikatpreise käme man insgesamt zu einer höheren Nutzenschätzung;[11] das regionale Verteilungsmuster bliebe davon jedoch unberührt.

Abb. 5.14 zeigt die Verteilung der Klimaschutzleistung der Wälder auf Kreisebene (bei Holznutzung gemäß BWI 2012) wiederum umgerechnet auf den Quadratkilometer Kreisfläche. Die Höhe der Klimaschutzleistungen wird maßgeblich vom Waldanteil im jeweiligen Kreis, der Baumartenzusammensetzung, der Altersklassenverteilung und dem

[11] Nach dem Brennstoffemissionshandelsgesetz (BEHG 2019) existiert seit 2021 auch eine Zertifikatpflicht für viele Emissionen, die nicht dem EU-ETS unterliegen; diese Zertifikate werden zunächst zu Festpreisen verkauft, für die das Gesetz jährliche Preissteigerungen vorsieht (BEHG § 10). Für 2021 ist ein Preis von 25 €/t CO_2-Äq vorgeschrieben; unter Zugrundelegung dieses Preises wären die Bewertungsergebnisse für sämtliche Kreise also um jeweils ca. 20 % höher. Im EU-ETS hat sich dagegen vor allem im Jahr 2021 eine erhebliche Preissteigerung ergeben; zum Jahresende betrugen die Preise dort über 80 €/t CO_2-Äq, im Vergleich zu 2018 also mehr als das Vierfache.

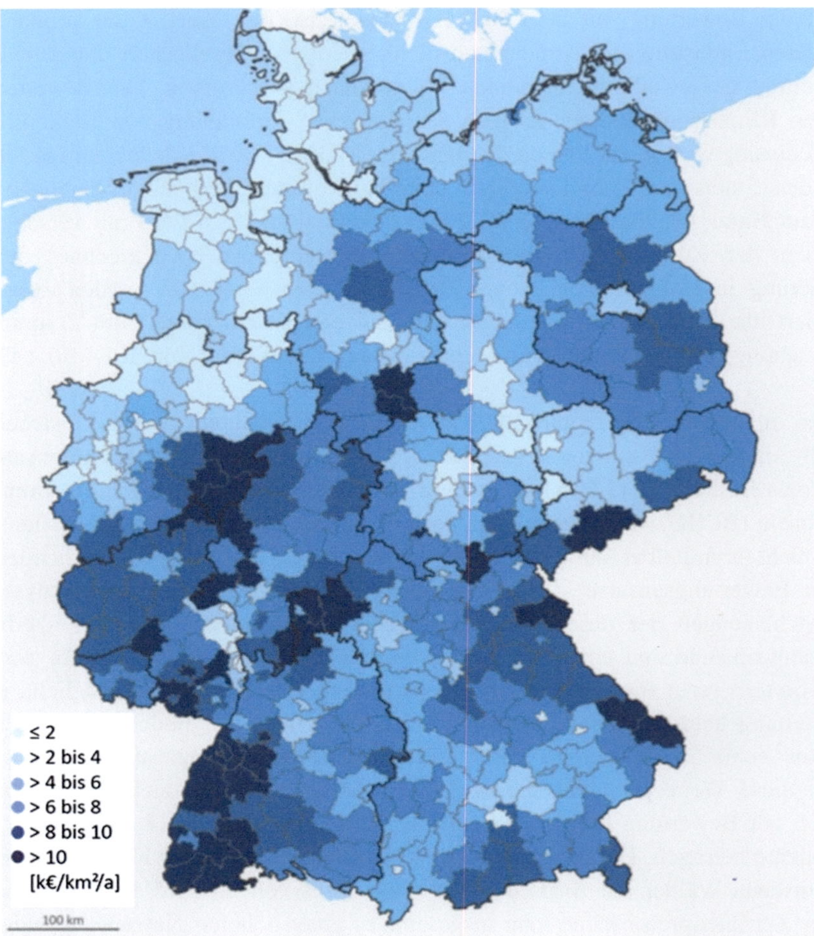

Abb. 5.14 Jährliche Klimaschutzleistung der Wälder (in 1000 € pro km^2 Landkreisfläche) bei Holznutzung gemäß BWI 2012. © P. Elsasser

Holzeinschlag bestimmt. Wie Abb. 5.14 zeigt, liegt die jährliche Klimaschutzleistung der Wälder in waldärmeren Regionen im Norden und Nordwesten sowie in großen Teilen Sachsen-Anhalts und Sachsens – auf Basis der beschriebenen Wertannahme – bei unter 4000 € pro Quadratkilometer Landkreisfläche. Waldreiche Regionen mit einem hohen Anteil an Nadelbäumen wie etwa der Schwarzwald, der Bayerische Wald, der Spessart, das Sauerland, der Harz oder das Erzgebirge erreichen die höchsten monetären Werte – bis zu 14.500 € pro Quadratkilometer.

Mit dem ReWaLe-Modell kann über Szenarioberechnungen dargestellt werden, wie sich eine geänderte Waldbewirtschaftung auf die Ökosystemleistungen der Wälder vor

Ort auswirken könnte. Ein solches Szenario zeigt, wie sich die Klima- und Rohholzleistungen im Vergleich zur Nutzung gemäß Status quo veränderten, wenn das gesamte Holz, das nachhaltig zuwächst, geerntet werden würde. Bei diesem Szenario ergibt sich für Deutschland insgesamt eine um 9 % geringere Klimaschutzleistung im Vergleich zur Standardvariante, während die Rohholzerlöse um 17 % steigen würden. In den meisten Landkreisen würde die Nutzung des nachhaltigen Waldzuwachses mehr Holzeinschlag im Vergleich zum Status quo bedeuten. Ein höherer Einschlag führte zu höheren Rohholzerlösen, während sich die Kohlenstoffspeicherung im Wald verringern würde. Auch die Kohlenstoffspeicherung im geernteten Holz und die Substitutionseffekte der gestiegenen Holzverwendung könnten dies nicht kompensieren. In diesem Szenario würden sich die Klimaschutzleistungen der Wälder also reduzieren.

So sind die Vor- und Nachteile eines veränderten Holzeinschlags in den Landkreisen zwischen Klima- und Rohholzleistungen in der Regel gegenläufig. Deutlich wird jedoch auch, dass in 14 % der Landkreise (vor allem in Südbayern) eine Nutzung des nachhaltigen Waldzuwachses im Vergleich zum Status quo sowohl für die Rohholz- als auch für die Klimaschutzleistungen Nachteile brächten. In zwölf Landkreisen in der Region Thüringer Wald und im Sauerland würde die Nutzung des gesamten nachhaltigen Waldzuwachses die Rohholzleistung deutlich reduzieren (5000–20.000 €/km^2), während gleichzeitig die Klimaschutzleistung deutlich steigen würde (bis zu 1000 €/km^2). Dies ist auf die erhöhte Holzentnahme in diesen Gebieten zurückzuführen. Durch Sturmschäden nach dem Orkantief Kyrill wurde hier im Status-quo-Szenario mehr Holz entnommen, als nachhaltig zuwächst.

5.4.4 Erholungsleistungen

Auch die Erholungsleistung der Wälder ist in Deutschland ein öffentliches Gut, da das Bundeswaldgesetz jedermann das Betreten des Waldes zum Zwecke der Erholung gestattet, ohne dafür zahlen zu müssen (§ 14 BWaldG) – das gilt für Wälder im Besitz der öffentlichen Hand genauso wie für Privatwälder. Im Rahmen des ReWaLe-Modells wird ermittelt, wie viel dieses Betretensrecht aus Sicht der Bevölkerung wert ist und wie sich die entsprechenden Werte regional verteilen. Die Bewertung beschränkt sich zunächst auf Alltags- und Wochenendwaldbesuche in der Nähe des jeweiligen Wohnorts, umfasst also keine Urlaubsreisen.

Dazu werden Daten einer repräsentativen Bevölkerungsbefragung genutzt, in denen u. a. individuelle Waldbesuchshäufigkeiten, Besuchsentfernungen sowie die jährliche Zahlungsbereitschaft für das Waldbetretensrecht in der Nähe des Wohnorts erhoben wurden (Elsasser und Weller 2013). Aus dieser Befragung ergab sich im Mittel eine Zahlungsbereitschaft von knapp 30 € pro Person im Jahr für Wälder im Wohnumfeld. Daraus wird im Modell eine durchschnittliche Zahlungsbereitschaft für jede Gemeinde berechnet, und zwar über das Verhältnis von lokalen Waldbesuchern zu Nichtbesuchern und deren jeweilige Zahlungsbereitschaften. Waldbesucheranteile der Gemeinden werden statistisch geschätzt, ebenfalls mit Daten aus der genannten Befragung. Hochgerechnet auf alle Einwohner Deutschlands beträgt der Erholungswert der deutschen Wälder 2,4 Mrd. € pro Jahr, bei erheblichen regionalen Unterschieden. Das sind im Durchschnitt gut 200.000 € pro Gemeinde, wobei die Spanne von nahe 0 bis 44 Mio. € reicht – je nachdem, ob es sich um eine kleine Gemeinde mit nur wenigen Einwohnern handelt oder um eine Millionenstadt wie Köln oder München. Anschließend wird berechnet, wie stark die Besuchsraten mit zunehmender Entfernung von der betrachteten Gemeinde zurückgehen. Anhand der so ermittelten Entfernungsfunktion verteilt das ReWaLe-Modell die Zahlungsbereitschaften aus den einzelnen Gemeinden über die umliegenden Wälder und addiert die Ergebnisse für die einzelnen Kreise auf.

Im Ergebnis zeigt sich ein regionales Verteilungsmuster (Abb. 5.15), das sich deutlich von dem Verteilungsmuster anderer ÖSL wie etwa dem der Rohholzproduktion unterscheidet. Der Nutzen der Erholungsleistung wird vor allem von der Entfernung zwischen Wäldern und Wohnorten beeinflusst, weniger von Art und Aufbau der Wälder oder der Walddichte. Mit besonders hohen Erholungswerten stechen daher die dicht besiedelten Regionen um das Ruhrgebiet, um die Oberrheinebene sowie um die großen Städte hervor (z. B. München, Hannover, Hamburg, Berlin, Dresden, Leipzig); sie erreichen dort fast 70.000 € pro Quadratkilometer Kreisfläche und Jahr. Die Zahlungsbereitschaft der jeweiligen Lokalbevölkerung beschränkt sich dabei nicht allein auf die Wälder innerhalb der betreffenden Kreisgrenzen, sondern beeinflusst auch die Erholungswerte im Umland stark. Deutlich sichtbar ist dies beispielsweise im Umland von Berlin. Auch in Gebieten mit niedrigerer Bevölkerungsdichte und gleichzeitig geringer Bewaldung können Wälder aber hohe Erholungswerte aufweisen, denn bei geringer Bewaldung sind Wälder als Erholungsorte knapp. Dies wird gut erkennbar, wenn man die Zahlungsbereitschaften nicht auf die Gesamtfläche der Kreise, sondern auf deren Waldfläche umrechnet (Abb. 5.16). Dann fällt neben den großen Bevölkerungsagglomerationen insbesondere der waldarme Norden mit durchschnittlichen Erholungswerten von jeweils über 500 € pro Jahr und Hektar Waldfläche (bzw. 50.000 € pro Jahr und Quadratkilometer Waldfläche) auf.

Seit Anfang 2020 haben die Verbreitung des Corona-Virus und die dagegen ergriffenen Schutzmaßnahmen zu erheblichen Verhaltenseinschränkungen im Alltag geführt, die für die meisten Menschen auch Änderungen des Freizeitverhaltens mit sich brachten. Die Nachfrage nach Walderholung scheint auch in Deutschland deutlich gestiegen zu sein – nicht allein in Bezug auf die Gesamtzahl an Besuchen schlechthin, sondern auch durch den Zugewinn weiterer, bisher weniger waldaffiner Besucher (Derks et al. 2020). Es gibt derzeit noch keine neueren Untersuchungen, wie weit sich dies auch in höheren Zahlungsbereitschaften für Waldbesuche niederschlägt (und wie dauerhaft eine solche Änderung gegebenenfalls wirken wird); die hier mitgeteilten Zahlen geben daher den derzeitigen Wissensstand wieder.

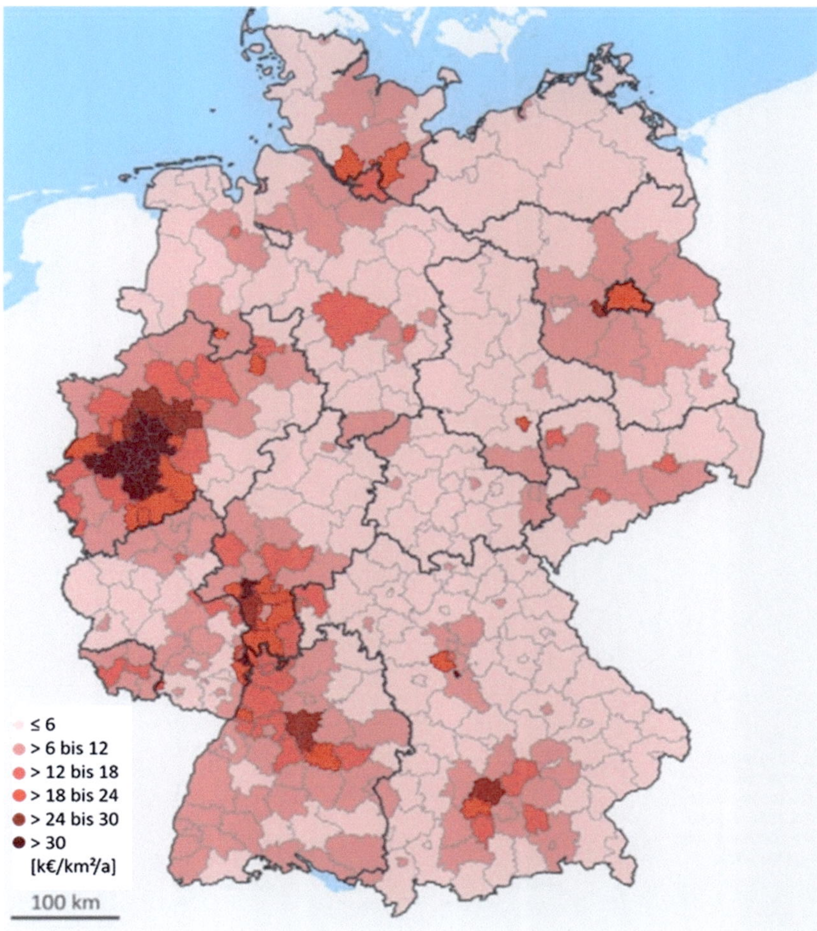

Abb. 5.15 Regionale Verteilung der jährlichen Zahlungsbereitschaft für wohnortnahe Waldbesuche (in 1000 € pro km^2 Landkreisfläche). © P. Elsasser

5.4.5 Naturschutz und Landschaftsbild

Weder Naturschutz noch das Landschaftsbild sind anhand eines einzelnen Maßstabs unmittelbar messbar – vielmehr handelt es sich dabei um ein Bündel kultureller ÖSL, die die jeweilige Landnutzung bereitstellt. Zur Beschreibung der Leistungen der Wälder für Natur und Landschaft zieht das ReWaLe-Modell daher mehrere Indikatoren heran,

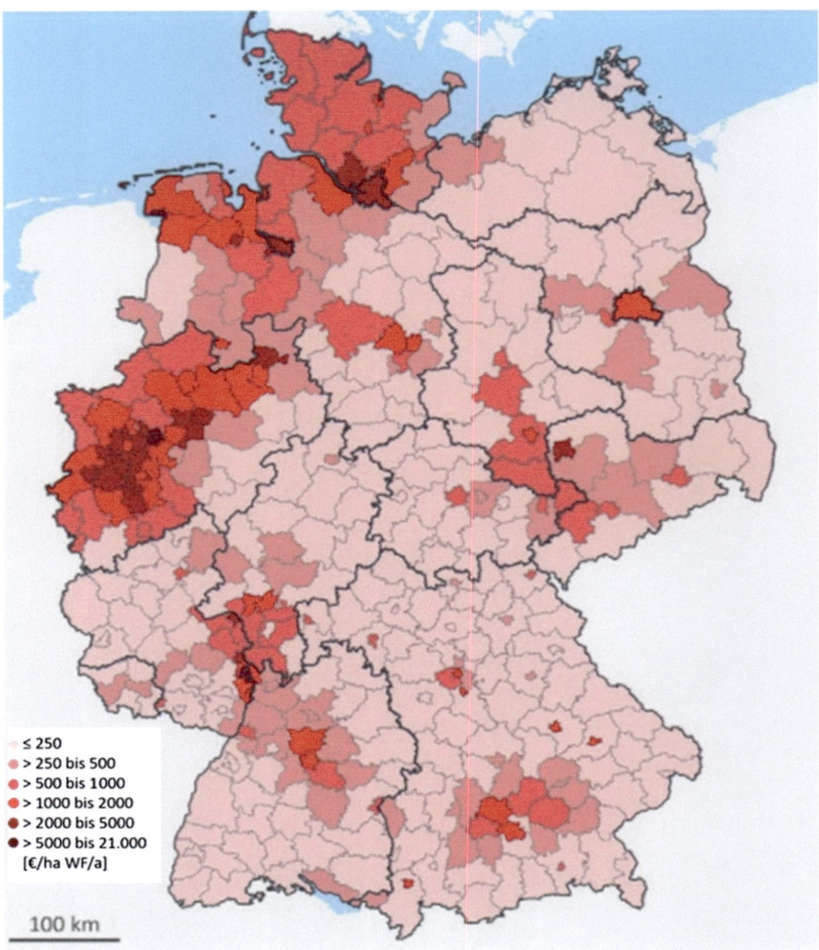

Abb. 5.16 Regionale Verteilung der jährlichen Zahlungsbereitschaft für wohnortnahe Waldbesuche (in € pro ha Waldfläche). © P. Elsasser

die den Zustand der Natur und ihre Veränderungen abbilden; die umweltökonomische Bewertung erfolgt mithilfe von Auswahlexperimenten (Choice-Experimenten).[12] Mit diesen Indikatoren lassen sich *Veränderungen* der Werte von Natur und Landschaft

[12] In diesem Kapitel werden zwei dieser Indikatoren vorgestellt; das ReWaLe-Modell enthält daneben weitere regionalisierte Bewertungsansätze für die Ausweitung ungenutzter Waldflächen sowie für den Anteil allochtoner („fremdländischer") Baumarten im Wald.

bewerten (deren Gesamtwert im Status Quo ist aus methodischen wie auch logischen Gründen nicht bezifferbar).[13]

Einer der verwendeten Indikatoren ist der Indikator „Artenvielfalt und Landschaftsqualität" (Achtziger et al. 2004; Dröschmeister und Sukopp 2009), der auch in der nationalen Nachhaltigkeitsstrategie zur Beschreibung der Nachhaltigkeit von Landnutzungen verwendet wird (Die Bundesregierung 2021). Er besteht aus mehreren Teilindizes, die jeweils die Bestandsentwicklung landschafts- und lebensraumtypischer Vogelarten abbilden. Aus deren Vorkommen lässt sich auf den allgemeineren Zustand von Natur und Landschaft schließen. Die erwähnten Teilindizes sind jedoch nur als gesamtdeutsche Durchschnittswerte verfügbar. Daher wurde der Teilindex „Wälder" für das ReWaLe-Modell mithilfe des Atlas Deutscher Brutvogelarten (Gedeon et al. 2015) nachgebildet, aus dem Daten über das regionale Vorkommen und die Abundanz der Indikatorarten des Waldes hervorgehen. Die Zahlungsbereitschaft der Bevölkerung für eine Veränderung der regionalen Artenvielfalt wurde anschließend durch ein Auswahlexperiment ermittelt, in dem verschiedene Veränderungen des derzeitigen Zustands der Wälder zur Bewertung anstanden (Elsasser et al. 2020, Abschn. 5.2 und 5.3), darunter auch die Artenvielfalt im Wald – vermittelt durch den beschriebenen Indikator.

Aufbauend auf den Ergebnissen dieses Auswahlexperiments konnte u. a. ein Szenario berechnet werden, welches das Ziel der Wiederherstellung der ursprünglichen Artenvielfalt aus der nationalen Nachhaltigkeitsstrategie aufgreift und zeigt, wie hoch dafür in den einzelnen Landkreisen die Zahlungsbereitschaft ist. Sie summiert sich für Deutschland insgesamt auf etwa 1 Mrd. € pro Jahr. Betrachtet man die regionale Verteilung der Zahlungsbereitschaft (Abb. 5.17), so fallen zunächst Kreise mit negativer Zahlungsbereitschaft auf, vor allem um die Region Vogelsberg und im Odenwald. In diesen Kreisen war die Artenvielfalt ursprünglich vermutlich geringer als heute. Eine Herstellung des ursprünglichen Zustands ergäbe für diese Kreise daher eine Reduktion der Artenvielfalt. Die negativen Zahlungsbereitschaften zeigen die Verluste, die eine Reduktion der Artenvielfalt bedeuten würde. Im überwiegenden Teil Deutschlands liegt die Zahlungsbereitschaft für eine Erhöhung der Artenvielfalt im Wald jährlich zwischen etwa 20 und knapp 80.000 € pro Quadratkilometer Landkreisfläche. Vor allem in Nordwestdeutschland finden sich recht hohe Zahlungsbereitschaften – überall dort, wo die Artenvielfalt im Wald heute niedrig ist und/oder die Bevölkerungsdichte hoch: im Ruhrgebiet, entlang der Nordseeküste, entlang der Rheinschiene, von den Ausläufern des Erzgebirges entlang der Leipziger Tieflandbucht bis hinauf in die Magdeburger Börde und

[13] Der Idee einer ökonomischen Bewertung liegt grundsätzlich ein Tauschkonzept zugrunde (eine bestimmte Menge eines Guts kann gegen eine bestimmte Menge anderer Güter bzw. deren Gegenwert in Geld eingetauscht werden). Dies erfordert eine Substituierbarkeit zwischen den Gütern. Da zwar „kleine" Änderungen der Naturausstattung, nicht aber deren Gesamtheit substituierbar sind, ist eine Bewertung sämtlicher Naturleistungen sinnlos. Selbst bei substituierbaren Gütern ist zudem zu bedenken, dass sich der Wert marginaler Veränderungen in der Regel nicht auf „große" Veränderungen übertragen lässt.

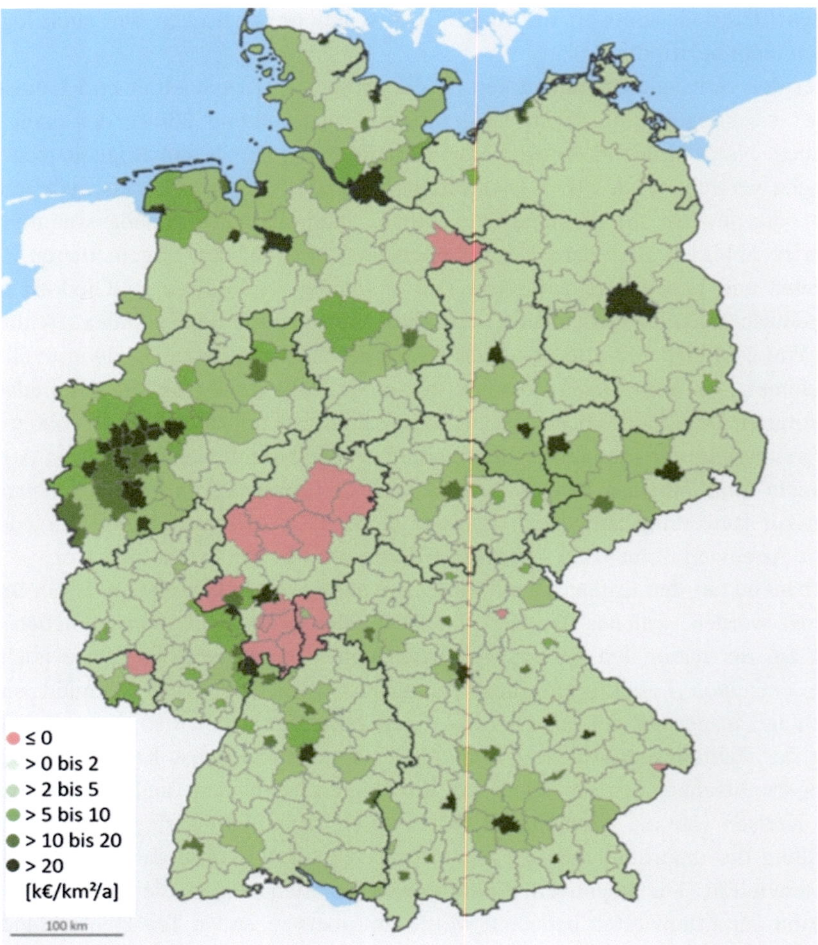

Abb. 5.17 Jährliche Zahlungsbereitschaft für die Wiederherstellung der ursprünglichen Artenvielfalt im Wald (in 1000 € pro km^2 Landkreisfläche). © P. Elsasser

auch in der Südhälfte Bayerns. Darüber hinaus stechen einige Städte hervor, in denen eine hohe Zahlungsbereitschaft vor allem auf die hohe Bevölkerungsdichte zurückzuführen ist und nicht auf eine geringe Artenvielfalt.

Ein zweiter Indikator ist das „Baumartenverhältnis" im Wald. Es wird als wichtige Größe im Naturschutz diskutiert, das auch prägenden Einfluss auf das Landschaftsbild hat. Die Baumartenverteilung geht aus der Bundeswaldinventur hervor; zur Bewertung dient wieder das bereits erwähnte Auswahlexperiment, das auch Auskunft darüber gibt, welche Mischungsanteile von Laub- und Nadelbäumen die Bevölkerung in unterschiedlichen Regionen Deutschlands bevorzugt und wie hoch ihre Zahlungsbereitschaft für variable Laub-, Nadel- und Mischwaldanteile ist.

Um etwa die Auswirkungen einer Erhöhung des Buchenanteils[14] zu prüfen, wurde mit dem ReWaLe-Modell ein Szenario berechnet, in dem der Anteil der Buchen an der Waldfläche in allen Kreisen im Vergleich zu heute um jeweils 10 % erhöht ist. In diesem Szenario führt das veränderte Baumartenverhältnis per Saldo zu Zugewinnen von jährlich insgesamt gut 130 Mio. € aufseiten von Natur und Landschaft. Allerdings gibt es dabei je nach Region nicht nur Gewinne, sondern auch Verluste (Abb. 5.18): Positive Zahlungsbereitschaften finden sich vor allem im nadelwaldreichen Osten und Süden von Deutschland sowie einigen Stadtkreisen. Demgegenüber wird in anderen Regionen eine weitere Erhöhung des Buchenanteils negativ bewertet, die schon heute einen relativ hohen Anteil an Laubbäumen haben. Dort gäbe es also eine Zahlungsbereitschaft für eine Erhöhung des Nadelbaumanteils. Zu diesen veränderten Zahlungsbereitschaften kommen die Veränderungen beim Rohholzpotenzial und beim Klimaschutz. Beim Rohholzpotenzial saldieren sie sich auf einen jährlichen Verlust von ca. 300 Mio. €, beim Klimaschutz von 10–20 Mio. €, betreffen aber die einzelnen Regionen Deutschlands ebenfalls sehr unterschiedlich. Betrachtet man die Ergebnisse für Rohholzproduktion, Klimaschutz und für Naturschutz und Landschaftsbild zusammen, dann erweisen sich Gewinne und Verluste meist als gegenläufig: Kreise, in denen der höhere Buchenanteil das Rohholzertragspotenzial und die Klimaschutzleistung verringert, gewinnen durch Verbesserung von Natur und Landschaft und umgekehrt.

5.4.6 Zahlungen für ÖSL des Waldes?

Die hier zusammengefassten Bewertungsergebnisse über die ÖSL der Wälder in Deutschland zeigen zunächst lediglich auf, welche Leistungen Wälder und Forstbetriebe zusätzlich zur Holzproduktion erbringen – unter den heute existierenden Konditionen (d. h. in weitgehender Abwesenheit von Märkten, welche unmittelbar über den Wert der Leistungen informieren würden und den Forstbetrieben auch Anreize böten, die Leistungen zu schützen und gegebenenfalls zu vermehren). Aus einer solchen deskriptiven Darstellung der Werte von ÖSL lassen sich unmittelbar keine politischen Forderungen begründen, auch wenn das einige Interessengruppen bisweilen tun: Waldbesitzer möchten für die von ihren Wäldern bereitgestellten Leistungen entgolten werden; andere Interessengruppen verweisen auf den hohen Wert der nichtmarktgängigen Umweltleistungen und fordern, die Waldbewirtschaftung (zumal in Wäldern der öffentlichen Hand) deshalb stärker an diesen Umweltleistungen als an der

[14] Die Baumart Buche steht bei vielen Naturschutzdiskussionen im besonderen Fokus, da sie über weite Teile Deutschlands die natürlichen Klimaxgesellschaften prägt (vgl. z. B. Panek 2016; BfN 2008).

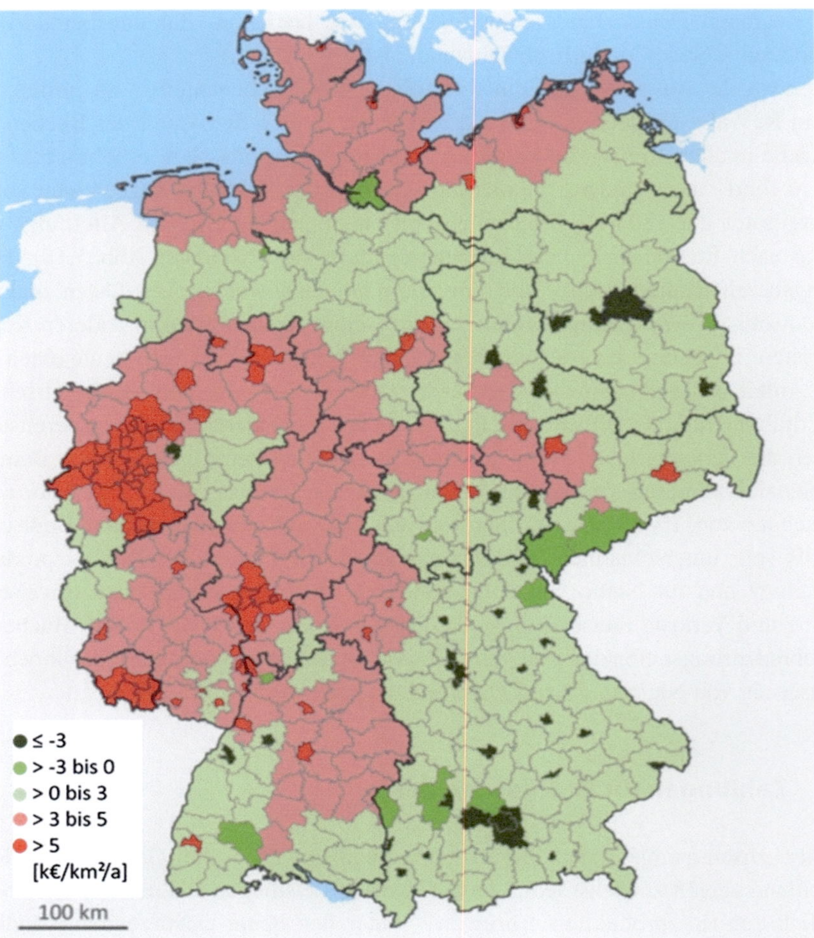

Abb. 5.18 Jährliche Zahlungsbereitschaft für einem um 10 % höheren Buchenanteil als heute (in 1000 € pro km^2 Landkreisfläche). © P. Elsasser

Holzproduktion auszurichten. Aber auch aus einer generelleren gesamtwirtschaftlichen Perspektive lässt sich argumentieren, dass fehlende Zahlungen für „öffentliche" ÖSL Marktversagen bewirken, eine Unterversorgung der Gesellschaft mit diesen Leistungen begünstigen und daher zu Wohlfahrtsverlusten führen können. Ob solche Zahlungen etabliert werden sollen oder nicht, bleibt jedoch eine politische, keine wissenschaftliche Entscheidung; wissenschaftliche Erkenntnisse können allenfalls dazu beitragen, derartige Zahlungen zweckmäßig zu organisieren. Übertragen auf den vorliegenden Anwendungsfall bedeutet dies: Anhand der Ergebnisse des ReWaLe-Modells lässt sich weder beurteilen, ob irgendeine der hier bewerteten Leistungen vordringlicher als irgendeine andere Leistung ist, noch, ob Zahlungen für spezifische Leistungen etabliert werden sollten.[15] *Wenn* solche Zahlungen aber etabliert werden, dann zeigen die Ergebnisse u. a. auf, dass es für die einzelnen Leistungen regionale Nachfrageunterschiede gibt, die bei der Gestaltung von Anreizzahlungen (oder anderen Politikinstrumenten) zweckmäßigerweise beachtet werden sollten.

Die politische Ausgangslage für die Etablierung eines Honorierungssystems für Waldleistungen ist in Deutschland derzeit günstiger als in den Jahrzehnten zuvor. Zum einen wecken die massiven Waldschäden und die damit einhergehenden Vermögens- und Einkommensverluste seit 2018 Zweifel, ob die Forstbetriebe angesichts des fortschreitenden Klimawandels ohne zusätzliche Finanzierung weiterhin in der Lage sein werden, die Existenz aller Wälder (und damit auch ihrer Leistungen) zu sichern; zusätzliche staatliche Finanzmittel erscheinen vielen Akteuren unumgänglich, allein schon um die Wälder an den Klimawandel anzupassen. Gleichzeitig rückt mit den Einnahmen aus der Zertifikatversteigerung im Rahmen des europäischen Emissionshandels sowie des deutschen Brennstoffemissionshandelsgesetzes (BEHG) eine neue potenzielle Finanzierungsquelle in den Fokus. Tatsächlich ist im aktuellen Koalitionsvertrag der Regierungsparteien erstmals die Entwicklung eines langfristigen Ansatzes zur Honorierung von Ökosystemleistungen der Wälder politisch verankert, der „konkrete, über die bisherigen Zertifizierungssysteme hinausgehende Anforderungen an zusätzliche Klimaschutz- und Biodiversitätsleistungen adressiert, diese honoriert und die Waldbesitzer dadurch in die Lage versetzt, ihre Wälder klimaresilient weiterzuentwickeln und, wenn nötig, umzubauen oder Neu- und Wiederbewaldung zu unterstützen" (Koalitionsvertrag der Bundesregierung 2021, S. 39).

Allerdings stehen der Einführung eines solchen Honorierungssystems (noch) einige Hürden im Weg. Eine davon ist die bislang ausstehende Einigung darüber, welche konkreten Leistungen überhaupt honoriert werden sollen und woran diese zu bemessen sind – anhand der zur Leistungserstellung ergriffenen waldbaulichen Maßnahmen (Input), der Leistungen selbst (Output) oder noch zu bestimmender geeigneter Leistungsindikatoren? Bereits die Klimaschutzleistung allein lässt diesbezüglich Einigungsbedarf erkennen: Zwar scheint es naheliegend, diese über die durch die Wälder gebundene Menge an Kohlenstoff (gemessen in Tonnen CO_2-Äquivalenten) zu quantifizieren. Es besteht aber bisher kein Konsens, ob hierbei der Vorrat an Kohlenstoff oder die Veränderung dieses Vorrats (d. h. die zusätzliche Einbindung) berücksichtigt werden sollte oder möglicherweise auch beides, ob allein die jeweilige Wirkung auf die Erdatmosphäre zählen soll oder ob auch (bzw. ausschließlich) den Konventionen aus den internationalen

[15] Gegen solche argumentativen Kurzschlüsse spricht – abseits grundsätzlicher Erwägungen –, dass die hier dargestellten Werte von Waldleistungen mit unterschiedlichen Bewertungsansätzen ermittelt wurden, deren Ergebnisse sich teilweise nicht direkt vergleichen lassen; zudem wären dabei auch die unterschiedlichen Eigentumsrechte an den jeweiligen Waldleistungen zu beachten, welche im Rahmen des Modells aber nicht thematisiert werden.

Anrechnungsregeln gefolgt werden soll.[16] Bei Hinzunahme weiterer Leistungen, insbesondere solchen für Natur und Landschaft, kommt hinzu, dass sich diese kaum anhand eines einzelnen Maßstabs quantifizieren lassen.

Eine weitere Hürde stellen die rechtlichen Förderregeln sowohl Deutschlands als auch der Europäischen Union dar, welche die Möglichkeiten zur Entwicklung eines funktionstüchtigen Honorierungssystems erheblich einschränken. Nach den bisherigen Regeln für die forstliche Förderung in Deutschland darf sich der Bund daran nur über die Gemeinschaftsaufgabe „Verbesserung der Agrarstruktur und des Küstenschutzes" (GAK) beteiligen. Diese ist aber strukturell nicht auf die Förderung spezifischer Angebote zugunsten von ÖSL des Waldes ausgerichtet, da sie anstelle von Leistungsanreizen lediglich eine (anteilige) Kostenerstattung für Maßnahmen vorsieht, welche alternativ mögliche Einkünfte eines Forstbetriebs einschränken. Da diese Einkünfte fast ausschließlich auf der Holzproduktion fußen, können Umweltleistungen über die GAK nicht in Höhe ihres tatsächlichen gesellschaftlichen Werts honoriert werden, sondern sie bemessen sich nur darüber, wie viel sie an Holzproduktion kosten. Daraus folgt: Sind die Umweltleistungen mehr wert als die entgangene Holzproduktion, entstehen den Betrieben daraus keine Bereitstellungsanreize, denn sie partizipieren ja nicht an diesem Mehrwert; sind sie weniger wert, dann werden Fördermittel verschwendet, die sich anderweitig effektiver einsetzen ließen. Zudem werden dadurch Maßnahmen begünstigt, die in Konkurrenz zur Holzproduktion stehen, synergistisch wirkende Maßnahmen dagegen benachteiligt. Diese Rahmenbedingungen sind auch nicht ohne Weiteres änderbar, weil auch die derzeit gültigen Wettbewerbsregeln der EU etliche Restriktionen enthalten und insbesondere die zulässige Höhe staatlicher Beihilfen darauf beschränken, maximal die durch die jeweilige Verpflichtung verursachten Zusatzkosten und Einkommensverluste zu erstatten (wenn auch mit einem Aufschlag zur Abdeckung von Transaktionskosten).[17]

---

[16] Die Anrechnungsregeln der internationalen Klimaschutzübereinkunft (UNFCCC) sehen eine sektorale Quantifizierung der Emissionswirkungen einer Volkswirtschaft vor und schließen zudem einen Teil des international gehandelten Holzes von der Anrechnung aus. Dadurch bleibt beispielsweise unberücksichtigt, dass Holzernte zwar Kohlenstoffverluste in den heimischen Wäldern bewirkt, die Holzverwendung aber in anderen Sektoren bzw. anderen Ländern Kohlenstoffemissionen einsparen kann.

[17] Einschlägig ist hier vor allem EU-COM (2014), Abschn. II.2.3 („Beihilfen für Waldumwelt- und -klimaleistungen und die Erhaltung der Wälder", S. 77). Akzeptable Beihilfen müssen danach u. a. flächenbezogen sein (Gewährung je Hektar Waldfläche); bei größeren Betrieben auf einem Waldbewirtschaftungsplan oder Ähnlichem basieren; sich auf vorab eingegangene, freiwillige Verpflichtungen über mindestens fünf bis sieben Jahre beschränken sowie auf maximal die durch die jeweilige Verpflichtung verursachten Zusatzkosten und Einkommensverluste (wobei die Kommission zusätzlich gestattet, darüber hinaus auch Transaktionskosten bis zu einem Wert von 20 % der Prämie zu erstatten).

5.4.7 Synopse und Diskussion

Mit geeigneten umweltökonomischen Methoden lässt sich auch der monetäre Wert nichtmarktgängiger ÖSL der Wälder ermitteln, sodass er dem Wert vermarkteter Leistungen (insbesondere der Holzproduktion) in einem einheitlichen Maßstab gegenübergestellt werden kann. Auch in Deutschland liegen dazu inzwischen etwa fünf Dutzend Fallstudien mit überwiegend regionalem oder lokalem Fokus vor. Um dieses bislang noch recht fragmentarische Wissen so aufzubereiten und zu ergänzen, dass eine systematische Zusammenschau wesentlicher Waldleistungen möglich wird und sich gleichzeitig die regionale Verteilung der entsprechenden Werte abschätzen lässt, wurde ein multiples Nutzentransfermodell entwickelt. Dieses Modell ermittelt regionalspezifische Bestimmungsgründe des monetären Nutzens wichtiger ÖSL mithilfe vorliegender Bewertungsdaten, zusätzlicher regionalstatistischer Informationen sowie ergänzender Primärerhebungen und übersetzt sie in verallgemeinerbare Bewertungsfunktionen für jede der Leistungen. Diese Bewertungsfunktionen werden auf die regionalen Gegebenheiten angewendet, und die Ergebnisse werden kartiert; durch Variation der Eingangsdaten können auch Auswirkungen veränderter regionaler Ausgangsbedingungen (z. B. eine veränderte Waldbehandlung) auf die Werte der ÖSL sowie ihre Relationen simuliert werden.

In diesem Kapitel wurden Aufbau und Ergebnisse des Modells in den Grundzügen dargestellt; im Einzelnen werden die regionalen Bewertungsergebnisse für die Rohholzproduktion, für den globalen Klimaschutz (über die Sequestrierung von Kohlenstoff), für die Erholung der Bevölkerung im Alltag sowie für geeignete Leistungsindikatoren für Naturschutz und Landespflege beschrieben. Einige beispielhafte Simulationen zeigen zudem, wie Veränderungen der Waldbehandlung auf den Wert einzelner ÖSL der Wälder und dessen regionale Verteilung wirken können (hier vor allem in Bezug auf Rohholzproduktion, Klima- und Naturschutzleistung).

Stark zusammengefasst lassen sich insbesondere drei Punkte festhalten:

1. Auch der Wert nichtmarktgängiger ÖSL lässt sich mit geeigneten Methoden ermitteln; flächendeckende Schätzungen des Werts wesentlicher (nicht aller) ÖSL der deutschen Wälder sind verfügbar.
2. Diese Leistungen zeigen erhebliche regionale Variabilität. Beispielsweise zeigt die Erholungsleistung eindeutige Schwerpunkte im Bereich der Bevölkerungsagglomerationen, während sich Rohholzproduktion und Klimaschutzleistungen stärker in den ländlichen Räumen konzentrieren, sodass sich für die Gestaltung des Zusammenspiels dieser Leistungen forstpolitische Pauschalansätze nicht eignen; hier ist es hilfreicher, räumlich zu differenzieren.
3. Auch Änderungen der Waldbewirtschaftung wirken sich regional unterschiedlich aus. Maßnahmen, die in einer Region positiv wirken, können sich in anderen Regionen

durchaus negativ auswirken (dies zeigte sich z. B. anhand einer simulierten Veränderung des Laubbaum- bzw. Buchenanteils).

Aus der deskriptiven Darstellung der Werte von ÖSL folgt nicht unmittelbar, ob (und wie) ihre Bereitstellung durch politische Maßnahmen wie etwa die Honorierung von ÖSL unterstützt werden sollte. Forderungen nach einem Honorierungssystem werden derzeit von vielen Akteuren formuliert und finden sich auch im Koalitionsvertrag der seit Ende 2021 amtierenden Bundesregierung (Koalitionsvertrag der Bundesregierung 2021). Die Details eines solchen Systems sind unter den Akteuren noch umstritten, und seiner Einführung stehen auch einige förderrechtliche Restriktionen auf bundesdeutscher wie auf europäischer Ebene entgegen. Die hier aufgezeigten Bewertungsergebnisse zeigen, dass es für die einzelnen Leistungen regionale Nachfrageunterschiede gibt, die bei der Gestaltung von Anreizzahlungen (oder anderen Politikinstrumenten) zweckmäßigerweise beachtet werden sollten.

Fazit

Der Ansatz des Millennium Ecosystem Assessment (MEA 2005) lenkt den Blick auf die Gesamtheit der Leistungen, die durch Bewirtschaftung und Nutzung (hier: von Wäldern) beeinflusst sein können, und hilft somit, neben dem unmittelbaren Produktionsziel auch wichtige Umweltwirkungen im Auge zu behalten. Er greift damit das wesentliche Anliegen der Umweltökonomie auf, externe Effekte der Produktion zu benennen und zu beziffern, um sie schließlich auch bei umweltrelevanten Entscheidungen so berücksichtigen zu können, dass damit den verschiedenartigen Interessen in der Gesellschaft möglichst gut gedient ist und eine ineffiziente (d. h. verschwenderische) Verwendung von Naturressourcen unterbleibt. Auch wenn es aufgrund des hohen Datenbedarfs meist nahezu unmöglich sein dürfte, *sämtliche* durch eine Maßnahme betroffenen ÖSL zu erfassen, zeigen die hier vorgestellten Bewertungsergebnisse doch, dass wesentliche bereitstellende, regulierende und kulturelle ÖSL tatsächlich quantifizierbar und bewertbar sind und dass bei dem Versuch, ihr Zusammenspiel politisch zu beeinflussen, regionale Wertunterschiede beachtet werden sollten.

5.5 Urbane Ökosysteme und deren Leistungen (uÖSL)

5.5.1 uÖSL und urbane Landnutzung – ein komplexer Nexus

Dagmar Haase*

Urbane Ökosystemleistungen (uÖSL; *urban ecosystem services;* u. a. Bolund und Hunhammar 1999; TEEB 2010c; Haase et al. 2014b; Beichler et al. 2017) beschreiben Leistungen, die von urbanen Ökosystemen erbracht und von Menschen/Bewohnern einer

Stadt bzw. einer Stadtregion genutzt werden. Klassische Beispiele für uÖSL sind die Regulierung von Abflussspitzen bei Extremniederschlägen und die dadurch erfolgende Minderung von Hochwässern im Stadtgebiet, die Produktion von Nahrung (Obst, Gemüse) in (Klein-)Gärten, das Bestäuben von Obstblüten im Siedlungsbereich, die Bereitstellung von Trinkwasser durch Niederschlag und natürliche Filtration der Böden oder die Bereitstellung von kühler und sauberer Luft auf Frei- und Erholungsflächen. Gerade letztere Luftkühlung wird unter den Bedingungen des fortschreitenden Klimawandels immer wichtiger, wie Hitzewellen in Europa und Australien 2021 gezeigt haben (Lin et al. 2021).

Ohne uÖSL wäre menschliches Leben, so wie wir es heute kennen, in der Stadt nicht möglich (Guo et al. 2010; Haase 2011; Haase et al. 2014a). Es gibt Studien, welche uÖSL in Geldwerten ausdrücken, um die ökonomische Bedeutung der Abhängigkeit von der Natur zu verdeutlichen, gerade in Städten (Gómez-Baggethum et al. 2010; Bastian et al. 2012b; Gómez-Baggethun und Barton 2013; Ekinci et al. 2022, Abschn. 4.2.4). Aber auch nichtmonetäre Modell- und Bewertungsansätze sind, wie im Folgenden vorgestellt, sehr gut geeignet, die Bedeutung von uÖSL hervorzuheben (z. B. auch Breuste et al. 2016; Grunewald et al. 2018; Klimanova et al. 2021).

Bezüglich der Methoden zur Erfassung und Bewertung der uÖSL ist eine große Vielfalt festzustellen (Breuste et al. 2021; Brzoska et al. 2021; Veerkamp et al. 2021). Die Heterogenität der Methoden verdeutlicht, dass es vielfältige qualitative und quantitative Wege gibt, wie die Leistungen der Stadtnatur zu quantifizieren ist. In den meisten Studien werden eher die biophysikalischen Eigenschaften der grünen und blauen Infrastrukturelemente als der tatsächliche Nutzen für die Menschen gemessen, obwohl es auch dort Fortschritte gibt (Kabisch et al., 2021a, b).

Urbane ÖSL stehen inhaltlich in engem Zusammenhang mit dem Konzept der urbanen Lebensqualität (*quality of life*) und Gesundheit (Santos und Martins 2007; Schetke et al. 2012; Kabisch et al. 2021b), welches sich auf die drei Dimensionen der Nachhaltigkeit stützt und eher einen – expliziten oder auch impliziten – „Bedarf" der Stadtbewohner an Leistungen ausdrückt, welcher dann teilweise durch Ökosysteme bzw. Ökosystemfunktionen gedeckt werden kann. Die Komplementarität beider Konzepte wird in Tab. 5.10 dargestellt.

Urbane ÖSL sind des Weiteren sehr eng an die urbane Landnutzung gekoppelt (Abb. 5.19). Weltweit macht urbane Landnutzung ca. 5 % der Erdoberfläche aus, aber es leben mittlerweile weit mehr als die Hälfte aller Menschen in Städten – Tendenz steigend (Seto et al. 2011; McDonald et al. 2019). Ökonomisch werden bereits heute ca. 95 % des globalen, kumulierten Bruttoinlandsprodukts (BIP) in Städten und Stadtregionen erwirtschaftet. Die Versiegelung von naturnahen Flächen (Wälder, Auen, Moore) und Ackerland zu Siedlungs- und Verkehrsflächen gehört zu den bedeutsamsten, zumeist ökologisch negativen Umwelteffekten weltweit. Sie ist oft irreversibel und verändert die regionale Biodiversität. Der dabei entstehende rural-urbane Gradient ist charakterisiert durch disperse Freiflächennutzung mit zunehmendem Versiegelungsgrad zum Zentrum der Städte hin (Haase und Nuissl 2010). Versiegelte bzw. teilversiegelte Flächen können

Tab. 5.10 Urbane ÖSL und Indikatoren für Lebensqualität in den Dimensionen der Nachhaltigkeit. (Eigene Zusammenstellung aus Haase 2011; in Anlehnung an MEA 2005; Santos und Martins 2007; Fisher et al. 2009; TEEB 2010a)

Nachhaltigkeitsdimension	Urbane ÖSL (uÖSL)	Indikator für urbane Lebensqualität
Ökologie	• Luftfilterung • Klimaregulation • Lärmreduktion • Regenwasserdrainage • Wasserangebot • Abwasserreinigung • Lebensmittelproduktion	• Gesundheit (saubere Luft, Schutz vor Atemwegserkrankungen, Hitze- und Kältetod, Viren) • Bakterien • Sicherheit • Trinkwasser • Nahrung
Soziales	• Landschaft • Erholung • kulturelle Werte • Umweltbildung	• Schönheit der Umgebung • Erholung, Stressabbau • Intellektuelle Bereicherung • Kommunikation • Wohnstandort
Ökonomie	• Bereitstellung von Fläche für ökonomische Aktivitäten und Transport	• Erreichbarkeit • Einkommen

Abb. 5.19 Nexus zwischen urbaner Landnutzung und uÖSL. Die Gestaltungsoptionen urbaner Landnutzung für die Sicherung von uÖSL wird immer ein Kompromiss sein, welcher beiden Seiten – Sozioökonomie und Ökosystem – genügen muss. Diesen „Suchraum" für Kompromisse gilt es immer wieder neu zu verhandeln. Multikriterielle Bewertung, die Ermittlung von Trade-offs wie auch partielle Optimierung einzelner uÖSL sind nützliche Methoden bei der Kompromissgestaltung

die oben beschriebenen uÖSL nicht mehr oder nur noch sehr eingeschränkt erfüllen (Haase und Nuissl 2007; McDonald et al. 2019, Abb. 5.19 und 5.20). Die Handlungsoptionen müssen immer wieder von verschiedensten beteiligten Akteuren neu ausgehandelt werden (Buijs et al. 2016, Kap. 6).

Abb. 5.20 Einschränkung und Potenzial von uÖSL durch Siedlungswachstum und Flächenversiegelung (München, links) sowie Landnutzungsperforation durch Schrumpfung (Stadtteilpark Rabet in Leipzig, rechts). (© Google Earth 2011)

Insbesondere die Landnutzungstypen der urbanen Frei- und Grünflächen und Wälder stellen verschiedenste uÖSL für die städtischen Bewohner bereit. So tragen Wald- und Parkflächen, aber auch Gärten, zur Regulation von Extremtemperaturen bei, indem sie durch Schattenwurf und erhöhte Evapotranspiration die Oberflächenstrahlung und -temperatur reduzieren (Kottmeier et al. 2007; Bowler et al. 2010; Lin et al. 2021; Westermann et al. 2021). Zudem können alle Arten von städtischen Grünflächen (auch urbane Brachen) und Gewässer zur Erholung der Stadtbewohner beitragen. Unverbaute Auenwiesen dienen vor allem der Hochwasserregulation (Haase 2003; Egerer et al. 2021). Unversiegelte Flächen eignen sich wie ein Schwamm zur Regenwasserrückhaltung und -versickerung und können somit den schnellen oberirdischen Abfluss von Starkregenereignissen regulieren. Extra für diesen Zweck konstruierte Regenwasserversickerungs- und Pufferanlagen (Rigolen) im Siedlungsflächenbereich tragen zudem zur *in situ*-Regenwassernutzung bei (Haase 2009; McPhearson et al. 2016). Bezogen auf den Klimawandel können urbane Grünflächen, vor allem Straßenbäume und urbane Wälder, der lokalen Kohlenstoffspeicherung dienen. Aktuelle Studien sprechen allerdings nur von 1–2 % der von Städten ausgehenden Emissionen, welche von urbaner Vegetation neutralisiert werden können (Strohbach und Haase 2012 für Leipzig; Richter et al. 2020 für Berlin sowie Nowak und Crane 2002 für US-amerikanische Städte). Trotz des geringen Anteils leisten auch baumbestandene Landnutzungen einen Betrag zur Verringerung des „ökologischen Fußabdrucks" einer Stadt, effektiver wäre allerdings eine drastische Minderung von CO_2-Emissionen durch den Verkehr.

Neben dem urbanen Wachstum zeigt sich auch noch ein anderer, oft als gegenläufig bezeichneter Prozess der Stadtentwicklung: die urbane Schrumpfung. Durch Deindustrialisierung, Arbeitsplatzverluste und entsprechende Bevölkerungsverluste bzw. Alterung gekennzeichnete Städte zeichnen sich weltweit durch eine Verringerung der Intensität urbaner Landnutzung aus, durch Leerstände sowie auch das Brachfallen von Flächen (Abb. 5.14; Haase et al. 2007; Haase 2013). Diese Landnutzungsperforation (Lütke-Daldrup 2001) bietet eine einzigartige Chance zur Revitalisierung (inner-) städtischer Flächen (Lorance Rall und Haase 2011) und damit verbunden auch der „Revitalisierung" von uÖSL durch Begrünung oder andere naturbasierte Lösungen wie Gärten oder Zwischennutzungen (Haase 2008; Haase et al. 2014a; Dushkova und Haase 2020).

5.5.2 Bewertung ausgewählter uÖSL – Beispiele aus Leipzig

Dagmar Haase*

Ein prominentes Beispiel für die Gleichzeitigkeit von urbanem Wachstum und urbaner Schrumpfung ist die Großstadt Leipzig in Sachsen (Wolff et al. 2016). Die nachfolgenden Beispiele der Analyse und Bewertung von uÖSL beziehen sich auf Leipzig und entsprechende international veröffentlichte Studien.

5.5.2.1 Beispiel: lokale Klimaregulation

Die Anpassung an den Klimawandel in Städten zielt auf die Temperaturreduktionsleistung vor allem baumbestandener Freiflächen (Grünflächen, Gewässer, Auen) in der Stadt (Tratalos et al. 2007; Endlicher et al. 2008; Bowler et al. 2010; Zardo et al. 2017). Urbane Grünflächen und Wasserkörper sind aufgrund ihrer spezifischen Verdunstungswärme in der Lage, Kaltluft zu produzieren. Sie können hohen Sommertemperaturen entgegenwirken, auf der Grünfläche selbst und in Wohngebiete hinein (Gill et al. 2007; Andersson et al. 2020). Zudem spielen beschattete Bereiche eine besondere Rolle: Hier kann die Temperaturreduktion gegenüber einem besonnten Standort während eines Tagesgangs bis zu 5–6 K betragen. Wie aus Abb. 5.21 für die Stadt Leipzig zu entnehmen, ist eine Erhöhung des Schattenanteils (also des Anteils baumbestandener Parkflächen bzw. der Anzahl von Bäumen in Parks) auf urbanen Grünflächen für deren Temperaturregulationswirkung von Vorteil (Bowler et al. 2010). Der Kühlungseffekt von durchschnittlich 3 K im Tagesgang durch Beschattung wird dabei empirisch ermittelt, d. h. einerseits gemessen und andererseits mittels Luftbilddaten zu beschatteten Arealen in Parkflächen auf die gesamte Stadtfläche Leipzigs übertragen. Für Leipzig und andere Städte konnte mittels Infrarotfernerkundung zudem eine temperaturreduzierende Wirkung von Parkflächen bis zu 400 m in angrenzende Wohngebiete hinein nachgewiesen werden (Andersson et al. 2020).

Mittels Indikatoren wie Beschattungsfläche, aber auch *surface emissivity* (Emissionsgrad der Landoberfläche) oder f-Evapotranspiration (Verdunstungsgeschwindigkeit) lassen sich die Effekte der lokalen Klimaregulation urbaner Oberflächen und Landnutzungsmuster abschätzen. Schwarz (2010) quantifizierten für den Regierungsbezirk Leipzig die Effekte von regionalen und lokalen Planungsmaßnahmen wie

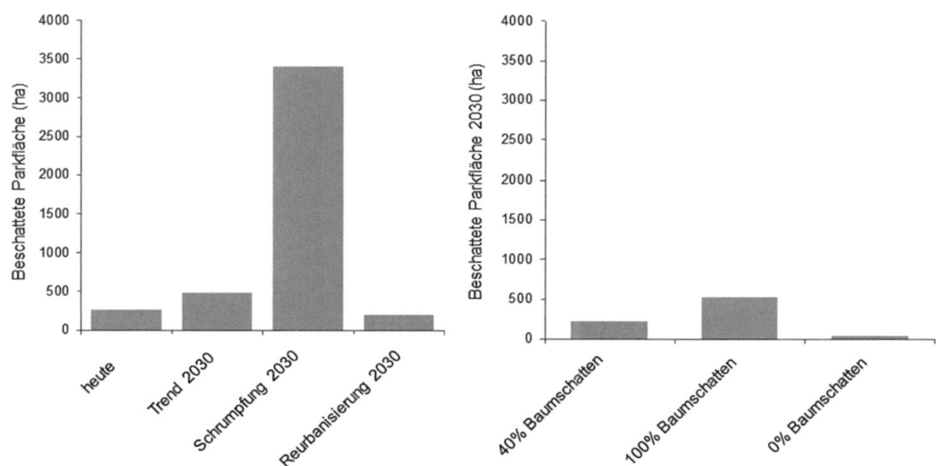

Abb. 5.21 Szenarien für die beschattete Fläche in Parks von Leipzig. Die Temperaturdifferenz zwischen sonnenexponierten und beschatteten Bereichen urbaner Parkanlagen im Spätsommer in Leipzig wurde während einer Hitzewelle im August 2009 empirisch erfasst. Die Lufttemperaturen sind mit Temperatursonden gemessen und mittels Datenlogger aufgezeichnet worden. Für verschiedene Parkanlagen wurde zwischen beschattetem und unbeschattetem Bereich empirisch eine mittlere Temperaturdifferenz von 3 K ermittelt und der aus Fernerkundungsdaten ermittelte Schattenanteil von 40 % auf alle Parkanlagen der Stadt übertragen. Somit konnte der Effekt von erhöhter bzw. verminderter Beschattung auf die lokale Klimaregulation (Kühlung) in öffentlich zugänglichen Parks für ein Schrumpfungs- bzw. Stadtumbau- und ein Reurbanisierungsszenario simuliert werden. Zudem konnte der uÖSL-Effekt „Klimaregulation durch Beschattung" für verschiedene Aufforstungsmaßnahmen in urbanen Parks ermittelt werden

Wirtschaftsförderung, Gewerbeflächenausweisung, Tagebaurekultivierung sowie die Auswirkung regionaler Grünzüge (Abb. 5.22).

5.5.2.2 Beispiel: Hochwasserregulation

Die uÖSL der lokalen Hochwasserregulation, besonders bedeutsam in Städten, lässt sich in vereinfachter Form aus der Wasserhaushaltsgleichung (Gl. 5.1) ableiten, in welcher der Niederschlag N die Summe aus Abfluss A (Basisabfluss [A_b], Zwischenabfluss [Interflow, A_i] und Oberflächenabfluss [A_o]), Verdunstung ETP und Zwischenspeicherung S ist:

$$N = (A_b + A_i + A_o) + ETP + S \tag{5.1}$$

Im Gegensatz zu Flusseinzugsgebieten spielen im urbanen Ökosystem die Größen „Versiegelung" und „Kanalisation" eine wichtige Rolle – sie entscheiden, wie viel Niederschlagswasser dem Ökosystem zur Verfügung steht bzw. wie viel über den Direktabfluss direkt in den Vorfluter gelangt (Haase 2009). Dabei gilt: je höher der Grad der Bodenver-

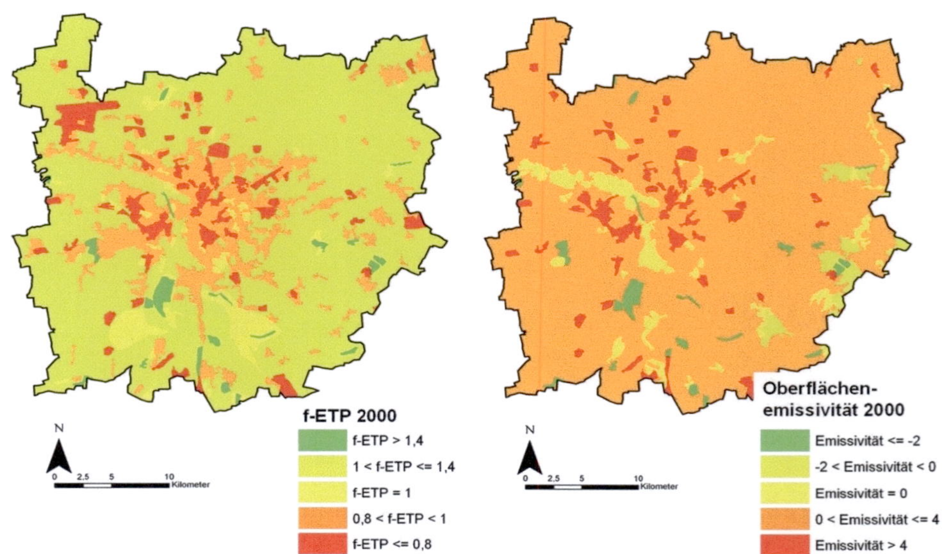

Abb. 5.22 Effekte von verschiedenen Planungsinstrumenten auf die uÖSL „lokale Klimaregulation" für den Regierungsbezirk Leipzig (im Vergleich zu CORINE-Land-Daten im Referenzjahr 2000, CLC 2000). Links der Indikator f-Evapotranspiration (f-ETP) und rechts die aggregierten Indikatorwerte für CLC 2000. Landnutzungsänderungen durch Planungsmaßnahmen wurden im GIS realisiert, indem die Maßnahmenräume als Polygone editiert und eine entsprechende neue/veränderte Landnutzung angenommen wurde. (© Schwarz 2010)

siegelung, desto geringer der Basis- bzw. Zwischenabfluss, desto höher der Oberflächenabfluss und desto geringer die Hochwasserregulation. Urbane Ökosysteme sind sehr anfällig für Abflussspitzen und lokale Hochwässer bzw. Grundhochwässer. Die extremen Starkniederschlägen folgenden Hochwässer an der Ahr im Jahr 2021 haben das deutlich gezeigt. Ein effizientes Verfahren zur Berechnung der Wasserregulation innerhalb eines Stadtgebiets stellt die empirisch ermittelte Bagrov-Beziehung dar (Gl. 5.2), mit welcher die Berechnung des Gesamtabflusses (Q) aus der realen Evapotranspiration (ETa) einer Fläche ermittelt wird (Glugla und Fürtig 1997; Haase 2009). Der Gesamtabfluss (Q) wird durch die Differenz aus realer Evapotranspiration (ETa) und dem langjährigen Niederschlagsmittel (N) berechnet. Mit wachsendem N nähert sich ETa der potenziellen Verdunstung (ETp) an, während sich bei abnehmendem N die ETa diesem nähert. Die Intensität, mit der diese Randbedingungen erreicht werden, wird durch die Speichereigenschaften der verdunstenden Fläche (Effektivitätsparameter) verändert, welche durch die Landnutzung, Bodenversiegelung und Bodenart bestimmt werden:

$$Q = \frac{dETa}{dN} = 1 - \left(\frac{ETa}{ETp}\right)^{n} \tag{5.2}$$

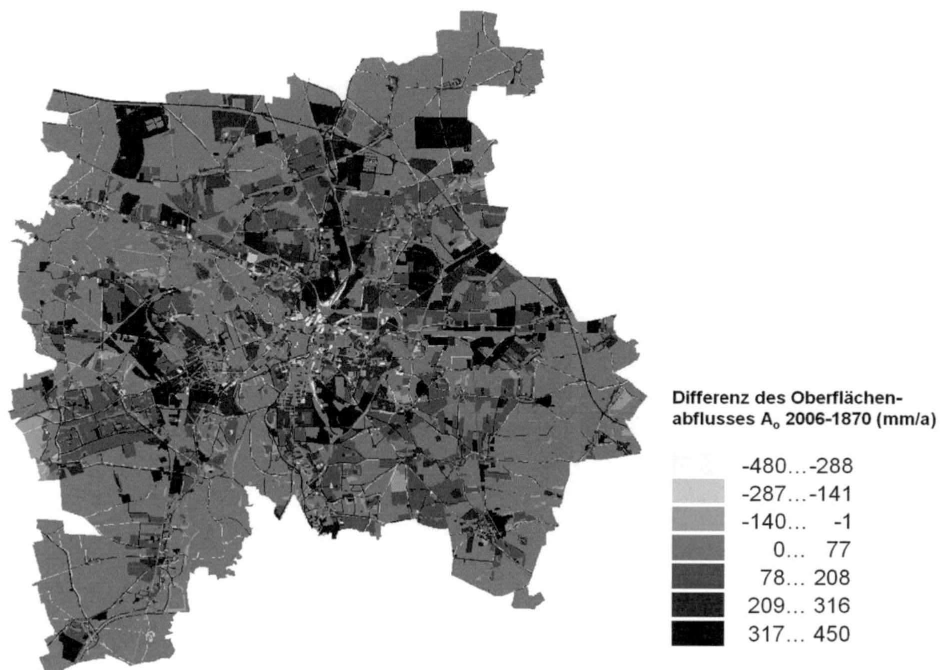

Abb. 5.23 Veränderung des Oberflächenabflusses A_0 in der Stadt Leipzig zwischen 1870 und 2006, berechnet nach dem im Abschn. 5.5.2 erläuterten Verfahren. Die uÖSL ist in diesem Fall die Differenz der Werte von 2006 zu 1870. Man sieht den erheblichen Verlust der Hochwasserregulation durch Versiegelung in Leipzig, dargestellt als positive Differenzen (Zuwachs)

Aus dem Basisabfluss erfolgt dann die Berechnung des Direktabflusses über die Bestimmung des Anteils p am Überschusswasser (Differenz von Niederschlag und Verdunstung), wobei p über die Eingangsparameter Hangneigung, Bodenart, Grundwasserflurabstand und die Landnutzung bzw. den Versiegelungsgrad ermittelt wird (Gl. 5.3; Haase 2009):

$$A_0 = (N - ETa) \cdots p/100 \tag{5.3}$$

Ein Ergebnis für die Berechnung der Hochwasserregulation ist in Abb. 5.23 am Beispiel der Stadt Leipzig dargestellt, und zwar für den Zeitraum 1870–2006.

5.5.2.3 Beispiel: Kohlenstoffspeicherung im urbanen Raum – Verminderung des ökologischen Rucksacks der Stadt?

Städte gehören einerseits zu den Hauptemittenten von Kohlendioxid (Churkina 2008). Andererseits sind sie auch in der Lage, Teile dieser Kohlendioxidemissionen zu speichern, hauptsächlich in den Böden und der Baumvegetation (Richter et al. 2020 für Berlin). Kohlenstoffspeicherung gehört zu den global wirksamen uÖSL der Städte, auch wenn dieser Beitrag zahlenmäßig recht gering ist. Wie kann man den Beitrag bzw. die Bilanz einer Stadt zur globalen Kohlenstoffbilanz bewerten? Für die Stadt Leipzig wurde die Kohlenstoffspeicherung in der Stadtbaumvegetation empirisch bestimmt und modelliert mit dem Ziel

- eine räumlich explizite Darstellung der Kohlenstoffspeicherung zu erhalten und
- für die typischen urbanen Landnutzungstypen vergleichende Werte der Kohlenstoffsequestrierung durch Bäume zu ermitteln (Strohbach und Haase 2012).

Dazu ist ein stratifiziertes *random sample* von 190 Standorten auf 19 Landbedeckungsklassen angewendet worden, für welche der Baumanteil, das Alter der Bäume, die Art sowie der Brusthöhendurchmesser ermittelt wurden. Zudem wurde die Baumkronenbedeckung aus Color-Infrarotbildern (CIR) mittels eines objektorientierten *random forest*-Algorithmus abgeleitet (Details zur Methode s. Strohbach und Haase 2012). Die Kronenbedeckung der gesamten Stadtfläche beträgt 19 %. Aus den Daten der Stammdurchmesser wurden mittels allometrischer Gleichungen die oberirdische Biomasse der Bäume und der gespeicherte Kohlenstoff bestimmt.

Anhand der genannten Methodik konnte eine Gesamtkohlenstoffspeicherung von 316.000 t C oder 11 t ha^{-1} in der oberirdischen Baumbiomasse Leipzigs ermittelt werden. Die höchsten Werte sind in den Wohn- und Auenbereichen zu finden (Abb. 5.24). Verglichen mit Werten aus US-amerikanischen und chinesischen Städten (Hutyra et al. 2011) und auch mit den jährlichen CO_2-Emissionen der Stadt sind die Speicherwerte für Leipzig eher gering, da die Stadt trotz des Auwalds relativ wald- und baumarm ist und in den 1990er-Jahren viel Grünland- und Ackerflächen eingemeindet hat (Strohbach und Haase 2012); unterschätzen sollte man die Speicherwerte in Leipzig jedoch nicht. Besonders gut eignet sich die dargestellte Quantifizierungsmethode für die Bewertung des Klimaregulationspotenzials von Stadtumbauprojekten unter Schrumpfungsbedingungen, wie Strohbach et al. (2012) für die Abrissnachnutzungsprojekte „Dunkler Wald" und „Lichter Hain" im Leipziger Osten ermittelt haben.

Für die Stadt Berlin wurde der Ansatz nach Strohbach und Haase (2012) modifiziert für den Ober- und Unterboden als auch die Straßenbaumvegetation angewendet und bis zu 270 t gespeicherter Kohlenstoff pro Hektar ermittelt. Dabei ist der Bodenspeicher doppelt so groß wie der Baumspeicher (Richter et al. 2020).

5.5.2.4 Beispiel: Erholungsleistung und Naturerfahrung

Urbane Grünflächen, inklusive ihrer Habitate und Biotope, erbringen eine Vielzahl an ökologischen Funktionen bzw. Leistungen und bieten daher auch viele uÖSL (Haase 2011), insbesondere auch für die menschliche Gesundheit (Kabisch et al. 2021a). Öffentliche Grünflächen reichen von urbanen Forsten über baumbestandene Parks und Friedhöfe bis hin zu oft nichtbaumbestandenen Sportplätzen oder auch Sukzessionsbrachen. Letztere sind entscheidend für das Monitoring der natürlichen

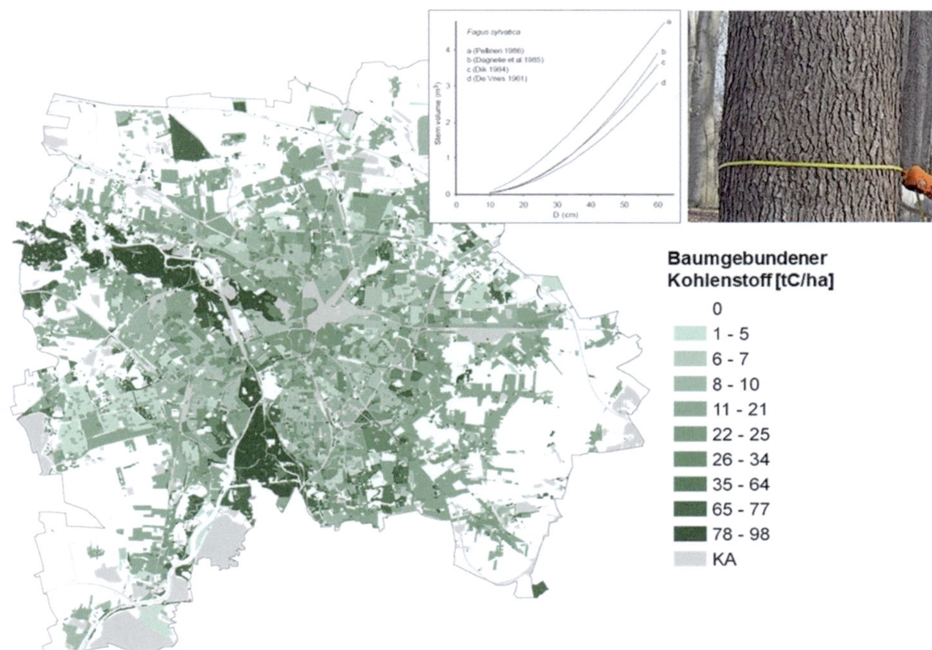

Abb. 5.24 Räumliche Verteilung des Kohlenstoffspeichervermögens urbaner Baumvegetation Leipzigs nach Stadtstruktur- bzw. Landnutzungstypen. Die niedrigsten Werte weisen die urbanen Agrarflächen, die höchsten die Auwaldbereiche im Zentrum der Stadt auf. Ebenso zeigen Altbau- und Villengebiete überdurchschnittliche Werte der Kohlenstoffspeicherung. Die Standorte wurden mittels eines *random sampling*-Verfahrens lokalisiert und die Kohlenstoffdaten im Gelände durch die Messung des Brusthöhendurchmessers sowie mit entsprechenden allometrischen Kurven der Beziehung Brusthöhendurchmesser–oberirdische Biomasse erfasst. (Adaptiert nach Strohbach und Haase 2012)

Anpassung von urbaner Vegetation an Hitzewellen und Dürreperioden (Haase 2021). Auch Verkehrsbegleitgrün ist ein urbanes Biotop (Breuste et al. 2007). Hinzu kommen außerdem die nichtöffentlichen urbanen Grünflächen wie Hausgärten, Kleingärten, Nachbarschaftsgärten oder Sportplätze. Ihre Bedeutung als Habitat und die ihrer Regulationsleistungen wird weithin unterschätzt. Allgemein reichen die uÖSL urbaner Grünflächen von der Biotopbildung (im engeren Sinne) über die Naturschutzfunktion (Artenvielfalt), die Bioindikations- und Informationsfunktion (bezüglich Luftreinheit), die Klimaregulation (Kaltluftentstehung und -speicherung) sowie den Bodenschutz (Filter, Puffer) bis hin zu den für die städtischen Bewohner besonders wichtigen Erholungs-, Lärmschutz-, Stadtbild-, pädagogischen und historischen Funktionen bzw. Leistungen (Burgess 1988; Bolund und Hunhammar 1999; Haase et al. 2014b). Parks, Spielplätze, Wiesen, Friedhöfe, begrünte Brachen und urbane Wälder sichern Erholungsmöglichkeiten der

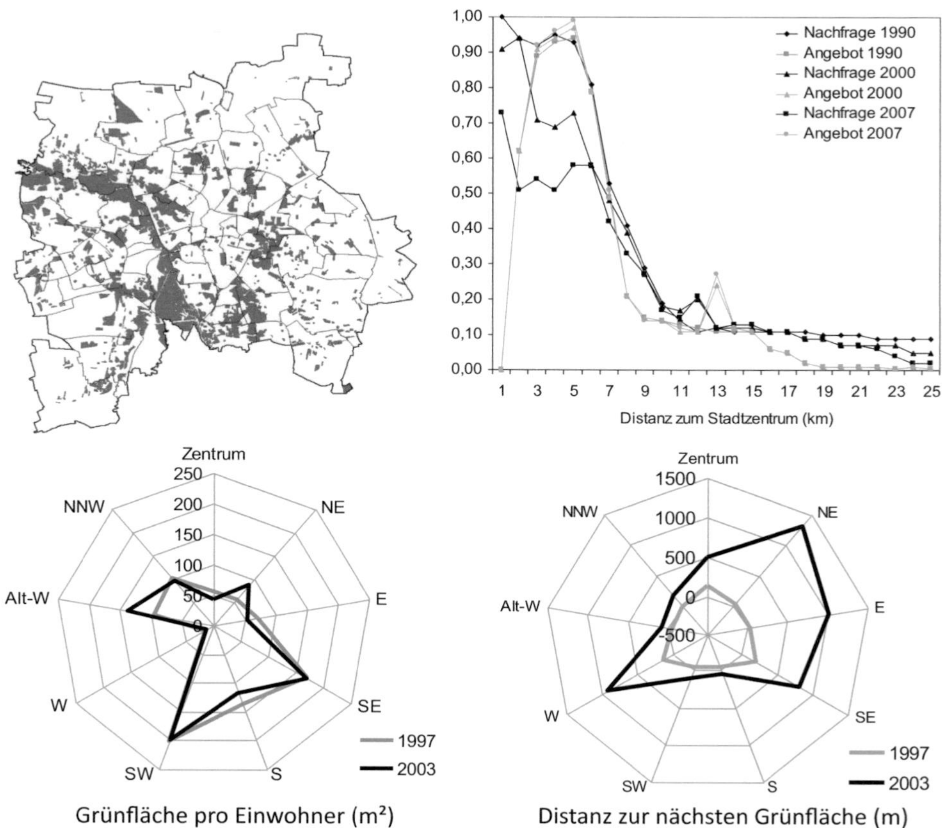

Abb. 5.25 Erholungsleistung in Leipzig, dargestellt als Grünflächenkarte für 2003 (links oben), als Gradient von Angebot und Nachfrage (rechts oben) sowie der Verteilungsgerechtigkeit auf Stadtbezirksebene für zwei Landnutzungszeitschnitte (unten)

Menschen in der Stadt. Sie ermöglichen sowohl eine Verbesserung der physischen als auch der mentalen Gesundheit, Stressreduktion als auch Naturerlebnis und Naturerfahrung (Chiesura 2004; Yli-Pelkonen und Nielema 2005; Kabisch et al. 2021b). Sie gehören damit zu den wesentlichen Determinanten der urbanen Lebensqualität (Santos und Martins 2007). Zudem dienen sie der ästhetischen Gestaltung der Stadt (Breuste 1999; Breuste et al. 2016).

Die Nachfrage und Bereitstellung urbaner Grünflächen für die Erholung kann man sehr effizient mit Geoinformationssystemen (z. B. ArcGIS/QGIS; gekoppelt mit R-Studio) auf der Basis von Landnutzungsdaten und Kommunalstatistiken bestimmen (Comber et al. 2008). Indikatoren, die für die Stadt Leipzig bestimmt wurden (Abb. 5.25), sind Fläche, Anteil und Pro-Kopf-Fläche von urbanem Grün sowie dessen Erreichbarkeit (Puffer- oder Netzwerkanalyse). Für diese Indikatoren gibt es für viele Städte festgelegte Grenzwerte (Kabisch und Haase 2011). Zudem eignen sich Gradientenanalysen von Grünflächendargebot und potenzieller Nachfrage sowie Konzentrationsmaße wie der Gini-Index oder der Theil-Index bzw. Moran's I (alle drei sind statistische Maße der [Un-]Gleichverteilung einer Stichprobe bzw. Grundgesamtheit bzw. ein Maß für die räumliche Autokorrelation von Werten einer Stichprobe) sehr gut zur Beschreibung der Konzentration (Gerechtigkeit) der Erholungsleistung (Haase und Nuissl 2010; Kabisch et al. 2016).

5.5.3 Werte der Stadtnatur in Dresden

Olaf Bastian*, Patrycia Gerhard, Karsten Grunewald, Birgit Kochan, Ina Neumann und Ralf-Uwe Syrbe

5.5.3.1 Leitbild Dresden: die kompakte Stadt im ökologischen Netz

Auch wenn der ÖSL-Begriff explizit im Naturschutz, in der Landschafts- und Stadtplanung nur selten auftaucht, wird mit ihm jedoch – teils unbewusst – auf unterschiedliche Weise gearbeitet. Das zeigt sich z. B. am Leitbild „kompakte Stadt im ökologischen Netz" des Landschaftsplans der Stadt Dresden (Landeshauptstadt Dresden 2018). Die **„kompakte Stadt"** heißt vor allem: bauliche Verdichtung, ressourcenschonende Erschließung und Infrastruktur, Klimaschutz durch Ressourceneinsparung, Stadt der kurzen Wege.

Das **ökologische Netz** besteht aus Wert- und Funktionsräumen, Netzknoten und Grünverbundachsen. Es realisiert einen vielschichtigen Verbund und erlaubt sowohl die Einbindung gerichteter Transfersysteme (z. B. Gewässer- und Hangwindsysteme) als auch eine in hohem Maße richtungsoffene Grünvernetzung aller Stadtteile und Quartiere untereinander sowie mit den großen Landschaftsräumen und Grünflächen. Die Netzstruktur erhöht die Wirksamkeit von Ökosystemen im Hinblick auf ökologische Funktionen bzw. den Landschaftshaushalt sowie die verbesserte Bereitstellung von ÖSL für die Stadtbewohner (Artmann et al. 2017; Grunewald et al. 2018; Landeshauptstadt Dresden 2018).

Die Vorteile des ÖSL-Konzepts (nicht nur) in der Stadt liegen auf der Hand. So kann man mit ihm aufzeigen, auf welch mannigfaltige Weise Natur gerade auch in Städten zum Wohlstand und zum Wohlergehen der Menschen beiträgt. Es hilft dabei, Entscheidungsträgern und Nichtfachleuten den Wert von Naturleistungen in der Stadt besser zu erklären und zu verdeutlichen. Da die Bevölkerungsdichte in Städten vergleichsweise hoch ist, spielt hier die Nachfrageseite des ÖSL-Konzepts eine besondere Rolle, also die angestrebte oder tatsächliche Inanspruchnahme der Leistungen der Natur – zusätzlich zum Leistungsangebot, das die Ausstattung eines Gebiets mit Arten und Ökosystemen einschließlich der Funktionsweise und Potenziale umfasst (Abschn. 3.1.2).

Nachfolgend wird anhand von Beispielen aus dem Interreg-Projekt BIDELIN (Die Werte von Ökosystemdienstleistungen, **B**iodiversität und grün-blauer **I**nfrastruktur in

Städten am Beispiel von **Dre**sden, **Li**berec und Dě**čin**, 2017–2020) aufgezeigt, wie vielfältig und sinnvoll die Anwendung des ÖSL-Konzepts in Städten (speziell in Dresden) sein kann. Das Projekt befasste sich mit Leistungen und Werten der Natur, konkret der grün-blauen Infrastruktur in den oben genannten Städten. Ziel war es, den Zusammenhang zwischen Elementen der naturnahen Stadtstruktur, nachhaltiger Wertschöpfung und menschlichem Wohlergehen sichtbarer zu machen, Vorschläge zur Optimierung des ÖSL-Angebots zu erarbeiten und konkrete Umsetzungsbeispiele anzuregen (https://www.ioer.de/projekte/bidelin; Bastian et al. 2020; Grunewald et al. 2020a; Syrbe et al. 2021).

5.5.3.2 Stadtnatur in Dresden

Die sächsische Landeshauptstadt Dresden kann sich einer überaus großen landschaftlichen Vielfalt und reichhaltigen Naturausstattung rühmen. Die Stadt hat eine Flächengröße von 328 km^2. Zum 31.12.2021 hatte Dresden 561.000, Einwohner[18] mit Hauptwohnsitz und eine Bevölkerungsdichte von 1708 Einwohnern pro km^2.

Trotz der in Städten üblichen, tiefgreifenden Umgestaltungen durch den Menschen gibt es in Dresden noch an vielen Stellen wertvolle Natur. Dazu zählen beispielsweise Laubwälder in den Seitentälern der Elbe, die an Trockenheit und Wärme angepasste Vegetation an südexponierten Elbhängen, Pflanzengesellschaften der Flussufer und -auen und auch der Pillnitzer Elbinsel. In den ländlich geprägten Stadtteilen sind Äcker, Wiesen und Weiden, Feldgehölze sowie die charakteristischen Pflanzen und Tiere der dörflichen Siedlungen anzutreffen.

Kowarik et al. (2016) haben die Stadtnatur folgendermaßen klassifiziert:

1. Reste der ursprünglichen Naturlandschaft (Wald, Moore, Sümpfe, Felsgebiete usw.) im urbanen Raum
2. traditionelle Agrarlandschaft (Streuobstwiesen, Grünland, Felder, Weinbau und andere Sonderkulturen)
3. gestaltete und symbolische Natur (Parks, Gärten, öffentliche Anlagen, Straßenbäume, Blumentöpfe usw.)
4. besondere urban-industrielle Natur (Dach-/Fassadengrün, Vegetation um Häuser, Straßen, Wege, spontaner Aufwuchs auf Brachen)

All diese Stadtnaturtypen erbringen auf jeweils spezifische Weise ÖSL. Sie schützen den Boden bei Starkregen, reinigen Gewässer, binden Treibhausgase, erzeugen Sauerstoff, verbessern das Mikroklima und vermindern die Hitzebelastung. Stadtnatur verschönert das Stadtbild, trägt zu körperlicher wie seelischer Gesundheit und damit zum Wohlbefinden von Menschen bei. Sie bietet Orte für Freizeit, Erholung, Bewegung,

[18] https://www.dresden.de/de/leben/stadtportrait/statistik/bevoelkerung-gebiet/Bevoelkerungsbestand.php

Begegnung und Austausch und steigert die Wohn- und Lebenszufriedenheit sowie die Lebensqualität insgesamt. Stadtnatur gehört immer häufiger zu den „Attraktionen", mit denen im Standortmarketing der Kommunen geworben wird.

Zwar ist umstritten, ob beispielsweise Moosdächer, efeuberankte Fassaden, Pflanzkübel oder Springbrunnen als „echte" Ökosysteme aufzufassen sind (vgl. Beichler et al. 2017). Fakt ist jedoch, dass auch diese Formen der gestalteten Natur zur grün-blauen Infrastruktur zählen und

- das Mikroklima in Städten verbessern und Lärm reduzieren,
- Schadstoffe wie Staub binden,
- Tieren und Pflanzen einen Lebensraum bieten und ein kleiner Trittstein im Biotopverbund sein können,
- einen ästhetischen Wert darstellen und mit Blick auf etwas Grün zur Entspannung der Bewohner beitragen und
- Menschen und Häuser vor schädlichen Sonnenstrahlen schützen können.

Abb. 5.26 gibt einen Überblick über die Verteilung der Ökosysteme in Dresden, differenziert gemäß den vier Stadtnaturtypen nach Kowarik et al. (2016), erweitert um einen fünften Typ für künstliche und naturfremde Elemente, der eine vollständige

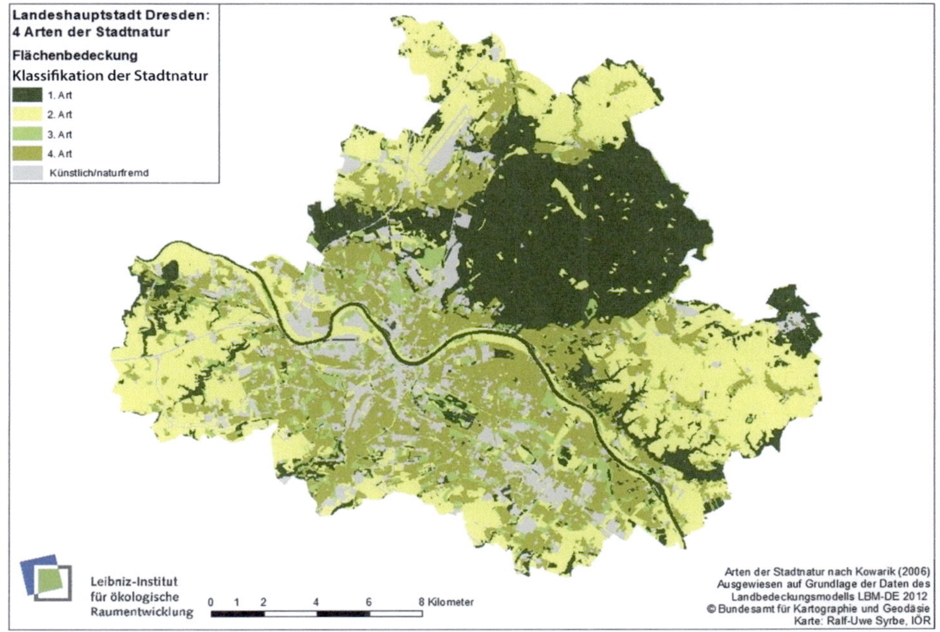

Abb. 5.26 Stadtnaturtypen in Dresden nach Kowarik et al. (2016), erweitert (Klassifikation s. Text)

Flächenabdeckung des gesamten Stadtgebiets ermöglicht. Eine solche Karte kann zur raschen Identifikation von Potenzialflächen für Aufwertungs- und Schutzmaßnahmen der grün-blauen Infrastruktur sowie zur Auswahl von kleinräumigeren Untersuchungsgebieten für detaillierte ÖSL-Bewertungen genutzt werden. Darüber hinaus bietet der Stadtnaturansatz ein Instrument zur Dokumentation des Flächennutzungswandels, indem Entwicklungstendenzen übersichtlich anhand der Veränderungen der Areale bzw. Anteile der einzelnen Stadtnaturtypen abgelesen werden können.

5.5.3.3 Versorgungsleistungen von Gärten und Äckern

Zwar stehen versorgende ÖSL in städtischen Räumen normalerweise nicht im Vordergrund, denn die meisten Nahrungsmittel werden außerhalb städtischer Grenzen oder gar in anderen Ländern produziert und dann in die Städte importiert. Der Bezug regionaler und ökologisch angebauter Nahrungsmittel wird für die Gesellschaft jedoch immer wichtiger. Dies spiegelt sich u. a. in einer vermehrten Nutzung des städtischen Raums für den Anbau von Nahrungspflanzen wider. Begriffe wie „essbare Stadt" oder „urbanes Gärtnern/urbane Landwirtschaft" sind neue Schlagwörter und Trends, die sich in vielen deutschen Städten wiederfinden lassen (Artmann und Sartison 2021). Das Potenzial, welches sich in den oftmals fruchtbaren, städtischen Böden verbirgt, sollte nicht ausgeblendet und im Zuge der Stadtentwicklung lediglich als Baulandreserve betrachtet werden.

In Territorien von Städten liegen nicht selten auch größere Areale von Acker- und Grünland. So beläuft sich die Ackerfläche in Dresden auf 5513 ha (Stand 2015). Dies entspricht einem Anteil von 16 % des Stadtgebiets. Würde man auf diesen Flächen durchweg Getreide wie Gerste anbauen, so könnten mit der Erntemenge 70 % der Dresdner Stadtbevölkerung für ein Jahr versorgt werden (Grunewald et al. 2020a).

Kleingärten prägen vielerorts das Stadtbild Dresdens. In den vergangenen Jahren vermerken Kleingartenanlagen einen steigenden Zulauf an Interessenten, vor allem auch von jungen Familien. Wie viele Lebensmittel in den einzelnen, kleinen Gartenparzellen tatsächlich angebaut und geerntet werden, lässt sich kaum ermitteln. Dennoch können Annahmen getroffen werden: So empfiehlt die Kleingarten-Rahmenordnung der Landeshauptstadt Dresden (vom 29. August 1996), dass „mindestens ein Drittel der Gartenfläche dem Anbau von Obst und Gemüse vorbehalten sein" sollte. Dies bedeutet eine potenzielle Anbaufläche von 400 ha innerhalb der Dresdner Kleingärten. Diese Fläche könnte jährlich einen potenziellen Ertrag von etwa 3100 t Gemüse sowie 2300 t Obst ergeben. Würde man diese Menge in Lastkraftwagen transportieren, so benötigte man etwa 110 Lkws für den Gemüse- und ungefähr 80 Lkws für den Obsttransport (Grunewald et al. 2020a).

5.5.3.4 Mehr als nur Holzerzeugung: städtische Wälder

Die Wälder in Dresden weisen unterschiedliche Eigentumsformen auf; ein Teil von ihnen ist Körperschaftswald in städtischem Besitz. Dieser ist stark zersplittert und es bestehen weitere Nutzungserschwernisse (z. B. Steilhanglage). Umso wichtiger und wertvoller sind aber die sonstigen regulierenden und kulturellen Funktionen für die Menschen in der Stadt. Bemessen werden der Wert von Wäldern und die Leistungen der Forstwirtschaft aber nach wie vor vorrangig an der Ertragsleistung des Waldes, also an der Menge des produzierten Holzes. Der Wald liefert jedoch mehr als nur Bretter und Brennholz, z. B. sauberes Wasser, staubarme Luft sowie Freiflächen für Freizeit, Naturerleben und Erholung, was gerade in Städten oder am Stadtrand sehr wichtig ist. Da sich solche Leistungen des Waldes im Vergleich zur Holzausbeute methodisch viel schwieriger quantifizieren lassen und am Markt kaum gehandelt werden (können), fallen sie in ökonomischen Berechnungen und in Finanzhaushaltsbilanzierungen oft unter den Tisch. Dadurch entsteht aber eine verzerrte Wahrnehmung.

Nehmen wir als Beispiel den der Stadt Dresden gehörende Körperschaftswald, dessen Größe im Stadtgebiet 692 ha (davon 621 ha Holzbodenfläche) beträgt. Betrachtet man im Finanzplan (nur) die Erträge aus Holzverkauf, Jagdpachten, Fördermitteln usw. einerseits und den Aufwand für Waldpflege, -erneuerung, Wegebau und Verkehrssicherung andererseits, so stehen unter dem Strich rote Zahlen, also finanzielle Defizite. Beziehen wir aber weitere Leistungen des Waldes in die Betrachtung ein, so ergibt sich ein ganz anderes Bild.

Für den Körperschaftswald der Stadt Dresden wurden deshalb mehrere ÖSL monetär bewertet und miteinander verglichen. Methodisch zugrunde gelegt wurde eine entsprechende Studie zu ÖSL der Wälder in Remscheid, Nordrhein-Westfalen (Sieberth 2014). Die Berechnungen ergaben, dass der aus der jährlichen Holzernte im Dresdner Stadtwald resultierende Nutzen im Vergleich aller ÖSL gering ist und sich auf gerade einmal 2,8 % der betrachteten ÖSL insgesamt beläuft. Wesentlich höher sind die Anteile anderer Leistungen – etwa von Erosionsschutz, Sauerstoffproduktion oder gar Erholungsleistung und Erhalt der biologischen Vielfalt (Abb. 5.27).

Die Ergebnisse stimmen recht gut mit den Befunden aus Remscheid überein. Dort entsprachen die durch den Holzverkauf erbrachten Erlöse (700.000 €/Jahr) 2,6 % des Gesamtwerts der ÖSL der Wälder. Die Inwertsetzung von ÖSL führt also zu einer enormen Wertsteigerung. Dabei sind in den Beispielen gar nicht alle möglichen ÖSL mit einbezogen worden. Die ermittelten Werte sind aber auch deshalb mit Vorsicht zu betrachten, weil methodische Schwächen von ÖSL-Bewertungen, veränderliche Preise (z. B. CO_2) wie auch sich wandelnde subjektive oder gesellschaftliche Werthaltungen einen großen Einfluss auf die Ergebnisse haben können. Dennoch sollten diese Erkenntnisse zu den – auch monetären – Werten von ÖSL in Wäldern stärker in forstliche Bewirtschaftungskonzepte einfließen und die Prioritätensetzungen gerade in Stadtwäldern prägen und ggf. verschieben.

5.5.3.5 Vom vielfältigen Nutzen der Streuobstwiesen

Zu den besonders geschützten Biotoptypen zählen Streuobstwiesen. Das sind (laut sächsischer Definition für den Naturschutzvollzug) „extensiv genutzte, flächige Obstbaumbestände in der freien Landschaft und im Siedlungsbereich aus hoch- oder mittelstämmigen Gehölzen (ab 500 m^2 Größe und/oder mit mindestens zehn Bäumen), die oft unregelmäßig (gestreut) in Grünland- oder Brachflächen angeordnet sind sowie einen

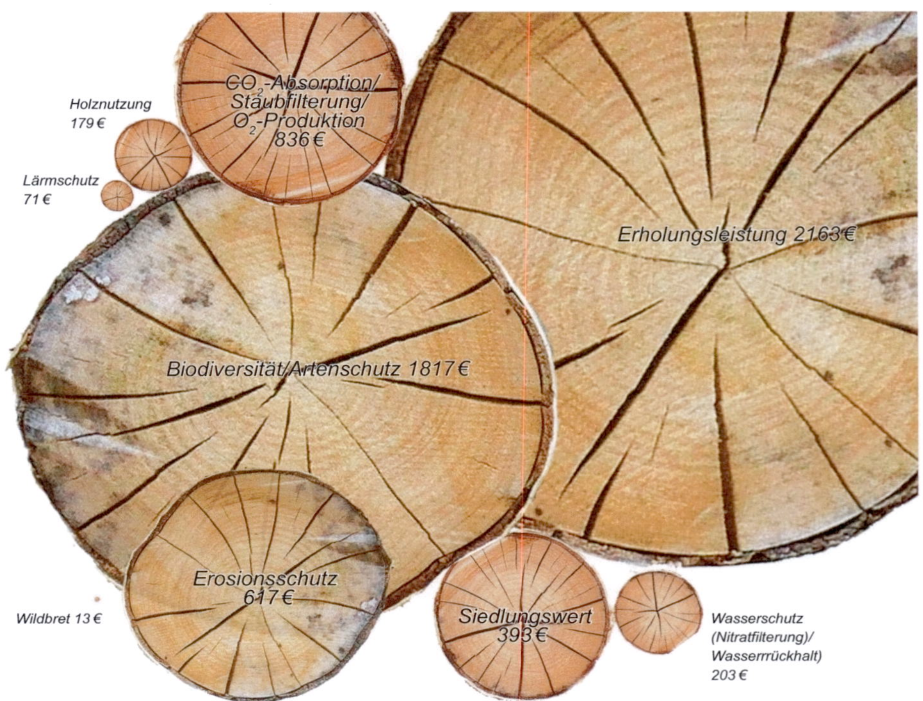

Abb. 5.27 So viel Geld sind der Stadtwald Dresden und seine Leistungen wert (pro Hektar und Jahr). (Aus Grunewald et al. 2020a)

artenreichen Unterwuchs und vielfältige Kleinstrukturen wie Totholz und Baumhöhlen aufweisen“ (Abschn. 5.7.6).

Warum sollte man Streuobstwiesen erhalten? Werfen wir einen Blick auf den vielfältigen Nutzen. Sie liefern ungespritztes Obst in hoher Sortenvielfalt, das frisch verzehrt oder zu Saft, Obstwein, Dörrfrüchten und Marmelade verarbeitet werden kann. Der Obstbaumschnitt lässt sich als Brennholz, der Unterwuchs als Viehfutter verwenden oder kompostieren.

In alten Streuobstbeständen finden sich auch Obstsorten, die heute kaum noch angebaut werden und daher gefährdet oder gar vom Aussterben bedroht, jedoch als Genressource (für die Züchtung) von hohem Wert sind. Blühende Obstbäume liefern Nektar und Pollen für die Honigbiene und viele andere Insekten. Streuobstwiesen lockern die Siedlungsstruktur auf, bereichern Orts- und Landschaftsbild, bieten Orte der Identifikation und Inspiration und sind für Erholungssuchende interessant. Sie stellen Lebensräume für zahlreiche Tier- und Pflanzenarten dar, beeinflussen das Lokalklima positiv (so durch Windbremsung oder Beschattung), speichern Kohlenstoff, schützen vor Bodenerosion und reduzieren den Nährstoffeintrag in Gewässer.

In Dresden gibt es insgesamt etwa 280 ha Streuobstwiesen, verteilt auf 655 Einzelflächen, insbesondere am Rande der eingemeindeten Dörfer. Auch die Leistungen der Streuobstwiesen sind sehr vielfältig. Pro Hektar Streuobstwiese in Dresden konnte für neun (versorgende und regulierende) ÖSL (ohne Obst) ein jährlicher Wert von 2260 € ha^{-1} abgeschätzt werden; daraus resultieren ca. 635.000 € für die Gesamtfläche an Streuobstwiesen in Dresden (Bastian et al. 2020).

5.5.3.6 Schutzgebiete in der Stadt: gut angelegtes Geld!

Dank der reichhaltigen Naturausstattung gibt es in Dresden zahlreiche Schutzgebiete nach Naturschutzrecht unterschiedlichster Kategorie, darunter vier Naturschutzgebiete (Gesamtgröße 248 ha), zehn Landschaftsschutzgebiete (12.238 ha), zehn nach der Fauna-Flora-Habitat-Richtlinie (FFH) geschützte Gebiete (1901 ha), drei Vogelschutzgebiete (1609 ha), 138 Naturdenkmäler (134 ha) und 1437 ha besonders geschützte Biotope (Landeshauptstadt Dresden 2018).

Welchen Wert haben diese Schutzgebiete für die Gesellschaft, speziell für die Bewohner der Stadt? Hinter den Schutzgebieten verbergen sich die unterschiedlichsten Ökosysteme: Wälder, Wiesen, Gewässer, Streuobstwiesen, die jeweils eine Fülle von ÖSL produzieren. Zweifellos ist es illusorisch, alle diese Leistungen, Werte und Nutzeffekte umfassend zu quantifizieren oder gar monetär zu bewerten. Ein Versuch soll aber doch unternommen werden, ohne die Unzulänglichkeit des Ansinnens auszublenden. Nehmen wir als Beispiel Natura 2000, das EU-weite, ökologische Netzwerk der Schutzgebiete, dessen Aufgabe darin besteht, Europas wichtigste Arten und Lebensräume zu erhalten (Abschn. 5.7.4).

Der ökonomische Wert von Natura 2000 der gesamten EU wurde von Fachleuten mit jährlich 2447 (Median) bis 3441 (Mittelwert) € ha^{-1} kalkuliert (Abschn. 5.7.4). Legt man diese Zahlen zugrunde, so hätten die 1901 ha FFH-Gebietsfläche in Dresden einen Wert von 4,65–6,54 Mio. € pro Jahr (Gantioler et al. 2010). Nimmt man die gleiche Berechnungsgrundlage für die geschützten Biotope in Dresden (1437 ha), dann beläuft sich deren Gesamtwert auf 3,52–4,94 Mio. €, wohlgemerkt, im Jahr! Der jährliche Finanzbedarf für die Pflege der Biotopflächen beträgt schätzungsweise 700.000 €. Das ist lediglich ein Siebtel bis ein Fünftel der Summe, die diese Flächen im Jahr an Nutzen für den Menschen abwerfen.

5.5.3.7 Stadtgrün und Klimaregulation

Stadtgrün wie Parks, Stadtwälder, private und öffentliche Gärten, Streuobstwiesen sowie Bäume und Gebüsche spielt hinsichtlich der lokalen Klimaregulierung im urbanen Raum eine Schlüsselrolle. Stadtbäume filtern Schadstoffe und Staub aus der Luft und fungieren an sonnigen, heißen Tagen als Schattenspender. Dies wirkt Hitzeeffekten in der Stadt entgegen und macht den Alltag im Sommer erträglicher. Gehölze speichern Wasser und geben dieses durch Verdunstung ab, was ebenfalls zur Verbesserung des Mikroklimas führt.

Abb. 5.28 zeigt die Bereiche in Dresden, in denen die Überwärmung besonders groß ist (rot und gelbe Gebiete in der rechten Karte). Dazu wurde das Angebot klima-

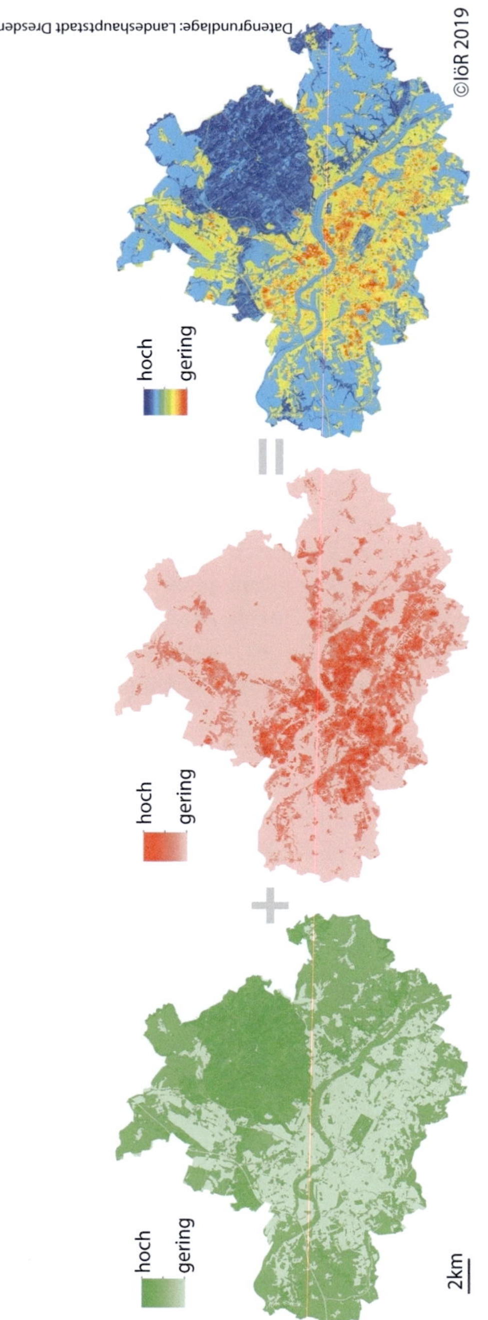

Abb. 5.28 Bewertung der ÖSL „Klimaregulation in Städten“ am Beispiel Dresden (aus Grunewald et al. 2020a)

regulierender Grünflächen (Karte links) mit dem potenziellen Bedarf (mittlere Karte) verschnitten. Erwartungsgemäß weisen die baulich stark verdichteten Stadtteile wie die Johannstadt oder die Neustadt tendenziell stärkere Hitzeprobleme auf. Große Freiflächen am Stadtrand wie die Dresdner Heide als großes Waldareal im Nordosten sowie städtische Parks wie der Große Garten in Zentrumsnähe wirken hingegen abkühlend.

Sollen daraus konkrete Maßnahmen zur Klima- bzw. Hitzeanpassung geplant oder in ihrer Wirksamkeit bewertet werden, ist eine Analyse auf Quartiersebene anzustreben. Im Projekt HeatResilientCity wurden beispielsweise in zwei strukturell unterschiedlichen Reallaboren in Dresden-Gorbitz und Erfurt-Oststadt auf der Basis von natur-, ingenieur- und sozialwissenschaftlichen Untersuchungen für Anpassungsmaßnahmen an Hitze (wie Baumpflanzungen, Haltestellenbeschattungen, Parkplatzentsiegelungen) konzipiert, auf ihre Wirksamkeit geprüft und zum Teil umgesetzt (Westermann et al. 2021). Auch ÖSL-Bewertungen spielten dabei eine Rolle (Brzoska et al. 2021).

Meier et al. (2022) haben einen spezifischen Kühlkapazitätswert auf Basis bundesweit regelmäßig verfügbarer Geodaten für die wichtigsten städtischen Oberflächentypen mithilfe der Baumkronen- und Bodenbedeckung sowie unter Berücksichtigung der Flächengrößen und Lagemerkmale bestimmt. Dieser Kühlkapazitätswert wurde ins Verhältnis gesetzt zur räumlich betroffenen Wohnbevölkerung. Es zeigt sich in den 165 untersuchten deutschen Städten, dass rund 76 % der Bevölkerung von hohen oder sehr hohen Kühlkapazitäten in ihrer unmittelbaren Wohnumgebung profitieren. In 37 Städten sind sogar mehr als 85 % mit guter bis sehr guter Kühlkapazität durch Grüne Infrastruktur versorgt. Der vorgeschlagene nationale ÖSL-Indikator „Klimaregulation in Städten" ermöglicht einen Vergleich zwischen der Kühlkapazität einzelner Flächentypen, Stadtteile sowie ganzer Stadtgebiete und kann folglich eine fachliche Planungs- und Entscheidungsgrundlage für eine resiliente Stadtentwicklung sein (Meier et al. 2022).

5.5.3.8 Erreichbarkeit öffentlicher Grünflächen für die Erholung im Wohnumfeld

Freiräume, insbesondere urbanes Grün und innerstädtische Gewässer, bieten den Bewohnern einer Stadt Raum für Begegnung, Bewegung, Erleben und Erholung. Inmitten bebauter Umgebung ermöglichen sie Menschen unterschiedlicher sozialer Hintergrunde, Altersgruppen und Mobilität den Zugang zu Naturerfahrung in Wohnortnähe (Stichwort: Umweltgerechtigkeit). Um einen regelmäßigen Kontakt zur Natur zu ermöglichen, sollten sich erholungsrelevante und zugängliche Flächen im sehr nahen, fußläufig zu erreichenden Wohnumfeld befinden.

Grunewald et al. (2016) haben einen Indikator für die Bewertung der ÖSL „Erholung in der Stadt" vorgeschlagen und für alle großen deutschen Städte berechnet, kartiert und interpretiert. Der entwickelte Hauptindikator „Erreichbarkeit von Grünflächen durch die Stadtbevölkerung" ist eine relativ einfache, robuste und reproduzierbare Messgröße. Aktuelle Geodaten von Grünflächen werden dabei mit der Erreichbarkeit dieser Flächen verknüpft. Der Indikator ermöglicht eine Bewertung auch im Vergleich zu anderen

Städten und bei wiederholter Berechnung ein Monitoring und eine Trendaussage. Insgesamt sind für 74,3 % der Einwohner aus den untersuchten Städten (alle Städte >50.000 Einwohner) sowohl Grün- und Gewässerflächen (>1 ha) in einer Entfernung von 300 m Luftlinie (≈500 m Fußweg) als auch Grün- und Gewässerflächen (>10 ha) in einer Entfernung von 700 m Luftlinie (≈1000 m Fußweg) erreichbar (Grunewald et al. 2016).

Abb. 5.29 visualisiert die Ergebnisse der Analyse der Erreichbarkeit öffentlicher Grünflächen im Wohnumfeld am Beispiel Dresden. Das Angebot an Grünflächen (Karte links) wurde mit der Bevölkerungsdichte (mittlere Karte), also mit der potenziellen Nachfrage nach Grünflächen, kombiniert. Die Karte rechts zeigt das Ergebnis: In den rot gekennzeichneten Bereichen stehen der Bevölkerung keine Grünflächen im direkten Wohnumfeld zur Verfügung, wo sie sich z. B. erholen kann. Insgesamt haben etwa zwei Drittel der Bevölkerung Zugang zu Grünflächen im Wohnumfeld. Eine nahezu 100%ige Versorgung ist in den Stadtteilen Altfranken, Langebrück, Loschwitz, Mobschatz, Oberwartha, Schönborn und Schönfeld-Weißig gewährleistet. Defizite und somit Handlungsbedarf sind hingegen für Bereiche in Blasewitz, Neustadt, Pieschen, Plauen und Prohlis festzustellen.

5.5.3.9 Einfluss der Stadtnatur auf das menschliche Wohlbefinden

Die Bedeutung der Stadtnatur für die physische und mentale Gesundheit der Stadtbewohner ist immens, wenn auch noch nicht in allen Einzelheiten erforscht (Krekel et al. 2016; Cox et al. 2017; Kondo et al. 2018; Marselle et al. 2021).

In den im BIDELIN-Projekt beteiligten Städten fanden Untersuchungen statt, welche Typen bzw. Merkmale des Stadtgrüns von den Stadtbewohnern am meisten geschätzt werden (Syrbe et al. 2021). Da es schwierig ist, das psychische Wohlbefinden direkt zu erfassen bzw. zu messen, wurden im Jahre 2018 Befragungen von 700 Personen in Dresden, Liberec und Děčín zum subjektiven Empfinden und zur persönlichen Bewertung verschiedener Typen städtischer Grünräume und ihrer Leistungen durchgeführt.

Die Ergebnisse belegten eine hohe Wertschätzung urbaner Grünräume im Hinblick auf das eigene gesundheitliche Wohlbefinden. Die Mehrheit der Befragten fühlten sich nach einem Aufenthalt in einer Grünfläche erholter (74 %), glücklicher (69 %), physisch besser (59 %), mehr energiegeladen (52 %), und konzentrierter (44 %). Parks, Stadtwälder und Flüsse oder Wasserflächen wurden in allen drei Städten am besten bewertet, insbesondere die naturnahen und am wenigsten intensiv genutzten Flächen (Syrbe et al. 2021). Aus solchen Ergebnissen können Schlussfolgerungen für die Stadtplanung zur Verbesserung der Lebensbedingungen gezogen werden.

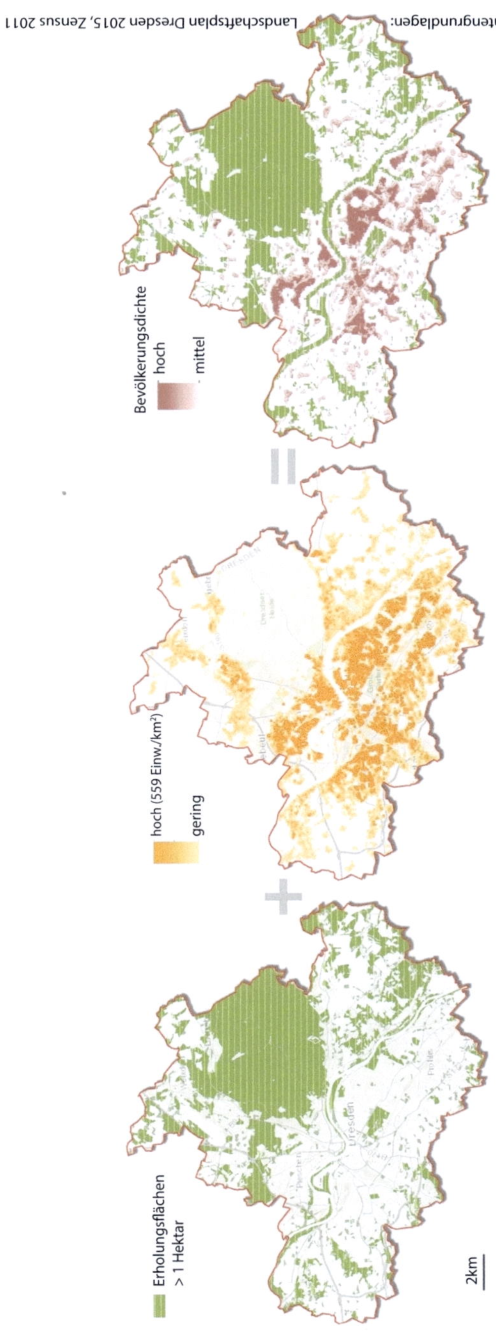

Abb. 5.29 Bewertung der ÖSL „Erholung in der Stadt" über den Indikator „Erreichbarkeit öffentlicher Grünflächen im Wohnumfeld" am Beispiel Dresden (aus Grunewald et al. 2020a)

5.5.4 Fazit: Stadtnatur über den ÖSL-Ansatz stärken

Olaf Bastian*, Patrycia Gerhard, Karsten Grunewald, Ralf-Uwe Syrbe und Dagmar Haase

Weltweit sehen sich die Städte mit Herausforderungen konfrontiert, die durch den Klimawandel, Fragen der sicheren Wasserverfügbarkeit und die Gefährdung der öffentlichen Gesundheit und des Wohlbefindens durch Verkehrsemissionen entstehen. Eine der vorgeschlagenen Strategien zur Bewältigung dieser Probleme ist die Stärkung der Natur in der Stadt. So fordert der Europäische Green Deal ausdrücklich sauberere, grünere und gesündere europäische Städte (EC 2019). Diese politische Zielsetzung hat zu einer Zunahme von Studien geführt, die sich mit der Bewertung von grüner und blauer städtischer Infrastruktur (z. B. Parks, Bäume, Gärten, Gewässer) und den damit verbundenen ÖSL (Nutzen, den Menschen aus Ökosystemen ziehen) befassen (Veerkamp et al. 2021), und ebenso zu einer Zunahme urbanen Grüns in vielen Städten Europas, wie Wolff und Haase (2019) und Cortinovis et al. (2018) anhand großer europäischer Datensätze und mittels flächenbasierter wie auch mithilfe von Pro-Kopf-Indikatoren zeigen konnten.

Stadtnatur ist Träger einer breiten Palette von ÖSL, wobei Regulations- und soziokulturelle Leistungen im Vordergrund stehen, wenngleich auch Versorgungsleistungen nicht zu vernachlässigen sind. Die Erarbeitung von empirischen Grundlagen und Handlungszielen für „Grün in der Stadt“ stellt eine Basis für das Bemühen um eine nachhaltigere Stadtentwicklung dar, denn eine grün-blaue Infrastruktur bestimmt die Lebensqualität in Städten maßgeblich.

Bei der Inwertsetzung von Stadtnatur geht es keineswegs vordergründig um Monetarisierung, sondern um ganz verschiedene Ansätze zur Erfassung der vielfältigen Werte von Natur und ihre Berücksichtigung in privaten und öffentlichen Entscheidungen. In der Praxis werden die vielfältigen ÖSL der Natur in der Stadt oftmals übersehen und in Planungen und Entscheidungen zur Flächennutzung nicht angemessen berücksichtigt (Kowarik et al. 2016; Grunewald et al. 2021b). Gleichwohl nutzen Governance-Strukturen der Stadtentwicklung und des Landschafts-/Naturschutzes Grundsätze des uÖSL-Konzepts, z. B. die Zwischennutzungsprojekte in Berlin oder Leipzig (hier: Gestattungsvereinbarungen und kulturelle ÖSL; Lorance Rall und Haase 2011; Rall et al. 2017) oder auch *green point tools* für ökologisch wirksame Flächen wie von Stange et al. (2021) für Stockholm, Oslo und Berlin gezeigt.

Vermittlung von Werten der Stadtnatur am Beispiel Dresden

Die **Broschüre** „Natur in der Stadt Dresden. Was sie leistet, wie sie nützt.“ vermittelt am Beispiel der Stadt Dresden, was hinter dem Konzept der ÖSL steht, und sie zeigt Werte von ÖSL, Biodiversität und grün-blauer Infrastruktur sehr anschaulich anhand ausgewählter Ergebnisse des BIDELIN-Projekts (Grunewald et al. 2020a).

In Dresden wurde zur Vermittlung der uÖSL ein **virtueller Lehrpfad** eingerichtet, der Wissensweg „Stadtnatur Dresden". Er beginnt zwischen Bärenzwinger und Dresdner Synagoge am Elbufer und verläuft in südwestlicher Richtung bis zum Stadtrand in Dresden-Plauen. Auf 8,5 km werden an 18 Stationen mit Beispielen vor Ort die wichtigsten Leistungen der Stadtnatur (also die ÖSL) und ihre Wirkung auf die Lebensqualität digital erläutert. Zur Nutzung benötigt man ein Smartphone oder anderes mobiles Gerät, das Internetseiten anzeigen kann. Nutzer scannen den an verschiedenen Wegepunkten ausgehängten QR-Code und können sich entlang der Route navigieren lassen. Alternativ findet man alle Inhalte auf der Webseite (https://bidelin.ioer.eu/wissensweg/).

Im Rahmen des Projekts ist auch ein comicartiger **Kurzfilm** zum „Nutzen der Stadtnatur" entstanden (http://bidelin.ioer.eu/video/). Figuren stellen Elemente der Stadt dar und erläutern, welche Rolle Parks, Flüsse, Bäume und andere Elemente der grünen und blauen Infrastruktur bei der Verbesserung der Lebensqualität in Städten spielen, was sie uns bringen und warum sie für die Stadt wichtig sind.

Kommunikation über ÖSL: Es fanden zahlreiche Fachgespräche, Workshops, Kolloquien, Interviews usw. mit Bürgermeistern, Verwaltungsfachleuten (Umwelt, Planung, Grünflächen, Gesundheit) und interessierten Bürgern statt. Zum Beispiel wurde auf einer Sonderfahrt der Straßenbahn mit über 60 Dresdnern das Thema „Meine grüne Stadt und ich" diskutiert.

Wie die dargestellten Beispiele aufzeigen (Abschn. 5.5.2 und 5.5.3), bietet das ÖSL-Konzept viele, bislang – auch in Städten – nur wenig genutzte Möglichkeiten, um vor allem den Kommunikationsprozess bei Bewertungen, Planungen und Entscheidungen zu unterstützen und in eine breitere Öffentlichkeit als *citizen science* hineinzuwirken. So kann das ÖSL-Konzept zusätzliche Argumente für den Naturschutz in der Stadt liefern und somit vor allem urbane Brachen teilweise erhalten helfen, Umweltaspekte bei (Bau- oder Quartiers-)Maßnahmen betonen (z. B. naturbasierte Lösungen in der Luftreinhaltung, im Klima- und Hochwasserschutz), des Weiteren soziale, pädagogische und gesundheitspolitische Vorteile der Stadtnatur aufzeigen (Lernen, Begegnen, Erleben usw., aber auch Prävention und Heilung von Lungen-, Herz-Kreislauf- und mentalen Krankheiten, (Grunewald et al. 2020a, 2021; Kabisch et al. 2021a, b; Syrbe et al. 2021). Schließlich hilft das Konzept der uÖSL bei der Kommunikation naturbezogener Themen in der Stadt und zwischen verschiedenen Interessengruppen (Visualisierungen, Flächen- und Qualitätsveränderungen in Raum und Zeit). Kern der meisten Tools, welche im Beitrag vorgestellt wurden, ist die Identifikation und/oder Quantifizierung von Angebot und Nachfrage wichtiger ÖSL in der Stadt quasi als Startpunkt der vorher aufgezählten Möglichkeiten.

Zur Einbeziehung von ÖSL in die städtische Planung und Entwicklung bestehen beispielsweise folgenden Ansatzpunkte (s. auch Abschn. 6.3).

Für Prüfungen, Planungen, Festlegungen: Die Landschaftsplanung bedient mit den Landschaftsfunktionen/Potenzialen bereits sehr gut die Angebotsseite und wird durch die Nachfrage (Was wird wie dringend benötigt?) komplettiert. Einzelne Aspekte der Landschaftsplanung lassen sich jedoch mit ÖSL vertiefen. Zudem dienen ÖSL zur Unterfütterung bestimmter Umweltprüfungen. Fachplanungen werden durch Einbeziehung von ÖSL verbessert, z. B. die Gestaltung von Stadtquartieren. Wichtig ist, dass partizipative Ansätze gestärkt werden, z. B. Bürgerbeteiligung bei der Auswahl von Varianten bei der Parkgestaltung. ÖSL helfen bei der Begründung von Entscheidungen, Satzungen usw. (z. B. Baumschutz, Grünflächenpflege).

Bei Gestaltung und Management von begrünten Flächen: Beim Konzept der Grünen Infrastruktur (schließt Gewässer als blaue Infrastruktur mit ein; Pauleit et al. 2019) liegen Angebot und Nachfrage eng beieinander. uÖSL können Anreize setzen oder auch Begründungen liefern für die Erhaltung von Natur und freier Landschaft in der Stadt einerseits (u. a. Egerer et al. 2021; Haase 2021) und für die Schaffung „neuer" Natur in der Stadt andererseits, z. B. durch Quartiermanagement (Zwierzchowska et al. 2021). uÖSL können zu einer ökologischen Ausgestaltung des Wohnungsneubaus und somit direkt zur gesundheitlichen Aufwertung der Umgebung beitragen, insbesondere in Quartieren mit niedrigem Einkommen (Krekel et al. 2016). Dies kann erreicht werden, wenn die Grünflächengestaltung mit Erkenntnissen zu uÖSL (Wertschätzung, Prioritäten, räumliche Synergien oder Trade-offs) unterfüttert werden kann. Möglich sind hier auch Kosten-Nutzen-Analysen oder auch Kosten-Effektivitäts-Quantifizierungen bestimmter Maßnahmen (z. B. Grünflächenimplementierung, Bewässerung oder andere Grünpflege).

Zur Information und Öffentlichkeitsarbeit: ÖSL untermauern Entscheidungen zur sinnvollen Nutzung ökologischer Ressourcen auf der Basis ökonomischer Bewertungen. Sie geben Informationen zu Nutzen und Kosten (auch entgangener Nutzen) sowie zur Dringlichkeit von Maßnahmen. Der Naturschutz erhält durch eine ökonomische Betrachtung zusätzliche(!) „Schützenhilfe". Kurzfristige Gelegenheitsfenster zur Kommunikation des Wertes der Natur können mit ÖSL effektiv genutzt werden (z. B. bei Hitzewellen, Starkregenereignissen).

5.6 Ökosystemleistungen der Binnengewässer, Auen und Moore

5.6.1 Einleitung

Karsten Grunewald*

Binnengewässer, Auen und Moore stellen vielfältige ÖSL bereit, insbesondere wenn sie sich in einem guten ökologischen Zustand befinden. Sie sind natürliche Lebensräume für hoch spezialisierte Tier- und Pflanzenarten, filtern Sedimente und gelöste Schadstoffe. Sie dienen uns als Trinkwasserquellen, nehmen aber auch eine wichtige Rolle für kulturelle, erzieherische und ästhetische ÖSL ein (Schäfer und Kowatsch 2015; Podschun et al. 2018). Schutz und Erhalt, Renaturierung sowie nachhaltige Nutzung dieser Ökosysteme kommen dem Hochwasserschutz, dem Grundwasserschutz, dem Schutz der biologischen Vielfalt, dem Klimaschutz und der Wasserreinhaltung zugute. ÖSL-Bewertungsansätze und -Inwertsetzungen, im Einzelfall auch Monetarisierungen, werden im Folgenden anhand von Beispielen demonstriert und erläutert.

Binnengewässer sind aquatische Lebensräume, die zum Festland gehören und davon umschlossen sind. Zu ihnen gehören fließende oder stehende Gewässer wie Seen, kleine Stillgewässer, Flüsse, Bäche oder Quellen, d. h., sie umfassen mehrere Lebensraumtypen. Neben den Oberflächengewässern gehört auch das Grundwasser dazu. In Deutschland gibt es mehr als 9000 sogenannte Wasserkörper (d. h. festgelegte Einzugsgebiete von Flüssen und Bächen mit einer Mindestgröße von 10 km^2). Diese Gewässer durchziehen Deutschland mit einer Gesamtlänge von mehr als 400.000 km. Dazu kommen ca. 12.000 stehende Gewässer (vor allem Seen), wovon etwa 750 eine Größe von über 50 ha aufweisen (https://www.cbd.int/countries/profile/?country=de#facts).

River-Ecosystem-Service-Index (RESI)

In diesem Projekt wurde ein Ansatz entwickelt, um die Leistungen von Fluss- und Auenökosystemen für unsere Gesellschaft sektorübergreifend und in einem integrativen Index darzustellen. Der RESI wurde in den Modellregionen der Flüsse Donau, Nahe, Nebel, Rhein, Elbe und Wupper erfolgreich getestet (z. B. auf einen 75 km langen Abschnitt des Donaukorridors in Deutschland, Stammel et al. 2020) und kann prinzipiell für alle Flusslandschaften in Deutschland genutzt werden (Fischer-Bedtke et al. 2020).

Flussauen sind durch Böden sowie eine Vegetation und Tierwelt gekennzeichnet, die mit der Überflutungsdynamik, dem Abflussgeschehen von Flüssen und den Grundwasserständen korrelieren. Als Bindeglied zu terrestrischen Ökosystemen stehen sie im permanenten stofflichen Austausch mit ihrer Umgebung und verändern sich häufig (z. B. Grundwasserstand, Bodenfeuchte, Redoxpotenzial). Insbesondere das Flutungsgeschehen bestimmt die bodenchemischen Prozesse, den Eintrag und Export organischer Substanzen, mineralischer Nährstoffe und potenzieller Schadstoffe. Auen gelten vor allem aufgrund ihrer morphologischen Position und den Sorptionseigenschaften ihrer Böden als Stoffsenken bezüglich des lateralen Eintrags aus den umgebenden Landschaften aber auch als transformierende Systeme mit einseitig gerichteten Stoffverlagerungen vom Ober- zum Unterlauf (Grunewald et al. 2005).

Auen sind direkt mit den Binnengewässern assoziierte Habitate. Sie zählen zu den artenreichsten Lebensräumen, stellen zugleich essenzielle ÖSL wie sauberes Trinkwasser, Retentionsflächen für Wasser und Nährstoffe zur Verfügung, und sind für den

Hochwasserschutz von hoher Bedeutung. Die rezenten Auen der 79 relevantesten Flüsse Deutschlands nehmen eine Fläche von insgesamt 5119 km^2 ein. Die größten relativ naturnah gebliebenen Areale in Mitteleuropa findet man an der Elbe.

Durch infrastrukturelle, siedlungsbauliche sowie landwirtschaftliche Maßnahmen wurden die Flüsse und ihre Auen weltweit stark verändert. Viele Auensysteme sind infolge Eindeichung und Entwässerung wertvolle, aber verletzliche Nutzflächen geworden. Dies findet seinen Ausdruck nicht zuletzt in überschwemmten Ortschaften oder stoffbelasteten landwirtschaftlichen Flächen (Grunewald et al. 2005). Durch die Intensivierung der Landnutzung kam es zu einem nahezu vollständigen Verlust, sodass heute lediglich 8 % der Flussauen Deutschlands als ökologisch intakt gelten (BMU/BfN 2021).

Ähnlich verhält es sich mit den heimischen Moorlandschaften. Diese bedeckten einst eine Fläche von ca. 1,5 Mio. ha, was 4,2 % der Landfläche Deutschlands entspricht. Heute sind sie zu 95 % entwässert, abgetorft, bebaut oder landwirtschaftlich und forstwirtschaftlich genutzt (https://www.nabu.de/natur-und-landschaft/moore/deutschland/index.html). Für organische Böden wird derzeit ein deutschlandweites Moorbodenmonitoring eingerichtet.

5.6.2 Gewässer, EU-Wasserrahmenrichtlinie (WRRL) und ÖSL

Karsten Grunewald*, Ralf-Uwe Syrbe und Olaf Bastian

5.6.2.1 Funktionen und ÖSL der Gewässer

Wasser ist eine Komponente im Landschaftssystem, die sich durch hohe Komplexität auszeichnet und durch eine Vielzahl von Schnittstellen mit den anderen Geokomponenten verbunden ist. Die resultierende ökosystemare Bedeutung findet einerseits im Umweltziel des Gewässerschutzes im Bundesnaturschutzgesetz (§ 1) Berücksichtigung. Andererseits bieten Gewässer die Voraussetzung zur Erfüllung vielfältiger Nutzungsfunktionen (ÖSL) und gewinnen damit eine existenzielle Bedeutung für die menschliche Gesellschaft. Süßwasser stellt eine der essenziellen Versorgungs-ÖSL dar (direktes Marktgut). In der Gruppe der Regulations-ÖSL bilden hydrologische ÖSL (Wasserregulation und Wasserreinigung) eigene Untergruppen (Abschn. 3.2).

Als Gewässerschutz bezeichnet man die Gesamtheit der Bestrebungen, die Gewässer (Küstengewässer, Oberflächengewässer und das Grundwasser) zum Zweck der Reinhaltung des Wassers als Trink- oder Brauchwasser sowie zum Schutz aquatischer Ökosysteme als Teilaufgabe des Naturschutzes vor Beeinträchtigungen zu schützen. Gewässerschutz wird ebenfalls teils nutzungsorientiert, teils losgelöst von Nutzungsinteressen betrieben. Zwischen den Nutz- und Schutzinteressen bestehen zahlreiche Konfliktfelder.

Beim Gewässerschutz haben ÖSL in der politischen Entscheidungsfindung inzwischen einen hohen Stellenwert:

- Die im Jahr 2000 verabschiedete Wasserrahmenrichtlinie 2000/60/EG (WRRL) folgt dem Grundsatz der Kostendeckung der Wassernutzung einschließlich umwelt- und ressourcenbezogener Kosten, was eine Abwägung der Kosten und Nutzen erfordert.
- Die EU-Meeresschutzstrategie von 2005 fordert eine Durchführung von Kosten-Nutzen-Analysen.
- Die EU-Meeresstrategie-Rahmenrichtlinie (RL 2008/56/EG) verlangt von den Mitgliedsstaaten eine wirtschaftliche und gesellschaftliche Analyse der Nutzung ihrer Meeresgewässer sowie der Kosten einer Verschlechterung der Meeresumwelt.

In der WRRL ist von Wasserdienstleistungen (vgl. Art. 2 Nr. 38 WRRL) die Rede. Dieser Begriff wurde in § 3 Nr. 16 WHG sowie § 6a WHG übernommen. Insbesondere wird das ÖSL-Konzept als Chance für ein integratives Gewässermanagement gesehen (Podschun et al. 2018). Wie die WRRL für die ökologische Gewässerentwicklung genutzt werden kann, wird umfassend in einem Umweltgutachten des Sachverständigenrats erläutert (SRU 2020). Darin sind u. a. auch Übersichtskarten der „natürlichen, erheblich veränderten und künstlichen Wasserkörper" sowie des „ökologischen Zustands/ökologischen Potenzials der Oberflächenwasserkörper" Deutschlands (Stand 2016) enthalten.

5.6.2.2 Inhalte der EU-Wasserrahmenrichtlinie (EU-WRRL)

Die EU-WRRL vereinheitlicht den rechtlichen Rahmen für die Wasserpolitik innerhalb der Europäischen Union und bezweckt, die Wasserpolitik stärker auf eine nachhaltige und umweltverträgliche Wassernutzung auszurichten. Da die natürlichen Gegebenheiten innerhalb der EU sehr unterschiedlich sind (heterogener Raum, Makroskale), beschränkt sich die Richtlinie darauf, Qualitätsziele aufzustellen und Methoden anzugeben, wie diese zu erreichen und gute Wasserqualitäten zu erhalten sind.

Die Umweltziele der WRRL (2000), die den Kern dieser Rechtsvorschrift bilden, zielen auf nachhaltige Landnutzung („langfristige nachhaltige Gewässerbewirtschaftung auf der Grundlage eines hohen Schutzniveaus für die aquatische Umwelt") und Optimierung der ÖSL (Schutz der Gesundheit des Menschen, wirtschaftliche Folgen beachten und andere) ab.

Die Übersetzung der normativen Begriffsbestimmungen der WRRL in numerische Klassengrenzen für den „guten Zustand" beruht auf wissenschaftlichen Vorgehensweisen. Sozioökonomische Erwägungen werden durch die in der WRRL vorgesehenen, integrierten Mechanismen berücksichtigt, nämlich durch „Ausnahmen" vom Erreichen der Ziele nach Artikel 4 und durch Kostenwirksamkeitsanalysen.

Mit den Zielen der WRRL werden vorrangig folgende Wohlfahrtswirkungen angestrebt:

- Schutz der menschlichen Gesundheit durch wasserbezogene Nutzungen wie Badegewässer- und Trinkwasserqualität,
- geringere Kosten der Wasseraufbereitung,

- Gewährleistung der Sicherheit der Wasserversorgung,
- Verbesserung der Lebensqualität durch Erhöhung des Erholungswerts der Oberflächengewässer,
- Bewältigung von Konflikten und regionalen Benachteiligungen durch Interessenausgleich verschiedener Gruppen.

Dabei soll die konsequente Umsetzung des Vorsorgeprinzips, der Information und der Transparenz erfolgen. Die Verwirklichung der Umweltziele bringt zwar beträchtlichen Nutzen, doch können damit auch zusätzliche Kosten verbunden sein. Diese hängen je nach Flusseinzugsgebiet vor allem vom Abstand zwischen Ist- und Ziel-Zustand sowie der Wahl der Instrumente und der Kombination der zu ergreifenden Maßnahmen ab. Raum-Zeit-Ansätze spielen dabei eine entscheidende Rolle. Die WRRL enthält Mechanismen die gewährleisten, dass die sozioökonomischen Auswirkungen ordnungsgemäß in Entscheidungsprozesse einbezogen und die kostengünstigsten Optionen berücksichtigt werden können (Bewirtschaftungsplan und Maßnahmenprogramm, Entscheidungsunterstützungssysteme). Zu den vorgeschlagenen Optionen müssen öffentliche Anhörungen stattfinden.

Ergebnisse des WRRL-Monitorings in Deutschland

Bis Ende 2015 wiesen nur etwa 8 % der Oberflächenwasserkörper (Flüsse, Seen, Übergangs- und Küstengewässer) einen guten ökologischen Zustand bzw. ein gutes ökologisches Potenzial auf. Dagegen waren insgesamt 54 % stark bis sehr stark verändert. Immerhin wurde eine leichte Verbesserung des ökologischen Zustands der Wasserkörper im Jahr 2016 im Vergleich zu 2010 festgestellt (UBA 2020).

Der Bericht von BMU/BfN (2020) zeigte eine Verbesserung der chemischen und ökologischen Qualität bei Fließgewässern, aber eine zunehmende Gefährdung von nährstoffarmen, größeren Flussauen und Stillgewässern. Die Stillgewässer (Seen, Teiche, Tümpel) werden in erster Linie durch Nähr- und Schadstoffeinträge aus der umgebenden Nutzung (insbesondere Landwirtschaft) beeinträchtigt. Die häufigsten Gründe für das Nichterreichen eines guten ökologischen Zustands sind Veränderungen in der Hydromorphologie von Fließgewässern und eine hohe Nährstoffbelastung durch die Landwirtschaft.

Auch der chemische Zustand der Gewässer wurde aufgrund ubiquitärer Schadstoffe wie Quecksilber flächendeckend als „nicht gut" bewertet (UBA 2020). Die Bundesländer, verantwortlich für die Umsetzung der WRRL, haben umfangreiche Fristverlängerungen bis 2027 geltend gemacht. Jedoch ist bereits jetzt absehbar, dass das Ziel auch bis zu diesem Zeitpunkt nicht erreicht werden wird. Deutschland hat somit bislang nicht nur seinen Anteil an der Zielerreichung der Richtlinie weit verfehlt, sondern liegt auch deutlich unter dem europäischen Durchschnitt. EU-weit befinden sich 40 % der Oberflächenwasserkörper in einem guten ökologischen Zustand oder haben ein gutes ökologisches Potenzial und 38 % befinden sich in einem guten chemischen Zustand (Europäische Kommission 2019). ◀

5.6.2.3 Ausgewählte Raum- und Maßstabsaspekte der WRRL

Die Richtlinie zeichnet sich durch verschiedene Elemente aus, die gegenüber der bisherigen (deutschen) Wasserpolitik Veränderungen bedeuten und daher Anpassungsbedarf ausgelöst haben. Entscheidend ist dabei die räumliche Ausrichtung an Flussgebietseinheiten. Bislang wurde die Bewirtschaftung überwiegend nach den politischen Grenzen der Gebietskörperschaften durchgeführt. Die Orientierung der Wasserpolitik bzw. der Verwaltung an diesen Flussgebietseinheiten wurde zunächst in Großbritannien und Frankreich praktiziert und gab den Impuls für die europäische Regelung. Da die Einzugsgebiete vieler der großen europäischen Flüsse (Maas, Rhein, Elbe, Oder, Donau) über Staatsgrenzen hinausgehen, lag eine europäische Regelung nahe. Ähnliches gilt für die Grundwasserverhältnisse, die ebenfalls von politischen Grenzen unabhängig sind.

Die internationale Flussgebietseinheit Elbe umfasst z. B. 148.268 km^2 und ist in zehn Koordinierungsräume gegliedert. Für die fünf Koordinierungsräume Obere und Mittlere Elbe (Abb. 5.30), Obere Moldau, Berounka, Untere Moldau sowie Eger und Untere Elbe ist Tschechien und für die fünf Koordinierungsräume Mulde-Elbe-Schwarze Elster, Saale, Havel, Mittlere Elbe/Elde und Tideelbe ist Deutschland federführend zuständig. Außer dem Koordinierungsraum Untere Moldau liegen kleinere Gebietsanteile der Koordinierungsräume mit tschechischer Zuständigkeit in Deutschland (Eger und Untere Elbe, Berounka, Obere Moldau) sowie in Österreich (Obere Moldau) und Polen (Obere und Mittlere Elbe). Die IKSE (Internationale Kommission zum Schutz der Elbe) ist als übergeordnete Koordinierungsstelle tätig (Gewässerüberwachung, überregionale Ziele, Strategien und andere). Bewirtschaftungspläne für makroskalige Flussgebietseinheiten wie der Plan für das Einzugsgebiet der Elbe in Deutschland (FGG Elbe 2009)

Abb. 5.30 Links die Elbe im Elbsandsteingebirge mit relativ schmaler Aue (© K. Grunewald). Rechts die Elbe bei Torgau (© O. Bastian). Unterhalb von Riesa tritt die Elbe in den Lockergesteinsbereich des norddeutschen Tieflands ein, die Aue weitet sich, die Fließgeschwindigkeit des Flusses wird geringer, er mäandriert und lagert verstärkt Feinmaterial ab. Hochwasserschutzdeiche begrenzen den Überflutungsbereich und die flache, durch hochanstehendes Grundwasser gekennzeichnete Elbaue bleibt überwiegend der Grünlandnutzung vorbehalten.

enthalten dimensionsspezifisch stark aggregierte Aussagen. Sie beziehen sich z. B. auf die Frage, wer die ÖSL anbietet und wer dafür bezahlt. Spezifische Raumkategorien für ökologische Analysen, für Planungen und Entscheidungen werden in den Plänen in der Regel jedoch explizit berücksichtigt.

Die eigentliche Maßnahmenplanung und -umsetzung erfolgt auf regionaler und lokaler Ebene innerhalb meso- und mikroskaliger Teilräume. Dies erfordert einen kombinierten *top down-* und *bottom up*-Ansatz (Skalenwechsel): Überregionale Umweltziele und Anforderungen müssen auf regionale und lokale Handlungsziele heruntergebrochen werden. Die einzelnen wasserkörperbezogenen Maßnahmen müssen wiederum im Rahmen der Bewirtschaftungsplanerstellung für die entsprechenden Flussgebietseinheiten auf der Ebene der Bearbeitungsräume und übergeordnet der Koordinierungsräume aggregiert werden (Tab. 5.11).

Nach EFTEC (2010) befasst sich ein zentraler Aspekt der Umsetzung der WRRL mit räumlichen und geografischen Merkmalen der Gewässer. Es ist notwendig zu verstehen, wie die Auswirkungen der Maßnahmen über räumliche Skalen variieren können (s. Abschn. 3.3). Im Falle der Wasserqualität, insbesondere der von Fließgewässern, ist die Beziehung zwischen ÖSL-Bereitstellungsflächen und den Vorteilsarealen flussabwärts gerichtet. In einigen Fällen können die positiven Effekte räumlich sehr weit von den Maßnahmenflächen entfernt liegen. So trägt die Verminderung diffuser Stoffeinträge *in situ* zur Verbesserung der terrestrischen Biodiversität und der Bodenqualität bei und hat weiter flussabwärts bis in die Mündungsbereiche positive Effekte auf die Gewässerqualität (Grunewald et al. 2005, 2008; EFTEC 2010; Tab. 5.12, Pos. 3.2: Skalenübergänge).

Entsprechend den Managementanforderungen (Zustandsbewertung, Einschätzung der Zielerreichung) wurde das Einzugsgebiet der Elbe in 61 Planungsräume (Größe zwischen 300 und 5600 km^2) untergliedert und es wurden 3896 Oberflächenwasserkörper und 327 Grundwasserkörper zur Bearbeitung (Zustandsbewertung, Zielformulierung) ausgewiesen. Die institutionellen Gremien wie auch die Informationsebenen und -details einschließlich der Datenauflösung und -genauigkeit müssen adäquat ausgerichtet sein (Tab. 5.12, Pos. 3.1: adäquate Dimension).

Tab. 5.11 Schema der Raumebenen für den Bewirtschaftungsplan Elbe

Skale	Physische Ebene	Institutionelle Ebene
Makro	Gesamteinzugsgebiet, einzugsgebietsbezogene Koordinierungsräume, Biome	Internationale Kommission zum Schutz der Elbe (IKSE), Länder
Meso	Teileinzugsgebiete, Koordinierungs- und Planungsräume	Länder, Gewässerbereiche, Gebietsforen
Mikro	Kleine Einzugsgebiete, Bearbeitungsgebiete, Oberflächen- und Grundwasserkörper	Kreise, Gemeinden, Arbeitsgruppen und -kreise, Abstimmungstreffen

Tab. 5.12 Prüfliste von Raum- und Zeitaspekten in der WRRL (2000)

Pos.	Aspekt	Implementierung in der WRRL (Beispiele)	ÖSL-Beispiel: Grundwasserneubildung
1 Raumaspekte			
1.1	Flächenanforderungen	Mindestgröße von Standgewässern (50 ha) und Flusseinzugsgebieten (10 km^2), die nach WRRL in das Monitoring und die Berichtspflichten einbezogen werden; Einzugsgebiete statt Verwaltungsgrenzen	Abgrenzung und Erfassung des Zustands der Grundwasserkörper (GWK)
1.2	Raumausstattung	Kombinierte Betrachtung von Oberflächen- und Grundwasser; Management des gesamten Einzugsgebiets	Muster von Aquiferen (Grundwasserleitern) und Infiltrationsgebieten; Verteilung der Grundwasserneubildung (Versorgung) und Grundwasserentnahme (Nachfrage)
1.3	Raumkonfiguration	Konfigurationsaspekte nur teilweise in WRRL berücksichtigt: Gewässerstrukturgütekartierung, Fischwanderungsmöglichkeiten, beschränkt sich allerdings auf große und mittlere Wasserkörper (d. h. zwei Drittel werden strukturell nicht berücksichtigt)	Räumliche Struktur und Form von Landschaftselementen (z. B. Infiltrationsbereiche)
1.4	Funktionelle Verknüpfungen	Orientierung auf die menschliche Gesundheit, Lebensqualität, die gemeinsame Betrachtung von biologischer, chemischer und ökologischer Qualität	Karten zum Grundwasserschutz; räumliche Zuordnung von Maßnahmen, Leistungen und Zahlungen
2 Zeitaspekte			
2.1	Zeitanforderungen	Differenzierte Bewirtschaftungsmaßnahmen in abgestuften Zeiträumen	Zeitliche Aspekte der Grundwasserneubildung und -fließzeiten, Überwachung der Grundwasserstände
2.2	Zeitabläufe (Sequenzen)	Ziele im Einklang mit ökologischen Prozesszeiträumen differenziert, flexible Managementprioritäten	Variation der natürlichen Bedingungen (Niederschlag für Infiltration, Fruchtfolge), Trends (z. B. Klimawandel)
2.3	Ungleichzeitigkeiten	Strikte Anwendung des Vorsorgeprinzips, (Hochwasser) Risikominimierung	z. B. Ausweisung von Wasserschutzgebieten

(Fortsetzung)

Tab. 5.12 (Fortsetzung)

Pos.	Aspekt	Implementierung in der WRRL (Beispiele)	ÖSL-Beispiel: Grundwasserneubildung
3 Skalen und Dimensionen			
3.1	Adäquate Maßstäbe bzw. Dimensionen	Kombinierter *top down-* und *bottom up-*Ansatz, Planung und Management auf regionaler Ebene, jedoch Maßnahmenebene lokal	Hierarchie der Einzugsgebiete
3.2	Skalenübergänge	Teilweise betrachtet: Auswirkungen auf Klimaschutzziele	Viele lokale Maßnahmen können die Grundwasserneubildung regional beeinflussen

Die chemische, biologische und ökologische Qualität der Gewässer ist von einer Vielzahl von Einflüssen abhängig. Um diese zu beurteilen und Maßnahmen abzuleiten, sind ein integriertes Konzept und eine breite Datenbasis notwendig. Die WRRL sieht konsistente und damit vergleichbare Kriterien für die Bereitstellung und Aktualisierung dieser Daten vor. Zum Beispiel ist in Artikel 10 WRRL festgeschrieben, dass die Belastungen aus Punktquellen (vor allem aus Industrieabfällen und Abwasserreinigungsanlagen) und diffusen Quellen (insbesondere aus der Landwirtschaft) zusammen zu betrachten sind.

Dies basiert auf räumlich spezifischen Analysen und Dokumentationen der Belastungen (Hauptquellen). Typische Fragen sind: Welche Gewässer (Oberflächengewässer, Grundwasser) sind mit Nährstoffen (N, P) belastet und in welchem Umfang sind sie es? Wie hoch ist der Beitrag einzelner Teileinzugsgebiete oder von Ländern/Staaten zur Eutrophierung der Nordsee und wie hoch sind die jeweiligen Reduktionspotenziale?

Solche räumlich relevanten Verteilungsoptionen wurden im Rahmen der IKSE (Internationale Kommission zum Schutz der Elbe) ausgehandelt (FGG Elbe 2009; Bastian et al. 2012a). Die überregionale Aufteilung der Nährstoffreduktion muss in den Teilgebieten weiter untersetzt werden. Räumlich bedeutet dies beispielsweise zu unterlegen, ob Fördermaßnahmen zum Zwischenfruchtanbau oder zum Erosionsschutz in der Landwirtschaft auf allen Ackerflächen oder nur in Schwerpunktgebieten umgesetzt werden. Dafür sind Wirksamkeits- und Akzeptanzanalysen nötig (Grunewald und Naumann 2012). Weiterhin müssen Kooperationen zwischen Landnutzern (Landwirten) und den Nutznießern der ÖSL (hier die Gesellschaft) vereinbart und Lösungen ausgehandelt werden.

5.6.2.4 Der Zeitfaktor in der WRRL

Die WRRL beschreibt verschiedene Fristen für die rechtliche Umsetzung der Richtlinie selbst, die Analysen, die Monitoringprogramme, die Bewirtschaftungs- und Managementpläne und die spezifischen Maßnahmenprogramme vor (Zeittabellen). Der konkrete, übergeordnete Zeitplan mit den Meilensteinen ist für alle Beteiligten verbindlich. Es ist genau festgelegt, bis wann der „gute Zustand der Gewässer" erreicht werden soll (von der Umsetzung der WRRL in nationales Recht der EU-Länder im Jahr 2003 bis zur Erreichung des „guten Zustands aller Gewässer" 2015 einschließlich Verlängerungsmöglichkeit bis 2021/2027; WRRL 2000).

Zeitliche Aspekte müssen vor allem im Hinblick auf die praktische Umsetzung der WRRL betrachtet werden. Vorbildlich sind die klaren Vorgaben für ÖSL-Anbieter und -Nutznießer hinsichtlich zeitlicher Fristen für die Umsetzung von Maßnahmen, z. B. bezüglich Nährstoffreduktion oder Berichtspflichten der Länder (Tab. 5.12, Pos. 2.1: zeitliche Anforderungen).

Zu beachten ist, dass die Gewässer Zeit benötigen, um nach Entwicklungsmaßnahmen den Qualitätszielen zu entsprechen (Zeithorizont bis zum Wirksamwerden der Maßnahmen). Die zeitlichen Abläufe (Tab 5.12, Pos. 2.2: Zeitabläufe) von Anforderungen berücksichtigen die Dauer natürlicher Prozesse wie auch die passende Reihenfolge von Maßnahmen und den Zeitaufwand für das Management der Maßnahmen.

Die EU-WRRL sah zwar vor, dass sich alle Gewässer bereits bis 2015 in einem „guten Zustand" befinden sollten. Die Richtlinie lässt aber auch Ausnahmen zu, bei denen Fristen verlängert oder die Umweltziele abgeschwächt werden können, wenn diese aus objektiven Gründen nicht rechtzeitig erreichbar sind. Die Ausnahmen sollen verhindern, dass Kosten zur Umsetzung von Maßnahmen unverhältnismäßig hoch werden. Ohne nachvollziehbare Kostenschätzungen wird es aber schwer, Ausnahmen zu begründen (Renno und Klauer 2018). Da die Umsetzung in die Zuständigkeit der Länder fällt, interpretiert jedes Bundesland die Richtlinie diesbezüglich eigenständig. Es wurden jedoch Arbeitsgruppen eingesetzt, um die nationalen Vorschriften bis zu einem gewissen Grad zu harmonisieren.

Indem die WRRL sicherstellt, dass wasserbezogene Potenziale der Ökosysteme für die Zukunft zu sichern sind (z. B. Verschlechterungsverbot, Trendumkehr), werden zeitliche Differenzen adäquat beachtet. Das Vorsorgeprinzip wird bereits durch die Qualitätsziele realisiert. Aber auch wirtschaftliche Zeitabwägungen werden so weit wie möglich berücksichtigt, indem nicht jetzt etwas in Anspruch genommen wird, wofür spätere Generationen bezahlen müssen.

Die Mitgliedsstaaten der EU hatten sich verpflichtet, bis zum Jahr 2010 eine angemessene Wassergebührenpolitik einzuführen, die Anreize für eine sparsame Wassernutzung enthält. Dies kommt in zweierlei Hinsicht der Internalisierung externer Umweltkosten nahe, „in erster Linie dadurch, dass die Wassergebührenpolitik angemessene Anreize für die Benutzer darstellt, Wasserressourcen effizient zu nutzen, was in der Tat der Zweck eines wirtschaftlichen Instruments ist, wenn auch nicht unbedingt unter Nutzung seiner Rigidität, da ein solcher Anreiz durch ein einfaches Signal an die Benutzer in Form einer teilweisen Internalisierung erreicht werden kann. Zweitens müssen mehrere Wirtschaftssektoren einen angemessenen Beitrag zur Deckung der Kosten der Wasserdienstleistungen leisten, und dies mindestens in die Sektoren Industrie, Haushalte und Landwirtschaft aufgegliedert. Auch hier muss dieser Beitrag ‚angemessen' sein, was den Mitgliedstaaten einen Ermessensspielraum lässt, der nicht mit einem echten wirtschaftlichen Instrument vereinbar ist, das rigoros umgesetzt würde" (EC 2022).

Die Bewertung finanzieller Disproportionen (Verhältnismäßigkeit der Kosten) muss auch eine Kosten-Nutzen-Abwägung enthalten, womit ein Kernaspekt des ÖSL-Ansatzes berücksichtigt wird (Abschn. 4.2). Die WRRL schreibt außerdem vor, dass die Wasserversorgung nach dem Prinzip der Kostendeckung zu organisieren ist. Die Frage lautet diesbezüglich: Wer zahlt dafür? Früher hat die breite Öffentlichkeit für den Schutz von Trinkwasser bezahlt. Nunmehr müssen auch Verursacher von Verunreinigungen (Verursacherprinzip) bzw. Bevorteilte (z. B. ein Wasserwerk in einem Einzugsgebiet) für Kosten aufkommen. Gleichwohl wird hinsichtlich der Wasser-ÖSL immer noch das Solidaritätsprinzip angewendet.

5.6.2.5 Kontrollschema für ÖSL und Raum-Zeit-Überlegungen in der WRRL

Die Prüfliste für Raum- und Zeitaspekte (Abschn. 3.3) wurde abgearbeitet und mit Beispielen der EU-WRRL untersetzt. Tab. 5.12 zeigt, dass die Richtlinie die meisten Raum- und Zeitfacetten von ÖSL berücksichtigt, beispielsweise die Größe von Einzugsgebieten und die Differenzierung von Maßnahmen in Bezug auf Raum und Zeit. Auf der anderen Seite zeigt die Tabelle auch etwaige Mängel auf, z. B. die unvollständige Berücksichtigung räumlicher Konfigurationen oder Skalenübergangsaspekte.

Fazit

In der EU-WRRL sind alle wesentlichen Aspekte des ÖSL-Ansatzes wie Konfliktrelevanz, Problemfokussierung, Zieldefinition, ökologische und ökonomische Daten, quantitative und modellbasierte Ansätze, integrierte Betrachtung, partizipative Ansätze, Entscheidungsunterstützungssysteme, Kosten-Nutzen-Abwägungen und Lösungsorientiertheit zu finden. Auch hinsichtlich der Raum- und Zeitansätze stellt die WRRL allein schon aufgrund klarer Definitionen und Begriffshierarchien einen enormen Fortschritt gegenüber früheren Ansätzen dar. Anhand der entwickelten Kontrollliste konnten die wesentlichen Raum-, Zeit- und Skalenaspekte in der WRRL am Beispiel des Flusseinzugsgebiets der Elbe abgeprüft werden. Dazu gehören vor allem: räumliche Konfiguration und Zusammensetzung (Muster), Referenzeinheiten, Konkordanz der physischen und sozioökonomischen Raumkonzepte, die räumliche Position der Serviceanbieter und -nutznießer, Verbindungsareale (SCA), die Rolle der zeitlichen Abläufe und Ungleichzeitigkeiten oder des Skalentransfers. Wesentlich scheint auch die Frage, ob die Steuerungsgremien zu den Raumebenen passen (Einzugsgebiet Elbe – Flussgebietsgemeinschaft Elbe; regionale Foren in Teilgebieten). Wechselwirkungen konnten u. a. anhand der Ober-Unterlieger-Problematik festgemacht werden. Überregionale Umweltziele und Anforderungen müssen auf regionale und lokale Handlungsziele heruntergebrochen werden. Die einzelnen wasserkörperbezogenen Maßnahmen sollten wiederum im Rahmen der Bewirtschaftungsplanerstellung für die entsprechenden Flussgebietseinheiten auf Ebene der Bearbeitungsräume und übergeordnet der Koordinierungsräume aggregiert werden.

Die WRRL zeigt darüber hinaus die praktische Relevanz von ÖSL, z. B. hinsichtlich der räumlichen und zeitlichen Verteilung der Kosten und Nutzen oder des Zeitrahmens für das Erreichen bestimmter Ziele im Kontext der ökologischen (z. B. die Regenerationskapazität der Gewässer) und auch der wirtschaftlichen Bedingungen (wirtschaftliche Tragfähigkeit, Zahlungen über ausreichend große Zeiträume verteilen). Die WRRL beachtet ökologische Zeitkategorien (Entwicklung, Saisonalität, Regeneration, Stoffumsatz und -transfer) und gibt eine klare Orientierung in Bezug auf Zeithorizonte zur Zielerreichung, was für die Nutzer und andere Interessengruppen wichtig ist, um sich darauf einstellen zu können. In der WRRL sind solche Probleme besser gelöst als etwa in der EU-Fauna-Flora-Habitat-Richtlinie (Abschn. 5.7.4). Nichtsdestotrotz bleibt die Umsetzung der ambitionierten Ziele der WRRL ein schwieriges Unterfangen (Reese 2018, 2021).

5.6.3 ÖSL-Bewertung am Beispiel des Flusseinzugsgebiets der Jahna in Sachsen

Karsten Grunewald*

Als ein Beispielgebiet für die Analyse und Bewertung von ÖSL im Hinblick auf nachhaltige Landnutzung sowie Boden- und Gewässerschutz (Erreichung von Umweltzielen der WRRL) wurde das überwiegend landwirtschaftlich genutzte Einzugsgebiet der Jahna in Sachsen ausgewählt. Das grundsätzliche Vorgehen erfolgt nach der EPPS-Rahmenmethodik (Abschn. 3.1.2). Kern dabei ist, dass aus den (natur-)wissenschaftlichen Grundlagen die fachlichen Anforderungen der Nutzung/Erhaltung der natürlichen Ressourcen formuliert werden (interdisziplinäre, fachpolitische Abwägung). Zunächst wurden anhand ökologischer Indikatoren die Eigenschaften und Belastungen der Ökosysteme analysiert, dann die Minderungspotenziale modellbezogen simuliert und schließlich Änderungen in der landwirtschaftlichen Flächennutzung und Bewirtschaftungsform bezüglich einer Reduktion der Nährstoffeinträge in die Gewässer bewertet (detailliert in Grunewald und Naumann 2012).

Abb. 5.31 Landnutzungsbedingte Erosion und Stoffeinträge in das Gewässer der Kleinen Jahna bei Riesa. Die Kosten der *on site*- und *off site*-Schäden sind schwer zu bestimmen. (© Karsten Grunewald)

Ökosystemeigenschaften und ausgewählte Belastungen im Einzugsgebiet

Das 244 km^2 große Einzugsgebiet der Jahna, zwischen den Städten Döbeln und Riesa gelegen, gehört nach der naturräumlichen Gliederung des Freistaats Sachsen zur Naturregion der Sächsischen Lössgefilde (Mannsfeld und Syrbe 2008). Infolge der sehr fruchtbaren Böden wird das Einzugsgebiet seit alters her vorrangig ackerbaulich genutzt (Abb. 5.31). Etwa 90 % der Flächen werden infolge des hohen Nutzungspotenzials von landwirtschaftlichen Flächen eingenommen, wobei der Anteil von 6 % Grünlandflächen darauf hindeutet, dass im Untersuchungsgebiet überwiegend reine Ackerbaubetriebe angesiedelt sind (Stand um 2010). Als Hauptfruchtarten werden im Untersuchungsgebiet überwiegend Getreide, Mais, Raps und Hackfrüchte (v. a. Zuckerrüben) angebaut. Etwa 14 % der Einzugsgebietsfläche wird von Schutzgebieten eingenommen, wobei sich diese teilweise überlagern (7 % Trinkwasserschutzgebiete; 6,1 % Landschaftsschutzgebiete; 3,8 % Vogelschutzgebiete; 2,4 % FFH-Gebiete; 0,2 % Naturschutzgebiete).

Als Bodentypen treten großflächig Parabraunerden, kleinflächig auch Braunerden, Fahlerden und Parabraunerde-Pseudogleye auf. In den Tälern und Senken sind zum Teil mächtige Kolluvisole zu finden, die auf eine hohe Erosionsdeposition des Gebiets hinweisen. Demzufolge sind an Oberhang- bzw. Hangschulterlagen großflächig gekappte

Profile und vollständig erodierte Bereiche verbreitet. Seit Beginn der intensiven Landnutzung der Landschaften im Untersuchungsgebiet stellt die Erosion durch Wasser ein Problem dar, welches sich in mächtigen Kolluvien und Aulehmen bzw. in der veränderten Sedimentfracht der Gewässer dokumentiert.

Der Fluss Jahna hat eine Länge von ca. 35 km und mündet im Stadtgebiet von Riesa in die Elbe. Im Einzugsgebiet wurden zahlreiche Eingriffe in das Gewässersystem vorgenommen, wie Längs- und Querprofilverbauungen, Laufbegradigungen und -verlegungen, Meliorationsmaßnahmen usw. Etwa 40 Staue bzw. Teiche kennzeichnen gegenwärtig das oberirdische Gewässersystem.

Nach WRRL (2000) sind die biologischen Komponenten Fische, Makrozoobenthos und Makrophyten/Phytobenthos für die Bewertung der Oberflächenwasserkörper relevant. Diese wurden in den Jahren 2005–2007 im Einzugsgebiet der Jahna ausnahmslos als defizitär eingeschätzt. Die Nährstoffbelastung (N, P) im Einzugsgebiet spiegelt die schlechte biologische Bewertung wider. Aus den Monitoringergebnissen der Bestandsaufnahme musste gefolgert werden, dass die Zielerreichung nach WRRL im Grundwasserkörper Jahna und in allen acht Oberflächenwasserkörpern im Einzugsgebiet der Jahna unwahrscheinlich ist (Grunewald und Naumann 2012).

Zur Abschätzung von Nährstoffreduktionspotenzialen wurden einzelne landwirtschaftliche Maßnahmen sowie Maßnahmenkombinationen simuliert (Tab. 5.13). Die Verminderung des P-Eintrags wird anhand der partikulären P-Emission aufgezeigt, da ein Großteil des landwirtschaftlichen P-Austrags partikulär durch Erosion erfolgt. Bei Stickstoff sind hingegen die gesamten diffusen N-Emissionen aufgeführt.

Die Einzelmaßnahmen mit den größten Reduktionspotenzialen hinsichtlich des P-Eintrags (40–70 %) sind die Umwandlung von Acker- in Grünland auf den Sedimenthauptlieferflächen (Halbfaß und Grunewald 2008), die konservierende Bodenbearbeitung und die Gewässerschutzstreifen. Durch die Kombination von Maßnahmen ist eine Verminderung der partikulären P-Emission sogar um 90 % möglich.

Bei den N-Einträgen weisen als Einzelmaßnahmen der Zwischenfruchtanbau und die reduzierte Düngung mit 30–50 % die größten Verminderungspotenziale auf. Durch Maßnahmenkombination kann eine N-Reduktion bis zu 77 % erreicht werden. Betrachtet man die Verminderungspotenziale der Maßnahmen in den einzelnen Oberflächenwasserkörpern, so ist deren Höhe insbesondere von den angebauten Fruchtarten und der Lage der Sedimenthauptlieferflächen abhängig. Die Wirkung der konservierenden Bodenbearbeitung auf den P-Austrag ist im oberen Einzugsgebiet der Jahna aufgrund der höheren Anzahl von Sedimenthauptlieferflächen stärker als im unteren. Gleiches gilt für die anderen Maßnahmen auf den Sedimenthauptlieferflächen: Umwandlung von Acker- in Grünland, begrünte Abflusswege und Verzicht auf Mais- und Hackfruchtanbau. Beim N-Austrag treten größere Unterschiede insbesondere aufgrund des kulturartenspezifischen Zwischenfruchtanbaus und der reduzierten N-Düngung auf Rasterzellen mit höchsten N-Austrägen auf.

Tab. 5.13 Ausgewählte Modellierungsergebnisse der Szenarienberechnungen mittels Stoffbilanz für das Einzugsgebiet der Jahna. (Aus Grunewald und Naumann 2012)

Nr.	Szenario/Variante	Partikulärer P-Eintrag			Diffuser N-Eintrag		
		[t a^{-1}]	[kg ha^{-1} a^{-1}]	[%]*	[t a^{-1}]	[kg ha^{-1} a^{-1}]	[%]*
1	Konservierende Bodenbearbeitung steigt auf 100 % (SHF)	3,5	0,14	−31	537	21,9	−3
2	Konservierende Bodenbearbeitung steigt auf 100 % (alle Ackerzellen)	2,8	0,11	−45	451	18,4	−19
3	Kein Mais- und Hackfruchtanbau (SHF) zu SG	3,7	0,15	−27	555	22,7	0
4	Begrünte Abflusswege (SHF)	4,6	0,19	−9	553	22,6	0
5	Gewässerschutzstreifen	2,7	0,11	−47	543	22,2	−2
6	Nutzungsänderung (SHF)	1,6	0,07	−68	538	22,0	−3
7	Nutzungsänderung (Zellen höchster N-Austräge)	5,0	0,20	−2	489	20,0	−12
8	Zwischenfruchtanbau: Ist + 5 % im EZG	–	–	–	449	18,3	−19
9	Zwischenfruchtanbau: Ist + 16 % im EZG (max.)	4,9	0,20	−3	324	13,2	−42

*Verminderung der P- oder N-Einträge gegenüber dem Ist-Zustand; SHF - Sedimenthauptlieferfläc hen; EZG - Einzugsgebiet

ÖSL-Bewertung

Zunächst wurde eine **Nutzwertanalyse** nach Zangemeister (1971) zur Bewertung und Priorisierung verschiedener Maßnahmenszenarien durchgeführt, um Regulations-ÖSL zu bewerten. Durch die Übertragung unterschiedlicher Zielgrößen in ein gemeinsames Wertesystem können diese miteinander verglichen werden. Als Zielgrößen wurden die Verminderung der N- und P-Einträge in die Gewässer sowie die Kosten und Akzeptanz der Maßnahmen definiert. Für diese Zielvariablen wurden Nutzenfunktionen zwischen 0 (kein Nutzen) und 1 (höchster Nutzen) festgelegt, die sich bei den Nährstoffen nach Umweltqualitätsnormen bzw. Orientierungswerten richten (Naumann und Kurzer 2010). Mithilfe der Nutzenfunktionen wurden für die Zielvariablen die Teilnutzwerte der verschiedenen Szenarien ermittelt. Der Gesamtnutzen der einzelnen, miteinander zu vergleichenden Maßnahmenszenarien ergab sich durch Addition der Teilnutzwerte der Zielgrößen, wobei hierbei noch eine Gewichtung der Zielvariablen durch den Bearbeiter erfolgte (Tab. 5.14).

Tab. 5.14 Teil- und Gesamtnutzwerte für die Zielvariablen der Maßnahmenszenarien für das Einzugsgebiet der Jahna. (Aus Grunewald und Naumann 2012)

Zielvariablen Maßnahmenszenarien	Partikuläres P		Diffuses N		Kosten		Akzeptanz		Gesamtnutzen
Konservierende Bodenbearbeitung (100 % SHF)	0,80	0,2	0,29	0,07	0,90	0,23	0,5	0,13	**0,63**
Konservierende Bodenbearbeitung (100 % Ackerfläche)	1,00	0,25	0,57	0,14	0,21	0,05	0,5	0,13	**0,57**
Begrünte Abflusswege (SHF)	0,40	0,1	0,25	0,06	0,49	0,12	0	0	**0,28**
Gewässerschutzstreifen	1,00	0,25	0,27	0,07	0,92	0,23	0	0	**0,55**
Ackerland in Grünland (SHF)	1,00	0,25	0,29	0,07	0,72	0,18	0	0	**0,50**
Ackerland in Grünland (höchste N-Austräge)	0,20	0,05	0,45	0,11	0,72	0,18	0	0	**0,34**
Zwischenfruchtanbau 9 %	0,20	0,05	0,57	0,14	0,87	0,22	0,5	0,13	**0,54**
Zwischenfruchtanbau 20 %	0,30	0,08	0,97	0,24	0,60	0,15	0,5	0,13	**0,60**

SHF - Sedimenthauptlieferflächen

Aufgrund relativ geringer Kosten, die geringe P-Konzentration durch den modellierten, partikulären P-Eintrag sowie die mittlere Akzeptanz der Maßnahme bei den Landwirten stellt die konservierende Bodenbearbeitung auf den Sedimenthauptlieferflächen die Maßnahme mit dem höchsten Gesamtnutzen im Einzugsgebiet der Jahna bei einer gleichen Gewichtung der Zielvariablen dar. Es folgt 20 % Zwischenfruchtanbau, dessen hoher Gesamtnutzen vor allem auf den hohen Teilnutzen bei der N-Konzentration zurückzuführen ist. Legt man stärkeres Gewicht auf den Nährstoffeintrag, so ist die flächendeckende konservierende Bodenbearbeitung die Vorzugsvariante, gefolgt vom Zwischenfruchtanbau. Zu diesem Ergebnis tragen der hohe Teilnutzwert der P-Konzentration bei der konservierenden Bodenbearbeitung und der hohe Teilnutzwert der N-Konzentration beim Zwischenfruchtanbau bei. Stehen hingegen die Kosten im Vordergrund, so gewinnen trotz hoher relativer Kosten die Gewässerschutzstreifen an Bedeutung, da die Gesamtkosten für das Einzugsgebiet der Jahna aufgrund des geringen Flächenumfangs niedrig sind.

Die **Umweltkosten der Erosion und Nährstoffemission** können ebenso wie der gesellschaftliche Nutzen des Erosionsschutzes und die Kosten für die Reduktion der Nährstoffverlagerung nur abgeschätzt werden. Ernteerträge auf erodierten Böden sind geringer als auf geschützten Böden, da Erosion die ÖSL „Bodenfruchtbarkeit" und

„Wasserverfügbarkeit" reduziert. Die Bodenqualität und -produktivität wird durch verringerte Infiltrationsraten, Wasserhaltekapazität, Nährstoffgehalte, organische Substanz, Bodenbiomasse und -aktivität sowie Profilmächtigkeit infolge Bodenerosion durch Wasser gemindert. Erodierte Böden absorbieren 10–300 mm weniger Wasser je Hektar als nichterodierte Böden (das entspricht 7–44 % der Regenmenge; Pimentel et al. 1995). Eine Tonne fruchtbaren Ackerbodens enthält 1–6 kg Stickstoff und 1–3 kg Phosphor, die den genutzten Böden durch Abschwemmung verloren gehen können. Dabei handelt es sich um *on site*-Schäden, die der Landeigentümer und Nutzer so gering wie möglich halten will.

Der Bodenabtrag stellt nicht nur einen Verlust für die Landwirte dar, sondern verursacht auch Schäden durch Biotopbeeinflussungen auf benachbarten Flächen und verstopft außerdem die öffentliche Kanalisation, die anschließend mit finanziellem Aufwand wieder gereinigt werden muss (*off site*-Schäden). Die gewässerökologischen Beeinträchtigungen umfassen u. a. den Sediment- und Nährstoffeintrag, Eutrophierung und höhere Wasseraufbereitungskosten. Hierfür sind die realen Kosten nicht genau bezifferbar und die Verursacher sind selbst bei kleinen, lokalisierbaren Erosionsereignissen schwer haftbar zu machen. Trotzdem ist zu unterstellen, dass sowohl der Einzelne als auch die Gesellschaft daran interessiert sind, die *off site*-Schäden und damit Kosten so gering wie möglich zu halten.

Pimentel et al. (1995) haben die *on site*- und *off site*-Kosten der Erosion für die USA abgeschätzt und sind Mitte der 1990er-Jahre auf ca. 100 US$ pro Hektar und Jahr gekommen. Veranschlagt man sogenannte Ersatzkosten für Böden und Dünger (nach Internetrecherchen kostet 1 t Mutterboden ca. 10 € und aktuelle Düngerpreise sind mit ca. 600 € pro t für Stickstoff bzw. 750 € pro t für Phosphor anzusetzen; Quelle: AMI 2010[19]) sowie Schadenskosten (Reinigung von Straßen und Grundstücken nach Erosionsschäden, Entschlammung von Speichern, Teichen, Kanälen usw.), kommt man voraussichtlich auf ähnliche monetäre Größenordnungen der *on site*- und *off site*-Schäden für das Einzugsgebiet der Jahna (**Benefit-Transfer**).

Demzufolge wären für die knapp 20.000 ha landwirtschaftliche Nutzfläche im Einzugsgebiet der Jahna Ersatz- und Schadenskosten von 1,4 Mio. € pro Jahr zu kalkulieren (bei einem Wechselkurs Euro/Dollar von ca. 1:1,35 im Jahr 2011). Stellt man diese Größenordnung der Ersatz- und Schadenskosten den Kosten für Erosionsminderungsmaßnahmen gegenüber, ergibt sich bei hohen Erosionsgefährdungen ein sehr positives **Nutzen-Kosten-Verhältnis** (Pimentel et al. 1995 geben dies z. B. für die USA mit 5:1 an; mit einer Reduktion der Bodenerosion durch Wasser und Wind von 17 t ha^{-1} a^{-1} auf 1 t ha^{-1} a^{-1}). Setzt man für das Einzugsgebiet der Jahna die Kosten für die effektivsten Maßnahmen (100 % konservierende Bodenbearbeitung auf den Sedimenthauptlieferflächen und Zwischenfruchtanbau von 20 % sowie die im Jahr 2010

[19] Uns ist bewusst, dass hier mit veralteten Zahlen operiert wird, es kommt aber auf die methodische Prinziplösung an.

geltenden Fördersätze von 85 € pro ha für Zwischenfruchtanbau und 68 € pro ha für konservierende Bodenbearbeitung) mit 760.000 € an, resultiert für die Gesellschaft hier ein Nutzen-Kosten-Verhältnis von ca. 2:1.

Die Bewertung des Nutzens orientiert sich in dem Fallbeispiel vorrangig an den Zielen der WRRL. Tangierende Ziele betreffen u. a. den Bodenschutz, den Naturschutz und die landwirtschaftliche Produktivität. Eine integrierende Bewertung und Planung berücksichtigt die Wirkung von Maßnahmen auf alle relevanten Zieldimensionen. Der Betrachtungsraum – in diesem Fall das Einzugsgebiet der Jahna – stellt demzufolge ein gemeinsames Handlungsfeld für Wasserwirtschaft, Landwirtschaft und Boden-/Naturschutz dar (Grunewald und Naumann 2012).

Fazit

Durch Anwendung ökonomisch ausgerichteter Planungsmethoden (Nutzwertanalyse) und Nutzung einer Vergleichsgröße wie Geld können Tauschwerte von Planungsvarianten auch für den Boden- und Gewässerschutz sichtbar(er) und bewusst(er) gemacht werden. Veränderungen der Eigenschaften und Leistungen der Böden und Gewässer können quantifiziert, modelliert und in Szenarien dargestellt werden. Mittels ÖSL-Ansätzen sind Werte abschätzbar, was in der Vermittlung zwischen Landnutzungs- und Schutzinteressen zu neuen Einsichten führen kann. Die für die Operationalisierung benötigten quantitativen Modelle und die Monetarisierungen stehen methodisch jedoch auf recht unsicherer Grundlage. Ein weiteres Problem besteht in der unscharfen Abgrenzung der Leistungen, in diesem Fall denen der Landwirtschaft (Technologie, Humankapital) von denen der Ökosphäre (z. B. Düngung zum Erhalt der Bodenfruchtbarkeit vs. natürlicher Stoffhaushalt).

5.6.4 Indikatoren zur Regulationsleistung von Auen

Ulrich Walz*, Benjamin Richter, Karsten Grunewald und Ralf-Uwe Syrbe

Die ÖSL „Regulationsleistung von Auen" beschreibt das Vermögen, Oberflächenwasser im Falle von Hochwässern in der Aue aufzunehmen und zurückzuhalten und damit eine Gefährdung von Siedlungsflächen durch Überschwemmung zu vermeiden oder zu vermindern. Da es derzeit nicht möglich ist, deutschlandweit hydrodynamische Simulationen zur Bestimmung der Retentionsleistung durchzuführen, wird hier vereinfachend die zur Verfügung stehende Überflutungsfläche als Maß für diese ÖSL herangezogen (Walz et al. 2017).

Die ÖSL „Regulationsleistung der Auen" besitzt eine hohe gesellschaftliche Bedeutung, denn das Überschwemmungsrisiko stellt eine direkte Gefahr für Menschenleben dar. Wiederholte Überschwemmungen oder alleine schon das Risiko können die Lebensqualität erheblich einschränken. Darüber hinaus können immense volkswirtschaftliche Schäden entstehen. Die Vermeidung von Hochwässern durch den natürlichen Rückhalt in der Aue trägt auch zur Vermeidung erheblicher Kosten von technischen Schutzmaßnahmen bei.

Die ÖSL wird einerseits durch Standort- und Umweltbedingungen bestimmt. Dazu zählen u. a.

- die zur Verfügung stehende Fläche,
- das Gefälle und
- die Oberflächenbeschaffenheit (z. B. das Vorhandensein von Gehölzen usw.).

Andererseits wird die ÖSL auch durch gesellschaftliche Normen und Werte (Gesetze, Bestimmungen, Entscheidungen) bestimmt. Dazu gehört beispielsweise die Entscheidung, Auen von Bebauung freizuhalten oder nicht einzudeichen. Auch der Ausbaugrad des Gewässers selbst kann zur Veränderung der ÖSL beitragen.

Auen erfüllen neben dem Hochwasserrückhalt weitere ÖSL, vor allem Versorgungsleistungen (Weideflächen, Futtergewinnung bei Grünlandnutzung, Viehzucht zur Nahrungsmittelerzeugung, Beitrag zur Trinkwassergewinnung), Regulationsleistungen wie Gewässer-/Grundwasserschutz sowie kulturelle Leistungen (Raum für Erholung in der Auenlandschaft, Landschaftsqualität, Ästhetik).

Auen haben zudem insbesondere für den Erhalt und die Entwicklung der Biodiversität eine hohe Bedeutung, da sie Lebensräume und Arten der (Feucht-)Grünländer, Stillgewässer (Altarme) und Auenwälder beherbergen. Flussauen sind zentrale Achsen eines länderübergreifenden Biotopverbunds (Koenzen 2005). Das Ziel der Minimierung von hochwasserbedingten Risiken durch den Erhalt und die Schaffung von natürlichen Überschwemmungsflächen hat daher erhebliche Synergien mit dem Bestreben, eine hohe biologische Vielfalt zu bewahren.

Politische Ziele, die diese ÖSL betreffen, sind u. a. in der Nationalen Biodiversitätsstrategie (BMU 2007) und im UMK-Beschluss 2014 zum nationalen Hochwasserschutzprogramm (LAWA 2014) formuliert:

- Deichrückverlegung/Wiedergewinnung von natürlichen Rückhalteflächen
- dauerhafte Sicherung der Überschwemmungsgebiete HQ100 (d. h. alle Gebiete, die statistisch mindestens einmal in 100 Jahren überschwemmt werden), in denen Schäden durch Hochwasser zu erwarten sind

Weiterhin ist das Bundesprogramm „Blaues Band Deutschland“ (BMVI und BMUB 2015) zu nennen. Dort wird das politische Ziel einer naturnahen Gewässerentwicklung mit vorsorgendem Hochwasserschutz formuliert, wozu der Rück- oder Umbau nicht mehr benötigter Anlagen und Bauwerke für die Schifffahrt (z. B. Uferbefestigungen) und die Wiederherstellung auentypischer Lebensräume wie Auwälder, Nass- und Feuchtwiesen gehören.

Parameter/Faktoren, die die ÖSL bestimmen (nach Walz et al. 2017)

Der Indikator für das **Potenzial** zur Verhinderung von Hochwasserschäden ist die Fläche der rezenten Aue abzüglich der Siedlungs- und Verkehrsflächen. Die rezente Aue ist der Teil der morphologischen Aue, der durch Hochwasser von HQ100 überflutet werden kann (Tab. 5.15). Eine Vergrößerung des Potenzials ist insbesondere durch Rückdeichungen möglich.

Die **Nachfrage** nach der ÖSL wird bestimmt durch die Höhe der Schäden, die durch Wasseraufnahme und Wasserrückhalt in den Auen vermieden werden bzw. die durch Deichrückverlegungen zusätzlich vermieden werden könnten. Hierbei ist zu berücksichtigen, dass die finanziellen Verluste durch Schäden an landwirtschaftlichen Kulturen um ein Vielfaches geringer sind als durch Hochwasserfolgeschäden in Siedlungs-, Industrie- und Gewerbegebieten.

Die **aktuelle Inanspruchnahme** der ÖSL wird im Wesentlichen durch die derzeitige Struktur der Siedlungsflächen entlang der Flüsse sowie die vorhandenen Deiche bestimmt. Sie kann insbesondere durch Deichrückverlegungen erhöht werden.

Die Hochwasserretention ist neben der Flächengröße insbesondere vom Volumen der Rückhalteräume und der (Verteilung der) Fließgeschwindigkeit (u. a. Talbodengefälle, stauende „Hindernisse") abhängig. Aussagen zur zurückgehaltenen Wassermenge oder zu konkreten Pegelabsenkungen durch die Eigenschaften der Auen sind seriös nur für spezifische Hochwasserszenarien modelltechnisch machbar (Mehl et al. 2012). Deshalb wurde auch seitens des Bundesamtes für Naturschutz (BfN) bislang auf eine bundesweite Ermittlung des Hochwasserretentionsvermögens verzichtet.

Walz et al. (2017) haben zwei vereinfachte Indikatoren zur Messung der potenziellen Hochwasserretention auf Bundesebene vorgeschlagen:

Tab. 5.15 Teileinheiten einer Flusslandschaft und deren Ableitung für die Auswertung. (Teileinheiten nach Walz et al. 2017, basierend auf Brunotte et al. 2009)

Element	Räumliche Abgrenzung
Fluss	• Abgrenzung des Hauptfließgewässers basiert auf ATKIS Basis-DLM für Fließgewässer mit einer Breite >12 m. Alle berücksichtigten Fließgewässer bzw. -abschnitte mit geringerer Breite liegen im ATKIS als Linienelement vor und wurden beidseitig mit einer Distanz von 5 m gepuffert.
Rezente Aue*	• „Aktive Aue oder Deichvorland" beschreiben den flussnahen und ungesteuert überflutbaren (maximal durch einen sommerdeichgeschützten) Bereich (entspricht i. d. R. dem Überschwemmungsgebiet).
Altaue*	• Altaue (inaktive Aue oder Deichhinterland) ist der durch Gewässerausbau oder Deiche nicht mehr überflutbare Bereich.
Morphologische Aue*	• Eine Morphologische Aue besteht aus Fluss, rezenter Aue und Altaue.

*Räumliche Abgrenzungen dazu liegen aus den Auenzustandsberichten 2009 und 2021 vor (BMU/BfN 2009, 2021)

Hauptindikator: Fläche für Hochwasserretention (FHR)
Der Hauptindikator FHR wird gebildet aus der rezenten Aue, also aus denjenigen Flächen, die nicht eingedeicht sind, abzüglich der dort befindlichen Siedlungs- und Verkehrsflächen. Die Flussfläche wird hier als Teil der rezenten Aue angesehen.

$$FHR = \textit{rezente Aue einschließlich Flussfläche} - \textit{Siedlungen und Verkehrsflächen}$$

Nebenindikator: Anteil bebauter Flächen in der rezenten Aue (ABF)
Der Nebenindikator ABF erfasst die Siedlungs- und Verkehrsfläche innerhalb der rezenten Aue.

$$ABF = \frac{\textit{Siedlungen und Verkehrsflächen}}{\textit{rezente Aue einschließlich Flussfläche}} x\ 100$$

Siedlungsflächen innerhalb der rezenten Aue, die aufgrund fehlender Hochwasserschutzeinrichtungen überflutet werden, zählen hier nicht als Überschwemmungsfläche und gehen daher nicht in die ÖSL ein. Unsere Argumentation zielt dabei darauf, bei der Betrachtung der ÖSL die unverbauten, überschwemmbaren Auen zu betrachten und zu ermitteln. Es geht also darum, inwieweit diese flächenmäßig in ihrer Funktion (und damit der potenziellen Leistung) eingeschränkt sind. Überschwemmte Siedlungs- und Verkehrsflächen haben auch Retentionsfunktionen. Sie vermeiden eventuell Überschwemmungen an anderer Stelle, nehmen durch Überschwemmungen aber in erheblichem Maße selbst Schaden. Außerdem ist der Ökosystembegriff in dem hier benutzten Sinne auf Siedlungs- und Verkehrsflächen nur eingeschränkt anwendbar. Auch deshalb werden hier die Retentionswirkungen von Siedlungs- und Verkehrsflächen nicht als ÖSL angesehen.

Darüber hinaus zielen die Maßnahmen des Katastrophenschutzes bei Hochwasserereignissen primär und grundsätzlich darauf, Siedlungen und Verkehrsinfrastruktur zu schützen, beispielsweise mit mobilen Hochwasserschutzanlagen (Sandsäcke usw.). Auch erfolgten im Nachgang der letzten Hochwasserereignisse wie an der Elbe 2002 und 2013 starke Bemühungen, Siedlungen zukünftig durch geeignete Schutzmaßnahmen hochwasserfrei zu legen.

Die genannten Indikatoren werden für die 79 Flüsse in Deutschland mit den größten Wassereinzugsgebieten berechnet. Die erfasste Auenfläche beträgt 15.514,3 km^2. Dies sind grob geschätzt ca. 50 % der Auenfläche Deutschlands (vgl. hierzu Darstellungen in Ehlert und Neukirchen 2012).

Die Indikatoren eines bundesweiten Monitorings von Ökosystemleistungen sollen wesentliche Problemstellungen im Zusammenhang mit der untersuchten ÖSL darstellen und Trends aufzeigen. Im Bereich des Hochwassers sind der Verlust von Retentionsfläche durch Bebauung sowie die Eindeichung von unbebauten Flächen die wesentlichen politisch beeinflussbaren Parameter. Bezüglich Details der Datengrundlagen und Berechnungs-/Analyseschritte sei auf Walz et al. (2017) verwiesen.

Ergebnisdarstellung und Interpretation des Indikators
Im Jahr 2020 umfasste die Fläche der rezenten Aue abzüglich Siedlungs- und Verkehrsflächen 6826 km^2. Dies entspricht einem Anteil von nur noch 35,3 % der Fläche der morphologischen Aue. Zu diesem Zeitpunkt hat die Fläche von rezenter Aue und Altaue 22.449 km^2 betragen, dabei können 69 % (15.623 km^2) der Auen (die Altauen) nicht mehr überflutet werden. Der Indikator misst nur, wie viel Retentionsfläche die verbliebenen 31 % (6826 km^2) rezenten Auen noch bieten, welcher Teil dieser Flächen also nicht bebaut oder so genutzt ist, dass er eines Hochwasserschutzes bedarf. Dieser Anteil wird durch den **Hauptindikator** „Fläche für Hochwasserretention" ausgedrückt.

Der **Nebenindikator** „Anteil der Siedlungs- und Verkehrsfläche in den rezenten Flussauen" betrachtet ausschließlich die rezente Aue (also die aktive Aue im Deichvorland) und die darin befindlichen Siedlungs- und Verkehrsflächen (Abb. 5.32). Siedlungs- und Verkehrsflächen machen im Jahr 2020 in den rezenten Flussauen eine Fläche von 333 km^2 aus, was einem Flächenanteil von 4,9 % entspricht. Davon sind 162,6 km^2 Siedlungsflächen und 58,2 km^2 Verkehrsflächen. Abb. 5.32 veranschaulicht das Ergebnis für Deutschland in einer Karte.

Der Verlust von Retentionsflächen führt zu höheren Hochwasserspitzen. Die Fläche für Hochwasserretention beträgt 2020 an der Oder nur noch 12,0 %, an der Schwarzen Elster gar nur 2,8 %, hingegen an der Mulde 59,3 % (Tab. 5.16). Nur ca. 28,9 % der morphologischen Aue dienen in Deutschland noch dem natürlichen Hochwasserrückhalt. Allerdings sagen diese Werte nichts über den Grad des technischen Ausbaus der Gewässer selbst aus.

In der Nationalen Strategie zur biologischen Vielfalt (BMU 2007) wird eine Vergrößerung der Retentionsflächen um mindestens 10 % bis 2020 gefordert. Wir haben den Indikator für die Jahre 2010 (5482,8 km^2), 2013 (5479,3 km^2), 2015 (5475,5 km^2) und 2020 (6493 km^2) berechnet. Demnach ging die Fläche für Hochwasserretention durch Zunahme der Siedlungs- und Verkehrsfläche in den Jahren 2010 und 2015 bundesweit um insgesamt 7,3 km^2 (0,13 %) zurück. Davon entfallen auf den Zeitraum zwischen 2013 und 2015 3,9 km^2 (0,07 %). Bis 2020 stieg die Fläche für Hochwasserretention um 18,6 % gegenüber 2015 und 18,4 % gegenüber 2010, sodass das oben genannte Ziel erfüllt wurde (vgl. Tab. 5.16). Trotzdem können bei großen Hochwasserereignissen nach wie vor nicht einmal ein Drittel der ehemaligen Überschwemmungsflächen (morphologische Auen) an Flüssen überflutet werden (s. auch BfN 2021). Außerdem konnten nicht an allen Flüssen gleichermaßen Überschwemmungsflächen zurückgewonnen werden. Daher besteht nach wie vor weiterer Handlungsbedarf.

Allerdings sind der Indikatorwert von 2010 und die darauf basierende Änderungsanalyse unter Vorbehalt zu sehen, da in diesem Zeitraum eine Änderung in der Modellierung der Datengrundlage (ATKIS Basis-DLM) stattgefunden hat. Daher ist ein Teil der berechneten Indikatorwertänderungen nicht auf reale Änderungen in der Flächennutzung, sondern auf geänderte Flächennutzungszuordnungen zurückzuführen. Seit 2013 liegen die Basis-DLM-Daten deutschlandweit mit einer einheitlichen Modellierungsregelung vor. Deshalb wurden für eine erste belastbarere Trendabschätzung die

Abb. 5.32 Anteil bebauter Siedlungs- und Verkehrsflächen innerhalb der rezenten Flussauen auf Basis des INSPIRE-1-km^2-Gitternetzes

Tab. 5.16 Altauenfläche, rezente Aue sowie Fläche für Hochwasserretention (FHR) der Flüsse mit den größten Einzugsgebieten in Deutschland (Stand 2020)

	Morphologische Aue				
	Altaue (km^2)	Rezente Aue* (km^2)	Fläche für Hochwasserretention* (km^2)[a]	Anteil Retentionsfläche an rezenter Aue und Altaue (%)	Anteil bebauter Fläche an rezenter Aue* (%)[b]
Flüsse mit den größten morphologischen Auen in Deutschland					
Elbe	4855	1033	992	16,8	4,0
Weser	1851	538	511	21,3	5,0
Rhein	1636	678	645	27,9	4,9
Ems	995	281	273	21,4	3,3
Oder	842	116	115	12,0	0,9
Donau	722	398	384	34,3	3,4
Spree	307	264	257	45,0	2,4
Isar	375	89	87	18,8	2,2
Lech	328	52	51	13,4	0,5
Schwarze Elster	311	10	9	2,8	0,9
Havel	185	208	203	51,7	2,4
Main	128	246	223	59,6	9,6
Saale	155	165	156	48,8	5,4
Inn	176	87	85	32,3	3,2
Mulde	102	171	162	59,3	5,3
Summe der 79 Flüsse mit dem größten Einzugsgebiet					
Gesamt	15.623	6826	6493	28,9	4,9

*einschließlich Flussfläche; [a]Hauptindikator FHR; [b]Nebenindikator ABF

Indikatorwerte für 2013 und 2015 berechnet, obwohl der Aktualisierungszyklus von fünf Jahren für das gesamte Bundesgebiet noch nicht abgeschlossen ist.

Die Veränderung der Fläche für Hochwasserretention wurde zusätzlich nach Bundesländern und für einzelne Flüsse analysiert. Letztere ist in Tab. 5.16. dargestellt. Dabei ist ausschließlich die Änderung in der Flächennutzung und nicht die Entwicklung der rezenten Auenfläche berücksichtigt, weil dazu erst wieder nach 2020 aktualisierte Daten vorliegen werden (BfN 2021).

Diskussion

Der dargestellte Hauptindikator steht in einem engen fachlichen Zusammenhang zum Indikator „Rückgewinnung natürlicher Überschwemmungsflächen“ aus dem Handlungsfeld „Biologische Vielfalt“ der Deutschen Klima-Anpassungsstrategie (DAS

2019). Weiterhin wird in der Nationalen Strategie zur biologischen Vielfalt das Ziel zur „Vergrößerung der aktuellen Rückhalteflächen an Flüssen um mindestens zehn Prozent" formuliert (BMU 2007). In insgesamt 65 Maßnahmen wurden durch Rückverlegung, Rückbau oder Schlitzung von Deichen zwischen 1983 und 2020 ca. 7100 ha natürliche Rückhalteflächen wiedergewonnen (BMU/BfN 2021, S.18).

Wird der Wert für den Verlust von Überschwemmungsfläche ausschließlich als absoluter Wert (in ha) wie im Hauptindikator ausgedrückt, so werden Verluste in engen Tälern im zeitlichen Verlauf und überregionalen Vergleich in der Kartendarstellung kaum sichtbar. Gerade in engen Tälern kann aber der Verlust geringer Retentionsflächen große Auswirkungen haben. Beispiel: Die Fläche von 1 ha macht in einem Gebiet mit insgesamt 10 ha überschwemmbarer Fläche und morphologischer Aue 10 % der gesamten Auenfläche aus, während der Verlust von 1 ha in einem Gebiet mit 100 ha überschwemmbarer Fläche und morphologischer Aue lediglich bei 1 % liegt. In beiden Fällen wird in der Ausgangssituation ein Indikatorwert von 100 % erreicht, da Retentions- und morphologische Auenfläche identisch sind. Nach Wegfall von jeweils 1 ha erreicht der Indikatorwert im ersten Fall (d. h. kleine morphologische Aue) jedoch nur noch 90 %, im zweiten Fall dagegen 99 %.

Daher kann als weiterer Indikator der Anteil der rezenten Aue abzüglich Siedlungs- und Verkehrsfläche an der morphologischen Aue dargestellt werden. Eine entsprechende Erklärung ist bei Brunotte et al. (2009) zu finden. Sie wird im Rahmen der Berichterstattung des BfN voraussichtlich in dieser oder ähnlicher Form in Zukunft fortgeführt werden.

Der Nebenindikator „Anteil bebauter Fläche in der rezenten Aue" (bzw. in amtlich festgesetzten Überschwemmungsgebieten, s. unten) hat das Potenzial, eine bundesweite Aussage zu treffen, ob das bundespolitisch und gesellschaftlich gewünschte Ziel, die Bautätigkeit in Überschwemmungsgebieten und das Schadenspotenzial einzuschränken, im Zeitraum der letzten Jahre erreicht und über die Gesetze zum vorsorgenden Hochwasserschutz eine Steuerungswirkung erzielt wurde.

Zu beachten ist, dass der Nebenindikator „Anteil der Siedlungs- und Verkehrsfläche an der rezenten Aue" im zeitlichen Vergleich keinen stabilen statistischen Bezugsraum hat. Die Fläche der rezenten Aue kann sich zwischen den Zeitschnitten sowohl durch Ein- als auch durch Ausdeichung verändern. Eine Abnahme des Anteils der Siedlungs- und Verkehrsfläche an der rezenten Aue kann deshalb z. B. durch eine Abnahme der bebauten Flächen verursacht sein oder durch eine die rezente Aue vergrößernde Rückdeichung. Bei der Interpretation der Daten sind beide Möglichkeiten zu berücksichtigen.

Will man stattdessen einen einfachen zeitlichen Vergleich der Ergebnisse ermöglichen, so sollte die Referenzgröße (rezente Aue) konstant bleiben. Eine entsprechende Möglichkeit besteht darin, als Referenz durchgehend die rezente Flussaue des Auenzustandsberichts aus dem Jahr 2009 (BMU/BfN 2009) zu verwenden. Eine andere Möglichkeit ist, die historische Aue als Bezugsraum zu wählen.

Weitere Indikatoren zu ÖSL in Auen

Der Indikator „Anteil des amtlich festgesetzten Überschwemmungsgebiets mit bebauter Siedlungs- und Verkehrsfläche" (https://www.ioer-monitor.de) greift einen ähnlichen Sachverhalt wie der Nebenindikator auf. Der IÖR-Indikator bezieht sich allerdings nicht ausschließlich auf die 79 Flüsse aus dem Auenzustandsbericht. Er gibt einen bundesweiten bzw. bundeslandspezifischen Überblick über die Entwicklung der Flächenversiegelung in Überschwemmungsgebieten. Die Ergebnisse sind im Zusammenhang mit den jüngsten Hochwasserkatastrophen, aber auch aufgrund der prognostizierten Veränderungen von Intensität und Eintrittswahrscheinlichkeit von großen Hochwasserereignissen infolge des Klimawandels von Bedeutung.

Wie oben dargelegt, hat die Regulationsleistung von Auen starke positive Wechselwirkungen mit der Biodiversität. Daher liegt es nahe, auch einen eigenen Indikator zur Habitatfunktion von Auen anzulegen. So gibt es beispielsweise weitere Indikatorenvorschläge nach der European Commision (2014): „Fläche der Feuchtgebiete innerhalb überschwemmungsgefährdeter Gebiete" und auch „Schutzstatus der anliegenden Feuchtgebiete" z. B. innerhalb der Aue. Diese gehören jedoch nicht zur Regulationsleistung von Auen in Bezug auf Hochwasser und werden daher hier nicht weiter dargestellt.

In den Indikatoren zur Nationalen Strategie zur biologischen Vielfalt ist der Indikator „Zustand der Flussauen" enthalten. Dabei handelt es sich um einen Index (Maßzahl in %) über die Bewertungen des Auenzustands von 79 im Auenzustandsbericht erfassten Flussauen (BMU/BfN 2009, 2021; BMUB 2015). Die Länderinitiative Kernindikatoren (LIKI)[20] enthält zwar Indikatoren zum Zustand der Binnengewässer und zur Gewässerstrukturgüte, aber keine expliziten Indikatoren zur Retentionsleistung von Auen.

Das Umweltbundesamt (UBA) führt in seinem System bundesweiter Indikatoren einen Indikator zum ökologischen Zustand der Fließgewässer (UBA 2015), aber ebenfalls keinen Indikator explizit zur Hochwasserretention. Genauso wird dieses Thema in den Nachhaltigkeitsindikatoren des Statistischen Bundesamtes nicht genannt (Destatis 2014).

Nutzen naturverträglicher Hochwasserschutzmaßnahmen

Schutz und die Renaturierung von Auen können die Ziele der EU-WRRL, der Richtlinie zum Hochwasserrisikomanagement sowie der FFH- und der Vogelschutzrichtlinie unterstützen. Zudem sind sie über die Erhaltung und Entwicklung von Feuchtgebieten, Grünland und Wald mit positiven Klimaschutzwirkungen verbunden. Aufgrund ihrer vielfältigen Wirkungen erbringen sie einen hohen volkswirtschaftlichen Nutzen. Wirtschaftlichkeitsberechnungen, die allein auf den Hochwasserschutz ausgerichtet sind, greifen zu kurz (Naturkapital Deutschland – TEEB DE 2018).

[20] http://www.lanuv.nrw.de/liki/index.php?

In einer Fallstudie für die Mittelelbe von Dresden bis Lauenburg zeigten Grossmann et al. (2010), dass der volkswirtschaftliche Nutzen naturverträglicher Hochwasserschutzmaßnahmen in Form von Deichrückverlegungen dreimal höher als deren Kosten ist. Bei einer allein auf die Hochwasserschutzwirkung bezogenen Analyse, die keine zusätzlichen ÖSL berücksichtigt, würden sich diese Maßnahmen nicht rechnen: Investitionskosten von etwa 407 Mio. €, eingesparte Deichunterhaltungskosten eingerechnet, würden vermiedenen Hochwasserschäden von nur 177 Mio. € gegenüberstehen. Werden dagegen auch weitere gesellschaftliche Leistungen von Auen in die Analyse einbezogen, erbringt die Rückverlegung von Deichen mit rund 1,2 Mrd. € einen wesentlich größeren Nettonutzen als technische Hochwasserschutzmaßnahmen.

Fazit

Einfache Indikatoren können anschauliche Ergebnisse zur Beeinträchtigung oder zur positiven Entwicklung der Regulationsleistungen von Auen aufzeigen. Damit können für Öffentlichkeit und Entscheidungsträger im Sinne der Biodiversitätsstrategie Trends belegt und auf Handlungsbedarfe oder -erfolge hingewiesen werden.

Die Erfassung der Auen auch außerhalb der 79 größten Flüsse Deutschlands wäre aus Sicht des Hochwasserschutzes und zur entsprechenden ÖSL sinnvoll und wünschenswert. Notwendig ist auch die regelmäßige Erfassung der Veränderung der rezenten Aue, beispielsweise durch Ein- oder Ausdeichung. Derzeit können solche Veränderungen aus vorhandenen Geodaten jedoch nicht abgeleitet werden.

Im Bereich der Auen liegt ein großes Potenzial, unterschiedliche Ziele des Hochwasserschutzes mit dem Erhalt der Biodiversität sowie für die Erholung attraktiver Landschaftsbereiche zu vereinen. Gerade durch die Hochwasserereignisse der letzten Jahre ist die Öffentlichkeit sensibilisiert dafür und es ist anerkannt, dass wirksamer Hochwasserschutz nicht allein durch höhere Deiche, sondern insbesondere durch genügend Retentionsfläche erreichbar ist.

5.6.5 Moornutzung in Mecklenburg-Vorpommern: Monetarisierung der ÖSL „Klimaschutz"

Achim Schäfer*

Wassergesättigte Moore legen in abgestorbenen Pflanzenresten Kohlenstoff als Torf fest. Moore sind ein wichtiger Bestandteil des globalen Kohlenstoffkreislaufs, sie speichern doppelt so viel Kohlenstoff wie Wälder (Joosten und Couwenberg 2008). Durch Entwässerung und landwirtschaftliche Nutzung verlieren sie ihre ursprüngliche Ökosystemfunktion, indem durch die Belüftung des Bodens ein Mineralisierungsprozess in Gang gesetzt wird, der zusammen mit der durch Verdichtung des Torfkörpers bedingten Moorsackung zu Torfschwund führt (Stegmann und Zeitz 2001). Infolgedessen werden die im Torf gebundenen Nährstoffe (N und P) bzw. Huminstoffe (DOC, *dissolved organic carbon*) in angrenzende Gewässer und klimarelevante Spurengase (CO_2, CH_4 und N_2O) in die Atmosphäre emittiert (Koppisch 2001; Augustin 2001; Grunewald et al. 2011; Zak et al. 2011). Dadurch wird aus einem akkumulierenden Ökosystem ein nährstofffreisetzendes System.

Die auf permanente Entwässerung angewiesene landwirtschaftliche Nutzung führt zu einer weiteren Degradierung der Moorstandorte mit der Folge, dass das Niveau der Mooroberfläche immer weiter unter die natürliche Vorflut fällt und deren wasserwirtschaftlicher Regulationsbedarf (Entwässerung im Frühjahr und Wasserzuführung im Sommer) immer aufwendiger wird (Kuntze 1983; Succow und Joosten 2001). Neben den weiter vorhandenen standörtlichen Schwierigkeiten haben sich in den letzten Jahrzehnten auch die landwirtschaftlichen Produktionsbedingungen stark verändert. Aufgrund des züchterischen und technischen Fortschritts sowie des Strukturwandels in der Milchviehhaltung hat die Nutzung des Grünlands zur Raufuttererzeugung zunehmend an Bedeutung verloren. Insgesamt sind (nicht nur) in Mecklenburg-Vorpommern seit Jahren anhaltend abnehmende Viehbestände bei gleichzeitig stark gestiegenen Anforderungen an die Grundfutterqualität zu beobachten. Der geschätzte Grünlandbedarf auf Basis der Viehbestände liegt deutlich unter dem Potenzial der in Mecklenburg-Vorpommern vorhandenen Grünlandflächen. Rein rechnerisch bestand bereits im Jahr 2009 ein Grünlandüberschuss von 66.800 ha (Benecke 2009).

Aufgrund der hohen Anforderungen an das Grünland haben Milchviehbetriebe mit sehr hohen Milchleistungen die Futterproduktion zunehmend auf den Acker verlagert. Die in Mecklenburg-Vorpommern flächenmäßig bedeutsame extensive Mutterkuhhaltung ist als eine „ökonomisch fragile Art der Flächennutzung" in hohem Maße auf Förderung angewiesen (Müller und Heilmann 2011). Chancen werden in der energetischen Verwertung von Grünlandaufwüchsen gesehen (MLUV MV 2011). Auf entwässerten Niedermoorstandorten sind diese vermeintlichen Chancen jedoch sehr kritisch zu beurteilen, weil mit der entwässerungsbasierten Bewirtschaftung insgesamt deutlich mehr Treibhausgase (THG) freigesetzt werden, als wenn der Torf direkt verbrannt würde. Bezogen auf den Brennwert betragen die Emissionsfaktoren beim Torf 106 g CO_2 pro Megajoule. Unter Berücksichtigung der standörtlich bedingten THG-Emissionen der Torfmineralisierung werden beim Maisanbau auf entwässerten Mooren für die Biogaserzeugung 880 g CO_2 pro Megajoule emittiert (Couwenberg 2007).

Die Moorfläche in Mecklenburg-Vorpommern umfasst 287.900 ha (Hirschelmann et al. 2020). Ein geringer Teil dieser Flächen befindet sich in einem naturnahen Zustand bzw. wird nicht genutzt. Zusammen mit den entwässerten Waldmooren wird auf den Moorflächen etwa ein Viertel der THG-Emissionen aus den Moorflächen in Mecklenburg-Vorpommern freigesetzt, der überwiegende Teil entspringt der intensiven Nutzung von Grünland- und Ackerflächen zum Anbau von Grassilage und Mais für die Milchviehhaltung und die Biogasproduktion (Hirschelmann et al. 2020). Somit besteht zwischen der Klimaschutz- und der Produktionsfunktion für die Erzeugung landwirtschaftlicher Produkte (Fleisch und Milch) bzw. Biomasse für die energetische Verwertung (Biogas) ein offenkundiger Nutzungskonflikt zwischen zwei wohlfahrtsrelevanten ÖSL.

5.6.5.1 Ökonomische Bewertung der ÖSL

Eine ökonomische Bewertung der mit der Moornutzung verbundenen ÖSL ist immer eine Abwägung zwischen verschiedenen Alternativen unter den Bedingungen der Knappheit (Abschn. 4.2). ÖSL sind wohlfahrtsrelevant, weil sie einen Nutzen stiften und Knappheit mildern. Preise sind ein wichtiger Indikator für Knappheit und sorgen dafür, dass mit knappen Gütern sorgsam umgegangen wird. Durch eine umfassende Bilanzierung der monetären Effekte können die volkswirtschaftlichen Kosten und Nutzen der Moornutzung und möglicher Maßnahmen für den Klimaschutz (Wiedervernässung und Landnutzungsänderung) offengelegt werden. In diesem Sinne ist die Monetarisierung der ÖSL eine wichtige Grundlage für die politische Zielfindung bzw. die Ausgestaltung wirtschaftspolitischer Steuerungsinstrumente. Das ist besonders dann von Bedeutung, wenn es konkurrierende Nutzungsmöglichkeiten zwischen verschiedenen ÖSL gibt.

Viele Umweltprobleme entstehen dadurch, dass die von der Natur bereitgestellten Güter und Leistungen keinen Preis haben, also nichts kosten. Das führt dazu, dass die Nachfrage das zur Verfügung stehende Angebot übersteigt und es zu einer Übernutzung knapper Ressourcen kommt. Unter dem Primat der Nachhaltigkeit müssen bei klimarelevanten Knappheitsproblemen auch die langfristigen Folgen des Handelns berücksichtigt werden. Nach dem Leitbild der nachhaltigen Entwicklung sollen die natürliche Aufnahmekapazität der Ökosysteme nicht überschritten und die Funktionsfähigkeit der Ökosysteme durch wirtschaftliche Aktivitäten nicht außer Kraft gesetzt werden (Geisendorf et al. 1998; Ott und Döring 2004). Das Leitbild der nachhaltigen Entwicklung verlangt, dass knappe natürliche Ressourcen umweltverträglich und wirtschaftlich sinnvoll genutzt werden und die Preise die „ökologische Wahrheit" zum Ausdruck bringen (von Weizsäcker 1989).

Die derzeitige landwirtschaftliche Nutzung der Moore ist mit Kosten verbunden, weil es konkurrierende oder sich ausschließende Nutzungsmöglichkeiten zwischen den beiden wohlfahrtsrelevanten ÖSL (Produktions- bzw. Versorgungs- vs. Klimaschutz-ÖSL) gibt (Opportunitätskosten). Außerdem verursacht die entwässerungsbasierte landwirtschaftliche Moornutzung negative externe Effekte in Form von Klimafolgeschäden und beeinträchtigt andere wichtige Ökosystemfunktionen (z. B. Nährstoffbelastung, Landschaftswasserhaushalt).

Nach dem Verursacherprinzip sollen die Kosten der Umweltnutzung, die als Folge einer wirtschaftlichen Aktivität entstehen, dem Verursacher zugerechnet werden. Während in anderen volkswirtschaftlichen Sektoren mit geeigneten marktwirtschaftlichen Instrumenten (Ökosteuer, Zertifikatehandel) bereits eine Internalisierung der externen Kosten erfolgt, wird die klimaschädigende landwirtschaftliche Moornutzung durch Subventionen (v. a. Direktzahlungen) gefördert. Bei der staatlichen Förderung der landwirtschaftlichen Moornutzung handelt es sich nicht um ein Versagen des Markts (Fritsch 2018), sondern eindeutig um ein Politikversagen, weil aufgrund politischer Entscheidungen das in der Umweltpolitik elementare Verursacherprinzip auf den Kopf gestellt wird.

Durch die nichtnachhaltige Moornutzung in Deutschland wurden im Jahr 2019 rund 42 Mt (Megatonnen) CO_2-Äq (Äquivalente) emittiert (UBA 2021). Mit der Novellierung des Klimaschutzgesetzes (KSG, siehe Kap. 6) im Jahr 2021 wurden die Klimaschutzvorgaben verschärft und das Ziel der Treibhausgasneutralität bis zum Jahr 2045 gesetzlich verankert. Um dieses Ziel zu erreichen, sind in allen Sektoren der Volkswirtschaft sehr ambitionierte Maßnahmen erforderlich. Im KSG werden erstmals konkrete Klimaschutzziele für den Sektor Landnutzung, Landnutzungsänderungen und Forstwirtschaft (LULUCF) festgelegt, um die THG-Emissionen anderer Sektoren auszugleichen (BMU 2021). Die Umsetzung der Klimaschutzmaßnahmen verursacht Kosten, weil erhebliche finanzielle Mittel zur Erreichung der Klimaschutzziele aufgewendet werden müssen (Vermeidungskosten).

5.6.5.2 Quantifizierung der THG-Emissionen und der Reduktionspotenziale

Mit den Instrumenten einer volkswirtschaftlichen Kosten-Nutzen-Analyse können die externen Kosten der Moornutzung und die durch Landnutzungsänderung induzierten ÖSL für den Klimaschutz monetarisiert werden (Schäfer und Degenhardt 1999; Schäfer 2009). Die Monetarisierung der Kosten der Moornutzung und der damit verbundenen Umweltschäden liefert somit auch wichtige Informationen für eine Internalisierung externer Effekte. Eine Voraussetzung für die Abschätzung der Klimafolgekosten ist, dass die THG-Emissionen der herkömmlichen landwirtschaftlichen Moornutzung und die THG-Reduktionspotenziale infolge Wiedervernässung hinreichend genau abgeschätzt werden können.

Die Quantifizierung der moornutzungsbedingten THG-Flüsse ist von diversen Standortparametern (z. B. Wasserstand, Temperatur, Vegetationswachstum) abhängig, die jahreszeitlich und zwischen den Jahren stark variieren (Roulet et al. 2007; Maljanen et al. 2010). Für die Erstellung von THG-Bilanzen sind langfristige Messungen erforderlich, um die tägliche, jahreszeitliche und jährliche Variabilität abzudecken. Direkte Messverfahren für die flächenhafte Erfassung der THG-Flüsse verursachen hohe Kosten. Die Verfahren sind nicht flächendeckend einsetzbar. Sie können aber auf ausgewählten Flächen zum Einsatz kommen, um einfache und pragmatisch anwendbare Modelle (Indikatoren, Proxys) zu entwickeln, zu kalibrieren und zu verifizieren, mit denen sich dann die THG-Flüsse in der Praxis über sehr viel größere Flächen quantifizieren lassen.

Metaanalysen einer Vielzahl von Daten aus aller Welt haben gezeigt, dass der mittlere jährliche Wasserstand die beste Einzelgröße ist, um jährliche THG-Flüsse aus Mooren zu erklären. Bei der Auswertung der Daten zeigte sich, dass die Messung von N_2O-Flüssen aufgrund der hohen zeitlichen Variabilität schwierig ist. Die in der Literatur angegebenen Messergebnisse sind zum Teil widersprüchlich und streuen hoch erratisch. Da N_2O-Emissionen nach der Wiedervernässung immer abnehmen, führt die Nichtberücksichtigung zu einer konservativen Einschätzung der Einsparpotenziale (Couwenberg et al. 2011).

Auf Basis des Vegetationsformenkonzepts von Koska et al. (2001) haben Couwenberg et al. (2011) eine Übersicht aller möglichen Vegetationstypen zentraleuropäischer Moore erstellt. Diese Vegetationstypen repräsentieren eindeutig die mittleren Wasserstände der Moorstandorte. Im Rahmen einer Metastudie wurden die Vegetationstypen mit einer Vielzahl von Messungen von Treibhausgasemissionen verschnitten. Die daraus erarbeitete Matrix erlaubt eine Extra- und Interpolation von gemessenen Flussraten entlang verschiedener Achsen der Standortbedingungen. Die sich daraus ergebenden Treibhausgasemissionsstandorttypen (GEST) basieren überwiegend auf Wasserstufen und An- bzw. Abwesenheit von Pflanzen mit grobem Durchlüftungsgewebe (Aerenchym), aber auch Nährstoffstufe, pH und Landnutzung werden betrachtet.

Mit dem GEST-Ansatz können THG-Flüsse entwässerter und wiedervernässter Moore quantifiziert, Trends und Regelmäßigkeiten zwischen Emissionen und Standortparametern aufgezeigt, Standorte mit ähnlichem Emissionsverhalten zugeordnet und somit die klimaschutzrelevanten ÖSL abgeschätzt werden. Abb. 5.33 zeigt den Zusammenhang zwischen Entwässerungstiefe, land- und forstwirtschaftlichen Nutzungsmöglichkeiten sowie THG-Emissionen. Dabei wird deutlich, dass der mittlere Wasserspiegel (Wasserstufe) eng mit der Nutzung korreliert ist. Die THG-Emissionen werden vom Wasserstand bestimmt: Pro 10 cm Absenkung des jährlichen mittleren Wasserstands werden jährlich etwa 5 t CO_2-Äq pro ha freigesetzt (Jurasinski et al. 2016).

Bei Wasserständen von mehr als 20 cm unter Flur werden die THG-Emissionen ausschließlich durch die CO_2-Emissionen bestimmt. Bei höheren Wasserständen treten CH_4-Emissionen auf und die abwärts gerichtete Kurve der CO_2-Emissionen wird abgelenkt, obwohl sie insgesamt weiter abfällt. Die jährlichen Emissionen tief entwässerter Moore emittieren bei ackerbaulicher Nutzung (Wasserstufe: 2+, mittlere Wasserstände: 50–140 cm unter Flur) jährlich durchschnittlich 40 t CO_2-Äq pro ha. Bei entwässerungsbasierter Grünlandnutzung werden durchschnittlich 32 t CO_2-Äq pro ha und Jahr freigesetzt (Tiemeyer et al. 2020).

Standortangepasste nasse Bewirtschaftungsverfahren sind bei deutlich höheren mittleren Wasserständen möglich (Wasserstufe: 4+ bis 5+, mittlere Wasserstände: 5–15 cm unter Flur). Die aufwachsende Biomasse der wiedervernässten Moorstandorte kann stofflich und energetisch verwertet werden. Infrage kommt die Nutzung von Biomasse aus Schilf-, Rohrglanzgras-, Seggen- und Rohrkolbenbeständen (Wichtmann et al. 2016) sowie die Erlenwirtschaft (Schäfer und Joosten 2005). Neben der Reduktion von bodenbürtigen THG-Emissionen durch die Wiedervernässung sind mit der Umstellung

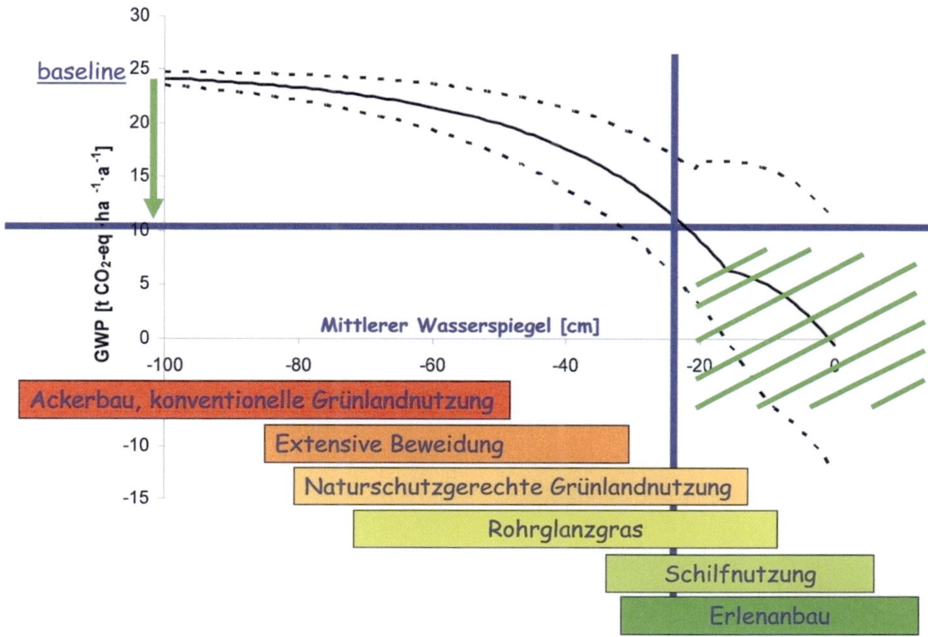

Abb. 5.33 THG-Emissionen, mittlerer Wasserspiegel und Moornutzung. (Adaptiert nach Couwenberg et al. 2008)

auf Paludikultur weitere positive Klimaeffekte verbunden: erstens durch die Festlegung von Kohlenstoff im Produkt (bei langlebigen Produkten wie Bau- und Dämmstoffe, Möbel und Formteile) sowie zweitens durch eine bis zum Jahr 2045 befristete Substitution von fossilen Brenn- und Rohstoffen (z. B. bei der Wärmeerzeugung, Dämmstoffen, Verpackungen).

5.6.5.3 Monetarisierung der ÖSL und der externen Effekte

Bei einer Monetarisierung der beiden im Fokus stehenden wohlfahrtsrelevanten ÖSL, der Produktions- und der Klimaschutzfunktion, stellt sich aus volkswirtschaftlicher Sicht die Frage, welche monetären Werte durch die herkömmliche, entwässerungsbasierte landwirtschaftliche Nutzung erzeugt und welche Klimafolgeschäden dadurch verursacht werden. Eine Antwort auf die Frage kann mithilfe der Wertschöpfungsmethode (Ewers und Schulz 1982) gegeben werden. Dabei wird die durch den betrieblichen Produktionsprozess generierte Wertschöpfung den THG-Schadenskosten gegenübergestellt. Die Wertschöpfungsmethode erhebt nicht den Anspruch, den gesamten volkswirtschaftlichen Nutzen im Sinne eines ökonomischen Gesamtwerts (Randall 1987; Pearce 1993; Abschn. 4.2.2) zu erfassen. Wiedervernässung und Landnutzungsänderung sind mit weiteren wohlfahrtsrelevanten Nutzenstiftungen (z. B. Biodiversität, Stabilisierung des Landschaftswasserhaushalts, Mikroklima) verbunden. Eine Monetarisierung dieser Zusatznutzen beinhaltet neben nutzungsabhängigen Werten auch nichtnutzungsabhängige Werte, die mit geeigneten Methoden (z. B. Zahlungsbereitschaftsanalyse) ermittelt werden können. Die vermiedenen Schadenskosten infolge Wiedervernässung und Landnutzungsänderung können somit als eine Untergrenze für den Nutzen der Maßnahmen interpretiert werden.

Schadenskosten sind der Gegenwartswert der Klimafolgeschäden, den eine heute emittierte Einheit eines Treibhausgases (Tonne CO_2-Äq) in der Zukunft verursacht. Bei den Schadenskosten handelt es sich um marginale Kosten, also Kosten, die durch die Emission einer zusätzlichen Tonne CO_2-Äq entstehen. Die marginalen Schadenskosten dürfen nicht mit den gesamten Kosten des Klimawandels oder den durchschnittlichen Kosten der THG-Emissionen verwechselt werden. Schadenskosten werden mithilfe von integrierten Bewertungsmodellen berechnet. Dabei werden das Klimasystem und die Wechselwirkungen mit dem sozioökonomischen System durch Szenarien modelliert und die Schadenskosten in Abhängigkeit von verschiedenen Stabilisierungszielen, THG-Emissionen und -pfaden ermittelt.

Die Höhe der Kosten ist abhängig vom Zeitpunkt der Emissionen, der Entwicklung der gesamten THG-Emissionen und einer Reihe von Annahmen (z. B. Zeithorizont, Diskontrate, regionale Schadensverteilung). Angesichts der langfristigen Wirkungen der Klimafolgen ist die Ermittlung der THG-Schadenskosten mit verschiedenen methodischen Schwierigkeiten (Kuick et al. 2008) und normativ schwer zu rechtfertigenden Annahmen verbunden (Schelling 1995; Lind und Schuler 1998; Hampicke 2020). Aufgrund unterschiedlicher Annahmen variieren die Ergebnisse innerhalb einer relativ großen Bandbreite zwischen 14 und 680 € pro t CO_2-Äq (Clarkson und Deyes 2002; Downing et al. 2005; Bünger und Matthey 2018). Verschiedene Autoren weisen darauf hin, dass die vorhandenen Studien die Kosten des Klimawandels eher unterschätzen, weil sie singuläre und extreme Ereignisse mit schwerwiegenden Folgen und die Kosten der Anpassung an den Klimawandel nur ansatzweise berücksichtigen können (Tol 2005; Watkiss et al. 2005; Stern 2007).

Trotz der vorhandenen Unsicherheiten benötigt die praktische Wirtschaftspolitik eine Orientierungsgröße, mit der die Klimafolgeschäden beurteilt werden können. Die vom Umweltbundesamt vorgelegte Methodenkonvention zur ökonomischen Bewertung von Umweltschäden verlangt, dass die externen Kosten bei öffentlichen Investitionen in die Entscheidung einbezogen werden sollen. Auf der Grundlage der Auswertung der umfangreichen Literatur zu den Kosten des Klimawandels empfiehlt die aktuelle Methodenkonvention des Umweltbundesamtes die Verwendung marginaler Schadenskosten in Höhe von 195 € pro t CO_2-Äq als besten Schätzwert (Bünger und Matthey 2018). Eine konsequente Anwendung der Methodenkonvention hat zur Folge, dass dieser Schätzwert auch für die Berechnung der externen Kosten der nichtnachhaltigen Moornutzung berücksichtigt werden muss. Durch intensive Acker- und Grünlandnutzung werden in Mecklenburg-Vorpommern jährlich etwa 6 Mt CO_2-Äq emittiert (Hirschelmann et al. 2020), was also 1,17 Mrd. € entspricht.

Das bundesweite Testbetriebsnetz ist eine wichtige Datengrundlage für die Beurteilung des wirtschaftlichen Erfolgs landwirtschaftlicher Betriebe (BMELV 2011). Die auf Marktpreisen basierende Bewertung der Wertschöpfung hat den Vorteil, dass sie auf einer sehr validen Datenbasis durchgeführt werden kann. Die Wirtschaftsergebnisse repräsentativ ausgewählter landwirtschaftlicher Unternehmen werden im Rahmen der Test- und Auflagenbuchführung des Bundesministeriums für Ernährung, Landwirtschaft und Verbraucherschutz nach einheitlichen Methoden in den Bundesländern erhoben. Neben anderen ökonomischen Erfolgsindikatoren ist das Betriebseinkommen ein sehr gut geeigneter Indikator für die Wertschöpfung eines Betriebs, weil es auch mittel- und langfristig wirksame betriebliche Belastungen aus den Fixkosten enthält. Die Wertschöpfung ist der Betrag, der zur Entlohnung aller im Unternehmen eingesetzten Faktoreinkommen zur Verfügung steht. In der volkswirtschaftlichen Gesamtrechnung entspricht das Betriebseinkommen der Wertschöpfung eines Unternehmens zum Sozialprodukt.

Bei den in Mecklenburg-Vorpommern auf Moorstandorten wirtschaftenden Betrieben handelt es sich vornehmlich um spezialisierte Futterbaubetriebe, die als Milchviehbetriebe mit überwiegender Milchviehhaltung oder als Weideviehbetriebe ohne besonderen Schwerpunkt klassifiziert werden können. Die Betriebsform wird durch den relativen Beitrag der verschiedenen Produktionszweige des Betriebs zum gesamtbetrieblichen Standarddeckungsbeitrag bestimmt. Die intensiv wirtschaftenden Milchviehbetriebe benötigen tief entwässerte Flächen (Wasserstufe: 2+, 2-) mit funktionierender Vorflut. Die Weideviehbetriebe bewirtschaften Standorte mit einfach zu regulierenden Wasserverhältnissen (Wasserstufe: 3+, 3-). Eine extensive Nutzung bei hydrologisch schwierigen Moorstandorten wird von Betrieben zur Aufrechterhaltung des Mindestpflegezustands als Voraussetzung für die Prämienfähigkeit praktiziert (Müller und Heilmann 2011).

Nach der Testbetriebsauswertung in Mecklenburg-Vorpommern (LFA o. J.) erwirtschafteten die intensiv wirtschaftenden Milchviehbetriebe im Durchschnitt der Wirtschaftsjahre 2014–2018 ein Betriebseinkommen in Höhe von 682 € pro ha Landfläche. Bei einer volkswirtschaftlichen Analyse müssen die im Betriebseinkommen enthaltenen Zulagen und Zuschüsse abgezogen werden. Die intensiv wirtschaftenden Milchviehbetriebe erhielten im Durchschnitt der Wirtschaftsjahre 2014–2018 Zulagen und Zuschüsse in Höhe 372 € pro ha Landfläche. Ohne diese Zahlungen erreichen diese Betriebe eine Wertschöpfung in Höhe von 310 € pro ha Landfläche.

Bei den Weideviehbetrieben ohne besonderen Schwerpunkt lag das durchschnittliche Betriebseinkommen mit 441 € pro ha Landfläche deutlich unter dem der intensiv wirtschaftenden Milchviehbetriebe. Diese Betriebe erhielten mit 429 € pro ha Landfläche etwas höhere Zulagen und Zuschüsse. Ohne diese staatlichen Ausgleichsleistungen ist die Wertschöpfung dieser Betriebe negativ. Es ist jedoch zu beachten, dass die gewährten staatlichen Ausgleichsleistungen teilweise als Entgelt für erbrachte Leistungen im Rahmen von Agrarumweltprogrammen für die Umsetzung von Naturschutzzielen (z. B.

Tab. 5.17 THG-Emissionen landwirtschaftlicher Produktionsverfahren auf entwässerten Niedermoorstandorten

Nutzungskategorie[a]	Wasserstufe	THG-Emissionen[b] (t CO_2-Äq ha^{-1} a^{-1})	Schadenskosten[c] (€ ha^{-1} a^{-1})
Milchviehhaltung	2+, 2-	32[d]	6240
Jungrinder, Trockensteher und Mutterkühe	3+, 3-	15,0	1050
Standweiden mit geringem Besatz und Wiesen	4+ bis 3+/3-	8,5	595

[a]Nutzungskategorien in Anlehnung an Müller und Heilmann (2011)
[b]THG-Emission nach Couwenberg et al. (2008)
[c]eigene Berechnung nach Bünger und Matthey (2018)
[d]THG-Emission nach Tiemeyer et al. (2020)

Natura-2000-Netz, FFH-Richtlinie) erbracht werden. Es handelt sich dabei um Einnahmen aus staatlichen Ausgleichsleistungen, die sowohl produkt- als auch aufwands- oder betriebsbezogen direkt aus öffentlichen Kassen gewährt werden.

Eine Gegenüberstellung der Wertschöpfung mit den externen Schadenskosten für Klimafolgeschäden in Höhe von 1657−6240 € pro ha und Jahr zeigt, dass die Schadenskosten der auf Entwässerung angewiesenen landwirtschaftlichen Nutzung deutlich über der Wertschöpfung aus der Fleisch- und Milchproduktion liegt (Tab. 5.17).

5.6.5.4 Vermiedene Schadenskosten durch Wiedervernässung und umweltverträgliche Nutzung

Die Situation der ÖSL lässt sich durch eine Änderung der Landnutzung verbessern. Dadurch können die Kosten für Klimafolgeschäden reduziert werden. Dabei ist zu beachten, dass die vermiedenen Schadenskosten als eine Untergrenze für den Nutzen der Maßnahmen zu interpretieren sind, die jedoch nicht mit Vermeidungskosten verwechselt werden dürfen (Oberpriller et al. 2021). Bei Vermeidungskosten handelt es sich um volkswirtschaftliche Kosten, die sich an einem vorgegebenen Minderungsziel bzw. den Reduktionsverpflichtungen orientieren. Sie reflektieren die durch Wiedervernässung und Landnutzungsänderung verbundenen Opportunitätskosten möglicher alternativer Nutzungen.

Nach Wiedervernässung der entwässerten Moorstandorte kommen hierfür verschiedene Maßnahmen infrage:

- Wiedervernässung von Acker, Grünland oder Brachen ohne Nutzung (Wildnis),
- extensive Grünlandnutzung nach Wiedervernässung von Äckern und stark entwässertem Grünland,
- Wiedervernässung von Acker, Grünland oder Brachen mit umweltverträglicher Nutzung der Biomasse (Rohrglanzgras- und Schilfröhrichte, Seggenriede),
- Neuwaldbildung durch Aufforstung und/oder Sukzession nach Wiedervernässung.

In Abhängigkeit von der Ausgangssituation und der Intensität der erreichten Wiedervernässung ergibt sich durch die Umsetzung der Maßnahmen ein weites Spektrum möglicher THG-Reduktionspotenziale. Nach Wilson et al. (2016) liegen die jährlichen THG-Reduktionen durch die Wiedervernässung von entwässerten Mooren bei rund 17–21 t CO_2-Äq bei nährstoffreichen Grünlandstandorten und rund 26 t CO_2-Äq bei Ackerstandorten je Hektar. Bei einer landwirtschaftlichen Nutzung durch Paludikultur können 3–11 t CO_2-Äq pro ha und Jahr reduziert werden (Wilson et al. 2016).

Zwischen 1995 und 2020 wurden in Mecklenburg-Vorpommern 30.927 ha Moore wiedervernässt (Hirschelmann et al. 2020). Unter der Annahme einer durchschnittlichen THG-Reduktion durch Wiedervernässung um 20 t CO_2-Äq pro ha werden dadurch jährlich 618.450 t CO_2-Äq reduziert. Bei den Kosten für die Umsetzung der Maßnahmen sind vor allem die Planungs- und Baukosten relevant. Die Kosten für die Wiedervernässungsmaßnahmen betrugen im Durchschnitt 3245 € pro ha (Wichmann et al. 2022). Die jährlichen Kosten können als unendliche Rente ermittelt werden. Bei einem Zinssatz von 2 % (4 %) p. a. betragen diese dann 64,90 (129,80) € pro ha. Unter der Annahme, dass durch diese Maßnahmen jährlich etwa 20 t CO_2-Äq eingespart werden können, liegen die THG-Vermeidungskosten mit 3,25 (6,49) € pro t CO_2-Äq deutlich unter denen anderer Klimaschutzmaßnahmen (Gerbert et al. 2018).

Wenn die Flächen nicht weiter genutzt werden sollen, dann fallen gegebenenfalls weitere Kosten für den Flächenerwerb an. Bei der Ermittlung volkswirtschaftlicher Vermeidungskosten dürfen Kosten für den Flächenerwerb nur berücksichtigt werden, wenn die Flächenpreise den Werteverzehr des in Anspruch genommenen Produktionsfaktors „Boden" reflektieren. Da in den Bodenpreisen jedoch in hohem Maße auch (klimaschädigende) Subventionen enthalten sind, müssen bei einer Ermittlung volkswirtschaftlicher Vermeidungskosten die Subventionen (z. B. Flächenprämie) und andere Transferzahlungen abgezogen werden, da sie als eine Transferzahlung ohne Gegenleistung gewährt werden.

Die Vermeidungskosten standortgerechter Nutzungsalternativen (Paludikultur) sind dagegen deutlich niedriger, weil keine Kosten für den Flächenerwerb anfallen. Bei einer umweltverträglichen Erlenwertholzproduktion liegen die Vermeidungskosten bei sehr konservativen Annahmen zwischen 0 und 4 € pro t CO_2-Äq (Schäfer und Joosten 2005). Ein Vergleich der Vermeidungskosten mit anderen Klimaschutzmaßnahmen der Bioenergieproduktion (Isermeyer et al. 2008) zeigt, dass nasse Bewirtschaftungsverfahren auch ökonomisch eine durchaus interessante Alternative darstellen. Werden höhere Gewinne oder im Fall von aktuell defizitärer Bewirtschaftung geringere Verluste erwirtschaftet, kann die Umstellung von Paludikultur zu negativen THG-Vermeidungskosten führen (Schäfer et al. 2022).

Fazit

Die ökonomische Bewertung der mit der landwirtschaftlichen Moornutzung verbundenen ÖSL kann eine wichtige Grundlage für die politische Zielfindung und die Ausgestaltung wirtschaftspolitischer Steuerungsinstrumente sein. Die methodische Grundlage der Bewertung stützt sich auf eine erweiterte volkswirtschaftliche Kosten-Nutzen-Analyse, bei der auch die externen Effekte berücksichtigt werden.

Eine wichtige Voraussetzung für die Bewertung ist die physische Quantifizierung der THG-Emissionen, die sich mithilfe des GEST-Ansatzes darstellen lassen. Die Wohlfahrtseffekte der externen Effekte und der ÖSL können dann mithilfe der Wertschöpfungsmethode und der Kosten der Klimafolgeschäden in monetären Größen abgebildet werden. Dadurch werden Anforderungen an eine nachhaltige Landnutzung berücksichtigt und die Zusatznutzen möglicher Nutzungsalternativen offengelegt.

Eine Monetarisierung der Klimafolgeschäden nach der Methodenkonvention des Umweltbundesamtes zeigt, dass die marginalen Schadenskosten um ein Vielfaches größer sind als die Wertschöpfung der herkömmlichen landwirtschaftlichen Moornutzung. Die Vermeidungskosten nachhaltiger Nutzungsalternativen hingegen sind vergleichsweise niedrig beziehungsweise negativ und mit weiteren wohlfahrtsrelevanten Nutzenstiftungen (Gewässerschutz, Biodiversität) verbunden.

5.7 Bewertung von Ökosystemleistungen und Biodiversität für Naturschutz und Landschaftspflege

5.7.1 Einleitung

Olaf Bastian und Karsten Grunewald*

Die Ziele des Naturschutzes und der Landschaftspflege sind in § 1 des Bundesnaturschutzgesetzes (BNatSchG) festgeschrieben. Danach sind Natur und Landschaft aufgrund ihres eigenen Wertes, als Lebensgrundlagen des Menschen und in Verantwortung für die künftigen Generationen im besiedelten und unbesiedelten Bereich zu schützen, zu entwickeln und, soweit erforderlich, wiederherzustellen. Auf Dauer sollen

1. die biologische Vielfalt,
2. die Leistungs- und Funktionsfähigkeit des Naturhaushalts, einschließlich der Regenerationsfähigkeit und nachhaltigen Nutzungsfähigkeit der Naturgüter, sowie
3. die Vielfalt, Eigenart und Schönheit sowie der Erholungswert von Natur und Landschaft

gesichert werden.

Über das ÖSL-Konzept kann sich Naturschutzpolitik neu positionieren: Anstelle einer eher „traditionellen" Politik des Schutzes von begrenzten Lebensräumen und Tier- oder Pflanzenarten wird Naturschutzpolitik zu Gesellschaftspolitik, im Sinne eines wesentlichen Beitrags zum gesellschaftlichen Wohlergehen. Dieses neue „Framing" der Bedeutung von Ökosystemen führt langfristig dazu, dass nicht nur, wie bisher, in Produktivvermögen oder „Humankapital" wie Bildung, Gesundheit und soziale Sicherheit investiert wird, sondern gleichermaßen in „Naturvermögen" wie intakte Ökosysteme und vielfältige, lebendige Landschaften (Abschn. 2.3, Kap. 7).

Häufig wird Naturschutz noch einseitig als Kostenfaktor angesehen, der ökonomisch negativ zu Buche schlägt. Eine solche Einschätzung geht aber an den Realitäten vorbei. Vielmehr ist der Naturschutz in vielerlei Hinsicht von erheblichem wirtschaftlichen Nutzen für die Gesellschaft (Jessel et al. 2009). So leisten Maßnahmen zum Schutz der Natur wichtige Beiträge zur regionalen Wertschöpfung und schaffen Arbeitsplätze. Diese entstehen etwa in der ökologisch orientierten Landschaftspflege, bei der Betreuung von Schutzgebieten oder im wachsenden Tourismus in den Nationalparks.

Im Rahmen der TEEB-Studie (TEEB 2009) wurde ermittelt, dass für die weltweit existierenden etwa 100.000 staatlichen Schutzgebiete jährlich etwa 10–12 Mrd. US$ ausgegeben werden. Um hier effektiven Naturschutz betreiben zu können, müssten wir zwar jährlich 40 Mrd. investieren. Doch das ist gut angelegtes Geld, denn als Resultat erbringen diese Ökosysteme Naturprodukte und andere Leistungen im Wert von insgesamt 5 Billionen jährlich. Das ist mehr, als Automobil-, Stahl- und IT-Industrie weltweit erwirtschaften.

Die positiven regionalwirtschaftlichen Effekte von Großschutzgebieten (v. a. Nationalparks, Naturparks, Biosphärenreservate), von denen vielfältige ökonomische Impulse ausgehen (z. B. in den Bereichen Land- und Forstwirtschaft, naturverbundener Tourismus und Umweltbildung), sind durch zahlreiche Untersuchungen, auch aus Europa und Deutschland, belegt (z. B. Getzner et al. 2002; Popp und Hage 2003; Job und Metzler 2005; Neidlein und Walser 2005; Kettunen et al. 2009; Gantioler et al. 2010; Science for Environment Policy 2015; Naturkapital Deutschland – TEEB DE 2018).

Während in den vorhergehenden Abschnitten Aspekte des Ökosystem- und Biodiversitätsschutzes stark mit Landnutzungsaktivitäten und Versorgungs-ÖSL verknüpft waren, geht es in diesem Abschnitt primär um Flächen, auf denen klassische Naturschutzansätze wie Erhalt der Lebensräume sowie Arten- und Prozessschutz Vorrang haben. In Schutzgebieten spielen Habitatleistungen und biodiversitätsfördernde Maßnahmen sowie Regulations- und kulturelle ÖSL die Hauptrolle. Sie sollen flächenmäßig vergrößert, inhaltlich ausgebaut und besser gemanagt werden, um Mehrgewinne für die Gesellschaft zu erzielten. Dabei gilt es, gegensätzlich scheinende Interessen innerhalb der Schutzgebiete, aber auch im Konnex mit der umliegenden Landschaft, besser miteinander zu vereinbaren.

Die vom 7.-19.12.2022 im kanadischen Montreal abgehaltene Weltbiodiversitätskonferenz hat beschlossen, bis zum Jahr 2030 30 % der Fläche an Land und im Meer unter Schutz zu stellen, wodurch der Verlust biologischer Vielfalt möglichst effektiv verhindert werden soll (s. auch CBD 2021). Was bedeutet dieses Ziel für Deutschland? Wie kommen wir über Sektorgrenzen hinweg zu den für die Biodiversität nötigen Flächen in geeigneter Qualität? Auf welche Ökosystemtypen sollte besonders geachtet werden, auf welche wäre z. B. bei Renaturierungen zu fokussieren? Welche Rolle nehmen ÖSL-Indikatoren bei der Messung von Ergebnissen und Berichterstattungen ein?

Die Nationale Strategie zur biologischen Vielfalt (BMU 2007) macht an mehreren Stellen Aussagen zu Anteilen von gering oder kaum beeinflussten Lebensräumen an der Landnutzung. So wird u. a. das Ziel formuliert, auf 2 % der Fläche Deutschlands eine ungestörte Entwicklung und Entstehung von Wildnis zuzulassen. Der Indikator „Grad der menschlichen Beeinflussung auf Landschaftsebene" (Abschn. 5.7.2) erfasst zwar nicht explizit Wildnisgebiete, aber gibt wichtige Hinweise drauf, wie verbreitet naturnahe Lebensräume in der Gesamtlandschaft sind.

Weiterhin soll laut der Strategie zur biologischen Vielfalt ein funktionsfähiges Biotopverbundsystem zur dauerhaften Sicherung naturraumtypischer Vielfalt auf 10 % der Landesfläche verwirklicht werden, in das die Wildnisgebiete integriert werden (BMU 2007). Voraussetzung für ein solches Verbundsystem ist ein ausreichender Anteil naturnaher Lebensräume, die als kern- und Verbindungsräume dienen können. Außerdem wird angestrebt, dass in agrarisch genutzten Gebieten der „Anteil naturnaher Landschaftselemente (z. B. Hecken, Raine, Feldgehölze, Kleingewässer) mindestens 5 %" beträgt (BMU 2007).

Im Kontext dieser Fragen bzw. Herausforderungen wird zunächst der Anteil naturbetonter Flächen und Naturschutzgebiete je Hauptökosystemtyp bzw. administrativer Einheit in Deutschland betrachtet (Abschn. 5.7.2), weil aus Sicht einer ÖSL-Bewertung die Faustregel gilt: Fläche × Qualität/Leistung = Wert. Die Leser erhalten somit einen Überblick, wie viel und welche Flächen der Naturschutz einnimmt.

Als Beobachtungsgröße zur Qualität der Ökosysteme wurde vom BfN/IÖR ein bundesweiter Biodiversitätsflächenindikator entwickelt (s. auch Schweppe-Kraft et al. 2020), der in Abschn. 5.7.3 beschrieben wird. Dieser ermöglicht eine systematische physische und monetäre Bewertung und ein Monitoring räumlich expliziter Ökosystembilanzen, die Qualitätsverluste bzw. -gewinne anzeigen und politische und fachliche Schlussfolgerungen erlauben sowie Gegenmaßnahmen begründen können.

In Abschn. 5.7.4 wird die Anwendung des ÖSL-Konzepts anhand von Fallstudien in Natura-2000-Gebieten des Erzgebirges aufgezeigt und zwar

1. mit Potenzialanalysen in FFH-Gebieten,
2. bezogen auf FFH-Lebensraumtypen und -Arten sowie
3. im Hinblick auf verschiedene ökonomische Aspekte.

Überall dort, wo der Mensch zur Sicherung seiner Existenz in die Natur eingreifen muss, ist zum Erhalt der Werte und Leistungen von Ökosystemen ein zielgerichtetes

Landschaftsmanagement notwendig. Die hierfür nötigen Aufwendungen stellen einen Minimumindikator für die Wertermittlung der Ökosysteme dar, weil deren Existenz ohne diese Leistungen nicht gesichert ist. Derartige Analysen stehen im Mittelpunkt der exemplarischen Landschaftspflegebewertungen (Abschn. 5.7.5).

Ein weiteres Ziel der Biodiversitätsstrategie besteht in der Steigerung biologischer Vielfalt von Kulturlandschaften durch eine nachhaltige Nutzung unter Berücksichtigung naturschutzfachlicher Anforderungen und der Landschaftspflege. Dazu zählen beispielsweise die „Erhaltung und Wiederherstellung gefährdeter halbnatürlicher Lebensräume wie z. B. Grünländer, Heiden, Hecken und Streuobstwiesen" (BMU 2007, Abschn. 5.7.6).

5.7.2 Naturbetonte Flächen und Naturschutzgebiete in Deutschland

Ulrich Walz*, Steffen Schwarz, Ralf-Uwe Syrbe, Karsten Grunewald und Sophie Meier

Der Schutz der Arten und der biologischen Vielfalt insgesamt funktioniert nur über den Schutz der jeweiligen Lebensräume (Jedicke 2003; Walz et al. 2013). Entsprechenden Indikatoren und räumlichen Visualisierungen kommt dabei eine besondere Rolle zu, denn kartografische Darstellungen und statistische Auswertungen von Geodaten verschiedener Schutzgebiete liefern wichtige Informationen für die Landschaftsplanung. Raumbezogene Analysen auf dieser Basis geben zielgerichtete Hinweise auf den anthropogenen Nutzungsdruck in geschützten Landschaften sowie die Dynamik dieser Entwicklung (Walz und Schumacher 2010).

Relativ einfache Größen zur groben räumlichen Abschätzung naturnaher, naturschutzfachlicher wertvoller Lebensräume in Deutschland stellen die Indikatoren „Anteil von Flächen mit geringer menschlicher Beeinflussung" und „gewichteter Mittelwert des Hemerobiewerts bezogen auf die Gemeinden" dar (Walz und Stein 2014; Grunewald et al. 2021b).

In der FFH-Richtlinie und dem Interpretationshandbuch[21] hat die EU-Kommission den Ausdruck „natürlich" klargestellt. Demnach bezieht er sich nicht auf den Ursprung eines Lebensraumtyps (primär im Gegensatz zu sekundär), sondern meint in der Regel (halb-)natürliche Entwicklungsstadien einschließlich sekundärer Habitate mit (halb-) natürlicher Entwicklung. Zu erwarten sind naturbetonte Flächen vor allem in den Hauptökosystemtypen „Wald und Gehölz", „seminatürliches Offenland" mit den Untertypen „Grünland und Heiden", „Feuchtgebiete" und „Übergangs- und Extremstandorte" sowie im Agrarland im Untertyp „heterogenes Agrarland" (Abschn. 5.2). Aber auch in anderen Ökosystemen dürften teilweise noch naturnahe Bereiche anzutreffen sein.

[21] https://ec.europa.eu/environment/nature/legislation/habitatsdirective/docs/Int_Manual_EU28.pdf

Der Grad der menschlichen Beeinflussung, gemessen auf Landschaftsebene, ist ein Indikator für den Anteil an Lebensräumen, die der potenziellen natürlichen Vegetation in Deutschland nahekommen. Er ist gleichzeitig eine Art grober Summenindikator

- für eine Vielzahl an ÖSL, die durch einen ausreichenden Anteil an entsprechenden Vegetationsformen insbesondere in landwirtschaftlich genutzten Gebieten unterstützt werden (z. B. Bestäubung, Abflussregulation, Erosionsschutz, natürliche Schädlingsregulation, Erholung), sowie
- für die Lebensräume und die Biodiversität (Hodgson et al. 2011; Werner et al. 2013; Begon et al. 2017).

Die Klassifikation der Flächen für den Indikator erfolgt nach dem Konzept der „Hemerobie", das den Grad der menschlichen Beeinflussung beschreibt (Sukopp 1972; Kowarik 2006). Als Referenz für die Einordnung aktueller Landnutzungsformen hinsichtlich des Kultureinflusses wird in der Regel der Endzustand einer Sukzession im Sinne der potenziellen natürlichen Vegetation (pnV) herangezogen.

Den Flächennutzungen bzw. Bodenbedeckungen werden Werte der folgenden, siebenstufigen Hemerobieklassifikation (nach Blume und Sukopp 1976; Glawion 2002; Kowarik 2006) zugeordnet (zur genauen Zuordnung der Flächennutzung zu den Hemerobiestufen s. Stein und Walz 2012 wie auch Walz und Stein 2014):

- Stufe 1: ahemerob (nicht kulturbeeinflusst)
- Stufe 2: oligohemerob (schwach kulturbeeinflusst)
- Stufe 3: mesohemerob (mäßig kulturbeeinflusst)
- Stufe 4: β-euhemerob (mäßig stark kulturbeeinflusst)
- Stufe 5: α-euhemerob (stark kulturbeeinflusst)
- Stufe 6: polyhemerob (sehr stark kulturbeeinflusst)
- Stufe 7: metahemerob (übermäßig stark kulturbeeinflusst/Biozönose zerstört)

5.7.2.1 Indikator „Anteil von Flächen mit geringer menschlicher Beeinflussung"

Von besonderem Interesse sind bezogen auf den Freiraum naturbetonte Flächen der Hemerobiestufen ahemerob bis mesohemerob (1–3), da diese keinen oder nur mäßigen periodischen Eingriffen des Menschen unterliegen. Hierzu zählen u. a. Gehölze und Hecken, Sümpfe und Moore sowie standortgerechte und standortfremde Wälder. Der Indikator „Anteil von Flächen mit geringer menschlicher Beeinflussung" erfasst den Flächenanteil von Landnutzungen mit den Hemerobiestufen ahemerob bis mesohemerob bezogen auf die Gebietsfläche (Fläche der Kommunen bzw. Raster). Der Indikator ist Bestandteil des IÖR-Monitors zur Siedlungs- und Freiraumentwicklung und kann online abgerufen werden (https://www.ioer-monitor.de).

Das Berechnungsergebnis für das Jahr 2018 wird in Abb. 5.34 dargestellt. Ungefähr ein Drittel der Landesfläche kann als naturbetonte Fläche eingestuft werden. Hohe

Abb. 5.34 Indikator „Anteil von Flächen mit geringer menschlicher Beeinflussung“ (Hemerobiestufe 1–3) bezogen auf Kommunen für das Erhebungsjahr 2018, dargestellt mit naturräumlichen Großregionen nach Meynen und Schmithüsen (1960) bzw. Ssymank (1994)

Indikatorwerte treten vor allem in Regionen mit ausgedehnten Gewässer- und Waldflächen sowie bergigen Regionen auf.

Vor allem die nachfolgenden Naturräume zeichnen sich durch größere zusammenhängende Gebiete mit einem hohen Anteil naturbetonter Ökosystemtypen aus:

- (östliches) Nordostmecklenburgisches Tiefland mit dem Oderhaff
- Mecklenburgische Seenplatte
- Lüneburger Heide
- Harz
- Odenwald, Spessart und Südrhön
- Pfälzer Wald (Haardtgebirge)
- (nördlicher) Schwarzwald
- Oberpfälzer und Bayerischer Wald
- Schwäbisch-Oberbayerische Voralpen
- Nördliche Kalkalpen
- Thüringisch-Fränkisches Mittelgebirge

Räume mit geringen Anteilen naturbetonter Ökosystemtypen sind vor allem intensiv landwirtschaftlich genutzte Räume, aber auch stark urban geprägte und bevölkerungsreiche Gebiete:

- die Börden in Nord- und Mitteldeutschland und andere Lössgefilde wie das Thüringer Becken,
- das Oberrheintal mit der Wetterau,
- Marschen in Niedersachsen und Schleswig-Holstein,
- das Niederrheinische Tiefland,
- das Unterbayerische Hügelland mit Isar- und Inn-Schotterplatten,
- Ballungsräume wie beispielsweise das Ruhrgebiet.

Aufgrund seiner Einfachheit – alle gehölzbetonten Biotope werden als gering bis mäßig beeinflusst eingestuft, Äcker und Grünland gelten generell als Biotope mit hohem menschlichem Einfluss – darf dieser Indikator aber nicht überinterpretiert werden. Sowohl bezüglich des Ökosystemzustands als auch bezüglich der biologischen Vielfalt ist das Bild nicht einheitlich:

- Unter Wald ist das neu gebildete Grundwasser in der Regel von guter Qualität; die Rate der Grundwasserneubildung ist jedoch insbesondere unter Nadelwald eher gering. Für die ÖSL „Erholung" ist ein hoher Anteil von Wald und Gehölzen zwar generell positiv einzuschätzen. Eine vollständige Waldbedeckung wird jedoch für die Erholungsnutzung häufig weniger günstig eingeschätzt als ein Mix aus Wald und Offenland.
- Bezüglich der biologischen Vielfalt ist zu beachten, dass Grünland aufgrund der Datenlage im Indikator ohne Unterscheidung des jeweiligen Zustands den mäßig

stark kulturbeeinflussten Flächen zugeordnet wird und Ackerland den stark beeinflussten Flächen. Viele Arten der extensiv bewirtschafteten Grünländer und Äcker sind aber stark gefährdet. Extensiv genutzte Äcker und Grünländer leisten deshalb oft einen hohen Beitrag zu Erhaltung der biologischen Vielfalt.

- Der Indikator berücksichtigt nicht die strukturelle Anordnung und Ausstattung der Landschaft mit naturnahen Ökosystemtypen, sondern deren Flächenanteile. Für Aussagen zur Strukturierung der Landschaft sind andere Indikatoren heranzuziehen, beispielsweise die Dichte von gehölzbetonten linearen Landschaftselementen.

Der Vorteil des Indikators ist, dass alle erforderlichen Daten bundesweit flächenscharf vorliegen. Andere Indikatoren des Zustands der Ökosysteme wie der Erhaltungszustand der FFH-Lebensraumtypen, der ökologische Gewässerzustand und der Zustand der Auen beziehen sich nur auf bestimmte Flächentypen oder basieren auf Stichprobendaten, wie etwa bei der Naturnähe der Wälder, dem Anteil der HNV-Biotope in der Agrarlandschaft und dem Indikator „Artenvielfalt und Landschaftsqualität", der über die Entwicklung von Vogelpopulationen Auskunft gibt. Stichprobenbasierte Indikatoren geben zwar zuverlässige Informationen zum bundesweiten Zustand des jeweiligen Ökosystemtyps, sie lassen sich aber nicht kartografisch darstellen, weil sie keine flächendeckenden Informationen zum Zustand des jeweiligen Ökosystems vor Ort beinhalten. Ackermann et al. (2020) ermittelten auf der Basis der Stichprobenflächen des bundesweiten Ökosystemmonitorings Werte mit hoher Übereinstimmung zum Indikator „Anteil von Flächen mit geringer menschlicher Beeinflussung" (Ackermann et al. 2020).

Die praktische Bedeutung des Indikators liegt insbesondere bei der Erfassung von Landschaften/Ökosystemen, in denen der Anteil von mäßig bis wenig beeinflussten Ökosystemen sehr gering ist. Solche Landschaften enthalten nur wenige Lebensräume für Arten, bieten bei einem hohen Anteil von Ackerbau tendenziell wenig Schutz vor Erosion und sind auch für die Erholung von eher geringer Eignung.

5.7.2.2 Indikator „Anteil Gebiete Natur- und Artenschutz an Gebietsfläche"

Strenge Schutzgebiete (s. unten), die vor allem den Schutz der Funktionen der jeweiligen Gebiete als Lebensraum zum Ziel haben, sind die Kernbereiche der ÖSL R.11 „Erhaltung der biologischen Vielfalt" (Abschn. 3.2). Ein Indikator zu den Schutzgebieten kann damit auch den Zustand dieser ÖSL beschreiben und die Wichtigkeit dieser ÖSL in der Gesellschaft vermitteln. Nicht zuletzt tragen viele Schutzgebiete aufgrund ihrer Schönheit und Einzigartigkeit auch wesentlich zu kulturellen ÖSL bei (C.2 „Ästhetische Werte", C.4 „Gelegenheiten für Erholung und Tourismus", C.5 „Bildungs- und Erziehungswerte, wissenschaftliche Erkenntnisse", C.6 „Geistige und künstlerische Inspiration", C.7 „Indikation von Umweltzuständen").

Die Nationale Strategie zur biologischen Vielfalt (BMU 2007) würdigt die Bedeutung der Schutzgebiete ebenso: Sie tragen zu den Zielen C.1 „Biotopverbund und Schutzgebietsnetze", C.2 „Artenschutz und genetische Vielfalt" sowie zu Ziel B.1.1.3 „Vielfalt der Lebensräume“ bei, u. a. zur „Verwirklichung eines länderübergreifenden funktional orientierten Biotopverbundsystems auf mindestens 10 % der Landesfläche“ sowie der „Regeneration und Neuentwicklung gefährdeter Biotoptypen und Biotopkomplexe“. Zudem sind die Schutzgebietstypen auch wesentlicher Bestandteil des Konzepts der Bundesregierung zur Grünen Infrastruktur (BfN 2017).

Wesentliche Schutzgebietskategorien, die diesen Ansprüchen genügen, sind in Deutschland nach Bundesnaturschutzgesetz:

- **Naturschutzgebiete:** Sie dienen u. a. dem Schutz von Natur und Landschaft zur Erhaltung, Entwicklung oder Wiederherstellung von Biotopen oder Lebensgemeinschaften bestimmter wild lebender Tier- und Pflanzenarten (§ 23 Abs. 1 BNatSchG). Sie bilden neben den Nationalparks bedeutsame Flächen zur Erhaltung der Biodiversität in Deutschland.
- **Nationalparks:** Sie repräsentieren das nationale Naturerbe. Sie sind gemäß § 24 Abs. 1 BNatSchG „einheitlich zu schützende Gebiete, die großräumig, weitgehend unzerschnitten und von besonderer Eigenart sind und in einem überwiegenden Teil ihres Gebiets die Voraussetzungen eines Naturschutzgebiets erfüllen“.
- **Nationale Naturmonumente:** Sie sind rechtsverbindlich festgesetzte Gebiete, die aus wissenschaftlichen, naturgeschichtlichen, kulturhistorischen oder landeskundlichen Gründen und wegen ihr Seltenheit, Eigenart oder Schönheit von herausragender Bedeutung sind. Nationale Naturmonumente sind wie Naturschutzgebiete zu schützen.
- **Biosphärenreservate:** Sie sind großräumige Gebiete, die für bestimmte Landschaftstypen charakteristisch sind (§ 25 Abs. 1 BNatSchG) und in wesentlichen Teilen die Voraussetzungen eines Naturschutzgebiets erfüllen. Sie dienen hauptsächlich dem Erhalt sowie der Entwicklung oder Wiederherstellung einer durch hergebrachte vielfältige Nutzung geprägten Landschaft und der darin historisch gewachsenen Arten- und Biotopvielfalt (Kulturlandschaft).

Der Indikator „Anteil Gebiete ‚Natur- und Artenschutz‘ an Gebietsfläche“ beschreibt den Stand der Ausweisung von Schutzgebieten für den (strengen) Natur- und Artenschutz bezogen auf die administrative Gebietsfläche (ohne Meeresgebiete) (Walz und Schumacher 2010). Im Rahmen des IÖR-Monitors wird der strenge Naturschutz durch die Kategorien Nationalparks (NTP), Naturschutzgebiete (NSG), sowie Natura-2000-Gebiete, also Fauna-Flora-Habitat-Gebiete (FFH) und Vogelschutzgebiete (SPA) (IÖR 2020).

Im IÖR-Monitor ist der Indikator „Anteil Gebiete ‚Natur- und Artenschutz‘ an Gebietsfläche“ sowohl auf Bundesland-, Raumordnungs-, Kreis- und Gemeindeebene als auch in Rasterform zwischen 10 km und 100 m aktuell für die Zeitschnitte 2006 sowie 2008–2020 verfügbar. Die Daten sind unter https://monitor.ioer.de/ nachzuvollziehen und frei zugänglich.

Auf Grundlage des jüngsten Zeitschnitts beträgt die deutschlandweite Spannweite auf Bundeslandebene 8,0 bis maximal 30,2 % Anteil der Gebiete mit strengem Natur- und

Tab. 5.18 Entwicklung des Anteils der Gebiete Natur- und Artenschutz in den Bundesländern im Zeitraum 2008–2020

Bundesland	Natur- und Artenschutzfläche (%)						
	2008	2010	2012	2014	2016	2018	2020*
Baden-Württemberg	17,5	17,5	17,5	17,6	17,6	17,7	17,7
Bayern	11,3	11,4	11,4	11,4	11,4	11,5	11,5
Berlin	7,8	7,7	7,8	7,8	7,6	8,0	8,0
Brandenburg	26,5	26,5	26,6	26,5	26,5	26,5	26,6
Bremen	23,4	23,4	23,4	23,4	24,3	24,1	24,1
Hamburg	10,2	10,3	10,5	10,8	11,2	11,3	12,2
Hessen	21,2	21,2	21,2	21,2	21,3	21,3	21,3
Mecklenburg-Vorpommern	30,1	30,1	30,1	30,1	30,2	30,2	30,2
Niedersachsen	11,3	11,4	11,4	11,4	11,4	11,6	11,7
Nordrhein-Westfalen	10,9	11,2	11,3	11,4	11,6	11,7	11,7
Rheinland-Pfalz	19,2	19,6	19,7	19,7	20,0	20,0	20,0
Saarland	12,3	12,3	12,3	12,3	12,3	12,6	12,6
Sachsen	15,9	15,9	15,9	15,9	15,8	15,9	16,0
Sachsen-Anhalt	11,7	11,7	11,7	11,7	11,8	11,8	11,8
Schleswig–Holstein	10,3	10,8	10,9	10,9	11,2	11,0	11,1
Thüringen	17,0	17,0	17,0	17,0	17,1	17,0	17,0
Deutschland	**15,9**	**16,0**	**16,0**	**16,0**	**16,1**	**16,1**	**16,2**

*Datenstand der Natura-2000-Gebiete 2019 (für 2020 erfolgte bisher keine Fortschreibung aufgrund eines bei der EU neu eingeführten Prüfverfahrens von Gebietsänderungen)

Artenschutz (Tab. 5.18). Im Mittel sind es 16,2 %. Die höchsten Werte erreicht Mecklenburg-Vorpommern (30,2 %) gefolgt von Brandenburg (26,6 %). Die niedrigsten Werte sind in Berlin (8,0 %) und Schleswig-Holstein (11,1 %) zu verzeichnen. Bei den Kreisen ist die Streuung sehr groß. Zwei Stadtkreise, Hof und Kempten, besitzen in ihrem Gebiet ausnahmsweise keine Schutzgebiete o. g. Kategorien für den Natur- und Artenschutz. Im Kreis Garmisch-Partenkirchen ist der Anteil mit 54,1 % bundesweit am höchsten (Abb. 5.35).

Die räumlichen Ausprägungen haben sich seit 2006 kaum verändert. Der Indikator weist im Nordosten Deutschlands die höchsten Werte räumlich zusammenhängender Schutzgebiete auf (Mecklenburgische Seenplatte, Vorpommersche Küsten- und Boddenlandschaft, Brandenburgische Seenplatte und Niedersächsisches Wendland). Außerdem sind hohe Werte im östlichen Sauerland, im Hessischen Bergland, im Rheinischen Schiefergebirge, im Pfälzer Wald, in der Rhön, im Schwarzwald, in der Schwäbischen Alb sowie mit unterschiedlicher Ausprägung in den Alpen zu finden. Überdurchschnittliche Anteilswerte sind auch in Nord- und Ostsachsen sowie im Thüringer Wald zu verzeichnen. Besonders niedrige Werte zeigt der Indikator im Oldenburger Land, in Teilgebieten Nordrhein-Westfalens, im Raum Chemnitz-Zwickau, in der östlichen Ober-

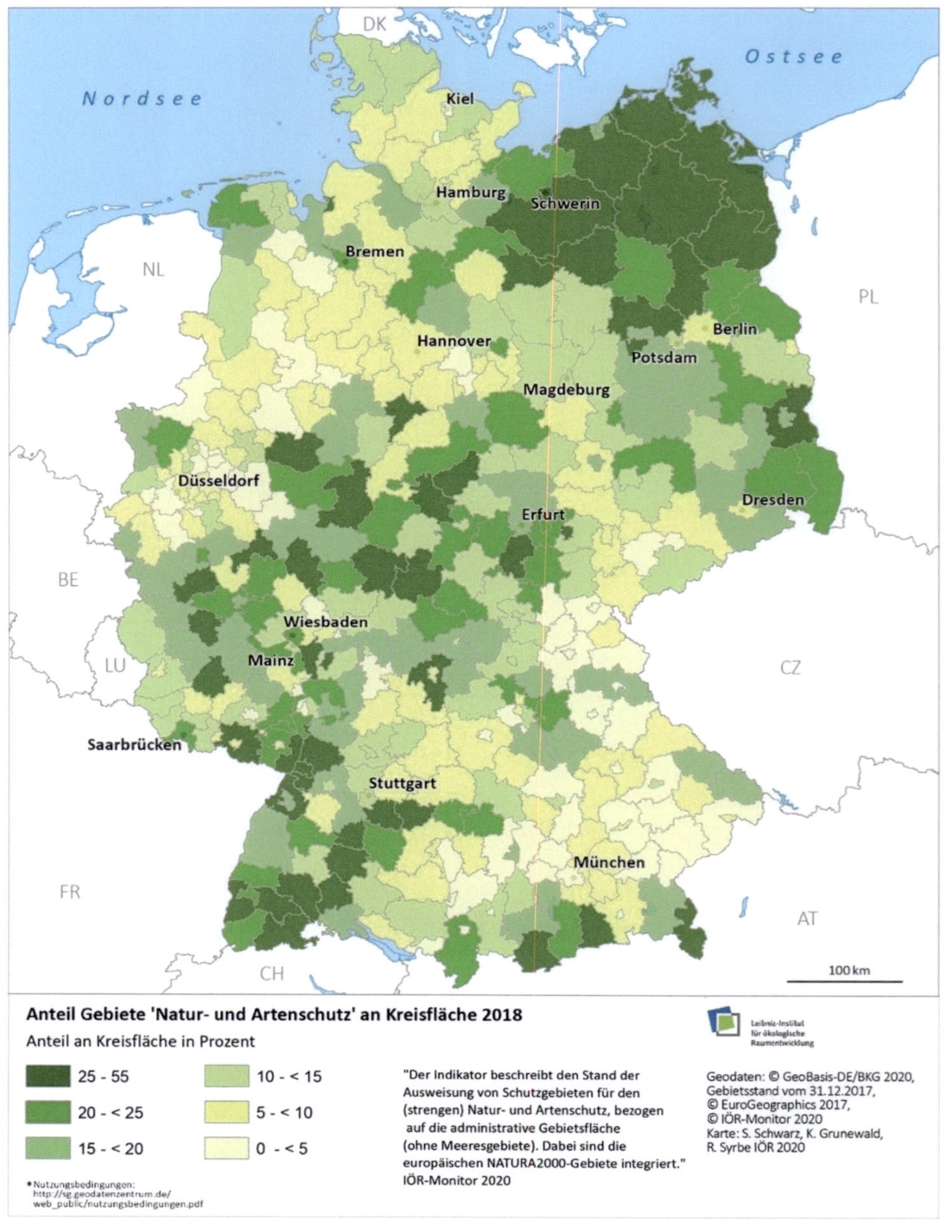

Abb. 5.35 Anteil Gebiete Natur- und Artenschutz an den Landkreisen im Jahr 2018

pfalz, sowie in weiten Teilen Niederbayerns. Darüber hinaus gibt es in zahlreichen kreisfreien Städten des gesamten Bundesgebiets nur einen geringen Anteil von Gebieten des Natur- und Artenschutzes (vgl. auch Walz und Schumacher 2010).

Der Anteil der Schutzgebiete an der Gebietsfläche nimmt im Zeitraum 2008–2020 geringfügig zu, nämlich von 15,9 % der Gebietsfläche Deutschlands im Jahr 2008 auf 16,2 % im Jahr 2020 bzw. um 0,1 bis 2,0 % in den einzelnen Bundesländern (Tab. 5.18).

Zudem fand eine Auswertung der Anteile der Naturschutzgebietstypen an den Ökosystemtypen Deutschlands statt. In Tab. 5.19 sind die relativen Anteile der Schutzgebietstypen an den Unterökosystemtypen (U-ÖST, Abschn. 5.2, Bezugsjahr 2018) abgebildet. Es handelt sich bei den dargestellten Schutzgebieten um jene, welche nach der Methodik des IÖR-Monitors zum strengen Naturschutz gezählt werden (s. oben). Da Flächen gleichzeitig durch mehrere Naturschutzgebietstypen geschützt sein können, kann es zu Flächenüberschneidungen kommen.

Am Beispiel des U-ÖST „Naturnahes Grünland und Heiden" lässt sich erkennen, wie stark sich die Schutzgebiete teils überlagern. Nach dem Indikator zu „strengem" Naturschutz („Anteil Gebiete ‚Natur- und Artenschutz' an Gebietsfläche") sind 72 % dieser Kategorie durch unterschiedliche Schutzgebietskategorien geschützt (Tab. 5.19). Dabei werden alle Schutzgebietskategorien als eine verschmolzene Fläche (Verschneidungsfläche) betrachtet und somit der Anteil der überhaupt geschützten Fläche im U-ÖST erkennbar. FFH (65 %) und SPA (59 %) machen dabei bereits je einen großen Anteil aus. Der relative Anteil beschreibt jeweils den Flächenanteil der Schutzgebietskategorie am Unterökosystemtyp. Hinsichtlich des strengen Natur- und Artenschutzes enthalten besonders die Unterökosystemtypen „Naturnahes Grünland und Heiden", „Feuchtflächen", „Übergangs und Extremstandorte" oder auch „Meeresgewässer" einen hohen Anteil. Wenige Flächen stehen hingegen bei den U-ÖST „Anbaukulturen" und „Urbane Grün- und Freizeitflächen" unter Schutz.

Unter den vier Naturschutzkategorien ist festzustellen, dass sowohl SPA als auch FFH-Gebiete den größten Schutzanteil an den Unterökosystemtypen haben. Die Kategorien NSG und besonders NTP (Nationalparks) sind anteilig weniger stark vertreten, was die Bedeutung der europäischen Schutzgebietskategorien verdeutlicht.

5.7.3 Vorschlag für einen Biotopflächenindikator auf Bundesebene

Burkhard Schweppe-Kraft*, Ralf-Uwe Syrbe, Sophie Meier und Karsten Grunewald

5.7.3.1 Leistungen der Ökosysteme zur Erhaltung der biologischen Vielfalt

Ökosystemleistungen sind letztlich Leistungen der Ökosysteme für die Gesellschaft. Viele ÖSL lassen sich deshalb nur dann exakt quantifizieren, wenn man die Begünstigten hinsichtlich ihrer Anzahl und auch der Stärke der Begünstigung konkret erfassen oder

Tab. 5.19 Relativer Anteil von Naturschutzkategorien an den Unterökosystemtypen (U-ÖST; in Prozent, Bezugsjahr 2018)

Unteröko-systemtypen	Relativer Anteil U-ÖST-Fläche an Gesamtfläche	FFH relativ an U-ÖST	NSG relativ an U-ÖST	NTP relativ an U-ÖST	SPA relativ an U-ÖST	Strenger Natur- und Artenschutz relativ an U-ÖST (Verschneidungsfläche aus FFH, NSG, NTP und SPA)
11 Naturnahes Grünland und Heiden	0,8	64,8	29,2	7,5	58,9	72,1
12 Feucht-flächen	0,5	62,4	47,2	11,4	57,4	78,1
13 Übergangs und Extrem-standorte	0,1	71,3	36,1	33,9	69,2	76,6
21 Wald	28,5	17,4	6,4	1,1	16,5	25,8
22 Gehölz	1,9	13,3	6,2	1,3	15,0	21,9
31 Anbau-kulturen	33,3	1,2	0,4	0,0	6,3	7,0
32 Grünland	16,7	9,8	5,1	0,3	12,4	18,3
41 Fließgewässer	0,4	48,5	13,6	0,8	33,4	53,9
42 Stand-gewässer	1,2	33,4	14,2	1,2	33,9	46,3
43 Meeres-gewässer	6,5	48,5	10,1	33,6	60,5	63,9
51 Gebäude und Verkehr	8,8	0,5	0,1	0,0	0,6	1,0
52 Abbau und Halden	0,3	1,8	1,1	0,0	2,9	4,7
53 Urbane Grün- und Freizeitflächen	1,2	1,9	0,7	0,1	1,8	3,3

modellieren kann. Dies gilt beispielsweise für die klimatische Wirkung von Stadtgrün, die Hochwasserminderung durch Auen oder Leistungen für landschaftsgebundene Erholung. Aber es gibt auch Leistungen, bei denen eine räumlich explizite Erfassung der Begünstigten nicht erforderlich ist. Dies gilt etwa für die Versorgungsleistung „Biomasseproduktion" (Holz, Nahrungsmittel, Rohstoffe), bei der die Distribution der Produkte über Märkte dafür sorgt, dass sich die Begünstigten innerhalb eines mehr oder weniger stark eingrenzbaren Teils des Weltmarkts befinden. Aber auch die Leistungen der Ökosysteme für die Erhaltung der biologischen Vielfalt gehören hierzu. Zwar kann man bei Zahlungsbereitschaftsanalysen für die Erhaltung der biologischen Vielfalt eine

Präferenz für die eigene Region feststellen (Abschn. 4.2.3); für ein global oder national definiertes Ziel der Erhaltung biologischer Vielfalt (per se) ist es aber wenig sinnvoll, Entscheidungen und Bewertungen letztlich davon abhängig zu machen, wie viele Menschen in der jeweiligen Region leben.

Diesem Prinzip folgend wurde der Biodiversitätsflächenindikator entwickelt mit dem Ziel, die Leistungen der Ökosysteme zur Erhaltung der biologischen Vielfalt zu erfassen und diese so gut und konkret wie möglich auch räumlich deutschlandweit zu präsentieren. Dabei werden keine neuen speziellen Untersuchungen zur Biodiversität verwendet, sondern nur Daten, die aus bereits bestehenden, regelmäßig durchgeführten Untersuchungsprogrammen bundesweit vergleichbar vorliegen. Aufgrund der beiden zuletzt genannten Kriterien „regelmäßig" und „bundesweit vergleichbar" wurde zunächst darauf verzichtet, die Biotopkartierungen der Länder in die Methodik mit einzubeziehen. Der entwickelte „physische" Indikator wird in einem weiteren Schritt ökonomisch bewertet, um eine Grundlage dafür zu schaffen, die Leistung der Ökosysteme für die biologische Vielfalt physisch und ökonomisch auch in eine weiterentwickelte umweltökonomische Gesamtrechnung einbinden zu können.

Die Common International Classification for Ecosystem Services (CICES 5.1, Haines-Young und Potschin 2018), an der sich die Länder der EU ausrichten, definiert zwei kulturelle ÖSL, an die der hier entwickelte Indikator anknüpft: „Merkmale oder Eigenschaften lebender Systeme, die einen Existenzwert" (Funktionsnummer 3.2.2.1) oder einen „Vermächtniswert" (Funktionsnummer 3.2.2.2) haben. Gemeint sind hiermit „die Dinge in der Natur, von denen wir denken, dass sie erhalten werden sollten" (3.2.2.1), u. a. auch für die „Nutzung oder das Vergnügen zukünftiger Generationen" (3.2.2.2). Beispielhaft werden hierfür „als Wildnis ausgewiesene Gebiete" und „gefährdete Arten oder Lebensräume" genannt. Die Fokussierung auf Wildnis und gefährdete Arten und Lebensräume etwa im Sinne der Gefährdungsgrade der Roten Listen erscheint allerdings auch aus ökonomischer Sicht wenig überzeugend, denn viele Menschen setzen sich auch für die Erhaltung von Arten ein, die nicht auf der Roten Liste stehen. Eher sind die Rote-Liste-Einstufungen als letzte Warnsignale dafür zu verstehen, dass die Entwicklung hier deutlich in die falsche Richtung geht.

Die Existenz- und Vermächtniswerte der Natur werden deshalb hier breiter definiert, im Sinne der Erhaltungsziele der Konvention über die biologische Vielfalt oder des Bundesnaturschutzgesetzes. Beides sind auf demokratischen Prozessen aufbauende, gesellschaftlich gültige Regelungen. Sie dürften deshalb die Präferenzen der Bürger einigermaßen richtig wiedergeben. Präferenzen sind das, was in der Ökonomie die Grundlage für Güter und Dienstleistungen bildet, einschließlich ihrer ökonomischen Bewertung. Was bei den Bürgern auf eine positive Präferenz stößt, ist im ökonomischen Sinne ein Gut. Wenn dieses Gut von der Natur zur Verfügung gestellt wird, ist es eine ökonomische Leistung der Natur. Im neuen internationalen Standard für die Umweltgesamtrechnung wird diese Leistung dementsprechend auch als *„ecosystem and species appreciation service"* bezeichnet (UN 2021). Dabei ist es für die prinzipielle ökonomische Einstufung als Gut bzw. Leistung unerheblich, ob es sich wie bei der Leistung des Ackerbodens für die landwirtschaftliche Produktion um ein privates Gut handelt oder wie beim Existenzwert der biologischen Vielfalt um ein öffentliches Gut, von dem jeder „profitiert", der hierfür eine Präferenz hat, ohne dass er dadurch einen anderen gleichzeitig von dem Genuss dieses Guts ausschließen muss bzw. kann (Abschn. 4.2).

5.7.3.2 CLC-Klassen des LBM-DE als Grundraster für die räumlich explizite Darstellung von Ökosystemen und ihren Leistungen

Die räumlich explizite Darstellung von Ökosystemen und ihren Leistungen für die biologische Vielfalt erfolgt auf der Grundlage der dreistelligen CLC-Klassen, die vom LBM-DE geliefert werden, dass alle drei Jahre fortgeschrieben wird (Abschn. 5.2). Dies sind für Deutschland 37 verschiedene Ökosystemtypen, z. B. Salzwiesen, bzw. Nutzungstypen wie etwa Ackerland oder Landbedeckungen, z. B. Wald, der in Deutschland (fast) immer gleichzeitig auch ein Nutzungstyp ist. Die dreistelligen CLC-Klassen wurden zu Kommunikationszwecken noch einmal zu fünf Hauptökosystemtypen zusammengefasst (vgl. Abb. 5.3).

Das LBM-DE wurde durch Bufferfunktionen auf der Grundlage der Angaben in ATKIS um alle linienhaften Elemente erweitert. Hierzu gehören auch alle Wege und Pfade sowie alle Heckenstrukturen, die in ATKIS verzeichnet sind (Grunewald et al. 2020c).

Eine weitere Differenzierung bzw. fachliche Unterlegung von LBM-DE ist überall dort möglich, wo deutschlandweit räumlich explizite Daten vorhanden sind, die eine zusätzliche Differenzierung eines Ökosystems hinsichtlich seiner Leistung für die Erhaltung der biologischen Vielfalt erlauben. Diese Voraussetzung ist bei den Gewässern gegeben, die flächendeckend hinsichtlich ihres ökologischen Zustands nach Wasserrahmenrichtlinie eingestuft sind, und auch bei den Lebensraumtypen nach FFH-Richtlinie, wo die Einstufung nach „Erhaltungszustand" oder die Einstufung der „Strukturen und Funktionen" für eine weitere Differenzierung genutzt werden könnte. Möglich ist auch eine weitere Differenzierung von Laub-, Nadel- und Mischwäldern, abhängig von der potenziellen natürlichen Vegetation (vgl. Destatis 2020a). Die in Abb. 5.36 dargestellte Biotopwertkarte für Deutschland enthält diese weiteren räumlichen Differenzierungsmöglichkeiten noch nicht und zeigt deshalb für Wälder und Gewässer den Durchschnittswert, der sich aus den statistisch ausgewerteten Flächenangaben (s. unten) ergibt.

5.7.3.3 Fachdaten zur weiteren Differenzierung

Die Ökosystem- bzw. Landbedeckungsklassen des LBM-DE sagen bereits selbst etwas über die Bedeutung der jeweiligen Fläche zur Erhaltung der biologischen Vielfalt aus, wenn auch nur grob. Zusätzlich existiert inzwischen eine Vielzahl von Facherhebungen und -bewertungen, die deutschlandweit vergleichbare Daten für eine genauere Einschätzung liefern können.

Abb. 5.36 Karte der Biotopwerte nach der Punkteskala der Bundeskompensationsverordnung zur Eingriffsregelung (Bezugsjahr 2018)

Neben dem LBM-DE wurden hierzu verwendet:

- Daten aus der Berichterstattung zu den FFH-Richtlinien (BfN 2020a),
- Daten aus der Berichterstattung zur Wasserrahmenrichtlinie (UBA 2020),
- die Kartierung von landwirtschaftlich genutzten Flächen mit hohem Naturschutzwert (HNV-Kartierung, BfN 2020b),
- Daten des Statistischen Bundesamtes zur Landnutzung und zu den verschiedenen Arten der landwirtschaftlichen Bodennutzung (Destatis 2020a, b),
- die Bundeswaldinventur (BWI 2012).

Auf der Grundlage dieser Quellen wurden Flächengrößen für etwa 300 verschiedene Ökosystemtypen bzw. Zustandsklassen von Ökosystemtypen definiert, die das gesamte Bundesgebiet abdecken und jeweils bestimmten CLC-Typen aus dem LBM-DE zugeordnet werden. In Abb. 5.37 wird das Verfahren am Beispiel des CLC-Typs 331 „Heiden und Moorheiden" dargestellt.

Diesem Biotoptyp werden in einem ersten Schritt die hierzu passenden FFH-Lebensraumtypen zugeordnet und zusätzlich die hochgerechneten Flächen für Bäume und Baumreihen sowie Hecken und Gehölze aus der HNV-Kartierung. Für die letztgenannten Flächen gibt es keinen speziell passenden CLC-Typ, sodass man sie einem ähnlichen Typ zuordnen muss. Alternativ böte sich der Typ 324 „Wald-Strauch-Übergangsstadien" an, der aber in der Regel auf Einschlag-, Windbruch- usw. und Aufforstungsflächen im Wald angewendet wird.

Die Summe aus FFH- und HNV-Flächen ergibt einen Überhang von CLC-Typ 331 „Heiden und Moorheiden", der einem anderen passenden CLC-Typ zugeordnet werden muss – in diesem Fall dann dem CLC-Typ 324 „Wald-Strauch-Übergangsstadien". Sowohl die FFH-Lebensraumtypen als auch die HNV-Biotope sind aufgrund der jeweiligen Fachbewertungen nach unterschiedlichen ordinalen Zustandsklassen differenziert. An diesen Zustandsklassen setzt eine kardinale Bewertung mit Biotopwerten an, wie in Abb. 5.37 unten dargestellt.

In die genannten Facherhebungen und Fachbewertungen der Berichterstattungen zur FFH- und Wasserrahmenrichtlinie, der HNV-Kartierung und der Bundeswaldinventur gehen zahlreiche Daten über Vorkommen und Abundanz von Arten ein. Der hier entwickelte Indikator für die Leistung der Ökosysteme für die biologische Vielfalt besteht deshalb nicht aus einer einfachen Bewertung von Nutzungstypen. Durch den Rückgriff auf die genannten Fachdaten reflektiert er vielmehr auch eine Vielzahl von Artenerhebungen. Bei den terrestrischen Biotoptypen sind dies allerdings vorwiegend Pflanzenarten. Deren Zusammensetzung lässt jedoch, verbunden mit erfassten Strukturkomponenten, auch generelle Schlüsse auf die Lebensraumeignung für Tierarten zu.

Die unterschiedlichen in den genannten Fachdaten verwendeten relativen Zustandsbewertungen (vgl. Box „Ordinale Zustandsklassen in den verwendeten Fachdaten") gelten jeweils nur für einen Ökosystemtyp bzw. eine einzelne Gruppe von Ökosystemtypen. Sie erlauben keinen Vergleich zwischen verschiedenen Ökosystemtypen. Um eine

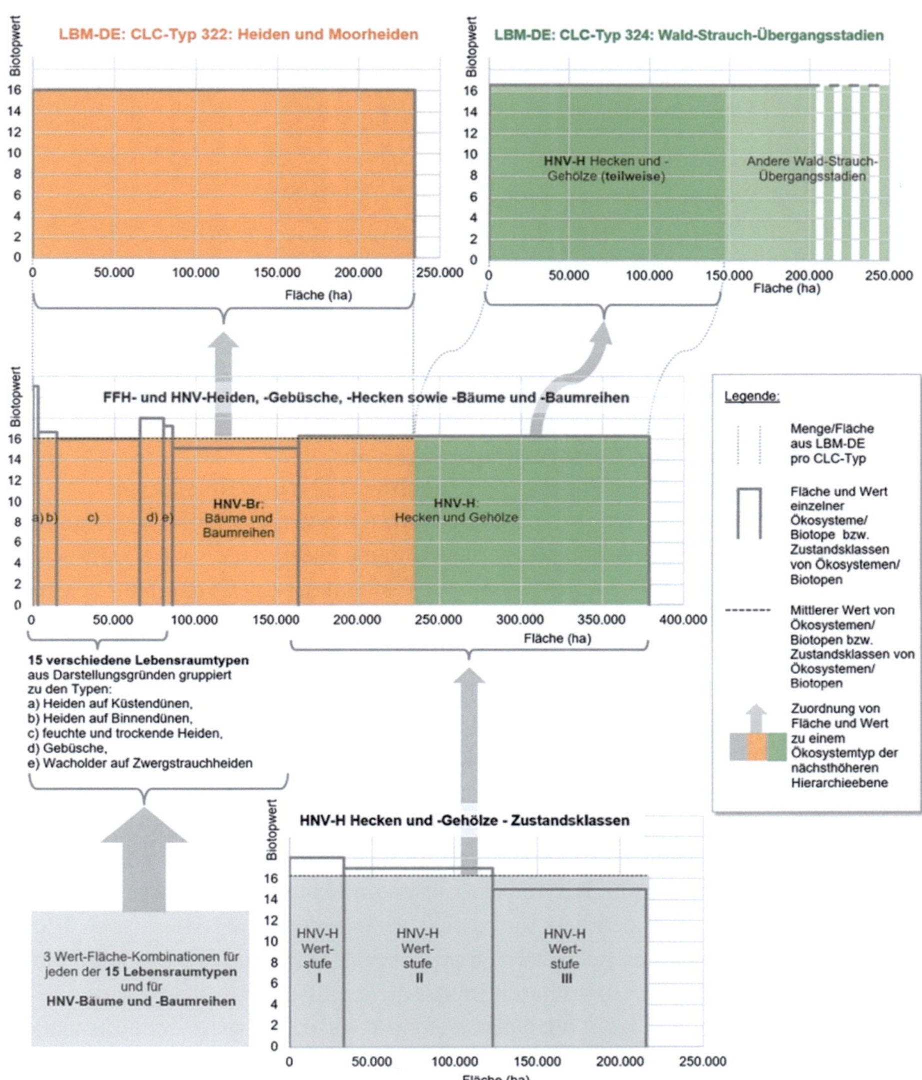

Abb. 5.37 Zuordnung und Integration von Fachdaten und Fachbewertungen in die CLC-Klassen. Beispiel: CLC-Typ 322 "Heiden und Moorheiden". (Quelle: Schweppe-Kraft et al. 2020)

übergreifende Aussage zum Zustand der biologischen Vielfalt machen zu können, bedarf es zusätzlich eines Bewertungssystems, das einen Vergleich zwischen unterschiedlichen Ökosystemtypen ermöglicht.

Ordinale Zustandsklassen in den verwendeten Fachdaten

- FFH: günstiger, ungünstig unzureichender, ungünstig schlechter Erhaltungszustand
- HNV: äußerst hoher, sehr hoher, mäßig hoher Naturwert
- WRRL: sehr guter, guter, mäßiger, unbefriedigender, schlechter ökologischer Zustand oder ökologisches Potenzial
- BWI: sehr naturnahe, naturnahe, bedingt naturnahe, kulturbetonte und kulturbestimmte Baumartenzusammensetzung (hier zusätzlich noch mit der Bewertung der Altersstufe kombiniert)

5.7.3.4 Verwendung von Biotopwertpunkten als ökosystemübergreifender „physischer" Leistungsindikator

Als Grundlage für die ökosystemübergreifende Bewertung wurden Biotopwertpunkte verwendet. Biotopwertpunkte berücksichtigen Merkmale wie Natürlichkeit, Alter, das Vorkommen gefährdeter Arten und die Gefährdung des Ökosystems selbst. Sie werden in Deutschland häufig eingesetzt, um den Nettoeffekt zu ermitteln, wenn Eingriffe in Natur und Landschaft durch die Aufwertung oder Neuschaffung neuer Lebensräume ausgeglichen werden. Biotopwertpunkte können deshalb als (nichtmonetär definierte) Austauschwerte für Ökosysteme angesehen werden und haben damit eine ähnliche Funktion wie Preise in der ökonomischen Welt, allerdings definiert auf einer nichtmonetären Skala.

Hier angewendet wurde die Biotopwertliste nach Mengel et al. (2018), die für die 2020 verabschiedete Bundeskompensationsverordnung (BKompV 2020) entwickelt und hierfür seitdem insbesondere im Bereich der Küsten und Meere noch stärker differenziert wurde. Die Liste von 2018 definiert für ca. 500 verschiedene Ökosystemtypen Biotopwertpunkte. Die Bewertungen reichen von 0 (versiegelte Flächen) bis 24 (intakte Moore, alte naturnahe Wälder). Die aufgeführten Punkte gelten als Durchschnittswerte, die um maximal drei Punkte erhöht oder verringert werden können, um spezifische Zustände zu berücksichtigen.

Die Werte aus dieser Liste wurden jedem der oben genannten ca. 300 verschiedenen Ökosystemtypen bzw. Zustandsklassen von Ökosystemtypen zugeordnet, die auf der Grundlage von LBM-DE-Daten und Facherhebungen hinsichtlich ihrer Flächengröße (für Deutschland) bestimmt werden konnten (Schweppe-Kraft et al. 2020). Die genannten Abschläge und Zuschläge, die die Biotopwertliste ermöglicht, wurden verwendet, um unterschiedliche Zustandsklassen zu bewerten, falls die Biotopwertliste nicht bereits selbst passende Zustandsklassen enthält (Hirschfeld et al. 2020).

5.7.3.5 Wiederherstellungskosten pro abgezinstem Biotopwertpunkt als Grundlage der ökonomischen Bewertung

Ideal für die Berechnung des ökonomischen Werts der Leistungen für die biologische Vielfalt wären im Rahmen einer Kosten-Nutzen-Analyse und im Rahmen der Umweltgesamtrechnung Marktpreise. Tatsächlich gibt es in Deutschland Marktpreise für Biotopwertpunkte. Sie könnten beispielsweise bei den Flächenagenturen ermittelt werden, die für Dritte Ausgleichs- und Ersatzmaßnahmen durchführen (vgl. BFAD 2016). Allerdings existiert in Deutschland auf lokaler, regionaler und Landesebene und bei unterschiedlichen Fachplanungen eine Vielzahl von Biotopbewertungsverfahren, die sich im Detail unterscheiden. Darauf aufbauende Durchschnittspreise oder Preisspannen liegen nicht vor.

Stattdessen wird der hier verwendete monetäre Wert pro Biotopwertpunkt auf der Grundlage einer Kostenschätzung für Maßnahmen berechnet, die erforderlich sind, um die Verpflichtungen der EU-Habitatrichtlinien zu erfüllen (LANA 2016). Die Kosten der Durchführung einer Maßnahme werden dabei den hierdurch erhaltenen oder zusätzlich geschaffenen Biotopwertpunkten zugeordnet. Zur Berücksichtigung von Entwicklungszeiten wurden alle Biotopwerte, d. h. auch die aufgrund der Maßnahmen erst in Zukunft steigenden Biotopwerte, auf den heutigen Zeitpunkt abgezinst. Bei der Berechnung von Kosten und abgezinsten Biotopwertpunkten wurde durchgehend ein Diskontsatz von 3 % angewendet. Das Ergebnis war ein durchschnittlicher Wert von gut 3630 € pro Biotopwertpunkt und Hektar, was bei einem Kalkulationszins von 3 % einem jährlichen Wert von 109 € entspricht. Die angewendete Methode kombiniert Bilanzierungsmethoden zur Schätzung von Werten für Immobilien auf der Grundlage von Baukosten (ImmoWertV 2019, Art. 22) mit Elementen aus der Habitatäquivalenzanalyse (NOAA 2020), die zur Ermittlung von Entschädigungen für ökologische Schäden herangezogen wird (Schweppe-Kraft 2009).

5.7.3.6 Ergebnisse

Biotopwerte – Summe und Entwicklung nach Hauptökosystemtypen

Abb. 5.38 stellt die Beiträge der fünf Hauptökosystemtypen zur Gesamtzahl der Biotopwertpunkte dar, die hier unter Nutzung der verschiedenen Fachbewertungen (FFH, WRRL usw.) als flächenbasierter Indikator für den Beitrag der verschiedenen Ökosysteme an der biologischen Vielfalt verwendet werden. Der monetäre Wert der Leistungen, berechnet auf der Grundlage von Wiederherstellungskosten und -zeiten, ist proportional dazu und wird in derselben Abbildung mithilfe einer zusätzlichen monetären Skala dargestellt.

Den höchsten Beitrag zur Summe der Biotopwertpunkte erbringen mit 47,4 % die Wälder bei einem Flächenanteil von 31,1 %. Landwirtschaftlich genutzte Flächen (einschließlich HNV-Flächen aber ohne HNV-Landschaftselemente) kommen bei einem Flächenanteil von 51,3 % immerhin auf einen Anteil an den Biotopwertpunkten von 37,6 %, wobei ca. die Hälfte davon auf Wiesen und Weiden zurückgeht, die nur ca. ein Drittel der gesamten landwirtschaftlichen Flächen einnehmen.

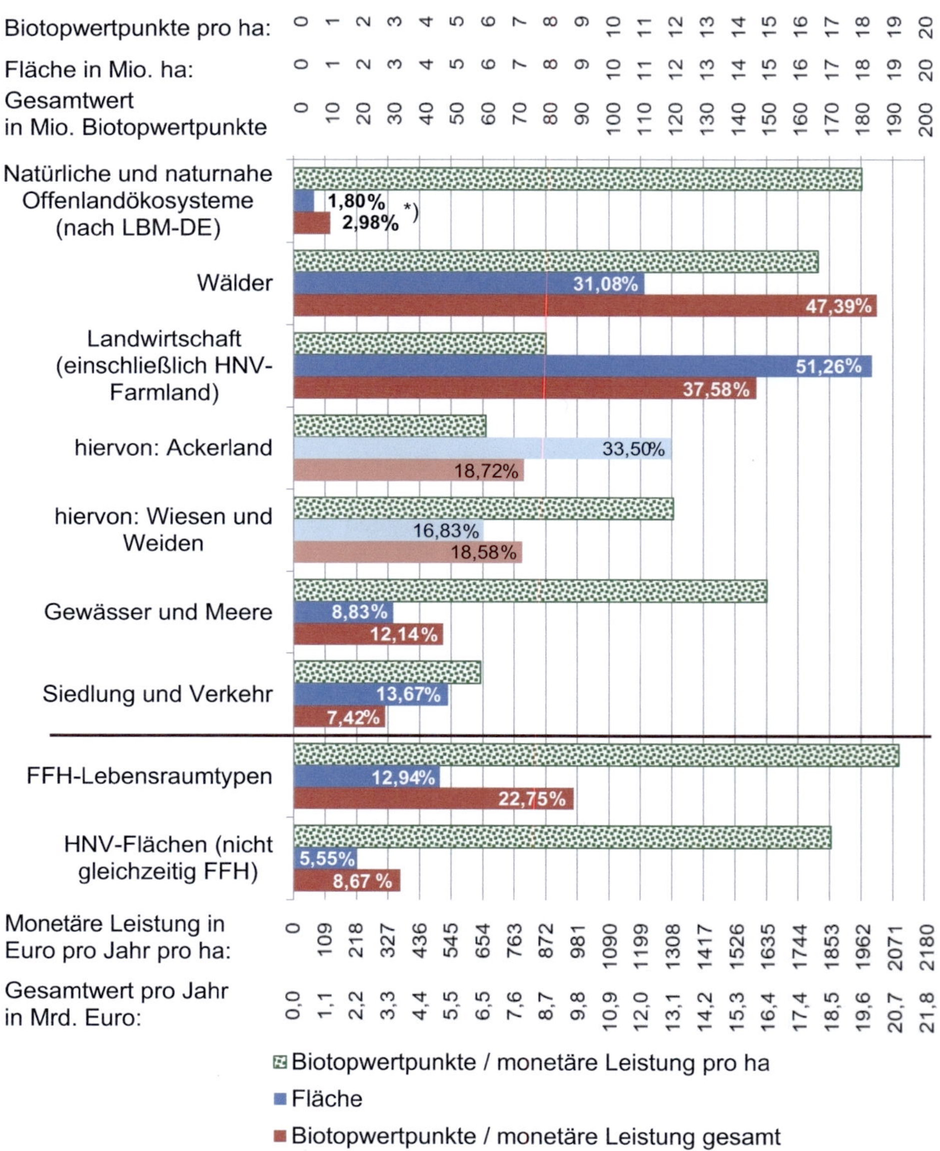

Abb. 5.38 Anteil von Hauptökosystemtypen, FFH- und HNV-Biotopen an der Zahl und dem monetärem Gesamtwert der Biotopwertpunkte Deutschlands. (Quelle: Schweppe-Kraft et al. 2020, ergänzt und aktualisiert)

Die naturschutzfachlich besonders wertvollen FFH- und HNV-Flächen, die den überwiegenden Anteil des Hauptökosystemtyps „naturnahe Offenlandbiotope“ ausmachen, mit ihren größeren Anteilen aber den Wäldern, Gewässern und landwirtschaftlich genutzten Flächen zugehören, umfassen nur 18,5 % der Fläche, aber 31,4 % der Biotopwertpunkte.

Zwischen 2012 und 2015 sank die mit dem oben dargestellten Verfahren gemessene Leistung der Ökosysteme zur Erhaltung der biologischen Vielfalt in Deutschland von 411,5 Mio. auf 407,4 Mio. Punkte. Für das Jahr 2018 wurde dagegen ein gegenüber 2015 deutlich erhöhter Wert von 419,6 Mio. Punkten errechnet. Da sich die Klassifikationsmethode im LBM-DE zwischen 2012 und 2015 verändert hat, ist der Wert für 2012 nicht vollständig mit den beiden späteren Werten vergleichbar. Insgesamt gesehen sind die Änderungen der Werte so gering, dass sich für die Gesamtsumme der Biotopwertpunkte derzeit kein Trend in eine bestimmte Richtung erkennen lässt. Allerdings ist das verwendete Verfahren auch relativ grob - es kann feine qualitative Veränderungen der Biotope nicht widerspiegeln.

Ökonomischer Wert im Vergleich

Im Jahr 2018 betrug der mit dieser Methode errechnete monetäre Wert des Bestands an biologischer Vielfalt 1525 Mrd. €. Das ist mehr als der Wert des deutschen Produktivkapitals (ohne Gebäude), der auf 1395 Mrd. € geschätzt wurde (Destatis 2020c). Der Wert der jährlichen Leistung, berechnet als unendliche Annuität des Bestandswerts mit dem oben genannten Zinssatz von 3 %, beträgt 1105 € pro Haushalt. Auf den Hektar umgerechnet ergibt sich eine mittlere Leistung im Wert von 1199 € pro ha und Jahr. Die Durchschnittswerte für die Hauptökosystemtypen liegen zwischen 1965 € pro ha und Jahr für naturnahe Offenlandökosysteme und 645 € für Siedlungs- und Verkehrsflächen. Monetäre Wertäquivalente liegen derzeit für ca. 500 verschiedene Ökosystemtypen vor (ausgewählte Ökosystemtypen vgl. Abschn. 4.2).

Die jährlichen Wertäquivalente der Leistungen der Ökosysteme für die Erhaltung der biologischen Vielfalt kann man direkt mit Versorgungsleistungen (z. B. für die land- und forstwirtschaftliche Produktion) und auch mit Immobilienwerten vergleichen. Da die wirtschaftlich relevanten Größen ebenso wie die Werte für die biologische Vielfalt in Geldeinheiten berechnet sind, kann man sie (nach Umrechnung in jährliche Größen) pro Ökosystemtyp aufaddieren, um den Gesamtwert einer Fläche für mehrere ÖSL zu berechnen. Dies geschieht in Abb. 5.39. Die verwendeten Größen sind in der Abbildung erläutert. Alle Größen sind Durchschnittswerte, von denen im Einzelfall erhebliche Abweichungen möglich sind.

Es fällt auf, dass die Versorgungsleistungen für die Produktion von landwirtschaftlichen Erzeugnissen und Holz deutlich niedriger ausfallen als die entsprechenden monetären Werte für die Erhaltung der biologischen Vielfalt. Dies gilt selbst für landwirtschaftliche Flächen, deren Beitrag zur Biodiversität nur geringfügig höher ist als der von Wohn- und Gewerbeflächen, selbst wenn alle naturschutzfachlich wertvollen

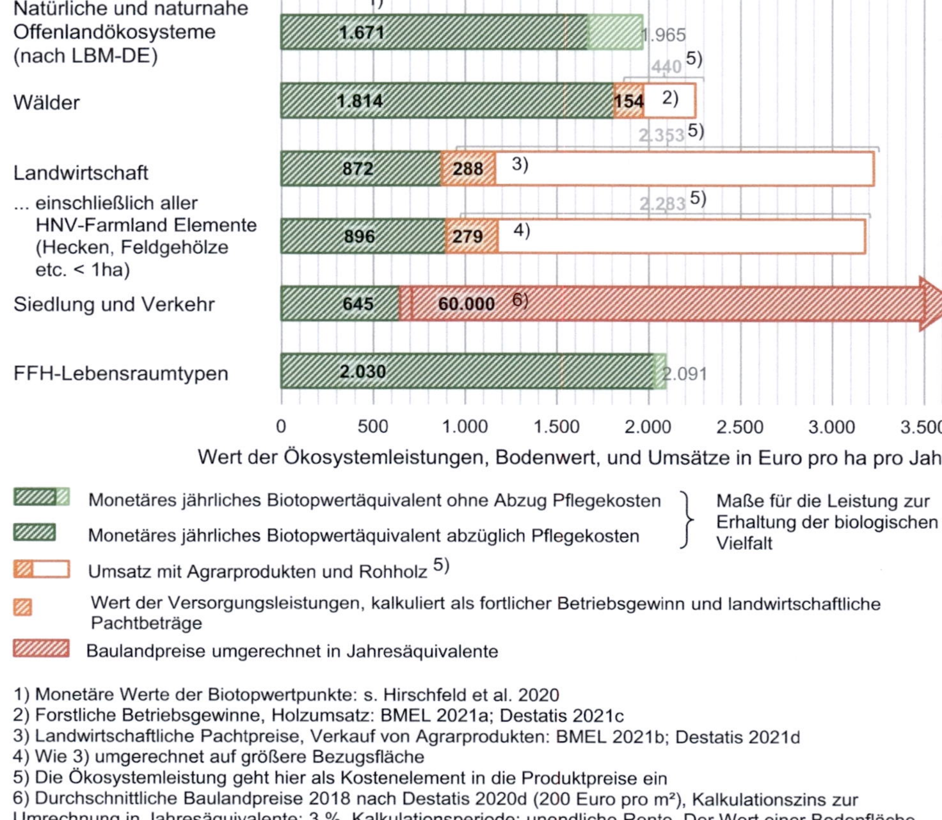

Abb. 5.39 Summe aus monetärem Biotopwert und Beitrag zur Produktion privater Güter und Dienstleistungen für die Hauptökosystemtypen. (© B. Schweppe-Kraft)

Flächenelemente wie Hecken, Steinmauern, Gräben, kleine Feuchtgebietselemente usw. in die landwirtschaftlichen Flächen einbezogen werden.

Der Grund für die hohen Werte für Arten und Lebensräume im Vergleich zu den Werten für Versorgungsleistungen erklärt sich dadurch, dass die biologische Vielfalt zu einem so knappen Gut geworden ist, dass eine höhere Zahlungsbereitschaft für ihre Wiederherstellung besteht und hierfür mehr Geld pro Flächeneinheit ausgegeben wird, als für den Kauf eines Waldstücks zur Holzproduktion oder für die Verpachtung von Flächen für die landwirtschaftliche Nutzung.

Nur im Falle von Siedlungsflächen ist die Situation anders. Hier ist der Wert als Bauland für Wohn- oder Gewerbezwecke, der als eine Art abiotische Versorgungsleistung angesehen werden kann, deutlich höher als der Wert für die biologische Vielfalt.

Vergleicht man den jeweiligen Gesamtwert von Biodiversität und wirtschaftlichen Leistungen zwischen den Ökosystemen, so haben Siedlungsflächen mit Abstand die höchsten Werte, gefolgt von Wäldern und natürlichen und naturnahen Ökosystemen sowie am Ende landwirtschaftlichen Flächen mit dem geringsten Wert. Baulandpreise tragen nicht unbedingt zur menschlichen Wohlfahrt bei, sondern beruhen zu einem großen Teil auf Spekulationen.

Diese Reihenfolge entspricht durchaus dem derzeitigen Trend in der Flächennutzung und der dabei üblicherweise verfolgten Praxis der Eingriffsregelung: Bei der Neuausweisung von Siedlungsflächen werden häufig landwirtschaftliche Flächen in Anspruch genommen. Auch die Durchführung von Ausgleichs- und Ersatzmaßnahmen findet häufig auf landwirtschaftlichen Flächen statt. Ökonomisch gesehen wird dadurch die Fläche mit der geringsten Summe aus Biotop- und wirtschaftlichem Wert jeweils durch Flächen mit einem höheren gesellschaftlichen Wert ersetzt, und dies sowohl bei der Konversion in Siedlungsfläche als auch bei der Durchführung von Ausgleichsmaßnahmen.

Die Reihenfolge der Gesamtwerte der Ökosysteme ändert sich, wenn statt der ÖSL für die Land- und Forstwirtschaft der jeweilige Produktwert, also die Verkäufe an landwirtschaftlichen Produkten und Rohholz, betrachtet werden. In diesem Fall folgen die Agrarökosysteme unmittelbar auf die Wohn- oder Gewerbenutzung und erst danach schließen sich die Wälder und mit einem nur etwas niedrigerem Wert die natürlichen und naturnahen Ökosysteme ohne Nutzung an. Der Grund für die geänderte Reihenfolge ist der Anteil des menschlichen Inputs im Produktwert, der in der Landwirtschaft besonders hoch ist.

Für die Frage, ob etwas mehr Land der einen oder anderen Nutzung zugeführt werden sollte, um die gesellschaftliche Wohlfahrt zu erhöhen, zählt jedoch nur der Wert der ÖSL (hier einschließlich der in Jahresäquivalente umgerechneten Baulandpreise). Wenn es sich bei den Flächenumwidmungen nur um relativ kleine Änderungen von einem zum anderen Jahr handelt, kann davon ausgegangen werden, dass menschliche Arbeit, Kapital und weitere Ressourcen, die an der Produktion der Marktgüter beteiligt sind, in eine andere Verwendung umgeleitet werden können, die in vergleichbarem Umfang wie zuvor zum Volkseinkommen und zur menschlichen Wohlfahrt beiträgt. Erst wenn große Landnutzungsänderungen innerhalb kurzer Zeiträume ohne ausreichende Anpassungsmöglichkeiten durchgeführt werden sollen, müssen in Entscheidungen über Flächennutzungen auch mögliche vorübergehende Inflexibilitäten auf den Arbeits- und Kapitalmärkten berücksichtigt werden.

5.7.3.7 Diskussion und Vergleich mit anderen Systemen für die Bilanzierung der Leistungen der Ökosysteme zur Erhaltung der biologischen Vielfalt

Der entwickelte **Biotopflächenindikator** zeigt, dass eine flächendeckende Erfassung der Leistungen der Ökosysteme für die Erhaltung der biologischen Vielfalt möglich ist.

Es ist anzunehmen, dass sich noch bestehende Lücken in den Datengrundlagen u. a. im Bereich weniger wertvoller Biotope (z. B. Umfang mittelintensiv genutzten Grünlands) durch Einführung eines Ökosystemmonitorings (BfN 2020c) vermindern lassen.

Verbunden hiermit sollten auch Wege gesucht werden, die sehr langen Erhebungsintervalle bei den WRRL-, FFH- und BWI-Daten (sechs bzw. zehn Jahre) zwischenzeitlich zumindest durch die Erhebung wichtiger Teilindikatoren zu überbrücken, um eine möglichst kontinuierliche Bewertung zu ermöglichen. Von den drei gerade genannten Datenquellen konnten aufgrund der Erhebungsintervalle nur bezüglich FFH relativ aktuelle Daten verwendet werden. Weiterhin sollten in Zukunft auch Datenerhebungen und -bestände berücksichtigt werden, für deren Integration das verwendete Biotoppunktesystem keine einfachen Anknüpfungspunkte bietet und deshalb hierfür zusätzliches Fachwissen und Abstimmungen unter Experten erforderlich sind. Hierzu gehören beispielsweise die Erfassung der Totholzbestände in der BWI und eine Integration des Vogelmonitorings oder anderer artenbasierter Daten.

Das Ziel, Leistungen der Ökosysteme für die Erhaltung der biologischen Vielfalt zu quantifizieren, ähnelt hinsichtlich der nichtökonomischen Bilanzierung sehr stark einer Biodiversitätsbilanzierung, die ebenfalls im SEEA EA als thematische Bilanz vorgesehen ist. Bekannte Systeme für eine solche Biodiversitätsbilanzierung sind der Natural Capital Index (NCI) aus den Niederlanden (ten Brink 2007) und der Nature Index (NI) aus Norwegen (Pedersen et al. 2016).

In beiden Fällen werden für breit definierte Ökosystemtypen (9 in Norwegen und 12 in den Niederlanden) Artenbestände und zum Teil auch bestandsrelevante Umweltbedingungen erfasst, auf normierte Skalen übertragen und gewichtet oder ungewichtet zu einem Indikator pro Ökosystemtyp aggregiert. Hierbei stehen eine 1 bzw. 100 % für einen natürlichen Zustand, der anhand von Referenzwerten festgelegt wird bzw. bei Kulturökosystemen einen Zustand vor Einführung der industriellen Landwirtschaft repräsentiert. Grundlage für die Teilindikatoren sind erfasste Daten, modellierte Daten und Experteneinschätzungen.

Im niederländischen System wird zusätzlich ein Gesamtwert für naturnahe Ökosysteme (Wälder, Dünen usw.) gebildet. Er berechnet sich als Summe der Produkte aus der Fläche der Ökosystemtypen (bzw. dem Flächenanteil an der Gesamtfläche) multipliziert mit dem jeweiligen artenbasierten Indexwert. Städtische Ökosysteme werden von beiden Systemen bisher nicht berücksichtigt.

Während bei den genannten Ansätzen Artenbestände die Basis der Bewertung sind und Ökosysteme nur wenig differenziert werden, ist bei dem hier entwickelten Indikator ein hoch differenziertes System von Ökosystemen die Grundlage für die Bewertung. Die Entwicklung von Artenbeständen geht explizit (nur) als differenzierende Zusatzbewertung in das System ein. Implizit ist sie aber bei der Biotopbewertung bereits dadurch berücksichtigt, dass das Lebensraumpotenzial insbesondere für gefährdete Arten ein wesentliches Teilkriterium innerhalb der Biotopbewertung darstellt.

Sowohl der hier entwickelte Biotopflächenindikator als auch NCI und NI basieren teilweise auf Experteneinschätzungen, sowohl bezüglich bestimmter Einzelkriterien als auch hinsichtlich der Gewichtungen zwischen verschiedenen Kriterien. Als Vorteil kann gewertet werden, dass die expertenbasierten Biotopbewertungen in Deutschland als Regeln für staatliches Handeln normiert sind und den eingehenden subjektiven Bewertungen dadurch eine offizielle gesellschaftliche Legitimation gegeben wird.

Neben der Einbeziehung weiterer artenbasierter Daten dürfte es für die Akzeptanz des entwickelten Indikators als statistische Kennziffer sinnvoll sein, die Kriterien und Gewichtungen, die hinter den Biotopbewertungen stehen, expliziter zu machen. Dazu sollten sie stärker quantitativ unterlegt werden. Hierfür sind grundsätzlich auch ordinal skalierte Daten geeignet.

Ziel war es, die Leistungen auch monetär auszudrücken und dies so marktnah wie möglich zu tun, damit die Werte für eine Integration in das System der umweltökonomischen Gesamtrechnung geeignet sind. Hierzu wurde an das System der Biotopwertpunkte angeknüpft, die als eine Art Währung für den Vergleich und den Austausch unterschiedlicher Biotope anzusehen sind. Die Monetarisierung erfolgt, mangels anderer bundesweit verfügbarer Daten, über die Schätzung durchschnittlicher Herstellungskosten pro Biotopwertpunkt von zukünftig erforderlichen Maßnahmen zur Erreichung der Ziele der FFH-Richtlinie. Um die monetäre Basis der Berechnung sicherer zu machen, sollte eine stärkere Orientierung bzw. zumindest der Vergleich mit Kostenäquivalenten aus der tatsächlichen Umsetzung von Biotopentwicklungsmaßnahmen oder Ausgleichsmaßnahmen im Rahmen der Umsetzung der Eingriffsregelung erfolgen.

5.7.4 Bewertung von ÖSL am Beispiel von Natura-2000-Gebieten des Erzgebirges

Olaf Bastian*

Nach europäischem Recht soll die Fauna-Flora-Habitat-Richtlinie (FFH-Richtlinie 92/43/EWG) die Erhaltung der biologischen Vielfalt in der Europäischen Union sicherstellen. Dazu wurden das kohärente Schutzgebietssystem Natura 2000 geschaffen sowie Arten und Lebensraumtypen von gemeinschaftlichem Interesse identifiziert.

Nachfolgend wird anhand ausgewählter Beispiele aus dem Erzgebirge (Deutschland/Sachsen und Tschechien) aufgezeigt, welche Möglichkeiten das ÖSL-Konzept bietet, um Natura-2000-Gebiete bzw. -Lebensraumtypen zu bewerten.

Die Untersuchungen fanden überwiegend im Rahmen zweier von der Europäischen Union sowie Sachsen und Tschechien im Rahmen des Europäischen Fonds für regionale Entwicklung (Ziel 3) geförderter Projekte statt und zwar

1. „Grünes Netzwerk Erzgebirge – Schaffung grenzüberschreitender Synergien zwischen Natura-2000-Gebieten und Ländlicher Entwicklung im Erzgebirge“ (2009–2012) und
2. „Mehrwert Natur Osterzgebirge. Ökosystemdienstleistungen erkennen, bewerten und kommunizieren“ (ESOM, 2012–2015).

Ziel der Projekte war es,

- ÖSL charakteristischer Landschafts-, Ökosystem- bzw. Biotoptypen des Erzgebirges beiderseits der deutsch-tschechischen Grenze exemplarisch zu erfassen,
- die komplexen Verflechtungen zwischen den verschiedenen Leistungen und ihren Nutzern aufzuzeigen,
- deren Mehrwert für die Bevölkerung darzustellen,
- die Problematik von Angebot und Nachfrage bzw. Kosten und Nutzen zu thematisieren und
- die Ergebnisse zielgruppengerecht aufzubereiten und diese einer breiten Öffentlichkeit zur Verfügung zu stellen (Bastian et al. 2010, 2011, 2015, 2017; Stein et al. 2013; Grunewald und Bastian 2015; Vojáček und Louda 2017; Syrbe et al. 2018a).

5.7.4.1 Untersuchungsgebiet

Das Erzgebirge (tschechisch *Krušné hory*) ist eine durch tektonische Kräfte angehobene, ca. 150 km lange Pultscholle, die auf der Südseite auf kurze Distanz steil abfällt, nach Norden aber allmählich über eine Entfernung von 30–45 km ins Hügelland übergeht. Der zwischen 800 und 1000 m NN verlaufende Kamm des Erzgebirges bildet seit alters her die Grenze zwischen Sachsen und Böhmen (heute Bundesrepublik Deutschland und Tschechische Republik). Kennzeichnend für die Kammregion des Erzgebirges sind saure Grundgesteine (u. a. Gneise, Phyllite, Granite), raues Klima, zahlreiche Moore und Bergwiesen, ausgedehnte Fichtenforste (Abb. 5.40). Es handelt sich um eine, insbesondere vom Erzbergbau geprägte, traditionsreiche Kulturlandschaft von europäischem Rang,

Abb. 5.40 Steinrückenlandschaft im Osterzgebirge mit dem Geisingberg. (© Olaf Bastian)

Abb. 5.41 Große Anstrengungen sind vonnöten, um die im mitteleuropäischen Maßstab bedeutsame Birkhuhnpopulation im Erzgebirge zu erhalten. (© Jan Gläßer)

die in Ausschnitten im Jahr 2019 von der UNESCO in die Welterbeliste aufgenommen wurde („Montanregion Erzgebirge/Krušnohoří").

Als für das obere Erzgebirge charakteristische, wertvolle Ökosysteme (Biotope) gelten Hochmoore und Moorwälder, aber auch Bergwiesen mit ihrer Vielzahl an bunt blühenden, würzigen Kräutern, außerdem Borstgrasrasen, subalpine Hochstaudenfluren, Steinrücken, Bergmischwälder und naturnahe Fließgewässer. Diese erbringen vielfältige Leistungen, die sowohl der einheimischen Bevölkerung als auch den Bewohnern angrenzender Gebiete zugutekommen.

Die bemerkenswerte Flora und Fauna des Erzgebirges enthält zahlreiche seltene und gefährdete Arten. Als Vertreter der Pflanzenwelt seien erwähnt: Arnika, Busch-Nelke, Feuer-Lilie, Fettkraut, Sonnentau, Trollblume und verschiedene Orchideen-Arten. Als Repräsentant der Tierwelt ist das vom Aussterben bedrohte Birkhuhn (*Tetrao tetrix*) von herausragender Bedeutung, auch im europäischen Maßstab. Im Erzgebirge, insbesondere auf der tschechischen Seite, lebt die größte mitteleuropäische Birkhuhnpopulation außerhalb der Alpen (Abb. 5.41).

Natura 2000

Um dem Rückgang der biologischen Vielfalt entgegenzuwirken und gefährdete Arten und Lebensräume grenzübergreifend zu erhalten, hat die Europäische Union eine Vogelschutzrichtlinie (79/409/EEC) und eine Fauna-Flora-Habitat-Richtlinie (92/43/EEC) erlassen und auf dieser Basis ein kohärentes Netz besonderer Schutzgebiete mit der Bezeichnung „Natura 2000“ geschaffen. Hierzu zählen Vogelschutzgebiete (SPA, *special protection areas*) und Fauna-Flora-Habitat-Gebiete (FFH-Gebiete). Zweck von Natura 2000 ist der nach einheitlichen Kriterien vorgenommene, länderübergreifende Schutz gefährdeter wild lebender heimisch er Pflanzen- und Tierarten und ihrer natürlichen Lebensräume. Natura 2000 stellt weltweit einen der ambitioniertesten Ansätze dar, um den Rückgang der biologischen Vielfalt zu stoppen.

Deutschland hat 4544 FFH-Gebiete in Brüssel gemeldet, die sich auf drei biogeografische Regionen (alpin, atlantisch, kontinental) verteilen. Dies entspricht einem Meldeanteil von 9,3 % bezogen auf die Landfläche. Hinzu kommen 2,1 Mio. ha Bodensee, Meeres-, Bodden- und Wattflächen. Die 742 Vogelschutzgebiete umfassen 11,3 % der Landfläche, außerdem sind ca. 19.700 km^2 Bodensee- und Meeresflächen geschützt. Die im Rahmen der FFH- und Vogelschutzrichtlinie gemeldeten Gebiete können sich räumlich überlagern. Zusammen bedecken sie 15,4 % der terrestrischen Fläche Deutschlands und rund 45 % der marinen Fläche (BfN 2012). Der sächsische Teil des Natura-2000-Netzes, bestehend aus 270 FFH- und 77 Vogelschutzgebieten, nimmt rund 2930 km^2 ein. Das sind 15,9 % der Landesfläche. EU-weit umfassen die ca. 23.700 FFH-Gebiete 14 % der Landfläche und die 5500 Vogelschutzgebiete ca. 12 % der Landfläche aller Mitgliedstaaten (Stand 2020).

Die nach Anhang I der Richtlinie definierten FFH-Lebensraumtypen wurden nach folgenden Kriterien ausgewählt:

- Repräsentativitätsgrad des im Gebiet vorkommenden natürlichen Lebensraumtyps
- relative Flächengröße des Lebensraumtyps in Bezug zum Gesamtvorkommen im EU-Mitgliedstaat
- Erhaltungszustand der Struktur und der Funktionen des Lebensraumtyps sowie Wiederherstellungsmöglichkeit
- Gesamtbeurteilung des Werts des Gebiets für die Erhaltung des betreffenden Lebensraumtyps

Bei der Auswahl der FFH-Arten nach Anhang II der FFH-Richtlinie lagen folgende Kriterien zugrunde:

- Populationsgröße und -dichte der Art im Gebiet im Vergleich zur Gesamtpopulation im EU-Mitgliedstaat
- Erhaltungszustand der für die Art wichtigen Habitatelemente und ihre Wiederherstellbarkeit

- Isolierungsgrad der im Gebiet vorkommenden Population im Vergleich zum gesamten natürlichen Verbreitungsgebiet der Art
- Gesamtbeurteilung des Werts des Gebiets für die Erhaltung der betreffenden Art

Für die Natura-2000-Gebiete werden Erhaltungsziele formuliert, die für das Management und das Prüfen der Verträglichkeit von Projekten eine bedeutende Rolle spielen. Arten und Lebensräume müssen dauerhaft einen „günstigen Erhaltungszustand" aufweisen. Die Grundlagen für das Überwachen des Erhaltungszustands von Lebensraumtypen und Arten bildet das Monitoring. Regelmäßige Erfolgskontrollen und deren Meldung an die EU sollen die praktische Umsetzung von Natura 2000 gewährleisten.

Der aktuelle, umfassende Bericht gemäß Art. 17 FFH-Richtlinie für Deutschland für die Periode 2013–2018 beinhaltet die Bewertung der Erhaltungszustände von 93 Lebensraumtypen, 199 Einzelarten sowie vier Artengruppen (BfN 2019b).

5.7.4.2 ÖSL-Analyse ausgewählter FFH-Gebiete des Erzgebirges

Hinsichtlich der vielfältigen Leistungen der Natur – nicht nur in Schutzgebieten – gilt es, zwischen den nicht oder noch nicht genutzten Leistungen (Potenziale, Säule 2 in der EPPS-Rahmenmethodik, Abschn. 3.1.2) und den tatsächlich in Anspruch genommenen Leistungen (Säule 3 der EPPS-Rahmenmethodik) zu differenzieren. So bestand zunächst die Frage, welche für die ländliche Entwicklung wichtigen (ökonomischen, ökologischen und sozialen) Potenziale die Natura-2000-Gebiete in der Kammregion des Erzgebirges aufweisen, welche davon bereits genutzt werden, ob mit der Nutzung Beeinträchtigungen der Natur verbunden sind, wo es zu Nutzungskonflikten kommt (einseitige Ausschöpfung bestimmter Leistungen zulasten anderer Leistungen bzw. auf Kosten der Integrität der Ökosysteme), inwiefern noch nicht in Anspruch genommene Potenziale für eine behutsame Nutzung erschlossen werden können und welche Restriktionen bei einer stärkeren Inanspruchnahme von Leistungen beachtet werden müssen (Tab. 5.20, Bastian et al. 2010). Die für die Potenzialanalyse verwendeten Informationen stammen in erster Linie aus den Managementplänen für die Natura-2000-Gebiete (FFH) sowie direkt von den Naturschutzfachbehörden.

Das Spektrum der von den untersuchten Natura-2000-Gebieten im Erzgebirge aktuell oder potenziell realisierten Leistungen ist sehr breit und vielfältig und geht weit über die eigentliche Zielstellung von Natura 2000, gefährdete Arten und Lebensräume zu schützen, hinaus.

Die Rubrik der **Versorgungsleistungen** untergliedert sich im Wesentlichen in die Teilkategorien „Bereitstellung (bzw. Produktion) tierischer und pflanzlicher Biomasse" sowie die „Bereitstellung von Trinkwasser".

Bezüglich *tierischer Produkte* wie Milch, Fleisch und Wolle von Haustieren ist relevant, dass zahlreiche Natura-2000-Gebiete im oberen Erzgebirge in nennenswertem

Tab. 5.20 Ausgewählte Fauna-Flora-Habitat-(FFH-)Gebiete am Erzgebirgskamm und ihre Bedeutung für die Bereitstellung von ÖSL (Potenziale, Leistungen, Risiken)

Melde-Nr.	Ökosystemleistungen														
	Name	T	J	H	F	B	G	W	L	HW	E	SG	Ä	R	U
FFH-Gebiete auf deutscher Seite															
016E	Erzgebirgskamm am Großen Kranichsee	sp	Sp	Sr	s			S	S	S	S		S	Sr	s
039E	Geisingberg und Geisingbergwiesen	Sp	s	sr		pr	p		s	sp	sp	s	Sp	Sr	sp
174	Georgenfelder Hochmoor	s						S	sr	Sp	sp		sp	Sr	Sp
FFH-Gebiete auf tschechischer Seite															
CZ0414110	Krušnohorské plató	sp	sp	Sr		p	p	S	Sp	s	sp	s	Sr	Sr	sp
CZ0420144	Novodomské a polské rašeliniště		sp	sr		p		s	sp	sp	sp	sp	Sp	sr	sp
CZ0424127	Východní Krušnohoří	sp	sp	Sr		p	p	S	sp	Sp	sp	sp	Sr	sp	sp

Kategorien:
S/s – *services* (ÖSL – hohe/mittlere Bedeutung); p – Potenziale (für die Entwicklung); r – wesentliche Risiken, Belastungen
Versorgungsleistungen
T – Haustiere (Milch, Fleisch, Wolle); J – Wildbret (Jagd); H – Holz; F – Wildfrüchte (Beeren, Pilze); B – biochemische/pharmazeutische Stoffe (z. B. Bärwurz u. a. Kräuter); GS – genetische Ressourcen: Saatgut von Forstbäumen sowie von Kräutern/Gräsern (z. B. für Heumulchsaat); W – Trinkwasser
Regulationsleistungen
L – Luftreinhaltung/Klimaregulation (Wald mit besonderer lokaler Klimaschutz- und Filterfunktion, Wald als Verdunstungsschutz für Moorkörper, Grünland: Kaltluftentstehung); HW – Wasserrückhalt, Hochwasserschutz; E – Erosionsschutz; SG – Selbstreinigungsleistung von Gewässern
Soziokulturelle Leistungen
Ä – ästhetische Werte (z. B. Landschaftsbild); R – Leistungen im Bereich Erholung und Ökotourismus; U – Leistungen im Bereich Umweltbildung

Umfang Grünlandlebensraumtypen enthalten, die auf eine pflegliche Nutzung durch regelmäßige Entnahme des Aufwuchses durch Mahd, zum Teil mit Heugewinnung oder Beweidung durch Rinder und Schafe, angewiesen sind, wobei nutzbare Biomasse anfällt. Eine entsprechende Bewirtschaftung, zumindest von Teilflächen, findet in mehreren Schutzgebieten statt, wobei aber auch Defizite wie fehlende Mahd und Verbrachung und somit ungenutzte Potenziale bzw. Entwicklungsmöglichkeiten bestehen. Mitunter gibt es für den aus Pflegearbeiten anfallenden Grasaufwuchs keine Abnehmer, sodass dieser am Rande der Wiesen abgelagert oder anderweitig entsorgt werden muss. Die Produktion und Vermarktung von Bergwiesenheu hoher Qualität dürfte durchaus ausbaufähig sein, ebenso die Verwertung von Pflanzenmaterial aus der Landschaftspflege für energetische Zwecke.

Manche Natura-2000-Gebiete werden zur *Fischproduktion* genutzt, insbesondere zur Forellenaufzucht. Da das Angeln mit dem Betreten der empfindlichen Ufersäume verbunden ist, werden diesbezüglich keine nennenswerten Potenziale bzw. Entwicklungsmöglichkeiten gesehen, erst recht nicht für intensivere fischereiwirtschaftliche Nutzungsformen.

Anders ist die Situation beim *Wildbret.* Obwohl die Jagd in allen Waldgebieten ausgeübt wird, reicht der gegenwärtige Jagddruck auf das Schalenwild nicht aus, um die von der Forstwirtschaft beklagten Schäl- und Verbissschäden an den Bäumen und die damit einhergehende, teils erhebliche Schädigung der Waldökosysteme (insbesondere die Verbindung der Naturverjüngung) zu vermeiden. Dabei kommt es darauf an, den Wildbestand nicht völlig zu dezimieren, sondern tragfähige und gesunde Wildpopulationen zu etablieren, deren Existenz auch aus touristischer Sicht, z. B. für die Naturbeobachtung, wünschenswert ist.

Die meisten Natura-2000-Gebiete sind ganz oder teilweise bewaldet und werden forstlich bewirtschaftet, wobei naturgemäß *Holz* anfällt. Eine Intensivierung der Holznutzung ist vor allem in den Hoch- und Kammlagen nicht erstrebenswert; teilweise kommt es schon heute zu Konflikten mit dem Arten- und Biotopschutz.

Wildfrüchte (Beeren, Pilze) werden in nahezu allen Waldgebieten, auch in Natura-2000-Gebieten, gesammelt, wodurch Störungen sensibler Arten und Lebensraumtypen nicht ausgeschlossen sind.

Die Gewinnung *biochemischer/pharmazeutischer Stoffe* ist erst wenig entwickelt, manche Bergwiesen bieten ein Potenzial zur Ernte von Bärwurz *(Meum athamanticum)* und anderen (Heil-)Kräutern, wobei die Gefahren der Übernutzung und damit der Biotopgefährdung nicht außer Acht gelassen werden dürfen. In Anbetracht der normalerweise in Natura-2000-Gebieten anzutreffenden, hohen Artenvielfalt bietet es sich an, über die Verwendung *genetischer Ressourcen* nachzudenken. Derzeit wird in drei FFH-Gebieten des oberen Erzgebirges forstliches Saatgut gewonnen. Auf die Möglichkeit der *Saatgutgewinnung von Wiesen,* z. B. für die Heumulchsaat, wird in mehreren Managementplänen hingewiesen.

Zur Bereitstellung von *Trinkwasser* tragen zahlreiche Natura-2000-Gebiete bei, überschneiden sie sich doch vielfach mit Wasserschutz- und Quellgebieten. Höhere Wasserentnahmen dürfen nicht mit den Anforderungen des Naturschutzes kollidieren.

Innerhalb der Rubrik **Regulationsleistungen** ist die *Luftreinhaltung bzw. Klimaregulation* des Lokalklimas zu nennen, die von allen intakten Waldbeständen erbracht wird. Die Filterfunktion bzw. Luftreinhaltung findet vielfach Erwähnung, aber auch die Tatsache, dass diese Leistungen durch diffuse Stoffeinträge, klimatische Veränderungen und Borkenkäferbefall bedroht sind, da sie die Vitalität der Wälder vermindern. So reagiert die Fichte (bereits heute) bei witterungsbedingt angespannter Wassersituation mit deutlichen Zuwachseinbrüchen (SMUL 2009b).

In Gebirgen ist aufgrund des bewegten, teilweise sogar steilhängigen Reliefs die Fähigkeit zur *Wasserhaushaltsregulation* ganz besonders wichtig. Naturnahe Wälder, Wiesen und an vorderster Stelle die Moore wirken ausgleichend auf den Wasserabfluss und speichern Wasser in Trockenzeiten. Bei Starkregenereignissen dient das Wasserrückhaltevermögen dieser Ökosysteme dem Hochwasserschutz durch Zurückhalten bestimmter Wassermengen und Kappung von Abflussspitzen. Um die diesbezügliche Leistungsfähigkeit zu erhöhen, werden für einige Gebiete Waldumbaumaßnahmen ergriffen sowie – bei Mooren – Wiedervernässung bzw. Grabenverlandung oder -verschluss. Hierbei können jedoch Zielkonflikte mit der wirtschaftlichen Nutzung der Wälder oder Finanzierungsprobleme auftreten.

Erosionsschutz wird vom Wald zwar generell geleistet, durch Waldumbau bzw. dauerhafte Bestockung kann diese Fähigkeit noch verbessert werden. Auch Grünland vermindert die Erosionsgefahr, wobei sich Trittschäden (Überweidung) nachteilig auswirken.

Zur *Selbstreinigung* sind naturnahe, strukturreiche *Fließgewässer* besser befähigt als ausgebaute, kanalisierte oder gar verrohrte Abschnitte. Die Fähigkeit zur Selbstreinigung durch das Einrichten hydrologischer Schutzzonen, das Zulassen von Gewässerdynamik und die Verminderung von Stoffeinträgen aus umgebenden Agrarflächen kann verbessert werden.

Unter der Rubrik **soziokulturelle Leistungen** wird den *ästhetischen Werten* eine hohe Bedeutung beigemessen, insbesondere für das Landschaftserleben und den naturbezogenen Tourismus. So existieren im Erzgebirge (insbesondere in den höheren Lagen) teils sehr große, zusammenhängende Wälder, die, auch grenzübergreifend, besser erlebbar gemacht werden könnten, wobei die Belange des Arten- und Biotopschutzes beachtet werden müssen, zumal der Tourismus schon heute teils erhebliche Störungen verursacht, denen u. a. durch eine bessere Besucherlenkung begegnet werden müsste.

Hohe ästhetische Werte sind sowohl den Buchenwäldern zuzuschreiben als auch großflächigen, montanen Fichtenwäldern, vor allem, wenn sie mit Mooren und Bergwiesen durchsetzt sind. Als Entwicklungsmöglichkeiten gelten die Sicherung und Erweiterung artenreicher Flächen bzw. die Erhöhung des Strukturreichtums (in den Wäldern).

Moore und Moorwälder (z. T. großflächig) üben einen ganz besonderen Reiz auf den Betrachter aus. Wichtig ist hier, diese Ökosysteme zu erhalten und in ihrer Qualität zu verbessern (Wiedervernässung, Schaffung größerer offener Moorflächen). Dem stehen bisweilen die wirtschaftlichen Interessen der Waldbesitzer und finanzielle Zwänge entgegen.

Für das Erzgebirge charakteristisch und die Eigenart der Landschaft maßgeblich prägend sind die Bergwiesen in ihren vielfältigen Blühaspekten. Die Attraktivität der Landschaft gewinnt noch durch das kleinräumige Nebeneinander verschiedener Biotope mit seltenen Arten. Solche Mosaike sind u. a. in manchen Tälern ausgebildet (naturnaher Mittelgebirgsbach mit artenreichen Wiesen und bewaldeten Talhängen).

Leistungen im Bereich *Erholung und Ökotourismus* resultieren vielfach aus der Naturnähe, der typischen Landschaft und dem kleinflächigen Mosaik verschiedener Biotope. Beispielhaft erwähnt werden Moore und Moorwälder, Felsen, naturnahe Fließgewässer und Wald mit besonderen Erholungsfunktionen. Die Palette der gegenwärtigen Formen der Erholungsnutzung in den erzgebirgischen Natura-2000-Gebieten ist breit, angefangen vom Wandern und Radfahren, Mountainbiken, Baden, Klettern bis hin zum Sammeln von Beeren, Pilzen und Mineralien. Da es sich um europäische Schutzgebiete handelt, hat der Schutz empfindlicher Arten und Ökosysteme Vorrang vor einem Ausbau touristischer Aktivitäten.

Im Bereich *Umweltbildung* steht das Erlebnis seltener, wertvoller bzw. artenreicher Ökosysteme im Vordergrund. So existieren einige Lehrpfade (z. B. Moorlehrpfade) und es werden Führungen in Bergwerksstollen mit Informationen zum Fledermausschutz angeboten. In mehreren Fällen greift die schulische Ausbildung auf die Natura-2000-Gebiete zurück. Verbreitet findet auch Wissenschaftstourismus statt (vor allem zu Bergwiesen).

Fazit

Die Natura-2000-Gebiete im oberen Erzgebirge stellen ein breites Spektrum an versorgenden, regulierenden und soziokulturellen ÖSL für den Menschen bereit und sie werden für verschiedenste Zwecke genutzt. Teilweise sind auch noch Entwicklungsmöglichkeiten bzw. ungenutzte Potenziale vorhanden, wobei die Ziele des Naturschutzes unter den Bedingungen von Natura 2000 stets vorrangig berücksichtigt werden müssen.

Rolle von FFH-Lebensraumtypen und Natura-2000-relevanten Arten

Kernstücke der FFH-Gebiete sind die FFH-Lebensraumtypen, die meist mosaikartig in die „Matrix" des Gesamtgebietes eingestreut sind. Zusätzlich zur Einschätzung der ÖSL-Bereitstellung (Potenzialanalyse) des jeweiligen FFH-Gebietes insgesamt ist von Interesse, inwieweit die einzelnen Lebensraumtypen ÖSL bereitstellen. Dies kann z. B. mittels semi-quantitativer Einschätzung, etwa in drei Wertstufen, geschehen – wie in Tab. 5.21 für FFH-Lebensraumtypen der Wälder des oberen Erzgebirges. Demnach hängen zahlreiche ÖSL, insbesondere viele Versorgungs- und Regulationsleistungen, von „groben" Vegetationsstrukturen bzw. Landnutzungsformen ab, andere, insbesondere mehrere soziokulturelle ÖSL, auch von spezifischen Lebensraum- bzw. Vegetationstypen.

Tab. 5.21 Von FFH-Lebensraumtypen des oberen Erzgebirges in Sachsen bereitgestellte Ökosystemleistungen (ÖSL) am Beispiel von Waldgesellschaften. Bewertung: 2 – hoch und sehr hoch; 1 – mittel; ohne Punktwert – niedrig oder nicht signifikant; * wesentliche Konflikte (mit anderen ÖSL, vor allem mit Habitatfunktion/Biodiversität)

Lebens-raum-typen	Ökosystemleistungen																					
	Versorgungs-										Regulations-							Soziokulturelle				
	1	2	3	4	5	6	7	8	9	10	1	2	3	4	5	6	7	1	2	3	4	5
9			2		2*	2	1		2		2	2	2	2	2	1	1	1	2	1	1	
91			2*		2*	2*	1		2		2	2	2	2	2	1	1	2	2*	2	1	
9110			2*		2*	2*		2	2		2	2	2	2	2	1	2	2	2*	2*	2	
9130			1*		2*	1*	1		1		2	2	2	2	2	1	2	2	2*	2*	2	
9160			1*		2*	1*			1		2	2	2	2	2	1	2	2	2*	2*	2	
9180			1*		2*	1*	1		1		2	2	2	2	1	1	2	2	1*	2*	2	
91D			1*		1*	1*			1		2	2	2	1	1	1	2	2	1*	1*	2	1
91E0			1*		2*		1		2		2	2	2	2	2	1	2	2	2*	2*	2	
94			2*		2*	2*			2		2	2	2	2	2	1	1	2	2	1	1	
9410			2*		2*	2*			2		2	2	2	2	2	1	2	2	2*	2*	2	

Bewertung: 2, hoch und sehr hoch; 1, mittel; ohne Punktwert, niedrig oder nicht signifikant; * wesentliche Konflikte (mit anderen ÖSL, vor allem mit Habitatfunktion/Biodiversität)

Versorgungs-ÖSL:

Tierische Produkte: 1 – Haustiere (Milch, Fleisch, Wolle); 2 – Fisch; 3 – Wild

Pflanzliche Produkte: 4 – Nahrungs- und Futtermittel; 5 – Holz; 6 – Wildfrüchte (Beeren, Pilze)

7 – biochemische/medizinische Ressourcen (Kräuter); 8 – genetische Ressourcen, z. B. Samen von Waldbäumen; 9 – Trinkwasser (Wasserschutz- und Quellgebiete); 10 – Energie aus Wasserkraft

Regulations-ÖSL:

1 – Kohlenstofffixierung; 2 – Regulation von Luftqualität und Klima; 3 – Wasserhaushalt (Hochwasservermeidung); 4 – Boden- bzw. Erosionsschutz; 5 – Selbstreinigungsvermögen von Gewässern; 6 – Bestäubung; 7 – Habitatfunktion

Soziokulturelle ÖSL:

1 – ästhetische Werte (z. B. Landschaftsbild); 2 – Erholung und Ökotourismus; 3 – Umweltbildung (z. B. kulturhistorische Aspekte); Informations-ÖSL: 4 – Bioindikation; 5 – Landschaftsgeschichte (z. B. Pollenanalyse)

Biotop- bzw. Lebensraumtypen:

9 – Wälder; 91 – Wälder gemäßigter Breiten Europas; 9110 – Hainsimsen-Buchenwälder; 9130 – Waldmeister-Buchenwälder; 9160 – Sternmieren-Eichen-Hainbuchenwälder; 9180 – Schlucht- und Hangmischwälder; 91D – Moorwälder; 91E0 – Erlen-Eschen- und Weichholzauenwälder; 94 – Gebirgsnadelwälder der temperierten Zone**;** 9410 – Montane Fichtenwälder

5.7.4.3 Monetäre Aspekte – Kosten und Nutzenwerte von Natura 2000

Die Natur, insbesondere die biologische Vielfalt, ökonomisch zu bewerten, stößt bekanntlich rasch an Grenzen, denn wir haben es in hohem Maße nicht mit marktfähigen Gütern, sondern mit Nichtgebrauchswerten *(non-use values)* zu tun (Abschn. 4.2). Diese basieren vielfach auf dem ethisch oder religiös begründeten Wunsch, die Natur um ihrer selbst willen (Existenzwert, *existence value*) oder für die Nachwelt (Vermächtniswert, *bequest value*) zu erhalten. Empirische Studien ergeben häufig, dass die Nichtgebrauchswerte den größten Teil der menschlichen Wertschätzung für bedrohte Ökosysteme ausmachen. Aus diesem Grund müssen hier alternative Bewertungsmethoden zum Einsatz kommen (Macke und Schweppe-Kraft 2011).

Ein häufig beschrittener Weg ist die Erfassung der Kosten für die Erhaltung und Wiederherstellung von Lebensraumtypen entsprechend dem Ansatz der Zahlungsbereitschaft *(willingness to pay)*, wird doch auf diese Weise die Bereitschaft der Gesellschaft widergespiegelt, aus ethischen oder ästhetischen Gründen Mittel für den Naturschutz bereitzustellen (Spangenberg und Settele 2010).

Falls es nicht möglich oder nicht angemessen ist, die Bewertung auf der Grundlage individueller Präferenzen vorzunehmen, sind gesellschaftliche Bewertungen (z. B. Nachhaltigkeitsziele) oder Expertenurteile als Maßstab heranzuziehen. Als Gründe hierfür lassen sich beispielsweise generationenübergreifende Wirkungen, hohe Unsicherheit wie auch die Beurteilung von Schäden, die individuell nicht unmittelbar spürbar sind, geltend machen. Es können aber auch übergeordnete, teils rechtlich verankerte umweltschutzbezogene Ziele vorliegen, z. B. Emissionsminderungsziele im Klimaschutz oder Biodiversitätsziele (CBD, Nationale Biodiversitätsstrategie, Natura 2000). Die Kosten, um diese Ziele zu erreichen, sind in solchen Fällen als Maßstab für die gesellschaftliche Zahlungsbereitschaft oder auch für das Ausmaß vorliegender Umweltschäden interpretierbar (UBA 2007).

Der Wert der Natura-2000-Gebiete kommt auch darin zum Ausdruck, dass es im Prinzip gesellschaftlicher Konsens ist, diese Gebiete und Arten zu erhalten *(revealed public preferences)*. Dies wird durch die EU-Gesetzgebung und die nationale Legislative untermauert. Indem die Verpflichtung besteht, einen „günstigen Erhaltungszustand" zu gewährleisten, liegt es auf der Hand, dass damit auch durch Managementmaßnahmen verursachte Kosten verbunden sind (Schweppe-Kraft 2009). Darin inbegriffen sind auch Arbeitskosten in Form von Fördermitteln für die Agrarbetriebe bzw. von Löhnen für die mit der Landschaftspflege betrauten Personen. Dies ist gleichzeitig ein Ausdruck für Beschäftigungsmöglichkeiten sowie Wertschöpfung im ländlichen Raum.

Die in den FFH-Managementplänen geschätzten Kosten für Managementmaßnahmen von FFH-Lebensraumtypen in ausgewählten FFH-Gebieten des Oberen Erzgebirges in Sachsen (14 FFH-Gebiete, Gesamtfläche 6054 ha) bringt Tab. 5.22 zum Ausdruck. Die Angaben zu den Kosten waren teilweise nicht eindeutig, sondern es fanden sich bei manchen Lebensraumtypen teilweise „Von-bis-Spannen".

Tab. 5.22 Kosten für Managementmaßnahmen von Lebensraumtypen (LRT) in 14 ausgewählten FFH-Gebieten des Oberen Erzgebirges in Sachsen. (Quelle: FFH-Managementpläne, Sächsisches Landesamt für Umwelt, Landwirtschaft und Geologie, Datenrecherche: M.-L. Plappert, 2011)

LRT-Nr.	LRT-Name	Vorkommen des LRT in den 14 FFH-Gebieten	FFH-Gebiete mit Nennung von Kosten für den LRT	Gesamtkosten pro LRT (€)
3260	Fließgewässer mit Unterwasservegetation	1	1	8000–16.000
4030	Trockene Heiden	5	5	27.585–30.360
6010	Basophile Pionierrasen	1	1	1806
6230	Artenreiche Borstgrasrasen	10	10	83.875–98.722
6410	Pfeifengraswiesen	2	2	646–1964
6430	Feuchte Hochstaudenfluren	4	4	5407
6510	Flachland-Mähwiesen	3	3	16.885
6520	Berg-Mähwiesen	10	10	222.796–223.023
7110	Lebende Hochmoore	2	1	39.100
7120	Regenerierbare Hochmoore	4	3	284.304
7140	Übergangs- und Schwingrasenmoore	7	6	4247
8150	Silikatschutthalden	2	2	4441
8160	Kalkhaltige Schutthalden	1	1	126
8210	Kalkfelsen mit Felsspaltenvegetation	1	1	1164
9110	Hainsimsen-Buchenwälder	6	4	120.592–178.910
9130	Waldmeister-Buchenwälder	1	0	–
9180	Schlucht- und Hangmischwälder	2	1	20.460–22.705
91D1	Birken-Moorwälder	5	3	91.559–283.003
91D3	Bergkiefern-Moorwälder	3	2	88.861
91D4	Fichten-Moorwälder	5	4	132.969–377.098
91E0	Erlen-Eschen- und Weichholzauenwälder	2	1	23.941–31.833
9410	Montane Fichtenwälder	9	6	203.325
			Gesamtsumme	1.380.500–1.979.900

5.7.4.4 Fallbeispiel: Geisingberg

Anhand des FFH-Gebiets „Geisingberg und Geisingwiesen" (325 ha, Kennziffer DE 5248-303) werden nachfolgend exemplarisch verschiedene Wert- bzw. Kostenkalkulationen aufgezeigt und einander gegenübergestellt (Tab. 5.23). Dieses Schutzgebiet liegt nördlich der Orte Altenberg und Geising im Landkreis Sächsische Schweiz-Osterzgebirge, im Naturraum „Osterzgebirge" in einer Höhenlage von 545 bis 824 m NN (im Mittel 700 m). Es überschneidet sich mit weiteren Schutzgebietskategorien, und zwar mit dem Landschaftsschutzgebiet „Oberes Osterzgebirge", dem Vogelschutzgebiet (SPA) „Geisingberg und Geisingbergwiesen" sowie dem Naturschutzgebiet (NSG) „Geisingberg".

Die gebietsspezifischen Erhaltungsziele bestehen laut FFH-Managementplan (Böhnert et al. 2005) u. a. in der „Erhaltung der überregional bedeutsamen Basaltkuppe des Geisingbergs mit verschiedenen Entwicklungsstadien artenreicher montaner Fichten-(Tannen-)Buchenwälder, umgeben von einem großflächigen Komplex artenreicher montaner Grünlandgesellschaften unterschiedlicher Trophie- und Feuchtegrade mit Steinrücken, Bergwiesen, Feucht- und Nasswiesen, Niedermoorbereichen und Borstgrasrasen einschließlich der für das Gebiet typischen Flora und Fauna. Das Gebiet ist Bestandteil der charakteristischen Steinrückenlandschaft des Osterzgebirges mit traditioneller kleinräumiger Landschaftsstruktur und extensiver Landnutzung".

Besondere Bedeutung kommt der Bewahrung bzw. Entwicklung ausgewählter Biotope zu, und zwar

- der Sicherung, Erhaltung, Pflege und teilweisen Wiederherstellung eines bedeutsamen Komplexes artenreicher, montaner Grünlandgesellschaften insbesondere mit Bergwiesen, Borstgrasrasen, Feuchtwiesen, Seggen- und binsenreichen Nasswiesen und Niedermoor mit hoher floristisch-vegetationskundlicher und faunistischer Bedeutung, unter besonderer Berücksichtigung der sehr seltenen kalkreichen Niedermoorstandorte sowie
- der Erhaltung und zielgerichteten Entwicklung einer naturnahen Baumartenzusammensetzung, Alters- und Raumstruktur der Waldbereiche unter besonderer Förderung des Alt- und Totholzreichtums sowie der Weißtanne.

Für das FFH-Gebiet „Geisingberg und Geisingbergwiesen" wurden Kosten für die Pflege der hierin enthaltenen Lebensraumtypen (LRT) ermittelt sowie deren Werte bzw. ÖSL für den Naturschutz kalkuliert (Tab. 5.23).

Das Gebiet (Gesamtgröße: 325 ha, davon 91,41 ha FFH-Lebensraumtypen) enthält 67,75 ha Berg-Mähwiesen, das sind 20,85 % der Gesamtfläche. Veranschlagt man für deren jährliche Pflege 380 € pro ha, so besteht ein Finanzbedarf in Höhe von 25.745 € pro Jahr. Für das gesamte FFH-Gebiet wären jährlich 31.040 € für die Pflege aller FFH-Lebensraumtypen erforderlich. Diese Zahl muss nicht unbedingt mit den im Managementplan mitgeteilten Kosten übereinstimmen (69.917 €), da die Landschafts-

Tab. 5.23 Ausgewählte monetäre Aspekte der Bewertung und Erhaltung von FFH-Lebensraumtypen (LRT) am Beispiel des FFH-Gebiets „Geisingberg und Geisingbergwiesen" (Osterzgebirge, Sachsen)

Code	LRT-Bezeichnung	Fläche (ha)	Flächenanteil (am FFH-Gebiet) (%)	L (€ ha^{-1})	L (€)	ÖWN (€ ha^{-1})	ÖWN (€ m^{-2})	ÖWN (€)	ÖLN (€ ha^{-1})	ÖLN (€ m^{-2})	ÖLN (€)
3150	Naturnahe eutrophe Stillgewässer	0,01	<0,01	320	3,2	62.705	6,3	627	1881	0,19	19
3260	Fließgewässer mit Unterwasservegetation	0,04	0,01	570	22,80	82.178	8,2	3287	2465	0,25	99
6230	Artenreiche Borstgrasrasen	1,21	0,37	570	689,7	77.102	7,7	93.294	2313	0,23	2799
6510	Flachland-Mähwiesen	0,31	0,09	360	111,6	71.301	7,1	22.103	2139	0,21	663
6520	Berg-Mähwiesen	67,75	20,85	380	25.745	71.521	7,2	4.845.580	2146	0,21	145.367
7140	Übergangs- und Schwingrasenmoore	0,04	0,01	390	113,1	84.763	8,5	3391	2543	0,25	102
7230	Kalkreiche Niedermoore	0,25	0,08	390	113,1	79.381	7,9	19.845	2381	0,24	595
8150	Silikatschutthalden	0,59	0,18	k. A	k. A	64.869	6,5	38.273	1946	0,19	1148
9110	Hainsimsen-Buchenwälder	5,14	1,58	200	1028	61.774	6,2	317.521	1853	0,19	9526
9130	Waldmeister-Buchenwälder	5,18	1,59	200	1036	82.278	8,2	426.201	2468	0,25	12.786
9180	Schlucht- und Hangmischwälder	10,58	3,25	200	2116	74.126	7,4	784.256	2224	0,22	23.528

(Fortsetzung)

Tab. 5.23 (Fortsetzung)

Code	LRT-Bezeichnung	Fläche (ha)	Flächenanteil (am FFH-Gebiet) (%)	L (€ ha^{-1})	L (€)	ÖWN (€ ha^{-1})	ÖWN (€ m^{-2})	ÖWN (€)	ÖLN (€ ha^{-1})	ÖLN (€ m^{-2})	ÖLN (€)
91E0	Erlen-Eschen- und Weichholz-auenwälder	0,31	0,09	200	62	58.141	5,8	18.024	1744	0,17	541
Gesamt		**28,1**			**31.040**			**6.572.401**			**197.172**

L – jährliche Kosten für die Pflege des Lebensraumtyps pro Hektar (€ ha^{-1}) sowie für die Gesamtfläche des Lebensraumtyps (LRT, in €) – Daten aus der Landschaftspflegestrategie Sachsen 2020 (Grunewald und Syrbe 2013)
ÖWN – Wert der Ökosysteme bzw. LRT für den Naturschutz (Hirschfeld et al. 2020)
ÖLN – Ökosystemleistung für den Naturschutz (unendliche Annuität des Ökosystemwerts für den Naturschutz, Kalkulationszins 3 %)
k. A. – keine Angaben

pflegestrategie sächsische Durchschnittswerte widerspiegelt (Abschn. 5.7.5), während sich der Managementplan auf die konkrete lokale Situation bezieht.

Das Habitatäquivalenz-Investitions-Modell nach Hirschfeld et al. (2020) weist Berg-Mähwiesen 7,2 € pro m^2 zu, das sind 4.845.580 € für die Gesamtfläche des Lebensraumtyps Berg-Mähwiese im FFH-Gebiet. Die FFH-Lebensraumtypen am Geisingberg haben insgesamt einen Wert von 6.572.401 €. Splittet man diesen Wert über einen längeren Zeitraum auf, so ergibt sich bei einem Kalkulationszins von 3 % ein jährlicher Wert (die Leistung für den Naturschutz) von 197.172 € für alle Lebensraumtypen (LRT) im FFH-Gebiet, wobei auf den LRT Berg-Mähwiese 145.367 € entfallen.

5.7.4.5 Diskussion

Schutzgebiete, so auch die das europäische Schutzgebietssystem Natura 2000 bildenden Fauna-Flora-Habitat-(FFH-) und Vogelschutzgebiete (SPA), bringen eine breite Palette an ÖSL hervor.

Aber auch einzelne Pflanzen- und Tierarten oder ganze taxonomische/ökologische Gruppen können wesentlich zur Bereitstellung von ÖSL beitragen. So gaben Whelan et al. (2008) eine Übersicht über die vielfältigen Funktionen bzw. Leistungen der Vogelwelt und Wenny et al. (2011) erinnern an den mit der lokalen Ausrottung von Sperlingen einhergehenden Zusammenbruch der biologischen Schädlingsbekämpfung in Teilen von China. Herget und Schamel (2016) zeigten am Beispiel der Kranichrast im Nationalpark „Vorpommersche Boddenlandschaft" (Mecklenburg-Vorpommern), dass in der Region ca. 4,4 Mio. € zusätzliches Einkommen generiert wird, welches auf die Vogelbeobachtung zurückgeführt werden kann. Schirpke et al. (2018) identifizierten Tiere und Pflanzen in den Alpen mit Symbolcharakter (als ein Beispiel für kulturelle ÖSL), darunter Gämse, Murmeltier, Steinadler, Edelweiß, Alpenrose und Enzian, die vielfach für Wappen, Logos, Hotel- oder Markennamen Pate standen. Peisley et al. (2015) stellten die von der Fauna in Agrarökosystemen verursachten Schäden den von ihr erbrachten Nutzen gegenüber.

Umfangreiche Literaturstudien (z. B. Schwartz et al. 2000; Balvanera et al. 2016; Harrison et al. 2014) belegen, dass zwischen Biodiversität und ÖSL zwar sehr mannigfaltige, dabei aber oftmals keine linearen, sondern sehr komplexe und vielfach noch nicht ausreichend erforschte Verbindungen bestehen. Laut Ridder (2008) korreliert nur eine relativ kleine Zahl von Arten mit ÖSL. Artengruppen mit spezifischen funktionellen Merkmalen sowie Landnutzungspraktiken hätten auf ÖSL einen größeren Einfluss. So hingen viele ÖSL, die von Wäldern bereitgestellt werden, z. B. Kohlenstofffixierung, Trinkwasserbereitstellung, Hochwasservermeidung sowie Erosionsschutz, grundsätzlich vom Vorhandensein von Bäumen und Unterholz ab. Eine verminderte Biodiversität stelle keine Gefährdung für diese ÖSL dar (Abschn. 5.4).

Diese Aussagen dürfen uns aber nicht dazu verleiten zu glauben, die Vielfalt der Arten und Lebensräume sei disponibel, denn wir müssen uns dessen bewusst sein, dass Arten und Lebensraumtypen die Ökosysteme „am Laufen halten" und die Voraussetzung für zahlreiche Regulations- und soziokulturelle Leistungen bilden. Die für ÖSL wichtigen Arten sind in Ökosysteme eingebettet. Einige Arten herauszulösen bzw. ihr Aussterben hinzunehmen, wäre fatal, da in der Natur viele Wechselwirkungen bestehen (z. B. Nahrungsketten), die vielfach noch gar nicht bekannt sind. Man muss davon ausgehen, dass für die Vielzahl der Ökosystemprozesse, -funktionen und -leistungen auch eine große Vielfalt an Organismenarten unabdingbar ist (Mertz et al. 2007; Haslett et al. 2010; Rounsevell et al. 2010). Auch muss die Bereitstellung von Biodiversität selbst als ÖSL betrachtet werden (Gruppe der soziokulturellen ÖSL). Insofern kann auch aus ÖSL-Sicht die Verminderung der Biodiversität nicht akzeptiert werden, zumindest nicht im Hinblick auf zahlreiche Regulations- und soziokulturelle ÖSL. Außerdem gibt es noch umfangreiche Kenntnislücken zur Rolle der Biodiversität.

Wir dürfen nicht übersehen, dass es angesichts der Komplexität der Ökosysteme und der vielfältigen Wechselwirkungen mit der menschlichen Gesellschaft bis heute unmöglich ist, alle Nutzen einzuschätzen, die aus der biologischen Vielfalt entspringen, oder vorauszusagen, welche Auswirkungen der Verlust einer einzelnen Art oder Population haben könnte. Hier kommt das Vorsorgeprinzip ins Spiel, d. h., Ökosysteme sollten weitestgehend intakt gehalten werden, um eine dauerhafte ÖSL-Bereitstellung insbesondere unter den sich wandelnden Umweltbedingungen zu gewährleisten, selbst wenn dafür bislang keine eindeutige, wissenschaftlich gestützte Gewissheit besteht (Cooney und Dickson 2005).

Der Hinweis auf die vielfältigen, gesellschaftlich bedeutsamen Leistungen von Arten, Ökosystemen und Schutzgebieten kann die Argumentationsbasis des Naturschutzes stärken. Für die Bewertung des realen Nutzens von Ökosystemen im Allgemeinen wie von Natura-2000-Gebieten im Besonderen ist es unbedingt notwendig, die Komplexität der Nutzenaspekte zu beachten, darzustellen und zu kommunizieren, einschließlich aller aktuellen, potenziellen bzw. künftigen Nutzwerte. Die Grundannahme besteht darin, dass Schutz und nachhaltige Nutzung den langfristigen Nutzen, den ein Ökosystem erbringt, steigern. Kettunen et al. (2009) sowie Science for Environment Policy (2015) wiesen nach, dass der sozioökonomische Nettonutzen von Natura 2000 trotz der Kosten für Naturschutz und einen (begrenzten) Nutzenverzicht im positiven Bereich liegt.

Wird der Fokus jedoch nur auf solche Nutzen (ÖSL) gelegt, die monetär bewertbar sind, spricht das sozioökonomische Gesamtbild häufig nicht für den Naturschutz. Es ist auch wichtig zu begreifen, wie die festgestellten Nutzen in Beziehung zu den Schutzzielen für das Gebiet stehen (etwa: Gibt es Konflikte mit den im Managementplan dargelegten Zielen?) und wie verschiedene Interessenträger von diesen Nutzen profitieren oder von den Schutzzielen beeinträchtigt werden (Schirpke et al. 2014).

Dass einige Dimensionen der Natur nicht in monetären Werten gemessen werden können oder sollten, wurde bereits erwähnt (Abschn. 4.2; TEEB 2009). Viele ÖSL sind nicht marktfähig, sodass eine latente Unterbewertung aus ökonomischer Perspektive die Folge wäre (Mertz et al. 2007; Bayon und Jenkins 2010; de Groot et al. 2010). Eine monetäre Bewertung wird besonders im Falle von religiösen, spirituellen und Annehmlichkeitswerten *(amenity)* für unmöglich gehalten (Spangenberg und Settele 2010).

Soziale Gründe sprechen dagegen, Naturschutz allein über Marktmechanismen zu definieren (Ring et al. 2010).

So verlockend die Vorstellung exakter monetärer Werte auch erscheinen mag, so haben diese grundsätzliche sowie methodische Schwächen. Hinzu kommt, dass eine Wiederherstellung zerstörter Biotope nicht immer möglich ist, vor allem, wenn die Standortbedingungen irreversibel verändert oder einzelne Arten ausgerottet sind. Setzt man den Wert der natürlichen und naturnahen Ökosysteme in Deutschland mit 740 Mrd. € an (Schweppe-Kraft 2009), so ist das zunächst eine sehr hohe Summe. Doch liegt der Wert der naturnahen Ökosysteme tatsächlich unter dem des fixen Kapitals oder der Produktionsanlagen in Deutschland? Ist es zulässig, dies zu vergleichen?

Ungeachtet dessen vermag die ökonomische Bewertung für Entscheidungsträger im Naturschutz wichtige Informationen zu liefern. Allerdings ist sie nicht die adäquate Methode, um Schutzprioritäten oder -ziele zu bestimmen. Ökonomische Instrumente können aber als effektive Anreizinstrumente für den Naturschutz und die Landschaftspflege zur Aufrechterhaltung von ÖSL eingesetzt werden (Spangenberg und Settele 2010). Sie tragen dazu bei, die Schutzanstrengungen finanziell langfristig nachhaltig zu gestalten und zu begründen, indem sie den wahrgenommenen Bedarf für Investitionen in den Naturschutz zum Ausdruck bringen, sei es durch die Einrichtung und Behandlung von Schutzgebieten, durch traditionelle ökonomische Instrumente wie Steuern, Lizenzen oder durch die Entwicklung von Märkten und Übereinkommen über Zahlungen und Anreize für Umweltleistungen (Mertz et al. 2007).

5.7.5 Bilanzierung von Landschaftspflegemaßnahmen am Beispiel des Freistaats Sachsen

Karsten Grunewald* und Ralf-Uwe Syrbe

5.7.5.1 Einleitung, Zielstellung und Methodik

Es besteht ein breiter gesellschaftlicher Konsens zum dauerhaften Erhalt und zur Entwicklung unserer Kulturlandschaften mit ihren Lebensräumen, der sich in einer wachsenden Nachfrage nach Biodiversität und intakten Kulturlandschaften sowie in der Bereitschaft äußert, hierfür finanzielle Mittel aufzuwenden (z. B. Hampicke 2006; Spangenberg und Settele 2010). Doch muss der Mensch zur Sicherung seiner Existenz in die Natur eingreifen und diese durch verschiedene Formen der Landnutzung verändern. Kulturlandschaften und ihre Ökosysteme erbringen neben Versorgungs-ÖSL (z. B. Erzeugung von Nahrungsmitteln und Rohstoffen durch Land- und Forstwirtschaft) auch viele Regulations- und soziokulturelle ÖSL. Damit die breite Palette der ÖSL dauerhaft zur Verfügung gestellt werden kann, d. h. Biodiversität und Leistungsfähigkeit der Ökosysteme erhalten bleiben, ist ein zielgerichtetes Landschaftsmanagement notwendig, das mit Kosten für die Gesellschaft verbunden ist.

Trägt man dem in Verträgen, Richtlinien, Gesetzen und Verordnungen (z. B. EU-Natura-2000-Richtlinien, EU-Biodiversitätsstrategie, Maßnahmenprogramm zur biologischen Vielfalt) politisch fixierten Bedarf an Erhaltung von Arten und Lebensräumen Rechnung, so müssen entsprechend dem fachlich abgeleiteten Bedarf geeignete Maßnahmen ergriffen werden. Die gesellschaftlichen Aufwendungen zur Landschaftspflege stellen somit einen Minimumindikator für die Wertermittlung der Ökosysteme dar, weil deren Existenz ohne diese Leistungen nicht gesichert ist. Abgesehen von den monetär nur sehr schwer bestimmbaren ethischen, ästhetischen und informellen Werten ist der minimale Erhaltungsaufwand ein harter Indikator für die gesellschaftlich abgestimmte Nachfrage nach Natur.

Der Begriff der Landschaftspflege wird definiert als die Gesamtheit aller Maßnahmen zur Sicherung, Pflege und Entwicklung naturnaher Lebensräume für heimische Pflanzen- und Tierarten, zur Pflege und Renaturierung bei Schäden an Naturhaushalt und Landschaftsbild (Jedicke 1996). Eine wichtige Aufgabe ist dabei die Erhaltung und Entwicklung der ökologischen und landschaftlichen Vielfalt. Die Landschaftspflege kümmert sich um die Sicherung und Bereitstellung von Gemeinwohlleistungen für die Gesellschaft (insbesondere regulative und soziokulturelle ÖSL).

Auch wenn sich entsprechende Datengrundlagen sukzessive verbessern, sind nachvollziehbare Berechnungsmodelle bezüglich der Bewertung von Landschaftspflegeleistungen noch wenig gebräuchlich. Kenntnisse über Größenordnungen erforderlicher Finanzmittel sind jedoch notwendig, um eine extensive Flächenbewirtschaftung zumindest in Teilen und/oder zusätzliche Nutzungs-, Pflege- und Entwicklungsaufwendungen für Biotope zu planen und zu gewährleisten (Schweppe-Kraft und Grunewald 2022).

Am Beispiel der „Landschaftspflegestrategie Sachsen 2020“, die im Auftrag des Sächsischen Landesamtes für Umwelt, Landwirtschaft und Geologie (LfULG) erarbeitet wurde, sollen im Folgenden eine entsprechende Methodik, Bilanzergebnisse und Schlussfolgerungen skizziert werden. Hinsichtlich ausführlicher Darstellungen sei auf Grunewald und Syrbe (2014) verwiesen.

Die Ermittlung des Landschaftspflegebedarfs beinhaltete die flächendeckende Erfassung sächsischer Landschaftspflegeobjekte bzw. -aufgaben (Biotope, Strukturen, Arten sowie deren Defizite) und die Abschätzung der jahres- und objektbezogenen Pflegekosten. Der finanzielle Gesamtbedarf setzt sich aus den Kosten für die pflegenden, entwickelnden und investiven Maßnahmen pro Biotop- und Lebensraumtyp sowie besonderen Aufwendungen für den Artenschutz zusammen. Aufbauend auf bisherigen Ansätzen (LfUG 1999; Döring 2005) wurde zunächst eine Methodik für eine landesweite Übersicht mit regionaler Differenzierungsmöglichkeit auf Kreis- und Naturraumebene erarbeitet. Diese ist in Abb. 5.42 dargestellt.

Die sachlichen Handlungsfelder umfassen vor allem Offenlandbereiche, Gewässerstrukturen, Wälder sowie objekt- und flächenbezogene Maßnahmen des Artenschutzes. Dabei wurden insbesondere Bezüge zur FFH-Managementplanung und zur Förderpraxis für Naturschutz und Landschaftspflege hergestellt.

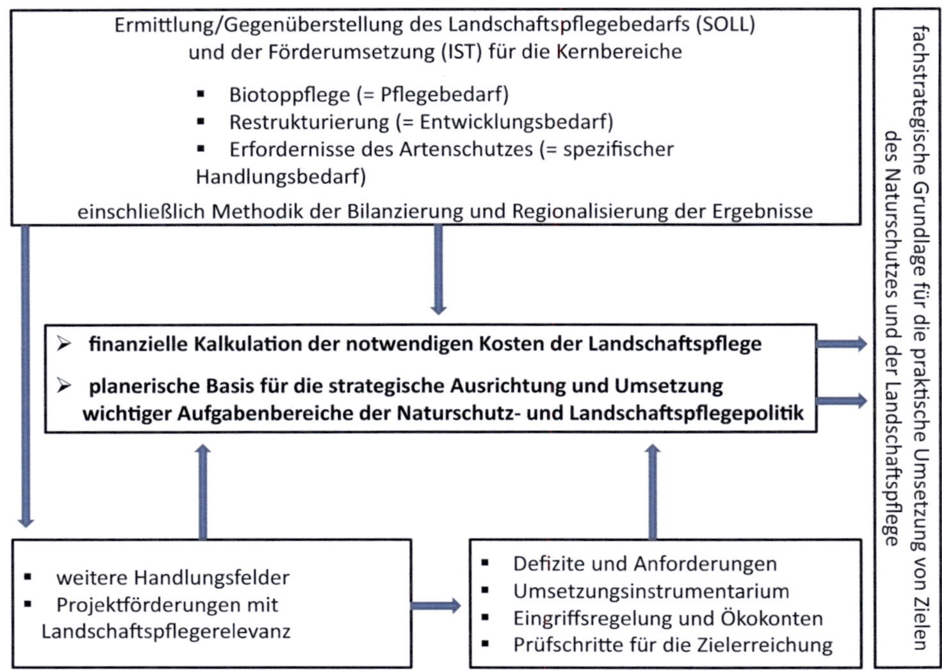

Abb. 5.42 Schema zur Bearbeitung der „Landschaftspflegestrategie Sachsen 2020“. Adaptiert nach Grunewald und Syrbe 2013

Die verwendeten Datengrundlagen sind von unterschiedlicher Qualität (Erhebungsstand, regional unterschiedliche Kartierer usw.). Dies gilt für den gesamten analytischen Teil der Landschaftspflegestrategie, der auf Fakten und Setzungen basiert. Infolgedessen müssen Fehlerbereiche und Unsicherheiten in der Gesamtbetrachtung berücksichtigt werden. Die Ergebnisse wurden jedoch mit Literaturdaten und alternativen Ansätzen, vor allem Expertenwissen, verifiziert und können in der Größenordnung als gesichert gelten sowie für den Zweck der Landschaftspflegestrategie eine hinreichende Genauigkeit abgeben.

Die Landschaftspflegebilanz begann mit der Ermittlung der Biotopflächen auf Grundlage der selektiven Biotopkartierung (SBK). Diese räumliche Bezugsbasis für alle Maßnahmen und Kosten umfasst allerdings nur einen Teil der naturschutzrelevanten Fläche. Sie wurde um die innerhalb der Natura-2000-Gebiete kartierten Lebensraumtypen (LRT) erweitert, soweit diese über die Biotopkartierung hinausgehen. Die Einbeziehung weiterer Gebietskulissen, z. B. jene der sachlich-räumlichen Schwerpunkte für die Biotopverbundplanung, wurde erwogen, jedoch aufgrund der mangelhaften räumlichen Präzision (noch) nicht angewendet. Die wertvollen Biotope der Ackerflächen sind um den Anteil der sogenannten High-Nature-Value-Flächen (HNV-Flächen nach BfN, https://www.bfn.de/monitoring-von-landwirtschaftsflaechen-mit-hohem-naturwert) erweitert worden.

Aus dem Erhaltungszustand der Biotope und Lebensraumtypen wurde der Entwicklungsbedarf abgeleitet; d. h., der Anteil von Habitaten mit unzureichender Qualität (Bewertungsstufen B und C nach FFH-Managementplanung) gibt die Grundlage für die Bedarfsermittlung für die meist umfangreicheren investiven (episodischen) Maßnahmen, welche über die Pflege oder Nutzung hinausgehen. Zudem musste ermittelt werden, wo die naturräumliche Mindestausstattung an Strukturelementen, Trittsteinbiotopen und Rückzugsräumen so weit unterschritten ist, dass sich eine Restrukturierung zumindest von linearen Elementen oder Kleinstrukturen in den intensiv genutzten Landschaften als dringend erforderlich erweist. Schließlich waren Maßnahmen für die Erhaltung und gegebenenfalls Förderung ausgewählter Zielarten zusammenzustellen, die nicht mit vorgenannten flächenhaften Bezugsgrundlagen bemessen werden konnten.

Die Kostenschätzungen für die pflegenden, entwickelnden, restrukturierenden und artbezogenen Maßnahmen orientierten sich an den geltenden Fördersätzen für Naturschutz und Landschaftspflege sowie an Maßnahmen und entsprechenden Kalkulationen der FFH-Managementplanung.

Die für den Freistaat Sachsen insgesamt kalkulierten Kosten wurden regional ausdifferenziert, einerseits für die einzelnen Landkreise, andererseits für die Naturregionen und -räume. Der auf diese Weise kalkulierte Förderbedarf bestimmt die Soll-Seite der Bilanz, d. h. den benötigten Kostenaufwand (100-%-Kalkulation, keine Berücksichtigung von Eigenanteilen). Transaktionskosten und moderate Steigerungsraten der Pflegekosten sind für die kommende Dekade abgeschätzt und so weit wie möglich berücksichtigt worden.

Dem ermittelten Bedarf wurde eine Ist-Analyse gegenübergestellt, welche für jeden der angesprochenen Posten die tatsächlich verausgabten Aufwendungen und Fördermittel beinhaltet. Dabei lag die methodische Herausforderung in der Berücksichtigung der unterschiedlichen Finanzierungsinstrumente und Projektmittelgeber, um ein möglichst realistisches Bild über das Verhältnis von Bedarf und Umsetzung zu gewinnen. Der Vergleich beider Seiten ergab einen Überblick über die Mittelausstattung der Landschaftspflege, der durch die finanzielle Betrachtung übersichtlich, aber auch sehr grob ist und im Einzelfall einer qualitativen Untersetzung bedarf (Grunewald und Syrbe 2014).

5.7.5.2 Ausgewählte Ergebnisse

Pflegerelevante Biotope in Sachsen und Kosten der Biotoppflege: Die landschaftspflegerelevante Biotopfläche in Sachsen wurde mit rund 143.000 ha ausgewiesen. Sie macht damit ca. 7,8 % der Landesfläche Sachsens aus. Davon waren mehr als die Hälfte der Fläche mit regelhaften Pflegemaßnahmen zu bilanzieren, darunter alle Grünlandbiotope und die zu extensivierenden Äcker sowie fast alle Heiden und Magerrasen. Die als episodisch bezeichneten Pflegemaßnahmen sind auf ca. der Hälfte der ausgewiesenen Biotopfläche Sachsens relevant, darunter auf allen Waldbiotoptypen. Die Biotoptypen naturnaher Teich/Weiher, Streuobstwiese, Zwergstrauchheide, Niedermoor und Sumpf bedürfen sowohl regelhafter als auch episodischer Pflegemaßnahmen (Grunewald und Syrbe 2014).

Zu diesen 7,8 % Biotopflächen sind noch Landschaftspflegemaßnahmen hinzuzurechnen, die auf ca. 18.500 ha im Staatswald durchzuführen wären (ohne in der oben genannten Kalkulation enthalten zu sein), und die aus praxisrelevanter Sicht realistische Erweiterung der geförderten Grünlandfläche um 10.000 ha. Zusammen würde sich somit ein Anteil von 9,3 % der Landesfläche ergeben, für den Maßnahmen des Naturschutzes und der Landschaftspflege vorgesehen sind. Gegenüber der Bilanzanalyse von 1999 (LfUG 1999) erhöhte sich die Fläche um 4,1 %, was etwa einer Verdoppelung der maßnahmenrelevanten Fläche entspricht. Dies liegt vor allem in der Einbeziehung der Kategorie „zu extensivierende Äcker" begründet, weil sich die Intensität der Bewirtschaftung und damit der Handlungsbedarf im Bereich des Ackerlands signifikant erhöht haben (u. a. Wegfall der Brachflächen, Verlust an Saumbiotopen). Die zu extensivierenden Äcker machen allein 33.000 ha, also ca. 3 % der Agrarfläche Sachsens, aus. Aber auch die pflegerelevanten Anteile an Waldbiotopen, Gehölzen, Hecken und Gebüschen haben sich erhöht und es sind die Biotopgruppen/Lebensräume nach FFH-Richtlinie dazugekommen, die früher über die SBK nur zum Teil erfasst wurden. Neu entstehende Biotope auf Bergbaufolgeflächen zeichnen sich durch „naturschutzfachlich wertvolle Lebensräume" aus. Dieses Potenzial soll in angemessener Weise für den Prozessschutz und wissenschaftliche Untersuchungen zur Biodiversität genutzt werden (SMUL 2009a). In der Landschaftspflegekonzeption 1999 noch als Extrakategorie ausgewiesen, sind sie nunmehr weitgehend mit den Grundlagen der Biotop- und Lebensraumkartierung erfasst.

Für Sachsen ist ein Bedarf von rund 49 Mio. € pro Jahr für die Pflege und Entwicklung von Biotopen kalkuliert worden (Grunewald und Syrbe 2014). Allein für „zu extensivierende Äcker" wären über 17 Mio. € pro Jahr aufzubringen. Auf Kreis- und Naturraum- bzw. Naturregionenebene wurden Handlungsschwerpunkte aufgezeigt, woraus Mittelbedarf und Verantwortlichkeit hervorgehen. Die Kosten korrespondieren mehr oder weniger mit der Biotoppflegefläche pro Kreis. Entsprechend müssten in Landkreisen mit großer Fläche und hohem Anteil pflegerelevanter Biotope Kosten bis 7,7 Mio. € pro Jahr aufgewendet werden, während in den kreisfreien Städten Leipzig und Dresden sowie insbesondere Chemnitz diesbezüglich ein wesentlich geringerer Finanzbedarf besteht. Es zeigt sich insgesamt, dass der Mittelbedarf in den ostsächsischen Landkreisen bezogen auf die Flächeneinheit am höchsten, im Landkreis Zwickau am geringsten ist.

Restrukturierungsbedarf für Landschaftselemente und Biotopstrukturen

Es wurden methodische Ansätze erarbeitet, wie auf Basis vorliegender Fachdaten Planungsgrundlagen für verschiedene Restrukturierungsmaßnahmen ermittelt werden können (Syrbe und Grunewald 2013). Die Analyse konzentrierte sich auf den aktuellen Bestand an Gewässer-, Saum- und Gehölzstrukturen im Agrarraum im Vergleich zu fachlichen Anforderungen, um die Erfordernisse für entsprechende Restrukturierungen zu quantifizieren und zu verorten.

Untersucht und bilanziert wurden zunächst Fließgewässer und die sie begleitenden Strukturelemente (Abb. 5.43). Dabei zeigte sich der Bedarf zur Öffnung verrohrter Fließgewässerabschnitte auf 300 km, die Restrukturierung von Gehölzen entlang ca. 680 km Gewässerläufe und die Auflassung bzw. Änderung von Nutzungen auf 23.700 ha im Gewässerumfeld. Eine quantitative Defizitanalyse legt darüber hinaus die Wiedererrichtung von 2500 km linienhaften Strukturelementen (Hecken, Baumreihen, Säume) in der Agrarlandschaft nahe, was eine im Vergleich zu bisherigen Aktivitäten eine durchaus realistische Größenordung ist. Damit würde zumindest hinsichtlich der Gehölzanlage eine Strukturdichte erreicht, wie sie vor der landwirtschaftlichen Kollektivierung die Landschaft prägte (Syrbe und Grunewald 2013).

Qualitativ ergänzt werden die Maßnahmenvorschläge durch eine Bestimmung von Schwerpunkträumen für flächenhafte Restrukturierungsmaßnahmen innerhalb der Biotopverbundräume Sachsens. Dort sollten also aufgrund akuten Mangels bevorzugt

Begradigter Bach direkt an der Straße bei Canitz

Verrohrter Bach unter Acker bei Luga

Geöffnete Verrohrung bei Kaschka

Beseitigte Strukturen an einem Gewässer

Abb. 5.43 Beispiele aus Sachsen bezüglich Restrukturierungsbedarf/-maßnahmen an kleinen Gewässerläufen. (© Ralf-Uwe Syrbe)

Feldgehölze und extensiv genutzte Flächen zusätzlich geschaffen werden (Syrbe und Grunewald 2013).

Insgesamt wurden für Sachsen Restrukturierungskosten von 16 Mio. € pro Jahr bilanziert, die auf 25.000 ha Fläche umzusetzen sind (Grunewald und Syrbe 2014). Dies umfasst sowohl flächenhafte Nutzungsänderungen als auch linienartige Maßnahmen, welche zur Vermeidung von Doppelzählungen pauschal auf Flächen umgerechnet worden sind.

Hinsichtlich der Restrukturierung haben sich die Flächen gegenüber der Bilanz von 1999 (LfUG 1999) vergrößert. Der Kostenansatz fällt jedoch nur moderat höher aus, weil der Schwerpunkt nun auf der Umwandlung der Ackernutzung liegt, anstelle der 1999 geplanten, umfangreicheren Gehölzpflanzungen. Bei der Restrukturierung von Gewässern ist zu beachten, dass inzwischen wichtige Aufgabenteile im Rahmen der Maßnahmenpläne nach der EU-WRRL abgearbeitet werden und in der Kostenbilanz nicht mehr der Landschaftspflege zugeordnet werden, obwohl sie gleichwohl zu erfüllen sind.

Spezifische Artenschutzmaßnahmen: Besondere Artenschutzmaßnahmen für gefährdete Tier- und Pflanzenarten sind notwendig, wenn die Bewirtschaftung im Rahmen der „guten fachlichen Praxis“, die Pflege- und Schutzmaßnahmen für Lebensräume oder Restrukturierungen bzw. Renaturierungen von Gewässer-, Gehölz- und Saumbiotopen nicht ausreichen, um die Erhaltung dieser Arten langfristig zu sichern.

In Sachsen existierten 2014 Artenschutzprogramme für Flussperlmuschel, Weißstorch und Fischotter. Die notwendigen Kosten für spezifische Aufgaben des Artenschutzes in Sachsen wurden auf 2,43 Mio. € pro Jahr geschätzt (ca. 1,68 Mio. € pro Jahr als Bedarf der Unteren Naturschutzbehörden und 0,75 Mio. € pro Jahr für vorgesehene Aufwendungen seitens der Landesbehörden; Grunewald und Syrbe 2014).

Stand der Umsetzung in Sachsen

Für die Umsetzung der Landschaftspflegeaufgaben stehen vor allem Förderprogramme in den Bereichen Umwelt und Naturschutz, Land-, Forst- und Fischereiwirtschaft sowie Entwicklung des ländlichen Raums als Finanzierungsinstrumente zur Verfügung. Dabei ist in den vergangenen Jahren der Einfluss internationaler Rechtsvorgaben auf die Förderangebote im Freistaat Sachsen weiter gestiegen. Mittlerweile finanziert sich die Förderung überwiegend aus EU-Mitteln. Die wichtigste Grundlage für die Inanspruchnahme von EU-Finanzmitteln für Naturschutz und Landschaftspflege stellt der Europäische Landwirtschaftsfonds für die Entwicklung des ländlichen Raums (ELER) dar. In den Programmen zur ländlichen Entwicklung mit seiner Vielfalt an Flächen-, Maßnahmen- und projektbezogenen Förderungen stehen Werkzeuge und Finanzmittel bereit, die schon sehr umfassend zu den Aufgaben des Biodiversitäts- und Naturschutzes in der Kulturlandschaft beitragen (Schweppe-Kraft und Grunewald 2022).

Zunächst stellen Bundes- und Landesrecht (z. B. § 1c SächsNatschG) die „ordnungsgemäße“ Landwirtschaft nach den Regeln der „guten fachlichen Praxis“ vom Eingriffsrecht (§ 8 Abs. 3) frei. Eine befriedigende Abgrenzung zwischen notwendigen Nutzungsprozessen und ökologisch nachteiligem Eingriff fehlt jedoch bis heute. Das Bezugsniveau der „guten fachlichen Praxis“ ist bezüglich Naturschutz und Landschaftspflege vor allem im Agrarbereich noch nicht hinreichend definiert. Schon allein deshalb ist die Anerkennung ökologischer Leistungen der Land- und Forstwirtschaft, z. B. als Ausgleichs- und Ersatzmaßnahmen, schwierig.

Die Integration von Naturschutzzielen in die Arbeiten des Landwirts (wie aller Flächennutzer – eine Forderung des Sächsischen Programms zur Biologischen Vielfalt; SMUL 2009a), selbst durch Förderprogramme, gelingt nur unvollständig. Ein Grund dafür sind u. a. die dynamischen Entwicklungen am Agrarmarkt. Die Programme sind in dieser Hinsicht zu statisch und können mit den kurzfristig erzielbaren, oft deutlich höheren Marktpreisen für Agrarprodukte nicht konkurrieren. Deshalb ist es notwendig, neben der direkten Förderung neue Instrumente zu entwickeln, welche Naturschutzarbeit zu einem ökonomisch tragfähigen Standbein von Landnutzern machen können.

Inzwischen ist die Waldfläche in Sachsen auf 28,2 % (523.300 ha) angewachsen, an der Privatwaldbesitzer einen Anteil von 46 % haben. Alle Waldeigentümer sind gemäß § 1 des Waldgesetzes für den Freistaat Sachsen verpflichtet, den Wald in der Einheit seines Nutzens und seiner Bedeutung für die Umwelt (Schutz- und Erholungsfunktion) zu erhalten und nachhaltig zu sichern.

Der Staatsbetrieb Sachsenforst (SBS) nimmt seine besondere Verantwortung für Naturschutz und Landschaftspflege im Landeswald und den Großschutzgebieten in eigener Verantwortung wahr. Vom Grundsatz her verfolgt der SBS einen integrativen Ansatz von Waldbewirtschaftung im Einklang mit den Anforderungen für die Naturerhaltung in Schutzgebieten, auf Einzelbiotopen, für Einzelarten und generell im Wirtschaftswald. Dieses Herangehen wird als ökologisch orientierte Waldwirtschaft unter Beachtung der auf der jeweiligen Waldfläche ausgewiesenen Waldfunktionen beschrieben. Andererseits ist es das Selbstverständnis des Staatsbetriebs, Holz zu produzieren und Einnahmen für den Landeshaushalt zu erzielen. Der SBS beansprucht für sich, das Produktionsziel (2011/2012) von jährlich 1 Mio. m^3 Rohholz mit den Naturschutzzielen in Übereinstimmung zu bringen. Die Erfüllung der rechtlichen und fachlichen Anforderungen des Naturschutzes ist auch im Privatwald zu gewährleisten. Hier ist der Umsetzungsgrad der Naturschutzförderung jedoch unbefriedigend.

Sicherung der künftigen finanziellen Ausstattung der Naturschutzförderung

Das Ziel der Naturschutzförderung besteht u. a. darin, das Interesse der Akteure an den Erfolgen langfristiger naturschutzgerechter Arbeit zu stimulieren. Dafür ist nicht nur der reine Aufwandersatz, sondern ein Anreizsystem vonnöten. Gleichzeitig müssen auch Transaktionskosten gedeckt werden können. Priorität sollte eine naturschutzfachliche Beratung genießen, anstelle eines zu hohen (EU-seitig vorgeschriebenen) Kontrollaufwands, der als Gängelei empfunden werden kann. Es darf nicht erwartet werden, dass Landwirtschaftsbetriebe, die Verantwortung für ihr Personal tragen, längerfristig im gewünschten Umfang Maßnahmen durchführen, deren Finanzierung den Aufwand nur ausgleicht, denn Unternehmen, die einen zu geringen Gewinn erwirtschaften, werden künftig aus dem Markt und damit auch als Partner für die Landschaftspflege ausscheiden. Solange Anreizkomponenten nicht aus EU-Fördertöpfen finanziert werden können, müssen andere Finanzierungsmöglichkeiten entwickelt werden. Infrage kommen dafür u. a. zwei erfolgreich erprobte Systeme: Erfolgsprämien und (regionale) Ökolabels. Aus Sicht der Agrarökonomie könnten Mehreinnahmen über ökologisch zertifizierte (qualitativ aufgewertete, höherpreisige) Agrarprodukte des Nahrungs-, Genussmittel- und Wellnessmarkts mindestens die Hälfte der Kosten für die von der Landwirtschaft erbrachten Gemeinwohlleistungen decken (Abschn. 6.2). Umfragen des Leibniz-Instituts für ökologische Raumentwicklung (IÖR) zeigten, dass eine Vielzahl von Verbrauchern bereit wäre, für solche Leistungen über den Kauf zertifizierter Produkte zu einer Vergütung von ÖSL beizutragen (Grunewald et al. 2014).

Die Wirksamkeit der Förderprogramme muss in Bereichen verbessert werden, wo sie nicht greifen. Dies gilt vor allem für Maßnahmen der ausgewiesenen Kategorie „zu extensivierende Äcker“ (Grunewald und Syrbe 2014). Da der Nutzungsdruck auf Ackerflächen hoch bleibt und weiter wachsen wird (u. a. durch den Anbau energetisch verwertbarer Biomasse und durch steigende Lebensmittelpreise), müssten seitens der Gesellschaft erhebliche regulative Maßnahmen und/oder deutlich stärkere finanzielle Ausgleichszahlungen für die Extensivierung etabliert werden. Hier liegt eine der größten Herausforderungen der nächsten Jahre: Wie kann eine naturschutzgerechtere Ackerbewirtschaftung einschließlich der Etablierung geeigneter Strukturen/Biotopflächen in der Offenlandschaft gelingen?

Fazit

Die Landschaftspflegestrategie Sachsens zählte zusammen mit der räumlichen Strategie des Naturschutzes, der Artenschutzkonzeption, der Biotopverbundplanung sowie dem Fachbeitrag „Naturschutz“ zum Landesentwicklungsplan zu einer der wichtigen fachlichen Grundlagen seitens des LfULG, welche u. a. der Umsetzung des Programms zur biologischen Vielfalt in Sachsen diente.

Als querschnittorientierte Konzeption integriert sie verschiedene Zielsetzungen der anderen Strategien und belegt, mit welchem finanziellen Umfang jährlich bei deren Realisierung zu rechnen ist. Der Vergleich von Finanzbedarf und tatsächlichen finanziellen Aufwendungen für die Realisierung von Landschaftspflegeleistungen zeigte bezüglich der Verwaltungsebenen „Land“ und „Landkreis“ Defizite und Handlungsbedarfe auf.

Die Bereitschaft, für die Verbesserung des ökologischen Zustands der Landschaft mit Kosten verbundene Landschaftspflegemaßnahmen zu implementieren, kann mit Fug und Recht als Maß der gesellschaftlichen Wertschätzung von Biodiversität und ÖSL gelten, wobei die Höhe der akzeptierten Kosten hierfür als quantitativer Indikator anzusehen ist.

5.7.6 Das Beispiel der Streuobstwiesen im Biosphärengebiet Schwäbische Alb

Bettina Ohnesorge, Claudia Bieling, Christian Schleyer und Tobias Plieninger*

5.7.6.1 Einleitung

Die Landoberfläche Europas ist durch die jahrhundertelange Geschichte umfassender und weiträumiger menschlicher Nutzung ein annähernd flächendeckendes Mosaik von Kulturlandschaften (Schaich et al. 2010). Der Begriff der **Kulturlandschaft** betont den Aspekt der Kultivierung durch den Menschen und die sichtbare Veränderung der natürlichen Landschaft durch deren dauerhafte Nutzung. Er hebt aber auch die kulturelle Bedeutung hervor (Abschn. 3.4), welche die Menschen der Landschaft und den darin enthaltenen natürlichen und anthropogenen Komponenten zuweisen (Jones 2003). Der menschliche Einfluss ist dabei keinesfalls auf Störungen oder negative Eingriffe beschränkt. Durch sozioökonomischen, emotionalen und intellektuellen Input kann der Mensch auf vielfältige Weise zu Diversität und Einzigartigkeit einer Landschaft beitragen (Moreira et al. 2006).

Während sich ein großer Teil der wissenschaftlichen Literatur mit der Erfassung von ÖSL auf Ebene einzelner Ökosysteme beschäftigt, werden in diesem Kapitel die Leistungen auf der Landschaftsebene betrachtet. Kulturlandschaften umfassen in der Regel eine Vielzahl verschiedener Biotope. Waldinseln, Wiesen, Feldgehölze und Fließgewässer beispielsweise erbringen jeweils spezifische ÖSL. Aggregiert auf der Ebene der Kulturlandschaft erfüllen sie weitere Leistungen wie die Regulierung des Landschaftswasserhaushalts und Grundwasserneubildung oder die Bestäubung von Kulturpflanzen durch wild lebende Insekten. Den kulturellen Leistungen kommt auf der Landschaftsebene eine besondere Bedeutung zu. Durch die lange Nutzungsgeschichte und die intensive Interaktion zwischen Mensch und Natur in Kulturlandschaften sind Gefühle von Heimat, aber auch Werte, Biografien und Identitäten eng mit der Landschaft verknüpft (Schaich et al. 2010). Auch Erholung, Inspiration und spirituelle Erbauung durch Kulturlandschaften gewinnen umso mehr an Wert, als der Arbeitsalltag der meisten Mitteleuropäer zunehmend in Städten und geschlossenen Räumen abspielt.

Bei der Anwendung des ÖSL-Konzepts auf Kulturlandschaften sollten also gerade die kulturellen Leistungen berücksichtigt werden. Trotz ihres zentralen Einflusses auf die Lebensqualität finden sie bisher jedoch nur zögerlich Eingang in die Erforschung, Erfassung und Bewertung von ÖSL. Ein zentraler Grund liegt darin, dass sie, verglichen mit den meisten Versorgungs- oder Regulierungsleistungen, nur schwer räumlich darstellbar oder gar quantifizierbar sind (Chan et al. 2012). Im Folgenden wird die Bedeutung der kulturellen Leistungen von Kulturlandschaften am Beispiel der Streuobstwiesen im Biosphärengebiet Schwäbische Alb demonstriert und eine Methode zu ihrer räumlich expliziten Erfassung vorgestellt. Anschließend werden einige Instrumente und zivilgesellschaftliche Initiativen zum Erhalt der Streuobstwiesen (Zahlungen, *payments for ecosystem services*) erläutert und die Anwendung des ÖSL-Ansatzes im Landschaftsmanagement diskutiert.

Streuobstwiesen

Streuobstwiesen eignen sich besonders gut als beispielhafter Untersuchungsraum, da sie viele Merkmale traditioneller Kulturlandschaften aufweisen: Bei geringer Bewirtschaftungsintensität überlagern sich obstbauliche und landwirtschaftliche Nutzungen und das kleinräumige Landschaftsmosaik sowie der Strukturreichtum bedingen eine hohe Artenvielfalt. Nicht zuletzt erbringt diese Landschaft erhebliche kulturelle Leistungen wie Naherholung und Heimatgefühl (Abb. 5.44).

Streuobst ist definiert als „im Allgemeinen großwüchsige Bäume verschiedener Obstarten, Sorten und Altersstufen, die auf Feldern, Wiesen und Weiden in ziemlich unregelmäßigen Abständen gewissermaßen ‚gestreut' stehen. Zum Streuobst werden aber auch Einzelbäume an Wegen, Straßen und Böschungen, kleine Baumgruppen, Baumreihen sowie flächenhafte Anlagen mit eher regelmäßigen, aber weiten Pflanzenabständen gezählt. Typische Baumform des Streuobstes ist der Hochstamm" (Lucke et al. 1992). Die am weitesten verbreiteten Kulturarten sind Apfel, Birne, Zwetschge und Süßkirsche.

Abb. 5.44 Streuobstwiesen sind ein charakteristischer Bestandteil vieler mitteleuropäischer Kulturlandschaften. (© Bettina Ohnesorge)

5.7.6.2 Vom Ort effizienter Nahrungsproduktion zum bedrohten Kulturgut: Streuobstwiesen im Laufe der Jahrhunderte

Streuobstwiesen sind heute in elf europäischen Ländern verbreitet und umfassen ca. 1 Mio. ha. Ihr Verbreitungsgebiet erstreckt sich von Nordfrankreich über Süddeutschland und die Schweiz bis nach Polen. In Baden-Württemberg nehmen Streuobstwiesen mit ca. 116.000 ha etwa 7,1 % der Landwirtschaftsfläche ein. Am nordwestlichen Rand des Biosphärengebiets Schwäbische Alb, ca. 30 km südöstlich von Stuttgart, im Naturraum Mittleres Albvorland, befindet sich der Kern des größten zusammenhängenden Streuobstgebiets Europas. Hier finden sich ca. 600.000 Obstbäume auf etwa 6.000 Hektar Streuobstwiesen. Das mittlere Albvorland ist durch seine großflächigen, reich strukturierten Streuobstbestände im Umkreis der Siedlungen, relativ klein strukturierte Agrarflächen und laubholzreiche Hangwälder geprägt. Der Einzugsbereich des Ballungsgebiets Stuttgart bedingt eine sehr hohe Bevölkerungsdichte von 719 Einwohnern pro km^2. Im Leitbild der Naturraumentwicklung wird daher neben dem hohen Wert des Naturraums für den Artenschutz auch seine insgesamt hohe Eignung für landschaftsgebundene Erholung hervorgehoben (LUBW 2009).

Streuobstlandschaften werden heute in hohem Maße von der Gesellschaft für die vielfältigen ÖSL geschätzt, die sie bereitstellen. Unter den Versorgungsleistungen ist das Obst von Bedeutung, das trotz verbreiteter Umstellung auf Niederstammanlagen immer noch zum größten Teil im Streu- und Gartenobstbau stammt (Weller 2006). Geschätzte Produkte sind Tafelobst, Obstsäfte, Most und Schnaps. Daneben erfüllt Streuobst kulturelle Leistungen, da Streuobstbäume besonders markante Bestandteile einer ästhetisch wertvollen Landschaft sind. Aufgrund ihrer ortsnahen Lage leisten sie wertvolle Beiträge zur Naherholung und locken vielfach Tagestouristen an. Bedeutende Regulierungsleistungen erbringen sie, indem sie das Lokalklima positiv beeinflussen (z. B. Windschutz, Schattenspende), in Hanglagen der Bodenerosion entgegenwirken und den Eintrag von Nährstoffen in Gewässer reduzieren. Die große Vielfalt an Obstsorten (in Deutschland kommen mehr als 3000 Obstsorten vor; MLR 2009) bildet ein wichtiges Genreservoir. Schließlich sind Streuobstbestände wichtiger Lebensraum für viele Tier- und Pflanzenarten (Herzog 2000).

In vielen deutschen Regionen wurde Streuobst als innovative Landnutzungsform im 18. und 19. Jahrhundert eingeführt. Wichtige Nutzungsformen unter den Baumkronen waren neben der Beweidung der Anbau von Futtergräsern, Getreide, Wurzelfrüchten, Gemüse und Beeren. Ihren Höhepunkt erreichte die Streuobstwirtschaft Mitte des 20. Jahrhunderts. Die letzten großflächigen Streuobstpflanzungen fanden während des Zweiten Weltkriegs und in der Nachkriegszeit statt, um die Versorgung der Bevölkerung mit frischem Obst zu verbessern (Müller 2005).

Seit den 1950er-Jahren ist die Streuobstfläche wieder stark rückläufig. In Baden-Württemberg erfasste die Agrarstatistik nahezu 18 Mio. Streuobstbäume im Jahr 1965, während es 2009 nur noch 9,3 Mio. Bäume waren (MLR 2009). Viele Streuobstbestände wurden systematisch durch moderne Intensivobstanlagen ersetzt, welche eine rationelle Bewirtschaftung mit Maschinen erlauben. In den 1960er- und 1970er-Jahren bezuschussten das Land Baden-Württemberg und die Europäische Wirtschaftsgemeinschaft die Rodung von Streuobstbeständen, um die „Modernisierung“ des Obstbaus zu fördern. Dadurch wurden zwischen 1957 und 1974 ca. 15.700 ha Streuobstbestände gerodet (Weller 2006). Viele der ortsnahen Streuobstbestände verschwanden im Zuge der Ausweisung von Siedlungs- und Gewerbegebieten. Der Neu- und Ausbau von Straßen führte insbesondere zur Rodung von Obstbaumreihen.

Streuobstbestände benötigen Pflegemaßnahmen, insbesondere regelmäßigen Obstbaumschnitt und Nachpflanzungen. Mit der aufkommenden Konkurrenz durch Niederstamm-Obstplantagen und durch veränderte Konsumgewohnheiten (z. B. höhere Qualitätsansprüche an Tafelobst) verlor der Streuobstbau vielfach an Wirtschaftlichkeit. Infolge der Nutzungsaufgabe und fehlenden Nachpflanzung wurden viele Bestände von Stauden und Büschen überwuchert und überalterten, viele Obstbäume gingen durch fehlende Pflege ein. Die verbleibenden Streuobstbestände werden heute kaum mehr von hauptberuflichen Obstbauern, sondern überwiegend von Nebenerwerbslandwirten und Selbstversorgern bewirtschaftet (Weller 2006). Die Obstbäume finden sich ganz überwiegend auf Wiesen und Weiden, während die einst weit verbreiteten Streuobstäcker fast komplett aus der Landschaft verschwunden sind.

5.7.6.3 Kulturelle Leistungen von Streuobstwiesen

Trotz, oder vielleicht gerade wegen des großflächigen Verschwindens von Streuobstwiesen mehren sich die Stimmen, die insbesondere die kulturellen Leistungen von Streuobstwiesen als einen für die Region typischen und überaus wertvollen Lebensraum herausstellen. Allerdings bleiben diese immateriellen Werte um Ästhetik, Kulturerbe oder Heimat in der Regel recht vage und lassen sich nur schlecht in umfassende Analysen zu ÖSL einbringen. Daher wird im Folgenden ein Ansatz vorgestellt, die kulturellen Leistungen beispielhaft für einen Teil des Streuobstwiesengürtels um den Ort Unterlenningen im Vorland der Schwäbischen Alb zu konkretisieren.

Manifestationen kultureller ÖSL in Streuobstwiesen des mittleren Albvorlands Der Methode liegt die Überlegung zugrunde, dass, ähnlich wie andere Landnutzungen, auch die Nutzung kultureller ÖSL Spuren in der Landschaft hinterlässt. So zeugen beispielsweise Lagerfeuerstellen von einer Erholungsnutzung, Wegkreuze von spirituellen Werten oder gepflegte historische Landschaftselemente von der Verbundenheit mit dem Kulturerbe. Grundidee der skizzierten Untersuchung ist es, solche sichtbaren Manifestationen kultureller ÖSL räumlich explizit zu erfassen. Das Vorgehen greift dabei Ideen aus der Landschaftsforschung auf, die hervorheben, dass Werte in Bezug auf Landschaften entscheidend mit dem aktiven Erleben, d. h. der Nutzung von Landschaften, verknüpft sind (Eiter 2010; Stephenson 2008).

In einem ersten Schritt wurden in einer systematischen Feldbegehung alle Anzeichen von Nutzungen, die primär mit immateriellen Werten verbunden sind, in eine Karte und später in ein digitales räumliches Informationssystem aufgenommen (Methodik und Ergebnisse detailliert in Bieling und Plieninger 2013). In dem untersuchten Gebiet

Abb. 5.45 Sitzbänke in einer Streuobstwiese als Manifestation von ästhetischen Werten und Erholungsleistungen der Landschaft. (© Bettina Ohnesorge)

wurde eine Vielzahl von Manifestationen kultureller ÖSL aufgefunden, die sich sieben Kategorien ähnlicher Nutzungsformen zuordnen lassen: Sitzbänke (Abb. 5.45), Gärten, Hochsitze für die Jagd, Erholungseinrichtungen (z. B. kleine Freizeithütten, Grillstellen), Zeichen der Erinnerung und des Kulturerbes (z. B. an einer Sitzbank angebrachte Gedenkplakette an eine Person), Wege und Schilder für Wanderer und Mountainbiker sowie „andere" (z. B. eine auf religiöse Werte hindeutende, kleine Weihnachtsbaumplantage für den Eigenbedarf) (Tab. 5.23). Gärten und jagdliche Einrichtungen wurden als primärer Ausdruck von immateriellen Werten gedeutet, da sich hier ein bestimmter, eng mit der Identität verknüpfter Lebensstil und auch eine Erholungsnutzung offenbart, gegenüber denen die Bedeutung der gleichzeitig erbrachten Versorgungsleistungen (Gemüse, Wildfleisch) in den Hintergrund tritt.

Die Kategorien vorgefundener Manifestationen immaterieller Werte wurden in einem zweiten Schritt mit den Typen von kulturellen ÖSL, wie sie vom Millennium Ecosystem Assessment (MEA 2005) beschrieben werden, verknüpft (Tab. 5.24). Dabei zeigt sich eine besondere Bedeutung der Erholung und der Identität, während Inspiration und spirituelle Werte nur in einem geringen Maß mit den untersuchten Streuobstwiesen verbunden zu sein scheinen.

Tab. 5.24 Typen kultureller ÖSL, zugeordnete sichtbare Manifestationen und ihre Bedeutung in dem untersuchten Streuobstwiesenbereich in Unterlenningen

Typen kultureller ÖSL	Zugeordnete sichtbare Manifestationen	Bedeutung (Anteil an der Gesamtzahl der vorgefundenen Manifestationen, %)
Identität	Gärten, Hochsitze für die Jagd, Teich, Weihnachtsbaumplantage	28
Kulturerbe	Zeichen der Erinnerung und des Kulturerbes	5
Spirituelle Werte	Weihnachtsbaumplantage	1
Inspiration	–	0
Ästhetische Werte	Sitzbänke	11
Erholung	Wege und Schilder für Wanderer und Mountainbiker, Erholungseinrichtungen, Sitzbänke, Gärten, Hochsitze für die Jagd	55

Bei diesen Schlussfolgerungen sind jedoch zwei wichtige Punkte zu beachten: Zum einen bildet die beschriebene Methode offensichtlich nicht alle Typen von kulturellen ÖSL in gleichem Umfang ab. So wurden beispielsweise keine Manifestationen gefunden, die eindeutig mit Inspirationsleistungen verbunden werden können. Es ist jedoch durchaus davon auszugehen, dass Menschen aus den Streuobstwiesen Inspiration schöpfen. Die Effekte dieses Erlebens zeigen sich allerdings nicht in der Landschaft selbst, sondern es wäre vielmehr notwendig, die Bilder von Kindern oder Texte lokaler Autoren auszuwerten. Zum anderen sind Manifestationen immaterieller Werte kontextabhängig und ein Vergleich über unterschiedliche Kultur- und Naturräume hinweg wäre nicht aussagekräftig. In der überwiegend protestantischen Gemeinde Unterlenningen fanden sich beispielsweise kaum Zeichen, die auf spirituelle Werte hinweisen. Hier ist es, anders als in katholisch geprägten Gemeinden einige Kilometer weiter, nicht üblich, religiöse Werte z. B. über Wegkreuze in der Landschaft zum Ausdruck zu bringen. Es wäre jedoch ein Fehlschluss zu folgern, dass in protestantisch geprägten Gegenden weniger religiöse Werte mit der Landschaft verbunden werden als in katholischen.

Wie für viele andere mittlerweile etablierte Ansätze zur Erfassung kultureller ÖSL (Übersicht z. B. Cheng et al. 2019) zeigt sich auch hier, dass es keine optimale, allumfassende Methode gibt. Gefragt ist vielmehr ein breites methodisches Spektrum, und idealerweise die Verbindung verschiedener Ansätze, um deren jeweilige Stärken und Schwächen auszugleichen. Die räumlich explizite Analyse, sei es über das hier vorgestellte Kartieren von Manifestationen oder auch partizipative GIS-Befragungen (z. B. Brown und Fagerholm 2015), bietet viele Potenziale: Sie weist einerseits auf *Hotspots* hin, in denen kulturelle ÖSL gehäuft auftreten, zum anderen aber auch auf Orte, die in dieser Hinsicht eine relativ geringe Bedeutung haben. Darüber hinaus zeigt die

Visualisierung auf, dass es typische Zusammenhänge zwischen den verschiedenen kulturellen ÖSL zu geben scheint. So traten in den untersuchten Streuobstwiesen Manifestationen im Hinblick auf Erholung, Identität und Kulturerbe häufig gebündelt auf. Gleichermaßen lassen sich Eigenschaften der Landschaft beispielsweise hinsichtlich der Topografie oder Exposition mit vorgefundenen Anzeichen von Nutzungen korrelieren, bei denen immaterielle Werte im Vordergrund stehen. Hier ist jedoch die Komplexität des Verhältnisses zwischen Raum und kulturellen ÖSL zu beachten. Beispielsweise werden ästhetische Werte (z. B. eine schöne Aussicht) sowohl durch den Ort der Nutzung bestimmt (der Ort, an dem der Ausblick genossen wird) als auch durch den Ort, der betrachtet wird (d. h. die Landschaft, der der Ausblick gilt).

Kulturelle ÖSL als argumentativer Hebel zur Förderung der Kulturlandschaftserhaltung Wie das Beispiel der Streuobstwiesen zeigt, haben Kulturlandschaften eine vielfältige Bedeutung im Zusammenhang mit immateriellen Werten. Dies betrifft den Tourismus, ganz wesentlich aber auch die örtliche Bevölkerung und insbesondere die Landeigentümer, die entsprechende Nutzungen zulassen oder fördern. Immaterielle Werte spielen in Entscheidungen der Landnutzungspraxis eine erhebliche Rolle. Dies zeigt beispielsweise eine Studie, die beleuchtet, wie Waldbauern naturnahen Bewirtschaftungsformen gegenüberstehen. Sie kommt zu dem Schluss, dass die Akzeptanz solcher Ansätze weniger von Förderprogrammen abhängt, als vielmehr davon, ob diese Bewirtschaftungsformen ins jeweilige Weltbild, Wertesystem oder zu den Familientraditionen passen (Bieling 2004). Insofern stellen kulturelle ÖSL einen entscheidenden argumentativen Hebel dar, wenn es darum geht, eine an breiten ÖSL orientierte Kulturlandschaftsentwicklung zu fördern. Ein weiterer zentraler Gesichtspunkt ist hierbei, dass kulturelle ÖSL, anders als dies etwa bei Versorgungs- oder Regulierungsleistungen typischerweise der Fall ist, an einen spezifischen Ort gebunden und nicht ersetzbar sind (MEA 2005). Mit dem gehobenen wirtschaftlichen Standard in Mitteleuropa ist es möglich, Agrarprodukte aus anderen Regionen der Welt zu importieren. Werte wie Naherholung, Heimat oder die Bindung an historische Wurzeln sind jedoch untrennbar mit den hiesigen Kulturlandschaften verknüpft – wenn sie nicht vor Ort erhalten werden, sind sie verloren (Guo et al. 2010).

5.7.6.4 Instrumente und zivilgesellschaftliche Initiativen zum Erhalt der vielfältigen Leistungen von Streuobstwiesen

Angesichts der vielfältigen kulturellen und anderen wichtigen ÖSL, die von Streuobstwiesen als wesentlichem Element der regionalen Kulturlandschaft erbracht werden, kommt politischen und ökonomischen Steuerungsinstrumenten, die dem Rückgang und der zunehmenden Degradation der Streuobstbestände Einhalt gebieten können, eine besondere Bedeutung zu. Streuobstwiesen zählen zu den besonders geschützten Biotopen im Bundesnaturschutzgesetz; sie können auch Bestandteile von Natur- und Landschaftsschutzgebieten sowie Biosphärenreservaten sein. Eine landwirtschaftliche Nutzung der Streuobstwiesen ist grundsätzlich zulässig, muss jedoch extensiv erfolgen oder weiteren spezifischen naturschutzfachlichen Anforderungen genügen (MLR 2009). Solche Gesetze und Auflagen werden von den Landnutzern jedoch häufig als staatliche Gängelung empfunden. Vor allem aber beinhalten sie in der Regel keine Verpflichtung zur aktiven Pflege von Streuobstbeständen, die zu deren Erhalt jedoch zwingend notwendig ist.

Um der Abnahme und zunehmenden Degradation von Streuobstbeständen entgegenzuwirken, wurden seit den 2000er Jahren vermehrt öffentliche und private Finanzierungsprogramme und andere anreizbasierte Instrumente ins Leben gerufen. Bei diesen Zahlungs- bzw. Honorierungsmechanismen (in der anglophonen Literatur auch als *payments for ecosystem services* bezeichnet, s. Abschn. 6.2) wird eine fest definierte Maßnahme, beispielsweise ein spezifischer vogelfreundlicher Pflegeschnitt, gegen Zahlung eines bestimmten Betrags freiwillig durchgeführt. In Baden-Württemberg werden so durch die Landesregierung bereits Ende der 2000er Jahre jährlich etwa 10 Mio. € für direkte oder indirekte Maßnahmen zum Erhalt von Streuobstbeständen ausgegeben (MLR 2009). Meist zielen diese jedoch nur indirekt auf kulturelle ÖSL ab, obgleich diese von den geförderten Maßnahmen in vielen Fällen auch profitieren. Eine explizite Förderung kultureller Leistungen scheitert häufig daran, dass sie im Vergleich mit Versorgungs- und Regulierungsleistungen sehr viel schwerer fassbar, bestimmten Wirtschaftsformen zuzuordnen oder gar quantifizierbar sind.

Der Erhalt von Streuobstbeständen wird vor allem im Rahmen des baden-württembergischen Agrarumweltprogramms FAKT gefördert. Für die verpflichtende Bewirtschaftung und Pflege des Grünlands unter und zwischen den Bäumen sowie den Ersatz abgängiger Streuobstbäume durch Hochstammsorten erhalten Landnutzer 2,50 € je Baum. Weitere staatliche Zuschüsse für die Erhaltung, Pflege und Neuanlage von Streuobstbeständen werden in bestimmten Förder- bzw. Projektgebieten im Zuge von Flurneuordnungsmaßnahmen und im Rahmen der Landschaftspflegerichtlinie des Landes Baden-Württemberg gewährt. Aus Landesmitteln wurden seit 2015 zudem fachgerechte Baumschnitte für über 400.000 Bäume mit je 15 Euro gefördert. Seit 2010 können Kommunen schließlich die Pflege von stark vernachlässigten Streuobst-Altbeständen als vorgezogene Ausgleichsmaßnahme für Eingriffe in Natur und Landschaft geltend machen und auf ihren sogenannten Ökokonten gutschreiben lassen. Weitere staatliche Förderprogramme unterstützen die Verarbeitung und Vermarktung von Streuobst im Biosphärengebiet und darüber hinaus: Dazu gehört die investive Förderung von Diversifizierungsmaßnahmen landwirtschaftlicher Unternehmen, beispielsweise zum Aufbau von Kleinbrennereien, aber auch zur Schaffung leistungsfähiger Strukturen von Saftkeltereien und zur Anschaffung von mobilen Saftpressen und Abfüllanlagen (MLR 2008, 2009, 2015).

Eine weitere anreizbasierte Form der Förderung von Streuobstbeständen im Biosphärengebiet sind sogenannte Aufpreisinitiativen. Hier liegt der Auszahlungspreis für die Erzeuger über dem Tages- oder Normalpreis, wenn deren Früchte von Streuobstwiesen stammen, die besonders extensiv oder gar ökologisch bewirtschaftet werden und/oder aus bestimmten regionalen Anbaugebieten stammen. So wurde beispielsweise im Rahmen des seit dem Jahr 2001 in der Region tätigen „PLENUM-Projekts des Landes Baden-Württemberg zur Erhaltung und Entwicklung von Natur und Umwelt“ und in Zusammenarbeit mit lokalen Keltereien und Kreisobstverbänden die Fruchtsaft- und Likörmarke „ebbes Guad's“ geschaffen. Die Früchte hierfür stammen von etwa 350 ha, nach spezifischen Kriterien bewirtschafteten Streuobstwiesen. Dafür erhalten die Erzeuger 5 € pro Dezitonne über dem Tagespreis. Bei der ebenfalls mit PLENUM-Mitteln unterstützten Apfelsaftinitiative „Feines von Reutlinger Streuobstwiesen“ wird durch einen noch höheren Aufpreis die Bewirtschaftung nach zusätzlichen und strengeren ökologischen Kriterien honoriert. Im PLENUM-Gebiet „Schwäbische Alb“ werden neben den Aufpreisinitiativen beispielsweise auch Infrastrukturmaßnahmen für Mostereien und Keltereien kofinanziert sowie Projekte zur besseren Vernetzung von Akteuren entlang der gesamten Wertschöpfungskette (Erzeuger, Verarbeiter, Handel, Gastronomie, Verbraucher), zur Verbesserung der Öffentlichkeitsarbeit und zur Aus- und Weiterbildung von Streuobstwirten gefördert (PLENUM 2008, ifls 2013).

Das breite Spektrum an Zahlungs- und Honorierungsprogrammen zur Förderung des Streuobstanbaus verdeutlicht die zunehmende Bedeutung anreizbasierter Förderinstrumente zum Erhalt von Kulturlandschaften. Dies erscheint umso richtungweisender, als dass es sich bei der Mehrzahl der von Streuobstwiesen bereitgestellten ÖSL um öffentliche Güter handelt, für die sich „freie Märkte“ in der Regel nicht herausbilden. Die genannten Fördermaßnahmen und Initiativen haben sicher Anstöße zum Erhalt und zur Pflege von Streuobstbeständen gegeben.

Eine Reihe von Faktoren lässt es allerdings zweifelhaft erscheinen, dass die bestehenden, anreizbasierten Förderinstrumente hinsichtlich ihrer finanziellen Ausstattung und inhaltlichen Ausgestaltung in der Lage sein werden, den Rückgang und die Degradation der Streuobstbestände maßgeblich aufzuhalten oder sogar umzukehren. So wurden im Jahre 2020 gerade einmal 1,32 Mio. der insgesamt 9,3 Mio. Streuobstbäume in Baden-Württemberg im Rahmen des Agrarumweltprogramms FAKT gefördert (MLR 2021). Die geringe Inanspruchnahme dieses Förderinstruments resultiert zum einen daraus, dass ein Großteil der Streuobstflächen nicht von Landwirten, sondern von Hobbybewirtschaftern gepflegt wird und somit nicht förderberechtigt im Sinne EU-kofinanzierter Agrarumweltprogramme ist. Zum anderen sind der Anbau und die Pflege von Streuobstwiesen mit hohen Kosten verbunden, die durch die Förderprämien vor allem der staatlichen Programme nur teilweise abgegolten werden. Darüber hinaus sind die mit den Förderprogrammen verbundenen Bewirtschaftungsauflagen und Förderzeiträume häufig sehr unflexibel und kaum räumlich und betrieblich differenziert ausgestaltet. Konkurrierende Politiken, beispielsweise zur Förderung des Energiepflanzenanbaus, erhöhen zudem die Opportunitätskosten der Streuobstbewirtschaftung und verstärken somit den Flächendruck auf die Streuobstbestände (Schleyer und Plieninger 2011). Schließlich erscheint es sinnvoll, auch private Finanzierungsquellen für derartige Förderprogramme zu nutzen. Aufpreisinitiativen, private Investitionen in Vermarktungs- und Weiterverarbeitungsinfrastrukturen sowie die Nutzung von Ausgleichszahlungen für Flächeneingriffe bieten hier ein erhebliches Potenzial.

Fazit

Streuobstwiesen vereinen viele Merkmale traditioneller Kulturlandschaften und stellen vielfältige ÖSL bereit. Ursprünglich zum Zweck der flächeneffizienteren Nahrungsmittelproduktion entstanden, werden sie heute insbesondere für ihre kulturellen Leistungen wie Heimatverbundenheit, Erholung und Inspiration geschätzt. Doch die übergreifenden Landnutzungstrends der letzten Jahrzehnte – Intensivierung der Produktionsmethoden, Siedlungs- und Infrastrukturentwicklung auf der einen, Nutzungsaufgabe auf der anderen Seite (Plieninger et al. 2006) – spiegeln sich auch im Fall der mitteleuropäischen Streuobstwiesen wider. Die Bestände sind dadurch vielerorts bedroht.

Im Bemühen, traditionelle Kulturlandschaften zu bewahren und verschiedene Landnutzungsansprüche abzuwägen, kann der ÖSL-Ansatz wertvolle Perspektiven eröffnen. Um den gesellschaftlichen Wert einer Landschaft vollständig zu erfassen, müssen dabei die kulturellen ÖSL mitberücksichtigt werden.

Eine Möglichkeit, kulturelle Leistungen in der Landschaft zu konkretisieren, liegt in der Kartierung von Elementen, in welchen sich die kulturelle Bedeutung der Landschaft manifestiert. Eine bewusste Verknüpfung von Werten wie Erholung, Identität und Heimatverbundenheit der Landnutzer mit konkreten Landschaftselementen kann unter Umständen einen stärkeren Anreiz bieten, diese zu erhalten, als es durch Vorschriften oder finanzielle Förderung allein der Fall ist. Das große Potenzial des ÖSL-Konzepts im Landschaftsmanagement liegt darin, die vielfältigen Bezüge von Kulturlandschaften zu verschiedenen Aspekten des menschlichen Wohlbefindens sichtbar zu machen. Erst wenn die Zusammenhänge zwischen Landnutzung und den immateriellen Parametern von Lebensqualität ebenso bewusst gemacht werden wie die materiellen, können die kulturellen Leistungen auch entgegen vordergründigen ökonomischen Interessen bewahrt bzw. durch gezielte Politiken oder private Initiativen gefördert werden.

Literatur

Achtziger R, Stickroth H, Zieschank R (2004) Nachhaltigkeitsindikator für die Artenvielfalt. Ein Indikator für den Zustand von Natur und Landschaft, Bd 63. Angewandte Landschaftökologie. Landwirtschaftsverlag, Münster

Ackermann W, Stenzel S, Fuchs D (2020) Erfassung des Landnutzungswandels im Rahmen des bundesweiten Ökosystem-Monitorings. In: Meinel G, Schumacher U, Behnisch M, Krüger T (Hrsg) Flächennutzungsmonitoring XII. mit Beiträgen zum Monitoring von Ökosystemleistungen und SDGs, Bd 78. IÖR-Schriften (Rhombos), S 169–178

Ad-hoc-AG Boden (2000) Methodendokumentation Bodenkunde. 2. Aufl.: Auswertungsmethoden zur Beurteilung der Empfindlichkeit und Belastbarkeit von Böden. In: Koord. Hennings V (Hrsg) Bundesanstalt für Geowissenschaften und Rohstoffe, Staatliche Geologische Dienste in der Bundesrepublik Deutschland, Ad-hoc-AG Boden. Geol. Jb., G SG1: 232 S.; Hannover. Online VKR 3.11, neu gefasst, unter: http://www.bgr.bund.de/DE/Themen/Boden/Netzwerke/Adhocag/Downloads/Neufassung_Regel_3_11.pdf?__blob=publicationFile&v=2

Ad-hoc-AG Boden (2005) Bodenkundliche Kartieranleitung, 5. Aufl. Hannover, 438 S

Albert C, Burkhard B Daube S, Dietrich K, Engels B, Frommer J, Götzl M, Grêt-Regamey A, Job-Hoben B, Keller R, Marzelli S, Moning C, Müller F, Rabe SE, Ring I, Schwaiger E, Schweppe-Kraft B, Wüstemann H (2015) Empfehlungen zur Entwicklung eines ersten nationalen Indikatorsets zur Erfassung von Ökosystemleistungen. Diskussionspapier. BfN-Skripten 410

Altenbrunn K, Elsasser P (2021) Technische Dokumentation zum Modell ReWaLe (Regionalisierung des ökonomischen Wertes von Waldleistungen) (Technical documentation on the ReWaLe model [regionalisation of the economic value of forest services]), Bd 178. Thünen Working Paper. Johann Heinrich von Thünen-Institut, Braunschweig. https://doi.org/10.3220/WP1627892080000

Altieri MA (Hrsg) (1987) Agroecology: the scientific basis of alternative agriculture. Westview, Boulder, 227 S

AMI (2010) Marktinfo Düngemittel. Bericht Nr. 4 der Agrarmarkt Informations-Gesellschaft mbH (AMI), Bonn

Andersson E, Haase D, Scheuer S, Wellmann T (2020) Neighbourhood character affects the spatial extent and magnitude of the functional footprint of urban green infrastructure. Landsc Ecol 35:1605–1618. https://doi.org/10.1007/s10980-020-01039-z

Arnold S (2012) Differenzierte Freirauminformationen durch Fernerkundung – Das Digitale Landbedeckungsmodell DLM-DE und Integrationsmöglichkeiten in das ATKIS Basis-DLM. In: Meinel G, Schumacher U, Behnisch M (Hrsg) Flächennutzungsmonitoring IV. Genauere Daten – informierte Akteure – praktisches Handeln. Rhombos, IÖR Schriften 60, Berlin, S 55–62

Artmann M, Sartison K (2021) Umsetzung und Auswirkungen essbarer Städte. Eine naturbasierte Lösung für gesellschaftliche Herausforderungen der Urbanisierung? pnd,1:231–247. https://doi.org/10.18154/RWTH-2021-01696

Artmann M, Bastian O, Grunewald K (2017) Using the concepts of green infrastructure and ecosystem services to specify Leitbilder for compact and green cities – the example of the landscape plan of Dresden (Germany). Sustainability 9:198. https://doi.org/10.3390/su9020198

Auerswald K, Ebertseder F, Levin K, Yuan Y, Prasuhn V, Plambeck NO, Menzel A, Kainz M (2021) Summable C factors for contemporary soil use. Soil Tillage Res 213:105155. https://doi.org/10.1016/j.still.2021.105155

Augustin J (2001) Emission, Aufnahme und Klimarelevanz von Spurengasen. In: Succow M, Joosten H (Hrsg) Landschaftsökologische Moorkunde, 2. Aufl. Schweizerbart, Stuttgart, S 28–37

Baldock KCR, Goddard MA, Hicks DM, Kunin WE, Mitschunas N, Morse H, Memmott J et al (2019) A systems approach reveals urban pollinator hotspots and conservation opportunities. Nat Ecol Evol 33:363–373. https://doi.org/10.1038/s41559-018-0769-y

Balfour EB (1943) The living soil. Faber & Faber, London

Balvanera P, Quijas S, Martín-López B, Barrios E, Dee L, Isbell F, Durance I, White P, Blanchard R, de Groot R (2016) The links between biodiversity and ecosystem services. In: Potschin M, Haines-Young R, Fish R (Hrsg) Routledge handbook of ecosystem services. Taylor & Francis, London, S 85–104. https://doi.org/10.4324/9781315775302

Bastian O, Neruda M, Filipová L, Machová I, Leibenath M (2010) Natura 2000 sites as an asset for rural development: the German-Czech Ore Mountains Green Network Project. J Landsc Ecol 4(2):41–58

Bastian O, Eichler J, Filipová L et al (2011) Strategie- und Maßnahmenkonzept im Rahmen des Projektes „Grünes Netzwerk Erzgebirge – Grenzüberschreitende Synergien zwischen Natura-2000-Gebieten und ländlicher Entwicklung". https://www2.ioer.de/natura/uploads/media/Strategiekonzept_dt_final.pdf. Zugegriffen: 21. März 2022

Bastian O, Grunewald K, Syrbe RU (2012a) Space and time aspects of ecosystem services, using the example of the European Water Framework Directive. Int J Biodivers Sci Ecosyst Serv Manag (Special issue). https://doi.org/10.1080/21513732.2011.631941

Bastian O, Haase D, Grunewald K (2012b) Ecosystem properties, potentials and services – the EPPS conceptual framework and an urban application example. Ecol Indic 21:7–12. https://doi.org/10.1016/j.ecolind.2011.03.014

Bastian O, Stein C, Lupp G, Behrens J, Renner C, Grunewald K (2015) The appreciation of nature and landscape by tourism service providers and visitors in the Ore Mountains (Germany). Landsc Online 41:1–23. https://doi.org/10.3097/LO.201541

Bastian O, Syrbe RU, Slavik J, Moravec J, Louda J, Kochan B, Kochan N, Stutzriemer S, Berens A (2017) Ecosystem services of characteristic biotope types in the Ore Mountains (Germany/Czech Republic). Int J Biodivers Sci Ecosyst Serv Manag 13(1):51–71. https://doi.org/10.1080/21513732.2016.1248865

Bastian O, Cudlín P, Pechanec V, Brzoska P, Štěrbová L, Včeláková R, Purkyt J, Grunewald K (2020) Assessments of biodiversity and habitat services in cities – exemplified by Dresden (Germany) and Liberec (Czech Republic). Ekológia (Bratislava) 39(2):174–189

Bayerischer Landtag (2019a) Gesetz zur Änderung des Bayerischen Naturschutzgesetzes zugunsten der Artenvielfalt und Naturschönheit in Bayern („Rettet die Bienen!"). Bayerisches Gesetz- und Verordnungsblatt Nr. 14/2019a, Publikation Nr. 791-1- U. https://www.verkuendung-bayern.de/gvbl/2019a-405. Zugegriffen: 24. März 2020

Bayerischer Landtag (2019b) Zweites Gesetz zugunsten der Artenvielfalt und Naturschönheit in Bayern (Gesamtgesellschaftliches Artenschutzgesetz –Versöhnungsgesetz). Bayerisches Gesetz- und Verordnungsblatt Nr. 14/2019b. https://verkuendung-bayern.de/gvbl/2019b-408. Zugegriffen: 26. März 2020

Bayerisches Landesamt für Steuern (2019) Merkblatt zum Aufbau der Bodenschätzung. https://www.finanzamt.bayern.de/Informationen/Steuerinfos/Weitere_Themen/Bodenschaetzung/default.php. Zugegriffen: 22. Jan. 2021

Bayon R, Jenkins M (2010) The business of biodiversity. Nature 466:184–185

BCG – Boston Consulting Group (2019) Die Zukunft der deutschen Landwirtschaft sichern – Denkanstöße und Szenarien für ökologische, ökonomische und soziale Nachhaltigkeit. https://www.bcg.com/de-de/securing-the-future-of-german-agriculture. Zugegriffen: 26. März 2022

Beckmann M, Gerstner K, Akin-Fajiye M et al (2019) Conventional land-use intensification reduces species richness and increases production: a global meta-analysis. Glob Change Biol 25:1941–1956

Begon M, Howarth RW, Townsend CR (2017) Ökologie, 3. Aufl. Springer Spektrum, Berlin, S 599

BEHG (2019) Gesetz über einen nationalen Zertifikatehandel für Brennstoffemissionen (Brennstoffemissionshandelsgesetz – BEHG). „Brennstoffemissionshandelsgesetz vom 12. Dezember 2019 (BGBl. I S. 2728), das durch Artikel 1 des Gesetzes vom 3. November 2020 (BGBl. I S. 2291) geändert worden ist", vol BGBl I Nr.50 v. 19.12.2019

Beichler S, Bastian O, Haase D, Leiland S, Kabisch N, Müller F (2017) Does the ecosystem service concept reach its limits in urban environments? Landsc Online 51:1–21. https://doi.org/10.3097/LO.201751

Bellingen M, Felgendreher S, Oehrlein J, Schürz S, Arnold S (2021) Ökosystemgesamtrechnungen – Flächenbilanzierung der Ökosysteme (Extent Account). WISTA 6:31–42

Benadi G, Blüthgen N, Hovestadt T, Poethke HJ (2013) When can plant-pollinator interactions promote plant diversity? Am Nat 182(2):131–146

Benecke R (2009) Grünland im Umbruch. Vortrag an der Internationalen Akademie für Naturschutz auf der Insel Vilm am 28.04.2009. (www.bfn.de/fileadmin/MDB/documents/ina/vortraege/2009-Gruenland-Benecke.pdf)

Bengtsson J, Ahnstrom J, Weibull A-C (2005) The effects of organic agriculture on biodiversity and abundance: a meta-analysis. J Appl Ecol 42(2):261–269

Bethwell C, Burkhard B, Daedlow K, Sattler C, Reckling M, Zander P (2021) Towards an enhanced indication of provisioning ecosystem services in agro-ecosystems. Environ Monit Assess 193(Suppl 1). https://doi.org/10.1007/s10661-020-08816-y

BFAD – Bundesverband der Flächenagenturen in Deutschland e. V. (2016) Zehn starke Jahre. Bundesverband der Flächenagenturen. https://www.verband-flaechenagenturen.de. Zugegriffen: 1. Juli 2020

BfN – Bundesamt für Naturschutz (Hrsg) (2008) Naturerbe Buchenwälder. Situationsanalyse und Handlungserfordernisse, vol 240. BfN-Skripten. Eigenverlag, Bonn-Bad Godesberg

BfN – Bundesamt für Naturschutz (2012) Natura 2000. Bundesamt für Naturschutz, Bonn. www.bfn.de/0316_natura2000.html. Zugegriffen: 25. Apr. 2012

BfN – Bundesamt für Naturschutz (2017) Bundeskonzept Grüne Infrastruktur. Bonn

BfN – Bundesamt für Naturschutz (2019a) Ökosystem-Monitoring. https://www.bfn.de/themen/monitoring/oekosystem-monitoring.html. Zugegriffen: 21. Okt. 2019

BfN – Bundesamt für Naturschutz (2019b) FFH-Bericht 2019. https://www.bfn.de/themen/natura-2000/berichte-monitoring/nationaler-ffh-bericht.html

BfN – Bundesamt für Naturschutz (2020a) Nationaler Bericht 2019 gemäß FFH-Richtlinie. Bundesamt für Naturschutz. https://www.bfn.de/themen/natura-2000/berichte-monitoring/nationaler-ffh-bericht.html. Zugegriffen: 24. März 2020

BfN – Bundesamt für Naturschutz (2020b) High Nature Value Farmland-Indikator – Ein Indikator für Landwirtschaftsflächen mit hohem Naturwert in Deutschland. https://www.bfn.de/themen/monitoring/monitoring-von-landwirtschaftsflaechen-mit-hohem-naturwert.html. Zugegriffen: 24. März 2020

BfN – Bundesamt für Naturschutz (2020c) Ökosystem-Monitoring. https://www.bfn.de/themen/monitoring/oekosystem-monitoring.html. Zugegriffen: 25. Juni 2020

BfN – Bundesamt für Naturschutz (2021) Methodische Grundlagen zum Auenzustandsbericht 2021: Erfassung, Bilanzierung und Bewertung von Flussauen. BfN-Scripten 591. https://doi.org/10.19217/skr591.145S

BfN – Bundesamt für Naturschutz (2022) Bundesprogramm Biologische Vielfalt. https://biologischevielfalt.bfn.de/bundesprogramm/ueberblick.html. Zugegriffen: 22. Febr. 2022

BGR – Bundesanstalt für Geowissenschaften und Rohstoffe (2013) Ackerbauliches Ertragspotential der Böden in Deutschland. Bewertet nach dem Müncheberger Soil Quality Rating (1:1.000.000) auf Basis der BÜK1000N. https://www.bgr.bund.de/DE/Themen/Boden/Ressourcenbewertung/Ertragspotential/Ertragspotential_node.html. Zugegriffen: 29. Juni 2021

BGR – Bundesanstalt für Geowissenschaften und Rohstoffe (2014) Erläuterungen zur Karte. Soil Quality Rating. Bundesanstalt für Geowissenschaften und Rohstoffe. https://www.bgr.bund.de/DE/Themen/Boden/Produkte/Schriften/Downloads/SoilQualityRating_Handzettel_de.pdf?__blob=publicationFile&v=9. Zugegriffen: 25. März 2020

Bieling C (2004) Non-industrial private-forest owners: possibilities for increasing adoption of close-to-nature forest management. Eur J For Res 123:293–303

Bieling C, Plieninger T (2013) Recording manifestations of cultural ecosystem services in the landscape. Landsc Res 38(5):649–667. https://doi.org/10.1080/01426397.2012.691469

Binner A, Smith G, Bateman IJ, Day B, Agarwala M, Harwood A (2017) Valuing the social and environmental contribution of woodlands and trees in England, Scotland and Wales. Research report. Forestry Commission, Edinburgh

BKG – Bundesamt für Kartographie und Geodäsie (2016a) Digitales Basis-Landschaftsmodell (AAA-Modellierung). Basis-DLM (AAA). Stand der Dokumentation: 01.04.2016. Frankfurt (Main)

BKG – Bundesamt für Kartographie und Geodäsie (2016b) Digitales Landbedeckungsmodell für Deutschland: LBM-DE2012, Stand der Dokumentation 07.01.2016. Frankfurt (Main), 18 S

BKG – Bundesamt für Kartographie und Geodäsie (2016c) Verwaltungsgebiete 1:25.000 (VG25), Stand der Dokumentation: 18.04.2016. Frankfurt (Main), 30 S

BKG – Bundesamt für Kartographie und Geodäsie (2017) Verwaltungsgebiete 1:25.000 (VG 25), Stand der Dokumentation: 05.04.2017. Frankfurt (Main), 30 S

BKG – Bundesamt für Kartographie und Geodäsie (2018) Digitales Landbedeckungsmodell für Deutschland: LBM-DE 2015, Stand der Dokumentation: 12.02.2018. Frankfurt (Main), 52 S

BKG – Bundesamt für Kartographie und Geodäsie (2019) Digitales Landesbedeckungsmodell für Deutschland: LBM-DE 2018, Stand der Dokumentation 15.02.2019. Bundesamt für Kartographie und Geodäsie. Frankfurt (Main), 61 S

BKompV (2020) Verordnung über die Vermeidung und die Kompensation von Eingriffen in Natur und Landschaft im Zuständigkeitsbereich der Bundesverwaltung (Bundeskompensationsverordnung – BKompV), vom 14. Mai 2020 (BGBl. I S. 1088)

Blume HP, Sukopp H (1976) Ökologische Bedeutung anthropogener Bodenveränderungen. Schriftenreihe für Vegetationskunde 10:75–89

Blüthgen N, Klein AM (2011) Functional complementarity and specialisation: the role of biodiversity in plant-pollinator interactions. Basic Appl Ecol 12(4):282–291

BMEL – Bundesministerium für Ernährung und Landwirtschaft (2021a) Statistik und Berichte des BMEL. Forst, Holz. Tabellen zur Forst- und Holzwirtschaft: Forstwirtschaftliche Gesamtrechnung sowie Betriebsergebnisse in Forstbetrieben nach Besitzarten. https://www.bmel-statistik.de/forst-holz/tabellen-zu-forst-und-holzwirtschaft/. Zugegriffen: 17. Januar 2021

BMEL – Bundesministerium für Ernährung und Landwirtschaft (2021b) Statistik und Berichte des BMEL. Landwirtschaft. Landwirtschaftliche Gesamtrechnung: Verkaufserlöse der Landwirtschaft nach Erzeugnissen, Produktionswert des Bereichs Landwirtschaft, Wertschöpfung der Landwirtschaft. https://www.bmel-statistik.de/landwirtschaft/landwirtschaftliche-gesamtrechnung/. Zugegriffen: 14. Januar 2021

BMEL – Bundesministerium für Ernährung und Landwirtschaft (2014) Der Wald in Deutschland. Ausgewählte Ergebnisse der dritten Waldinventur. http://www.bmel.de/SharedDocs/Downloads/Broschueren/Bundeswaldinventur3.pdf?blob=publicationFile. Zugegriffen: 27. Jan. 2020

BMEL – Bundesministerium für Ernährung und Landwirtschaft (Hrsg) (2019a) Humus in landwirtschaftlich genutzten Böden Deutschlands. Ausgewählte Ergebnisse der Bodenzustandserhebung. https://www.thuenen.de/media/institute/ak/Allgemein/news/Bodenzustandserhebung_Landwirtschaft_Kurzfassung.pdf

BMEL – Bundesministerium für Ernährung und Landwirtschaft (2019b) Zukunftsstrategie ökologischer Landbau: Impulse für mehr Nachhaltigkeit in Deutschland, 2. Aufl. Berlin

BMEL – Bundesministerium für Ernährung und Landwirtschaft (2020) Landwirtschaftliche Gesamtrechnung. https://www.bmel-statistik.de/landwirtschaft/landwirtschaftliche-gesamtrechnung/. Zugegriffen: 25. Juni 2020

BMEL – Bundesministerium für Ernährung und Landwirtschaft (2022) MonViA. Das bundesweite Monitoring der biologischen Vielfalt in Agrarlandschaften. https://www.agrarmonitoring-monvia.de/. Zugegriffen: 13. Mai 2022

BMELV (2011) Die wirtschaftliche Lage der landwirtschaftlichen Betriebe. Buchführungsergebnisse der Testbetriebe. http://berichte.bmelv-statistik.de/BFB-0111101-2011.pdf

BMU – Bundesministerium für Umwelt, Naturschutz und Reaktorsicherheit (2007) Nationale Strategie zur biologischen Vielfalt: vom Bundeskabinett am 7. November 2007 beschlossen. Reihe Umweltpolitik, Berlin, 178 S

BMU – Bundesministerium für Umwelt, Naturschutz und nukleare Sicherheit (2019) Aktionsprogramm Insektenschutz. Gemeinsam wirksam gegen das Insektensterben. Bundesministerium für Umwelt, Naturschutz und nukleare Sicherheit

BMU – Bundesministerium für Umwelt, Naturschutz und nukleare Sicherheit (2021) Nationale Moorschutzstrategie. 1. September 2021. Herausgegeben durch Bundesministerium für Umwelt, Naturschutz und nukleare Sicherheit

BMU/BfN (2009) Auenzustandsbericht: Flussauen in Deutschland. Berlin, 35 S

BMU/BfN (2020) Die Lage der Natur in Deutschland – Ergebnisse von EU-Vogelschutz- und FFH-Bericht. 62 S

BMU/BfN (2021) Auenzustandsbericht 2021 – Flussauen in Deutschland, 118 S

BMUB (Hrsg) (2015) Den Flüssen mehr Raum geben. Renaturierung von Auen in Deutschland. Bundesministerium für Umwelt, Naturschutz, Bau und Reaktorsicherheit (BMUB), Berlin, 59 S

BMVI – Bundesministerium für Verkehr und digitale Infrastruktur; BMUB – Bundesministerium für Umwelt, Naturschutz, Bau und Reaktorsicherheit (2015) Bundesprogramm Blaues Band Deutschland: Ein neuer Blick auf unsere Wasserstraßen und ihre Auen. Bonn, 7 S

Böhnert W, Franz U, Walter S, Kamprad S, Henze A (2005) FFH-Managementplan für das FFH-Gebiet SCI 5248–303, Landesmeldenummer 039E Geisingberg und Geisingwiesen, Weißeritzkreis. Abschlussbericht. Sächsisches Landesamt für Umwelt und Geologie, Dresden

Bolund P, Hunhammar S (1999) Ecosystem services in urban areas. Ecol Econ 29:293–301

BÖLW – Bund Ökologische Lebensmittelwirtschaft e. V. (2022) Branchen Report 2022: Ökologische Lebensmittelwirtschaft. Berlin

Bowler DE, Buyung-Ali L, Knight TM, Pullin AS (2010) Urban greening to cool towns and cities: a systematic review of the empirical evidence. Landsc Urban Plan 97:147–155

Brabänder HD (1966) Die Bewertung der Sozialfunktionen des Waldes. Der Forst- und Holzwirt 17:386–392

Brandhuber R (2012) Starkregen und Bodenerosion – Welches Risiko sollen Schutzmaßnahmen abdecken? In: Fröba N, Steinmetz AK (Hrsg) Management der Ressource Wasser, Bd 492. KTBL-Schrift, S 140–149

Breuste J (1999) Stadtnatur – warum und für wen? In: Breuste J (Hrsg) 3. Leipziger Symposium Stadtökologie „Stadtnatur – quo vadis?“ Natur zwischen Kosten und Nutzen. UFZ-Bericht 10, Leipzig

Breuste J, Niemelä J, Anuchat P, Triet T (2007) Urban ecosystem management. Handbook and manual. University Press, Helsinki

Breuste J, Pauleit S, Haase D, Sauerwein M (2016) Stadtökosysteme. Funktion, Management und Entwicklung. Springer

ten Brink B (2007) The Natural Capital Index framework (NCI). Zusammenfassung für Beyond GDP, Internationale Konferenz, 19./20.11.2007, Brüssel. https://ec.europa.eu/environment/beyond_gdp/download/factsheets/bgdp-ve-nci.pdf. Zugegriffen: 1. Juli 2020

British Trust for Ornithology (1995) The effect of organic farming regimes on breeding and winter bird populations. Part 1. Summary report and conclusions, British Trust for Ornithology, BTO Research Reports, 12 S

Brown G, Fagerholm N (2015) Empirical PPGIS/PGIS mapping of ecosystem services: A review and evaluation. Eco Ser 13: 119-133

Brühl CA, Bakanov N, Köthe S, Eichler L, Sorg M, Hörren T, Mühlethaler R, Meinel G, Lehmann GUC (2021) Direct pesticide exposure of insects in nature conservation areas in Germany. Sci Rep 11:24144. https://doi.org/10.1038/s41598-021-03366-w

Brunotte E, Dister E, Günther-Diringer D, Koenzen U, Mehl D (2009) Flussauen in Deutschland – Erfassung und Bewertung des Auenzustandes. Bundesamt für Naturschutz, Naturschutz und Biologische Vielfalt 87, Bonn

Brzoska P, Grunewald K, Bastian O (2021) A multi-criteria analysis approach to assess ecosystem service at urban site level exemplified by two city districts. Ecosys Serv. https://doi.org/10.1016/j.ecoser.2021a.101268

Bug J [Bearb] (2014) Potentielle Erosionsgefährdung der Ackerböden durch Wind in Deutschland 1:1.000.000. Hrsg. Bundesanstalt für Geowissenschaften und Rohstoffe, Hannover. https://produktcenter.bgr.de/terraCatalog/DetailResult.do?fileIdentifier=29944FE2-7DCC-4322-82CA-960ED066B6D3. Zugegriffen: 11. Febr. 2021

Buijs A, Hansen R, Van der Jagt S, Ambrose-Oji B, Elands B, Lorance Rall E, Mattijssen T, Pauleit S, Runhaar H, Stahl Olafsson A, Steen Møller M (2016) Mosaic governance for urban green infrastructure: upscaling active citizenship from a local government perspective. Urban For Urban Green 40:53–62. https://doi.org/10.1016/j.ufug.2018.06.011

Bünger B, Matthey A (2018) Methodenkonvention 3.0 zur Ermittlung von Umweltkosten. Methodische Grundlagen. Umweltbundesamt, Dessau-Roßlau

Burgess J (1988) People, parks and urban green. A study of popular meanings and values for open spaces in the city. Urban Stud 25:455–473

BVL – Bundesamt für Verbraucherschutz und Lebensmittelsicherheit (2021) Absatz an Pflanzenschutzmitteln in der Bundesrepublik Deutschland: Ergebnisse der Meldungen gemäß § 64 Pflanzenschutzgesetz für das Jahr 2020. Braunschweig

BWI - Bundeswaldinventur (2012) Thünen-Institut, Dritte Bundeswaldinventur - Ergebnisdatenbank, https://bwi.info, Aufruf am: 01.03.2015, Auftragskürzel: 77Z1JI_L244of_2012_bi / 2014-6-12 14:34:8.660 (Vorrat), 77V1PI_L244mf_0212_bi / 2014-9-23 16:47:18.970 (Veränderung), 7Z1PB_L458mf_0212_bi / 2014-12-23 0:28:27.023 (Zuwachs)

Carré G, Roche P, Chifflet R, Morison N, Bommarco R, Harrison-Cripps J, Krewenka K, Potts SG, Roberts SPM, Rodet G, Settele J, Steffan-Dewenter I, Szentgyörgyi H, Tscheulin T, Westphal C, Woyciechowski M, Vaissière BE (2009) Landscape context and habitat type as drivers of bee diversity in European annual crops. Agric Ecosyst Environ 133(1–2):40–47

CBD – Convention on Biological Biodiversity (2010) Global biodiversity outlook 3. CBD Secretariat, Montreal

CBD – Convention on Biological Diversity (2021) Preparations for the post-2020 biodiversity framework third meeting of the open-ended working group on the post-2020 global biodiversity framework. https://www.cbd.int/conferences/post2020

CBD – Convention on Biological Biodiversity (2022) Kunming-Montreal Global biodiversity framework. https://www.cbd.int/doc/decisions/cop-15/cop-15-dec-04-en.pdf. Zugegriffen: 27. Jan. 2023

Chan KMH, Satterfield T, Goldstein J (2012) Rethinking ecosystem services to better address and navigate cultural values. Ecol Econ 74:8–18

Cheng X, Van Damme S, Li L, Uyttenhove P (2019) Evaluation of cultural ecosystem services: A review of methods. Eco Ser 37: 100925

Chiesura A (2004) The role of urban parks for the sustainable city. Landsc Urban Plan 68:129–138

Churkina G (2008) Modeling the carbon cycle of urban systems. Ecol Model 216:107–113

Clarkson R, Deyes K (2002) Estimating the social cost of carbon emissions. Government economic service working paper140. HM Treasury, London

Comber A, Brunsdon C, Green E (2008) Using a GIS-based network analysis to determine urban green space accessibility for different ethnic and religious groups. Landsc Urban Plan 86:103–114

Cooney R, Dickson B (2005) Precautionary principle, precautionary practice: lessons and insights. In: Cooney R, Dickson B (Hrsg) Biodiversity and the precautionary principle: risk and uncertainty in conservation and sustainable use. Earthscan, London, S 287–298

Cortinovis C, Haase D, Zanon B, Geneletti D (2018) Are cities on the right track? Analysing urban spatial development through the lens of European strategies. Landsc Urban Plan. https://doi.org/10.1016/j.landurbplan.2018.09.007

Couwenberg J (2007) Biomass energy crops on peatlands: on emissions and perversions. IMCG-Newsletter 2(2007):12–14

Couwenberg J, Augustin J, Michaelis D, Wichtmann W, Joosten H (2008) Entwicklung von Grundsätzen für eine Bewertung von Niedermooren hinsichtlich ihrer Klimarelevanz. DUENE e. V., Greifswald

Couwenberg J, Thiele A, Tanneberger F, Augustin J, Bärisch S, Dubovik D, Liashchynskaya N, Michaelis D, Minke M, Skuratovich A, Joosten H (2011) Assessing greenhouse gas emissions from peatlands using vegetation as a proxy. Hydrobiologia 674:67–89

Cox DT, Shanahan DF, Hudson HL, Plummer KE, Siriwardena GM, Fuller RA, Anderson K, Hancock S, Gaston, KJ, (2017) Doses of neighborhood nature: the benefits for mental health of living with nature. Bioscience 67(2);147–155. https://doi.org/10.1093/biosci/biw173

Crittenden SJ, Eswaramurthy T, de Goede RGM, Brussaard L, Pulleman MM (2014) Effect of tillage on earthworms over short- and medium-term in conventional and organic farming. Appl Soil Ecol 83:140–148. https://doi.org/10.1016/j.apsoil.2014.03.001

DAS (2019) Monitoringbericht 2019 zur Deutschen Anpassungsstrategie an den Klimawandel. hrsg. vom Umweltbundesamt, Dessau. https://www.umweltbundesamt.de/sites/default/files/medien/1410/publikationen/das_monitoringbericht_2019_barrierefrei.pdf

Derks J, Giessen L, Winkel G (2020) COVID-19-induced visitor boom reveals the importance of forests as critical infrastructure. For Policy Econ 118:102253. https://doi.org/10.1016/j.forpol.2020.102253

Destatis – Statistisches Bundesamt (2014) Nachhaltige Entwicklung in Deutschland: Indikatorenbericht 2014. Wiesbaden, 80 S

Destatis – Statistisches Bundesamt (Hrsg) (2019) Statistisches Jahrbuch, Deutschland und Internationales 2019. Destatis. Wiesbaden, 716 S. https://www.destatis.de/DE/Themen/Querschnitt/Jahrbuch/statistisches-jahrbuch-2019-dl.pdf?__blob=publicationFile

Destatis – Statistisches Bundesamt (2020a) Genesis-Online Datenbank: 33111 Flächenerhebung nach Art der tatsächlichen Nutzung. https://www-genesis.destatis.de/genesis/online?operation=themes&levelindex=0&levelid=1585082414828&code=33#abreadcrumb. Zugegriffen: 30. Juni 2020

Destatis – Statistisches Bundesamt (2020c) Genesis-Online Datenbank: 81000-0117: VGR des Bundes – Nettoanlagevermögen. https://www-genesis.destatis.de/genesis//online?operation=table&code=81000-0117&levelindex=1&levelid=1585080236586. Zugegriffen: 1. Juli 2020

Destatis – Statistisches Bundesamt (2020d) Genesis-Online Datenbank: 61511-001 Durchschnittlicher Kaufwert für Bauland. https://www-genesis.destatis.de/genesis/online?operation=find&suchanweisung_language=de&query=61511#abreadcrumb. Zugegriffen: 1. Juli 2020

Destatis – Statistisches Bundesamt (Hrsg) (2021a) Land und Forstwirtschaft, Fischerei. – Viehbestand. Fachserie 3, Reihe 4.1. https://www.destatis.de/DE/Themen/Branchen-Unternehmen/Landwirtschaft-Forstwirtschaft-Fischerei/Tiere-Tierische-Erzeugung/Publikationen/Downloads-Tiere-und-tierische-Erzeugung/viehbestand-2030410215324.pdf?__blob=publicationFile. Zugegriffen: 26. März 2022

Destatis – Statistisches Bundesamt (Hrsg) (2021b) Feldfrüchte und Grünland: Anbauflächen, Hektarerträge und Erntemengen ausgewählter Anbaukulturen im Zeitvergleich. https://www.destatis.de/DE/Themen/Branchen-Unternehmen/Landwirtschaft-Forstwirtschaft-Fischerei/Feldfruechte-Gruenland/Tabellen/liste-feldfruechte-zeitreihe.html

Destatis – Statistisches Bundesamt (2021c) Umweltökonomische Gesamtrechnungen. Waldgesamtrechnung. Berichtszeitraum 2014 – 2019. https://www.destatis.de/DE/Themen/Gesellschaft-Umwelt/Umwelt/UGR/landwirtschaft-wald/Publikationen/Downloads/waldgesamtrechnung-tabellenband-pdf-5852102.pdf?__blob=publicationFile. Zugegriffen: 16. Juni 2021

Destatis – Statistisches Bundesamt (2021d) Genesis-Datenbank. Wirtschaftsbereiche. Land- und Forstwirtschaft, Fischerei. Landwirtschaftszählung Haupterhebung. Gepachtete Fläche, Pachtentgelt je ha, Code 41141-0010. https://www-genesis.destatis.de/genesis/online, Zugegriffen: 14. Januar 2021.

Destatis – Statistisches Bundesamt (2022) Ökosystematlas. https://www.destatis.de/DE/Service/Statistik-Visualisiert/Oekosystematlas/_inhalt.html. Zugegriffen: 10. März 2022

Deutschlands Natur (2018) Liste der in Deutschland vorkommenden Lebensraumtypen der FFH-Richtlinie. http://www.ffh-gebiete.de/lebensraumtypen/steckbriefe/ Zugegriffen: 20. Dez. 2022

Die Bundesregierung (2021) Deutsche Nachhaltigkeitsstrategie. Weiterentwicklung 2021. www.bundesregierung.de/publikationen

DIN 19706 (2013) Ermittlung der Erosionsgefährdung von Böden durch Wind. Deutsches Institut für Normung, Berlin

DIN 19708 (2005) Bodenbeschaffenheit – Ermittlung der Erosionsgefährdung von Böden durch Wasser mithilfe der ABAG, Normenausschuss Wasserwesen im DIN, Berlin

Döring J (2005) Hinweise zur Landschaftspflege. Materialien zu Naturschutz und Landschaftspflege. Sächsisches Landesamt für Umwelt und Geologie (Hrsg) Abteilung Natur, Landschaft, Boden

Downing TE, Anthoff D, Butterfield B, Ceronsky M, Grubb M, Guo J, Hepburn C, Hope C, Hunt A, Li A, Markandya A, Moss S, Nyong A, Tol RSJ, Watkiss P (2005) Social cost of carbon: a closer look of uncertainty. DEFRA, London

Dröschmeister R, Sukopp U (2009) Indicators and conservation policy: the German Sustainability Indicator for Species Diversity as an example. Avocetta 33:149–156

Dushkova D, Haase D (2020) Not simply green: nature-based solutions as concept and practical approach for sustainability studies and planning agendas in cities. Land 9:19. https://doi.org/10.3390/land9010019

DVL – Deutscher Verband für Landschaftspflege (Hrsg) (2020) Gemeinwohlprämie – Ein Konzept zur effektiven Honorierung landwirtschaftlicher Umwelt- und Klimaschutzleistungen innerhalb der Öko-Regelungen in der Gemeinsamen EU-Agrarpolitik (GAP) nach 2020. Entwickelt in Zusammenarbeit mit der Landwirtschaft, Wissenschaft und Verwaltung. DVL, Ansbach

EC – European Commission (2022) EU Wasserrecht. https://era-comm.eu/introduction_eu_environmental_law/de/module_10/part_3/part_3_6_pricing.html. Zugegriffen: 12. Apr. 2022

EC – Europäische Kommission (2019) Der europäische Grüne Deal. COM/2019/640 final. https://eur-lex.europa.eu/legal-content/DE/TXT/?qid=1576150542719&uri=COM%3A2019%3A640%3AFIN. Zugegriffen: 16. März 2022

Ekinci B, Grunewald K, Meier S, Schwarz S, Schweppe-Kraft B, Syrbe R-U (2022) Setting priorities for greening cities with monetary accounting values for amenity services of urban green. One Ecosystem 7:e89705. https://doi.org/10.3897/oneeco.7.e89705

EEA – European Environment Agency (2014) Developing conceptual framework for ecosystem mapping. Draft internal report – Task 222_5_1 Ecosystem Mapping. European Environment Agency (EEA), ETCSIA, Universidad de Malaga, Malaga, 119 S

EEA - European Environment Agency (2017) Water scarcity conditions as measured using the water exploitation index plus (WEI+), by country, 2017. Copenhagen https://www.eea.europa.eu/data-and-maps/daviz/development-of-the-water-exploitation#tab-chart_1 Zugegriffen 02.01.23.

EFTEC (2010) Scoping study on the economic (or non-market) valuation issues and the implementation of the Water Framework Directive. Final Report for the EU Comm. DGE (ENV.D1/ETU/2009/0102rl) (Economics for the Environment Consultancy – eftec, Ozdemiroglu E, Provins A, Hime S), London

Egerer M, Haase D, McPhearson T, Frantzeskaki N, Andersson E, Nagendra H, Ossola A (2021) Urban change as an untapped opportunity for climate adaptation. npj Urban Sustain 1:22. https://doi.org/10.1038/s42949-021-00024-y

EhlertT, Neukirchen B (2012) Zustand und Schutz der Flussauen in Deutschland. Natur und Landschaft 87(4):161-167.

Eiter S (2010) Landscape as an area perceived through activity: implications for diversity management and conservation. Landsc Res 35:339–359

Elsasser P, Weller P (2013) Aktuelle und potentielle Erholungsleistung der Wälder in Deutschland: Monetärer Nutzen der Erholung im Wald aus Sicht der Bevölkerung. AFJZ 184(3/4):83–95

Elsasser P, Meyerhoff J, Montagné C, Stenger A (2009) A bibliography and database on forest benefit valuation studies from Austria, France, Germany, and Switzerland – a possible base for a concerted European approach. J For Econ 15(1–2):93–107. https://doi.org/10.1016/j.jfe.2008.03.005

Elsasser P, Altenbrunn K, Köthke M, Lorenz M, Meyerhoff J (2020) Regionalisierte Bewertung der Waldleistungen in Deutschland, Bd 79. Thünen-Report. Johann Heinrich von Thünen-Institut, Braunschweig. https://doi.org/10.3220/REP1598274305000

Elsasser P, Altenbrunn K, Köthke M, Lorenz M, Meyerhoff J (2021a) Spatial distribution of forest ecosystem service benefits in Germany: a multiple benefit-transfer model. Forests 12(2):169. https://doi.org/10.3390/f12020169

Elsasser P, Altenbrunn K, Köthke M, Lorenz M, Meyerhoff J, Hochgesand U (2021b) Multitalent Wald: Erholung als Ökosystemleistung, Bd 8–3. Thünen à la carte. Johann Heinrich von Thünen-Institut, Braunschweig. https://doi.org/10.3220/CA1619096062000

Elsasser P, Meyerhoff J, Weller P (2016/2021c) An updated bibliography and database on forest ecosystem service valuation studies in Austria, Germany and Switzerland (database version 2.3, updated December 2021), Bd 65. Thuenen Working Paper. Thuenen Institute, Hamburg. https://doi.org/10.3220/WP1479222082000

Endlicher W, Jendritzky G, Ficher J, Redlich JP (2008) Heat waves, urban climate and human health. In: Marzluff J et al (Hrsg) Urban ecology – an international perspective on the interaction between humans and nature. Springer, New York

Enzian S, Gutsche V (2004) GIS-gestützte Berechnung der Ausstattung von Agrarräumen mit naturnahen terrestrischen Biotopen auf der Basis der Gemeinden. 2. Ausgabe des Verzeichnisses der regionalisierten Kleinstrukturanteile. Nachrichtenblatt Deutscher Pflanzenschutzdienst 56(12):299–308

Erhard M, Olah B, Banko G, Kleeschulte S, Abdul Malak D (2016) Ecosystem mapping and assessment. In: Feranec J, Soukup T, Hazeu G, Jaffrain G (Hrsg) European landscape dynamics. CORINE land cover data. CRC Press, Boca Raton, S 199–212

EU (2011) Die Biodiversitätsstrategie der EU bis 2020. Amt für Veröffentlichungen der Europäischen Union/Europäischen Kommission. Biodiversität, Dezember 2011 (DE)

EU-COM (2014) Rahmenregelung der Europäischen Union für staatliche Beihilfen im Agrar- und Forstsektor und in ländlichen Gebieten 2014–2020. Amtsblatt der Europäischen Union 2014/C 204/01 DE:97

EUNIS - European Environment Agency (2018) Hierarchische Übersicht über die Europäischen Habitattypen. https://eunis.eea.europa.eu/habitatscodebrowser.jsp Zugegriffen am 9. Apr. 2018

EUNIS (2019) EUNIS habitat type hierarchical view. European Nature Information System (EUNIS). https://eunis.eea.europa.eu/habitats-code-browser.jsp. Zugegriffen: 22. Febr. 2022

European Commission (2014) Mapping and Assessment of Ecosystems and their Services: Indicators for ecosystem assessments under Action 5 of the EU Biodiversity Strategy to 2020. Technical report, 2014 - 080. [2nd Report – final]

Europäische Kommission (2019) Bericht der Kommission an das Europäische Parlament und den Rat über die Umsetzung der Wasserrahmenrichtlinie (2000/60/EG) und der Hochwasserrichtlinie (2007/60/EG). COM(2019) 95 final. Europäische Kommission, Brüssel

European Commission (2019) The post-2020 common agricultural policy: environmental benefits and simplification. European Union, Brüssel

Ewers H-J, Schulz W (1982) Die monetären Nutzen gewässergüteverbessernder Maßnahmen. Dargestellt am Beispiel des Tegeler Sees in Berlin. Pilotstudie zur Bewertung des Nutzens umweltverbessernder Maßnahmen. Schmidt, Berlin

Fertilizers Europe (2011) Mineral fertilizer carbon footprint reference values. Fertilizers Europe, Brussels

FGG Elbe (2009) Hintergrundpapier zur Ableitung der überregionalen Bewirtschaftungsziele für die Oberflächengewässer im deutschen Teil der Flussgebietseinheit Elbe für den Belastungsschwerpunkt Nährstoffe. Flussgebietsgemeinschaft Elbe, Magdeburg

Finck P, Heinze S, Raths U, Riecken A, Ssymank A (2017) Rote Liste der gefährdeten Biotoptypen Deutschlands – dritte fortgeschriebene Fassung. Naturschutz und Biologische Vielfalt 156:637

Fischer-Bedtke C, Fischer H, Mehl D, Podschun S, Pusch M, Stammel B, Scholz M (Hrsg) (2020) River Ecosystem Service Index (RESI) – Methoden zur Quantifizierung und Bewertung ausgewählter Ökosystemleistungen in Flüssen und Auen. UFZ-bericht 2/2020. https://doi.org/10.13140/RG.2.2.23662.69444

Fisher B, Turner K, Morling P (2009) Defining and classifying ecosystem services for decision making. Ecol Econ 68:643–653

Frank H, Schmid H, Hülsbergen K-J (2015) Energie- und Treibhausgasbilanz der Milchviehhaltung: Untersuchungen im Netzwerk der Pilotbetriebe. In: Hülsbergen K-J, Rahmann G (Hrsg) Klimawirkungen und Nachhaltigkeit ökologischer und konventioneller Betriebssysteme: Untersuchungen in einem Netzwerk von Pilotbetrieben: Forschungsergebnisse 2013–2014. Johann Heinrich von Thünen-Institut, Braunschweig, S 25–48

Fritsch M (2018) Marktversagen und Wirtschaftspolitik, 10. überarbeitete Aufl. Franz Vahlen, München

Fryrear DW, Sutherland PL, Davis G, Hardee G, Dollar M (2001) Wind Erosion Estimates with RWEQ and WEQ. In: Stott DE, Mohtar RH, Steinhardt GC (Hrsg) Sustaining the global farm. Selected papers from the 10th international soil conservation organization meeting held May 24–29, 1999 at Purdue University and the USDA-ARS National Soil Erosion Research Laboratory, S 760–765

Fussell M, Corbet SA (1992) Flower usage by bumble-bees: a basis for forage plant management. J Appl Ecol 29(2):451–465

Gantioler S, Rayment M, Bassi S, Kettunen M, McConville A, Landgrebe R, Gerdes H, ten Brink P (2010) Costs and socio-economic benefits associated with the Natura 2000 network. Final report to the European Commission, DG Environment. Institute for European Environmental Policy/GHK/Ecologic, Brussels

Garibaldi LA, Steffan-Dewenter I, Winfree R, Aizen MA, Bommarco R, Cunningham SA, Kremen C, Carvalheiro LG, Harder LD, Afik O, Bartomeus I, Benjamin F, Boreux V, Cariveau D, Chacoff NP, Dudenhöffer JH, Freitas BM, Ghazoul J, Greenleaf S, Hipólito J, Holzschuh A, Howlett B, Isaacs R, Javorek SK, Kennedy CM, Krewenka KM, Krishnan S, Mandelik Y, Mayfield MM, Motzke I, Munyuli T, Nault BA, Otieno M, Petersen J, Pisanty G, Potts SG, Rader R, Ricketts TH, Rundlöf M, Seymour CL, Schüepp C, Szentgyörgyi H, Taki H, Tscharntke T, Vergara CH, Viana BF, Wanger TC, Westphal C, Williams N, Klein AM (2013) Wild pollinators enhance fruit set of crops regardless of honey bee abundance. Science 339(6127):1608–1611

Garvert H (2017) Determinanten der Pachtpreise in Deutschland –Biogasförderung und Direktzahlungen im Fokus. Dissertation, Institut für Agrarpolitik und Marktforschung, Justus-Liebig-Universität Gießen. http://geb.uni-giessen.de/geb/volltexte/2017/13142/pdf/GarvertHendrik_2017_07_28.pdf. Zugegriffen: 29. Juni 2021

Gathmann A, Tscharntke T (2002) Foraging ranges of solitary bees. J Anim Ecol 71(5):757–764

Gattinger A, Muller A, Haeni M, Skinner C, Fliessbach A, Buchmann N, Mäder P, Stolze M, Smith P, Scialabba NE-H, Niggli U (2012) Enhanced top soil carbon stocks under organic farming. Proc Natl Acad Sci USA 109(44):18226–18231. https://doi.org/10.1073/pnas.1209429109

Ge S, Zhu Z, Jiang Y (2017) Long-term impact of fertilization on soil pH and fertility in an apple production system. J Soil Sci Plant Prod 18(1):282–293

Gedeon K, Grüneberg C, Mitschke A, Sudfeld C, Eikhorst W, Fischer S, Flade M, Frick S, Geiersberger I, Koop B, Kramer M, Krüger T, Roth N, Ryslavy T, Stübing S, Sudmann SR, Steffens R, Vökler F, Witt K (Hrsg) (2015) Atlas Deutscher Brutvogelarten/Atlas of German Breeding Birds. Dachverband Deutscher Avifaunisten, Münster

Geisendorf S, Gronemann S, Hampicke U (1998) Die Bedeutung des Naturvermögens und der Biodiversität für eine nachhaltige Wirtschaftsweise. Möglichkeiten und Grenzen ihrer Erfassbarkeit und Wertmessung. Erich Schmidt, Berlin

Gerbert P, Herhold P, Burchardt J, Schönberger S, Rechenmacher F, Kirchner A, Kemmler A, Wünsch M (2018) Klimapfade für Deutschland. Consulting Group & Prognos, Boston

Geschke J, Vohland K et al (2019) Biodiversitätsmonitoring in Deutschland. Wie Wissenschaft, Politik und Zivilgesellschaft ein nationales Monitoring unterstützen können. GAIA – Ecol Perspect Sci Soc 28(3):265–270

Getzner M, Jost S, Jungmeier M (2002) Naturschutz und Regionalwirtschaft: Regionalwirtschaftliche Auswirkungen von NATURA-2000-Gebieten in Österreich. Lang, Frankfurt (Main)

Gill S, Handley JF, Ennos AR, Pauleit S (2007) Adapting cities for climate change: the role of the green infrastructure. Built Environ 33:115–133

Glawion R (2002) Ökosysteme und Landnutzung. In: Liedtke H, Marcinek J (Hrsg) Physische Geographie Deutschlands. – Perthes Geographie Kolleg, 3., überarb. und erw. Aufl. Gotha (Klett-Perthes), S 289–319

Glugla G, Fürtig G (1997) Dokumentation zur Anwendung des Rechenprogramms ABIMO. Bundesanstalt für Gewässerkunde, Mimeograph, Berlin

Gómez-Baggethun E, Barton DN (2013) Classifying and valuing ecosystem services for urban planning. Ecol Econ 86:235–245. https://doi.org/10.1016/j.ecolecon.2012.08.019

Gómez-Baggethum E, de Groot R, Lomas PL, Montes C (2010) The history of ecosystem services in economic theory and practice: from early notions to markets and payment schemes. Ecol Econ 69:1209–1218

Gosling P, Hodge A, Goodlass G, Bending GD (2006) Arbuscular mycorrhizal fungi and organic farming. Agric Ecosyst Environ 113(1–4):17–35. https://doi.org/10.1016/j.agee.2005.09.009

de Groot RS, Alkemade R, Braat L, Hein L, Willemen L (2010) Challenges in integrating the concept of ecosystem services and values in landscape planning, management and decision making. Ecol Complex 7:260–272

Grossmann M, Hartje V, Meyerhoff J (2010) Ökonomische Bewertung naturverträglicher Hochwasservorsorge an der Elbe. Bundesamt für Naturschutz, Bonn

Grunewald K, Weber C, Schröder K (2005) Schadstoffbelastung und Auennutzung nach dem Elbehochwasser 2002 in Sachsen – eine Synopse. In: Steinberg C, Calmano W, Klapper H, Wilken R-D (Hrsg) Handbuch Angewandte Limnologie, 22. Erg.Lfg. 7/05, 42 S

Grunewald K, Dehnert J et al. (2008) Nährstoffmodellierung zur Aufstellung der Maßnahmenprogramme nach WRRL in Sachsen. Wasser+Abfall 3: 15–19

Grunewald K, Scheithauer J, Sudbrack R, Heiser A, Freier K, Andreae H (2011) Untersuchungen zum Wasser- und Stoffhaushalt in Einzugsgebieten mit degradierten Hochmooren im oberen Erzgebirge, Talsperre Carlsfeld. TELMA 41:171–190

Grunewald K, Naumann S (2012) Bewertung von Ökosystemdienstleistungen im Hinblick auf die Erreichung von Umweltzielen der Wasserrahmenrichtlinie am Beispiel des Flusseinzugsgebietes der Jahna in Sachsen. Nat Landsch 87(1):17–23

Grunewald K, Syrbe RU (2013) Bilanzierung der Landschaftspflege in Sachsen. Heft 17, Schriftenreihe des LfULG Sachsen, Dresden, 209 S. https://publikationen.sachsen.de/bdb/artikel/15185

Grunewald K, Syrbe RU (2014) Aufgaben und Kostenbilanzierung der Biotoppflege: Methodik und Ergebnisse am Beispiel des Freistaates Sachsen. Nat Landsch 89(5):193–199

Grunewald K, Syrbe RU, Bastian O (2014) Landscape management accounting as a tool for indicating the need of action for ecosystem maintenance and restoration – exemplified for Saxony. Ecol Indic 37(Part A):241–251. https://doi.org/10.1016/j.ecolind.2013.09.014)

Grunewald K, Bastian O (2015) Ecosystem assessment and management as key tools for sustainable landscape development: a case study of the Ore Mountains region in Central Europe. Ecol Model 295:151–162

Grunewald K, Richter B, Meinel G, Herold H, Syrbe RU (2016) Vorschlag bundesweiter Indikatoren zur Erreichbarkeit öffentlicher Grünflächen. Bewertung der Ökosystemleistung „Erholung in der Stadt". Nat Landsch 48 (7):218–226

Grunewald K, Syrbe R-U, Walz U, Richter B, Meinel G, Herold H, Marzelli S (2017) Ökosystemleistungen Deutschlands – Stand der Indikatorenentwicklung für ein bundesweites Assessment und Monitoring. Nat Landsch 92(11):485–492

Grunewald K, Li J, Xie G, Kümper-Schlake L (Hrsg) (2018) Towards green cities – urban biodiversity and ecosystem services in China and Germany. Springer, Cham (Switzerland), S 197

Grunewald K, Pekker R, Zieschank R, Hirschfeld J, Schweppe-Kraft B, Syrbe R-U (2019) Grundlagen einer Integration von Ökosystemen und Ökosystemleistungen in die Umweltökonomische Gesamtrechnung in Deutschland. Nat Landsch 94(8):330–338. https://doi.org/10.17433/8.2019.50153719.330-338

Grunewald K, Bastian O, Brzoska P, Kochan B, Neumann I, Syrbe RU (2020a) Natur in der Stadt Dresden: Was sie leistet, wie sie nützt. Dresden, IÖR, S 48. https://www.ioer.de/fileadmin/internet/IOER_Projekte/PDF/FB_L/Bidelin_Gesamt_14.1.20_web.pdf

Grunewald K, Schweppe-Kraft B, Syrbe R-U, Meier S, Krüger T, Schorcht M, Walz U (2020b) Hierarchical classification system of Germany's ecosystems as basis for an ecosystem accounting – methods and first results. One Ecosyst 5:e50648. https://doi.org/10.3897/oneeco.5.e50648

Grunewald K, Schweppe-Kraft B, Syrbe RU, Meier S, Michel C, Richter B, Schorcht M, Walz U (2020c) Hierarchisches Klassifikationssystem der Ökosysteme Deutschlands als Grundlage einer übergreifenden Ökosystem-Bilanzierung. Natur und Landschaft 95(3):118–128

Grunewald K, Bastian O, Louda J, Arcidiacono A, Brzoska P, Bue M, Cetin NI, Dworczyk C, Dubova L, Fitch A, Jones L, La Rosa D, Mascarenhas A, Ronchi S, Schlaepfer MA, Sikorska D, Tezer A (2021a) Lessons learned from implementing the ecosystem services concept in urban planning. Ecosys Serv. 49:101273. https://doi.org/10.1016/j.ecoser.2021.101273

Grunewald K, Meier S, Syrbe R-U, Walz U et al (2021b) Ökosysteme Deutschlands – Klassifizierung und Kartierung der Ökosystemtypen sowie Indikatoren für ein bundesweites Assessment und Monitoring des Ökosystemzustands und der Ökosystemleistungen. Leibniz-Institut für ökologische Raumentwicklung, Dresden. https://doi.org/10.26084/45xx-rs50

Grunewald K, Syrbe RU, Walz U, Wende W, Meier S, Bastian O, Zieschank R (2022) Nationale Indikatoren zur Bewertung von Ökosystemen und deren Leistungen – Bundesweiter Orientierungsrahmen für Landschaftsplanungen und Informationsgrundlage für die Bundespolitik. Nat Landsch 54(02):12–25. https://doi.org/10.1399/NuL.2022.02.01

Guo Z, Zhang L, Li Y (2010) Increased dependence of humans on ecosystem services and biodiversity. PLoS One 5:1–7

Haase D (2003) Holocene floodplains and their distribution in urban areas – functionality indicators for their retention potentials. Landsc Urban Plan 66:5–18

Haase D (2008) Urban ecology of shrinking cities: an unrecognised opportunity? Nat Cult 3:1–8

Haase D (2009) Effects of urbanisation on the water balance – a long-term trajectory. Environ Impact Assess Rev 29:211–219

Haase D (2011) Urbane Ökosysteme IV-1.1.4. Handbuch der Umweltwissenschaften. Wiley-VCH, Weinheim

Haase D (2013) Processes and impacts of urban shrinkage and response by planning. Encyclopedia of sustainability science and technology. Springer, New York

Haase D (2021) COVID-19 pandemic observations as a trigger to reflect on urban forestry in European cities under climate change: introducing nature-society-based solutions. Urban For Urban Green 64:127304. https://doi.org/10.1016/j.ufug.2021.127304

Haase D, Nuissl H (2007) Does urban sprawl drive changes in the water balance and policy? The case of Leipzig (Germany) 1870–2003. Landsc Urban Plan 80:1–13

Haase D, Nuissl H (2010) The urban-to-rural gradient of land use change and impervious cover: a long-term trajectory for the city of Leipzig. Land Use Sci 5:123–142

Haase D, Seppelt R, Haase A (2007) Land use impacts of demographic change – lessons from eastern German urban regions. In: Petrosillo I, Müller F, Jones KB, Zurlini G, Krauze K, Victorov S, Li BL, Kepner WG (Hrsg) Use of landscape sciences for the assessment of environmental security. Springer, Dordrecht, S 329–344

Haase D, Haase A, Rink D (2014a) Conceptualising the nexus between urban shrinkage and ecosystem services. Landsc Urban Plan 132:159–169. https://doi.org/10.1016/j.landurbplan.2014.09.003

Haase D, Larondelle N, Andersson E, Artmann M, Borgström S, Breuste J, Gomez-Baggethun E, Gren A, Hamstead Z, Hansen R, Kabisch N, Kremer P, Langemeyer J, Lorance Rall E, McPhearson T, Pauleit S, Qureshi S, Schwarz N, Voigt A, Wurster D, Elmqvist T (2014b) A quantitative review of urban ecosystem services assessment: concepts, models and implementation. Ambio 43(4):413–433. https://doi.org/10.1007/s13280-014-0504-0

Haber W (2014) Landwirtschaft und Naturschutz. Wiley-VCH, Weinheim

Haber W, Bückmann W (2013) Nachhaltiges Landmanagement, differenzierte Landnutzung. Universitätsverlag der TU Berlin, Berlin

Habermann H, Ernst C (2010) Entwicklung und Bestimmungsgründe der Landpachtpreise in Deutschland. Berichte über Landwirtsch 88:57–85

Haenel H-D, Rösemann C, Dämmgen U, Döring U, Wulf S, Eurich-Menden B, Freibauer A, Döhler H, Schreiner C, Osterburg B, Fuß R (2020) Calculations of gaseous and particulate emissions from German agriculture 1990–2018: input data and emission results. Thünen Institut, Braunschweig

Haines-Young R, Potschin M (2018) Common international classification of ecosystem services (CICES) V5.1. Fabis Consulting, Nottingham. https://cices.eu/. Zugegriffen: 5. Januar 2023

Halbfaß S, Grunewald K (2008) Ermittlung räumlich verteilter SDR-Faktoren zur Modellierung von Sedimenteinträgen in Fließgewässer im mittleren Maßstab. WasserWirtschaft 3:31–35

Hallmann CA, Sorg M, Jongejans E, Siepel H, Hofland N, Schwan H, Stenmans W, Müller A, Sumser H, Hörren T, Goulson D, de Kroon H (2017) More than 75 percent decline over 27 years in total flying insect biomass in protected areas. PLoS One 12(10):e0185809

Hampicke U (2006) Anreiz. Ökonomie der Honorierung ökologischer Leistungen. BfN-Skripten 179, Bonn

Hampicke U (2020) Klimapolitik: Schadenskosten oder Vermeidungskosten? Z Umweltpolit Umweltr 43:1–25

Hansjürgens B, Schröter-Schlaack C, Berghöfer A, Wittmer H (2018) Werte der Natur aufzeigen und in Entscheidungen integrieren – eine Synthese. Naturkapital Deutschland – TEEB DE. UFZ, Leipzig

Harrison PA, Berry PM, Simpson G, Haslett JR, Blicharska M, Bucur M, Dunford R, Egoh B, Garcia-Llorente M, Geamănă N, Geertsema W, Lommelen E, Meiresonne L, Turkelboom F (2014) Linkages between biodiversity attributes and ecosystem services: a systematic review. Ecosyst Serv 9(C):191–203

Hartmann H, Hänsel M, Riebl R, Lohse EJ, Köllner T (2021) Volksbegehren Artenvielfalt: Gesetzesänderungen können auch Ökosystemdienstleistungen in Bayerns Agrarlandschaften stärken. GAIA 30/2:106–113. https://doi.org/10.14512/gaia.30.2.8

Haslett JR, Berry PM, Bela G, Jongman RHG, Pataki G, Samways MJ, Zobel M (2010) Changing conservation strategies in Europe: a framework for integrating ecosystem services and dynamics. Biodivers Conserv 19:2963–2977

Hathaway-Jenkins LJ, Sakrabani R, Pearce B, Whitmore AP, Godwin RJ (2011) A comparison of soil and water properties in organic and conventional farming systems in England. Soil Use Manag 27(2):133–142. https://doi.org/10.1111/j.1475-2743.2011.00335.x

Held B, Rodenhäuser D, Diefenbacher H (2021) NWI 3.0 – Methodenbericht Nationaler Wohlfahrtsindex 3.0. Heidelberg, FEST

Hellwig N, Schubert LF, Kirmer A, Tischew S, Dieker P (2022) Effects of wildflower strips, landscape structure and agricultural practices on wild bee assemblages – a matter of data resolution and spatial scale? Agric Ecosyst Environ 326:107764. https://doi.org/10.1016/j.agee.2021.107764

Helming K, Diehl K, Geneletti D, Wiggering H (2013) Mainstreaming ecosystem services in European policy impact assessment. Environmental Impact Assessment Review 40:82 – 87. https://doi.org/10.1016/j.eiar.2013.01.004

Herget Y, Schamel J (2016) Birding und sein Beitrag zur Regionalökonomie: Kranichrast im Nationalpark Vorpommersche Boddenlandschaft. Nat Landsch 48(5):153–160

Herzog F (2000) The importance of perennial trees for the balance of northern European agricultural landscapes. Unasylva 200:42–48

Hiller DA (2007) Bodenerosion durch Wasser Ursachen, Bedeutung und Umgang in der landwirtschaftlichen Praxis von NRW. Landwirtschaftskammer Nordrhein-Westfalen, Münster, 37 S

Hirschelmann S, Tanneberger F, Wichmann S, Reichelt F, Hohlbein, M, Couwenberg J, Busse S, Schröder C, Nordt A (2020) Moore in Mecklenburg-Vorpommern im Kontext nationaler und internationaler Klimaschutzziele – Zustand und Entwicklungspotenzial. Faktensammlung. DUENE e. V., Greifswald

Hirschfeld J, Hartje V, Pekker R, Grunewald K, Meier S, Sauer A, Syrbe R-U, Zieschank R, Schweppe-Kraft B (2020) Integration von Ökosystemen und Ökosystemleistungen in die Umweltökonomische Gesamtrechnung. Theoretische Rahmenbedingungen und methodische Grundlagen. FuE-Bericht (unveröff.) im Auftrag des Bundesamtes für Naturschutz, Berlin/Dresden/Bonn

Hirte J, Walder F, Hess J, Büchi L, Colombi T, van der Heijden MG, Mayer J (2021) Enhanced root carbon allocation through organic farming is restricted to topsoils. Sci Total Environ 755(Pt 2):143551. https://doi.org/10.1016/j.scitotenv.2020.143551

HLUG – Hessisches Landesamt für Naturschutz, Umwelt und Geologie (2016) Bodenerosionsgefährdung durch Wasser (ABAG). http://www.hlnug.de/themen/boden/auswertung/bodenerosionsbewertung/bodenerosionsatlas/erosionsbewertung-abag.html. Zugegriffen: 11. Febr. 2021

Hodgson JA, Moilanen A, Wintle BA, Thomas CD (2011) Habitat area, quality and connectivity. Striking the balance for efficient conservation. J Appl Ecol 48(1):148–152

Howard A (1940) An agricultural testament. Oxford University Press, London, 253 S

Hünig C, Benzler A (2017) Das Monitoring von Landwirtschaftsflächen mit hohem Naturwert in Deutschland. BfN-Skripten 476:48

Hurni H, Giger M, Liniger H, Studer RM, Messerli P, Portner B, Schwilch G, Wolfgramm B, Breu T (2015) Soils, agriculture and food security: the interplay between ecosystem functioning and human well-being. Curr Opin Environ Sustain 15:25–34. https://doi.org/10.1016/j.cosust.2015.07.009

Hutyra LR, Yoon B, Alberti M (2011) Terrestrial carbon stocks across a gradient of urbanization: a study of the Seattle, WA region. Glob Change Biol 17:783–797

ifls - Institut für ländliche Strukturplanung (2013) Abschlussevaluation des PLENUM-Gebiets Schwäbische Alb (2001 - 2013) - Langfassung. Untersuchung der sözioökonomischen und naturschutzfachlichen Effekte im PLENUM-Gebiet. Im Auftrag der Landesanstalt für Umwelt, Messungen und Naturschutz (LUBW) Baden-Württemberg. ifls, Frankfurt/M. https://pd.lubw.de/89833

IFOAM (2005) Principles of organic agriculture. International Federation of Organic Agriculture Movements, Bonn

ImmoWertV (2019) Immobilienwertermittlungsverordnung vom 19. Mai 2010 (BGBl. I S. 639), geändert durch Artikel 16 des Gesetzes vom 26. November 2019 (BGBl. I S. 1794). https://www.gesetze-im-internet.de/immowertv/. Zugegriffen: 1. Juli 2020

IÖR – Leibniz-Institut für ökologische Raumentwicklung (Hrsg) (2020) Monitor der Siedlungs- und Freiraumentwicklung. Indikatorkennblätter: Anteil Gebiete „Natur- und Artenschutz" an Gebietsfläche. www.ioer-monitor.de. Zugegriffen: 2. Apr. 2020

IPBES (2019) Global assessment report on biodiversity and ecosystem services of the Intergovernmental Science-Policy Platform on Biodiversity and Ecosystem Services. IPBES Secretariat, Bonn

Isermeyer F, Otte A, Christen O, Dabbert S, Frohberg K, Grabski-Kieron U, Hartung J, Heißenhuber A, Hess J, Kirschke D, Schmitz PM, Spiller A, Sundrum A, Thoroe C (2008) Nutzung von Biomasse zur Energiegewinnung. Landwirtschaftsverlag, Münster-Hiltrup

IUCN/International Union for Conservation of Nature (2019) Ecosystem Management. https://www.iucn.org/theme/ecosystem-management. Zugegriffen: 3. Dez. 2019

Jahreswirtschaftsbericht der Bundesregierung (2022) Für eine Sozial-ökologische Marktwirtschaft – Transformation innovativ gestalten. https://www.bmwi.de/Redaktion/DE/Publikationen/Wirtschaft/jahreswirtschaftsbericht-2022.html. Zugegriffen: 19. Febr. 2022

Jedicke E (Hrsg) (1996) Praktische Landschaftspflege – Grundlagen und Maßnahmen. 2. Aufl. Eugen Ulmer, Stuttgart

Jedicke E (2003) Biotope und ihre Gefährdung. In: Leibniz-Institut für Länderkunde (Hrsg) Nationalatlas Bundesrepublik Deutschland, Bd. 3. Klima, Pflanzen- und Tierwelt, Spektrum, Heidelberg, S 98–101

Jessel B (2011) Ökosystemdienstleistungen. In: BBN (Hrsg) Frischer Wind und weite Horizonte. Jb Natursch Landschaftspfl, Bd 58/3, S 72-87

Jessel B, Tschimpke O, Walser M (2009) Produktivkraft Natur. Hoffmann & Campe, Hamburg

Job H, Metzler D (2005) Regionalökonomische Effekte von Großschutzgebieten. Nat Landsch 80:465–471

Jones M (2003) The concept of cultural landscape: discourse and narratives. In: Palang H, Fry G (Hrsg) Landscape interfaces: cultural heritage in changing landscapes. Kluwer Academic Publishers, Dordrecht, S 21–51

Joosten H, Couwenberg J (2008) Peatlands and carbon. In: Parish F, Sirin A, Charman D, Joosten H, Minaeva T, Silvius M (Hrsg) Assessment on peatlands, biodiversity and climate change. Global Environment Centre, Kuala Lumpur and Wetlands International, Wageningen, S 99–117

Jung R, Schmidtke K (2019) Bodenfruchtbarkeit. In: Sanders J, Hess J (Hrsg) Leistungen des ökologischen Landbaus für Umwelt und Gesellschaft, 2. überarbeitete und ergänzte Aufl. Thünen Report 65. Thünen Institut, Braunschweig, S 59–96

Jungehülsing J (2020) Landwirtschaftlicher Flächenverlust – Auswirkungen auf Agrarstruktur und Bodenpreise. In: Meinel G; Schumacher U; Behnisch M; Krüger T (Hrsg) Flächennutzungsmonitoring XII mit Beiträgen zum Monitoring von Ökosystemleistungen und SDGs. Berlin: Rhombos, IÖR Schriften 78, S. 25-29

Jurasinski G, Günther A, Huth, V, Couwenberg J, Glatzel S (2016) Ecosystem services provided by paludiculture – greenhouse gas emissions. In: Wichtmann W, Schröder C, Joosten H (Hrsg) Paludikultur – Bewirtschaftung nasser Moore. Klimaschutz – Biodiversität – regionale Wertschöpfung. Schweizerbart, Stuttgart, S 79–94

Kabisch N, Haase D (2011) Gerecht verteilt? Grünflächen in Berlin. Z amtl Stat Berl Brandenbg 6:2–7

Kabisch N, Strohbach M, Haase D, Kronenberg J (2016) Green space availability in European cities. Ecol Ind 70:586–596. https://doi.org/10.1016/j.ecolind.2016.02.029

Kabisch N, Kraemer R, Brenck ME, Haase D, Lausch A, Luttkus ML, Mueller T, Remmler P, von Döhren P, Voigtländer J, Bumberger J (2021a) A methodological framework for the assessment of regulating and recreational ecosystem services in urban parks under heat and drought conditions. Ecosyst People 17(1):464–475. https://doi.org/10.1080/26395916.2021.1958062

Kabisch N, Kraemer R, Masztalerz O, Hemmerling J, Pueffel C, Haase D (2021b) Impact of summer heat on urban park visitation, perceived health and ecosystem service appreciation. Urb For Urb Green 60:127058. https://doi.org/10.1016/j.ufug.2021.127058

Kammerer M, Goslee SC, Douglas MR, Tooker JF, Grozinger CM (2021) Wild bees as winners and losers: relative impacts of landscape composition, quality, and climate. Glob Change Biol 27(6):1250–1265. https://doi.org/10.1111/gcb.15485

Keil M, Esch T Divanis A, Marconcini M, Metz A, Ottinger M, Voinov S, Wiesner M, Wurm M, Julian Z (2015) Aktualisierung der Landnutzungs- und Landbedeckungsdaten CLC für das Jahr 2012 – „Backdating" des DLM-DE vom Referenzjahr 2009 zurück auf das Jahr 2006. Texte 36/2015. Umweltbundesamt. Dessau-Roßlau, 84 S

Kettunen M, Bassi S, Gantioler S, ten Brink P (2009) Assessing Socio-economic Benefits of Natura 2000 – a toolkit for practitioners (September Edition). Output of the European Commission project Financing Natura 2000: cost estimate and benefits of Natura 2000. Institute for European Environmental Policy (IEEP), Brüssel

Klein AM, Vaissière BE, Cane JH, Steffan-Dewenter I, Cunningham SA, Kremen C, Tscharntke T (2007) Importance of pollinators in changing landscapes for world crops. Proc R Soc B Biol Sci 274(1608):303–313

Klimanova O, Illarionova O, Grunewald K, Bukvareva E (2021) Greeninfrastructure, urbanization, and ecosystem services: the main challenges for Russia's largest cities. Land 10:1292. https://doi.org/10.3390/land10121292

Knudsen MT, Dorca-Preda T, Djomo SN, Peña N, Padel S, Smith LG, Zollitsch W, Hörtenhuber S, Hermansen JE (2019) The importance of including soil carbon changes, ecotoxicity and biodiversity impacts in environmental life cycle assessments of organic and conventional milk in Western Europe. J Clean Prod 215:433–443. https://doi.org/10.1016/j.jclepro.2018.12.273

Koalitionsvertrag der Bundesregierung (2021) Mehr Fortschritt wagen. Bündnis für Freiheit, Gerechtigkeit und Nachhaltigkeit. Koalitionsvertrag zwischen SPD, BÜNDNIS 90/DIE GRÜNEN und FDP. https://www.bundesregierung.de/breg-de/service/gesetzesvorhaben/koalitionsvertrag-2021-1990800. Zugegriffen: 6. Febr. 2022

Koenzen U (2005) Fluss- und Stromauen in Deutschland – Typologie und Leitbilder. Angew Landsch 65:334

Kondo MC, Fluehr JM, McKeon T, Branas CC (2018) Urbangreen spaces and its impact on human health environ. Res Public Health 15:445. https://doi.org/10.3390/ijerph15030445

Koppisch D (2001) Torfbildung. In: Succow M, Joosten H (Hrsg) Landschaftsökologische Moorkunde, 2. Aufl. Schweizerbart, Stuttgart, S 8–17

Koska I, Succow M, Clausnitzer U, Timmermann T, Roth S (2001) Vegetationskundliche Kennzeichnung von Mooren (topische Betrachtung). In: Succow M, Joosten H (Hrsg) Landschaftsökologische Moorkunde, 2. Aufl. Schweizerbart, Stuttgart, S 112–184

Köthke M, Elsasser P, Lorenz M, Altenbrunn K, Meyerhoff J, Hochgesand U (2021) Multitalent Wald: Klimaschutz als Ökosystemleistung, Bd 8-2. Thünen à la carte. Johann Heinrich von Thünen-Institut, Braunschweig. https://doi.org/10.3220/CA1612261157000

Kottmeier C, Biegert C, Corsmeier U (2007) Effects of urban land use on surface temperature in Berlin: case study. J Urban Plan Dev 128–137

Kowarik I (2006) Natürlichkeit, Naturnähe und Hemerobie als Bewertungskriterien. In: Fränzle O, Müller F, Schröder W (Hrsg) Handbuch der Umweltwissenschaften: Grundlagen und Anwendungen der Ökosystemforschung, 16. Erg. Lfg.: VI.3–12; Landsberg

Kowarik I, Bartz R, Brenck M (Hrsg) (2016) Ökosystemleistungen in der Stadt. Gesundheit schützen und Lebensqualität erhöhen (Naturkapital Deutschland – TEEB DE)

Krekel C, Kolbe J, Wüstemann H (2016) The greener – the happier? The effects of urban green and abandoned areas on residential 653 well-being. Ecol Econ 121:117–121

Krewenka KM, Holzschuh A, Tscharntke T, Dormann CF (2011) Landscape elements as potential barriers and corridors for bees, wasps and parasitoids. Biol Cons 144(6):1816–1825

Krüger T, Meinel G, Schumacher U (2013) Land-use monitoring by topographic data analysis. Cartogr Geogr Inf Sci 40(3):220–228

Kuick O, Buchner B, Catenacci M, Goria A, Karakaya E, Tol RSJ (2008) Methodological aspects of recent climate change damage cost studies. Integr Assess J 8:19–40

Kuntz M, Berner A, Gattinger A, Scholberg JM, Maeder P, Pfiffner L (2013) Influence of reduced tillage on earthworm and microbial communities under organic arable farming. Pedobiol Int J Soil Biol 56:251–260

Kuntze H (1983) Probleme bei der landwirtschaftlichen Moornutzung. TELMA 13:137–152

Kusche D, Hoppe J, Hupe A, Hess J (2019) Wasserschutz: Daniel Kusche, Johanna Hoppe, Anke Hupe, Jürgen Heß. In: Sanders J, Hess J (Hrsg) Leistungen des ökologischen Landbaus für Umwelt und Gesellschaft, 2. überarbeitete und ergänzte Aufl. Thünen Report 65. Thünen Institut, Braunschweig, S 25–58

La Notte A (2022) Ecologically intermediate and economically final: the role of the ecosystem services framework in measuring sustainability in agri-food systems. Land 2022(11):84. https://doi.org/10.3390/land11010084

Lampkin N, Pearce B (2021) Organic farming and biodiversity: policy options. IFOAM Organic Europe, Brussels

Lampkin NH, Pearce BD, Leake AR, Creissen H, Gerrard CL, Girling R, Lloyd S, Padel S, Smith J, Smith LG, Vieweger A, Wolfe MS (2015) The role of agroecology in sustainable intensification: a report for the land use policy group. Organic Research Centre, Elm Farm and Game & Wildlife Conservation Trust, Newbury and Fordingbridge

LANA – Bund/Länder-Arbeitsgemeinschaft Naturschutz, Landschaftspflege und Erholung (2016) Wirksamkeit der derzeitigen EU-Naturschutzfinanzierung in Deutschland und Anforderungen für die nächste Förderperiode ab 2020. Positionspapier der LANA-Expertengruppe EU-Naturschutzfinanzierung/GAP 2020. https://www.lpv.de/fileadmin/user_upload/Positionspapier_LANA_EU_Naturschutzfinanzierung__3_.pdf. Zugegriffen: 1. Juli 2020

Landeshauptstadt Dresden (Hrsg) (2018) Landschaftsplan der Landeshauptstadt Dresden, Umweltamt

Langellotto GA, Melathopoulos A, Messer I, Anderson A, McClintock N, Costner L (2018) Garden pollinators and the potential for ecosystem service flow to urban and peri-urban agriculture. Sustainability 10(6):2047. https://www.mdpi.com/2071-1050/10/6/2047

Lautenbach S, Seppelt R, Liebscher J, Dormann CF (2012) Spatial and temporal trends of global pollination benefit. PLoS One 7(4):e35954

LAWA – Bund/Länder-Arbeitsgemeinschaft Wasser (2014) Nationales Hochwasserschutzprogramm: Kriterien und Bewertungsmaßstäbe für die Identifikation und Priorisierung von wirksamen Maßnahmen sowie ein Vorschlag für die Liste der prioritären Maßnahmen zur Verbesserung des präventiven Hochwasserschutzes, 9 S. [beschlossen auf der Umweltministerkonferenz am 24. Oktober 2014 in Heidelberg]

Le Féon V, Schermann-Legionnet A, Delettre Y, Aviron S, Billeter R, Bugter R, Hendrickx F, Burel F (2010) Intensification of agriculture, landscape composition and wild bee communities: a large scale study in four European countries. Agric Ecosyst Environ 137(1–2):143–150

Leipziger Wasserwerke (2017) Wasserschutzgerechter ökologischer Landbau – Möglichkeiten und Strategien zur Minimierung von Nährstoffausträgen als „Lebensversicherung“ für die Rohwassergüte. Fachtagung Trinkwasser, Leipzig, 34 S

Leonhardt SD, Gallai N, Garibaldi LA, Kuhlmann M, Klein A-M (2013) Economic gain, stability of pollination and bee diversity decrease from southern to northern Europe. Basic Appl Ecol 14(6):461–471

Leopoldina (2019) Biodiversität und Management von Agrarlandschaften – Umfassendes Handeln ist jetzt wichtig. Nationale Akademie der Wissenschaften Leopoldina, acatech – Deutsche Akademie der Technikwissenschaften, Union der deutschen Akademien der Wissenschaften, Halle (Saale)

Levin K, Brandhuber R, Freibauer A, Wiesinger K (2019) Klimaanpassung. In: Sanders J, Hess J (Hrsg) Leistungen des ökologischen Landbaus für Umwelt und Gesellschaft, 2. überarbeitete und ergänzte Aufl. Thünen Report 65. Thünen Institut, Braunschweig, S 161–190

LFA Mecklenburg-Vorpommern, laufende Testbetriebsergebnisse des Landes Mecklenburg-Vorpommern. www.landwirtschaft-mv.de/cms2/LFA_prod/LFA/content/de/Fachinformationen/Betriebswirtschaft/index.jsp?&artikel=970

LfUG – Landesamt für Umwelt und Geologie, Abteilung Natur- und Landschaftsschutz (1999) Landschaftspflegekonzeption für den Freistaat Sachsen. Dresden (unveröffentlicht)

Lin B, Ossola A, Ripple W, Alberti M, Andersson E, Bai X, Dobbs C, Elmqvist T, Evans KL, Frantzeskaki N, Fuller R, Gaston KJ, Haase D, Jim C, Konijnendijk C, Nagendra H, Niemela J, McPhearson T, Moomaw WR, Parnell S, Pataki D, Tan PY (2021) Cities and the "new climate normal": ways forward to address the growing climate challenge. Lancet Planet Health 5:e479–86. https://www.thelancet.com/pdfs/journals/lanplh/PIIS2542-5196(21)00135-2.pdf

Lind RC, Schuler RE (1998) Equity and discounting in climate-change decisions. In: Nordhaus WD (Hrsg) Economics and policy issues in climate change. Resources for the Future, Washington DC, S 59–96

Lonsdorf E, Kremen C, Ricketts T, Winfree R, Williams N, Greenleaf S (2009) Modelling pollination services across agricultural landscapes. Ann Bot 103(9):1589–1600

Lorance Rall ED, Haase D (2011) Creative intervention in a dynamic city: a sustainability assessment of an interim use strategy for brownfields in Leipzig, Germany. Landsc Urban Plan 100:189–201

Lorenz M, Elsasser P, Altenbrunn K, Meyerhoff J, Köthke M, Hochgesand U (2020) Multitalent Wald: Rohholz als Ökosystemleistung, Bd 8-1. Thünen à la carte. Johann Heinrich von Thünen-Institut, Braunschweig. https://doi.org/10.3220/CA1608114292000

Lotter DW, Seidel R, Liebhart W, Lotter DW, Liebhardt W (2003) The performance of organic and conventional cropping systems in an extreme climate year. Am J Altern Agric 18(3):146–154. https://doi.org/10.1079/AJAA200345

LUBW – Landesanstalt für Umwelt, Messungen und Naturschutz Baden-Württemberg (2009) Naturraumsteckbrief Nr. 101 – Mittleres Albvorland. Landesanstalt für Umwelt, Messungen und Naturschutz Baden-Württemberg, Stuttgart

Lucke R, Silbereisen R, Herzberger E (1992) Obstbäume in der Landschaft. Ulmer, Stuttgart

Lütke-Daldrup E (2001) Die perforierte Stadt. Eine Versuchsanordnung. Stadtbauwelt 150:40–45

Macke S, Schweppe-Kraft B (2011) Ökonomisches Denken für den Naturschutz – ein Plädoyer für gemeinsame Argumente. Nat Landsch 86:146–147

Mäder P, Fliessbach A, Dubois D, Gunst L, Fried P, Niggli U (2002) Soil fertility and biodiversity in organic farming. Science 296:1694–1697

Maes J, Teller A. Erhard M, Liquete C, Braat C, Berry P, Egoh B, Puydarrieux P, Fiorina C, Santos F, Paracchini ML, Keune H, Wittmer H, Hauck J, Fiala I, Verburg PH, Condé S, Schägner JP, San Miguel J, Estreguil C, Ostermann O, Barredo JI, Pereira HM, Stott A, Laporte V, Meiner A, Olah B, Royo Gelabert E, Spyropoulou R, Petersen JE, Maguire C, Zal N, Achilleos E, Rubin A, Ledoux L, Brown C, Raes C, Jacobs S, Vandewalle M, Connor D, Bidoglio G (2013) Mapping and assessment of ecosystems and their services. An analytical framework for ecosystem assessments under action 5 of the EU Biodiversity Strategy to 2020. Publications office of the European Union, Luxembourg, 60 S

Maes J, Teller A., Erhard M, Murphy P, Paracchini M, Barredo J, Grizzetti B, Cardoso A, Somma F, Petersen J, Meiner A, Royo Gelabert E, Zal N, Kristensen P, Bastrup-Birk A, Biala K, Romao C, Piroddi C, Egoh B, Fiorina C, Santos F, Naruševičius V, Verboven J, Pereira H, Bengtsson J, Gocheva K, Marta-Pedroso C, Snäll T, Estreguil C, San Miguel J, Braat L, Grêt-Regamey A, Perez-Soba M, Degeorges P, Beaufaron G, Lillebø A, Abdul Malak D, Liquete C, Condé S, Moen J, Östergård H, Czúcz B, Drakou EG, Zulian G, Lavalle C (2014) Mapping and assessment of ecosystems and their services. Indicators for ecosystem assessments under action 5 of the EU Biodiversity Strategy to 2020. Publications office of the European Union, Luxembourg, 82 S

Maes J, Teller A., Erhard M, Grizzetti B, Barredo J, Paracchini M, Condé S, Somma F, Orgiazzi A, Jones A, Zulian G, Petersen J, Marquardt D, Kovacevic V, Abdul Malak D, Marin A, Czúcz B, Mauri A, Loffler P, Bastrup-Birk A, Biala K, Christiansen T, Werner B (2018) Mapping and assessment of ecosystems and their services. An analytical framework for ecosystem condition. Publications office of the European Union, Luxembourg, S 78

Maljanen M, Óskarsson H, Sigurdsson BD, Guðmundsson J, Huttunen JT, Martikainen PJ (2010) Greenhouse gas balances of managed peatlands in the Nordic countries – present knowledge and gaps. Biogeoscience 7:2711–2738

Marselle MR, Lindley SJ, Cook PA, Bonn A (2021) Biodiversity and health in the urban environment. Curr Environ Health Rep 8(2):146–156

Martins KT, Albert CH, Lechowicz MJ, Gonzalez A (2018) Complementary crops and landscape features sustain wild bee communities. Ecol Appl. 28:1093-1105. https://doi.org/10.1002/eap.1713

Martin AE, Collins SJ, Crowe S, Girard J, Naujokaitis-Lewis I, Smith AC, Lindsay K, Mitchell S, Fahrig L (2020) Effects of farmland heterogeneity on biodiversity are similar to - or even larger than - the effects of farming practices. Agric Ecosyst Environ 288:106698

McDonald R, Mansur AV, Ascensão F, Colbert M, Crossman K, Elmqvist T, Gonzalez A, Güneralp B, Haase D, Hamann M, Hillel O, Huang K, Kant B, Maddox D, Pacheco A, Pereira H, Seto K, Simkin R, Walsh B, Ziter C (2019) The growing impacts of cities on biodiversity. Research gaps limit global decision-making. Nat Sustain. https://doi.org/10.1038/s41893-019-0436-6

McPhearson T, Pickett S, Grimm N, Niemelä J, Elmqvist T, Weber C, Breuste J, Haase D, Qureshi S (2016) Ecology for anurban planet: advancing research and practice towards a science of cities. BioScience. https://doi.org/10.1093/biosci/biw002

MEA – Millennium Ecosystem Assessment (2005) Ecosystems and human well-being. Synthesis. Island Press, Washington DC

Mehl D, Steinhäuser A, Kasperidius HD, Scholz M (2012) Hochwasserretention. In: Scholz M et al (Hrsg) Ökosystemfunktionen von Flussauen. Analyse und Bewertung von Hochwasserretention, Nährstoffrückhalt, Kohlenstoffvorrat, Treibhausgasemissionen und Habitatfunktion, Bd 124. Bundesamt für Naturschutz, Bonn-Bad Godesberg, S 34–47. [Ergebnisse des F+E-Vorhabens (FKZ 3508 850 100)]

Meier S, Grunewald K, Syrbe RU (2020) Herausforderungen einer regelmäßigen Ökosystembilanzierung auf Bundesebene auf Basis des LBM-DEs. In: Meinel G, Schumacher U, Behnisch M, Krüger T (Hrsg) Flächennutzungsmonitoring XII mit Beiträgen zum Monitoring von Ökosystemleistungen und SDGs. Rhombos, IÖR Schriften 78, Berlin, S 179–190

Meier S, Walz U, Syrbe RU, Grunewald K (2021) Das bundesweite Bestäubungspotenzial für Wildbienen - Ein Indikator für die Bestäubungsleistung. Naturschutz und Landschaftsplanung 53:12-19

Meier S, Syrbe RU, Moyzes M, Grunewald K (2022) Klimaregulation in Städten als Ökosystemleistung: Vorschlag eines nationalen Indikators zur Bewertung der Ökosystemleistung Klimaregulation in Städten. Naturschutz und Landschaftsplanung 54/10:20-29. DOI: 10.1399/NuL.2022.10.02

Mengel A, Müller-Pfannenstiel K, Schwarzer M, Wulfert K, Strohtmann T, von Haaren C, Galler C, Wickert J, Pieck S, Borkenhagen J (2018) Methodik der Eingriffsregelung im bundesweiten Vergleich. Bundesamt für Naturschutz, Naturschutz und Biologische Vielfalt Heft 165

Mertz O, Ravnborg HM, Lövei GL, Nielsen I, Konijnendijk CC (2007) Ecosystem services and biodiversity in developing countries. Biodivers Conserv 16:2729–2737

Meyer M (2007) Erprobung und Anwendung von Methoden zur einzugsgebietsbezogenen Modellierung der Phosphatdynamik terrestrischer Ökosysteme. Dipl. Arb. Universität Kiel. http://www.dilamo.de/martin/frame1.htm. Zugegriffen: 11. Febr. 2021

Meyer C, Peters JC, Thiel M, Rathmann J, Job H (2021) Monitoring von Freiflächeninanspruchnahme und – versiegelung für eine nachhaltige Raumentwicklung in Bayern. Raumforsch Raumordn 79:172–189

Meyerhoff J, Elsasser P, Altenbrunn K, Lorenz M, Köthke M, Hochgesand U (2021) Multitalent Wald: Naturschutz als Ökosystemleistung, Bd 8-4. Thünen à la carte. Johann Heinrich von Thünen-Institut, Braunschweig. https://doi.org/10.3220/CA1628756992000

Meynen E, Schmithüsen J (1960) Handbuch der naturräumlichen Gliederung Deutschlands. Bundesanstalt für Landeskunde, Remagen/Bad Godesberg 1953–1962 (9 Lieferungen in 8 Büchern, aktualisierte Karte 1:1.000.000 mit Haupteinheiten 1960)

MLR – Ministerium für Ernährung und Ländlichen Raum Baden-Württemberg, (2008) Maßnahmen- und Entwicklungsplan Ländlicher Raum Baden-Württemberg 2007–2013. Ministerium für Ernährung und Ländlichen Raum Baden-Württemberg, Stuttgart

MLR – Ministerium für Ernährung und Ländlichen Raum Baden-Württemberg (2009) Streuobstwiesen in Baden-Württemberg. Daten, Handlungsfelder, Maßnahmen, Förderung. Ministerium für Ernährung und Ländlichen Raum Baden-Württemberg, Stuttgart

MLR – Ministerium für Ländlichen Raum Baden-Württemberg (2015) Streuobstkonzeption Baden-Württemberg. 3. Auflage. Ministerium für Ländlichen Raum Baden-Württemberg, Stuttgart

MLR – Ministerium für Ländlichen Raum und Verbraucherschutz (2021) Jährlicher Durchführungsbericht. Germany - Rural Development Programme (Regional) - Baden-Württemberg https://foerderung.landwirtschaft-bw.de/pb/site/pbs-bw-mlr/get/documents_E-1736123637/MLR.LEL/PB5Documents/mlr/MEPL/mepl_extern/MEPL_Monitoring/2020/__J%C3%A4hrlicher%20Durchf%C3%BChrungsbericht%202020.pdf

MLUV MV – Ministerium für Landwirtschaft, Umwelt und Verbraucherschutz Mecklenburg-Vorpommer (2011) Agrarbericht des Landes Mecklenburg-Vorpommern (Berichtsjahr 2009–2010). Schwerin

Moreira F, Queiroz AI, Aronson J (2006) Restoration principles applied to cultural landscapes. J Nat Conserv 14:217–224

Müller J (2005) Landschaftselemente aus Menschenhand. Biotope und Strukturen als Ergebnis extensiver Nutzung. Elsevier, München

Müller J, Heilmann H (2011) Stand und Entwicklung der agrarischen Nutzung von Niedermoorgrünland in Mecklenburg-Vorpommern. TELMA, Beiheft 4:235–248

Mueller L, Schindler U, Behrendt A, Eulenstein F, Dannowski R (2007) The Muencheberg Soil Quality Rating (SQR) – field manual for detecting and assessing properties and limitations of soils for cropping and grazing, 102 S. https://www.zalf.de/de/forschung_lehre/publikationen/Documents/Publikation_Mueller_L/field_mueller.pdf. Zugegriffen: 29. Juni 2021

Müller A, Bautze L, Meier M, Gattinger A, Gall E, Chatzinikolaou E, Meredith S, Ukas T, Ullmann L (2016) Organic farming, climate change mitigation and beyond: reducing the environmental impacts of EU agriculture. IFOAM EU, FiBL, Brussels, Frick

Müller A, Schader C, El-Hage Scialabba N, Brüggemann J, Isensee A, Erb K-H, Smith P, Klocke P, Leiber F, Stolze M, Niggli U (2017) Strategies for feeding the world more sustainably with organic agriculture. Nat Commun 8(1):1290. https://doi.org/10.1038/s41467-017-01410-w

Näser D (2021) Regenerative Landwirtschaft, 2. Aufl. Eugen Ulmer, Stuttgart

Naturkapital Deutschland – TEEB DE (2018) Werte der Natur aufzeigen und in Entscheidungen integrieren – eine Synthese. Helmholtz-Zentrum für Umweltforschung – UFZ, Leipzig

Naumann S, Kurzer HJ (2010) Etablierung eines Entscheidungshilfesystems zur Erstellung von Managementplänen auf Einzugsgebietsebene. Schriftenreihe des LfULG 7:144

NBS-Rechenschaftsbericht (2021) Aktiv für die biologische Vielfalt. Rechenschaftsbericht 2021 der Bundesregierung zur Umsetzung der Nationalen Strategie zur biologischen Vielfalt. https://www.bmuv.de/download/rechenschaftsbericht-2021-der-bundesregierung-zur-umsetzung-der-nationalen-strategie-zur-biologischen-vielfalt. Zugegriffen: 23. März 2022

Neidlein HC, Walser M (2005) Natur ist Mehr-Wert. Zum ökonomischen Nutzen des Naturschutzes. Bundesamt für Naturschutz, BfN-Skripten, 154 S.

NKGCF – Nationales Komitee für Global Change Forschung (2011) Ökosystemare Dienstleistungen und Biodiversität 2020: ökologische, soziale und ökonomische Entwicklungen und Gestaltungsoptionen im globalen Wandel. http://www.nkgcf.org/files/downloads/ESS_Biodiv2020_Final_inclAnhang.pdf. Zugegriffen: 16. Juli 2012

NOAA – US Department of Commerce & National Oceanic and Atmospheric Administration (2020) Damage Assessment Remediation and Restoration Program. https://darrp.noaa.gov/economics/habitat-equivalency-analysis. Zugegriffen: 21. Febr. 2020

Nowak DJ, Crane DE (2002) Carbon storage and sequestration by urban trees in the USA. Environ Pollut 116:381–389

Oberpriller Q, Peter M, Füssler J, Zimmer A, Aboumahboub T, Schleypen J, Gidden M, Schaeffer M, Schleussner C-F, Schwarz R (2021) Climate cost modelling – analysis of damage and mitigation frameworks and guidance for political use. Climate Change 68/2021. Umweltbundesamt, Dessau-Roßlau

Oertli S, Müller A, Dorn S (2005) Ecological and seasonal patterns of diversity in a species-rich bee assemblage (Hymenoptera: Apoidea: Apiformes). Eur J Entomol 102:53–63. https://doi.org/10.14411/eje.2005.008

Ott K (2010) Umweltethik zur Einführung. Junius, Hamburg

Ott K, Döring R (2004) Theorie und Praxis starker Nachhaltigkeit. Metropolis, Marburg

Panek N (2016) Deutschland, deine Buchenwälder: Daten, Fakten, Analysen. Ambaum, Vöhl-Basdorf

Pauleit S, Ambrose-Oji B, Andersson E, Anton B, Buijs A, Haase D, Elands B, Hansen R, Kowarik I, Kronenberg J, Mattijssen T, Olafsson AS, Rall E, van der Jagt APN, van den Bosch CK (2019) Advancing urban green infrastructure in Europe: Outcomes and reflections from the GREEN SURGE project. Urban Forestry & Urban Greening, 40: 4-16

Pe'er G, Zinngrebe Y, Moreira F et al (2019) A greener path for the EU Common Agricultural Policy. Science 365:449–451

Pearce DW (1993) Economic values and the natural world. MIT Press, London

Pedersen B, Nybø S, Sæther SA (Hrsg) (2016) Nature Index for Norway 2015. Ecological framework, computational methods, database and information systems – NINA Report 1226. https://brage.nina.no/nina-xmlui/handle/11250/2374610. Zugegriffen: 1. Juli 2020

Peisley RK, Saunders ME, Luck GW (2015) A systematic review of the benefits and costs of bird and insect activity in agroecosystems. Springer Sci Rev 3:113–125. https://doi.org/10.1007/s40362-015-0035-5

Pimentel D, Harvey C, Resosudarmo P, Sinclair K, Kurz D, McNair M, Crist S, Shpritz L, Fitton L, Saffouri R, Blair R (1995) Environmental and economic costs of soil erosion and conservation benefits. Science 267:1117–1123

PLENUM (2008) Regionalentwicklungskonzept PLENUM Schwäbische Alb 2008–2013. PLENUM, Reutlingen

Plieninger T, Schleyer C (2010) Konzept der Ökosystemleistungen im Kontext der Europäischen Landwirtschaft. Agrarische Rundschau 6:12–15

Plieninger T, Höchtl F, Spek T (2006) Traditional land-use and nature conservation in European rural landscapes. Environ Sci Policy 9:317–321

Podschun SA, Thiele J, Dehnhardt A, Mehl D, Hoffmann TG, Albert C, von Haaren, C, Deutschmann K, Fischer C, Scholz M, Costea G, Pusch MT (2018) Das Konzept der Ökosystemleistungen – eine Chance für Integratives Gewässermanagement. Hydrol Wasserbewirtsch 62(6):453–468. https://doi.org/10.5675/HyWa_2018,6_7

Ponisio LC, M'Gonigle LK, Mace KC, Palomino J, de Valpine P, Kremen C (2015) Diversification practices reduce organic to conventional yield gap. Proc R Soc B Biol Sci 282(1799):20141396. https://doi.org/10.1098/rspb.2014.1396

Popp D, Hage G (2003) Großschutzgebiete als Träger einer naturverträglichen, nachhaltigen Regionalentwicklung. Nat Landsch 78:311–316

Potts SG, Imperatriz-Fonseca V, Ngo HT, Aizen MA, Biesmeijer JC, Breeze TD, Dicks LV, Garibaldi LA, Hill R, Settele J, Vanbergen AJ (2016) Safeguarding pollinators and their values to human well-being. Nature 540(7632):220–229

Rader R, Bartomeus I, Garibaldi LA, Garratt MPD, Howlett BG, Winfree R, Cunningham SA, Mayfield MM, Arthur AD, Andersson GKS, Bommarco R, Brittain C, Carvalheiro LG, Chacoff

NP, Entling MH, Foully B, Freitas BM, Gemmill-Herren B, Ghazoul J, Griffin SR, Gross CL, Herbertsson L, Herzog F, Hipólito J, Jaggar S, Jauker F, Klein AM, Kleijn D, Krishnan S, Lemos CQ, Lindström SAM, Mandelik Y, Monteiro VM, Nelson W, Nilsson L, Pattemore DE, de O Pereira N, Pisanty G, Potts SG, Reemer M, Rundlöf M, Sheffield CS, Scheper J, Schüepp C, Smith HG, Stanley DA, Stout JC, Szentgyörgyi H, Taki H, Vergara CH, Viana BF, Woyciechowski M (2016) Non-bee insects are important contributors to global crop pollination. Proc Natl Acad Sci 113:146–151

Rahmann G, Aulrich K, Barth K, Böhm H, Koopmann R, Oppermann R, Paulsen HM, Weißmann F (2008) Klimarelevanz des Ökologischen Landbaus: Stand des Wissens. Landbauforsch vTI Agric For Res 58:71–89

Rall E, Bieling C, Zytynska S, Haase D (2017) Exploring city-wide patterns of cultural ecosystem service perceptions and use. Ecol Ind 77:80–95. https://doi.org/10.1016/j.ecolind.2017.02.001

Randall A (1987) Total economic value as a basis for policy. Trans Am Fish Soc 116:325–335

Reese M (2018) Die Wasserrahmenrichtlinie in der Umsetzungskrise. Fortbestehende Umsetzungsdefizite und rechtlicher Handlungsbedarf zur ökologischen Gewässerentwicklung. NVwZ 37(21):1592–1599

Reese M (2021) Offenbarungseid zur Wasserrahmenrichtlinie. Z Umweltr (ZUR) 32(6):321–322

Reganold JP, Elliott LF, Unger YL (1987) Long-term effects of organic and conventional farming on soil erosion. Nature 330(6146):370–372

Richter S, Haase D, Thestorf K, Makki M (2020) Organic carbon storage of Berlin, Germany: soils and trees. Urb Forest Urb Green 54:126777. https://doi.org/10.1016/j.ufug.2020.126777

Ridder B (2008) Questioning the ecosystem services argument for biodiversity conservation. Biodivers Conserv 17:781–790

Ring I, Hansjürgens B, Elmqvist T, Wittmer H, Sukhdev P (2010) Challenges in framing the economics of ecosystems and biodiversity: the TEEB initiative. Curr Opin Environ Sustain 2:15–26

Rochette P, Janzen HH (2005) Towards a revised coefficient for estimating N_2O emissions from legumes. Nutr Cycl Agroecosyst 73(2–3):171–179. https://doi.org/10.1007/s10705-005-0357-9

Roulet NT, Lafleur PM, Richard PJH, Moore TR, Humphreys ER, Bubier J (2007) Contemporary carbon balance and late Holocene carbon accumulation in a northern peatland. Glob Change Biol 13:397–411

Roulston TH, Goodell K (2011) The role of resources and risks in regulating wild bee populations. Annu Rev Entomol 56(1):293–312

Rounsevell MDA, Dawson TP, Harrison PA (2010) A conceptual framework to assess the effects of environmental change on ecosystem services. Biodivers Conserv 19:2823–2842

Rusch H-P (1968) Bodenfruchtbarkeit: eine Studie biologischen Denkens. K F Haug, Heidelberg

Sánchez AC, Jones SK, Purvis A, Estrada-Carmona N, de Palma A (2022) Landscape complexity and functional groups moderate the effect of diversified farming on biodiversity: a global meta-analysis. Agric Ecosyst Environ 332:107933. https://doi.org/10.1016/j.agee.2022.107933

Sanders J, Heß J (Hrsg) (2019) Leistungen des ökologischen Landbaus für Umwelt und Gesellschaft, Thünen-Institut, Institut für Betriebswirtschaft, Land uns Markt, Universität Kassel, Fachgebiet Agrar- und Lebensmittelmarketing, D-Witzenhausen, S 362, Thünen-Institut, Institut für Betriebswirtschaft, Land uns Markt, Universität Kassel, Fachgebiet Agrar- und Lebensmittelmarketing, D-Witzenhausen. Thünen-Report

Santos LD, Martins I (2007) Monitoring urban quality of life – the Porto experience. Soc Indic Res 80:411–425

Schäfer A (2009) Moore und Euros – die vergessenen Millionen. Arch Forstwes Landsch 43:156–160

Schäfer A, Degenhardt S (1999) Sanierte Niedermoore und Klimaschutz – Ökonomische Aspekte. Arch Nat Schutz Landsch Forsch 38:335–354

Schäfer A, Joosten H (Hrsg) (2005) Erlenaufforstung auf wieder vernässten Niedermooren. DUENE e. V., Greifswald

Schäfer A, Kowatsch A (2015). Gewässer und Auen – Nutzen für die Gesellschaft. Bundesamt für Naturschutz (FKZ: 3511 850 500), Bonn, 58 S

Schäfer A, Nordt A, Peters J, Wichmann S (2022) Anreize für Paludikultur zur Umsetzung der Klimaschutzziele 2030 und 2050. Climate Change XX/2022. Hrsg. Umweltbundesamt, Dessau-Roßlau

Schaap M, Hendriks C, Kranenburg R, Kuenen J, Segers A, Schlutow A, Nagel H-D, Ritter A, Banzhaf S (2018) PINETI-3: Modellierung atmosphärischer Stoffeinträge von 2000 bis 2015 zur Bewertung der ökosystem-spezifischen Gefährdung von Biodiversität durch Luftschadstoffe in Deutschland. Abschlussbericht. Texte 79/2018, Umweltbundesamt, Dessau 148 S

Schaich H, Bieling C, Plieninger T (2010) Linking ecosystem services with cultural landscape research. GAIA 19:269–277

Schelling TC (1995) Intergenerational discounting. Energy Policy 23:395–401

Schetke S, Haase D, Kötter T (2012) Innovative urban land development – a new methodological design for implementing ecological targets into strategic planning of the City of Essen, Germany. Environ Impact Assess Rev 32:195–210

Scheuchl E, Schwenninger HR (2015) Kritisches Verzeichnis und aktuelle Checkliste der Wildbienen Deutschlands (Hymenoptera, Anthophila) sowie Anmerkungen zur Gefährdung. Mitteilungen des Entomologischen Vereins Stuttgart 50(1):3–225

Schindewolf M, Schmidt W (2010) Flächendeckende Abbildung der Bodenerosion durch Wasser für Sachsen unter Anwendung des Modells Erosion 3D. Schriftenreihe des LfULG, Heft 9/2010, S 115

Schirpke U, Scolozzi R, De Marco C, Tappeiner U (2014) Mapping beneficiaries of ecosystem services flows from Natura 2000 sites. Ecosyst Serv 9:170–179. https://doi.org/10.1016/j.ecoser.2014.06.003

Schirpke U, Meisch C, Tappeiner U (2018) Symbolic species as a cultural ecosystem service in the European Alps: insights and open issues. Landsc Ecol 33(5):711–730. https://doi.org/10.1007/s10980-018-0628-x

Schleyer C, Plieninger T (2011) Obstacles and options for the design and implementation of payment schemes for ecosystem services provided through farm trees in Saxony, Germany. Environ Conserv 38:454–463

Schwartz MW, Bringham CA, Hoeksema JD, Lyons KG, Mills MH, van Mantgem PJ (2000) Linking biodiversity to ecosystem function: implications for conservation ecology. Oecologia 122:297–305

Schwarz N (2010) Urban form revisited – selecting indicators for characterising European cities. Landsc Urban Plan 96:29–47

Schwarzak M, Behnisch M (2017) Zersiedelung in Deutschland messen und beschreiben – Anwendung der Schweizer Methode der gewichteten Zersiedelung. In: Wende W, Walz U (Hrsg) Die räumliche Wirkung der Landschaftsplanung. Evaluation, Indikatoren und Trends. Springer Spektrum, Wiesbaden, S 77–96

Schwenninger (1995) Zur Qualität tierökologischer Leistungen im Bereich der Landschaftsökologie, aufgezeigt am Beispiel von Wildbienengutachten. Bembix Z Hymenopterologie 4:45–51

Schweppe-Kraft B (2009) Natural capital in Germany – state and valuation; with special reference to biodiversity. In: Döring R (Hrsg) Sustainability, natural capital and nature conservation. Beiträge zur Theorie und Praxis starker Nachhaltigkeit, Bd 3. Metropolis, Marburg, S 193–216

Schweppe-Kraft B, Syrbe RU, Meier S, Grunewald K (2020) Datengrundlagen für einen Biodiversitätsflächenindikator auf Bundesebene In: Meinel G, Schumacher U, Behnisch M, Krüger T (Hrsg) Flächennutzungsmonitoring XII mit Beiträgen zum Monitoring von Ökosystemleistungen und SDGs. Rhombos, (IÖR-Schriften; 78), Berlin, S 191–204. https://www.ioer-monitor.de/fileadmin/user_upload/monitor/DFNS/2020b_12_DFNS/020_schweppe.pdf

Schweppe-Kraft B, Grunewald K (2022) Ökonomische Aspekte der Umsetzung: Kosten und Finanzierung. In: Albert C, Galler C, van Haaren C (Hrsg) Landschaftsplanung. 2. Aufl., Eugen Ulmer, Stuttgart, S. 539-573

Schwertmann U, Vogl W, Kainz M (1990) Bodenerosion durch Wasser. Vorhersage des Abtrags und Bewertung von Gegenmaßnahmen, 2. Aufl. Stuttgart

Science for Environment Policy (2015) The value of Natura 2000 future brief 12. Brief produced for the European Commission DG Environment. Science Communication Unit, UWE, Bristol. http://ec.europa.eu/science-environment-policy

Senapathi D, Biesmeijer JC, Breeze TD, Kleijn D, Potts SG, Carvalheiro LG (2015) Pollinator conservation – the difference between managing for pollination services and preserving pollinator diversity. Curr Opin Insect Sci 12:93–101

Seto KC, Fragkias M, Güneralp B, Reilly MK (2011) A meta-analysis of global urban land expansion. PLoS One 6:e23777. https://doi.org/10.1371/journal.pone.0023777

Shepherd M, Pearce B, Cormack B, Phillips L, Cuttle S, Bhogal A, Costigan P, Unwin R (2003) An assessment of the environmental impacts of organic farming. Ltd, ADAS Consulting

Sieberth L (2014) Inwertsetzung von Ökosystemdienstleistungen. Eine objektive Bewertung auf lokaler Ebene – Remscheid. Eine Studie im Auftrag der Waldgenossenschaft Remscheid eG

van der Sluijs JP, Vaage NS (2016) Pollinators and global food security: the need for Holistic Global Stewardship. Food Ethics 1(1):75–91

Smith L, Lampkin N (2019) Greener farming: managing carbon and nitrogen cycles to reduce greenhouse gas emissions from agriculture. In: Letcher TM (Hrsg) Managing global warming: an interface of technology and human issues. Academic, London, S 553–577

Smith LG, Kirk GJD, Jones PJ, Williams AG (2019) The greenhouse gas impacts of converting food production in England and Wales to organic methods. Nat Commun 10(1):4641. https://doi.org/10.1038/s41467-019-12622-7

SMUL – Sächsisches Staatsministerium für Umwelt und Landwirtschaft (2009a) Programm zur Biologischen Vielfalt im Freistaat Sachsen des Sächsischen Staatsministeriums für Umwelt und Landwirtschaft. Dresden

SMUL – Sächsisches Staatsministerium für Umwelt und Landwirtschaft (2009b) Waldzustandsbericht 2009. Sächsisches Staatsministerium für Umwelt und Landwirtschaft (Hrsg) Sachsenforst, Dresden

Spangenberg JH, Settele J (2010) Precisely incorrect? Monetising the value of ecosystem services. Ecol Complex 7:327–337

Speidel G (1966) Zur Bewertung von Wohlfahrtswirkungen des Waldes. AFZ (22/23):383–386

SRU (2020) Umweltgutachten 2020: Für eine entschlossene Umweltpolitik in Deutschland und Europa. Teil 4: Wasserrahmenrichtlinie für die ökologische Gewässerentwicklung nutzen. https://www.umweltrat.de/SharedDocs/Downloads/DE/01_Umweltgutachten/2016_2020/2020_Umweltgutachten_Kap_04_Wasserrahmenrichtlinie.pdf;jsessionid=DFD647E0010BA894C696E66C602B048B.intranet231?__blob=publicationFile&v=2

Ssymank A (1994) Neue Anforderungen im europäischen Naturschutz. Das Schutzgebietssystem NATURA 2000 und die „FFH-Richtlinie" der EU. Nat Landsch 69(9):395–406

Stadtwerke München (2016) Ökologischer Landbau: nachhaltiger Trinkwasserschutz. https://www.swm.de/dam/swm/dokumente/m-wasser/flyer-oeko-landbauwasserschutz.pdf

Stammel B, Fischer C, Cyffka B et al (2020) Assessing land use and flood management impacts on ecosystem services in a river landscape (Upper Danube, Germany). River Res Appl. https://doi.org/10.1002/rra.3669

Stange EE, Barton D, Andersson E, Haase D (2021) Nature-based solutions, without prices, without apologies – comparing performance-based green area indices in three European cities. Landsc Urban Plan 219:104310. https://doi.org/10.1016/j.landurbplan.2021.104310

Steffan-Dewenter I, Tscharntke T (1999) Effects of habitat isolation on pollinator communities and seed set. Oecologia 121(3):432–440

Stegmann H, Zeitz J (2001) Bodenbildende Prozesse entwässerter Moore. In: Succow M, Joosten H (Hrsg) Landschaftsökologische Moorkunde, 2. Aufl. Schweizerbart, Stuttgart, S 47–57

Stein C, Walz U (2012) Hemerobie als Indikator für das Flächenmonitoring. Methodenentwicklung am Beispiel von Sachsen. Nat Landsch 44(9):261–266

Stein C, Bastian O, Lupp G (2013) Besuchermonitoring im Osterzgebirge. Ermittlung der Wertschätzung von Naturschutz und Landschaftspflege und Bestimmung der Nachfrage nach Ökosystemdienstleistungen mit Hilfe von Zahlungsbereitschaftsanalysen. In: Clivaz C, Rupf R, Siegrist S (Hrsg) Visiman. Beiträge zu Besuchermonitoring und Besuchermanagement in Pärken und naturnahen Erholungsgebieten. Schriftenreihe des Instituts für Landschaft und Freiraum. HSR Hochschule für Technik Rapperswil, Nr. 10, Rapperswil, Schweiz

Stein-Bachinger K, Haub A, Gottwald F (2019) Biodiversität. In: Sanders J, Hess J (Hrsg) Leistungen des ökologischen Landbaus für Umwelt und Gesellschaft, 2. überarbeitete und ergänzte Aufl. Thünen Report 65. Thünen Institut, Braunschweig, S 97–131

Steiner R (1924) Agriculture; a course of eight lectures. Rudolf Steiner Press/Bio Dynamic Agricultural Association, London, 175 S

Stephenson J (2008) The cultural values model: an integrated approach to values in landscapes. Landsc Urban Plan 84:127–139

Stern N (2007) The economics of climate change. Cambridge University Press, Cambridge

Stockdale E, Lampkin NH, Hovi M, Keatinge R, Lennartson EKM, Macdonald DW, Padel S, Tattersall EH, Wolfe MS, Watson CA (2000) Agronomic and environmental implications of organic farming systems. Adv Agron 70:261–327

Stolze M, Piorr A, Häring A, Dabbert S (2000) The environmental impacts of organic farming in Europe. Organic farming in Europe: economics and policy, Bd 6. University of Hohenheim, Hohenheim

Strohbach MW, Haase D (2012) Estimating the carbon stock of a city: a study from Leipzig, Germany. Landsc Urban Plan 104:95–104

Strohbach MW, Arnold E, Haase D (2012) The carbon mitigation potential of urban restructuring – a life cycle analysis of green space development. Landsc Urban Plan 104:220–229

Succow M, Joosten, (2001) Landschaftsökologische Moorkunde, 2. Aufl. Schweizerbarth, Stuttgart

Sukopp H (1972) Wandel von Flora und Vegetation in Mitteleuropa unter dem Einfluß des Menschen. Berichte über Landwirtsch 50(1):112–139

Syrbe RU, Grunewald K (2013) Restrukturierungsbedarf für regionaltypische Landschaftselemente und Biotopstrukturen am Beispiel Sachsens. Nat Landsch 88(3):103–111

Syrbe R-U, Schorcht M, Grunewald K, Meinel G, Kramer J (2016) Indikatoren für Ökosystemleistungen am Beispiel der Regulierung der Bodenerosion. In: Meinel G, Förtsch D, Schwarz S, Krüger T (Hrsg) Flächennutzungsmonitoring VIII: Flächensparen – Ökosystemleistungen – Handlungsstrategien. Rhombos, IÖR-Schriften 69, Berlin, S 281–291

Syrbe RU, Rybova K, Bastian O, Bouhaka T, Louda J (2018a) GIS-gestützte Kartierung und Quantifizierung von Ökosystemleistungen. Untersucht am Beispiel wertvoller Biotope des Osterzgebirges. Nat Landsch 50(1):5–15

Syrbe R-U, Schorcht M, Grunewald K, Meinel G (2018b) Indicators for a nationwide monitoring of ecosystem services in Germany exemplified by the mitigation of soil erosion by water. Ecol Indic 94(2):46–54. https://doi.org/10.1016/j.ecolind.2017.05.035

Syrbe RU, Neumann I, Grunewald K, Brzoska P, Louda J, Kochan B, Macháč J, Dubová L, Meyer P, Brabec J, Bastian O (2021) The value of urban nature in terms of providing ecosystem services related to health and well-being: an empirical comparative pilot study of cities in Germany and the Czech Republic. Land 10:341. https://doi.org/10.3390/land10040341

Tamburini G, Bommarco R, Wanger TC, Kremen C, von der Heijden MAG, Liebman M, Hallin S (2020) Agricultural diversification promotes multiple ecosystem services without compromising yield. Sci Adv 6:eaba1715. http://advances.sciencemag.org/. Zugegriffen: 14. Jan. 2021

TEEB – The Economics of Ecosystems and Biodiversity (2010a) Mainstreaming the economics of nature: a synthesis of the approach, conclusions and recommendations of TEEB. www.teebweb.org/TEEBSynthesisReport/tabid/29410/Default.aspx

TEEB – The Economics of Ecosystems and Biodiversity (2010b) The economics of ecosystems and biodiversity: ecological and economic foundations. Edited by Pushpam Kumar. Earthscan, London & Washington

TEEB - The Economics of Ecosystems and Biodiversity (2010c) The Economics of Ecosystems and Biodiversity for Local and Regional Policy Makers. https://teebweb.org/publications/teeb-for/local-andregional- policymakers/. Zugegriffen: 05. Januar 2023

Tiemeyer B, Freibauera A, Albiac Borrazb E, Augustin J, Bechtold M, Beetzc S, Beyerd C, Eblie M, Eickenscheidt F, Fiedler S, Förster C, Gensior A, Giebels A, Glatzel S, Heinichen J, Hoffmann M, Höper H, Jurasinski G, Laggner A, Leiber-Sauheitl K, Peichl-Brakg M, Drösler M (2020) A new methodology for organic soils in national greenhouse gas inventories: data synthesis, derivation and application. Ecol Ind 109:105838

Tol RSJ (2005) The marginal damage costs of carbon dioxide emissions: an assessment of uncertainties. Energy Policy 33:2064–2074

Tratalos J, Fuller RA, Warren PH, Davies RG, Gaston KJ (2007) Urban form, biodiversity potential and ecosystem services. Landsc Urban Plan 83:308–317

Treu H, Nordborg M, Cederberg C, Heuer T, Claupein E, Hoffmann H, Berndes G (2017) Carbon footprints and land use of conventional and organic diets in Germany. J Clean Prod 161:127–142. https://doi.org/10.1016/j.jclepro.2017.05.041

Tscharntke T, Clough Y, Wanger TC, Jackson L, Motzke I, Perfecto I, Vandermeer J, Whitbread A (2012) Global food security, biodiversity conservation and the future of agricultural intensification. Biol Cons 151(1):53–59. https://doi.org/10.1016/j.biocon.2012.01.068

Tuck SL, Winqvist C, Mota F, Ahnström J, Turnbull LA, Bengtsson J (2014) Land-use intensity and the effects of organic farming on biodiversity: a hierarchical meta-analysis. J Appl Ecol 51(3):746–755. https://doi.org/10.1111/1365-2664.12219

UBA – Umweltbundesamt (2007) Ökonomische Bewertung von Umweltschäden. Methodenkonvention zur Schätzung externer Umweltkosten. Umweltbundesamt, Berlin

UBA – Umweltbundesamt (2015) Daten zur Umwelt 2015: Umwelttrends in Deutschland. Dessau-Roßlau, 142 S

UBA – Umweltbundesamt (2017) Gewässer in Deutschland: Zustand und Bewertung. UBA, DessauRoßlau. https://www.umweltbundesamt.de/sites/default/files/medien/1968/publikationen/170829_uba_fachbroschure_wasse_rwirtschaft_mit_anderung_bf.pdf

UBA – Umweltbundesamt (2019) Methodenkonvention 3.0 zur Ermittlung von Umweltkosten. Kostensätze

UBA – Umweltbundesamt (2020): Ökologischer Zustand der Fließgewässer. https://www.umweltbundesamt.de/daten/wasser/fliessgewaesser/oekologischer-zustand-der-fliessgewaesser#okologischer-zustand-der-flusse-und-bache. Zugegriffen: 30. Juni 2020

UBA – Umweltbundesamt (2021) Berichterstattung unter der Klimarahmenkonvention der Vereinten Nationen und dem Kyoto-Protokoll 2020: Nationaler Inventarbericht zum Deutschen Treibhausgasinventar 1990–2018. https://www.umweltbundesamt.de/publikationen/berichterstattung-unter-der-klimarahmenkonvention-6. (Zugriff 28 März 2022)

UN (2021) System of environmental-economic accounting – ecosystem accounting: final draft. https://unstats.un.org/unsd/statcom/52nd-session/documents/BG-3f-SEEA-EA_Final_draft-E.pdf. Zugegriffen: 16. März 2021

Veerkamp CJ, Schipper AM, Hedlund K, Lazarova T, Nordin A, Hanson AI (2021) A review of studies assessing ecosystem services provided by urban green and blue infrastructure. Ecosyst Serv 52. https://doi.org/10.1016/j.ecoser.2021.101367

Vojáček O, Louda J (2017) Economic value of ecosystem services in the Eastern Ore Mountains. E+M Ekonomie a management, 3/2017

Volksbegehren Artenvielfalt (2018) Volksbegehren Artenvielfalt – Antrag auf Zulassung des Volksbegehrens Artenvielfalt & Naturschönheit in Bayern „Rettet die Bienen!“. https://volksbegehren-artenvielfalt.de/wp-content/uploads/2018/06/Antrag-auf-Zulassung-des-Volksbegehrens-Ar-tenvielfalt.pdf. Zugegriffen: 10. Juli 2020

Walz U (2012) Indikatoren zur Landschaftsvielfalt. In: Meinel G, Schumacher U, Behnisch M (Hrsg) Flächennutzungsmonitoring IV. Genauere Daten – informierte Akteure – praktisches Handeln. Rhombos, Berlin, S 133–140

Walz U (2015) Indicators to monitor the structural diversity of landscapes. Ecol Model 295(1):88–106

Walz U, Schumacher U (2010) Bundesweiter Indikator zum Natur- und Artenschutz sowie zum Landschaftsschutz – Visualisierung und Statistik im Rahmen eines Monitoringsystems. Nat Landsch 42/7:205–211

Walz U, Stein C (2014) Indicators of hemeroby for the monitoring of landscapes in Germany. J Nat Conserv 22(3):279–289

Walz U, Darbi M, Lupp G, Wende W (2013) Biodiversität braucht Raum. In: Beck E (Hrsg) Die Vielfalt des Lebens, 1. Aufl. WILEY-VCH, Weinheim, S 212–222

Walz U, Richter B, Grunewald K (2017) Indikatoren zur „Regulationsleistung von Auen“. Ein Beitrag zum Konzept nationale Ökosystemleistungs-Indikatoren Deutschland. Nat Landsch 49(3):93–100

Walz U, Schumacher U, Krüger T (2022) Landschaftszerschneidung und Waldfragmentierung in Deutschland – Ergebnisse aus einem Monitoring im Kontext von Schutzgebieten und Hemerobie. Nat Landsch 97(2):85–95

Watkiss P, Anthoff D, Downing T, Hepburn C, Hope C, Hunt A, Tol R (2005) The social cost of carbon (SSC). Review – methodological approaches for using SCC estimates in policy assessment. Final report. AETA Technology Environment, Harwell

WBGU – Wissenschaftlicher Beirat der Bundesregierung. Globale Umweltveränderungen (2011) Welt im Wandel: Gesellschaftsvertrag für eine Große Transformation, Berlin

WBGU – Wissenschaftlicher Beirat der Bundesregierung Globale Umweltveränderungen (2020) Landwende im Anthropozän: Von der Konkurrenz zur Integration. Berlin

Weckenbrock P, Sanchez-Gellert HL, Gattinger A (2019) Klimaschutz. In: Sanders J, Hess J (Hrsg) Leistungen des ökologischen Landbaus für Umwelt und Gesellschaft, 2. überarbeitete und ergänzte Aufl. Thünen Report 65. Thünen Institut, Braunschweig

Weizsäcker EU von (1989) Erdpolitik – Ökologische Realpolitik an der Schwelle zum Jahrhundert der Umwelt. Wissenschaftliche Buchgesellschaft, Darmstadt

Weller F (2006) XI – 2.11. Streuobstwiesen. In: Konold W, Böcker R, Hampicke U (Hrsg) Handbuch Naturschutz und Landschaftspflege. Wiley-VCH, Weinheim, S 1–42

Wenny DG, DeVault TL, Johnson MD, Kelly D, Sekercioglu CH, Tomback DF, Whelan CJ (2011) The need to quantify ecosystem services provided by birds. USDA National Wildlife Research Center – Staff Publications. Paper 1347. http://digitalcommons.unl.edu/icwdm_usdanwrc/1347

Werner A, Glemnitz M, Stein-Bachinger K, Berger G, Stachow U (2013) Produktionsintegrierter Naturschutz: Biologische Vielfalt mit der Landwirtschaft. In: Beck E (Hrsg) Die Vielfalt des Lebens, 1. Aufl. WILEY-VCH, Weinheim, S 162–174

Westermann JR, Bolsius J, Kunze S, Schünemann C, Sinning H, Ziemann A, Baldin M, Brüggemann K, Brzoska P, Ehnert F, Goldberg V, Großmann L, Grunewald K, Naumann T, Reinfried F, Richter B, Spohr G, Ortlepp R (2021) Hitzeanpassung von Stadtquartieren. Akteursperspektiven und Umsetzungsansätze. GAIA – Ecol Perspect Sci Soc 30(4):257–267. https://doi.org/10.14512/gaia.30.4.9

Westrich P (1996) Habitat requirements of central European bees and the problems of partial habitats. In: Matheson A, Buchmann SL, O'Toole C, Westrich P, Williams IH (Hrsg) The conservation of bees. Linnean Society Symposium Series 18. Academic Press, London, S 1–16

Westrich P (2019) Die Wildbienen Deutschlands. Ulmer Eugen, Stuttgart

Westrich P, Frommer U, Mandrey K, Riemann H, Ruhnke H, Saure C, Voith J (2011) Rote Liste und Gesamtartenliste der Bienen (Hymenoptera, Apidae) Deutschlands. 5. Fassung, Stand Februar 2011. In: Binot-Hafke M, Balzer S, Becker N, Gruttke H, Haupt H, Hofbauer N, Ludwig G, Matzke-Hajek G, Strauch M (Hrsg.) Rote Liste gefährdeter Tiere, Pflanzen und Pilze Deutschlands. Band 3: Wirbellose Tiere (Teil 1). Wirbellose Tiere Landwirtschaftsverlag, Münster, S 373–416

Whelan CJ, Wenny DG, Marquis RJ (2008) Ecosystem services provided by birds. Ann N Y Acad Sci 1134:25–60. https://doi.org/10.1196/annals.1439.00

Wichmann S, Nordt A, Schäfer A (2022) Lösungsansätze zum Erreichen der Klimaschutzziele und Kosten für die Umstellung auf Paludikultur. Hintergrundpapier zur Studie „Anreize für Paludikultur zur Umsetzung der Klimaschutzziele 2030 und 2050". Hg. v. Deutsche Emissionshandelsstelle im Umweltbundesamt (DEHSt), Berlin

Wichtmann W, Schröder C, Joosten H (Hrsg) (2016) Paludikultur – Bewirtschaftung nasser Moore. Klimaschutz – Biodiversität – regionale Wertschöpfung. Schweizerbart, Stuttgart

Willer H, Trávníček J, Meier C, Schlatter B (Hrsg) (2022) The world of organic agriculture: statistics and emerging trends 2022. FiBL, IFOAM Organics International, Frick, Bonn

Williams DM, Blanco-Canqui H, Francis CA, Galusha TD (2017) Organic farming and soil physical properties: an assessment after 40 years. Agron J 109(2):600–609. https://doi.org/10.2134/agronj2016.06.0372

Wilson D, Blain D, Couwenberg J, Evans CD, Murdiyarso D, Page SE, Renou-Wilson F, Rieley JO, Sirin A, Strack M, Tuittila ES (2016) Greenhouse gas emission factors associated with rewetting of organic soils. Mires and Peat 17(4):1–28

Wischmeier W, Smith D (1978) Predicting rainfall erosion loss: a guide to conservation planning. United States Department of Agriculture, Agriculture Handbook 537, Washington

Wolff M, Haase D (2019) Mediating sustainability and liveability – turning points of green space supply in European cities. Front Environ Sci Sect Land Use Dyn. https://doi.org/10.3389/fenvs.2019.00061

Wolff M, Haase A, Haase D, Kabisch N (2016) The impact of urban regrowth on the built environment. Urban Stud 54(12):2683–2700. https://doi.org/10.1177/0042098016658231

WRRL (2000) Richtlinie 2000/60/EG des Europäischen Parlaments und des Rates vom 23. Oktober 2000 zur Schaffung eines Ordnungsrahmens für Maßnahmen der Gemeinschaft im Bereich der Wasserpolitik. Amtsblatt der Europäischen Gemeinschaft vom 22.12.2000 L 327/1

Yli-Pelkonen V, Nielema J (2005) Linking ecological and social systems in cities: urban planning in Finland as a case. Biodivers Conserv 14:1947–1967

Zak D, Augustin J, Trepel M, Gelbrecht J (2011) Strategien und Konfliktvermeidung bei der Restaurierung von Niedermooren unter Gewässer-, Klima- und Naturschutzaspekten, dargestellt am Beispiel des nordostdeutschen Tieflandes. TELMA Beiheft 4:133–150

Zangemeister C (1971) Nutzwertanalyse in der Systemtechnik. Eine Methodik zur multidimensionalen Bewertung und Auswahl von Projektalternativen, 4. Aufl., Dissertation, TU Berlin, 1970, München, 370 S

Zardo L, Geneletti D, Pérez-Soba M, van Eupen M (2017) Estimating the cooling capacity of green infrastructures to support urban planning. Ecosystem Services (26):225–235. doi:https://doi.org/10.1016/j.ecoser.2017.06.016

Zelený J, Bicking S, Dang KB, Müller F (2020) Combining methods to estimate ecosystem integrity and ecosystem service potentials and flows for crop production in Schleswig-Holstein, Germany. Landscape Online 79:1-16

Zulian G, Maes J, Paracchini ML (2013) Linking land cover data and crop yields for mapping and assessment of pollination services in Europe. Land 2(3):472–492

Zwierzchowska I, Dushkova D, Haase D (2021) Discovering the environmental potential of multistorey housing areas for nature-based solutions. A Central European Cities perspective. Landsc Urb Plan 206:103975. https://doi.org/10.1016/j.landurbplan.2020.103975

Ausgewählte Steuerungsansätze zum Schutz und zur nachhaltigen Nutzung von Ökosystemleistungen und Biodiversität

6

Irene Ring, Christoph Schröter-Schlaack, Melanie Mewes, Anja Grünwald, Wolfgang Wende, Karsten Grunewald, Ralf-Uwe Syrbe, Ulrich Walz, Sophie Meier, Olaf Bastian, Roland Zieschank und Kenneth Anders

Inhaltsverzeichnis

Die Reihenfolge der Autoren entspricht nicht der Reihenfolge der Gewichtung zum Beitrag. Die Autorennamen sind in der Reihenfolge ihres Erscheinens im Kapitel aufgeführt. Die Autoren der einzelnen Abschnitte finden Sie im jeweiligen Abschnitt innerhalb des Kapitels. Korrespondierende Autoren der jeweiligen Abschnitte sind mit * gekennzeichnet.

I. Ring
Internationales Hochschulinstitut Zittau, TU Dresden, Zittau, Deutschland
E-Mail: irene.ring@tu-dresden.de

C. Schröter-Schlaack
Helmholtz-Zentrum für Umweltforschung GmbH – UFZ, TB Umwelt und Gesellschaft, Leipzig, Deutschland
E-Mail: Christoph.Schroeter-Schlaack@ufz.de

K. Grunewald und O. Bastian (Hrsg.), *Ökosystemleistungen*,
https://doi.org/10.1007/978-3-662-65916-8_6

M. Mewes
Leipzig, Deutschland
E-Mail: Melanie.Mewes@BfN.de

A. Grünwald
Umweltamt der Landeshauptstadt Dresden, Dresden, Deutschland
E-Mail: anja_gruenwald@gmx.de

W. Wende · K. Grunewald (✉) · R.-U. Syrbe · S. Meier
Leibniz-Institut für ökologische Raumentwicklung, Dresden, Deutschland
E-Mail: k.grunewald@ioer.de

W. Wende
E-Mail: w.wende@ioer.de

R.-U. Syrbe
E-Mail: r.syrbe@ioer.de

S. Meier
E-Mail: s.meier@ioer.de

U. Walz
Hochschule für Technik und Wirtschaft Dresden, Dresden, Deutschland
E-Mail: Ulrich.Walz@htw-dresden.de

O. Bastian
Moritzburg, Deutschland
E-Mail: Olaf.Bastian@web.de

R. Zieschank
IZT – Institut für Zukunftsstudien und Technologiebewertung gemeinnützige GmbH, Berlin, Deutschland
E-Mail: r.zieschank@izt.de

K. Anders
Büro für Landschaftskommunikation, Bad Freienwalde, Deutschland
E-Mail: kenneth.anders@web.de

Zusammenfassung

Politikinstrumente für den Biodiversitätsschutz und die nachhaltige Bereitstellung von ÖSL werden herausgearbeitet und in ihrer Leistungsfähigkeit bewertet. Im Politikmix wird insbesondere auf den Ausgleich von Opportunitäts- und Managementkosten gesetzt. An den Beispielen Zahlungen für ÖSL und ökologischer Finanzausgleich wird erklärt, wie der Einsatz ökonomischer Instrumente naturbelastendes Wirtschaften und Konsumieren teurer, andererseits Leistungen von Landnutzern und öffentlichen Akteuren für den Biodiversitätsschutz und die Erhaltung von ÖSL attraktiver machen. Planungserfordernisse betreffen raumrelevante Gestaltungsziele sowie Nutzungs-, Schutz- und Revitalisierungsentscheidungen. In diesem Kontext wird dargelegt, wie das im ÖSL-Konzept angelegte Indikatorensystem umweltbezogene Zielzustände der räumlichen Planung messbar und evaluierbar machen und damit den Weg in einen dynamischen Planungsprozess eröffnen kann. Schließlich geht es um Wissenstransfer durch Kommunikation über ÖSL-Werte.

6.1 Zur Auswahl des geeigneten Politikmixes

Irene Ring* und Christoph Schröter-Schlaack

„Der hat am besten für die Zukunft gesorgt, der für die Gegenwart sorgt“ (Franz Kafka).

6.1.1 Warum ein Politikmix?

Das Konzept der Ökosystemleistungen (ÖSL) ist eng mit dem Schutz und der nachhaltigen Nutzung der biologischen Vielfalt verknüpft, in diesem Zusammenhang entstanden und besonders durch das Millennium Ecosystem Assessment bekannt geworden (MEA 2005a, b; Beck et al. 2006). ÖSL stellen den direkten und indirekten Nutzen der Natur für den Menschen in den Mittelpunkt und eröffnen so die Möglichkeit, die Beiträge der Natur für das menschliche Wohlbefinden und die wirtschaftliche Entwicklung aufzuzeigen (TEEB 2010a; Naturkapital Deutschland – TEEB DE 2018; Dasgupta 2021). Mit diesem Schritt wird von vielen die Hoffnung verbunden, Naturschutz und die nachhaltige Nutzung der Biodiversität gesellschafts- und politikrelevanter zu machen. Von der überwiegenden Anzahl der Autoren wird dabei Biodiversität selbst nicht als ÖSL verstanden, sondern als Grundlage für die Erhaltung der Leistungsfähigkeit der Ökosysteme (MEA 2005b; Elmqvist et al. 2010; Faith 2018).

Zwischen Biodiversität und ÖSL auf der einen Seite und verschiedenen ÖSL untereinander auf der anderen Seite bestehen zahlreiche Wechselbeziehungen, sei es in positiver (Synergien) oder negativer Weise (Zielkonflikte) (Ring et al. 2010b; Harrison et al. 2014). So war ein Hauptergebnis des MEA (2005b), das durch die aktuellen regionalen und globalen Berichte des Weltbiodiversitätsrats bestätigt wurde (IPBES 2018, 2019), dass die starke Förderung der Bereitstellung von Versorgungsleistungen der Natur in den letzten Jahrzehnten, z. B. über die Intensivierung der landwirtschaftlichen Produktion, negative Auswirkungen auf die biologische Vielfalt, aber auch auf andere ÖSL der Natur hatte. Aufgrund der engen Beziehungen zwischen biologischer Vielfalt und ÖSL müssen bei der Betrachtung von politischen Steuerungsmaßnahmen immer beide Felder im Blick behalten werden, denn mit einer Förderung bestimmter ÖSL erhält man nicht notwendigerweise die biologische Vielfalt und umgekehrt, allerdings lassen sich sinnvolle Synergien erzeugen, z. B. durch eine ökosystembasierte Klimapolitik (Hansjürgens et al. 2017).

Der Schutz und die nachhaltige Nutzung von biologischer Vielfalt bauen in der Praxis gewöhnlich auf einer Vielzahl von Strategien und Instrumenten auf. Dies ist auch theoretisch gut begründbar, denn biologische Vielfalt ist *per se* komplex und dynamisch (OECD 1999). Die Heterogenität und Komplexität des zu schützenden Guts führt zu in räumlicher und zeitlicher Hinsicht unterschiedlichen gesellschaftlichen Schutz- und Nutzungszielen, die oft nur durch verschiedene Instrumente erreichbar sind (Gunningham und Young 1997). Aufgrund der inhärenten Komplexität der Ökosysteme wird von den gerade genannten Autoren sogar gefordert, ein naturschutzpolitisches Ziel mit zwei oder mehreren Instrumenten gleichzeitig zu verfolgen, um den Wissens- und Informationslücken im Zusammenhang mit der biologischer Vielfalt und der daraus folgenden Unsicherheit in der Zielerreichung Rechnung zu tragen.

Ein gemischter Instrumenteneinsatz ist sogar noch bedeutender, wenn es um die nachhaltige Bereitstellung von ÖSL geht. Mit der Perspektive auf ÖSL müssen zusätzliche Politiksektoren mit ihren jeweiligen Zielen, Instrumenten und Auswirkungen betrachtet werden, z. B. Klimaschutz, Ressourcen- und Energieversorgung oder Gesundheit (Ring et al. 2018). Politiken in diesen Sektoren können synergistisch wirken, d. h. sich positiv verstärken oder sich aufgrund von Zielkonflikten auch gegenseitig negativ beeinflussen (Ring und Schröter-Schlaack 2011a). Diese Synergien oder Zielkonflikte können, wie oben angedeutet, zwischen dem Schutz der biologischen Vielfalt und der Bereitstellung bestimmter ÖSL oder zwischen verschiedenen ÖSL bestehen (Cord et al. 2017). Beispielsweise wirkt sich eine Reduktion von Düngemitteln zum Schutz des Trinkwassers auch positiv auf die Artenvielfalt aus. Agrarpolitische Fördermaßnahmen, die zu einer Intensivierung landwirtschaftlicher Bewirtschaftung und damit zur Erhöhung der Versorgungsleistungen der Landwirtschaft führen, haben dagegen oft negative Auswirkungen auf die biologische Vielfalt und/oder andere Leistungen der betreffenden Agrarökosysteme (Bommarco et al. 2013; IPBES 2018; Simoncini et al. 2019). So kann die Förderung der Bioenergie zu einer Intensivierung der Flächennutzung führen, die mit einem Rückgang der Artenvielfalt verbunden ist. Gleichzeitig könnte die Bioenergieförderung andere, finanziell weniger lukrative Versorgungsleistungen der Landwirtschaft verdrängen, z. B. die Nahrungsmittelerzeugung, da die Flächennutzung durch entsprechende Subventionen für die Bioenergiegewinnung rentabler gemacht wird (Abschn. 4.4.2).

Aufgrund dieser Wechselwirkungen muss bei der Auswahl und Beurteilung von Politikinstrumenten für den Biodiversitätsschutz und die nachhaltige Bereitstellung von ÖSL stets der relevante Politikmix untersucht werden (Box). Hierzu schlagen wir ein schrittweises Vorgehen vor: Beginnend mit der Eingrenzung der Problemstellung wird in einem zweiten Schritt die Rolle einzelner Instrumente im Politikmix herausgearbeitet und schließlich eine differenzierte Analyse und (Weiter-)Entwicklung eines zu verbessernden oder neuen Instruments vorgenommen, um konkrete Politikempfehlungen abzuleiten (Schröter-Schlaack und Ring 2011). Bevor wir diese drei Schritte ausführlicher darstellen, folgt im nächsten Abschnitt ein kurzer Überblick der uns zur Verfügung stehenden Instrumente und Instrumententypen.

Politikmix
Ein Politikmix ist eine Kombination von Politikinstrumenten – im konkreten Fall mit quantitativen und qualitativen Auswirkungen auf den Biodiversitätsschutz und die Bereitstellung von ÖSL in privaten und öffentlichen Sektoren (Ring und Schröter-Schlaack 2011b, S. 15).

6.1.2 Der Instrumentenkasten

Politikinstrumente dienen der Beeinflussung des Handelns der Politikadressaten, indem dem politischen Ziel zuträgliche Handlungsweisen befördert und unerwünschte Handlungsweisen erschwert oder gar verboten werden. Politikinstrumente lassen sich daher nach ihrem Wirkmechanismus auf das Handeln der Politikadressaten unterscheiden (z. B. Michaelis 1996; Gunningham und Young 1997; Sterner 2003; Abb. 6.1):

- Ordnungsrecht in Form von Ver- und Geboten kontrolliert in direkter Form das Verhalten der betroffenen Akteure. Umweltschädigendes Verhalten wird verboten oder eingeschränkt, z. B. durch einzuhaltende Emissions- oder Bewirtschaftungsstandards, Schutzgebietsausweisungen oder Verbot umweltschädlicher Substanzen.
- Ökonomische Instrumente, häufig auch als Anreizinstrumente bezeichnet, z. B. Umweltsteuern, Abgaben oder Gebühren, können einerseits umweltschädigendes Verhalten mit einem Preis belegen, um negative Externalitäten zu internalisieren und umweltfreundliches Verhalten relativ gesehen rentabler zu machen. Andererseits ist für den Schutz der biologischen Vielfalt und die nachhaltige Bereitstellung von ÖSL die Honorierung umweltfreundlichen Verhaltens durch eine Internalisierung positiver externer Effekte von besonderer Bedeutung (TEEB 2011). Dazu gehören z. B. die Förderprogramme für Klima- und Umweltschutz im Rahmen der gemeinsamen EU-Agrarpolitik genauso wie die Honorierung dezentraler Gebietskörperschaften über ökologische Finanzzuweisungen (Ring 2011; Abschn. 6.2).
- Informatorische, motivatorische und pädagogische Instrumente zielen darauf, die Entscheidungsgrundlagen der Politikadressaten zu vervollständigen und so zu Schutz

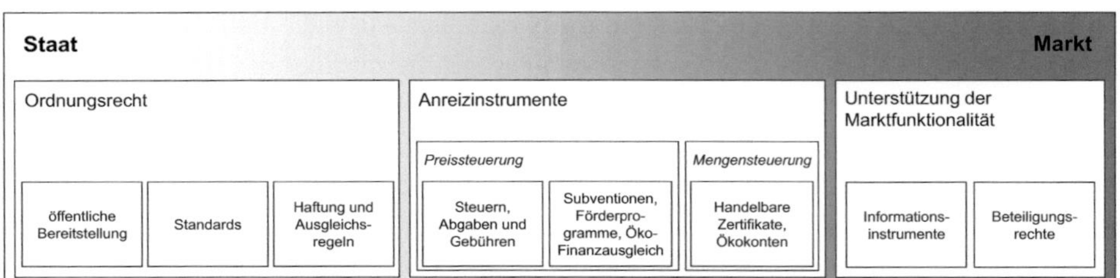

Abb. 6.1 Kontinuum von Politikinstrumenten für den Schutz der biologischen Vielfalt und die nachhaltige Bereitstellung von ÖSL. (© Schröter-Schlaack und Ring)

und nachhaltiger Nutzung natürlicher Ressourcen zu bewegen. Sie informieren die jeweilige Zielgruppe über bestimmte Zusammenhänge oder stellen Bildungsangebote bereit, um Beziehungen zwischen den Aktivitäten der Zielgruppe und ihren Auswirkungen auf die Umwelt zu verdeutlichen.

In der politischen Praxis findet man in der Regel mehrere dieser Instrumente aus verschiedenen Kategorien in Kombination. Manche Instrumente werden geradezu mit der Absicht eingeführt, das Ergebnis eines anderen Instruments zu verbessern. So werden beispielsweise ergänzende informatorische Instrumente wie die Beratung eingesetzt, um relevante Adressaten von Förderprogrammen (ökonomische Instrumente) mit dem notwendigen Wissen für die Antragstellung zu versorgen. Ökonomische Instrumente wie Ausgleichszahlungen können auch mit der Absicht eingeführt werden, Landnutzer für Kosten zu entschädigen, die ihnen aus Landnutzungseinschränkungen durch bestimmte Trinkwasser- oder Naturschutzgebiete (Ordnungsrecht) entstehen.

Zur Bewertung und Analyse einzelner Instrumente finden sich in der Literatur zahlreiche Kriterien, die wir im Folgenden zu vier Hauptgruppen zusammenfassen:

- Ökologische Effektivität, d. h. der Grad der ökologischen Zielerreichung.
- Kosteneffektivität bzw. ökonomische Effizienz: Wurde das Umweltziel mit minimalen Kosten erreicht? Neben den Opportunitätskosten der nächstbesten Alternativen des Schutzziels werden hier auch Implementierungs- und Transaktionskosten der Instrumente selbst betrachtet.
- Soziale und distributive Auswirkungen: Wer sind die Gewinner und Verlierer nach Einführung eines neuen Instruments? Werden bestimmte Nutzergruppen vernachlässigt, unverhältnismäßig belastet oder gefördert?
- Institutionelle Erfordernisse: Darunter fallen z. B. die administrative Praktikabilität oder die Notwendigkeit, weitere Gesetze oder gar die Verfassung zu novellieren, um die jeweiligen Instrumente einzuführen.

Im Vergleich zu ordnungsrechtlichen Lösungen bewertet die ökonomische Analyse umweltpolitischer Instrumente in der Regel anreizbasierte Instrumente als flexibler und kosteneffektiver, um umweltpolitische Ziele zu erreichen (Michaelis 1996; OECD 2007). Eine umfassende Literaturanalyse ausgewählter Instrumente des Schutzes der biologischen Vielfalt und der nachhaltigen Bereitstellung von ÖSL hat allerdings ergeben, dass Politikmixe nicht nur der politischen Realität entsprechen, sondern auch aus ökonomischen und weiteren Perspektiven durchaus wünschenswert und zielführend sein können (Ring und Schröter-Schlaack 2011a). In Anlehnung an diese Ergebnisse werden in Tab. 6.1 Hauptmerkmale und Hypothesen zur Leistungsfähigkeit der für unser Themenfeld relevantesten Instrumente Ordnungsrecht, Eingriffs-/Ausgleichsmaßnahmen und handelbare Zertifikate, Steuererleichterungen, ökologischer Finanzausgleich, Zahlungen für ÖSL (auch PES, *payments for ecosystem services*) und Zertifizierung am Beispiel Wald dargestellt. (Schröter-Schlaack und Ring 2011, S. 178 f.). Für eine ausführlichere Diskussion von PES und ökologischem Finanzausgleich sei auf Abschn. 6.2 verwiesen.

6.1.3 Instrumentenanalyse im Politikmix für den Schutz der biologischen Vielfalt und die nachhaltige Bereitstellung von ÖSL

Im Folgenden entwickeln wir ein schrittweises Verfahren für die systematische Analyse von umweltpolitischen Instrumenten im Politikmix für den Schutz der biologischen Vielfalt und die nachhaltige Bereitstellung von ÖSL (Grundlagen s. Schröter-Schlaack und Ring 2011). Dieses Verfahren synthetisiert Erkenntnisse aus bestehenden Verfahren zur Politikmixanalyse in meist anderen Politiksektoren (Ring und Schröter-Schlaack 2011b) und wendet diese auf die spezifischen Eigenschaften von Biodiversität und ÖSL an.

Die drei Hauptschritte des Analyseverfahrens gliedern sich jeweils in verschiedene Kriterien zur Beurteilung des Problems bzw. der Instrumente oder des Politikmixes (Tab. 6.2). Diesen groben Beurteilungsbereichen schließen sich in Schritt 1 und 2 weitere relevante Fragen und Aspekte an, die es bei der Analyse und dem Design von Instrumenten im Politikmix zu berücksichtigen gilt, während in Schritt 3 spezifischere Indikatoren oder Methoden zur Beurteilung des jeweiligen Kriteriums aufgeführt sind.

6.1.3.1 Schritt 1: Problemstellung eingrenzen, spezifische Herausforderungen und Kontext identifizieren

Bei der Analyse von Politikmixen liegt der Fokus nicht auf der Maximierung der ökologischen Effektivität oder ökonomischen Effizienz einzelner Politikmaßnahmen, sondern auf Komplementarität oder Konfliktpotenzial der relevanten Instrumente, ihren Wechselwirkungen untereinander und der Eignung des Politikmixes, alle Faktoren anzusprechen, die für das bestehende Problem verantwortlich sind (Ring und Schröter-Schlaack 2011b). Der geeignete Mix aus Instrumenten und Akteuren wird also notwendigerweise von der Natur des Problems, den Zielgruppen und den kontextspezifischen Rahmenbedingungen abhängen (Gunningham et al. 1998; Howlett und del Rio 2015).

Tab. 6.1 Hypothesen zur Leistungsfähigkeit ausgewählter Instrumente für den Schutz der biologischen Vielfalt und die nachhaltige Bereitstellung von ÖSL

Instrument	‚Ordnungsrecht', z. B. Schutzgebietsausweisung	Eingriffs- und Ausgleichsmaßnahmen, handelbare Zertifikate	Steuererleichterungen	Ökologischer Finanzausgleich	Zahlungen für ÖSL (PES)	Zertifizierung, am Beispiel Wald
Ziel	Schutz wichtiger Gebiete für den Arten- und Habitatschutz	Vermeidung bzw. Minderung und Ausgleich unvermeidlicher Eingriffe in Natur und Landschaft; Flexibilisierung von Eingriff und Ausgleich	Anerkennung positiver Umweltexternalitäten von Landnutzern und Unternehmern, die naturschutzverträglich wirtschaften	positiver ökonomischer Anreiz für dezentrale Gebietskörperschaften durch Ausgleich von Opportunitäts- und Managementkosten bzw. Nutzen-*spillover* von Schutzgebieten	positive ökonomische Anreize für den Schutz der biologischen Vielfalt und Bereitstellung von ÖSL, z. B. durch Ausgleich von Opportunitäts- und Managementkosten	Förderung naturschutz- und umweltverträglicher Waldwirtschaft in Übereinstimmung mit rechtlichen Anforderungen und Zertifizierungskriterien
Adressaten	Private und öffentliche Akteure	Private und öffentliche Akteure	Private Akteure	Öffentliche Akteure	Überwiegend private Akteure/Landnutzer	Private Akteure (Konsumenten)
Referenz für die Beurteilung und politischer Kontext	Schutz, der durch andere Instrumente (z. B. Emissions-, Managementstandards) oder das bis dahin bestehende Schutzgebietsnetzwerk gewährleistet wird; oft gar kein Schutz	Zulässige Eingriffe aufgrund bestehender Instrumente und Standards (Management-, Emissions- oder Verfahrensstandards)	Verhalten der Steuerzahler ohne Steuererleichterung	Schutzgebiete (Menge, Qualität) bei Einführung des Instrumentes	Landnutzungspraktiken ohne Zahlungen für ÖSL (beachte statische, abnehmende oder zunehmende Service-Bereitstellung im Referenzszenario)	Nationale Waldgesetzgebung, Zertifizierungsprozess meist progressiv und adaptiv
Ökologische Effektivität	Hoch – Zunahme biologischer Vielfalt und/oder Bereitstellung von ÖSL; Effektivität kann jedoch durch unzureichenden Vollzug oder Veränderung der Umweltbedingungen beeinträchtigt werden (z. B. Klimawandel)	Mittel – obgleich Design typischerweise „keinen Nettoverlust" zum Ziel hat, entstehen Probleme durch die Äquivalenz von Minderungs- und Ausgleichsmaßnahmen und deren langfristiges Monitoring	Niedrig – abhängig von der erlassenen Steuerlast (und von bestehenden Steuerarten, Steuersatz und Nachverfolgung von Steuerhinterziehung); kein zielgenaues Instrument	Mittel bis hoch – Zunahme von Schutzgebieten hinsichtlich Quantität und Qualität wahrscheinlich (insbesondere wenn Nutznießer der Zuweisungen Einfluss auf Quantität und Qualität der Schutzgebiete haben)	Niedrig bis hoch – abhängig vom Design des Instrumentes im Hinblick auf das Referenzszenario, zusätzlichem ökologischen Nutzen, Ausweichreaktionen, Beständigkeit und Teilnahme am Programm	Mittel – abhängig von der Strenge des Zertifizierungsstandards und der Rahmenbedingungen, z. B. Investitionsintensität, Transportschwierigkeiten, Besitzverhältnisse und konfligierende Landnutzungen

(Fortsetzung)

Tab. 6.1 (Fortsetzung)

Instrument	‚Ordnungsrecht', z. B. Schutzgebietsausweisung	Eingriffs- und Ausgleichsmaßnahmen, handelbare Zertifikate	Steuererleichterungen	Ökologischer Finanzausgleich	Zahlungen für ÖSL (PES)	Zertifizierung, am Beispiel Wald
Kosten und Kosteneffektivität	Mittel – obgleich Schutzgebiete häufig ein positives Nutzen-Kosten-Verhältnis aufweisen, können lokale Opportunitätskosten beträchtlich sein	Hoch – insbesondere durch die Option handelbarer Ausgleichsmaßnahmen signifikante Reduktion der Opportunitätskosten; allerdings dürften die Wiederherstellungskosten für manche Ökosysteme oder Habitattypen (zu) hoch sein	Mittel – niedrige Transaktionskosten, da auf bestehenden Verwaltungsverfahren aufsetzend; allerdings sind Anreize oft nicht ausreichend, um nötige Landnutzungsveränderungen auszulösen	Mittel bis niedrig – niedrige Transaktionskosten, da Instrument auf bestehenden Finanzausgleichsmechanismen aufbaut; auch abhängig vom gewählten ökologischen Indikator (niedrige Kosten für schutzgebietsbezogenen Flächenindikator)	Mittel bis hoch – keine öffentlichen Ausgaben für Flächenkauf; auktionsbasierte Programme begrenzen übermäßige Renditeabschöpfung seitens der Landnutzer, potenziell hohe Transaktionskosten	Mittel – Verwaltungskosten von Zertifizierungsprogrammen können beträchtlich sein (besonders in tropischen Regenwäldern)
Soziale und distributive Auswirkungen	Mittel – durch Schutzgebiete gesicherte ÖSL können für die (lokale) Bevölkerung von Nutzen sein; Schutzgebietsausweisung kann aber auch beträchtliche Opportunitätskosten und das Risiko der Aufhebung informeller (Zugangs- oder Entnahme-) Rechte mit sich bringen	Mittel – Zunahme der Ausbildungs-, Beschäftigungs- und Einkommensmöglichkeiten für Landbesitzer in peripheren Räumen, die Ausgleichsflächen vermarkten; Ausgleich von Opportunitätskosten des Flächenschutzes (handelbare Flächenausweisungsrechte)	Mittel – Ausgleich von Opportunitätskosten naturverträglicher Landnutzungspraktiken; allerdings lediglich Anreiz für Steuerschuldner (z. B. Landeigentümer)	Mittel – abhängig vom Einfallstor in das Finanzausgleichssystem; Finanzausgleich an sich ist distributives Instrument, das Finanzkraft und Finanzbedarf zwischen Gebietskörperschaften ausgleicht	Mittel – Beitrag zum Lebensunterhalt in ländlichen Regionen und Ressourcenmanagement; eingeschränkte Teilnahmemöglichkeiten bei unsicheren Eigentumsrechten und Transaktionskosten; gemischte Ergebnisse hinsichtlich Armutsreduktion	Niedrig bis mittel – kleine Firmen schwer erreichbar ohne subventionierte Programme; örtliche Gemeinschaften profitieren durch Nachfrage nach ihrer Arbeitskraft und positive Nebeneffekte

(Fortsetzung)

Tab. 6.1 (Fortsetzung)

Instrument	‚Ordnungsrecht', z. B. Schutzgebietsausweisung	Eingriffs- und Ausgleichsmaßnahmen, handelbare Zertifikate	Steuererleichterungen	Ökologischer Finanzausgleich	Zahlungen für ÖSL (PES)	Zertifizierung, am Beispiel Wald
Rechtliche und institutionelle Erfordernisse	Mittel bis hoch – einfache Umsetzung für wenige ausgewählte Gebiete; zunehmend schwierig bei hoher Landnutzungskonkurrenz	Hoch – starke Beteiligung der öffentlichen Hand in Form von Standardsetzung und Monitoring nötig; hohe Anfangsinvestitionen, um Rahmenbedingungen für den Zertifikatehandel zu schaffen	Niedrig – Steuererleichterungen politisch relativ konsensfähig; Implementation nutzt bestehende Verwaltungsstrukturen	Mittel – setzt auf bestehendem Finanzausgleichssystem auf; allerdings bedarf die Einführung neuer Indikatoren einer Änderung der Finanzverfassung und neuer Finanzausgleichsgesetze, was politische Mehrheiten voraussetzt	Mittel bis hoch – Definition und rechtliche Durchsetzung von Eigentumsrechten als Schlüssel für den Programmerfolg, effektivere Programme erfordern hohe Anfangskosten durch Bestimmung des Referenzszenarios, Verhandlungen, Fundraising und Bewusstseinsbildung	Mittel bis hoch – effektive Forstgesetzgebung/Eigentumsrechte; bei Beteiligung örtlicher Gemeinschaften Verfahren zur Gewinnverteilung nötig

(Quelle: Nach Schröter-Schlaack und Ring 2011; basierend auf Kaechele et al. 2011; Oosterhuis 2011; Porras et al. 2011; Ring et al. 2011; Santos et al. 2011; Schröter-Schlaack und Blumentrath 2011)

Tab. 6.2 Schrittweises Verfahren für Analyse und Design von Instrumenten im Politikmix zur Steuerung von Biodiversitätsschutz und ÖSL

	Beurteilungskriterien	Was ist zu berücksichtigen?
1. Schritt		
Herausforderungen und Kontext des spezifischen Problems identifizieren Vorbereitungsphase	Spezifische Charakteristika von Biodiversität und ÖSL	Mögliche Zielkonflikte zwischen Biodiversitätsschutz und ÖSL
		Irreversibilität des Biodiversitätsverlustes
		Kipppunkte und Schwellenwerte in der Bereitstellung von ÖSL
		Fehlende Eigentumsrechte für Biodiversität und viele ÖSL
		Abgrenzung der relevanten ÖSL
	Ziele bezüglich des Schutzes der biologischen Vielfalt und des Managements von ÖSL	Bandbreite der Nutzungsmöglichkeiten von ÖSL
		Zielkonflikte zwischen verschiedenen ÖSL
	Triebkräfte des Biodiversitätsverlustes und der Beeinträchtigung von Ökosystemen	Direkte und indirekte Triebkräfte
		Potenzielle Verstärkung negativer Auswirkungen durch diverse Sektorpolitiken
	Akteure und Handlungsebenen	Öffentliche und private Akteure
		Lokale, regionale, nationale und globale Akteure
		Berücksichtigung unterschiedlicher Entscheidungsprozesse und Instrumente auf den verschiedenen Handlungsebenen – angepasste Politik nötig
	Kulturelle und rechtliche Rahmenbedingungen	Lokales Wissen und traditionelle Verfahren
		Möglichkeiten und Grenzen monetärer Bewertung und marktbasierter Naturschutzpolitik (kulturelle Unterschiede)
		Rechtliche und verfassungsmäßige Möglichkeiten und Grenzen

(Fortsetzung)

Tab. 6.2 (Fortsetzung)

	Beurteilungskriterien	Was ist zu berücksichtigen?
2. Schritt		
Fehlstellenidentifikation und Instrumentenauswahl Bestimmung der funktionellen Rolle der Instrumente im Politikmix	Bestehende Politikinstrumente versus Berücksichtigung neuer Instrumente	Politikmix unter Berücksichtigung relevanter Politiksektoren und Handlungsebenen (EU, Bund, Land, Kommune)
		Erfahrungen mit bestimmten Instrumenten
		Persistenz bestehender Instrumente
	Kontextspezifische Stärken und Schwächen von Instrumenten	Umgang mit Unsicherheit und Unwissen
		Fehlende Eigentumsrechte
		Räumliche Steuerungsmöglichkeiten durcah Instrumente
		Zusätzlicher ökologischer Nutzen/Leistung
		Typen von ÖSL
	Interaktionen zwischen Instrumenten	Inhärent komplementäre Beziehungen
		Inhärent negative Beziehungen
		Zeitliche Abfolge/Pfadabhängigkeit
		Kontextabhängige Beziehungen
3. Schritt		
Politikanalyse und Design Wirkungsanalyse für bestehende *(ex post)* und Szenario-Analyse für neue Instrumente *(ex ante)*	Ökologische Effektivität	Anzahl/Zunahme gefährdeter Arten
		Klimaregulation von Stadtwald: Temperatur
	Kosteneffektivität oder andere Effizienzkriterien	Transaktionskosten des Instrumentes im Verhältnis zur ökologischen Zielerreichung
	Verteilungswirkungen und Legitimität	Nutznießer und Kostenträger einer Maßnahme
		Mitbestimmungs- und Beteiligungsmöglichkeiten
	Institutionelle Möglichkeiten und Grenzen	Stakeholder-Analyse, Rechtsanalyse, Verfassungskonformität, administrative Praktikabilität

(Nach Schröter-Schlaack und Ring 2011; basierend auf Kaechele et al. 2011; Oosterhuis 2011; Porras et al. 2011; Ring et al. 2011; Santos et al. 2011; Schröter-Schlaack und Blumentrath 2011)

Vor diesem Hintergrund besteht der erste Schritt des vorgeschlagenen Verfahrens darin, ein differenziertes Verständnis des Politikgegenstands und der damit verbundenen spezifischen Ziele hinsichtlich des Biodiversitätsschutzes bzw. der Bereitstellung bestimmter ÖSL zu erlangen.

Darüber hinaus ist es notwendig, relevante – öffentliche und private – Akteure betroffener politischer und wirtschaftlicher Sektoren auf den verschiedenen, für das Problem wichtigen Handlungsebenen zu identifizieren sowie kulturelle und rechtliche Rahmenbedingungen angemessen zu berücksichtigen. Gerade der soziokulturelle und rechtliche Kontext kann die verfügbaren Optionen für den Instrumenteneinsatz signifikant beeinflussen. Dies betrifft sowohl die Öffnung des Möglichkeitenspielraums als auch den Ausschluss bestimmter Optionen aufgrund mangelnder Kompatibilität mit den kulturellen Grundwerten einer Gesellschaft (Brondízio et al. 2010). Gesucht werden also Steuerungsregime, die helfen, Lebens- und Wirtschaftsweisen der betroffenen Akteure (Landnutzer, Produzenten, Konsumenten) mit den Zielen des Schutzes der biologischen Vielfalt und der nachhaltigen Nutzung von ÖSL in Einklang zu bringen und langfristig tragfähiges Wirtschaften zu unterstützen (Rode et al. 2016).

Obgleich die Fragen in der Box nicht als allumfassend betrachtet können werden, denken wir doch, dass sie in der Vorbereitungs- oder Screeningphase für die eigentliche Politikmixanalyse die relevantesten Fragen beinhalten, auf die es mindestens eine Antwort zu finden gilt.

Spezifische Herausforderungen und Kontext umweltpolitischer Instrumente für den Biodiversitätsschutz und die nachhaltige Bereitstellung von ÖSL

- Was sind die wichtigsten Eigenschaften von Biodiversität und Ökosystemen, welche die Eignung, Anwendbarkeit und den Erfolg bestimmter Instrumente und ihrer Kombinationen beeinflussen?
- Was sind die politischen Ziele des Biodiversitätsschutzes und des Managements von ÖSL?
- Was sind die Triebkräfte des Biodiversitätsverlusts und der Ökosystemdegradation und wie können diese adäquat adressiert werden?

6.1.3.2 Schritt 2: Fehlstellenidentifikation und Auswahl von Instrumenten für die Tiefenanalyse

Der zweite Schritt des Analyseverfahrens ermittelt Schwachstellen und Lücken im bestehenden Politikmix, identifiziert eingeführte oder potenziell neu einzuführende Instrumente, deren funktionelle Rolle im Politikmix untersucht wird und die im dritten Schritt einer Detailanalyse unterworfen werden sollen. Dazu müssen erstens im Hinblick auf das oben festgestellte Problem alle relevanten bestehenden Politikinstrumente identifiziert werden, denn viele Aspekte des Biodiversitätsverlusts oder des Managements von ÖSL sind bereits (mehr oder weniger) durch vorhandene Politikinstrumente angesprochen. Diese Instrumente werden nicht immer im Bereich der Umweltpolitik zu finden, sondern anderen Sektorpolitiken zuzuordnen sein, z. B. der Land- oder Forstwirtschaft, dem Energiesektor wie auch der Verkehrs- oder Handelspolitik (Ring et al. 2018). Eine gründliche Bestandsaufnahme bestehender Politikinstrumente kann auf Schwachstellen, nicht bedachte Zielkonflikte und blinde Flecken des momentanen Politikmixes hinweisen (Schröter-Schlaack und Hansjürgens 2019; Bartkowski et al. 2021). (Box).

Beurteilung existierender Politikinstrumente hinsichtlich der spezifischen Herausforderungen des Biodiversitätsschutzes und des Managements von ÖSL

- Berücksichtigen eingeführte Instrumente die Irreversibilität des Biodiversitätsverlusts sowie Schwellen und Grenzwerte der Resilienz von Ökosystemen, die, einmal überschritten, zu einem Umkippen der betroffenen Systeme führen können und die Bereitstellung damit verbundener ÖSL beeinträchtigen oder ganz gefährden?
- Berücksichtigen die vorhandenen Instrumente die Zielkonflikte zwischen dem Schutz der biologischen Vielfalt und der Bereitstellung von ÖSL einerseits und die Zielkonflikte in der Bereitstellung unterschiedlicher ÖSL andererseits?
- Sind die Triebkräfte des Biodiversitätsverlusts und der Ökosystemdegradation erkannt und durch vorhandene Politikmaßnahmen adressiert?
- Sind alle relevanten Akteure angesprochen bzw. welche relevanten Akteure fehlen in der Ansprache durch geeignete Politikinstrumente?
- Welches Potenzial hätten neue Instrumente, fußend auf der Urteilskraft politischer Entscheidungsträger, der Politikadressaten sowie gesellschaftlicher Interessengruppen auf der Grundlage wissenschaftlicher Erkenntnisse?

Basierend auf solch einer Bestandsaufnahme haben politische Entscheidungsträger zwei Optionen oder Verfahrenswege, um insgesamt die Leistungsfähigkeit des Politikmixes zu steigern (Abb. 6.2): Einerseits können sie den bestehenden Instrumentenmix verbessern, indem sie explizit die Auswirkungen von Interaktionen zwischen den Instrumenten im Detail untersuchen und ein oder mehrere Instrumente im Hinblick auf ihre Funktionsfähigkeit im Politikmix optimieren (*ex post*-Analyse). Andererseits kann die Entscheidung für die Einführung eines neuen Instruments fallen, das bis dahin unberücksichtigte Aspekte des untersuchten Problems einbezieht (*ex ante*-Analyse). Dies kann bis dahin vernachlässigte Akteure, Aktivitäten oder Sektoren betreffen oder die Berücksichtigung neuester wissenschaftlicher Erkenntnisse im Hinblick auf die Problemlage.

Zweitens müssen die Stärken und Schwächen der individuellen Instrumente in den Blick genommen werden, denn einige Instrumente (bzw. Instrumenttypen) mögen besser als andere geeignet sein, den obigen Herausforderungen zu entsprechen. Direkte Regulierung durch das Ordnungs- und Planungsrecht spielt eine wesentliche Rolle, ein nötiges Mindestmaß an biologischer Vielfalt zu garantieren, um das Über-

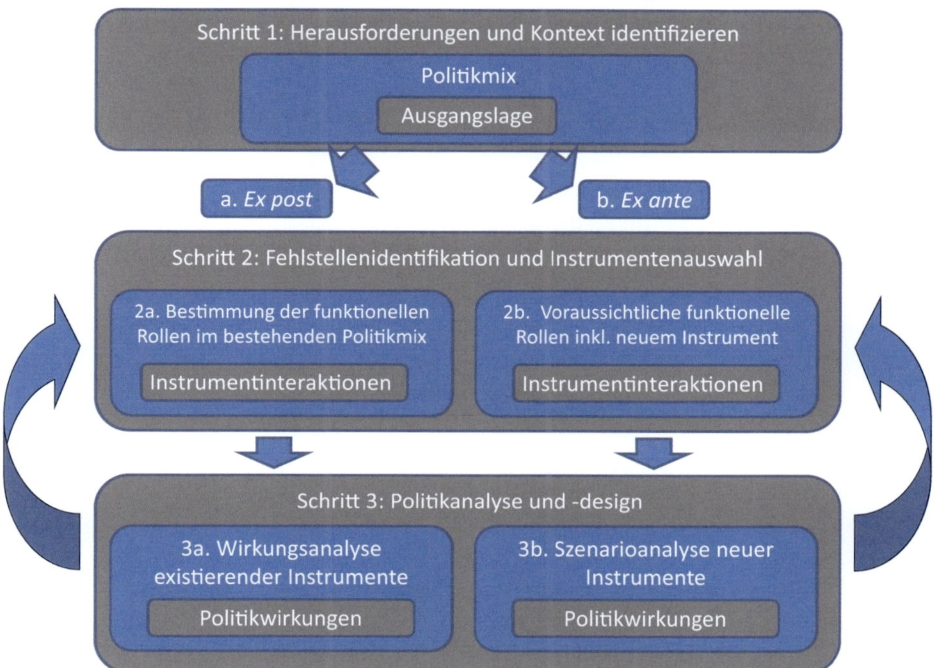

Abb. 6.2 Dreistufiges Verfahren zur Politikmixanalyse mit *ex post-* und *ex ante-*Verfahrenswegen. © Ring und Schröter-Schlaack

schreiten kritischer Schwellenwerte zu verhindern. Ökonomische Instrumente sind besonders geeignet, die Bereitstellung marktfähiger ÖSL und die nachhaltige Nutzung all jener ÖSL zu steuern, deren Nutzung sich im Rahmen gesicherter Grenzen für das Funktionieren von Ökosystemen befindet. Informatorische, motivatorische und pädagogische Instrumente sind stets wichtige Komponenten eines jeden Politikmixes, da sie ein Bewusstsein für die Erhaltung der Biodiversität schaffen sowie die Akzeptanz umweltpolitischer Instrumente und die Beteiligung an freiwilligen Umweltmaßnahmen erhöhen. Im Gegensatz zum Einsatz umweltpolitischer Instrumente bei anderen Umweltproblemen (z. B. Luftverschmutzung), wo eine Überlappung von Instrumenten als ineffizient betrachtet wird (OECD 2007), wird für Politiken zum Schutz der biologischen Vielfalt von einigen Autoren eine Überlappung verschiedener Instrumente sogar empfohlen. Diese Überlappung von naturschutzpolitischen Instrumenten wird aufgrund bestehender Wissenslücken und Unsicherheiten, Politik- und Marktversagen sowie Vollzugsdefiziten etablierter Instrumente als Sicherheitsnetz gerechtfertigt (Gunningham und Young 1997). Die räumliche Heterogenität der biologischen Vielfalt und des Potenzials von Ökosystemen zur Bereitstellung von ÖSL erfordert dabei in der Regel einen Politikmix. So bauen beispielsweise ökonomische Instrumente wie Förderprogramme häufig hinsichtlich der Antragsberechtigten auf der Schutzgebietskulisse (Ordnungsrecht) auf oder gewähren räumliche Boni in speziell für Naturschutzzwecke ausgewählten Zielgebieten.

Da verschiedene Instrumente bei gleichzeitiger Implementierung nicht unbedingt alle zur Erreichung des gewünschten Politikziels beitragen, ist drittens zu untersuchen, welche Wechselwirkungen zwischen den Instrumenten bestehen, die letztlich die Leistungsfähigkeit des Politikmixes als Ganzes beeinflussen. Hierzu ist es notwendig, verschiedene Typen von Interaktionen zu berücksichtigen (Howlett und del Rio 2015; Howlett 2019), die funktionelle Rolle des Instruments im Politikmix zu identifizieren und komplementäre Instrumente zu den bereits im Politikmix vorhandenen Instrumenten auszuwählen (Schröter-Schlaack und Ring 2011).

6.1.3.3 Schritt 3: Analyse und Design ausgewählter Instrumente im Politikmix

Der dritte Schritt des Verfahrens nimmt schließlich eine differenzierte Analyse und Bewertung eines neuen oder eines bestehenden, aber zu verbessernden Instruments vor, um konkrete Politikempfehlungen abzuleiten. Dabei schlagen wir vor, dass die Bewertung des einzelnen Instruments darauf zielt, den zusätzlichen Beitrag des betreffenden Instruments zum Politikmix im Hinblick auf die gewählten Ziele zu maximieren. Die Beurteilungskriterien für diesen Analyseschritt können in Anlehnung an die oben genannten Hauptkategorien der umweltpolitischen Instrumentenanalyse gewählt werden, nämlich die Steigerung der ökologischen Effektivität und der ökonomischen Effizienz, die Verbesserung der Verteilungsgerechtigkeit, der Fairness und Legitimität des Instruments bzw. die Reduktion der Transaktionskosten und der institutionellen Barrieren. Dabei ist das ultimative Ziel der Instrumentenbewertung allerdings nicht mehr im Design von erst- oder zweitbesten *(first best-* oder *second best-)* Instrumenten und Politiklösungen zu suchen, sondern in der Optimierung des Designs des betreffenden Instruments hinsichtlich seiner funktionellen Rolle im Politikmix.

Fazit

Praktische Politik ist stets durch das Vorhandensein von Politikmixen geprägt. Dies trifft im Besonderen auch auf Politiklösungen zu, die den andauernden Biodiversitätsverlust und die damit verbundene Beeinträchtigung von Ökosystemen, ÖSL nachhaltig bereitzustellen. Trotz dieser Beobachtung hat sich die umweltpolitische Instrumentenanalyse bislang überwiegend mit der Analyse und Optimierung einzelner Instrumente beschäftigt und nicht mit der Untersuchung von Politikmixen. Aufbauend auf einer Literaturauswertung zur Analyse von Politikmixen, verschiedener Instrumente des Biodiversitätsschutzes sowie des Managements von ÖSL einzelner Instrumententypen haben wir in diesem Kapitel ein schrittweises Verfahren entwickelt (Abb. 6.2), um Instrumente hinsichtlich ihrer Rolle im Politikmix zu analysieren (Ring und Schröter-Schlaack 2011a).

Wie in jedem anderen Politiksektor gibt es auch hier keine Blaupause für ein optimales Design eines Politikmixes zum Schutz der biologischen Vielfalt und für ein nachhaltiges Management von ÖSL. Jedes Land, jede Ortschaft ist verschieden, unterschiedliche Kulturen, Gesellschaften und Bevölkerungsgruppen schätzen den Wert von Biodiversität und ÖSL unterschiedlich ein und nutzen die Leistungen der Natur in unterschiedlichem Maße mit den entsprechenden Folgen (TEEB 2010a). Ökosysteme befinden sich in unterschiedlichen Zuständen der Funktionsfähigkeit oder Beeinträchtigung, sind unterschiedlich weit von kritischen Kipppunkten entfernt, die eine Ökosystembereitstellung gefährden würden. Schließlich sind die bestehenden sozioökonomischen Rahmenbedingungen und vorhandenen Politikinstrumente in jedem Land verschieden. Nichtsdestotrotz sind zwei Empfehlungen generell sinnvoll, um ein Mainstreaming des Schutzes der biologischen Vielfalt und des nachhaltigen Managements von ÖSL gesellschaftlich voranzubringen (TEEB 2011; Ring et al. 2018):

- Der zu betrachtende Politikmix sollte sich nicht auf „Umwelt- oder Naturschutzpolitik" beschränken, sondern auch weitere Sektorpolitiken umfassen, z. B. Landwirtschaft, Energie und Transport.
- Ein Politikmix kann Schritt für Schritt entwickelt werden und mit den einfacheren Optionen zur Umsetzung von Instrumenten beginnen.

6.2 Ausgewählte Finanzmechanismen: Zahlungen für Ökosystemleistungen und ökologischer Finanzausgleich

Irene Ring* und Melanie Mewes

6.2.1 Einleitung

Der Verlust an Biodiversität und ÖSL lässt sich meistens durch Marktversagenbei öffentlichen Gütern begründen. Einerseits haben Lebensraumzerstörung und -verschlechterung sowie Umweltverschmutzung (z. B. durch Stickstoff- und Phosphoreinträge in Gewässer) ungünstige Folgen und stellen sogenannte **negative externe Effekte** dar, die bislang nicht oder nicht ausreichend internalisiert werden. Naturbelastendes Wirtschaften und Konsumieren ist heute noch zu preiswert. Dies betrifft auch die intensive Erzeugung zahlreicher Versorgungsleistungen von Ökosystemen, z. B. in der Landwirtschaft, auf Kosten ihrer Regulationsleistungen. Die gesellschaftlichen Kosten dieses Verhaltens werden bislang nicht in den Preisen der entsprechenden Güter und Leistungen widergespiegelt.

Andererseits sind Leistungen von Landnutzern und öffentlichen Akteuren für den Biodiversitätsschutz und die Erhaltung von Ökosystemen und ihrer ÖSL häufig mit **positiven externen Effekten** verbunden, stellen also einen gesellschaftlichen Nutzen dar. Aufgrund mangelhafter Internalisierung der positiven externen Effekte zahlt sich dieser gesellschaftliche Nutzen aber für die Anbieter dieser Leistungen unter den gegenwärtigen gesellschaftlichen Rahmen- und Marktbedingungen oft nicht entsprechend aus, sie bekommen die Kosten ihrer Maßnahmen nicht adäquat vergütet. Deshalb werden insgesamt zu wenig von diesen gesellschaftlich wünschenswerten Leistungen bereitgestellt, sei es für Maßnahmen zur Erhaltung gefährdeter Arten oder für die Erhaltung der Regulationsfunktionen der Ökosysteme (Ring 2011).

In Abschn. 6.1 zum Politikmix wurde schon ausführlich auf mögliche Instrumente eingegangen, mit denen diesen Problemen begegnet werden kann. Dazu gehören das Ordnungsrecht mit seinen Ge- und Verboten, das Planungsrecht, ökonomische Instrumente wie Steuern, Abgaben oder Honorierung ökologischer Leistungen sowie informatorische, motivatorische und pädagogische Instrumente. Warum ökonomische Instrumente auch im Naturschutz und bei der Erhaltung von ÖSL sinnvoll sind, haben die Ergebnisse der globalen TEEB-Studie (The Economics of Ecosystems and Biodiversity) eindrucksvoll dargelegt (Ring et al. 2010b; TEEB 2010b, 2011, 2018).

In die gleiche Richtung zielte in Deutschland das Memorandum „Ökonomie für den Naturschutz“ (Hampicke und Wätzold 2009), dessen Kernaussagen und Inhalt nichts an Aktualität verloren haben. Wie können wirtschaftliche Aktivitäten durch stärkeren Einsatz ökonomischer Instrumente mit den Zielen des Naturschutzes in Einklang gebracht werden und wie kann Naturschutz hierdurch wirksamer und auch effizienter durchgeführt werden? Dafür spielen klare Anreizsetzungen, Zielsteuerung, Schaffung von Märkten und die Nutzung von Synergieeffekten eine entscheidende Rolle. In diesem Abschnitt werden zwei der ökonomischen Instrumente detaillierter vorgestellt: Zahlungen für ÖSL und ökologischer Finanzausgleich.

6.2.2 Zahlungen für Ökosystemleistungen

Zahlungen für ÖSL sind vor einigen Jahren weltweit unter dem Akronym PES *(payments for ecosystem services)* bekannt geworden (Wunder 2005; Wunder et al. 2008; Gundimeda und Wätzold 2010; Porras et al. 2011; ten Brink et al. 2011). Ziel dieses Instruments ist es, ökonomische Anreize für den Schutz der Biodiversität und die Bereitstellung von ÖSL zu schaffen. Dabei werden vor allem Opportunitäts- und Managementkosten ausgeglichen (Abb. 6.3). In der Wissenschaft wird dieses Instrument in thematischen Sonderausgaben von Zeitschriften (z. B. Ecological Economics 2008 [65], 2010 [69], Ecosystem Services 2013 [6]) in breiter Facette diskutiert.

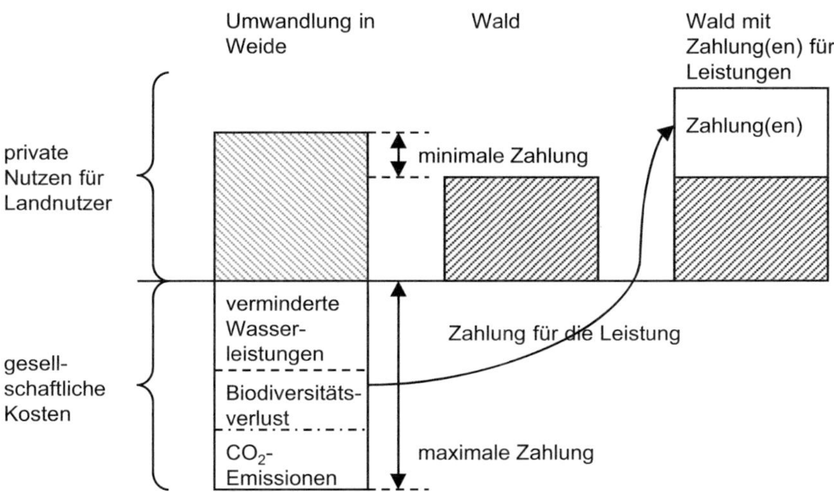

Abb. 6.3 Hintergrund der Einführung von Zahlungen für ÖSL. Die Umwandlung einer Waldfläche in eine Weide führt einerseits zu einem höheren privaten Nutzen des Landnutzers, andererseits aber zu gesellschaftlichen Kosten aufgrund des Verlusts von ÖSL. Dem Landnutzer kann eine Zahlung für die Erhaltung der Waldfläche angeboten werden, die mindestens seinem Nutzengewinn bei einer Umwandlung entspricht. (Adaptiert nach Engel et al. 2008)

Anwendungsbeispiele von Zahlungen für ÖSL gibt es weltweit auf lokaler, regionaler oder nationaler Ebene. In Europa sind im Rahmen der EU-Agrarpolitik seit 1992 Agrarumweltprogramme für die Mitgliedstaaten im Rahmen ihrer Pläne für die ländliche Entwicklung verpflichtend (https://ec.europa.eu/info/food-farming-fisheries/key-policies/common-agricultural-policy/rural-development_en; Hartmann et al. 2006; Beispiel 1 in der Box). Über die darin angebotenen Agrarumweltmaßnahmen (seit 2014 Agrarumwelt- und Klimamaßnahmen) können Landwirte Verträge abschließen und Zahlungen für ÖSL in Anspruch nehmen (wobei Biodiversität aus Vereinfachungsgründen mit darunter gefasst wird). Diese Agrarumweltprogramme sind vor allem auf eine Zahlung von Opportunitätskosten für die Durchführung bestimmter Maßnahmen in der Landwirtschaft gerichtet. Da dies nicht immer zu den gewünschten Ergebnissen im Bereich Biodiversitätsschutz usw. geführt hat, werden seit einigen Jahren vermehrt ergebnisorientierte Programme getestet, bei denen eine direkte Honorierung ökologischer Leistungen erfolgt (Freese et al. 2011; Box Fallbeispiel 2).

Im Folgenden wird zunächst ein allgemeiner Überblick über das Instrument „Zahlungen für ÖSL" gegeben. Die Einführung von solchen Zahlungen garantiert nicht *per se* auch eine Zielerreichung (z. B. Kleijn und Sutherland 2003). Daher sind Kriterien zur Bewertung der Programme notwendig. Einige wichtige Kriterien werden im Anschluss daran vorgestellt.

Fallbeispiel 1: KULAP, Brandenburg und Berlin

Ziel des Agrarumweltprogramms in den Ländern Berlin und Brandenburg ist die Förderung umweltgerechter landwirtschaftlicher Produktionsverfahren und die Erhaltung der Kulturlandschaft (KULAP 2020). Agrarumweltprogramme der Länder sind Bestandteil des Europäischen Landwirtschaftsfonds für die Entwicklung des ländlichen Raums (ELER). Das Programm umfasst u. a. Maßnahmen zum Schutz der Umwelt sowie zur Erhaltung der natürlichen Ressourcen (weitere Informationen unter https://mluk.brandenburg.de/mluk/de/service/foerderung/landwirtschaft/foerderung-kulturlandschaftsprogramm/). Mit Blick auf das ÖSL-Konzept werden damit die natur- und umweltverträgliche Bereitstellung von Versorgungsleistungen sowie der Schutz von Regulationsleistungen angesprochen. Die Finanzierung erfolgt durch EU, Bund und Länder. Anbieter sind in der Regel Landwirte.

Fallbeispiel 2: Ergebnisorientierte Honorierung, Sachsen

In Sachsen wird seit 2015 bei den Agrarumwelt- und Klimamaßnahmen für Grünland eine ergebnisorientierte Honorierung angeboten (https://www.smul.sachsen.de/foerderung/richtlinie-agrarumwelt-und-klimamassnahmen-auk-2015-4493.html, SMUL 2021).

Ziel der Maßnahme ist der Erhalt artenreichen Grünlands durch eine angepasste landwirtschaftliche Nutzung (LfULG 2018). Dafür müssen jährlich eine festgelegte Anzahl an Kennarten gemäß einer vorgegebenen Referenzliste nachgewiesen werden. Anbieter sind in der Regel Landwirte.

6.2.2.1 Definitionen und Gestaltungsoptionen

In der Literatur bezieht sich der englische Begriff *payments for ecosystem services* für PES in der Regel auf ein marktbasiertes Instrument und folgt häufig der Definition von Wunder (2005, S. 3) „*(a) a* voluntary *transaction where (b) a* well-defined *environmental service (or a land use likely to secure that service) (c) is being ‚bought' by a (minimum one) service* buyer *(d) from a (minimum one) service provider (e) if and only if the service provider secures service provision (*conditionality*)"* (übersetzt: „eine freiwillige Transaktion, bei der genau definierte Umweltleistungen [oder eine Landnutzung, die diese Leistung sicherstellt] durch mindestens einen Käufer von mindestens einem Verkäufer eingekauft werden, wenn [und nur dann] die Leistung erbracht wird").

Aufgrund einer anhaltendenden Debatte über die Definition von PES hat Wunder (2015) ausgehend von seiner idealtypischen Definition von 2005 eine leicht modifizierte Definition vorgeschlagen *„(1) Voluntary transactions (2) between service users and (3) service providers (4) that are conditional on agreed rules of natural resource management (5) for generating offsite services"*, die nicht ganz so stark robuste Wissenschaft erfordert (übersetzt: „Freiwillige Transaktionen [zwischen Service-Nutzern und Service-Bereitstellern], die abhängig sind von vereinbarten Regeln zu natürlichem Ressourcenmanagement zum Generieren von *off site*-Leistungen").

Die erste Voraussetzung ist demnach, dass die Teilnahme an einem Programm mit Zahlungen für ÖSL freiwillig erfolgt. Weitere wichtige Voraussetzungen für die Klärung folgender Fragen, die sich aus den Definitionen ergeben, sind:

- Wofür wird gezahlt?
  Das Ziel des Instruments ist in der Regel die Bereitstellung einer definierten ÖSL, z. B. sauberes Wasser. Um feststellen zu können, ob das gewünschte Ziel auch erreicht wird, muss festgelegt werden, wie die Leistung zu messen ist. Es gibt Leistungen, die direkt messbar sind, z. B. die Kohlenstoffbindung, aber auch Leistungen, die häufig nur über einen Proxy bestimmt werden können, z. B. Auswirkungen auf die Biodiversität (Gundimeda und Wätzold 2010). Hiermit eng verknüpft ist die Frage, ob eine ergebnisorientierte Honorierung oder eine maßnahmenorientierte Zahlung vorgenommen werden soll. Bei Letzterer kann das Problem auftreten, dass Landnutzer zwar Maßnahmen durchführen, sich aber das gewünschte Ergebnis in Form von mehr Arten oder geforderter Wasserqualität trotzdem nicht einstellt. Eine großzügige Definition (FAO 2007) für die zu erbringende Leistung gewährt Zahlungen für ÖSL, sofern die mit der Bewirtschaftung erzeugten Leistungen über die Leistungen hinausgehen, die ohne Zahlungen bereitgestellt worden wären. Des Weiteren gibt es auch die Möglichkeit, die Bereitstellung von mehreren ÖSL mit einer Zahlung zu bündeln.
- Wer zahlt?
  In der Regel zahlt derjenige, der einen Nutzen aus der (den) Ökosystemleistung(en) erzielt. Es lassen sich zwei Formen unterscheiden: (1) Private, nutzerfinanzierte Programme *(user financed):* Mit diesen Programmen werden private Interessen und Nutzen vertreten, z. B. wenn ein Mineralwasserunternehmen Landnutzern in seinem Wassereinzugsgebiet Zahlungen für eine bessere Wasserqualität und -verfügbarkeit anbietet. Die Zahlung erfolgt üblicherweise durch Unternehmen oder Nichtregierungsorganisationen. (2) Öffentlich finanzierte Programme *(government financed):* Durch sie werden öffentliche Interessen vertreten. Die staatliche Seite als „Käufer" bezieht gewöhnlich keinen eigenen Nutzen aus dem Programm. Mitnutznießer ist im Allgemeinen die Gesellschaft als Ganzes, z. B. in Bezug auf CO_2 oder Biodiversität. Die Zahlung erfolgt von staatlicher Seite.
- Wie wird gezahlt?
  Als Zahlungsform bietet sich in Industrieländern in der Regel Geld an, grundsätzlich sind aber auch Sachleistungen denkbar. Die Höhe der Zahlung entspricht meistens den Opportunitätskosten des Bereitstellers, die ihm aufgrund der Bereitstellung der ÖSL entstehen. Zusätzlich können auch administrative Kosten berücksichtigt werden. Die Zahlung kann entweder einmal ausgerechnet und mit einer feststehenden Summe im Vertrag verankert oder aber variabel gehalten werden. Denkbar sind

Einmalzahlungen oder auch laufende Zahlungen. Für den Zeitpunkt der Zahlung gibt es ebenfalls verschiedene Gestaltungsmöglichkeiten in Form von monatlichen, jährlichen, *ex ante*- oder *ex post*-Zahlungen. Zudem sind Vereinbarungen bezüglich der Dauer des Vertrags zu treffen (kurz-, mittel- oder langfristig). Nicht zuletzt kann eine räumliche Differenzierung der Zahlung vorgenommen werden.

- Wer wird bezahlt?
  Die Adressaten eines Programms für Zahlungen für ÖSL sind überwiegend private Akteure bzw. Landnutzer, die als Lieferant, Anbieter oder ÖSL-Bereitsteller bezeichnet werden. Neben der direkten Aushandlung von Programmen zwischen ÖSL-Nutzern (Käufer) und ÖSL-Bereitsteller sind auch Mittler wie Zertifizierungsstellen oder Forschungseinrichtungen zwischen den Parteien möglich.
- Wann wird bezahlt?
  Wichtig ist, dass in einem Programm genau festgelegt wird, wann gezahlt wird, d. h. nur unter der Bedingung, dass die vereinbarte Leistung tatsächlich erbracht wurde. Im Englischen wird hierfür der Begriff *conditionality* verwendet.

Es zeigt sich, dass die einzelnen Definitionen bei der Ausgestaltung von Zahlungen für ÖSL sehr wichtig sind und sorgfältig festgelegt werden müssen. Aufgrund des Gestaltungsspielraums sind verschiedene Programmtypen möglich. Übersichten finden sich z. B. bei Wunder et al. (2008), Nill (2011) und Porras et al. (2011). Wann welche Ausgestaltung erfolgen sollte, hat insbesondere damit zu tun, dass der kurz-, mittel- oder langfristige Zeithorizont sowie die räumliche (lokale, regionale oder globale) Handlungsebene für ÖSL-Nutzer/-Käufer, Bereitsteller und ÖSL-Bereitstellung zusammenpassen müssen. Der Erfolg von Programmen für Zahlungen für ÖSL wird durch viele Faktoren beeinflusst. Im Folgenden werden verschiedene Kriterien näher beleuchtet, über die eine Bewertung der Programme erfolgen kann.

6.2.2.2 Ökologische Effektivität

Ein wichtiges Kriterium zur Bewertung des Erfolgs eines Programms von Zahlungen für ÖSL ist seine ökologische Effektivität. Inwieweit trägt das Programm zu einer Verbesserung/Erhöhung der ÖSL oder einem Einhalten einer Verschlechterung (z. B. Stoppen des Biodiversitätsverlusts) bei? Der Grad der Zielerreichung ist nicht immer einfach zu bestimmen. Er hängt insbesondere von der Messbarkeit der ÖSL ab (s. oben: Wofür wird gezahlt?) und dem Umgang mit Unsicherheit. Die ökologische Effektivität kann je nach Ausgestaltung eines Programms gering bis hoch sein, wobei die folgenden Faktoren eine entscheidende Rolle spielen (Wunder 2007; Engel et al. 2008; Porras et al. 2011):

- Monitoring: Für die Beurteilung der Zielerreichung ist ein Monitoring der Ökosystemleistung(en) notwendig. Dafür stehen verschiedene Methoden zur Verfügung, z. B. Labormessungen, Vor-Ort-Begehungen, Indikatoren usw. Es muss geklärt sein, welche Art von Monitoring durchgeführt werden kann und soll, die

Häufigkeit des Monitorings, wer für das Monitoring zuständig ist und wer die Kosten für das Monitoring trägt. Auch für den Fall, dass im Rahmen eines Monitorings festgestellt wird, dass der Service-Bereitsteller gegen die vertragliche Vereinbarung verstößt, müssen im Vorfeld Regelungen geschaffen werden. Denkbar ist, dass keinerlei Zahlung erfolgt, nur eine Teilzahlung geleistet wird oder gegebenenfalls sogar Sanktionen zum Tragen kommen.

- Zusätzlicher Nutzen, d. h. eine Festlegung der Referenzsituation und Szenarien in Verbindung mit einem zusätzlichen ökologischen Nutzen durch das Programm (*additionality;* Abb. 6.4): Es muss gewährleistet sein, dass tatsächlich eine zusätzliche Einheit an ÖSL durch eine Zahlung entsteht, die es ohne das Programm nicht geben würde. Um diesen Zusatznutzen bestimmen zu können, müssen die Ausgangssituation

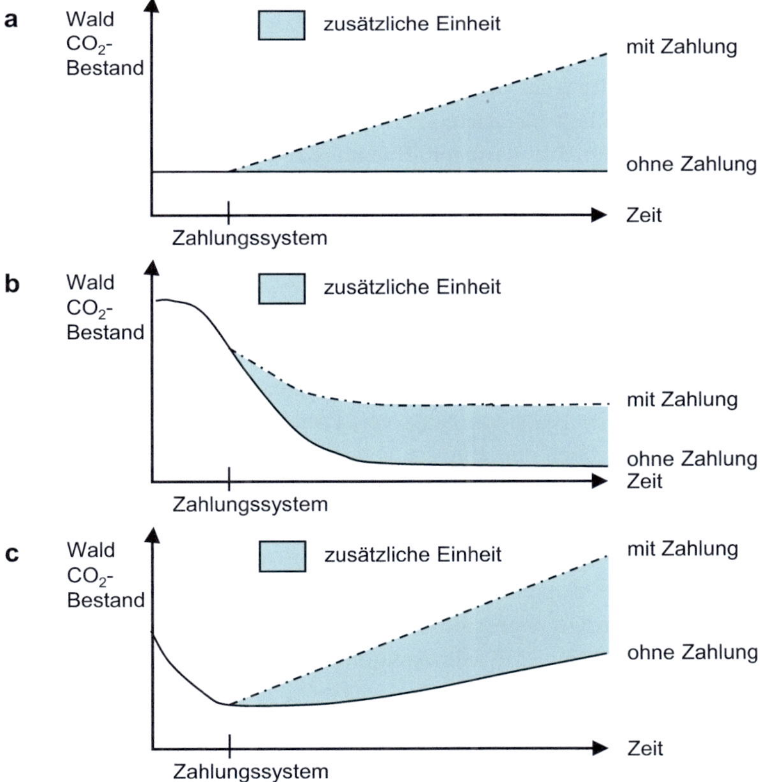

Abb. 6.4 Drei verschiedene Szenarien für Zahlungen für ÖSL: **a** statisch; **b** abnehmend; **c** Verbesserung der Service-Bereitstellung im Referenzszenario. Gestrichelte Linien zeigen die Service-Bereitstellung mit einem Zahlungssystem, durchgehende Linien ohne ein System. Die zusätzliche Einheit ist der Zuwachs an Service-Bereitstellung durch das Zahlungssystem verglichen mit dem Referenzszenario. (Adaptiert nach Wunder 2005)

sowie deren voraussichtliche Entwicklung ohne die Anreizzahlung festgelegt werden. Es ist sicherzustellen, dass die Referenzsituation nicht im Vorfeld einer erwarteten Programmeinführung absichtlich z. B. durch eine starke Abholzung beeinträchtigt wird, um einen höheren Zusatznutzen nach Start des Programms „Waldmehrung" erzielen zu können.

- Ausweichreaktionen *(leakage* oder *spillover):* Es kann passieren, dass die Einführung eines Programms mit Zahlungen für ÖSL nur dazu führt, dass die beeinträchtigende Nutzung räumlich verlagert wird. Es kommt somit insgesamt nicht zu einem „Mehr" an der gewünschten ÖSL, weil an anderer Stelle eine neue Beeinträchtigung dieser ÖSL stattfindet.
- Beständigkeit *(permanence):* Mit einem Programm sollte ein langfristiger Erhalt bzw. eine Erhöhung von ÖSL einhergehen, die auch dann noch wünschenswert sind, nachdem die Zahlungen eingestellt wurden. Dies hängt entscheidend von der Dauer der den Zahlungen zugrundeliegenden, negativen Externalität ab (Wunder et al. 2008).

6.2.2.3 Kosten und Kosteneffizienz

Eine wichtige Anforderung an die Ausgestaltung der Programme ist, dass sie kosteneffizient sind. Dazu sollten die Ziele (z. B. gute Wasserqualität, hohes Biodiversitätsniveau) mit einem möglichst geringen Budget erreicht werden, bzw. das verfügbare Budget soll so ausgegeben werden, dass der Grad der Zielerreichung maximiert wird (Wätzold und Schwerdtner 2005). Die Kosteneffizienz von Programmen wird durch verschiedene Faktoren beeinflusst:

- Unzureichende Kenntnis über die Kosten bei den Service-Bereitstellern: Liegen keine oder nur ungenügende Informationen über die tatsächlichen Opportunitätskosten von Service-Bereitstellern bei einem Käufer vor, können Zahlungen zu hoch angesetzt sein und die Kosteneffizienz von Programmen verschlechtert sich. Dieses Problem kann z. B. über den Einsatz von Auktionen gelöst werden, in denen die Service-Bereitsteller selbst Angebote für die Zahlung machen und damit ihre Kosten offenlegen (Bertke 2005; Ferraro 2008; Klimek et al. 2008). Derart differenzierte Zahlungen zwischen einzelnen Verträgen können insgesamt finanzielle Ressourcen, d. h. das vorhandene Budget für das Programm, schonen und dazu beitragen, dass insgesamt mehr Verträge abgeschlossen werden können. Allerdings steigen bei dem Einsatz derartiger Instrumente wie Auktionen in der Regel die Transaktionskosten (Verwaltungs- und Verhandlungskosten), was zu einem Zielkonflikt oder sogenanntem Trade-off zwischen den zusätzlichen Kosten der Wahl und Ausgestaltung des Instruments und den Einsparungen bei den Zahlungen führt (Wätzold et al. 2010). Mögliche Trade-offs sollten bei der Ausgestaltung eines Programms berücksichtigt werden.
- Notwendigkeit der Abwägung (Trade-offs) zwischen verschiedenen Kostenkategorien: Eine stärkere Partizipation von potenziellen Service-Bereitstellern bei der Ausgestaltung eines Programms für Zahlungen für ÖSL führt in der Regel zu

höheren Kosten im Vorfeld des Programms für den Käufer, aber auch zu einer hohen Akzeptanz durch die späteren Service-Bereitsteller (z. B. Perrot-Maître 2006).

- Eine ungenügende Verknüpfung von ökonomischem und ökologischem Wissen: Es hat sich gezeigt, dass die Integration von ökonomischem und ökologischem Wissen in Modellen (Wätzold et al. 2006) ein vielversprechender Ansatz ist, um Zahlungen so auszugestalten, dass sie effektiv und kosteneffizient sind. Beispielsweise können softwarebasierte Entscheidungsunterstützungssysteme hilfreich sein (z. B. Mewes et al. 2017), die nicht nur in der Lage sind, bestehende Programme zu bewerten, sondern mithilfe von Optimierungsalgorithmen auch Vorschläge für neue, kosteneffiziente Programme machen können.

6.2.2.4 Sonstige Kriterien

Unter die sonstigen Kriterien fallen soziale und distributive Auswirkungen sowie rechtliche und institutionelle Erfordernisse:

- Soziale und distributive Auswirkungen: Neben dem Kriterium der Kosteneffizienz spielt die Frage nach der Fairness eines Zahlungssystems eine wichtige Rolle (z. B. im Hinblick auf Akzeptanz). Kritisch im Blick behalten werden sollte, wer sich an dem Programm beteiligt/beteiligen kann, ob es Hindernisse für potenziell Beteiligte gibt und wie diesen begegnet werden kann. Dies gilt auch für eine Partizipation bei der Ausgestaltung von Programmen. Verteilungsfragen sind besonders bedeutsam, wenn es um Zahlungen für ÖSL in strukturschwachen, ländlichen Räumen oder Entwicklungsländern geht. Wenn die institutionellen und rechtlichen Voraussetzungen entsprechend gestaltet werden, können Zahlungen die ländliche Bevölkerung unterstützen und in Entwicklungsländern zur Armutsbekämpfung beitragen (Gundimeda und Wätzold 2010).
- Rechtliche und institutionelle Erfordernisse: Damit Zahlungssysteme funktionieren können, müssen Eigentums- und Besitzverhältnisse *(property rights)* definiert und durchsetzbar sein, was vor allem in Entwicklungsländern oft schwierig ist. In Deutschland und Europa ist in dieser Hinsicht relevant, inwieweit eine Pacht von landwirtschaftlichen Flächen dazu führt, dass Programme oder einzelne Maßnahmen möglicherweise nicht angenommen werden.

6.2.3 Ökologischer Finanzausgleich

6.2.3.1 Ökologischer Reformbedarf des Finanzausgleichs in Deutschland

Das finanzpolitische Instrument „Finanzausgleich" dient der Verteilung und Zuweisung öffentlicher Einnahmen zwischen und innerhalb der staatlichen Ebenen. In seiner vertikalen Dimension dient der Finanzausgleich in Deutschland der Verteilung und Zuweisung öffentlicher Einnahmen von der nationalen Ebene auf die Länder bzw. von der Landes- auf die kommunale Ebene (kreisfreie Städte, Landkreise, kreisangehörige Gemeinden). Zusätzlich hat der Finanzausgleich in Deutschland eine ausgeprägte und verfassungsmäßig verankerte Umverteilungsfunktion, denn ein wichtiges Ziel des Ausgleichs besteht in der Verminderung fiskalischer Ungleichgewichte zwischen den Gebietskörperschaften. So bewirkt der Finanzausgleich in seiner horizontalen Dimension durch entsprechende Zuweisungen von finanzstarken an finanzschwache Länder und Kommunen einen Ausgleich zwischen diesen. Für die Berechnung der Zuweisungen wird in der Regel der Finanzbedarf einer Gebietskörperschaft ihrer Finanzkraft, d. h. ihren eigenen Einnahmen, gegenübergestellt. Durch die Verwendung des Einwohnerindikators als gängigen, abstrakten Bedarfsindikator für die Bereitstellung unterschiedlichster öffentlicher Güter und Leistungen profitieren heute vor allem einwohnerstarke Gebietskörperschaften vom Finanzausgleich. Dies ist natürlich insofern sinnvoll, als dass zahlreiche öffentliche Leistungen für die Bewohner der jeweiligen Gebietskörperschaft erbracht werden.

Ein weiteres Ziel des Finanzausgleichs besteht im Ausgleich von Ausgaben für die Bereitstellung öffentlicher Leistungen, die Gebietskörperschaften über ihre eigenen räumlichen Grenzen hinaus für Einwohner anderer Gebietskörperschaften erbringen. Traditionell erbringen kreisfreie Städte und Großstädte zahlreiche Bildungs-, Gesundheits- und kulturelle Leistungen für das Umland und seine Bewohner, wie Universitäten und höhere Schulen, Krankenhäuser, Theater und Opernhäuser. Dem Nutzen dieser Leistungen über die Stadtgrenzen hinaus (Nutzen-*spillover*) stehen Kosten gegenüber, die in der Stadt selbst anfallen. Zum Ausgleich von räumlich auseinanderfallenden Kosten und Nutzen und zur Anerkennung dieser Leistungen für das Umland wird in vielen Bundesländern bei der Berechnung des jeweiligen Finanzbedarfs einem Städter künstlich ein höheres Gewicht verliehen als einem Landbewohner, die Einwohnerzahl wird „veredelt".

Nun erbringen aber ländliche und naturnahe Räume sowie das Stadtumland auch zahlreiche Ausgleichsleistungen für die Städte. Sie dienen der Nahrungsproduktion und der Trinkwasserbereitstellung (Versorgungsleistungen), regulieren durch stadtnahe Wälder das Klima, stellen Flächen für den Hochwasserrückhalt bereit (Regulationsleistungen) und dienen der Erholung der Städter (kulturelle Leistungen). Neben der Bereitstellung zahlreicher ÖSL erfüllen ländliche und naturnahe Räume auch wichtige Naturschutzfunktionen, deren Nutzen der ganzen Bevölkerung zugutekommt (Ring 2004). In Deutschland wird deshalb seit geraumer Zeit gefordert, den Finanzausgleich um eine ökologische Komponente zu ergänzen. Prominent hat dies bereits der Sachverständigenrat für Umweltfragen in seinem Gutachten von 1996 vorgeschlagen (SRU 1996). Nach Untersuchungen von Ring (2001, 2008a) werden in den kommunalen Finanzausgleichsgesetzen der Länder zwar ökologische öffentliche Aufgaben bereits bei einigen Zweckzuweisungen berücksichtigt, dabei handelt es sich aber vor allem um nachsorgende und infrastrukturelle Aufgaben der Kommunen, wie die Trinkwasserversorgung, die Abwasser- und Abfallbeseitigung. Vorsorgende und intergenerative Aufgaben wie Naturschutz und Landschaftspflege, Gewässer- und Bodenschutz fristen ein Schattendasein (Ring 2001, 2008a).

6.2.3.2 Gestaltungsoptionen und internationale Erfahrungen

Ein ökologischer Finanzausgleich sollte neben den herkömmlichen sozioökonomischen Indikatoren auch systematisch ökologische Indikatoren berücksichtigen, welche die Bereitstellung ökologischer öffentlicher Güter und Leistungen abbilden (Ring 2002). Diese ökologischen Indikatoren bilden die Basis für die Verteilung ökologischer Finanzzuweisungen, deren Integration in den Finanzausgleich unterschiedlich motiviert sein kann (Box, Ring et al. 2011). Ökologische Finanzzuweisungen können als Zweckzuweisungen für die Erfüllung bestimmter Aufgaben gewährt werden. Sie können auch als allgemeine oder Schlüsselzuweisungen ohne Verwendungsauflagen konzipiert werden. Schließlich sind Kombinationen von allgemeinen und Zweckzuweisungen denkbar, je nach zu berücksichtigendem Ausgleichstatbestand.

Im Gegensatz zu den oben ausgeführten Zahlungen für ÖSL, die in erster Linie auf private Akteure zielen, setzt ein ökologischer Finanzausgleich ökonomische Anreize für öffentliche Akteure. Je nach Ausgestaltung könnte die Integration von ökologischen Indikatoren in den Länderfinanzausgleich Anreize für die Länder setzen und deren überdurchschnittlichen Beitrag für den Naturschutz bzw. die Bereitstellung von ÖSL honorieren. Die Integration von ökologischen Indikatoren in die kommunalen Finanzausgleichsgesetze der Länder würde entsprechende Anreize auf kommunaler Ebene bieten.

Gründe für die Einführung ökologischer Finanzzuweisungen

- Ausgleich von Managementkosten für den Schutz und die nachhaltige Bereitstellung ökologischer öffentlicher Güter und Leistungen wie Biodiversität oder ÖSL
- Ausgleich von Opportunitätskosten des Biodiversitätsschutzes und der nachhaltigen Bereitstellung von ÖSL
- Zahlungen für externe Nutzen des Biodiversitätsschutzes und der nachhaltigen Bereitstellung von ÖSL über die Grenzen der Gebietskörperschaft hinaus
- vertikaler bzw. horizontaler Finanzausgleich zwischen finanzstarken und finanzschwachen Gebietskörperschaften unter Berücksichtigung ökologischer Indikatoren (Verteilungsgerechtigkeit)

Internationale Erfahrungen mit ökologischen Indikatoren im Finanzausgleich bestehen seit Anfang der 1990er-Jahre in einigen brasilianischen Bundesstaaten (May et al. 2002; Ring 2008b; Ring et al. 2010a; Busch et al. 2021). Dabei wurden in bislang 18 von 27 Bundesstaaten ökologische Indikatoren in der jeweiligen Landesfinanzverfassung für die Rückverteilung der auf Landesebene aufkommensstärksten Mehrwertsteuer (ICMS

Ecológico) an die Kommunen verankert. Fünfzehn Bundesstaaten verwenden Schutzgebiete für den Biodiversitätsschutz als Basisindikator, daneben wurden von Bundesstaat zu Bundesstaat verschiedene weitere ökologische Indikatoren berücksichtigt (Busch et al. 2021). Hinsichtlich des jährlichen Finanzvolumens, das über ökologische Indikatoren zugewiesen wird, sind inzwischen China und Indien global die beiden bedeutendsten Länder (Busch et al. 2021). Seit 2010 werden in China z. B. allgemeine Zuweisungen an Landkreise gewährt, die sogenannte National Key Ecological Function Areas aufweisen. Damit wurde die Landnutzungsplanung mit dem Finanzausgleich verknüpft. Aus nationaler Sicht besonders schützenswerte Landnutzungskategorien werden honoriert, deren wirtschaftliche Entwicklung in der Regel eingeschränkt ist. Gleichzeitig wird die Ökosystemqualität mit Bonuszahlungen für ökologisch positive Entwicklungen und Abzügen für lokale Gebietskörperschaften mit ökologischer Verschlechterung berücksichtigt (Busch et al. 2021). In Indien hat die 14. Finanzkommission – ein unabhängiges Gremium, dessen Empfehlungen im Allgemeinen ohne Änderungen akzeptiert werden – die Einbeziehung von Waldflächen in den Finanzausgleich zwischen Bundesebene und den indischen Bundesstaaten befürwortet. Seit 2015 werden deshalb 7,5 % der Finanzausgleichsmasse im vertikalen Verteilungsmechanismus nach dicht bzw. moderat bewaldeten Flächen zugewiesen. Die 15. Finanzkommission hat diesen Anteil im Jahr 2020 in ihren Empfehlungen von 7,5 % auf 10 % erhöht sowie den Indikator „Waldbedeckung" in „Wald und Ökologie" umbenannt (Busch et al. 2021).

In Europa ist Portugal das erste Land, das mit seinem Kommunalfinanzierungsgesetz von 2007 Natura-2000-Gebiete sowie weitere nach nationalen Standards ausgewiesene Schutzgebiete als Indikatoren für Finanzzuweisungen von der nationalen an die kommunale Ebene eingeführt hat (Santos et al. 2012).Tab. 6.3 veranschaulicht, inwieweit gerade ländliche Gemeinden mit hohen Schutzgebietsanteilen von den ökologischen Finanzzuweisungen profitieren. In der Gemeinde Castro Verde beispielsweise, deren Schutzgebietsanteil an der Gemeindefläche 76 % beträgt, tragen Schutzgebiete über die neuen ökologischen Finanzzuweisungen mit 34 % zum Kommunalhaushalt bei. Da Finanzzuweisungen an die Gemeinden auch von zahlreichen anderen Indikatoren abhängen (in erster Linie Einwohner, aber auch Fläche oder soziale Lasten), ist der Anteil ökologischer Zuweisungen am kommunalen Haushalt nicht proportional zum Anteil der Schutzgebietsfläche an der Gemeindefläche. Deshalb kann der Anteil ökologischer Zuweisungen am Haushalt in Gemeinden, deren Fläche zu 100 % aus Schutzgebieten besteht, auch unter demjenigen von Castro Verde liegen.

Darüber hinaus erkennt Frankreich seit 2007 Schutzgebietsflächen als Indikator für Finanzzuweisungen an kommunale Gebietskörperschaften an (Borie et al. 2014; Schröter-Schlaack et al. 2014). Wurden zu Anfang nur Schutzgebiete in Kernzonen von Nationalparks oder Flächen in Meeresschutzgebieten anerkannt, wovon nur etwa 150 der 35.000 Gemeinden in Frankreich profitierten, so werden seit 2019 auch Natura-2000-Gebiete im französischen Finanzausgleich berücksichtigt. Damit erhöhte sich die Zahl

Tab. 6.3 Auswirkungen ökologischer Finanzzuweisungen auf den Kommunalhaushalt ausgewählter Gemeinden und Städte in Portugal (2008). (Adaptiert nach Santos et al. 2012)

	Gemeinden und Städte	Anteil aller Finanzzuweisungen am kommunalen Haushalt %	Anteil ökologischer Zuweisungen am kommunalen Haushalt %	Anteil Schutzgebiete an Gemeindefläche %
Gemeinden mit mehr als 70 % Schutzgebietsanteil an der Gemeindefläche	Campo Maior	89	25	100
	Murtosa	78	6	81
	Porto de Mós	75	11	76
	Aljezur	70	16	73
	Barrancos	97	26	100
	Terras de Bouro	94	22	95
	Freixo de Espada à Cinta	93	21	91
	Castro Verde	90	34	76
Gemeinden mit weniger als 70 % Schutzgebietsanteil an der Gemeindefläche	Lisboa	25	0	0
	Grândola	71	2	9
	Viana do Castelo	60	0,5	24
	Lamego	80	1	33
	Almeirim	62	0	0
	Peso da Régua	87	0,4	12
	Évora	62	1	16
	Vimioso	96	8	38

der vom ökologischen Finanzausgleich profitierenden Gemeinden auf 1120, wobei nur Gemeinden mit weniger als 10.000 Einwohnern eine sogenannte ökologische Allokation erhalten (Busch et al. 2021).

6.2.3.3 Wie würde sich ein ökologischer kommunaler Finanzausgleich in Deutschland auswirken?

Konkrete Vorschläge für die Ökologisierung des Finanzausgleichs heben in Deutschland überwiegend auf die Einbeziehung von Naturschutz in den kommunalen Finanzausgleich ab (Perner und Thöne 2005; Ring 2008a). Naturschutz ist ein wichtiger Baustein für den Schutz und die nachhaltige Bereitstellung von ÖSL, insbesondere von Regulationsleistungen und kulturellen Leistungen. Naturschutz ist eine öffentliche Aufgabe, die auf nationaler und internationaler Ebene von Nutzen ist, der also weit über die Gemeindegrenzen hinausgeht. Gleichzeitig sind die Kosten des Naturschutzes räumlich ungleichmäßig verteilt, was u. a. der räumlich unterschiedlichen Verteilung von Schutzgebieten geschuldet ist (Ring 2004).

Ring (2008a) hat für den kommunalen Finanzausgleich (KFA) in Sachsen verschiedene Varianten vorgeschlagen, Naturschutz als einen Indikator für die Zuweisungen von der Landesebene an die Kommunen zu berücksichtigen. Diese Varianten wurden in Form von Szenarien für Sachsen modelliert und ihre Auswirkungen mithilfe von Geoinformationssystemen (GIS) räumlich explizit veranschaulicht. Die Ergebnisse basieren auf den administrativen Grenzen und den für die Berechnung von Finanzbedarf (Hauptansatz: Einwohner; Nebenansatz: Schülerzahlen) und Finanzkraft (eigene Gemeindeeinnahmen) relevanten Daten für den sächsischen kommunalen Finanzausgleich 2002.

In der hier vorgestellten Variante wird der Finanzbedarf um einen Naturschutzansatz erweitert, der die lokalen ökologischen Leistungen repräsentiert, deren Nutzen über die Gemeinde- bzw. Stadtgrenzen hinausreichen. Der Naturschutzansatz basiert auf der normierten, überschneidungsfreien Schutzgebietsfläche innerhalb der Gemeinde- bzw. Stadtgrenzen. Überschneidungsfrei heißt: Liegt ein naturschutzfachlich wertvolleres FFH-Gebiet in einem Naturpark, so geht die Fläche des FFH-Gebiets in die Berechnung ein, während die Fläche des Naturparks entsprechend reduziert wird, um Doppelzählungen zu vermeiden. Dazu wurden die verschiedenen Schutzgebietskategorien nach sächsischem Naturschutzgesetz (Nationalpark, Natura-2000-Gebiete, Naturschutzgebiete, Biosphärenreservat, Naturparks und Landschaftsschutzgebiete) mit den Gemeindegrenzen verschnitten und nach ihrer Bedeutung für den Naturschutz und den damit verbundenen Landnutzungseinschränkungen gewichtet (Ring 2008a). So wird z. B. ein Hektar Nationalparkfläche mit 100 % seiner Fläche, ein Hektar Landschaftsschutzgebiet aber nur mit 30 % seiner Fläche berücksichtigt. Vergleichbar mit dem Umgang mit allgemeinen Flächenindikatoren in Bundesländern wie Brandenburg und Sachsen-Anhalt wird nun ein Hektar „normierter Schutzgebietsfläche" einer bestimmten Einwohneranzahl äquivalent gesetzt. Abb. 6.5 veranschaulicht im Ergebnis die relativen Veränderungen der Schlüsselzuweisungen an die Gemeinden und Städte in Sachsen, wenn neben den Einwohner- und Schülerzahlen auch Schutzgebiete im Finanzbedarf berücksichtigt würden und ein Hektar (normierter) Schutzgebietsfläche einem Einwohner entspräche.

6.2.3.4 Beurteilung der umweltpolitischen Leistungsfähigkeit von ökologischen Finanzzuweisungen

Der ökologische Finanzausgleich ist ein vergleichsweise neues Instrument, das international zwar zunehmend, aber insgesamt doch erst in wenigen Ländern tatsächlich eingeführt wurde (Busch et al. 2021), weshalb es noch relativ wenig untersucht ist. Ring et al. (2011) haben ökologische Finanzzuweisungen als umweltpolitisches Instrument erstmals nach den Kriterien der ökologischen Wirksamkeit, der Kosteneffektivität, den sozialen Auswirkungen, dem institutionellen Kontext und rechtlichen Anforderungen beurteilt. Im Folgenden soll exemplarisch auf die beiden ersten Kriterien sowie kurz auf

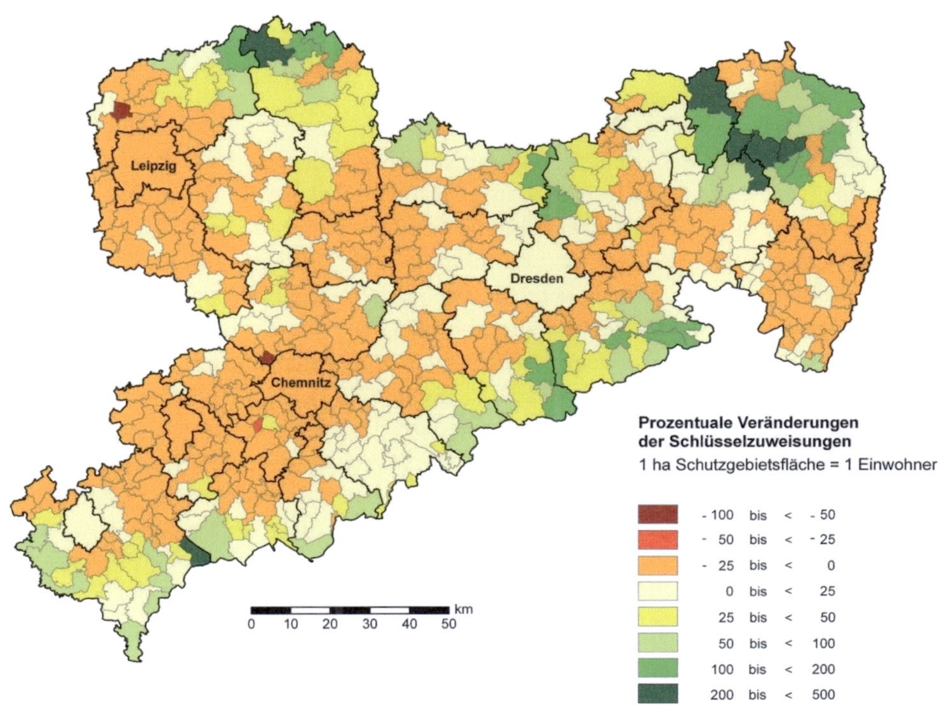

Abb. 6.5 Prozentuale Veränderungen der Schlüsselzuweisungen im sächsischen kommunalen Finanzausgleich von 2002, wenn Schutzgebiete im Finanzbedarf der Gemeinden und Städte berücksichtigt würden und ein Hektar überschneidungsfreier, normierter Schutzgebietsfläche einem Einwohner entspräche. (Ring 2008a, basierend auf Schutzgebietsdaten des Landesamtes für Umwelt und Geologie 2004; Verwaltungsgrenzen VG 250, Bundesamt für Kartographie und Geodäsie 2002; Kartographie und GIS: Hartmann und Kindler, Helmholtz-Zentrum für Umweltforschung – UFZ)

den Stand der Umsetzung, verbunden mit den rechtlichen Anforderungen in Deutschland, eingegangen werden.

Die Beurteilung der Effektivität von ökologischen Finanzzuweisungen steht in engem Zusammenhang mit den Zielen, die zur Einführung der entsprechenden ökologischen Indikatoren führen (s. Box oben). Es bietet sich an, die Effektivität anhand der Entwicklung des gewählten ökologischen Indikators nach Einführung des Instruments zu beurteilen. Beispielsweise haben die Schutzgebietsflächen im brasilianischen Bundesstaat Paraná, der Schutzgebiete bereits seit 1992 als Indikator für Finanzzuweisungen verwendet, um ca. 165 % zugenommen (May et al. 2002; Ring et al. 2011). Droste et al. (2017) konnten zeigen, dass die Einführung ökologischer Finanzzuweisungen zu einer Verdreifachung kommunaler Schutzgebietsflächen im Vergleich zu Bundesstaaten geführt hat, die dieses Instrument nicht eingeführt haben. In Indien gibt es erste Analysen bezüglich der möglichen Zunahme von Waldflächen, allerdings bedarf es gerade bei diesem Indikator eines längeren Zeitraums, um tatsächlich Effekte zu messen (Busch und Mukherjee 2018).

Bei der Kosteneffektivität werden in der Regel die Kosten eines umweltpolitischen Instruments seiner ökologischen Wirksamkeit gegenübergestellt. Welche Kostenkategorien (Management-, Opportunitäts-, Transaktionskosten) tatsächlich anfallen, hängt wieder mit den Zielen der Einführung des Instruments ab (s. Box oben). Transaktionskosten wie die Kosten der Einführung und Umsetzung von ökologischen Finanzzuweisungen sind jedoch vergleichsweise gering, insbesondere wenn bereits gut verfügbare Indikatoren wie Schutzgebietsflächen verwendet werden, da dieses Instrument auf den bestehenden Finanzausgleichsbeziehungen mit vertrauten Verwaltungsstrukturen und -abläufen aufbaut (Ring et al. 2011).

Zusammenfassend lässt sich für die Situation in Deutschland sagen, dass es bislang ökologische Finanzzuweisungen in Form von Zweckzuweisungen für überwiegend nachsorgende und infrastrukturelle ökologische Aufgaben im Rahmen der kommunalen Finanzausgleichsgesetze gibt (Ring 2001, 2008a). Allerdings finden sich sowohl im akademischen wie im politischen Raum zunehmend Stimmen, die eine systematischere Einbeziehung ökologischer Leistungen auch in den Länderfinanzausgleich fordern und entsprechende Konsequenzen aufzeigen. So diskutieren Czybulka und Luttmann (2005) Argumente für die Berücksichtigung von Leistungen der Länder für das Naturerbe im Finanzausgleichssystem des Bundes. Schröter-Schlaack et al. (2013) und Droste et al. (2017) präsentieren erstmals modellhaft die Ergebnisse der Einbeziehung unterschiedlicher ökologischer Indikatoren in den bundesdeutschen Länderfinanzausgleich. Ohne eine breite politische Unterstützung werden notwendige Verfassungsänderungen für einen ökologischen Finanzausgleich jedoch nicht erreicht. So ist es immerhin ein Anfang, dass entsprechende Vorschläge auch im politischen Raum ernsthaft geprüft werden. So forderte Umweltminister Till Backhaus aus Mecklenburg-Vorpommern wiederholt die Einbeziehung der Leistungen seines Landes für die biologische Vielfalt in den Länderfinanzausgleich (z. B. Backhaus 2008). Auch die Partei der Grünen (Bundestagsfraktion Bündnis 90/Die Grünen 2012) hat im Rahmen ihres Positionspapiers „Biodiversität 2020" als eines der Kernziele formuliert, zu prüfen „wie für die unterschiedlichen Naturschutzaufwendungen der Länder ein finanzieller Ausgleichsmechanismus zwischen den Bundesländern geschaffen werden kann". Schließlich hat sich jüngst auch der Koalitionsvertrag von CDU, Bündnis 90/Die Grünen und SPD in Sachsen als Ziel gesetzt, den sächsischen Finanzausgleich weiterzuentwickeln und die Einführung eines ökologischen Lastenausgleichs zu diskutieren (CDU, Bündnis 90/Die Grünen, SPD 2019).

Fazit

In Abschn. 6.2 wurden zwei ökonomische Instrumente, die Aktivitäten privater und öffentlicher Akteure besser mit dem Biodiversitätsschutz und der nachhaltigen Bereitstellung von ÖSL in Einklang bringen sollen, detaillierter vorgestellt. Zahlungen für ÖSL dienen in erster Linie der Anreizsetzung bei privaten Akteuren und werden inzwischen bei einer Vielzahl unterschiedlicher ÖSL eingesetzt. Das vergleichsweise neue Instrument des „ökologischen Finanzausgleichs“ zielt auf öffentliche Akteure und kompensiert deren Ausgaben bzw. honoriert deren Leistungen für den Naturschutz und die Bereitstellung von ÖSL.

6.3 Integration von Ökosystemleistungen in die räumliche Planung

6.3.1 Stärkung des Landschaftsplans durch Verknüpfung mit ÖSL

Anja Grünwald und Wolfgang Wende*

Die in Deutschland (wie in vielen anderen Ländern) etablierte und gesetzlich u. a. im Bundesnaturschutzgesetz verankerte **Landschaftsplanung** befasst sich mit dem Schutz und der Entwicklung der Landschaft als räumliches Gefüge von Ökosystemen mit dem Ziel, die nachhaltige Leistungsfähigkeit des Naturhaushalts einschließlich der Erlebnisqualität der Landschaft zu sichern. Dabei werden Naturbedingungen und aktuelle Nutzungen analysiert, Naturraumpotenziale bestimmt, die ökologische und visuelle Nutzungsverträglichkeit geprüft, Nutzungskonflikte und Belastungen aufgezeigt sowie Zielkonzeptionen und Handlungsprogramme zur räumlichen Entwicklung der betreffenden Landschaft aus fachlicher Sicht erarbeitet. Eine Kernaufgabe ist die Erfassung der Fähigkeit von Landschaftsräumen, vom Menschen benötigte versorgende, regulierende und soziokulturelle Leistungen potenziell oder aktuell zur Verfügung zu stellen (Grunewald et al. 2022).

Der kommunale Landschaftsplan ist das für Deutschland gültige Planungsinstrument zur flächigen Darstellung der Naturschutzbelange im Geltungsbereich von Städten und Gemeinden (von Haaren et al. 2008; Heiland 2010; Albert et al. 2022). Die persuasive und umweltinformatorische Wirkung, wie sie der Landschaftsplan auch unabhängig von dessen Integration in die vorbereitende Bauleitplanung bereits entfaltet, sollte dabei nicht unterschätzt werden (Gruehn und Kenneweg 1998; Wende et al. 2011; Wende und Walz 2017). Gleichwohl wird in der Integration des ÖSL-Ansatzes auch eine Chance zur Optimierung der Bewertungsansätze und zur Verbesserung der Wirksamkeit der Landschaftsplanung (Heiland 2017) gesehen. Aus Sicht der Autoren jedenfalls erscheint eine instrumentelle Verankerung von ÖSL in räumlichen Planungs- und Entscheidungsinstrumenten erforderlich, wenn ÖSL-Konzepte Erfolg haben sollen. Welche Instrumente sonst, als der kommunale Landschaftsplan bzw. die räumliche Planung generell, so aktuell vielfach erörtert (Schrapp et al. 2020; Albert et al. 2021; Deppisch et al. 2021), könnten diese Ansätze sinnvoll inkorporieren? Deshalb befasst sich dieser Abschnitt mit den praktisch-methodischen Möglichkeiten der Integration von ÖSL in die deutsche Landschaftsplanung.

6.3.1.1 Methodische Weiterentwicklung der kommunalen Landschaftsplanung?

Die Landschaftsplanung ist, abgesehen von unterschiedlichen Begrifflichkeiten, dem Konzept der Ökosystem- bzw. Landschaftsdienstleistungen[1] (Kienast 2010) bereits sehr nah. Sowohl die Landschaftsplanung als auch der ÖSL-Ansatz zielen auf das Bewahren und Entwickeln von Naturbestandteilen durch allgemein akzeptierte Bewertungsmaßstäbe.

Von Haaren und Albert (2011), Albert et al. (2012) sowie Schrapp et al. (2020) zeigen in ihrer Gegenüberstellung von Landschaftsplanung und ÖSL-Konzept, dass neben zahlreichen Gemeinsamkeiten auch unterschiedliche theoretische und methodische Schwerpunkte vorhanden sind. Dies betrifft vor allem die Maßstabsebenen, die Berücksichtigung von öffentlichen und privaten Gütern, die ökonomische Bewertung und die Beteiligung der Akteure. Sowohl die Landschaftsplanung als auch das Konzept der ÖSL können jedoch von den Stärken des jeweils anderen Ansatzes profitieren und diese nutzen. Landschaftsplanung kann beispielsweise durch eine Einbindung ökonomischer Betrachtungen die Strategien zur Kommunikation und Umsetzung der Planung verbessern (Albert et al. 2021; Stokman und von Haaren 2012). Umgekehrt können normative Gesetzesstandards und politisch-administrative, formale Entscheidungsprozeduren bei der Aufstellung und Inkraftsetzung eines Landschaftsplans die Grundlage für transparente und monetäre, das „Naturkapital" betonende Bewertungsprozesse bieten. Eine Verknüpfung beider Ansätze liegt daher durchaus nahe und wird zunehmend in praxisorientierten Projekten modellhaft untersucht (Schrapp et al. 2020).

Aktuelle Diskussionen (Deppisch et al. 2021) und probeweise Anwendungen auf der regionalen und lokalen Ebene (Schrapp et al. 2020), speziell auch auf der Ebene der örtlichen Landschaftsplanung, stimmen überein, dass eine Einbindung – bei allen Vorteilen und trotz bekannter Nachteile der ÖSL-Bewertungen – schrittweise zu einer Modernisierung der etablierten Instrumente führen kann.

Wie die Einbindung von ÖSL im Detail und in der Praxis der Erarbeitung eines kommunalen Landschaftsplans aussehen kann, wurde bisher bereits ansatzweise erprobt. Viele Studien auf lokaler und regionaler Ebene beschäftigen sich jeweils mit Teilaspekten und liegen außerhalb der formalen Planungsinstrumente des deutschen Planungsrechts. Im weitergefassten Rahmen von räumlicher und ökologischer Planung wurden bisher beispielsweise die Auswahl von Flächen für neue Baugebiete mit den geringsten Gemeinkosten (Grêt-Regamey et al. 2008), die kostenbezogenen Vorteile einer naturnahen Lösung für den Hochwasserschutz unter Einbeziehung der Werte der

[1] Landschaftsdienstleistungen (Abschn. 3.4): Hierbei wird die Sichtweise über die Ökosysteme hinaus erweitert und eine Betonung auf ästhetische, ethische und soziokulturelle Aspekte sowie anthropogene Veränderungen gelegt. Durch die stärkere räumliche Ausrichtung kann diese Betrachtungsweise eine höhere Relevanz für die praktische räumliche Planung, vor allem auch die Landschaftsplanung, haben und partizipative Ansätze begünstigen (Kirchhoff et al. 2012).

ÖSL (Grossmann et al. 2010) oder die Auswirkungen verschiedener Landnutzungsoptionen (z. B. Vihervaara et al. 2010; Swetnam et al. 2010) untersucht. In einer umfassenden Studie prüfen Schrapp et al. (2020) für Landschaftsausschnitte in vier verschiedenen Beispielregionen die Möglichkeiten der Integration jeweils mehrerer als prioritär identifizierter ÖSL genau vor dem Hintergrund des Nutzens im Rahmen der Bearbeitungsschritte Bestandserfassung und Bewertung und Maßnahmenplanung.

6.3.1.2 Verknüpfung von ÖSL mit dem Landschaftsplan

Der kommunale Landschaftsplan ist ein bereits sehr gut entwickeltes Planungsinstrument, welches hohe fachliche Standards und inhaltliche Anforderungen erfüllt (Wende und Walz 2017). Im Landschaftsplan werden die gesellschaftlichen Werte und Naturgüter, an denen ein öffentliches Interesse besteht, betrachtet und Expertenwissen wird zusammengeführt. Die Maßnahmen zum Schutz, zur Pflege und zur Entwicklung der Naturgüter resultieren aus den fachplanerischen Erfordernissen des Naturschutzes.

Im Landschaftsplan sind die Schutzgüter sowie die Naturhaushalts- und Landschaftsfunktionen auf Basis der Naturschutzgesetzgebung, also vor allem im öffentlichen Interesse liegende Güter, das zentrale Element der Planungen. Der ÖSL-Ansatz zielt dagegen sowohl auf öffentliche als auch private Güter und Leistungen für die menschliche Existenz und auf das menschliche Wohlbefinden. Eine monetäre Bewertung von Natur und Landschaft und ihrer Funktionen sowie von Maßnahmen zum Schutz, zur Pflege und Entwicklung ist bisher nicht Gegenstand des örtlichen Landschaftsplans.

Landschaftsplanung und ÖSL-Bewertung haben zunächst einen unterschiedlichen Fokus und lassen sich somit nicht direkt miteinander verbinden. Der kommunale Landschaftsplan bleibt ein Planungsinstrument der lokalen Verwaltungsebene und soll die gewohnte Qualität und die naturschutzfachliche Informationstiefe beibehalten. Eine umfassende und praktisch erprobte Methodik zur Integration von ÖSL in den Landschaftsplan ist erst ansatzweise entworfen. Unter der Voraussetzung, ein etabliertes Planungsinstrument durch ein aktuell viel diskutiertes Konzept weiterzuentwickeln und nicht grundlegend zu verändern oder inhaltlich zu überfüllen, bilden in diesem Fall die anerkannten Bearbeitungsschritte den Rahmen für die Verknüpfung. Daher sollte die Abschätzung der ÖSL entsprechend der Hauptbearbeitungsstufen des Landschaftsplans parallel erfolgen (Box).

Hauptbearbeitungsstufen des Landschaftsplans

Auf der Stufe der „Grundlagenermittlung/Bestandserfassung“ werden neben den planerischen Rahmenbedingungen vor allem der Zustand von Natur und Landschaft sowie die bestehenden und abzusehenden Raumnutzungen erfasst. Daran kann die Ermittlung der im Gebiet vorhandenen Leistungen, der damit in Verbindung stehenden Akteure sowie auch die Erfassung des Bedarfs an ÖSL gekoppelt werden. Darauf folgen „Konfliktanalyse, Konfliktprognose und

Bewertung". Mittels indikatorbasierter Methoden entsprechend normativen Vorgaben werden die Leistungsfähigkeit von Natur und Landschaft und die Verträglichkeit von Nutzungen sowohl gegenwärtig als auch zukünftig bewertet. Parallel dazu können die Einschätzung der ÖSL hinsichtlich ihrer Menge, Qualität und räumlichen Verteilung sowie deren aktueller und zukünftiger Nutzen gemessen am Bedarf und an der Zielkonzeption erfolgen. Die Quantifizierung der Leistung bildet die Basis für einen Übertrag in monetäre Werte und somit auch für die räumliche Abbildung des Naturkapitals als eine Möglichkeit der Darstellung. Der anschließende Schritt ist die Erarbeitung der Entwicklungs- und Maßnahmenkonzeption – „Ziel- und Maßnahmenkonzept" – sektoral für die einzelnen Naturgüter und integriert in eine Gesamtkonzeption. Der Schwerpunkt liegt hierbei auf den Naturgütern.

Eine Verknüpfung und Rückkopplung zwischen beiden Konzepten kann an ausgewählten Stellen stattfinden. Der ÖSL-Ansatz ergänzt dabei die Aussagen der Landschaftsplanung, ersetzt aber nicht deren rechtlich vorgeschriebene Arbeitsschritte. Eine genauere Kenntnis der in einem lokalen Gebietsausschnitt vorhandenen ÖSL sowie deren Zustand bzw. ökonomischer Wert kann auch dazu genutzt werden, Maßnahmen des Landschaftsplans zu priorisieren, Kosten-Nutzen-Verhältnisse von Maßnahmen zu ermitteln und den Entscheidungsträgern eine Begründung bei der Durchsetzung von Maßnahmen zum Schutz, zur Pflege und zur Entwicklung von Natur und Landschaft zu liefern. Darüber hinaus können die Ergebnisse aus lokalen ÖSL-Bewertungen als Kommunikationsgrundlage mit den Akteuren für ein besseres Verständnis der Landschaftsplanung dienen. Umgekehrt bilden die für die Erfassung des Zustands von Natur und Landschaft ermittelten Daten auf der Seite des Landschaftsplans bereits eine Grundlage für die Operationalisierung der ÖSL. Mit aggregierten Daten zum Bodentyp, zur Landnutzung und zur Topografie lassen sich zudem bereits die räumlichen Variationen vieler Landschaftsfunktionen und Leistungen erklären (Willemen et al. 2008). Schrapp et al. (2020) geben zwar zu bedenken, dass die Datenverfügbarkeit noch einschränkend wirkt, andere Autoren (Lovett und Sünneberg 2019) zeigen sich jedoch optimistisch in Bezug auf die Datenquellen und die in den letzten Jahren großen Entwicklungsschritte bei Umfang und freier Verfügbarkeit im Digitalformat. Somit sollten auch die für eine ÖSL-Bewertung im Landschaftsplan zusammengestellten Datengrundlagen, ggf. ergänzt durch Daten auf frei zugänglichen Geoportalen, genutzt und nicht neu erhoben werden. Daran kann eine Verknüpfung dieser Werte mit ökonomischen Indikatoren anschließen, um für bestimmte Fragestellungen eine Abschätzung in „Geldwerten" zu erreichen.

6.3.1.3 Umsetzung in der Praxis – Test am Beispiel der ÖSL „Erosionsschutz"

Ob der theoretisch entworfene Rahmen für die Integration des ÖSL-Ansatzes in den örtlichen Landschaftsplan auch praktisch umsetzbar ist und welche Schwierigkeiten dabei auftreten, wurde von den Autoren in einem Modellausschnitt der Stadt Dippoldiswalde in Sachsen getestet. Dazu wurden die Bearbeitungsstufen der Konfliktanalyse und der Bewertung ausgewählt.

Da sich die Betrachtungen des Teilaspekts auf die Methodik beziehen, ist die Untersuchung eines repräsentativen Landschaftsausschnitts von angemessener Größe zunächst ausreichend. Eine Übertragung auf die gesamte Gemeindefläche wäre ohne Weiteres möglich.

In dem untersuchten Bereich dominiert eine landwirtschaftliche Nutzung auf teils stark geneigten Flächen. Die Grenzen des Untersuchungsgebiets orientieren sich an den Blattschnitten der TK10 und an den Gemeindegrenzen. Die für die Untersuchung gewählte ÖSL „Erosionsschutz" (aus der Klasse „Regulationsleistungen"; Abschn. 3.2) ergibt sich zum einen aus der besonderen Problemlage im Gebiet – Bodenerosion durch Wasser – und zum anderen aus den für die Operationalisierung benötigten Daten und deren Beschaffungsaufwand.

De Groot et al. (2010) und auch Burkhard et al. (2011) schlagen als Indikatoren für eine Operationalisierung der ÖSL „Erosionsschutz" die „Menge an zurückgehaltenem Boden" bzw. den „Verlust von Bodenpartikeln durch Wind oder Wasser" vor (vgl. auch Syrbe et al. 2015). Im hier gewählten Beispiel „Erosionsschutz" erfolgte die Quantifizierung der Leistung durch eine flächige Einordnung in sogenannte Erosionswiderstandsklassen mittels Indikatoren für die Beschreibung des mechanischen Erosionswiderstands des Bodens, welche Bastian und Schreiber (1999) bereits für den Einsatz in der Landschaftsplanung auf kommunaler Ebene empfehlen. Dafür wurde, unter Berücksichtigung der Niederschläge, der naturbedingte Bodenabtrag in Tonnen pro Hektar und Jahr (t ha^{-1} a^{-1}) aus dem bodenartbedingten Erosionswiderstand und den Hangneigungen ermittelt. Durch die Multiplikation des naturbedingten Bodenabtrags mit einem nutzungsabhängigen Faktor ließ sich der nutzungsbedingte Bodenabtrag, ebenfalls in t ha^{-1} a^{-1}, errechnen. Bei dieser Vorgehensweise kam ein vereinfachtes Verfahren (Bastian und Schreiber 1999, S. 216 ff.) auf der Grundlage der universellen Bodenverlustgleichung zum Einsatz. Außerdem wurde nur die Erosion durch Wasser berücksichtigt. Da die Anfälligkeit gegenüber Winderosion laut vorliegendem Landschaftsplan (Stand: Entwurf 2009) sehr gering bis gering ist, wurde auf eine Modellierung mit einem Ergebnis des Bodenabtrags in t ha^{-1} a^{-1} (z. B. mittels der *revised wind erosion equation*) analog dem Bodenabtrag durch Wasser verzichtet. Dies bedeutet aber auch, dass die ÖSL „gesamthafter Erosionsschutz" noch höher ausfallen würde, als in dem folgenden Beispiel vorgestellt.

Für die Bewertung der Erosionsanfälligkeit von Böden werden im Landschaftsplan meist Erosionswiderstandsklassen von I–VI oder Erosionsanfälligkeitsstufen von 0–5, d. h. Statuswerte, angegeben. Diese beruhen auf dem mittleren Bodenabtrag in t ha^{-1} a^{-1}, welcher wiederum als Flussgröße im vorliegenden Beispiel die Basis für die anschließende Monetarisierung bildet.

Für die folgende monetäre Bewertung wurde eine Ersatzkostenmethodeangewendet. In diesem Fall kamen jene Schäden, die durch den Bodenabtrag entstehen, sowie die für deren Behebung bzw. für deren Ersatz aktuell üblichen Marktpreise in Betracht. Dabei waren jeweils die Kosten zu berücksichtigen, die auf der Fläche *(on site)* zum Erhalt des vorhandenen Zustands anfallen, und die Kosten, welche außerhalb der Erosionsflächen *(off site)* durch die Beseitigung von Sedimenten in verschiedenen Formen und an verschiedenen Orten entstehen.

Durch die Erosion wird Oberboden einschließlich der organischen Substanz abgetragen, wodurch sich die Bodenfruchtbarkeit und das Wasserhaltevermögen bzw. die Wasserverfügbarkeit verringert. Zudem vermindert sich die Dicke des Oberbodens und zurück bleiben die größeren Skelettanteile des Bodens. In Anlehnung an eine Studie aus den USA (Pimentel et al. 1995) wurde für die Berechnung der *on site*-Kosten der Ersatz der Nährstoffe, des Wassers und des abgetragenen Oberbodens berücksichtigt. Als *off site*-Kosten fanden Maßnahmen für gebaute Infrastruktur wie Straßen, Schienen, Gebäude, Rohrleitungen oder auch Hochwasser- und Regenrückhaltebecken, in denen sich durch Sedimentation die Rückhaltekapazität verringert, Eingang in die Berechnung. Nicht enthalten sind Kosten von Schäden bzw. Auswirkungen auf die Biodiversität und wirtschaftliche Einbußen in Fischzuchtbetrieben. Für Schäden an Landhabitaten oder auch aquatischen Lebensräumen hinsichtlich der charakteristischen Artenzusammensetzung gibt es keine kurzfristig wirksamen, technischen Ersatzlösungen. Außerdem sind die Auswirkungen stark vom betroffenen Biotop und weiteren Rahmenbedingungen abhängig. Daher können diese Kosten mit der Ersatzkostenmethode kaum beziffert werden. Im Untersuchungsraum gibt es des Weiteren keine kommerziellen Fischzuchten oder Fischfanggebiete, sodass diese nicht relevant waren.

Die *on site*-Kosten setzen sich aus den oben genannten, einzelnen Positionen zusammen. Für die Einzelpositionen der *off site*-Kosten von typischerweise im Plangebiet vorkommenden Schäden wurde ein Durchschnittswert gebildet, da in dieser Maßstabsebene eine Berechnung je einzelner Teilfläche zu weit führen würde. Der Berechnung lagen die derzeit aktuellen Preise aus dem Garten- und Landschaftsbau (Bodenauftrag, Bodenberäumung) und der Landwirtschaft (Bewässerung und Düngemittel) zugrunde.

Für eine Tonne Verlust an Boden ergaben sich entsprechende der im Jahr 2011 üblicherweise erzielten Mittelpreise Ersatzkosten von 58,84 € *on-site* und 15,83 € *off-site* pro Jahr, d. h. insgesamt 74,67 € pro Tonne (Grünwald 2011). Die Preise haben sich inzwischen jedoch im Rahmen der Marktlage und aufgrund der Mindestlohngesetze weiterentwickelt und müssten insgesamt aktuell (im Jahr 2021) um das rund 1,5Fache höher angesetzt werden, d. h. sie würden nun ca. 110 € pro Tonne betragen.

Mit der flächigen und räumlich konkreten Darstellung des nutzungsbedingten Bodenabtrags wurde die Leistung quantitativ erfasst. Die Verknüpfung mit monetären Werten erfolgte auf Basis des entsprechend den Erosionswiderstandsklassen angegebenen, mittleren Bodenabtrags in t ha^{-1} a^{-1}. Die ermittelten Ersatzkosten von rund 75 € t^{-1} Bodenabtrag wurden invertiert auf die Erosionswiderstandsklassen übertragen und stellen den entgangenen Nutzen dar. Die Minderung des Ertrags auf der Fläche und die Beseitigung der Schäden außerhalb kann mit technischen Mitteln ausgeglichen werden

(Ersatz). Die dafür errechneten Kosten sind folglich der Wert der ÖSL, wenn die Leistung erhalten bliebe und insoweit von der Natur erbracht würde. Das heißt, die geringste Erosionswiderstandsklasse (VI – sehr geringer Widerstand) wird mit dem Nutzen „null" angenommen, und somit wird auch ein Naturkapital von 0 € auf diesen Flächen angesetzt. Auf Grundlage dieser Verknüpfung konnte auch der Wert der Leistung – das Naturkapital – flächig dargestellt werden (Abb. 6.6).

Die bei der Operationalisierung zugrunde gelegte Rastergröße betrug 15 × 15 m, um bei der Überlagerung von Relief, Bodenarten und Landnutzung eine zu starke Generalisierung bereits zu Beginn zu vermeiden. Hinsichtlich einer Zusammenfassung mit den Werten weiterer Leistungen müsste eine stärkere Generalisierung vorgenommen werden, wobei die relativ detaillierten Informationen zu den Einzelleistungen wieder verloren gingen.

Das Raster in Abb. 6.6 beträgt demzufolge ebenfalls noch 15 × 15 m, sodass auch die Änderungen der Leistung innerhalb eines Landnutzungstyps, z. B. Acker aufgrund von verschiedenen Hangneigungen, annähernd erkennbar sind. Die berechneten monetären Werte beziehen sich jeweils auf einen Hektar.

Diskussion

Die Quantifizierung und Monetarisierung von ÖSL auf der kommunalen Ebene ist für das Beispiel „Erosionsschutz" grundsätzlich möglich. Verschiedene Studien (Egoh et al. 2008; de Groot et al. 2010; Willemen et al. 2010; La Notte et al. 2017, 2021) zeigen darüber hinaus, wie eine räumlich konkrete Darstellung, Quantifizierung und Verknüpfung mit monetären Werten auch für andere Leistungen realisierbar sind (Kap. 4).

Die Karte in Abb. 6.6 verdeutlicht die räumliche Verteilung des vorhandenen Naturkapitals der ÖSL „Erosionsschutz". Vorausgesetzt, eine solche räumliche Verteilung liegt für alle im Gebiet vorkommenden ÖSL vor, kann eine Abschätzung des gesamten Naturkapitals in der Gemeinde dargestellt werden. Generell zeigen solche Darstellungen, dass Natur und Landschaft einen nicht unwesentlichen, gesellschaftlichen Wert haben, der oft nicht wahrgenommen wird. Sie sind jedoch noch keine Bewertungen der Leistungen und geben auch keine Auskunft über die Multifunktionalität der Landschaft. Als Entscheidungshilfe für bestimmte Fragestellungen erweisen sie sich unter Umständen als hilfreich. So können sie bezüglich des Nutzens der Ökosysteme für den Menschen beispielsweise in Planungsfällen die Basis für die Bildung von Szenarien oder den Vergleich von Alternativen sein.

Die Leistung „Erosionsschutz" ist recht gut zu ermitteln, da sie sich bereits aufbauend auf Daten, die im Landschaftsplan ohnehin vorliegen und für die gegebenenfalls auch schon eine Quantifizierung vorgenommen wurde, einschätzen lässt. Daran kann die Berechnung der Geldwerte direkt anknüpfen. Dennoch ist der zusätzliche Aufwand zur Ermittlung der Mengen des Bodenabtrags und der Monetarisierung hoch. Wird diese Vorgehensweise konsequenterweise auf alle im Plangebiet identifizierten Leistungen angewendet, entsteht dadurch ein sehr hoher Arbeits- und Dokumentationsaufwand und

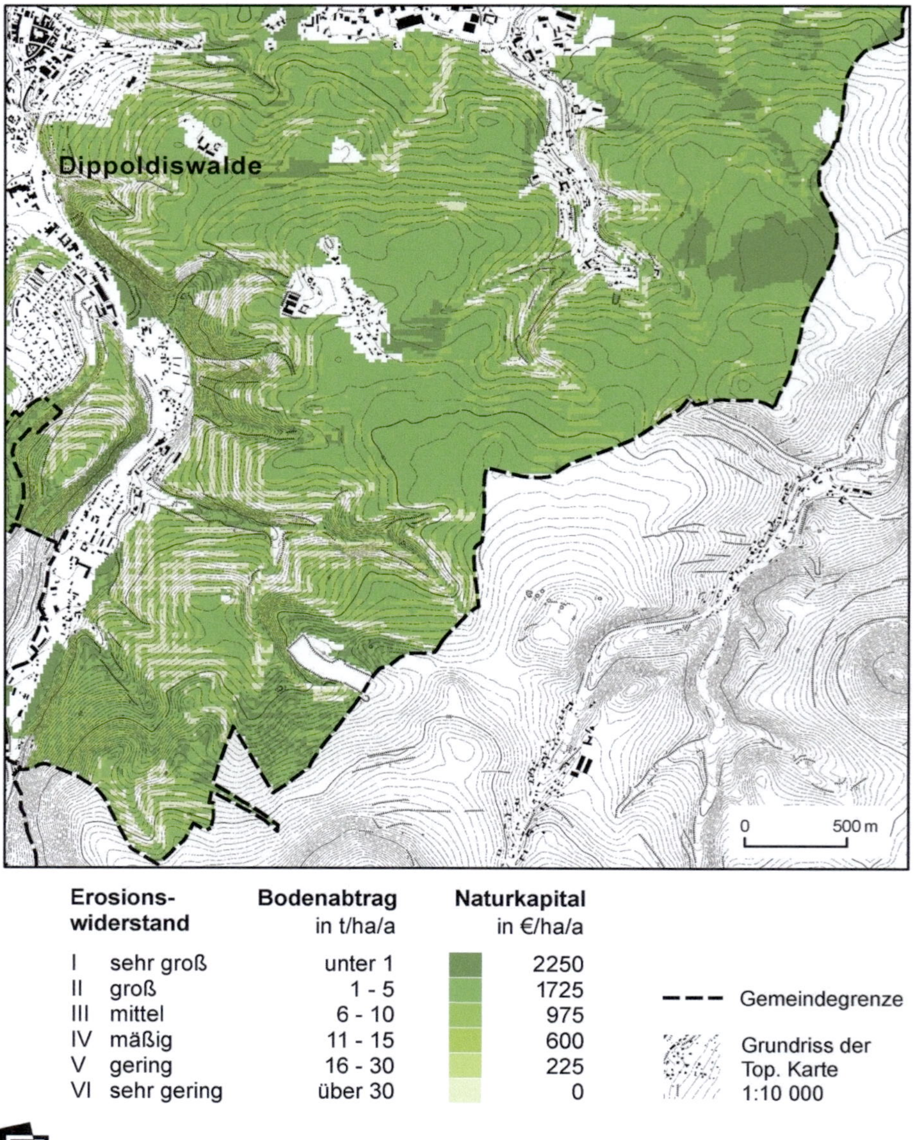

Dippoldiswalde

0 500 m

Erosionswiderstand	Bodenabtrag in t/ha/a	Naturkapital in €/ha/a
I sehr groß	unter 1	2250
II groß	1 - 5	1725
III mittel	6 - 10	975
IV mäßig	11 - 15	600
V gering	16 - 30	225
VI sehr gering	über 30	0

Gemeindegrenze

Grundriss der Top. Karte 1:10 000

Daten: eigene Berechnungen auf Basis von DGM, DLM © BKG 2010; BKkonz © LfULG Sachsen; TK10 5148-NW © GeoSN Sachsen, Gen.-Nr. 21597/2010
Karte: Grünwald, Witschas 2012

Abb. 6.6 Kapital der ÖSL „Erosionsschutz". Flächige Darstellung der monetarisierten Werte in Tonnen pro Hektar und Jahr (t ha^{-1} a^{-1}) gegenüber Bodenerosion durch Wasser (inflationsbereinigt müssten diese Werte für das Jahr 2021 um einen Faktor von rund 1,5 erhöht werden). (© IÖR/Grünwald, Witschas)

setzt eine genaue Kenntnis des ÖSL-Konzepts durch den Planer voraus. Hinzu kommt, dass sich dabei nicht alle Leistungen aus den räumlichen Eigenschaften und mit exakt umrissenen Grenzen ermitteln lassen (Willemen et al. 2008). Möglicherweise müssen auch Modellierungen zum Einsatz kommen, die spezielle Kenntnisse anderer Fachdisziplinen erfordern.

Einschränkend betonen die Autoren des hier vorliegenden Beitrags, dass mit dem Erosionsschutz nur eine Komponente von ÖSL analysiert wurde und die Ergebnisse aus dieser Studie nicht ohne Weiteres auf andere ÖSL übertragbar sind. Insbesondere eine Operationalisierung und monetäre Bewertung von Leistungen, die sich im Zusammenhang mit der Biodiversität ergeben, bleibt im Kontext der lokalen Landschaftsplanung schwierig, wenn nicht gar unmöglich. Eine alleinige monetäre Bewertung kann auch nicht das abschließende Ziel der Anwendung des ÖSL-Konzepts darstellen.

ÖSL stellen als sehr komplexes Konzept hohe Anforderungen an den Planer, insbesondere bei der Operationalisierung, Ermittlung und Übertragung ökonomischer Größen der Leistungen des Naturhaushalts sowie bei der Interpretation und Auswertung der Ergebnisse. Die Entscheidungsträger in den Kommunen, vor allem aber die Planer, die den örtlichen Landschaftsplan erarbeiten, sind bislang vermutlich nicht ausreichend mit dem Konzept vertraut. Eine rechtliche Verpflichtung zur Anwendung besteht nicht.

Hinsichtlich der Bewertung des Nutzens der Ökosysteme für den Menschen wird das Konzept der ÖSL u. a. von objektivierbaren, möglichst numerischen bzw. monetarisierbaren Grundlagen bestimmt, während der Landschaftsplan teilweise auch durch normativ-qualitative Standards und Bewertungsmaßstäbe geprägt ist. Für eine Integration des ÖSL-Ansatzes in den Landschaftsplan müsste dieser aber stärker auf quantitative und monetarisierbare Bewertungsmaßstäbe ausgerichtet werden.

Bezüglich einer breiten Anwendung, auch durch die Naturschutzbehörden, ist der ÖSL-Ansatz in seiner bisherigen Form für die Belange und Rahmenbedingungen der gesetzlich verankerten Landschaftsplanung somit (noch) nicht einsetzbar. Damit das Konzept in der Praxis zukünftig angewendet werden kann, eine hohe Qualität der Planung gewährleistet und Inhalte vergleichbar werden, müssen verschiedene Voraussetzungen erfüllt sein (vgl. auch Abschn. 6.3.3 sowie Kap. 7):

- Standardisierungen/Regeln zur klaren Abgrenzung und Nachvollziehbarkeit der Begrifflichkeiten und Methoden (Quantifizierung sowie Monetarisierung)
- Standardisierungen hinsichtlich der Datenverfügbarkeit und Datenqualität bzw. zur Datenerhebung
- Erarbeitung und Verankerung von Bewertungsmaßstäben für ÖSL
- Schulung der mit der Planerstellung betrauten Fachleute (und gegebenenfalls der politischen Entscheidungsträger)
- Schaffen einer Vergütungsgrundlage für den bei der Planung entstehenden Mehraufwand (z. B. in der Honorarordnung für Architekten und Ingenieure, HOAI)

In den Untersuchungen (Grünwald 2011) zeigte sich, dass eine vollständige Erfassung aller Kostenfaktoren nicht möglich ist. Zum Beispiel konnte der Schaden an Landbiotopen, der durch den Eintrag von Boden und Nährstoffen entsteht, nicht beziffert werden. Das liegt daran, dass die Auswirkungen der Nährstoffeinträge von verschiedenen Faktoren abhängig sind (Graves et al. 2015), sodass es keine technischen Standardlösungen gibt. Daher wurde diese Komponente nicht mit berechnet, sodass die realen Ersatzkosten sogar noch über den ermittelten Kosten liegen müssten.

Der dazu durchgeführte Versuch der Übertragung von Werten mittels Benefit-Transfer aus einer bereits vorhandenen Studie ist ebenfalls kritisch zu beurteilen, erscheint jedoch als der einzig gangbare Weg unter den Budgetvoraussetzungen für die deutsche Landschaftsplanung. Eigenständige Erhebungen von Kostengrößen vor Ort sind unter den derzeitigen HOAI-Leistungsbildern nicht vorgesehen. Auch wird deutlich, dass die ausgewiesenen Kosten, insbesondere wenn sie über größere Räume interpoliert werden müssen, eine gewisse Genauigkeit suggerieren, die unter Umständen so nicht gegeben ist. Die monetäre Gesamtbewertung des Naturkapitals hängt schließlich auch von der Größe der betrachteten räumlichen Verhältnisse ab. Bei Berechnungen entstehende Kommawerte geben den Wert einer ÖSL ebenso nur annähernd genau wieder und sollten daher nur entsprechend zusammengefasst weiterverwendet werden. Das wirft die Frage auf, ob und wie detailliert eine monetäre Bewertung grundsätzlich notwendig ist bzw. sinnvoll erscheint.

Durch die Quantifizierung und auch die Monetarisierung bekommen vor allem Regulationsleistungen sowie Kultur- und Erholungsvorsorgeleistungen einen ökonomischen Wert. Diese Information kann gegenüber den politischen Entscheidungsträgern als wichtige Argumentationsgrundlage bei der Durchsetzung von naturschutzfachlichen Maßnahmen dienen. Insoweit liefert der ÖSL-Ansatz in jedem Fall zusätzliche und womöglich weitere „gewichtige" Argumente zugunsten der Implementierung von Schutz-, Pflege- und Entwicklungsmaßnahmen für Natur und Landschaft.

6.3.2 Bundesweiter Orientierungsrahmen für Landschaftsplanungen

Karsten Grunewald*, Ralf-Uwe Syrbe, Ulrich Walz, Wolfgang Wende, Sophie Meier, Olaf Bastian, Roland Zieschank

Alle bedeutsamen Landnutzungsentscheidungen erfordern Planungen in unterschiedlichen Maßstabsbereichen, so auch auf Bundesebene. Jetzt und in naher Zukunft werden insbesondere Strategien zur Freiraumsicherung, für den Boden- und Klimaschutz, die Klimaanpassung sowie den Schutz der Biodiversität einschließlich der Sicherung des vielfältigen Erscheinungsbilds und des Erholungswerts von Landschaften benötigt. Hinzu kommen geeignete Rahmenbedingungen für den Ausbau erneuerbarer Energien sowie den Kohleausstieg in mehreren Regionen. Strategische Entscheidungen zur Landnutzung sind stärker mit Aspekten des Natur- und Landschaftsschutzes und insbesondere der Biodiversität als Grundlage für funktionierende Ökosysteme zu verbinden (Hauck et al. 2013; Grunewald et al. 2022).

6.3.2.1 Planungen auf Bundesebene mit direktem Landschaftsbezug

Durch Schaffung entsprechender Rechtsgrundlagen fallen konkrete raumbezogene Pläne von übergeordneter, gesamtstaatlicher Bedeutung in die Zuständigkeit des Bundes. Somit gibt es mittlerweile eine Vielzahl von Planungen und Programmen auf der Bundesebene, die Landschaftsbezug und Umweltrelevanz aufweisen (Tab. 6.4). Dafür werden bundesweit vergleichbare Daten und Kartengrundlagen benötigt, die sowohl in die Planungen selbst einfließen, als auch eine wesentliche Grundlage für die dazu erforderlichen Strategischen Umweltprüfungen darstellen. Speziell für die Planungen im Meeresbereich (AWZ und Küstenmeer) ist dafür der Ökosystemansatz nach ROG § 2 (2) 6. inzwischen verpflichtend (Rehhausen et al. 2018), während auch für Planungen an Land im Bundesnaturschutzgesetz die Ökosystemdienstleistungen inzwischen indirekt und direkt thematisiert sind; einmal als Erhaltungsziel (§ 1 (2) 2.), dann als Genehmigungsvorbehalt (BNatschG § 40c (5)) und schließlich als Kriterium der Umweltüberwachung (§ 54 (4) 3.) (Koellner et al. 2018).

Tab. 6.4 Beispiele für Bundespläne und -programme teilweiser strategischer Umweltprüfung

Bundesplan/-programm	Planungsraum
Bundesverkehrswegeplanung: Bundesverkehrswegeplan, Fernstraßenbedarfsplan, Schienenwegebedarfsplan	Deutschland, Festland
Raumordnungen des Bundes: Grundsätze-Raumordnungsplan, Standortkonzepte für See- und Binnenhäfen sowie Flughäfen Raumordnungsplan Ausschließliche Wirtschaftszone (AWZ)	Deutschland, Festland AWZ (in Ost-, Nordsee)
Fachkonzepte des Bundes: Fachliche Empfehlungen zur Umsetzung eines „länderübergreifenden Biotopverbundes", wie in §§ 20, 21 des Bundesnaturschutzgesetzes (BNatSchG) gefordert (Burkhardt et al. 2004)	Deutschland, Festland
Planung Übertragungsnetz Strom: Netzentwicklungsplan Strom, Bundesbedarfsplan Bundesfachplanung (Onshore): Bundesfachplanung Offshore, Offshore-Netzentwicklungsplan	Deutschland, Festland Küste + Nationale Seegewässer + AWZ
Endlagersuche für hoch radioaktiven Abfall	Deutschland, Festland

AWZ, ausschließliche Wirtschaftszone

Viele Entwicklungs- und Vollzugsaufgaben werden auf Bundesebene angesiedelt, um koordinierte und harmonisierte räumliche Entwicklungen zu erreichen, so z. B. die Klimaberichterstattung zum Kyoto-Protokoll. Unerwünschte Disparitäten zwischen den Regionen können nur durch überregionale Leitbilder und Planungen überwunden werden. Auch EU-Vorgaben führen zunehmend zum Erfordernis gesamtstaatlicher Berichte und Planungen. So verlangen z. B. die Natura-2000-Direktiven (EC 1992) und die Mitteilung der Europäischen Kommission über den Aufbau nationaler Konzepte zur Grünen Infrastruktur entsprechende Beiträge von den Mitgliedstaaten (EC 2013).

Nicht zu vergessen sind auch die Berichtspflichten zur Anwendung der EU-SUP-Richtlinie. Die EU-Pflichten, aber auch die zunehmende grenzüberschreitende Kooperation von Mitgliedstaaten im Naturschutz und in der Planung, sind starke Treiber für die bisherige und weitere zukünftige Entwicklung national harmonisierter, umweltbezogener Landschafts- und ÖSL-Informationen. Da das ÖSL-Konzept auf EU-Ebene eine hervorgehobene Rolle spielt, werden damit in Zukunft auch zunehmend Informationen über ÖSL abgefragt. Dies gilt u. a. auch im Hinblick auf die neue EU-Biodiversitätsstrategie 2030, die auf die Wiederherstellung von Biodiversität und ÖSL zielt (EC 2020). Deren Umsetzung in den Mitgliedstaaten erfordert eine großräumige Anwendung des ÖSL-Konzepts.

Deutschland besitzt inzwischen ein nationales Konzept zur Grünen Infrastruktur, das bundesländerübergreifend wichtige Elemente in einem strategischen Netz darstellt und für die räumliche Planung aufbereitet (BfN 2017). Hier werden Informationen zu ÖSL bereitgestellt, die beispielsweise in der Bundesverkehrswegeplanung oder in einer Bundesnetzplanung zum Ausbau des Stromnetzes in Deutschland weiter genutzt werden können, um Auswirkungen auf ÖSL und eben diese Grüne Infrastruktur so gering wie möglich zu halten oder zumindest auszugleichen.

Die Strategische Umweltprüfung (SUP) für Pläne und Programme des Bundes ist ein Instrument, welches hochaggregierte, bundesweite Umwelt-, Ökosystem- und Landschaftsinformationen benötigt (Rehhausen et al. 2018). Vergleichbare Daten und Indikatoren werden vor allem für die Prüfung von Alternativen benötigt, die von der methodischen Basis der ÖSL profitieren kann, weil durch quantitative Maße physisch oder monetär bewertete Planungsvarianten besser verglichen und abgewogen werden können. Ein weiterer Aspekt ist die in der SUP obligatorische Prüfung kumulativer Effekte, die über eine einzelne Funktion hinaus durch Berücksichtigung einer Vielzahl von ÖSL standardisiert und fachlich abgesichert werden kann. Schließlich verlangt die SUP den Aufbau eines Monitorings der späteren realen Auswirkungen der betroffenen Pläne, welche messbar und bewertet sein müssen, um einen gegebenenfalls auftauchenden Handlungsbedarf zur Abwendung unvorhergesehener negativer Effekte auf Natur und Landschaft zu vermeiden oder auszugleichen (Rehhausen et al. 2018).

Reinke und Kühnau (2017) weisen darauf hin, dass auch für die Koordinierung der Energiewende auf Bundesebene Landschaftsinformationen hilfreich wären, aber ein Bundeslandschaftsprogramm bisher fehlt. Laut Kühnau (2016) seien aber im Kontext erweiterter Regelungskompetenzen des Bundes in raumordnerischen Belangen auch wieder zunehmende Diskussionen um die Einführung eines Bundeslandschaftsprogramms erkennbar. Die Meeresraumplanung zeigt beispielhaft, dass Vollzugsaufgaben der Raumplanung (inklusive naturschutzfachlicher Beiträge) verstärkt auf Bundesebene und in Bundesbehörden angesiedelt werden. Insoweit ist es folgerichtig, dass Daten über ÖSL auf Bundesebene als großräumige Informationen, insbesondere zu Landschaftsqualitäten, erarbeitet werden. Dies ist im Zusammenhang mit dem Ausbau des Bundesstromnetzes besonders deutlich geworden (vgl. Roth et al. 2021).

Der horizontale (über die Sektoren hinweg gehende) Bedarf nach Umwelt-, Naturschutz- und Landschaftsinformationen auf Bundesebene wird begleitet von einem vertikalen Informationsbedarf der Planungsträger auf Länder- und regionalen Ebenen in Deutschland. Bundesweit einheitliche Informationen zum Thema ÖSL und Landschaft werden auch durch die regionalen (Hersperger et al. 2020) oder sogar lokalen Planungsebenen (Wende et al. 2020) abgefragt, z. B., um den Ausbau touristischer oder erholungsbezogener Qualitäten in den Regionen mit ihren verschiedenen landschaftlichen Potenzialen besser planen und vergleichen zu können.

Bei der Bewältigung der zunehmenden räumlichen Koordinationsaufgaben auf Bundesebene hilft auch, dass hierfür inzwischen digitale hochauflösende Datengrundlagen und Informationen für eine räumliche Entwicklung vorhanden sind. Mithin wird durch eine großräumige Bewertung von ÖSL und Landschaftsqualitäten die Informationsgrundlage für eine Vielzahl neuer Aufgaben auf Bundesebene erweitert (Grunewald et al. 2022).

6.3.2.2 Schnittstellen für die Integration des ÖSL-Konzepts in Planungen auf Bundesebene

Schnittstellen zwischen der neuartigen bundesweiten Indikatorik zur Bewertung der Landschaftsökosysteme, der Biodiversität und der räumlichen Planung auf Bundesebene sehen wir wie folgt:

a) Berichterstattung: Aufzeigen/Quantifizierung der Leistungen von Natur und Landschaft auf Bundesebene.

- Deutschland kommt damit seinen Pflichten auf EU-Ebene, z. B. im Rahmen der EU-Biodiversitätsstrategie 2020, nach und ermöglicht außerdem internationale Vergleiche.
- Modernisierung der Wirtschaftsberichterstattung, die Elemente von Biodiversität in Form von Naturkapital und ÖSL (besser) integriert und sowohl politische als auch unternehmerische Entscheidungsprozesse in Richtung Erhalt und nachhaltige Nutzung von Biodiversität verändert (Zieschank et al. 2021).

b) Strategische Planungen, Raum- und Fachplanungen auf Bundesebene:

- Hinweise für Planung und Politikberatung durch naturschutzfachliche Bewertung der Landschaft im bundesweiten Vergleich im Kontext der räumlichen Verortung von Angebot und Nachfrage von ÖSL. Beispiel: Ermittlung von Handlungsbedarfen bei der Erhaltung und Entwicklung kultureller ÖSL hinsichtlich bundesweit bedeutsamer Erholungsgebiete (Schwarzer et al. 2018; Hermes et al. 2020) und wertvoller Kulturlandschaften (historische Parks und Gärten; Zieschank 2020) oder der Planung Grüner Infrastrukturen.

– Summative (aggregierte) Auswirkungen von Landschaftsveränderungen werden aus der nationalen Perspektive verdeutlicht und können bei der Evaluierung von Planungen und Politikauswirkungen genutzt werden. Beispiel: ÖSL „Bestäubungspotenzial" (Meier et al. 2021) als deutschlandweiter Ansatz für einen Indikator, mit dem die Entwicklung der Lebensräume überwacht werden kann, die besonders für kleine wild lebende Solitärbienen mit geringem Aktionsradius günstig sind. Die Anreicherung der intensiv genutzten Agrarlandschaft mit naturbelassenen Bereichen, naturnahen Kleinstrukturen und Blühstreifen könnte zu einem wesentlich höheren Bestäubungspotenzial führen, von dem sowohl verschiedene Wildbienenarten als auch die Landwirte selbst profitieren würden. Das Vorkommen von Wildbienenhabitaten und entsprechenden Bestäubungsleistungen kann für die Planung des strategischen Netzwerks von Landschaftselementen im Rahmen des Konzepts zur nationalen „Grünen Infrastruktur" Verwendung finden und in der räumlichen Verortung von Ausgleichs- und Ersatzmaßnahmen berücksichtigt werden (vgl. Estreguil et al. 2016; Bonifazi et al. 2017).

Weitere bundesweite Auswertungen zu Räumen, die besondere Leistungen erbringen, in denen die Nachfrage nach ÖSL zukünftig steigen könnte oder die besonderen Bedarf an Wiederherstellung von ÖSL haben:

- Erosionsschutz
- Hochwasserschutz und -rückhalt
- Wertvolle Habitate von nationaler Bedeutung, Wildnisgebiete usw.
- Netzwerk des bundesweiten Lebensraumverbunds
- Landschaftszerschneidung durch (Verkehrs-)Infrastruktur und Siedlung
- Landschaften mit erhöhtem Bedarf für Maßnahmen des Biodiversitätsschutzes, z. B. der Anreicherung mit naturnahen Strukturelementen
- Stoffliche Einträge wie Pestizide, Düngemittel sowie versauernde Einträge

Die räumliche Darstellung des Zustands und der Entwicklung von ÖSL ist vor allem dort sinnvoll und notwendig, wo es um großräumige Zusammenhänge geht, z. B. beim übergeordneten Lebensraumverbund, dem Hochwasserrückhalt, der Landschaftszerschneidung, aber auch bei der Hervorhebung von bundesweit besonders wertvollen Gebieten für den Natur- und Landschaftsschutz (BfN 2017). Solche Themen sollten auch aus bundesweiter Sicht bearbeitet werden, da an den Grenzen der Bundesländer Abstimmungen notwendig sind bzw. sich diese in ein übergeordnetes Konzept einpassen müssen. Biotopverbundachsen sollten nicht an Landesgrenzen enden, Hochwasserrückhaltegebiete haben Auswirkungen auf Unterlieger in anderen Bundesländern; Bundes- und Landesstraßen müssen übergreifend geplant werden. Auch Einstufungen der Bedeutung mancher Gebiete können sich aus Bundes- im Vergleich zur Landessicht erheblich unterscheiden.

Die Raumplanung sollte Räume mit besonderem Handlungsbedarf berücksichtigen, beispielsweise mit vermindertem Bestäubungspotenzial, mit hohem Erosionsrisiko oder mit Mangel an naturnahen Landschaftselementen im Offenland. Hier könnten bundesweite Konzepte Handreichungen und Impulse für die jeweiligen Landes- und regionalen Planungen geben. Dass dafür erheblicher objektiver Bedarf besteht, zeigen aktuelle Entwicklungen wie das Insektensterben als ein Aspekt der Biodiversitätskrise, die u. a. zum Aufbau des Nationalen Monitoringzentrums zur Biodiversität geführt haben. Beim Monitoring alleine darf es allerdings nicht bleiben, sondern die Ergebnisse müssten konkret in die Raumplanungen einfließen.

Das ÖSL-Konzept kann und sollte auch für die Operationalisierung der von der Ministerkonferenz für Raumordnung (MKRO) im März 2016 formulierten strategischen Leitbilder und Handlungsstrategien für die Raumentwicklung in Deutschland genutzt werden. Dies betrifft insbesondere Ansätze der Freiraumentwicklung wie (vgl. König 2017)

- die Entwicklung von Standards zur Schaffung von regionalen Freiraumverbünden,
- die Bündelung von Infrastrukturen und Vorbelastungen zur Schonung des Freiraums,
- die Aufstellung regionaler Leitbilder zur Erhaltung und Entwicklung unterschiedlicher Kulturlandschaften (Schwarzer et al. 2018),
- erweiterte vorsorgende Hochwasserschutz- und Küstenplanung sowie Sicherung und Entwicklung von Freiräumen mit klimatischen Ausgleichfunktionen und
- die Schaffung naturnaher Retentionsräume entlang der Fließgewässer.

c) Landschaftsplanung auf kommunaler und regionaler Ebene sowie maßstabsübergreifende Methoden und Verfahren:

Die Raumplanung in Deutschland liegt gesetzlich in der Hoheit der Bundesländer. Die auf der nationalen Ebene anwendbaren Daten und Methoden (s. oben) sind aber gleichzeitig differenziert genug, um für darunterliegende Planungsebenen Informationen und Orientierungsdaten aus übergeordneter Sicht beizusteuern.

Für Umweltfolgenabschätzung von großräumigen Infrastrukturvorhaben fordern Hermes et al. (2020), dass Landschaftsbeeinträchtigungen an unterschiedlichen Orten anhand eines einheitlichen Maßstabs verglichen werden sollten. Dies verdeutlicht eine weitere Schnittstelle, Methoden und Standards über Ländergrenzen hinweg zu entwickeln.

Ein Beispiel für Verfahren, die auf regionaler und Bundesebene angewendet werden können, sind die Biotopwertpunkte aus der Bundeskompensationsverordnung. Auf dieser Grundlage kann vereinfacht und pragmatisch die biologische Vielfalt in Deutschland in einer Maßzahl ausgedrückt werden (Schweppe-Kraft et al. 2020). Die Anwendung der

Biotopwertpunkte, die auf Ökosysteme bezogen sind, gibt dabei die Möglichkeit, deren Werte auch ökonomisch auszudrücken, da Kalkulationen zu Wiederherstellungskosten für Habitate vorliegen, aus denen man einen Durchschnittbetrag pro (neu geschaffenem) Biotopwertpunkt berechnen kann. Eine ähnlich pragmatische Grundlage zur Bewertung der biologischen Vielfalt bietet die ganz ähnlich zu den Biotopwertpunkten aufgebaute Hemerobieskala (Walz und Stein 2014), die von der kommunalen bis zur nationalen Ebene angewendet wird.

Der ÖSL-Indikator „Erreichbarkeit öffentlicher Grünflächen im Wohnumfeld der Städte", der Angebots- und Nachfrageaspekte vereinigt, wurde für alle Städte mit mehr als 50.000 Einwohner auf Bundesebene berechnet (Grunewald et al. 2016). Daraus kann ein Vergleich bzw. eine Standortbestimmung der Städte hinsichtlich der Versorgung mit erholungswirksamen Flächen abgeleitet werden. Auch für übergeordnete Strategien und Planungsansätze, z. B. nachhaltigeres Bauen (SRU 2018), sind die Ergebnisse nutzbar. Konkrete Planungen zu Handlungsschwerpunkten und Maßnahmen erfordern jedoch einen Maßstabswechsel. Eine übertragbare multikriterielle Analysemethode zur Bewertung der Kapazitäten städtischer Gebiete zur Bereitstellung von ÖSL auf Stadtteil-/Quartiersebene entwickelten Brzoska et al. (2021).

Kommunale Landschaftsplanung und Landschaftsrahmenpläne könnten durch den ÖSL-Ansatz gestärkt werden, in dem der Nutzen von Natur und Landschaft für den Menschen und sein Wohlergehen greifbar gemacht wird (Abschn. 6.3.2). Nach Heiland et al. (2016) dürfte es zumindest kurz- und mittelfristig realistisch sein, fallweise ÖSL als gezielte Ergänzungen in Landschaftsplänen zu thematisieren und zwar dort, wo kontextbezogen tatsächlich nennenswerte Zusatzinformationen zu erwarten sind und sich zusätzlicher Aufwand in Grenzen hält. Die Untersuchungen von Schrapp et al. (2020) zeigten, dass eine Integration von Teilaspekten des ÖSL-Konzepts den derzeitigen gesetzlichen Rahmenbedingen entspricht (s. auch Deppisch et al. 2021). Manche ÖSL können indirekt aus dem Bundesnaturschutzgesetz abgeleitet werden. Monetäre Bewertungen von ÖSL werden in der Landschaftsplanung u. a. aufgrund des Mehraufwands sowie methodischer Probleme und Restriktionen vermutlich eher die Ausnahme bleiben.

6.3.3 Fazit und Thesen

Karsten Grunewald*, Olaf Bastian, Wolfgang Wende

Derzeit besteht eine reelle Chance, den Stellenwert von Natur und Landschaft neu zu verhandeln und eine Modernisierung der Planungssysteme zu befördern (Wende und Walz 2017; Albert et al. 2021; Grunewald et al. 2022). Dabei sollte das ÖSL-Konzept zur fachgerechten Entwicklung des zukünftigen Umgangs mit Transformationsprozessen in der Raum- und Landschaftsplanung und zur ökologisch nachhaltigeren Gestaltung unserer Kulturlandschaften in Deutschland eine wichtige Rolle spielen (WBGU 2020).

Das wissenschaftlich fundierte ÖSL-Konzept muss jedoch mithilfe standardisierter Verfahren für die Planungspraxis handhabbar gemacht werden.

Die von Albert et al. (2021) formulierten zehn Thesen (s. Box „Thesen zum Einsatz des ÖSL-Konzepts in der räumlichen Planung“) zeigen auf, dass das Konzept der ÖSL viel Spielraum explizit für die Raumentwicklung bietet. ÖSL können wichtige **zusätzliche Argumente** für den Schutz und die nachhaltige Nutzung von Landschaften liefern, eine rationalere Abwägung bei konkurrierenden Zielen bzw. Konflikten unterstützen sowie die Ableitung, Kommunikation und Umsetzung von Maßnahmen verbessern. Eine Erweiterung des etablierten Rahmens der Landschaftsplanung um den ÖSL-Ansatz wird sowohl von der Wissenschaft als auch von Teilen der Planungspraxis befürwortet und immer mehr auch von politischer Seite gefordert (u. a. Hauck et al. 2013; Scott et al. 2018; Albert et al. 2019; Schrapp et al. 2020; WBGU 2020; Grunewald et al. 2021a, 2022).

Das menschliche Wohlergehen ist ein grundlegendes Ziel des ÖSL-Konzepts. Dieser Bezug ermöglicht die Anschlussfähigkeit an Interessen und Bedürfnisse diverser Akteursgruppen und schafft Akzeptanz für ökosystemrelevante Planung. Das Konzept kann ein neues Bewusstsein für den Umgang mit Natur fördern, indem es die Bedeutung natürlicher Ressourcen transparenter vermittelt und deren Knappheit deutlicher macht.

Einsatz des ÖSL-Konzepts in der räumlichen PlanungAlbert et al. (2021) formulierten dazu folgende Thesen:

1: *Impulse zum gesellschaftlichen Bewusstseinswandel durch neue Narrative:* Das ÖSL-Konzept erhöht das gesellschaftliche und politische Bewusstsein für den Wert von Natur. Es ermöglicht neue Narrative (sinnstiftende Erzählungen), die einen Bewusstseinswandel und eine stärkere Berücksichtigung der Bedeutung der Natur für das menschliche Wohlbefinden fördern.

2: *Informiert und fundiert entscheiden durch sektorübergreifende Betrachtung:* Das ÖSL-Konzept ermöglicht sektorübergreifende, multifunktionale und stärker akteurs- bzw. nutzenorientierte Bewertungen von Natur und Landschaft. Auswirkungen von Entscheidungen auf ein breites Spektrum an ÖSL und deren Wechselwirkungen können so gleichzeitig betrachtet werden.

3: *Höhere Akteursvielfalt bei der Governance (Steuerung) natürlicher Ressourcen:* Das ÖSL-Konzept fördert mittels Empowerment (Selbstbefähigung und Selbstbemächtigung, Stärkung von Eigenmacht, Autonomie und Selbstverfügung) und Angeboten zur Partizipation den Wandel der Planungskultur hin zu mehr Kooperation von staatlichen und nichtstaatlichen Akteuren in raumplanerischen Entscheidungs- und Umsetzungsprozessen.

4: *Bestehende Daten und Methoden nutzen und weiterentwickeln:* Es wurde in den letzten Jahren eine Vielzahl an Methoden zur Erfassung und Bewertung von ÖSL entwickelt, die eine Anwendung auch unter den Bedingungen der begrenzten

Daten und Ressourcen in der Planungspraxis ermöglichen. Notwendig sind allerdings deren umfassende Dokumentation und Aufbereitung, die kritische Reflexion ihrer Vor- und Nachteile sowie die Beschreibung ihrer konkreten Anwendung, um Nutzen und Praktikabilität in der Planungspraxis zu verdeutlichen und so die Chancen für eine tatsächliche Nutzung zu erhöhen.

5: *Anknüpfungspunkte formeller Planungsinstrumente nutzen und erweitern:* Obwohl eine Berücksichtigung von ÖSL in formellen Planungsinstrumenten bisher noch nicht explizit erfolgt, bestehen durchaus Anknüpfungspunkte. Um diese in der Praxis zu stärken, müssen die rechtlichen Rahmenbedingungen erweitert werden.

6: *Informelle Planungsinstrumente durch neuartige Betrachtungen inspirieren:* Die Flexibilität informeller Planungsinstrumente ermöglicht die Berücksichtigung neuartiger Informationen zu ÖSL. Dadurch können Wechselwirkungen und (potenzielle) Konflikte zwischen verschiedenen Flächennutzungen benannt und (neu) bewertet, Lösungsmöglichkeiten entwickelt und Synergien genutzt werden.

7: *Partizipation in Planungsprozessen durch neue Perspektiven fördern:* Die mit dem ÖSL-Konzept einhergehenden neuen Perspektiven auf die Beiträge von Natur und Landschaft zum menschlichen Wohlergehen können das Interesse vielfältiger Akteure wecken und zur Teilnahme an Planungsprozessen anregen. Die Methoden zum Einsatz des Konzepts müssen dafür transparent kommuniziert werden, sollen barrierefreie Möglichkeiten zur Mitwirkung anbieten, die erhobenen Informationen offen zur Verfügung stellen und in Entscheidungen fair berücksichtigen.

8: *Vergleichende und anwendungsorientierte Forschung vorantreiben:* Für eine effiziente Nutzung von Informationen zu ÖSL in Instrumenten der räumlichen Planung besteht weiterhin Forschungsbedarf bezüglich der Entwicklung robuster Methoden zur Erfassung und Bewertung, der Anwendung der erhobenen Informationen in Planungsinstrumenten und der Auswirkung auf Planungs- und Entscheidungsprozesse.

9: *Planungsbehörden zur Berücksichtigung von ÖSL befähigen:* Insbesondere Planungsbehörden auf regionaler Ebene wie Landkreise oder Regierungsbezirke können zukünftig bei der Bereitstellung aktueller Daten zu Zustand und Entwicklung von ÖSL eine wichtige Rolle einnehmen. Voraussetzung dafür ist jedoch eine ausreichende Ressourcenausstattung und bessere Kooperation.

10: *Impulse zur Unterstützung eines transformativen Wandels nutzen:* Da bisherige Bemühungen zum Schutz der natürlichen Ressourcen und zur Verhinderung des globalen Temperaturanstiegs nicht ausreichend waren, steigt das Bewusstsein dafür, dass eine umfassende Transformation unserer Lebens- und Wirtschaftsweisen notwendig ist. Das ÖSL-Konzept bietet Anknüpfungspunkte für kulturelle und strukturelle Veränderungen im System und in den Prozessen der räumlichen Planung, die zu einem sozialökologischen Wandel der Gesellschaft beitragen.

Es gibt eine Reihe von Möglichkeiten, die Belange von ÖSL in Verfahrensabläufe und Prozesse der Raumplanung einzuspeisen, um damit Probleme und Herausforderungen zum Thema des zunehmenden Verlusts von ÖSL zu mildern und zu regeln. Grundsätzlich erscheint vor allem die **Landschaftsplanung** als Planungswerkzeug geeignet, den ÖSL-Ansatz zu integrieren. Letztlich ist eine Umsetzung auf allen Planungsebenen notwendig, damit die umfassende Sicherung und Entwicklung von ÖSL durchgesetzt werden kann (Deppisch et al. 2021).

Das Konzept der ÖSL erleichtert eine integrierte Betrachtung unterschiedlicher Funktionen und Leistungen von Natur und Landschaft, weil es stets ein breites Spektrum an Leistungen umfasst. Es ist also multifunktional und unterstützt bei Planungsprozessen, Leistungen des Naturhaushalts zu bewerten, abzuwägen und transparentere Grundlagen für Entscheidungen zu schaffen (Albert et al. 2021). Auch kann es helfen, komplexe und globale Herausforderungen im Zusammenhang mit dem Klimawandel, der Energiewende und dem Biodiversitätsverlust in Entscheidungen zu integrieren.

Es müssen Fragen der Umsetzung der Landschaftsplanung beachtet werden, vor allem hinsichtlich Kosten und Finanzierung (Schweppe-Kraft und Grunewald 2022), wenn die Aufgaben wachsen. Die Monetarisierung der ÖSL stellt eine besondere Herausforderung dar und ist – wie die umfassende Quantifizierung – mit hohem Aufwand verbunden (Abschn. 6.3.2). Zudem können Geldwerte bereits für die Einzelleistung und auch in der Gesamtdarstellung nur annähernd genau ermittelt werden. Einerseits ist es sinnvoll, die für das Plangebiet spezifischen Werte heranzuziehen, andererseits ist der hohe Aufwand in Relation zum Ergebnis aus arbeitskapazitären und finanziellen Gründen kritisch zu beurteilen. Der Aufwand und die Komplexität für eine Kalkulation von Geldwerten sollten möglichst gering gehalten werden. Jedoch ist mit einer zu stark vereinfachten Herangehensweise, z. B. einer zu groben Abschätzung der Werte oder dem Benefit-Transfer aus anderen Kontexten, die Aussagekraft der Ergebnisse gegebenenfalls eingeschränkt.

Das Konzept der ÖSL zielt auf die Betonung der nutzenbringenden Wirkung von Ökosystemen für den Menschen. Die Übertragung dieses Naturkapitals in Geldwerte ist dabei ein Teilaspekt. Bei der Auseinandersetzung mit den ÖSL rücken zudem die Akteure stärker in das Blickfeld, sodass eine Partizipation wesentlich an Bedeutung gewinnt. Für die Einbindung des ÖSL-Ansatzes in den Landschaftsplan können zum einen die Betonung der Leistung an sich und zum anderen der intensivere Kontakt zu den Akteuren bereits die gewünschten Impulse geben. Ein gänzlicher Verzicht auf eine

Monetarisierung wäre zwar möglich, schöpft aber nicht die Potenziale aus, die dieser Ansatz bietet. Die Aussagen sollten sich demnach nicht ausschließlich auf die Ergebnisse der Monetarisierung stützen, in bestimmten Fällen sind sie jedoch eine wichtige Arbeitsgrundlage und Entscheidungshilfe.

Es bleibt aber auch die Befürchtung, dass schwer quantifizierbare bzw. monetarisierbare ÖSL wie bestimmte Leistungen der Biodiversität sowie kulturelle ÖSL in einer Gesamtbewertung der ÖSL eines Raumausschnitts systematisch unterrepräsentiert bzw. sogar ganz „ausgeblendet" werden könnten. Hier kann eine gewisse generelle Unausgewogenheit der Bewertung zwischen den Versorgungs- und den Regulationsleistungen und noch mehr den kulturellen Leistungen, teils auch zwischen bzw. abiotischen und biotischen Leistungen, aufgrund methodischer Defizite nicht ausgeschlossen werden.

6.4 Kommunikation über Ökosystemleistungen – Kritiken und Gestaltungsansätze des Wissenstransfers

Kenneth Anders*

6.4.1 Bedeutung von Kommunikation

Als „Nachhaltigkeitskommunikation" bezeichnet man heute ein ganzes Forschungsfeld, in dem die Möglichkeiten von Kommunikation über Umweltthemen betrachtet werden. Es umfasst einen weiten Gradienten an Fragen, die zwar fachlich differenziert nach theoretischen Grundlagen, methodischen Ansätzen und praktischen Anwendungsbereichen bearbeitet worden sind (Michelsen und Godemann 2005), wobei allerdings nur selten zwischen „Kommunikation für Nachhaltigkeit" und „Kommunikation über Nachhaltigkeit" unterschieden wird. Grundsätzlich gilt: Ohne Kommunikation ist eine gesellschaftliche Geltung ökologischer Fragen undenkbar. Nur durch Kommunikation werden die relevanten Informationen in den sozialen Systemen überhaupt selektiert, mitgeteilt und verstanden. Dabei lässt sich jedoch nur bedingt beeinflussen, wie dieser Prozess tatsächlich vonstattengeht (Ziemann 2005, S. 122), denn das Verstehen entzieht sich der Kontrolle des Mitteilenden. Die Machbarkeit von Kommunikation wird deshalb landläufig überschätzt und das Verständnis von Kommunikation fällt hinter die systemtheoretische Klärung des Begriffs (als Grundprinzip gesellschaftlicher Autopoiesis, im Anschluss an Luhmann z. B. präzise gefasst von Schack 2004) zurück. Es wird mechanistisch auf ein mehr oder weniger kompliziertes Verhältnis von Sender und Empfänger reduziert, wobei man ignoriert, dass die beteiligten Individuen in verschiedenen Medien kommunizieren. Um trotzdem für sehr verschiedene Anwendungsfelder – von der Werbung bis zum Diskurs – kommunikative Spielräume für ÖSL zu ermitteln (also davon ausgehend, dass Kommunikation trotz allem ein gestaltbarer Prozess ist, vgl. Schack 2004), müssen die mit dem Begriff verbundenen Intentionen zunächst genauer betrachtet werden.

6.4.2 „Ökosystemleistungen" als Sammelbegriff in kommunikativer Absicht

Das Konzept der Ökosystemleistungen[2] umfasst verschiedene Eigenschaften von Ökosystemen und Landschaften. Die zunächst rein summarische Systematik von Versorgungs-, Regulierungs-, Unterstützungs- und kulturellen Leistungen folgt keiner wissenschaftlichen Notwendigkeit,[3] sie soll vielmehr gewährleisten, dass asymmetrische Prozesse und Perspektiven innerhalb einer thematischen Klammer öffentliche Aufmerksamkeit erlangen.[4] Wilson und Piper (2010, S. 42 f.) charakterisieren diesen Sprachgebrauch *„as a route to better understanding their importance and also of improving their protection"*. Folglich wird in unterschiedlicher Weise von „(Dienst-) Leistung" gesprochen und der Begriff weit gedehnt.[5] Während er z. B. bei Versorgungsfunktionen noch relativ nahe am Sprachgebrauch einer Leistung (für den Menschen) orientiert bleibt (der darin enthaltene Anthropomorphismus wird pragmatisch gerechtfertigt), müssen kulturelle Leistungen eher im Beziehungsgefüge zwischen Mensch und Landschaft angesiedelt werden (MEA 2005a, S. 404 f.; Freese und Anders 2010). Regulierungsleistungen wiederum betreffen zunächst die Selbstorganisationsfähigkeit des Ökosystems selbst, der Vorteil für den Menschen ist also indirekt. Diese Unschärfe führt zu Schwierigkeiten bei der Operationalisierung: Verschiedene unter dem Begriff „Ökosystemleistungen" zusammengefasste Prozesse sind in den jeweiligen Landschaften in sehr unterschiedlicher Qualität vorzufinden, woraus sich ein Problem

---

[2] Um Einheitlichkeit im Buch zu wahren wird auch in diesem Abschnitt die Bezeichnung „Ökosystemleistungen" verwendet (s. Kap. 2), obgleich der Begriff „Ökosystemdienstleistungen" oftmals passender wäre.

[3] Auch im Hinblick auf den Systembegriff gibt es Klärungsbedarf, da sich viele der hier bezeichneten Zusammenhänge nicht von einer Umwelt abgrenzen (vgl. dazu Luhmann, 2008, S. 15). Genau dies wäre aber für eine hinreichend genaue Bestimmung der erbrachten Leistungen nötig: „Woher kommt sie eigentlich" oder genauer: „Aus welchem Systemzusammenhang wird sie abgeleitet?"

[4] Eine ähnliche Strategie ließ sich auch am Konzept der biologischen Vielfalt beobachten, bei dem genetische Diversität, Artenvielfalt und landschaftliche Vielfalt zusammengefasst wurden, ohne dass das Verhältnis dieser verschiedenen Ebenen geklärt war.

[5] Das räumen auch die Autoren ein: *„The condition of each category is evaluated in somewhat different ways, although in general a full assessment of any service requires consideration of stocks, flows, and reslilience of the service."* (MEA 2005a, S. 29).

der Bewertungskriterien ergibt. Es gibt ÖSL, die prinzipiell unbegrenzt erbracht werden können (z. B. Bodenbildung), während andere unzweifelhaft Prinzipien der Nachhaltigkeit verletzen, wenn man bei ihrer Aktivierung nicht Maß hält. Oft werden die einen Leistungen auch auf Kosten anderer erbracht (Stallmann 2011), woraus sich methodisch bislang ungelöste Abwägungsanforderungen ergeben,[6] sobald das Konzept in Planungszusammenhängen genutzt werden soll.

Bisher ist nicht erkennbar, dass ÖSL Teil diskursiver Rahmungen oder Deutungsmuster (wie z. B. von Brand und Jochum 2000, S. 12 ff. geschildert) geworden sind, ob sich also die Erwartung, Aspekten der Ökologie zu einer besseren Geltung zu verhelfen, erfüllt hat, sieht man davon ab, dass die Monetarisierung natürlicher Sourcen und Ressourcen auf wachsendes Interesse des Kapitals stößt. Die Attraktivität des Konzepts innerhalb der Umweltwissenschaften scheint nichtsdestotrotz immer noch zuzunehmen.

6.4.3 Politik und Markt statt Kommunikation?

Der Kommunikationsbegriff selbst spielt im Millennium Ecosystem Assessment keine Rolle, die Wissenschaft versteht sich hier vielmehr selbst als kommunizierender Akteur, ihr Zielsystem ist die Politik. Die Zusammenfassung der Studie für „Entscheidungsträger“ thematisiert zwar Partizipation und Transparenz als Anforderungen an eine Politik der ÖSL, dies allerdings lediglich als Erfordernis des Managements, nicht als konstituierendes Moment von gesellschaftlicher Kommunikation (MEA 2005b, S. 61). Auch einen theoretisch verankerten Öffentlichkeitsbegriff sucht man bisher in der Debatte über ÖSL vergeblich.[7] Der Grund für diese systematische Blindheit mag in einem ökonomischen Kalkül liegen: Im Gegensatz zur „Tragödie der Gemeingüter“ wird die Tragödie der ÖSL nicht als ein Problem der Überkonsumtion, sondern als eines der Unterproduktion begriffen (Ruhl et al. 2007 nach Hardin, S. 293 ff.). Damit erscheint die gesellschaftliche Anerkennung von ÖSL allein durch die Schaffung von Marktbedingungen für eben diese in greifbare Nähe zu rücken. Kommunikation wird also nicht ausgeschlossen, vielmehr wird angenommen, für ökologische Fragen ließe sich das bereits erfolgreich etablierte, symbolisch generalisierte Kommunikationsmedium „Geld“ nutzen. Über die Erfolgsaussichten dieser Idee soll hier nicht geurteilt werden,

[6] Man muss aus dieser Reihe an Ungenauigkeiten an Luhmanns Urteil über die ökologische Kommunikation in den Wissenschaften denken: „Die Unbekümmertheit in der Wortwahl und das mangelnde Gespür für folgenreiche Theorieentscheidungen sind eines der auffälligsten Merkmale dieser Literatur – so als ob die Sorge um die Umwelt die Sorglosigkeit der Rede darüber rechtfertigen könnte.“ (Luhmann 2008, S. 8).

[7] Hin und wieder sind Verweise auf den Nutzen öffentlich verfügbarer Informationen zu finden (Ruhl et al. 2007, S. 273), was auch grundsätzlichen Forderungen nach Transparenz z. B. von Planungsprozessen entspricht.

auch nicht darüber, ob eine solche Ordnung wünschenswert ist. Allerdings ist die Identifikation und Anerkennung ökologischer Prozesse als Dienstleistungen und die Herausbildung entsprechender Märkte wiederum nur durch Kommunikation zu erreichen, d. h., das Medium „Geld" lässt sich nicht durch eine bloße Behauptung auf ökologisches Planen und Handeln übertragen. Die Autoren des Millennium Ecosystem Assessment gehen offenbar davon aus, dass die Politik nur von der Plausibilität ihrer Argumentation überzeugt werden muss, um entsprechende Gesetze und Regeln zu schaffen.[8] Welche drastischen Auswirkungen eine solche Logik auf das Wirkungsgefüge von Politik, Wissenschaft und Öffentlichkeit hat, zeigen die jüngeren Entwicklungen im Kontext der Klimadebatte.

6.4.4 Kommunikationsanstrengungen als Gestaltungsansätze der Umweltwissenschaften

Um in der Folge trotz dieser ungeklärten Fragen einige Aspekte systematisieren zu können, wird im Sinne eines berechtigten Wunsches nach Gestaltung von Kommunikation von Kommunikationsanstrengungen gesprochen. Unter einer Kommunikationsanstrengung soll der Versuch verstanden werden, wissenschaftliche Erkenntnisse in Bezug auf die Bedeutung von Ökosystemen für den Menschen außerhalb des Wissenschaftssystems geltend zu machen. Hierbei ist ein sich veränderndes Selbstverständnis in der Umweltforschung spürbar, die in den letzten Jahren ihre Kommunikationsanstrengungen massiv verstärkt hat: Oft wird erwartet, dass die Umweltwissenschaftler im Angesicht allgemeiner Unsicherheit weniger einzelne Erkenntnisse in den Diskurs einbringen, sondern mit der Politik in einen Austausch über die Gewichtung ökosystemarer Zusammenhänge treten und dabei eine avantgardistische Rolle einnehmen[9] (Bechmann und Stehr in BMBF 2004, S. 29). Diese Rolle erfährt wiederum Einschränkungen, da die Forschung durch die Konstruktion „konsensualen Wissens" (ebd., S. 30) Gefahr läuft, sich durch die Preisgabe ihres eigenen Mediums (wonach Informationen anhand von wahr/unwahr selektiert werden) selbst als Teilsystem zu schwächen. Um in dieser Falle zu bestehen, müssen Wissenschaftler letztlich in zwei Rollen auftreten – als Kommunizierende im Nachhaltigkeitsdiskurs und als Kommunizierende im Wissenschaftssystem. Ein gutes Beispiel ist „The Economics of Climate Change – The Stern Review" (Stern 2007), in dem vor allem im Hinblick auf die Konsequenzen gestörter klimatischer Regulierungsfunktionen aus der Wissenschaft

[8] Büscher und Japp (2010, S. 7) weisen zu Recht darauf hin, „dass in den aktuellen öffentlichen Debatten über Problemlösungen hinsichtlich einer ‚Ökologischen Krise' soziologische Argumente keinerlei Rolle spielen. Die Rettung der Welt wird sozusagen ohne Vorstellungen von ‚Gesellschaft' betrieben."

[9] In diesem Zusammenhang ist das Wort „pro-aktiv" in Mode gekommen.

trotz eines hohen Maßes an Unsicherheit eine politische Agenda entwickelt wird, die vom Emissionsrechtehandel bis zur Reduzierung der Entwaldung und gezielter Klimaanpassung reicht.[10]

Kuckartz und Schack (2002, S. 176) haben darauf hingewiesen, dass die Zwecke von Umweltkommunikation einen weiten Gradienten umfassen, der nicht hinreichend reflektiert wird. Der Versuch, Akzeptanz für Gesetze zu erreichen oder ökologische Produkte anzupreisen zieht völlig andere Konsequenzen nach sich als angestrebte Verhaltensänderungen oder sogar der Anspruch, Menschen zu befähigen, sich selbst in komplexen Fragen unseres ökologischen Handelns zu orientieren. Diese Vielfalt gilt auch für die Kommunikation über ÖSL. Im Folgenden werden deshalb einige mehr oder weniger etablierte Formen wissenschaftlicher oder planerischer Kommunikationsanstrengungen im Hinblick auf ihre Eignung diskutiert, gesellschaftliche Resonanz für bestimmte ÖSL zu erzeugen.

6.4.4.1 Klassischer Wissenstransfer

Wissenstransfer soll eine elementare Brücke zwischen der Wissenschaft und anderen Systemen schlagen, indem die Ergebnisse der Forschung im Wortsinne „veröffentlicht" werden. Auch in diesem Bereich wurden die Anstrengungen der Umweltforschung und -planung in den letzten Jahren massiv verstärkt. Der Anspruch, Wissensdefizite zu beheben (z. B. bei Schmidt et al. 2010, S. 143) ist angemessen, weil die Bereitstellung und Verfügbarmachung von hinreichenden Informationen letztlich Kommunikation ermöglicht (wenn sie auch noch keine Kommunikation ist).[11] Die Kommunikationsanstrengung realisiert sich hier darin, dass Informationen bereitgestellt werden, man weist also Funktionen von Ökosystemen nach, die für Menschen unerlässlich sind bzw. deren Verlust von allgemeinem Interesse sein sollte. In dieser Rolle können Umweltwissenschaftler durchaus eine engagierte Rolle einnehmen, ohne ihr eigenes Terrain zu verlassen. Dies betrifft die Darstellung ökosystemarer Zusammenhänge wie Bodenbildung, Wasserrückhalt oder wichtiger Nahrungsketten („Regulations- und ökologische Hintergrundleistungen") ebenso wie Erkenntnisse zur Land- und Wassernutzung („Versorgungsdienstleistungen") oder Beschreibungen des Beziehungsreichtums von Mensch und Landschaft („kulturelle Leistungen"). In allen diesen Fällen von Wissenstransfer sind weniger professionelle Marketingstrategien oder Kampagnen erforderlich, sondern vor allem klare Aussagen und eine allgemein verständliche Sprache, die in eben dieser

[10] Dass dieses neue Selbstverständnis auf einer realistischen Analyse der Möglichkeiten von Wissenschaft beruht, würde Luhmann bezweifeln, denn es „…kommt auf andere Funktionssysteme die Aufgabe zu, Brauchbares und Unbrauchbares zu sortieren" (Luhmann 2008, S. 108).

[11] Totalitäre Systeme verweigern aus genau diesem Grund die Preisgabe von Informationen, da sie die Folgen in der öffentlichen Kommunikation nicht steuern können. Über den Begriff der Öffentlichkeitsbeteiligung in der Planung (Schmidt et al. 2010, S. 149) hinausgehend müsste man, der partizipativen Intention der Autoren folgend, davon sprechen, dass durch Kommunikation Öffentlichkeit erst gebildet wird und dass eben hierin eine Aufgabe von Planungsprozessen besteht.

Klarheit gründet. Es gibt hierzu hinreichend historische Vorbilder,[12] in denen Umweltwissenschaftler direkt Informationen vermittelt und auf eine aggregierte Aufbereitung durch „Kommunikationsprofis" aus guten Gründen verzichtet haben. Das Unbehagen an dieser klassischen Rolle der Wissenschaft wird hin und wieder als Enttäuschung über die gesellschaftliche Wirkung beschrieben,[13] tatsächlich lässt sich aus der Haltung des klassischen Wissenstransfers nicht gewährleisten, dass das bereitgestellte Wissen auch gesellschaftlich genutzt wird. Im Sinne des einführend dargelegten Begriffs gesellschaftlicher Kommunikation muss allerdings gefragt werden, inwiefern eine solche Gewährleistung überhaupt zu erzwingen ist.

6.4.4.2 Wissenstransfer in transdisziplinären Zusammenhängen

Jenseits der „klassischen" Domäne des Wissenstransfers – im Kontext von Transdisziplinarität, also eines im Hinblick auf die genutzten Methoden und sogar im Hinblick auf die konkreten Forschungsfragen teilweise offenen Prozesses – bestimmen wiederum konzeptionelle Defizite das Bild (ein Systematisierungsansatz bei Jenssen und Anders 2010, S. 47 ff.). Wissenstransfer wird zwar zu Recht im Hinblick auf veraltete Modelle eines Verhältnisses von Sender und Empfänger kritisiert (Karmanski, S. 27), jedoch fehlen in den meisten Forschungsprozessen dialogische Arbeitsweisen, in denen landschaftsprägende Akteure die Möglichkeit haben, die Relevanz des produzierten Forschungswissens zu gewichten und ihre eigenen Wissensformen (also auch ihr Verhältnis zu verschiedenen ÖSL) ins Spiel zu bringen. Unter Bedingungen der Transdisziplinarität wird Wissenstransfer also zu einer aktiven Kommunikationsaufgabe, d. h., die Wissenschaftler müssen sich auf die vorhandene Heterogenität von Wissen einlassen und ihre eigene Arbeit den daraus folgenden Geltungskonflikten aussetzen. Im Hinblick auf ÖSL bedeutet dies, jene Widersprüche zuzulassen, die sich aus der Tatsache ergeben, dass Landschaften gleichzeitig genutzt, geschützt und genossen werden. Die Umweltwissenschaften können sich also nicht *per se* als Anwalt der verschiedenen ÖSL verstehen. Der appellative Gestus des Millennium Ecosystem Assessments gleitet in solchen Prozessen an der landschaftlichen Wirklichkeit ab, Umweltwissenschaftler müssen ihre Rolle im Kommunikationsprozess vielmehr möglichst sauber definieren, d. h. sich entweder auf die relativ passive Haltung des „klassischen Wissenstransfers" zurückziehen (und die Eigendynamik der Kommunikation hinzunehmen) oder sich selbst den Antinomien aussetzen, die sich aus der sozialen, ökonomischen und ökologischen Dimension

---

[12] Diese Rolle ist denn auch traditionell und ließ sich in hoher Qualität schon längst unter dem Leitmotiv „Wohlfahrtswirkungen" ausüben (vgl. z. B. Albert 1932; Hornsmann 1958 oder, kurz und bündig, Altrogge1986).

[13] Es gibt hiervon zwei Spielarten. Während z. B. Barkmann und Schröder (2011, S. 2) auf eine fehlende Aufnahme wissenschaftlicher Erkenntnisse in der Gesellschaft zielen, gehen zahlreiche andere Autoren davon aus, dass das Umweltwissen grundsätzlich ausreichend sei, es aber an Verhaltenskonsequenzen mangele (z. B. Wehrspaun und Schoembs 2002).

der Nachhaltigkeit in der Landschaft tatsächlich ergeben. Dass Letzteres nur selten geschieht, resultiert aus einem Verständnis, nach dem Wissen lediglich in den Wissenschaften monopolisiert ist und nichtwissenschaftliche Perspektiven keinen Wissensstatus beanspruchen können, sondern vielmehr lediglich als Identität, Gewohnheit, individuelle Erfahrung, Interesse oder Befindlichkeit beschrieben werden. Die nun verbleibende Kommunikation als Mittel der Erzeugung von Akzeptanz oder Konsens (kritisch dazu Adomßent 2004, S. 2) rückt also wiederum nahe an das eingangs geschilderte mechanistische Verständnis heran.

6.4.4.3 Social Marketing und Berücksichtigung von Lebensstilen im Hinblick auf das Konsumverhalten

Ein in Deutschland verbreiteter Ansatz, Nachhaltigkeitsthemen zu gesellschaftlicher Geltung zu verhelfen, ist das Social Marketing (z. B. Buba und Globisch 2009). Auch für verschiedene ÖSL können die hier entwickelten Methoden genutzt werden. Zum Beispiel könnte ihre Anerkennung für den Bereich der Landwirtschaft dadurch erfolgen, dass nicht die Landwirte als Verursacher nachlassender biologischer und landschaftlicher Diversität betrachtet werden, sondern die Verbraucher selbst (Adomßent 2004, S. 4) – jedenfalls, solange die Landwirte keine Möglichkeit haben, Praktiken zur Erhaltung dieser Vielfaltsformen auf dem Markt zu finanzieren. Vielfalt wird also als (zu schaffendes) Produkt und nicht mehr als (gegebenes und gefährdetes) Gut betrachtet und dadurch kann sie zum Gegenstand von Marketing werden.

Gegenüber der sozialwissenschaftlichen Analyse umweltrelevanter Konsumgewohnheiten und der ihnen zugrundeliegenden gesellschaftlichen Komplexität (z. B. bei Brandt et al. 2001) bildet das Social Marketing eine Verengung des Blicks mit dem Ziel, sozialwissenschaftliche Forschung mit betriebswirtschaftlichen Konzepten der Kundengewinnung zu verknüpfen, um letztlich Verhaltensänderungen zu bewirken. Auch hiermit geht ein verändertes Selbstverständnis der Wissenschaft einher – weg von der kritischen Analyse hin zum „Change Management“ (Buba, S. 6). Zunächst werden soziale Gruppen mit bestimmten Wertemustern, Konsumgewohnheiten und milieubestimmten Prägungen in Anlehnung an die SINUS-Milieus identifiziert (z. B. bei Theßenwitz 2009), anschließend werden die gewonnenen Identifikationen zur Konstruktion von Zielgruppen genutzt, die durch angepasste mediale Codes für die jeweils angestrebten Ziele gewonnen werden sollen. Umgangssprachlich wird dies gern durch Formulierungen ausgedrückt wie „Man muss die Leute da abholen, wo sie stehen“. Diese scheinbar einfache Wahrheit wird als Selbstüberschätzung kenntlich, wenn man sich klar macht, dass Kommunikation ein Prozess ist, in dem sich alle Teilnehmer bewegen und niemand darauf wartet, abgeholt zu werden.

Lange (2005) hat das Social Marketing ausgehend von der Lebensstilforschung als eher bescheidenen und insofern realistischen Erwartungshorizont beschrieben, das

Konsumverhalten zu beeinflussen.[14] Dass sich entsprechende Konsummuster durch die gezielte Beeinflussung von Lebensstilen dauerhaft verankern lassen, wird allerdings auch von ihm bezweifelt. Weder lassen sich Lebensstile politisch steuern, noch ist es möglich, Distinktionseffekte (z. B. bei der Rolle von Öko-Pionieren) konstruktiv zu nutzen – die soziale Distinktion ist Teil einer sozialen Dynamik und trägt also ebenso viel zur Erosion kultureller Muster bei wie zu ihrer Ausprägung. Die schwache Korrelation von Lebensstil und Handeln verweist zudem auf die begrenzten Möglichkeiten innerhalb unserer Gesellschaft, überhaupt nachhaltige Konsumgewohnheiten zu praktizieren, sodass der Ball letztlich zu den politischen Strukturentscheidungen zurückgespielt werden muss. Angesichts diverser ÖSL verschärft sich dieser Umstand, da nicht alle darunter zusammengefassten Prozesse unmittelbar durch individuelles Konsumverhalten beeinflussbar sind. Da ein großer Teil unserer Handlungen aus gesamtgesellschaftlichen (und nicht lebensstilbedingten) Mustern resultiert, kann zudem eine Entscheidung über die Wahrnehmung von bestimmten ÖSL (vor allem der Regulierungsfunktionen) überhaupt nicht dem freien Markt überlassen, sondern muss durch Gesetze gewährleistet werden (dazu auch Bilharz, 2009, S. 142 f.).

Insofern ist auch beim Social Marketing mehr Vorsicht in Bezug auf die zu erwartenden Effekte geboten, als derzeit waltet, zumal die jeweils „bessere" Kaufentscheidung das ökologische Gewissen entlastet und im Hinblick auf ihre jeweiligen Kosten verharmlost wird. Die Vertreter der Schule betonen, dass neben einer Konstruktion der sozialen Gruppen als Objekte des Marketings ausdrücklich deren selbstbestimmte Übernahme von Verantwortung angestrebt wird (Buba und Globisch 2009, S. 10). Es muss jedoch bezweifelt werden, dass die Tautologie des konventionellen Marketings von Bedürfnisweckung und -befriedigung durchbrochen werden kann, denn die gewählten Informationen und ihre Zurichtung antizipieren ja bereits die in den Milieus etablierten Macht- und Geltungsprinzipien, denen sich die fehlende Nachhaltigkeit unserer Lebenspraxis verdankt. Es ist denkbar, dass sich ein Vertreter des LoHaS[15] oder ein „Konsummaterialist" durch Social Marketing zu einer bestimmten Kaufentscheidung motivieren lässt, die Erwartung allerdings, Vertreter dieser Zielgruppen würden ihre Einstellungen dadurch ändern, indem man versucht, ihre Sprache zu sprechen, ist irrig, da gerade dadurch „die Leitideen und Mythen der bislang vorherrschenden institutionellen Praktiken" (Brand 2005, S. 153) *nicht* infrage gestellt werden. Hinzu kommen der Umstand, dass die an Kommunikation beteiligten Akteure letztlich immer entscheidungsoffen sind (Ziemann 2005), sowie die Tatsache, dass durch Kommunikation eine zwangsläufige Veränderung der eigenen Wahrnehmung eintritt, in deren Ergebnis die jeweiligen Wissenschaftler selbst mit modifizierten Sichtweisen aus diesem Prozess herausgehen müssten. Mit anderen Worten: Wer Kommunikation stiften will und deren Eigendynamik ausgrenzt, kommuniziert letztlich nicht.

---

[14] Eine gründliche Prüfung der Spielräume für den Konsum hat z. B. Bilharz (2009) vorgelegt.

[15] Lifestyle Of Health & Sustainability.

6.4.4.4 Kampagnen

Denkbar ist in diesem Zusammenhang das Bemühen um eine öffentliche Geltung von ÖSL durch Kampagnen. Dabei ist die konzeptionelle Unklarheit des Begriffs erst einmal kein Hindernis. Wie Lisowski (2006) zeigt, ist die lineare Abfolge von Planung, Strategie und Kampagne im Hinblick auf demokratische Einflussnahme zumindest im europäischen Kontext kaum anzutreffen, vielmehr entwickeln sich Kampagnen „evolutionär" entlang bestehender finanzieller und professioneller Spielräume. Insofern können sich Aspekte je nach Erfolg durchsetzen, andere dagegen in den Hintergrund treten. Voraussetzung sind Organisationen, die ein bestimmtes Interesse gegenüber der Öffentlichkeit vertreten. Deren Praxis ist im Bereich der Umweltkommunikation bekannt: Kampagnen für die Einrichtung von Wildnisgebieten, für die Erhaltung gefährdeter Arten und Lebensräume, für den Schutz bestimmter Landschaftstypen, für Nahrungsmittel, die mit Rücksicht auf die Ökosysteme produziert wurden usw. sind heute alltäglich. Sie können Entscheidungen beeinflussen und helfen, gesellschaftliche Entwicklungen zu befördern.[16] Frankel (1998, S. 66) schildert auch ein *„greening of communication"* für die Public Relation der Industrie. Gerade anhand des Begriffs der ÖSL wird hier aber deutlich, dass sich die Werbung wirksamer auf die jeweiligen Organisationen oder Unternehmen, welche bestimmte landschaftliche Prozesse steuern oder nutzen, bezieht, als auf das Ökosystem selbst.[17] Insofern entsteht für diese Form von Kommunikation ein Authentizitätsproblem, da immer ein Motivverdacht aufkommt (Japp 2010). Zudem steht es Organisationen mit gegensätzlichen Anliegen frei, jeweils Kampagnen zu veranstalten, in denen letztlich verschiedene Umweltziele evoziert werden. Da nicht alle Funktionen und Prozesse in genutzten Landschaften *per se* widerspruchsfrei zueinander stehen, sind Kampagnen zur Verdeutlichung von ÖSL zwar zweifellos möglich, können aber, gerade wenn sie erfolgreich sind, hinsichtlich der Wirkungsweise von Wissenschaft, Öffentlichkeit, Bildung und Politik usw. verheerende Wirkungen im Sinne der Realitätsverweigerung haben, da offene Fragen, Widersprüche und Abwägungen die Dynamik von Kampagnen behindern und dementsprechend strukturell ausgeblendet werden.

6.4.4.5 Bildung für nachhaltige Entwicklung und landschaftspolitische Bildung

Das Anliegen der Bildung für nachhaltige Entwicklung, eine generationenübergreifende, selbstorganisierte Auseinandersetzung und persönliche Kompetenzen im Umgang mit dem Thema Nachhaltigkeit zu fördern, scheint nahe an der Intention des ÖSL-Begriffs zu liegen und sogar eine adäquate Lösung für die geschilderte Asymmetrie der subsumierten Funktionen zu bieten: Begreifen, in Beziehung setzen, Perspektivvielfalt zulassen und verantwortlich handeln bilden Eckpunkte, innerhalb

[16] z. B. in der Stand-by-Kampagne (vgl. Schack 2004, S. 35).

[17] vgl. die Tigerkampagne des WWF, dargestellt in Conta Gromberg (2006, S. 284 f.).

derer jeweils angepasste und adäquat kontextualisierte Zugänge zu diesem Thema geschaffen werden könnten. Gemeint ist deshalb hier nicht Bildung für nachhaltige Entwicklung als „Reklame für Nachhaltigkeit" (Siemer 2007) oder als Unterfunktion von Social Marketing bzw. als Selbstlob der Umweltpolitik, sondern als Kommunikation. Das verlangt allerdings, den autopoietischen Prozess in der Bildung selbst zu fördern, ohne dessen Ergebnisse vorwegzunehmen. Genau gegen diesen Grundsatz wird in vielen, unter dem Label „Bildung für nachhaltige Entwicklung" stehenden Arbeitsweisen verstoßen und vielmehr auf alte Konzepte der Umweltbildung zurückgegriffen, wenn auch in neuem Gewand. Rollenspiele etwa, in denen Kindern grundsätzlich eine „konstruktive Lösung" von Konflikten vorgegeben wird, haben nichts mit dem geschilderten Anspruch des Konzepts zu tun, sondern greifen wieder auf das oben genannte Modell des konsensualen Wissens zurück, das der Wirkungsweise offener Gesellschaften zuwiderläuft. Auch die häufige Verengung des Ansatzes auf Fragen des Konsums führt letztlich nicht zu einer befriedigenden Nähe zu den ökologischen Aspekten der betreffenden Dienstleistungen. Kommunikation von ÖSL durch Bildung für nachhaltige Entwicklung führt also nicht automatisch zum Erfolg, sondern hängt von der konkreten Ausgestaltung des Programms ab. Sie kann sogar Verwirrung und Frustration hervorrufen, wenn die erarbeiteten individuellen Handlungsspielräume letztlich schematisch bleiben, was nach eigener Beobachtung der Regelfall ist.

Am meisten leiden entsprechende Ansätze an ihrer Abstraktion und fehlenden Raumgebundenheit, denn Handeln findet immer in Handlungsräumen statt, auf welche die Inhalte in ihrer ganzen Komplexität auch bezogen sein sollten. Szenarien, die nicht die Logik des Lokalen aufnehmen, bleiben ohne Wirkung. World-Cafés, in denen kritische Positionen, die aus einer räumlichen Beziehung erwachsen, wegmoderiert werden, statt sie auszutragen, verfehlen ihren Erfolg. Es reicht nicht, eine artenreiche Wiese anzusäen oder eine Senke zu vernässen, ohne sich ins Verhältnis zur landschaftlichen Komplexität zu setzen. Die Logik des Schulgartens ist nützlich, fördert aber noch kein Verständnis des Spannungsverhältnisses verschiedener ÖSL. De Haan und Kuckartz (1998, S. 33) beschreiben ein „Entfernungsgefälle" in Bezug auf die Wahrnehmung kritischer Umweltlagen, das sie in verschiedener Hinsicht (Rolle der Medien, Interesse an der Ferne, globalisiertes Umweltbewusstsein) interpretieren. Demnach nehmen die Umweltbelastungen mit wachsendem Abstand zu, das eigene Umfeld scheint dagegen intakt, „schuld" sind die anderen. Dieser Effekt wird durch bestimmte Arbeitsweisen in der Bildung für nachhaltige Entwicklung oftmals unfreiwillig verstärkt, indem vor allem globale und menschheitliche Zusammenhänge fokussiert werden[18] und sich das entsprechende Umweltverhalten in erster Linie in der Wahrnehmung von Konsumoptionen erschöpft. Will man Methoden der Bildung für nachhaltige Entwicklung für

[18] vgl. die Entwicklung des Problemhorizonts bei Rieß (2010) oder die Hauptsyndrome des globalen Wandels bei de Haan und Harenberg (1999)

die Kommunikation von ÖSL und deren Fruchtbarmachung in partizipativen Planungsprozessen nutzen, ist genau dieses Prinzip umzukehren: Die Nachhaltigkeitskonflikte liegen zuallererst vor der Haustür und müssen dort auch angeeignet werden. Ein solcher Paradigmenwechsel verlangt allerdings eine kritische, die ergebnisoffene Auseinandersetzung nicht scheuende wissenschaftliche Beschreibung dieser Konflikte. Derlei Vorlagen bilden in der gegenwärtigen Umweltforschung eher die Ausnahme.

Einen aussichtsreicheren Weg weist in diesem Zusammenhang das von Deutschland weder unterzeichnete noch ratifizierte Landschaftsübereinkommen (ELC 2000), das selbstverständlich einen Raumbezug in der landschaftspolitischen Bildung vorsieht (z. B. im Raumbezug erprobt von Kulozik 2009). Dieser, an der Eigenart konkreter Landschaften und an ihrer stattfindenden Veränderung orientierte Ansatz ist auch für das Thema der ÖSL entwicklungsfähig, weil er

- erstens das jeweilige landschaftliche Verhältnis der verschiedenen, unter dem Begriff „Ökosystemleistungen" zusammengefassten Prozesse, also eine spezifische ökosystemare Balance oder Dysbalance, zum Ausgangspunkt nimmt und
- zweitens an die Landschaftswahrnehmung der Bewohner selbst anschließt, d. h. aus einem Kommunikationsprozess heraus jene Potenziale weiterentwickelt, bearbeitet und qualifiziert, die Aussicht auf Resonanz haben.

Eine Orientierung an der einfachen und in sich logisch geordneten Agenda des Landschaftsübereinkommens für eine Kommunikation über diverse ÖSL ist daher auch ohne die politische Etablierung der hier erhobenen Forderungen zu empfehlen. Sie kann durch landschaftskundlichen Unterricht leicht vorbereitet werden, erlaubt die Integration von Partnern (Künstler, Landnutzer, Naturschützer, Kommunalpolitiker usw.) und ist erkennbar – wie jede Landschaftsentwicklung auch – ergebnisoffen. Vor wohlfeilen Antworten muss man sich im Kontext konkreter Landschaften nicht schützen, da die Widersprüche und die Interdependenzen des eigenen Raums erheblich leichter erkennbar sind als in global vermittelten Zusammenhängen: Hinter jeder landschaftlichen Praxis steht ein Akteur mit gesellschaftlichen Handlungszwängen.[19]

[19] „Umweltpsychologen weisen mit neueren Diskussionszusammenhängen und Forschungsergebnissen darauf hin, dass der Kontext des Wissenserwerbs über die Handlungsrelevanz des Wissens mitentscheidet" (Michelsen 2002, S. 202). Ebendieser Umstand macht Landschaft zu einem idealen Kontext für Bildung. *Dass trotzdem entsprechende Ansätze in Deutschland die Ausnahme bilden, liegt einerseits am Fehlen entsprechender diskursiver Rahmungen (der Begriff Landschaft hat in den deutschen Nachhaltigkeitsdiskurs kaum Eingang gefunden) und andererseits an der irrigen Vorstellung, eine Beschäftigung mit einzelnen Landschaften führe letztlich zur Verzettelung, sodass man das große Ganze (den globalen Wandel) aus den Augen verliere. Hierzu ist zu sagen, dass Kompetenz im Umgang mit ÖSL nur im sorgfältigen Umgang mit dem Einzelfall wachsen kann und, einmal gebildet, immer über sich hinausweist.*

6.4.4.6 Landschaftsplanung, Landschaftswerkstätten und Kulturinstitutionen als Verknüpfung von lokaler Diskussion, regionaler Debatte und gesellschaftlichem Diskurs

Als gesellschaftliche Wesen haben wir verschiedene soziale Bezüge. Wir leben in einer Familie, teilen das Leben einer Dorfgemeinschaft oder eines Stadtquartiers, zählen uns zu einer Berufsgruppe und sind Bürger eines Staats. In der Kommunikation über ökologische Sachverhalte werden die aus diesem Umstand resultierenden unterschiedlichen Ebenen, Sprachen, Logiken und Themen gegenwärtig nicht hinreichend berücksichtigt. Das oft zitierte Leitmotiv *„Global denken - lokal handeln"*, das auch für Agenda-21-Prozesse in Anspruch genommen wird, verwischt die unterschiedlichen Kommunikationsprozesse, die zwar parallel, aber oftmals unvermittelt ablaufen und in denen jeweils verschiedene Umwelten konstituiert werden. Für die Bewohner einer großen Stadt ist der ländliche Raum in der Nähe Umwelt, während er für die dort lebenden Landbewohner eher als eigener Gestaltungsraum in Erscheinung tritt. Dementsprechend haben auch Fragen der Nachhaltigkeit jeweils einen anderen symbolischen Ort. Über Massenmedien gesamtgesellschaftlich etablierte Themen können unter Umständen in Dorfgemeinschaften vollkommen ausgeblendet werden, wiederum zeigen sich gesellschaftliche Diskurse oft blind gegenüber regional spezifischen Bedingungen. Die aus diesem Umstand resultierenden Grenzen von wissenschaftlichen Kommunikationsanstrengungen können hier nicht systematisch entwickelt werden, es ist aber auf jeden Fall zu empfehlen, die Ebene, auf der eine ÖSL geltend gemacht werden soll, genau zu benennen. Ein lokaler Konflikt z. B. über ein Wiedervernässungsvorhaben muss die am Ort herrschenden kommunikativen Spielräume nutzen, die Rhetorik des Klimawandels wird hier selten von Nutzen sein. Geht es dagegen um internationale Abkommen zum Klimaschutz, ist es umgekehrt. Schon im Übergang von einem kulturlandschaftlichen Handlungsraum auf eine lokale Ebene treten oft erhebliche Probleme auf.

In der Landschaftsplanung kann das menschliche Raumhandeln im Kontext partizipativer Arbeitsweisen durch zahlreiche Instrumente veranschaulicht und dadurch kollektiv bewertet werden. Die erheblich verbesserten Möglichkeiten durch computergestützte Modellierung und Visualisierung zeigen Krätzig et al. (2022) und reflektieren dabei auch die gebotene Sorgfalt hinsichtlich der Belastbarkeit von Aussagen und möglicher Suggestivwirkungen. Im Hinblick auf ÖSL wird bei diesen Methoden allerdings deutlich, dass diese dadurch wieder in den gesellschaftlichen Abwägungsprozess zurückgeholt werden müssen, wenn sie nicht im Sinne der Kampagne eingesetzt werden und die direkte Allianz von Wissenschaft und Politik untersetzen sollen. Dass zwischen verschiedenen Leistungen und anderen Ansprüchen an den Raum Priorisierungen erfolgen müssen und Dialektiken stattfinden, die letztlich Sache des Diskurses sind, ist die logische Konsequenz.

Mit Landschaftswerkstätten (Anders und Fischer 2010) kann man über einen längeren Zeitraum hinweg versuchen, kontinuierlich lokale, regionale und gesellschaftliche Diskurse miteinander zu verknüpfen und sie so letztlich auch im Hinblick auf die Wahrnehmung von ÖSL zu beeinflussen. Da Akteure, die eine Übertragung z. B.

massenmedialer Themen in den konkreten Raum überzeugend vertreten können, selten sind, gleiten gesamtgesellschaftliche Beiträge meistens an den Regionen ab. In diesem Fall bleibt immer noch die Möglichkeit, lokale Aspekte zu handlungsräumlichen Perspektiven zu verknüpfen und sie in die Debatte einzuspeisen. Dieser Ansatz liegt nahe an einem Verständnis der Kommunikationswissenschaft als kommunizierender Wissenschaft (Ivanišin 2006), die letztlich auf eine Qualifizierung raumbezogener Diskurse gerichtet ist. Vor diesem Hintergrund ist eine dauerhafte Institutionalisierung der regionalen Selbstbeschreibung die Voraussetzung dafür, dass ÖSL in den Landschaften selbst angemessen kommuniziert werden können. Entsprechende Erfahrungen konnten z. B. seit 2016 am Oderbruch Museum Altranft gesammelt werden, das sich als Kulturinstitution der kollektiven Wissensproduktion innerhalb von Jahresthemen widmet und dabei auf vielfältige Formen von Erfahrungswissen zurückgreift (Abb. 6.7 und 6.8). Überlässt man die Kommunikation dagegen den Versorgungsgesellschaften der

Abb. 6.7 Eine Ausstellung zum Jahresthema Landwirtschaft des Oderbruch Museums Altranft, 2018. Texte aus Befragungen mit Landwirten und begleitende Fotografien werden mit Recherchewissen verknüpft. Das methodische Prinzip der regionalen Selbstbeschreibung, das diesen Jahresthemen zugrunde liegt, zielt auf den Beitrag vieler Menschen zu einer kollektiven Wissensproduktion. Der natürliche Reichtum eines Landschafsraums, seine Ressourceneigenschaften und ihre Veränderung in der menschlichen Aneignung können in der Gesellschaft nur Geltung erlangen, wenn sie Gegenstand von Kommunikation werden

Abb. 6.8 Landschaftspleinair 2011 „Grund und Boden – Fundamente einer Landschaft" im Oderbruch. Die Stecken markieren einen ehemaligen Mäander der alten Oder, der durch die Melioration zu Ackerland geworden ist. Die Lesbarkeit der Landschaft und ihrer Historizität ist eine maßgebliche Voraussetzung für eine gelingende Kommunikation über Landschaften und Ökosysteme

Ballungsräume und ihren Medien, wird keine adäquate gesellschaftliche Verständigung über die Bedeutung der Ökosysteme für unser Leben erreichbar sein.

Fazit

Die wesentlichen Aussagen dieses Überblicks seien hier noch einmal in thesenartiger Form zusammengefasst:

- Kommunikation ist die Voraussetzung dafür, dass ÖSL geltend gemacht werden können, sie ist aber nur begrenzt gestaltbar.
- Der Begriff „Ökosystemleistungen" versammelt in kommunikativer Absicht verschiedene Prozesse in Ökosystemen und Landschaften, die bisher nicht befriedigend miteinander verknüpft sind, was letztlich in der Kommunikation Verwirrung stiftet.
- Politik und Markt können Kommunikation nicht ersetzen, sie sind vielmehr selbst durch Kommunikation gesellschaftlich ausdifferenzierte Teilsysteme. Es gibt Ansätze in den Umweltwissenschaften, sich der Medien dieser Systeme zu

bedienen, was erhebliche Veränderungen im Selbstverständnis von Wissenschaft erfordert, für die es bisher keine hinreichenden Begründungen gibt.
- Im berechtigten Anspruch, Kommunikation trotzdem zu gestalten, haben sich im Kontext der Nachhaltigkeitskommunikation verschiedene Schulen und Ansätze gebildet.
- Klassischer Wissenstransfer ist heute oft als Populärwissenschaft verpönt. Die hier zu Gebote stehenden Mittel erlauben aber eine präzise Bereitstellung wissenschaftlicher Ergebnisse für die außerwissenschaftliche Kommunikation und sollten deshalb weiterhin genutzt werden.
- Transdisziplinärer Wissenstransfer ist ein lohnendes Unterfangen, verlangt aber von den Umweltwissenschaften eine Preisgabe ihres monopolisierten Wissensbegriffs im Dienste der Kommunikation.
- Social Marketing und zielgruppenspezifische Kommunikationsstrategien sollten in Bezug auf ihre Reichweite kritisch überprüft werden. Ihr Kerngeschäft sind Konsummuster und Verhaltensformen, die konsumnah sind (z. B. die Hinnahme von Gesetzen und gesellschaftlichen Praktiken).
- Kampagnen können wirksam genutzt werden, repräsentieren aber letztlich eher das Kommunikationsinteresse einer Organisation als eine ÖSL.
- Im Kontext der Bildung für nachhaltige Entwicklung dominieren globale Perspektiven. Eine Kommunikation über einzelne ÖSL und ihr Verhältnis zueinander wird eher Anschluss im Kontext der landschaftspolitischen Bildung gelingen.
- Lokale, regionale und gesellschaftliche Diskurse lassen sich nur schwer miteinander verknüpfen, da sie jeweils unterschiedliche Umwelten konstituieren und verschiedene Themen etablieren. Statt der Frage „Welche Zielgruppe will ich ansprechen?“ ist für die Kommunikation die Frage „Welche Öffentlichkeit will ich ansprechen, d. h., innerhalb welcher Themen will ich Beiträge platzieren, die kommuniziert werden?“ vielversprechender.

Literatur

Ackermann W, Stenzel S, Fuchs D (2020) Erfassung des Landnutzungswandels im Rahmen des bundesweiten Ökosystemmonitorings. In: Meinel G, Schumacher U, Behnisch M, Krüger T (Hrsg) Flächennutzungsmonitoring XII mit Beiträgen zum Monitoring von Ökosystemleistungen und SDGs. IÖR-Schriften, Bd 78. Rhombos-Verlag, Berlin, S 169–178

Adomßent M (2004) Umweltkommunikation in der Landwirtschaft. Berliner Wissenschafts-Verlag, Berlin

AdV – Arbeitsgemeinschaft der Vermessungsverwaltungen der Länder der Bundesrepublik Deutschland (2018) Dokumentation zur Modellierung der Geoinformationen des amtlichen Vermessungswesens (GeoInfoDok): Erläuterungen zum ATKIS® Basis-DLM. – S 157 [Version 6.0.1 Stand: 21.08.2018]

Albert C, von Haaren C, Galler C (2012) Ökosystemdienstleistungen. Alter Wein in neuen Schläuchen oder ein Impuls für die Landschaftsplanung? Naturschutz und Landschaftsplanung 44:142–148

Albert C, Burkhard B, Daube S, Dietrich K, Engels B, Frommer J, Götzl M, Grêt-Regamey A, Job-Hoben B, Keller R, Marzelli S, Moning C, Müller F, Rabe SE, Ring I, Schwaiger E, Schweppe-Kraft B, Wüstemann H (2015) Empfehlungen zur Entwicklung eines ersten nationalen Indikatorsets zur Er-fassung von Ökosystemleistungen. Diskussionspapier, BfN-Skripten 410, Bonn

Albert C, Hansen R, Dehnhardt A, Deppisch S, Fürst C, Geißler G, Gerner N, Marzelli S, Poßer C, Rathmann J, Schrapp L, Schröter-Schlaack C, Warner B (2021) Das Ökosystemleistungskonzept in der räumlichen Planung – zehn Thesen. Raumforschung und Raumordnung: 1–15, https://doi.org/10.14512/rur.76

Albert C, Galler C, von Haaren C (Hrsg) (2022) Landschaftsplanung, 2. Aufl. Eugen Ulmer, Stuttgart

Albert R (1932) Der Einfluß des Waldes auf den Stand der Gewässer und den Bodenzustand. In: Die Wohlfahrtswirkungen des Waldes. Vorträge und Aussprache auf der 9. Vollversammlung des Reichsforstwirtschaftsrates am 3. Februar 1932 in Berlin. Sonderdruck aus Heft 34 vom 15.3.32 der Mitteilungen des Reichsforstwirtschaftsrates

Altrogge D (1986) Die Wohlfahrtswirkungen des Waldes in Zahlen. Beiträge zur Lebensqualität, Walderhaltung und Umweltschutz, Volksgesundheit, Wandern und Heimatschutz. Siegen, 13

Anders K, Fischer L (2010) Landschaftswerkstatt Schlabendorfer Felder. In: Hotes S, Wolters V (Hrsg) Wie Biodiversität in der Kulturlandschaft erhalten und nachhaltig genutzt werden kann. Fokus Biodiversität. Oekom, München, S 262–272

Arnold S, Kurstedt R, Riecken J, Schlegel B (2017) Paradigmenwechsel in der Landschaftsmodellierung – von der tatsächlichen Nutzung hin zu Landbedeckung und Landnutzung. zfv – Zeitschrift für Geodäsie, Geoinformation und Landmanagement, 142, 1, 30–37

Backhaus T (07 Mai 2008) Backhaus begrüßt Erklärung des Bundes und der Länder zur biologischen Vielfalt. Natur & Umwelt. www.mv-schlagzeilen.de/

Ballin M, Barcaroli G, Masselli M, Scarnó M (2018) Redesign sample for land use/cover area frame survey (LUCAS) 2018. Statistical working papers. Luxembourg

Barkmann J, Schröder K (2011) Workshop „Ökosystemdienstleistungen". Georg-August-Universität Göttingen, Warum ein sperriges Konzept Karriere macht. Endbericht zum F&E-Vorhaben

Bartkowski B, Bartke S, Hagemann N, Hansjürgens B, Schröter-Schlaack C (2021) Application of the governance disruptions framework to German agricultural soil policy. SOIL 7:495–509

Bastian O, Schreiber K-F (1999) Analyse und ökologische Bewertung der Landschaft, 2. Aufl. Spektrum Akademischer Verlag, Heidelberg

Bechmann G, Stehr N (2004) Praktische Erkenntnis: Vom Wissen zum Handeln. In: BMBF (Hrsg) Vom Wissen zum Handeln? Die Forschung zum Globalen Wandel und ihre Umsetzung. BMBF, Bonn S 27–30

Beck S, Born W, Dziock S, Görg G, Hansjürgens B, Jax K, Köck W, Neßhöver C, Rauschmayer F, Ring I, Schmidt-Loske K, Unnerstall H, Wittmer H, Henle K (2006) Die Relevanz des Millennium Ecosystem Assessment für Deutschland. UFZ-Bericht Nr. 02/2006, UFZ Umweltforschungszentrum Leipzig, S 106

BfN – Bundesamt für Naturschutz (2017) Bundeskonzept Grüne Infrastruktur. Bfn, Bonn

Bilharz M (2009) „Key Points" nachhaltigen Konsums. Ein strukturpolitisch fundierter Strategieansatz für Nachhaltigkeitskommunikation im Kontext aktivierender Verbraucherpolitik. Metropolis, Marburg

BKG – Bundesamt für Kartographie und Geodäsie (2020) Dokumentation Digitales Basis-Landschaftsmodell: Basis-DLM. Frankfurt (Main)

BMI – Bundeministerium des Innern (2017) Geoinformationen einfach genutzt. Vierter Bericht der Bundesregierung über die Fortschritte zur Entwicklung der verschiedenen Felder des Geoinformationswesens im nationalen, europäischen und internationalen Kontext. S 59

BMU – Bundesministerium für Umwelt, Naturschutz und nukleare Sicherheit (2015) Indikatorenbericht 2014 zur Nationalen Strategie zur biologischen Vielfalt, Berlin

Bertke E (2005) Ökologische Güter in einem ergebnisorientierten Honorierungssystem für ökologische Leistungen der Landwirtschaft. Herleitung – Definition – Kontrolle. Dissertation, Universität Göttingen, ibidem Verlag, Stuttgart

Bommarco R, Kleijn D, Potts SG (2013) Ecological intensification: harnessing ecosystem services for food security. Trends Ecol Evol 28:230–238

Bonifazi A, Belena P, Rega C (2017) Pollination and the integration of ecosystem services in landscape planning and rural development. In: Gervasi O et al. (Hrsg) Computational science and its applications – ICCSA 2017. 17th International Conference Trieste, Italy, July 3–6 2017. Proceedings, Part V, S 118–136

Borie M, Mathevet R, Letourneau A, Ring I, Thompson JD, Marty P (2014) Exploring the contribution of fiscal transfers to protected area policy. Eco Soci 19(1):9. http://www.ecologyandsociety.org/vol19/iss1/art9/

Brand KW (2005) Nachhaltigkeitskommunikation: eine soziologische Perspektive. In: Michelsen G, Godemann J (Hrsg) Handbuch Nachhaltigkeitskommunikation: Grundlagen und Praxis. Oekom, München, S 149–159

Brand KW, Jochum G (2000) Der Deutsche Diskurs zu Nachhaltiger Entwicklung. Abschlussbericht eines DFG-Projekts zum Thema „Sustainable Development/Nachhaltige Entwicklung – Zur sozialen Konstruktion globaler Handlungskonzepte im Umweltdiskurs“. Münchner Projektgruppe für Sozialforschung e. V., München

Brand KW, Gugutzer R, Heimerl A, Kupfahl A (2001) Sozialwissenschaftliche Analysen zu Veränderungsmöglichkeiten nachhaltiger Konsummuster. UBA-FB 000330, München

Brondízio ES, Gatzweiler FG, Zografos C, Kumar M (2010) Socio-cultural context of ecosystem and biodiversity evaluation. Biodiversity, ecosystems and ecosystem services. In: Kumar P (Hrsg) The economics of ecosystems and biodiversity: ecological and economic foundations. Earthscan, London, Washington, S 149–181

Brzoska P, Grunewald K, Bastian O (2021) A multi-criteria analysis approach to assess ecosystem service at urban site level exemplified by two city districts. Ecosys Serv 49. https://doi.org/10.1016/j.ecoser.2021.101268

Buba H, Globisch S (2009) Kommunikation und social marketing von Nachhaltigkeitskultur am Beispiel pädagogischer Initiativen. Umweltbundesamt, Dessau-Roßlau

Buba H, Globisch S, Grötzbach J (2009) Anregungen für die Nachhaltigkeitskommunikation aus kulturpolitischer Perspektive. Bausteine eines Orientierungsrahmens zu einem kulturbezogenen Konzept der Nachhaltigkeitskommunikation. Umweltbundesamt, Dessau-Roßlau

Büscher C, Japp KP (Hrsg) (2010) Ökologische Aufklärung. 25 Jahre „Ökologische Kommunikation“. VS Verlag, Wiesbaden

Bundestagsfraktion Bündnis 90/Die Grünen (2012) Biodiversität 2020. Das grüne Handlungskonzept zum Schutz der biologischen Vielfalt. www.gruene-bundestag.de/themen/biologische-vielfalt/der-gruene-aktionsplan-fuer-den-schutz-der-biologischen-vielfalt.html

Bundesregierung (2016) Deutsche Nachhaltigkeitsstrategie. Neuauflage 2016. Presse- und Informationsamt der Bundesregierung, Berlin. S 257

Burkhard B, Kroll F, Nedkov S, Müller F (2011) Mapping ecosystem service supply, demand and budgets. Ecol Indic 21:17–29

Burkhardt R, Baier H, Bendzko U, Bierhals E, Finck P, Liegl A, Mast R, Mirbach E, Nagler A, Pardey A, Riecken U, Sachteleben J, Schneider A, Szekely S, Ullrich K, van Hengel U, Zeltner U, Zimmermann F (2004) Empfehlungen zur Umsetzung des § 3 BNatSchG „Biotopverbund": Ergebnisse des Arbeitskreises „Länderübergreifender Biotopverbund" der Länderfachbehörden mit dem BfN. Naturschutz und Biologische Vielfalt, 2. BfN, Bonn-Bad Godesberg

Busch J, Mukherjee A (2018) Encouraging state governments to protect and restore forests using ecological fiscal transfers: India's tax revenue distribution reform. Conserv Lett 11:1–10

Busch J, Ring I, Akullo M, Amarjargal O, Borie M, Cassola RS, Cruz-Trinidad A, Droste N, Haryanto JT, Kasymov U, Kotenko NV, Lhkagvadorj A, De Paulo FLL, May PH, Mukherjee A, Mumbunan S, Santos R, Tacconi L, Verde Selva G, Verma M, Wang X, Yu L, Zhou K (2021) A global review of ecological fiscal transfers. Nature Sustainability 4:756–765. https://doi.org/10.1038/s41893-021-00728-0

CDU, Bündnis 90/Die Grünen, SPD (2019) Gemeinsam für Sachsen: Koalitionsvertrag 2019–2024. https://www.staatsregierung.sachsen.de/download/Koalitionsvertrag_2019-2024-2.pdf

Conta Gromberg E (2006) Handbuch Sozial-Marketing. Cornelsen, Berlin

Convention on Biological Diversity (2004) Addis Ababa principles and guidelines for the sustainable use of biodiversity. Secretariat Conv Biol Divers, Montreal. www.cbd.int/doc/publications/addis-gdl-en.pdf. Zugegriffen: 19. Juli 2012

Cord AF, Bartkowski B, Beckmann M, Dittrich A, Hermans-Neumann K, Kaim A, Lienhoop N, Locher-Krause K, Priess J, Schröter-Schlaack C, Schwarz N, Seppelt R, Strauch M, Václavík T, Volk M (2017) Towards systematic analyses of ecosystem service trade-offs and synergies: Main concepts, methods and the road ahead. Ecosyst Serv 28:264–272

Czybulka D, Luttmann M (2005) Die Berücksichtigung von Leistungen der Länder für das Naturerbe im Finanzausgleichssystem des Bundes. Natur und Recht 2:79–86

Dasgupta P (2021) The economics of biodiversity: the dasgupta review. London (HM Treasury)

de Groot RS, Alkemade R, Braat L, Hein L, Willemen L (2010) Challenges in integration the concept of ecosystem services and values in landscape planning, management and decision making. Ecol Complexity 7:260–272

de Haan G, Kuckartz U (1998) Die Bedeutung der Umweltkommunikation im Kontext der Nachhaltigkeit. In: Umweltkommunikation und Lokale Agenda 21, Ergebnisse eines Fachgesprächs im Umweltbundesamt am 11. und 12. Dezember 1997, Berlin, S 30–53

de Haan G, Harenberg D (1999) Expertise „Förderprogramm Bildung für nachhaltige Entwicklung" im Auftrage des Bundesministeriums für Bildung. Freie Universität Berlin, Wissenschaft Forschung und Technologie

Deppisch S, Geißler G, Poßer C, Schrapp L (10. Dezember 2021) Ansätze zur Integration von Ökosystemleistungen in die formelle räumliche Planung. Raumforschung und Raumordnung. https://doi.org/10.14512/rur.66

Destatis – Statistisches Bundesamt (22. Dezember 2020) Indikatoren der UN-Nachhaltigkeitsziele. https://sdg-indikatoren.de/. Zugegriffen: 22. Dez 2020

Droste N, Becker C, Ring I, Santos R (2018) Decentralization effects in ecological fiscal transfers – a bayesian structural time series analysis for Portugal. Environ Resource Econ 71(4):1027–1051. https://doi.org/10.1007/s10640-017-0195-7

Droste N, Ring I, Schröter-Schlaack C, Lenk T (2017) Integrating ecological indicators into federal-state fiscal relations – a policy design study for Germany. Environ Policy Gov 27(5):484–499

EC – European Commission (1992) COUNCIL DIRECTIVE 92/43/EEC of 21 May 1992 on the conservation of natural habitats and of wild fauna and flora. https://eur-lex.europa.eu/legal-content/EN/TXT/PDF/?uri=CELEX:31992L0043&from=EN. Zugegriffen: 15. Okt 2020

EC – European Commission (2013) Green Infrastructure (GI) – Enhancing Europe's Natural Capital – COM 149. https://eur-lex.europa.eu/resource.html?uri=cellar:d41348f2-01d5-4abe-b817-4c73e6f1b2df.0014.03/DOC_1&format=PDF. Zugegriffen: 15. Okt 2020

EC – European Commission (2020) EU Biodiversity Strategy for 2030. COM(2020) 380 final. https://ec.europa.eu/info/law/better-regulation/have-your-say/initiatives/12096-EU-2030-Biodiversity-Strategy. Zugegriffen: 30. März 2021

EEA – European Environment Agency (2019) Updated CLC illustrated nomenclature guidelines. Zugegriffen: 10. Mai 2019

EEA– European Environment Agency (2020) Indicators. Information on the environment for those involved in developing, adopting, implementing and evaluating environmental policy, and also the general public. https://www.eea.europa.eu/themes/biodiversity/indicators/. Zugegriffen: 22. Dez 2020

Egoh B, Reyers B, Rouget M, Richardson DM, Le Maitre DC, van Jaarsveld AS (2008) Mapping ecosystem services for Planning and management. Agric Ecosyst Environ 127:135–140

Eichler L, Krüger T, Meinel G, Tenikl J, Wurm M (2020) Wie grün sind deutsche Städte? Indikatorgestützte fernerkundliche Erfassung des Stadtgrüns. AGIT – J Angew Geoinform 6:306–315

ELC (2000) European landscape convention. www.conventions.coe.int/Treaty/EN/Treaties/Html/176.htm. Zugegriffen: 12. März 2012

Elmqvist T, Maltby E, Barker T, Mortimer M, Perrings C, Aronson J, de Groot R, Fitter A, Mace G, Norberg J, Sousa Pinto I, Ring I (2010) Biodiversity, ecosystems and ecosystem services. In: Kumar P (Hrsg) The economics of ecosystems and biodiversity: ecological and economic foundations. Earthscan, London, Washington, S 41–111

Engel S, Pagiola S, Wunder S (2008) Designing payments for environmental services in theory and practice: an overview of the issues. Ecol Econ 65:663–674

Estreguil C, Caudullo G, Rega C, Paracchini ML (2016) Enhancing connectivity improving Green Infrastructure. Cost-benefit solutions for forest and agri-environment. A pilot study in Lombardy, Joint Research Center. EUR 28142 EN

Faith DP (2018) Avoiding paradigm drifts in IPBES: reconciling „Nature's contributions to people", biodiversity, and ecosystem services. Eco Soci 23

FAO – Food and Agriculture Organization of the United Nations (2007) The state of food and agriculture. Paying farmers for environmental services. FAO Agriculture Series No. 38. Rome, Italy

Ferraro PJ (2008) Asymmetric information and contract design for payments for environmental services. Ecol Econ 65:810–821

Ferraro PJ, Kiss A (2002) Direct payments to conserve biodiversity. Science 298:1718–1719

Frankel C (1998) In earth's company: business, environment, and the challenge of sustainability. Gabriola Island BC

Freese J, Anders K (2010) Kulturelle Dienstleistungen von Ökosystemen – was kann man sich darunter vorstellen? In: Hotes S, Wolters V (Hrsg) Wie Biodiversität in der Kulturlandschaft erhalten und nachhaltig genutzt werden kann. Fokus Biodiversität. Oekom, München, S 194–199

Freese J, Klimek S, Marggraf R (2011) Auktionen und ergebnisorientierte Honorierung bei Agrarumweltmaßnahmen. Nat Landsch 4:156–159

Graves AR, Morris J, Deeks LK, Rickson RJ, Kibblewhite MG, Harris JA, Farewell TS, Truckle I (2015) The total costs of soil degradation in England and Wales. Ecol Econ 119:399–413. https://doi.org/10.1016/j.ecolecon.2015.07.026

Grêt-Regamey A, Walz A, Bebi P (2008) Valuing ecosystem services for sustainable landscape planning in Alpine regions. Mt Res Dev 28:156–165

Grossmann M, Hartje V, Meyerhoff J (2010) Ökonomische Bewertung naturverträglicher Hochwasservorsorge an der Elbe, Abschlussbericht des F+E-Vorhabens „Naturverträgliche Hochwasservorsorge an der Elbe und Nebenflüssen und ihr volkswirtschaftlicher Nutzen. Teil: Ökonomische Bewertung naturverträglicher Hochwasservorsorge an der Elbe und ihren Nebenflüssen". BfN Heft 89

Gruehn D, Kenneweg H (1998) Berücksichtigung der Belange von Naturschutz und Landschaftspflege in der Flächennutzungsplanung. Ergebnisse aus dem F+E-Vorhaben 80806011 des Bundesamtes für Naturschutz. Bundesamt für Naturschutz, BfN-Schriftenvertrieb im Landwirtschaftsverlag

Grünwald A (2011) Zukunft Landschaftsplan – Perspektiven einer methodischen Weiterentwicklung unter Anwendung des Konzeptes der Ökosystemdienstleistungen. Masterarbeit, TU Dresden

Grunewald K, Richter B, Meinel G, Herold H, Syrbe RU (2016) Vorschlag bundesweiter Indikatoren zur Erreichbarkeit öffentlicher Grünflächen. Bewertung der Ökosystemleistung „Erholung in der Stadt". Naturschutz und Landschaftsplanung 48(7):218–226

Grunewald K, Syrbe RU, Walz U, Richter B, Meinel G, Herold H, Marzelli S (2017) Ökosystemleistungen Deutschlands – Stand der Indikatorenentwicklung für ein bundesweites Assessment und Monitoring. Natur und Landschaft 92(11):485–492. https://doi.org/10.17433/11.2017.50153517

Grunewald K, Bastian O, Louda J, Arcidiacono A, Brzoska P, Bue M, Cetin NI, Dworczyk C, Dubova L, Fitch A, Jones L, La Rosa D, Mascarenhas A, Ronchi S, Schlaepfer MA, Sikorska D, Tezer A (2021a) Lessons learned from implementing the ecosystem services concept in urban planning. Ecosys Serv 49:101273. https://doi.org/10.1016/j.ecoser.2021.101273

Grunewald K, Hartje V, Meier S, Sauer A, Schweppe-Kraft B, Syrbe RU, Zieschank R, Ekinci B, Hirschfeld J (2021b) Exemplary national accounting of ecosystem extents and services in Germany: A pilot project. In: Ecosystem and ecosystem services accounts: time for applications, book of proceedings. JRC-Report, European Commission, Luxembourg, S 33–47

Grunewald K, Syrbe RU, Walz U, Wende W, Meier S, Bastian O, Zieschank R (2022) Nationale Indikatoren zur Bewertung von Ökosystemen und deren Leistungen – Bundesweiter Orientierungsrahmen für Landschaftsplanungen und Informationsgrundlage für die Bundespolitik. Naturschutz und Landschaftsplanung 54(02):12–25. https://doi.org/10.1399/NuL.2022.02.01

Gundimeda H, Wätzold F (2010) Payments for ecosystem services and conservation banking. In: Wittmer H, Gundimeda H (Koordinatoren), TEEB (2010) The economics of ecosystems and biodiversity for local and regional policy makers. Kap. 8: 141–160. https://www.teebweb.org. Zugegriffen: 18. Okt 2021

Gunningham N, Young MD (1997) Toward optimal environmental policy: the case of biodiversity conservation. Ecol Law Quart 24:243–296

Gunningham N, Sinclair D, Grabosky P (1998) Smart regulation: designing environmental policy. Clarendon, Oxford

Hampicke U, Wätzold F (Sprecher der Initiative) (2009) Memorandum Ökonomie für den Naturschutz – Wirtschaften im Einklang mit Schutz und Erhalt der biologischen Vielfalt, Greifswald, Leipzig, Bonn. www.bfn.de/fileadmin/MDB/documents/themen/oekonomie/MemoOekNaturschutz.pdf. Zugegriffen: 18. Okt 2021, LinK funktioniert noch, aber der MDB-Server soll eigentlich abgeschaltet werden. Außerdem relaunch der Webseiten. Unklar, wie lange der Link noch funktioniert. Besser auf UFZ-Seite umstellen? https://www.ufz.de/index.php?de=35577

Hansjürgens B, Schröter-Schlaack C, Berghöfer A, Bonn A, Dehnhardt A, Kantelhardt J, Liebersbach H, Matzdorf B, Osterburg B, Ring I, Röder N, Scholz M, Thrän D, Schaller L, Witing F, Wüstemann H (2017) Ökosystembasierte Klimapolitik für Deutschland. In: Marx A (Hrsg) Klimaanpassung in Forschung und Politik. Springer Fachmedien Wiesbaden, Wiesbaden, S 237–260

Harrison PA, Berry PM, Simpson G, Haslett JR, Blicharska M, Bucur M, Dunford R, Egoh B, Garcia-Llorente M, Geamănă N, Geertsema W, Lommelen E, Meiresonne L, Turkelboom F (2014) Linkages between biodiversity attributes and ecosystem services: a systematic review. Ecosyst Serv 9:191–203

Hartmann E, Thomas F, Luick R (2006) Agrarumweltprogramme in Deutschland. Anreiz für umweltfreundliches Wirtschaften in der Landwirtschaft und Kooperationen mit dem Naturschutz. Naturschutz und Landschaftsplanung 38:205–213

Hauck J, Schweppe-Kraft B, Albert C, Görg C, Jax K, Jensen R, Fürst C, Maes J, Ring I, Hönigová I, Burkhard B, Mehring M, Tiefenbach M, Grunewald K, Schwarzer M, Meurer J, Sommerhäuser M, Priess JA, Schmidt J, Grêt-Regamey A (2013) The promise of the ecosystem services concept for planning and decision-making. Gaia – Ecol Perspect Sci Soc 22(4):232–236. https://doi.org/10.14512/gaia.22.4.6

Heiland S (2010) Landschaftsplanung. In: Henckel D, Kuczkowski K v, Lau P, Pahl-Weber E, Stellmacher F (Hrsg) Planen – Bauen – Umwelt. Ein Handbuch. VS-Verlag, Wiesbaden, S 294–300

Heiland S (2017) Perspektiven der Landschaftsplanung. In: Wende W, Walz U (Hrsg.) Die räumliche Wirkung der Landschaftsplanung – Evaluation, Indikatoren und Trends, Springer Spektrum. S 160–190. https://doi.org/10.1007/978-3-658-13556-0_12

Heiland S, Kahl R, Sander H, Schliep R (2016) Ökosystemleistungen in der kommunalen Landschaftsplanung. Naturschutz und Landschaftsplanung 48(10):313–320

Heinze S, Finck P, Raths U, Riecken U, Ssymank A (2020) Revised criteria system for a national assessment of threatened habitats in Germany. Nature Conservation 40:39–64

Hermes J, Albert C, von Haaren C (2020) Erfassung und Bewertung der kulturellen Ökosystemleistung Naherholung in Deutschland. UVP-report 34(2):61–70

Hersperger AM, Bürgi M, Wende W, Bacău S, Grădinaru SR (2020) Does landscape play a role in strategic spatial planning of European urban regions? Landsc Urban Plan 194:103702. https://doi.org/10.1016/j.landurbplan.2019.103702

Holling CS (1978) Adaptive environment assessment and management. Wiley, London

Hovenbitzer M, Emig F, Happe K, Wende C (2015) Das neue Landbedeckungsmodell Deutschlands LBM-DE. In: Meinel G, Schumacher U, Behnisch M, Krüger T (Hrsg) Flächennutzungsmonitoring VII. Boden – Flächenmanagement – Analysen und Szenarien. IÖR-Schriften 67. Rhombos-Verlag Berlin, 67, S 145–154

Howlett M (2019) Procedural policy tools and the temporal dimensions of policy design: resilience, robustness and the sequencing of policy mixes. Int Rev of Pub Policy 1:27–45

Howlett M, del Rio P (2015) The parameters of policy portfolios: verticality and horizontality in design spaces and their consequences for policy mix formulation. Eviron Plann C Gov Policy 33:1233–1245

Hünig C, Benzler A (2017) Das Monitoring von Landwirtschaftsflächen mit hohem Naturwert in Deutschland. BfN-Skripten 476. Bonn.

IPBES (2018) The IPBES regional assessment report on biodiversity and ecosystem services for Europe and Central Asia. In: Rounsevell M, Fischer M, Torre-Marin Rando A, Mader A (Hrsg) Secretariat of the intergovernmental science-policy platform on biodiversity and ecosystem services, Bonn, Germany,S 892. https://www.ipbes.net/assessment-reports/eca

IPBES (2019) Global assessment report on biodiversity and ecosystem services of the Intergovernmental science-policy platform on biodiversity and ecosystem services. In Brondizio ES, Settele J, Díaz S, Ngo HT (Hrsg) IPBES secretariat, Bonn, Germany. S 1148. https://doi.org/10.5281/zenodo.3831673

Ivanišin M (2006) Regionalentwicklung im Spannungsfeld von Nachhaltigkeit und Identität. Deutscher Universitätsverlag, Wiesbaden

James AN, Gaston KJ, Balmford A (1999) Balancing the Earth's accounts. Nature 401:323–324

Japp KP (2010) Risiko und Gefahr. Zum Problem authentischer Kommunikation. In: Büscher C, Japp KP (Hrsg) Ökologische Aufklärung. 25 Jahre „Ökologische Kommunikation". VS Verlag, Wiesbaden

Jenssen M, Anders K (2010) Wald und Wirtschaft. Ein systematischer Blick auf unseren Umgang mit einer nachwachsenden Ressource. In: Helmholtz-Zentrum für Umweltforschung – UFZ (Hrsg) Nachhaltige Waldwirtschaft. Ein Förderschwerpunkt des BMBF in der Bilanz. Leipzig

Kaechele K, May P, Primmer E, Ludwig G (2011) Forest certification: a voluntary instrument for environmental governance. In: Ring I, Schröter-Schlaack C (Hrsg) Instrument mixes for biodiversity policies. POLICYMIX Report 2/2011. Helmholtz-Zentrum für Umweltforschung – UFZ, Leipzig, S 162–174. http://policymix.nina.no

Karmanski A, Jacob K, Zieschank R (2002) Integration des sozialwissenschaftlichen Wissens in die Umweltkommunikation: Verbesserung des Wissenstransfers zwischen den Sozialwissenschaften und den umweltpolitischen Akteuren. Forschungsbericht. UNESCO-Verbindungsstelle im Umweltbundesamt, Berlin

Kienast F (2010) Landschaftsdienstleistungen: Ein taugliches Konzept für Forschung und Praxis? Forum für Wissen: 7–12

Kirchhoff T, Trepl L, Vicenzotti V (2012) What is landscape ecology? An analysis and evaluation of six different conceptions Landscape Res (im Druck). https://doi.org/10.1080/01426397.2011.640751

Kleijn D, Sutherland WJ (2003) How effective are European agri-environment schemes in conserving and promoting biodiversity?. Journal of Applied Ecology, 40:947-969. https://doi.org/10.1111/j.1365-2664.2003.00868.x

Klimek S, Richter-Kemmermann A, Steinmann H-H, Fresse J, Isselstein J (2008) Rewarding farmers for delivering vascular plant diversity in managed grasslands: a transdisciplinary case-study approach. Biol Conserv 131:2888–2897

Koellner T, Stefan AM, Wolff HA (2018) Zur Einführung des Begriffs der Ökosystemdienstleistung in das Bundesnaturschutzgesetz. Zeitschrift für Umweltrecht 7–8:387–392

König P (2017) Bundesweite Strategien und Planungen. Umweltbundesamt (UBA). https://www.umweltbundesamt.de/themen/nachhaltigkeit-strategien-internationales/planungsinstrumente/bundesweite-strategien-planungen#nationale-nachhaltigkeitsstrategie-und-deren-fortschreibung-seit-2002-deutschlands. Zugegriffen: 13 Dez 2020

Krätzig S, Kunze K, Warren-Kretzschmar B, Galler C, von Haaren C (2022) Kommunikation und Partizipation in der Landschaftsplanung. In: Albert C, Galler C, von Haaren C (Hrsg) Landschaftsplanung, 2. Aufl. Eugen Ulmer, Stuttgart, S 575–586

Kuckartz U, Schack K (2002) Umweltkommunikation gestalten. Eine Studie zu Akteuren, Rahmenbedingungen und Einflussfaktoren des Informationsgeschehens. Leske und Budrich, Opladen

Kühnau C (2016) Integration in die räumliche Gesamtplanung. In: Riedel W, Lange H, Jedicke E, Reinke M (Hrsg) Landschaftsplanung. Berlin, S 393–407. https://doi.org/10.1007/978-3-642-39855-1_42

KULAP – Kulturlandschaftsprogramm (2020) Richtlinie des Ministeriums für Landwirtschaft, Umwelt und Klimaschutz des Landes Brandenburg zur Förderung umweltgerechter landwirtschaftlicher Produktionsverfahren und zur Erhaltung der Kulturlandschaft der Länder Brandenburg und Berlin (KULAP 2014) vom 14. September 2020, geändert mit Erlass vom 11. März 2021

Kulozik A (2009) Focus on Landscape – Ein Beitrag zur Stärkung des Landschaftsbewusstseins von Bewohnern der North Isles in Shetland durch ein umweltbildnerisches Programm für Grundschulkinder. Diplomarbeit, FH Osnabrück

Lange H (2005) Lebensstile – der sanfte Weg zu mehr Nachhaltigkeit? In: Michelsen G, Godemann J (Hrsg) Handbuch Nachhaltigkeitskommunikation: Grundlagen und Praxis. Oekom, München, S 160–172

La Notte A, Maes J, Dalmazzone S, Crossman ND, Grizzetti B, Bidoglio G (2017) Physical and monetary ecosystem service accounts for Europe: a case study for in-stream nitrogen retention. Ecosyst Serv 23:18–29. https://doi.org/10.1016/j.ecoser.2016.11.002

La Notte A, Vallecillo S, Garcia-Bendito E, Grammatikopoulou I, Czùcz B, Ferrini S, Grizzetti B, Rega C, Herrando S, Villero D, Zurbarán-Nucci M, Maes J (2021) Ecosystem Services Accounting – Part III – Pilot accounts for habitat and species maintenance, on-site soil retention and water purification, EUR 30856 EN. Publications Office of the European Union, Luxembourg. https://doi.org/10.2760/636621,JRC126566

LfULG – Landesamt für Umwelt, Landwirtschaft und Geologie des Freistaates Sachsen (2018) Fachliche Hinweise und Empfehlungen zur RL AUK/2015. GL 1 Artenreiches Grünland – Ergebnisorientierte Honorierung. https://www.smul.sachsen.de/foerderung/download/GL_1.pdf

LiKi (2020) Länderinitiative Kernindikatoren – LIKI. https://www.lanuv.nrw.de/liki/index.php. Zugegriffen: 22 Dez 2020

Lisowski R (2006) Die strategische Planung politischer Kampagnen in Wirtschaft und Politik. Isensee, Oldenburg, Bremen

Lovett AA, Sünneber G (2019) Data sources für assessments. In: Von Haaren C, Lovett AA, Albert C (Hrsg.) Landscape planning with ecosystem services – theories and methods for application in Europe, Springer Nature B.V., S 65–75. https://doi.org/10.1007/978-94-024-1681-7_5

Luhmann N (2008) Ökologische Kommunikation. Kann die moderne Gesellschaft sich auf ökologische Gefährdungen einstellen? 5. Aufl. VS Verlag, Wiesbaden

Maes J, Driver A, Czúcz B, Keith H, Jackson B, Nicholson E, Dasoo M (2020) A reviewof ecosystem condition accounts: lessons learned and options for further development. One Ecosys. 5 https://doi.org/10.3897/oneeco.5.e53485

May PH, Veiga Neto F, Denardin V, Loureiro W (2002) Using fiscal instruments to encourage conservation: Municipal responses to the „ecological“ value-added tax in Paraná and Minas Gerais, Brazil. In: Pagiola S, Bishop J, Landell-Mills N (Hrsg) Selling forest environmental services: Market-based mechanisms for conservation and development. Earthscan, London, S 173–199

MEA – Millennium Ecosystem Assessment (2005a) Ecosystems and human well-being: biodiversity synthesis. World Resources Institute, Washington DC

MEA – Millennium Ecosystem Assessment (2005b) Ecosystems and human well-being: synthesis. Island Press, Washington DC

Meier S, Walz U, Syrbe RU, Grunewald K (2021) Das bundesweite Habitatpotenzial für Wildbienen. Ein Indikator für die Bestäubungsleistung. Naturschutz und Landschaftsplanung 53(6):12–19. https://doi.org/10.1399/NuL.2021.06.01

Meinig H, Boye P, Dähne M, Hutterer R, Lang J (2020) Rote Liste und Gesamtartenliste der Säugetiere (Mammalia) Deutschlands. Band 170 (2): Säugetiere, Naturschutz und Biologische Vielfalt 170 (2), Bundesamt für Naturschutz, Bonn-Bad Godesberg, S 73

Mewes M, Drechsler M, Johst K, Sturm A, Wätzold F (2017) Für besseren Artenschutz in Agrarlandschaften – Entscheidungshilfe-Software DSS-Ecopay®. Natur und Landschaft 92:504–510

Michaelis P (1996) Ökonomische Instrumente der Umweltpolitik. Physica-Verlag, Heidelberg

Michelsen G (2002) Bildung und Kommunikation für eine nachhaltige Entwicklung: Sozialwissenschaftliche Perspektiven. In: Beyer A (Hrsg) Fit für Nachhaltigkeit? Biologisch-anthropologische Grundlagen einer Bildung für nachhaltige Entwicklung. Leske und Budrich, Opladen, S 193–216

Naturkapital Deutschland – TEEB DE (2018) Werte der Natur aufzeigen und in Entscheidungen integrieren – eine Synthese. Helmholtz-Zentrum für Umweltforschung – UFZ, Leipzig

Nill D (2011) Bezahlung von Ökosystemdienstleistungen für den Erhalt der landwirtschaftlichen genetischen Vielfalt. Konzepte, Erfahrungen und Relevanz für die Entwicklungszusammenarbeit. GIZ, Bonn

OECD (1999) Handbook of incentive measures for biodiversity: Design and implementation. OECD, Paris

OECD (2007) Instrument mixes for environmental policy. OECD, Paris

Oosterhuis F (2011) Tax reliefs for biodiversity conservation. In: Ring I, Schröter-Schlaack C (Hrsg) Instrument mixes for biodiversity policies. POLICYMIX Report 2/2011. Helmholtz-Zentrum für Umweltforschung – UFZ, Leipzig, S 89–97. http://policymix.nina.no

Perner A, Thöne M (Mai 2005) Naturschutz im Finanzausgleich. Erweiterung des naturschutzpolitischen Instrumentariums um finanzielle Anreize für Gebietskörperschaften. FiFo-Berichte Nr. 3. Finanzwissenschaftliches Forschungsinstitut an der Universität zu Köln

Perrot-Maître D (2006) The vittel payments for ecosystem services: a „perfect" PES case? International Institute for Environment and Development, London

Pimentel D, Harvey C, Resoosudarmo P, Sinclair K, Kurz D, McNair M, Crist S, Shpritz L, Fitton L, Saffouri R, Blair R (1995) Environmental and economic costs of soil erosion and conservation benefits. Science 267:1117–1123

Porras I, Chacón-Cascante A, Robalino J, Oosterhuis F (2011) PES and other economic beasts: assessing PES within a policy mix in conservation. In: Ring I, Schröter-Schlaack C (Hrsg) Instrument mixes for biodiversity policies. POLICYMIX Report 2/2011. Helmholtz-Zentrum für Umweltforschung – UFZ, Leipzig, S 119–144. http://policymix.nina.no. Zugegriffen: 18 Okt 2021 (Bericht unter der Verlinkung bei Publicatios)

Rehhausen A, Köppel J, Scholles F, Stemmer B, Syrbe RU, Magel I, Geißler G, Wende W (2018) Quality of federal level strategic environmental assessment – a case study analysis for transport, transmission grid and maritime spatial planning in Germany. Env Imp Assessm Rev 73:41–59. https://doi.org/10.1016/j.eiar.2018.07.002

Reinke M, Kühnau C (2017) Die räumliche Steuerung der Energiewende durch die Landschaftsplanung. In: Wende W, Walz U (Hrsg) Die räumliche Wirkung der Landschaftsplanung – Evaluation, Indikatoren, Trends. Wiesbaden, S 133–146. https://doi.org/10.1007/978-3-658-13556-0_9

Rendon P, Erhard M, Maes J, Burkhard B (2019) Analysis of trends in mapping and assessment of ecosystem condition in Europe. Ecosystems and People 15(1):156–172. https://doi.org/10.1080/26395916.2019.1609581

Richter M, Weiland U (Hrsg) (2012) Applied urban ecology – a global framework. Wiley-Blackwell, West-Sussex

Ring I (2001) Ökologische Aufgaben und ihre Berücksichtigung im kommunalen Finanzausgleich. Z Angew Umweltforschung 13:236–249

Ring I (2002) Ecological public functions and fiscal equalisation at the local level in Germany. Ecol Econ 42:415–427

Ring I (2004) Naturschutz in der föderalen Aufgabenteilung: Zur Notwendigkeit einer Bundeskompetenz aus ökonomischer Perspektive. Nat Landsch 79:494–500

Ring I (2008a) Compensating municipalities for protected areas. Fiscal transfers for biodiversity conservation in Saxony, Germany. GAIA 17/S1:143–151

Ring I (2008b) Integrating local ecological services into intergovernmental fiscal transfers: the case of the ecological ICMS in Brazil. Land Use Policy 25:485–497

Ring I (2011) Economic Instruments for Conservation Policies in Federal Systems. UFZ Habilitation Nr. 1/2011; zugleich Habilitationsschrift, Wirtschaftswissenschaftliche Fakultät der Universität Leipzig, Leipzig, S 219 www.ufz.de/index.php?de=13920. Zugegriffen: 18 Okt 2021

Ring I, Schröter-Schlaack C (Hrsg) (2011a) Instrument mixes for biodiversity policies. POLICYMIX Report 2/2011. Helmholtz-Zentrum für Umweltforschung – UFZ, Leipzig. http://policymix.nina.no

Ring I, Schröter-Schlaack C (2011b) Justifying and assessing policy mixes for biodiversity and ecosystem governance. In: Ring I, Schröter-Schlaack C (Hrsg) Instrument Mixes for Biodiversity Policies. POLICYMIX Report 2/2011. Helmholtz-Zentrum für Umweltforschung – UFZ, Leipzig, S 14–35. http://policymix.nina.no

Ring I, Drechsler M, van Teeffelen AJ, Irawan S, Venter O (2010a) Biodiversity conservation and climate mitigation: what role can economic instruments play? Curr Opin Environ Sustain 2:50–58

Ring I, Hansjürgens B, Elmqvist T, Wittmer H, Sukhdev P (2010b) Challenges in framing the economics of ecosystems and biodiversity: the TEEB initiative. Curr Opin Environ Sustain 2:15–26

Ring I, May P, Loureiro W, Santos R, Antunes P, Clemente P (2011) Ecological fiscal transfers. In: Ring I, Schröter-Schlaack C (Hrsg) Instrument mixes for biodiversity Policies. POLICYMIX Report 2/2011. Helmholtz-Zentrum für Umweltforschung – UFZ, Leipzig, S 98–118. www.ufz.de/index.php?de=1718

Ring I, Sandström C, Acar S, Adeishvil, M, Albert C, Allard C, Anker Y, Arletta, R, Bela G, ten Brink B, Fischer A, Fürst C, Galil B, Hynes S, Kasymov U, Marta-Pedroso C, Mendes A, Molau U, Olschewski R, Pergl J, Simoncini R (2018) Chapter 6: options for governance and decision-making across scales and sectors. In: IPBES: The IPBES regional assessment report on biodiversity and ecosystem services for Europe and Central Asia. Rounsevell M, Fischer M, Torre-Marin Rando A, Mader A (Hrsg) Secretariat of the intergovernmental science-policy platform on biodiversity and ecosystem services. Bonn, Germany, S 661–802. https://www.ipbes.net/assessment-reports/eca

Rode J, Wittmer H, Emerton L, Schröter-Schlaack C (2016) Ecosystem service opportunities: a practice-oriented framework for identifying economic instruments to enhance biodiversity and human livelihoods. J Nat Conserv 33:35–47

Roth M, Hildebrandt S, Walz U, Wende W (2021) Large-area empirically based visual landscape quality assessment for spatial planning – a validation approach by method triangulation. Sustainability 33(1891):1–22. https://doi.org/10.3390/su13041891

Ruhl JB, Kraft SE, Lant CL (2007) The law and policy of ecosystem services. Island Press, Washington, Covelo, London

Santos R, Clemente P, Antunes P, Schröter-Schlaack C, Ring I (2011) Offsets, habitat banking and tradable permits for biodiversity conservation. In: Ring I, Schröter-Schlaack C (Hrsg) Instrument mixes for biodiversity policies. POLICYMIX Report 2/2011. Helmholtz-Zentrum für Umweltforschung – UFZ, Leipzig, S 59–88. http://policymix.nina.no

Santos R, Ring I, Antunes P, Clemente P (2012) Fiscal transfers for biodiversity conservation: the Portuguese Local Finances Law. Land Use Policy 29:261–273

Schack K (2004) Umweltkommunikation als Theorielandschaft. Eine qualitative Studie über Grundorientierungen, Differenzen und Theoriebezüge der Umweltkommunikation. Oekom, München

Schmidt C, Hage G, Galandi R, Hanke R, Hoppenstedt A, Kolodziej J, Stricker M (2010) Kulturlandschaft gestalten – Grundlagen. Bundesamt für Naturschutz (Hrsg), Bonn

Schrapp L, Garschhammer J, Meyer C, Blum P, Reinke M, Mewes M (2020) Ökosystemleistungen in der Landschaftsplanung. Bundesamt für Naturschutz (Hrsg), BfN-Skripten 568. Bonn

Schröter-Schlaack C, Blumentrath S (2011) Direct regulation for biodiversity conservation. In: Ring I, Schröter-Schlaack C (Hrsg) Instrument mixes for biodiversity policies. POLICYMIX Report 2/2011. Helmholtz-Zentrum für Umweltforschung – UFZ, Leipzig, S 36–58. http://policymix.nina.no

Schröter-Schlaack C, Hansjürgens B (2019) Governance risks in designing policy responses to manage ecosystem services. In: Schröter M, Bonn A, Klotz S, Seppelt R, Baessler C (Hrsg) Atlas of ecosystem services: drivers, risks, and societal responses. Springer, Cham, CH, S 315–320

Schröter-Schlaack C, Ring I (2011) Towards a framework for assessing instruments in policy mixes for biodiversity and ecosystem governance. In: Ring I, Schröter-Schlaack C (Hrsg) Instrument Mixes for Biodiversity Policies. POLICYMIX Report 2/2011. Helmholtz-Zentrum für Umweltforschung – UFZ, Leipzig, S 175–208. http://policymix.nina.no

Schröter-Schlaack C, Ring I, Möckel S, Schulz-Zunkel C, Lienhoop N, Klenke R, Lenk T (2013) Assessment of existing and proposed policy instruments for biodiversity conservation in Germany: the role of ecological fiscal transfers. POLICYMIX Report No. 1/2013. Helmholtz-Zentrum für Umweltforschung – UFZ, Leipzig, S 95 http://policymix.nina.no

Schröter-Schlaack C, Ring I, Koellner T, Santos R, Antunes P, Clemente P, Mathevet R, Borie M, Grodzińska-Jurczak M (2014) Intergovernmental fiscal transfers to support local conservation action in Europe. The German Journal of Economic Geography 58(2–3):98–114

Schwarzer M, Mengel A, Konold W, Reppin N, Mertelmeyer L, Jansen M, Gaudry KH, Oelke M (2018) Bedeutsame Landschaften in Deutschland. Gutachtliche Empfehlungen für eine Raumauswahl. BfN-Skripten 517. Bonn. https://www.bfn.de/fileadmin/BfN/service/Dokumente/skripten/Skript517.pdf

Schweppe-Kraft B, Syrbe RU, Meier S, Grunewald K (2020) Datengrundlagen für einen Biodiversitätsflächenindikator auf Bundesebene. In: Meinel G, Schumacher U, Behnisch M, Krüger T (Hrsg) Flächennutzungsmonitoring XII mit Beiträgen zum Monitoring von Ökosystemleistungen und SDGs. IÖR-Schriften 78, Berlin S 191–204

Schweppe-Kraft B, Grunewald K (2022) Ökonomische Aspekte der Umsetzung: Kosten und Finan-zierung. In: Albert C, Galler C, von Haaren C (Hrsg) Landschaftsplanung, 2. Aufl. Eugen Ulmer, Stuttgart, 539–573. https://doi.org/10.36198/9783838585796-540-574

Scott A, Carter C, Hardman M, Grayson N, Slaney T (2018) Mainstreaming ecosystem science in spatial planning practice: Exploiting a hybrid opportunity space. Land Use Policy 70:232–246. https://doi.org/10.1016/j.landusepol.2017.10.002

Siemer SH (2007) Das Programm der Bildung für nachhaltige Entwicklung. Eine systemische Diagnose mit den Schemata Qualität und Nachhaltigkeit. Dissertation, Lüneburg

Simoncini R, Ring I, Sandström C, Albert C, Kasymov U, Arlettaz R (2019) Constraints and opportunities for mainstreaming biodiversity and ecosystem services in the EU's common agricultural policy: insights from the IPBES assessment for Europe and Central Asia. Land Use Policy 88:104099. https://doi.org/10.1016/j.landusepol.2019.104099

Smith AC, Harrison PA, Pérez Soba M, Archaux F, Blicharska M, Egoh BN, Erős T, Fabrega Domenech N, György ÁI, Haines-Young R, Li S, Lommelen E, Meiresonne L, Miguel Ayala L, Mononen L, Simpson G, Stange E, Turkelboom F, Uiterwijk M, Veerkamp CJ, Wyllie de

Echeverria V (2017) How natural capital delivers ecosystem services: a typology derived from a systematic review. Ecosyst Serv 26:111–126. https://doi.org/10.1016/j.ecoser.2017.06.006

SMUL – Staatsministerium für Energie, Klimaschutz, Umwelt und Landwirtschaft des Freistaates Sachsen (2021) Merkblatt zur Antragstellung und Durchführung von Vorhaben der Richtlinie Agrarumwelt- und Klimamaßnahmen (RL AUK/2015)

SRU – Der Rat von Sachverständigen für Umweltfragen (1996) Konzepte einer dauerhaft-umweltgerechten Nutzung ländlicher Räume, Sondergutachten. Stuttgart

SRU – Sachverständigenrat für Umweltfragen (2018) Wohnungsneubau langfristig denken –Für mehr Umweltschutz und Lebensqualität in den Städten. Stellungnahme, Berlin. https://www.umweltrat.de/SharedDocs/Downloads/DE/04_Stellungnahmen/2016_2020/2018_11_Stellungnahme_Wohnungsneubau.pdf?__blob=publicationFile&v=20. Zugegriffen: 12. Jan 2021

Stallmann HR (2011) Ecosystem services in agriculture: determining suitability for provision by collective management. Ecol Econ 71:131–139

Stern N (2007) The economics of climate change. Cambridge University Press, Cambridge

Sterner T (2003) Policy instruments for environmental and natural resource management. RFF Press, Washington DC

Stokman A, von Haaren C (2012) Integrating science and creativity for landscape planning and design of urban areas. In: Richter M, Weiland U (Hrsg) Applied urban ecology – a global framework. Wiley-Blackwell, West-Sussex, S 170–185

Swetnam RD, Fisher B, Mbilinyi BP, Munishi PKT, Willcock S, Ricketts T, Mwakalila S, Balmford A, Burgess ND, Marshall AR, Lewis SL (2010) Mapping socio-economic scenarios of land cover change: a GIS method to enable ecosystem service modelling. J Environ Manage 92:1–12

Syrbe RU, Schorcht M, Grunewald K, Meinel G (2018) Indicators for a nationwide monitoring of ecosystem services in Germany exemplified by the mitigation of soil erosion by water. Ecol Ind 94:46–54. https://doi.org/10.1016/j.ecolind.2017.05.035

Syrbe R-U, Walz U (2012) Spatial indicators for the assessment of ecosystem services: providing, benefiting and connecting areas and landscape metrics. Ecol Indic 21:80–88

TEEB – The Economics of Ecosystems and Biodiversity (2010a) Mainstreaming the economics of nature. a synthesis of the approach, Conclusions and Recommendations of TEEB. https://www.teebweb.org

TEEB – The Economics of Ecosystems and Biodiversity (2010b) The economics of ecosystems and biodiversity for local and regional policy makers. https://www.teebweb.org

TEEB – The Economics of Ecosystems and Biodiversity (2011) The economics of ecosystems and biodiversity in national and international policy making. Ten Brink P (Hrsg), Earthscan, London

TEEB – The Economics of Ecosystems and Biodiversity (2018) TEEB for agriculture & food: scientific and economic foundations. UN Environment, Geneva. https://www.teebweb.org. Zugegriffen: 18. Okt 2021

ten Brink P, Bassi S, Bishop J, Harvey CA, Ruhweza A, Verma M, Wertz-Kanounnikoff S (2011) Rewarding benefits through payments and markets. Section 1: payments for ecosystem services. In: Ten Brink P (Hrsg) TEEB – the economics of ecosystems and biodiversity in national and international policy making. Earthscan, London, S 181–199

Theßenvitz S (2009) Wer interessiert sich für Umwelt? – Lebenswelten und Zielgruppen in Deutschland. In: Für Natur und Umwelt begeistern. Umweltkommunikation Fachtagung des LfU am 28.04.2009. Bayer. Landesamt f. Umwelt (Hrsg), S 5–7

UBA – Umweltbundesamt (2019) Monitoringbericht 2019 zur Deutschen Anpassungsstrategie an den Klimawandel. Bericht der Interministeriellen Arbeitsgruppe Anpassungsstrategie der Bundesregierung. https://www.umweltbundesamt.de/sites/default/files/medien/1410/publikationen/das_monitoringbericht_2019_barrierefrei.pdf. Zugegriffen: 22. Dez 2020

UBA – Umweltbundesamt (2020) Wichtige Umwelt-Indikatoren. https://www.umweltbundesamt.de/daten/umweltindikatoren. Zugegriffen: 22.Dez 2020

Vihervaara P, Kumpula T, Tanskanen A, Burkhard B (2010) Ecosystem services – a tool for sustainable management of human – environment systems. Case study in Finish Forest Lapland. Ecol Complexity 7:410–420

von Haaren C, Galler C, Ott S (2008) Landscape planning. The basis of sustainable landscape development. Bundesamt für Naturschutz, Bonn

von Haaren C, Albert C (2011) Integrating ecosystem services and environmental planning: limitations and synergies. Int J Biodivers Sci Ecosyst Serv Manag 7. https://doi.org/10.1080/21513732.2011.616534

Wätzold F, Schwerdtner K (2005) Why be wasteful when preserving a valuable resource? A review article on the cost-effectiveness of European conservation policy. Biol Conserv 123:327–338

Wätzold F, Drechsler M, Armstrong CW, Baumgärtner S, Grimm V, Huth A, Perrings C, Possingham HP, Shogren JF, Skonhoft A, Verboom-Vasiljev J, Wissel C (2006) Ecological-economic modeling for biodiversity management: potential, pitfalls, prospects. Conserv Biol 20:1034–1041

Wätzold F, Mewes M, van Apeldoorn R, Varjopouro R, Chmielewski TJ, Veeneklaas F, Kosola MJ (2010) Cost-effectiveness of managing Natura 2000 sites: an exploratory study for Finland, Germany, the Netherlands and Poland. Biodivers Conserv 19:2053–2069

Walz U, Stein C (2014) Indicators of hemeroby for the monitoring of landscapes in Germany. J Nat Conserv 22(3):279–289

WBGU – Wissenschaftlicher Beirat der Bundesregierung Globale Umweltveränderungen (2020) Landwende im Anthropozän: Von der Konkurrenz zur Integration. Berlin

Wehrspaun M, Schoembs H (2002) Die Kluft zwischen Umweltbewusstsein und Umweltverhalten als Herausforderung für die Umweltkommunikation. In: Axel Beyer A (Hrsg) Fit für Nachhaltigkeit? Biologisch-anthropologische Grundlagen einer Bildung für nachhaltige Entwicklung. Leske + Budrich. Opladen, S 141–12

Weigand M, Staab J, Wurm M, Taubenböck H (2020) Spatial and semantic effects of LUCAS samples on fully automated land use/land cover classification in high-resolution Sentinel-2 data. Interna-tional Journal of Applied Earth Observation and Geoinformation 88:102065

Wende W, Walz U (Hrsg) (2017) Die räumliche Wirkung der Landschaftsplanung. Evaluation, Indi-katoren und Trends. Springer Spektrum, Wiesbaden

Wende W, Marschall I, Heiland S, Lipp T, Reinke M, Schaal P, Schmidt C (2009) Umsetzung von Maßnahmenvorschlägen örtlicher Landschaftspläne – Ergebnisse eines hochschulübergreifenden Projektes in acht Bundesländern. Naturschutz und Landschaftsplanung 41:145–149

Wende W, Wojtkiewicz W, Marschall I, Heiland S, Lipp T, Reinke M, Schaal P, Schmidt C (2011) Putting the plan into practice: implementation of proposals for measures of local landscape plans. Landscape Res. https://doi.org/10.1080/01426397.2011.592575

Wende W, Walz U, Stein C (2020) Evaluating municipal landscape plans and their influence on selected aspects of landscape development – an empirical study from Germany. Land Use Policy, 99, 104855. https://doi.org/10.1016/j.landusepol.2020.104855

Willemen L, Hein L, Verburg PH (2010) Evaluating the impact of regional development policies on future landscape services. Ecol Econ 69:2244–2254

Willemen L, Verburg PH, Hein L, van Mensvoort MEF (2008) Spatial characterization of landscape functions. Landscape Urban Plan 88:34–43

Wilson E, Piper J (2010) Spatial planning and climate change. Taylor Francis, New York

Wunder S (2005) Payments for environmental services: some nuts and bolts. Occasional Paper No. 42, Center for International Forestry Research, Nairobi, Kenya. www.cifor.org/publications/pdf_files/occpapers/op-42.pdf. Zugegriffen: 18. Okt 2021

Wunder S (2007) The efficiency of payments for environmental services in tropical conservation. Conserv Biol 21:48–58

Wunder S (2015) Revisiting the concept of payments for environmental services. Ecol Econ 117:234–243

Wunder S, Engel S, Pagiola S (2008) Taking stock: a comparative analysis of payments for environmental services programs in developed and developing countries. Ecol Econ 65:834–852

Ziemann A (2005) Kommunikation der Nachhaltigkeit. Eine kommunikationstheoretische Fundierung. In: Michelsen G, Godemann J (Hrsg) Handbuch Nachhaltigkeitskommunikation: Grundlagen und Praxis. Oekom, München, S 121–131

Zieschank R (2020) Die Zukunft historischer Gärten – Nachhaltigkeit als Brücke? In: Stiftung Preußische Schlösser und Gärten in Berlin-Brandenburg (Hrsg) Historische Gärten und Gesellschaft – Kultur – Natur – Verantwortung. Potsdam, S 342–352

Zieschank R, Diefenbacher H, Held B, Rodenhäuser D (2021) Jahreswohlstandsbericht 2021 – Die Pandemie als Katalysator. Studie im Auftrag der Bundestagsfraktion Bündnis 90/Die Grünen. Berlin. https://www.gruene-bundestag.de/fileadmin/media/gruenebundestag_de/publikationen/reader/19-86-ONLINE-JWB-Gesamtbericht_final_2021.pdf

Ökosystemleistungen – Die gesellschaftliche Relevanz neuer Entscheidungsgrundlagen

7

Karsten Grunewald, Olaf Bastian, Roland Zieschank und Wolfgang Wende

„Dem Menschen genügt das „Dasein“ im Sinne von bloßem Hier-Sein auf Erden nicht. Er ist in seinen Wünschen und seiner Gier oft maßlos. Und er muss sein Dasein erfahren. Im Schmerz. Im Rausch. Im Scheitern. Im Höhenflug.“ (Zeh 2009*)*

Inhaltsverzeichnis

Die Reihenfolge der Autoren entspricht nicht der Reihenfolge der Gewichtung zum Beitrag. Die Autorennamen sind in der Reihenfolge ihres Erscheinens im Kapitel aufgeführt. Die Autoren der einzelnen Abschnitte finden Sie im jeweiligen Abschnitt innerhalb des Kapitels. Korrespondierende Autoren der jeweiligen Abschnitte sind mit * gekennzeichnet.

K. Grunewald (✉) · W. Wende
Leibniz-Institut für ökologische Raumentwicklung, Dresden, Deutschland
E-Mail: k.grunewald@ioer.de

W. Wende
E-Mail: w.wende@ioer.de

K. Grunewald und O. Bastian (Hrsg.), *Ökosystemleistungen*,
https://doi.org/10.1007/978-3-662-65916-8_7

Zusammenfassung

Nach einem Resümee zum Wissensstand zu Ökosystemen und deren Leistungen sowie zu neuen Entwicklungen bei der Datengewinnung werden in diesem Kapitel innovative, zukünftige Anwendungsfelder für ÖSL, vor allem als politik- und entscheidungsunterstützende Grundlage, thematisiert: Hierbei geht es insbesondere um Ökosystem-Accountings im Sinne einer erweiterten Wirtschaftsberichtserstattung unter Einschluss von ÖSL, um transformative Umweltpolitiken sowie die Implementierung von ÖSL in die Raumplanung. Auch wenn tradierte Denkmuster, Verhaltensweisen und Wirtschaftsmodelle ein hohes Beharrungsvermögen aufweisen, ist das Ende des bisherigen, nichtnachhaltigen Entwicklungspfades absehbar. Die Frage ist nur, ob die verfügbare Zeit für eine gestaltbare Transformation ausreicht oder sich die Folgewirkungen immer noch steigenden Wachstums in Kipppunkten und per Eigendynamik manifestieren. In diesem Zusammenhang ist die mit dem ÖSL-Begriff verbundene Denkrichtung sowohl als politisches als auch als ökonomisches Handlungskonzept zu verstehen, das zugleich Akteure des Wandels erfordert.

7.1 Resümee und Standortbestimmungen zu ÖSL

Karsten Grunewald*, Olaf Bastian und Roland Zieschank

7.1.1 Konzeptionelle, begriffliche und methodische Aspekte

Als Kernfragen des ÖSL-Konzepts haben wir formuliert (Kap. 1): Wie können die Leistungen der Natur ermittelt werden? Was sind die Nutzungsansprüche der Menschen

O. Bastian
Moritzburg, Deutschland
E-Mail: Olaf.Bastian@web.de

R. Zieschank
IZT – Institut für Zukunftsstudien und Technologiebewertung gemeinnützige GmbH, Berlin, Deutschland
E-Mail: r.zieschank@izt.de

bezüglich der Leistungen, die Natur erbringen kann, und wie können diese Ansprüche offengelegt und in rationales Handeln integriert werden?

Das ÖSL-Konzept bietet zweifellos viele Chancen und (teils) neue Lösungsansätze zur Bewältigung von Umweltproblemen. Davon ist im vorliegenden Buch ausführlich berichtet worden. Wesentliche Vorzüge des Konzepts bestehen vor allem darin, dass es die Augen öffnet für die vielfältigen Werte der Natur, sowohl für unsere unmittelbare Existenz als auch das gesellschaftliche Wohlergehen. Wenngleich die monetären Kalkulationen von ÖSL (und ihren Veränderungen) in der aufsehenerregenden Publikation von Costanza et al. (1997) methodisch auch Bedenken verursacht haben mag, so hat sie wesentlich dazu beigetragen, die Problematik in das öffentliche Bewusstsein zu rücken. Im Rahmen des von wirtschaftlichen Akteuren präferierten Denkens in Geldkategorien – als faktische, aber nicht ontologisierende Feststellung – können ökonomische Ansätze hierfür durchaus sinnvoll sein, beispielsweise wenn mithilfe ökonomischer Methoden aufgezeigt werden kann, welche langfristigen Folgeschäden und gesellschaftlichen Kosten sich ein an kurzfristigen Gewinnen orientiertes Handeln gegenübersieht.

Für das ÖSL-Konzept sprechen weitere Argumente:

- Für den Schutz der Natur bietet eine ökonomische Betrachtung grundsätzlich die Chance, auch bei Gruppen bzw. Teilen der Gesellschaft, die sonst eher andere Wertkalküle verfolgen, eine höhere Akzeptanz zu erzielen.
- Integrativere Sichtweisen bei Entscheidungsfindungen werden gestärkt. Die postulierten Nutzen von Projekten können unter Berücksichtigung der Präferenzen aller Begünstigten und Betroffenen umfassender mit den direkten und indirekten Umweltwirkungen verglichen werden.
- Es wird deutlich zwischen öffentlichen und privaten Gütern unterschieden, wodurch Umsetzungsstrategien (z. B. im Naturschutz) zielgerichteter und erfolgreicher sein können.
- ÖSL bilden einen Rahmen für Kommunikations- und Beteiligungsprozesse (Abschn. 6.4).

Der Begriff „Ökosystemleistungen“ ist relativ jung, die dahinterstehenden Absichten und Ansätze – Haber (2014) bezeichnet sie als Paradigmen – sind es in weiten Teilen jedoch nicht (Kap. 2). Aktuell ist (weiterhin) damit beabsichtigt, das ökologische System und das sozioökonomische System als ein integriertes, ganzheitliches System mit Wechselwirkungen zu betrachten, in wesentlichen Teilbereichen nun aber auch zu bilanzieren.

Konzeptionell ist der Rahmen der Analyse und Bewertung von ÖSL also abgesteckt (Abschn. 3.1). Ökosysteme stellen Leistungen für die Menschen bereit, die in Nutzen- und Wohlfahrtskategorien zu übersetzen sind. Dabei würde die Beschränkung allein nur auf aktuelle Leistungen zu kurz greifen, denn die Inanspruchnahme bzw. Inwertsetzung der Leistungen manifestiert sich insbesondere in der Art und Intensität der Landnutzung und wirkt auf die Strukturen und Prozesse der Ökosysteme zurück, was wiederum deren potenzielle Leistungsfähigkeit beeinflusst (Kap. 5). Dieses komplexe Wechselspiel in seinen Ursachen, Wirkungen und Folgen sichtbar zu machen und „richtig“ zu handhaben, stellt die eigentliche Herausforderung dar (Kap. 6 und 7).

Angestoßen durch internationale und nationale Initiativen sowie basierend auf einer Vielzahl wissenschaftlicher Arbeiten aus diversen Forschungsprojekten (Kap. 1) liegt inzwischen ein zunehmend umfassenderes und integrierteres Wissen zum Zustand und zur Entwicklung von ÖSL in Deutschland vor. Dies beinhaltet im Sinne eines flächendeckenden Assessments (Albert et al. 2014) vor allem

- die Entwicklung eines besseren Verständnisses der ÖSL sowie der Wechselwirkungen mit menschlichem Wohlbefinden und gesellschaftlichem Wohlergehen,
- die Erarbeitung einer überzeugenden und leicht zugänglichen Darstellung dieser Zusammenhänge,
- das Aufzeigen entscheidungsrelevanter Ergebnisse und Handlungsoptionen sowie
- die Generierung kooperativen Wissens und den Aufbau einer transdisziplinären Interessengemeinschaft *(community building).*

Aus einer wechselseitigen Verstärkung von wissenschaftlichen Informationen zu ÖSL und deren Nutzung im politischen wie wirtschaftlichen Raum ergeben sich auch neue Potenziale zur Erweiterung und Verbesserung der Landschaftsplanung (Grunewald et al. 2022a).

Die Erfassung und Bewertung von ÖSL erfolgt in den Kategorien Versorgungs-, Regulations- und soziokulturelle ÖSL (Abschn. 3.2) je nach Aufgabenstellung und Möglichkeiten mit unterschiedlichen geobiophysisch basierten ökologischen und – soweit möglich bzw. sinnvoll – ökonomisch-monetären Quantifizierungen. Diesbezüglich sind die ÖSL-spezifischen Standards (Verfahren, Techniken, Modelle) inzwischen in weiten Teilen vorhanden und erprobt (Kap. 4). Herausforderungen bestehen noch in der Auswahl zwischen alternativen Verfahren, mithin dem Problem, welche Methode jeweils die höchste Validität und Aussagekraft hätte. Auch die umfassende Berücksichtigung der Wechselwirkungen zwischen den verschiedenen ÖSL (Trade-offs) ist weiterhin eine Herausforderung, da hierzu die auf einzelne Leistungen zugeschnittenen Methoden in komplexe Wirkungs- und Bewertungsmodelle integriert werden müssen.

Darüber hinaus ist die zielgruppenspezifische Aufbereitung der Daten und des ÖSL-Wissens für die Information von Entscheidungsträgern und die adäquate Kommunikation mit den relevanten Bevölkerungsgruppen ein weitergehender Prozess (Ackoff 1989). Das ÖSL-Konzept ist dabei nützlich, weil es positiv belegt ist („die Natur erbringt Leistungen“), alle gesellschaftlichen Gruppen anspricht und Chancen für Akteure aufzeigt.

Eine zentrale Rolle bei der Entwicklung standardisierter methodischer Ansätze zur Einbeziehung von Naturkapital und ÖSL in staatliche Rechensysteme (Accounting, volkswirtschaftliche Gesamtrechnungen) spielt inzwischen das System of Environmental-Economic Accounting – Ecosystem Accounting (UN 2021); ein international verbindlicher methodischer Standard für die Einbeziehung von Ökosystemen und Ökosystemleistungen in die umweltökonomischen Gesamtrechnungen der nationalen statistischen Ämter (Abschn. 3.1.5). Die Erarbeitung von SEEA EA wurde u. a. durch das Wealth Accounting and the Valuation of Ecosystem Services (WAVES) der Weltbank und das Projekt Natural Capital Accounting and Valuation of Ecosystem Services (NCAVES), gefördert von der EU, vorangetrieben. Bilanzen nach SEEA EA sollen nicht nur regelmäßig über Leistungen der Ökosysteme für wirtschaftliche Aktivitäten berichten, sondern geben auch Auskunft über den Zustand der Ökosysteme und über Leistungen und Werte der Ökosysteme, die gerade außerhalb von Märkten erbracht werden. Bezüglich der Umsetzung auf nationaler Ebene haben die Staaten einen gewissen Spielraum. Einzelne Fragestellungen, z. B. der ökonomischen Bewertung oder auch der Wertaggregation (Indexbildung), werden in den nächsten Jahren noch weiterentwickelt und abschließend geklärt werden.

7.1.2 Ökologische Datengrundlagen und Indikatorensysteme im Zusammenhang mit ÖSL

Eine angestrebte Implementierung von ÖSL in Entscheidungsgrundlagen setzt entsprechend geeignete Informationen voraus.

Bundesweit stehen in zunehmendem Maße, z. B. durch europäische Programme, von Bundesbehörden oder durch Fernerkundungsprogramme, frei zugängliche Daten zur Landnutzung bzw. Bodenbedeckung zur Verfügung, die teilweise in guter zeitlicher und räumlicher Auflösung erstellt und aktualisiert werden und eine wichtige Grundlage für anschließende Erhebungen zu ÖSL bilden können (Grunewald et al. 2022a). CORINE-Land-Cover-Daten (CLC) und das Programm „Land Use/Cover Area Frame Survey“ (LUCAS) seien hier stellvertretend genannt.

Genauere Daten für die Auswertungen zu ÖSL stehen in Deutschland auf Ebene der Bundesländer zur Verfügung, z. B. mit den Biotopkartierungen. Jedoch sind diese aufgrund unterschiedlicher Kartierschlüssel und -zeitpunkte oft nicht bundesweit vergleichbar. Zur Flächennutzung stellen das Digitale Basis-Landschaftsmodell (Basis-DLM) aus dem Amtlichen Topographisch-Kartographischen Informationssystem (ATKIS) und das Digitale Landbedeckungsmodell für Deutschland (LBM-DE) positive Ausnahmen dar (Abschn. 5.2). Das Basis-DLM (AdV 2018; BKG 2020) wurde in den 1990er-Jahren von den Landesvermessungsämtern nach einem einheitlichen Objektartenkatalog aufgebaut und seither regelmäßig ergänzt und aktualisiert. Es liefert Daten zur Topografie und Flächennutzung im Maßstab 1:10.000 bis 1:25.000. Auf europäischer Seite gibt es Bestrebungen, europäische und nationale Datensätze zur Beschreibung der Landschaft wie CLC, LUCAS, ATKIS Basis-DLM und LBM-DE durch eine semantische Harmonisierung noch vergleichbarer zu machen (EAGLE-

Konzept, Arnold et al. 2017), was die Zusammenführung von Bundesdaten für landschaftsplanerische Vorhaben auf der nationalen Ebene vereinfachen könnte.

An amtlichen Fachdaten zum Naturschutz und zur Biodiversität zu nennen sind insbesondere die Daten aus der bundesweiten Berichterstattung zu Natura 2000, vor allem zu Umfang und Erhaltungszustand der Arten und der FFH-Lebensraumtypen nach den Anhängen der FFH-Richtlinie. Einen hohen Informationswert für den Naturschutz haben die Erhebungen der HNV-Landwirtschaftsflächen (High-Nature-Value-Farmland – Indikator, Hünig und Benzler 2017), die regelmäßig auf den 1375 Stichprobenflächen des bundesweiten Brutvogelmonitorings mit ihrer Größe von 1 km^2 durchgeführt werden, und natürlich die Ergebnisse des Brutvogelmonitorings selbst. Zudem hat kürzlich ein Ökosystemmonitoring auf den oben genannten Stichprobenflächen begonnen, das in regelmäßigen Abständen flächendeckend Nutzungs- und Standorttypen kartiert. Hierbei werden auch qualitative Aspekte der Biotoptypen erfasst. Die Ableitung der Ökosystemtypen für die Gesamtfläche Deutschlands geschieht über eine Hochrechnung (Ackermann et al. 2020). Weitere Daten zu Umfang, Zustand und teilweise Leistungen der Ökosysteme liefern u. a. die alle zehn Jahre erhobene Bundeswaldinventur und die dazwischenliegenden Kohlenstoffinventuren (BWI, https://www.bundeswaldinventur.de/) wie auch die Kartierung des ökologischen Gewässerzustands nach der europäischen Wasserrahmenrichtlinie (WRRL). Eine wichtige Referenz für die Bewertung liefert auch die Karte zur potenziellen natürlichen Vegetation des BfN.

Speziell für die Erfassung von urbanen Grünstrukturen liegt ein Datensatz für 2015 und 2018 vor (Land Cover DE), der eventuell auch in Zukunft fortgeschrieben wird und auf Sentinel-II-Daten und LUCAS-Referenzpunkten basiert (Weigand et al. 2020). Auf Grundlage dieses Datensatzes wurden Indikatoren zur Beschreibung städtischer Ökosysteme entwickelt (Eichler et al. 2020). Zu nennen sind auch umfangreiche statistische Daten des Bundesamtes für Statistik, u. a. zur Flächennutzung oder zu landwirtschaftlichen Kulturen. Mit dem nationalen Copernicus-Maßnahmenprogramm (https://www.d-copernicus.de/daten/geodateninfrastruktur/) werden seit 2011 aktuelle Daten aus der satellitenbasierten Erdbeobachtung aufbereitet und u. a. für die Landschaftsplanung bereitgestellt. Dieses Angebot umfasst Daten zur Landnutzung, Meeresumwelt, zu urbanen Ökosysteme sowie zu Atmosphäre und Klimawandel (BMI 2017).

Eine Reihe europa- oder bundesweiter Indikatorsysteme stellen regelmäßig Fachdaten zur Landschaftsentwicklung bereit, die zeitlich und räumlich vergleichbar im Rahmen von Monitoringaktivitäten erhoben werden und ebenfalls zur Quantifizierung von ÖSL-Teilaspekten auf nationaler Ebene nutzbar sind. Dazu gehören:

- Nachhaltigkeitsindikatoren der 17 UN-Nachhaltigkeitsziele (SDG), die vom Bundesamt für Statistik (Destatis 2020) geführt und veröffentlicht werden: Sie werden spezifiziert durch die mittlerweile 63 Schlüsselindikatoren der deutschen (nationalen) Nachhaltigkeitsstrategie (NHS) – aber nur elf (mit Meeren 14) der Indikatoren weisen unmittelbar ÖSL- bzw. Landschaftsbezug auf.

- Länderinitiative Kernindikatoren (LiKi) der Arbeitsgemeinschaft von Umweltfachbehörden des Bundes und der Länder: Veröffentlicht werden 25 Nachhaltigkeitsindikatoren aus den Bereichen „Klima und Energie", „Natur und Landschaft", „Umwelt und Gesundheit", sowie „Ressourcen und Effizienz". Quantitative Daten zu ÖSL-Aspekten liefern vor allem die Indikatoren im Bereich Natur/Landschaft, andere Parameter erfassen besonders den Zustand von Ökosystemen (LiKi 2020).
- Deutsche Anpassungsstrategie zum Klimawandel (DAS): Sie enthält knapp 100 Indikatoren zu sechs thematischen Clustern, u. a. den Clustern „Raumplanung und Bevölkerungsschutz" sowie „Land" zuzüglich einiger handlungsübergreifender „Response-Indikatoren" (UBA 2019a).
- Die etwa 50 Umweltindikatoren des UBA mit Daten über Trends zum Umweltschutz: Sie ergänzen SDG-Indikatoren, sodass Ursachen und Wirkungen von Umweltzuständen analysiert werden können (UBA 2020a).
- Die Nationale Strategie zur biologischen Vielfalt (Nationale Biodiversitätsstrategie, NBS) beinhaltet einen Satz von 19 Indikatoren, die zum Teil Daten aus den anderen Indikatorsätzen übernehmen. Zusätzlich vom BfN erhoben werden u. a. der Zustand der Flussauen und das Bewusstsein für die biologische Vielfalt.
- Das „SEBI"-Indikatorenset der Europäischen Umweltagentur (EEA) zur EU-Biodiversitätsstrategie listet insgesamt 34 Indikatoren auf, die von den Mitgliedsstaaten nach einheitlichen Verfahren erhoben werden. Viele davon haben Arten- oder Landschaftsbezug und erlauben auch grenzübergreifende Vergleiche (EEA 2020).

Flächendeckende Umsetzung

Angestoßen durch internationale Rahmenwerke und Initiativen, insbesondere die EU-Biodiversitätsstrategie 2020, wurde ab 2013 in der Bundesrepublik begonnen, Zustand und Leistungen der Ökosysteme räumlich konkret, flächendeckend und systematisch zu erfassen (Albert et al. 2015; Grunewald et al. 2017, 2021a). Die landesweite Kartierung und Bewertung der ÖSL folgt dabei den grundsätzlichen Empfehlungen der europäischen MAES-Arbeitsgruppe („Mapping and Assessment of Ecosystems and their Services") hinsichtlich spezifischer Indikatoren und orientiert sich an der Internationalen ÖSL-Klassifizierung CICES (Common International Classification of Ecosystem Services). Eine entsprechende deutschsprachige ÖSL-Klassifikation findet sich in Abschn. 3.2.

Atlas der Ökosysteme Deutschlands

Die Grundlage stellt zunächst eine nationale Ökosystemklassifikation dar. Sie enthält alle Ökosystemtypen, die in Deutschland relevant sind. Zudem sollten diese durch die Datenlage für Deutschland ausreichend detailliert und flächendeckend erfassbar und im Hinblick auf die zu bewertenden Zustände und Leistungen zielführend sein. Entsprechend unterbreiteten Grunewald et al. (2020) einen konkreten Vorschlag, wie bundesweit einheitlich erfasste, lagegenaue GIS-Daten über Landnutzungen und Ökosysteme mit anderen regelmäßig erhobenen Datenquellen, u. a. aus Stichprobenerhebungen (s. oben), kombiniert und verschnitten werden können. Auf diese Weise wurde ein möglichst vollständiges, fortschreibungsfähiges Bild über den Zustand der Ökosysteme Deutschlands generiert (Abschn. 5.2).

Die Grundkonzeption der für Deutschland vorgeschlagenen Ökosystemklassifikation basiert einerseits auf bundesweiten digitalen topografischen Daten wie dem Landbedeckungsmodell für Deutschland (LBM-DE) und dem Amtlichen Topographisch-Kartographischen Informationssystem (ATKIS Basis-DLM) sowie andererseits auf den europäischen Landnutzungs- bzw. Ökosystemklassifikationen (CLC) und dem Europäischen Naturinformationssystem (EUNIS). Kern des GIS-gestützten Flächenmonitorings von Ökosystemtypen (ÖST) ist das für Deutschland bereits definierte System der europäischen CLC-Klassen. Diese (in Deutschland) 37 CLC-Klassen lassen sich zu 14 Unter- und fünf Hauptökosystemtypen (U-ÖST, H-ÖST) aggregieren (Abschn. 5.2). CLC-Klassen sind jedoch nicht optimal geeignet, den Zustand von Ökosystemen im Hinblick auf Naturschutzziele und insbesondere den Schutz der Biodiversität zu beurteilen. Deshalb fließen in eine vierte räumliche Ebene der Ökosystembilanzierung bundesweit verfügbare Informationen über Ausdehnung und Zustand der naturschutzfachlich relevanten Biotope und der High-Nature-Value-Landwirtschaftsflächen ein (Schweppe-Kraft et al. 2020). Zukünftig könnten hier noch Daten aus dem stichprobenbasierten Ökosystemmonitoring (ÖSM) integriert werden (Ackermann et al. 2020).

Das Statistische Bundesamt hat inzwischen auch einen Ökosystematlas für Deutschland erarbeitet und veröffentlicht (Bellingen et al. 2021, https://www.destatis.de). Dabei werden sechs Ökosystemabteilungen, 21 Ökosystemgruppen und 74 Ökosystemklassen ausgewiesen. Letztere ist die detaillierteste Ebene (= Erhebungsebene) nach einem eigenen Klassifikationsschema. Es liegen somit derzeit zwei Systeme der Ökosystemklassifikation und der Flächenbilanzierung für Deutschland vor, die ähnlich aufgebaut sind, sich aber in Struktur und Nomenklatur unterscheiden. Es wäre wünschenswert, wenn künftig beide Systeme zusammengeführt werden könnten, damit die interessierte Öffentlichkeit bzw. Praxis nicht mit unterschiedlichen Ökosystembilanzen konfrontiert wird.

Indikatoren des Ökosystemzustands

Die Erfassung der Strukturen, Funktionen und Prozesse der Ökosysteme stellt die Grundlage aller Angebote zur Landschaftsplanung, aber auch der Bewertung von ÖSL dar (von Haaren et al. 2019; UN 2021). Für die Unterstützung der Umweltpolitik und Entscheidungsfindungen, die auf den Schutz, die Erhaltung und die Wiederherstellung von Natur und Landschaft ausgerichtet sind, ist die Messung des Zustands von Ökosystemen von erheblichem Interesse (Maes et al. 2020; s. auch Website des UBA mit den „Daten zur Umwelt").

Viele Daten und Zustandsindikatoren werden im Rahmen der sektoralen Umweltbeobachtung von Institutionen wie UBA, BfN, BfG, BGR oder den Johann Heinrich von Thünen-Instituten regelmäßig erhoben. Der UFZ-Dürremonitor liefert beispielsweise täglich flächendeckende Informationen zum Bodenfeuchtezustand in Deutschland. Mit dem Dürreatlas werden Informationen zu Bodenfeuchte, Niederschlag, Wind, Pegelstände, Hitze und vieles mehr zusammengeführt und zentral zur Verfügung gestellt (https://gdz.bkg.bund.de/index.php/default/duerreatlas.html). Der IÖR-Monitor (https://www.ioer-monitor.de) stellt aufbereitete Informationen zur Flächennutzung und deren Entwicklung sowie zur Landschaftsqualität für die Bundesrepublik Deutschland bereit. Einige Indikatoren, die zur Charakterisierung des Ökosystemzustands genutzt werden können, sind im Rahmen der Nachhaltigkeitsstrategie der Bundesregierung (SDG-Indikatoren, Bundesregierung 2021) bzw. der Nationalen Biodiversitätsstrategie (NBS-Indikatoren, BMU 2015) in bundesweiten Indikatorsystemen bereits politisch etabliert und legitimiert. Sie müssen zumeist jedoch zusätzlich im Sinne der Flächen der Ökosystemtypen sowie der Bereitstellung von ÖSL aufbereitet und interpretiert werden. Zudem ist bei Bedarf eine spezifische Kartierung (Verräumlichung) notwendig (Grunewald et al. 2022a).

Biodiversität (die Vielfalt innerhalb und zwischen Arten und von Ökosystemen) ist ein wesentlicher Bestandteil bei der Messung des Zustands von Ökosystemen. Insbesondere Biodiversitätsmetriken wie Artenabundanz, Artenreichtum oder artenbasierte Indizes werden häufig auch zur Messung von Aspekten des Ökosystemzustands verwendet (Rendon et al. 2019). Verwiesen sei z. B. auf die aktualisierte Rote Liste der Säugetiere Deutschlands (Meinig et al. 2020) sowie die Rote Liste der gefährdeten Biotoptypen (Heinze et al. 2020). Letztere hat das Bundesamt für Naturschutz im Jahr 2017 zum dritten Mal nach 1994 und 2006 veröffentlicht. Sie zeigt die jeweilige Gefährdungssituation der in Deutschland vorkommenden Biotoptypen (https://www.bmuv.de/download/rote-liste-der-gefaehrdeten-biotoptypen-deutschlands). Hier zeigt sich wie bei vielen anderen Indikatoren ein wesentliches Problem – relativ lange Abstände zwischen den Erhebungszeiträumen und damit ein Timelag (Zeitversatz) zu aktuellen politischen Entscheidungserfordernissen.

Messgrößen zur Messung der Artenvielfalt auf bestimmten Flächen sind nicht immer geeignet, den Beitrag dieser Fläche zum Artenreichtum einer größeren Raumeinheit zu beschreiben (Beispiel: Lebensräume mit wenigen aber hoch gefährdeten Arten). Zur Lösung dieses Skalenproblems bieten sich Verfahren an, bei denen die lokalen Bestände aufgrund ihrer überregionalen Gefährdungssituation speziell gewichtet oder die Lebensräume auf der Grundlage bestimmter Indikatorarten bewertet werden. Weiterhin hängt die Artenvielfalt einer Raumeinheit von der Zusammensetzung und Struktur der Ökosysteme auf Landschaftsebene ab. Daher liegt es nahe, auch Indikatoren zur Struktur und Vielfalt von Ökosystem bzw. Landschaften zu entwickeln.

Zu nennen ist in diesem Zusammenhang vor allem der Indikator „Artenvielfalt und Landschaftsqualität" (etablierter NBS- und SDG-Indikator). Der Berechnung des Indikators liegt die Entwicklung der Bestände von 51 Vogelarten zugrunde, welche die wichtigsten Landschafts- und Lebensraumtypen in Deutschland repräsentieren: je zehn Arten für die Teilindikatoren zu Agrarland, Siedlungen, Binnengewässern, Küsten und

Meeren sowie elf Arten für Wälder. Die Größe der Bestände (nach Anzahl der Reviere beziehungsweise Brutpaare) spiegelt die Eignung der Landschaft als Lebensraum für die ausgewählten Vogelarten wider. Da neben Vögeln auch andere Arten an eine reichhaltig gegliederte Landschaft mit intakten, nachhaltig genutzten Lebensräumen gebunden sind, bildet der Indikator indirekt auch die Entwicklung zahlreicher weiterer Arten in der Landschaft und die Nachhaltigkeit der Landnutzung ab. Das heißt, es ist ein „High-End Indikator", denn es geht nicht um Vogelarten, sondern darum, dass ihre Populationsveränderungen stoffliche und physische Eingriffe in die Umwelt widerspiegeln. Mithin handelt es sich um Bioindikatoren, welche die Qualität von Landschaften/Hauptökosystemen in Deutschland anzeigen sollen. Indikandum sind dabei Ökosysteme, nicht die Vogelarten. Aktuell wird der Indikator im Rahmen eines Forschungs- und Entwicklungsvorhabens des BfN überarbeitet. Es werden u. a. die Zielwerte der Teilindikatoren für die Hauptlebensräume sowie die Artenauswahl unter Einbeziehung aktueller Rahmenbedingungen erneuert (https://www.bfn.de/indikator-artenvielfalt-und-landschaftsqualitaet). Ab 2023 soll der Indikator "Artenvielfalt und Landschaftsqualität" mit aktuellen Daten verfügbar sein, regelmäßig fortgeschrieben sowie in das Indikatorenset der Jahreswohlstandsberichts-Wohlfahrtsmessung des Bundesministeriums für Wirtschaft und Klimaschutz aufgenommen werden (BMWK 2023).

Zustände von Ökosystemen und Ökosystemleistungen sind miteinander verknüpft, aber die Beziehung variiert zwischen verschiedenen Leistungen und ist oft nicht linear. Für viele Leistungen können Ökosysteme in besserem Zustand eine größere Quantität und Qualität der relevanten ÖSL unterstützen (für eine Metaanalyse s. Smith et al. 2017), was ein Argument für ein nachhaltiges Ökosystemmanagement darstellt. Die Beziehung zwischen dem Zustand von Ökosystemen und der Bereitstellung von Leistungen ist zentral für das Konzept der Ökosystemkapazität (UN 2021).

Die Statistische Abteilung der Vereinten Nationen hat im Sinne des SEEA-Ökosystem-Accountings international geltende Standards verabschiedet, nach denen die Bewertung der Zustände der Ökosysteme künftig erfolgen soll (UN 2021). Dieser Standard ist wesentlich formeller ausgerichtet als das MAES-Konzept im Rahmen der EU-Biodiversitätsstrategie 2020. Die Umsetzungskonzepte werden vom Statistischen Bundesamt in Kooperation mit anderen Bundesämtern und Forschungseinrichtungen erarbeitet und im Rahmen der von BfN/BMU geförderten Projekte „Integration von Ökosystemen und Ökosystemleistungen in die Umweltökonomische Gesamtrechnung. Theoretische Rahmenbedingungen und methodische Grundlagen" (2017–2019) und „Ökosystemleistungen und Umweltökonomische Gesamtrechnung – Digitales Assessment" (2020–2023; https://www.ioer.de/projekte/es-accounting/) unterstützt. Das Statistische Bundesamt will 2023 Zustandsbilanzen für Ökosysteme Deutschlands nach SEEA-EA-Methodik veröffentlichen.

Gemeinsam ist bei MAES und SEEA EA: Die Erfassung des Ökosystemzustands soll Daten aus verschiedenen Monitoringsystemen nutzen, z. B. in Bezug auf Biodiversität, Wasserqualität und Bodeneigenschaften. Die Absicht ist, auf bestehenden Umweltberichterstattungssystemen aufzubauen und diese zu synthetisieren, zu stärken und weiterzuentwickeln, indessen nicht zu ersetzen.

ÖSL-Indikatoren

Im Rahmen verschiedener Forschungsvorhaben wurden eine Reihe nationaler ÖSL-Indikatoren entwickelt, abgestimmt und publiziert. Stellvertretend seien mehrere BfN/BMU-geförderte Projekte zur „Erarbeitung und Umsetzung einer Methodik zur bundesweiten Erfassung und Bewertung von Ökosystemleistungen im Rahmen der Umsetzung von Ziel 2 und Maßnahme 5 der EU-Biodiversitätsstrategie für 2020" genannt, realisiert durch das Leibniz-Institut für ökologische Raumentwicklung (IÖR), die Leibniz-Universität Hannover und andere Einrichtungen. Erste Indikatoren sind in den vom IÖR grundfinanzierten „Monitor der Siedlungs- und Freiraumentwicklung (IÖR-Monitor)" integriert worden. Die Forschungsarbeiten wurden auf prioritäre ÖSL-Klassen fokussiert und Grundsätze der Beschreibung von Indikandum (ÖSL) und Indikatoren entwickelt (Grunewald et al. 2017, 2021a).

Durch das Bundesministerium für Ernährung und Landwirtschaft und aufgrund eines Beschlusses des Deutschen Bundestages wurde 2016–2019 vom Thünen-Institut für Internationale Waldwirtschaft und Forstökonomie mit der TU Berlin das Projekt „Regionalisierte Bewertung der Waldleistungen" durchgeführt (s. auch Abschn. 3.4). Das Vorhaben „Erfassung und Bewertung von Meeresökosystemen und Ökosystemleistungen der deutschen Nord- und Ostsee" wird gegenwärtig bearbeitet und soll Ende 2022 abgeschlossen werden (https://www.bfn.de/projektsteckbriefe/erfassung-und-bewertung-von-meeresoekosystemleistungen).

Deutschland kommt damit seinen Pflichten auf EU-Ebene nach, z. B. im Rahmen der EU-Biodiversitätsstrategie 2020, und ermöglicht außerdem internationale Vergleiche. Nationale Indikatoren für Ökosysteme und deren Leistungen fließen zudem in das im Aufbau befindliche Nationale Monitoringzentrum zur Biodiversität (NMZB, 2021 ressortübergreifend eingerichtet durch Bundesumwelt-, -landwirtschafts- und -forschungsministerium), in die Ökosystemgesamtrechnungen des Statistischen Bundesamtes sowie in die neue Nationale Biodiversitätsstrategie, die 2023 diskutiert und 2024 durch den Deutschen Bundestag beschlossen werden soll, ein.

Tab. 7.1 gibt einen Überblick über bereits verfügbare, relativ gut entwickelte nationale ÖSL-Indikatoren. Diese und einige weitere bundesweite Indikatoren, z. B. Pflanzen-/Tierproduktion, Trink- und Brauchwassernutzung oder Leistungen der Ökosysteme zur Vermeidung von Klimagasen, fließen gegenwärtig in den „German MAES-Report on Target 2, Action 5 of the EU-Biodiversity Strategy 2020" des BfN ein. Die Entwicklung, Abstimmung und Implementierung der Indikatoren ist ein fortschreitender Prozess, der künftig auch ÖSL der Meeres- und Küstenbereiche Deutschlands einschließen wird.

Bezüglich der Entwicklung der neuen ÖSL-Indikatorik zeigt sich, dass es eine beachtliche Herausforderung darstellt, komplexe Anforderungen aus unterschiedlicher Sicht gleichzeitig zu erfüllen:

- Umweltpolitisch: ÖSL-Indikatoren sollen eingängig und verständlich, kohärent, medienübergreifend, verursacherscharf, anpassungsfähig, langfristperspektivisch sein und Relevanz für die Naturschutzpolitik und weitere sektorale Politiken aufweisen.

Tab. 7.1 Ausgewählte bundesweite Indikatoren zu Ökosystemleistungen (ÖSL)

Kategorie	ÖSL-Indikator	Code der ÖSL-Klasse (Abschn. 3.2)	Referenzen (Abschnitt im Buch)
Versorgungs-ÖSL	Landwirtschaftliche Biomasseproduktion: ackerbauliches Ertragspotenzial* (Verfügbarkeit von Böden mit hoher natürlicher Fruchtbarkeit)	V1	Grunewald et al. (2021a) (Abschn. 5.3.3)
	Rohholzproduktion (Holzzuwachs, Bruttoerlöspotenzial)*	V6	Elsasser et al. (2020) (Abschn. 5.4.2)
Regulierende ÖSL und Biodiversität	Wasserretentionspotenzial der Auen: Fläche für Hochwasserretention	R5	Walz et al. (2017) (Abschn. 5.6.4)
	Bestäubungsleistung: Habitatpotenzial für Wildbienen	R10	Meier et al. (2021) (Abschn. 5.3.5)
	Regulation des Bodenabtrags durch Wasser: Kapazität der Ökosysteme zur Erosionsminderung	R7	Syrbe et al. (2018) (Abschn. 5.3.4)
	Klimaregulation in Städten	R2	Meier et al. (2022)
	Klimaschutzleistung des Waldes* (Kohlenstoffspeicherung)	R2/3	Elsasser et al. (2020)
	Erhaltung der Biodiversität: Biodiversitätsflächenindikator im Sinne der Bewertung von Existenz- und Vermächtniswerten der Natur*	R11	Schweppe-Kraft et al. (2020); Grunewald et al. (2021a); Ekinci et al. (2022a) (Abschn. 5.7.3)
Kulturelle ÖSL	Erholungsleistung städtischen Grüns: Erreichbarkeit städtischer Grünflächen; Annehmlichkeitswert*	C4 und andere**	Grunewald et al. (2016b); Grunewald et al. (2021a); Ekinci et al. (2022b)
	Erholungsleistung des Waldes*	C4 und andere**	Elsasser et al. (2020) (Abschn. 5.4.4)
	Naturschutz und Landschaftsbild* (Waldökosysteme)	C2 und andere**	Elsasser et al. (2020) (Abschn. 5.4.4)
	Naherholung* (landschaftsgebundene Erholung)	C4 und andere**	Hermes et al. (2020)

*einschließlich Bewertung des monetären Nutzens der ÖSL

**Bei kulturellen ÖSL handelt es sich in der Regel um ein Bündel bereitgestellter/adressierter Leistungen

- Wirtschaftspolitisch: Sie sollen insbesondere Gestaltungs-/Handlungsspielräume ermöglichen, Lösungskorridore aufzeigen.
- Fachwissenschaftlich: Sie sollen analytisch sauber und abgesichert entsprechend dem aktuellen theoretischen, wissenschaftlich-technischen Wissen und internationalen Standards, aber auch einfach, messbar (zudem periodisch), praktikabel, leicht zu interpretieren sowie flächenscharf für Deutschland sein und Trends über die Zeit anzeigen.

Entsprechend ist die Aushandlung von Kompromissen notwendig. Es ist stets zu hinterfragen, was die Indikatoren für wen „indizieren" und welche gesellschaftlichen Zielstellungen mit einem Indikator verbunden sind. Das eigentliche Interesse gilt nicht dem Indikator, sondern dem Indikandum, d. h. dem angezeigten, nicht direkt messbaren und oftmals komplexen Sachverhalt bzw. dem Zustand/der Leistung und dessen Änderung.

Nationale Indikatoren zu ÖSL können Behörden und Institutionen des Bundes, aber auch den Bundesländern und Kommunen helfen, bei der Planung naturschutzrelevanter Räume potenzielle Interessenkonflikte besser zu identifizieren, Entscheidungen zum Erhalt von Naturkapital und ÖSL zu begründen und gegenüber der Öffentlichkeit wie auch Interessenvertretern zu kommunizieren. Als *flow*-Größen signalisieren ÖSL-Informationen einen Beitrag zum gesellschaftlichen Wohlergehen.

Die räumliche Darstellung des Zustands und der Entwicklung von ÖSL auf nationaler Ebene ist vor allem dort sinnvoll und notwendig, wo es um großräumige Zusammenhänge geht, z. B. beim übergeordneten Lebensraumverbund, dem Hochwasserrückhalt, der Landschaftszerschneidung, aber auch bei der Hervorhebung von bundesweit besonders wertvollen Gebieten für den Natur- und Landschaftsschutz (BfN 2017).

7.1.3 Vorbehalte und kritische Stimmen zum ÖSL-Konzept

Seit mehr als drei Jahrzehnten ist das ÖSL-Konzept in wachsendem Maße in der internationalen Umweltdiskussion präsent (Costanza et al. 2017), doch haben sich die in das Konzept gesteckten, hohen Erwartungen bislang erfüllt und kann es diesen überhaupt gerecht werden? Zweifellos sind die zu ÖSL bislang erzielten Forschungsergebnisse beeindruckend, denkt man etwa an die internationalen TEEB-Studien. Auch haben ÖSL in mehreren Ländern Eingang in politische Diskurse und Dokumente gefunden. Die Vielzahl von praktischen Beispielen und Anwendungen ist kaum noch überschaubar. Allerdings gibt es auch kritische Stimmen, die Mängel des Konzepts aufzeigen. Eine sinnvolle Anwendung des ÖSL-Konzepts setzt voraus, sich der Schwachstellen und Risiken bewusst zu sein. Darauf soll nachfolgend näher eingegangen werden.

Zunächst wurden beispielsweise terminologische Ungenauigkeiten, Unklarheit und Mehrdeutigkeit von Definitionen und Klassifikationen bemängelt (Grunewald und Bastian 2010). Inzwischen ist aber der Methodenpluralismus oder -individualismus die größere Herausforderung (IPBES 2022). Haber (2014) beklagte die unzureichende

Beachtung oder gar Ignoranz der „erfolgreichen kontinental-europäischen ökologischen Forschung seitens der US-Forschung (aus der MEA und TEEB [s. Kap. 1 und Abschn. 2.2, Anm. des Verf.] hervorgegangen sind)".

ÖSL-Indikatoren sind noch nicht ausreichend mit bereits existierenden Indikatorsystemen kompatibel. Fehlende Daten verleiten häufig dazu, an anderer Stelle gewonnene Informationen (zu Ökosystemen, sozialen Präferenzen und ökonomischen Rahmenbedingungen) auf die eigene Region oder Problemstellung zu übertragen. Durch diesen Benefit-Transfer kann es im ungünstigen Fall aber zu Verfälschungen und völlig unzutreffenden Bewertungsergebnissen kommen (Schmidt et al. 2016). Auch mangelt es oft noch an etablierten Wegen, Algorithmen bzw. Standards, um ÖSL in Politik, Planung und Entscheidungsfindung zu integrieren (Grunewald et al. 2021b).

Schwerwiegend sind insbesondere die Vorwürfe, die Natur und die hochdiversen Mensch-Natur-Beziehungen würden auf ökonomische Aspekte reduziert. Die Kritik richtet sich nicht so sehr gegen ökonomische Bewertungen generell, sondern gegen die Gefahr, dass der ohnehin bereits dominierende anthropozentrische Fokus (Natur als Ware, Rolle der Märkte, ausbeuterische Mensch-Natur-Beziehung) weiter überhandnimmt. Diese Reduktion wird ebenso bemängelt wie die oft einhergehende Erosion ethischer und kulturell basierter Ansätze.

Die an der Monetarisierung festgemachte, grundsätzliche Kritik am ÖSL-Konzept (z. B. Gómez-Baggethun und Ruiz-Pérez 2011; Unmüßig 2014; Jungmeyer 2016) erscheint allerdings bisweilen überzogen. ÖSL laufen nicht zwangsläufig und nur auf die Berechnung monetärer Werte hinaus, sondern lassen genügend Freiheit, die Bedeutung von Ökosystemen für den Menschen auf verschiedene Weise darzustellen, z. B. als naturwissenschaftlich-ökologische Beurteilung der Qualität oder Einzigartigkeit von Ökosystemen, als ökonomisch-monetäre Taxierung und qualitativ als Wertschätzung auf der Basis individueller, gruppenspezifischer oder gesellschaftlich-politischer Normen und Wertsysteme (Elsasser et al. 2020).

Bereits Costanza et al. (1997) wiesen darauf hin, dass der als Bewertungsgrundlage für ÖSL beliebte Zahlungsbereitschaftsansatz *(willingness to pay)*, d. h. der Preis, den die Menschen für eine Dienstleistung bereit wären zu bezahlen, Werte wie soziale Fairness, ökologische Nachhaltigkeit und andere Faktoren nicht ausreichend berücksichtigt. Während Zahlungen für ÖSL (*payments for ecosystem services,* PES) unter bestimmten Bedingungen für sinnvoll, sozial und ökologisch zielführend gehalten werden (z. B. die Vergütung von durch Firmen oder Privatpersonen erbrachte „Umweltleistungen"), stößt das Ansinnen, ÖSL auf Märkten zu handeln oder die Zerstörung von Umwelt damit zu kompensieren, zu Recht auf Vorbehalte. Werden etwa die sozialen, kulturellen und ökologischen Multifunktionen des Waldes oder eines Ökosystems ignoriert und auf einzelne monetarisierbare Funktionen reduziert, wird es immer schwerer, ihren Schutz mit ganzheitlichen Kriterien zu begründen. Ein solches Vorgehen liefe darauf hinaus, dass nur das, was monetarisierbar ist, auch geschützt wird (Unmüßig 2014).

Ähnlich äußert sich McCauley (2006), demzufolge man Gefahr laufe, langfristige Schutzerfolge zugunsten kurzfristiger Gewinne zu unterlaufen, wenn man Naturschutz allein unter Nutzenaspekten sieht. Gomez-Baggethun et al. (2016) warnen, dass monetäre Bewertungen von ÖSL zwar nicht mit Kommerzialisierung gleichzusetzen sind, der ideologische, institutionelle und ökonomische Kontext des ÖSL-Konzepts aber den Weg dorthin ebnen könnte. Werden Naturschutzziele und -strategien allein oder vorrangig auf ÖSL begründet, so könne man leicht zu der Auffassung gelangen, dass Natur nur dann würdig sei zu schützen, wenn sie profitabel ist oder gemacht werden kann (McCauley 2006).

In drastische Worte kleidet Unmüßig (2014) ihre Bedenken: „Den ‚wahren Wert' des Ökosystems kann es nicht geben. Und dennoch entfalten sich zahllose Debatten, werden Seminare veranstaltet und Papiere geschrieben, die die ökonomische Bewertung der Natur und ihrer Dienstleistungen methodisch dingfest machen wollen. So wird zwar beschrieben, dass sich viele Leistungen der Natur einer Monetarisierung entziehen (kulturelle und spirituelle Funktionen). Dennoch wird munter erfasst und mit Annahmen gerechnet und zwar zu all dem, was potenziell ökonomisch als verwert- und handelbar gilt. Diese Ökonomisierung der Natur verändert den Blick auf sie und untergräbt letztlich politisches Handeln, das eigentlich dem Allgemeinwohl und allen Funktionen der Natur verpflichtet sein müsste. … Die Natur in die Hände des Marktes zu überführen, ist mit einem hohen Risiko verbunden. Denn wenn der Markt versagt, verlieren wir die Natur – unwiederbringlich. Einen automatischen Schutz von biologischer Vielfalt und Ökosystemen durch ökonomische Anreize und Marktmechanismen gibt es nicht." Laut Potthast (2007) bietet selbst ein rational gut begründeter Preis der Natur nicht die Gewähr für deren Erhaltung.

Manche Kritiken am ÖSL-Konzept gehen zu weit und sind nicht unbedingt in sich stimmig. Wenn z. B. Leibenath et al. (2021) einerseits vom Naturschutz fordern, er müsse „sich stärker politisieren und deutlicher als bisher die ökonomischen und soziokulturellen Ursachen des andauernden Artenverlusts angehen", steht dem die wenige Zeilen danach formulierte Forderung entgegen, „der Naturschutz sollte sich als widerständige Praxis verstehen, die auch emotional attraktive Alternativen zur (Über-) Nutzung der Natur entwirft und erlebbar macht, statt mit Konzepten wie ‚Ökosystemdienstleistungen' zumindest der Tendenz nach zweckrationalen Nutzenkalkülen zu reproduzieren und damit letztlich die Dominanz dieses Denkens zu bekräftigen …". Wer in der Naturschutzpraxis zu Hause ist, dem werden jedoch zusätzlich zu gesetzlichen Regelungen und emotionalen bzw. ethischen Begründungen wirtschaftliche Argumente sehr willkommen sein. Ausschließlich auf Emotionen und Ethiken zu bauen, ist für den Naturschutz – wie die Vergangenheit zeigt – angesichts der oft vorherrschenden Orientierung an Wirtschaftswachstum und billigen Ressourcen nicht unbedingt ein Erfolgsrezept.

Ökonomische Kalkulationen sollen den politischen Diskurs und Grundsatzentscheidungen zu ethischen Fragen nicht ersetzen, denn diese berühren gesellschaftliche Wertkonsense und damit Lebensbereiche, die nicht in Geldeinheiten beschreibbar sind, wie etwa Gefühle für die Natur bzw. die Heimat. So gibt der Markt keine Auskunft darüber, wie wir mit „schädlicher" oder „nutzloser" Natur umgehen sollen. Kronenberg (2014) erinnert an das „Dilemma der ökonomischen Ornithologie": Der Markt kann eine Leistung – hier die Schädlingsbekämpfung – für einen niedrigeren Preis anbieten (Pestizide statt Vogelschutz). Dennoch genießt die Vogelwelt hohe Wertschätzung und Schutz, weniger aus utilitaristischen Motiven heraus als vielmehr aus ethischen und ästhetischen Gründen. McCauley (2006) beschwört den moralischen Imperativ, um Natur zu schützen, und führt Beispiele für große Naturschutzprogramme ohne ökonomische Absicht an, wie den internationalen Bann des kommerziellen Walfangs und des Elfenbeinhandels oder die Schaffung von Nationalparks. Langfristig sei der Naturschutz erfolgreicher, wenn er an Stelle der immer weiter fortschreitenden Kommerzialisierung der Natur mehr auf ethische und ästhetische Argumente setzt und an die Herzen der Menschen appelliert statt an ihre Geldbörsen.

Als Fazit bleibt festzuhalten, dass ÖSL bzw. ökonomische Erwägungen bestehende Argumente sinnvoll ergänzen. Genuin naturschutzbezogene Strategien sollen nicht ersetzt werden. Darin zumindest sind sich Befürworter und Gegner des Ansatzes einig. Damit der ÖSL-Ansatz auf sinnvolle Weise zum Tragen kommt, müssen sowohl Vorzüge anerkannt als auch kritische Argumente berücksichtigt werden. Es bedarf unbedingt geeigneter Rahmenbedingungen hinsichtlich des jeweiligen Anwendungsbereichs (spezifische Fragestellung), konkreter Methodik und Interpretation der Ergebnisse.

7.2 ÖSL und Biodiversität im Kontext ausgewählter gesellschaftlicher Transformationsprozesse

„Die Zukunft ist unvermeidlich. Wie also wollt ihr sie gestalten?“ (Max Frisch).

7.2.1 Notwendigkeit gesellschaftlicher Wandlungsprozesse und Treiber in Bezug auf Biodiversität und ÖSL

Karsten Grunewald*, Roland Zieschank und Olaf Bastian

Eine weltweit wachsende Bevölkerung mit stetig steigenden Ansprüchen führt zu einer immer stärkeren Inanspruchnahme der Natur, wodurch Ökosysteme und ihre Leistungen zunehmend beeinträchtigt werden. Ursachen für den Schwund von Biodiversität und Leistungsfähigkeit der Ökosysteme sind nicht nur mangelnde Anreize, diese zu erhalten. Vielmehr dominieren – neben vielen anderen Treibern (Haber 2010; SCBD 2020) – nach wie vor

- kurzfristige ökonomische Verwertungsinteressen,
- ein rein utilitaristisches Verständnis von Landschaft als „Standort“ oder
- fallweise auch Unkenntnis der Folgen intensiverer Landnutzung.

Das soziotechnische System mit seinen Subsystemen Produktion, Politik, Märkte, Technologien, Wissen usw. ist in ökologische Systeme eingebettet. Ressourcen und ÖSL werden dabei genutzt und mit Abfallprodukten und Emissionen belastet sowie von ihren Entwicklungen beeinflusst (UBA 2020b). Insbesondere die Umgestaltung der Energieerzeugung, die aktuelle und künftige Ausrichtung der Agrarpolitik, demografischer Wandel sowie Klimawandel verändern permanent unsere Kulturlandschaften und Ökosysteme optisch und strukturell.

Festzustellen ist ein Widerspruch zwischen der Vielzahl existierender Naturschutzinstrumente und den weitreichenden Zielsetzungen bezüglich Erhalt von Biodiversität und ÖSL (IPBES 2019a, CBD 2020) einerseits und dem Unvermögen, negative Entwicklungen (Verlust biologischer Vielfalt) zu stoppen, andererseits. Die Vorgaben für das Erreichen der Ziele sind nicht zwingend genug und die Mechanismen zur Umsetzung globaler Ziele auf nationaler Ebene oder bei Maßnahmen auf lokaler Ebene nicht ausreichend enthalten (BBN 2020; Perino et al. 2021). Trotz eines zunehmenden Krisenbewusstseins sind sozial-ökologisch zerstörerische Produktions- und Konsummuster nach wie vor stabil und verbreiten sich global sogar weiter, weil ökologische Kosten externalisiert, d. h. in Raum und Zeit verlagert werden können.

Die für die UNO-Dekade der Biologischen Vielfalt 2011–2020 gesteckten Ziele, den globalen Verlust an Biodiversität und die Verminderung von ÖSL zu stoppen und den Trend umzukehren, wurden deutlich verfehlt. Die fortschreitende Degradierung der Ökosysteme schränkt das Vermögen der Natur, Leistungen für den Menschen zu erbringen, immer weiter ein. Von 18 Kategorien dieser Leistungen zeigen 14 über die vergangenen 50 Jahre einen negativen Trend, darunter nahezu alle Kategorien von Regulationsleistungen. Nur die Leistungen, die unmittelbar mit materiellen Nutzen verbunden sind, wie die Versorgung mit Nahrung, Holz, Faserstoffen und Energie, weisen einen positiven Trend auf (SCBD 2020). Costanza et al. (2017) beziffern die durch globale Landnutzungsänderungen verursachten Verluste von ÖSL zwischen 1997 und 2011 nach vorsichtigen Schätzungen auf 4,3–20,2 Billionen US-$ pro Jahr.

Für Deutschland nahmen Grunewald et al. (2017) eine erste Einschätzung des Trends für ausgewählte ÖSL vor. Hinsichtlich Versorgungsleistungen in Form handelbarer Güter wie Nahrungsmittel, Holz und Trinkwasser sind ebenfalls meist positive Entwicklungen zu verzeichnen. Grundsätzlich gilt es zu beachten, dass die Bereitstellung von ÖSL nicht einzeln und unabhängig voneinander erfolgt, sondern durch Nutzungsentscheidungen oft ganze Bündel von ÖSL betroffen sind (Stichwort: Multifunktionalität; z. B. Wald als Lieferant von Baumaterialien und Brennstoffen, aber auch wichtiger Kohlenstoff- und Wasserspeicher oder Erholungsraum, Abschn. 5.4) und es bei der Bewertung von Versorgungs-ÖSL nicht um eine Steigerung der Menge an Gütern oder Leistungen aus den Ökosystemen geht, sondern um nachhaltige Nutzungsansätze.

Die Quantifizierung einer Versorgungsleistung sagt kaum etwas über den Ökosystemzustand oder die Biodiversität aus. Die Diskussion mit Fachexperten des Naturschutzes zeigte u. a., dass der Indikator „Jährlicher Holzzuwachs" im Rahmen der Biodiversitätsstrategie nicht allein vermittelt werden sollte, da kein Zusammenhang zur Naturnähe der Wälder hergestellt werden kann. Nebenindikatoren, z. B. die im Rahmen der

Bundeswaldinventur erhobenen Parameter „Naturnähe der Baumartenzusammensetzung“, untersetzen die auf „Versorgung“ ausgerichteten Indikatoren mit ausgewählten Informationen zur Biodiversität (Grunewald et al. 2016a).

Regulative ÖSL weisen global (IPBES 2019a) und auch in Deutschland (Grunewald et al. 2017) überwiegend einen negativen Trend auf. Sie sind eng an den Umweltzustand gekoppelt und in der Regel positiv mit größerer Biodiversität korreliert, d. h., eine höhere Regulationsleistung (z. B. im Hochwasserschutz durch die Wiederherstellung bzw. Renaturierung von Auen oder die Vermeidung von CO_2-Emissionen durch Moorrenaturierung) führt jeweils auch zu einem besseren Zustand der Biodiversität. Die Abgrenzung von Indikatoren des Ökosystemzustands von Leistungsindikatoren bzw. die Darstellung der Abhängigkeiten und Wechselwirkungen – auch mit Belastungsgrößen – stellt eine besondere Herausforderung dar.

Soziokulturelle ÖSL beinhalten immaterielle Werte und beschreiben den Nutzen, den Menschen Ökosystemen beimessen bzw. aus Ökosystemen gewinnen. Oft geht es um die qualitative Erfassungen von landschaftlichen Eigenschaften (z. B. Tratalos et al. 2016; Syrbe et al. 2021). Insbesondere die ÖSL „Gelegenheiten für Erholung und (Öko-) Tourismus“ – hier vor allem Naherholung, Möglichkeiten im unmittelbaren Wohn- und Arbeitsumfeld – hat in dicht besiedelten Industrieländern wie Deutschland eine hohe gesundheitliche, soziale und ökonomische Bedeutung (Grunewald et al. 2016b; Hermes et al. 2020). Das ist gerade in Zeiten der Covid-19-Pandemie deutlich geworden.

Zinngrebe et al. (2021) haben die Nationale Biodiversitätsstrategie (NBS, BMU 2007) strukturell und inhaltlich analysiert und führen auf, dass nur zwei der 13 bewerteten Indikatoren in der Nähe der beschlossenen Zielwerte lagen. Insbesondere werden erhebliche Umsetzungsdefizite der Strategie bemängelt. Allerdings sind nur ca. 10 % der NBS-Ziele von 2007 im strengen Sinne quantifiziert und weniger als die Hälfte terminiert. Zudem richten sich Ziele und Maßnahmen oft vorrangig nur an Akteure aus dem engeren Naturschutzumfeld. Verantwortlichkeiten sind häufig unklar (Zinngrebe et al. 2021).

Vor diesen Hintergründen ist ein grundlegender gesellschaftlicher Wandel notwendig, der die direkten und indirekten Triebkräfte des ÖSL- und Biodiversitätsverlusts adressiert (IPBES 2019a; BMWK 2023). Welche Möglichkeiten gibt es, Prozesse so zu gestalten, dass mit ihnen Transformationspotenziale aufgebaut und realisiert werden können? (Wittmer et al. 2021)

Wichtig ist die Entwicklung und Anwendung geeigneter Landmanagement- und Governance-Ansätze (WBGU 2020). Während Management die Handlungen auf einer bestimmten Fläche oder in einem bestimmten Ökosystem beschreibt, befasst sich Governance (politisch-soziale Perspektive) damit, wer Verantwortung trägt, wer Entscheidungen fällt und wie dies geschieht (Kenward et al. 2011; Bulkeley et al. 2021; Visseren-Hamakers et al. 2021).

Governance-Rahmen

Governance-Strukturen hängen in hohem Maße von formalen Mandaten, Institutionen, Prozessen und relevanten rechtlichen Normen und Nutzerrechten ab. Die Komplexität der Phänomene lässt sich oft kaum ermessen. Ungeachtet der bestehenden Machtverhältnisse in einer Gesellschaft werden die Entscheidungen (bezüglich Biodiversität und ÖSL) in der Regel von einer Vielzahl an Faktoren beeinflusst und geleitet, so von Geschichte und Kultur, Informationszugang und ökonomischen Erwägungen (UNDP 1999). Um einen tiefgreifenden Wandel zu ermöglichen, will die EU-Kommission einen neuen europäischen Governance-Rahmen im Bereich der Biodiversität schaffen und prüfen, ob ein rechtsverbindlicher Governance-Ansatz erforderlich ist. Als Teil dieses neuen Rahmens soll ein Überwachungs- und Überprüfungsmechanismus eingerichtet werden, der eine Reihe vereinbarter eindeutiger Indikatoren zur Überprüfung der Umsetzung der Umweltpolitik enthalten soll (European Commission 2020).

Die derzeitigen gesellschaftlichen, wirtschaftlichen, technologischen, politischen und rechtlichen Strukturen stellen die indirekten Triebkräfte der Umweltprobleme dar (IPBES 2019a, Visseren-Hamakers et al. 2021). Diese indirekten Triebkräfte werden durch gesellschaftliche Werte und Verhaltensweisen untermauert und sind gleichzeitig die Ursachen für die wichtigsten direkten Triebkräfte des globalen Ökosystemwandels (IPBES 2019a), nämlich veränderte Land-/Meeresnutzung, Ressourcenentnahme, Klimawandel, Umweltverschmutzung, Veränderung der Struktur der Landschaft und invasive gebietsfremde Arten (Balvanera et al. 2019). Der ökologische Ansatz nachhaltiger Entwicklung geht von fünf Triebkräften der Entwicklung aus, die untereinander in Wechselwirkung stehen (Haber 2011): Bevölkerung, Nahrungsproduktion (pro Kopf), Industrieproduktion (pro Kopf), Ressourcenvorrat/-verbrauch und Umweltverschmutzung. Nicht berücksichtigt in solchen Modellansätzen sind Auswirkungen von Krieg, Rüstung, Terrorismus oder Seuchen/Pandemien.

Seit einer Dekade wird in diesem Kontext der Ansatz einer sozial-ökologischen Transformation diskutiert (WBGU 2011; Hölscher et al. 2018; Wunder et al. 2019), um dem Wandlungsprozess mehr Gewicht, mehr Tiefe und Tempo zu verleihen. Der Begriff ist zumindest semantisch deutlich radikaler, als jener der nachhaltigen Entwicklung (Brand 2021). Es geht bei der Transformation um eine radikale Veränderung und ein Durchbrechen der vorhandenen Pfadabhängigkeiten. Bestehende Systeme, Institutionen und Praktiken werden infrage gestellt, verändert und/oder ersetzt (UBA 2020b). IPBES (2019a) definiert transformativen Wandel als „eine fundamentale, systemweite Re-Organisation über technologische, ökonomische und soziale Faktoren hinweg, einschließlich der Paradigmen, Ziele und Werte."

Eine Vorstellung, wie radikal Wandlungsprozesse sein müssten, vermittelt der Szenarioansatz der Heinrich-Böll-Stiftung (Kuhnhenn et al. 2020). Um das 1,5-°C-Ziel einzuhalten, ist eine Verringerung der Produktion und des Verbrauchs notwendig, in Ergänzung mit folgenden Annahmen:

- Der Straßenverkehr geht stark zurück.
- Fliegen wird zu einem Luxusgut.
- Die persönliche Wohnfläche geht um 25 % zurück.
- Im Ernährungsbereich werden Lebensmittelverschwendung und Überkonsum reduziert.

Vor diesem Hintergrund hat der Sachverständigenrat für Umweltfragen (SRU 2021) es in einem aktuellen Impulspapier als „historische Aufgabe der Bundesregierung" bezeichnet, „das breite gesellschaftliche und politische Mandat zu nutzen und die Weichen für eine ökologische Transformation zu stellen. Das Bundesverfassungsgericht hat die Schutzpflicht des Staates vor Beeinträchtigungen durch Umweltbelastungen zu Recht noch einmal unterstrichen". In dem Papier werden vier vordringliche Transformationsfelder begründet. An erster Stelle wird dabei der „Schutz der Biodiversität" genannt (SRU 2021).

Historische Beispiele zeigen jedoch, dass Transformationen nicht planbar sind. Aber sie können möglicherweise antizipiert und (umwelt-)politisch beeinflusst und gestaltet werden (UBA 2020b). Um Transformationspotenziale für die Biodiversitätswende abzuleiten, sollten die indirekten Triebkräfte adressiert werden (Visseren-Hamakers et al. 2021), und das im Hinblick auf die beiden Richtungen ihres Einflusses. Das heißt, bei dem transformativen Wandel sollte man nicht nur den die Biodiversität negativ beeinflussenden, indirekten Treibern und deren Auswirkungen (z. B. dem Bevölkerungswachstum, dem expandierenden Handel) entgegenwirken, sondern auch positive Effekte (z. B. einen steigenden Stellenwert des Umwelt- und Naturschutzes, Investitionen in Naturkapital, Wiederherstellung geschädigter Ökosysteme, die verstärkte Förderung der Inter- und Transdisziplinarität) langfristig stärken.

Bewertungsdimensionen und Zielbilder einer nachhaltigen, ökologischen Entwicklung sind dabei auf vielfältige Weise mit der sozialen Praxis verbunden: Unternehmen legen Nachhaltigkeitsberichte vor (wie „Value to Society"[1]), Initiativen experimentieren in gesellschaftlichen Nischen mit alternativen Formen des Konsumierens und Produzierens, Universitäten entwickeln nachhaltigkeitsorientierte Studiengänge usw. Selbst auf den Finanzmärkten gewinnen ESG-Kriterien (Kriterien aus den Bereichen Umwelt [*environmental*], Soziales [*social*] und verantwortungsvolle Unternehmensführung [*governance*]) sowohl an Präzision wie an Einfluss bei zukünftigen Investitionsentscheidungen und Vermögensanlagen. Diese „Veralltäglichung" und Einbettung von Nachhaltigkeitsprinzipien in unterschiedlichste gesellschaftliche Bereiche hat bisher jedoch nur partiell eine Trendwende in der Bearbeitung ökonomischer, ökologischer und sozialer Problemlagen geführt. Vielmehr verweist die Persistenz der sozial-ökologischen Krise trotz zahlreicher Versuche ihrer Lösung auf die Größe der Herausforderung hin. Zudem ist zur Kenntnis zu nehmen, dass sich humanitäre und ökologische Ziele nachhaltiger Entwicklung teils widersprechen (s. Box Einige „unbequeme Wahrheiten der Ökologie").

Nichtsdestotrotz ist es richtig, eine gemeinwohlorientierte Gesellschaft und Wirtschaft sowie „ein Leben in Harmonie mit der Natur" (Vision der Vereinten Nationen für das Jahr 2050) anzustreben.

[1] https://www.basf.com/global/de/who-we-are/sustainability/we-drive-sustainable-solutions/quantifying-sustainability/value-to-society/impact-categories.html

Einige „unbequeme Wahrheiten der Ökologie"

„Die Idee, den Bestand an Umweltgütern zu erhalten, statt ihn aufzubrauchen und zu verringern, ist modern, weil sie auf heutige Herausforderungen reagiert. Modernität ist immer auch Zukunftsoffenheit. Bestandserhaltung in diesem modernen Sinn erfordert nichts Geringeres, als eine grundlegende Veränderung unserer Art zu produzieren und zu konsumieren" (Haber 2010, S. 10).

„Der Urantrieb der Menschen, genauer gesagt ihres mentalen Teilwesens, lässt sich mit der Frage umschreiben: Wie komme ich auf bequeme Weise zu mehr? Das Mehr ist freilich nicht nur materiell zu verstehen, sondern **individuell vielfältig**, und umfasst Ertrag, Gewinn, Wohlstand, Einfluss, Macht – wie auch Zufriedenheit, Glücksempfinden, Fürsorglichkeit und Sicherheit. Die Problematik von all diesem Mehr besteht darin, dass es die meisten Menschen zur Maßlosigkeit verführt und dies durch populistische Politik oft noch gefördert wird. Letztlich können dem nur Begrenzung, Verteuerung oder Erschöpfung von energetischen und stofflichen Ressourcen entgegenwirken. Doch auch „grüne" Technologien und Verhaltensweisen tendieren dazu, solche Begrenzungen hinauszuschieben, zu verlagern oder gar aufzuheben und damit, wenn auch ungewollt, jener Maßlosigkeit Vorschub zu leisten" (Haber 2010, S. 54/55).

Im Folgenden werden ausgewählte, zentrale Transformationsfelder dargestellt und verschiedene Politik- und Governanceansätze diskutiert, die Potenzial haben bzw. Hebel darstellen können, um gesellschaftliche Wandelprozesse zu mehr Biodiversität und ÖSL voranzubringen: transformative politische Ansätze, Naturschutz- und Flächenpolitik, Raum- und Landschaftsplanung sowie die Preispolitiken. Zudem thematisieren wir die Modernisierung der Wirtschafts- und Nachhaltigkeitsberichterstattung auf staatlicher und unternehmerischer Ebene unter Einbeziehung von Biodiversität und ÖSL, weil wir überzeugt sind, dass eine umfassende Berücksichtigung von Ökosystemen sowohl auf der Ebene staatlicher Berichterstattung als auch auf der Ebene von Unternehmensberichten sich positiv auf die gesellschaftliche Wertschätzung von Biodiversität und ÖSL auswirken. Denn die Ökobilanzierung von Unternehmen, die nun auch Biodiversität und ÖSL beinhalten soll, sowie die Stoffstromanalysen von Staaten und auf globaler Ebene bieten viele Ansatzpunkte für den Umwelt- und Ressourcenschutz.

Klimaanpassung und -schutz wäre ein weiteres zentrales Transformationsfeld, das durch den Aktionsplan naturbasierter Klimaschutz der Bundesregierung (BMUV 2022a) neue Impulse und Ko-Prozesse zum Schutz von Ökosystemen entfachen wird. Aus Platzgründen und weil es primär auf Klimaschutz fokussiert ist, vertiefen wir dieses Transformationsfeld hier jedoch nicht, auch wenn es lohnen würde, die zahlreichen Synergien aber auch Zielkonflikte zu ÖSL und Biodiversität einer kritischen Betrachtung zu unterziehen.

7.2.2 Politikbezogene Transformationsfelder

Karsten Grunewald* und Roland Zieschank

7.2.2.1 Transformative Umweltpolitik

Auf politischer Ebene ist der Rahmen für die ökologische Transformation zu setzen, wenn die Trendwende im Artensterben bis 2030 geschafft werden soll. Dieser nationale Rahmen muss auch geeignet sein, die internationalen Verpflichtungen im Rahmen der CBD (CBD 2022) und der EU (European Commission 2020) zu erfüllen. Die EU-Kommission will selbst einen Rahmen für transformative Governance schaffen (siehe „Governance-Rahmen" im vorherigen Abschnitt)

Definition transformative Umweltpolitik

„Unter transformativer Umweltpolitik wird eine Umweltpolitik verstanden, die versucht, gesellschaftlichen Wandel zu ermöglichen, herauszufordern, zu beschleunigen und zu begleiten. Insbesondere versucht sie, Transformationsprozesse soziotechnischer/-ökonomischer Systeme so zu beeinflussen, dass deren Funktionen nachhaltiger erfüllt werden. Sie baut auf bestehenden und bewährten Handlungsansätzen auf. Dazu zählt z. B. das Entwickeln mittel- bis langfristiger Strategien und Programme (strategische Umweltpolitik), die Integration umweltpolitischer Anliegen in andere Politikbereiche (Umweltpolitikintegration) oder die Kombination von unterschiedlichen Politikmaßnahmen und Instrumententypen (Policy-Mix)" (UBA 2020b, S. 14/15).

Ob Forderungen nach mehr Naturschutz, Artenschutz, Klimaschutz, Gesundheitsschutz erfolgreich umgesetzt werden können, hängt in der Praxis weniger von ethischen Begründungen als von politischen Kräfteverhältnissen ab (Eser 2021). Brand (2021) argumentiert, dass sich die Gesellschaft der Frage der Selbstbegrenzung stellen sollte, um die multiple Krise zu lösen, statt auf „die Politik" zu setzen.

Ökologische Ordnungspolitik gestalten

Befragungen zeigen (BMU/BfN 2020), dass die Mehrheit der Bevölkerung in Deutschland den Verlust der biologischen Vielfalt (z. B. den Insektenrückgang) oder den Klimawandel für zentrale politische Themen hält. Gleichzeitig werden finanzielle Auswirkungen und Einschränkungen der individuellen Wahlfreiheit oder sogar Verbote befürchtet. Diese Kluft zwischen Notwendigem und Möglichem stellt die Politik vor erhebliche Herausforderungen.

National, wie auch auf der Ebene der Bundesländer, ist ein politischer Paradigmenwechsel spürbar: Biodiversitätsschutz mit unmittelbaren Bezügen zu ÖSL ist ein zentrales Thema geworden. Als Ausdruck der Bemühungen seien exemplarisch aufgeführt:

- Insektenschutzprogramm der Bundesregierung, das u. a. vorsieht, den Einsatz glyphosathaltiger und wirkungsgleicher Pflanzenschutzmittel ab 2020 deutlich einzuschränken (BMUV 2019)
- Gründung eines Nationalen Monitoringzentrums zur Biodiversität (NMZB), womit u. a. die Bereitstellung langfristig verfügbarer und dynamischer Datengrundlagen für evidenzbasiertes Handeln zum Schutz der Biodiversität und zur Anpassung an den Klimawandel ermöglicht werden soll (https://www.monitoringzentrum.de/)
- Die Forschungsinitiative zum Erhalt der Artenvielfalt (FEdA), die neue Erkenntnisse darüber liefern soll, in welchem Umfang biologische Vielfalt in Deutschland derzeit verlorengeht und was die Ursachen dafür sind (https://www.feda.bio/de/)
- Aktionsprogramm Natürlicher Klimaschutz der Bundesregierung, bei dem es insbesondere um die ÖSL von Mooren, Auen und Wäldern geht, CO_2 zu binden (BMUV 2022a)

7.2.2.2 Naturschutzpolitik

Der politische Rahmen im Naturschutz wird aktuell insbesondere durch die Weiterentwicklung der Nationalen Strategie zur biologischen Vielfalt (NBS) neu ausgerichtet. Aufbauend auf der bisherigen NBS (BMU 2007) soll sie 2024 in Kraft treten. Durch eine klare Verknüpfung von Zielen, Maßnahmen, Akteuren und Konsequenzen soll ein Transformationsprozess angeleitet werden (Zinngrebe et al. 2021).

Die neue NBS soll zusätzlich aktuelle Themen wie Insektenschutz, Energiewende, Meeresnaturschutz, Stadtnatur und Pflanzenschutz aufgreifen, längerfristig ausgerichtet sein (2030/2050) und (trotzdem nur) eine überschaubare Anzahl an Qualitäts- und grundlegenden Handlungszielen enthalten. Zu jedem Ziel soll es möglichst einen passenden Indikator (bzw. ein Indikatorenset) geben, um eine Zielerreichung verfolgen zu können.

Wichtig hinsichtlich der Politikintegration ist, dass die neue NBS vertikal auf verschiedenen politischen Ebenen (von global bis lokal) in bestehende Strategie- und Regulierungsprozesse integriert wird und eine klare Position auch gegenüber anderen Nachhaltigkeitsstrategien bezieht (Zinngrebe et al. 2021).

Eine erfolgreiche Umsetzung wird auch entscheidend davon abhängen, ob eine bessere horizontale Politikintegration gelingt, d. h. die Aufnahme der Biodiversitätsziele als Gemeinschaftsaufgabe in sektorale Politiken. Kohärente Anreizsysteme und Regulierungen sowie klare Verantwortlichkeiten zwischen Ressorts, politischen Ebenen und Akteuren sind dafür erforderlich. Durch eine regelmäßige Evaluierung und entsprechende Anpassung der Maßnahmen und Regulierungen sollen ein Lernprozess und eine bessere politische Steuerung (Governance) ermöglicht werden (Zinngrebe et al. 2021). Dies beinhaltet u. a. eine Auseinandersetzung mit Restriktionen und Barrieren, anstelle immer neuer Potpourris zusätzlicher Empfehlungen.

7.2.2.3 Neuausrichtungen in der Preispolitik, der öffentlichen Finanzbeziehungen und des Finanzsektors

Ein Kernproblem besteht nach wie vor in der vorherrschenden Nichtinternalisierung externer Umweltschadenskosten, z. B. durch fehlende Abgaben auf Pestizide und Stickstoffüberschüsse sowie durch direkte Finanzhilfen und andere fiskalische Bevorzugungen für Aktivitäten, die naturschädigende Auswirkungen haben (Burger und Bretschneider 2021). Allerdings bestehen derzeit gute Möglichkeiten, dass den ehrgeizigen Zielen im Biodiversitäts-, Klima- und Umweltschutz nun auch Finanzierungsoptionen folgen, insbesondere über das Aktionsprogramm Natürlicher Klimaschutz der Bundesregierung (BMUV 2022a), das einen klaren Ökosystembezug aufweist, aber z. B. auch durch den EU Green Deal, die UN-Dekade der Ökosystem-Restaurierung, private Investments usw. (Perino et al. 2021). Naturkapital ist Gemeingut und Naturschutz heute ist eine Investition in den Naturkapitalbestand und die damit verbundenen zukünftigen ÖSL (Dasgupta et al. 2022). Die EU-Taxonomie zum nachhaltigen Finanzwesen soll dazu dienen, Investitionen in einen grünen Aufschwung und die Einführung naturbasierter Lösungen zu lenken (European Commission 2020).

Folgende Politikinstrumente können hinsichtlich Finanzen und Preise umrissen werden:

- Naturschädigende Subventionen abschaffen bzw. in Naturschutz umlenken (u. a. Anreize, die zum Flächenverbrauch und damit Lebensraumverlust beitragen, wie Pendlerpauschale und Eigenheimzulagen); Das Umweltbundesamt beziffert die umweltschädlichen Subventionen allein des Bundes in Deutschland im Jahr 2018 auf über 65 Mrd. Euro (Burger und Bretschneider 2021). Eine Reform könnte politisch attraktiv sein, indem die bereits hauhaltswirksamen öffentlichen Gelder an neue Kriterien geknüpft werden. „Durch den Ab- bzw. Umbau naturschädigender Subventionen und die Einführung von Abgaben auf stoffliche Belastungen könnten zudem öffentliche Haushalte entlastet und gleichzeitig die bestehende Finanzierungslücke im Naturschutz geschlossen werden“ (Schlegelmilch 2021).
- Biodiversitätsschutz honorieren und vor allem öffentliche Zahlungen für die Landwirtschaft konsequent an öffentliche (Ökosystem-)Leistungen knüpfen; z. B. Entlohnung der Landwirtschaft für ihre ÖSL über den Ansatz der Gemeinwohlprämie (DVL 2020).
- Biodiversitätsschädigendes Verhalten konsequent bepreisen (*polluter pays principle*; Lenkungsabgaben wie z. B. die Pigoue-Steuer) oder regulieren (Ordnungspolitik), z. B. Stickstoffüberschuss- und Pestizidabgabe.

Diese Strategie schließt nicht aus, dass besonders emissionsintensive Industrien wie der Stahlsektor, die chemische Basisindustrie oder weitere Firmen, welche zudem mit erodierten Lieferketten zu kämpfen haben, beispielsweise mit Forschungsmitteln für Innovationen begleitet werden.

Weiterhin geht es darum, die öffentlichen Finanzen neu zu ordnen. Dazu gehören u. a.

- die Einführung eines ökologischen Länderfinanzausgleichs (Abschn. 6.2) wie auch
- die Etablierung einer „Gemeinschaftsaufgabe Naturschutz", die Bundes- und Landesmittel für den Naturschutz bündelt, damit die Finanzen für den Schutz und die Wiederherstellung von überregionalen Naturgütern bereitgestellt werden.

Die staatlichen Naturschutzausgaben sollten deutlich erhöht werden, denn frühere Naturschutzziele sind insbesondere auch an einer Unterfinanzierung des Naturschutzes gescheitert (SRU 2017).

„Biodiversitätsrisiken" sollen künftig auch in Finanzanlagen abgebildet (Stichwort: *sustainable finance*) und Kriterien zur Klassifikation von biodiversitätsschonenden Finanzanlagen entwickelt werden (Sustainable Finance Beirat 2021[2]). Ein gutes Beispiel, wie ÖSL und Biodiversität im Rahmen der Strategie für Versicherungsunternehmen bewertet werden können, hat Swiss Re (2020) vorgelegt. Das Swiss Re Institut hat einen Biodiversity and Ecosystem Services Index (BES-Index) auf 1-km^2-Rasterbasis erarbeitet, sodass BES-Daten in die Risikobewertung einfließen und zum vorsorgenden Schutz von BES beitragen.

7.2.2.4 Nachhaltige Nutzung von gemeinschaftlichen Naturkapitalbeständen sicherstellen

Lösungen von Allmendeproblemen und Formen kollektiv vereinbarter Selbstbegrenzung werden seit Langem realisiert, die deutsche Politik leistet dazu durch Rahmenvereinbarungen und Gesetzgebung einen entscheidenden Beitrag. Beispiele sind:

- Schutz der Waldflächen (Bundeswaldgesetz)
- Grenzwerte der Luftverschmutzung (z. B. Leitlinien zur Luftqualität der Weltgesundheitsorganisation; Überwachungsnetz in deutschen Städten)
- Gewässerschutz, Wasserspeicher, Grundwasserbestände (Wasserhaushaltsgesetz; Wasserdienstleistungen nach Art. 2 Nr. 38 WRRL – mehr Ressourcen für die Umsetzung der EU-Wasserrahmenrichtlinie)
- Fangquoten zur Regulierung der Fischbestände
- Die EU-Fischereiministerinnen und -minister legen jedes Jahr auf Grundlage der Empfehlungen des Internationalen Rates für Meeresforschung die Fangquoten neu fest. Die Gesamtfangmengen, wie viel Fisch gefangen werden darf, werden unter den EU-Staaten dann als nationale Quoten verteilt.
- Nationale Moorschutzstrategie: intakte Moore schützen und bisher entwässerte Moore wiederherstellen und in eine nachhaltige Bewirtschaftung überführen (BMUV 2022b)
- Sicherung und Gestaltung öffentlicher Freiräume in Städten: Grünflächen, Parks u.v.m.

[2] https://sustainable-finance-beirat.de/

In der EU-Biodiversitätsstrategie 2023 werden „verstärkte Bemühungen bei Umsetzung und Durchführung von EU-Umwelt- und Rechtsvorschriften" gefordert (European Commission 2020). Als Beispiel kann die Überwindung von Umsetzungsdefiziten der EU-Wasserrahmenrichtlinie angeführt werden. Die Regelungslücke bei kleinen Gewässern einschließlich Quellen, Auen und Niedermooren müsste geschlossen werden, denn diese sind bei Maßnahmen unterrepräsentiert. Zudem ist eine Harmonisierung mit konkurrierenden Politiken (GAP, EEG, Schifffahrt, Stadtentwicklung als Stichworte) nötig.

7.2.2.5 Transformative Flächen- und Raumordnungspolitik

Um Biodiversität und ÖSL zu erhalten, braucht es grundsätzlich Entscheidungen für mehr Freiraumschutz, nachhaltiges Flächenmanagement und die Förderung grüner und blauer Infrastrukturen insbesondere in urbanen Räumen. Fläche ist eine begrenzte Ressource und unterliegt starken Nutzungsinteressen und -konflikten. Freiraum wird versiegelt, zerschnitten, und ist er einmal in Anspruch genommen (d. h. verbaut bzw. versiegelt), ist ein Rückbau bzw. eine Re-Vitalisierung u. a. aufgrund hoher Kosten in der Regel unwahrscheinlich. Die Zerstörung von Lebensräumen durch Landnutzungsänderung ist weltweit der stärkste Treiber des Artensterbens (IPBES 2019a), hierzu zählen auch Flächenversiegelung und Zerschneidung von Lebensräumen.

Um Flächen (insbesondere sind hier Freiräume gemeint) vor allem in urban geprägten Regionen sparsam zu nutzen, werden seit Jahren Ansätze diskutiert - Diskussionen um flächensensible Siedlungs- und Infrastrukturentwicklung prägen die Raumentwicklungs- und Raumplanungsdebatte seit Jahrzehnten. Da jedoch mit allen Ansätzen der Begrenzung von Flächenneuinanspruchnahme Konfliktpotenzial mit weiteren Raumnutzungen einhergeht, ist eine konsequente Umsetzung von Freiraumschutz und -entwicklung bisher kaum zufriedenstellend im Sinne eines wirksamen Ökosystemschutzes umzusetzen (Förster et al. 2019; Schulz und Warner 2021). So empfehlen bspw. Jäger und Schwick (2021) u. a. folgende grundsätzliche Ansätze insbesondere für den besiedelten Bereich:

- eine konsequente Begrenzung von Flächennutzung durch Siedlungserweiterungen (Siedlungsbegrenzungslinien) und den Stopp einer dispersen Siedlungsausdehnung
- Beachtung ausgewiesener Bauzonen und Beschränkung ihrer Ausdehnung
- die Einrichtung von Grüngürteln
- einen wirksamen Schutz von Offenlandschaften
- mehr kooperative Planung, um Flächeninanspruchnahme zu koordinieren und zu minimieren
- Festlegung von Ziel- und Grenzwerten für Neubau im Außenbereich von Siedlungen
- Divestment (Desinvestition) von Zersiedelung (bspw. durch Flächensteuer-Modelle)

Instrumente und Maßnahmen zum Flächensparen sowie zur Förderung von Innenentwicklung und Flächenrecycling hat auch das Umweltbundesamt vorgelegt (z. B. UBA 2009). Als eine mögliche Lösung wird der Handel mit Flächenzertifikaten angesehen (UBA 2019b).

Auch Flächenkreislauf-Modelle sind in der Diskussion. Viele dieser Ansätze sind in Modellvorhaben erprobt und in definierten Kontexten für durchaus zielführend befunden worden. Um jedoch den Projektstatus zu überwinden und erprobte Konzepte in die kommunale Planungspraxis zu bringen, ist auch ein politisches Bekenntnis zu konsequentem Flächen- bzw. Freiraumschutz notwendig.

Die Leistungsfähigkeit von Böden im Ökosystem und deren Qualität als nicht-erneuerbare Ressource mit einer Vielzahl von ÖSL zu erhalten, ist zentraler Ansatz für eine transformative Flächenpolitik. Hansen et al. (2022) analysierten die Bezüge zwischen Transformation der räumlichen Planung und der Bedeutung von ÖSL und zeigten u. a., dass die aktuellen Forschungsprojekte zu ÖSL überwiegend keinen direkten Bezug auf transformative Prozesse nehmen und Veränderungen innerhalb des bestehenden (Projekt-)Rahmens anstreben.

Um künftige Konflikte um die begrenzten Ressourcen Fläche/Boden sowie Konkurrenzen von Schutzgütern und Interessen, die sich in hoch entwickelten, dicht besiedelten Ländern wie Deutschland noch verschärfen dürften, zu moderieren, kann ein ÖSL-basierter, sektorübergreifender Ansatz, der die durch Flächeninanspruchnahme veränderten Wohlfahrtswirkungen für die Bevölkerung aufzeigt, hilfreich sein. Vor allem in urbanen und agrarischen Landschaften gilt es, verstärkt multifunktionale Räume im Spannungsfeld öffentlicher und privater Interessen unter starker Beachtung von Biodiversität und ÖSL zu entwickeln. Beispielsweise können Fotovoltaik-Freiflächenanlagen durchaus Artenvielfalt fördern (Peschel et al. 2019; BfN 2022), sie sind aber nur für bestimmte Anbaukulturen einsetzbar, können daher Flächenkonkurrenzen im Rahmen der Ernährungssicherheit fallweise befördern. Auch die gewässerschonende Landbewirtschaftung in Wasserschutzgebieten sollte besser mit begleitenden Maßnahmen zum Erhalt von Arten und ÖSL gekoppelt werden.

Nach Zinngrebe et al. (2021) wird aus Naturschutzkreisen gefordert, große Flächen zu schützen und Naturschutzgebiete ohne direkte Nutzung auszuweiten und in die Nutzung zu integrieren. Dabei geht es einerseits darum, in existierenden Schutzgebieten konsequent rechtlich abgesicherte Nutzungseinschränkungen vorzuschreiben und für einen guten Erhaltungszustand zu sorgen. Andererseits sollen Flächen aus der Nutzung genommen werden, mindestens entsprechend den Flächenzielen der CBD (CBD 2022) und der EU-Biodiversitätsstrategie 2030 (European Commission 2020). Demnach sollen 30 % der Landes- und Meeresfläche der Erde bis 2030 geschützt sein bzw. prioritär der Biodiversitätsförderung dienen. Ein Drittel dieser Schutzgebiete (10-%-Ziel) müssen einen strengen Schutzstatus aufweisen und natürliche oder besonders naturnahe Lebensräume umfassen. Die Natura-2000-Flächen spielen dabei eine wichtige Rolle (Abschn. 5.7). Da selbst in Naturschutzgebieten beispielsweise Insekten stark mit Pestiziden belastet sind, sollen Schutzzonen neu konzipiert werden (Brühl et al. 2021); sie müssen von großräumigen Pufferzonen umgeben sein, die ökologisch und ohne den Einsatz synthetischer Pestizide bewirtschaftet werden. Für Wildnisentwicklung sind 2 % der Landesfläche vorgesehen (Aktionsprogramm Natürlicher Klimaschutz der Bundesregierung, BMUV 2022).

Das Konfliktpotenzial liegt auf der Hand, denn segregatives Denken dominiert oft noch in Naturschutz- und Agrarumwelt- bzw. Forstpolitik. Die Landwirtschaft

(Produzenten und Politik) wehrt sich gegen produktionseinschränkende Maßnahmen, gerade in Krisen und Kriegszeiten. Sie protestiert gegen das mühsam ausgehandelte Ziel der EU, ab 2023 4 % der Flächen stillzulegen (https://www.agrarheute.com/pflanze/getreide/gruene-4-landwirte-protestieren-gegen-4-prozent-flaechenstilllegung-591619). Dies ist bemerkenswert, weil mit dem Argument der Nahrungsversorgung der Welt sogar bisherige ökologische Freiflächen bewirtschaftet werden sollen, während mehr als die Hälfte der landwirtschaftlichen Nutzfläche in Deutschland weiterhin für die Futtermittelproduktion genutzt würde (https://www.landwirtschaft.de).

Auch Waldbesitzer wollen keine Separierung von sich selbst überlassenen Naturschutzflächen auf der einen und klassischer Bewirtschaftung auf der anderen Seite. Ziel ist eine integrierte Forstwirtschaft, also ein Wald, in dem alle Leistungen des Ökosystems auf ein und derselben Fläche erbracht werden (Kraske 2022). Im Sinne einer transformativen Flächen- und Raumordnungspolitik sind daher integrierte Konzepte zu entwickeln, die mit „sozialökologischer Brille" koordiniert werden und kooperative Lösungen ermöglichen. Akteure sind hierzu zusammenzubringen, um das o. g. segregative Denken aufzulösen bzw. zu überwinden. Wesentliche Grundlage hierfür ist die direkte Teilhabe aller gesellschaftlichen Akteure an raumwirksamen Entscheidungen. Dieses zu ermöglichen, ist Aufgabe von Politik, Planung und Verwaltung. Sie haben die Verantwortung dafür, ein Verständnis von Notwendigkeit nachhaltiger Entwicklung und sozialökologischer Transformation - hier als Diskursansatz zu verstehen -zu initiieren und zu fördern (Warner et al. 2021).

7.2.3 Vorschläge zur Integration von ÖSL in die räumliche Planung

Karsten Grunewald*, Olaf Bastian und Wolfgang Wende

Im Hinblick auf die Tatsache, dass ÖSL nicht zum Nulltarif zu haben sind, aber sie bislang häufig noch so kalkuliert werden, bedarf es dringend aktualisierter Regelungen, Verfahren und Bewertungsinstrumente. Zwar verfügt das **System der räumlichen Planung** in Deutschland über vielfältige formelle und informelle Instrumente zum Schutz und zur nachhaltigen Nutzung von Natur und Landschaft (Albert et al. 2022, Abschn. 6.3). Allerdings ist es der räumlichen Planung bisher noch nicht ausreichend gelungen, deren Beeinträchtigungen zu vermindern und die Ziele einer nachhaltigen Raumentwicklung insbesondere hinsichtlich des nachhaltigen Umgangs mit begrenzt vorhandenen ökologischen Ressourcen zu erreichen (Albert et al. 2021).

Inhaltliche Ziele der Raum- und Landschaftsplanung haben bisher kein hervorgehobenes Gewicht, wenn es um wirtschaftliche Verwertungsinteressen oder die Bauleitplanung geht. Die Bestimmung der Zielsetzung ist in der Regel den Akteuren überlassen und nicht aus dem übergreifenden rechtlichen Rahmen ableitbar. ÖSL, Biodiversitätserhaltung oder Klimawirkungen werden zwar in der Raumordnung berücksichtigt, aber bisher kaum priorisiert. In Planungsergebnissen zeigt sich, dass mitunter andere Belange, z. B. die Siedlungs- und Gewerbeentwicklung und damit verbundene finanzielle Einnahmen für

Kommunen, ein höheres Gewicht in der Abwägung erhalten als das Angebot an und die Nachfrage nach ÖSL im betreffenden Planungsgebiet (Deppisch et al. 2021). Hier wären konkrete Vorschläge zu unterbreiten und auszuprobieren, wie Kommunen die Einnahmen über ÖSL-Vergütungen ersetzen könnten.

Vor diesem Hintergrund stehen die Fragen, wie die Leistungsfähigkeit der Ökosysteme in der Steuerung der Raum- und Flächenentwicklung in Deutschland ausreichend berücksichtigt, gesichert und verbessert werden kann und wie die gesellschaftliche Relevanz von ÖSL auch in der räumlichen Planung ihren Niederschlag findet, im Raum (Deppisch et al. 2021).

Innovationspotenziale in der Anwendung des ÖSL-Konzepts in der räumlichen Planung werden vor allem in folgenden Punkten gesehen (Köppel und Siegesmund-Schultze 2016; Schrapp et al. 2020; Grunewald et al. 2021b, 2022a; Longato et al. 2021):

- Stärkung der Belange des Schutzes von Ökosystemen und Artenvielfalt in quantitativen Verfahren und monetären Bewertungen vor allem jenseits der Umweltplanungen: Verbesserte Informationen über Nutzen und Kosten (sonst vernachlässigte „externe" Kosten) dienen der Konsensfindung zu Planungsentscheidungen und Maßnahmen, die auf den Schutz oder die Steigerung der Leistungen von Ökosystemen abzielen (Chancen durch Biodiversität/ÖSL und gleichzeitige Risiken bei Verlust).
- Bessere Nachvollziehbarkeit und insofern auch größere Akzeptanz für die Notwendigkeit von naturerhaltenden Maßnahmen bei Nutzungskonflikten, da es hier in der Regel um eine Erhaltung und Förderung „öffentlicher Güter" und des Gemeinwohls geht – im Unterschied zu einer häufig überwiegend privat intendierten Nutzung von natürlichen Ressourcen.
- Identifikation der positiv oder negativ Betroffenen (Nutznießer, Geschädigte), Differenzierung zwischen öffentlichen und privaten Gütern, auch um partizipative Ansätze/Prozesse zu fördern und um fundierte und erfolgreiche Ziele und Maßnahmen zu definieren, zu kommunizieren und um Unterstützung zu werben.
- Deutlichere Sichtbarkeit und damit Erhöhung des Bewusstseins für die vielschichtigen Werte der Natur für die Menschen respektive die Gesellschaft sowie für die Abhängigkeiten von ihr – dadurch Stärkung des Naturschutzes in planerischen Abwägungs- und Entscheidungsprozessen.

International findet das ÖSL-Konzept bereits zunehmend Beachtung in Planungs- und Entscheidungsprozessen (Scott et al. 2018; von Haaren et al. 2019; Grunewald et al. 2021b; Longato et al. 2021). In Deutschland ist seine praktische Einbindung in die räumliche Planung und Entscheidungsfindung jedoch noch nicht sehr weit gediehen, erste erfolgreiche Beispiele beziehen sich auf ausgewählte Themenfelder, einzelne ÖSL oder räumlich eng begrenzte Projekte (Szücs et al. 2019; Wende 2019).

Zunächst gilt es, einige fachliche und organisatorische Hürden im Hinblick auf die Anwendung des ÖSL-Konzepts in der Planungspraxis zu überwinden. Dazu zählen (Schrapp et al. 2020; Grunewald et al. 2021b, 2022a):

- teils erhebliche Terminologieunterschiede zwischen bestehenden Planungsinstrumenten und dem ÖSL-Konzept,
- höhere Komplexität des Ansatzes – es müssen sowohl die Anzahl der Betroffenen/Begünstigten als auch die Stärke der Betroffenheit identifiziert und erfasst werden,
- unzureichende Datenverfügbarkeit bzw. relativ hoher Aufwand zur Datenerhebung bei vielen Ökosystemen,
- keine Entsprechung bzw. Abweichungen zu bestehenden Indikatorsystemen,
- zusätzlicher kapazitärer und finanzieller Aufwand zu bestehenden, eingeführten bzw. gesetzlich vorgeschriebenen Analysen/Bewertungen/Instrumenten,
- zusätzliche Unsicherheit bezüglich der Zuverlässigkeit der Ergebnisse durch fehlende Methodenstandards und Unsicherheiten bei den für jede ÖSL spezifisch erforderlichen Modellierungen und Hochrechnungen,
- mangelhafte personelle und materielle/monetäre Ressourcen,
- fehlende etablierte Wege/Algorithmen zur Integration des ÖSL-Konzepts in Politik, Planung und Entscheidungsfindung,
- bisher kaum direkte Vorgaben bzw. nur indirekt ableitbar aus dem BNatSchG,
- Mangel an Fürsprechern (in den Verwaltungen),
- Trägheit „eingefahrener" Strukturen und Ansätze („Pfadabhängigkeiten").

Über die Landschaftsplanung hinaus bedarf eine tatsächliche Sicherung von ÖSL einer unmittelbaren Integration in die querschnittsorientierte Raumordnung und Bauleitplanung (Deppisch et al. 2021). Darauf verweist auch der „Wissenschaftliche Beirat der Bundesregierung Globale Umweltveränderungen" (WBGU 2020). Er fordert, einen integrierten Landschaftsansatz zu entwickeln und diesen vor allem durch die existierenden Planungsinstrumente wie die Raumordnung umzusetzen (WBGU 2020).

Die Chancen, dass auf dem ÖSL-Ansatz basierende neue Verfahren in der Praxis der räumlichen Planung in Deutschland etabliert werden können, werden jedoch als gering eingeschätzt. Es wird dabei auf die bereits vorhandene große Zahl von Planungsinstrumenten und -verfahren sowie den zusätzlichen Aufwand, den neue Instrumente mit sich bringen würden, hingewiesen. Auch besteht die Gefahr, dass die vorhandenen formellen Planwerke überfrachtet werden, sollten neue Darstellungen erbracht werden müssen (Deppisch et al. 2021).

Jedoch ist zu beachten, dass die Modernisierung von Planungsinstrumenten längerfristig angelegt ist und der ÖSL-Ansatz sowohl methodisch als auch konzeptionell einen wesentlichen Beitrag leisten kann (Albert et al. 2021; Grunewald et al. 2022a; Schrapp et al. 2020). Entsprechende Vorschläge für die Implementierung von ÖSL in formelle Verfahren der räumlichen Planung unterbreiten Deppisch et al. (2021). Diese sind in Tab. 7.2 zusammengefasst.

Bei zunehmendem Fokus auf nationale, regionale und projektbezogene Anwendungen und bei steigendem förderpolitischen Interesse sollte frühzeitig über verbindliche Definitionen und Handreichungen für die strategische Planung diskutiert werden, um Begriffe zu schärfen, Ziele verbindlicher zu definieren und Synergien zwischen Akteursansprüchen zu fördern (Albert et al. 2022).

Die in Rechtsgrundlagen und Raumordnungsplänen bereits verwendeten Begrifflichkeiten wie „Bodenversiegelung“ (§ 1a Abs. 2 S. 1 BauGB, § 5 BBodSchG), „Zersiedelung“ oder auch „Freiraumverbund“ und „Landschaftszerschneidung“ (§ 2 Abs. 2 Nr. 2 ROG) sind auf regionaler und Bundesebene immer besser messbar und damit in Planungsprozessen und Zielabwägungen darstellbar. Die im ÖSL-Konzept angelegten Indikatoren können in Zukunft umweltbezogene Zielzustände der räumlichen Planung ergänzen und evaluierbar machen und damit den Weg in einen dynamischen Planungsprozess eröffnen. Dies schließt die Forderung nach einer Integration bis hin zur rechtlichen Verankerung von ÖSL und entsprechenden Daten in formelle Planungsinstrumente wie die Strategische Umweltprüfung sowie Umweltverträglichkeitsprüfung ein (Grunewald et al. 2022a).

Die **naturschutzrechtliche Eingriffsregelung** ist mit ihren Vorschriften über Vermeidung, Ausgleich, Abwägung und Ersatz bzw. Ersatzzahlung grundlegend für den Umgang mit Natur und Landschaft, sie konkretisiert das Verursacherprinzip (s. Kap. 3 des Bundesnaturschutzgesetzes). Demnach sind erhebliche Beeinträchtigungen von Naturhaushalt und Landschaftsbild zu ermitteln und deren Wirkungen zu kompensieren. Ursprünglich aufseiten der für Naturschutz Verantwortlichen und besonders Interessierten mit der Hoffnung verbunden, damit Eingriffe weitgehend verhindern zu können, haben sich Grundverständnis und Mechanismen sukzessive hin zum Kompensationsinstrument entwickelt (Zippack et al. 2006).

Seit Mai 2020 ist die Bundeskompensationsverordnung (BKompV) in Kraft und soll bei Zulassungsverfahren – beschränkt auf Vorhaben des Bundes – „durch Standardisierung der Eingriffsregelung und Landschaftspflegerischen Begleitplanung das No-Net-Loss-Prinzip umsetzen, also sicherstellen, dass kein Nettoverlust an Natur und Landschaft in der Bilanz bleibt“ (Scholles und Werk 2021, S. 141). Die BKompV findet u. a. Anwendung bei Entscheidungen zu Offshore-Windparks, Energieleitungsprojekten, Bundesautobahnen und –wasserstraßen, Truppenübungsplätzen.

Aber können Eingriffe tatsächlich „kompensiert“ werden und befördern diese Mechanismen nicht eine noch stärkere Auftrennung in Nutz- und Schutzlandschaften?

Auch vor dem Hintergrund, dass das Ziel der EU-Biodiversitätsstrategie 2020, den Nettoverlust an Biodiversität und ÖSL Einhalt zu gebieten, weder in Europa noch in Deutschland erreicht wurde (BBN 2020), wird der Handlungsdruck größer. Die DG Umwelt der EU-Kommission hat dazu einen Leitfaden zu einem ***„No Net Loss/Net Gain of Biodiversity“*** (kein Nettoverlust/Nettogewinn von Biodiversität) veröffentlicht (https://ec.europa.eu/environment/nature/biodiversity/nnl/index_en.htm), deren Umsetzung und Anwendung jedoch freiwillig ist. In einem Anhang werden beispielhafte Wirkfaktoren und Auswirkungen auf die Biodiversität und auf ÖSL möglichen Vermeidungs-, Verminderungs- sowie Ausgleichs- und Ersatzmaßnahmen gegenübergestellt, um die Bandbreite der Möglichkeiten für Politik und Praxis aufzuzeigen.

Der Leitfaden geht in einzelnen Prinzipien über die bisherige deutsche Praxis der Eingriffsregelung hinaus und fordert beispielsweise auch für die Sektoren Land-, Forst- und Fischereiwirtschaft eine Kompensationspflicht (*Offset-Policy*). Wende (2021) schlussfolgert in diesem Zusammenhang u. a., dass:

Tab. 7.2 Zentrale Vorschläge zur Integration von Ökosystemleistungen (ÖSL) in die formelle räumliche Planung. (Nach Deppisch et al. 2021)

Diskussionsvorschlag	Notwendigkeit rechtlicher Anpassungen	Zeithorizont und Realisierbarkeit der Umsetzung des Diskussionsvorschlages	Potenzielle Barrieren der Umsetzung	Auswirkung auf die Sicherung von ÖSL
Regionalplanung Grundsätze in § 2 Abs. 2 Nr. 2 ROG; Landesplanungsgesetze entsprechend	Schärfung der bestehenden Fassung von § 2 Abs. 2 Nr. 2 ROG über eine Streichung des Satzteiles „soweit wie möglich", Anpassung der Landesplanungsgesetze entsprechend	Durchführbar im Rahmen einer ROG-Gesetzesnovelle sowie der Landesplanungsgesetze; Gesetzesänderung braucht Zeit	Politischer Widerstand gegen Gesetzesänderungen	Indirekter Schutz von ÖSL durch keine direkte Erwähnung bzw. keinen direkten Bezug zu ÖSL – „zufälliges" Sicherungspotenzial, bestimmte ÖSL werden darüber eher gesichert
Regionalplanung: Festlegung zur Raumstruktur nach § 13 Abs. 5 ROG	Ergänzung der Aufzählung in § 13 Abs. 5 ROG um einen extra Punkt (ÖSL) oder spezifischer von § 13 Abs. 5 Nr. 2 ROG um weitere ÖSL, multiple und in hoher Dichte dargebotener ÖSL, wichtiger systemarer Zusammenhänge	Durchführbar im Rahmen einer ROG-Novelle; Gesetzesänderung braucht Zeit	Politischer Widerstand – Gesetzesänderung; weitere Barrieren s. u. (Vorrang- und Vorbehaltsgebiete)	Weitere und umfassendere Aufnahme von ÖSL als Kerninhalte der Regionalplanung als Voraussetzung für Vorrang- und Vorbehaltsgebiete (s. u.)
Regionalplanung: Vorranggebiete Flächen mit multiplem/dichtem Angebot an ÖSL	Keine mehr, wenn § 13 Abs. 5 ROG ergänzt wird (s. o.)	Nach ROG-Novellierung anwendbar	Datenproblematik; Bewertungsfrage inklusive finanzieller Mehraufwand; Widerstand aus der Regionalplanung selbst (Überfrachtung, zusätzlicher Aufwand, hohe Ansprüche an Letztabwägung); gegenläufige kommunale Interessen	Direkte Sicherung der ÖSL; kann nicht weggewogen werden, sondern stellt (allerdings nur behördenverbindliche) Vorgabe für nachgeordnete Planung dar

(Fortsetzung)

Tab. 7.2 (Fortsetzung)

Diskussionsvorschlag	Notwendigkeit rechtlicher Anpassungen	Zeithorizont und Realisierbarkeit der Umsetzung des Diskussionsvorschlages	Potenzielle Barrieren der Umsetzung	Auswirkung auf die Sicherung von ÖSL
Regionalplanung: Vorbehaltsgebiete Flächen mit multiplem/dichtem Angebot an ÖSL	Keine mehr, wenn § 13 Abs. 5 ROG ergänzt wird wie oben dargelegt	Nach ROG-Novellierung anwendbar	Datenproblematik; Bewertungsfrage inklusive finanzieller Mehraufwand; Widerstand aus der Regionalplanung selbst (Überfrachtung, zusätzlicher Aufwand, hohe Ansprüche an Letztabwägung); gegenläufige kommunale Interessen	Kann weggewogen werden, aber stellt bereits eine Abwägungshürde dar
Regionalplanung: Strategische Umweltprüfung/Umweltbericht	Ergänzung der Aufzählung in § 8 Abs. 1 ROG um einen extra Punkt zu ÖSL und/oder der Anlage 1 ROG zu § 8 Abs. 1 ROG um ÖSL und wichtiger systemarer Zusammenhänge; gegebenenfalls auch über Ergänzung von § 40 UVPG	Durchführbar im Rahmen einer ROG-Novelle und gegebenenfalls auch einer UVPG-Novellierung; Gesetzesänderung braucht Zeit; kurzfristiger Zwischenschritt über bereits jetzt vorhandene Möglichkeiten im Rahmen von § 8 Abs. 3 ROG	Datenproblematik; Bewertungsfrage, zusätzliche Kosten und Aufwand; eher weniger Widerstand als bei Zielen und Grundsätzen der Raumordnung (Vorrang- und Vorbehaltsgebiete) und keine Überfrachtung der Darstellungen im Plan	Abwägungsgegenstand, kann bereits bei der Planaufstellung begründet überwunden werden, juristisch überprüfbar

(Fortsetzung)

Tab. 7.2 (Fortsetzung)

Diskussionsvorschlag	Notwendigkeit rechtlicher Anpassungen	Zeithorizont und Realisierbarkeit der Umsetzung des Diskussionsvorschlages	Potenzielle Barrieren der Umsetzung	Auswirkung auf die Sicherung von ÖSL
Bauleitplanung: Flächennutzungsplan und Bebauungsplan (Umweltbericht)	Ergänzung der Anlage 1 BauGB um den Begriff ÖSL, Analyse sowie Bewertungsschritte speziell für ÖSL, gegebenenfalls auch § 40 UVPG in Hinblick auf tatsächliche ökosystemare Zusammenhänge bzw. Integration von ÖSL	Durchführbar im Rahmen einer BauGB-Novelle, gegebenenfalls auch einer UVPG-Novellierung; Gesetzesänderung braucht Zeit	Datenproblematik, Bewertungsfrage, zusätzliche Kosten und Aufwand; zeitliche Streckung von Verfahren und erhöhter finanzieller Aufwand für Gutachten usw. möglich	Bundesweit einheitliches Anwendungsgebot, weiterer Raumwiderstand pro ÖSL, jedoch durch begründete Abwägung überwindbar, juristisch überprüfbar
Bauleitplanung: § 1a Abs. 2 und 5 BauGB „Bodenschutz-, Umwidmungssperr- und Klimaschutzklausel“	Schärfung der textlichen Fassung des bereits bestehenden Schutzauftrages in allen drei Klauseln	Durchführbar im Rahmen einer BauGB-Novelle	Zeitliche Streckung von Verfahren und erhöhter finanzieller Aufwand für Gutachten usw. möglich	Impliziter Schutz von ÖSL, bundesweit einheitliche Abwägungsdirektive mit erheblicher Begründungstiefe, aber begründet überwindbar, juristisch überprüfbar

(Fortsetzung)

Tab. 7.2 (Fortsetzung)

Diskussionsvorschlag	Notwendigkeit rechtlicher Anpassungen	Zeithorizont und Realisierbarkeit der Umsetzung des Diskussionsvorschlages	Potenzielle Barrieren der Umsetzung	Auswirkung auf die Sicherung von ÖSL
ÖSL-Satzung	Rechtsgrundlage (135c BauGB) bereits vorhanden, Nutzung durch Ausübung des kommunalen Satzungsrechtes	Kurzfristig umsetzbar durch kommunalen Ratsbeschluss	Wille der Kommune als Voraussetzung, politische Mehrheit im Rat der Kommune, Widerstände von Seiten der Wirtschaftsförderung und von Wirtschaftsverbänden sowie der Politik möglich; Standhalten gegenüber dem Druck der potenziellen Investoren; Androhung von Ansiedlungswechsel in Nachbarkommunen	Direkter Schutz von ÖSL über finanzielles Malus-System, bundesweit einheitliche Anwendungsoption der Kommunen; vertragliche Regelung sichert ÖSL bzw. deren Ausgleich
Landschaftsplan	Indirekt Verknüpfungen durch Landschaftsfunktionen und drei Zieldimensionen im BNatSchG; keine Notwendigkeit der rechtlichen Anpassung	Durchführbar im Rahmen des geplanten Modelllandschaftsplans inklusive Evaluierung	Datenproblematik, Bewertungsfrage, fehlender gesetzlicher Auftrag; Hürden durch methodische Überfrachtung; Mangel an Ressourcen und Vorkenntnissen, insbesondere ökonomisches Vorwissen bei monetären Bewertungsansätzen	Fachplanung ohne direkte/eigene Verbindlichkeit – diese erlangt sie erst über die gesamträumliche Planung; Abwägungsgegenstand neben anderen Fachplanungen

(Fortsetzung)

Tab. 7.2 (Fortsetzung)

Diskussionsvorschlag	Notwendigkeit rechtlicher Anpassungen	Zeithorizont und Realisierbarkeit der Umsetzung des Diskussionsvorschlages	Potenzielle Barrieren der Umsetzung	Auswirkung auf die Sicherung von ÖSL
Maritime Raumordnung: harmonisierte Datengrundlage und Bewertung	Keine Änderung des ROG notwendig	Mittel- bis langfristig	Fehlende Ressourcen; gegebenenfalls fehlende Überzeugung von Entscheidungsträgern bezüglich der Vorteile der Nutzung des ÖSL-Ansatzes	Impliziter Schutz von ÖSL; bessere Berücksichtigung in Planungsabwägungen

- Die Eingriffsregelung leistet im Zusammenhang mit den UVP- und SUP-Vorschriften bereits einen nicht unerheblichen Beitrag in Richtung des No-Net-Loss-Ziels der EU. Das Instrument ist demzufolge zu stärken und auszubauen.
- Neben der Durchsetzung und stärkeren Kontrolle des Verschlechterungsverbots sollte ein „Verbesserungsgebot“ Eingang in die Eingriffsregelung finden, um das neue EU-Ziel eines „Nettogewinns“ (*Net Gain*) zu erreichen.
- Empirische Untersuchungen sollten mehr Klarheit über die Akzeptanz der Eingriffsregelung und deren Ergebnisse bei Bürgern liefern, insbesondere im Kontext der Bauleitplanung.

7.2.4 Integration von ÖSL in Accounting- und Berichtssysteme sowie in Biodiversitäts- und Nachhaltigkeitsstrategien

Roland Zieschank* und Karsten Grunewald

7.2.4.1 Einleitung

Gegenüber der Situation vor einer Dekade, als die erste Auflage dieses Buchs erschien, haben sich zumindest die Rahmenbedingungen für eine Einbeziehung von Naturkapital und ÖSL in gesellschaftliche Berichtssysteme verbessert – und damit die Erwartung einer zukünftig stärkeren Berücksichtigung von Biodiversität, sowohl in gesellschaftlichen Bewusstseinsbildungs- als auch Entscheidungsprozessen.

Vor allem gibt es auf internationaler und EU-Ebene schon seit Längerem politische Zielfestlegungen, welche eine Einbeziehung von Ökosystemen vor allem in staatliche Bilanzierungs- und Berichtssysteme nahelegen (die SDGs für 2030, die globalen Biodiversitätsziele und die EU-Biodiversitätsstrategie für 2020, Grunewald et al. 2022b). Diese wurden auch in dem neuen Post-2020-Global-Biodiversity-Framework (CBD 2022) aufgegriffen und werden von verschiedenen Organisationen wie der UN, der International Union for Conservation of Nature (IUCN) sowie auf EU-Ebene vorangetrieben. Ein hochrangiges wissenschaftliches Projekt auf EU-Ebene hat explizit die Erstellung eines integrierten Ökosystem-Accountings zum Ziel und 2021 einen bemerkenswerten Schlussbericht erstellt (KIP-INCA-Report, Vysna et al. 2021).

Auch die neue EU-Biodiversitätsstrategie 2030 beteiligt sich an der Förderung einer internationalen Initiative zur Bilanzierung des Naturkapitals (European Commission 2020). Die Einbeziehung von Ökosystemen und ihren Leistungen insbesondere in den Umweltökonomischen Gesamtrechnungen (UGR) für Deutschland würde daher einen Meilenstein bei der ökonomisch-ökologischen Berichterstattung und darauf begründbaren politischen Entscheidungen bedeuten (Zieschank et al. 2018; Grunewald et al. 2019; Förster et al. 2023).

Allerdings bedarf es hierfür zugleich institutioneller Arrangements, um die Ergebnisse von Naturkapitalbilanzierungen (Natural Capital Accountings, NCA) auch wirklich in und für die Politik zu übersetzen – dies legen internationale Erfahrungen mit den bisherigen umweltökonomischen Gesamtrechnungsformen bereits nahe (Ruijs et al. 2019).

Wie schwierig dies sein kann, belegen jüngste Erfahrungen der Europäischen Umweltbehörde (EEA): In Erwartung einer anstehenden EU-Verordnung zum Ökosystem-Accounting befasst sich die EEA mit möglichen Variablen, welche auf europäischer Ebene zur Beschreibung von Ökosystemzuständen real herangezogen werden könnten. Gegenwärtig können nämlich nur 1–2 Variablen für jeden Ökosystemtyp in Betracht gezogen werden, was für eine Akzeptanz in ökologischen Wissenschaftskreisen vermutlich nicht ausreicht (Grunewald et al. 2022b).

Hintergrund ist zum einen die Verfügbarkeit geeigneter Monitoringdaten in den beteiligten Staaten, zum anderen die begrenzte Personalkapazität der EEA. So hängt die Entwicklung zielführender neuer Datengrundlagen in einer wechselseitigen Rückkopplungsschleife mit politischer Aufmerksamkeit und Nutzungsperspektiven.

Die folgenden Abschnitte geben einen Abriss, wie sich die Situation in Deutschland darstellt, betreffend Perspektiven einer Integration von ÖSL in Accounting- und weitere Berichtsformate.

7.2.4.2 Weiterentwicklung der Umweltökonomischen Gesamtrechnungen

Am aussichtsreichsten ist die Verwendung von Informationen zu ÖSL im Rahmen einer Erweiterung der Umweltökonomischen Gesamtrechnungen (UGR) in Deutschland, nachdem zwischenzeitlich die Kapazitäten am Statistischen Bundesamt hierfür erweitert wurden. Man trägt hier vor allem der internationalen Dynamik Rechnung, die durch das bereits erwähnte, nun vorliegende UN-Statistiksystem zum Ökosystem-Accounting (SEEA EA) gespeist wird. Seit März 2021 gilt das SEEA EA in großen Teilen als internationaler Standard (UN 2021). Dies hat für die weitere Ausarbeitung und Gestaltung von Ökosystembilanzierungen in Deutschland maßgebliche Bedeutung.

Jedoch besteht eine gewisse Kontroverse fort, was die monetäre Bewertung und integrierende Bilanzierung von Ökosystemen bzw. ihren Wert als Assets anbelangt (Abschn. 7.1.3). Monetäre Bewertungen stellen traditionell eine große Herausforderung für statistische Behörden dar, weil hier subjektive bzw. normative Bewertungsentscheidungen einfließen müssen.

Bemerkenswert ist aber auch eine in anderer Hinsicht relevante Überarbeitung des Gebäudes der internationalen UGR (SEEA), denn mit der Gründung einer Task-Force „Sustainability and Wellbeing" („Nachhaltigkeit und Wohlfahrt") beginnt innerhalb der statistischen Gemeinschaft eine intensivere Diskussion um eine mögliche Revision der internationalen Volkswirtschaftlichen Gesamtrechnungen (Rompaey und Lawrence 2021). Für das Jahr 2025 wird so die Einbeziehung von „Nachhaltigkeit und Wohlfahrt" in die VGR intendiert.

Würde man dann das Naturkapital und intakte Ökosysteme – neben Produktivkapital und Sozialkapital sowie dem intangiblen Kapital guter Regierungsführung – ebenfalls als essenziellen Teil des materiellen Wohlstands und der gesellschaftlichen Wohlfahrt betrachten, wäre im Endergebnis das bisherige, die sozialen und ökologischen Folgekosten externalisierende Denkgebäude klassischer Wirtschaftsberichterstattung einer Wandlung unterzogen. Nach langen und ergebnislosen Jahren zeichnet sich hier eine echte Innovation ab.

Um den Prozess des Ökosystem-Accountings in den verschiedenen beteiligten Staaten, somit auch in Deutschland, zu unterstützen, stellt das United Nations Department of Economic and Social Affairs, Statistics Division, konzeptionelle Unterstützungshilfen bereit, wie nun die 2022 erschienenen „Guidelines on Biophysical Modelling for Ecosystem Accounting" (United Nations 2022). Die Anleitungen gehen nicht zuletzt auf die jahrelangen partizipativen Konsultationen zwischen Statistikern, diversen Behörden und wissenschaftlichen Einrichtungen mehrerer Länder zurück.

Mit der Erweiterung der EU-Verordnung 691/2011 (statistische Berichtspflichten für EU-Mitgliedsstaaten) um zusätzliche Anhänge werden die Datengewinnung und -dokumentation sowie ihre methodische Verarbeitung in den Mitgliedsstaaten angepasst. Sie beinhaltet auch Neuerungen zu Ergebnissen der Waldgesamtrechnung, den umweltbezogenen Subventionen und ähnlichen Transferzahlungen sowie, hier besonders hervorzuheben, den Ökosystemgesamtrechnungen, welche für Deutschland ab 2026 avisiert werden.

Was Deutschland selbst anbelangt: Grundlage für die Institutionalisierung eines Ökosystem-Accountings ist nach Angaben von Destatis § 3 Abs. 1 Nr. 13 des Bundesstatistikgesetzes (BStatG). Die Arbeiten an der Weiterentwicklung der UGR folgen dabei den in Abb. 7.1 skizzierten Arbeitsschritten (vgl. auch Abschn. 3.1.5).

Bundesweit liegen für die beiden ersten Accounting-Phasen Arbeitsergebnisse vor, insbesondere ein Ecosystem Extent Account, d. h. das Ausmaß bzw. die Flächenbilanzierung aller Ökosysteme (Abschn. 5.2). Diese sind nicht nur in Datenform, sondern auch kartografisch verfügbar, wie sie die Karten der Haupt- und Unterökosystemtypen von Grunewald et al. (2020) bzw. der Ökosystematlas des Statistischen Bundesamtes (Bellingen et al. 2021) symbolisieren.

Dabei unterscheidet der Ökosystematlas des Statistischen Bundesamtes die Abteilungen Siedlungsflächen und Verkehrsinfrastruktur, Wälder und Gehölz, Agrarland, seminatürliches Offenland, Binnengewässer sowie Meeresgewässer, die weiter in 74 Klassen gegliedert werden (https://www.destatis.de/DE/Service/Statistik-Visualisiert/Oekosystematlas/_inhalt.html).

An einer Erfassung und Bilanzierung des nächsten Schritts einer Naturkapitalbilanzierung, nämlich des Ökosystemzustands, wird sowohl auf statistischer Ebene wie auch seitens unterschiedlicher Forschungseinrichtungen in Deutschland gearbeitet; ein Austausch der jeweiligen Ansätze findet meist über offizielle und inoffizielle Wege (Fachbesprechungen) statt. Die weiteren zeitlichen Planungen sehen bisher die Erstellung einer physischen Leistungsbilanz 2022/2023 vor. Eine anschließende Monetarisierung von Ökosystemen und ihren Leistungen könnte bis 2025 vorliegen, in Einklang mit der international angestrebten Revision des internationalen SEEA-Systems.

Damit verbinden sich Erwartungen, dass über die Schnittstelle zu den Volkswirtschaftlichen Gesamtrechnungen wichtige Beziehungen zwischen dem Zustand der

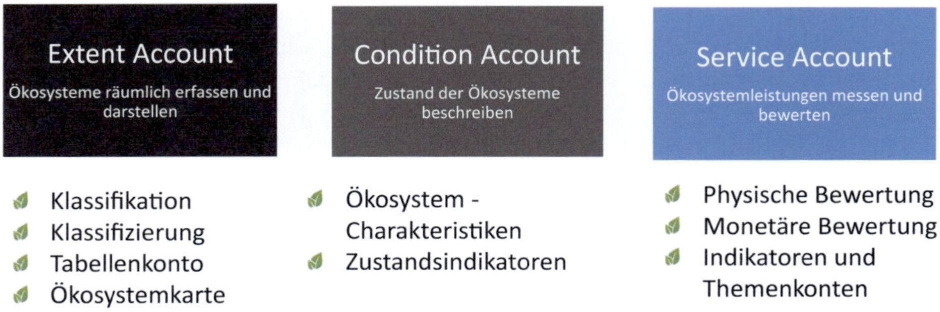

Extent Account
Ökosysteme räumlich erfassen und darstellen

- Klassifikation
- Klassifizierung
- Tabellenkonto
- Ökosystemkarte

Condition Account
Zustand der Ökosysteme beschreiben

- Ökosystem - Charakteristiken
- Zustandsindikatoren

Service Account
Ökosystemleistungen messen und bewerten

- Physische Bewertung
- Monetäre Bewertung
- Indikatoren und Themenkonten

Abb. 7.1 Schematischer Aufbau einer Ökosystemgesamtrechnung. (Nach Bellingen et al. 2021 und UN 2021)

Wirtschaft und dem Zustand des Naturvermögens analysiert werden können. Indem über das Accounting Zusammenhänge auch zu ökonomischen Aktivitäten und deren Veränderungen aufgezeigt werden, eröffnet sich des Weiteren die Möglichkeit, Veränderungen bei Ökosystemen und daraus resultierende veränderte ÖSL in Sektoren einzubeziehen, die sich mit Themen wie nachhaltige Entwicklung, nachhaltige Finanzen, Wasser, Gesundheit und Klimawandel befassen.

Erleichtert würde der Bezug zum Regierungshandeln über institutionelle Schnittstellen (*science-policy interfaces*). Beispielsweise fungiert in Großbritannien das unabhängige Natural Capital Committee sowohl als begutachtendes Gremium der Bilanzierungen, welche das Office for National Statistics (ONS) erstellt, als auch als konsultierendes, Empfehlungen aussprechendes Gremium der Regierungsberatung, insbesondere für das Finanzministerium (HM Treasury). Das Finanzministerium ist übrigens verpflichtet, zu antworten und eine Stellungnahme vorzulegen.

7.2.4.3 Jahreswirtschaftsberichte der Bundesregierung

In Deutschland wird außerdem der Öffentlichkeit ein vom Wirtschaftsministerium ausgearbeiteter, über Abstimmungsprozesse dann amtlich titulierter Jahreswirtschaftsbericht der Regierung vorgestellt. Zur Struktur und den Inhalten gibt es zwar eigene Vorgaben seit Beginn der Berichtsarbeiten, aber bislang keine ähnlich genau strukturierten methodisch-inhaltlichen Vorgaben wie beim internationalen SEEA EA.

Seit dem Jahr 2022 zeichnet sich ein Veränderungsprozess dergestalt ab, dass sich das thematische Spektrum mit dem Regierungswechsel zu verändern beginnt und weitere umweltbezogene sowie geplante soziale Indikatoren Einzug halten. So hat sich die Bundesregierung Anfang 2023 im Jahreswirtschaftsbericht zu einem schrittweisen Aufbau der Ökosystemgesamtrechnungen als neuem Modul der Umweltökonomischen Gesamtrechnungen beim Statistischen Bundesamt bekannt, im Rahmen eines ebenfalls neuen Kapitels zur Biodiversität (BMWK 2023, S. 104 ff).

Eine vergleichbare Annäherung zumindest an die UN-Intention, über die bislang gebräuchliche Orientierung am Bruttoinlandsprodukt hinauszugehen[3] oder den Initiativen der OECD in Richtung eines grüneren Wirtschaftens zu folgen, ist erkennbar. Die Implikationen könnten perspektivisch durchaus beachtlich sein, denn mit dem Kernindikator des BIP verbindet sich die Orientierung an einer stets wachsenden Wirtschaft. Empirisch sind damit zugleich aber Biodiversitätsverluste zu konstatieren, wie nicht zuletzt der IPBES (2019a) darlegt: „*Economic growth, as measured through traditional gross domestic product (GDP), across Europe and Central Asia has indirectly reinforced drivers of biodiversity loss, which in turn has reduced nature's contributions to people.*"

Ob die Autoren der Jahreswirtschaftsberichte soweit gehen und zukünftig auch Argumentationen für Post-Wachstumskonzepte aufgreifen, bleibt abzuwarten (exemplarisch hierzu: UBA 2020c). Jedoch sind die Aussagen im Koalitionsvertrag 2021–2025 durchaus ermutigend: „Wir wollen im Jahreswirtschaftsbericht eine Wohlstandsberichterstattung integrieren, die neben ökonomischen auch ökologische, soziale und gesellschaftliche Dimensionen des Wohlstands erfasst" (Koalitionsvertrag der Bundesregierung 2021, S. 32).

Empfehlungen zu einer stärkeren Berücksichtigung von naturkapitalbezogenen Informationen und der Bedeutung von ÖSL im Jahreswirtschaftsbericht sind im Vorfeld bereits von wissenschaftlicher Seite bzw. jenseits des Wirtschaftsministeriums vorgelegt worden (Zieschank et al. 2021).

Es kann davon ausgegangen werden, dass insbesondere das Bundesministerium für Umwelt, Naturschutz, nukleare Sicherheit und Verbraucherschutz (BMUV) im Zuge der Verhandlungen mit anderen Ressorts hier eine entsprechende Integration anstrebt und sich auch die Beteiligten im Wirtschaftsressort nun aufgeschlossener zeigen.

7.2.4.4 Weiterentwicklung der Nationalen Strategie zur biologischen Vielfalt

Akteure aus dem Bereich des Schutzes von Biodiversität sind bereits seit längerer Zeit treibende Kräfte für ein Ökosystem-Accounting: Organisationen wie UNEP und das World Conservation Monitoring Centre, außerdem die Europäische Umweltagentur und der MAES-Verbund in Europa, um nur einige wichtige Beispiele zu erwähnen (Kap. 1). Das Sekretariat beim Internationalen Übereinkommen zur Biologischen Vielfalt hat sich früher als in Deutschland mit ökosystembezogenem Naturkapital-Accounting befasst (Weber 2014):

> „Collaboration between biodiversity experts, the parties to the CBD and national statistical communities is fundamental to create a robust Post-2020 Global Biodiversity Framework to address the challenges derived from biodiversity loss" (Mr. David Cooper, Deputy Executive Secretary of the CBD).[4]

---

[3] siehe https://www.un.org/en/desa/un-adopts-landmark-framework-integrate-natural-capital-economic-reporting.

[4] https://seea.un.org/ar/news/seea-and-post-2020-global-biodiversity-framework-side-event-unsc53

Die derzeit beginnende Neufassung der Nationalen Biodiversitätsstrategie (NBS) bietet die Möglichkeit eines Abgleichs mit dem bisherigen Indikatorenset (BMU 2007) auf wechselseitige Vorteile für Accounting und NBS-Indikatoren, z. B. in den Bereichen

- ökologischer Gewässerzustand und
- nachhaltige Forstwirtschaft (Alter und Struktur der Wälder),

sowie einem zusätzlichen Informationsgewinn u. a. bei Indikatoren

- zu Agrarumweltmaßnahmen (ÖSL-Accounting als ein Input zur Bemessung) und
- gesellschaftliches Bewusstsein über Biodiversität.

Das als Teil der Ökosystem-Accountings vorgesehene Biodiversitäts-Accounting betrifft neben der Erfassung von Biotopen auch eine Quantifizierung von Artenbeständen über das bisherige Vogelmonitoring hinaus. So könnte endlich eine wichtige Wissenslücke bei der Einschätzung von Stand und Trend der biologischen Vielfalt in Deutschland geschlossen werden.

Da Landnutzungsänderungen einen zentralen Treiber für Degradierungen, intensivere Nutzungen und somit Biodiversitätsverluste darstellen, könnte im Rahmen von Biodiversitätsstrategien das Informationskonzept des Biotopflächenwerts (Abschn. 5.7.3) eine wichtige Rolle spielen.

Generell besteht die Perspektive darin, dass es über ein Biodiversitäts- und ÖSL-Reporting zu einer Erhöhung von Wert und Wertschätzung – zusätzlich auch monetär – von *intakten* Ökosystemen kommt, die wiederum meist auf eine größere biologische Vielfalt angewiesen sind und eine Voraussetzung für nachhaltig entstehende ÖSL darstellen. Umgekehrt liefert ein System wie das SEEA EA mit seinen stringenten Erfordernissen an eine kohärente und kontinuierliche Datenlage auch einen wichtigen Impuls für das naturschutzbezogene Monitoring selbst. Dabei gilt: Viele Ökosystemdaten zu entsprechenden Leistungen sind bereits als solche sinnvoll – auch ohne eine Monetarisierung. Sie helfen nicht zuletzt bei einer besseren Visualisierung und Veranschaulichung des recht komplexen Themenfelds der Biodiversität insgesamt (s. hierzu auch die Empfehlungen von Zinngrebe et al. 2021).

Eine entsprechende regelmäßige Bilanzierung würde die Rolle des Naturschutzes für die Erhaltung der Lebensgrundlagen deutlicher machen und könnte insofern auch das „Mainstreaming" von Naturschutzbelangen in andere Politikbereiche unterstützen. Für die deutsche Biodiversitätsstrategie bedeutsam, darüber hinaus vielleicht nachahmenswert, ist die zunehmende Kooperation zwischen Statistikern im SEEA-Bereich und dem Post-2020-Global-Biodiversity-Framework.[5]

[5] vgl. hierzu eine Veranstaltung im Rahmen der UNSC53: https://seea.un.org/news/seea-and-post-2020-global-biodiversity-framework-side-event-unsc53.

7.2.4.5 Sustainable Development Goals und Nationale Nachhaltigkeitsstrategie

Die nationale Nachhaltigkeitsstrategie der Bundesregierung wird regelmäßig fortgeschrieben, seit 2017 orientiert sie sich maßgeblich am UN-Zielspektrum der Nachhaltigkeitsziele (*Sustainable Development Goals*, SDGs; Bundesregierung Deutschland 2021). Nun ließe sich argumentieren, dass eine erfolgreiche Strategie zum Schutz der Artenvielfalt implizit zugleich eine Nachhaltigkeitsstrategie darstellt. Der IPBES-Bericht (2019b) stellte fest, dass der Rückgang der biologischen Vielfalt den Fortschritt bei 80 % der SDGs in Bezug auf Armut, Hunger, Gesundheit, Wasser, Städte, Klima, Ozeane und Land untergräbt.

Entsprechend würde es sich anbieten, gerade ökosystembezogene Informationen stärker einzubeziehen, mithin zur Flächenbilanz der verschiedenen Ökosystemtypen und ihrer Leistungen für die Gesellschaft, respektive für ökologische, wirtschaftliche und soziale Nachhaltigkeitsziele. Wie dies perspektivisch aussehen könnte, umschreibt das britische Natural Capital Committee (2019, S. 16):

> „Natural capital provides many societal benefits, positive externalities and public goods. These are all too often ignored in decision making and consequently the decisions taken are inefficient, resulting in natural capital being over-consumed and under invested in."

Konsequenterweise verwenden sowohl Großbritannien als auch die Niederlande, um ein anderes Länderbeispiel zu nennen, seit mehreren Jahren Naturkapitalbilanzierungen, und zwar nicht allein um ein Monitoring nachhaltiger Entwicklung zu unterstützen, sondern auch um Faktoren zu identifizieren, welche ein „grünes Wirtschaftswachstum" beeinflussen (vgl. Barter 2017; Schenau 2017). Die Verknüpfung von Naturkapital- und Ökosystembilanzierungen mit politischen Entscheidungsprozessen stellt auch in Deutschland eine Notwendigkeit wie gleichermaßen Herausforderung in den kommenden Jahren dar.

In Deutschland ist das Statistische Bundesamt ebenfalls für die Messung der nationalen Indikatoren zuständig, welche die Nationale Nachhaltigkeitsstrategie begleiten. Neben einer Online-Plattform werden hierzu in zweijährigem Turnus Indikatorenberichte herausgegeben (z. B. Destatis 2021). Demzufolge würde es naheliegen, dass aus dem Datenfundus zu Ökosystemen und deren Leistungen weitere Informationen vorgeschlagen werden, die nach Absprache mit den Ressorts und dem Bundeskanzleramt Eingang in das bisherige Indikatorenset finden.

Das soeben erwähnte Zitat des Natural Capital Committees zielt aber nicht allein darauf ab, in staatlichen Berichtssystemen u. a. zum Stand nachhaltiger Entwicklung auch dem Naturvermögen und ÖSL einen Platz einzuräumen; vielmehr geht es aus seiner Sicht gleichermaßen um **Investitionen in dieses Naturkapital,** als essenzieller Teil einer nachhaltigen staatlichen und privatwirtschaftlichen Strategie. Für Deutschland könnte eine der Informationsgrundlagen hierzu das System der Biotopwertpunkte darstellen (Schweppe-Kraft et al. 2020, Abschn. 5.7.3). Hier werden für wichtige Ökosystemklassen über ein komplexeres Bewertungsverfahren Durchschnittswerte ermittelt, mit welchen Ausgaben/Investitionen sich durchschnittlich jeweils Verbesserungen um einen Biotopwertpunkt erzielen ließen.

Die Bundesregierung spricht davon, dass die SDGs einen Kompass für die Zukunft bilden sollen. Betrachtet man das Potenzial, welches Naturkapital-Accounting für eine Nachhaltigkeitsstrategie birgt, so würde sich dieser Kompass implizit erweitern und stärker in Richtung des Erhalts von ÖSL und der damit verbundenen Biodiversität tendieren. Erstaunlicherweise hat man hier Verbündete, welche gemeinhin in Deutschland nicht sofort zu den Unterstützern gezählt werden, wie die Weltbank:

> „Sustainability into the 21st century will depend not only on produced capital, but also on investments in human capital, the strength of our institutions and governance, and the integrity of our natural capital." (World Bank: The Changing Wealth of Nations 2018)

Internationale Erfahrungen liegen bereits vor, wie insbesondere das SEEA EA verschiedene Nachhaltigkeitsziele unterstützen kann. Hervorgehoben wird die Bedeutung, dass hierdurch die Natur gewissermaßen „sichtbarer" gemacht wird für und in politischen Entscheidungsprozessen. Karten und die räumliche Ausprägung der Ökosystem-Accountings sind dabei nützlich. Gleichermaßen erscheinen die monetären Accounting-Ergebnisse hilfreich, wenn es um die Gewährleistung geht, dass Ökosysteme und ihre Leistungen in Zukunft nicht mit einem Wert von null in gesellschaftlichen Berichtssystemen wie auch nationalen Nachhaltigkeitsstrategien bewertet werden.[6]

Aber es gibt auch kritische Stimmen. Biermann et al. (2022) kommen nach der Analyse von über 3000 wissenschaftlichen Studien zu den Nachhaltigen Entwicklungszielen, die zwischen 2016 und April 2021 veröffentlicht wurden, zu dem Schluss, dass die politischen Auswirkungen der Ziele für nachhaltige Entwicklung bisher nur begrenzt sind.

7.2.4.6 Gesellschaftliche und politische Nachfrage

Eine Einschätzung zu den Perspektiven einer Integration von ÖSL in die hier skizzierten oder auch weitere Berichtssysteme hängt noch von einem wesentlichen weiteren Faktor ab: der Nachfrageseite.

Über längere Zeiträume hinweg war zumindest in Deutschland die Befassung mit ÖSL ein Privileg der „Angebotsseite", also der Produzenten von Informationen zu verschiedenen ÖSL. Forschungseinrichtungen als auch parallel einige staatliche Behörden konnten sich, nicht zuletzt über geförderte Projekte, den wissenschaftlichen, datenmäßigen oder methodischen Fragen stellen, fallweise sogar hingeben. Aber, wie Ruijs et al. (2019) bemerken, *„in most cases, those who set up the accounts are not those who use the resulting information"*.

[6] ausführlicher hierzu: Die handlungspolitisch orientierte SEEA-Website der UN: https://seea.un.org/news/building-bridges-between-effective-governance-and-natural-capital-accounting-support-agenda.

Zwar erscheint Partizipation hinsichtlich einer methodisch-statistischen Ausarbeitung von ÖSL-Aussagen und insbesondere im Kontext von Gesamtrechnungen nicht unbedingt zielführend. Aber letztlich sind die Natural Capital Accountings ohne Bezug zu Anwendungsfeldern weitgehend nutzlos.

In vielen Ländern wurde deshalb bereits ein Dialog mit Stakeholder-Gruppierungen aufgenommen, um einerseits den Informationswert zu erhöhen und andererseits den vergleichsweise neuen staatlichen Accounting-Ansatz für Entscheidungsprozesse auf unterschiedlichen Ebenen nutzbar zu machen (u. a. UK, Frankreich oder die Niederlande). So ließe sich über die zukünftige gemeinsame Ausgestaltung des Ökosystem-Accountings eine Wertschätzung von ÖSL und Biodiversität in weiteren Kreisen der Gesellschaft (neu) begründen.

Der gesellschaftliche Stellenwert von Berichtssystemen, die Naturkapital und ÖSL thematisieren, ist zumindest in Deutschland noch nicht sehr ausgeprägt; indessen sind Prozesse erkennbar, welche auf eine zunehmende gesellschaftliche Resonanz und erste Formen möglicher Nachfrage nach ÖSL-Kennziffern schließen lassen. Insbesondere kann festgestellt werden, dass die Finanzierung von ÖSL inzwischen ein wichtiges Thema in Politik und Praxis geworden ist (Abschn. 6.2). Ein gestiegenes Interesse an ÖSL ist u. a. aus dem Agrar- und Forstsektor offenkundig:

- Am 22. April 2021 wurde ein gemeinsamer Antrag von CDU/SPD mit dem Titel „Ein vitaler, klimastabiler Wald nutzt uns allen – Ökosystemleistungen ausreichend honorieren" (Drucksache 19/28789) im Bundestag angenommen. Der Antrag implizierte auch, dass ein nachprüfbares Modell zur Honorierung der ÖSL des Waldes entwickelt werden soll (Deutscher Bundestag 2021).
- Das Bundeskabinett beschloss am 13.4.2021, dass ab 2023 jährlich mehr als 1 Mrd. Euro – ein Viertel der Direktzahlungen – eingesetzt werden, um Landwirte für Leistungen zu honorieren, die sie für den Umweltschutz erbringen.[7]

Daneben gibt es immer wieder von wissenschaftlicher Seite induzierte Kooperationen mit potenziellen Nutzern neuer Informationsgrundlagen. Ein Beispiel wäre ein von der Deutschen Bundesstiftung Umwelt gefördertes Projekt, bei dem sich Waldbesitzer mit ÖSL auseinandersetzen (https://www.umweltdialog.de/de/umwelt/biodiversitaet/2022/Geld-fuer-Oeko-Leistungen-des-Waldes.php). Bemerkenswerterweise hat sich auf internationaler Ebene ein Expertenkomitee für öffentliche Verwaltung (CEPA) gebildet, welches eine Rolle bei der verbreiterten Nutzung von UGR-Bilanzierungen spielt und die Verwendung von SEEA in der öffentlichen Politik unterstützt (https://publicadministration.un.org/en/CEPA).

[7] https://www.bmuv.de/pressemitteilung/schulze-umweltleistungen-der-landwirtschaft-werden-endlich-staerker-honoriert

Insgesamt haben Auswertungen zu Staaten, welche Naturkapitalbilanzen erstellten, ergeben, dass der Interaktion mit der Öffentlichkeit und den potenziellen Informationsnutzern ein hoher Stellenwert beigemessen wird (Ruijs et al. 2019).

7.3 Ausblick

Karsten Grunewald*, Olaf Bastian und Roland Zieschank

Die Bewahrung von Natur und Landschaft beginnt auf der geistigen Ebene, im Bewusstsein, indem wir „lernen, die Heimat wieder als unseren Teil der Welt im Ganzen zu empfinden, als etwas, das uns einen Platz in der Welt verschafft" (Václav Havel in Weinzierl 1999). Um eine Negativspirale zwischen Artenschwund und Gedächtnisschwund zulasten kommender Generationen aufzuhalten – wenn es immer weniger erlebbare Tier- und Pflanzenarten gibt, welche in Erinnerung bleiben könnten –, geht es um die Verinnerlichung der Tatsache, dass viele Ökosysteme und Landschaften zugleich Teil unseres kulturellen Erbes und unserer Identität sind. Bereits die „Grüne Charta von der Mainau" sah 1961 „die Würde des Menschen bedroht, wo seine natürliche Umwelt beeinträchtigt wird", und forderte „eine Umstellung im Denken der gesamten Bevölkerung durch verstärkte Unterrichtung der Öffentlichkeit über die Bedeutung der Landschaft in Stadt und Land und die ihr drohenden Gefahren" (DRL 1997).
Das Bestreben, „aus menschlichen Eigeninteressen heraus verantwortungsvoll mit den natürlichen Ressourcen umzugehen", liegt dem 1992 auf der Konferenz „Umwelt und Entwicklung" in Rio de Janeiro von den Staaten der Welt angenommenen Leitbild einer nachhaltigen Entwicklung zugrunde. Der deutsche Gesetzgeber verankerte 1994 das Prinzip der Nachhaltigkeit als Staatsziel im Grundgesetz, und alle Bundesregierungen und viele Interessengruppen bekannten sich seitdem ausdrücklich dazu.

Aber wo stehen wir 30 Jahre nach Rio, dem ersten „Weltnaturgipfel", und unmittelbar nach dem 15. globalen Treffen dieser Art (CBD COP 15 im Jahr 2022[8])?

Das konsequente Engagement von Akteuren der Zivilgesellschaft insbesondere der Umweltbewegung, aber auch aus Politik, Wissenschaft und Unternehmen, hat den Blick auf Naturzerstörung und Raubbau weiter sensibilisiert. Zwar sind in Deutschland die Flüsse reiner und die Luft ist vielerorts sauberer geworden. Auch in einigen Bereichen der Gewässer-, Moor- und Auenrenaturierung sowie teilweise beim ökologischen Waldumbau sind Erfolge zu verzeichnen. Bei einigen geschützten Arten wie Wolf, Seeadler und Schwarzstorch sind Stabilisierungstendenzen auszumachen. Insgesamt ist die Landnutzungsintensität jedoch nach wie vor hoch und gefährdet die biologische Vielfalt. Die

[8] Die 15. „Weltnaturkonferenz", die in Kunming in China stattfinden sollte, wurde aufgrund der Covid-19-Pandemie mehrmals verschoben und wurde nun im Dezember 2022 im kanadischen Montreal durchgeführt (CBD 2022).

Landschaftszerschneidung und der Flächenverbrauch für Siedlungen und Infrastruktur schreitet zwar verlangsamt, aber beinahe unaufhaltsam voran.

Die Ressourcen der Natur – die biologische Vielfalt eingeschlossen – so zu nutzen, dass sie bewahrt bleiben und bereits geschädigte Ökosysteme sich gleichzeitig regenerieren können, das ist das zumindest offiziell breit akzeptierte Ziel.

Die Autoren sind davon überzeugt, dass das ÖSL-Konzept das Verständnis weiter Kreise der Bevölkerung für den Umwelt- und Naturschutz stärken kann, indem vor allem die verborgenen Werte der Natur sichtbarer gemacht werden. Die Wissensvermittlung stellt dabei eine wichtige soziale Komponente der Nachhaltigkeit dar (Abschn. 6.4).

Man kann nicht von Erfolgen der Umweltpolitik oder von Nachhaltigkeitsstrategien sprechen, wenn letztlich die Degradierung von Ökosystemen zunimmt und die Artenvielfalt abnimmt. Die Umsetzung der Leitidee „nachhaltige Entwicklung", ökologisch und dem Gemeinwohl dienend ausgerichtet, kommt ohne eine Orientierung an ÖSL und multifunktionalen Landschaften nicht aus.

Eine zukünftige Strategie setzt die Erfassung und Bewertung von Ökosystemen und deren Leistungen voraus. Die Informationen sollten zu einer vorausschauenden Flächenpolitik, besseren Steuerung der Landnutzung und der Schaffung eines gesellschaftlichen Bewusstseins für Entwicklungen von Ökosystemen und Landschaften beitragen. Auch schließt sie die Entwicklung von ÖSL-bezogenen Berichtssystemen, möglichst bereits mit Blick auf die späteren Adressaten und Nutzer, ein (Abschn. 7.2.4).

Neuere Studien über die Wechselwirkungen zwischen den Nachhaltigkeitszielen der UN (SDGs) sehen die Erhaltung der biologischen Vielfalt und der ÖSL als einen der wirksamsten Hebel zur Erreichung des Nachhaltigkeitsniveaus insgesamt. Die darauf ausgerichteten SDGs 14 („Leben unter Wasser") und 15 („Leben an Land") erweisen sich als Multiplikatoren von Co-Benefits (Zusatznutzen) für alle Ziele (Obrecht et al. 2021). Folglich empfiehlt es sich, ÖSL- und Biodiversitätsindikatoren auch in der deutschen Nachhaltigkeitsstrategie künftig ein stärkeres Gewicht beizumessen. Sinnvoll ist dabei außerdem eine gute Abstimmung zwischen den Schwerpunkten, Zielen, Indikatoren und Maßnahmen der Deutschen Nachhaltigkeitsstrategie und der neuen Nationalen Biodiversitätsstrategie. SDG 8 „Nachhaltiges Wirtschaftswachstum" wäre beispielsweise in einer letztlich zu unreflektierten, quantitativen Form zu überdenken, da es in der gegenwärtigen Form den gesellschaftlichen Wohlstand untergräbt, indem das ökologische Fundament erodiert und die Folgekosten auf die Gesellschaft zurückfallen.

Die Komplexität des Themenfelds ist dabei eine große Herausforderung. Insofern dürften die Chancen einer ÖSL-Integration steigen, wenn sowohl die wissenschaftlich komplexen Zusammenhänge als auch die umweltpolitisch komplexen Prozesse und Handlungsebenen sowie das Verhältnis zwischen Informationslieferanten und -nutzern mittels einer angemessenen, systemischen Sichtweise betrachtet werden können. Die Analyse und Bewertung von ÖSL mit Szenarien und Entscheidungsalternativen kann in verschiedenen politischen Abwägungsprozessen auf nationaler und regionaler Ebene sehr hilfreich sein. Die Rahmenbedingungen des Umgangs mit Landschaften sind ein

Schlüssel für die Gestaltung der Zukunft und zur Sicherung von ÖSL. Dafür bedarf es einer entsprechenden Weiterentwicklung der ökologischen Planungsansätze, der Umwelt- und Wohlfahrtsbilanzierung, der Finanz- und Subventionspraxis im Kontext von Wertediskussionen und Vergleich von Alternativen (Abschn. 7.2). Allein das hochkomplexe Umwelt-, Planungs- oder Steuerrecht in Deutschland angesichts neuer Erfordernisse zu reformieren, es durch die Integration des ÖSL-Konzepts nicht schwerfälliger und komplizierter zu machen, stellt eine zwar schwer zu lösende, aber lohnende Aufgabe dar. Anregungen dafür wurden an verschiedenen Stellen im Buch gegeben. Zentral ist eine Balance zwischen dem ökonomischen und sozialen „Nutzwert" von Böden, Ökosystemen und Landschaft und einem auch ökologischen „Eigenwert".

Prinzipiell ist ein Handeln, das Regeln der Natur berücksichtigt, dann erfolgreich, wenn Ziele effizient erreicht werden (Zinngrebe et al. 2021). Schrumpfung und Verzicht lassen sich – das ist ein Problem – zwar nicht ökonomisch verwerten, aber doch beurteilen und bewerten. Es geht im ÖSL-Konzept jedoch gar nicht vordergründig um Nutzungsverzicht, sondern um die Einpreisung der Nebenwirkungen und Folgekosten.

Auch auf Unternehmensseite nimmt das Bewusstsein zu. So wollen sich die in der Value Balancing Alliance (VBA) zusammengeschlossenen Konzerne künftig nicht nur am wirtschaftlichen Erfolg messen lassen, denn auch für viele Betriebe und Wirtschaftssektoren ist der massive Rückgang der Tier- und Pflanzenarten und die voranschreitende Degradierung von Ökosystemen mit Risiken verbunden (www.value-balancing.com). Eine bessere Erfassung sowohl der Auswirkungen auf das Naturkapital als auch der Abhängigkeiten von ihm würde es Unternehmen ermöglichen, gegenzusteuern und stärker zum Erhalt der Biodiversität beizutragen.

Im Idealfall ergänzen sich Bestrebungen auf der nationalen Ebene zu einem Ökosystem-Accounting und Bestrebungen auf der betrieblichen Ebene zu einem erweiterten, nichtfinanziellen Accounting zumindest von der Intention her (s. Box „Vision des Projekts Bio-Mo-D").

Vision des Projekts Bio-Mo-D

„Gesellschaft und Wirtschaft brauchen einen neuen Kompass, an dem sie ihr Handeln ausrichten. Biodiversität und Ökosystemleistungen bilden eine wichtige Basis für Entscheidungen zur Nachhaltigkeit. Indem die Werte des Naturvermögens aufgezeigt werden, werden zugleich neue Wege eröffnet, das Wohlbefinden der Menschen zu erhöhen. Aber auch die Wirtschaft profitiert nachweislich vom Schutz der Ökosysteme und dem Erhalt von Biodiversität.

So entsteht eine neue, realistische Sicht auf gesellschaftlichen Wohlstand, mit positiven, zukunftsfähigen und chancenorientierten Konzepten. Naturschutzpolitik – traditionell oft auf einzelne Regionen und Arten konzentriert – wird damit zur Gesellschaftspolitik.

Konkret: Die Projektergebnisse werden helfen, dass staatliche Institutionen Biodiversität und Ökosystemleistungen zu einer Richtschnur ihrer Entscheidungen machen und die Öffentlichkeit oder Wirtschaftsprüfgesellschaften diese Aspekte selbstverständlich und regelhaft bei Unternehmen abfragen können. Denn wir brauchen Transparenz und Ehrlichkeit im Umgang mit den begrenzten Naturressourcen, anstelle einer ‚Externalisierung' aus den Bilanzen. Es ist beinahe paradox: Während viele Akteure ständig auf steigende und fallende Aktienkurse schauen, gerät der ‚Reichtum' von Ökosystemen oder deren Degradierung, das heißt die Minderung ihrer ökologischen Leistungsfähigkeit, aus dem Blickfeld." (Bio-Mo-D, Wertschätzung von Biodiversität – Zur Modernisierung der Wirtschaftsberichterstattung in Deutschland. Forschungsprojekt (Laufzeit 2021-2024) im Rahmen der „Forschungsinitiative zum Erhalt der Artenvielfalt [FEdA]" des BMBF, Auszüge aus „Unsere Vision", https://bio-mo-d.ioer.info/)

Die in diesem Buch dargestellten unterschiedlichen Perspektiven sowie die Möglichkeit der interdisziplinären Teilhabe und gesellschaftlichen Mitgestaltung machen wesentlich die Attraktivität des ÖSL-Konzepts aus. Ökologen und Ökonomen quantifizieren, kartieren, modellieren und bewerten ÖSL, Politikwissenschaftler und Planer befassen sich mit Institutionen, ÖSL-Steuerungsinstrumenten, -Management und Governance, Finanzwissenschaftler mit Zahlungen für ÖSL (*payments for ecosystem services*). Ausschlaggebend wird allerdings auch eine erfolgreiche Partizipation, Koordination, Ethik, Kommunikation und Umsetzung sein.

Wenn auch ÖSL-Bewertungen nur einen Baustein im Zuge der anstehenden bzw. notwendigen Transformationen in der Energieerzeugung, dem Verkehr, der Landwirtschaft, dem Finanzinvestment und in vielen anderen Bereichen darstellen, so vermögen sie dennoch dazu beizutragen, die bislang mangelhafte gesellschaftliche Wahrnehmung bzw. Beachtung der Natur in Politik, Wirtschaft und weiteren Institutionen zu überwinden, die vielfach zu falschen politischen und wirtschaftlichen Entscheidungen und letztlich zur Zerstörung von Natur, von Ökosystemen und biologischer Vielfalt geführt hat und weiterhin führt.

Literatur

Ackermann W, Stenzel S, Fuchs D (2020) Erfassung des Landnutzungswandels im Rahmen des bundesweiten Ökosystemmonitorings. In: Meinel G, Schumacher U, Behnisch M, Krüger T (Hrsg) Flächennutzungsmonitoring XII mit Beiträgen zum Monitoring von Ökosystemleistungen und SDGs. IÖR-Schriften Band 78, Berlin, 169–178

Ackoff R (1989) From data to wisdom. J Appl Syst Anal 16:3–9

AdV – Arbeitsgemeinschaft der Vermessungsverwaltungen der Länder der Bundesrepublik Deutschland (2018) Dokumentation zur Modellierung der Geoinformationen des amtlichen Vermessungswesens (GeoInfoDok): Erläuterungen zum ATKIS® Basis-DLM, 157 S. [Version 6.0.1 Stand: 21.08.2018]

Albert C, Neßhöver C, Wittmer H, Hinzmann M, Görg C, Grunewald K (Mitarb.), Bastian O (Mitarb.) (2014) Sondierungsstudie für ein Nationales Assessment von Ökosystemen und ihren Leistungen für Wirtschaft und Gesellschaft in Deutschland. UFZ, Leipzig, 64 S.

Albert C, Burkhard B Daube S, Dietrich K, Engels B, Frommer J, Götzl M, Grêt-Regamey A, Job-Hoben B, Keller R, Marzelli S, Moning C, Müller F, Rabe SE, Ring I, Schwaiger E, Schweppe-Kraft B, Wüstemann H (2015) Empfehlungen zur Entwicklung eines ersten nationalen Indikatorsets zur Erfassung von Ökosystemleistungen. Diskussionspapier. BfN-Skripten 410: 55 S

Albert C, Hansen R, Dehnhardt A, Deppisch S, Fürst C, Geißler G, Gerner N, Marzelli S, Poßer C, Rathmann J, Schrapp L, Schröter-Schlaack C, Warner B (2021) Das Ökosystemleistungs-konzept in der räumlichen Planung – zehn Thesen. Raumforschung und Raumordnung: 1–15, https://doi.org/10.14512/rur.76

Albert C, Galler C, von Haaren C (Hrsg) (2022) Landschaftsplanung, 2. Aufl. Eugen Ulmer, Stuttgart

Arnold S, Kurstedt R, Riecken J, Schlegel B (2017) Paradigmenwechsel in der Landschafts-modellierung – von der tatsächlichen Nutzung hin zu Landbedeckung und Landnutzung. zfv – Zeitschrift für Geodäsie, Geoinformation und Landmanagement, 142, 1, S 30–37

Bauriedl S, Held M, Kropp C (2021) Große Transformation zur Nachhaltigkeit – konzeptionelle Grundlagen und Herausforderungen. In: Nachhaltige Raumentwicklung fuïr die große Trans-formation: Herausforderungen, Barrieren und Perspektiven fuïr Raumwissenschaften und Raumplanung = Sustainable spatial development for the great transformation S. 22–44 (ARL - Akademie fuïrRaumentwicklung in der Leibniz-Gemeinschaft)

Balvanera P, Pfaff A, Viña A, García-Frapolli E, Merino L, Minang PA, Nagabhatla N, Hussain SA, Sidorovich AA (2019) Chapter 2.1. Status and Trends – Drivers of Change. In: Global assessment report of the Intergovernmental Science-Policy Platform on Biodiversity and Eco-system Services. Brondízio ES, Settele J, Díaz S, Ngo HT (Hrsg) IPBES secretariat, Bonn, Germany. S 152 https://doi.org/10.5281/zenodo.3831881

Barter N (2017) Natural capital policy in the United Kingdom. In: Vardon M, Bass S, Ruijs A, Ahlroth S (Hrsg) Better policy through natural capital accounting: Stocktake and ways forward. The World Bank, Washington, DC, S 181–186

Bellingen M, Felgendreher S, Oehrlein J, Schürz S, Arnold S (2021) Ökosystemgesamtrechnungen – Flächenbilanzierung der Ökosysteme (Extent Account). WISTA 6:31–42

BBN – Bundesverband Beruflicher Naturschutz (2020) Zeit zu handeln: Naturschutz im neuen Jahrzehnt. Bonn. https://www.bbn-online.de/fileadmin/2_Ueber_uns/Stellungnahmen/BBN_Memorandum_ZukunftsfaehigerNaturschutz_in_den_2020er_Jahren_final.pdf

BfN - Bundesamt fuïr Naturschutz (Hrsg)(2022) Eckpunkte fuïr einen naturverträglichen Ausbau der Solarenergie.Positionspapier. Bonn. DOI: https://doi.org/10.19217/pos223

BfN – Bundesamt für Naturschutz (2017) Bundeskonzept Grüne Infrastruktur. Bonn

Biermann F, Hickmann T, Sénit CA, et al. (2022) Scientific evidence on the political impact of the Sustainable Development Goals. Nat Sustain 5: 795–800. https://doi.org/10.1038/s41893-022-00909-5

BKG – Bundesamt für Kartographie und Geodäsie (2020) Dokumentation Digitales Basis-Land-schaftsmodell: Basis-DLM. Frankfurt a. M.

BMI – Bundeministerium des Innern (2017) Geoinformationen einfach genutzt. Vierter Bericht der Bundesregierung über die Fortschritte zur Entwicklung der verschiedenen Felder des Geo-informationswesens im nationalen, europäischen und internationalen Kontext. 59 S.

BMU – Bundesministerium für Umwelt, Naturschutz und nukleare Sicherheit (2015) Indikatorenbericht 2014 zur Nationalen Strategie zur biologischen Vielfalt, Berlin

BMU – Bundesministerium für Umwelt, Naturschutz und Reaktorsicherheit (2007) Nationale Strategie zur biologischen Vielfalt. https://www.cbd.int/doc/world/de/de-nbsap-01-de.pdf

BMU/BfN (Hrsg) (2020) Naturbewusstsein 2019. Bevölkerungsumfrage zu Natur und biologischer Vielfalt, https://www.bmuv.de/fileadmin/Daten_BMU/Pools/Broschueren/naturbewusstsein_2019_bf.pdf

BMUV - Bundesministerium für Umwelt, Naturschutz, nukleare Sicherheit und Verbraucherschutz (2022a) Aktionsprogramm Natürlicher Klimaschutz. 1–70 https://www.bmuv.de/fileadmin/Daten_BMU/Download_PDF/Naturschutz/aktionsprogramm_natuerlicher_klimaschutz_entwurf_bf.pdf. Zugegriffen 22. Dez. 2022

BMUV - Bundesministerium für Umwelt, Naturschutz, nukleare Sicherheit und Verbraucherschutz (2022b) Nationale Moorschutzstrategie.https://www.bmuv.de/fileadmin/Daten_BMU/Download_PDF/Naturschutz/nationale_moorschutzstrategie_bf.pdf Zugegriffen: 11.01.2022

BMUV - Bundesministerium für Umwelt, Naturschutz, nukleare Sicherheit und Verbraucherschutz (2019) Schulze: 'Wir können das Insektensterben stoppen'. https://www.bmuv.de/PM8688. Zugriff: 22.Dez. 2019

BMWK - Bundesministerium für Wirtschaft und Klimaschutz (2023) Jahreswirtschaftsbericht 2023 – Wohlstand erneuern. https://www.bmwk.de/Redaktion/DE/Publikationen/Wirtschaft/jahreswirtschaftsbericht-2023.pdf?__blob=publicationFile&v=10Zugegriffen: 01. März 2023

Brand U (2021) Wider die Fixierung auf die Politik! Anmerkungen zur aktuellen Transformationsdebatte. GAIA 30(4):227–230

Brühl CA et al (2021) Direct pesticide exposure of insects in nature conservation areas in Germany. Sci Rep. https://doi.org/10.1038/s41598-021-03366-w

Bulkeley H, Kok M, Xie L (2021) Realising the urban opportunity: cities and post-2020 biodiversity governance. PBL netherlands environmental assessment agency, https://www.pbl.nl/sites/default/files/downloads/pbl-2021-realising-the-urban-opportunity-4247.pdf

Bundesregierung Deutschland (2021) Deutsche Nachhaltigkeitsstrategie. Weiterentwicklung 2021. https://www.bundesregierung.de/resource/blob/998006/1873516/3d3b15cd92d0261e7a0bcdc8f43b7839/2021-03-10-dns-2021-finale-langfassung-nicht-barrierefrei-data.pdf?download=1

Burger A, Bretschneider W (2021) Umweltschädliche Subventionen inDeutschland. Umweltbundesamt, Dessau-Roßlau, http://www.umweltbundesamt.de/publikationen Zugegriffen: 01. März 2023

CBD – Secretariat of the Convention on Biological Diversity (2020) Global Biodiversity Outlook 5. https://www.cbd.int/gbo/gbo5/publication/gbo-5-en.pdf

CBD (2022) Kunming-Montreal Global biodiversity framework. https://www.cbd.int/doc/c/e6d3/cd1d/daf663719a03902a9b116c34/cop-15-l-25-en.pdf Zugegriffen: 27. Dez. 2022

Costanza R, d'Arge R, de Groot R, Farber S, Grasso M, Hannon B, Limburg K, Naeem S, O'Neill R, Paruelo J et al (1997) The value of the world's ecosystem services and natural capital. Nature 387:253–260

Costanza R, de Groot R, Sutton P, van der Ploeg S, Anderson J, Kubiszewski I, Farber S, Turner K (2017) Changes in the global value of ecosystem services. Glob Environ Chang 26:152–158. https://doi.org/10.1016/j.gloenvcha.2014.04.002

Dasgupta P, Managi S (2022) Kumar P (2022) The inclusive wealth index and sustainable development goals. Sustain Sci 17:899–903. https://doi.org/10.1007/s11625-021-00915-0

Deppisch S, Geißler G, Poßer C, Schrapp L (2021) Ansätze zur Integration von Ökosystemleistungen in die formelle räumliche Planung. Raumforschung und Raumordnung. https://doi.org/10.14512/rur.66. Zugegriffen: 10. Dez. 2021

Destatis – Statistisches Bundesamt (2020) Indikatoren der UN-Nachhaltigkeitsziele. https://sdg-indikatoren.de/. Zugegriffen: 22. Dez. 2020

Destatis – Statistisches Bundesamt (2021) Nachhaltige Entwicklung. Indikatorenbericht 2021. https://www.destatis.de/DE/Themen/Gesellschaft-Umwelt/Nachhaltigkeitsindikatoren/Deutsche-Nachhaltigkeit/_inhalt.html#sprg364820

Deutscher Bundestag (2021) Antrag der Fraktionen der CDU/CSU und SPD: Ein vitaler, klimastabiler Wald nutzt allen – Ökosystemleistungen ausreichend honorieren. Drucksache 19/28789 v. 20.4.2021. https://dserver.bundestag.de/btd/19/287/1928789.pdf

DRL – Deutscher Rat für Landespflege (1997) Betrachtungen zur „Grünen Charta von der Mainau" im Jahre 1997. Schriftenreihe d. Deutschen Rates f. Landespflege, Heft 68

Droste N, Meya J (2017) Ecosystem services in infrastructure planning – a case study of the projected deepening of the Lower Weser river in Germany. Journal of Environmental Planning and Management 60:231–248

DVL – Deutscher Verband für Landschaftspflege (Hrsg) (2020) Gemeinwohlprämie – Ein Konzeptzur effektiven Honorierung landwirtschaftlicher Umwelt- und Klimaschutzleistungen innerhalbder Öko-Regelungen in der Gemeinsamen EU-Agrarpolitik (GAP) nach 2020. Entwickelt inZusammenarbeit mit der Landwirtschaft, Wissenschaft und Verwaltung. DVL, Ansbach

Eichler L, Krüger T, Meinel G, Tenikl J, Wurm M (2020) Wie grün sind deutsche Städte? Indikatorgestützte fernerkundliche Erfassung des Stadtgrüns. AGIT – Journal für Angewandte Geoinformatik 6:306–315

Ekinci B, Grunewald K, Meier S, Schwarz S, Schweppe-Kraft B, Syrbe R-U (2022a) Supporting site planning through monetary values for biomass and nature conservation services from ecosystem accounts. One Ecosystem 7: e89706. https://doi.org/10.3897/oneeco.7.e89706

Ekinci B, Grunewald K, Meier S, Schwarz S, Schweppe-Kraft B, Syrbe R-U (2022b) Setting priorities for greening cities with monetary accounting values for amenity services of urban green. One Ecosystem 7: e89705. https://doi.org/10.3897/oneeco.7.e89705

Elsasser P, Altenbrunn K, Köthke M, Lorenz M, Meyerhoff J (2020) Regionalisierte Bewertung der Waldleistungen in Deutschland. Braunschweig: Johann Heinrich von Thünen-Institut, Thünen Rep 79.https://doi.org/10.3220/REP1598274305000

Eser U (2021) Mit Umweltethik gegen Pandemien? Zum Unterschied von Ethik und Politik. GAIA 30(4):223–226

European Commission (2020) EU Biodiversity Strategy for 2030. COM(2020) 380 final. https://ec.europa.eu/info/law/better-regulation/have-your-say/initiatives/12096-EU-2030-Biodiversity-Strategy. Zugegriffen: 30. März 2021

Förster J, Schmidt S, Bartkowski B, Lienhoop N, Albert C, Wittmer H (2019) Incorporating environmental costs of ecosystem service loss in political decision making: A synthesis of monetary values for Germany. PLoS ONE 14, e0211419. DOI:https://doi.org/10.1371/journal.pone.0211419.

Förster J, Wildner TM, Hansjürgens B (2023) Bedeutung des Kunming-Montreal Global Biodiversity Framework für die Rolle von Biodiversität in der Wirtschaftsberichterstattung. ZfU 1:88-99

Gómez-Baggethun E, Ruiz-Pérez M (2011) Economic valuation and the commodification of ecosystem services. Prog Phys Geogr 35(5):613–628

Gomez-Baggethun E, Barton DN, Berry P, Dunford R, Harrison PA (2016) Concepts and methods in ecosystem services valuation. I: Routledge Handbook of Ecosystem Services. Routledge S. 99-111, NINA

Grunewald K, Bastian O (2010) Ökosystemdienstleistungen analysieren – begrifflicher und konzeptioneller Rahmen aus landschaftsökologischer Sicht. GEOÖKO 31:50–82

Grunewald K, Herold H, Marzelli S, Meinel G, Syrbe R-U, Walz U (2016a) Konzept nationale Ökosystemleistungs-Indikatoren Deutschland – Weiterentwicklung, Klassentypen und Indikatorenkennblatt. Naturschutz und Landschaftsplanung 48(5):141–152

Grunewald K, Richter B, Meinel G, Herold H, Syrbe RU (2016b) Vorschlag bundesweiter Indikatoren zur Erreichbarkeit öffentlicher Grünflächen. Bewertung der Ökosystemleistung „Erholung in der Stadt". Naturschutz und Landschaftsplanung 48(7): 218–226

Grunewald K, Syrbe RU, Walz U, Richter B, Meinel G, Herold H, Marzelli S (2017) Ökosystemleistungen Deutschlands – Stand der Indikatorenentwicklung für ein bundesweites Assessment und Monitoring. Natur und Landschaft 92(11): 485–492. https://doi.org/10.17433/11.2017.50153517

Grunewald K, Pekker R, Zieschank R, Hirschfeld J, Schweppe-Kraft B, Syrbe RU (2019) Grundlagen einer Integration von Ökosystemen und Ökosystemleistungen in die Umweltökonomische Gesamtrechnung in Deutschland. Natur und Landschaft 94(8):330–338

Grunewald K, Schweppe-Kraft B, Syrbe R-U, Meier S, Krüger T, Schorcht M, Walz U (2020) Hierarchical classification system of Germany's ecosystems as basis for an ecosystem accounting – methods and first results. One Ecosystem 5:e50648. https://doi.org/10.3897/oneeco.5.e50648

Grunewald K, Meier S, Syrbe R-U, Walz U et al. (2021a) Ökosysteme Deutschlands – Klassifizierung und Kartierung der Ökosystemtypen sowie Indikatoren für ein bundesweites Assessment und Monitoring des Ökosystemzustands und der Ökosystemleistungen. Leibniz-Institut für ökologische Raumentwicklung, Dresden. https://doi.org/10.26084/45xx-rs50

Grunewald K, Bastian O, Louda J, Arcidiacono A, Brzoska P, Bue M, Cetin NI, Dworczyk C, Dubova L, Fitch A, Jones L, La Rosa D, Mascarenhas A, Ronchi S, Schlaepfer MA, Sikorska D, Tezer A (2021b) Lessons learned from implementing the ecosystem services concept in urban planning. Ecosys. Serv. 49:101273. https://doi.org/10.1016/j.ecoser.2021.101273

Grunewald K, Syrbe RU, Walz U, Wende W, Meier S, Bastian O, Zieschank R (2022a) Nationale Indikatoren zur Bewertung von Ökosystemen und deren Leistungen – Bundesweiter Orientierungsrahmen für Landschaftsplanungen und Informationsgrundlage für die Bundespolitik. Naturschutz und Landschaftsplanung 54(02):12–25. https://doi.org/10.1399/NuL.2022.02.01

Grunewald K, Zieschank R, Ekinci B (2022b) Neue Perspektiven für die wirtschaftliche Berichterstattung in Deutschland: Einbeziehung von Ökosystemen und deren Leistungen. Ergebnisse der zweiten Nationalen Konferenz für ein Ecosystem Accounting in Deutschland. Natur und Landschaft 97/12: 568-573, DOI: https://doi.org/10.19217/NuL2022-12-04

Haber W (2010) Die unbequemen Wahrheiten der Ökologie. Oekom, München

Haber W (2011) Umweltpolitikberatung – eine persönliche Bilanz. Studienarchiv Umweltgeschichte 16: 15–25 (www.iugr.net)

Haber W (2014) Naturschutz kontra Klimaschutz? Überlegungen zur sektoralen Einengung des Naturschutzes. Naturschutz und Landschaftsplanung 46(8): 253–260

Hansen R, Dehnhardt A, Marzelli S (2022) Transformation der räumlichen Planung durch Ökosystemleistungen? Einschätzungen und Erfahrungen zu den Potenzialen aus ausgewählten Forschungsvorhaben. In: Raumforschung und Raumordnung | Spatial Research and Planning 80, 1. https://doi.org/10.14512/rur58

Heinze S, Finck P, Raths U, Riecken U, Ssymank A (2020) Revised criteria system for a national assessment of threatened habitats in Germany. Nature Conservation 40:39–64

Hermes J, Albert C, Cv H (2020) Erfassung und Bewertung der kulturellen Ökosystemleistung Naherholung in Deutschland. UVP-report 34(2):61–70

Hölscher K, Wittmayer JM, Loorbach D (2018) Transition versus transforation: What's the difference? Environmental Innovation and Societal Transitions 27, 1–3. https://doi.org/10.1016/j.eist.2017.10.007

Hünig C, Benzler A (2017) Das Monitoring von Landwirtschaftsflächen mit hohem Naturwert in Deutschland. BfN-Skripten 476: 48 S

IPBES – Intergovernmental Platform on Biodiversity and Ecosystem Services (2019a) Summary for policymakers of the global assessment report on biodiversity and ecosystem services of the Intergovernmental Science-Policy Platform on Biodiversity and Ecosystem Services. In: S Díaz, J Settele, ES Brondízio, HT Ngo, M Guèze, J Agard, A Arneth, P Balvanera, KA Brauman, SHM Butchart, KMA Chan, LA Garibaldi, K Ichii, J Liu, SM Subramanian, GF Midgley, P Miloslavich, Z Molnár, D Obura, A Pfaff, S Polasky, A Purvis, J Razzaque, B Reyers, R Roy Chowdhury, YJ Shin, IJ Visseren-Hamakers, KJ Willis, CN Zayas (eds.). IPBES secretariat, Bonn, Germany. S 56. Zenodo. https://doi.org/10.5281/zenodo.3553579

IPBES – Intergovernmental Platform on Biodiversity and Ecosystem Services (2019b) Global assessment report on biodiversity and ecosystem services of the intergovernmental Science-policy platform on biodiversity and ecosystem services. Zenodo. https://doi.org/10.5281/zenodo.5657041

IPBES (2022) Methodologisches IPBES-Assessment zur unterschiedlichen Konzeptualisierung der vielfältigen Werte von Natur und ihres Nutzens („Values-Assessment“), Version vom 11. Juli 2022, https://www.de-ipbes.de/files/IPBES%20Values_SPM_Uebersetzung%20Kernaussagen.pdf Zugriff am 11. Jan. 2023

Jäger JAG, Schwick C (2021) Zielwerte und Grenzwerte für die Zersiedelung. In: Flächennutzungsmonitoring XIII: Flächenpolitik – Konzepte – Analysen – Tools, 103–112. Rhombos-Verlag, Berlin. https://doi.org/10.26084/13dfns-p010

Jungmeyer M (2016) 42! – Zur Monetarisierung von Ökosystemleistungen aus planerischer und naturschutzpraktischer Perspektive. Naturschutz und Landschaftsplanung 48(8):241–247

Kenward R, Whittingham M, Arampatzis S, Manos B, Hahn T, Terry A, Simoncini R, Alcorn J, Bastian O, Donlan M, Elowe K, Franzén F, Karacsyonyi Z, Larsson M, Manou D, Navodaru I, Papadopoulou O, Papathanasiou J, von Raggamby A, Sharp R, Söderqvist T, Soutukorva A, Vavrova L, Aebischer N, Leader-Williams N, Rutz C (2011) Identifying governance strategies that effectively support ecosystem services, resource sustainability, and biodiversity. Proc Natl Acad Sci USA 108:5308–5312

Koalitionsvertrag der Bundesregierung (2021) Mehr Fortschritt wagen. Bündnis für Freiheit, Gerechtigkeit und Nachhaltigkeit. Koalitionsvertrag zwischen SPD, BÜNDNIS 90/DIE GRÜNEN und FDP https://www.bundesregierung.de/breg-de/service/gesetzesvorhaben/koalitionsvertrag-2021-1990800. Zugegriffen: 6. Febr. 2022

Köppel J, Siegesmund-Schultze M (2016) Stand und Potenziale der Integration des Ökosystemleistungskonzeptes in bestehende Planungs-, Regelungs- und Anreizmechanismen. In: von Haaren C, Albert C (Hrsg) Naturkapital Deutschland – TEEB DE: Ökosystemleistungen in ländlichen Räumen – Grundlage für menschliches Wohlergehen und nachhaltige wirtschaftliche Entwicklung. Hannover, S 246–307

Kraske H (2022) Editorial. In: Der Sächsische Waldbesitzer, 18, Ausgabe Frühjahr 2022

Kronenberg J (2014) What can the current debate on ecosystem services learn from the past? Lessons from economic ornithology. Geoforum 55:164–177

Kuhnhenn K, Costa L, Mehnke E, Schneider L, Lange S (2020) A Societal Transformation Scenario for Staying Below 1.5°C. Volume 23 of the Publication Series Economic & Social Issues, Edited by the Heinrich Böll Foundation and Konzeptwerk Neue Ökonomie

Leibenath M, Eser U, Katz C, Kurth M, Ober S, Poblocki A, Wessel M (2021) Naturschutz in Zeiten sozial-ökologischer Transformationen: Triebkraft oder Getriebener? GAIA 30(3):144–149

LiKi (2020) Länderinitiative Kernindikatoren – LIKI. https://www.lanuv.nrw.de/liki/index.php. Zugegriffen: 22. Dez. 2020

Longato D, Cortinovis C, Albert C, Geneletti D (2021) Practical applications of ecosystem services in spatial planning: Lessons learned from a systematic literature review. Environ Sci Policy 119:72–84

Maes J, Teller A, Erhard M et al (2020) Mapping and assessment of ecosystems and their services: An EU ecosystem assessment, EUR 30161 EN. Publications Office of the European Union, Ispra. https://doi.org/10.2760/757183,JRC120383

Mc Cauley DJ (2006) Selling out on nature. Nature 443(7)

Meinig H, Boye P, Dähne M, Hutterer R, Lang J (2020) Rote Liste und Gesamtartenliste der Säugetiere (Mammalia) Deutschlands. Band 170 (2): Säugetiere, Naturschutz und Biologische Vielfalt 170 (2), Bundesamt für Naturschutz, Bonn-Bad Godesberg, 73 S.

Meier S, Walz U, Syrbe RU, Grunewald K (2021) Das bundesweite Habitatpotenzial für Wildbienen. Ein Indikator für die Bestäubungsleistung. Naturschutz und Landschaftsplanung 53(6): 12–19. https://doi.org/10.1399/NuL.2021.06.01

Meier S, Moyzes M, Syrbe R-U, Grunewald K (2022) Klimaregulation in Städten als Ökosystemleistung. Vorschlag eines nationalen Indikators zur Bewertung der Ökosystemleistung Klimaregulation in Städten. Naturschutz und Landschaftplanung 54/10:20-29, DOI: 10.1399/NuL.2022.10.02

Natural Capital Committee (2019) State of Natural Capital Annual Report 2019 – Sixth Report to the Economic Affairs Committee of the Cabinet

Obrecht A, Pham-Truffert M, Spehn E et al. (2021) Achieving the SDGs with Biodiversity. Swiss Academies Factsheet 16 (1) https://doi.org/10.5281/zenodo.4457298

Perino G, Willner M, Pahle M (2021) Den EU-Emissionshandel zukunftsfähig gestalten – Ein verbesserter Stabilitätsmechanismus für verlässlicheren Klimaschutz (Ariadne Analyse, S. 22) [Analyse]

Peschel R, Peschel T, Marchand M, Hauke J (2019) Solarparks – Gewinne für die Biodiversität. Bundesverband Neue Energiewirtschaft (bne) e. V. (Hrsg), https://www.bne-online.de/fileadmin/bne/Dokumente/20191119_bne_Studie_Solarparks_Gewinne_fuer_die_Biodiversitaet_online.pdf

Potthast T (2007) Biodiversität – Schlüsselbegriff des Naturschutzes im 21. Jahrhundert? Naturschutz und Biologische Vielfalt 48, Bundesamt für Naturschutz, Bonn

Rendon P, Erhard M, Maes J, Burkhard B (2019) Analysis of trends in mapping and assessment of ecosystem condition in Europe. Ecosystems and People 15(1):156–172. https://doi.org/10.1080/26395916.2019.1609581

Ruijs A, Vardon M, Bass S, Ahlroth S (2019) Natural capital accounting for better policy. Ambio 48:714–725

SCBD – Secretariat of the Convention on Biological Diversity (2020) Global Biodiversity Outlook 5. Montreal

Schenau S (2017) Measuring green growth for environmental economic policies in the Netherlands. In: M Vardon, S Bass, A Ruijs, and S Ahlroth (Hrsg.): Better policy through natural capital accounting: Stocktake and ways forward, 131–138. The World Bank, Washington

Schlegelmilch K (2021) NeFo Fachgespräch am 7. Dezember 2021 im Format eines DBU Online-Salons: Biodiversität – eine sichere Bank? https://www.ufz.de/export/data/485/261909_Biodiversit%C3%A4t_eine%20sichere%20Bank_Bericht%20vom%20NeFo-Fachgespr%C3%A4ch_07Dez2021_final.pdf

Schmidt S, Manceur AM, Seppelt R (2016) Uncertainty of monetary valued ecosystem Sservices – Value transfer functions for global mapping. PLoS ONE 11(3):e0148524. https://doi.org/10.1371/journal.pone.0148524

Scholles F, Werk K (2021) Einführung in das Schwerpunktthema „Handreichungen zur Bundeskompensationsverordnung und zu No-Net-Loss“. UVP-report 35(4):141–142. https://doi.org/10.17442/uvp-report.035.17

Schrapp L, Garschhammer J, Meyer C, Blum P, Reinke M, Mewes M (2020) Ökosystemleistungen in der Landschaftsplanung. Bundesamt für Naturschutz (Hrsg.), BfN-Skripten 568, Bonn

Schulz HD, Warner B (2021) Zur (Neu-)Ausrichtung der Raumentwicklung für eine auf Nachhaltigkeit zielende Transformation. In: Hofmeister S, Warner B, Ott Z (Hrsg) Nachhaltige Raumentwicklung für die große Transformation - Herausforderungen, Barrieren und Perspektiven für Raumwissenschaften und Raumplanung (S.45-75). Hannover, Verlag der ARL. https://nbn-resolving.org/urn:nbn:de:0156-1010032

Schweppe-Kraft B, Syrbe RU, Meier S, Grunewald K (2020) Datengrundlagen für einen Biodiversitätsflächenindikator auf Bundesebene. IÖR Schriften 78:191–202

Scott A, Carter C, Hardman M, Grayson N, Slaney T (2018) Mainstreaming ecosystem science in spatial planning practice: Exploiting a hybrid opportunity space. Land Use Policy 70:232–246. https://doi.org/10.1016/j.landusepol.2017.10.002

Smith AC, Harrison PA, Pérez Soba M, Archaux F, Blicharska M, Egoh BN, Erős T, Fabrega Domenech N, György ÁI, Haines-Young R, Li S, Lommelen E, Meiresonne L, Miguel Ayala L, Mononen L, Simpson G, Stange E, Turkelboom F, Uiterwijk M, Veerkamp CJ, Wyllie de Echeverria V (2017) How natural capital delivers ecosystem services: A typology derived from a systematic review. Ecosyst Serv 26:111–126. https://doi.org/10.1016/j.ecoser.2017.06.006

SRU – Sachverständigenrat für Umweltfragen (2017) Für eine bessere Finanzierung des Naturschutzes in Europa nach 2020. Stellungnahme, https://www.umweltrat.de/SharedDocs/Downloads/DE/04_Stellungnahmen/2016_2020/2017_04_Stellungnahme_Naturschutzfinanzierung.pdf;jsessionid=2A9E5D5A7E3700681D9167E88F35DF46.intranet212?__blob=publicationFile&v=2

SRU – Sachverständigenrat für Umweltfragen (2021) Was jetzt zu tun ist: Empfehlungen für eine ökologische Transformation. Impulspapier Okt. 2021

Sustainable Finance Beirat (2021) Der Sustainable Finance-Beirat der Bundesregierung Selbstverständnis, Ambition und Zielsetzung. https://sustainable-finance-beirat.de/wpcontent/uploads/2020/02/20191028_SFB-Thesenpapier-DE.pdf Zugriff am 11.01.2023

Swiss Re (2020) Biodiversity and Ecosystem Services: A business case for re/insurance. https://www.swissre.com/institute/research/topics-and-risk-dialogues/climate-and-natural-catastrophe-risk/expertise-publication-biodiversity-and-ecosystems-services

Syrbe R-U, Schorcht M, Grunewald K, Meinel G (2018) Indicators for a nationwide monitoring of ecosystem services in Germany exemplified by the mitigation of soil erosion by water. Ecological Indicators 94 (2) 46–54. https://doi.org/10.1016/j.ecolind.2017.05.035

Syrbe R-U, Neumann I, Grunewald K, Brzoska P, Louda J, Kochan B, Macháč J, Dubová L, Meyer P, Brabec J, Bastian O (2021) The value of urban nature in terms of providing ecosystem services related to health and well-being: An empirical comparative pilot study of cities in Germany and the Czech Republic. Land 10:341. https://doi.org/10.3390/land10040341

Szücs L, Garschhammer J, Meyer C, Reinke M, Blum P (2019) Integration von Ökosystemleistungen in die kommunale und regionale Landschaftsplanung. Naturschutz und Landschaftsplanung 51(11):530–537

Tratalos JA, Haines-Young R et al (2016) Cultural ecosystem services in the UK: Lessons on designing indicators to inform management and policy. Ecological Indicators, 61, Part 1:63–73

UBA – Umweltbundesamt (2009) Flächenverbrauch einschränken – jetzt handeln. Empfehlungen der Kommission Bodenschutz beim Umweltbundesamt. Umweltbundesamt (Hrsg), Dessau-Roßlau, https://www.umweltbundesamt.de/sites/default/files/medien/479/publikationen/e6e82d01.pdf

UBA – Umweltbundesamt (2019a) Monitoringbericht 2019a zur Deutschen Anpassungsstrategie an den Klimawandel. Bericht der Interministeriellen Arbeitsgruppe Anpassungsstrategie der Bundesregierung. https://www.umweltbundesamt.de/sites/default/files/medien/1410/publikationen/das_monitoringbericht_2019a_barrierefrei.pdf.Zugegriffen: 22. Dez. 2020

UBA – Umweltbundesamt (2019b) Modellversuch Flächenzertifikatehandel. UBA-Texte 116, https://www.umweltbundesamt.de/sites/default/files/medien/1410/publikationen/2019b-10-02_texte_116-2019b_modellversuch-flaechenzertifikatehandel.pdf

UBA – Umweltbundesamt (2020a) Wichtige Umwelt-Indikatoren. https://www.umweltbundesamt.de/daten/umweltindikatoren. Zugegriffen: 22. Dez. 2020

UBA – Umweltbundesamt (2020b) Transformative Umweltpolitik: Ansätze zur Förderung gesellschaftlichen Wandels. https://www.umweltbundesamt.de/sites/default/files/medien/1410/publikationen/2020b-01-15_texte_07-2020b_transformative-umweltpolitik.pdf

UBA - Umweltbundesamt (2020c) Ansätze zur Ressourcenschonung im Kontextvon Postwachstumskonzepten. https://www.umweltbundesamt.de/sites/default/files/medien/479/publikationen/texte_98-2020_powares_endbericht.pdf Zugegriffen: 01 März 2023

UNDP – United Nations Development Programme (1999) Human Development Report 1999 – Globalisation with a Human Face. United Nations Development Programme, New York

United Nations (2022) Guidelines on Biophysical Modelling for Ecosystem Accounting. United Nations Department of Economic and Social Affairs, Statistics Division, New York

Unmüßig B (2014) Vom Wert der Natur. Sinn und Unsinn einer Neuen Ökonomie der Natur. Heinrich Böll-Stiftung, E-paper. https://www.boell.de/de/2014/02/25/vom-wert-der-natur?dimension1=ds_oekonomie_natur_de . Zugegriffen: 01. Nov. 2020

UN (2021) System of Environmental-Economic Accounting – Ecosystem Accounting (SEEA EA). White cover publication, pre-edited text subject to official editing. https://seea.un.org/ecosystem-accounting

Van Rompaey C, Lawrence JS (2021) Wellbeing and Sustainability in the SNA update. Environmental-Economic Accounts Status and Governance. https://seea.un.org/sites/seea.un.org/files/wbstt_unceea_june_2021.pdf Zugegriffen: 01. März 2023

Visseren-Hamakers IJ, Razzaque J, McElwee P, Turnhout E, Kelemen E, Rusch GM, Fernández-Llamazares Á, Chan I, Lim M, Islar M, Gautam AP, Williams M, Mungatana E, Karim MS, Muradian R, Gerber LR, Lui G, Liu J, Spangenberg JH, Zaleski D (2021) Transformative governance of biodiversity: insights for sustainable development. Current Opinion in Environmental Sustainability 53:20–28. https://doi.org/10.1016/j.cosust.2021.06.002

von Haaren C, Lovett AA, Albert C (2019) Landscape Planning with Ecosystem Services: Theories and Methods for Application in Europe (Landscape Series 24). Springer, Heidelberg

Vysna V, Maes J, Petersen JE, La Notte A, Vallecillo S, Aizpurua N, Ivits E, Teller A (2021) Accounting for ecosystems and their services in the European Union (INCA). Final report from phase II of the INCA project aiming to develop a pilot for an integrated system of ecosystem accounts for the EU. Statistical report. Publications office of the European Union, Luxembourg

Walz U, Richter B, Grunewald K (2017) Indikatoren zur „Regulationsleistung von Auen". Ein Beitrag zum Konzept nationale Ökosystemleistungs-Indikatoren Deutschland. Naturschutz und Landschaftsplanung 49, 3:93–100

Warner B, Hofmeister S, Malburg-Graf B, Kropp C (2021) Nachhaltige Raumentwicklung für die große Transformation - Zusammenführende Diskussion und Schlussfolgerungen. In: Nachhaltige Raumentwicklung für die große Transformation - Herausforderungen, Barrieren und Perspektiven für Raumwissenschaften und Raumplanung S. 214–231 (ARL - Akademie für Raumentwicklung in der Leibniz-Gemeinschaft).

WBGU – Wissenschaftlicher Beirat der Bundesregierung Globale Umweltveränderungen. (2011). Welt im Wandel – Gesellschaftsvertrag für eine Große Transformation [Hauptgutachten]. https://www.wbgu.de/fileadmin/user_upload/wbgu/publikationen/hauptgutachten/hg2011/pdf/wbgu_jg2011.pdf

WBGU – Wissenschaftlicher Beirat der Bundesregierung Globale Umweltveränderungen (2020) Landwende im Anthropozän: Von der Konkurrenz zur Integration. Berlin

Weber J-L (2014) Ecosystem Natural Capital Accounts: A Quick Start Package, Montreal, Technical Series No. 77, Secretariat of the Convention on Biological Diversity, https://www.cbd.int/doc/publications/cbd-ts-77-en.pdf

Weigand M, Staab J, Wurm M, Taubenböck H (2020) Spatial and semantic effects of LUCAS samples on fully automated land use/land cover classification in high-resolution Sentinel-2 data. Int J Appl Earth Obs Geoinf 88:102065

Weinzierl H (1999) Land und Leute. Die Zukunft der Landnutzung in Bayern. Nationalpark 4:39–43

Wende W (2019) Ecosystem services and landscape planning. How to integrate two different worlds in a high-density urban setting. In: Rinaldi B.-M, Tan P.-Y. (Hrsg.) Urban landscapes in high-density cities: Parks, streetscapes, ecosystems, Birkhäuser, Basel, S 154–164. https://doi.org/10.1515/9783035617207-011

Wende W (2021) Der neue EU-Leitfaden zu „No Net Loss/Net Gain of Biodiversity" – auf dem Weg zu einer europäischen No Net Loss-Strategie? UVP-report 35(4):175–183. https://doi.org/10.17442/uvp-report.035.21

Wittmer H, Berghöfer A, Büttner L, Chakrabarty R, Förster J, Khan S, König C, Krause G, Kreuer D, Lochoer-Krause K, Moreno Soares T, Muñoz Escobar M, Neumann M, Renner I, Rode J, Schniewind I, Schwarzer D, Tröger U, Zinngrebe Y, Spiering S (2021) Transformative change for a sustainable management of global commons – biodiversity, forests and the ocean. Recommendations for international cooperation based on a review of global assessment reports and project experience, UFZ-Bericht 3/2021, Helmholtz-Zentrum für Umweltforschung – UFZ, Leipzig, 154 S.

World Bank (Eds) (2018) The Changing Wealth of Nations. Building a sustainable future. The International Bank for Reconstruction and Development. Washington. https://openknowledge.worldbank.org/bitstream/handle/10986/29001/9781464810466.pdf?sequence=4&isAllowed=y

Wunder S., Albrecht S, Porsch L, & Öhler L (2019) Kriterien zur Bewertung des Transformationspotentials von Nachhaltigkeitsinitiativen (S. 151) [Abschlussbericht. Forschungskennzahl 3714 17 100 0]. (Umweltbundesamt [UBA], Hrsg.). https://www.umweltbundesamt.de/sites/default/files/medien/1410/publikationen/2019-03-26_texte_33-2019_transformationspotenzial.pdf

Zeh J (2009) Corpus Delicti: Ein Prozess. Schöffling und Co., Frankfurt (Main)

Zieschank R, Hirschfeld J, Pekker R, Grunewald K, Syrbe RU (2018) Policy Brief: Die übersehenen Werte der Natur – Ökosystemleistungen in der wirtschaftlichen Berichterstattung Deutschlands. https://www.landschaftsoekonomie.tu-berlin.de/2018/Policybrief_ES-Accounting-DE.pdf

Zieschank R, Diefenbacher H, Held B, Rodenhäuser D (2021) Jahreswohlstandsbericht 2021 – Die Pandemie als Katalysator. Studie im Auftrag der Bundestagsfraktion Bündnis 90/Die Grünen. Berlin. https://www.gruene-bundestag.de/fileadmin/media/gruenebundestag_de/publikationen/reader/19-86-ONLINE-JWB-Gesamtbericht_final_2021.pdf

Zinngrebe Y, Pröbstl F, Büttner N, Marquard E, Nöske N, Timpte M, Zedda L, Paulsch A (2021) Strukturelle und inhaltliche Analyse der Nationalen Biodiversitätsstrategie. Empfehlungen für ihre Weiterentwicklung. BfN Schriften 61. https://doi.org/10.19217/skr619

Zippack L, Helm H, Grunewald K (2006) Landschaftspflegerische Begleitplanung, Schwerpunkt: Eignung als Kompensationsflächen. Dresdner Arbeitsmaterialien zum Umweltschutz im Eisenbahnbau, Heft 2, hsrg. von der DB ProjektBau GmbH Projektzentrum Dresden und Dresdner Institut für Verkehr und Umwelt e.V. an der TU Dresden (DIVU e.V.), Dresden

Stichwortverzeichnis

K. Grunewald und O. Bastian (Hrsg.), *Ökosystemleistungen*,
https://doi.org/10.1007/978-3-662-65916-8

MIX
Papier aus verantwortungsvollen Quellen
Paper from responsible sources
FSC® C105338

If you have any concerns about our products,
you can contact us on
ProductSafety@springernature.com

In case Publisher is established outside the EU,
the EU authorized representative is:
Springer Nature Customer Service Center GmbH
Europaplatz 3, 69115 Heidelberg, Germany

Printed by Libri Plureos GmbH
in Hamburg, Germany